U0342130

“十三五”国家重点出版物出版规划项目
国家科学技术学术著作出版基金资助出版

稀土永磁材料

（下册）

胡伯平　饶晓雷　王亦忠　编著

北　京
冶　金　工　业　出　版　社
2022

内容提要

本书简要回顾了永磁材料的发展历史，对过去五十年来国内外稀土永磁材料相关的研究开发工作和磁体制备技术进行了梳理。全书分上下两册共9章，从稀土永磁材料的理论基础到制备技术，从稀土过渡族合金的相图、晶体结构到稀土永磁材料的内禀磁性、永磁性及其它们之间的关系，均进行了全面的介绍和深入的讨论。本书为下册，内容包括：第6章介绍稀土永磁材料的其他物理化学性能；第7章介绍主要稀土永磁材料的磁化和反磁化行为，特别是利用微磁学理论并结合显微结构、磁畴观察和磁性测量等大量实验数据，详细地阐述了在稀土永磁材料中的矫顽力机制；在前几章的基础上，第8章全面深入地介绍主要稀土永磁材料的制备工艺及其同永磁参数与显微结构之间的密切关系，尤其注重讨论了高性能磁体、特殊应用磁体和各种稀土添加磁体的制备原理和技术；最后，第9章简要介绍稀土永磁材料的应用和磁路设计。

本书适合从事稀土永磁材料科研、生产与应用等相关技术领域的科技人员、管理和销售人员阅读，也可作为大专院校材料科学与工程专业师生的教学参考书。

图书在版编目(CIP)数据

稀土永磁材料. 下册/胡伯平，饶晓雷，王亦忠编著. —北京：冶金工业出版社，2017.1（2022.7 重印）
"十三五"国家重点出版物出版规划项目
ISBN 978-7-5024-7502-4

Ⅰ.①稀… Ⅱ.①胡… ②饶… ③王… Ⅲ.①稀土永磁材料 Ⅳ.①TM273

中国版本图书馆 CIP 数据核字（2017）第 048444 号

稀土永磁材料（下册）

出版发行 冶金工业出版社 **电　话** (010)64027926
地　址 北京市东城区嵩祝院北巷 39 号 **邮　编** 100009
网　址 www. mip1953. com **电子信箱** service@ mip1953. com

策划编辑 谭学余 责任编辑 戈 兰 李培禄 美术编辑 彭子赫
版式设计 孙跃红 责任校对 石 静 王永欣 责任印制 李玉山
北京虎彩文化传播有限公司印刷
2017 年 1 月第 1 版，2022 年 7 月第 2 次印刷
787mm×1092mm 1/16；27.75 印张；671 千字；429 页
定价 136.00 元

投稿电话 **(010)64027932** **投稿信箱** **tougao@cnmip. com. cn**
营销中心电话 **(010)64044283**
冶金工业出版社天猫旗舰店 **yjgycbs. tmall. com**
（本书如有印装质量问题，本社营销中心负责退换）

序

经过两年多的辛勤劳作，这本由胡伯平、饶晓雷和王亦忠编著的《稀土永磁材料》终于同读者见面了，在此我谨表示由衷的祝贺！

20 世纪 60 年代诞生了第一代稀土永磁材料钐钴，其高剩磁和高矫顽力掀开了永磁材料的新篇章；而自 20 世纪 80 年代初第三代稀土永磁材料钕铁硼问世以来，优异的性价比确立了其“永磁王”的地位。稀土永磁材料在国际能源、交通、通信、机械、医疗和家电等多个领域得到了广泛应用，并正在绿色能源和工业智能化方面扮演重要角色，已经成为当今社会不可或缺的重要功能材料。

稀土永磁材料发展五十年，钕铁硼“永磁王”问世三十多年，三环公司也成长了三十年，相伴而行，共同发展。稀土元素具有独特的物理和化学特性，稀土是经济发展的重要资源。我国是全球公认的稀土大国，党和国家领导人对稀土及其应用都给予了极大的关怀，期待我国成为真正的稀土强国。三环公司能够发展到今天的规模，成为我国稀土永磁产业的领头企业，并在国际同行中举足轻重，得益于天时——第三代稀土永磁材料钕铁硼的发现、地利——我国得天独厚的稀土资源、人和——党和国家领导人的关怀、国家和地方政府的支持、国内稀土永磁界的共同奋斗以及三环公司全体员工的勤奋努力。从 1986 年三环公司在宁波建设中国第一个钕铁硼工厂，到今天全国稀土永磁体的产量占全球产量的 85% 以上，我国在稀土永磁舞台上发展和业绩令世人瞩目。

近年来，可持续发展的大势席卷全球，对改善能源结构、发展再生能源、提高能效、节能减排、倡导低碳生活等方面提出了全新的要求，风力发电、新能源汽车、节能家电、工业智能化等低碳经济产业的发展为稀土永磁材料提供了广阔的市场空间，同时对稀土永磁产业本身来讲也面临着巨大的机遇和挑战。为了适应这种发展，帮助我国广大的稀土永磁工作者在供给侧着力，研发、制备和提供满足市场需求的稀土永磁新产品，系统地梳理和总结五十年以来稀土永磁材料的研发成果和制备技术势在必行，本书也应运而生。作为三环研发人员的代表，三位编著者三十多年来一直从事稀土永磁材料的研究开发和产业化，不仅在稀土永磁材料基础理论方面训练有素、造诣深厚，而且在稀土永磁材料制备和产业化方面也有较丰富的经验。这本出自于行业领头企业研发人员之手的专著，系统总结了国内外稀土永磁材料的研究成果，深入讨论了稀土永磁材料的内禀磁性和硬磁性，全面介绍了稀土永磁材料的制备工艺和技术，对于从事稀土永磁材料事业的研究人员和生产一线的技术人员均有很好的参考价值。

我期望三环公司研发人员编著的这本《稀土永磁材料》能够为推动我国稀土永磁材料的进一步发展贡献一份力量。

中国工程院院士 王震西

2016 年 8 月于北京

前　言

自20世纪60年代发现稀土永磁材料以来，五十年过去了。在过去的五十年中，稀土永磁材料不断发展，经历了第一代1∶5型钐钴永磁材料、第二代2∶17型钐钴永磁材料、第三代2∶14∶1型钕铁硼永磁材料，以及近些年人们研究开发的1∶12型钐铁化合物、间隙原子稀土金属间化合物和纳米晶复合永磁材料等。特别是1983年钕铁硼出现以来，由于其优异的性价比，得到了迅猛的发展和广泛的应用。而绿色低碳的应用需求，如新能源汽车、风力发电、节能家电等，又为稀土永磁材料的发展提供了非常广阔的空间。

我国稀土资源丰富，稀土永磁材料发展具有得天独厚的条件。伴随钕铁硼的发现和发展，我国稀土永磁材料产业独领风骚，成为了稀土应用的龙头。近几年，在我国的稀土应用中稀土永磁材料占比超过40%，我国稀土永磁体的产量占全球产量的85%以上。中国稀土永磁产业的超常发展，使得全球稀土永磁产业保持了迅猛增长的态势，2005年至2015年的十年间，全球年均增长率为10%左右。

进入21世纪后，烧结磁体制备的工艺技术有了长足发展，其中包括采用条片浇铸（SC）、氢破碎（HD）、气流磨（JM）等技术手段，降低了磁体的总稀土含量和成本，同时较大幅度地提高了磁体的性能。近几年发展起来的新技术主要代表有，以优化晶粒边界为目的的晶界扩散方法（GBD）和双合金方法（包括双主相方法）以及为获得高矫顽力为目的的晶粒细化方法等。此外，对氧含量控制技术的广泛采用，使得磁体获得高的磁性能（尤其是高矫顽力）成为可能，同时控氧技术也是保持烧结稀土永磁产品高稳定性和一致性的关键因素。

近年来，烧结钕铁硼磁体产品研发主要朝两个方向发展：一是高性能，二是低成本。随着烧结钕铁硼磁体在风力发电、混合动力汽车/纯电动汽车和节能家电/工业电机等低碳经济领域的应用，双高磁性能（高最大磁能积$(BH)_{max}$和高内禀矫顽力H_{cJ}）的烧结钕铁硼磁体成为重大需求。另外，为了促进稀土资源的综合平衡利用，满足低成本的消费市场，以Ce和混合稀土合金为重要原料的稀土铁硼磁体已经被开发成功并投放市场。

为了总结过去五十年来国内外稀土永磁材料的研究成果，更好地推动我国稀土永磁材料科研和生产的发展，我们在从事三十多年稀土永磁材料研究和生产的基础上，在繁忙的工作之余用了两年时间完成了本书的编写工作。在编写本书的过程中，我们力求对过去五十年来国内外（包括三环公司）在有关稀土永磁材料的合金相图、晶体结构、内禀磁性、永磁特性、其他物理化学特性和与永磁特性相关的显微结构以及实现这些显微结构的各种工艺技术等方面的研究成果进行全面的介绍。

全书分上下两册共9章。第1章对永磁材料作一般介绍，包括稀土永磁材料的发展简史，稀土元素和稀土金属的结构和特性，以及稀土资源的概况；第2章介绍稀土过渡族元素的二元和多元相图；第3章介绍与稀土永磁材料相关的稀土过渡族金属间化合物的晶体结构；第4章重点讨论稀土永磁材料的内禀磁性；第5章着重介绍稀土永磁材料的永磁性能及其温度稳定性和长时间稳定性；第6章介绍稀土永磁材料永磁特性以外的其他物理和化学特性；第7章介绍永磁体的磁化和反磁化机制，重点论述了矫顽力理论，特别是运用微磁学理论和显微观察分析讨论稀土永磁材料的矫顽力行为；第8章重点讨论各类稀土永磁材料的生产工艺及其与性能之间的关系；第9章介绍稀土永磁材料的应用和磁路设计。

本书全面和系统地介绍了稀土永磁材料的相关知识，集晶体理论、磁性理论和微磁学理论与工艺原理和制造技术于一体，是一本阐述永磁材料原理和技术的专著，对从事永磁材料事业的人员，尤其对从事稀土永磁材料研究和生产的技术人员都有很好的参考价值，也可作为大专院校、科研院所磁学和材料专业学生的参考书。

在本书的编著过程中，我们得到了中科三环公司董事长、中国工程院院士王震西先生的积极支持，也得到了中科三环研究院和中科三环公司下属各企业同仁们的大力协助。特别是在成稿过程中，钮萼、陈治安、朱伟、杜飞、蔡道炎、叶选涨、金国顺、刘贵川、梁奕、王谚、秦国超、王湛、陈国安、赵玉刚、姜兵、张瑾等人在研发结果整理、磁测量、显微观察、文字校正、图形绘制、文献查找等方面给予了热情帮助。在此，我们谨表示衷心的感谢！

三环公司成立于1985年，刚过三十岁生日。三位编著者在三环公司一直从事稀土永磁材料的研究开发和产业化，同三环公司一同成长。这本书，也是我们献给三环公司的三十岁生日礼物。三十岁正值青年，前面的路还很长、很长……。希望三环公司健康发展，永葆青春！

由于编著者水平所限，书中不妥之处，敬请读者批评指正。

编著者
2016年8月于北京

总目录

上　　册

下　　册

目　录

第6章

稀土永磁材料的其他特性

永磁材料在理想状态应保持其磁性能恒久不变，我们也的确可以感受到，在许多场合并不需要担心磁性能的丧失，它们似乎恒久不变地在提供磁性，不像电能供应那样至少还需要换电池，因此堪称“永久”。但从第5章我们已经了解到，永磁材料的磁性实际上是随着使用环境和时间而不断变化，需要对永磁材料的稳定性进行更确切的描述和系统研究。关于永磁材料稳定性最直观的描述，就是比较磁体在应用过程中受到周围环境影响前后，磁体永磁性能变化的程度。如果永磁性能变化很小，表示该永磁材料的稳定性好；如果永磁性能变化很大，表示该永磁材料的稳定性差。通常，永磁材料被用作一个磁场源，即在一定的气隙内提供一个无需电流源的恒定或可变的磁场，前者对应静态磁路，后者对应动态磁路。永磁体在气隙内所提供的磁场正比于永磁材料所处工作负载线对应的磁能积的平方根，即 $H_g \propto (BH)^{1/2}$，材料利用率最高的工作点应选在最大磁能积 $(BH)_{max}$ 附近。如第5章式（5-1）所述，永磁材料的最大磁能积取决于材料的剩磁 B_r、磁感应矫顽力 H_{cB} 和退磁曲线的方形度。如果这几个基本参数发生变化，磁体的永磁性能是一定会变的，因为这些变化反映的是磁体再充磁后的状况。如果再充磁不可恢复，意味着磁体宏观或微观结构的变化所致，例如宏观上的磁体磕边掉角和表面锈蚀或微观上的晶粒尺寸长大等。即使这三个参数不变，磁体的稳定性还受到其工作点或磁导系数变化的影响，它取决于磁体的尺寸和形状，以及与其共同构成磁应用器件的其他材料的状况。通常，当磁体的磁导系数较高时，即 $|P_c| \gg 1$，参数 B_r 的稳定性起主要作用；当 $|P_c| \ll 1$ 时，参数 H_{cB} 的作用更大一些。

引起永磁材料磁性能变化的外界条件有温度、机械（振动或冲击）、电磁场、高能射线、化学作用等，而时间是使这些外界因素不断消磨磁体性能的基本变量，关于温度和磁场对磁体长时间稳定性的影响，在第5章有详细的说明，另外需要考虑的是机械稳定性、电磁场稳定性、高能射线稳定性和化学稳定性等。磁体使用环境不同，对永磁材料稳定性要求也不同。例如，在航天飞行器或军用弹道导弹中使用的永磁体，环境温度变化很大，需要磁体温度系数低才能确保器件正常工作；在太空使用的永磁体除了环境温差变化大以外，还不断受到各种高能射线的辐照，磁体材料必须具备抗辐射能力；在高速运转的电机、陀螺仪和磁性轴承中使用的永磁体需要材料有高的机械强度；在高频环境下工作的永磁体需要它的电导率尽量低，以降低磁体的涡流损耗和发热量；在电真空器件如磁控管和行波管中工作的永磁体，除需要低的磁体温度系数外，还希望其热导率高，以便很好地降温；在海洋工程领域中使用的永磁体，由于潮湿的空气和盐的作用，磁体表面会受到侵蚀，从而造成磁体表面的氧化和腐蚀；在化工工程领域中使用的永磁体，由于磁体表面受到各种酸和碱的侵蚀也将造成磁体的腐蚀。总之，对于一些在特殊环境下工作的永磁体，只有永磁材料同时满足永磁性能和以上所述的某些物理或化学特性方面的一些稳定性要求后，永磁体才能长期稳定地工作。除此之外，永磁材料还可能遇到一些额外要求。例如，绝大多数应用场合需要对磁体进行各种机械加工，要求永磁体具备良好的机械加工性能；永磁体总是与其他材料组装在一起使用，为了与其他材料紧密配合，希望磁体与相配材料的线膨胀系数差异尽量小；对于航空航天上应用的永磁材料，还要求材料的磁能积尽量高，以便降低器件的整体重量等。

第4章和第5章分别系统地介绍了稀土永磁材料的内禀磁性和永磁特性，本章将着重介绍稀土永磁材料在与其长时间稳定使用密切相关的其他物理特性，包括：力学特性、电学特性、热学特性、抗高能辐射特性等，以及稀土永磁材料的腐蚀机理和耐腐蚀性。从第5章我们了解到，稀土永磁材料主要分为烧结磁体、粘结磁体和热压及热压-热变形磁体三大类，每类材料的制备工艺不同，磁体本身的相组成和微结构存在明显差异，这些差异除了反映在永磁性能上以外，还会显著体现在这些物理、化学特性上，特别是粘结磁体，它实际上是磁粉和粘结剂的复合体系，其物理化学特性与粘结剂种类以及成型过程密切相关。以上这些对材料物理、化学性能的要求，具体对应到永磁材料的密度、维氏硬度、抗压强度、抗拉强度、冲击韧性、电导率、热导率、比热容、线膨胀系数、磁致伸缩系数和抗辐射性等各种物理特性参数，还包括在抗氧化和抗腐蚀方面的化学特性参数等。相对于广泛而深入的磁性研究而言，有关稀土永磁材料磁性能以外的这些物理和化学特性研究是很稀少的，数据积累有限，且不少实验研究的测量不确定性较大，甚至是半定量或定性描述，因此这些物理、化学参数通常都是作为参考性数据提供的。

6.1 稀土永磁材料的力学特性

稀土永磁材料的硬磁性主相为金属间化合物，普遍具有晶体结构复杂、滑移系少等特点，导致其韧性较差，特别是经过烧结工艺制备的烧结稀土永磁体，其韧性就更差。而粘结磁体的力学特性除了受磁粉合金自身性质的影响外，还需考虑粘结剂和添加剂的力学特性以及磁粉-粘结剂界面的相互作用特性。稀土永磁材料力学特性的宏观描述，主要是材料的强度和韧性相关参数，它们既影响到磁体的加工和正常运行，也影响到磁体长期服役的力学性能。

6.1.1 金属材料力学特性的表征

强度和韧性是一对矛盾：强度较高的材料，通常其韧性都较差，因而材料较脆；而韧性较高的材料，其强度一般都较低。强度指金属材料在静载荷作用下抵抗变形和断裂的能力，常见的有拉伸强度、压缩强度、弯曲强度、剪切强度和断裂韧性等。韧性指材料在断裂前吸收能量和进行塑性变形的能力。韧性材料比较柔软，它的拉伸断裂伸长率、抗冲击强度较大，硬度、拉伸强度和弹性模量相对较小。而与之相反的脆性材料的硬度、拉伸强度较大，断裂伸长率和冲击强度就可能低一些。

一般以拉伸强度作为韧性较好的金属材料的强度判断指标，需制作符合测量标准的样块，通过拉伸实验获得材料的拉伸曲线，并由此计算出金属材料的强度指标，如：杨氏模量 E(MPa)、弹性极限 σ_ε(MPa)、屈服强度 σ_s(MPa) 和拉伸强度 R_m(MPa) 等。根据

《金属材料拉伸试验 第1部分：室温试验方法》（GB/T 228.1—2010）（ISO 6892-1:2009，MOD）[1]的要求，对于厚度0.1～3mm的薄板，短比例试样为如图6-1所示的哑铃片，原始标距L_0与原始横截面积S_0平方根的比值$k = L_0/S_0^{1/2} = 5.65$，哑铃片等截面区域的平行长度$L_c \geqslant L_0 + b_0/2$，加上夹持段$l$的试样总长度$L_t \geqslant L_c + 2l(l = 5 \sim 10\text{mm})$。以横截面为10mm×2mm的样品为例，$L_0 = 25.27\text{mm}$，$L_c \geqslant L_0 + b_0/2 = 30.17\text{mm}$，试样总长度$L_t = 40 \sim 50\text{mm}$；对于厚度3～4mm的棒材，$L_0 = (100 \pm 1)\text{mm}$，$L_c \geqslant 120\text{mm}$。像烧结稀土永磁体这类脆性较大的材料，较难制作总长度L_t偏大的样品，不太适合做拉伸试验，但测量压缩强度更加方便，特别是作相对比较的场合，《金属材料室温压缩试验方法》（GB/T 7314—2005）[2]可直接采用边长为5～10mm的立方体样块，方便地得到压缩强度，值得一提的是，该国标采用了美国材料与试验协会标准ASTM E9-89a（2000）《金属材料室温压缩试验方法》。

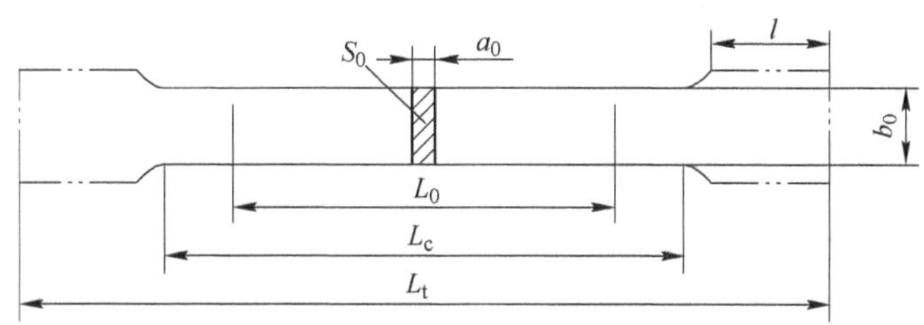

图6-1 拉伸试验矩形截面样品的典型形状和尺寸关系[1]

另外，弯曲强度（抗弯强度）、冲击韧性（冲击强度）和断裂韧性倒是经常用来衡量脆性材料的三个力学指标。弯曲强度σ_b（MPa）试验是采用三点弯曲法测量材料弯曲断裂的应力，如图6-2所示，所参照的国家标准为《金属材料弯曲试验方法》（GB/T 232—2010）（ISO 7438：2005，MOD）[3]，厚度a、长度L的样品用弯曲直径为D的圆柱来测试，下支撑辊的间距$1 = (D + 3a) \pm a/2$。该方法的特点是试样加工容易，测试设备简单。

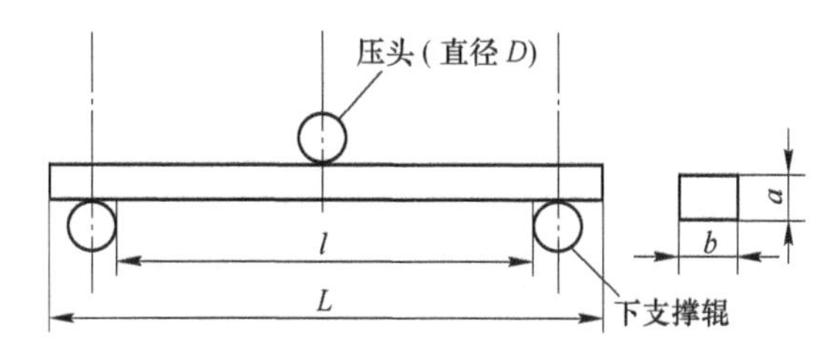

图6-2 三点弯曲试验结构[3]

断裂韧性指金属材料阻止裂纹失稳扩展的能力，是材料抵抗脆性破坏的韧性参数，用K_{IC}表示，其单位是MPa·m$^{1/2}$。当裂纹尺寸一定时，材料的断裂韧性值越高，其裂纹失稳扩展所需要的临界应力就越大；当外力一定时，材料的断裂韧性值越高，其裂纹失稳扩展时的临界尺寸就越大。常用断裂前物体吸收的能量或外界对物体所做的功来表示，例如应力－应变曲线下的面积。测量断裂韧性的SENB法，是在试样中间开一裂纹，通过三点抗弯断裂进行测试，如图6-3所示。断裂韧性K_{IC}可按照如下公式计算：

$$K_{IC} = Y \frac{3PL}{2bW^2} \sqrt{a} \tag{6-1}$$

式中，Y 是试样尺寸 a/W 的函数，可由相关的表查出；其他参数都是试样尺寸，具体定义见图6-3，其中 a 为带裂纹的缺口深度。

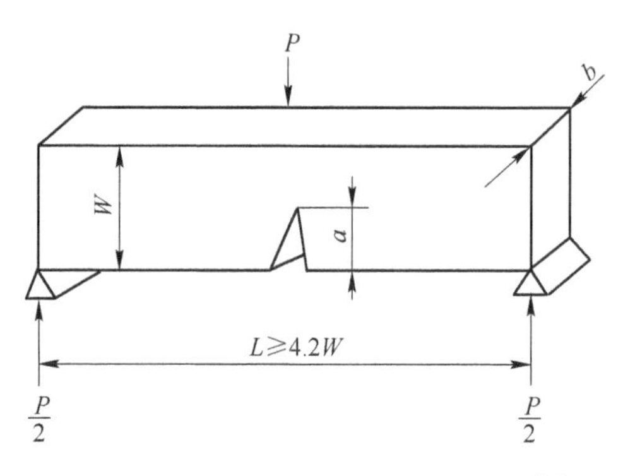

图6-3 测量断裂韧性 K_{IC} 的SENB法[4]

用于断裂韧性测量的试样，其形状、尺寸及制备方法详见《金属材料平面应变断裂韧度 K_{IC} 试验方法》（GB/T 4161—2007）[4]，本标准与国际标准《金属材料平面应变断裂韧度 K_{IC} 试验方法》（ISO 12737：2005）基本一致。

冲击韧性指金属材料抗冲击载荷而不被破坏的能力，用 α_k 代表，其单位是 J/m^2。这里的冲击载荷是加载速度很快且作用时间很短的一种突发性载荷。经常用一次摆锤的冲击弯曲实验来测定金属材料的韧性。判断冲击韧性的指标是冲击试样缺口底部单位截面上冲击的吸收功。

6.1.2 烧结稀土永磁材料的脆性断裂行为

6.1.2.1 烧结Nd-Fe-B磁体的力学特性参数

德国VAC的Rodewald等人[5]系统研究了烧结Nd-Fe-B的压缩强度、弯曲强度和断裂韧性，以及这些参数与烧结磁体平均晶粒尺寸 $\bar{d}$ 的关系。他们将不同晶粒尺寸的烧结(Nd,Dy)-Fe-TM-B磁体沿取向方向切成5mm×5mm×5mm的立方体，在取向方向施加压力，测出对应的压缩强度平均值及标准偏差，图6-4是压缩强度与平均晶粒尺寸的关系，在平均粒度不大于6.5μm的细晶粒一侧，测量的相对误差较大，为±6.5%～±16.5%，7μm以上相对误差不到±3%，压缩强度的平均值在（960±50）N/mm^2 之间变化，不同平均晶粒尺寸的数值差异在测量误差范围以内，且与Rabinovich等人[6]的测量结果符合得很好。

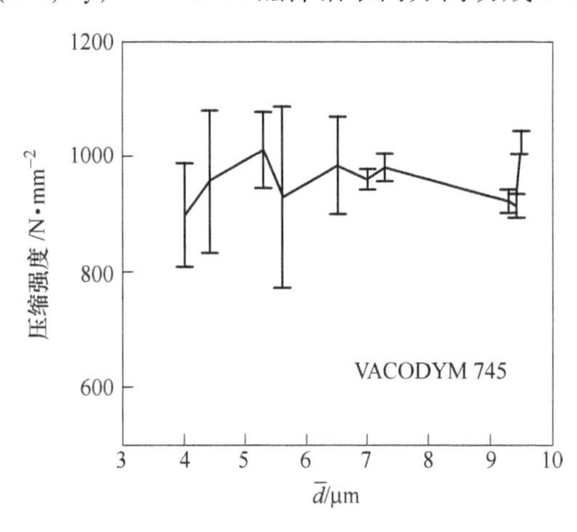

图6-4 烧结（Nd,Dy)-Fe-TM-B磁体压缩强度与磁体平均晶粒尺寸的关系[5]

另外，垂直于取向方向的压缩强度比前者低4%～8%。弯曲强度是参照ASTM 314-64标准，在5mm×2mm×50mm的条状磁体上测得的，易磁化轴沿着50mm方向，测量的是垂直于易磁化轴的弯曲强度，平均而言弯曲强度为（330±20）N/mm^2，与晶粒尺寸无关（图6-5），平行于易磁化轴的弯曲强度比前者高4%～10%，这些结果与Rabinovich等人[6]以及Jiang等人[7]的结果也很吻合。如果将磁体磁化，垂直方向上的弯曲强度会比不磁化的低10%～15%，其原因是缺口两侧附加了磁偶极相互作用力（同性排斥力），会促进缺口裂纹的传播。断裂韧性的测试样品是3mm×6mm×30mm的条状磁体，在磁体中间线切割出一条0.2mm宽、3mm深的细槽，按照ASTM 314-64标准作三点弯曲测试。加载10N负荷的维氏硬度数据展示在图6-6中，其平均值与磁体晶粒尺寸的关系微乎其微，因为即使平均晶粒尺寸约5μm的磁体内部也含有一些20μm的大晶粒，平均而言维氏硬度为（610±30）HV，证实了Rabinovich等人[6]以及Jiang等人[7]的结果。

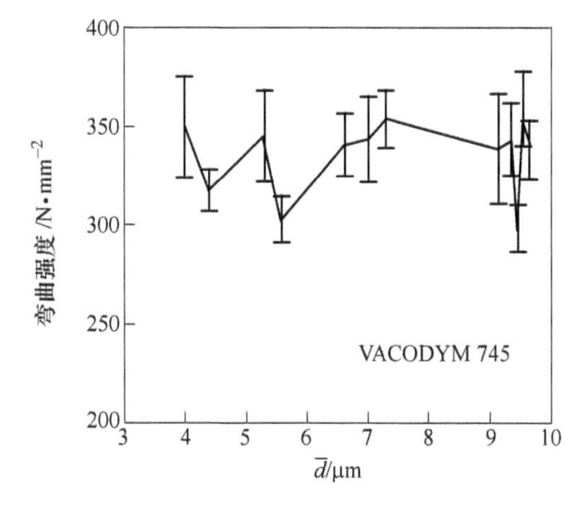

图6-5 烧结（Nd,Dy）-Fe-TM-B磁体弯曲强度与磁体平均晶粒尺寸的关系[5]

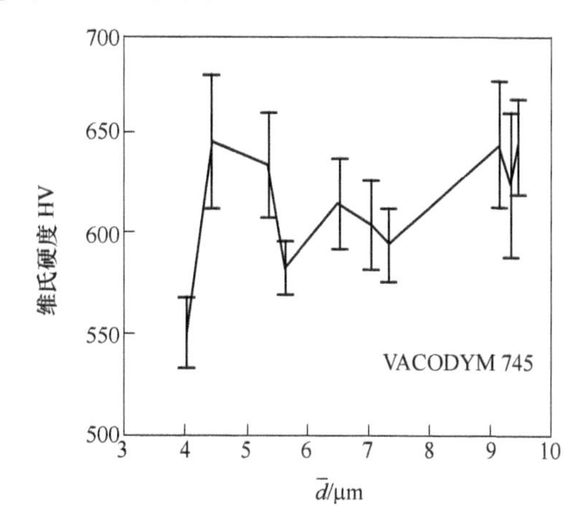

图6-6 烧结（Nd,Dy）-Fe-TM-B磁体的荷载10N的维氏硬度与磁体平均晶粒尺寸的关系[5]

数据表明（图6-7），垂直于易磁化方向的断裂韧性平均值为（97±7）$\times 10^6 N/m^{3/2}$，K_{IC}随磁体平均粒度的缩小略有下降，富Nd相略微增加并不明显改变断裂韧性。K_{IC}的数值与Horton等人[9,24]的结果之差异在误差范围之内。他们还用3mm×4mm×50mm的条状样品测定了平均晶粒尺寸为9.8μm磁体的杨氏模量，在垂直于易磁化轴方向杨氏模量为（160±3）$\times 10^3$MPa，再一次与Rabinovich等人[8]的结果吻合，平行于易磁化轴的数据也很接近，差异小于3%。图6-8将烧结$SmCo_5$、Sm_2Co_{17}和$Nd_2Fe_{14}B$磁体的断裂韧性与其他永磁体进行了比较[10]，可见它们与同为烧结磁体的铁氧体及铝镍钴相当，由于高分子粘结剂的存在，粘结磁体的断裂韧性明显高于烧结磁体，而金属磁钢和Fe-Cr-Co的断裂韧性最佳。

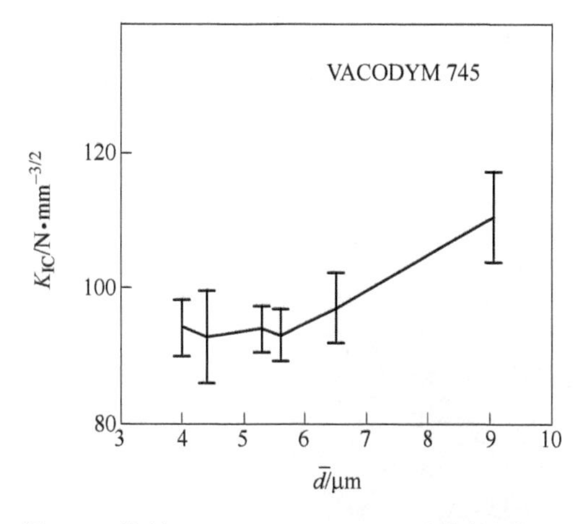

图6-7 烧结（Nd,Dy）-Fe-TM-B磁体断裂韧性与磁体平均晶粒尺寸的关系[5]

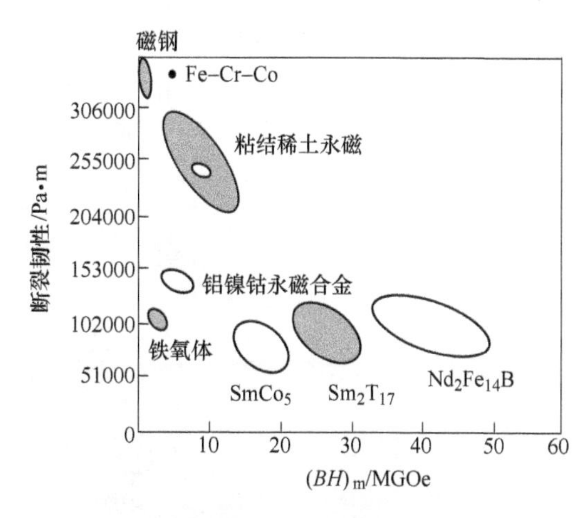

图6-8 各种永磁材料最大磁能积和冲击韧性的比较[10]

表6-1[11]列出了烧结Sm-Co和Nd-Fe-B磁体的典型力学特性参数和其他物理参数，显

然两种磁体的断裂韧性和弯曲强度都较低，充分表明烧结稀土永磁体是一种脆性材料，这些数据与VAC的数据多少有一些出入，因为各家磁体的配方和工艺不尽相同。

表6-1 烧结Sm-Co和Nd-Fe-B磁体的非磁性参数[12,13]

参数		单位	Sm-Co	Nd-Fe-B
密度		kg/m^3	$(8.2 \sim 8.4) \times 10^3$	$(7.2 \sim 7.6) \times 10^3$
维氏硬度（HV）			500～550	550～600
弯曲强度		MPa	150	250
压缩强度		MPa	820	1100
拉伸强度		MPa	36	75
杨氏模量		MPa	110000[12]	150000[12]
断裂韧性 K_{IC}		$N/m^{3/2}$	$(1.3 \sim 2.2) \times 10^6$[12]	$(2.9 \sim 5.7) \times 10^6$[12]
线膨胀系数	$(/\!/c)$（0～100℃）	/℃	8×10^{-6}	5.2×10^{-6}
	$(\perp c)$（0～100℃）	/℃	11×10^{-6}	-0.8×10^{-6}
电阻率	$(/\!/c)$	Ω·m	0.86×10^{-6}	1.6×10^{-6}[13]
	$(\perp c)$	Ω·m		1.3×10^{-6}[13]
比热容		J/(kg·K)	370	405
热导率	$(/\!/c)$	W/(m·K)	10	6.5[13]
	$(\perp c)$	W/(m·K)		7.5[13]

6.1.2.2 烧结稀土永磁材料的沿晶断裂

李安华等人[14]在研究2:17型烧结Sm-Co磁体的弯曲强度和断裂韧性时发现，构成烧结Sm-Co磁体的基体具有很强的脆性，而脆性断裂从显微结构上看是沿着晶界的解理断裂。烧结Nd-Fe-B磁体的断裂行为类似，Withey等人[15]就明确指出，烧结Nd-Fe-B磁体的断裂机理是由张应力的临界值控制的，曾振鹏则认为[16]烧结Nd-Fe-B的断裂行为主要是沿晶断裂，仅有少量的穿晶断裂，晶界上存在的薄片状含氧富Nd相是引起磁体沿晶断裂的主要原因。周寿增等人[17]用SEM观察了磁体的断口形貌，从图6-9中可以看到，断

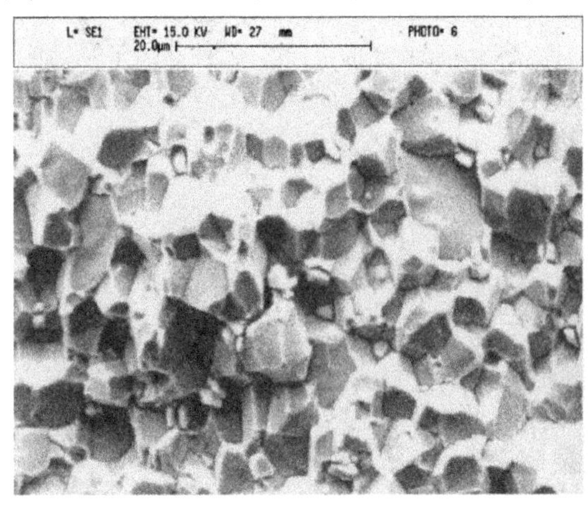

图6-9 烧结Nd-Fe-B磁体的断口形貌[17]

口呈现出晶粒的多面体立体形貌，极少数晶粒是穿晶断裂，说明磁体断裂时大部分晶粒是沿晶界的解理断裂，意味着晶粒内部原子的结合力明显大于晶界内部以及晶界-晶粒内原子的结合力，如果结合力大小的顺序颠倒，将会发生穿晶断裂。烧结 Nd-Fe-B 的晶界相是富 Nd 相，对比纯金属 Nd 和主相 $Nd_2Fe_{14}B$ 的力学特性参数差异（见表6-2）就可以推出，富 Nd 相的内部原子的结合力明显低于主相 $Nd_2Fe_{14}B$ 中原子的结合力。由于烧结 Sm-Co 磁体的断裂韧性和弯曲强度等都比烧结 Nd-Fe-B 磁体的低，所以烧结 Sm-Co 磁体的脆性比烧结 Nd-Fe-B 磁体更高。

表 6-2 $Nd_2Fe_{14}B$ 相和金属 Nd 的力学特性参数比较[17]

材 料	弹性模量 /MPa	硬度 (HV)	抗压强度 /MPa	屈服强度 /MPa	断裂伸长率 /%
金属 Nd	38×10^3	350	250	150	11
$Nd_2Fe_{14}B$	158×10^3	950	800 ~ 1000	—	—

6.1.2.3 烧结稀土永磁体力学特性的各向异性

大多数烧结稀土永磁体是单晶磁粉经磁场取向成形后进行烧结和热处理制成的，晶粒的易磁化轴得到了非常好的取向，磁体存在明显的各向异性，因此可以期待，与晶粒取向相关的诸多物理、化学特性都可能存在类似的各向异性，即在易磁化方向（平行于取向方向）和与其垂直的方向（垂直于取向方向）上测得的物理、化学性能参数不一样，力学特性参数自然也在考察之列。6.1.2.1 节中，Rodewald 等人[5]已经关注到相关力学参数是否存在各向异性，其结果表明各向异性存在但并不显著，这与烧结 Nd-Fe-B 力学特性主要取决于富 Nd 相有密切关系，主相晶粒自身的力学特性属隐性“基因”，而宏观上的各向异性差异很可能更反映富 Nd 相的各向异性分布特征。

孙天铎等人[18]在研究辐射取向环形 Sm-Co 磁体的断裂机制时发现，1:5 型烧结 Sm-Co 磁体的拉伸强度明显呈现各向异性，垂直于取向方向的拉伸强度比平行于取向方向的更大。从断裂显微结构看，断裂机制也呈现出各向异性，在平行和垂直于取向方向的拉伸试验断口具有显著不同的特征，垂直于取向方向的断口陡峭不平，穿晶解理的断裂特征明显增强，而平行于取向方向的断口则为平滑的解理台阶。

李安华等人[19]研究了烧结 Nd-Fe-B 磁体弯曲强度的各向异性，如表6-3 所示，弯曲强度在平行和垂直于取向方向是不同的，且不同牌号的烧结 Nd-Fe-B 磁体呈现同样的结果，平行于取向方向的弯曲强度要比垂直于取向方向的高约 16.9%，这个结果比 Rodewald 等人[5]测到的差异更显著。进一步的观察发现，弯曲强度的差异与富 Nd 相沿上述两个方向分布的厚度不同有密切关系，在平行于易磁化轴的剖面上看富 Nd 相较厚，而在垂直于易磁化轴的剖面上看富 Nd 相明显变薄，也就是说，平行于易磁化轴排列的 c 轴首尾相接的晶粒与晶粒之间的富 Nd 相少，而沿垂直于 c 轴排列的 c 轴肩并肩的晶粒与晶粒之间的富 Nd 相多，而富 Nd 相的力学性能明显低于主相，所以沿平行于 c 轴的晶粒与晶粒之间的结合力强，而沿垂直于 c 轴的晶粒与晶粒之间结合力弱。因此，在取向烧结磁体中观察到的弯曲强度各向异性，并非主相晶粒晶体结构各向异性的直接反映，而是富 Nd 相分布的各向异性，这种分布各向异性显然与烧结工艺的控制有密切关系，也就会因工艺差别而有所不同。

表6-3 烧结 Nd-Fe-B 磁体沿平行 c 轴和垂直 c 轴的抗弯断裂强度[19]

磁体牌号	N36		N33H		N32SH		N26UH	
	$//c$	$\perp c$	$//c$	$\perp c$	$//c$	$\perp c$	$//c$	$\perp c$
弯曲强度/MPa	345	295	345	295	345	295	345	295

6.1.3 改善烧结 Nd-Fe-B 磁体脆性的研究

随着 Nd-Fe-B 永磁材料的使用范围不断扩大，其服役条件有时很苛刻。如一些汽车或机器人电机，转速超过 10^4r/min，高转速要求作为转子的磁体具有高的强度和韧性，以避免在运行过程中发生磁体开裂、电机卡死的现象。又比如手机振动功能是由直径 3 ~ 5mm 的超小型直流电机实现的，电机磁体是高磁能积烧结 Nd-Fe-B 磁体，其轴向通孔通常是由钻床加工而成的，需要磁体要有一定的韧性，具有较好的可加工性能，以防加工时磁体产生边角崩裂。尽管烧结 Nd-Fe-B 磁体的力学性能均明显优于烧结 Sm-Co 磁体（见表6-1），但由于本质上的脆性特征，其力学性能仍然是较差的，必须进一步改善烧结 Nd-Fe-B 磁体的力学特性，增强磁体的强度和韧性。烧结 Nd-Fe-B 磁体的脆性特征，是由其相组成和微结构诸因素综合决定的。磁体主相为 $Nd_2Fe_{14}B$ 金属间化合物，其晶体结构复杂而完整，晶体内滑移系少；磁体制备采用粉末冶金工艺，晶粒细小，晶界相遍布。因此，改变主相的晶体结构特征，或提高晶界相的强度和韧性，就有可能改善烧结 Nd-Fe-B 磁体的脆性。

6.1.3.1 增加富 Nd 相含量提升 Nd-Fe-B 磁体的韧性

刘金芳等人[20,21]通过烧结 Nd-Fe-B 冲击断裂韧性与 Nd 含量的关系研究发现，增加磁体的 Nd 含量可以提高磁体的强度和韧性。如图 6-10 所示，以商用烧结 $Nd_{16}Fe_{78}B_6$ 磁体为起点，$Nd_xFe_{94-x}B_6$（$x=16\sim19$（原子分数））磁体的冲击断裂韧性随着 Nd 含量的增加单调上升，当 $x=19$（原子分数）时，冲击断裂韧性从 12.9×10^4Pa·m 提高到 22.4×10^4Pa·m，而磁体的剩磁和最大磁能积的降幅不大；如果 Nd 含量继续提高到 22%（原子分数），冲击断裂韧性基本上保持为常数，而剩磁和最大磁能积则持续下降，无益于磁体特性的改善。对 $x=18$（原子分数）的 $Nd_{18}Fe_{76}B_6$ 磁体进行断口显微分析发现，断口处有大量富 Nd 相颗粒沉积，可能对磁体中裂纹的扩展起到阻止和延缓作用，从而提高其冲击断裂韧性。

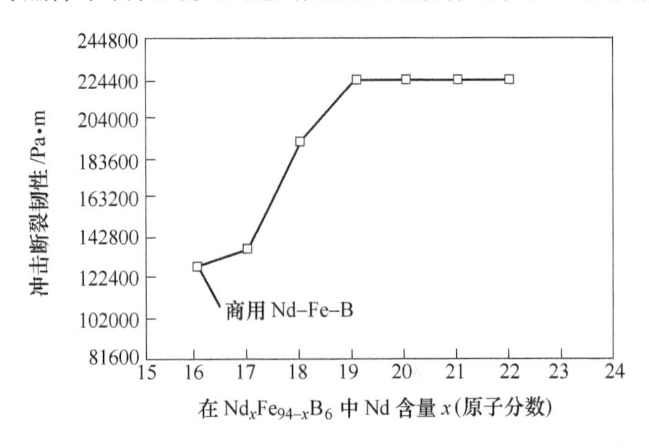

图6-10 $Nd_xFe_{94-x}B_6$烧结磁体冲击断裂韧性与 Nd 含量的关系[20,21]

6.1.3.2 添加其他元素提升 Nd-Fe-B 磁体的韧性

除了尝试增加富 Nd 相外，刘金芳等人[20,21]还研究了不同元素替换 Fe 对冲击韧性的影响。他们发现如果添加 Ti、Nb 或 Cu 等元素，可以使磁体在晶界析出少量富 Ti、Nb 或 Cu 的沉淀相，其成分分别为 $Nd_{4.3}Fe_{29.2}Ti_{66.5}$、$Nd_{0.6}Fe_{48.4}Nb_{51.0}$ 或 $Nd_{10.4}Fe_{59.5}Cu_{30.1}$，这些沉淀相有较高的韧性，从而能极大地改善磁体的冲击断裂韧性。如图 6-11 所展示的烧结 $Nd_{16}Fe_{78-y}Ti_yB_6$（$y=0\sim3.2$（原子分数））磁体冲击断裂韧性随 Ti 含量的变化关系曲线，冲击断裂韧性的峰值出现在 $y=1.56$（原子分数）的位置，$y=0$ 的商用磁体和 $y=1.56$ 的最佳磁体的冲击断裂韧性分别为 $12.9\times10^4Pa\cdot m$ 和 $77.0\times10^4Pa\cdot m$，在 $y=1.56$ 的 Ti 含量两侧，磁体的冲击断裂韧性均降低。添加 Nb 和 Cu 的情况类似，冲击断裂韧性的峰值分别对应 Nb = 1.5%（原子分数）和 Cu = 0.75%（原子分数）。另外，他们还在添加 Al 的 $Nd_{15}Dy_1Fe_{78-x}Al_xB_6$ 磁体中发现，相对于 $x=0$ 的磁体而言，$x=0.5$（原子分数）的磁体冲击断裂韧性提高了 60%。与增加磁体的 Nd 含量一样，添加 Al 的磁体断口晶粒表面和晶界有大量的含 Al 富 Nd 相颗粒沉淀物，显著提高了磁体的冲击断裂韧性。

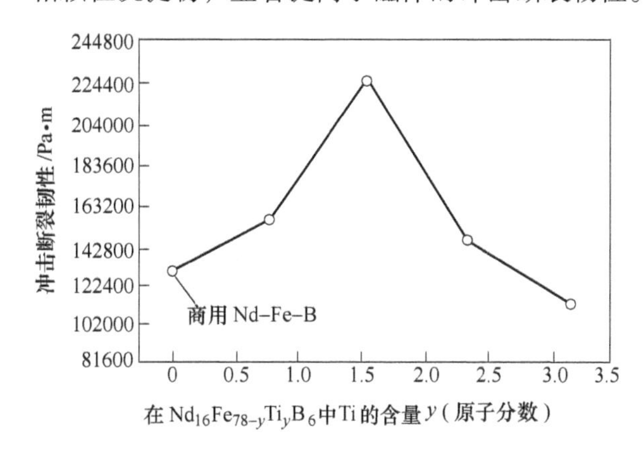

图 6-11 烧结 $Nd_{16}Fe_{78-y}Ti_yB_6$ 磁体冲击韧性随 Ti 含量的变化[20,21]

在添加 Nd、Al、Ti、Nb、Cu 和 Ga 等元素改善烧结 Nd-Fe-B 磁体冲击断裂韧性的研究基础上，他们开发出名义成分为 $(Nd,Pr)_{16.5}Dy_{0.5}Fe_{76}(Nb,Ga,Al,Cu,Mn,Ti)_1B_6$ 的高韧性商品化磁体，商品名为 ToughNEO™[22]，表 6-4 给出了 ToughNEO™ 磁体与常规商用 Nd-Fe-B 磁体的力学性能参数比较，可见其冲击断裂韧性值高出常规商用磁体近 70%。与典型的金属材料一样，随着韧性的增加，磁体的硬度下降，但只低了 4%，对大多数应用没有影响。ToughNEO™ 磁体的弯曲强度比商用 Nd-Fe-B 磁体高 16%，这与冲击试验和硬度测量结果吻合，压缩强度比商用磁体低 8%，而拉伸强度几乎与商业磁体一样。滚翻试验和钻孔试验被用来验证 ToughNEO™ 磁体的韧性增强。图 6-12 和图 6-13 分别展示 ToughNEO™ 磁体和常规商用磁体在滚翻试验中磁体掉屑尺寸和质量损失随时间的变化[22]。明显可见，在滚翻试验中 ToughNEO™ 磁体的掉屑尺寸基本不变，在 1mm 左右，但商业磁体的掉屑尺寸大，可以达到 5mm，且尺寸波动也很大。掉屑总量则反映在磁体的质量损失上，ToughNEO™ 磁体的质量损失明显低于商用磁体。因此，ToughNEO™ 磁体确实比商用 Nd-Fe-B 磁体在冲击韧性上有了很大的改善，可加工性得到了大幅度提升，而磁性能损失并不大。钻孔试验对比的结果也是很有说服力的。在 ToughNEO™ 磁体上所钻的孔边缘清晰，没有掉边、掉角的现象，但在商用 Nd-Fe-B 磁体上很难钻成孔，即使钻成了孔，其边缘也是不光滑的，有掉边掉角现象。

表 6-4 ToughNEO™磁体与常规商用 Nd-Fe-B 磁体的力学性能参数比较[22]

力学特性	ToughNEO™磁体	常规商用磁体	两者差别/%	测试标准	测试部位的数目
冲击韧性/kJ·m^{-2}	46.2	27.3	69		5
HR15N	84.4	87.5	-4	ASTM E18-00	5
弯曲强度/MPa	347.5	299.2	16	ASTM C1161	5
压缩强度/MPa	1051.5	1139.1	-8	ASTM C1424	6
拉伸强度/MPa	161.0	163.4	-1	ASTM E8-00b	5

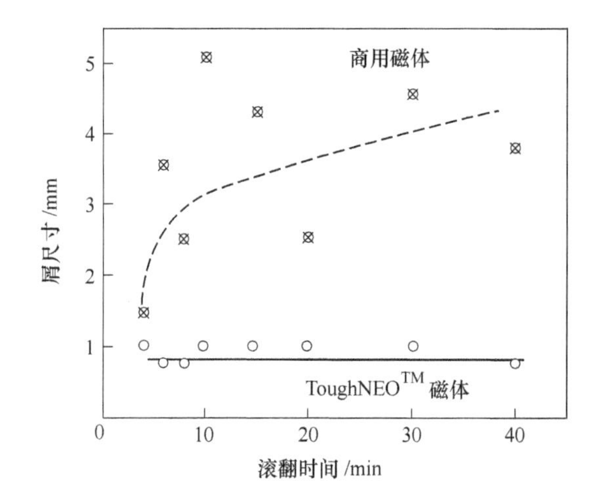

图 6-12 ToughNEO™磁体和常规商用磁体在滚翻试验中磁体掉屑尺寸与时间的关系[22]

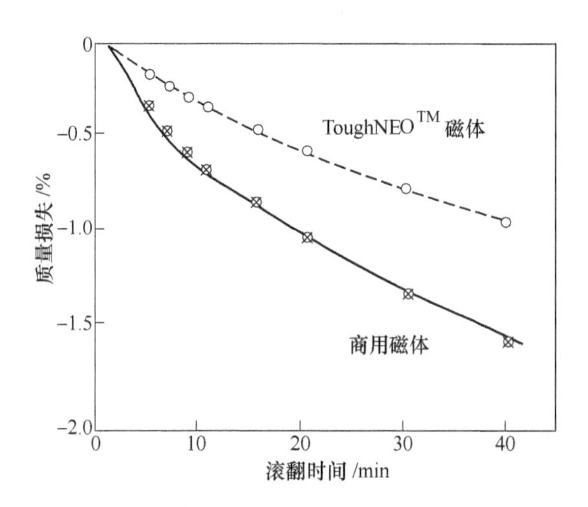

图 6-13 ToughNEO™磁体和常规商用磁体在滚翻试验中磁体质量损失与时间的关系[22]

图 6-14 展示 ToughNEO™和商用 Nd-Fe-B 两种磁体断裂面的扫描显微镜照片，从图可看到，两种磁体的断裂大部分都是晶间断裂，与前面提到的研究结果相同，在商用 Nd-Fe-

B 磁体的断裂面上没有第二相析出物，而在 ToughNEO™磁体的断裂面上有许多小的析出物，EDS 谱分析指出，这些析出物富集 Nd、Nb、Ga、Al 和其他添加元素，它们很可能比 $Nd_2Fe_{14}B$ 基体的硬度低（更软），可以对改善磁体韧性起到一定作用。

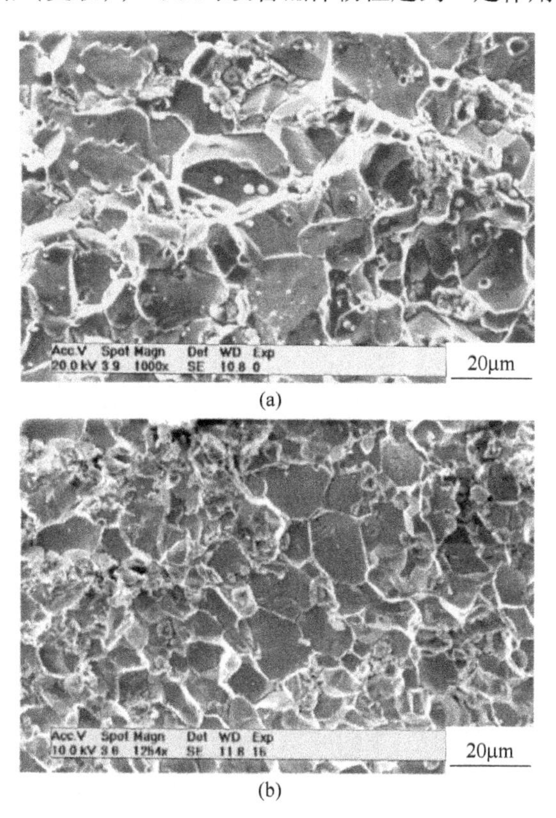

图 6-14 ToughNEO™(a) 和常规商用 Nd-Fe-B(b) 磁体断裂面的扫描显微镜照片[22]

日本川崎钢铁公司下斗米道夫等人[23]通过用 Co、Ni 和 Ti 复合替代部分 Fe，在烧结 Nd-Fe-B 磁体内析出 TiB_2，它作为晶间相可以细化晶粒，在主相内析出，可提高合金强度，从而使磁体的抗弯强度提高到 560MPa，$(BH)_{max}$ 仍保持为 272kJ/m^3(34MGOe)，磁体的切削性能良好，能加工成 50μm 的薄磁体。

6.1.3.3 制备方法和工艺参数对磁体韧性的影响

Horton 等人[24]报道了不同工艺生产的商用 Nd-Fe-B 磁体的断裂韧性 K_{IC}，其结果见表 6-5，表中还列出了 $SmCo_5$ 和 Alnico 磁体的断裂韧性值 K_{IC} 以便比较。断裂韧性是通过三点弯曲试验先测出磁体的负载－载荷点位移曲线，计算该曲线的覆盖面积 W_f，再按照式（6-2）计算得到的：

$$K_{IC} = \sqrt{\frac{W_f}{A} \times E'} \qquad (6\text{-}2)$$

式中，A 为由裂缝扫过的截面积，E' 为由 $E' = E/(1-\nu^2)$ 计算的平面应变杨氏模量，其中 ν 是泊松比，数值为 0.25；E 是杨氏模量，$Nd_2Fe_{14}B$、$SmCo_5$ 和 Alnico 的对应值分别为 157GPa、150GPa 和 193GPa。

表6-5 不同工艺生产的商业稀土永磁体的断裂韧性 K_{IC}[24]

磁 体	工 艺	生产厂	牌号	K_{IC}/MPa · $m^{1/2}$	试验次数
$Nd_2Fe_{14}B$	快淬+热压	麦格昆磁	MQ-Ⅱ-E1	2.5±0.2	8
$Nd_2Fe_{14}B$	快淬+热压/热变形	麦格昆磁	MQ-Ⅲ-E1	2.7±0.5	6
$Nd_2Fe_{14}B$	烧结	信越化工	45	3.9±0.2	7
$Nd_2Fe_{14}B$	烧结	住友特殊金属	28	3.9±0.2	5
$Nd_2Fe_{14}B$	烧结	住友特殊金属	40	4.4±0.2	6
$Nd_2Fe_{14}B$	快淬+热压/热变形	大同电子	MQ-Ⅲ-H	4.4±0.3	8
$Nd_2Fe_{14}B$	烧结	德国 VAC	32	5.5±0.8	5
$Nd_2Fe_{14}B$	烧结	德国 VAC	42	5.5±0.2	8
$SmCo_5$	烧结	德国 VAC	18	1.9±0.2	5
Alnico	烧结	TDK	42	13.3±0.9	5

表6-5中列出的8种Nd-Fe-B磁体采用了三种完全不同的制备工艺：烧结、快淬+热压和快淬+热压/热变形，而烧结工艺还可以细分为烧结Ⅰ（信越45和住友28）、烧结Ⅱ（住友40）和烧结Ⅲ（VAC32和42）。从断裂韧性数据可以看出，不同制备工艺可以得到不同的断裂韧性，且差异很大，快淬+热压的最低，为（2.5±0.2）MPa · $m^{1/2}$；快淬+热压/热变形的增加到（2.7±0.5）MPa · $m^{1/2}$；烧结磁体的断裂韧性普遍高于热压和热压/热变形磁体，但从烧结Ⅰ的（3.9±0.2）MPa · $m^{1/2}$增加到烧结Ⅲ的（5.5±0.2）MPa · $m^{1/2}$；而同为快淬+热压/热变形的MQ-Ⅲ-H（大同电子制备）又高于前两个热压和热压/热变形磁体，与烧结Ⅱ相当。数据表明，不同工艺生产的Nd-Fe-B磁体的断裂韧性之间的差异超过2.8倍，即使同一工厂采用相同的烧结工艺，因成分和工艺上的某些差异，磁体的断裂韧性也存在不小的差别。$SmCo_5$的断裂韧性是最差的，而Alnico呈现出良好的韧性。断裂表面的扫描电镜（SEM）分析指出，不同工艺所生产的Nd-Fe-B磁体微结构有很大区别。例如，断裂韧性较低的快淬+热压/热变形磁体MQ-Ⅲ-E1（图6-15），其断裂表面呈现亚微米的晶粒，排列方向相同的扁平晶粒区域为一颗独立的快淬粉末，晶粒排列方向不同的交界处就是粉末颗粒的边界，可见断裂既发生在颗粒边界，也发生在颗粒内部的晶粒边界，本质上还是沿晶断裂，因为热压/热变形过程并不能使粉末颗粒边界充分融合，断裂韧性较低可想而知。而断裂韧性较高的烧结磁体断裂面（图6-16）的晶粒大于几个微米，并存在大量的第二相，VAC42磁体部分第二相出现多重裂纹，可能在断裂过程中吸收了更多的能量，使材料的断裂韧性提高。

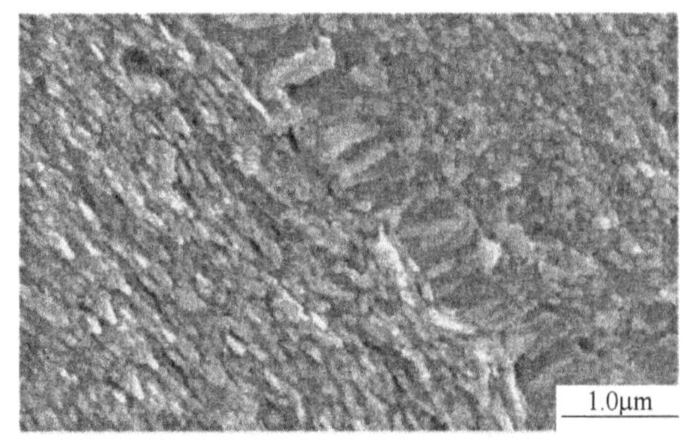

图6-15 大同电子 MQ-Ⅲ-E1 磁体断裂面的 SEM 照片[24]

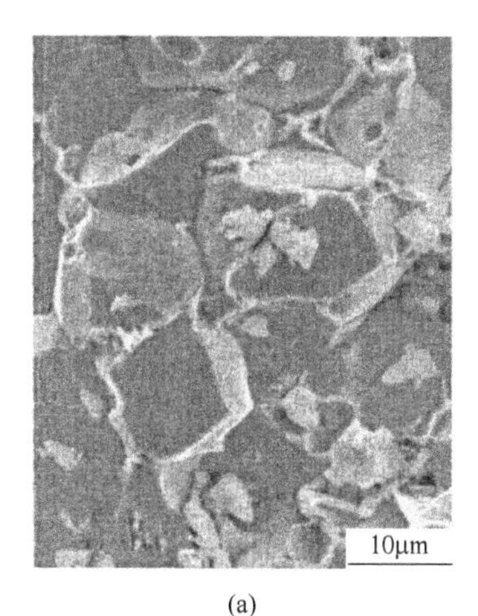

(a)

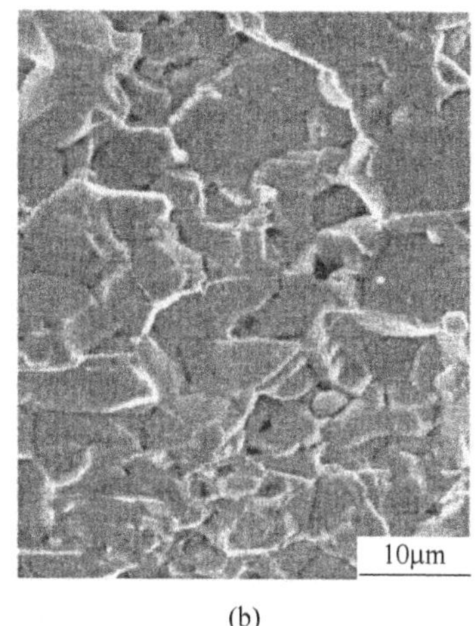

(b)

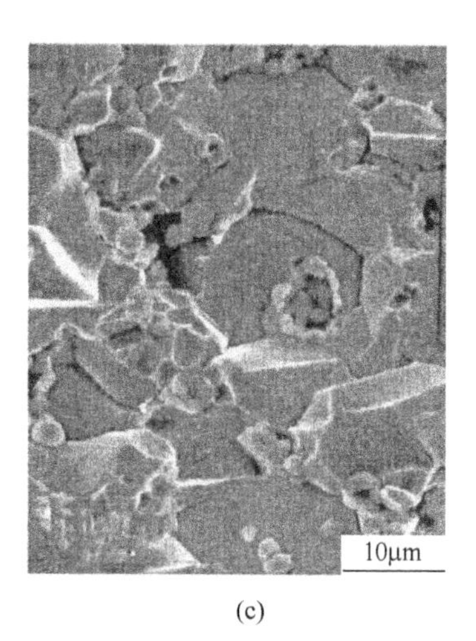

(c)

图 6-16 烧结 Nd-Fe-B 磁体断裂面的 SEM 照片[24]
(a) VAC42；(b) 住友 40；(c) 信越 45

严密等人[25]在研究氢破碎工艺的脱氢程度对烧结 Nd-Fe-B 磁体磁性能和断裂强度影响时也观察到了类似的结果：随着残余氢含量的降低，磁体的磁性能和断裂强度增加，这表明即使采用同样的烧结工艺，但如果工艺参数不同，比如磁粉的脱氢量不同，在磁体烧结过程中会因残余氢脱出而留下脱氢通道，显著影响晶粒和晶粒边界，磁体的断裂强度可以存在很大差异。李安华等人[26]采用双合金方法，保持主合金 $Nd_{14.1}Dy_{0.5}Fe_{79.0}B_{6.4}$（原子分数）的成分不变，在微量添加的进入晶界的辅合金中，B 含量（原子分数）从 0.95% 逐步增加到 6.95%。结果表明（图 6-17）：磁体的弯曲强度普遍高于单合金法制得磁体的 309MPa，当辅合金的 B 含量（原子分数）为 0.95% 时，磁体的弯曲强度最高，达到 397MPa；B 含量（原子分数）为 1.95% 时弯曲强度最低，300MPa 的数值略低于单合金磁体水平；B 含量（原子分数）最高达到 6.95% 的磁体抗弯强度也很高，达到 369MPa。显微结构分析表明，双合金方法可使磁体晶粒尺寸分布狭窄，集中于 10μm 附近的范围内，晶粒形状规则，晶界相的分布也更加均匀，晶界规则而平滑，从而基本上消除了主相晶粒直接接触的现象，抑制了晶粒的不规则长大。另外，根据材料强韧化的普遍原则，细化晶粒和采用阻止和延缓裂纹扩展的方法均是提高材料强度和韧性的有效途径[16]。

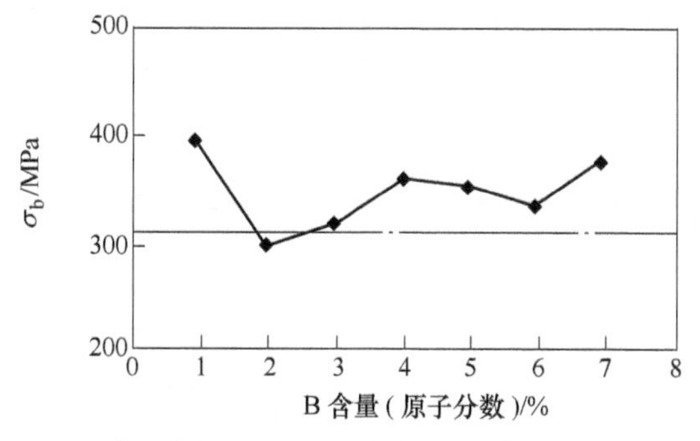

图 6-17 添加不同 B 含量晶界辅合金的 $Nd_{14.1}Dy_{0.5}Fe_{79.0}B_{6.4}$ 磁体弯曲强度与辅合金 B 含量的关系[26]

6.1.4 粘结稀土永磁材料的力学特性

粘结稀土永磁体是磁粉和粘结剂、添加剂的复合体系，从显微结构上看，不妨将其与烧结 Nd-Fe-B 磁体做一个类比，比如磁粉可以看作 $Nd_2Fe_{14}B$ 主相晶粒，不过粉末粒度通常为 10 ~ 10^2μm，远大于烧结磁体的晶粒尺寸 10 ~ 20μm，各向异性 Sm-Fe-N 和铁氧体磁粉例外，其粒度在 1μm 的量级；自然地，粘结剂和添加剂就可以与烧结磁体的富 Nd 晶界相来类比了，但粘结剂和添加剂在磁体中的体积比为 17% ~ 28%，远大于富 Nd 相与主相的比例。粘结磁体的机械强度取决于三个要素的竞争：磁粉自身的强度、粘结剂/添加剂的强度以及磁粉-粘结剂的界面相互作用强度，因为粘结剂和添加剂通常为高分子材料，其韧性和变形率远大于稀土-过渡族金属间化合物，但强度和硬度大大低于磁粉，而磁粉-粘结剂的界面相互作用则敏感地依赖于粉末表面处理、粉末与粘结剂的亲和性和磁体的加工工艺，因此粘结磁体的力学特性参数分布较宽，不同粘结剂体系、不同生产厂家的数据存在较大的差异。与烧结磁体沿晶断裂机理类似，粘结磁体的机械失效绝大多数是从磁粉-磁粉的界面发生的，如果细分的话，还可以从界面分离和粘结剂内部分离两个方面来区分。

表 6-6[27,28]、表 6-7[29] 和表 6-8[30] 分别列出了中科三环、日本 Napac、大同电子和住友金属矿山四家企业的粘结稀土永磁材料的力学特性参数和其他物理参数，其中表 6-6 的 Sm-Co 磁体数据来自 Napac。就同一家企业的数据来看，因为磁粉或粘结剂各异，不同牌号磁体的参数有较大的差别。以中科三环的粘结 Nd-Fe-B 磁体为例，采用环氧树脂的压缩成型磁体硬度优于注射和挤出成型磁体；而同为注射成型磁体，采用尼龙的硬度又明显高于采用 PPS 的磁体；注射成型和挤出成型都采用尼龙为粘结剂，成型工艺对磁体硬度的影响较小。而无论是 Sm-Co 还是 Nd-Fe-B 粉末，压缩成形磁体的其他力学特性参数很相近，但注射成型磁体的差异较大，一方面受粘结剂尼龙和 PPS 的特性影响，拉伸强度和弹性模量的数据很不相同；另一方面磁粉和树脂的界面特性起到了更关键作用，同为尼龙粘结剂的 Sm-Co 和 Nd-Fe-B 磁体之间的数据差别更显著。同样，住友金属矿山的粘结稀土磁体，由尼龙与 PPS 的差异带来的影响为主，而不同磁粉的影响次之。如果对三家都生产的注射成型磁体进行横向比较，可以看出因粘结剂选择、工艺过程的差异，力学特性参数存在较大的差别，例如都采用尼龙粘结剂，中科三环磁体的拉伸强度较高，而采用 PPS 的其他两家更高一些。与烧结磁体相比（表 6-1），弯曲强度只达到其下限的一半，压缩强度只是烧结磁体的百分之几，拉伸强度也是如此，显然大体量的粘结剂是使磁体力学特性变差的主要原因。

表 6-6 中科三环的粘结 Nd-Fe-B 磁体[27] 和 Napac 的粘结 Sm-Co 磁体[28] 的物理特性参数

成型及树脂 / 物理特性		压缩成型-环氧		注射成型-尼龙		挤出成型-尼龙	注射成型-PPS
物理量	单位	Sm-Co	Nd-Fe-B	Sm-Co	Nd-Fe-B	Nd-Fe-B	Nd-Fe-B
硬度 HV		80 ~ 120	80 ~ 120	—	—	—	—
硬度 HR		—	—	90 ~ 130	90 ~ 130	100 ~ 150	15 ~ 35
拉伸强度	MPa	—	—	29	57	41	30

续表 6-6

物理特性＼成型及树脂		压缩成型-环氧		注射成型-尼龙		挤出成型-尼龙	注射成型-PPS
物理量	单位	Sm-Co	Nd-Fe-B	Sm-Co	Nd-Fe-B	Nd-Fe-B	Nd-Fe-B
断裂伸长率	%	—	—	2.5～3.0	—	—	—
压缩强度	MPa	31	—	—	—	—	—
杨氏模量	MPa	29000	29000	3000	35600	35600	29000
冲击剪切强度	N/mm^2	—	50	—	80	80	80
热膨胀系数	/℃	13.0×10^{-6}	12.4×10^{-6}	—	42.8×10^{-6}	41.4×10^{-6}	19.0×10^{-6}
电阻率	Ω·m	0.044	0.026	0.008	0.017	0.020	0.014

表 6-7 大同电子的粘结 Nd-Fe-B 磁体的物理特性参数[29]

物理特性＼磁体牌号及粘结剂			NP-8	NP-8SR	NPI-4	NPI-6SR	SP-14
			环氧	环氧	尼龙	PPS	环氧
物理量	单位	测试标准	Nd-Fe-B	Nd-Fe-B	Nd-Fe-B	Nd-Fe-B	Sm-Fe-N
硬度（HRM）		K7202	—	—	70	107	—
拉伸强度	MPa	K7113	—	—	37	33	—
拉伸弹性模量	GPa		—	—	16.0	25.0	—
弯曲强度	MPa	K7171	52.0	62.9	74.0	71.0	52
弯曲弹性模量	MPa		10.8	23.1	15.7	24.2	10.8
压环强度	MPa	Z2507	54	40.7	50	50	54
热膨胀系数	/℃	K7179	10.0×10^{-6}	14×10^{-6}	26.0×10^{-6}	21.0×10^{-6}	12.6×10^{-6}
电阻率	Ω·m	E1530	56×10^{-6}	1.51×10^{-6}	130×10^{-6}	130×10^{-6}	—

注：测试标准以 D 或 E 开头的是 ASTM 标准，以 K 开头的是 JIS 标准。

表 6-8 住友金属矿山的粘结稀土永磁体的物理特性参数[30]

物理特性＼磁体牌号及塑料			PH10	S3A-14M	S3B-14M	S5B-18M	N6S	S2P-8M	NS5
			尼龙					PPS	
物理量	单位	测试标准	SmCo	SmFeN	SmFeN	SmFeN + NdFeB	NdFeB	SmCo	NdFeB
拉伸强度	MPa	D638	52.2	34.8	30.2	30.1	43.9	33.0	43.8
断裂伸长率	%		0.95	0.48	1.83	0.96	0.24	0.17	0.19
杨氏模量	GPa		18.5	15.2	6.04	13.4	18.4	24.9	26.5
泊松比			0.29	0.30	0.38	0.36	0.28	0.27	0.29
弯曲强度	MPa	D790	90.4	50.7	52.9	53	79.9	47.4	62.9
弯曲弹性模量	MPa		12.6	10.4	5.25	9.57	15.7	20.5	23.1
冲击强度	kJ/m^2	D256	48.4	39.7	38.7	42.0	34.3	50.0	40.7
热变形温度	℃	D648	143	129	91	101.8	155	235	207
热膨胀系数	/℃	K7179	51×10^{-6}	59×10^{-6}	75×10^{-6}	44×10^{-6}	40×10^{-6}	30×10^{-6}	14×10^{-6}
热导率	W/(m·K)	E1530	3.33	1.57	1.18	2.41	2.30	2.19	1.51
比热容	$kJ\cdot(K\cdot kg)^{-1}$	K7123	0.46	0.63	0.67	—	0.75	0.50	0.63

注：测试标准以 D 或 E 开头的是 ASTM 标准，以 K 开头的是 JIS 标准。

6.2 稀土永磁材料的电学特性

稀土永磁材料是金属材料，它的电学特性的主要指标是电阻率，由于金属材料良好的导电性，电阻率都是很低的，这对于电机这一类旋转机械来说并不是好事，因为它会带来旋转机械的涡流损耗，造成包括磁体在内的旋转机械发热。当涡流损耗较大时，磁体的发热程度加大，产生比较大的热退磁，严重时将使磁体失效。因此，在旋转机械中所出现的磁体涡流损耗，对于磁体设计者来说是必须考虑的。

6.2.1 趋肤效应

众所周知，在外界变化磁场的作用下，导电性能良好的金属内部会产生感应电动势，并在金属内部形成涡电流，正是这个感应涡电流的焦耳热效应导致了上述的涡流损耗。实际上涡电流不是均匀地分布在导体的整个截面上，而是主要集中在导体表面层，这种现象称为趋肤效应。趋肤效应产生的原因主要是变化的电磁场在金属导体内部产生了与原来电流的电场方向相反的涡旋电场。趋肤效应可用电磁波向导体内部透入时因能量损失而逐渐衰减的过程来加以说明，电磁波振幅随导体离开表面的深度呈指数衰减，人们把波幅衰减到表面波幅 $1/e$ 的深度称为交变电磁场对导体的透入深度 δ，也称趋肤深度。

$$\delta = \sqrt{\frac{2\rho}{\omega\mu\mu_0}} = \sqrt{\frac{\rho}{\pi f\mu\mu_0}} \tag{6-3}$$

式中，μ 为导体的磁导率；ρ 为电阻率；ω 为交变磁场的角频率，$\omega = 2\pi f$。可见，趋肤深度与电磁波频率和导体磁导率的平方根成反比，与导体电阻率的平方根成正比。因此，旋转机械的转速（相当于频率）和磁导率越高、电阻率越低，则趋肤深度越小，引起的损耗越大。目前永磁电机已广泛应用于电动汽车、电梯及其他各种工业和家用领域，为了进行速度控制，永磁电机通常由逆变器功率源来驱动，由于存在载波频率的高次谐波，也会使磁体中的涡流损耗变大并造成热退磁。

6.2.2 稀土永磁材料的涡流损耗

在旋转机械中，使用量最大的就是电机，广泛应用于永磁电机的稀土磁体，其涡流损耗是人们必然关心的问题，尤其对高速运转的发电机和电动机来说涡流损耗更为严重。转子轭铁内部安装永磁体的电机（内装配电机，简称 IPM）已广泛应用于各类工业领域，具有许多优点，超越了传统的转子表面装配永磁体的电机（简称 SPM）。例如，利用磁通弱化控制可以扩展速度范围，可以利用磁阻转矩和磁体转矩，可以用高频率在很宽的速度范围内进行驱动，还有它的高的可靠性。在 IPM 中，电磁场包含许多谐波，包括槽隙谐波和载波谐波，这些载波的频率均高于 1kHz，加之稀土磁体的电阻较小（Sm-Co 和 Nd-Fe-B 磁体的电阻率分别在 0.86μΩ · m 和 1.3 ~ 1.6μΩ · m(表 6-1)），这些谐波在铁芯和稀土永磁体中产生相当大的谐波涡流损耗。随着兼具高矫顽力和工作温度 200℃ 以上的烧结 Nd-Fe-B 磁体的市场化，烧结 Nd-Fe-B 磁体在功率马达上获得了实际应用，并已广泛应用于电动汽车、混合电动汽车、风力发电机等领域，自 1990 年以来有许多关于 Nd-Fe-B 磁体涡流损耗的研究，为了解和降低磁体涡流损耗提供了重要的依据。

Yamazaki 等人[31]利用可以精确计算永磁体中涡流损耗的三维有限元分析法，研究了以 PWM 逆变器驱动的 Nd-Fe-B 永磁体 IPM 马达的损耗。图 6-18 展示 IPM 的铁损随转速变化的曲线，包括了三组数据：考虑和忽略载波谐波时的有限元分析结果，以及实测数据，可见电机铁损随着旋转速度的增大而增大，实验结果与考虑谐波影响的有限元分析结果更接近。

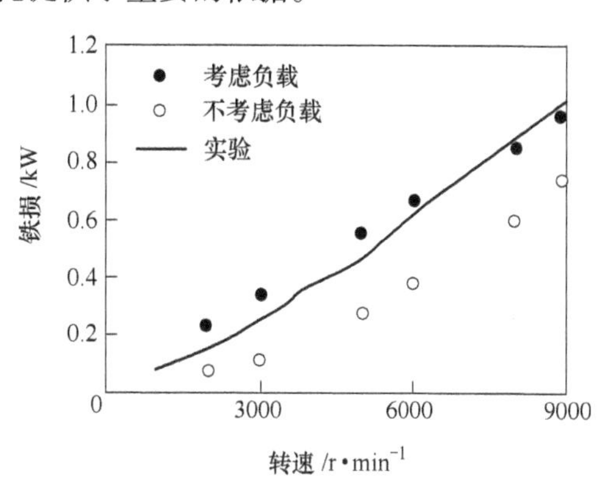

图 6-18 内置永磁体电机的铁损随转速的变化[31]

图 6-19 展示在 IPM 中根据不同的来源分解后的铁损随转速的变化，这些能量损耗按来源分为基本旋转磁场（基波）、转子磁体的谐波磁动力、定子的齿槽谐波和负载谐波所引起铁损，而能耗形式分为磁体涡流损耗、转子铁芯磁滞损耗、转子铁芯涡流损耗、定子铁芯磁滞损耗和定子铁芯涡流损耗。由图可见，磁体的涡损是由定子的齿槽谐波和负载谐波产生的，并且以后者为主（见图中右侧方柱的黑色顶部），在 6000r/min 时达到最大值，在更高转速时下降，而其他种类损耗都是随转速增大而增大。从该图还可看到，磁体涡流损耗在全部铁损中所占的比例不低，必须引起足够的重视。

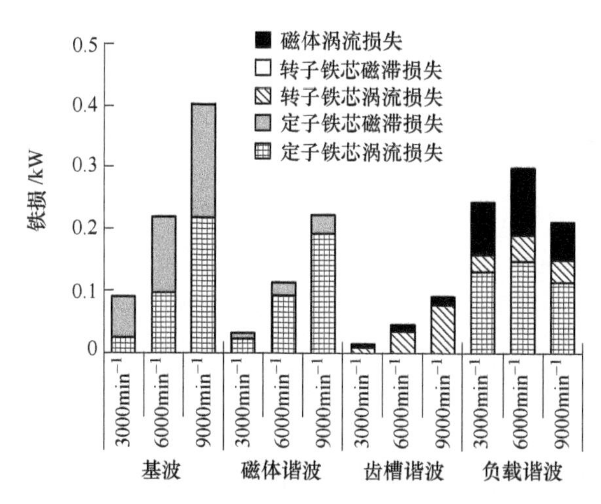

图 6-19 在内置永磁体电机中根据不同的来源分解后的铁损随转速的变化[31]

为了降低永磁体在旋转机械中的涡流损耗，人们提出了若干技术方案，例如环绕磁体的屏蔽柱、分割磁体和侧面隔离磁体等方法[32]。Atallah 等人[33]利用自己开发的磁体涡流损耗计算分析方法，研究了采用分割磁体的永磁无刷交流电机的转子涡流损耗，给出了分割磁体的效果。图 6-20 展示将每个磁极的弧形磁体分割成不同数目的磁条时，永磁无刷交流电机转子的涡流损耗变化特征，图中比较了两种不同的旋转机械：三相外转子机械和六相容错机械。可以看到，通过增加每个磁极弧形磁体分割片数目，可以显著降低涡流损耗，将每个弧形磁极分割成两片到四片是实际可行的，也是最有效的。

6.2.3　稀土永磁材料的电学特性改善

降低电机涡流损耗的最有效方法之一，就是采用粘结磁体，因为粘结剂的存在及其足够高的体积分数，使粘结磁体的电阻率是烧结磁体的 $10^2 \sim 10^4$ 倍（比较表 6-1 和表 6-6、表 6-7），但电机的功率和最高使用温度受到很大限制，因此最直接的办法是提高烧结稀土永磁体自身的电阻率。

Marinescu-Jasinski 等人[34]将 1:5 型 $Sm(Co_{0.62}Fe_{0.30}Cu_{0.06}Zr_{0.02})_{4.9}$ 合金粉末与 2.5%（质量分数）的 CaF_2 亚微米细粉进行混合，再将混合粉以一定比例与 $Sm(Co_{0.66}Fe_{0.27}Cu_{0.05}Zr_{0.02})_{7.7}$ 粉末混合，取向压制并烧结，制备出电阻率增加 30% 的实密度烧结 Sm-Co 复合磁体，磁体密度 7.98g/cm^3，与不添加混合粉的磁体密度相当。图 6-21 展示了混合粉比例为 16%（质量分数）的烧结 Sm-Co 复合磁体在不同温度下的退磁曲线。与不添加混合粉的烧结 Sm-Co 磁体相比，烧结 Sm-Co 复合磁体的永磁性能仅略微下降，室温永磁性能为：$B_r = 10.8$kGs，$H_{cJ} > 25$kOe，$(BH)_{max} = 27.1$MGOe。在 240℃ 磁体的 H_{cJ} 仍有 11.5kOe，略高于对应的 B_r 数值，B-H 曲线不会出现膝点，该磁体可在 240℃ 的高温环境下长时间稳定工作。

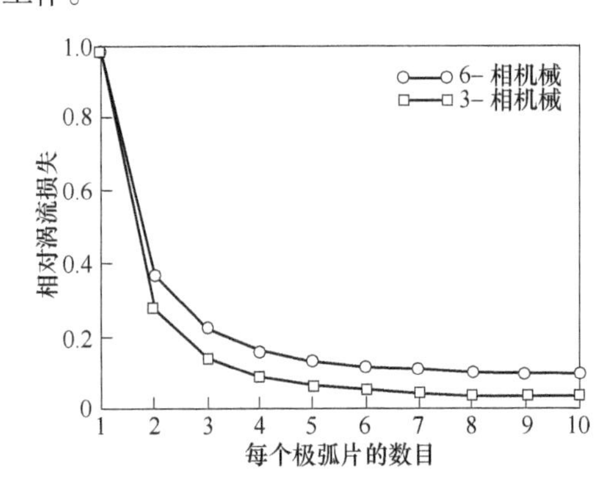

图 6-20　永磁无刷交流电机的转子涡流损耗与每个磁极弧形磁体分割数目的关系[33]

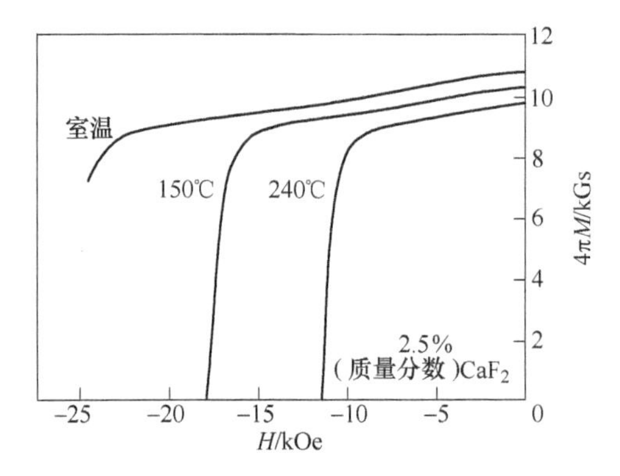

图 6-21　$Sm(Co_{0.66}Fe_{0.27}Cu_{0.05}Zr_{0.02})_{7.7}$ 与 16%（质量分数）$Sm(Co_{0.62}Fe_{0.30}Cu_{0.06}Zr_{0.02})_{4.9}/CaF_2$ 粉混合后制备的烧结 Sm-Co 复合磁体在不同温度下的退磁曲线[34]

他们还作了另一种有益的尝试，就是将玻璃相 B_2O_3 粉添加到 $Sm(CoFeCuZr)_z$ 烧结磁体粉中，在 B_2O_3 熔点以上的 475℃ 对磁体热压制成粘结磁体，由于增加了分割金属粉末的绝缘相 B_2O_3，$Sm(CoFeCuZr)_z/B_2O_3$ 复合磁体的电阻率显著改善，超过 10μΩ · m，而 475℃ 的低热处理温度不足以严重影响磁体原先的 H_{cJ}，但绝缘相的体积效应和孔隙使磁体剩磁明显下降，从而也极大地影响到磁体的 $(BH)_{max}$。图 6-22 是电阻率为 11.38μΩ · m 的 EEC24-T400/B_2O_3 玻璃粘结磁体的室温退磁曲线，磁体永磁性能为：$B_r = 0.585$T（5.85kGs），$H_{cJ} > 2387$kA/m（30kOe），$H_k = 610$kA/m（7.67kOe），$(BH)_{max} = 64$kJ/m^3（8.04MGOe）。

对于 Nd-Fe-B 磁体他们也采用了类似的方法来改善其电阻率。他们用稀土总量和 B 含量略超过正分成分的 $Pr_{14.5}Fe_{79.5}B_6$快淬粉分别与5%（质量分数）的 CaF_2、NdF_3和 DyF_3细粉混合，经过热压和热变形后制成密度分别为7.02g/cm³、7.40g/cm³和7.37g/cm³的复合磁体，其显微结构形貌为氟化物包覆 $Pr_{14.5}Fe_{79.5}B_6$快淬粉，因此增大了热压-热变形 Pr-Fe-B 磁体的电阻率，增幅超过200%，分别达到4.7~7.8μΩ·m、2.9~3.1μΩ·m 和6.8~7.8μΩ·m，同时还将磁体的 H_{cJ}提高到1194kA/m(15kOe) 以上，且只轻微降低 B_r至1.05~1.10T（10.5~11.0kGs）。图6-23是这三种磁体的退磁曲线，可见添加 NdF_3还有效地改善了退磁曲线的方形度。

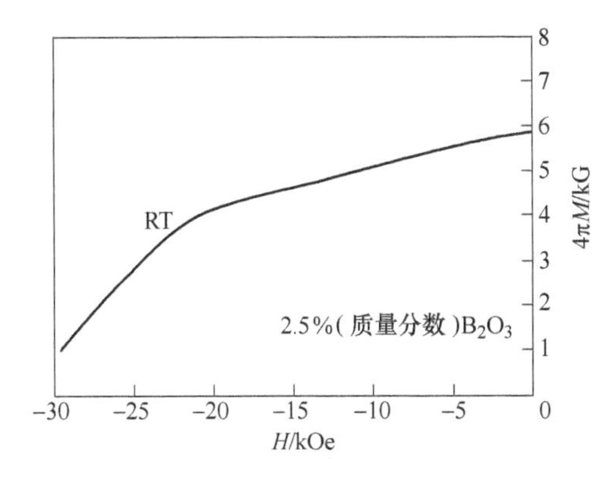

图6-22 EEC24-T400/B_2O_3玻璃粘结磁体的室温退磁曲线[34]

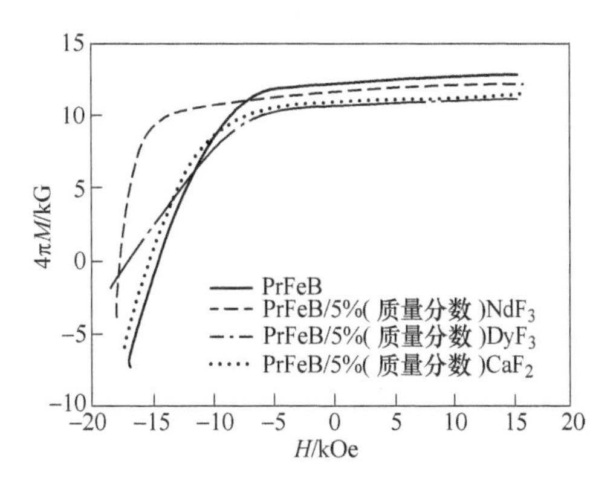

图6-23 $Pr_{14.5}Fe_{79.5}B_6$快淬粉分别与5%（质量分数）的 CaF_3、NdF_3和 DyF_3细粉混合后制备的热压-热变形磁体的退磁曲线[34]

6.3 稀土永磁材料的热膨胀和磁致伸缩

磁体的热膨胀和磁致伸缩现象均会引起磁体尺寸不同程度的变化，如果与装配材料的热胀冷缩差异较大，这种尺寸变化会对组件中的磁体产生一定的应力，有可能造成磁体的机械损伤或性能恶化，特别是尺寸较大的永磁材料应用。因此，对上述两种现象应给予足够的认识和关注。

6.3.1 稀土永磁材料的热膨胀

通常的金属和非金属材料的线膨胀系数都是正的，所以有热胀冷缩的说法，比如钢的线膨胀系数是 12×10^{-6}/℃、铜为 17×10^{-6}/℃、铝为 24×10^{-6}/℃等，烧结铁氧体和 Sm-Co 磁体的在（10~15）$\times10^{-6}$/℃之间，与钢铁相近，所以在与铁轭装配时不用过多担心失配的问题。但 Sm-Co 和铁氧体的强磁晶各向异性会导致取向烧结磁体的热膨胀行为各向异性，这是磁体制备和应用中值得重视的现象，而 Nd-Fe-B 磁体的热胀冷缩行为就更为特殊，在居里温度以下 $Nd_2Fe_{14}B$ 相出现明显的因瓦效应，垂直于 c 轴方向上的线膨胀系数为负，而平行于 c 轴的线膨胀系数在低于居里温度约70℃后变回正值，线膨胀系数的平均值是 1×10^{-6}/℃。Nd-Fe-B 磁体的反常热膨胀源于铁原子的 $3d$ 电子磁性特征，如果用粘结的方法把 Nd-Fe-B 磁体和其他材料组装起来，装配和使用过程中的失配情况会比较严重，可以在主相中适当添加钴来缓解因瓦效应，减轻不同材料之间的失配。

孙天铎等人[18]详细地研究了烧结 Sm-Co 磁体热膨胀的各向异性性质，及其与辐射取向磁环易产生断裂的关系。研究指出，烧结 $SmCo_5$ 磁体的强各向异性决定了辐射取向磁环在烧结时的断裂特性，实验发现用 Cu 替代部分 Co 并将磁体成分偏向富 Co 的2:17 相区，都能明显地降低热膨胀的各向异性特性，减少断裂的发生。图 6-24（a）和图 6-24（b）分别展示了不同的 RCo_5 和 Sm_2Co_{17} 烧结磁体平行和垂直于取向方向（即 c 轴）的线膨胀曲线，无论是 RCo_5 还是 Sm_2Co_{17} 磁体，其热膨胀行为都存在各向异性，垂直于 c 轴的线膨胀系数大于平行于 c 轴的线膨胀系数，而从平行和垂直于 c 轴线膨胀系数之间的差值来看，2:17 型显著地低于 1:5 型，因此 Sm_2Co_{17} 磁体的热膨胀各向异性特征低于 RCo_5 合金。表 6-9 列出了不同类型 R-Co 烧结磁体的线膨胀系数以及平行和垂直于 c 轴的线膨胀系数之差，可清楚地看到，$Sm(Co_{0.80}Cu_{0.14}Fe_{0.06})_7$ 具有最低的热膨胀各向异性，垂直于 c 轴与平行于 c 轴的线膨胀系数之差仅 -0.05×10^{-6}/℃，相对差异是 -0.42%，而无其他添加元素的 RCo_5 磁体为（8.6～11.5）$\times10^{-6}$/℃，是垂直于 c 轴线膨胀系数的 57%～77%。

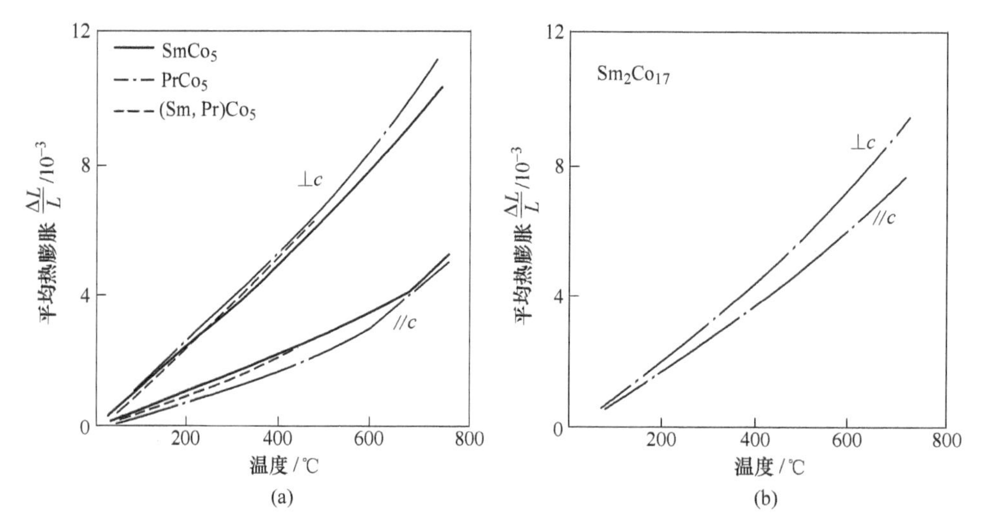

图 6-24 不同的 RCo_5(a) 和 Sm_2Co_{17}(b) 取向烧结磁体平行和垂直于取向方向（c 轴）的线膨胀曲线[18]

表 6-9 各类稀土-钴取向烧结磁体的线膨胀系数[18]

取向烧结磁体	线膨胀系数 a（10^{-6}/℃）		
	平行于 c 轴 $a_{(//c)}$	垂直于 c 轴 $a_{(\perp c)}$	$\Delta a=a_{(\perp c)}-a_{(//c)}$
$SmCo_5$	6.32	14.93	8.61
$PrCo_5$	3.39	14.85	11.46
$(Sm,Pr)Co_5$	5.19	14.66	9.47
$Ce(Co_{0.69}Cu_{0.17}Fe_{0.14})_5$	9.39	13.30	3.91
$Sm(Co_{0.80}Cu_{0.20})_5$	10.97	12.48	1.51
$Sm(Co_{0.76}Cu_{0.14}Fe_{0.10})_{6.8}$	12.28	11.38	-0.90
$Sm(Co_{0.80}Cu_{0.14}Fe_{0.06})_7$	11.92	11.87	-0.05
$Sm(Co_{0.87}Cu_{0.12})_8$	11.95	11.19	-0.76
Sm_2Co_{17}	10.98	12.50	1.52

Groot 等人[35]在研究磁弹效应对烧结 Nd-Fe-B 磁体的各向异性和矫顽力的影响时，观测到该磁体平行和垂直于取向方向的升温和降温线膨胀曲线，如图 6-25 所示，在居里温度（313℃）以上，热膨胀表现出明显的各向异性特征，平行于取向方向（c 轴）的线膨胀系数大于垂直于取向方向（a 轴）的数值，在居里温度以下则出现反常热膨胀现象，c 轴的线膨胀行为在其居里温度至以下约 70℃ 的温区呈现出负的热膨胀行为，但在更低的温区恢复到正常的热胀冷缩规律，而沿 a 轴的热膨胀反常要比沿 c 轴的大很多，而且一直持续到室温。如果采用热装的方式将烧结 Nd-Fe-B 与其他材料（例如铁壳或铁芯）装配成组件，就必须将这种反常热膨胀行为加以慎重考虑，在装配时留够余量，以免在使用过程中因温升导致的尺寸缩减造成相对移动。

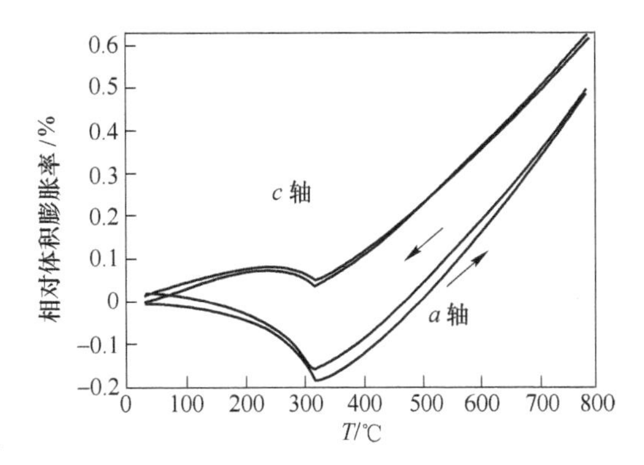

图 6-25 烧结 Nd-Fe-B 磁体沿平行于取向方向（c 轴）和垂直于取向方向（a 轴）测量的升温和降温线膨胀曲线[21]（扫描速度为 5℃/min）

图 6-25 仅给出了有关 $R_2Fe_{14}B$ 化合物在室温以上的热膨胀数据，Ibarra 等人[36]研究了 $R_2Fe_{14}B$ 化合物在室温以下的热膨胀和磁致伸缩。图 6-26 展示了 $Nd_2Fe_{14}B$ 和 $Y_2Fe_{14}B$ 两种多晶样品在 77～300K 范围的线膨胀 $\Delta L/L$ 和线膨胀系数 $\Delta L/(L\Delta T)$。可看到，两种化合物的线膨胀在 200K 附近都呈现一个峰；而线膨胀系数随着温度升高基本上呈现线性下降趋势，但 $Nd_2Fe_{14}B$ 的线膨胀系数因在 135K 以下出现自旋重取向现象而呈现一个反常变化。

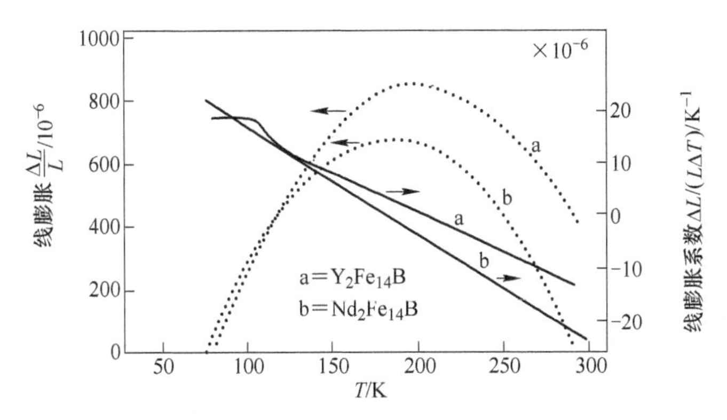

图 6-26 $Nd_2Fe_{14}B$ 和 $Y_2Fe_{14}B$ 多晶样品在 77～300K 的线膨胀 $\Delta L/L$ 和线膨胀系数 $\Delta L/(L\Delta T)$[36]

6.3.2 稀土永磁材料的磁致伸缩

稀土永磁材料的磁致伸缩效应引起硬磁性主相晶粒和磁体的长度变化，使得硬磁性主相晶粒与富 Nd 晶界相之间或/和磁体与装配材料之间产生应力（磁弹效应），从而会对永磁材料的矫顽力造成一定影响。Ibarra 等人[36]详细研究了 $R_2Fe_{14}B$ 化合物的磁致伸缩效应。图6-27展示了在900℃热处理一周的$Nd_2Fe_{14}B$多晶样品与外磁场方向平行的线磁致伸缩$\lambda_{//}$和垂直的线磁致伸缩$\lambda_{\perp}$在不同温度下随着外磁场的变化关系[36]。可看到，各向异性的$Nd_2Fe_{14}B$多晶样品的磁致伸缩是各向异性的；与外磁场方向平行的线磁致伸缩$\lambda_{//}$在外磁场低于11T时是负的，而与外磁场方向垂直的线磁致伸缩$\Delta L/L$始终是正的；$\lambda_{//}$和$\lambda_{\perp}$两者在低场下饱和后都是随着外磁场的继续增加而增大。

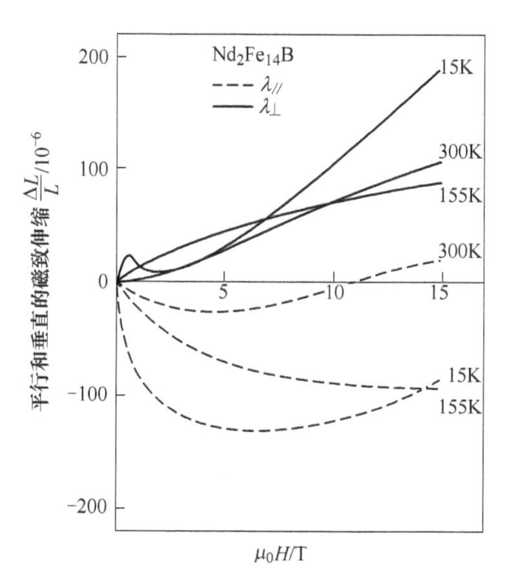

图6-27 在不同温度下$Nd_2Fe_{14}B$多晶样品与外磁场方向平行的线磁致伸缩$\lambda_{//}$和垂直的线磁致伸缩$\lambda_{\perp}$随着外磁场的变化关系[36]

在磁致伸缩效应中，除了可用线磁致伸缩$\Delta L/L$表征外，也可用体积磁致伸缩$\Delta V/V$表征。线磁致伸缩$\lambda_{//}$和$\lambda_{\perp}$与体积磁致伸缩ω之间存在如下关系：$\omega = \lambda_{//} + 2\lambda_{\perp}$。图6-28（a）和（b）分别展示了在外磁场$\mu_0H = 15T$下各向异性的$Nd_2Fe_{14}B$和$Y_2Fe_{14}B$两种多晶样品的线磁致伸缩$\lambda_{//}$、$\lambda_{\perp}$和体积磁致伸缩$\omega$随着温度的变化关系[36]。可看到，线磁致伸缩

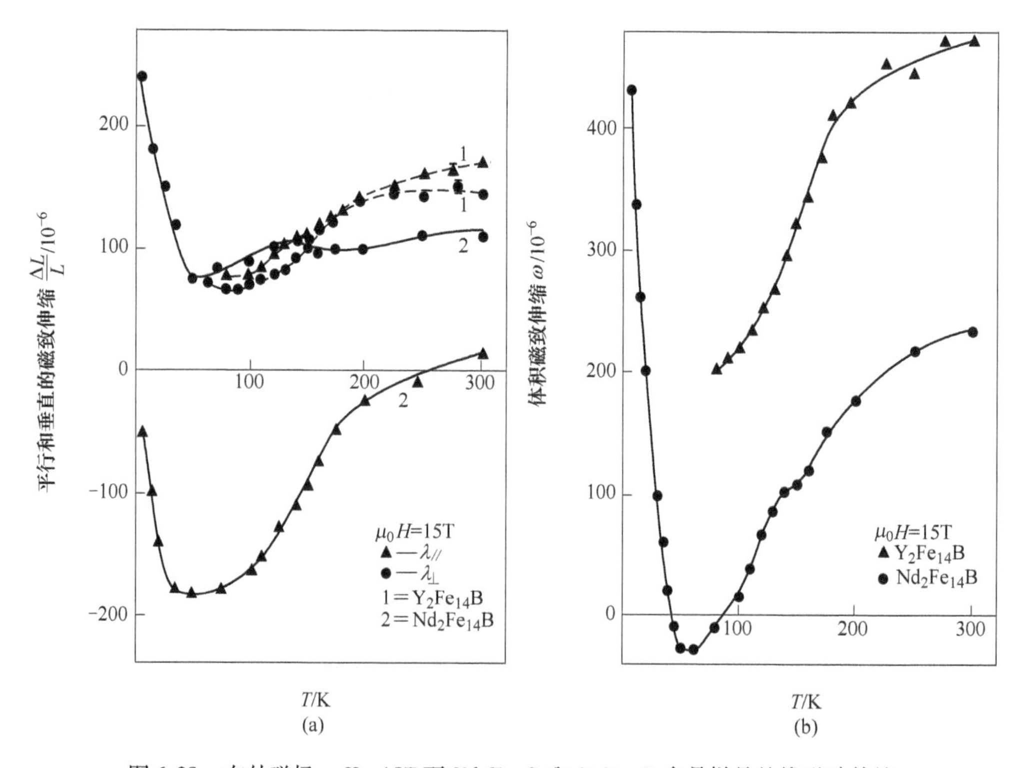

图6-28 在外磁场$\mu_0H = 15T$下$Nd_2Fe_{14}B$和$Y_2Fe_{14}B$多晶样品的线磁致伸缩$\lambda_{//}$、$\lambda_{\perp}$（a）和体积磁致伸缩ω（b）随着温度的变化关系[36]

$\lambda_{/\!/}$、$\lambda_{\perp}$ 和体积磁致伸缩 ω 都随着温度的升高先下降后升高。在约 60K 处，线磁致伸缩 $\lambda_{/\!/}$、$\lambda_{\perp}$ 和体积磁致伸缩 ω 都呈现极小；在 $T<60\text{K}$ 时，$\lambda_{/\!/}$、$\lambda_{\perp}$ 和 ω 随着温度降低而急剧升高，在 $T>60\text{K}$ 时，$\lambda_{/\!/}$、$\lambda_{\perp}$ 和 ω 随着温度升高而单调地升高。研究指出[36]，在 $T<60\text{K}$ 时的大体积磁致伸缩可与 Nd^{3+} 单离子和 CEF（晶场）的相互作用相联系；而在 77～300K 范围的大体积磁致伸缩可归因于 Fe 次晶格对磁致伸缩的贡献。

多晶 $R_2Fe_{14}B$ 化合物的线磁致伸缩系数 λ_S 和体积磁致伸缩系数 ω 见表 6-10[36]，表中第一列 $\lambda_S=\alpha_J J(J-1/2)\langle r_f^2\rangle$ 是根据晶场模型计算的 0K 时磁致伸缩系数（α_J 为 Stevens 系数，r_f 为 R^{3+} 半径），λ_S 具有明显的各向异性。在 $R_2Fe_{14}B$ 化合物中，λ_S 主要由 R 亚晶格贡献。随温度的升高，体积磁致伸缩系数 ω 增加。

表 6-10 Nd-Fe-B 磁体的线磁致伸缩系数 λ_S、体积磁致伸缩系数 ω[36]

化合物	$\alpha_J J(J-\frac{1}{2})\langle r_f^2\rangle$	$\lambda_S\times10^6$ (80K)	$\lambda_S\times10^6$ (300K)	$\omega\times10^6$ (80K)	$\omega\times10^6$ (300K)
$Y_2Fe_{14}B$		8 ±4	23 ±4	200 ±6	466 ±6
$Nd_2Fe_{14}B$	-0.71×10^{-3}	-260 ±4	-96 ±4	-30 ±6	232 ±6
$Ho_2Fe_{14}B$	-2.22×10^{-3}	-10 ±4	41 ±4	200 ±3	440 ±6
$Dy_2Fe_{14}B$	-6.35×10^{-3}	-23 ±4	-45 ±4	133 ±3	243 ±6

Groot 等人[35]的研究指出，磁弹效应引起的应力，无论是张应力还是压应力，对基体四方晶体结构的破坏是可以忽略不计的；作用在 $Nd_2Fe_{14}B$ 晶粒上的应力是弹性应力，具有靠近晶粒边界的局域特征，渗透深度仅 200nm；磁弹效应的应力对矫顽力没有明显的影响，因为反向畴的形核体积与受到应变的范围相比是很小的。

6.4 稀土永磁材料的抗辐射性能

在加速器、同步加速器或分光辐射谱仪中，稀土永磁体经常被利用来做粒子束的聚焦装置，如波动器。在这种环境中，稀土永磁体可能暴露于 γ 射线或中子或其他电荷粒子的辐照中。另外，在宇宙空间中存在大量的宇宙射线，其中 89% 是质子（氢原子核），10% 是 α 射线（氦原子核），还有 1% 的其他粒子，包括 γ 射线在内。这些宇宙射线具有极高的能量，达到 10^{20}eV 的水平，这些高能射线是无孔不入的，它们与磁体材料中的原子发生作用，并引起晶格振动，使磁体材料发热，进而造成磁体退磁并失效。因此，在高能核领域中用于波动器和在航天航空领域中用于推进器的稀土永磁体都要求抗高温和抗辐射。研究发现，在这些领域，必须选用能经受长时间高温和高辐射考验的 Sm-Co 型稀土磁体。

6.4.1 纯辐照对稀土永磁材料永磁性能的影响

Boockmann 等人[37]研究了 γ 射线的累加剂量（10～50Mrad）对 Sm-Co 和 Nd-Fe-B 磁体永磁性能造成的损失。该实验利用带有 1.17MeV 和 1.33MeV 能量的 ^{60}Co 源作为 γ 射线辐射源，γ 射线的辐射速率为 1krad/min，在整个辐照过程中，环境温度控制在 (22 ±4)℃的范围以内，磁体保持温度基本恒定。每次累加剂量达到 10Mrad 时将磁体取出，测量辐照后磁体的退磁曲线及永磁特性参数，计算其与辐照之前的相对变化。由于在整个辐照过程中，磁体的温度保持恒定，所以，以上的结果不包含磁体的热损失，仅是 γ 射线辐照的影响。图 6-29 展示 γ 射线的累加剂量对具有磁导系数为 $P_c = -0.61$ 和永磁参数为 $J_r = 1.2T$（12kGs）、$H_{cJ} = 1520kA/m$（19.1kOe）的烧结 Nd-Fe-B 磁体剩磁的影响。可以看到，累加剂量在 10 ~ 50Mrad 之间的 γ 射线辐照并不降低 Nd-Fe-B 磁体的剩磁，反而使剩磁有少许增加。上述效应的原因尚不清楚，类似的现象也被刘金芳等人[38]在 Nd-Dy-Fe-B 磁体中观察到。

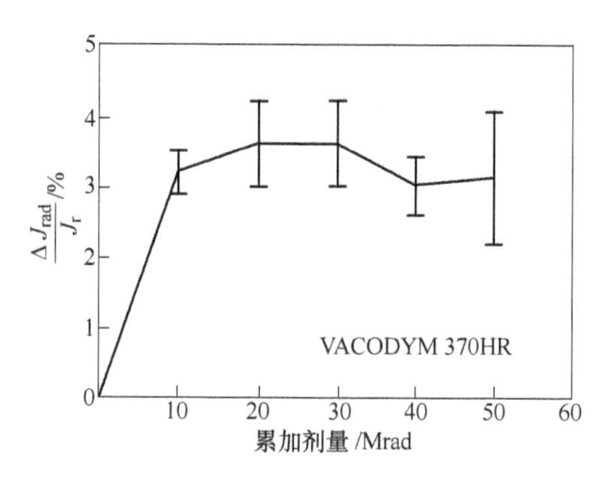

图 6-29　γ 射线的累加剂量对烧结 Nd-Fe-B 磁体剩磁的影响[37]
（磁体磁导系数为 $P_c = -0.61$，永磁参数为 $J_r = 1.2T$（12kGs）、$H_{cJ} = 1520kA/m$（19.1kOe））

图 6-30（a）和（b）分别展示 γ 射线的累加剂量对具有磁导系数为 $P_c = -0.71$、永磁参数分别为 VACOMAX 170：$J_r = 0.95T$（9.5kGs）、$H_{cJ} = 1750kA/m$（22.0kOe）和 VACOMAX 225HR：$J_r = 1.10T$（11.0kGs）、$H_{cJ} = 2500kA/m$（31.4kOe）的烧结 Sm-Co 磁体剩磁的影响。可看到，低剩磁和低矫顽力 Sm-Co 磁体剩磁损失 1%~2%（图 6-30（a）），但随后发现这是由磁体边缘的氧化造成的，去除这些边缘氧化物后，磁体剩磁并没有明显的变化。高剩磁和高矫顽力 Sm-Co 磁体的不可恢复剩磁变化不降反增 1%（图 6-30（b）），退磁曲线没有明显的变化，且以上数据的差异都处于磁测量误差 2% 的范围以内。以上结果表明，在磁体的温度保持恒定的室温条件下，γ 射线辐照基本不影响稀土永磁体的磁性。

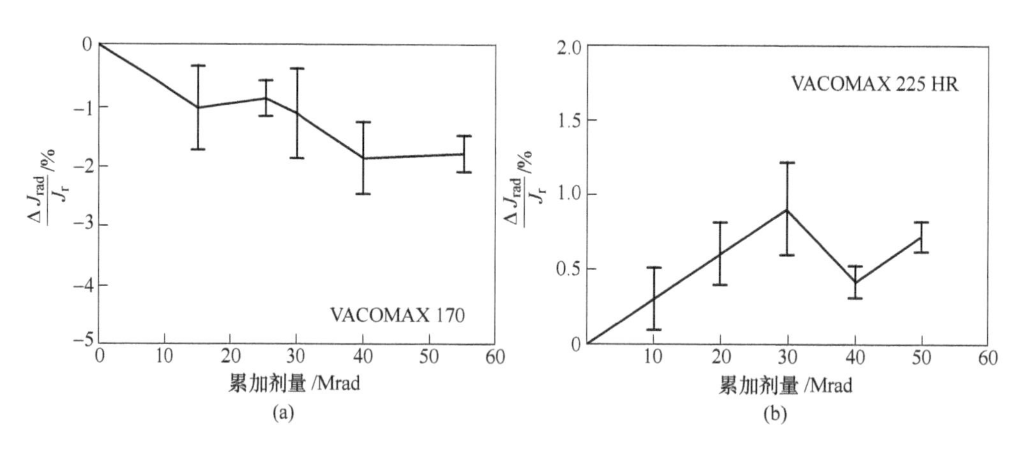

图 6-30　γ 射线对 $P_c = -0.71$ 的 Sm-Co 磁体剩磁的影响[37]
（a）VACOMAX 170：$J_r = 0.95T$（9.5kGs）、$H_{cJ} = 1750kA/m$（22.0kOe）；
（b）VACOMAX 225HR：$J_r = 1.10T$（11.0kGs）、$H_{cJ} = 2500kA/m$（31.4kOe）

6.4.2　辐照对永磁材料永磁性能的综合影响

实际上，永磁体在应用时并不能始终保持恒定的室温条件。永磁体受到辐照部分会因为晶格振动而发热，在磁体散热不太好的情况下，受到辐照部分的磁体会持续升温，当温度增加到一定值时，可导致磁体不同程度的热退磁，严重时使磁体失效。刘金芳（Liu J F）等人[38]和 Cost 等人[39]的研究发现，Sm-Co 磁体的抗辐射能力是很强的，但 Nd-Fe-B 磁体的抗辐射能力较弱。图 6-31 展示了磁体磁通量随着中子通量的变化规律。从图中可见，$Nd_{13}Dy_2Fe_{77}B_8$磁体在中子通量为 10^{16}n/cm^{2}时已完全失去永磁特性，但对于Sm(CoFeCuZr)$_z$磁体而言，中子通量高达 10^{18}n/cm^{2}时仍然毫无影响。对中子辐照过的 Nd-Fe-B 磁体再次充磁后测量，数据表明用通量为 10^{16}n/cm^{2}的中子通量辐照过的磁体磁性可 100% 恢复，但中子通量为 10^{17}n/cm^2 和 10^{18}n/cm^{2}时磁性恢复量仅为 97.5% 和 95%，表明强辐照已经对 Nd-Fe-B 磁体的微结构造成了永久性损伤，降低了磁体的矫顽力和剩磁。再充磁后稀土磁体能恢复永磁性能这一个事实提示，辐照损伤大部分是热效应，而不是直接破坏磁体的冶金学结构。图 6-32 展示的就是在辐照期间的辐照热效应，即随着中子通量的增加，在磁体内部所记录到的温度变化。从最高工作温度 150℃ 的烧结 $Nd_{13}Dy_2Fe_{77}B_8$磁体的最小局域温度随中子通量的变化曲线上可看到，中子通量为 10^{13}n/cm^{2}时，$Nd_{13}Dy_2Fe_{77}B_8$磁体的温度已达到 150℃；在 2×10^{13}n/cm^{2}时，磁体温度升高到 350℃，超过$Nd_{13}Dy_2Fe_{77}B_8$磁体的居里温度。因此，完全可以理解为什么在中子通量大于 10^{14}n/cm^{2}时 Nd-Fe-B 磁体的磁性会完全消失，但重新充磁后又可基本恢复，因为辐照温升产生的是磁通不可逆损失；而具有超高工作温度的 Sm(CoFeCuZr)$_z$磁体仍然保持辐照前的磁性，因为它的工作温度高达 500℃，但辐照时 Sm-Co 磁体内的记录温度仅为 200℃ 左右，远低于它的工作温度。上述结果清楚表明，是辐照引起的局域温度升高造成了 Nd-Fe-B 磁体磁性的逐步失效。具有高抗辐照性能的 Sm(CoFeCuZr)$_z$磁体是空间应用领域中最优秀的稀土永磁体。

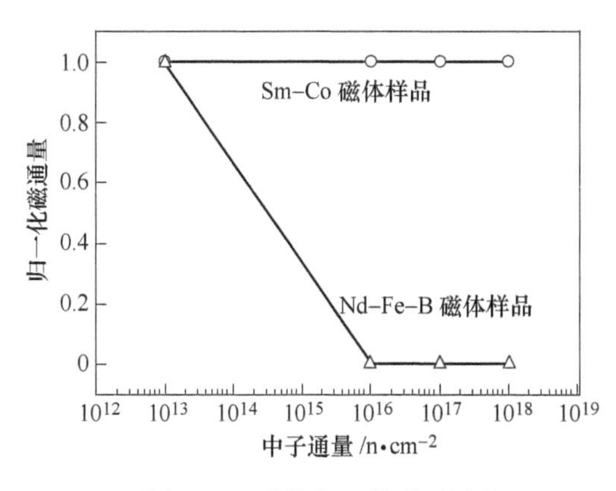

图 6-31 磁体归一化磁通随着中子通量的变化[38]

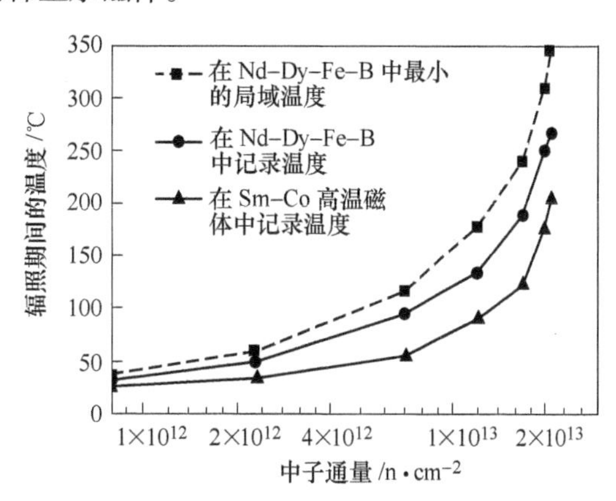

图 6-32 辐射热效应引起的记录温度随中子通量的变化[38]

6.5 稀土永磁材料的化学特性

稀土永磁材料的化学特性，主要是指不同使用环境下它的腐蚀行为和抗腐蚀的能力。稀土元素的电负性在 1.1～1.3 之间，与碱土金属相当，仅次于碱金属元素（电负性0.7～1.0），具有很高的金属活泼性，在与氧、氮、水、酸和碱等介质接触的时候，易发生氧化反应或电化学反应，导致材料表面甚至整体的腐蚀。因此，以稀土元素为主要成分的稀土永磁材料抗氧化和耐腐蚀性能很差，Nd-Fe-B 磁体必须采取电镀、电泳、真空镀铝或磷化等表面防护措施才能投入实际应用，相对而言 Sm-Co 磁体的化学稳定性更高一些，通常无需进行表面防护处理即可使用。本节介绍并讨论稀土永磁材料在一些典型环境中的腐蚀行为，以及它的抗腐蚀能力。

6.5.1　稀土永磁材料的氧化腐蚀

尽管稀土元素的金属活泼性非常高，但实验发现无论是烧结 Sm-Co 还是烧结 Nd-Fe-B 磁体，在干燥空气中都显得非常稳定，后者甚至优于前者。图 6-33 展示了热重分析仪测出的 R-Co 磁体在 120℃ 干燥空气中的氧化增重率[40]，以电负性为 1.1 的 Pr 制成的 $PrCo_5$ 磁体最为严重，在长达 7000h 的试验中增重率也只有 1.7%（质量分数），电负性略高的 Ce 及混合稀土 $CeMMCo_5$ 磁体增重率仅 0.8%（质量分数）（因为含有电负性 1.2 的 Nd），而外推到 7000h 的 $SmCo_5$ 磁体氧化增重率不到 0.4%（质量分数）；$CeCo_5$ 磁体添加合金化元素 Fe 和 Cu 后增重率进一步改善，而 Co 含量更高的 $Sm_2(Co,Cu,Fe,Zr)_{17}$ 磁体抗氧化性又强于 RCo_5 系列磁体。

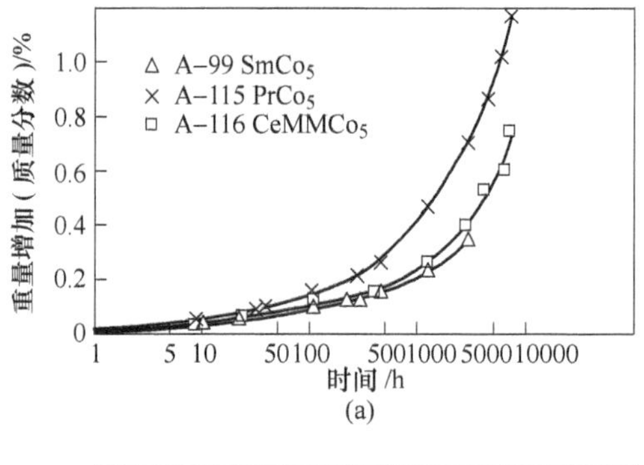

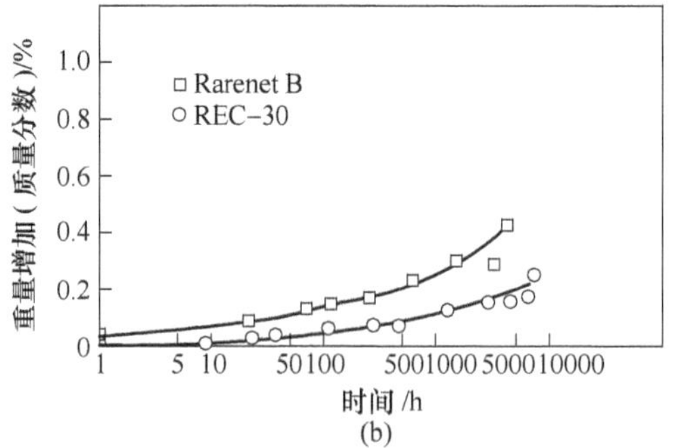

图 6-33　在 120℃ 干燥空气中烧结 R-Co 磁体的氧化增重率[40]

（a）$SmCo_5$，$CeMMCo_5$ 和 $PrCo_5$；（b）Rarenet B（$Ce(Co,Fe,Cu)_5$）和 REC-30（$Sm_2(Co,Cu,Fe,Zr)_{17}$）

Kardelky 等人[41]则对 $Sm_2(Co,Fe,Cu,Zr)_{17}$ 磁体暴露在室温至 500℃ 之间的氧气/氩气环境中的氧化行为进行了研究，并提出磁体表面的氧化程度可用一个标度常数 k'' 来衡量：如果以 x 代表磁体单位表面积的质量变化，t 为磁体在某固定温度下的暴露时间，则 x 与 t 呈抛物线关系，即 $x = k'\sqrt{t}$，或 $x^2 = k''t$，k'' 即为质量变化与时间关系的标度常数，其单位为

$(kg/m^2)^2/s$。考虑到短时间放置时磁体质量变化过小，称重法可能带来较大的测量误差，标度常数 k'' 可以从测试样品的氧化层厚度来估计。图 6-34 是三种不同 Fe 含量的 $Sm_2(Co,Fe,Cu,Zr)_{17}$ 磁体暴露在空气中的标度常数 k'' 与放置温度的关系曲线，无论 Fe 含量多寡，k'' 在 350℃以上都迅速增加，表明在这个温度以下 $Sm_2(Co,Fe,Cu,Zr)_{17}$ 磁体的氧化可以忽略不计，而在更高温度的工作环境，磁体表面氧化不可避免，必须靠表面涂覆技术提供氧化保护层。由图 6-34 还可以看出，随着 Fe 含量的减少，$Sm_2(Co,Fe,Cu,Zr)_{17}$ 磁体的标度常数 k'' 逐步降低，含 Fe 量 7%（质量分数）的 3 号磁体高温抗氧化最好。

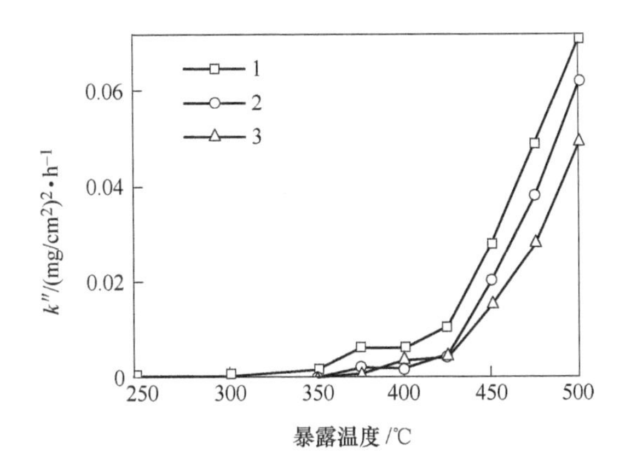

图 6-34 三种不同 Fe 含量（质量分数）的 $Sm_2(Co,Fe,Cu,Zr)_{17}$ 磁体暴露在空气中的单位面积增重标度常数 k'' 随温度的变化曲线[41]

1—17.7% Fe；2—15% Fe；3—7% Fe

烧结 Nd-Fe-B 磁体在干燥空气中也呈现类似的抛物线关系。Kim[42] 将烧结 $Nd_{15}Fe_{77}B_8$ 磁体表面分别用 0.082mm（180 目）、0.037mm（400 目）和 0.025mm（600 目）的砂纸磨光，再置于 150℃、相对湿度小于 15% RH 的干燥空气中，观测磁体放置不同时间的单位表面氧化增重，图 6-35 是氧化增重-时间曲线，它们呈现出抛物线型的趋近饱和倾向，表面粗糙度最大的磁体（用 0.082mm（180 目）砂纸磨光）七周后单位面积氧化增重最大，但也只不过 $200mg/cm^2$ 或 $2kg/m^2$，而磁体表面越光滑，氧化增重率越低。Blank 和 Adler[43] 经过同等条件下的对比试验发现，干燥空气中烧结 Nd-Fe-B 甚至比 $SmCo_5$ 还稳定。根据氧化过程的热激活模型，可以认为标度常数 $k''(T) \propto \exp(-\Delta E/kT)$（这里 k 为玻耳兹曼常数）或 $k(T) \propto \exp(-\alpha/T)$，$k(T)$ 相当于以增重率表示的 k'，单位为 $m^2\sqrt{t}$。以对数坐标 $k(T)$ 与温度 T 的倒数 $1/T$ 作图，即可得到 Arrhenius 直线关系，如图 6-36 所示。可见，在相同温度下，Nd-Fe-B 磁体的抛物线型氧化速率 $k(T)$ 比 $SmCo_5$ 磁体几乎低一个数量级。稀土金属在高温干燥空气中与氧反应生成不同价态的稀土氧化物[44]，在长时间高温老化试验的条件下，氧化物以致密钝化膜的形态存在，可阻碍金属进一步氧化，重稀土的钝化作用尤为显著，这恐怕是高温干燥空气中稀土永磁体不发生严重锈蚀的主要原因。因此，烧结 Nd-Fe-B 耐蚀性差是另有原因的，那就是水。更准确地说，是电解质。

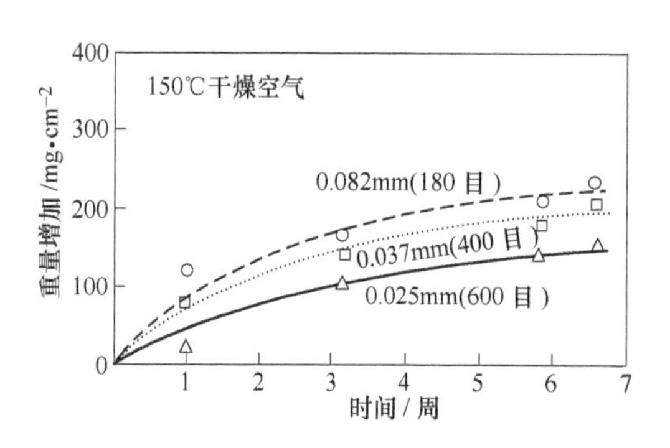

图 6-35 在 150℃干燥空气中（相对湿度小于 15% RH）烧结 $Nd_{15}Fe_{77}B_8$ 磁体的单位面积增重，表面经 0.082mm(180 目)、0.037mm(400 目)、0.025mm(600 目）砂纸磨光[42]

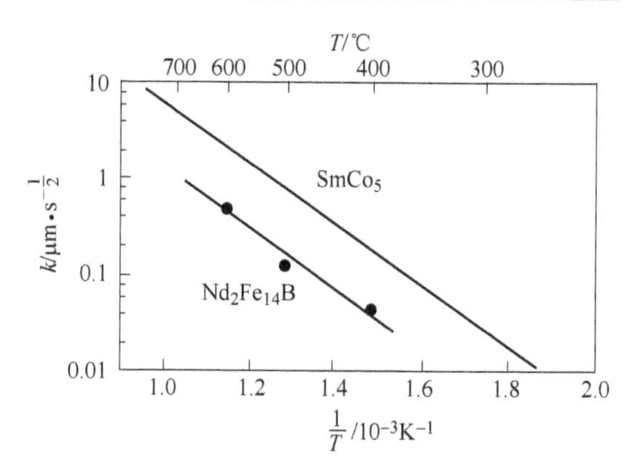

图 6-36 烧结 Nd-Fe-B 和烧结 $SmCo_5$ 磁体的氧化速率 Arrhenius 曲线：$\ln k(T)$-$1/T$[43]

6.5.2 稀土永磁材料的电化学腐蚀

稀土金属与潮湿空气（即较高氧含量的气氛中有部分水汽）的反应可概括如下[44]：

$$
\begin{aligned}
4R + 3O_2 + 6H_2O &\longrightarrow 4R(OH)_3 \\
2R + 6H_2O &\longrightarrow 2R(OH)_3 + 3H_2\uparrow \\
R + \frac{x}{2}H_2 &\longrightarrow RH_x \\
4RH_2 + 5O_2 &\longrightarrow 2R_2O_3 + 4H_2O
\end{aligned}
\tag{6-4}
$$

而在溶入部分空气的水中（即大量水分子中有部分氧分子）的反应则变为：

$$
\begin{aligned}
4R + 3O_2 + 6H_2O &\longrightarrow 4R(OH)_3 \\
4R + 3O_2 &\longrightarrow 2R_2O_3 \\
R_2O_3 + H_2O &\longrightarrow R_2O_3 \cdot H_2O \\
R_2O_3 + 3H_2O &\longrightarrow 2R(OH)_3
\end{aligned}
\tag{6-5}
$$

Katter 等人[45]则认为，在高温高湿环境下 Nd 与水的反应可归纳为下述方程式：

$$
\begin{aligned}
2Nd + 3H_2O &\longrightarrow NdH_3 + Nd(OH)_3 \\
NdH_3 + 3H_2O &\longrightarrow Nd(OH)_3 + 3H_2\uparrow \\
Nd + \frac{3}{2}H_2 &\longrightarrow NdH_3
\end{aligned}
\tag{6-6}
$$

反应方程式（6-6）中的第一、第二式合并起来就是式（6-4）中的第二式，而式（6-4）中的第三式与式（6-6）中的第三式只是稀土价态不同。稀土与水反应有一个重要生成物——氢气。它所带来的连锁反应（式（6-4）中的第二和第三式）加剧了稀土金属的腐蚀，是稀土永磁材料耐蚀性差的根源，并造成多金属相共存的烧结 Nd-Fe-B 磁体的快速腐蚀和严重粉化。

为了研究烧结 Nd-Fe-B 磁体中不同金属相与电解质反应的差异，Minowa 等人[46]制备了与各金属相成分相同的合金，在 $100mol/m^3$ 的 NaCl 溶液中分别进行浸泡失重实验，图

6-37 表明各金属相的单位面积腐蚀失重随 B 含量的增加呈下降趋势，不含 B 的富 Nd 相（$Nd_{77}Fe_{23}$）失重最大，达到 420mg/cm²，远远超出图 6-35 中磁体在高温干燥空气中放置七周的增重水平，是另两个相的 10 倍以上；主相 $Nd_2Fe_{14}B$ 的失重居次席，也达到 40mg/cm²，与图 6-35 的一周增重量相当；富硼相的稳定性很好，几乎没有可觉察的增重。

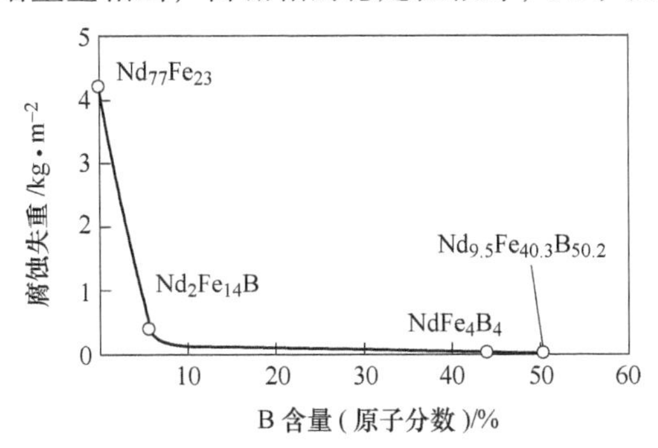

图 6-37 烧结 Nd-Fe-B 磁体中四个主要金属相在 100mol/m³ 的 NaCl 溶液中失重的实验[46]

与 Minowa 的主张不同，Sugimoto 等人[47]认为烧结 Nd-Fe-B 磁体各相的腐蚀速率顺序为富 B 相 > 富 Nd 相 > $Nd_2Fe_{14}B$ 相，Schultz 等人[48,49]认同的则是富 Nd 相 > 富 B 相 > $Nd_2Fe_{14}B$相。无论如何，富 Nd 相总是先于主相被腐蚀。Sugimoto 还根据各相的腐蚀优先顺序，提出了如图 6-38 所示的烧结 Nd-Fe-B 磁体腐蚀模型：在潮湿空气或腐蚀性溶液这样的电解质环境下，磁体表面相互紧密接触、电极电位差各异的相彼此构成原电池，发生电化学腐蚀，其中电极电位高的主相作为阴极保持稳定，而电极电位最低的富 B 相成为阳极优先被侵蚀，其次是富 Nd 相；更有甚者，由于富 B 相和富 Nd 相的体积及表面积远低于主相，少量阳极金属要消耗大体量主相阴极的电流，使阳极腐蚀的速率大大提升。富 Nd 相的快速腐蚀导致磁体内禀矫顽力下降、退磁曲线方形度劣化，从而降低磁体的开路磁通，甚至产生主相晶粒剥落和磁体粉化。Nakamura 等人[50]的电极电位测量证实了与 Minowa 实验相同的腐蚀优先顺序（表 6-11），电化学腐蚀使磁体表层的富钕相首先被氧化成富 O、富 Nd 但低 Fe 的黑色氧化物，随后此黑色物质扩散到邻近的 Nd-Fe-B 中，进一步氧化为棕色氧化物，残存的 $Nd_2Fe_{14}B$ 晶粒因周围组织粉化从基体剥落，在最终的生成物中，除了 Fe_3O_4 和 Nd_2O_3 外尚有数量极为可观的 $Nd_2Fe_{14}B$ 颗粒。他们还证实含 Co 粘结 Nd-Fe-B 磁粉的电极电位低于烧结 Nd-Fe-B，这与前者稀土总量低、富 Nd 相含量少有密切关系，Co 的影响也不可忽视。

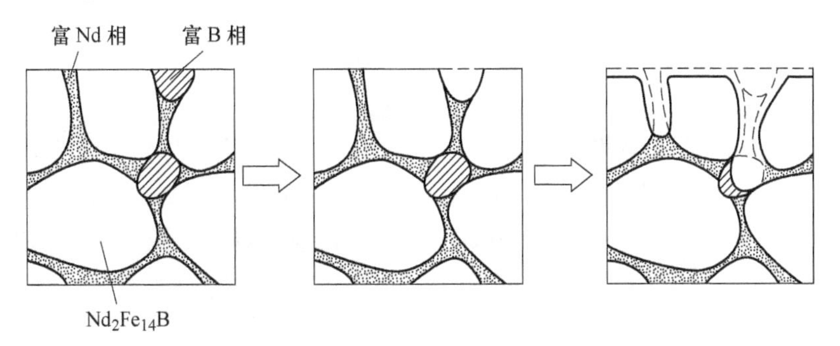

图 6-38 烧结 Nd-Fe-B 的腐蚀过程示意图[47]

表6-11　烧结 Nd-Fe-B 磁体中各相的电极电位[50]

材　料	富钕相	$Nd_2Fe_{14}B$	$Nd_{1+\varepsilon}Fe_4B_4$	烧结 $Nd_{14}Fe_{78}Al_1B_7$	粘结 $Nd_{12}Fe_{77}Co_5B_6$
电极电位（mV-Ag/AgCl）	-650	-515	-460	-480	-530

烧结 Nd-Fe-B 腐蚀的主要过程为电化学腐蚀。从电化学腐蚀机理可以推断，即使在同样的电解质环境下，磁体成分和杂质含量也会敏感地影响到磁体的腐蚀程度，因为磁体的相结构及彼此的电极电位关系是电化学反应的决定因素。Jacobson 和 Kim[51] 在研究稀土总量、Al 或 Dy 添加、试验温度/湿度和盐水等因素与烧结 Nd-Fe-B 磁体腐蚀程度的关系时发现，在作为原料的金属 Nd 中，Cl 杂质含量过高对磁体的耐蚀性劣化是致命的。试验结果表明：在室温干燥空气中（<15% RH），磁体的腐蚀增重几乎不可觉察；而在 150℃ 干燥空气、150℃ 潮湿空气和室温潮湿空气中的腐蚀增重以高温干燥环境最为严重，随试验时间推延表现出抛物线和线性叠加的特点（图6-39（a）），没有趋近饱和的迹象，锈蚀产物集中在晶界附近，EDX 谱（图6-39（f））显示其主要由 Nd_2O_3 和 $NdCl_3$ 构成，且 Cl 的含量很高，锈蚀反应可由式（6-7）描述：

$$
\begin{aligned}
&2NdCl_3 + \frac{3}{2}O_2 \longrightarrow Nd_2O_3 + 3Cl_2 \\
&3Cl_2 + 2Nd \longrightarrow 2NdCl_3
\end{aligned}
\qquad (6\text{-}7)
$$

因为缺乏足够的水分来移除 Cl，上述连锁反应持续发生，不断侵蚀 Nd，致使锈蚀过程加速且不趋近饱和。由于从合金到磁体的粉末冶金过程并未引入 Cl 杂质，他们推断 Cl 最有可能是从金属 Nd 中带入的。图6-39（a）还表明，室温和 150℃ 潮湿空气（>95% RH）中的腐蚀增重与试验时间呈抛物线关系，且 150℃ 的增重量远大于室温。从外观看，室温潮湿环境锈蚀随机发生于试样棱角附近，锈蚀物处于多孔非密实状态，EDX 谱（图6-39（d））表明其主要由铁的氧化物或氢氧化物构成，含少量氯化物和氧化钕，因此腐蚀速率主要由下列反应控制：

$$
\begin{aligned}
&Fe + \frac{1}{2}O_2 \longrightarrow FeO \\
&Fe + 2H_2O \longrightarrow Fe(OH)_2 + H_2
\end{aligned}
\qquad (6\text{-}8)
$$

而 150℃ 潮湿空气中的锈蚀为非连续散布于磁体表面的锈点，锈蚀产物主要是 Nd_2O_3（图6-39（e）），考虑到 Nd 中的 $NdCl_3$ 杂质，反应方程式为：

$$
\begin{aligned}
&2Nd + \frac{3}{2}O_2 \longrightarrow Nd_2O_3 \\
&2NdCl_3 + 3H_2O \longrightarrow Nd_2O_3 + 6HCl
\end{aligned}
\qquad (6\text{-}9)
$$

由于 Nd 氧化反应的激活势垒随温度升高而下降，且相同温度下 Nd 氧化反应吉布斯自由能 $-\Delta G_{Nd_2O_3}$ 远大于 Fe 的 $-\Delta G_{FeO}$，因此高温潮湿环境中的腐蚀以 Nd 的氧化为主，且氯化钕杂质也转化为氧化钕，反应生成物 HCl 溶于水形成盐酸被移出锈蚀物，锈蚀物 EDX 谱中无 Cl 峰。

为证实氯对磁体的加速腐蚀作用，他们特别研究了无氯磁体的锈蚀特征[42]，并比较了磁体表面光滑度与锈蚀程度的关系，试样制备方法是用不同目数的 SiC 砂纸打磨磁体。

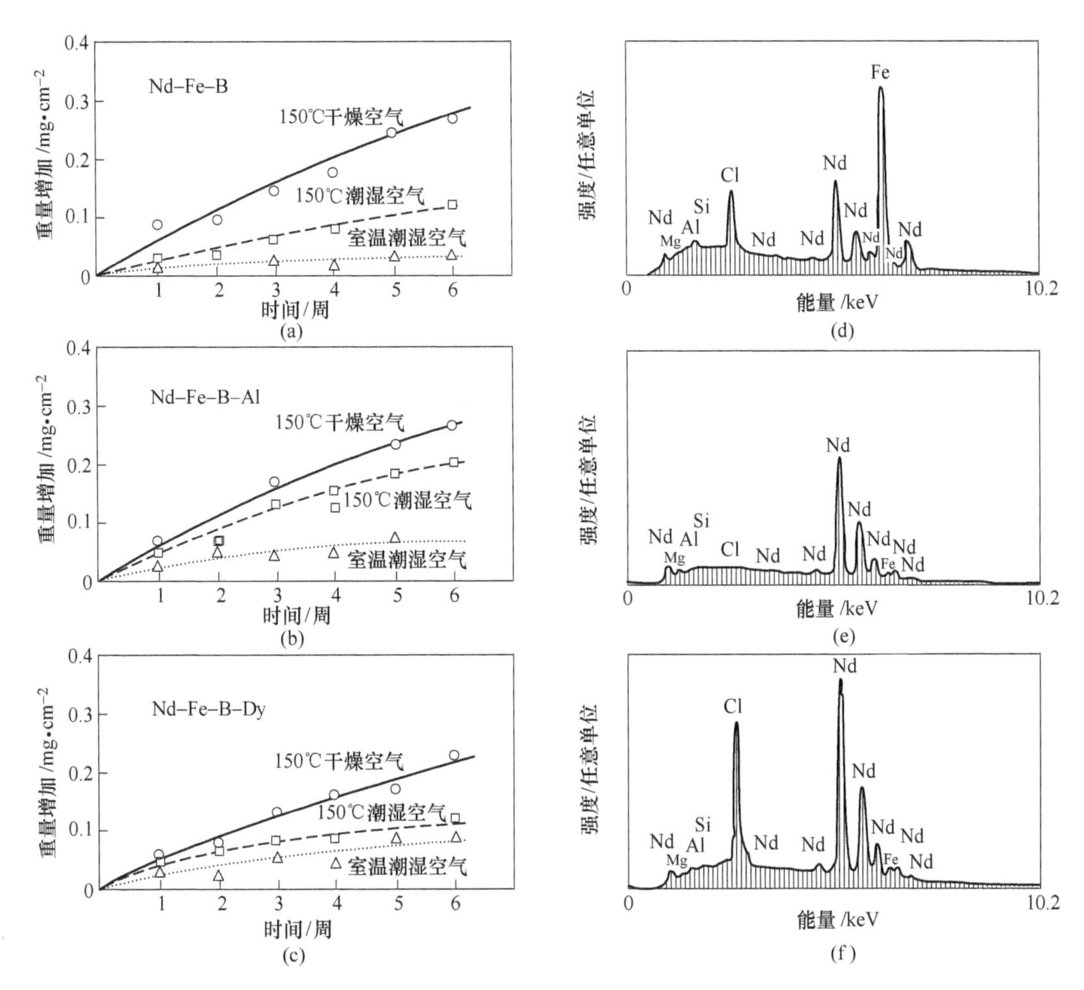

图 6-39 不同环境下不同成分磁体锈蚀增重时间依赖曲线（a ~ c）与锈蚀产物的 EDX 谱（d ~ f）[51]

无一例外地，无氯磁体的高温增重-时间曲线呈抛物线形状（图 6-40（a）），锈蚀增重比含氯磁体低一个数量级（比较图 6-39（a）），证实了 Cl 杂质是磁体严重锈蚀的主要祸根。磁体表面光滑度越高，锈蚀增重越小，但潮湿环境增重依然低于干燥环境，特别是光滑度高的磁体。根据增重曲线外推（图 6-40（b）），0.025mm(600 目）砂纸磨光的 $Nd_{15}Fe_{77}B_8$ 磁体预计在 150℃潮湿空气下 5 年增重仅 0.4mg/cm^2。室温潮湿环境下磁体的腐蚀增重-时间曲线也是抛物线，增重量是高温潮湿环境的两倍多，但与其表面光滑度的关系不敏感（图 6-40（c）），但如果磁体表面留下指纹，反而是越光滑的磁体腐蚀越严重（图 6-40（d））。从锈蚀形貌上看，高温锈蚀磁体的锈点分布随机，锈蚀物的 EDX 谱只显示 Nd 峰而无 Cl 峰或 Fe 峰，意味着锈蚀过程为磁体表面 Nd 的缓慢氧化，而粗糙表面具有更多易激活氧化的点。对表面光洁的磁体而言，室温潮湿环境锈蚀物形成团簇，随机分布在磁体表面或棱角；留有指纹磁体的锈蚀物更细小、分布更均匀。EDX 谱表明，室温潮湿环境下的锈蚀产物主要含 Fe，为 Fe 的氧化物或氢氧化物，只有很低的 Nd 峰。尽管室温下 Nd_2O_3

的生成自由能绝对值远高于FeO或Fe(OH)$_2$，但Nd与O反应的激活能也很高，而Fe在水分子作用下的激活能可能更低，导致Fe与氧和水的反应优先发生。

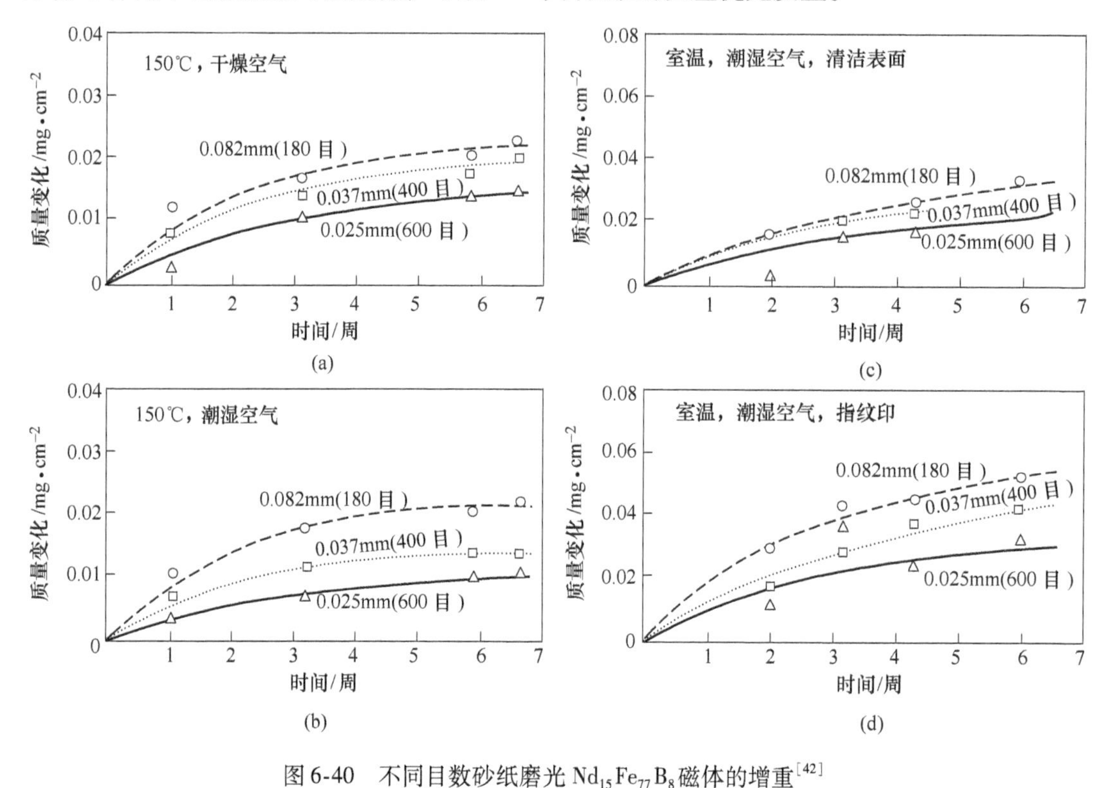

图6-40 不同目数砂纸磨光$Nd_{15}Fe_{77}B_8$磁体的增重[42]

（a）高温干燥环境；（b）高温潮湿环境；（c）室温潮湿环境洁净表面；（d）室温潮湿环境非洁净表面

含Cl磁体的Nd含量也会影响到磁体的锈蚀增重[51]，图6-41描绘了磁体增重的抛物线速率常数K_p与Nd含量的关系，增加Nd含量有利于降低K_p，在高温干燥空气中尤其显著，由此可以推测Cl参与的反应（见式（6-9））受到了很大抑制。出乎意料地，Cl对磁体的腐蚀加剧作用甚至与磁体是否磁化都密切相关[51]，如图6-42所示，在加气饱和盐水中，未充磁磁体的失重与测试时间成平方关系，Cl离子对晶界相的局域腐蚀因式（6-9）的连锁反应被急剧加速，而充磁磁体失重被抑制而变为线性关系，其原因在于边界相局域

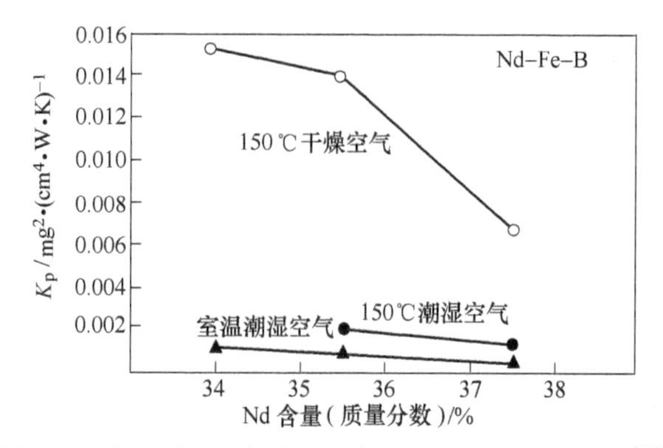

图6-41 锈蚀增重抛物线速率常数K_p与钕含量的关系[51]

腐蚀转为磁体均匀腐蚀；在加气饱和蒸馏水中，磁体锈蚀失重也是时间的线性函数，但锈蚀速率明显降低，且充磁只略微缓解锈蚀过程。

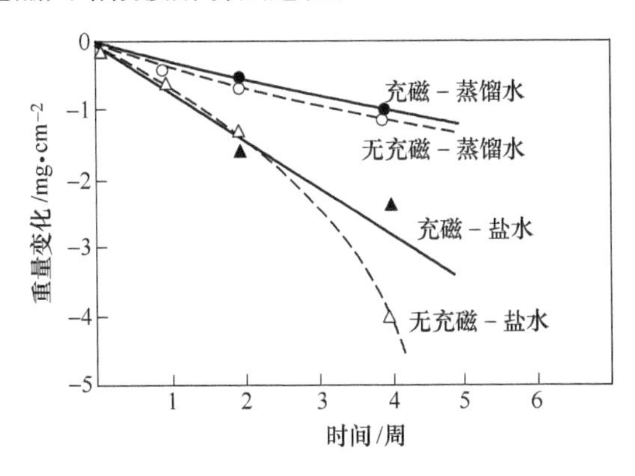

图 6-42　充磁和未充磁磁体在加气饱和盐水和蒸馏水中的腐蚀减重[51]

6.5.3　稀土永磁材料在氢气和氮气中的腐蚀

除了在高温干燥空气和电解质环境下会发生严重的氧化和腐蚀外，与其他稀土材料一样，即使在室温下，处于富氢环境中的 Nd-Fe-B 磁体也会发生吸氢反应[52]：富 Nd 相先通过式（6-10）的吸氢放热反应生成 NdH_x，环境温升再引发 $Nd_2Fe_{14}B$ 主相的放热吸氢反应（6-11）：

$$Nd + \frac{x}{2}H_2 \longrightarrow NdH_x + \Delta H_1 \tag{6-10}$$

$$Nd_2Fe_{14}B + \frac{x}{2}H_2 \longrightarrow Nd_2Fe_{14}BH_x + \Delta H_2 \tag{6-11}$$

其中 x 与温度和氢气压强相关，在室温和 0.1MPa 氢压下式（6-10）中的 $x \approx 2.7$，而式（6-11）中的 $x \approx 2.9$。在潮湿气氛下钕的氢化物（三氢化钕 $NdH_{2.7}$或二氢化钕 $NdH_{1.9}$）与水分子反应生成氧化钕并导致磁体表面粉化，其反应方程式为[52]：

$$2NdH_x + 3H_2O \longrightarrow Nd_2O_3 + (3 + x)H_2 \tag{6-12}$$

合金或磁体吸氢后，主相和富 Nd 相都会发生较大的晶格膨胀，使合金或磁体沿晶和穿晶断裂，造成了合金或磁体的爆裂。这是目前烧结 Nd-Fe-B 磁体制备过程中制粉工序所采用的氢破碎技术原理。氢破碎后的 Nd-Fe-B 合金粉通常在球磨或气流磨前进行部分脱氢，并在烧结过程中完全脱氢。脱氢反应有如下 3 个阶段[50]：

（1）在室温～300℃之间，主相完全脱氢，脱氢反应为：

$$Nd_2Fe_{14}BH_{2.9} \longrightarrow Nd_2Fe_{14}B + 1.45H_2\uparrow \tag{6-13}$$

（2）在 250～400℃之间，富 Nd 相部分脱氢，脱氢反应为：

$$NdH_{2.7} \longrightarrow NdH_{1.9} + 0.4H_2\uparrow \tag{6-14}$$

（3）在 550～650℃之间，富 Nd 相完全脱氢，脱氢反应为：

$$NdH_{1.9} \longrightarrow Nd + 0.95H_2\uparrow \tag{6-15}$$

另外，在烧结 Nd-Fe-B 磁体出炉时或磁体长时间存放后，有时能闻到氨的气味，这表明 Nd-Fe-B 磁体在制备过程中促成了氮气和氢气合成氨的反应：

$$3H_2 + 2N_2 \longrightarrow 2NH_3 + \Delta H \tag{6-16}$$

唐杰等人[53]认为合成氨反应的原因是，Nd-Fe-B 压制生坯在等静压工序沾上油，或烧结过程中扩散泵存在返油现象，油与水气反应生成氢，以 Nd-Fe-B 生坯及其氧化物作催化剂，在 800～1000℃与生坯放气不足的残留氮直接合成氨。

6.5.4 稀土永磁材料的 C、N 和 O 杂质对磁体耐蚀性的影响

烧结磁体制备过程难免带入 C、N 和 O 杂质，Kim 等人的研究[54]系统地揭示了烧结 Nd-Fe-B 磁体中这些残存杂质对耐蚀性的影响。他们通过控制气流磨粉或粉末合批过程中的氧气或空气进入量来实现样品氧含量的调整，碳含量则是在合金熔炼或将高碳、低碳合金按不同比例混合加以改变，氮含量的控制手段是气流磨或粉末雾化时的气氛含氮量。磁体耐蚀性通过高压釜试验的失重来表征，试验温度 110～115℃、水蒸气压强 34.5～69kPa(5～10psig)、试验时间 40h 或 96h。图 6-43（a）是 $Nd_{33.9}Fe_{64.95}B_{1.15-x}C_xN_{0.024}O_{0.33}$（$x$ = 0.06～0.09（原子分数））磁体 40h 后的失重与 C 含量 x 的关系，在 0.09～0.11（原子分数）之间磁体失重最小，而当 O 增加到 0.5%（原子分数）且 N 增加到 0.05%～0.09%（原子分数）时失重大幅降低，尤其是在低 C 端；当 O 超过 0.6% 且 C 含量在 0.06%～0.15%（原子分数）之间时，96h 后磁体失重几乎为零（图 6-43（b））。

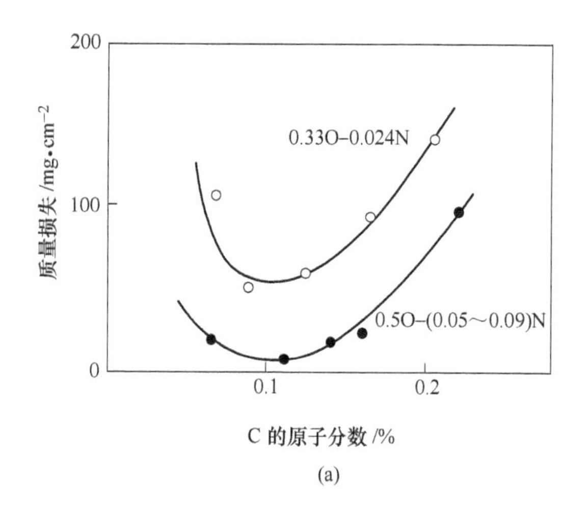

(a)

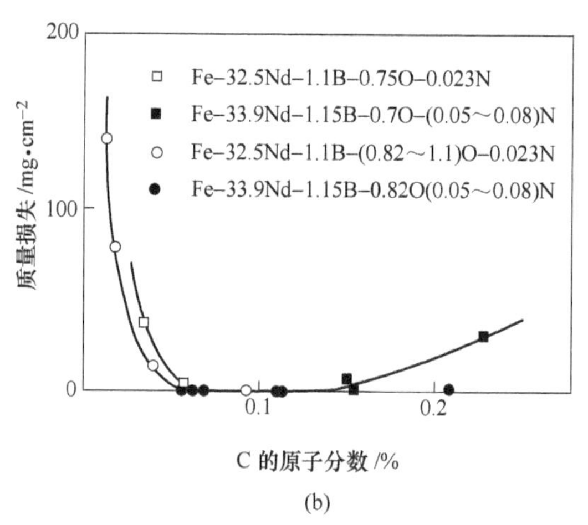

(b)

图 6-43 不同 C 含量磁体高压釜试验失重[54]

（a）$Nd_{33.9}Fe_{64.95}B_{1.15}-O_xN_y$ 磁体 40h；（b）$Nd_{32.5}Fe_{66.4}B_{1.1}-O_xN_y$ 和 $Nd_{33.9}Fe_{64.95}B_{1.15}-O_xN_y$ 磁体 96h

在 C 含量优化区（0.1%（原子分数）C），失重与 O、N 含量的关系图（图 6-44）给出证据：O 含量从 0.2%（原子分数）增加到 0.6%（原子分数）的过程就是磁体失重接近于零的过程，在 O 含量优化区域（0.6%～1.0%（原子分数）O），低 N 含量磁体（0.02%（原子分数）N）的失重偏高（图 6-44（b）），但是低 C 磁体（0.06%（原子分数）C）却是 N 含量越高失重越大（图 6-45）。他们还从微结构上分析研究了 C、N 和 O 影响高压釜试验失重的机理[55]，表 6-12 列出了对比样品 A1～A5 的 C、N、O 含量和失

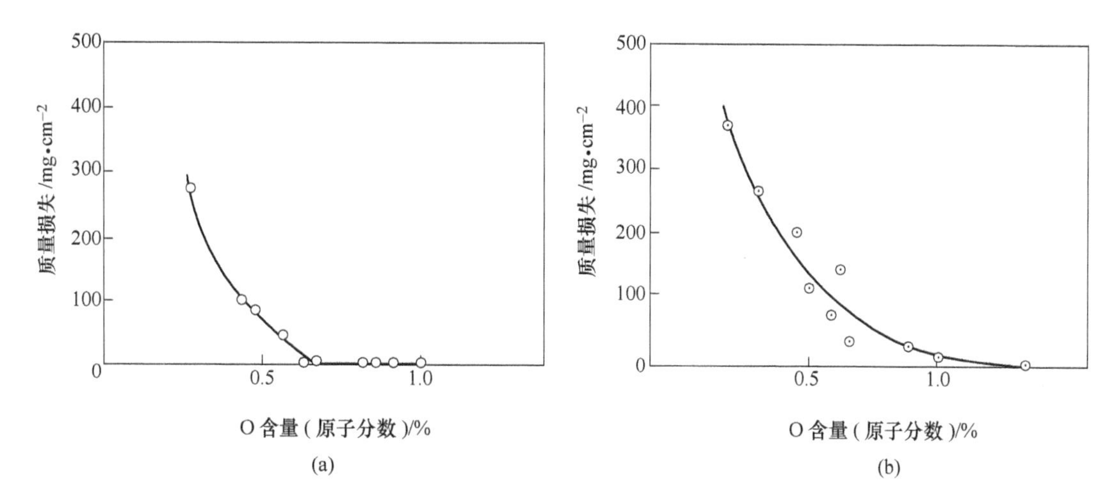

图6-44 不同O含量磁体高压釜试验96h后的失重[54]

(a) $Nd_{33.5}Fe_{65.4}B_{1.1}-N_{0.05\sim0.15}C_{0.1}$；(b) $Nd_{33.5}Fe_{65.4}B_{1.1}-N_{0.02}C_{0.1}$

重：高O、低N、低C样品A1的失重明显大于同等O、N含量的高C样品A2，SEM分析揭示A1中不完全氧化的富Nd相NdO_x分布于主相晶界和三角区，还有少量完全氧化的Nd_2O_3突出于磁体表面，高C样品A2的NdO_x只集中于三角区，使边界富Nd相更薄、更不易受到水分的侵蚀。高C样品A3、A4和A5中，低N、低O的A3失重最大，甚至三倍于A1，SEM结合EDX分析表明，A3中Nd_2O_3很少，边界和三角区的富Nd相为α-Nd，氧含量低至0.24%（原子分数），这可能是其失重最大的缘由；低N、高O的A4在三角区存在圆形的NdO_x和少量的Nd_2O_3，但边界相结构不明晰，可能对氧化在磁体内的传播起阻碍作用；高N、高O的样品A5以Nd_2O_3为主，只有少量的NdO_x，且两者都集中于三角区，晶界相太薄以至于腐蚀难以传播。综合起来看，0.06%~0.14%（原子分数）C、0.05%~0.10%（原子分数）N和0.6%~1.2%（原子分数）O磁体的高压釜试验失重最小，低氧样品富Nd相以边界和三角区的α-Nd为主，较易受到水分子侵蚀，腐蚀最厉害；

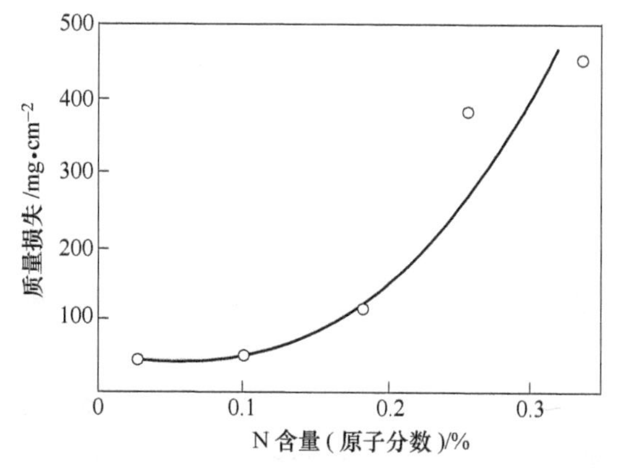

图6-45 不同N含量$Nd_{34.2}Fe_{64.67}B_{1.13}-O_{0.55}N_xC_{0.06}$磁体高压釜试验40h后的失重[54]

如果只增加O含量，部分α-Nd转变为NdO_x，并富集到三角区，腐蚀依然较为严重；当N和O都偏高时，大多数NdO_x会进一步氧化成Nd_2O_3，且N有助于促进不稳定的NdO_x转化，磁体耐蚀性得到改善。这个研究结果印证了Narasimhan等人[56]在美国专利US4588439（1986）中的结果，即氧含量在0.6%~3.5%时Nd-Fe-B磁体的湿热环境耐蚀性有重大改善。随着速凝薄片、氢破碎、气流磨、连续烧结等关键技术的突破，磁体的氧含量控制水平大为提高，稀土总量显著下降，磁体的湿热失重特征也明显不同，上述研究作为Nd-Fe-B发展过程中的一个历史进程，还是具有参考意义的。在烧结Nd-Fe-B磁体的生产过程中，由于大部分工序是用氮气作为保护气氛，所以在磁体生坯中不可避免地含有一定量的氮，而严格控制磁体中的氮含量（<0.1%）则是提高烧结Nd-Fe-B磁体抗腐蚀性能的重要措施之一。

表6-12 不同C、N、O含量及不同添加元素磁体（B含量1.1%（质量分数））的高压釜试验失重
（实验条件：温度110~115℃、水蒸气压强34.5~69kPa（5~10psig））[55,57,58]

合金	合金配方（质量分数）/%									失重/mg·cm^{-2}				参考文献
	Nd	Dy	Fe	Co	Al	TM	C	N	O	40h	96h	144h	240h	
A1	32.5		66.4				0.014	0.021	0.865	31.8	142.0			[55]
A2	32.5		66.4				0.055	0.024	0.815	1.0	0.5			[55]
A3	33.5		65.4				0.100	0.015	0.245	93.0	368.0			[55]
A4	33.5		65.4				0.100	0.014	0.920	0.4	6.9			[55]
A5	33.5		65.4				0.100	0.110	0.820	0.3	0.4			[55]
A6	33.0		60.6	5.0	0.35		0.100	0.067	0.250	0.06	0.3			[55]
B1	33.5		65.4								422.0			[57]
B2①	29.7	3.7	57.5	4.5	0.20	V 3.1					3.7			[57]
B3	31.0	3.0	58.8	5.0	0.35	Nb 0.7					5.2			[57]
B4	31.0	3.0	58.5	5.0	0.35	Zr 1.0					0.3			[57]
B5	31.0	3.0	59.9	5.0								75	188	[57]
B6	31.0	3.0	59.5	5.0	0.35							45	150	[57]
B7	31.0	3.0	58.5	5.0	0.35	Zr 1.0						0.3	0.3	[57]
C1	33.0		65.75			Cu 0.15					18.3			[58]
C2	33.0		64.55	1.2		Cu 0.15					0.15			[58]

① 样品B2的B含量（质量分数）为1.3%。

马宝明（Ma B M）等人[59]也研究了稀土总含量和磁体氧含量与烧结Nd-Fe-B磁体耐蚀性的关系。图6-46展示了稀土金属总含量（质量分数）分别为32.0%、32.5%和33.5%时的烧结Nd-Fe-B磁体腐蚀失重与氧含量的关系。该腐蚀速度的测量也是在高压釜加速实验中完成的，具体试验条件为：6.86×10^4Pa的水蒸气，将磁体放置5min，再排除容器内的水蒸气和空气，并充入相对湿度为100%RH的空气，加压到8.23×10^4Pa，保持96h后取出试验磁体，在干燥空气中清除腐蚀产物后称量失重。由图可见，块体烧结Nd-Fe-B磁体腐蚀速度随氧含量的增加而降低。原因是在烧结Nd-Fe-B磁体中所含的氧，主要分布在磁体晶界的富 Nd 相中，氧含量的增加使得部分富 Nd 相处于稳定性较高的氧化态，加强了富 Nd 相的抗氧化能力，从而提高了整个磁体的抗氧化性能。另外可看到，在氧含量一定时，磁体的腐蚀速度随着稀土含量的降低而降低，且在超过一定氧含量后，烧结 Nd-Fe-B 磁体的腐蚀速度差别变小。

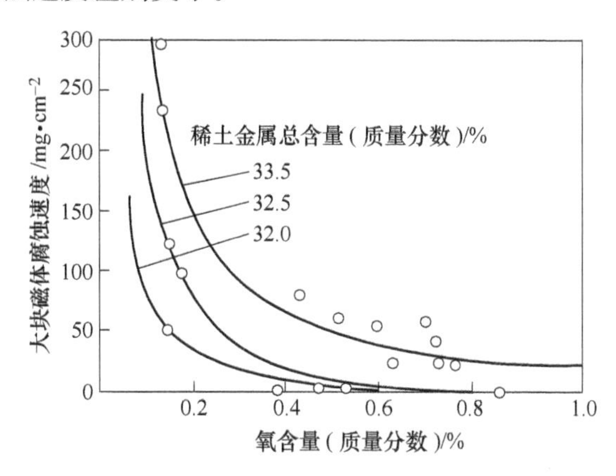

图 6-46 稀土总含量（质量分数）为 32.0%、32.5% 和 33.5% 的大块烧结 Nd-Fe-B 磁体腐蚀失重与磁体氧含量的关系[59]

磁学特性理所当然是稀土永磁材料的最基本和最重要的特性，人们都希望材料的磁学特性能够永驻。但作为重要的功能材料，它们还必须满足使用过程中必要的其他物理和化学特性，其中一些特性参数是一般结构性材料必须达到的，比如基本的尺寸稳定性和机械强度，而另一些特性参数会直接影响到磁学特性能否永驻，最典型的就是材料在冶金学结构和化学上的稳定性。随着稀土永磁材料的应用领域越来越广泛，不同应用的特殊要求也越来越专门化，例如空调压缩机对磁体耐冷媒腐蚀性的要求等，磁学特性以外的物理、化学特性不再处于配角地位。通过本章内容的展开，我们看到这些物理、化学特性的表现及其对永磁特性的影响，为开发和生产满足特殊需求的稀土永磁材料奠定了基础，在第 8 章将会看到一些具体的应用实例，永磁特性将和这些物理和化学特性构成稀土永磁材料的一个有机整体，并在新的应用要求中不断地挑战材料的极限，这就是工业发展的魅力。

参 考 文 献

[1] 国家标准 GB/T 228.1—2010《金属材料拉伸试验 第 1 部分：室温试验方法》（ISO 6892-1：2009，MOD）[S].

[2] 国家标准 GB/T 7314—2005《金属材料室温压缩试验方法》[S].

[3] 国家标准 GB/T 232—2010《金属材料弯曲试验方法》（ISO 7438：2005，MOD）[S].

[4] 国际标准 ISO 12737：2005《金属材料平面应变断裂韧度 K_{IC} 试验方法》（ISO 12737：2005）[S].

[5] Rodewald W. Rare-earth Transition-metal Magnets [C] //Eds. Kronmuller H, Parkin S. Handbook of Magnetic Materials. Wiley：Chichester，2007：1969～2004.

[6] Rabinovich Y M，Sergeev V V，Maystrenko A D，Kulakovsky V，Symura S，Bala H. Physical and mechanical properties of sintered Nd-Fe-B type permanent magnets [J]. Intermetallics，1996，4：641～645.

[7] Zeng Z, Yu J, Tokunaga M. The effect of Co addition on the fracture strength of NdFeB sintered magnets [J]. Intermetallics, 2001, 9: 269.

[8] Rodewald W, Katter M, Üstüner K. Coercivity and mechanical properties of Nd-Fe-B magnets in dependence on the average grain size [C]. 18th Int. Workshop on High Performance magnets and their Applications. Eds. Dempsy N M, P. de Rango. Annecy 2004, 486 ~ 492.

[9] Horton J A, Heatherly L, Branagan D J, Sellers C H, Ragg O, Harris I R. Consolidation, magnetic and mechanical properties of gas atomized and HDDR $Nd_2Fe_{14}B$ powders [J]. IEEE Trans. Magnetics, 1997, 33: 3835.

[10] Liu S, Cao D, Leese R, Bauser S, Kuhl G E. Sintered Nd-Fe-B magnets with high fracture toughness [C] //Eds. Hadjipanayis G C and Bonder M J. 17th Inter Workshop on REPM and Their Applications. Newark Delaware, USA: August 18 ~ 22, 2002: 360.

[11] TDK的Nd-Fe-B产品目录（2010-05）.

[12] VAC稀土永磁体VACODYM. VACOMAX产品目录（2003）.

[13] 日立金属NEOMAX磁体产品目录（2013-07）.

[14] 李安华，董生智，李卫. 烧结SmCo永磁材料的断裂 [J]. 中国科学（A辑），2002，10：870 ~ 875.

[15] Withey P A, Kennett H M, Bowen P, et al. The magnetic and mechanical properties of NdFeB type permanent magnets and the effect of quenching [J]. IEEE Trans. Magn., 1990, 26: 2619.

[16] 曾振鹏. 烧结NdFeB永磁材料的断裂研究 [J]. 稀有金属材料与工程，1996，25：18 ~ 21.

[17] 周寿增，董清飞，高学绪. 烧结钕铁硼：稀土永磁材料与技术 [M]. 北京：冶金工业出版社，2011：126.

[18] 孙天铎，祝景汉，王德文. 稀土钴永磁合金的各向异性热膨胀性质及辐向取向环体的断裂 [J]. 金属学报，1979，15：58.

[19] 李安华，董生智，李卫. 稀土永磁材料的力学性能及断裂行为的各向异性 [J]. 金属材料与工程，2003，32：631.

[20] Liu J F, Liu S. High performance sintered Nd-Fe-B type magnets with improved toughness [C]. In: HPMA 04-18th International Workshop on High Performance Magnets and Their Applications, Annecy (France): 2004.

[21] Liu S, Cao D, Leese R, et al. Sintered Nd-Fe-B magnets with high fracture toughness [C]. Hadjipanayis G C and Bonder M J eds. Proc. of the 17th Inter. Workshop on Rare Earth Magnets and Their Applications, Newark, Delawawe, USA, 2002: 360.

[22] Liu J F, Voral P, Walmer M H, Kottcamp E, Bauser S A, Higgins A, Liu S. Microstructure and magnetic properties of sintered NdFeB magnets with improved impact toughness [J]. J. Appl. Phys., 2005, 97: 10H101.

[23] 下斗米 道夫，福田 泰隆，尾崎 由纪子，北野 葉子. 强靱かつ耐食被膜不要Nd-(Fe,Co,Ni,Ti)-B系磁石の開発 [J]. 日本金属学会会报，1994，33：619.

[24] Horton J A, Wright J L, Herchenroeder J W. Fracture toughness of commercial magnets [J]. IEEE Trans. Magn., 1996, 32: 4374.

[25] Yan M, Yu L Q, Wu J M, et al. Improved Magnetic Properties and Fracture Strength of NdFeB by Dehydrogenation [J]. J Magn. Magn. Mater., 2006, 306: 176.

[26] 李安华，李卫，董生智，李岫梅. 微量添加晶界合金对烧结Nd-Fe-B力学性能及微观结构的影响 [J]. 稀有金属，2003，9（5）：531 ~ 534.

[27] 中科三环稀土永磁产品目录.

[28] 日本 Napac 的粘结 Sm-Co 磁体产品目录.

[29] 大同电子粘结 Nd-Fe-B 磁体产品目录.

[30] 住友金属矿山粘结稀土磁体产品目录.

[31] Yamazaki K. Loss Analysis of Interior Permanent Magnet Motors Considering Carrier Harmonics and Magnet Eddy Currents Using 3-D FEM [J]. IEEE Trans. Magn., 2007, MAG-42: 904.

[32] Polinder H, Hoeijmarkers M J. Eddy current losses in the segmented surface-mounted magnets of a PM machine [J]. Proc. Inst. Elect. Eng., 1999, 146: 261.

[33] Atallah K, Howe D, Stone D A. Rotor Loss in Permanent-Magnet Brushless AC Machines [J]. IEEE Trans. Magn., 2000, MAG-36: 1612.

[34] Marinescu-Jasinski M, Gabay M, Kodat S, Liu J F, Hadjipanayis G C. Sm-Co and Pr-Fe-B magnets with increased electrical resistivity [C]. In: Proc. of the 20th Inter. Workshop on Rare Earth Magnets and Their Applications, Crete, Greece, 2008: 1.

[35] de Groot C H, de Kort K. Magnetoelastic anisotropy in NdFeB permanent magnets [J]. J. Appl. Phys., 1999, 85: 8312.

[36] Ibarra M R, Algarabel P A, Alberdi A, Bartolome J, del Moral A. Magnetostriction and thermal expansion of $RE_2Fe_{14}B$ [J]. J. Appl. Phys., 1987, 61: 3451~3453.

[37] Boockmann K, Liehr M, Rodewald W, Salzborn E, Schlapp M, Wall B. Effect of γ-radiation on Sm-Co and Nd-Dy-Fe-B magnets [J]. J. Magn. Magn. Mat., 1991, 101: 345.

[38] Liu J F, Chen C, Talnagi J, Wu S X, Harmer M. Thermal Stability and Radiation Resistance of Sm-Co Based Pemanent Magnets [C]. Proceedings of Space Nuclear Conference, Boston, Massachusetts, 2007: 2036.

[39] Cost J R, Brown R D, Giorgi A L, Stanley J T. Radiation effect in RE permanent magnet [J]. Mat. Res. Soc. Symposia Proceedings, 1987, 96: 321.

[40] Strnat R M, Luo H L. Oxidation behavior of rare-earth magnet alloys [C]. In: Fidler J. Proc. 6th Inter. Workshop on Rare Earth-Cobalt Permanent Magnets and Their Applications, Vienna, Austria, 1982: 457.

[41] Kardelky S, Gebert A, Gutfleisch O, Hoffmann V, Schultz L. Prediction of the oxidation behaviour of Sm-Co-based magnets [J]. J. Magn. Magn. Mat., 2005, 290~291: 1226.

[42] Kim A S, Jacobson J M. Oxidation and oxidation protection of Nd-Fe-B magnets [J]. IEEE Trans. on Magn., 1987, MAG-23: 2509.

[43] Blank R, Adler E. The effect of surface oxidation on the demagnetization curve of sintered Nd-Fe-B permanent magnets [C]. Proc. 9th Int. Workshop on RE-Magnets and Their Applications, Bad Soden, 1987: 747~760.

[44] 姚守拙. 元素化学反应手册 [M]. 长沙: 湖南教育出版社, 1998: 845~846.

[45] Katter M, Blank R, Zapf L, Rodewald W, Fernengel W. Corrosion mechanism of RE-Fe-Co-Cu-Ga-Al-B magnets [J]. IEEE Trans. Mag., 2001, 37: 2474~2476.

[46] 俵好夫、大桥健. 希土類永久磁石（日文）[M]. 东京: 森北出版株式会社, 1999: 105.

[47] Sugimoto K, Sohma T, Minowa T, Honshima M. Japan Metal Soc. Fall Meeting, 1987: 604.

[48] Schultz L, El-Aziz A M, Barkleit G, Mummert K. Corrosion behaviour of Nd-Fe-B permanent magnetic alloys [C]. Mater. Sci. Eng. A., 1999, 267: 307.

[49] El-Aziz A M, Mummert K, Barkleit G, Schultz L. In: 6th All-Polish Corrosion Conf. Materials and Environment, Czestochowa, Poland, 1999.

[50] Nakamura H, Fukuno A, Yoneyama T. In: Proc. 10th Int. Workshop on Rare Earth Magnets and Their

Application. Tokyo, Japan, 1989: 315.

[51] Jacobson J, Kim A S. Oxidation behavior of Nd-Fe-B magnets [J]. J. Appl. Phys., 1987, 61: 3763 ~ 3765.

[52] Yan Gaolin, Williams A J, Harris I R. The effect of density on the corrosion of NdFeB magnets [J]. J. Alloys and Comp., 1999, 292: 266.

[53] 唐杰，魏成富，赵导文，等. NdFeB 烧结过程中可能发生的有害反应 [J]. 磁性材料及器件，2007，38：55.

[54] Kim A S, Camp F E, Dulis E J. Effect of oxygen, carbon, and nitrogen contents on the corrosion resistance of Nd-Fe-B Magnets [J]. IEEE Trans. Magn., 1990, MAG-26: 1936 ~ 1938.

[55] Camp F E, Kim A S. Effect of microstructure on the corrosion behavior of NdFeB and NdFeCoAlB magnets [J]. Journal of Applied Physics, 1991, 70: 6348.

[56] Narasimhan K, Willman C, Dulis E. Oxygen containing permanent magnet alloy. U. S., Patent No. 4588439 [P]. 1986-05-13.

[57] Kim A S, Camp F E. A high performance Nd-Fe-B magnet with improved corrosion resistance [J]. IEEE Trans. on Magn., 1992, MAG-31: 2151 ~ 2152.

[58] Kim A S, Camp F E. Effect of minor grain boundary additives on the magnetic properties of NdFeB magnets [J]. IEEE Trans. on Magn., 1995, MAG-31: 3620 ~ 3622.

[59] Ma B M, Liang Y L, Sott D W, Liu W L, Bounds C D. A New Aspect on the Corrosion Resistance of Sintered Nd-Fe-B Magnets—Is High Oxygen Content Necessary [C]. Proc. 13th Int. Workshop on Rare Earth Magnets and Their Application 1994: 309.

第7章

稀土永磁材料的磁化和反磁化

我们研究和使用稀土永磁材料，离不开对它进行磁化和反磁化。稀土永磁材料的磁化和反磁化不仅与材料的成分和主相晶体结构及其磁性相关，也与材料制备工艺所形成的显微结构密切相关。不同的制备工艺将在磁体中形成不同的显微结构，使材料呈现不同的磁畴结构和磁化曲线、磁滞回线及反磁化行为。由于稀土永磁材料的磁化和反磁化过程是一个非常复杂的问题，所以在讨论它们的磁化和反磁化机理时，通常要对研究对象进行简化并建立模型，然后在此基础上再进行数学处理和讨论。

本章将在简要给出磁畴、技术磁化过程和反磁化过程的基础上，详细地讨论稀土永磁材料的矫顽力问题。首先，简单介绍最早用来讨论矫顽力机制的磁畴理论和在理论上较易理解的宏观唯象理论；随后详细介绍微磁学理论，即在假设Stoner-Wohlfarth（S-W）理想单畴颗粒的条件下，基于一维常系数二阶线性微分方程，解出理想单畴颗粒的形核场，通常称为Stoner-Wohlfarth模型，简称S-W模型，然后再对各种非理想单畴颗粒的显微结构给出修正的形核场，同时还利用数值微磁学方法计算不同颗粒形状、大小和同时存在多种显微结构的形核场；最后，用微磁学理论分析各种稀土永磁体（包括由大晶粒组成的普通磁体和由纳米晶粒组成的交换耦合磁体）的矫顽力机制。

7.1 磁畴和磁相互作用能

7.1.1 磁畴和畴壁

在铁磁性材料中，由于磁性原子或离子的电子自旋之间的交换作用，使得原子或离子的磁矩按照一定的规则排列起来，产生自发磁化。铁磁性材料内部存在许多自发磁化的小区域，这些小区域被称为磁畴。在磁畴内自发磁化的原子或离子磁矩矢量一致取向，这是原子或离子的磁性电子自旋之间交换作用的结果。在每一个磁畴中，原子或离子磁矩矢量之和形成磁畴磁矩。热退磁状态下的铁磁材料，其内部众多磁畴磁矩在各个方向上相互抵消（系统自由能最小），故宏观上不显示磁性。

相邻两个磁畴之间的过渡层被称为畴壁。畴壁内的原子磁矩从一个磁畴的自发磁化方向通过多个原子层磁矩的传递后变化到另一个相邻磁畴的自发磁化方向。通常我们把畴壁的法线方向定义为畴壁的方向，同时还标出畴壁两侧磁畴自发磁化方向之间的夹角。例如在直角坐标系（x，y，z）中，畴壁的法线方向为［001］（z轴），［100］（x轴）和［010］（y轴）位于畴壁平面内。那么［001］180°畴壁，是指畴壁方向为［001］，畴壁两侧磁畴的自发磁化方向之间的夹角为180°；［001］90°畴壁，是指畴壁方向为［001］，畴壁两侧磁畴的自发磁化方向之间的夹角为 90°。对于［001］180°畴壁，如果自发磁化强度 $\boldsymbol{M}_s$ 从 0°通过畴壁转变为 180°，并且 $\boldsymbol{M}_s$ 在［001］方向分量为零，这样的畴壁被称为布洛赫（Bloch）壁；对于［001］180°畴壁，如果自发磁化强度 $\boldsymbol{M}_s$ 从 0°通过畴壁转变为 180°，并且 $\boldsymbol{M}_s$ 在［010］方向分量为零（即 $\boldsymbol{M}_s$ 在 x-z 平面内完成 180°旋转），这样的畴壁被称为奈尔（Néel）壁。

对于具有单轴磁晶各向异性的晶体，在晶体厚度小于 10μm 时，其磁畴结构有两种形式：片形畴结构和封闭畴结构，如图 7-1 所示[1~3]。在片形畴（图 7-1（a））中，在退磁状态下，自发磁化矢量沿着单轴晶体的易磁化轴取向，以降低磁晶各向异性能；为了降低晶体表面磁极带来的退磁能，晶体内会分成很多片形畴。在封闭畴（图 7-1（b））中，主畴仍然是片形畴，但在晶体的两个端面上，出现了塞漏畴。该塞漏畴使磁通闭合在晶体内部，晶体的端面上无磁荷，排除了退磁能，但增加了塞漏畴的各向异性能。仅当单轴磁晶各向异性常数与饱和磁化强度之间存在关系 $K_1 < 0.272\mu_0 M_s^2$ 时，该材料才会出现封闭畴结构，如六角的金属 Co；否则只出现片形畴结构，如硬磁性铁氧体、稀土永磁材料等。

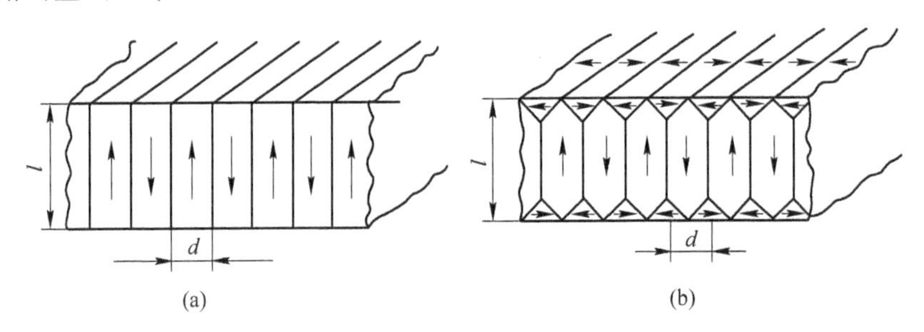

图 7-1　单轴晶体的片形畴和封闭畴结构（单轴与磁化强度平行）[1~3]
（a）片形畴；（b）封闭畴

当晶体厚度大于 10μm 时，畴的结构会发生改变。在降低晶体表面总的退磁能的过程中，将会在晶体表面出现各种各样的表面精细畴结构或附加次级畴。表面磁畴的形成和分布形式与晶体表面取向有关。通常，这种表面畴的形式很复杂。除了出现开放型的蜂窝畴、片形楔形畴（图 7-2（a））、圆锥形楔形畴（图 7-2（b））和波纹畴结构（图 7-2（c））外，还出现封闭型的匕首封闭畴结构（图 7-2（d））[1,2]。

从图 7-1 和图 7-2 中可看到，单轴晶体的基本磁畴形式是片形畴。在具有开放型片形畴的单轴晶体中，由于磁矩一致取向，交换能相同；又由于磁矩平行于易磁化轴（易轴），磁晶各向异性能也相同。以上两种能量，无论晶体中的磁畴分布如何，二者之和不变。此时，依据磁畴理论（见 7.5.1 节），晶体内自由能的变化仅需要考虑如下两种能量：一种是由样品形状引起退磁能，另一种是处于磁矩方向相反的两个磁畴之间的磁矩转向 180°畴壁所产生的畴壁能（本质上，畴壁能是畴壁内交换能和磁晶各向异性能之和）。为了降低退磁能，希望片形磁畴分的越多越好，但磁畴分的越窄，则在垂直于易磁化轴的单位长度内片形畴的数目越大，畴壁就会越多，畴壁能的过多增加不利于系统的稳定，所以系统稳定的磁畴的划分是有限度的。依据热力学理论，一个系统的平衡态是以其总自由能极小为条件的。因此，对于一个单轴晶体，其稳定的磁畴分布主要是由晶体中片形畴的退磁能和 180°畴壁的畴壁能之和（总自由能）处于极小值来决定的。

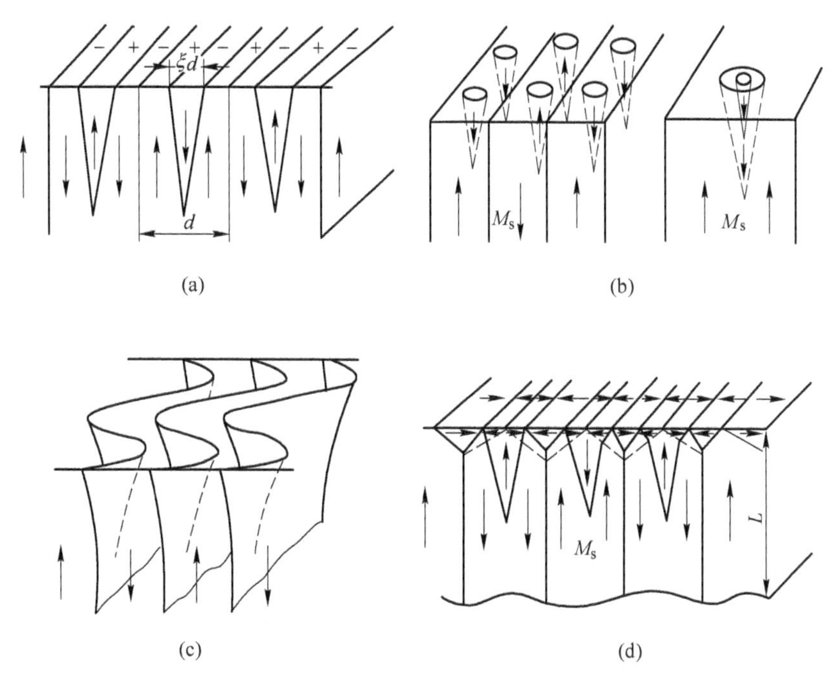

图 7-2 具有不同表面磁畴结构的片形畴和封闭畴结构[1~3]
(a) 片形楔形畴；(b) 圆锥形楔形畴；(c) 波纹畴；(d) 匕首封闭畴

7.1.2 磁相互作用能

对于前面讨论的由单轴晶体所构成的磁体中形成的封闭型、圆锥形楔型和匕首封闭型的片形畴等磁畴结构，均遵循所考虑的系统总能量极小的原则。对于一个具有一定形状的磁体系统，总自由能主要包括交换能、磁晶各向异性能和杂散场能，当有外加磁场时还应考虑静磁能。系统的总自由能 Φ_t 通常可表示为这四种能量之和[1~6]：

$$\Phi_t = E_{ex} + E_K + E_s + E_H \tag{7-1}$$

在微磁学理论（见 7.6.1 节）中，这四种能量分别表达如下。

（1）交换能

$$E_{ex} = A(\nabla\theta)^2 \tag{7-2}$$

式中，A 是与温度相关的交换刚度常数（Exchange Stiffness Constant）；θ 为自发磁化矢量与 c 轴间的夹角[1,5]。在绝对零度时，$A = 2JS^2c/a$（J 为交换积分，S 为原子或离子自旋，a 为原子间距，c 为与晶体结构相关的参数：如简单立方 $c=1$、体心立方 $c=2$、面心立方 $c=4$）；根据分子场理论，可以得到交换常数 A 和磁体主相居里温度 T_c 的关系 $A = 3k_BT_cSc'/[(2a(S+1)]$（参考第 4 章），其中 c' 是与晶体结构相关的参数：如简单立方 $c' = 1/6$、体心立方 $c' = 1/4$、面心立方 $c' = 1/3$[5]。A 还可以从测量自旋波劲度系数 D_{sp} 或畴壁能 γ_B 数据中获得[5]：$A = M_sD_{sp}/(2g\mu_B)$，或 $A = \gamma_B^2/(4K_1)$，其中 M_s 是饱和磁化强度，D_{sp} 是自旋波劲度系数，g 是兰德因子（Lande factor），γ_B 是单位面积的畴壁能，K_1 是第二级磁晶各向异性常数。

（2）磁晶各向异性能：

$$E_K = K_1 \sin^2\theta + K_2 \sin^4\theta \qquad (7\text{-}3)$$

式中，K_1 和 K_2 分别为第二级和第四级磁晶各向异性常数（在微磁学理论中，往往忽略 K_3 项），θ 为自发磁化强度与易磁化轴（c 轴）间的夹角（参见4.3节）。

（3）杂散场能[7]：

$$E_s = -\frac{1}{2}\mu_0 \boldsymbol{H}_s \cdot \boldsymbol{M}_s \qquad (7\text{-}4)$$

式中，$\boldsymbol{H}_s$ 为由 $\boldsymbol{H}_s = -\nabla U$ 从标量势 U 导出的磁偶极场，其中 U 服从 Poisson 方程 $\nabla^2 U = \mu_0 \mathrm{div}\boldsymbol{M}_s$。在外加磁场作用下，磁性杂散场的来源有如下三种不同的表面磁荷（见图7-3）：

$$\boldsymbol{H}_s = \boldsymbol{H}_m + \boldsymbol{H}_g + \boldsymbol{H}_{st}$$

式中，$\boldsymbol{H}_m$ 为由于磁体外表面磁荷引入的宏观退磁场（$-N_m\boldsymbol{M}_s$），通常用 H_d 表示；$\boldsymbol{H}_g$ 为由于磁体内磁性晶粒表面磁荷引入的磁性退磁场（$-N_g\boldsymbol{M}_s$）；$\boldsymbol{H}_{st}$ 为由于磁体内非磁性晶粒或空隙和错取向磁性晶粒引入的结构退磁场（$-N_{st}\boldsymbol{M}_s$）。

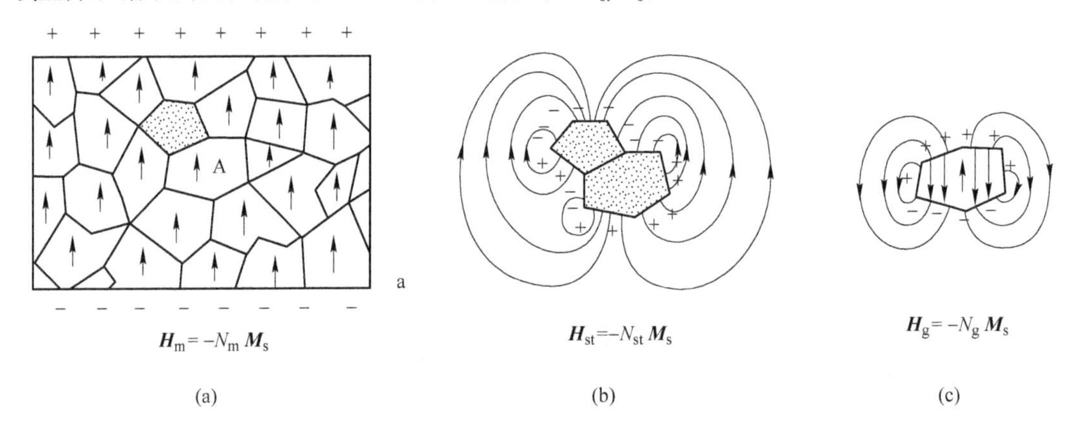

图7-3 在晶粒A内的磁性杂散场可分解成三种不同的来源[7]

（a）由于外表面磁荷引入的宏观杂散场；（b）由于非磁性空隙引入的结构杂散场；

（c）由于磁性晶粒引入的杂散场

如果仅考虑宏观退磁场 $\boldsymbol{H}_d$ 时，则杂散场能

$$E_s = E_d = -\frac{1}{2}\mu_0 \boldsymbol{H}_d \boldsymbol{M}_s \qquad (7\text{-}5)$$

式中，E_d 为宏观退磁场能，$\boldsymbol{H}_d$ 为宏观退磁场，$\boldsymbol{M}_s$ 为饱和磁化强度。

（4）静磁能：

$$E_H = -\mu_0 \boldsymbol{H} \cdot \boldsymbol{M}_s = -\mu_0 H M_s \cos \langle \boldsymbol{H}, \boldsymbol{M}_s \rangle \qquad (7\text{-}6)$$

式中，$\cos\langle \boldsymbol{H}, \boldsymbol{M}_s\rangle$ 为外加磁场 $\boldsymbol{H}$ 和自发磁化强度 $\boldsymbol{M}_s$ 夹角的余弦。

上面仅列出了一个磁体系统常见的四种能量，我们忽略磁体中的应力和磁弹性的影响。

除了上述四种能量外，在利用磁畴理论讨论磁体的磁畴结构、磁体的磁化和反磁化时，经常要遇到畴壁能。对于单轴各向异性晶体，同时考虑第二级磁晶各向异性常数 K_1 和第四级磁晶各向异性常数 K_2 时，布洛赫畴壁的单位面积畴壁能和布洛赫畴壁的宽度可分别表示为[5]

$$\gamma_B = 2(AK_1)^{1/2}\{1 + [(K_1/K_2)^{1/2} + (K_1/K_2)^{-1/2}]\arcsin(1 + K_1/K_2)^{-1/2}\} \quad (7\text{-}7)$$

和

$$\delta_B = \pi[A/(K_1 + K_2)]^{1/2} \quad (7\text{-}8)$$

如果仅考虑第二级磁晶各向异性能，即 $K_2=0$，则上式简化为畴壁能 $\gamma_B=4(AK_1)^{1/2}=4K_1\delta_0$，$\delta_0=(A/K_1)^{1/2}$被称为布洛赫畴壁参数[2]或基本畴壁宽度。在室温下，通常 $|K_2|$ 远小于 $|K_1|$，甚至可以忽略，此时，畴壁能 γ_B 正比于交换作用交换常数 A 和磁晶各向异性常数 K_1 的积的平方根。故从本质上讲，畴壁能并非独立于上面讨论的四种能量之外的一种能量，而是交换作用和磁晶各向异性在畴壁中的一种能量表达形式。畴壁和畴壁能的概念是磁畴理论的一种假设：磁体由磁畴和畴壁构成，在磁畴内自发磁化饱和，磁化不均匀区域局域于畴壁内；引入畴壁能概念，主要是为了方便讨论磁畴结构、磁体的磁化和反磁化。

表 7-1 给出了一些典型单轴晶体永磁材料的交换长度 $l_{ex}=(A/\mu_0M_s^2)^{1/2}$、布洛赫畴壁宽度 $\delta_B=\pi(A/K_1)^{1/2}$、畴壁能 $\gamma_B=4(AK_1)^{1/2}$ 和单畴临界半径 $R_c=9\gamma_B/(\mu_0M_s^2)$（参见下面 7.1.3 节）。交换刚度常数 A 源自文献［11］（$NdFe_{11}TiN_{1.5}$ 除外），内禀磁性参数 μ_0M_s 和 K_1 取自表 4-22。从表中可以看出，稀土永磁材料主相的畴壁宽度 δ_B 在 3.7～8.8nm 范围内，畴壁能在 25～83mJ/m² 范围内。

表 7-1 一些典型单轴晶体永磁材料的磁畴结构参数

材料	$A/10^{-12}J\cdot m^{-1}$	μ_0M_s/T	$K_1/MJ\cdot m^{-3}$	l_{ex}/nm	δ_B/nm	$\gamma_B/mJ\cdot m^{-2}$	$R_c/\mu m$
$SmCo_5$	24	1.14	11～18	4.8	3.6～4.6	65～83	0.57～0.72
Sm_2Co_{17}	25	1.25	3.2	4.5	8.8	36	0.26
$Nd_2Fe_{14}B$	9	1.60	4.3	2.1	4.5	25	0.11
$SmFe_{11}Ti$	8	1.14	4.8	2.8	4.1	25	0.22
$Sm_2Fe_{17}N_3$	12	1.54	8.6	2.5	3.7	41	0.19
$NdFe_{11}TiN_{1.5}$	11	1.48	4.7	2.5	4.8	29	0.15
$BaFe_{12}O_{19}$	6	0.48	0.25	5.8	15.4	4.9	0.24

7.1.3 单畴和单畴临界尺寸

铁磁性材料内部出现磁畴结构是为了降低退磁能。但当晶体的尺寸减小到微米数量级以下时，发现不分磁畴对能量最小更有利，即只有一个磁畴时能量最小且最稳定。此时的这个仅包含一个磁畴的小晶体称为单畴颗粒。

在单畴颗粒中，原子磁矩由于交换作用相互平行排列，完全沿着易磁化轴取向。假设晶体为球形，单轴晶体若要分畴，首先应分成两个半球形的片形畴（图 7-4（a）），系统能量由两部分组成：畴壁能 E_r 即圆形畴壁面积与单位面积的畴壁能之积和退磁能 E_d，可以证明，它正好等于整个球的退磁能的一半[1]。此时，总能量为

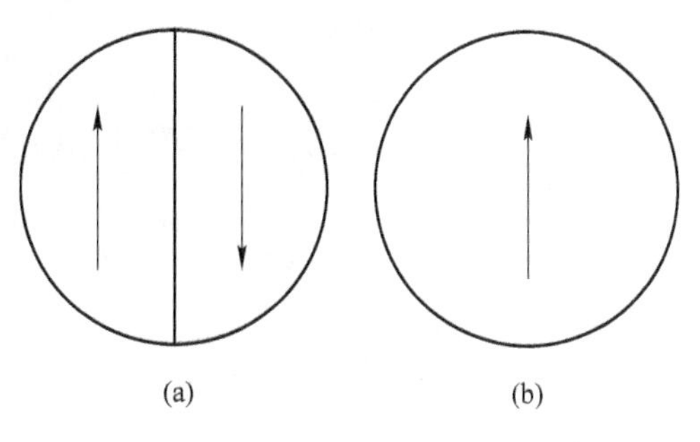

图 7-4 单轴微粒的磁畴结构[1,2]

$$E_a = E_r + E_d = \pi R^2 \gamma_B + 1/2 E_b \qquad (7\text{-}9)$$

式中，单位面积的畴壁能 $\gamma = 4(AK_1)^{1/2}$，R 为球的半径，E_b 为球的退磁能量。

若不分畴，则总能量只有退磁能（图7-4（b）），即

$$E_b = (1/2)\mu_0 N M_s^2 V = (1/2)\mu_0 (1/3) M_s^2 (4\pi/3) R^3 \qquad (7\text{-}10)$$

式中，M_s 为饱和磁化强度，μ_0 为真空磁导率，V 为球体的体积。

临界单畴的物理含义就是颗粒内的单个磁畴刚好处于将要分成两个磁畴的临界处。此时，单畴的能量和双畴的能量均处于能量最小并相等的状态，即 $E_a = E_b$。于是式（7-9）和式（7-10）的等号右边相等，再代入 E_b 就可求出单畴的临界半径为

$$R_c = 9\gamma_B / (\mu_0 M_s^2) \qquad (7\text{-}11)$$

可见畴壁能越大（即 A 或 K_1 越大）、或饱和磁化强度越低，则单畴临界半径越大。几种常见材料的单畴临界半径 R_c（或临界直径 $d_c = 2R_c$）与磁畴结构参数的数值一起被列于表7-1中。从该表可看到，在室温下，在稀土永磁中 $SmCo_5$ 的单畴临界半径最大，高达0.72μm，而 $Nd_2Fe_{14}B$ 的单畴临界半径最小，仅为0.11μm。因此，在实验上 $SmCo_5$ 比 $Nd_2Fe_{14}B$ 更容易实现单畴颗粒。

一些实验发现，材料的单畴临界半径的实验测量值比理论值约大10倍[2]。但也有文献表明，实验观察值与理论值基本上是一致的。1983年Tetsuo用胶体-SEM法观察了单个 $SmCo_5$ 颗粒的磁畴[8]，如图7-5所示。图中的（a）和（b）为分别包含三个磁畴和两个磁畴的单晶颗粒图案；（c）和（d）展示了单畴单晶颗粒的磁畴图案；中间的剖面图示意实验样品的安置情况，箭头方向是易磁化轴方向，表面的小颗粒表示磁性胶体颗粒。

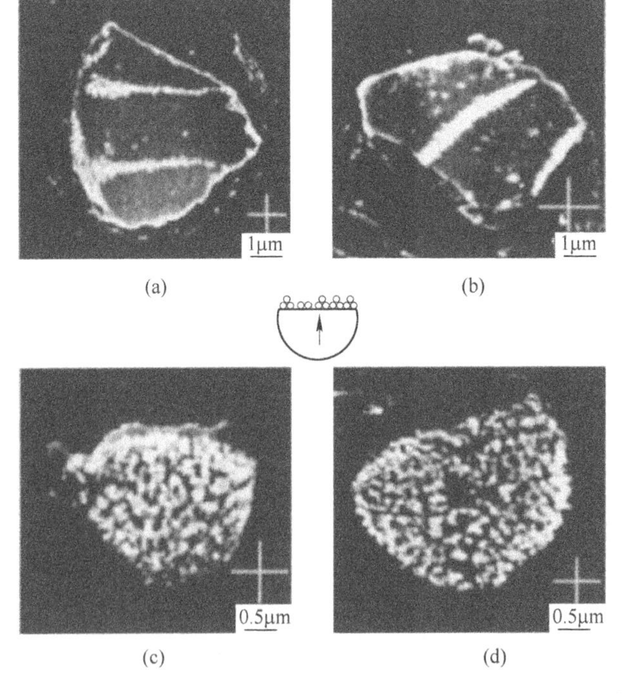

图7-5 用胶体-SEM法观察的单个单晶体 $SmCo_5$ 颗粒磁畴图案[8]

（图中白色小颗粒是胶液中的四氧化三铁颗粒）

从图7-5可以看到，包含三个磁畴的颗粒直径约5.4μm（磁畴的平均颗粒为1.8μm），包含两个磁畴的颗粒直径约4.5μm（磁畴的平均颗粒为2.25μm），而单畴颗粒直径小于2.2μm。这个实验结果表明，单畴颗粒直径与表7-1中给出的单畴临界半径0.84μm（直径 $d_c = 1.68\mu m$）是接近的。

对于晶粒尺寸与单畴临界尺寸相近的细晶粒的集合体，比如纳米晶粒构成的固体，由于晶粒间存在短程的交换耦合和长程的磁偶极相互作用（静磁耦合）。两者的存在均能降低晶粒内的退磁场。因此，文献［2］中指出的单畴临界半径实验值比理论值大10倍是可能的。估计这些实验值是在细晶粒的集合体上观测的结果。

7.2 技术磁化过程

施加磁场于磁体，随着磁场的增加，磁体的自发磁化方向逐渐向外加磁场方向靠拢（自发磁化在外加磁场方向的投影逐渐增大），使得磁化强度随之增大的过程称为技术磁化过程，也就是通常所称磁化过程。本节介绍技术磁化过程的基本概念，以及可逆和不可逆的畴壁位移和磁畴转动。

7.2.1 起始磁化曲线

对于大块磁体来说，从热退磁状态开始，受到一个从零起单调增加的磁场作用时，其磁化强度 M 随外加磁场 H 变化的曲线称为起始磁化曲线，通常简称磁化曲线。

起始磁化曲线可以分为五个特征区域（图7-6）：

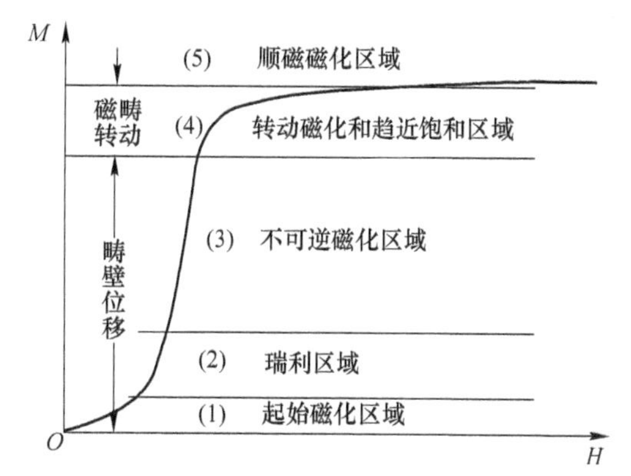

图7-6 起始磁化曲线及其与磁化机制的对应关系

（1）起始磁化区域——弱磁场范围，是可逆磁化过程；此时，$M = \chi H$，式中 χ 称为起始磁化率。

（2）瑞利区域——弱磁场范围，但 $M = \chi H + bH^2$，式中 b 称为瑞利常数。

（3）不可逆磁化区域——中等磁场范围，磁场很小的变化引起磁化强度急剧的变化，磁化是不可逆的，出现了巴克豪森跳跃。

（4）转动磁化和趋近饱和区域——强磁场范围，磁化强度随磁场的变化比较缓慢，磁化强度逐渐趋近技术饱和。M 随 H 的变化规律符合如下经验公式：

$$M = M_s\left(1 - \frac{a}{H} - \frac{b}{H^2} - \cdots\right) + \chi_p H \tag{7-12}$$

式中，a、b 为与材料性质有关的常数。上式所表示的磁化规律通常称为趋近饱和定律。

（5）顺磁磁化区域——强磁场范围，是顺磁磁化过程。

从上述起始磁化曲线可看到，铁磁体磁化过程的磁化机制有三种：磁畴壁位移磁化过程；磁畴转动磁化过程；顺磁磁化过程。由于其中的顺磁磁化过程只能在很强的磁场下才会对磁化有贡献，故在技术磁化过程中一般不予考虑。这样，在上述（1）~（4）技术磁化过程中，磁化机制只包括畴壁位移磁化过程和磁畴转动磁化过程。其中，（1）和（2）是弱磁场的可逆畴壁位移，（3）是中等大小磁场的不可逆畴壁位移，（4）是强磁场的可逆磁畴转动磁化过程。

图7-7展示两种磁化机制的磁畴图案随着外加磁场方向和大小变化的示意图[3]。图7-7（b）和（c）是畴壁位移情况，畴壁随磁场增加沿磁场 x 方向位移；图7-7（e）和（f）是磁畴转动情况，磁畴磁矩随磁场增加逐渐转向45°角的外加磁场方向。

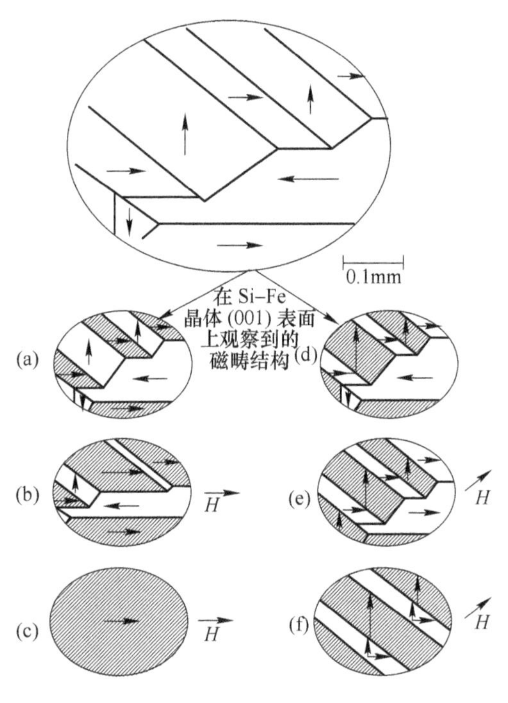

图7-7 畴壁位移和磁畴转动磁化机制示意图[3]

7.2.2 可逆和不可逆的畴壁位移

为了理解畴壁位移，首先假设系统是由180°畴壁（布洛赫畴壁）隔离的两个磁畴组成。在外加磁场作用下，自发磁化方向与外磁场方向靠近的磁畴长大，而自发磁化方向与外磁场方向偏离较大的邻近磁畴相应地被压缩，使畴壁位置向被压缩的磁畴方向位移，畴壁位置变化的这种过程称为畴壁位移。图7-8给出了一块畴壁在磁场作用下位移了 Δx 的畴壁位移示意图[1~3]。由于铁磁体内存在结构和磁性的不均匀，使得铁磁体内部能量随畴壁位置不同而起伏变化，从而对畴壁位移造成了阻挡，其阻力等于畴壁能密度的位置变化 $\partial\gamma/\partial x$（$\gamma$ 为单位面积的畴壁能）。

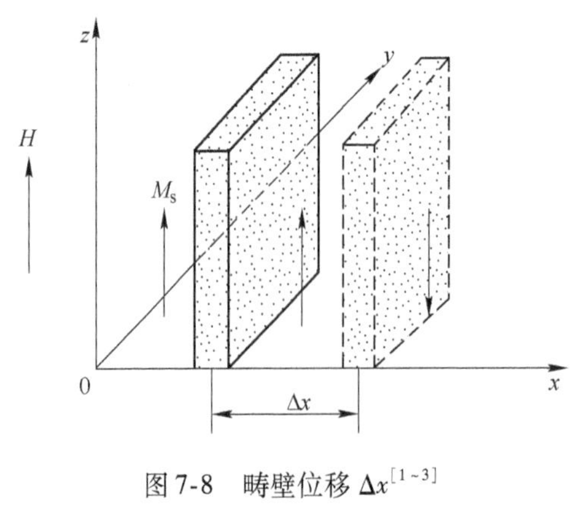

图7-8 畴壁位移 Δx[1~3]

从图7-8中可看到，在 H 向上的外磁场作用下，因磁化向下的磁畴（畴壁的右方磁畴）与外磁场方向相反，该磁畴的能量与外磁场同向的磁畴相比有更高的能量而变为不稳定。根据能量最小原理，与外磁场方向相反的磁畴中的磁矩将改变成与外磁场一致的取向。于是，与外磁场同向的磁畴体积增大，而与外磁场相反的磁畴的体积减小。这相当于畴壁在外磁场推力形成的等效压强（$2\mu_0 HM_s$）作用下[1~3]，向反向畴方向位移了一段距离。但在位移过程中会因不均匀的畴壁能梯度（$\partial\gamma/\partial x$）而受到阻挡，位移不可能持续进行。在推力与阻力平衡的位置处，有

$2\mu_0 HM_s = -\partial\gamma/\partial x$，畴壁位移便停止[1~3]。

因为畴壁是一种由磁矩方向逐渐地改变的过渡层（见图7-9），所以，畴壁的这种位移过程并不是畴壁中磁矩的简单平移，而是畴壁内每个磁矩向着外磁场方向逐渐地转动的过程。

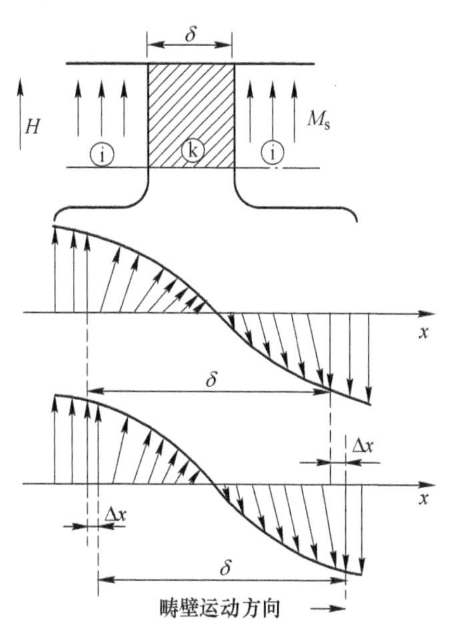

图7-9 180°畴壁位移磁化图解[1~3]

对于弱场下的可逆畴壁位移，其物理图像可由图7-10所示的示意图来说明[1~3]。图7-10示出180°畴壁能密度 $\gamma(x)$ 的分布及畴壁能密度变化 $\frac{\partial\gamma}{\partial x}$ 规律。在 $H=0$ 时，有 $\left(\frac{\partial\gamma}{\partial x}\right)_0=0$ 和 $\left(\frac{\partial^2\gamma}{\partial x^2}\right)_0>0$。因此，$O$ 点的180°畴壁处于稳定态。180°畴壁停留在 $\gamma(x)$ 的最小值 O 点上。当 $H\neq0$ 时，畴壁位移开始，并随外磁场不断增加，畴壁将从 O 点沿 Oa 位移，这里的 a 点是最大阻力 $\left(\frac{\partial\gamma}{\partial x}\right)_{max}$ 点。由于 Oa 段有 $\left(\frac{\partial^2\gamma}{\partial x^2}\right)_0>0$，所以，畴壁位移在 Oa 段的任何位置均处于平衡稳定状态。此时，如果在 a 点撤离外磁场，畴壁可以按照原来的 Oa 路径回到起始位置 O 点，所以称 Oa 段为畴壁位移的可逆磁化阶段。

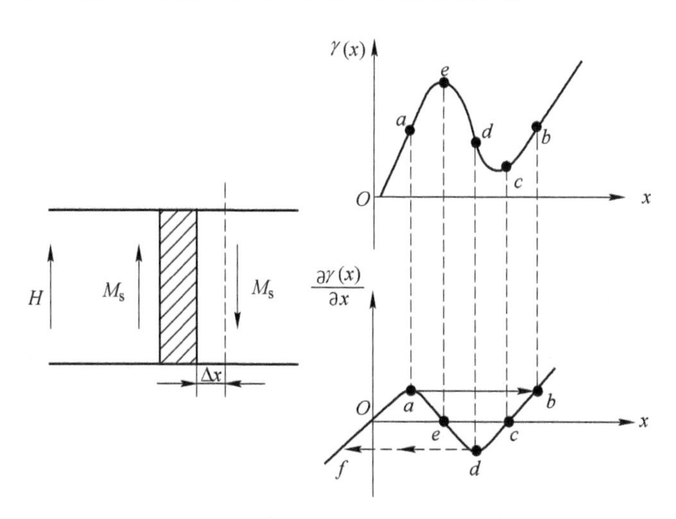

图7-10 可逆畴壁位移的形成原理[1~3]

不可逆畴壁位移磁化机制物理图像如下：如果畴壁位移到最大阻力 a 点后继续增加磁场，使畴壁位移通过最大阻力 a 点，则从图中可以看到，所经过的 e、d 和 c 三点都是畴壁的不平衡态，有 $\left(\frac{\partial^2\gamma}{\partial x^2}\right)_0<0$，畴壁位移将越过此区域，直到与 a 点的最大畴壁能密度变化相当的 b 点才能平衡。这个过程是一个跳跃式的位移过程，是不可逆的畴壁位移过程，称

为巴克豪森跳跃。

图 7-10 中的 a 点刚好是畴壁位移从可逆到不可逆的分界点。这个分界点的磁场 H_0 称为畴壁位移的临界磁场。在 a 点的平衡条件为

$$2\mu_0 H_0^{\text{壁移}} M_s = \left(\frac{\partial \gamma}{\partial x}\right)_{\max}$$

于是，畴壁位移的临界磁场

$$H_0^{\text{壁移}} = \frac{1}{2\mu_0 M_s}\left(\frac{\partial \gamma}{\partial x}\right)_{\max} \tag{7-13}$$

若样品内每块畴壁位移的临界场都相同，则临界磁场 H_0 就是矫顽力 H_c，否则样品的矫顽力应该是各种不可逆过程的统计平均。

与图 7-10 中 a 至 b 的畴壁位移类似，图 7-11 展示了一组连续的不可逆畴壁位移过程——巴克豪森跳跃的示意图[1~3]。

上述的不可逆磁化是导致磁滞现象的根源，正是这个磁滞现象才使铁磁性材料具有独特的性能。磁滞现象中出现的剩磁和矫顽力都是永磁材料有重要技术应用的主要磁性参数。

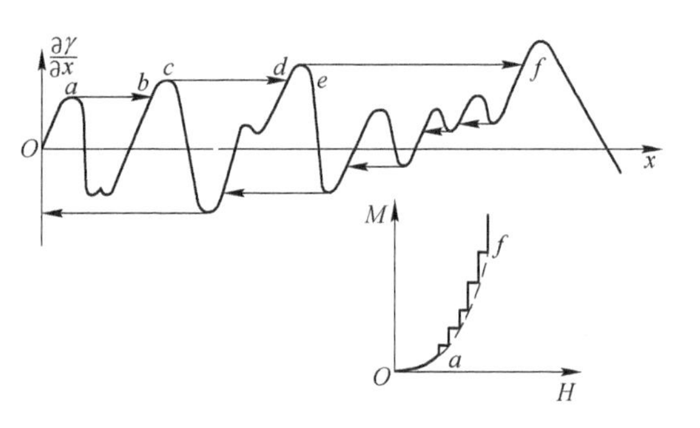

图 7-11 不可逆畴壁位移磁化过程——巴克豪森跳跃[1~3]

7.2.3 可逆和不可逆的磁畴转动

铁磁体在无外磁场作用时，各个磁畴都在它们各自的易磁化轴上自发磁化，相邻磁畴的磁矩朝向相反。在外磁场作用下，铁磁体内的总自由能因外磁场的存在而发生变化，总自由能的最小值方向也将重新分布。此时，磁畴的取向也将会由原来的方向转到新的能量最小的方向上。这种畴转过程随着磁场 H 的大小而变化，会出现可逆和不可逆的畴转磁化过程。

首先讨论可逆的畴转磁化过程，如图 7-12（a）所示。在磁场 H 作用下，磁畴的磁化强度 M_s 转离易磁化轴，而去掉磁场后，M_s 又可逆地转回到易磁化轴。

以单畴颗粒为例，假设外磁场 $\boldsymbol{H}$ 与易磁化轴的夹角为 ψ。在外磁场作用下，M_s 偏离原来的易磁化方向而转向外磁场方向，此时，$\boldsymbol{M}_s$ 与易轴间的夹角为 θ。此时，系统总能量为

$$E = K_u \sin^2\theta - \mu_0 M_s H \cos(\psi - \theta) \tag{7-14a}$$

式中，K_u 为单轴各向异性常数，既可以是磁晶各向异性的贡献，也可以是形状各向异性的贡献，或两者的综合贡献。

磁化强度的平衡方向可由能量式（7-14a）对 θ 变化取极小值而得出，即

$$\frac{\partial E}{\partial \theta} = K_u \sin 2\theta - \mu_0 M_s H \sin(\psi - \theta) = 0 \tag{7-14b}$$

或

$$H = [\sin 2\theta / \sin(\psi - \theta)] K_u / \mu_0 M_s \tag{7-14c}$$

从对总能量 E 求 θ 的二阶导数并令其等于零，人们可以从稳定平衡态转变为不稳定态的分界点，获得发生不可逆畴转磁化过程的畴转临界磁场

$$H_0^{畴转} = \frac{2K_u}{\mu_0 M_s} \tag{7-15}$$

即式（4-78）所示的磁晶各向异性场。分界点前是可逆畴转磁化过程，如图 7-12（a）和（b）所示；分界点后是不可逆畴转磁化过程，如图 7-12（c）所示。

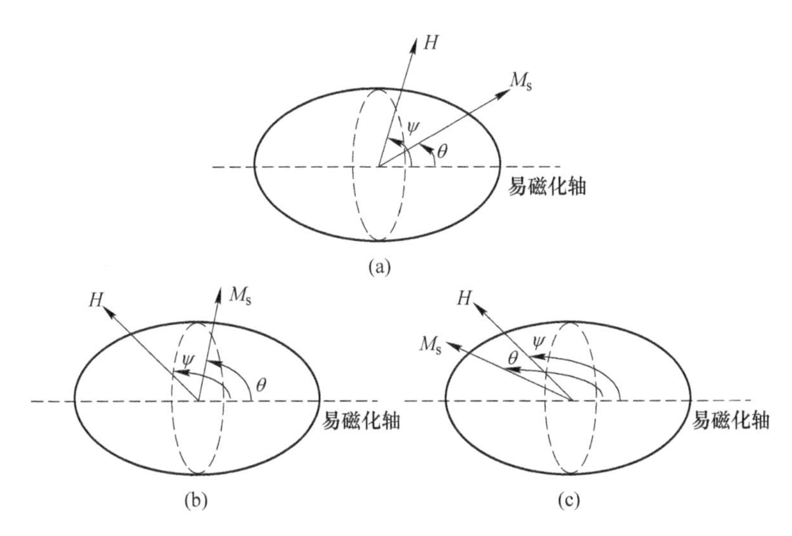

图 7-12 单轴各向异性样品的可逆和不可逆畴转磁化[1,3]

可逆和不可逆磁畴转动磁化机制的物理图像可以根据图 7-12 分析如下[1,3]：当 $H=0$ 时，磁畴中 $\boldsymbol{M}_s$ 方向停留在易磁化轴方向。当 $H\neq0$ 和 $\psi<\pi/2$ 时（图 7-12（a）），$\boldsymbol{M}_s$ 方向偏离易轴向外磁场方向转动一个角度 θ。此时，如果撤离磁场，则 M_s 方向又会回到原来的易磁化轴方向，这是可逆畴转过程。在图 7-12（b）中，当 $H\neq0$ 和 $\psi>\pi/2$ 时，只要 $H<H_0^{畴转}$ 和 $\boldsymbol{M}_s$ 方向偏离易磁化轴的角度 $\theta<\pi/2$，这时 $\boldsymbol{M}_s$ 方向还会回到原来的易磁化轴方向，所以仍然是可逆畴转过程。但在图 7-12（c）中，当 $H\neq0$ 和 $\psi>\pi/2$ 时，只要 $H\geqslant H_0^{畴转}$ 和 $\boldsymbol{M}_s$ 方向偏离易磁化轴的角度 $\theta>\pi/2$，这时 $\boldsymbol{M}_s$ 将会急剧跳跃式地转向外磁场附近一个易磁化方向上。这时，如果撤离磁场，由于磁晶各向异性能作用下 $\boldsymbol{M}_s$ 只能停留在靠近外磁场的易磁化轴方向上，故此时 $\boldsymbol{M}_s$ 的转动是不可逆畴转过程。

另外，从式（7-14c）可获得在给定的倾斜角 ψ 下不同磁场 H 所对应的磁化强度的平衡方向 θ 值，再依据不同磁场下磁化强度 M 与平衡方向 θ 的如下关系

$$M = M_s\cos(\psi - \theta) \tag{7-16}$$

通过联立求解方程式（7-14c）和式（7-16），可以获得在给定的倾斜角 ψ 时不同磁场下的磁化强度值，如图 7-13 所示[6]。可看到，当 $\psi=90°$ 时，M 在归一化磁场 H/H_a 区域 0 ~ 1 范围内呈现一条直线，起始磁化 $H=0$ 时，$M=0$；随外加磁场的增大，磁化强度 M 随之增大；当 $H=H_a$ 时，M 达到饱和磁化值 M_s。随着 ψ 减少，起始磁化 $H=0$ 时，M 逐渐增加，同时，磁化曲线的斜率（即磁化率）减小。图中给出了 $\psi=60°$ 和 30° 两种典型情况，前者 $H=0$ 时 $M/M_s=1/2$，后者 $H=0$ 时 $M/M_s=\sqrt{3}/2$。人们还可以发现，两者的磁化强度始终

不能达到饱和值。而当 $\psi=0°$ 时，起始磁化 $H=0$ 时 $M=M_s$，磁化曲线已变为一条水平线，始终处于饱和状态（$M=M_s$）。从这些磁化曲线可清楚地看到，在 ψ 为 0°～90°之间的任何方向施加外磁场，磁化曲线无论在多高的磁场下也不能达到饱和，即使外加磁场达到或超过磁晶各向异性场时也一样。这种难以饱和磁化现象可以帮助我们理解取向多晶磁体（包括各向异性烧结磁体、各向异性粘结磁体、取向粉末粘结磁体）的难向磁化曲线的变化，因为在取向多晶磁体中始终存在着部分晶粒的不完全取向（亦称“错取向”）的晶粒。

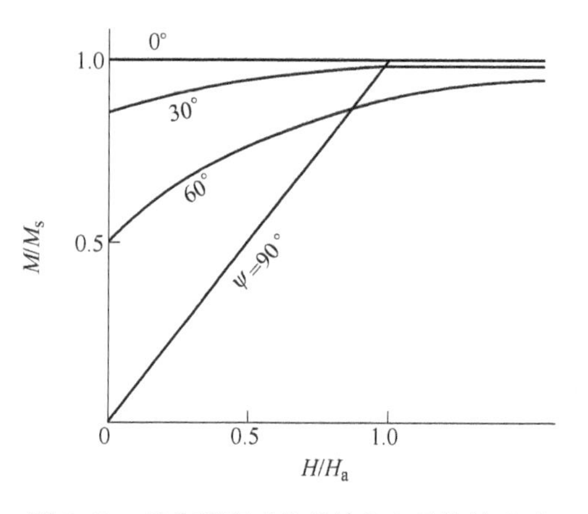

图 7-13　磁化强度对抗单轴各向异性转动时所产生的磁化曲线[6]

7.3　反磁化过程

在 7.2 节中，我们已经较为详细地介绍了技术磁化过程，在本节我们将讨论反磁化过程。磁性材料在技术饱和磁化后，磁化强度在反向外磁场作用下，从正向技术饱和磁化状态（$M=M_s$），经过 $M=M_r$ 和 $M=0$，然后变为反向技术饱和磁化状态（$M=-M_s$）的过程称为反磁化过程。本节讨论永磁材料的反磁化过程，以及在反磁化过程中涉及的一些基本概念，如矫顽力、形核和钉扎等。

7.3.1　磁滞回线和退磁曲线

在外加磁场的作用下，铁磁体从原始热退磁状态位置 1（外加磁场为零）沿着正向磁场磁化（图 7-14），随着磁化磁场的增加，磁化强度也增大，但非线性地增大到位置 2，并继续随磁场增大，直至到达位置 3 的技术饱和状态。在这以后，随着磁化场增加磁化强度几乎不再增大。然后，若降低磁化场，磁化强度则从饱和水平，微量下降；当外加磁化场降到零（位置 4），材料的磁化强度并不随之降到零，而是保持相当高的水平，具有可观的剩余磁化强度，在饱和磁化后外加磁场为零的剩余磁化强度被称为材料的剩磁 M_r（$=B_r/\mu_0$）。当外加磁场在反方向增加磁场时，在位置 5 前剩磁状态仍能基本维持，但在位置 5 磁体的磁化强度开始出现减弱，并在反向磁场增大到内禀矫顽力 $-H_{cJ}$（位置 6）处，材料的磁化强度降到零。随着反向磁场的进一步增加，磁体在反方向磁化且逐步增大。在位置 7 反向磁化到达技术饱和状态。这样，1 到 3 完成了从原始的热退磁状态磁化到正向技术饱和磁化状态；3 到 7 实现了从正向技术饱和磁化状态（$+M_s$）到反向技术饱和磁化状态（$-M_s$）的一个反磁化过程。如果反向磁场降低到零（位置 8），只是在反向重复了由 3 到 4 的过程，磁体拥有剩磁 $-M_r$。若磁场变为正向后，则类似地有正向的 $+H_{cJ}$（位置 9）和再次的正向技术饱和磁化（位置 3）。从 3 经过 4、5、6 至 7，再经过 8、9 回到 3 而完成一个磁化—反磁化—再磁化周期，并在 M-H 图上构成一个闭合回线，该闭合回线称为饱和磁滞回线，简称磁滞回线，如图 7-14 所示。磁滞回线在第二象限的那段 4 到 6 曲线称为退磁曲线。

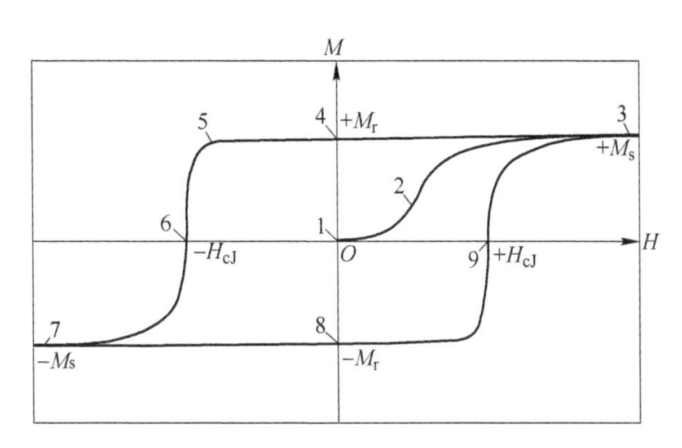

图 7-14 磁滞回线示意图

反磁化过程是指磁体从一个方向上技术饱和磁化状态变为相反方向的技术饱和磁化状态的过程，即从 3 到 7 的过程，或等价地从 7 再回到 3 的过程。出现磁滞是铁磁性材料反磁化过程的重要现象，磁滞现象的代表参数是内禀矫顽力 H_{cJ}（或磁感应矫顽力 H_{cB}）和剩磁 B_r、M_r 或 J_r，它们都是在饱和磁滞回线（或退磁曲线）上定义的特征参数。

对于大块磁体来说，与磁化过程一样，在反磁化过程中磁畴结构的变化同样存在磁畴的畴壁位移和磁畴的磁矩转动这样两种变化机制，并且同样存在可逆的和不可逆的两种类型。但与从热退磁状态起始的磁化过程不同的是，在反磁化过程中磁畴结构的变化增加了一种称为反磁化形核的机制。

反磁化形核有两种可能的方式：一种是在正向磁化过程时，磁场不够强，不足以消除所有的反向磁畴，留下的个别极小的反向畴成为磁体反磁化的形核源；另一种是在完全饱和磁化和无任何反向畴的情况下，通过热扰动（即热激活）克服了具有大杂散磁场的晶粒边界、磁体表面、晶粒内缺陷或掺杂等低磁各向异性区域所造成的能垒而产生的反磁化核，进而形成的反向磁畴。

通常，在足够大的外磁场作用下磁化，但磁体并没有达到理想的完全饱和磁化，因而在磁体中可能残留了个别极小的反向畴，且这些反向畴被挤压在正常的正向畴表面而形成很小的楔形畴。图 7-15 展示了取向的 $Nd_{15}Fe_{77}B_8$烧结磁体在热退磁状态和外加磁场后的磁畴图案[4]。外加磁场方向在图片平面内且从左向右（图 7-15（b）的左上角），并与磁体的取向方向平行。图 7-15（a）显示了磁体在热退磁状态的磁畴图形，在图片中部可以清楚地看见一颗错取向的大晶粒；从条形畴方向可以判断，该晶粒的易磁化轴取向偏离磁体取向方向约 45°。在外加磁场 μ_0H 为 1.4T 后，所有磁畴基本消失，样品处于技术磁化饱和状态（图 7-15（b））。当外加磁场 μ_0H 降低到 0.4T 时，在中心的晶粒右侧可清晰地看到一些小的反向楔形磁畴（图 7-15（c））。有趣的是，这个反向磁畴的形成发生在与非磁性的 $NdFe_4B_4$晶粒邻近的错取向约 45°的晶粒的边界上。这个结果表明，在经过技术饱和磁化后的反磁化过程第一象限中，随着外加磁场从最大磁化磁场下降，磁体会通过楔形畴附近磁矩的可逆转动来增加该反向楔形畴的体积，从而使磁体的磁化强度有所降低，直到外加磁场降低到零。

对于完全饱和磁化的磁体来说，不存在任何反向的楔形畴，但在外加磁场降低到零的过程中，由于在磁体中存在着一些低磁晶各向异性的区域（磁性软化区域）和各种

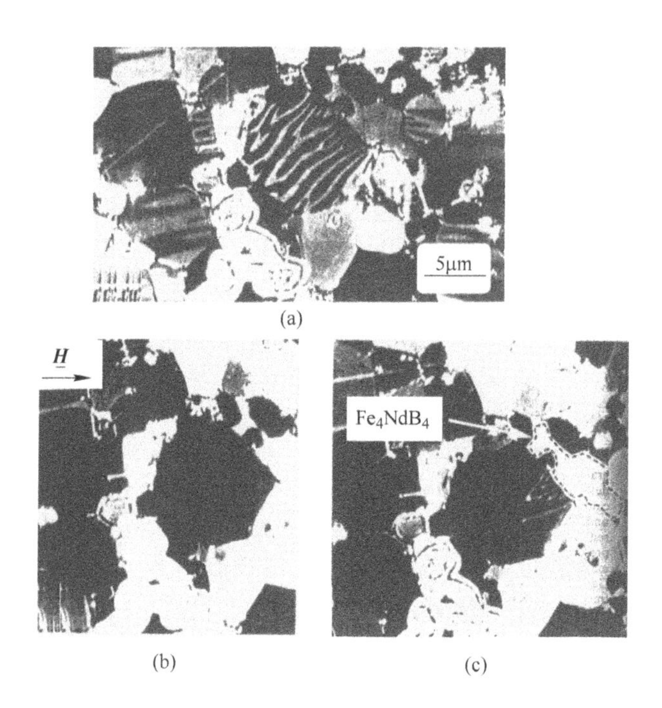

图 7-15 取向 $Nd_{16}Fe_{77}B_8$ 磁体在不同外加磁场下的磁畴图案[4]

(a) $\mu_0 H = 0T$（热退磁状态）；(b) $\mu_0 H = 1.4T$（饱和磁化状态）；

(c) $\mu_0 H = 0.4T$（反向畴刚开始形核）

缺陷，热激活会在杂散磁场大的晶粒边界、磁体表面、晶粒内缺陷或掺杂等处产生反向畴核，且随磁场的不断降低而逐渐增大。图 7-16 展示烧结 $SmCo_5$ 磁体在剩磁状态的磁光显微镜图案[9]。可清楚地看到，其中一个晶粒显示磁畴结构。很明显，该晶粒的直径比周围的要大，因而有较小的形核场，在热激活作用下已发生了反磁化（参见图 7-31 及相关讨论）。

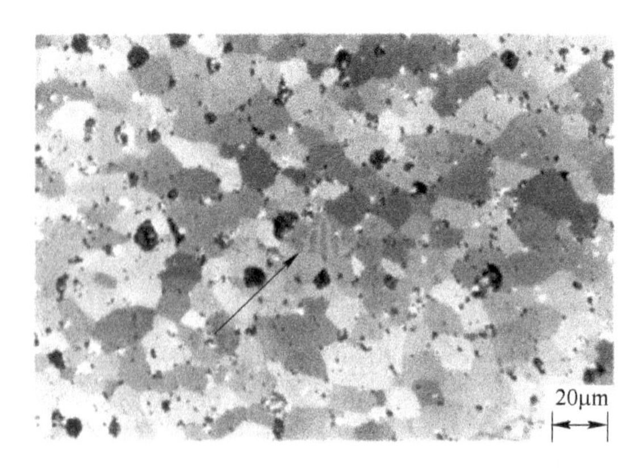

图 7-16 烧结 $SmCo_5$ 磁体在剩磁状态的磁光显微镜图案，其中一个晶粒显示磁畴结构[9]

在反磁化过程的磁滞回线第二象限部分，即逐渐增大反向外磁场，直到出现形核型（或钉扎型）的临界场之前，上述的反向楔形畴或由反磁化形核长大的反向畴的数量和体积会随着反向磁场的增加而增加，但还没有出现级联式（cascade）的反磁化过程，磁化强度只是随着外场增加而逐渐下降。当磁场达到形核、扩张或钉扎临界场时，在反向畴附近开始出现级联式的反磁化过程，通过不可逆畴壁位移迅速扩张，使反向畴横跨整个晶粒，磁体的磁化强度急剧下降过零，并很快过渡到整体反向磁化，从而实现反磁化。当外加磁场使得磁体中的反向畴与正向畴的磁化强度相等时，即 $M=0$，此时的外加磁场就是磁体的内禀矫顽力 H_{cJ}。当外加磁场使得磁体中的反向畴与正向畴的磁感应强度相等时，有$B=0$，此时的外加磁场就是矫顽力 H_{cB}。

当反向外场绝对值处于大于内禀矫顽力的反磁化过程第三象限时，随着反向磁场继续增加，反向畴的体积持续增大，而正向畴的体积持续减少，直至磁体反向技术饱和磁化。至此，完成一个反磁化过程。

7.3.2 矫顽力的起源

由前面对矫顽力的定义可知，矫顽力反映了已饱和磁化的铁磁性材料在外加反向磁场作用下磁化强度并不马上反转而具有一定磁滞的磁硬性特征，其磁场数值是磁硬性强度的标志。通常，在工程应用上人们关心的是永磁材料提供的气隙场是否反向，因此由矫顽力H_{cB}来标志，而在材料研究和开发方面专注的是材料自身的磁化强度反向问题，它将由内禀矫顽力 H_{cM}（也用 H_{cJ}或${}_{J}H_{c}$）来表征。H_{cB}和 H_{cM}（或 H_{cJ}、${}_{J}H_{c}$）分别是在 B-H 或 M-H 饱和磁滞回线上 $B=0$ 或 $M=0$ 所对应的外加反向磁场的数值。

在 M-H 饱和磁滞回线上，由 $M=0$ 对应的磁场所确定的内禀矫顽力有时并不能真正反映磁体反磁化的本质，因此，在物理上把反磁化速率最高点所对应的磁场定义为矫顽力 H_c，也就是说，H_c等于不可逆磁化率 dM^{irr}/dH（$=\chi^{irr}$）为最大处所对应的反向磁场的数值。在讨论反磁化机制和行为时，这样的定义优于磁化强度为零的内禀矫顽力定义。这两种定义经常会给出同样的结果，但在能垒克服前的可逆转动（如在各向同性的磁体中）或自由畴壁运动导致磁化为负时，两种定义可给出明显不同的结果，例如在图 7-17 中两种 μ_0H 相差可达 1T[10]。实际上，χ^{irr}最大值对应的磁场相应于磁体中不同晶粒所对应的反磁化磁场的统计平均，也即后面在反磁化过程中经常会出现的磁矩转动或畴壁位移由可逆向不可逆转变的临界磁场 H_0或 H_{crit}，在微磁学理论的形核模型中称为形核场 H_N，而在钉扎模型中称为挣脱钉扎磁场或传播磁场 H_{pr}。

图 7-18 展示在反磁化过程中磁体的亚稳态和能垒关系。处于低于 H_c 的反向磁场下（$\theta=0$）那个磁化能量极小是亚稳态；而与磁场方向同向的（$\theta=\pi$）另一个磁化能量极小是稳定态。处于这两个极小能量之间有一个能垒[10]（注：图中横坐标的位置参数可以是磁化转动的角度，也可以是畴壁位移的长度）。这个能垒就是产生矫顽力（或磁滞）的根源，也就是说，矫顽力的大小反映了永磁材料的能垒的高低。这种能垒可来自磁各向异性（带有角度参数的能垒）或不均匀的磁性（带有长度参数的能垒）。前者的代表是高磁晶各向异性的稀土永磁材料、铁氧体永磁材料和利用形状各向异性的铝镍钴永磁材料，正是这些材料中磁各向异性造成了反磁化过程中的磁滞，从而表现出矫顽力；后者的代表是永磁材料在实现反磁化时所呈现的钉扎行为，反向磁畴扩张时畴壁受到由磁体中显微结构不均匀引起的钉扎，从而增强磁体的矫顽力。

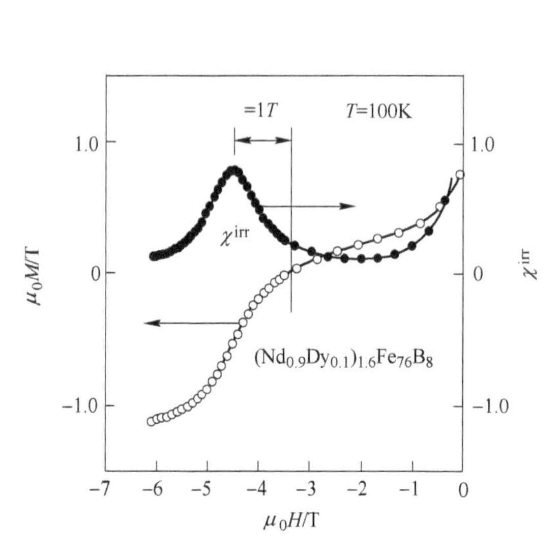

图 7-17 在过淬各向同性（$Nd_{0.9}Dy_{0.1}$）$_{16}Fe_{76}B_8$ 磁体中两种不同定义的矫顽力的比较[10]

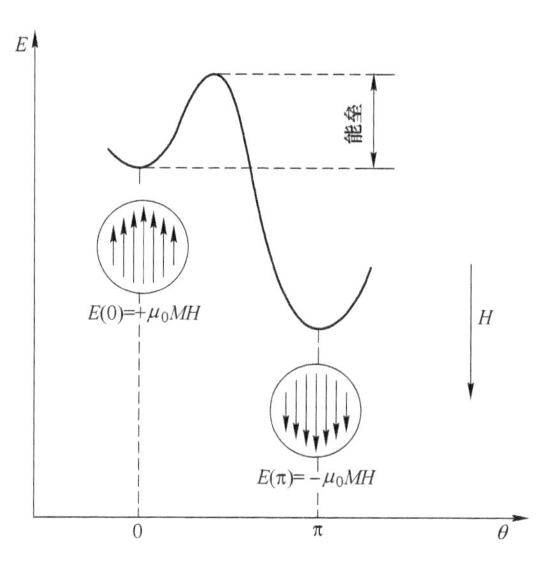

图 7-18 磁体的亚稳态和能量势垒[10]

7.3.3 普通磁体反磁化过程的四个阶段

对于具有强单轴各向异性的永磁材料，如稀土永磁材料，上述的能量势垒主要来自各个磁矩的原子尺度的磁晶各向异性和与磁化强度相关的宏观尺度的形状各向异性；但有时可来自能引起阻碍畴壁位移的结构不均匀性。这种结构不均匀可以通过如下两点影响材料中每个晶粒的反磁化：

（1）与不同类型的结构缺陷相联系的不同能垒的空间分布。

（2）由于偶极相互作用的局部效应所引起的不均匀性的能垒降低[11]。

在反向磁场的作用下，饱和磁化的普通磁体的反磁化主要与在晶粒中存在的磁各向异性相关联，同时也与晶粒中存在的缺陷相关联。反磁化过程是从某个缺陷上实现反向畴的形核开始，然后由这个反向畴所建立的畴壁在反向磁场的作用下位移扩张，当畴壁横越整个晶粒并消失时，反磁化过程便完成。反磁化过程可以示意性地划分为四个不同的特征阶段。这四个特征阶段的特征临界场与它们的每个阶段所相应的特征相关，并允许逐个向下发展。这四个机制可由图 7-19 示意地表述如下[10]：

（1）形核（nucleation）：在各向异性能垒最低的（第一个）缺陷处，形成反向畴核并出现畴壁；表征的磁场用形核场 H_N 标记。

（2）穿行（passage）：畴壁从缺陷穿行到主相；表征的磁场用 H_p 标记。

（3）扩张（expansion）：畴壁在主相中扩张；表征的磁场用 H_{exp} 标记。

（4）钉扎（pinning）：在磁性不均匀的（第二个）缺陷——钉扎点（磁性不均匀）处（例如图 7-19 中 B 边界左侧的白色缺陷），可能发生畴壁钉扎，并随着磁场的增加而脱钉；表征的磁场称作传播磁场或脱钉场用 H_{pr} 标记。

上述表征磁场的最大值称为临界磁场 H_{cri}，即 $H_{cri}=\max\{H_N, H_p, H_{exp}, H_{pr}\}$，也就是通常所说的矫顽力 H_{cJ}。

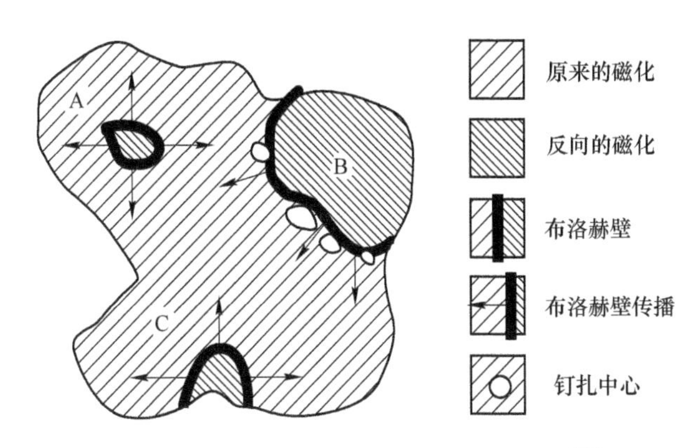

图 7-19 在反磁化过程中各阶段的示意图[11]

从上可知，矫顽力产生于反磁化过程中磁矩的不可逆转动或畴壁的不可逆位移。其中，磁矩的不可逆转动产生于磁矩转动的阻力，磁矩转动的阻力来自磁各向异性构成的能垒。在稀土永磁体和硬磁铁氧体中，这种磁矩转动的阻力就是来自单轴磁晶各向异性所构成的能垒。而不可逆的畴壁位移产生于畴壁位移的阻力，畴壁位移的阻力来自畴壁位移路上不均匀磁性所造成的各种能垒，这种不均匀磁性可以通过掺杂造成析出物来实现。

总之，矫顽力反映了由磁体中各种不均匀磁性产生的一种磁滞行为。不管是磁各向异性，还是不均匀的磁性，在微观上都是一种磁性不均匀。对于稀土永磁材料而言，磁体主相的强磁晶各向异性是产生高矫顽力的根源，例如 1:5 型烧结 Sm-Co 磁体和 Nd-Fe-B 型烧结磁体；在磁体的主相中或边界上人为的析出相能造成高度不均匀的磁性，从而造成材料的磁晶各向异性的不均匀，也是产生高矫顽力的重要原因，例如 2:17 型烧结 Sm-Co 磁体和一些添加了掺杂元素的烧结 Nd-Fe-B 磁体。

7.4 矫顽力的磁畴理论和唯象理论

实验数据表明，对不同的磁性材料，其矫顽力的数值相差非常大。例如超坡莫合金的矫顽力不到 1A/m(10^{-2}Oe)，而稀土永磁材料的矫顽力高达 10^6A/m(10^4Oe)，两者相差一百万（10^6）倍。为了解释数值上差别如此之大的矫顽力，人们曾经提出过各种各样的理论模型。在 20 世纪七八十年代以前，使用得最多的是磁畴理论，其次是热激活理论，但最近三十年来，微磁学理论和数值微磁学方法展示出巨大的成功。

7.4.1 矫顽力的磁畴理论

1907 年 Weiss 提出了磁畴假设[12]，1931 年才由 Bitter 首次观察到磁畴[13]，1935 年 Landau 和 Lifshitz 两人共同创建了磁畴理论[14]。磁畴理论认为，磁体由磁畴和畴壁组成，在磁畴内自发磁化饱和，磁化不均匀区域仅局限于畴壁内。

为了解释磁体的矫顽力，在磁畴理论的基础上，首先建立了应力和掺杂理论。这两种理论都是从各自的畴壁阻力（应力和掺杂）推导出每块畴壁的不可逆畴壁位移的临界磁场，并对多晶材料各畴壁的临界磁场作统计平均，得出磁体的矫顽力。这两种理论在解释纯铁、纯镍和坡莫合金等软磁材料的矫顽力方面符合得较好[1,2]。

在磁畴理论的基础上建立的另一种解释磁体矫顽力机制的理论是发动场理论。这种理论适合于解释磁记录和永磁材料的矫顽力。它假设磁体在反磁化过程中首先形成反向畴核，然后畴核通过畴壁位移的发动场长大。这里的反向畴核通常发生在晶粒的边界、析出（脱溶）物、掺杂物等缺陷上，反向畴核的长大使磁体中的磁化逐步反转，直至整个样品的磁化强度为零。这时，反向畴核长大的发动磁场与样品的矫顽力相当。因此，发动场理论就是研究反向畴核如何在外磁场 H_s（“发动场”）的作用下长大的理论[1,2]。

根据磁畴理论分析，得到的发动磁场为

$$H_c^{发动} = H_0 + 5\pi\gamma/(8d\mu_0 M_s) \tag{7-17}$$

式中，H_0 为不可逆畴壁位移的临界磁场；γ 为单位面积的畴壁能；d 为椭球体的短轴。

发动场理论在解释铁镍合金和矩磁材料中起到很重要的作用，也能解释某些“单相”的多畴的稀土永磁材料，如：烧结 Nd-Fe-B 和 $SmCo_5$ 等形核控制型磁体[1]。

7.4.2 矫顽力的唯象理论

想通过模型构架磁性和微结构间的联系来对硬磁体的磁化、反磁化行为作精确的描述是非常困难的，故宏观的唯象方法经常被利用来讨论矫顽力。这种方法虽然不提供精确的计算结果，但能提供这些效应的唯象描述。目前采用的方法有如下两种：一种是经验公式；另一种是热激活模型。两种方法之间的主要差别在于所考虑的能量势垒性质不同。前者为磁各向异性能，而后者是畴壁能[10]。

7.4.2.1 经验公式

矫顽力研究的最简单的唯象方法是利用 S-W 模型（见本章 7.6 节）获得的形核场[8,10]：

$$H_c(T) = \alpha H_a(T) - N_{eff} M_s(T) \tag{7-18}$$

式中，α 和 N_{eff} 是由实验数据确定的经验参数。

实验数据表明，在室温附近，不同温度下的 $H_c/M_s \sim H_a/M_s$ 存在明显的线性关系，并可通过直线斜率和截距对独立于温度的参数 α 和 N_{eff} 进行拟合。

Sagawa 等人[15,16] 和 Hirosawa 等人[17] 对 Nd-Fe-B 磁体进行了研究分析。当取 α 与温度无关时，获得了很好的拟合结果。图 7-20 展示在烧结 $Pr_{15}Fe_{77}B_8$ 和 $Nd_{15}Fe_{77}B_8$ 磁体中所观测到的矫顽力 H_{cJ}、饱和磁化强度 M_s 和各向异性场 H_a 之间的实验关系[15]。

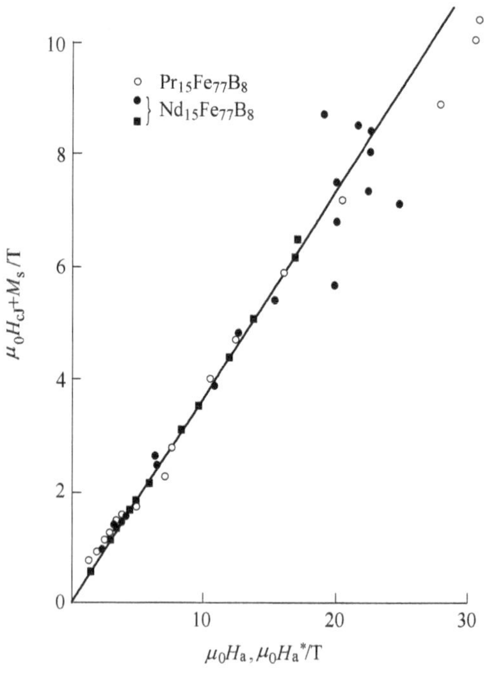

图 7-20 在烧结 $Pr_{15}Fe_{77}B_8$ 和 $Nd_{15}Fe_{77}B_8$ 磁体中观测到的矫顽力 H_{cJ}、饱和磁化强度 M_s 和各向异性场 H_a 之间的关系[15]

（图中 $H_a^* = 2\Delta E_a/M_s$，在低于自旋重取向温度时考虑了高阶磁晶各向异性常数）

图中 $H_a^* = 2\Delta E_a/M_s$ 是考虑高阶磁

晶各向异性项后的磁晶各向异性场。由于 $Nd_{15}Fe_{77}B_8$ 磁体中主相 $Nd_2Fe_{14}B$ 在低温约 135℃以下发生自旋再取向，所以在低温的磁晶各向异性场中必须计入第四阶磁晶各向异性常数 K_2。因此，当 $T \geq T_{SR}$ 时，$\Delta E_a = K_1 + K_2$；而当 $T < T_{SR}$ 时，$\Delta E_a = K_1 + K_2 + K_1^2/4K_2$。这里的 K_1 和 T_{SR} 分别是第二阶磁晶各向异性常数和自旋再取向温度。

由图中直线的斜率得 $\alpha = 0.37$，而由截距得 $N_{eff} = 1$。理想的形核场是磁晶各向异性场 H_a，但目前磁体的实际形核场（矫顽力 H_c）仅为 $0.37H_a$。这意味着，烧结 R-Fe-B(R = Nd、Pr) 磁体的实际形核场远低于理想形核场，也就是说，烧结 R-Fe-B 磁体的反磁化比起理想的一致转动反磁化更容易实现。由此可看出，这个参数 α 可以作为磁体形核过程难易程度的一个量度。

7.4.2.2 热激活模型

热激活模型与微磁学方法是同时开发的[10]。开发这个模型是基于同一能量势垒 Δ_0 项出现在反磁化的所有过程中这一个事实。在热激活模型中引进了一个临界体积 V，它的反磁化过程被展示在图 7-21 中。在反磁化过程中所出现的无论哪种机制（作为形核位置的缺陷，或在主相中已反向的畴核扩张到它的临界体积，或在扩张后在它们的钉扎位置出现畴壁的折断），都包含一个已反磁化的临界体积为 V 的畴核，是该畴核导致了磁体的完全反磁化。

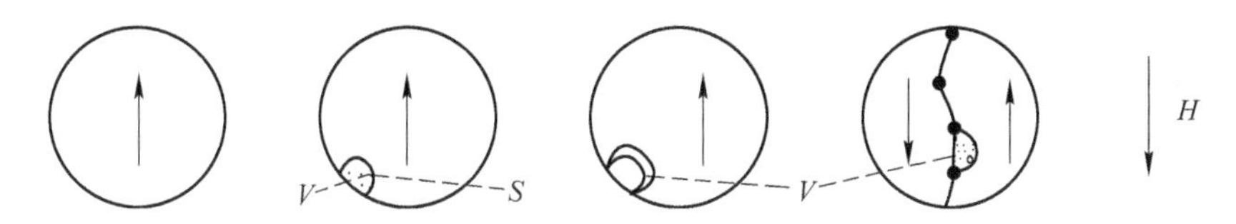

图 7-21 在热激活模型中临界体积为 V 的反磁化过程[10]
（S 是畴核的表面积，V 是临界核体积）

依据上面所述，热激活理论认为晶粒边界处反磁化畴的形核场决定磁体的矫顽力。此时晶粒边界处的磁晶各向异性并不比晶粒内部小，反磁化核只是在晶粒边界处一个小体积（激活体积）内由热激活产生。热激活模型的矫顽力为

$$H_c = \alpha \frac{\gamma_w}{\mu_0 M_s V^{1/3}} - N_{eff} M_s - 25 S_v \tag{7-19}$$

式中，γ_w 是主相内的畴壁能；V 是临界核体积；α 是与畴核的表面积 S 和 $V^{2/3}$ 相关的几何参数，$S_v = kT/\mu_0 V M_s$ 是从磁后效测量中所导得的磁黏滞系数。

这个模型的重要特征是矫顽力等式中的临界核体积 V，它被假定为与激活体积（V_a）相同。这个激活体积的数值可从测量磁后效（在饱和磁化后，在反向的固定磁场下磁化的延时现象）估计出来[19,20]。

在不同的烧结磁体中，激活体积随温度的变化展示在图 7-22 中[10]。在 4.2K 和 400K 之间，V_a 以高于一个数量级的速度增大。从该图还可看到，在室温附近烧结 $Nd_{17}Fe_{75}B_8$ 磁体的热激活体积在 600nm^3 左右，也就是说，在室温附近烧结 $Nd_{17}Fe_{75}B_8$ 磁体的热激活体积的直径仅为 8.4nm。这表明，室温附近 Nd-Fe-B 磁体在反磁化时反向畴的形核尺寸仅在 10nm 附近。

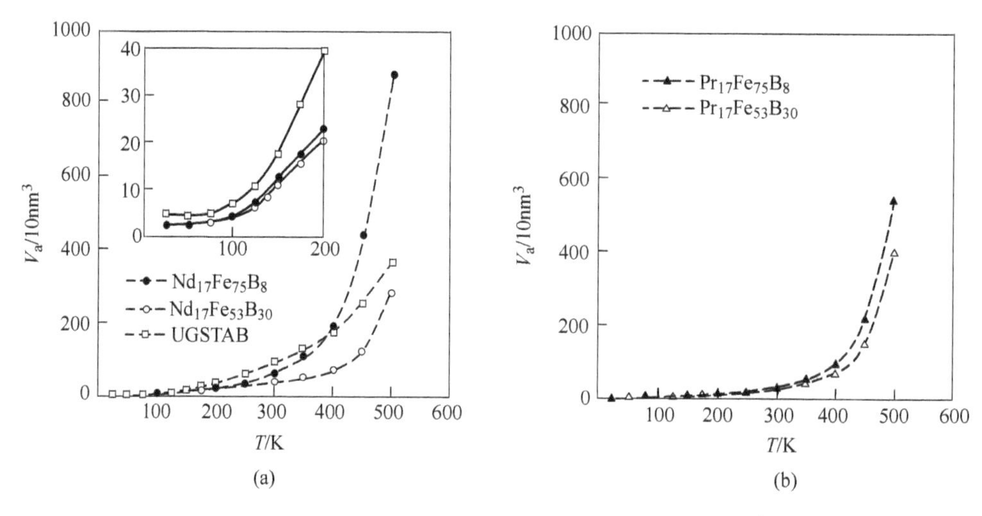

图7-22 在不同烧结磁体中激活体积随温度的变化[10]

7.5 矫顽力的微磁学理论

矫顽力的微磁学理论是在无任何假设情况下，在原子尺度上理论处理磁化和反磁化过程的一种方法。因此，它比前面的磁畴理论和唯象理论能更准确地描述和反映磁性材料内部的磁化和反磁化的行为和特征。

7.5.1 微磁学理论简介

微磁学最先由 Landau 和 Lifshitz[21]、Brown[22]、Néel[23] 和 Kittel[24] 等人开发，后由 Aharoni[25]、Abraham[26] 和 Kronmüller 等人[27~29] 进一步发展。如今，结合计算机技术的微磁学已成为描述现代磁性材料（软磁或硬磁材料）的磁畴图案、磁化过程和磁滞回线上一些特征性质的最有效的工具，尤其在分析稀土永磁材料的矫顽力方面。在微磁学理论应用到不均匀材料后，人们对显微结构敏感的性质，如磁化率χ、矫顽力 H_c 或铁磁材料的趋近饱和定律等已经有了一个定量的理解[4]。在本章的讨论中，除非特别提示，我们所说的“矫顽力”即是“内禀矫顽力”。

对于矫顽力问题，特别令人感兴趣的是永磁体和磁记录中小颗粒的矫顽力。人们发现，在实际的材料中，矫顽力不可能达到磁性材料所预示的理论值。从铝镍钴到稀土永磁材料，矫顽力 H_{cJ}同其理论极限（磁晶各向异性场 H_a）的差距都非常大（见图7-23），随着第二代和第三代稀土永磁材料 Sm_2Co_{17}和 Nd-Fe-B 的问世，这个差距在逐渐缩小，特别是通过工艺改进，烧结钕铁硼磁体工业产品的矫顽力同实验室的水平非常接近，二者均超过了理论值的40%。在图7-23中，2000年以后的数据取自于北京中科三环高技术股份有限公司的产品数据，其中2009年的工业产品数据采自于中科三环烧结钕铁硼产品（B_r = 10.8kGs，H_{cJ} = 42.5kOe，$(BH)_{max}$ = 28.5kGOe），稀土含量 Pr:Nd:Dy = 13:50:37，磁体主相 $(Pr_{0.13}Nd_{0.50}Dy_{0.37})_2Fe_{14}B$ 的磁晶各向异性场 H_a = 104kOe（根据各种稀土含量推算，参见图4-101和表4-24），推导出 H_{cJ}/H_a = 40.7%。2015年工业产品数据同样采自于中科三环烧结钕铁硼产品（B_r = 11.45kGs，H_{cJ} = 43.0kOe，（BH）$_{max}$ = 31.4kGOe），稀土含量 Pr:Nd:Tb:Dy = 15.2:59.3:13.2:12.3，磁体主相（$Pr_{0.152}Nd_{0.593}Tb_{0.123}Dy_{0.123}$）$_2Fe_{14}B$ 的磁晶各向异性场 H_a = 105kOe，推导出 H_{cJ}/H_a = 40.9%。2015 年的磁体制备，采用了晶界扩散（0.2% Tb）后得到，所以在矫顽力相近的情况下，比 2009 年产品具有高的剩磁和最大磁能积。由图 7-23 反映的这种实际磁体与理论值的巨大差异通常归因于恶化了的显微结构，是这些非理想的显微结构大幅地降低了永磁体的矫顽力。

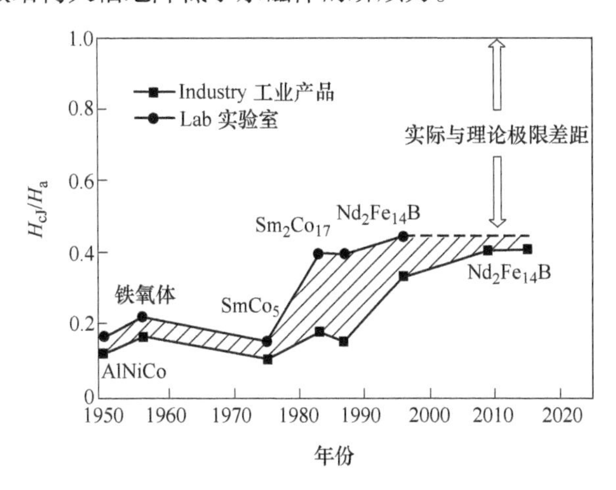

图 7-23 实际磁体的矫顽力与理论形核场的差异

（2000 年以前数据源于参考文献［4］、［5］和［11］，2000 年以后数据源于北京中科三环高技术股份有限公司产品）

在最近的几十年中，人们对不同类型永磁体材料的磁化和反磁化过程进行了深入研究，并对具有优异永磁性能的稀土永磁体的矫顽力究竟是“形核”还是“钉扎”控制进行了热烈的讨论。这两个机制哪一个是控制机制，取决于是什么样的材料和什么样的显微结构参数。矫顽力与显微结构之间的关联可以通过烧结磁体晶粒尺寸的矫顽力关系来表示。图 7-24 示意出矫顽力 H_c 以晶粒尺寸 D 为变量的变化图[4]。在图中，d_{th} 是热稳定临界直径，表示与永磁材料寿命相关的颗粒直径，是由于热激活造成了自旋系统的反磁化，在直径 $D < d_{th}$ 处，形核场坍塌；d_c 是形核交叉临界直径，表示与非一致转动模式的形核场所相关的颗粒直径（见下面 7.5.3.1 和 7.5.3.2 节）；D_c 是单畴颗粒临界直径。实线表示

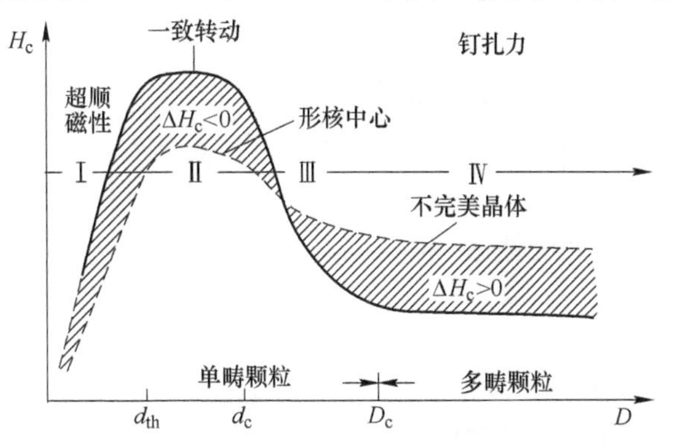

图 7-24 矫顽力 H_c 以晶粒尺寸 D 为变量的变化图[4]

（实线是完美的晶体；虚线是非完美的晶体）

理论所期望的，虚线表示显微结构的影响。在该图中展示出矫顽力与晶粒尺寸关系的四个区域，在这四个区域中，有如下四个过程支配着磁硬性机制：

（1）区域Ⅰ：$D < d_{th}$（晶粒小于3nm），反磁化通过热激活的转动过程进行。

（2）区域Ⅱ：$d_{th} < D < d_c$（晶粒尺寸从3～10nm），反磁化通过一致转动过程进行。

（3）区域Ⅲ：$d_c < D < D_c$（晶粒尺寸从10nm～1μm），反磁化通过降低形核场所表征的非一致转动过程进行。

（4）区域Ⅳ：在多畴晶粒（晶粒尺寸1μm以上）中，反磁化通过畴壁位移进行。

在这些不同区域中，显微结构扮演的角色可以是完全相反的。在作为软化析出的缺陷结构区域Ⅱ中，导致矫顽力的降低，而在不同于基体材料的其他磁性析出相作为畴壁钉扎中心区域Ⅳ中，将使得矫顽力增大。

对于矫顽力为“钉扎”机制的永磁体，众所周知的例子是Sm_2Co_{17}型磁体，那里的“钉扎”中心是通过在富Fe的Sm_2Co_{17}相胞边界平面上脱溶析出富Cu的$SmCo_5$相胞壁产生的。矫顽力为“形核”硬化的典型的磁体实例是烧结Ba铁氧体、六角主相的$SmCo_5$和四方主相的$Nd_2Fe_{14}B$烧结磁体。

微磁学分析首先从最简单的理想磁体——Stoner-Wohlfarth（简称S-W）颗粒开始，理想磁体需满足如下条件：材料均匀；具有单轴各向异性$K_1 > 0$，但$K_2 = 0$；样品是单个椭球形单畴颗粒；非错取向晶粒；温度在绝对零度。依据S-W颗粒相应的自由能建立微磁学方程，对其求解，可获得在最简单的理想单畴颗粒中一致磁化的形核场（也称S-W模型的形核场），然后在此基础上分别引入未满足理想磁体的条件，即各种恶化因素，如：$K_2 \neq 0$、纳米结构不均匀材料、晶粒错取向以及不同杂散场等，并求解出在此恶化条件下被修正了的形核场表达式。

为了理论处理单轴晶体小晶粒系统的反磁化过程，获得原子尺度上缓慢变化的磁化强度矢量$\boldsymbol{M}(\boldsymbol{r})$，首先需要建立该磁系统的微磁学方程，然后求解此方程。人们通常是从该磁系统的自由能Φ出发，然后取系统平衡时自由能极小$\partial\Phi/\partial\theta = 0$，便可得到该磁系统的微磁学方程。这里，包含交换作用能、磁晶各向异性能、杂散场能和静磁场能的Φ为：

$$\Phi = \int\{A(\nabla\theta)^2 + K_1\sin^2\theta + K_2\sin^4\theta - (1/2)\mu_0\boldsymbol{H}_s \cdot \boldsymbol{M}_s - \mu_0\boldsymbol{H} \cdot \boldsymbol{M}_s\}\,d^3r \tag{7-20a}$$

式中，θ是自发磁化矢量与易磁化轴（c轴）间的夹角；$\boldsymbol{H}_s$是由$\boldsymbol{H}_s = -\nabla U$从标量势$U$导出的磁偶极场，$U$服从Poisson方程$\nabla^2 U = \mu_0 \nabla \cdot \boldsymbol{M}_s$。

从$\partial\Phi/\partial\theta = 0$可导出微磁学方程如下：

$$2A\nabla^2\theta^2 - 2K_1\sin\theta\cos\theta - 4K_2\sin^3\theta\cos\theta + \mu_0 H_s M_s \sin(\psi - \theta) + \mu_0 H M_s \sin(\psi - \theta) = 0 \tag{7-20b}$$

式中，ψ是外磁场方向与易磁化轴（c轴）间的夹角。

通过求解微磁学方程式（7-20b），人们可获得单轴晶体的小晶粒系统出现反磁化的磁场值，这个磁场值就是内禀矫顽力H_{cJ}。

通常，上面的微磁学方程是一个三维的非常系数的二阶微分方程，它的求解十分困难，计算机技术的高速发展极大地促进了利用数值微磁学方法对矫顽力机制的研究。考虑到数值微磁学方法可以同时研究在磁体中可能出现的上述各种恶化因素的特点，最近人们采用有限差分或有限元的数值微磁学方法，研究了非椭球形状颗粒引起的杂散场影响，也研究了包含大量单畴颗粒或多畴颗粒且颗粒间存在交换耦合的真实磁体系统（即同时存在各种恶化因素的显微结构）的形核场。从而使得人们对一些形状造成的杂散场和多种恶化因素的综合对形核场的影响有了更深入的了解。

7.5.2 理想单畴颗粒中磁矩的一致转动模式

通常，单畴颗粒的形核场是通过线性化的微磁学方程获得的，最早由 Brown 在 1940 年推导获得[22]，他发现形核场的大小与反磁化开始时所假设的磁化模式类型相关。

图 7-25 给出三种最重要的磁化模式：一致转动、涡旋和扭旋式。人们可通过引入不同磁化模式的条件和杂散场到线性化的微磁学方程中，并求解此模式下的微磁学方程，便可得到不同磁化模式下的形核场[30,31]。

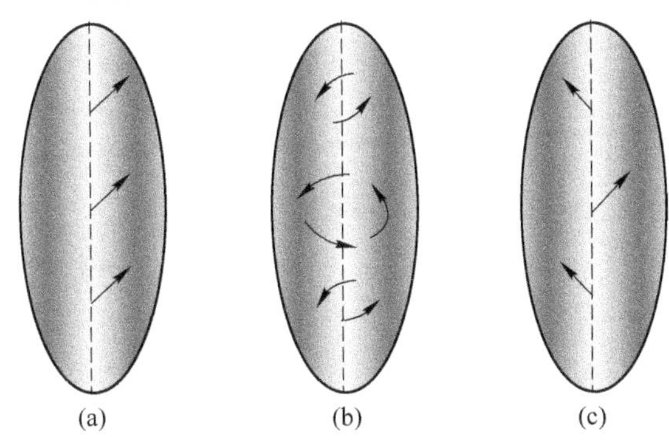

图 7-25 三种最重要的磁化模式
（a）一致转动（coherent rotation）；（b）涡旋（curling）；（c）扭旋（buckling）

以上三种磁化模式归属于两个种类：磁化均匀的一致转动模式和磁化不均匀的非一致转动模式；第一种是磁化均匀的一致转动，而后两种属于磁化不均匀的非一致转动模式。

7.5.2.1 *磁场与易轴重合时的形核场（S-W 模型）*

首先，我们来考察一个理想磁体——S-W 颗粒：孤立、椭球形、单轴各向异性、单畴的单晶颗粒，其长轴为旋转对称轴，易磁化轴与长轴平行。在绝对零度下，平行和垂直于易磁化轴的退磁因子分别为 $N_{/\!/}$ 和 $N_{\perp}$、单轴各向异性（仅 $K_1 \neq 0$）和材料均匀的条件下，它的自发磁化强度 $\boldsymbol{M}_s$ 与易磁化轴和外加磁场 $\boldsymbol{H}$ 的关系如图 7-26 所示[1]。在图中，θ 是 $\boldsymbol{M}_s$ 与易磁化轴间的夹角，而 ψ 是 $\boldsymbol{H}$ 与易磁化轴间的夹角。

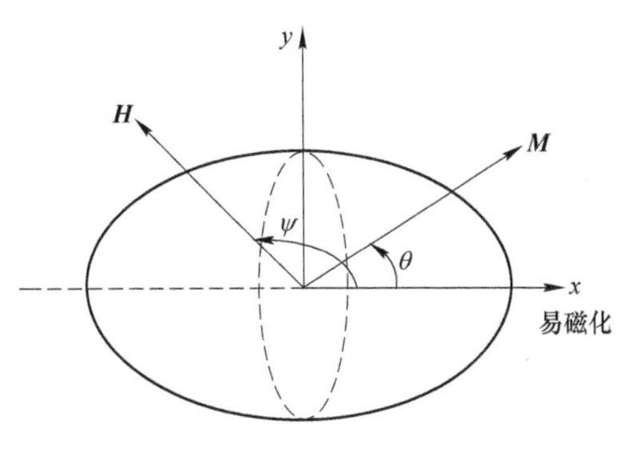

图 7-26 单轴各向异性颗粒的磁化与外加磁场关系[1]

这里，S-W 单畴颗粒具有一致磁化的模式，因而在 S-W 颗粒内交换能不随磁化状态变化，我们只需考虑由于形状造成的磁各向异性和颗粒内部单轴各向异性造成的磁晶各向异性。

形状各向异性能 E_d 可以分解为两部分，一部分是平行于易轴的自发磁化强度分量 $M_s\cos\theta$ 的退磁能，另一部分是垂直于易轴的自发磁化强度分量 $M_s\sin\theta$ 的退磁能。其表达

式为[1]

$$
\begin{aligned}
E_d &= (\mu_0 N_{/\!/} M_s^2/2)\cos^2\theta + (\mu_0 N_{\perp} M_s^2/2)\sin^2\theta \\
&= (\mu_0 N_{/\!/} M_s^2/2) - (\mu_0 N_{eff} M_s^2/2)\sin^2\theta \\
&= (\mu_0 N_{/\!/} M_s^2/2) + K_d \sin^2\theta
\end{aligned}
\tag{7-21}
$$

其中

$$K_d = -\mu_0 N_{eff} M_s^2/2 \tag{7-22}$$

为形状各向异性常数，$N_{eff}=N_{/\!/}-N_{\perp}$ 为有效退磁因子。在式（7-21）的 E_d 中第一项 $\mu_0 N_{/\!/} M_s^2/2$ 为常数项，不随自发磁化强度取向（θ 角度）改变，只有第二项发生改变，所以形状各向异性能仅需采用 $E_d=K_d\sin^2\theta$ 表达式即可。

由于仅单个颗粒，无杂散磁场，且仅 $K_1\neq0$，故磁晶各向异性能 E_k 为

$$E_k = K_1\sin^2\theta \tag{7-23}$$

式中，K_1 是第二级磁晶各向异性常数。于是，S-W 颗粒的磁各向异性能 E_u 为形状各向异性能和磁晶各向异性能之和：

$$E_u = E_d + E_k \tag{7-24}$$

在外场作用下，S-W 颗粒的总自由能 Φ_t 为磁各向异性能与静磁能之和：

$$
\begin{aligned}
\Phi_t &= E_u - \mu_0 H M_s \cos(\psi-\theta) \\
&= (\mu_0 N_{/\!/} M_s^2/2) - (\mu_0 N_{eff} M_s^2/2)\sin^2\theta + K_1\sin^2\theta - \mu_0 H M_s\cos(\psi-\theta)
\end{aligned}
\tag{7-25}
$$

由系统平衡条件 $\partial\Phi_t/\partial\theta=0$ 和极小值（稳定解）判据 $\partial^2\Phi_t/\partial^2\theta>0$，可得到 S-W 颗粒在外加磁场作用下磁化（或反磁化）的稳定状态。

从实际出发，我们仅讨论常见的几种情况。

（1）$\psi=180°$

当 $H<H_0$ 时　　　　$\theta=0°$

当 $H>H_0$ 时　　　　$\theta=180°$

$$H_0 = 2K_1/(\mu_0 M_s) - N_{eff} M_s \tag{7-26}$$

式（7-26）中 H_0 为临界场。在反向外加磁场的数值 $H<H_0$ 时，$\theta=0°$ 为稳定态，$\boldsymbol{M}_s$ 保持原磁化方向，与 $\boldsymbol{H}$ 方向相反；在外加磁场的数值 $H>H_0$ 时，$\theta=180°$ 为稳定态，$\boldsymbol{M}_s$ 反向磁化到与外加场 $\boldsymbol{H}$ 相同的方向上。当外磁场 H 达到临界场 $H=H_0$ 时，自发磁化强度 $\boldsymbol{M}_s$ 改变方向并发生不可逆转动：$H_0^-\rightarrow H_0^+$ 时，$\boldsymbol{M}_s$ 从与 $\boldsymbol{H}$ 方向相反（$\theta=0°$），经过 $M=0$ 点（$\theta=90°$，$\boldsymbol{M}_s$ 与 $\boldsymbol{H}$ 方向垂直），转动到与 $\boldsymbol{H}$ 方向相同（$\theta=180°$）。

（2）$\psi=0°$

当 $H>-H_0$ 时　　　　$\theta=0°$

当 $H<H_0$ 时　　　　$\theta=180°$

$$H_0 = 2K_1/(\mu_0 M_s) - N_{eff} M_s \tag{7-27}$$

式（7-27）中临界场 H_0 的表达式同 $\psi=180°$ 的情况相同。在外加磁场的绝对值 $|H|<H_0$ 时，$\theta=0°$（$\boldsymbol{M}_s$ 与 $\boldsymbol{H}$ 方向相同）和 $\theta=180°$（$\boldsymbol{M}_s$ 与 $\boldsymbol{H}$ 方向相反）均为稳定态；当 $H\geqslant H_0$ 时，$\boldsymbol{M}_s$ 从与 $\boldsymbol{H}$ 反平行（$\theta=180°$），经过 $M=0$ 点（$\theta=90°$，$\boldsymbol{M}_s$ 与 $\boldsymbol{H}$ 方向垂直），转动到与 $\boldsymbol{H}$ 方向平行（$\theta=0°$）。

（3）$\psi=90°$（以易磁化轴为旋转轴的椭球，$\psi=90°$ 代表了垂直于易轴的任何方向）

当 $H > H_0$ 时 $\theta = 90°$

$$H_0 = 2K_1/(\mu_0 M_s) - N_{eff} M_s \tag{7-28}$$

式（7-28）中临界场 H_0 与（1）和（2）的表达式相同。在外加磁场 $H \geqslant H_0$ 时，$\boldsymbol{M}_s$ 从与 $\boldsymbol{H}$ 垂直方向（$\theta = 0°$ 或 $180°$）转动到与 $\boldsymbol{H}$ 平行（$\theta = 90°$）的方向。

对于 S-W 颗粒而言，这个临界磁场 H_0 是形核场 H_N，内禀矫顽力 H_{cJ} 随 ψ 而变化，具体情况参见图 7-28 及相关讨论。

从上面分析可以看到，在磁场方向平行于易磁化轴时，一致转动过程的磁滞回线是方形的[1]；还可注意到，形核场与单畴颗粒的绝对尺寸无关，仅与 S-W 颗粒的磁晶各向异性常数、有效退磁因子（椭球颗粒的长短轴比）和自发磁化强度相关。

基于上面的分析讨论，下面我们看一看一些特殊性状单轴各向异性单畴颗粒的形核场的情形。

对于球形颗粒，由于 $N_{\perp} = N_{\parallel} = 1/3$，形状各向异性的影响消失，形核场简化为

$$H_N = \frac{2K_1}{\mu_0 M_s} \tag{7-29}$$

对于细长圆柱状颗粒（长度≫直径），易磁化轴与圆柱轴向平行（$N_{/\!/} \sim 0$），故有效退磁因子 $N_{eff} = N_{/\!/} - N_{\perp} = -1/2$（注意对于圆柱型磁体退磁因子有关系式 $N_{/\!/}(z) + N_{\perp}(x) + N_{\perp}(y) = 1$，所以 $N_{\perp} = N_{\perp}(x) = N_{\perp}(y) = -1/2$），圆柱状颗粒的形核场由下式给出

$$H_N = \frac{2K_1}{\mu_0 M_s} + \frac{1}{2} M_s \tag{7-30}$$

而对于超薄圆片颗粒（厚度≪直径），当易磁化轴与圆片法向平行时（$N_{/\!/} \sim 1$），有 $N_{eff} = N_{/\!/} - N_{\perp} = 1$；当易磁化轴与圆片法向垂直时（$N_{\perp} \sim 1$），有 $N_{eff} = N_{/\!/} - N_{\perp} = -1$。所以，对于超薄圆片颗粒，上述两种情况在一致转动下最小和最大的形核场分别为

$$H_N^{min} = \frac{2K_1}{\mu_0 M_s} - M_s \tag{7-31}$$

$$H_N^{max} = \frac{2K_1}{\mu_0 M_s} + M_s \tag{7-32}$$

这里可注意到，如果 $K_1 = 0$，即无单轴各向异性，仅利用除了球形以外的其他形状各向异性所产生的退磁场，也能得到一定的形核场。

7.5.2.2 一致转动模式的矫顽力的角度关系：S-W 关系

S-W 颗粒的形核场与磁场倾斜角 ψ 的变化关系已由 Stoner 和 Wohlfarth[32] 在 1948 年从 S-W 颗粒的二阶的常系数线性微分方程中解出，其表达式如下：

$$\begin{aligned} H_N(\psi) &= \frac{2(K_1 + K_d)}{\mu_0 M_s} \frac{1}{\cos\psi} \frac{1}{[1 + (\tan\psi)^{2/3}]^{3/2}} \\ &= \frac{2(K_1 + K_d)}{\mu_0 M_s} \frac{1}{[(\cos\psi)^{2/3} + (\sin\psi)^{2/3}]^{3/2}} \end{aligned} \tag{7-33}$$

或

$$H_N(\psi) = \frac{2K_1}{\mu_0 M_s} \alpha_{\psi} - N'_{eff} M_s \tag{7-34}$$

式中

$$N'_{\mathrm{eff}} = (N_{/\!/} - N_{\perp})\alpha_{\psi} \quad 和 \quad \alpha_{\psi} = \frac{1}{[(\cos\psi)^{2/3} + (\sin\psi)^{2/3}]^{3/2}} \tag{7-35}$$

ψ 在0和 $\pi/2$ 之间改变时，形核场首先从 $\psi=0$ 的 H_a 下降到 $\psi=\pi/2$ 的 $H_a/2$，然后再增大到它的初始值，如图7-27中 $H_N(\psi)/H_N(0)$ 曲线所示。

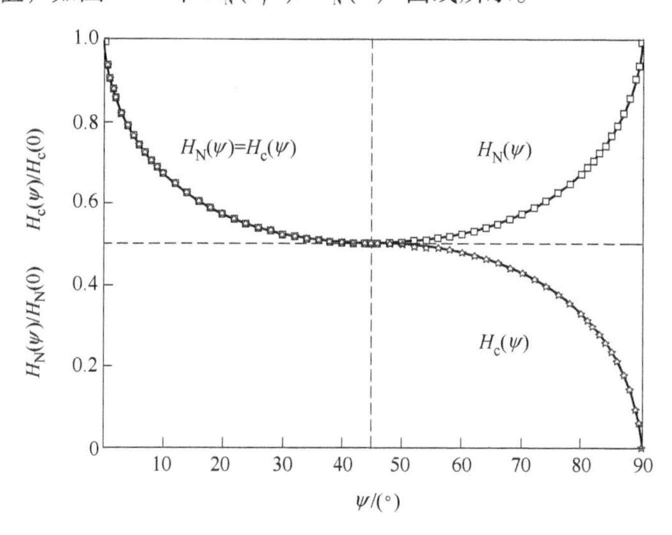

图7-27　由磁矩一致转动引起的形核场和矫顽力的角度关系（S-W关系）[32]

在不同的磁场倾斜角度下，S-W颗粒在一致转动模式下的磁滞回线展示于图7-28中[2]。可以看到，在磁场方向平行于易磁化轴时，磁滞回线才是方形的，一旦磁场与易磁化轴偏离，磁滞回线不再是方形，且随磁场倾斜角度 ψ 的增大，方形度逐渐变差，磁滞回线逐渐下倾和靠拢，最后在90°时回线完全合并为一条折线，成为无磁滞的回线。还可注意到，在 $\psi \leqslant 45°$ 时，形核场 H_N 与内禀矫顽力 H_{cJ} 是一致的；但在 $\psi \geqslant 45°$ 时，形核场 H_N

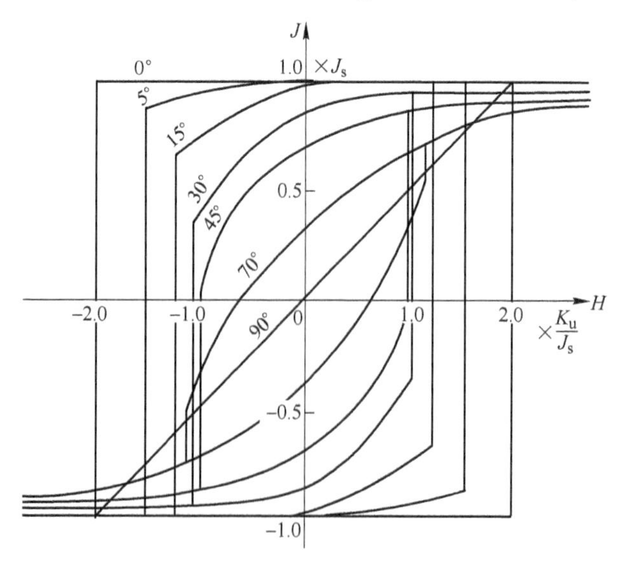

图7-28　S-W颗粒在不同磁场倾斜角下由磁矩一致转动引起的磁滞回线[2]

与内禀矫顽力 H_{cJ}不再一致，内禀矫顽力小于形核场，且单调地下降，在 $\psi=90°$时降为零（见图 7-27 中 $H_c(\psi)/H_c(0)$曲线）[2]。

7.5.2.3　矫顽力的垂直磁场关系：星形线[2]

上面给出的是单畴（S-W）颗粒的内禀矫顽力随外场 H 对易轴的夹角 ψ 的变化曲线，下面将给出单畴颗粒的内禀矫顽力 H_c随垂直于易磁化轴的磁场 H_y的变化。

显然，单畴颗粒的总自由能不变，仍然为式（7-14）所表示的，但形式改变为

$$\begin{aligned}\Phi_t &= (K_1+K_d)\sin^2\theta-\mu_0H_xM_s\cos\theta-\mu_0H_yM_s\cos\theta\\&=2(K_1+K_d)(\sin^2\theta-h_x\cos\theta-h_y\cos\theta)\end{aligned}\tag{7-36}$$

式中

$$h_x=\frac{H_x\mu_0M_s}{2(K_1+K_d)},\ h_y=\frac{H_y\mu_0M_s}{2(K_1+K_d)}$$

由 $\frac{\partial\Phi_t}{\partial\theta}=0$ 可给出的系统的平衡方程

$$\sin\theta\cos\theta+h_x\sin\theta-h_y\cos\theta=0\tag{7-37}$$

由 $\frac{\partial^2\Phi_t}{\partial\theta^2}=0$ 可给出临界矫顽力的稳定解的方程式

$$\cos2\theta+h_x\cos\theta+h_y\sin\theta=0\tag{7-38}$$

由式（7-25）和式（7-26）联立方程，可解得含临界角 θ 的 h_x和 h_y的严格解，分别为

$$h_x=-\cos^3\theta\tag{7-39}$$

和

$$h_y=\sin^3\theta\tag{7-40}$$

并且有

$$h_x^{2/3}+h_y^{2/3}=1\tag{7-41}$$

这里，$h_x^{2/3}+h_y^{2/3}=1$ 的图形就是著名的星形线（图 7-29）。可见，当 h_y从 0 到 1 时，h_x的变化为从 1 到 0。星形线图形是检验单畴内是否为磁矩一致转动模式的一种判据。

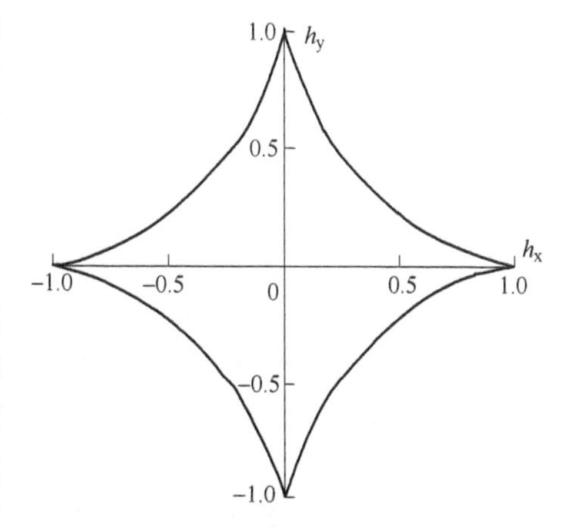

图 7-29　单畴内磁矩一致转动的星形线[2]

7.5.3　理想单畴颗粒中磁矩的非一致转动模式

上节得到了理想单畴颗粒（S-W 颗粒）在采用一致转动模式时形核场或矫顽力所遵循的 S-W关系。然而上述的 S-W 颗粒并非一定要通过一致转动模式才能实现反磁化，也可通过磁化模式的非一致转动来实现。在引起反磁化的非一致转动过程中，涡旋和扭旋式是两种可能的反磁化过程（见图 7-25），但我国科学工作者蒲富恪和李伯臧认为[33]，扭旋式的非一致转动模式是不会出现的。

7.5.3.1　涡旋模式[4,5]

涡旋模式是通过消除杂散场来表征的（$H_s=0$，其中包括 $H_d=0$）。这些条件可通过消除体积磁荷的$\nabla\cdot\boldsymbol{M}_s=0$ 和消除表面磁荷的 $\boldsymbol{M}_s\cdot\boldsymbol{n}=0$ 来满足（$\boldsymbol{n}$ 为 $\boldsymbol{M}_s$所在椭球表面处的

单位法向矢量)。在涡旋模式中，消除了杂散场，但增加了交换场。于是，在理想的涡旋模式中，有磁晶各向异性和交换作用两种能量对磁化的涡旋过程起作用。这种涡旋模式可以通过假设磁化偏离易磁化轴的角度为正弦变化和磁化为均匀一致转动而推导求得。对于有限长度的圆柱形颗粒，在圆柱的两个端面存在表面磁荷而产生退磁场 H_d，故系统的能量还要增加一项退磁能[5]。作为简化，我们这里仅讨论细长圆柱颗粒（$H_d \approx 0$）的情形。

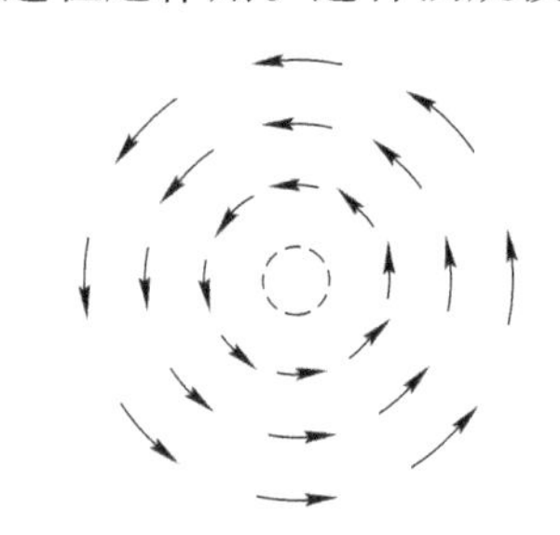

图 7-30 在涡旋模式下 M_s 在圆柱形状样品截面上的投影[4,5]

图 7-30 示意出饱和磁化 $\boldsymbol{M}_s$ 在圆柱体样品截面上的投影。在半径为 R 样品的整个截面上，$\boldsymbol{M}_s$ 在径向上的分量消失。所以，旋转的 $\boldsymbol{M}_s$ 可完全通过 $\boldsymbol{M}_s$ 和 c 轴（圆柱体主轴）之间的角度 $\theta(r)$ 来描述。这样，在涡旋模式下，系统的二阶线性微分方程给出如下：

$$2A\left(\frac{\mathrm{d}^2\theta}{\mathrm{d}r^2} + \frac{1}{r}\frac{\mathrm{d}\theta}{\mathrm{d}r} - \frac{1}{r^2}\theta\right) - (2K_1 - \mu_0 H_{\mathrm{ext}} M_s)\theta = 0 \tag{7-42}$$

这个方程的解可由第一级 Bessel 函数给出，即

$$\theta(r) = \theta_0 J_1\left[r \cdot \left(\frac{\mu_0 H_{\mathrm{ext}} M_s - 2K_1}{2A}\right)^{1/2}\right] \tag{7-43}$$

式中，θ_0 为一个不确定的振幅。形核场在 $r=R$ 处的微磁学边界条件为

$$\left.\frac{\mathrm{d}\theta}{\mathrm{d}r}\right|_{r=R} = 0 \tag{7-44}$$

这导致条件 $J_1'(R) = 0$，于是，形核场为

$$H_N = \frac{2K_1}{\mu_0 M_s} + \frac{2A}{\mu_0 M_s}\left(\frac{1.84}{R}\right)^2 \tag{7-45}$$

在上式的非一致磁化过程中，虽然不包含杂散场的贡献，但包含了与颗粒直径相关的交换能项，因为尺寸很小，非一致磁化过程需要很大的交换能，因此，H_N 按照 $1/R^2$ 规律增大。这一规律意味着，在小尺寸颗粒情况，涡旋过程的形核场有可能超过一致转动的形核场，显然，这是不合理的。由于小颗粒的反磁化形式优先取决于较小的形核场，所以磁化的一致转动（S-W）模型确定了小颗粒的形核场；而对于大颗粒情况，因磁畴的出现，矫顽力将由在晶格不完整（缺陷）位置的畴壁钉扎来控制。

以上论述表明，单畴颗粒可能出现两种反磁化过程：一致转动的 S-W 模型和非一致转动的涡旋模式；但即使在可能出现非一致转动的情况下，小颗粒的形核场仍然只能以一致转动的 S-W 模型来确定。因此，对于给定的材料，存在一个一致转动模式向非一致转动模式转变的临界半径或临界直径，也称为临界短半径 R_c 或临界颗粒直径 d_c（见图 7-31）。

7.5.3.2 扭旋模式

至此，已有消除交换能（S-W 模型）和消除杂散场（涡旋模式）两种极端情况下的形核模型。Aharoni 和 Shtrikman[31] 在 1958 年已指出有可能存在一种被称为扭旋模式的反磁化过程。这种模式是在一致转动和涡旋模式之间的交叉区域中，并导致比 S-W 模型稍许低的形核场。扭旋模式可以近似地描述为沿圆柱体轴向的磁化具有一个正弦变化的振

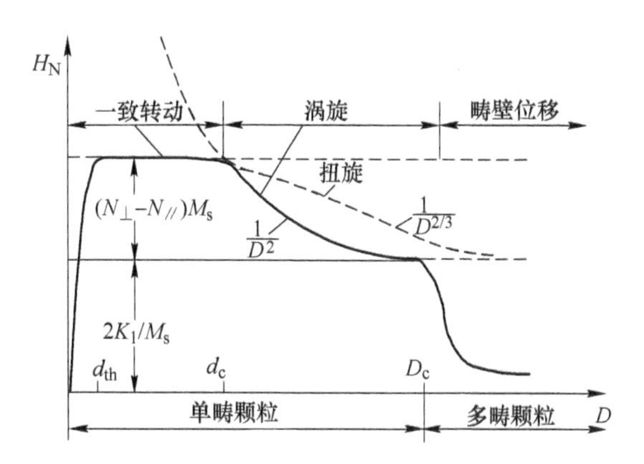

图 7-31 以直径 D 为变量在不同形核模式下形核场 H_N 的变化[4,5]

幅，而在每一个截面中磁化是一致转动模式。交换能的增加被由变化着的表面磁荷所产生的杂散场能增加所补偿。在较大半径时，扭旋模式比涡旋模式导致更大的形核场（见图 7-31）。

对于形核模式，至今我们所考虑的仅有两种情况：椭球体和无限延伸的圆柱体。对于有限的圆柱体，Holz[34] 在 1968 年已研究了处于前侧的表面磁荷对形核过程的影响。他发现，这种情况的磁化是三种模式（一致转动、涡旋和扭旋）的复杂迭加。考虑到包含磁晶各向异性、杂散场和交换能后的形核场变为

$$H_N = \frac{2K_1}{\mu_0 M_s} + \frac{2A}{\mu_0 M_s}\left(\frac{1.84}{R}\right)^2 - \frac{1}{2}M_s(1-\varepsilon) \tag{7-46}$$

式中，参数 ε 描述交变效应，表示圆柱表面归一化的前侧的表面磁荷。对于直径 $D>10\text{nm}$，ε 按照以 $R^{-2/3}$ 规律降低，见图 7-31 所示的下降虚线。

从不同形核模式的形核场 H_N 随直径 D 变化的图 7-31 中可看到，一致转动模式的单畴小颗粒具有最高的形核场。但在 $D<d_{th}$ 时，因颗粒太小，呈现超顺磁性，形核场急剧下降。在 $d_{th}<D<D_c$ 范围，存在一个一致转动模式到非一致转动模式的转变点 d_c，称为形核交叉临界直径。在它之前的反磁化是一致转动模式；在它之后，反磁化以非一致转动模式进行，比一致转动模式的形核场明显下降，通常以 D^{-2}（涡旋模式）或 $D^{-2/3}$（扭旋模式）规律下降。

可见，在上述两种非一致转动过程中，形核场都与椭球体的尺寸相关，并存在一个临界直径 d_c，也称为临界短半径 R_c[35]。低于临界短半径时，反磁化通过一致转动过程实现；而高于临界短半径时，涡旋模式通常更容易发生。对于一个无限长铁柱，$R_c \approx 9\text{nm}$[36]。在柱半径为 $10R_c$ 时，涡旋模式的形核场仅为一致转动模式的 1/100[10,31]。

非一致转动将引起交换能的下降，且会改变能垒形式，使相应的能垒降到最低。这种非一致磁化都与椭球形颗粒内材料结构的不均匀性和颗粒直径的大小相关。这两种非一致转动过程，不管哪种，它们的能垒都比一致转动的低，所以它们呈现较低的矫顽力。

7.5.3.3 非一致转动模式的矫顽力的角度关系：$1/\cos\psi$ 规律

从上面可知，一个 $R \approx 10R_c$ 的长椭球晶粒的反磁化过程将是一个非一致转动过程。当外加磁场与已饱和磁化的一个 $R \approx 10R_c$ 的长椭球晶粒的主轴有一个夹角 ψ（图 7-32 中插

图）时，在反向的外加磁场作用下，该长椭球将发生的不可逆的非一致转动过程，其产生的形核场的角度关系与一致转动的 S-W 模型完全不同。图 7-32 展示无任何一致转动的非一致转动模式的归一化的矫顽力随磁场方向与易磁化轴所构成的倾斜角 ψ 的变化曲线。该曲线呈现 $1/\cos\psi$ 关系，类似于通常所称的 Kondorsky 规律[37]（见 7.5.6.3 节）。

7.5.4 真实单个单畴颗粒的形核场

对于真实的单畴颗粒或它们的集合体，一方面其颗粒不可能都是椭球形的，于是因形状边角造成颗粒内部磁化的不均匀分布，从而引入了颗粒自身引起的杂散场（注：由于杂散场的形式太复杂，它的分布和大小对形核场的影响不可能由常系数的线性方程求得，但可由数值的微磁学方法获得）；另一方面即使颗粒都是椭球形的，但由于实际单轴材料的 $K_2 \neq 0$ 或材料成分和结构的不均匀以及晶粒的错取向等（恶化）因素，在不同程度上均能影响磁体的形核场。

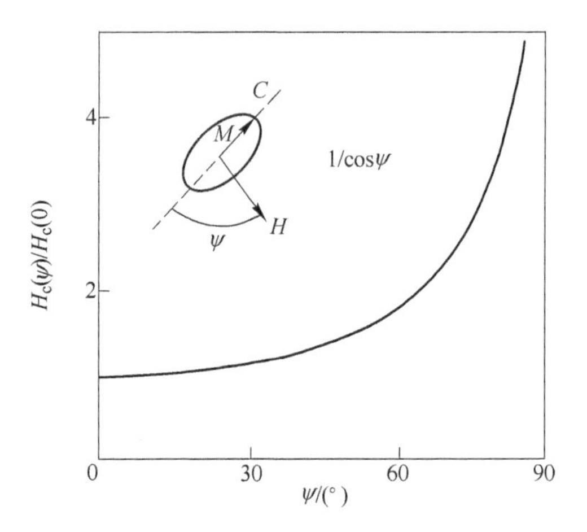

图 7-32 非一致转动模式的矫顽力的角度关系[10]

7.5.4.1 $K_2 \neq 0$ 的单畴颗粒的形核场

在 7.5.2 节中所考虑的形核场是完全在理想条件下获得的，称为 S-W 模型。正如上面所述，那里的反磁化具有最大的形核场，几乎与磁各向异性场相当；形核场的角度关系具有 S-W 关系；矫顽力的垂直磁场分量具有星形线特征。然而，在材料的磁晶各向异性常数中高阶项 K_2 不为零的情况下，其形核场与理想的 S-W 模型会有所不同，形核场的角度关系也将在一定程度上偏离 S-W 关系。

1987 年 Kronmuller 等人[4,5,27]在考虑第二级磁晶各向异性常数 K_2 情况下，通过求解包含 K_2 的二阶常系数线性微分方程，导得了包含 K_2 的倾斜磁场的形核场表达式：

$$H_N(\psi) = H_N^{(0)}(\psi)\left[1 + \frac{2K_2}{K_1 + K_d}\frac{(\tan\psi)^{2/3}}{1 + (\tan\psi)^{2/3}}\right] \tag{7-47}$$

式中，$H_N^{(0)}(\psi)$ 是 K_2 为零时理想颗粒的磁场倾斜形核场，即

$$H_N^{(0)}(\psi) = \frac{2(K_1 + K_d)}{\mu_0 M_s}\frac{1}{[(\cos\psi)^{2/3} + (\sin\psi)^{2/3}]^{3/2}} \tag{7-48}$$

式中，ψ 是外加磁场的倾斜角度。

从式（7-47）可注意到，最小形核场在 $\psi = \pi/4$ 处，并给出如下表达式

$$H_N^{\min}\left(\frac{\pi}{4}\right) = \frac{K_1 + K_d + K_2}{\mu_0 M_s} \tag{7-49}$$

对于 K_1 和 K_2 具有相当大温度变化的 $Nd_2Fe_{14}B$ 情况，式（7-47）中的中括号这一项将明显影响 $H_N(\psi)$ 的角度关系。图 7-33 展示了在不同温度下 $Nd_2Fe_{14}B$ 形核场的角度关系 $H_N(\psi)$。这些结果是由假设 K_3 和 K_d 为零，利用由 Hock[38] 在 1988 年所确定的材料参数 M_s、K_1 和 K_2 和式（7-47）的数值解获得的。可以看到，在低温下，由于 K_2 较大，形核场

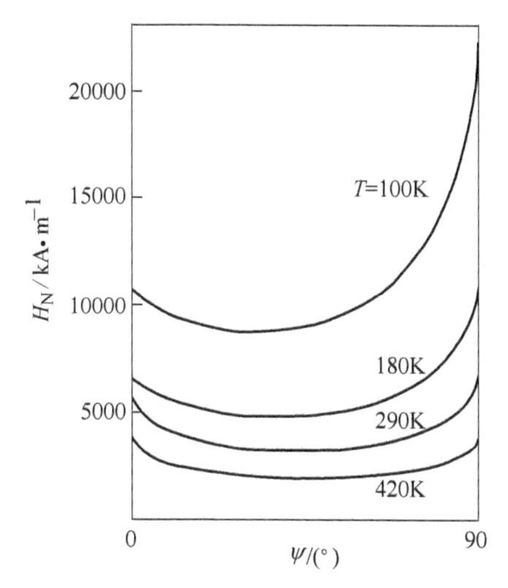

图 7-33 考虑 K_2 后不同温度下 $Nd_2Fe_{14}B$ 形核场的角度关系[4,5]

偏离 S-W 模型比较大，尤其在高角度接近 90°处；在高温下，由于 K_2 较小甚至消失，形核场偏离 S-W 模型很小，在较高温下甚至基本上无偏离。

实际倾斜外加磁场的形核场 $H_N(\psi)$ 可以改写成与 $\psi=0$ 形核场 $H_N(0)$ 相关的表达式

$$H_N(\psi) = H_N(0)\alpha_\psi \tag{7-50}$$

式中，参数 α_ψ 满足 H_N 的角度关系。按照我们上述的结果，α_ψ 可以被改写成

$$\alpha_\psi = \frac{1}{[(\cos\psi)^{2/3} + (\sin\psi)^{2/3}]^{3/2}} \times \left[1 + \frac{2K_2}{K_1 + K_d}\frac{(\tan\psi)^{2/3}}{1 + (\tan\psi)^{2/3}}\right] \tag{7-51}$$

可注意到，通过倾斜的外加磁场对 H_N 的修正，在一级近似下（仅考虑上式中括号中第一项），它仅与 ψ 相关，与材料的参数无关。

7.5.4.2 含有纳米结构软磁性区域的单畴颗粒的形核场

前面所述的理想的椭球形单畴颗粒的形核场是从二阶的常系数线性微分方程推导得到的，然而在真实材料中，因存在各种磁各向异性和/或交换作用的不均匀性以及各种杂散场，这些二阶常系数线性微分方程将由非常系数的二阶线性微分方程来表征。这种非常系数的二阶线性微分方程的解是困难的。为了简化问题，在讨论的模型中仅考虑磁晶各向异性缺陷，并假定磁晶各向异性缺陷为简单的分析图形，例如类台阶状，线性形状或赝谐波型等。

这里，考虑一个平面型纳米结构的各向异性扰动。在扰动区域，磁晶各向异性常数 K_1 在空间上具有赝谐波型变化，如图 7-34（a）中右侧图形所示。这就是说，在硬磁性基体内形成了一个磁性较软的形核区域。该平面的赝谐波型各向异性的数学表示如下：

$$K_1(z) = K_1(\infty) - \frac{\Delta K}{\mathrm{ch}^2(z/r_0)} \tag{7-52}$$

式中，$K_1(\infty)$ 标记为在理想的硬磁性基体中的磁晶各向异性常数，ΔK 为距离不均匀区域

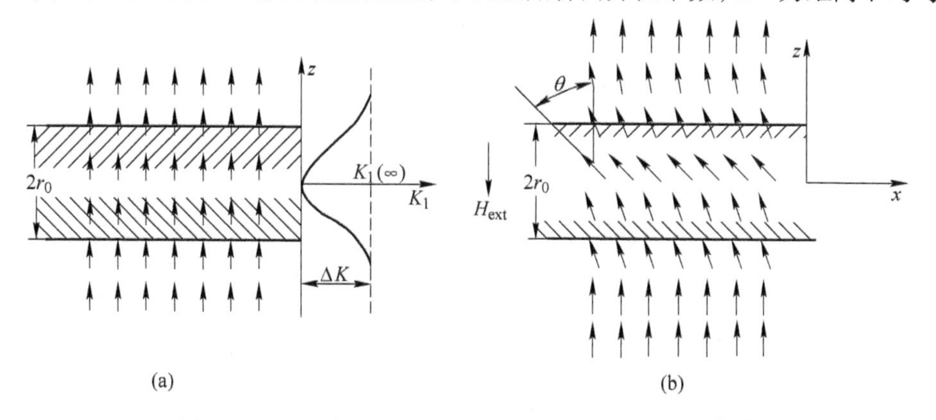

图 7-34 宽度为 $2r_0$ 的平面型软磁性核内的磁核模型[4,5]

（a）外磁场 $H_\perp$ 条带；（b）$H_{/\!/}$ 条带

中心 $z=0$ 处 K_1 的改变，而 r_0 是不均匀区域的宽度参数。

图 7-34（b）展示在一个反向的外加磁场作用下形核区域通过一致转动过程实现反向畴的形核情况[24]。

在平面区域内，M_s 以 $M_{s,z}=M_s\cos\theta(z)$ 方式转动。因为形核发生在相应于畴壁宽度 $\delta_B=\pi\sqrt{A/K_1}$ 厚度内，所以如果平面面积是大于 $5\text{nm}\times5\text{nm}$，那么形核可以认为是无限延伸的。形核过程遵循 Poisson 方程，磁性杂散场 $H_{s,z}$ 给出如下[4,5]：

$$\frac{\mathrm{d}H_{s,z}}{\mathrm{d}z}=M_s\sin\theta\frac{\mathrm{d}\theta}{\mathrm{d}z} \tag{7-53}$$

其解有

$$H_{s,z}=M_s(1-\cos\theta(z)) \tag{7-54}$$

依据等式（7-54），杂散场本身局域于不均匀区域内，因为体磁荷（-）$\nabla\cdot M_s$ 是由不均匀区域上侧处的正磁荷和在下侧处的负磁荷组成的。

引入等式（7-54）到单畴颗粒的二阶的微磁学方程，并线性化后可获得[4,5]

$$2A\frac{\mathrm{d}^2\theta}{\mathrm{d}z^2}-\left[2K_1(z)-\mu_0M_s\left(H_{ext}-H_d+\frac{1}{2}M_s\right)\right]\cdot\theta=0 \tag{7-55}$$

式中，$H_d=-N_dM_s$ 是形核处外表面磁荷产生的退磁场，而 $M_s/2$ 项是增强形核区域内外磁场的作用。

再引入无量纲坐标 $z'=z/r_0$，方程式（7-55）可以改写为

$$\frac{\mathrm{d}^2\theta}{\mathrm{d}z'^2}+\left(K_2+\frac{\alpha^2}{\mathrm{ch}^2z'}\right)\cdot\theta=0 \tag{7-56}$$

式中，无量纲参数

$$k^2=\frac{1}{2A}\left[\mu_0M_s\left(H-H_d+\frac{1}{2}M_s\right)-2K_1(\infty)\right] \tag{7-57}$$

$$\alpha^2=\Delta K/A \tag{7-58}$$

正如以前由 Landau 和 Lifshitz（1966）[39]所使用的方法那样，通过替换使式（7-56）变换成具有超几何函数 F_n 解的超几何微分方程。在超几何函数 F_n 中，最低的形核场遵循本征值方程 $r_0^2k^2=s^2$，这里 $s(s+1)=r_0^2\alpha^2$。从这些关系式，人们可以导得因磁性软化所修正的形核场：

$$H_N=H_c=\frac{2K_1(\infty)}{\mu_0M_s}\alpha_K-N_{eff}M_s \tag{7-59}$$

其中

$$N_{eff}=\frac{1}{2}+N_d \tag{7-60}$$

$$\alpha_K=1-\frac{1}{4\pi^2}\frac{\delta_B'^2}{r_0^2}\left(1-\sqrt{1+\frac{4\Delta Kr_0^2}{A}}\right)^2 \tag{7-61}$$

式中，δ'_B 是引入的虚拟畴壁宽度。定义为

$$\delta'_B=\pi\sqrt{A/\Delta K} \tag{7-62}$$

对于式（7-59），人们感兴趣的是形核场 H_N 的如下三种极限：

（1）对于很窄的不均匀 $r_0<\delta'_B$，给出由杂散场项修正了的理想形核场：

$$H_N = \frac{2K_1(\infty)}{\mu_0 M_s} + H_d - \frac{1}{2}M_s \tag{7-63}$$

（2）对于很宽的不均匀 $2r_0 \gg \delta'_B$ ，获得不均匀中心的形核场：

$$H_N = \frac{2(K_1 - \Delta K)}{\mu_0 M_s} + H_d - \frac{1}{2}M_s \tag{7-64}$$

（3）对于平均的不均匀厚度 $2\pi r_0 \geqslant \delta'_B$ 情况，有

$$H_N = \frac{2K_1(\infty)}{\mu_0 M_s}\frac{\delta'^2_B}{\pi r_0} + \frac{2(K_1(\infty) - \Delta K)}{\mu_0 M_s} + H_d - \frac{1}{2}M_s \tag{7-65}$$

方程式（7-63）~式（7-65）可以通过引入一个微结构参数 α_K 和一个有效退磁因子 N_{eff} 更紧凑地表示，其中，有效退磁因子表示由微结构不均匀引起的对理想形核场的修正。于是有

$$H_N = \frac{2K_1(\infty)}{\mu_0 M_s}\alpha_K - N_{eff}M_s \tag{7-66}$$

式中，$N_{eff}M_s = -H_d + \frac{1}{2}M_s$。而微结构参数 α_K 的一般形式由下式给出

$$\alpha_K = 1 - \frac{1}{4\pi^2}\frac{\delta'^2_B}{r_0^2}\left(1 - \sqrt{\frac{4\Delta K r_0^2}{A}}\right)^2 \tag{7-67}$$

实际上，从式（7-66），允许人们比较容易地估计出磁性不均匀的恶化效应。对于 $r_0 = (2/\pi)\delta'_B$ 情况，人们获得 $\alpha_K = 1/2$。这意味着，有相当大降低的 H_N 仅在不均匀区域的宽度较小于 δ'_B 时才可以被避免。在 $Nd_2Fe_{14}B$ 情况下，在平均的不均匀厚度 $2\pi r_0 \geqslant \delta'_B$ 情况下，若 $\Delta K = K_1$，则不均匀区域 $2r_0$ 约 1.2nm（参见表 7-1）。图 7-35 展示了在不同的 ΔK 下微结构参数 α_K 相对于归一化宽度 r_0/δ'_B 的变化曲线[27]。

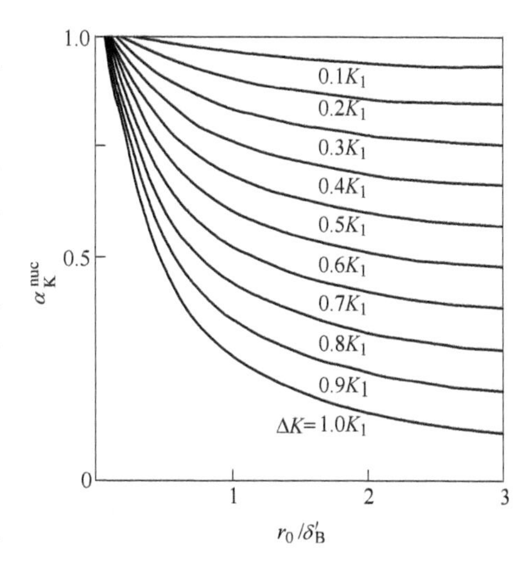

图 7-35 不同 ΔK 时参数 α_K 随 r_0/δ'_B 的变化曲线[27]

从图 7-35 可看到，对于很窄的不均匀 $r_0 < \delta'_B$ ，降低的各向异性几乎没有影响到形核场的大小，因为不均匀区域太小，并不影响各向异性的平均值；对于很宽的不均匀 $2r_0 \gg \delta'_B$ 情况，形核场由最小的各向异性确定，所以形核场较低；而不均匀区域接近畴壁宽度 $2\pi r_0 \geqslant \delta'_B$ 中间情况，形核场将按照 $1/r_0$ 的规律降低，并在最后趋于极限。

上面讨论了磁晶各向异性不均匀（K_1 降低造成的磁性软化）区域的形核场，那里引入了一个反映 K_1 恶化引起形核场的降低参数 α_K 。利用类似的方法，可以讨论交换常数的不均匀性（A 降低区域）对形核场的影响。可引入一个与 K_1 降低相同的平面的赝谐波型交换常数 A 降低的函数，于是可得到类似的形核场形式，并得到反映交换常数 A 的不均匀（A 恶化）引起形核场的降低参数 α_A 。于是，在两种磁性不均匀（K_1 和 A 恶化）同时存在时，式（7-66）可改写为

$$H_N = \frac{2K_1(\infty)}{\mu_0 M_s}\alpha_K\alpha_A - N_{eff}M_s \tag{7-68}$$

7.5.4.3　含有纳米结构软磁性区域的错取向单畴颗粒的形核场

前面已分别讨论了在倾斜磁场中理想单畴颗粒（相当于错取向的理想单畴颗粒）、磁性软化纳米区域和交换常数的不均匀对形核场的影响。三者的恶化效应可以分别利用三个参数 α_ψ、α_K 和 α_A 来描述。如果错取向单畴颗粒的材料不再是理想均匀的，而是像上节中的材料具有纳米结构磁性软化区域，那么对于这种具有磁性软化的错取向单畴颗粒，其形核场的形式将变得更加复杂。

此时，在倾斜磁场下的磁化矢量将在不均匀区域和硬磁性基体中转动。为此，人们必须考虑磁化矢量 M_s 转动到临界角 θ_c 后的形核场[40]。对于 M_s 偏离临界角 θ_c 较小时，在平面的不均匀区域中描述形核过程的微分方程由下式给出

$$2A\frac{d^2\theta}{dz^2} - \left[2K_1(z)\cos2\theta_c - \mu_0 M_s\left(H_{ext} - H_d + \frac{1}{2}M_s\right)\right]\cos(\theta_c+\psi)\theta = 0 \tag{7-69}$$

方程式（7-69）类似于上节中理想取向的但具有纳米结构不均匀的晶粒所获得的方程式（7-55）。我们可以用 $M_s\cos(\theta_c+\psi)$ 和 $K_1(z)\cos2\theta_c$ 分别替代 M_s 和 $K_1(z)$ 后，利用 7.5.4.2 节中 $K_1(z)$ 同样的形式，可得到磁性不均匀错取向单畴颗粒的形核场 H_N 为

$$H_N = \frac{2K_1(\infty)}{\mu_0 M_s}\frac{\cos2\theta_c}{\cos(\theta_c+\psi)} + H_d - \frac{1}{2}M_s - \frac{1}{2}\frac{A}{\mu_0 M_s}\frac{1}{r_0^2}\frac{1}{\cos(\theta_c+\psi)}\times \left(-1+\sqrt{1+\frac{\Delta K r_0^2\cos2\theta_c}{A}}\right) \tag{7-70}$$

类似地，用 $H_N(\psi)\times M_s/(2K_1(\infty)\cos2\theta_c)$ 替换上式中的 $1/\cos(\theta_c+\psi)$ 项。于是，磁性不均匀的错取向单畴颗粒的形核场 H_N 可改写为

$$H_N(\psi,r_0) = H_N(\psi)\left[1 - \frac{1}{4\pi^2\cos2\theta_c}\frac{\delta_B^2}{r_0^2}\left(-1+\sqrt{1+\frac{4\Delta K r_0^2\cos2\theta_c}{A}}\right)\right] + H_d - \frac{1}{2}M_s \tag{7-71}$$

由于 $H_N(\psi)$ 可以写成 $H_N(\psi)=H_N(0)\alpha_\psi$（见式（7-50）），最终，上式可以写为

$$H_N(\psi,r_0) = \frac{2K_1}{\mu_0 M_s}\alpha_K\alpha_\psi - N_{eff}M_s \tag{7-72}$$

式中

$$\alpha_K = 1 - \frac{1}{4\pi^2\cos2\theta_c}\frac{\delta_B^2}{r_0^2}\left(-1+\sqrt{1+\frac{4\Delta K r_0^2\cos2\theta_c}{A}}\right) \tag{7-73}$$

$$\alpha_\psi = \frac{1}{[(\cos\psi)^{2/3}+(\sin\psi)^{2/3}]^{3/2}}\left[1+\frac{2K_2}{K_1+K_d}\frac{(\tan\psi)^{2/3}}{1+(\tan\psi)^{2/3}}\right] \tag{7-74}$$

上式为具有纳米结构磁性软化的错取向单畴颗粒的结构参数。它与具有纳米结构磁性软化的理想取向的单畴颗粒的结构参数（见式（7-59））有明显的区别，那里仅有两种微结构参数 α_K 和 N_{eff}。但从具有纳米结构磁性软化的错取向单畴颗粒的形核场（式（7-72））可看到，这种具有纳米结构磁性软化的错取向单畴晶粒的形核场确实是参数 α_ψ 和 α_K 两者效应的相互迭加。此时，在该形核场中包含了三种磁体主要的微结构效应：错取向晶粒、

不均匀的磁晶各向异性区域和杂散场。如果考虑不均匀磁性的另一种情形不均匀的交换常数区域对形核场的影响，则具有纳米结构磁性不均匀的错取向单畴晶粒的形核场变为

$$H_N(\psi, r_0) = \frac{2K_1}{\mu_0 M_s}\alpha_K \alpha_A \alpha_\psi - N_{eff} M_s \quad (7\text{-}75)$$

在磁各向同性的磁体中和即使在取向烧结磁体中始终存在一定数量的强烈错取向的晶粒，而磁体矫顽力又是被 $\alpha_\psi = \alpha_\psi^{min}$ 的最小值确定的。一旦这个具有最小矫顽力的晶粒实现反磁化，邻近的晶粒由于交换耦合被强迫再取向，从而引起像退磁过程一样的级联效应，反转整个磁体的磁化，实现整个磁体的反磁化。为此，在分析矫顽力的温度关系时，需要选择适合的作图参数。适合的作图参数应该是：

$$H_c / M_s \sim \frac{2K_1}{\mu_0 M_s^2}\alpha_\psi^{min} \quad (7\text{-}76)$$

对于 α_ψ^{min} ，人们既可以取纯的最小，即 $H_c(\psi)$ 曲线上的 H_N^{min} ，亦可取近似程度更好的 $\psi = 45°$时的 $\alpha_\psi \approx 0.5$ [41,111]。在用上述的作图参数作图时，如果作图曲线的结果是直线，那么直线的斜率便是 $\alpha_K \alpha_A$ ，而截距就是参数 N_{eff}。如果已知退耦磁体的 α_K 值，则可从 $\alpha_K \alpha_A$ 值中分离出 α_A 值。这样，人们可从不同温度下矫顽力对理想形核场的作图曲线上获得永磁体的各个显微结构参数值。

7.5.4.4 晶粒形状和大小对形核场的影响

对于形状为非椭球形晶粒的反磁化行为，S-W 模型已不再适用。在这种非椭球形晶粒内，不均匀的退磁场（一种晶粒自身引起的杂散场）呈现对数形状的弥散，从而造成饱和磁化 M_s强烈地偏离易磁化方向。这个问题不能由常系数二阶线性微分方程表征，而必须用非常系数二阶线性微分方程来表征。想要直接求解这种非常系数的二阶线性微分方程也是不可能的，但可以应用有限差分或有限元的数值方法，以及应用高速和大容量的现代计算机来数值求解这种复杂的非常系数二阶线性微分方程。

非椭球形晶粒的形状和尺寸对形核场的影响主要集中在晶粒自身产生的内部退磁场上。Gronefeld 等人[42]对方形无限棱柱体（x、y 为方形边；z 为无限长）晶粒进行了二维有限元的数值微磁学研究，计算了不均匀的内部退磁场。图 7-36 展示了不同尺寸的 $Nd_2Fe_{14}B$晶粒内部杂散场 H_s随着离开边角距离 r 的变化。此时，晶粒的易磁化方向平行于 y 轴（见图中右上角插图）。

从图 7-36 可看到，不管是平行还是垂直于易磁化方向的杂散场分量 H_y和 H_x，它们的绝对值都是在边角处（$r = 0$）最大，并随距离 r 增加而降低。不过，平行于易磁化方向的杂散场分量 H_y仅轻微地改变，而垂直于易磁化方向的杂散场分量 H_x，无论是从哪个方向：方形边 x、y 方向，或对角线 d 方向，随着距离 r 增加都大幅地按对数形式下降。由此可知，在各种形状的非椭球颗粒内，杂散场是很不均匀的，尤其在形状的边角处，并随着离开边角距离 r 的增加基本上以对数形式下降。

为了获得非椭球形晶粒的形状对磁化和反磁化的影响，Schmidts 等人[4,43]对磁化平行于正方形截面的无限棱柱体的 $Nd_2Fe_{14}B$ 晶粒进行了数值微磁学研究。图 7-37 展示了在不同外加磁场下边长为 $d = 60$nm 的方形无限长棱柱体模拟的反磁化状态。从图中可看到，对于一个开始已充分饱和磁化的晶粒，在外加磁场 $\mu_0 H = 0$ 时，晶粒内的自旋位形基本保持一致，仅顶角处稍微有点偏离（见图 7-37（a））；然而，外加反向磁场后，自旋位形不再

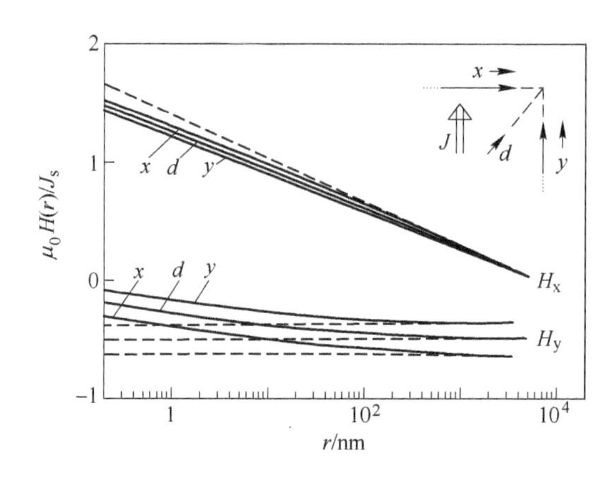

图 7-36 不同尺寸的方形无限棱柱 $Nd_2Fe_{14}B$ 晶粒内部杂散场随着离开边角距离的变化关系[42]

（虚线表示忽略磁化强度转动的情况 $J_s=\mu_0 M_s$）

保持一致，边角的自旋开始偏离易磁化方向，且其偏离的角度随着反向磁场增加而增加。在反向磁场接近形核场但尚未反磁化的 $\mu_0 H=5.46$T 时，在方形晶粒边角处的自旋已有较大的偏离，在边角处表现得尤其明显（见图 7-37（b））。计算指出，在反向磁场到达形核场 $\mu_0 H=\mu_0 H_n=5.47$T 时，晶粒内的自旋完全翻转到外加磁场方向[4,43]。

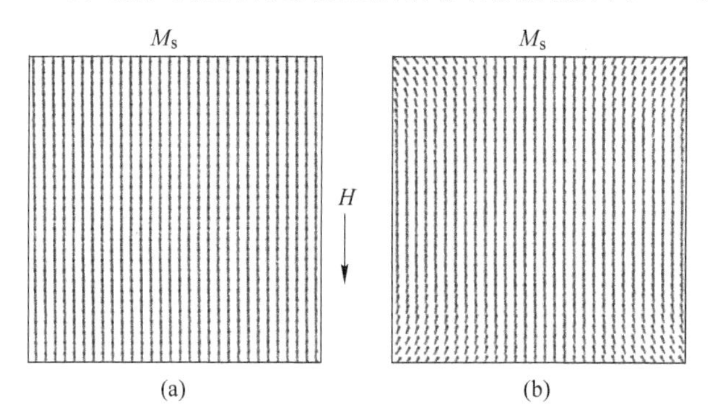

图 7-37 不同外加磁场下无限方形棱柱 $Nd_2Fe_{14}B$ 晶粒中的自旋位形[4,43]

（a）$H_{ext}=0$ 时的基态；（b）在反磁化前形核场附近 $H_{ext}=5.46$T 时的自旋位形

模拟计算指出，在磁场较小于理想形核场 $2K_1/\mu_0 M_s$ 时，不均匀临界磁性状态变成不稳定，发生可逆的不均匀转动过程。在晶粒的边角上，即使在接近形核场 H_n 前，杂散场仅仅导致部分退磁。在 $H_{crit}=H_n$ 时，发生不可逆反转过程，并在整个样品中实现反磁化。此时，亚稳态转变成稳定态。

理想均匀磁化的单畴椭球晶粒的形核场的角度关系应该遵循 S-W 规律，在外加磁场与易磁化轴的夹角 $\psi=45°$ 处有最小的形核场，且其值恰好是 $\psi=0°$ 时最大值的一半。但是，当晶粒为非椭球形时，形状边角将引入不均匀的退磁场，从而造成晶粒内部磁化的不均匀。在反磁化时，晶粒内磁化还将出现不均匀的反磁化过程。图 7-38 展示考虑晶粒形状边角后无限长方形棱柱 $Nd_2Fe_{14}B$ 晶粒系统在室温下的形核场的角度关系[42]。为了比较，图中同时给出了 MQ-Ⅲ磁体（热变形 Nd-Fe-B 磁体）的实验值和仅考虑 $K_2\neq0$ 修正但忽略边角杂散场的单畴椭球 $Nd_2Fe_{14}B$ 晶粒的矫顽力的角度关系曲线。

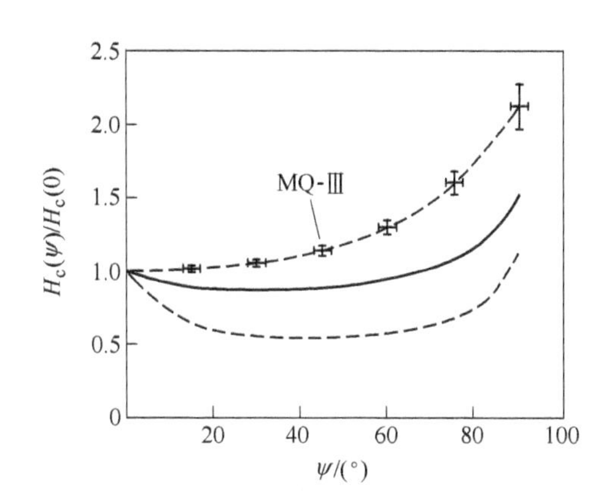

图 7-38 无限长方形棱柱 $Nd_2Fe_{14}B$ 晶粒在室温下的矫顽力的角度关系（实线）[42]

（虚线是仅考虑 $K_2\neq0$ 但忽略边角杂散场的单畴椭球 $Nd_2Fe_{14}B$ 晶粒的矫顽力的角度关系曲线；MQ-Ⅲ标志是 MQ-Ⅲ磁体（热变形 Nd-Fe-B 磁体）的实验值）

从图中考虑形状边角后计算的室温矫顽力的角度关系（实线）可以看到，自身的杂散场可以明显改变矫顽力的角度关系，使得偏离 S-W 规律而朝 $1/\cos\psi$ 关系靠拢（参见图 7-32）。如果计算中再考虑晶粒的错取向，那么形核场的角度关系会更加接近实际情况。在 MQ-Ⅲ磁体中，晶粒的取向不完全，始终存在一些错取向晶粒。因而，MQ-Ⅲ磁体的实验点所给出的形核场的角度关系会比仅考虑形状边角效应的更加接近 $1/\cos\psi$ 关系。

在同时考虑晶粒的形状边角和尺寸大小的情况下，文献［42］数值计算了两者对有效退磁因子 N_{eff} 的影响。图 7-39 展示了在 $Nd_2Fe_{14}B$ 快淬合金带中有效退磁因子 N_{eff} 的晶粒尺寸关系，其中十字形符号为文献［96］所报道的从快淬 $Nd_2Fe_{14}B$ 合金带的温度关系确定的实验数值，实线是利用围绕中心半径为 δ_B 的球内的平均场定义的有效退磁因子 N_{eff} 所计算的理论曲线[42]。可看到，实验点与理论曲线符合得很好，N_{eff} 随着晶粒尺寸的增大而增大。还可看到，$Nd_2Fe_{14}B$ 快淬合金带的 N_{eff} 值均小于 1（国际单位制），具有最细晶粒的 N_{eff} 已经接近理想值的 1/3，较小的 N_{eff} 值使得 $Nd_2Fe_{14}B$ 快淬合金带具有较高的矫顽力。而已报道的烧结 $Nd_{15}Fe_{77}B_8$[44] 和 $Nd_{13.5}Dy_{1.5}Fe_{77}B_8$[45] 磁体的 N_{eff} 值分别是 2.1 和 2.3（国际单

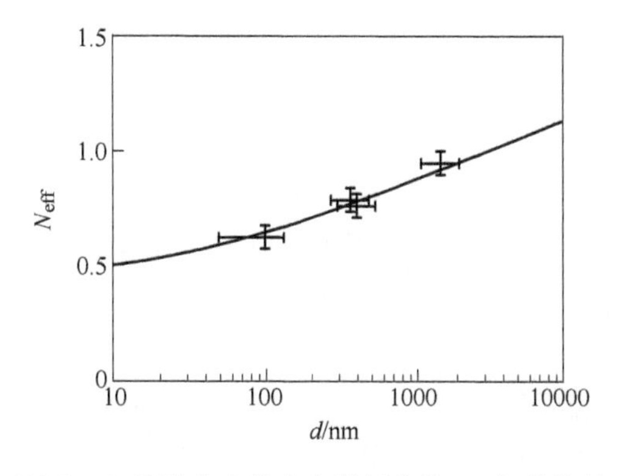

图 7-39 在 $Nd_2Fe_{14}B$ 快淬合金带中杂散场参数 N_{eff} 与晶粒尺寸的关系[42]

（实线是理论曲线）

位制）。与烧结磁体的 N_{eff} 值相比，快淬合金有明显低的 N_{eff} 值。这意味着快淬合金比烧结磁体有更低的杂散场。由此，人们可理解为什么快淬合金会比烧结磁体有更高的矫顽力的原因。

从上面的数值计算结果可看到，晶粒的非椭球形状不但引起晶粒内杂散场分布的不均匀和跟随的磁化分布的不均匀，尤其是在边角处；同时还造成矫顽力的角度关系偏离 S-W 关系朝 $1/\cos\psi$ 关系靠拢。另外可看到，晶粒尺寸的大小可影响杂散场的数值，随晶粒尺寸的降低，有效退磁因子 N_{eff} 也降低，从而增大矫顽力。

7.5.5　单畴颗粒集合体的形核场

前面的讨论都是基于单个单畴颗粒的假设下获得的，也就是说，所得到的形核场都是相互独立的单畴颗粒的形核场，没有考虑单畴颗粒之间的相互作用。然而，真实的磁体是单畴颗粒的集合体，如单相纳米晶磁体和双相纳米晶复合磁体，晶粒间存在短程的交换作用。如果在晶粒间没有任何晶界相的话，晶粒与晶粒直接接触，相邻晶粒的磁矩间产生交换耦合。另外，晶粒间长程的静磁耦合（磁偶极相互作用）始终存在。这种晶粒间的磁偶极相互作用，通常用杂散场来表征。

由于邻近晶粒的磁矩间的交换耦合，在单畴颗粒集合体中将呈现出不同于大颗粒中显示的多畴结构形式，而是多个晶粒构成一个大的交换作用畴（interaction domains，ID），也称多晶粒畴（multigrain domains）。在实际的单畴颗粒集合体中，邻近晶粒的磁矩间的交换耦合将降低矫顽力（见 7.5.5.1 节）；而晶粒间长程的静磁耦合产生的杂散场同样将降低矫顽力；另外，颗粒的非椭球形也将降低矫顽力，因为形状的边角将造成晶粒内部磁化的不均匀而增加杂散场。

依据数值微磁学理论估计[55]，对于平均晶粒直径 $D>100$nm 的大磁性晶粒集合体，晶粒间可通过长程的静磁性相互作用强烈地耦合着；对于较小的晶粒（$10\text{nm}<D<100\text{nm}$），长程的静磁性相互作用变得较小；而当平均晶粒直径接近畴壁厚度（几纳米）时，临近晶粒间的短程交换相互作用明显加强。

7.5.5.1　晶间耦合对形核场的影响

假定晶粒边界由无限平面构成[46,47]，系统为垂直于平面的链状磁矩；又假定交换耦合的原子对以交换系数 ηA_{ex} 横跨于界面（η 是横跨界面的交换作用所引起形核场降低的唯象系数）。此时，由数值微磁学计算可给出系统的形核场。图 7-40 展示归一化临界场（H_{crit}/H_a）对材料各参数的变化曲线[48]。

从图 7-40 可看到，随着主相中交换作用对各向异性比值、界面交换系数和磁弹能对各向异性能的比的增加，归一化临界磁场均单调下降。对于一个给定的各向异性能，临界磁场随交换作用的增加而降低。这里的交换作用包括两种：晶粒内部（参数 A_{ex}）和在界面中（参数 ηA_{ex}）。

临界磁场的减少也依赖于晶界相的性质。对于厚度为 N 个原子层的顺磁（或非磁性）晶界相，临界磁场随 N 的增大而增大（图 7-41（a））；当 $N=10$ 时，临界磁场 H_{crit} 等于硬磁性相的各向异性场 H_a[47]。这表明，足够厚的顺磁（或非磁性）颗粒间相可有效地隔离交换耦合，并保持颗粒的磁硬性。从图 7-41（a）还可以看出，当 $N=0$ 时，由于磁体中硬磁性相晶粒的直接相互作用，使得临界磁场仅为硬磁性相各向异性场的 50%。与上相反，对于软磁性相，临界磁场随原子层数目 N 的增加而降低（图 7-41（b））；当 $N=8$ 时，临界磁场降低到硬磁性相各向异性场的 28% 左右[47]。

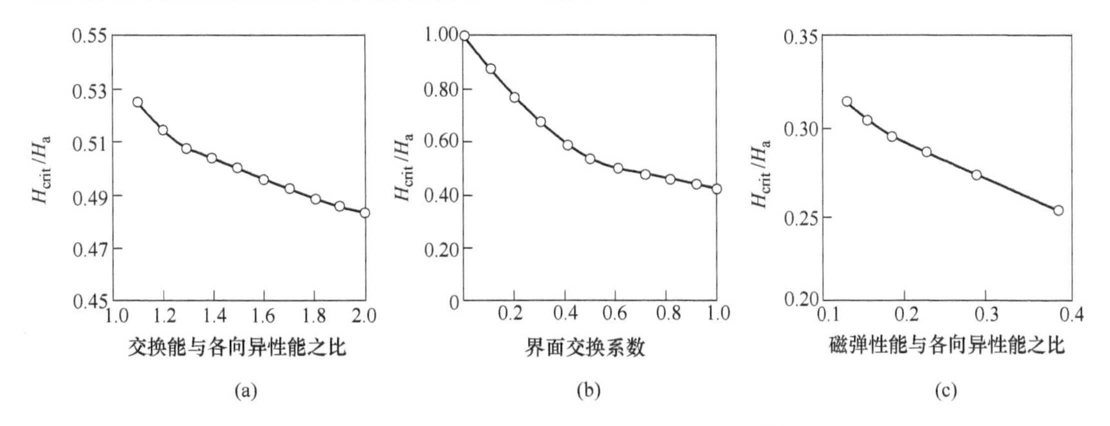

图 7-40 归一化临界场随材料参数的变化[48]

（a）交换作用对各向异性的比（$\eta=0.6$）；（b）界面交换系数（交换对各向异性的比 =1.5）；（c）磁弹性能对各向异性能的比（交换作用对各向异性的比 =1.8，$\eta=0.8$）

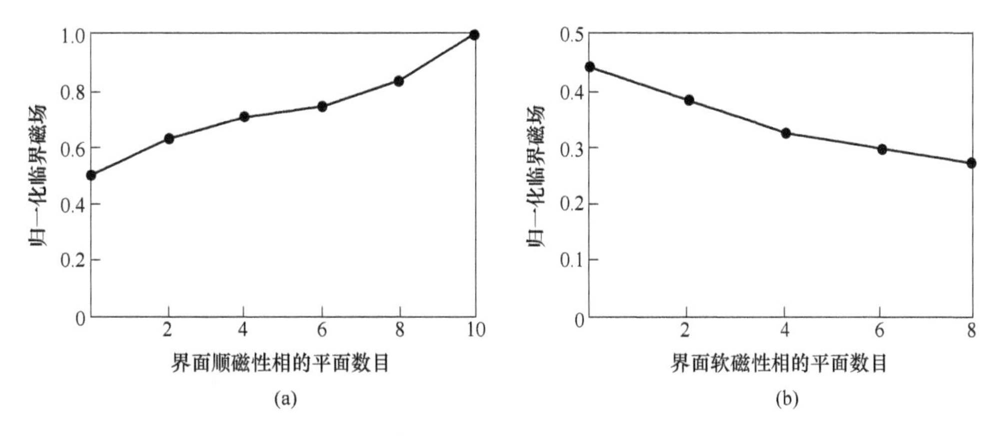

图 7-41 顺磁性（a）和软磁性（b）晶间相的原子平面数 N 对归一化临界磁场 H/H_a（H_a为硬磁相的各向异性场）的影响[47]

7.5.5.2 纳米晶磁体磁相互作用的区分和量度

对于纳米晶磁体，尤其是两相纳米晶复合体，交换耦合作用和磁偶极作用是磁体的磁化和反磁化过程的两个重要的磁相互作用参数。在纳米晶磁体的磁化过程中，交换耦合作用能起到促进纳米晶磁体磁化的作用；当交换耦合作用较强时，磁体具有较高的剩磁。在反磁化过程中，磁偶极作用增大晶粒内杂散场，降低磁体的形核场，一旦形成反向畴核，在外加磁场和磁偶极两者协同作用下造成磁体内级联式的反磁化过程。因此，在纳米晶磁体中提升交换耦合作用和降低磁偶极作用，对改善纳米晶磁体的永磁性能是很有意义的；另外，表征和分析交换耦合作用和磁偶极作用也有助于我们理解纳米晶磁体的反磁化机理。

纳米晶磁体的磁相互作用（交换耦合作用和磁偶极作用）情况可通过测量不同外加磁场的等热剩磁（isothermal remanence，IRM）$M_r(H)$ 和直流退磁（dc-demagnetization，

DCD）剩磁 $M_d(H)$，并且作 Henkel 图[49]来获得。$M_r(H)$ 和 $M_d(H)$ 分别定义如下：$M_r(H)$ 是热退磁磁体在正向外磁场 H 作用下充磁后去掉外磁场的剩磁，由不同正向外磁场可得到一组 IRM 剩磁；$M_d(H)$ 是饱和磁化的磁体在反向外磁场 $-H$ 的作用下退磁，然后去掉外磁场 $-H$ 后的剩磁，由不同反向外磁场可得到 DCD 剩磁。

对于无磁相互作用的单轴单畴颗粒系统，Wohlfarth 指出[50]，参数 $M_r(H)$ 和 $M_d(H)$ 之间有如下的关系式：

$$M_d(H) = M_r - 2M_r(H) \tag{7-77}$$

式中，M_r是饱和磁化后的剩磁值，即 B_r/μ_0。

利用 M_r对参数 $M_r(H)$ 和 $M_d(H)$ 归一化，有 $m_r(H) = M_r(H)/M_r$和 $m_d(H) = M_d(H)/M_r$，于是式（7-77）可表示为

$$\delta m(H) = m_d(H) - 1 + 2m_r(H) = 0 \tag{7-78}$$

然而，对于一般单轴单畴颗粒（纳米晶）系统，由于存在磁相互作用，$\delta m(H) \neq 0$。因此，将 δm 对 H 作图，其中

$$\delta m(H) = m_d(H) - 1 + 2m_r(H) \tag{7-79}$$

这一 $\delta m(H)$ 曲线就是 Henkel 图。利用这个 Henkel 图可以确定密堆磁系统中存在的磁相互作用。

类似于退磁曲线上定义的内禀矫顽力，人们也可在等热剩磁曲线上定义并获得剩磁矫顽力 H_r。通常，在 $H < H_r$时可出现正的 $\delta m(H)$，它反映以近邻晶粒间交换耦合为主的磁相互作用，而在 $H > H_r$时可出现负的 $\delta m(H)$，它则反映纳米晶系统是以磁偶极为主的磁相互作用。$\delta m(H)$ 的幅值可反映不同磁场下的磁相互作用的强度大小[51,52]。

作为一个包含上述两种磁相互作用的纳米晶永磁性材料实例，图 7-42 展示了单相（$Nd_2Fe_{14}B$）的 $Nd_{13}Fe_{79.3}Al_{0.7}B_6Si$，“两相”（$Nd_2Fe_{14}B + \alpha\text{-}Fe$）的 $Nd_8Fe_{86}B_6$和 $Nd_6Fe_{86}B_6$Nb-Cr，以及“两相”（$Nd_2Fe_{14}B + Fe_3B + \alpha\text{-}Fe$）的 $Nd_4Fe_{77}B_{19}$快淬合金带的 δm 曲线图[52]。

从图 7-42 可清楚地看到，在单相的纳米晶中，δm 主要是正的，$\delta m > 0$，表明交换耦合是主要的磁相互作用；在 $H \approx H_r$ 处，即在反磁化期间，交换耦合作用突然地降落，意味着交换耦合着的晶粒间存在协同的反磁化过程。而在“两相”纳米晶中，δm 有正有负，其分界点在剩磁矫顽力 H_r 处，H_r 之前是交换耦合为主，H_r 之后也即反磁化后，静磁耦合也变为主要的相互作用，两者都起作用。另外可看到，交换耦合的强度随着软磁性相含量的增加而增大（见图 7-42（b）和（c）），但随着软磁性相含量的进一步增加，交换耦合变为次要作用，而静磁耦合在整个纳米晶系统中成为主要的相互作用（见图 7-42（d））。

7.5.5.3 双晶粒模型的数值微磁学分析实例

为了定量地获得错取向晶粒、晶粒形状、晶粒间的交换耦合和磁偶极相互作用对磁系统形核场的影响，Schrefl 等人模拟计算了耦合着的直径为 100nm 的两个六角长圆柱晶粒的反磁化过程，其中一个晶粒的易磁化轴偏离外磁场 $\psi = 65°$，如图 7-43（a）、（b）、（c）所示。在微磁学基础上，利用有限元方法对系统形核场进行了模拟计算[53]。在不同的特殊假定下，约化外磁场 $H/(2K_1/\mu_0 M_s)$ 的模拟退磁曲线展示在图 7-43（d）中。这些假定包括：完全隔离的理想取向的单个晶粒（图 7-43（a））；由厚度为 4nm 的非磁性晶界相隔开的错取向的两个晶粒（图7-43（b））和无任何隔离的错取向的两个晶粒（图 7-43（c））。

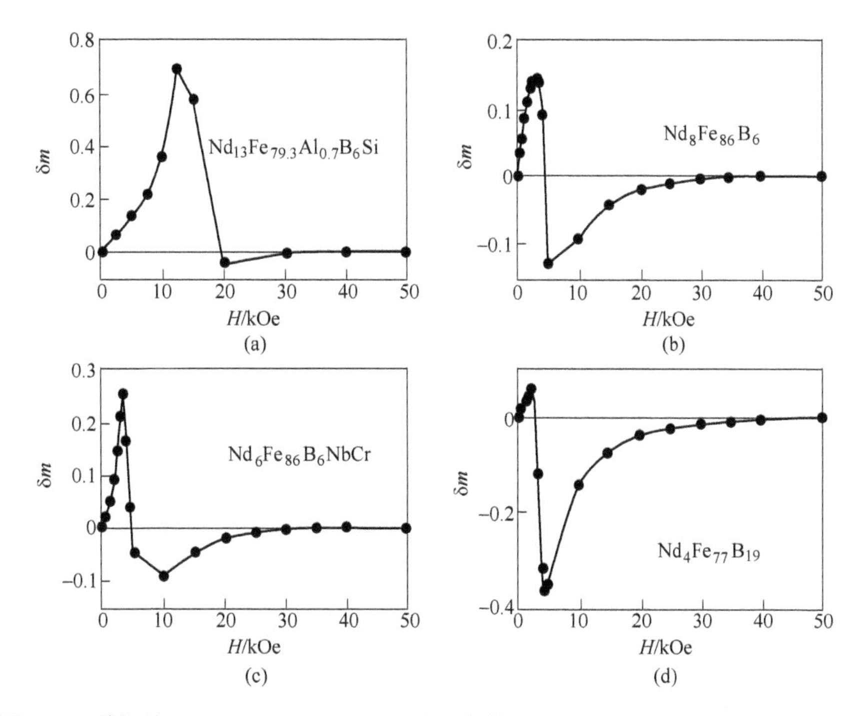

图 7-42 单相的 $Nd_{13}Fe_{79.3}Al_{0.7}B_6Si$（a）和两相的 $Nd_8Fe_{86}B_6$（b）、$Nd_6Fe_{86}B_6NbCr$（c）和 $Nd_4Fe_{77}B_{19}$（d）快淬合金带的 δm 曲线图[52]

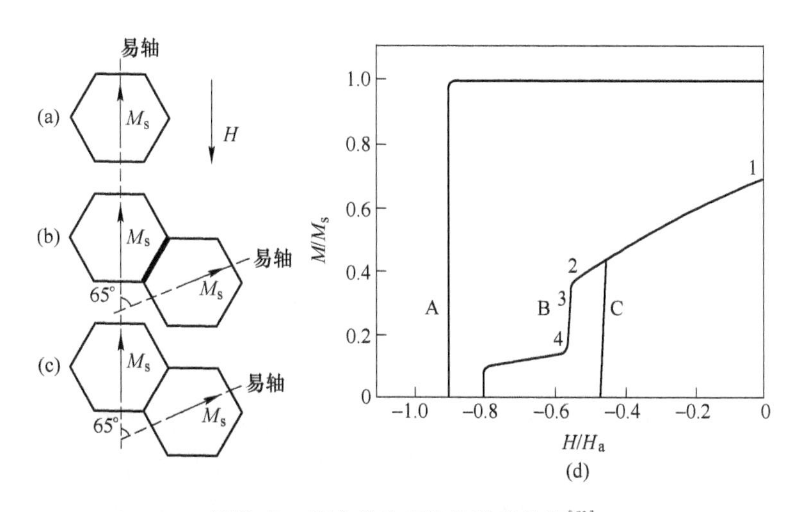

图 7-43 两个晶粒系统的退磁曲线[53]

（a）完全隔离的理想取向的单个晶粒；（b）5nm 非磁性边界隔开的错取向的两个晶粒；（c）无任何隔离的错取向的两个晶粒；（d）约化外磁场 $H/(2K_1/\mu_0 M_s)$ 的模拟退磁曲线

从上面模拟计算的退磁曲线可看到，在所有的情况下，矫顽力均有相当大的降低。对于完全隔离的理想取向的单个晶粒图 7-43（a），由于晶粒的非椭圆形状，不均匀的有效退磁场使得形核场下降 10%。在图 7-43（b）情况下，反磁化出现两个阶段，第一个阶段对应错取向晶粒的反磁化，而第二个阶段对应于理想取向的晶粒的反磁化。由于图 7-43

(b) 情况下系统由两个晶粒组成，每个晶粒的不均匀磁化会造成10%形核场下降（相应的有效退磁场），故第二个阶段理想取向晶粒反磁化的形核场会比完全隔离的晶粒（图7-43（a））多下降10%形核场。第二个阶段与第一个阶段之间的形核场的差是由错取向的晶粒所造成的。图7-43（c）与图7-43（b）相比又增加了直接交换耦合，图7-43（b）的第一个阶段与图7-43（c）之间形核场的差就是无隔离下交换耦合引起的形核场下降，且下降的幅度比图7-43（b）的更大。

另外可看到，理想取向的退磁曲线是方形的，如图7-43（d）-A所示；但包含错取向晶粒的退磁曲线明显地偏离方形而下倾，如图7-43（d）-B、（d）-C所示。退磁曲线下倾的程度视错取向的角度而定，错取向角度越大，下倾的程度也越大。

7.5.5.4 包含错取向晶粒的单畴颗粒集合体的形核场

对于单轴各向异性晶粒构成的各向异性磁体，假设晶粒易磁化轴沿磁体取向方向的分布为高斯函数 $P(\theta) = N\exp[-(\theta/\theta_0)^2]$，其中 N 为归一化常数；θ_0 为取向度参数，其值越小取向越好（取向度的相关讨论参见5.1.1节）。假设 $\theta_0 = 20°$，利用数值微磁学方法计算的 $Nd_2Fe_{14}B$ 颗粒集合体的矫顽力的角度关系如图7-44中虚线所示[41]，图7-44中的实线即图7-33中 $T = 290K$ 的理想单畴颗粒对应曲线。从图中虚线可见，错取向晶粒将拉平无错取向时仅 $K_2 \neq 0$ 的理想单畴颗粒的矫顽力的角度关系，使得矫顽力与外加磁场的角度变得接近无关，其值接近于理想单畴颗粒的形核场 $H_N(\psi)$ 在 $\psi = \pi/4$ 时的最小值。

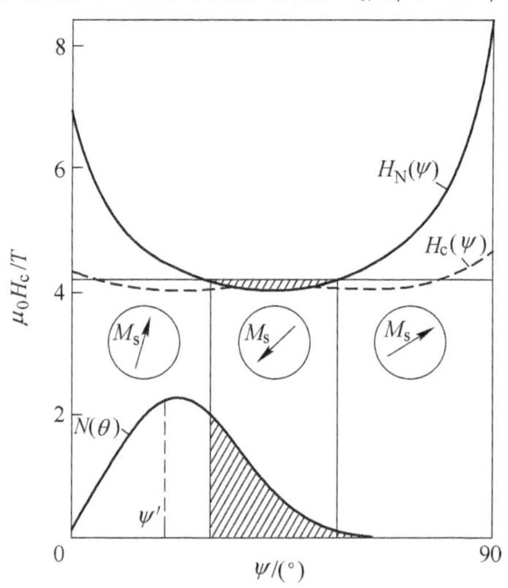

图7-44 在室温时从单个颗粒形核场 $H_N(\psi)$（实线）所计算的不均匀错取向 $Nd_2Fe_{14}B$ 颗粒矫顽力的角度关系（虚线）以及其饱和磁化方向[41]

（$N(\theta)$ 是易磁化轴与外加磁场的夹角为 θ 的晶粒数目，当外场与磁体取向方向的夹角为 ψ_0' 时，图中阴影部分的晶粒已反向磁化

对于不同取向度参数 $\theta_0(5° \sim 30°)$ 的 $Nd_2Fe_{14}B$ 颗粒集合体，所计算的矫顽力 H_{cJ} 对取向度参数 θ_0 的变化曲线展示于图7-45中[41]。图中同时给出了理想取向晶粒集合体的形核场 $H_N(0°)$ 和错取向晶粒集合体的最小形核场 H_N^{min}。图中还给出了在饱和磁化条件下平行和垂直于取向方向的剩磁比 $B_r^{/\!/} / B_r^{\perp}$。该剩磁比值也经常用来衡量磁体中晶粒的取向度。

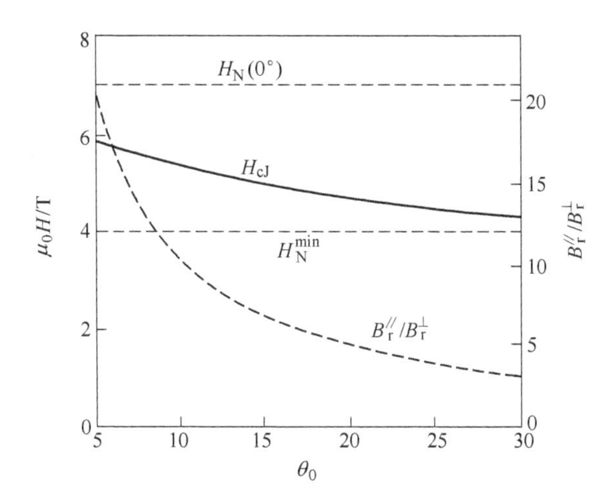

图 7-45 矫顽力 H_{cJ}（实线）和剩磁比 $B_r^{//}$ / $B_r^{\perp}$（虚线）随取向度参数 θ_0 的变化[41]

（$H_N(0°)$ 是理想取向晶粒的形核场；H_N^{min} 是存在错取向晶粒下最小的形核场）

从图 7-45 可看到，对于包含错取向晶粒的单畴颗粒集合体，取向度越高（取向度参数 θ_0 越低），矫顽力 H_{cJ} 和剩磁比 $B_r^{//}$ / $B_r^{\perp}$ 越高。也就是说，由纳米晶构成的各向异性 Nd-Fe-B 磁体，磁体的取向度是与硬磁性相关的一个重要参数，提高取向度（减小 θ_0）不仅可以提高磁体的剩磁，同时也能提高磁体的内禀矫顽力。

对于取向度高的烧结 Nd-Fe-B 磁体，其取向度参数 θ_0 可降低到 10°以下，而图 7-44 中虚线是在 θ_0 = 20°时得到的。当烧结 Nd-Fe-B 磁体的取向度参数 θ_0 降低到 10°以下时，其磁体在靠近 ψ = 0 时的矫顽力将比目前图 7-44 中虚线示出的高度会更高些，靠近 ψ = 0 的曲线也会显示得更陡一些。

7.5.5.5 纳米晶磁体的矫顽力机制：交换耦合型

在实际的单相和双相纳米晶磁体中，在相邻晶粒的磁矩间存在交换作用和磁偶极相互作用。相邻晶粒的磁矩间交换耦合使得上述两种磁体呈现大尺寸的横跨许多纳米晶粒的交换作用畴（或称多晶粒畴）。磁偶极相互作用将增加杂散场而使得形核场减小，从而降低磁体的矫顽力。对于各向同性的双相纳米晶磁体，软磁性相和硬磁性相间的交换耦合将降低磁体硬磁性相的形核场，但也因为交换耦合作用和软磁性相的高饱和磁化强度而明显增大剩磁，使得磁体的剩磁 $B_r > \mu_0M_s/2$，即出现所谓的剩磁增强效应。大幅提高剩磁，当然也为大幅度提高各向同性或各向异性纳米晶磁体的最大磁能积提供了空间。在纳米晶磁体中，由于交换耦合作用的存在，磁体在反磁化过程中磁化强度随磁场变化呈现可逆的现象，类似于弹簧一样，被称为交换弹簧（或交换弹性）效应，因此，也将这种磁体称为交换弹性磁体。

A 各向同性双相纳米晶复合永磁体

20 世纪 90 年代初，人们发现在硬磁性相和软磁性相共存的 $Nd_4Fe_{77}B_{19}$ 合金中，当各自的晶粒小到纳米量级时，会变成一个“交换弹性”（或“交换弹簧”）的新型纳米晶复合永磁体[54]。该新型纳米晶复合永磁体的磁滞回线显示两个显著的特征：

（1）在退磁曲线上磁化强度表现出大的可逆变化，其磁滞回线具有单一硬磁相的特征；

（2）在各向同性材料中，饱和剩磁比 $M_r/M_s \geqslant 1/2$，即有明显的剩磁增强效应。产生上述特征的根本原因在于这些纳米量级的硬磁性相和软磁性相晶粒在晶体学上相干，以及在磁性上存在铁磁交换耦合作用。正是这种铁磁交换耦合使得与硬磁性相晶粒相邻的、并在晶体学上相干的大量软磁性相晶粒（最多可占60%~70%（体积分数））也具有一定的磁硬性。显然，这种以软磁性相为基而硬磁性相为辅的新型磁体，与过去晶粒尺寸在亚微米以上的磁体有着本质的区别。该新型磁体的磁硬化机制是一种全新的“交换耦合”型磁硬化机制。

图7-46展示在各向同性的纳米晶复合磁体中磁硬化机制的一维模型[54]。模型假设纳米复合磁体由具有高磁晶各向异性的硬磁性相（用k代表）和具有高饱和磁化强度的软磁性相（用m代表）交替重复构成。两相界面在晶体学上相干；两个相均是易单轴的，其易轴沿 z 轴方向，与 x 轴垂直；b_m 和 b_k 分别表示软磁性区和硬磁性区的宽度。在图7-46（a）中示出了饱和磁化后的剩磁状态。可以看到，所有的磁矩沿着饱和磁化时外加磁场方向（z 轴方向）。图7-46（b）~（d）示出了在施加反向磁场后两种不同情况下的反磁

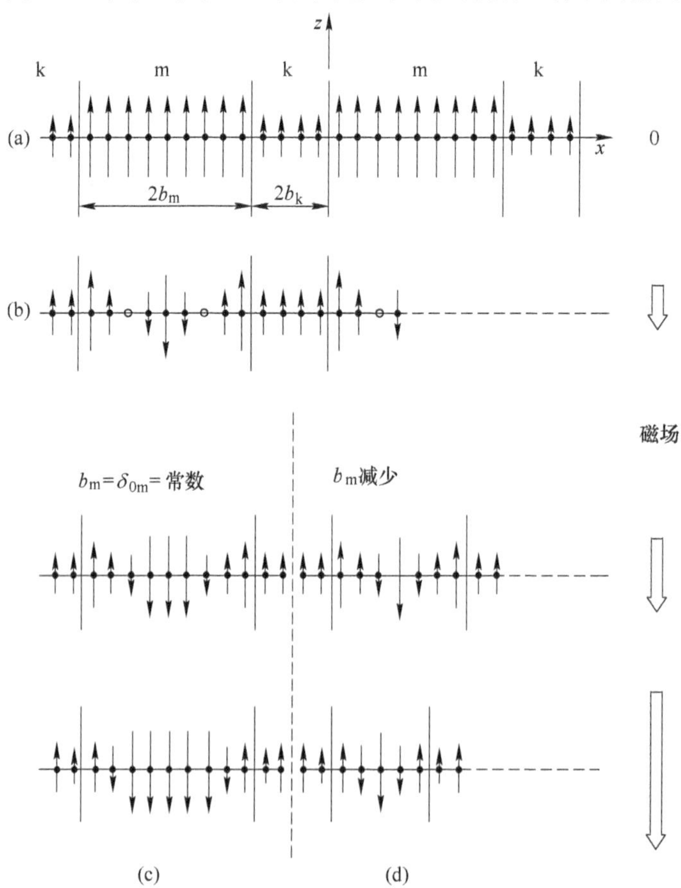

图7-46 双相纳米晶复合永磁材料一维模型示意图[54]

（a）饱和磁化后的剩磁状态；（b），（c）软磁性m相区厚度 b_m = 常数和 $b_m \gg b_{cm}$ 时，随着反磁化场增加的反磁化过程；（d）在 $b_m \to b_{cm}$ 时的反磁化过程（这里，b_{cm} 是软磁性m相的临界厚度）

化状态。一种是图7-46（b）~（c）示意的软磁性区的宽度不变、且处于过临界宽度情形下的反磁化状态，即 $b_m = \delta_{0m} = \text{const.} \gg b_{cm}$，其中 δ_{0m} 表示软磁性区的平衡畴壁宽度，即 $\delta_{0m} = \pi(A_m/2K_m)^{1/2}$，$b_{cm}$ 表示在软磁性区获得最大矫顽力时软磁性区的临界宽度，即 $b_{cm} \approx \pi(A_m/2K_k)^{1/2}$。此时，随反向磁场的增加或降低，软磁性区的磁矩始终可逆地变化，两个平衡的180°畴壁在软磁性区可逆地形成（图7-46（b））；随着反向磁场的进一步增加或降低，这些畴壁将被可逆地推向硬磁性区的边界，并使该畴壁能密度增大，而硬磁性区的磁矩基本不变（图7-46（c））；一旦软磁性区的畴壁能密度与硬磁性区的硬磁性区平衡，软磁性区的畴壁进入硬磁性区，这便导致两个相区内不可逆的反磁化，其矫顽力较低，$H_{cm} \approx A_m\pi^2/2\mu_0 M_{sm} b_m^2 < K_k/\mu_0 M_{sm}$。另一种是图7-46（d）示意的降低软磁性区的宽度，直到接近临界宽度的情形，即 $b_m \to b_{cm}$。此时，随软磁性区的宽度降低，软磁性区的平衡畴壁能密度增大，相应的矫顽力增大；当软磁性区的宽度降低到软磁性区的临界宽度时，达到最大的矫顽力，$H_{cm} = K_k/\mu_0 M_{sm}$（图7-46（d））。

纳米晶粒间的交换耦合使得该两相磁体呈现完全单一的硬磁性相行为。在上述简化的一维磁系统下，当软磁性相的晶粒尺寸 b_m 大于或等于它的临界尺寸 b_{cm} 时，即 $b_m \geqslant b_{cm} = \pi(A_m/2K_k)^{1/2}$，则该磁系统是交换弹性磁体，如图7-47（a）和（b）所示，否则该系统无交换弹性行为，如图7-47（c）和（d）所示。可见，只有在外加磁场小于形核场 H_{no} 的条件下，纳米晶磁体的退磁曲线才能呈现磁化的弹性行为，或单一硬磁性相特征；而普通的单一硬磁性相磁体和两种不同硬磁性的混合磁体的退磁曲线无可逆行为。另外可见，交换弹性磁体的回复磁导率明显地比同等矫顽力的普通单相磁体的大，差不多要大5倍左右。

对于各向同性的纳米晶磁体，可估算出形核场 $H_{no} \approx K_k/\mu_0 M_{sm}$，这里的 μ_0 和 M_{sm} 分别是真空磁导率和软磁性相的饱和磁化强度。在最佳显微结构的纳米晶磁体中，内禀矫顽力 $H_{cJ} \approx H_{no}$；而对于有过量软磁性相的纳米晶磁体，$H_{cJ} \approx A_m\pi^2/2\mu_0 M_{sm} b_m^2$。从图7-47（a）和（b）可见，最佳显微结构的交换弹性磁体，其内禀矫顽力 H_{cJ} 大于估算的形核场 H_{no}；但过量软磁性相的交换弹性磁体的内禀矫顽力 H_{cJ} 小于估算的形核场 H_{no}。

上面的各向同性的双相纳米晶复合永磁体，虽然剩磁会比一般的各向同性磁体的 $B_r = \mu_0 M_s/2$ 有所提高，但与各向异性的磁体的接近 $B_r \approx \mu_0 M_s$ 相比仍然相差很多。显然，这个差别对于与剩磁平方相关的最大磁能积 $(BH)_{max}$ 来说是极其重要的。因此，为了提高材料的利用效率，需要研制各向异性的纳米晶复合永磁体。

B　各向异性纳米晶复合永磁体

1993年Skomski和Coey [55] 对各向异性纳米晶复合永磁材料的数值微磁学计算预示，在双相纳米晶复合材料中，如果其中的硬磁性晶粒完全取向的话，该双相纳米晶复合永磁体的磁能积可达到或超过800kJ/m^3(100MGOe)。这对永磁工作者来说是一个十分诱人的目标，这类磁体很可能就是人们期待的第四代稀土永磁材料。

各向异性的双相纳米晶复合永磁体的磁能积要接近或达到并超过800kJ/m^3(100MGOe)的先决条件是硬磁性材料既具有特别高的饱和磁化强度，又具有特别高的磁晶各向异性场。目前能满足这个先决条件的硬磁性材料有 $Sm_2Fe_{17}N_3$ 和 $Nd_2Fe_{14}B$ 等。利用上述两种硬磁性材料结合Fe和FeCo等高饱和磁化强度的软磁性材料，在结构上进行适当的复合，可构成各向异性的双相纳米晶复合永磁材料 $Sm_2Fe_{17}N_3$/Fe 和 $Sm_2Fe_{17}N_3$/FeCo 或

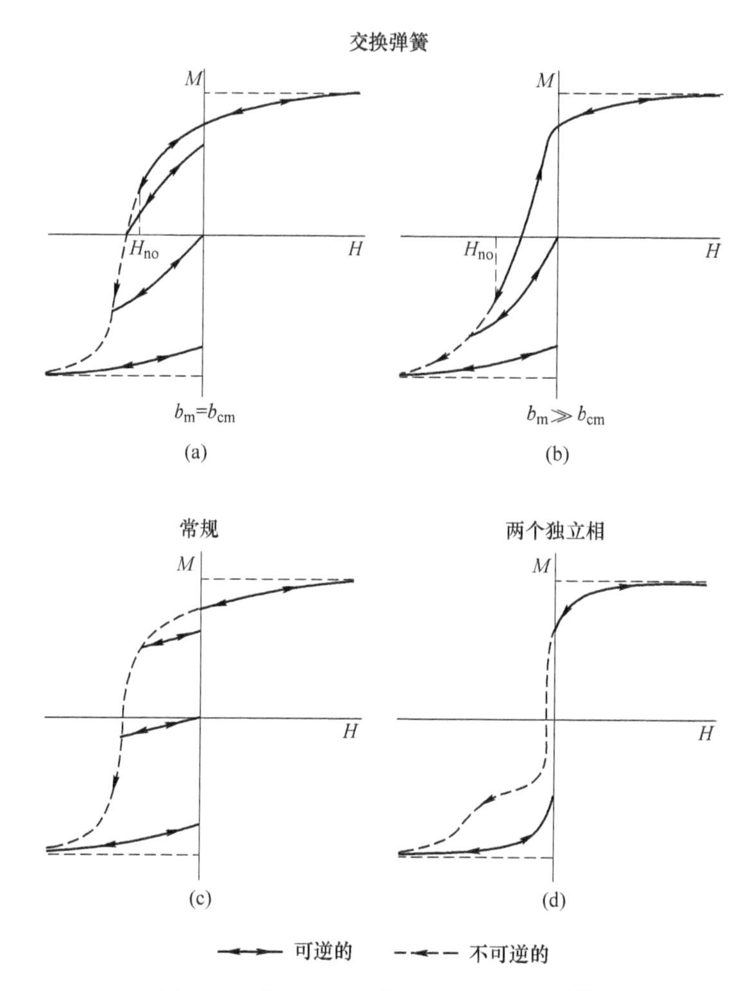

图 7-47　典型的退磁曲线 $M(H)$ 示意图[54]

（a）最佳显微结构的交换弹性磁体，$b_m=b_{cm}$；（b）软磁性相过量的交换弹性磁体，$b_m \gg b_{cm}$；（c）普通的单一硬磁性相磁体；（d）硬磁性有很大区别的两种独立的铁磁性相的混合物

$Nd_2Fe_{14}B/Fe$ 和 $Nd_2Fe_{14}B/FeCo$。

图 7-48 展示一个结构简单的各向异性双相纳米晶复合永磁体。仅在取向的硬磁性基体中心包含一个理想软磁性（$K_1=0$）的直径为 D 的球形夹杂物。在磁化开始时，基体和夹杂物处于理想的一致取向状态。引入球坐标并假设距离趋于无穷大时的饱和磁化偏离易磁化方向的角度趋于零。在此情况下数值解该系统的微磁学方程，便可得到形核场 $\mu_0 H_N$ 随球形软磁性夹杂物直径 D 的变化曲线，如图 7-49 所示[55]。

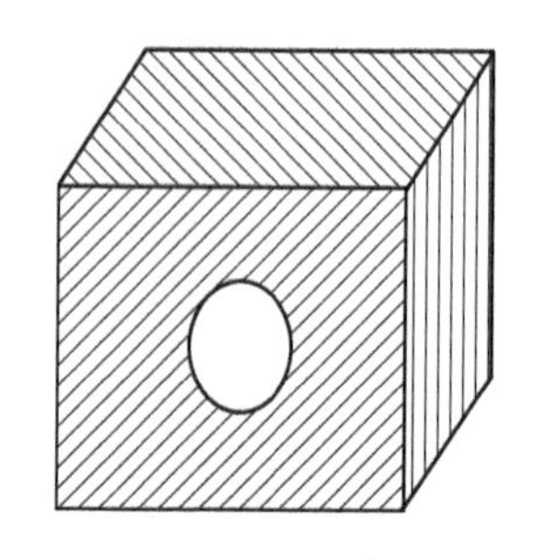

图 7-48　在取向的硬磁性基体中心包含一个直径为 D 的球形软磁性夹杂物[55]

从图 7-49 中曲线可看到，对于 $Sm_2Fe_{17}N_3/Fe$ 系统来说，在软磁性夹杂物 Fe 的直径低于 $D \approx \delta_h$（δ_h 是硬磁性基体的布洛赫畴壁宽度）时，软磁性的夹杂物的矫顽力到达最高值（$\mu_0 H_N \approx 20T$），并有一个平台；随着夹杂物 Fe 的直径增大，即在 D 高于 δ_h 时，形核场以

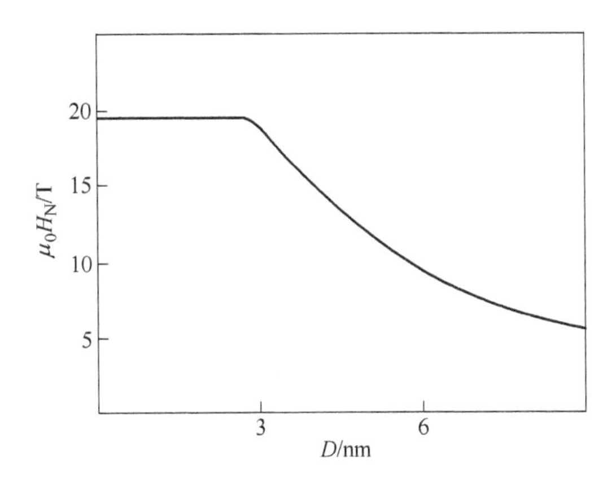

图 7-49 形核场 μ_0H_N 随球形软磁性夹杂物的直径 D 的变化曲线[55]

（假设的系统为 $Sm_2Fe_{17}N_3$/Fe：软磁相饱和磁化强度 μ_0M_s = 2.15T，
硬磁相饱和磁化强度 μ_0M_h = 1.55T，软硬相交换常数比 A_s/A_h = 1.5，
软磁相各向异性常数 K_s = 0，硬磁相各向异性常数 K_h = 12kJ/m^3）

$1/D^2$ 规律下降。不过，即使在直径 D = 7nm 处，软磁性夹杂物 Fe 球的矫顽力 μ_0H_N 仍然保持 7T。通常，不均匀的静磁场可以在直径大于 20nm 处开始形核。

在保持软磁性夹杂物有足够的矫顽力的情况下，为了充分发挥软磁性材料的高饱和磁化强度，实际上在硬磁性基体中应该加入大量的软磁性的夹杂物，以便各向异性双相纳米晶复合永磁体获得最大的剩磁增强效应，如图 7-50（a）所示。在实际的各向异性双相纳米晶复合永磁体中，软磁性的夹杂物不可能是球形的，而是杂乱无规则的，如图 7-50（b）所示。这种结构的各向异性双相纳米晶复合永磁体，在实际的制备上是困难的，最可能实现的是通过高真空薄膜设备制备具有各向异性的交替的软和硬磁性区域的多层结构，如图 7-50（c）所示。

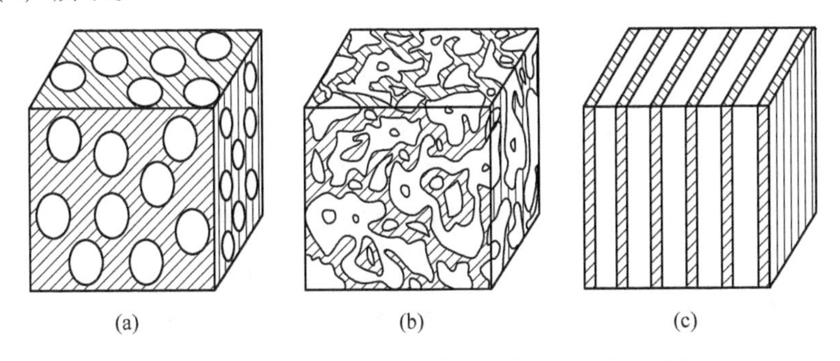

图 7-50 各向异性双相纳米晶复合永磁体典型结构

（a）带有大量的软磁性夹杂物的剩磁增强结构；
（b）具有 c 轴取向的无序双相纳米晶复合磁体，软和硬磁性尺寸小于硬磁相布洛赫畴壁宽度 δ_h；
（c）交替的软和硬磁性区域多层结构，多层周期性不应该超过 10nm[55]

7.5.6 多畴单晶磁体的反磁化

从前面的讨论中已了解到，对于小尺寸的单畴颗粒，反磁化过程主要通过磁矩的不可逆一致转动实现的；而对于较大尺寸的单畴颗粒，反磁化过程则是通过各种磁矩的不可逆非一致转动实现的。总之，单畴颗粒的反磁化过程是通过不可逆的磁矩转动来实现的。在晶粒尺寸远大于单畴临界尺寸的单轴各向异性单晶体中，将包含大量的磁畴和畴壁。同样，在由这些晶粒组成的多晶体中，不管在晶粒间是否存在晶间相，每个晶粒均包含若干磁畴和畴壁。

对于多畴的单晶体或多晶体，其磁化和反磁化显然与单畴颗粒会有很大的不同。单畴颗粒没有畴壁，磁矩只能以一致转动或非一致转动方式实现其磁化或反磁化；但在多畴颗粒中，不但可以用磁矩的转动方式实现磁化和反磁化，还可以用畴壁位移方式实现磁化和反磁化。在畴壁移动时，畴壁会遇到各种阻力而不能移动，人们通常称这种行为为畴壁“钉扎”；畴壁要离开钉扎点实现位移，必须得到外加磁场的帮助以克服阻力。这种畴壁离开“钉扎”点开始位移的行为称为畴壁“脱钉”。因此，畴壁移动始终与畴壁“钉扎”和“脱钉”相关联。

对于实际的多畴单晶体和多晶体，由于包含大量的磁畴和畴壁，它们的反磁化除了可通过不可逆的磁矩一致转动和非一致转动来实现外，也可通过不可逆的畴壁位移来实现。为了在实际的多畴单晶体和多晶体磁体上实现反磁化，通常首先在晶粒表面某个缺陷处产生反向畴的形核，然后在增大的反向磁场作用下出现反向畴核的长大。在晶粒中反向畴核的长大如果以畴壁位移的方式进行，则有可能无阻挡地快速扩张到整个晶粒（“形核”机制），也有可能畴壁在受阻的“钉扎”点逐个“脱钉”，缓慢地位移到或位移出晶粒边界（“钉扎”机制）。“形核”和“钉扎”这两种反磁化机制是多畴磁体固有的特征。

理想的单晶体是一个完美的无任何缺陷的晶体。但是，通常的单晶体是不完美的，在单晶体内或多或少存在一些缺陷。这些缺陷可以是杂质、空穴、堆垛层错、少量析出薄片或晶粒表面因氧化造成基体元素的析出物等，它们有可能成为单晶体反磁化的形核点或钉扎点，前者因恶化磁体的形核场而降低矫顽力，后者则增强畴壁位移阻力和畴壁“脱钉”的临界场，从而增强矫顽力。

7.5.6.1 反向畴从软磁性区域进入硬磁性相的穿行磁场

在7.5.4.2节已给出了具有平面的赝谐波型各向异性缺陷的单畴颗粒在磁性软化区域反向畴的形核场，那里将以不可逆的磁矩一致转动或非一致转动模式完成其反磁化。对于具有平面赝谐波型各向异性缺陷的较大的多畴颗粒，它的反磁化模式，除了有可能以磁矩的转动模式进行外，更有可能以畴壁位移的方式进行。此时反向畴的畴壁在位移过程中必须越过由反向畴核与硬磁性相的边界所产生的能垒，克服能垒的外磁场被称为穿行磁场 H_p[4,10]。与7.5.4.2节一样，当外磁场反向应用于该多畴颗粒时，求解非常系数二阶微分方程可获得允许畴壁进入硬磁性相的穿行磁场 H_p 为

$$H_p = \alpha_K^p H_a \tag{7-80a}$$

其中

$$\alpha_K^p = \frac{2\delta_B}{3\pi r_0} \tag{7-80b}$$

从上式可看到，当 $\Delta K_1 \approx K_1$ 和 $r_0 > \delta_B$（此时有 $\delta'_B = \delta_B$）时，H_p 随缺陷宽度的增加而降低（见图7-51）；实际上，H_p 正比于梯度 $\Delta K_1/\Delta z$。图中标志 α_K^{nuc}（$\Delta K_1 = K_1$）的曲线是具有平

面的赝谐波型各向异性缺陷的单畴颗粒在 $\Delta K_1=K_1$时形核场的α_K^{nuc}随 r_0/δ_w的变化曲线（见图 7-35）；而标志为α_K^{pr1}和α_K^{pr2}的曲线是下面即将讨论的在硬磁性相的磁性不均匀处畴壁钉扎磁场相关的α_K^{pr1}和α_K^{pr2}随 r_0/δ_w的变化曲线。可看到，在 $r_0>\delta_w$区域，α_K^{p}与α_K^{pr2}完全重合。这意味着，随着缺陷的延伸，传播磁场和钉扎磁场没有区别，由于各向异性的梯度趋向零的缘故[10]。

7.5.6.2　硬磁性相中磁性不均匀纳米区域的畴壁钉扎

为描述带有钉扎点的畴壁的相互作用，通常的方式是把畴壁作为被钉扎在一个或多个点上的变形薄膜来处理[10,56]。钉扎点通过最大的恢复力$f=(\mathrm{d}e/\mathrm{d}z)_{max}$来表征，钉扎的相互作用能 $e(z)$ 可使受力的畴壁在给定的磁场方向上运动。假设受到钉扎点施加力影响的畴壁面积为 S，对于恢复力f已知的情况下，钉扎的效率随着 S 的降低而增加。畴壁从单一的钉扎点上脱离所需要的临界传播磁场（也称挣脱钉扎磁场）是[10,57]

$$H_{pr}=f/(2\mu_0 M_s S) \tag{7-81}$$

S 随着钉扎点密度 ρ 的增加而降低。对于大的矫顽力，本质上必须有大量的缺陷，甚至希望成一个平面缺陷。

图 7-52 给出了在外加磁场 $\boldsymbol{H}$ 作用下，畴壁从一个钉扎点移动到另一个钉扎点的示意图。图中 P_1、P_2和 P_3为钉扎点，在连接 P_1、P_2和 P_3的直线下方，自发磁化强度 $\boldsymbol{M}_s$平行于外加磁场 $\boldsymbol{H}$；当 H 的增大，在两个钉扎点之间的畴壁变形凸出（见图 7-52 中的 P_1—P_2和 P_2—P_3两段实线），导致每个钉扎点的相互作用面积 S 增大，从而减小了所在处的临界传播磁场。在 H 足够大时，畴壁在中心钉扎点 P_2处折断（脱钉），并扫过一定的体积，直到它遇到另一个钉扎点 P_2'处。如果 S 值减少，畴壁将被钉扎，外加磁场必须进一步增大，以获得进一步的畴壁传播。

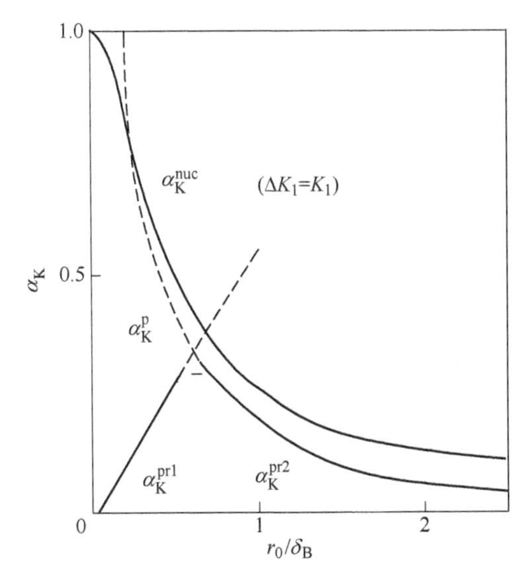

图 7-51　与矫顽力机制和缺陷尺寸相关的 α_K 所期望的变化[27]

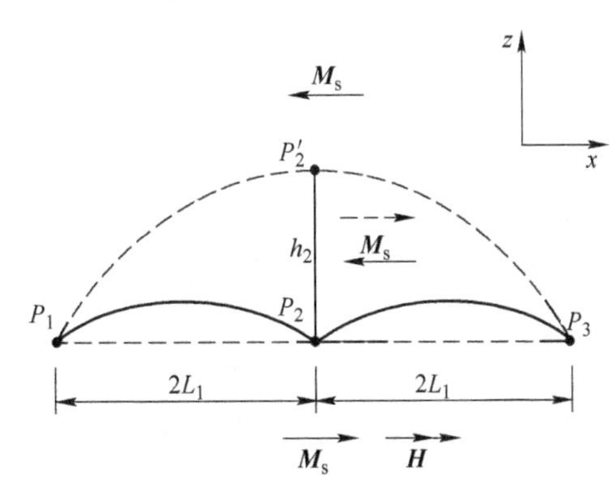

图 7-52　在外加磁场 H 中的弓形畴壁的横断面[10,56]
（实线表示畴壁的钉扎点有 P_1、P_2和 P_3；弓形虚线表示从中心钉扎点 P_2挣脱后到达另一个钉扎点 P_2'的畴壁位置）

在该模型中的相关参数是受到钉扎点施加力影响的畴壁面积 S，它与已给定的畴壁相互作用的钉扎点的分布机制相关。Gaunt[56] 采用由 Friedel 开发的模型来描述位错的位移[58]，得到的 S 为

$$S = \sqrt{\pi\gamma_B/(3\mu_0 M_s H_p)} \tag{7-82}$$

和传播磁场为

$$H_{pr} = \frac{3\rho f^2}{4\pi\gamma_B \mu_0 M_s} = 0.24\frac{\rho f^2}{\gamma_B \mu_0 M_s} \tag{7-83}$$

式中，ρ 为钉扎点密度；γ_B 为单位面积畴壁能；f 为恢复力。

这里给出的模型描述了强钉扎的情况。当定义的参数 $\beta = 3f/(8\pi\gamma_B b)$ 大于1时，这个模型是有效的（$4b$ 是钉扎的作用范围，接近畴壁宽度 γ_B）。而 β 小于1是描述弱钉扎的情况，此时上述模型不再成立。

能垒 Δ 依赖钉扎的强或弱。在外加磁场 $H < H_{pr}$ 时，强的钉扎有

$$\Delta = \frac{4}{3}fb\left(1 - \sqrt{\frac{H}{H_{pr}}}\right)^{3/2} \tag{7-84a}$$

而弱的钉扎则为

$$\Delta = 31\gamma_B b^2\left(1 - \frac{H}{H_{pr}}\right) \tag{7-84b}$$

当 H_{pr} 随着温度变化时，上述两式将采用不同的能垒形式。

式（7-83）的数值解表明，为了获得对临界场有意义的数值，所需要的钉扎密度是 $\rho \approx 4 \times 10^{20}/cm^3$ 的数量级（即 $4 \times 10^8/\mu m^3$），这相当于1%原子密度的数量级，显然这么大的数值对点缺陷来说是不现实的。这提示，钉扎实际上必须是一种延伸的非均匀区。这种非均匀区在 $Sm(CoCuFeZr)_{7\sim8}$ 磁体中已观察到，那里存在胞状的显微结构，胞状结构保证钉扎点不是均匀分布的，这是有效的钉扎条件，否则系统的能量将与畴壁的位置无关[59]。

对于一个具有延伸的不均匀系统，人们可以在微磁学框架内利用一维模型所表达的180°畴壁能来计算钉扎点的临界传播磁场 H_{pr}。考虑一个宽度为 d 的缺陷范围，具有与基体不同的交换常数 $A \pm \Delta A$ 和各向异性常数 $K_1 \pm \Delta K_1$（图7-53）。如果在缺陷范围的各向异性由 $K_1 - \Delta K_1$ 给出，在零磁场下的最小能量状态相应于缺陷中心的畴壁。当外加一个弱磁场时，畴壁变成不对称，以便降低原子链的静磁能。在窄的平面不均匀（$d < \delta_B$）情况下，导致畴壁的临界传播磁场是[36,59~61]

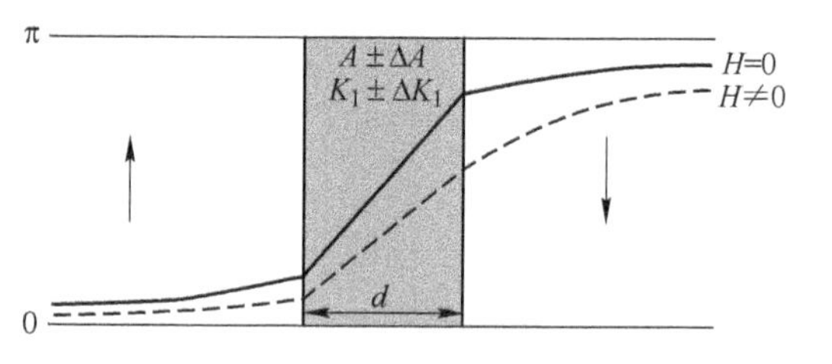

图7-53 由延伸的平面缺陷产生的畴壁钉扎示意图

$$H_{pr} \approx H_a \frac{d}{\delta_B}\left(\frac{\Delta A}{A} + \frac{\Delta K_1}{K_1}\right) \tag{7-85}$$

而在 $d \gg \delta_B$ 的情况下，其临界传播磁场是

$$H_{pr} \approx H_a \frac{1}{4}\left(\frac{\Delta A}{A} + \frac{\Delta K_1}{K_1}\right) \tag{7-86}$$

此时，临界传播磁场 H_{pr} 不再与 d 相关。

人们可以注意到：

（1）平面缺陷窄的（$d < \delta_B$）情况下，因子 d/δ_B 指出钉扎效率依赖于与畴壁厚度相关的缺陷尺寸（见图 7-51 中 α_K^{pr1} 直线，随 r_0 线性地增大）。宽度为 $2r_0 = d < \delta_B$ 的窄平面缺陷的传播磁场是

$$H_{pr} = H_a \frac{\pi}{3\sqrt{3}} \frac{r_0}{\delta_B} \quad \left(即 \alpha_K^{pr1} = \frac{\pi}{3\sqrt{3}} \frac{r_0}{\delta_B}\right) \tag{7-87}$$

（2）平面缺陷宽的（$d \gg \delta_B$）情况下，畴壁深陷于缺陷和完美材料之间。这时，传播磁场相应于不连续类台阶计算的结果：在 $\Delta A = 0$ 和 $\Delta K_1 = K_1$ 时，$H_{pr} = H_p \approx H_a/4$。

此时，如果假设 $r_0 \approx d/2$ 和 $2r_0 > \delta_B$，则临界传播磁场变为

$$H_{pr} = H_a \frac{2\delta_B}{3\pi r_0} \quad \left(即 \alpha_K^{pr2} = \frac{2\delta_B}{3\pi r_0}\right) \tag{7-88}$$

传播磁场 H_{pr} 随着缺陷展宽而单调地降低（见图 7-51 中 α_K^{pr2} 曲线），因为各向异性的梯度趋于零。

（3）由式（7-87）和式（7-88）的关系指出：对于窄的平面缺陷，钉扎效果随 r_0/δ_B 变化；而对于宽的平面缺陷，钉扎效果则随 δ_B/r_0 变化。在 $2r_0 \approx \delta_B$ 时，传播磁场有最大值，且该磁场约为 $0.3H_a$（见图 7-51 中 α_K^{pr1} 直线和 α_K^{pr2} 曲线之交点刚好对应于 $\alpha_K = 0.3$）。

随着温度的升高，δ_B 会发生改变，然而每个钉扎点的半径 r_0 却保持不变。因此，最大效率的钉扎点（相应于 $2r_0 = \delta_B$）的位置将随着温度而改变。这个行为与形核所期望的数值是不同的。在形核时，矫顽力是由所在位置的最小形核场 H_N 确定，并且在不同温度下可关联到同一位置；但在钉扎时，矫顽力是由最大效率的钉扎点所给出的传播磁场 H_{pr} 确定的。

（4）比较式（7-88）和式（7-59）（不考虑杂散场），可以得到 $\alpha_\psi^{pin} = 1$ 和 $\alpha_K^{pin} = \frac{2\delta_B}{3\pi r_0}$ [27]。从上面对钉扎模型的讨论显示，钉扎的临界磁场始终是比各向异性磁场低很多。这样，钉扎的临界磁场的角度关系必须类似 $1/\cos\psi$ 规律，并且 α_ψ^{pin} 必须等于 $1/\cos\psi$（参见下一节的讨论）。正如在形核时所见到的那样，α_ψ^{pin} 的有效值与晶粒间是否耦合相关。若晶粒间有耦合，α_ψ^{pin} 值是 $1/\cos\psi$ 的极小，对于非耦合的，α_ψ^{pin} 值是它的平均值。然而，在真实的烧结磁体中，由于晶粒取向分布的原因，$\alpha_\psi^{pin} \approx 1$。

注意，在图 7-51 中为了比较同时给出了形核和钉扎的 α_K，其中标记为 α_K^{nucl} 的曲线是具有 $\Delta K_1 = K_1$ 的平面赝谐波型各向异性扰动所引起的反磁化形核场的下降因子 α_K^{nucl} 的变化曲线；标记为 α_K^{p} 的曲线是同样类型各向异性扰动所引起的反向磁畴的畴壁越过反向磁畴与硬磁性相边界进入硬磁性相的穿行磁场的下降因子 α_K^{p} 的变化曲线。实际上，由具有 $\Delta K_1 = K_1$ 的式（7-52）给出的具有平面赝谐波型各向异性扰动的假设来处理钉扎比这里用的类台阶不连续的假设更接近实际情况[10]。

7.5.6.3 单晶体中畴壁位移的 $1/\cos\psi$ 关系

实际的单晶体不可能是完美的；同样，无晶界相的一致取向的单晶颗粒集合体（准单晶）也不是完美的均匀材料。在实际的铁磁性单晶体中，因无任何晶界相，唯一存在的是

磁畴和畴壁，但由于结构不均匀而造成磁性的不均匀。在其反磁化时，畴壁移动必定会受到磁性不均匀所形成的能垒阻挡，从而产生畴壁钉扎或脱钉。

对于具有单轴磁晶各向异性的永磁材料，基本的磁畴结构形式为片形畴，且180°畴壁定向于 c 轴。在畴壁位移过程中，平行于 c 轴的磁场分量是畴壁位移的驱动力。图7-54展示180°畴壁位移时饱和磁化与磁场的关系。

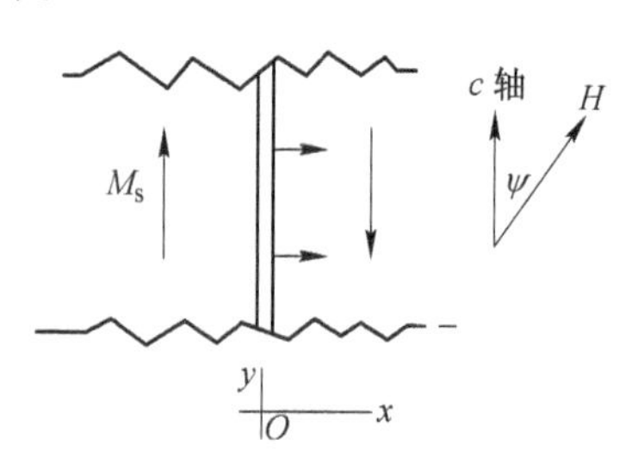

图7-54 180°畴壁位移时饱和磁化与磁场关系的示意图

在外磁场作用下，畴壁向右移动了 x 距离，引起单位面积的静磁能的变化为

$$E_H = -2\mu_0 M_s H\cos\psi \cdot x \tag{7-89}$$

式中的负号表示位移过程使静磁能下降。此时，单位面积的畴壁能 γ_B 也可能因位移而发生变化。因此，在畴壁位移了 x 距离后，系统中单位面积畴壁相关的能量变化为

$$\Delta E = \gamma_B(x) - 2\mu_0 M_s H\cos\psi \cdot x \tag{7-90}$$

根据平衡时有 $\partial(\Delta E)/\partial x = 0$，可得

$$2\mu_0 M_s H\cos\psi = \partial\gamma_B/\partial x \tag{7-91}$$

式中，左边是静磁能的变化，是畴壁移动的驱动能量；而右边是畴壁能的梯度，是阻碍畴壁位移的能量。

由式（7-91）可得畴壁由可逆畴壁位移转变为不可逆畴壁位移所需要的磁场，称该磁场为畴壁位移的临界场 H_0，亦即畴壁位移的钉扎磁场 H_{pr}。其表达式为

$$H_{pr}(\psi) = \frac{1}{2\mu_0 M_s\cos\psi}\left(\frac{\partial\gamma_B}{\partial x}\right)_{max} \tag{7-92}$$

事实上，外加磁场平行于 c 轴（$\psi = 0$）时的钉扎磁场 $H_{pr}(0)$ 为

$$H_{pr}(0) = \frac{1}{2\mu_0 M_s}\left(\frac{\partial\gamma_B}{\partial x}\right)_{max} \tag{7-93}$$

于是，外加磁场与 c 轴成倾斜角为 ψ 的钉扎磁场 $H_{pr}(\psi)$ 为

$$H_{pr}(\psi) = \frac{1}{\cos\psi}H_{pr}(0) \tag{7-94}$$

用 $H_0(0)$ 归一化后，归一化的钉扎磁场为

$$\frac{H_{pr}(\psi)}{H_{pr}(0)} = \frac{1}{\cos\psi} \tag{7-95}$$

上式就是畴壁钉扎型磁体的矫顽力的角度关系，与单畴颗粒非一致转动模型获得的矫顽力的角度关系相同（参见7.5.3.3节），类似于著名的Kondorsky规律[37]。它们均遵循 $1/\cos\psi$ 关系（见图7-32）。

7.5.7 多畴多晶磁体的反磁化

在永磁材料中，绝大部分是属于多畴的多相多晶体材料，这里面包括各类烧结永磁体。因此，了解该类型材料中的反磁化机理对制备高性能烧结磁体有重要的意义。在实际的材料中，除了与在单晶体材料中所存在的晶粒的尺寸、形状、错取向、材料不均匀等各种缺陷对反磁化产生影响外，还有晶粒的界面、晶界相等因素对反磁化产生影响。此时，

磁体的反磁化行为比以上任何情况都更加复杂，人们必须利用可以同时考虑各种恶化因素的数值微磁学方法来研究分析所有这些因素对磁体形核场产生的影响。

7.5.7.1 晶粒形状和尺寸的影响

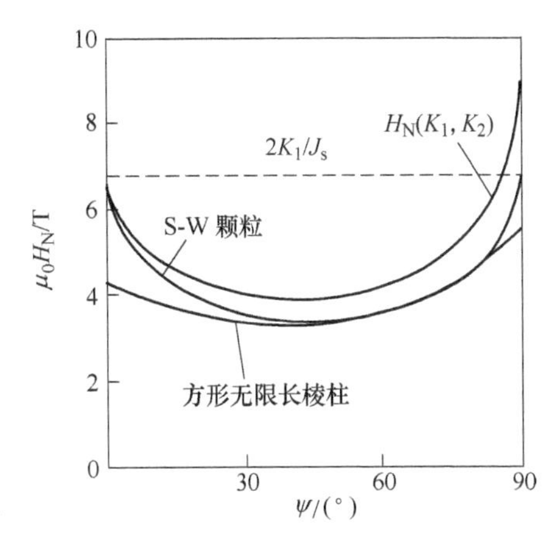

图 7-55 方形（边长 10μm）无限长棱柱 $Nd_2Fe_{14}B$ 晶粒形核场的角度关系[62]

从 7.5.4.4 节已知道，非椭球形单畴晶粒的形状对形核场的影响主要表现在对晶粒自身产生的内部退磁场上，造成了晶粒内部的不均匀的杂散场，加大了晶粒边角处的杂散场强度[42]，从而加剧了形核场的下降幅度；杂散场的增加也使得形核场与角度关系的曲线更加平缓。与在单畴颗粒中一样，非椭球形状对多畴的大晶粒除了增大自身的杂散场外，也对形核场的角度关系产生一定影响。1994 年 Kronmüller 和 Schrefl[62] 对方形无限长棱柱晶粒进行了二维有限元数值微磁学研究，计算了边长为 10μm 方形无限长棱柱晶粒内部的杂散场 H_s的角度变化关系。图 7-55 展示出边长为 10μm 的方形无限长棱柱 $Nd_2Fe_{14}B$ 晶粒形核场的角度关系。为了比较，图中同时示出了 S-W模型和对包含 $K_2 \neq 0$ 的 $Nd_2Fe_{14}B$ 晶粒修正后的形核场的角度关系。从图中可看到，杂散场拉平了原先已偏离 S-W 规律的 $Nd_2Fe_{14}B$ 晶粒形核场的角度关系，把低角度和高角度的形核场强度一起降低，从而使得带有边角的杂散场的 $Nd_2Fe_{14}B$ 晶粒的形核场的角度关系更加偏离 S-W 关系，而向 $1/\cos\psi$ 关系靠拢。另外，最低的形核场也有改变，从 45°移到 30°左右。

在晶粒集合体中，因存在短程的交换作用和长程的磁偶极相互作用，其磁性行为强烈地随晶粒的尺寸而改变。为了获得非椭球形晶粒尺寸对形核场的影响，文献［39］、［46］对磁化平行于正方形截面的无限棱柱晶粒进行了研究。图 7-56 给出采用不同模型所确定的 $Nd_2Fe_{14}B$ 磁体的形核场随着平均晶粒直径 d 的变化曲线[62]。可看到，不管是晶粒间是相互隔离的（线），还是交换耦合的或仅靠磁偶极相互作用的，具有方形截面的颗粒的形核场随边长的增加基本上依照 ln$d$ 规律降低：$\mu_0 H_{crit} = C - \ln d$。可看到，由于杂散场、晶粒间的交换和偶极耦合的存在，所有的情况的矫顽力都明显地低于一致转动的形核场。可估计，在 $10^2 \sim 10^4$nm 范围内，上述三项恶化效应对矫顽力 $\mu_0 H_N$的降低至少达到 2.5T 左右。

在图 7-56 中还包括了磁体矫顽力的实验结果，均是颗粒尺寸在 0.05 ~ 10μm 之间的快淬和烧结永磁体上测量到的。从这些结果可证实，所测量到的约为 1.0 ~ 2.3T 的矫顽力 $\mu_0 H_N$仅为理论值 25%~50%。因此，关于 H_N的恶化效应必须综合考虑多种不均匀的影响。从图中也可看到，在实验的内禀矫顽力 H_c和平均晶粒直径 d 之间没有单一关系，这是因为实验样品的许多参数（如成分、晶粒尺寸分布、烧结温度和时间等）会同时影响显微结构（相、晶粒尺寸分布、相表面、取向度等）的缘故。

硬磁性相晶粒之间始终通过长程的磁偶极静磁性相互作用关联着，即使它们完全被非磁性相隔离开，这种长程的磁偶极静磁性相互作用就是杂散场。从数值计算发现[63]，反磁化后的晶粒会明显增大与它中等近邻的一些晶粒的杂散场，并使得较低矫顽力的晶粒的首先反磁化，接着使得近邻和中等近邻的一些晶粒实现级联式的反磁化。这种级联式的反磁化过程已在动态磁畴观察中得到证实。上述过程在大晶粒尺寸时是优先发生的，图 7-57 展示出两组不同晶粒尺寸 $D=0.4\mu m$ 和 $D=5\mu m$ 的形核场的角度关系。图中清楚地指出，大尺寸晶粒的形核场始终低于小尺寸的形核场。这表明，大尺寸晶粒更容易发生级联式的反磁化。然而计算又指出，对于晶粒直径低于 10nm 情况，级联式的退磁过程会受到抑制[62]。

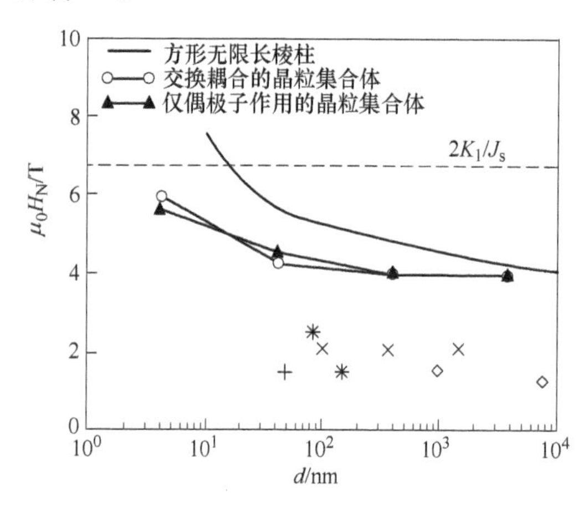

图 7-56 采用不同模型所确定的 $Nd_2Fe_{14}B$ 磁体的形核场随平均晶粒直径 d 的变化曲线[62]
（*、+、×等符号是实验结果）

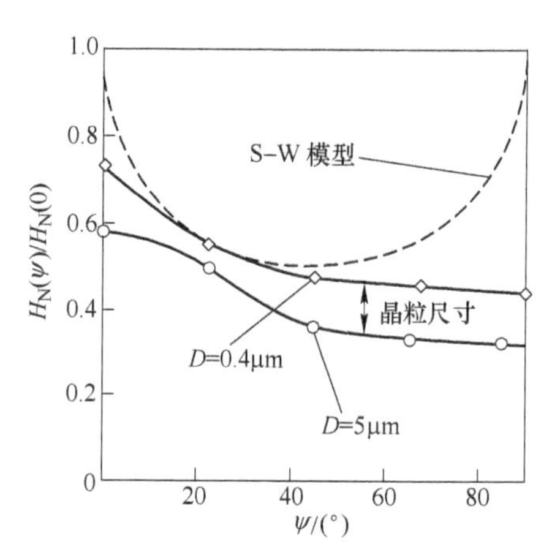

图 7-57 晶粒尺寸为 $D=0.4\mu m$ 和 $D=5\mu m$ 两个双晶粒系统的归一化形核场的角度变化[45]

由上可知，晶粒边角可以在晶粒内造成自身的不均匀退磁场（杂散场），而晶粒间的静磁耦合将会在晶粒内产生外来的杂散场。上述两种不均匀杂散场的叠加就是磁体的有效退磁场。有效退磁场也是通常磁体的形核场下降的主要原因之一。

至此，利用微磁学方法已分析了包括 $K_2=0$ 或 $K_2\neq0$ 和所有微结构因素造成磁性不均匀对永磁体形核场的影响。这些微结构因素包括：错取向晶粒；K_1 或 A 不均匀晶粒；磁性不均匀的错取向晶粒；非椭球形晶粒边角的自身杂散场；晶粒间长程的杂散场；晶粒尺寸影响和晶间短程交换耦合等等。上述所有显微结构的恶化都可以利用以下 4 个显微结构参数：α_K、α_A、α_ψ 和 N_{eff} 来唯象地描述。其中，K_1 和 A 的不均匀分别用 α_K 和 α_A 描述；错取向晶粒用 α_ψ 描述；杂散场用 N_{eff} 描述；晶粒间的交换耦合与 α_A 相关；晶粒尺寸的影响与 N_{eff} 相关。于是，在以上所有恶化因素的综合影响下，磁体的形核场可简洁地表达为如下形式：

$$H_N(\psi,r_0)=\frac{2K_1}{\mu_0 M_s}\alpha_K\alpha_A\alpha_\psi-N_{eff}M_s \tag{7-96}$$

7.5.7.2 多晶磁体矫顽力的数值微磁学分析实例

Schrefl 等人[64] 利用二维数值计算模拟了如图 7-58 所示的包含同样晶粒形状和晶粒尺寸范围（从 4nm 至 4μm）、错取向度参数同为 20°、但具有三种不同晶界构型的无限长多边形颗粒集合体的形核场。三种晶界构型分别是：构型 A 是晶粒间无晶界相；构型 B 是晶粒间部分被非磁性相隔离，即部分晶粒间无晶界相；构型 C 是晶粒间完全被非磁性相隔离。上述三种构型代表了三种典型显微结构，它们敏感地影响着磁体反向畴的形核场。为了进行数值微磁学模拟，对于图 7-58 中的不同构型特征，人们需要考虑影响反向畴形核的不同恶化因素：如在构型 A 中，因晶粒间无晶界相，除了需考虑晶粒错取向和静磁相互作用外，还需考虑晶粒间存在的交换耦合（交换相互作用）；在构型 B 中，因部分晶粒间无晶界相，除了需考虑晶粒错取向和静磁相互作用外，还需考虑部分晶粒间的交换相互作用；在构型 C 中，因晶粒间完全被非磁性相隔离，不再需考虑晶粒间的交换相互作用，仅需考虑晶粒错取向和静磁相互作用（注：为了从形核场中分离出交换耦合和静磁相互作用分别对形核场的贡献，Schrefl 等人在模拟计算中对构型 A 忽略了静磁相互作用）。

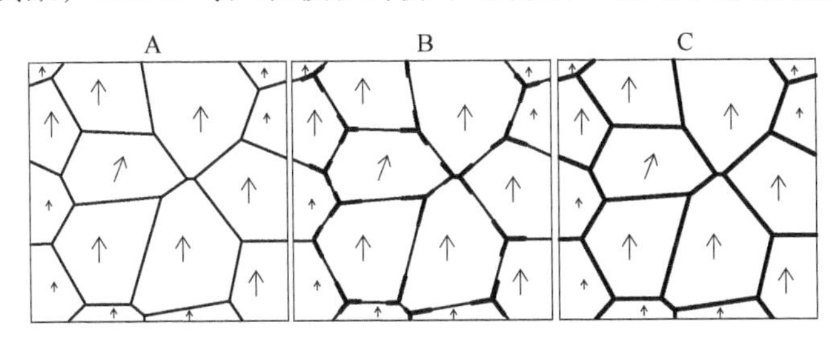

图 7-58 错取向度为 20°的无限长多边形体颗粒的集合体[64]

模拟计算表明，在通常的大晶粒磁体（ >100nm）中，长程的静磁相互作用（杂散磁场）会降低形核场，这里的形核场 $\mu_0 H_n$ 是自发磁极化出现不可逆转动的外加反向磁场的临界值。图 7-59 展示出由平均晶粒尺寸为 4μm 晶粒所构成的、不同显微结构（构型 A、B 和 C）的集合体的形核场（注：相应于构型 A 的实际磁体的形核场关系曲线应该向下平移静磁相互作用所贡献的那部分，因为模拟计算中没有考其贡献）。可看到，由于它们有同样的错取向度（20°），三种不同显微结构的形核场 $\mu_0 H_N$ 随着非铁磁性的晶间相含量的变化曲线都在 4T 附近，相互的差别仅为 0.5T 左右。图中最上面的虚线是理想形核场 H_N（理想）$=2K_1/J_s$。

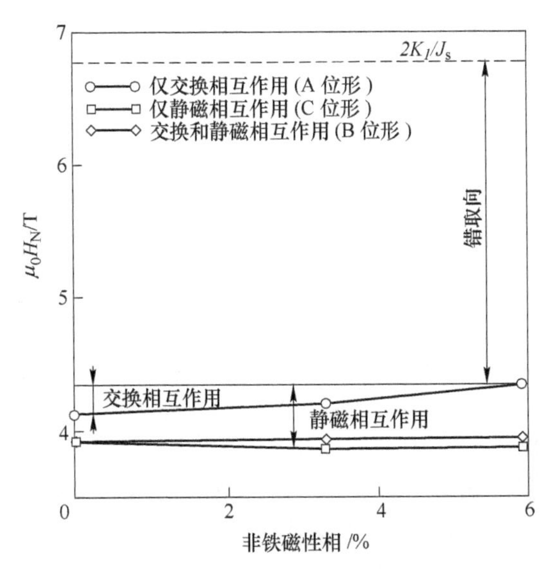

图 7-59 平均晶粒尺寸为 4μm 集合体在不同显微结构（即位形 A、B 和 C）时的形核场[64]

这个模拟计算的结果清楚显示：形核场的下降主要来自错取向晶粒，约降低 2.5T；而晶粒间相互作用（包括短程的交换耦合和长程的静磁耦合）的贡献较小，但会进一步造成形核场的下降，约0.5T[60]。由此可见，在反磁化过程中，对于“形核”型磁体，错取向晶粒的形核场基本上决定了磁体的矫顽力大小。

另外，在平均晶粒尺寸为4nm的纳米晶磁体中，数值计算表明，短程交换相互作用可明显降低小晶粒之间的错取向角，其平均角度仅8.7°[64]。

7.5.7.3 普通磁体的矫顽力机制：形核型和钉扎型

目前大量使用的永磁体都是由多畴的多晶体组成的。磁体的晶粒尺寸在亚微米至数十微米之间。实际永磁体的反磁化过程与单畴颗粒的反磁化过程完全不同。单畴颗粒的反磁化可以通过一致转动或非一致转动模式完成，也就是说，单畴颗粒的矫顽力机制只有磁矩转动这一种。然而，实际永磁体因包含大量的磁畴和畴壁，它的反磁化过程包含了在单畴颗粒中绝对不可能出现的行为，即反向畴的形核和成长过程。这是在多畴的单晶或多晶磁体中特有的一种矫顽力机制。

在外加反向磁场的作用下，已形成的反向畴核的畴壁开始位移。在畴壁位移过程中，如果畴壁没有遇到任何阻力，畴壁能快速通过整个晶粒并停留在晶粒的边界，人们通常把这种磁体的矫顽力机制称为“形核”型；如果畴壁不断遇到阻力，畴壁只能慢慢地在晶粒内部移动，人们把这种磁体的矫顽力机制称为“钉扎”型。

因此，由完美的小单晶体颗粒附加非磁性的晶界相两者一起组成的“单相”磁体的矫顽力机制是典型的“形核”型的；而由包含大量析出物的非完美小单晶体颗粒所组成的“两相”磁体的矫顽力机制是典型的“钉扎”型的。对于目前广泛使用的由多畴多晶组成的各种稀土永磁体，其反磁化过程都是通过“形核”型或“钉扎”型或两者综合的矫顽力机制实现的。

“形核”型矫顽力机制的特征是：(1) 处于热退磁状态下的晶粒呈多畴状态，在外加磁场H作用下，畴壁运动十分容易，磁体的起始磁化曲线十分陡峭，即用小的驱动磁场就可容易地使畴壁穿过整个晶粒；(2) 初始低磁化场对应的小磁滞回线通常具有低剩磁和低矫顽力，但随着磁化场的增加，剩磁和矫顽力强烈地增大；(3) 获得饱和退磁曲线的磁化场明显地低于内禀矫顽力，即从热退磁状态磁化时获得饱和剩磁和饱和内禀矫顽力的磁化场远低于获得完全饱和磁滞回线的磁化场；(4) 在“形核”型机制的磁体中，存在着晶界相对畴壁的钉扎，这是“形核”型磁体具有矫顽力的先决条件[65]，另外在晶粒内的畴壁位移也存在一定的畴壁钉扎[44]。

“钉扎”型矫顽力机制的特征是：(1) 处于热退磁状态下的多畴晶粒中的畴壁移动非常困难，所展示的起始磁化曲线的开始部分几乎不变（磁化强度接近零），畴壁被晶粒中的一些钉扎物牢牢地钉住；(2) 仅当外加磁场接近临界磁场时，磁化强度在较窄的磁场范围内快速上升，并随外加磁场的继续增大而逐渐达到完全饱和；(3) 当外加磁场降低至零并反向磁化时，其磁化状态几乎不变，可保持到接近矫顽力处，直到反向磁场数值到达矫顽力时磁化强度才突然反转到另一侧；(4) 小回线给出的剩磁和矫顽力随磁场增加开始变化很小（几乎均接近零），然后在磁化场数值接近矫顽力时，剩磁和矫顽力分别快速增大并趋于各自的饱和值。钉扎磁体的矫顽力随磁场变化的形状类似于它的起始磁化曲线。

上述两种类型可以通过它们的起始磁化曲线的特征形状以及剩磁和矫顽力对磁化场的变化关系来鉴别，如图7-60所示。类型A和B分别对应于普通（晶粒尺寸为微米量级）

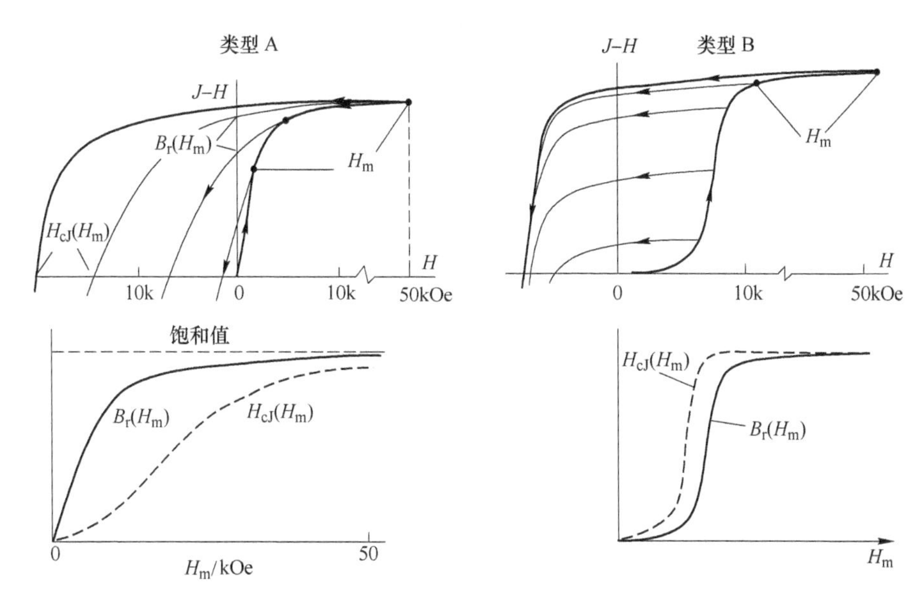

图 7-60 形核控制型（A 型）和钉扎控制型（B 型）磁体的磁化及反磁化曲线示意图[66]
（H_m 表示退磁曲线的最大磁化场）

稀土磁体矫顽力的两种机制："形核"控制型和"钉扎"控制型[66]。在稀土磁体中，"形核"型磁体有 $SmCo_5$ 型烧结磁体、烧结 Nd-Fe-B 磁体和 Sm_2Co_{17} 型单相合金；"钉扎"型磁体有低矫顽力的析出硬化 $Sm(Co,Cu,Fe,Zr)_z$ 磁体，其成分可从 1:5 覆盖到 2:17 范围（$z=5\sim8.5$）。需指出的是，上述的形核和钉扎的类型实际上仅是代表了两种较为理想的情况，有时还会出现"形核"和"钉扎"的混合类型，如图 7-61 中的 C 型所示（以钉扎为主或以形核为主的混合类型）[64]。高矫顽力的析出硬化 $Sm(Co,Cu,Fe,Zr)_z$ 磁体（$x=7.2\sim8$）是以钉扎为主附加部分形核的混合型磁体。

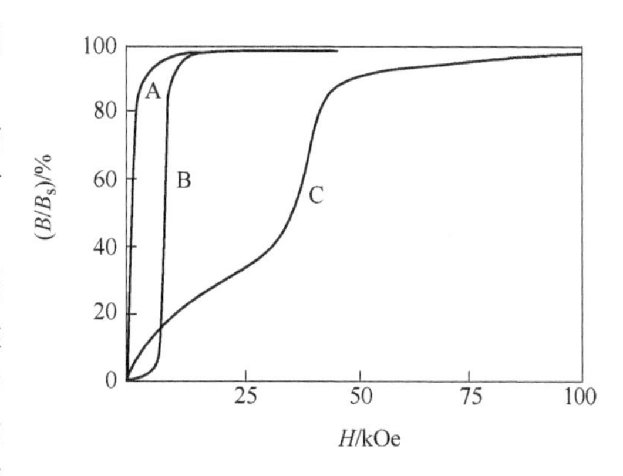

图 7-61 初始磁化曲线的形状：A 形核型、B 钉扎型和 C 混合型[66]

需要特别强调的是，"形核"和"钉扎"型两种矫顽力机制只适合用于普通的由较大的晶粒（微米级）组成的各种磁体，如：铝镍钴、硬磁性铁氧体和三代烧结稀土磁体，因为构成这些磁体的晶粒都远大于单畴颗粒的临界尺寸；而对于由细小的（纳米级）晶粒组成的各种磁体，如快淬 Nd-Fe-B 磁粉，以及以其为原料粉的热压磁体和晶粒未充分长大的热变形磁体，因其晶粒远小于或接近单畴颗粒的临界尺寸，在晶粒中无畴壁，反磁化模式不能靠形核和长大，更不能靠畴壁钉扎，只能是磁矩的转动，加之细晶粒间存在强烈的交换耦合，所以这些细晶粒磁体的矫顽力机制只能用晶粒间交换耦合的磁矩一致转动模型来解释。部分热变形 Nd-Fe-B 磁体因工艺过程的差异，可能出现纳米晶粒和微米晶粒共存的情况，宏观上会部分表现出"形核"的特点，晶粒尺寸接近 1 ~ 2μm 的烧结 Nd-Fe-B 磁体同样有类似的表现。

至此，已利用微磁学理论分析了在不满足 S-W 模型的 8 种情况（无单轴各向异性、$K_2 \neq 0$、K_1和/或 A 不均匀、晶粒错取向、非椭球形颗粒、非单个颗粒、非单畴和非在绝对零度）下修正的形核场形式。事实上，通常的烧结永磁体就同时包含了上述 8 种恶化因素，使得它们的矫顽力远低于磁体材料本身应该具有的理想形核场。

显然，要制备高性能稀土永磁体，人们应该尽可能降低上述 8 种恶化因素对永磁体矫顽力的影响。为了更加清晰地了解各种恶化因素与材料永磁性能、显微结构之间的关系，这里，以列表的形式展示了它们之间的关系，在表中同时列出可能的改进措施，如表 7-2 所示。

表 7-2　形核场与各种恶化因素（材料磁性和微结构）间的关系和为提高形核场的改进措施

恶化因素	形核场的形式	磁性或显微结构	改进措施
$K_1=0$	$H_N(\psi, D) \propto D^{-2}$或$D^{-2/3}$	非单轴或 K_1 太小	添加元素以提高 K_1；对于 Nd-Fe-B 永磁体，添加 Dy 或 Tb 替代 Nd
$K_2 \neq 0$	$H_N(\psi, K_2) = \alpha_\psi^{K2} H_a - N_{eff} M_s$	磁性 $K_2 \neq 0$	若 $K_2>0$，添加元素以增大 K_2；若 $K_2<0$，添加元素以降低 $\lvert K_2 \rvert$
不均匀 K_1/A	$H_N(\psi, \Delta K, \Delta A) = \alpha_K \alpha_A H_a - N_{eff} M_s$	微结构不均匀	优化热处理条件；提高温度稳定性；晶界重构；降低氧含量
不均匀错取向	$H_N(\psi) = \alpha_K \alpha_\psi H_a - N_{eff} M_s$	微结构不均匀	提高取向度
非椭球形	$H_N(\psi) = \alpha_K \alpha_\psi H_a - N_{eff}' M_s$	晶粒形状	晶粒细化、提高湿润度
非单畴（多畴）	$H_N(\psi) = \alpha_K \alpha_\psi H_a - N_{eff} M_s$	大晶粒	晶粒细化
非单个（多晶）	$H_N(\psi) = \alpha_A \alpha_K \alpha_\psi H_a - N_{eff} M_s$	多晶	优化晶界相；最佳为非磁性相
$T \neq 0K$	$H_N(\psi, H_a) = \alpha_K \alpha_\psi H_a - N_{eff} M_s$	磁晶各向异性场 H_a 随温度增加而下降	提高居里温度

7.6　烧结 1∶5 型 Sm-Co 磁体的磁化和反磁化

自 20 世纪 70 年代以来，随着前两代稀土永磁体的开发和应用，稀土永磁体的矫顽力理论有了显著的进步；到了 80 年代，因第三代稀土永磁体的发现、开发和广泛的使用，使稀土永磁体的矫顽力理论有了新的进展。下面利用微磁学理论对目前正在广泛使用着的三代稀土永磁体分别进行矫顽力机理分析。

7.6.1　烧结 1∶5 型 Sm-Co 磁体的磁化和反磁化实验观测

对于 1∶5 型 R-Co 永磁体的典型代表 $SmCo_5$来说，显微结构研究指出，它的成分稍偏富 Sm，磁体的晶粒尺寸在 10～20μm 范围（见图 7-16），由于磁体的空隙率较高，密度通常小于理论密度的95%。烧结磁体中除了1:5主相和由于工艺过程中不可避免的Sm氧化所生成的Sm_2O_3相外，在含Sm较多的$SmCo_5$磁体中还始终观察到一些随机的、十分弥散地分布在晶界上的少量Sm_2Co_7相，或在含Sm较少的$SmCo_5$磁体中的Sm_2Co_{17}析出相[67~69]。图7-62展示存在于烧结$SmCo_5$磁体中的次相Sm_2Co_7或Sm_2Co_{17}的形貌[67]。可看到，出现在35.5%（质量分数）Sm（图7-62（a））磁体中的Sm_2Co_{17}相均环绕在主相$SmCo_5$的周围，呈现为薄层状；出现在37%（质量分数）Sm（图7-62（b））磁体中的Sm_2Co_7相则以块体随机地分布在主相$SmCo_5$的边界上。在烧结$SmCo_5$磁体中还有一个成分（质量分数）为75%Sm-25%Co的富Sm相，与$SmCo_5$和Sm_2Co_7或Sm_2Co_{17}紧密接触，其壁厚约5nm，体积约为1%（体积分数）；另外，$SmCo_5$晶粒的内部有大量的位错环和混乱的堆垛层错缺陷[70]。

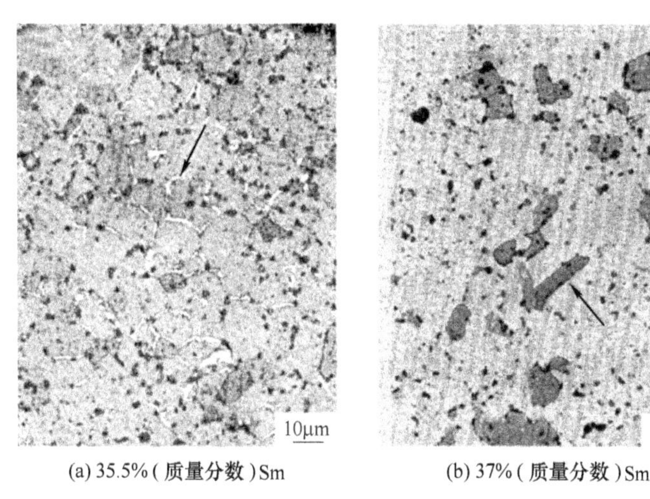

(a) 35.5%(质量分数)Sm　　(b) 37%(质量分数)Sm

图7-62　烧结$SmCo_5$磁体截面经抛光和腐蚀后的光学显微图[67]

（a）环绕$SmCo_5$晶粒的亮的部分是Sm_2Co_{17}；（b）大的深色晶粒是Sm_2Co_7

由磁性测量（见第5章图5-8（a）和图5-9（a））发现，在热退磁状态下由直径为数微米颗粒组成的烧结$SmCo_5$磁体，有十分陡峭的起始磁化曲线；磁化场较小时，对应的剩磁和矫顽力都较小，仅当磁化场较高时，对应的剩磁和矫顽力才达到足够大，其剩磁和矫顽力随着最大外加磁场的增大逐渐地增大，其中内禀矫顽力即使在外加磁场μ_0H增大到5T时仍然没有达到饱和；相对于内禀矫顽力H_{cJ}而言，剩磁B_r达到饱和则没那么难。

由Kerr磁光实验发现，在热退磁状态下每个晶粒包含若干个磁畴；随着磁化场的增大，反向磁畴收缩，正向磁畴扩大，畴壁推向晶粒边界；在饱和磁化时，所有晶粒内磁畴消失，畴壁停留在晶粒的边界上。在饱和磁化后，降低磁场到零，即磁体处于剩磁状态，磁体表面的个别晶粒或磁体内个别大晶粒呈现磁畴结构[71]（见7.3.1节图7-16）。这提示，显示磁畴的大晶粒有较低的形核场，因而最早出现反磁化。在反磁化过程中，随着反向磁场的增大，在最早出现反磁化的大晶粒附近的晶粒上，逐渐显现出反向磁畴结构，并随着反向磁场的增大，反向畴扩张，在达到矫顽力时出现级联式的磁化反转现象。随后进一步增加反向场，反向畴扩张，正向畴逐渐消失，在反向饱和磁场下，磁畴再次消失。

图7-63展示在内禀矫顽力H_{cJ}为12.7kOe和最大磁能积$(BH)_{max}$为18.0MGOe的烧结

$SmCo_5$磁体在热退磁状态下用 Bitter 粉纹法获得的表面垂直和平行于取向方向的磁畴图案[72]。粉纹法仅显示出粉末堆积所呈现的畴壁，不能展示磁畴的方向，但从图 7-63 中还是可得到如下一些信息：晶粒的边界清晰可见；与所有粉末烧结体一样，在边界的黑色斑点多数是空隙；在表面垂直于取向方向的平面上（a），除了可清晰见到 3 个错取向晶粒呈现条形畴外，其他都呈现为类迷宫畴；在表面平行于取向方向的平面上（b），在空隙和晶粒的边界处，出现一些反向磁化的楔形畴；同样在（a）中可见到一些圆形畴，实际上，这些就是在（b）中所见到的已反向磁化的楔形畴；另外在（b）中可看到，在晶粒的边界处大量的畴壁是连续的，这是磁体为降低自由能的必然现象。

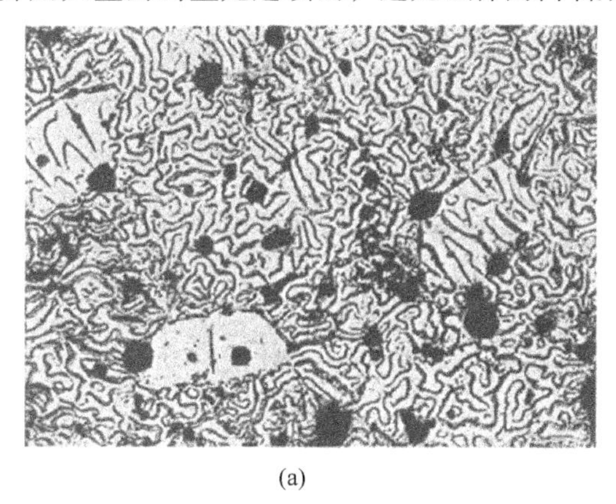
(a)

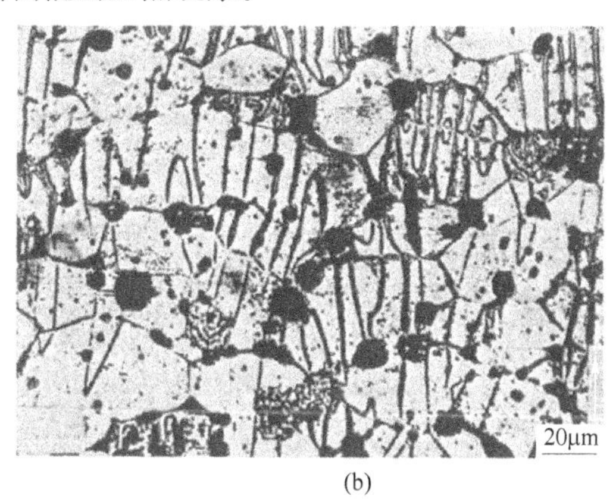

(b)

图 7-63 在烧结 $SmCo_5$ 磁体上热退磁状态下用粉末图形技术获得的磁畴图案[72]

（a）表面垂直于取向方向；（b）表面平行于取向方向（由右下角箭头所示）

Livingston[68] 利用极向 Kerr 效应，首先对内禀矫顽力 $\mu_0 H_{cJ}$ 为 1.75T 和长径比为 0.2 热退磁的取向烧结 $SmCo_5$ 盘形样品观测了不同磁场 $\mu_0 H$（0 ~ 0.3T）下极面动态磁畴图案，并展示于图 7-64 中，反差亮和暗的区域表示磁化相反的磁畴，其磁化方向指向极面。从在零场下热退磁样品初始的磁畴图案（图 7-64（a））中可看到，在热退磁状态下大多数晶粒包含畴壁，且这些畴壁通常从一个晶粒连续到另一个晶粒，呈现不规则的类迷宫畴结构。在垂直极面逐渐施加外加磁场时，可观察到较亮的畴逐渐长大、变宽，而较暗的畴变

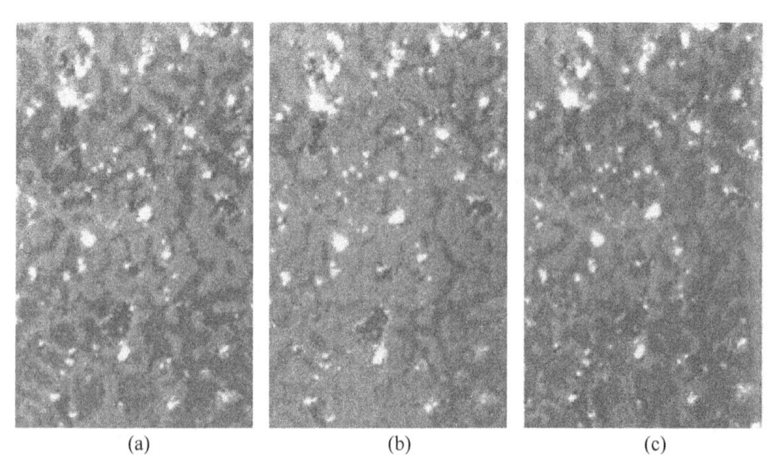

图 7-64 长径比为 0.2 的盘形的取向烧结 $SmCo_5$ 热退磁样品极面的磁畴变化图案[68]

（a）初始磁畴结构；（b）外加磁场时；（c）磁场降为零后（720×，亮斑是空隙）

得细小（图 7-64（b））。外加磁场从零逐渐增加到最大的 0.3T，可观察到畴壁平滑地位移，由于样品是薄盘形状（长径比仅 0.2），垂直于薄盘表面存在很大的退磁场，实际内场最大仅有几十毫特斯拉。将外加磁场降低到零场（图 7-64（c）），可观察到较暗的畴恢复到它初始的位置。由此可看到，在烧结 $SmCo_5$ 磁体中，在低的内磁场下畴壁的位移非常容易，没有什么障碍，且随着磁场的变化几乎是可逆的。

Livingston[68] 还在长径比为 5 的取向烧结 $SmCo_5$ 柱形样品上，观测了用 2.1T 磁场正向饱和磁化后和在不同大小的反向磁场下退磁后再返回到零场时样品极面的静态磁畴图案。这里，磁化的方向平行于样品极面的法线方向（指向外或指向内），并设定磁场的正向为暗，反向为亮。由于圆柱形样品的长径比较大，两个端面磁极产生的退磁场较小（退磁因子 $N_d \approx 0.08$），可以认为在磁畴观察时磁体内部和表面处于接近零场的状态。在正向饱和充磁后回到零场，样品在剩磁状态的磁畴图案展示于图 7-65（a）。可看到，在 2.1T 的正向磁场充磁后，在整个画面中几乎所有的晶粒都被饱和磁化，并显示暗色；但在图 7-65(a) 中

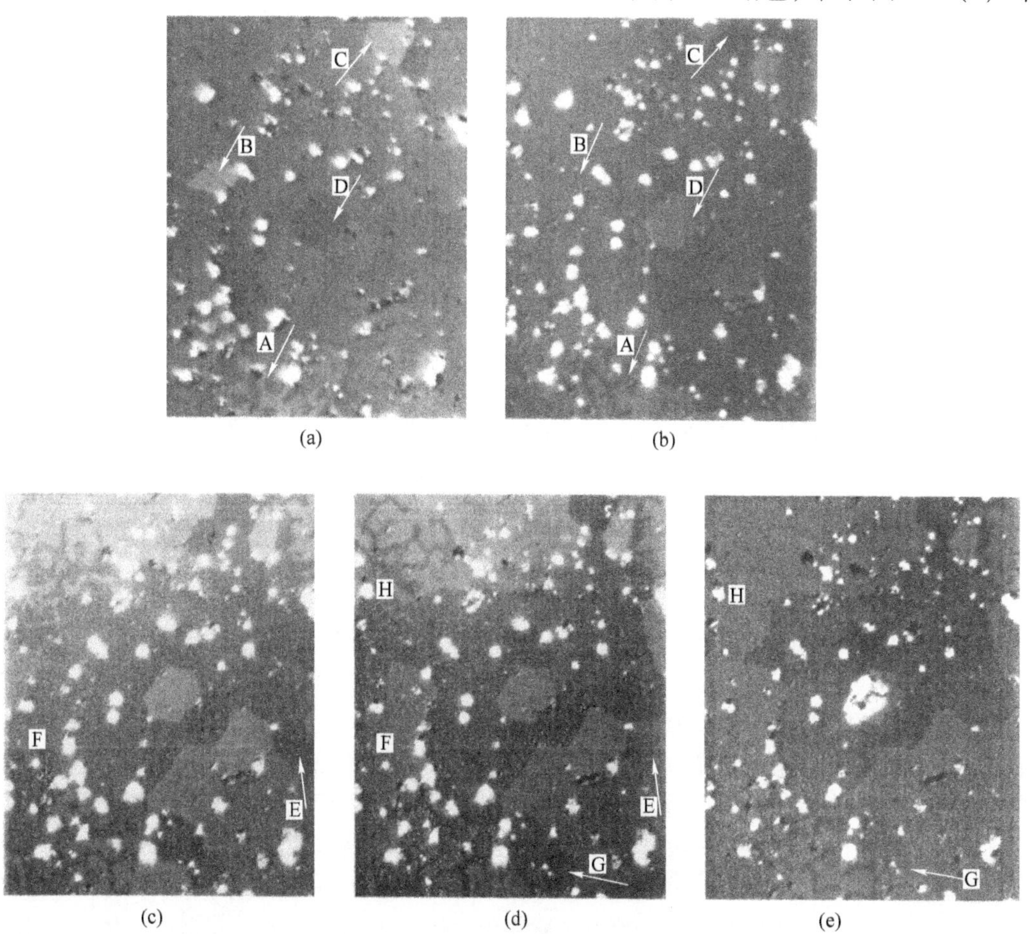

图 7-65 烧结 $SmCo_5$ 磁体在不同反向磁场下暴露后返回到零场下由极向 Kerr 效应观测的极面磁畴图案[68]

(a) $\mu_0 H = 2.1T$；(b) $\mu_0 H = -0.48T$；(c) $\mu_0 H = -1.0T$；(d) $\mu_0 H = -1.75T$；(e) $\mu_0 H = -1.9T$；(b) 至 (e) 的极面相对于 (a) 旋转 90°

标记A箭头范围的晶粒除外，亮处仍然显示出磁畴结构。这表明，在剩磁状态下的磁体已经出现部分磁矩的反转。需注意，其他亮的区域并不表示磁矩的反转，如图7-65（a）中的标记B和C的范围。它们是错取向晶粒，通过极面绕法线轴旋转90°从图7-65（a）的磁畴图案变为图7-65（b）的磁畴图案，消除B和C处的亮色，而A区依然呈现亮色。图中标记D的范围也是类似的错取向晶粒。在不同的反向磁场μ_0H作用后，再返回到零场所观测到的极面磁畴图案展示于图7-65（b）~（e）中。可看到，随着反向磁场的增加，亮反差面积的比例增加，表明磁化反转增加。外加0.48T反向磁场的磁畴图案只有很小的变化，但外加1.0T反向磁场时产生了大量的磁化反转。然而，在区域E和F处的晶粒，即使暴露于1.0T反向磁场下磁化仍然没有反转，直到暴露于1.75T时才引起磁化反转。区域G处甚至直到1.9T时才实现磁化反转，而区域H也直到1.9T时才消除磁畴壁。

由上面的磁畴图案随着反向磁场的增加而变化的情况可看到，一些范围如H处晶粒，毫无疑问已被1.75T的反向磁场磁化饱和，但撤去磁场的剩磁状态仍然显示多畴结构（见图7-65（d））。实际上，这些区域是初始磁化的一些剩余磁畴，是它们在返回到零场时扩张了的磁畴结构。必须在更高的1.9T反向磁场磁化下才使得它们完全反向饱和磁化，从而消除磁畴结构（见图7-65（e））。

实验也观察到类似的现象，即在饱和磁化场作用下所有颗粒内的磁畴消失，但在饱和磁化后降低磁场到零（剩磁状态），发现磁体中个别晶粒已开始出现反向的磁畴（见图7-16）[71]。通常，在剩磁状态下，人们所能观察到的磁畴都出现在较大的晶粒上，或出现在磁体的表面上[73]。因为较大晶粒和磁体表面的晶粒都有较小的形核场。

Strnat等人[74]在取向烧结$SmCo_5$磁体上除了用Kerr磁光效应观察极面（观察面垂直于c轴）的磁畴图案外，也观察了侧面（观察面平行于c轴）的磁畴图案。端面有接近的类迷宫状磁畴图案。在0.3T磁场变化下，仅仅可逆地改变畴壁，深的磁畴增大它的宽度，仍然保持初始的磁畴图案。

7.6.2 烧结1:5型Sm-Co磁体的矫顽力的微磁学分析[75]

磁测量数据和磁畴观测结果清楚地表明，$SmCo_5$型烧结磁体是属于形核硬化磁体。它的内禀矫顽力理论上限应该与$SmCo_5$金属间化合物的磁晶各向异性场μ_0H_a相当（内禀磁性参见第4章），然而，目前这类磁体的内禀矫顽力μ_0H_{cJ}最高仅为6T，不足$SmCo_5$化合物μ_0H_a的1/4（参见图7-23）。这表明，在目前工艺条件下制备的取向烧结$SmCo_5$磁体中，存在着大量的结构不完美的晶粒、错取向晶粒、大晶粒和各种各样的缺陷，就是这些不同的恶化的显微结构造成了取向烧结$SmCo_5$磁体的矫顽力的大幅度偏离理论极限。想要提高矫顽力，必须改进工艺条件，改善磁体的显微结构，使得磁体的晶粒结构尽量完美，尽可能接近理想的S-W颗粒。

在7.5.7.3节中已明确指出，对于形核硬化磁体，虽然矫顽力主要是由基体相的形核场决定的，但晶界相始终起着很重要的作用。它可以阻止畴壁向邻近晶粒继续传播，也就是说，对于形核型磁体来说，晶界相起到钉住畴壁的作用。这是形核型磁体的一个重要特点。

从前面的显微结构研究知道，在烧结$SmCo_5$磁体的晶界上存在少量的Sm_2Co_7或

Sm_2Co_{17}析出相。为了理解析出相在反磁化过程中对 $SmCo_5$磁体反磁化畴的形核场 H_N的作用，Kromüller 等[75]用微磁学理论计算了在 $SmCo_5$磁体中以 Sm_2Co_{17}析出相形成反向畴核的形核场和畴壁从析出相向基体相扩展的挣脱钉扎场。如图 7-66 所示，在烧结 $SmCo_5$磁体的母相中析出了一个 Sm_2Co_{17}的有限小薄片，假设析出相与基体之间的上下过渡区域平面的法线为 z 方向，饱和磁极化强度沿 z 方向，反磁化场与 z 方向相反。Kromüller 等首先推导边缘的形核所产生的形核场[75]：

$$H'_N = 2\pi(J_{\mathrm{I}} + J_{\mathrm{II}}) + \frac{\gamma_{Ne}}{J_{\mathrm{II}}}\frac{1}{d} \tag{7-97}$$

式中，J_{I} 和 J_{II} 分别是基体相 $SmCo_5$和析出相 Sm_2Co_{17}的饱和磁极化强度；d 是析出相小薄片的厚度；γ_{Ne} 是基体相 $SmCo_5$和析出相 Sm_2Co_{17}之间奈尔（Neel）壁的比表面畴壁能，表达式为

$$\gamma_{Ne} = 4\sqrt{A(K_{\mathrm{II}} - 2\pi J_{\mathrm{II}}^2)}\left(\sqrt{1-k^2} + \frac{1-k^2}{k}\ln\frac{\sqrt{1-k^2}}{1-k}\right) \tag{7-98}$$

其中

$$k^2 = \frac{K_{\mathrm{II}} - 2\pi J_{\mathrm{II}}^2}{K_{\mathrm{II}} - 2\pi J_{\mathrm{II}}^2 - \pi J_{\mathrm{I}} J_{\mathrm{II}} + \frac{1}{2}J_{\mathrm{II}} H'_N} \tag{7-99}$$

式中，K_{I} 和 K_{II} 分别是基体相 $SmCo_5$和析出相 Sm_2Co_{17}的单轴各向异性常数。在式（7-98）中的第二项仅在 $d<10\text{nm}$ 时才变得重要。对于 $d=100\text{nm}$，在析出薄片上形成反向畴核的形核场 $\mu_0 H_N \approx 1.4\text{T}$。

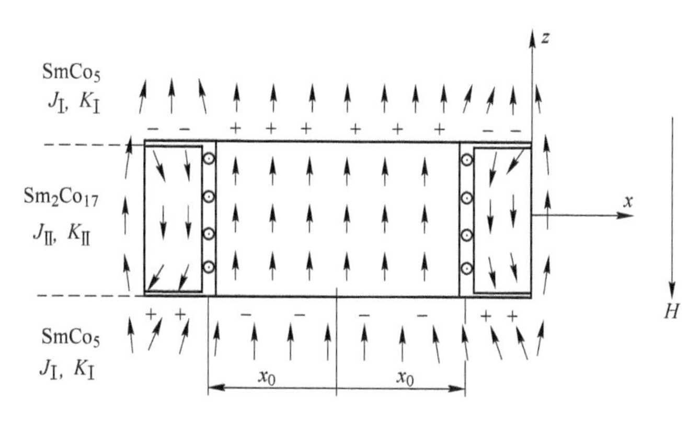

图 7-66 靠近边的反向畴的形核和由畴壁位移的反磁化[75]

在析出薄片上形成的反向畴核在外加的反向磁场的作用下将进一步长大，并导致整个磁体的反磁化。显然，反磁化核的长大是通过畴壁位移来实现的。图 7-67 展示一个析出薄片的反向畴核与基体相边界的畴壁的自旋结构。这个反磁化核被两块与薄片表面平行的奈尔壁和两块垂直的布洛赫（Bloch）壁包围。至于反磁化核从哪一个方向先长大，视这两种畴壁的挣脱钉扎磁场的大小而定，并由挣脱钉扎磁场小的那种畴壁先开始长大。

假设析出的 Sm_2Co_{17}小薄片只有几个原子层的厚度（沿 z 方向），且奈尔壁位于析出相内，则奈尔壁长大时通过两相边界的挣脱钉扎场，由基体相 I 和析出相 II 的微磁学方程和在 I 和 II 两区域的边界上磁矩的连续性条件一起所确定。可推导得奈尔壁的挣脱钉扎磁场

H''_N 为

$$H''_N = (K_I - K_{II})/(J_I + J_{II}) \tag{7-100}$$

类似地可推导得理想相边界的布洛赫壁的挣脱钉扎磁场。在数值上，$\mu_0 H''_N$约为 10T。

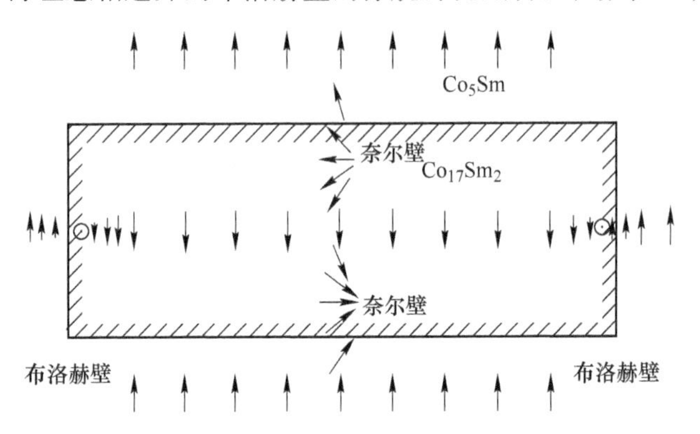

图 7-67　反磁化核与基体相边界的畴壁的自旋结构[75]

考虑到析出相与基体相间的晶格常数有较大的差异，在两相边界必然产生内应力。为了释放这一内应力，两相之间会形成一个过渡区，从而增大相边界的厚度，如图 7-68 所示。此时，布洛赫壁位移的距离拉长，畴壁移动时还会弯曲（边缘钉扎强），出现拱顶的畴壁，如图 7-69 所示。在延伸的边界上布洛赫壁的挣脱钉扎磁场有两种可能：

（1）$H_{ext} < \frac{1}{J_{II}} \delta_0 \frac{dK}{dx}$ 时，畴壁不动。

（2）$H_{ext} \geqslant \frac{1}{J_{II}} \delta_0 \frac{dK}{dx}$ 时，布洛赫壁的挣脱钉扎磁场为

$$H_N = \frac{1}{J_{II}}\left(\pi \frac{\sqrt{2}}{2} \bar{\gamma} \frac{1}{d} + \frac{1}{2} \delta_0 \frac{\Delta K}{D}\right) \tag{7-101}$$

式中，$\bar{\gamma} = 4[A(K_I + K_{II})/2]^{1/2}$是平均的比畴壁能，$\delta_0 = [2A/(K_I + K_{II})]^{1/2}$为平均畴壁厚度参数，$\Delta K = K_I - K_{II}$。可看到，延伸边界的布洛赫壁的挣脱钉扎磁场由两个材料参数

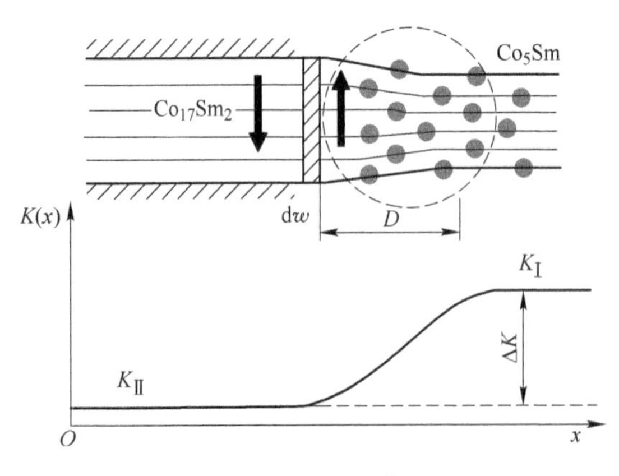

图 7-68　在析出相和基体相之间的延伸的相边界示意图[75]

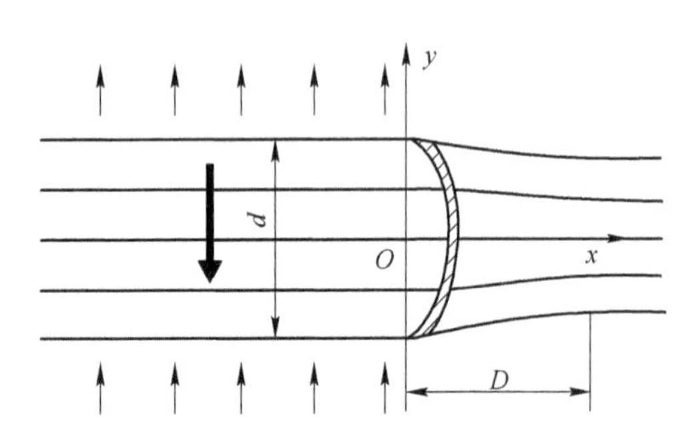

图 7-69　在延伸的相边界处的拱顶畴壁[75]

比畴壁能 $\bar{\gamma}$ 和畴壁宽度 δ_0，以及两个显微结构参数薄片厚度 d 和过渡区宽度 D 一起确定。后两个参数表明，磁体的矫顽力灵敏地依赖于热处理工艺。

当析出薄片厚度 d 接近过渡区域宽度 D 时，式（7-100）和式（7-101）的值与析出薄片的厚度有关。当 $d>20\text{nm}$ 时，布洛赫壁的挣脱钉扎磁场较小。在实验上确实观察到 Bloch 畴壁首先移动。

从这里可看到，在 $SmCo_5$ 磁体中反磁化是通过以下两个步骤产生的：首先在 Sm_2Co_{17} 或 Sm_2Co_7 析出相中产生反向畴的形核；然后反向畴核的畴壁横穿析出相和基体相的相界，并扩展到整个 $SmCo_5$ 磁体基体中，很快完成磁体的反磁化。

最终，$SmCo_5$ 磁体的矫顽力是由延伸的边界相的布洛赫壁的挣脱钉扎磁场所决定，且与析出薄片厚度 d 成反比关系。图 7-70 展示带有 Sm_2Co_{17} 析出薄片的烧结 $SmCo_5$ 磁体的形核场 H_N 与析出薄片厚度 d 的关系曲线。从图 7-70 可看到，尽管 $SmCo_5$ 相在一致转动模式下的形核场 H_N 很高，但由于磁体内存在大量显微结构的恶化因素，降低了磁体的矫顽力。$SmCo_5$ 磁体的反磁化是由非一致转动模式进行的，又由于在 $SmCo_5$ 基体相与 Sm_2Co_{17} 析出相边界有一个延伸的相边界，从而使得磁体的反磁化畴不是在较高的 H''_N 处产生不均匀形核，而是在与 Sm_2Co_{17} 析出相交界的较低的 $H_N^{Sm_2Co_{17}}$ 处产生不均匀形核。这样，烧结 $SmCo_5$ 磁体的矫顽力完全由基体相与析出相边界的延伸相边界处畴壁拱顶的临界磁场所确定。畴壁通过 Sm_2Co_{17} 薄片的最小形核场 $\mu_0 H'_N=1.4\text{T}$。这个结果与实际情况符合得较好。

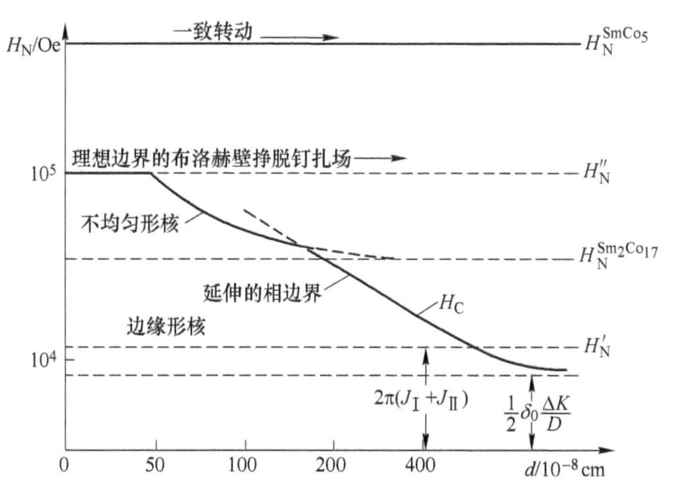

图 7-70　带有 Sm_2Co_{17} 析出薄片的烧结 $SmCo_5$ 磁体形核场 H_N 与薄片厚度 d 的关系曲线[75]

（$H_N^{SmCo_5}$ 是在 $SmCo_5$ 中的一致转动模式；$H_N^{Sm_2Co_{17}}$ 是在 Sm_2Co_{17} 中的不均匀形核模式；H'_N 是通过畴壁位移磁化 Sm_2Co_{17} 薄片所需要的磁场；H''_N 是畴壁位移穿过理想相边界所需要的临界磁场；H_c 是延伸相边界处畴壁拱顶的临界磁场。材料参数为：$\Delta K=1.8\times10^8\text{erg/cm}^3$；$J_{II}=950\text{G}$；$\bar{\gamma}=30\text{erg/cm}^2$；$\delta_0=3\times10^{-7}\text{cm}$；$D=3\times10^{-6}\text{cm}$）

7.7　烧结 2:17 型 Sm-Co 磁体的磁化和反磁化

在 7.6 节中，我们讨论了第一代稀土永磁材料 $SmCo_5$ 型烧结磁体的矫顽力机理。

根据磁测量数据和磁畴观测结果，可以清楚判断 $SmCo_5$ 型烧结磁体的矫顽力属于“形核”控制型。利用微磁学模型，对 $SmCo_5$ 型烧结磁体的矫顽力进行分析，并在图 7-70 中进行了总结。在本节中，我们将讨论第二代稀土永磁材料 Sm_2Co_{17} 型烧结磁体的矫顽力机理。

7.7.1 烧结 2:17 型 Sm-Co 磁体的磁化和反磁化的实验观测

在五元的 2:17 型 Sm-Co-Cu-Fe-Zr 烧结磁体中，有一个基本事实是：合金经过烧结和固溶处理阶段，磁体已成为均匀一致的富 Sm 贫 Zr 的无序的 2:17R 型单相固溶体；再经 800℃附近等温时效处理（脱溶处理），磁体已由无序的 2:17R 型单相固溶体脱溶析出成包括 2:17 主相、1:5 次相和富 Zr 片状相在内的三种有序相构成的纳米量级细小胞状组织；但仅从 800℃附近通过缓慢冷却或分级时效到 400℃ 的过程中才充分发展并完善了这三种相的显微结构，此阶段对 2:17 型 Sm-Co 烧结磁体的内禀矫顽力的提升起到了至关重要的作用[66]。

烧结和固溶的 $Sm(Co,Cu,Fe,Zr)_z$（$z = 7 \sim 8.5$）合金，经过 800℃ 附近脱溶处理（等温时效）及接着的缓慢冷却或分级时效处理后，可获得最佳的磁体显微结构和永磁性能。胞内的 2:17 R 相和胞壁的 1:5 相的晶格是相干的。两相的位相关系为 $[0001]_{2:17} // [0001]_{1:5}$，$(11\bar{2}0)_{2:17} // (10\bar{1}0)_{1:5}$。菱形胞内最少有两个相组成，一个是富 Fe 的 $Sm_2(CoFe)_{17}$ 相；另一个富 Zr 贫 Cu 的长片状相垂直于 c 轴镶嵌于胞状组织结构中。胞的直径一般在 50 ~ 200nm 之间；胞壁的厚度约为 5 ~ 20nm；富 Zr 片状相的厚度约为 5 ~ 10nm。当观察平面与 c 轴垂直时，胞为等轴状；当观察平面通过 c 轴时，胞为长菱形状[76,77]。烧结 $Sm(Co,Cu,Fe,Zr)_z$ 磁体的胞状组织如图 7-71 所示。

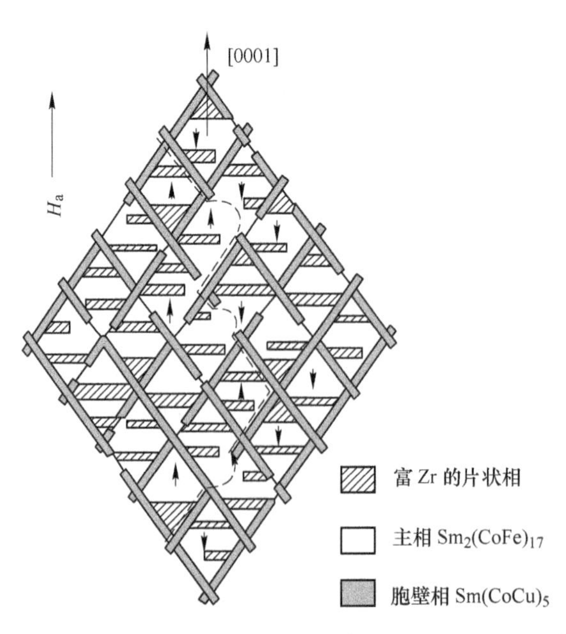

图 7-71 烧结 $Sm(Co,Cu,Fe,Zr)_z$ 磁体的胞状组织示意图[76]

（虚线表示畴壁，箭头表示磁化强度的方向）

在细小胞状组织中，2:17 相是富 Fe 贫 Cu 贫 Zr 的 Th_2Zn_{17}型结构，1:5 相是富 Cu 贫 Fe 无 Zr 的 $CaCu_5$型结构，富 Zr 片状相是富 Zr 无 Sm 和无 Cu 的 Be_3Nb 型结构。Th_2Zn_{17}型结构的 $Sm_2(CoFe)_{17}$相是磁体高饱和磁化强度的主要来源；$CaCu_5$ 型结构的 $Sm(CoCu)_5$相的作用主要是在畴壁位移过程中通过它对畴壁的钉扎使磁体获得高的矫顽力；而片状的富 Zr 相在缓慢冷却或分级时效处理时为 Cu 的扩散提供通道，使 2:17 主相中的 Cu 快速从主相分离进入 1:5 相胞壁区域，促进胞壁形成均匀的 $Sm(CoCu)_5$相[76~81]。

透射电子显微镜研究指出[80]，在低矫顽力 2:17 析出硬化磁体中，胞状组织是长轴沿着 c 轴的一个具有菱方 2:17 结构的长菱形，其胞径约 50nm，胞壁厚度约 5nm；胞内部由两个成对取向的小薄板组成。图 7-72 展示了较低矫顽力 2:17 析出硬化磁体的透射电子显微图。对于较高矫顽力 2:17 析出硬化磁体，胞径明显粗大，约 100nm；并显示出有约 3nm 厚的薄片附加在该胞状的显微结构上（见图 7-73）。

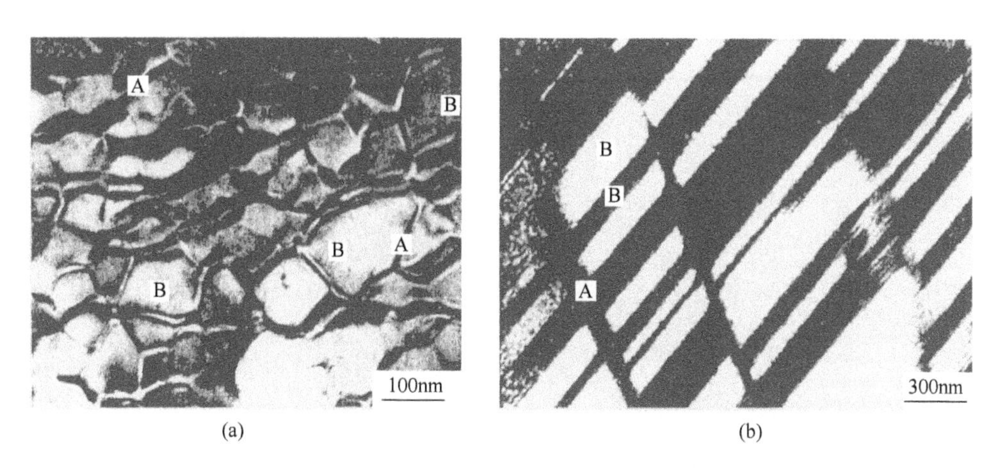

图 7-72 低矫顽力 2:17 型磁体透射电子显微图[80]

（a）低矫顽力 2:17 型析出硬化磁体中的胞状结构；（b）在 2:17 胞中的两个成对取向的小薄板

A—1:5 相；B—2:17 相

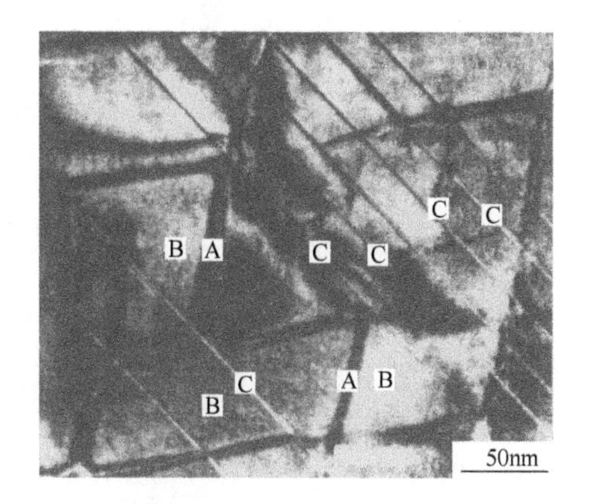

图 7-73 高矫顽力 2:17 型磁体的胞状和薄片结构[80]

A—1:5 相；B—2:17 相；C—薄片

成分分析表明，胞内为富 Fe-Co 菱形晶系的 $Sm_2(Co,Fe)_{17}$主相和富 Zr 的片状 Z 相

(次相）组成，胞壁为富 Cu 的六方晶系的 Sm(Co,Cu)$_5$相。最近，Xiong 等人[81]利用三维原子探针（3DAP）和高分辨率电子显微镜对高温 2:17 型 Sm-Co 磁体的研究指出，Z 相的结构不是通常人们认为的六方 $Sm_2(Co,Fe,Zr)_{17}$相，而是与 $SmCo_3$ 相似的 Zr(Co，Fe)$_3$化合物（Be_3Nb 型结构），晶格常数 $a=0.5$nm 和 $c=2.4$nm，空间群为 $R\bar{3}m$。Z 相的成分可能是(Zr,Sm,Cu)(Co,Fe)$_3$，但随着时效温度慢慢降低，Sm 差不多全部被 Zr 取代，最后形成 Zr(Co,Fe)$_3$相。

图 7-74 展示高使用温度的 2:17 型取向（c 轴垂直于图平面）高矫顽力烧结 Sm-Co 磁体的扫描 TEM 图（a）、胞边界相的高分辨率 TEM 图（b）和磁体中 Cu、Co、Fe、Sm 的元素分布图（c~f）[82]。从上部两个图可看到，由 2:17 相组成的胞状结构的平均尺寸约为 100nm；1:5 胞边界相的宽度约为 5~8nm。在底部四个图中，亮的区域代表高浓度的元素，而暗的区域代表该元素缺乏。因此，从底部四个图中，可清楚看到，在胞中 2:17 主相是富 Co 和富 Fe 的，而胞边界相是富 Cu 和富 Sm 的。

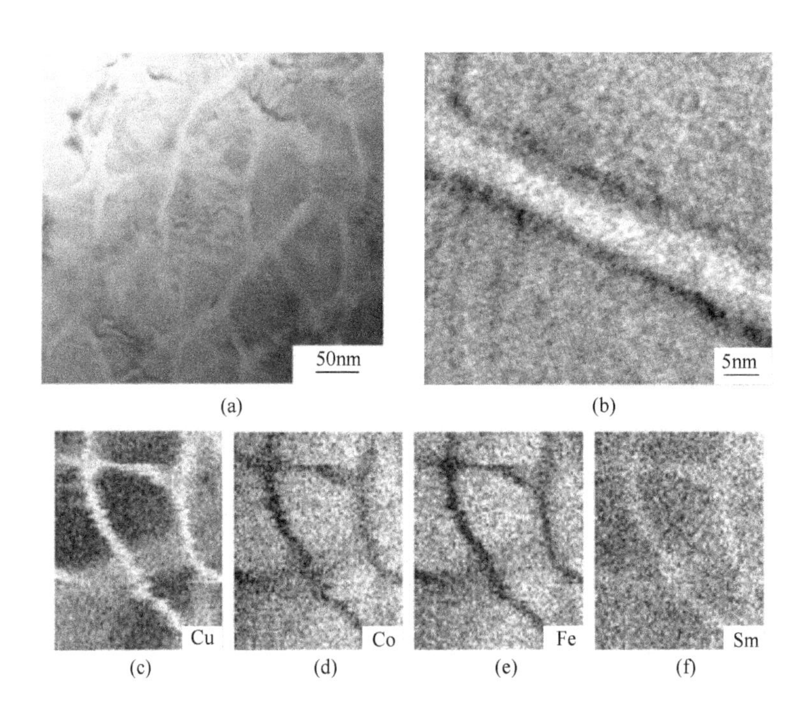

图 7-74 析出硬化 2:17 型取向烧结 Sm-Co 磁体的 TEM 图[82]

另外的研究表明[83]，在 850℃ 时效后慢冷到 400℃ 的 2:17 型烧结磁体中，在胞边界中 Cu 不是均匀地分布的，而是有很大的浓度梯度，从而极大地改善矫顽力。原子探针分析表明，在慢冷过程中胞边界的 Cu 浓度及其梯度随慢冷的终端温度下降而急剧增加，如图 7-75 所示[84]。慢冷到 400℃ 时磁体的成分，在胞边界的分布图展示于图 7-76[84]。可看到，胞壁的 1:5 相是富 Cu 和 Sm 但贫 Co、Fe 和 Zr 的。人们由成分可估计出材料的内禀磁性参数：第二级磁晶各向异性常数 K_1。图 7-77 展示了利用 EDX 结果计算的在胞边界上的第二级磁晶各向异性常数 K_1[85]。

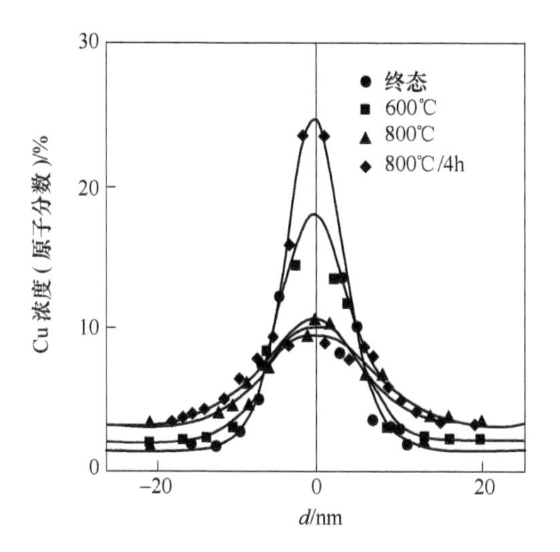

图7-75 在慢冷过程中胞边界的Cu浓度及其梯度随慢冷的终端温度的变化[84]

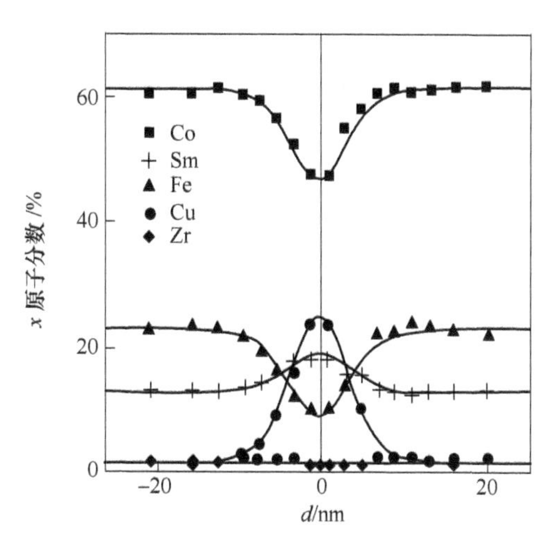

图7-76 慢冷到400℃时磁体在胞边界上的成分分布图[84]

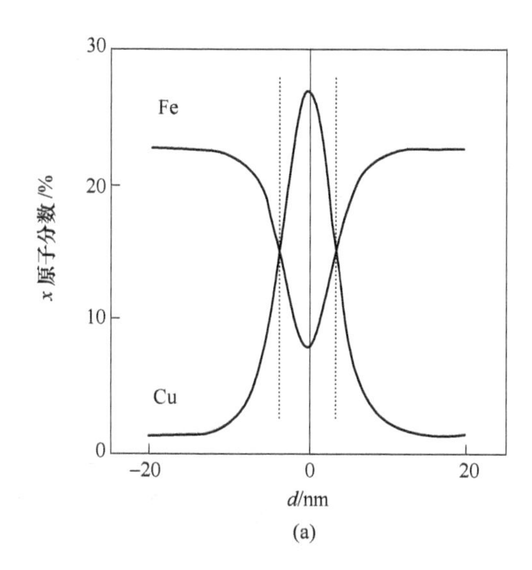

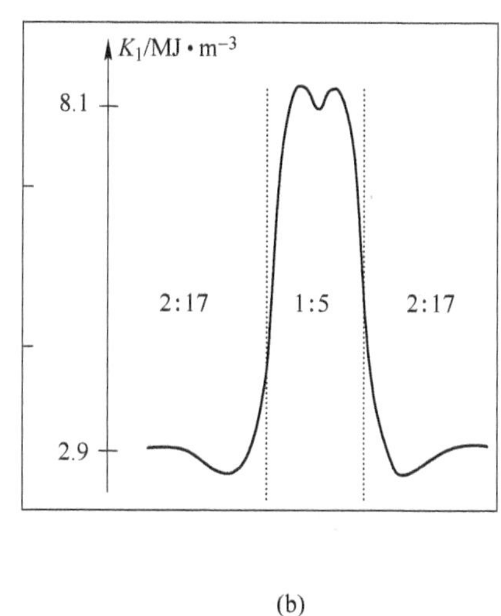

图7-77 利用EDX结果(a)所计算的胞边界的第一级磁晶各向异性常数K_1(b)[85]

磁测量和磁畴观察发现，在热退磁状态下的$Sm(Co,Cu,Fe,Zr)_z$磁体中，与1:5型磁体一样，数十微米的晶粒内包含有若干个磁畴，但它的起始磁化曲线和小回线特征与1:5型磁体迥然不同。它的起始磁化曲线在低场下变化很小，直到外加磁场接近内禀矫顽力才陡然上升（见第5章的图5-8（b）和（c））。这是畴壁在由1:5相组成的胞壁被钉扎和脱钉造成的。与磁畴观察的结果一致。$Sm(Co,Cu,Fe,Zr)_z$磁体的剩磁和矫顽力的磁场关系与其起始磁化曲线类似，开始磁化时随磁化场变化很小，直到磁化场接近内禀矫顽力才迅速上升[66]（见第5章的图5-9（b））。

对于具有纳米量级胞状结构的烧结2:17型Sm-Co磁体，在热退磁状态下磁畴结构研究比较多[81,86,87]。李东（Li D）等[86]利用Kerr磁光效应研究了成分为$SmCo_5Cu_{0.75}Fe_{1.6}Zr_{0.1}$（1:7.45）的取向烧结磁体的磁畴结构。图7-78（a）、（b）和（c）分别展示等温时效前的固溶处理的淬火态磁体极面、等温时效后接着缓慢冷却的终态磁体极面和侧面的磁畴图案。可看到，与其他单轴材料一样，在沿磁体取向方向的平面（侧面）上所观察到的磁畴图案是典型的条形畴结构，而在垂直于取向方向的平面（极面）上所观察到的都是类迷宫畴图案。还可注意到，在矫顽力开发前固溶处理的淬火态磁体的磁畴宽度较宽，而矫顽力开发后的终态磁体有较窄的磁畴宽度。在初始磁化过程中，极面保持多畴状态，仅仅改变正向畴与反向畴的畴宽。随着接近饱和磁场，反向畴逐渐地消失。

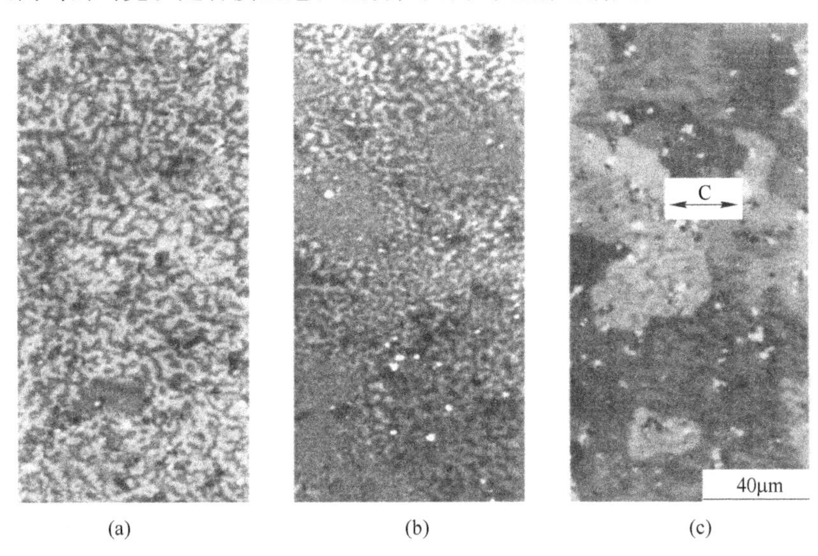

图 7-78 取向烧结 $SmCo_5Cu_{0.75}Fe_{1.6}Zr_{0.1}$磁体不同热处理阶段的磁畴图案[86]

（a）固溶处理的淬火态磁体极面；（b）等温时效接着缓慢冷却的终态磁体极面；（c）等温时效接着缓慢冷却的终态磁体侧面

类似的磁畴结构也出现在高温应用的取向烧结 2:17 型 Sm-Co 磁体上[79]。图 7-79 展示

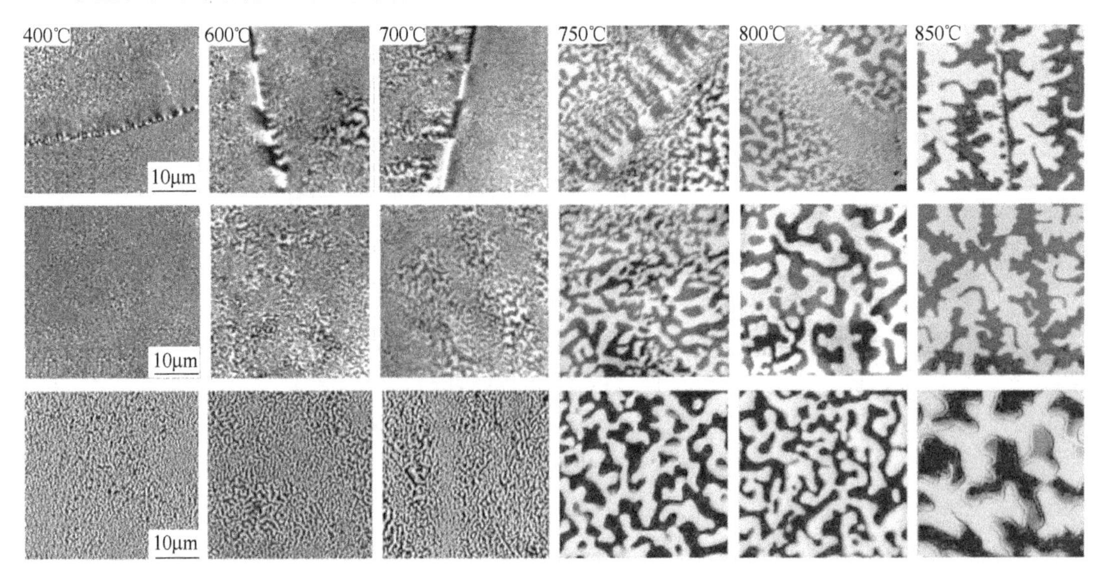

图 7-79 利用 Kerr（顶两行）和 MFM（底行）显微镜从 850℃慢冷到不同快淬温度 T_q 下再快淬到室温的热退磁的 $Sm(Co_{0.784}Fe_{0.100}Cu_{0.088}Zr_{0.028})_{7.19}$磁体上所观察的极面磁畴结构[79]

分别利用 Kerr 和 MFM 显微镜在从 850℃慢冷到不同快淬温度 T_q 下再快淬到室温的取向烧结 $Sm(Co_{0.784}Fe_{0.100}Cu_{0.088}Zr_{0.028})_{7.19}$ 磁体的极面（名义 c 轴垂直于观察平面）上所观察的磁畴结构。可看到，对于从 850℃慢冷到淬火温度后再快淬到室温的烧结 2:17 型 Sm-Co 磁体，随着淬火温度的降低，磁畴的宽度越来越小，磁畴结构显得越来越细小。这是磁体的矫顽力逐步被开发的缘故，磁体在时效温度 $T_q=800$℃时矫顽力最低，而在 $T_q=400$℃时有最高的矫顽力。图中第一行（顶部）是由 Kerr 显微镜观察的在晶粒的边界上磁畴图案，第二行和第三行分别由 Kerr 和 MFM 显微镜观察的磁畴图案，两者给出同样的结果。所有这些极面磁畴图案均呈现出类迷宫畴特征。由 Kerr 显微镜在从 850℃直接快淬到室温的热退磁磁体的侧面（名义 c 轴平行于观察平面）上所观察的磁畴图案展示在图 7-80 中。可看到，侧面磁畴图案呈现不规则的类片状畴结构，且有分叉。

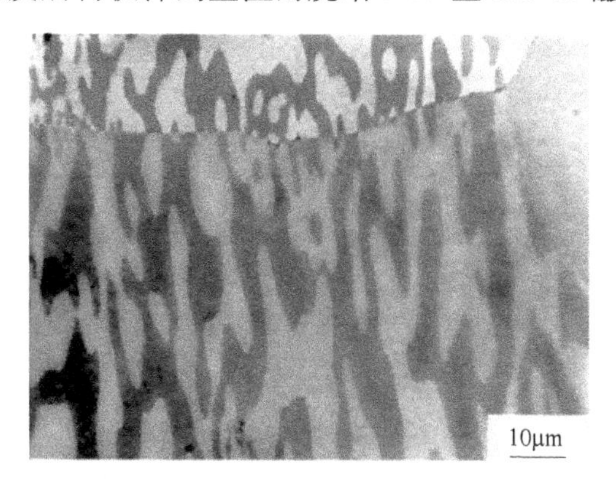

图 7-80 从 850℃直接快淬到室温的热退磁的 $Sm(Co_{0.784}Fe_{0.100}Cu_{0.088}Zr_{0.028})_{7.19}$ 磁体侧面所观察的 Kerr 效应磁畴图案[79]

由洛伦兹电子显微镜观测上述热退磁样品时，发现磁畴的畴壁呈现跟随胞边界走的波状特性，见图 7-81[88,89]；并发现在外加一定磁场后畴壁不变，表明了畴壁被钉扎在胞的边界上。

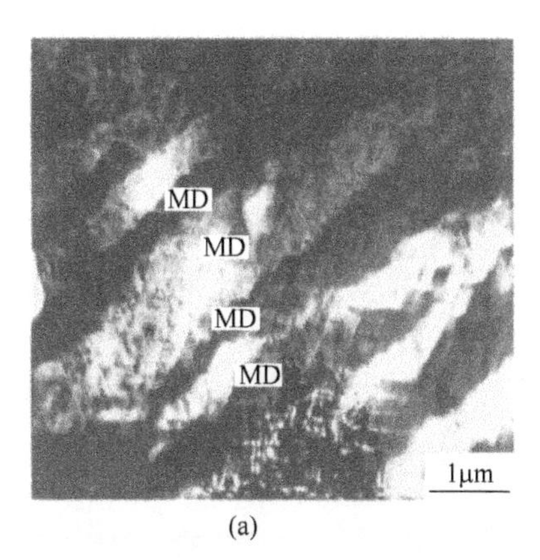

(a)

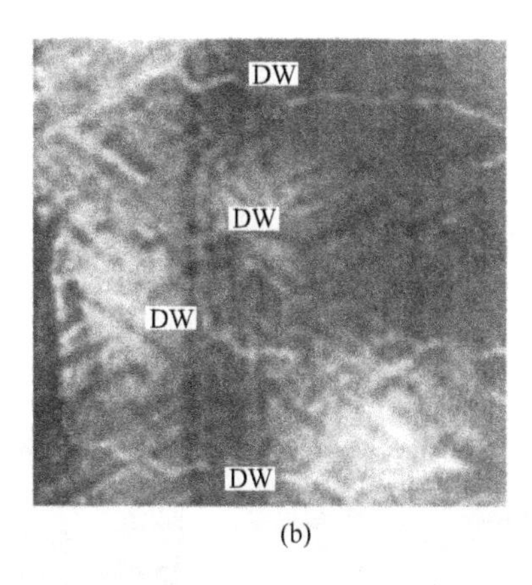

(b)

图 7-81 2:17 型磁体中的磁畴（MD）(a) 和畴壁（DW）(b)[89]

图 7-82 展示用洛伦兹显微镜和电子全息照相技术观察的高矫顽力烧结 2:17 型 Sm-Co 磁体在同一区域中在热退磁和剩磁（经 1T 磁场磁化后返回到零场）两种状态下的磁畴结构图案（图 7-82（a）和（b））和重构的相图像（restructured phase image）（图 7-82（c）和（d））[90]。可看到，在热退磁状态（a）和（c）下，磁畴结构与磁通线方向的变化是一致的；在剩磁状态（b）和（d）下，两者大体相似，但不完全一致，尤其在胞壁处。例如，左侧的畴壁显示被强烈地钉扎在 1:5H 胞壁上，然而右下方的畴壁已有轻微的变化，其下端的部分畴壁被拉直（d）。这个结果表明，对于高矫顽力烧结 2:17 型 Sm-Co 磁体，

由于强烈的畴壁钉扎，用 1T 磁场磁化该磁体是远远不够的，剩磁状态的磁畴结构接近初始的热退磁状态。

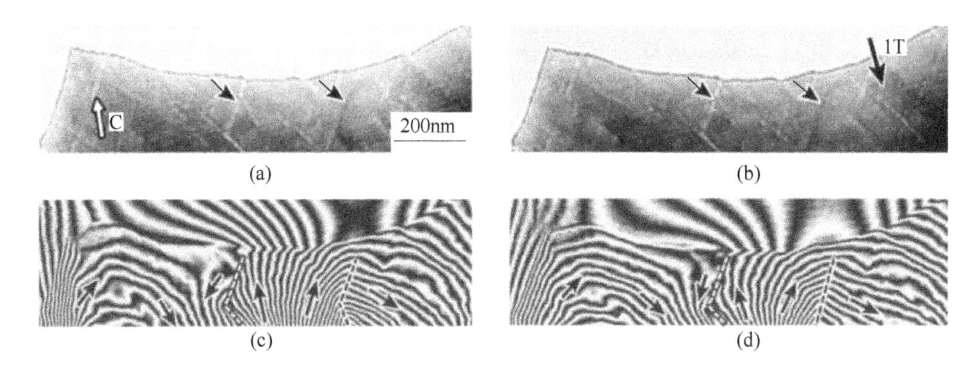

图 7-82 高矫顽力取向烧结 2:17 型 Sm-Co 磁体在热退磁和剩磁两种状态下的磁畴结构（顶部）和重构相图像（底部）[90]

(a)，(c) 热退磁状态；(b)，(d) 剩磁状态（由黑箭头指示的白线（顶部）和黑点线（底部）表示畴壁；黑箭（底部）表示磁通线的方向）

李东（Li D）等人[86]还研究了低矫顽力的析出硬化 2:17 型 Sm-Co 磁体在不同磁场下反磁化后剩磁态的磁畴结构（图 7-83）。磁体首先在约 10T 的脉冲磁场下饱和磁化，然后回到零场；逐渐增大反向磁场到某个值，随后返回到零场，并观察零场（反磁化后的剩磁态）时的磁畴结构。研究发现，在初始约 10T 的脉冲磁场饱和磁化后的剩磁态已经存在一些磁化反转的区域。这表明，在正向或零磁场下，在晶粒的边界处可以发生反向磁畴的形核。还观察到，在磁场退磁与热退磁状态下，两种磁畴图案是完全不同的，也与烧结 $SmCo_5$ 型磁体在类似状态下的磁畴图案不同。析出硬化 2:17 型 Sm-Co 磁体的反转的磁畴呈现很窄的畴宽。这些反磁化区域显示含有［001］方向的片状畴。随着反向磁场的增加，它们沿着晶粒边界（但不在厚度方向）生长、繁殖和分叉，并且以致密的、波纹的图案逐渐地充满所有的晶粒。即使在内禀矫顽力处，每个晶粒仍然显示多畴结构。在经过初始饱和磁化的样品上，在慢慢增加反向磁场时，李东（Li D）等人[86]还观察到，指形畴延伸进晶粒，并产生不可逆的爆裂。图 7-84 展示饱和磁化的低矫顽力析出硬化 2:17 型 Sm-Co

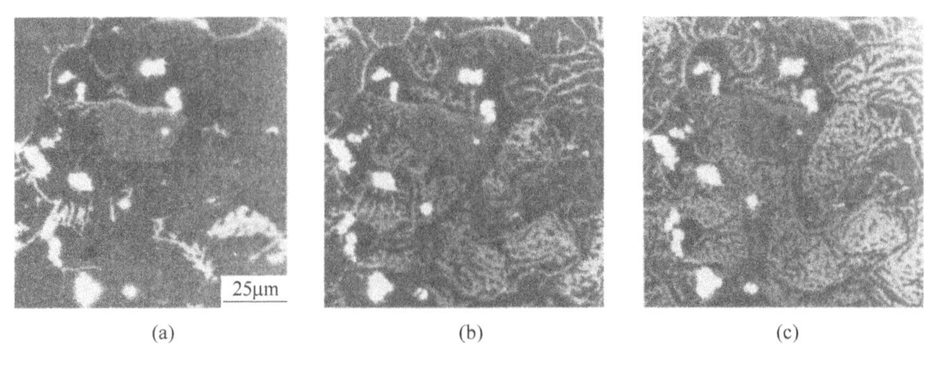

图 7-83 低矫顽力析出硬化 2:17 型 Sm-Co 磁体在饱和磁化后又经过不同反向磁场作用的剩磁态下极面磁畴图案[86]

(a) $\mu_0 H = -0.3T$；(b) $\mu_0 H = -0.5T$；(c) $\mu_0 H = -0.57T$

磁体在退磁曲线的膝点的极面磁畴图案。可看到，在一个很小的反向磁场增量范围内，在图 7-84（b）中突然地出现三个磁畴延伸的图案（白色箭头标记）。在这个磁畴图案中除了上述三个区域外没有其他畴壁位移。对于高矫顽力析出硬化 2:17 型 Sm-Co 磁体的磁畴结构研究，李东（Li D）等人观察到，与低矫顽力磁体一样，反向畴的形核来自晶粒的边界；矫顽力也主要由 1:5 相胞壁边界处的畴壁钉扎控制。但反磁化畴的变化的方式不同于低矫顽力磁体，高矫顽力磁体的反磁化畴有“云状”的特征，且各向同性地在各个方向上长大（见图 7-85）。

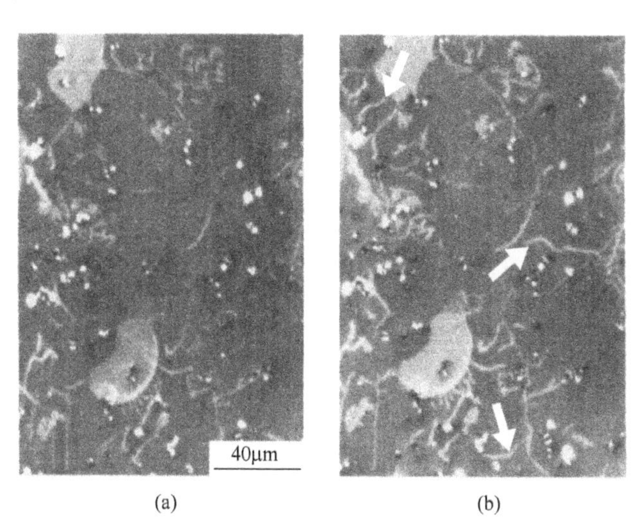

图 7-84 低矫顽力析出硬化 2:17 型 Sm-Co 磁体在饱和磁化后又经过不同反向磁场作用后的剩磁态下在退磁曲线膝点附近的极面磁畴图案[78]

（a）$\mu_0H = -0.395\mathrm{T}$；（b）$\mu_0H = -0.407\mathrm{T}$

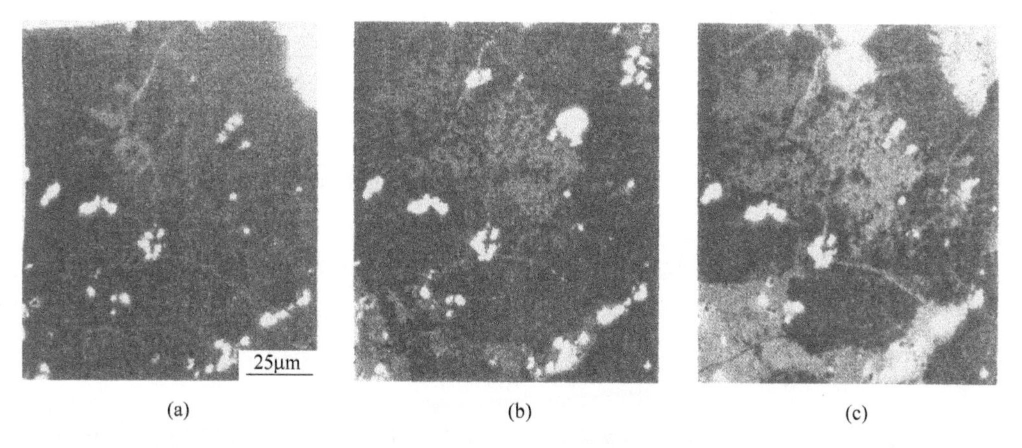

图 7-85 高矫顽力析出硬化 2:17 型 Sm-Co 磁体在饱和磁化后又经过不同反向磁场作用后的剩磁态下的极面磁畴图案[86]

（a）$\mu_0H = -0.42\mathrm{T}$；（b）$\mu_0H = -1.7\mathrm{T}$；（c）$\mu_0H = -2.2\mathrm{T}$

上述的观察证实了沿一些晶粒边界实现反磁化的形核和长大是容易的[91]，而由在2:17 相晶粒内部析出的致密的 1:5 相上较强和一致的畴壁钉扎控制着反磁化核的扩张，并指出了这是析出硬化2:17型磁体矫顽力的主要来源。上面的片形畴（sheet domains）开始的畴宽约为10%~15%胞宽厚，随着畴的长大，基本上保持在两个等距的1:5相胞壁边界之间有限的宽度内。晶界上的钉扎是不重要的。畴壁被强烈地吸引到1:5相胞壁上，但这个钉扎是各向异性的。相隔近的宽畴壁的钉扎比窄畴壁更有效[86]。

7.7.2 烧结2:17型Sm-Co磁体的矫顽力的微磁学分析

热退磁状态的$Sm(Co,Cu,Fe,Zr)_z(z=7\sim8.5)$磁体的起始磁化曲线有两种类型。对于低矫顽力类型磁体，它的起始磁化曲线是典型的钉扎型；而对于高矫顽力类型的2:17型磁体，其起始磁化曲线是随回火时间的延长，逐渐向着不均匀钉扎变化，即向混合型转变。研究表明，不论是高矫顽力类型还是低矫顽力类型的2:17型析出硬化磁体，其矫顽力都是由构成胞壁的富Cu的$Sm(Co,Cu)_5$相对畴壁的钉扎来确定的[92]。洛伦兹电子显微镜研究也证实之字形畴壁被钉扎在菱形胞的边界上[89]。

微磁学理论把高磁晶各向异性的富Cu的1:5相（$Sm(Co,Cu,Fe,Zr)_z$磁体中胞状结构的胞壁）当作面缺陷处理。于是，在$Sm(Co,Cu,Fe,Zr)_z$磁体中，磁性不均匀分布的胞壁成为反磁化的有效钉扎位置[93]。此时，高各向异性的胞壁和畴壁之间产生排斥力。畴壁位移穿过胞壁的挣脱钉扎磁场为[5,93]

$$H_c = \frac{\pi}{3\sqrt{3}}\frac{2K_1}{J_s}\frac{1}{\cos\psi}\frac{d}{\delta_B}\left|\sum_{i=1}^{n-1}\frac{A}{A^{i,j+1}}-\frac{K_1^i}{K_1}\right| = \frac{2K_1}{J_s}\alpha_K^{pin} \tag{7-102}$$

其中

$$\alpha_K^{pin} = \frac{\pi}{3\sqrt{3}}\frac{1}{\cos\psi}\frac{d}{\delta_B}\left|\sum_{i=1}^{N-1}\frac{A}{A^{i,i+1}}-\frac{K_1^i}{K_1}\right| \tag{7-103}$$

式中，α_K^{pin}是胞边界1:5相对畴壁的钉扎强度；A、K_1、J_s分别为2:17相的交换常数、第二级磁晶各向异性常数和饱和磁极化强度，$\delta_B=\pi(A/K_1)^{1/2}$；$A^i$、$K_1^i$分别为1:5相的交换常数和第二级磁晶各向异性常数；ψ为外加磁场与磁体剩磁的夹角；d为1:5相原子层间距；N为1:5相原子层数。

为了对α_K^{pin}进行数值估计，假设$A^{i,i+1}\approx A$，因为两者有接近的居里温度，K是线性变化的，$3K_1=K_1^i$，$N=10$和$d=0.2$nm，若采用$\delta_B=5.74$nm和$K_1=3.91$MJ/m^3，人们可得$\alpha_K^{pin}=0.35$。

通过实验数据画$\mu_0H_c/J_s-2\mu_0K_1/J_s^2$也可确定$\alpha_K^{pin}$。图7-86展示不同时效温度（$T_a$）下$Sm(Co,Cu,Fe,Zr)_z$磁体在170~635K之间矫顽力对各向异性场的温度关系分析。可看到，在800~900℃时效的高矫顽力磁体的α_K^{pin}约为0.4，与上面理论估计的值0.35基本一致。

近年对高温应用的析出硬化2:17型取向高矫顽力烧结Sm-Co磁体的研究表明[82,83]，在850℃时效后慢冷到400℃的析出硬化2:17型烧结磁体中，Cu不是均匀地分布在胞边界上的，而是有很大的浓度梯度，从而极大地改善矫顽力。原子探针分析表明，在缓慢冷却过程中胞壁的Cu浓度及其梯度随缓慢冷却的终端温度下降而急剧增加[84]。

在Sm-Co-Cu-Fe-Zr系统中，室温下Sm_2Co_{17}和$SmCo_5$的K_1值分别为3.3MJ/m^{3}和11~18MJ/m^3（参见第4章相关数据）。由于Cu的引入，2:17相和1:5相K_1值均随Cu含量的

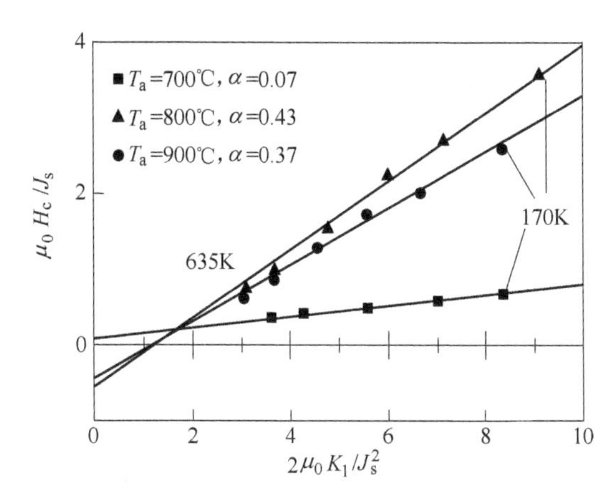

图 7-86　不同时效温度（T_a）下 $Sm(Co,Cu,Fe,Zr)_z$ 磁体在 170 ~ 635K 之间矫顽力对各向异性场的温度关系分析[93]

增加而单调下降[79]。由检测的成分可估算出材料的内禀磁性参数，如第二级磁晶各向异性常数 K_1（见图 7-77）[93]。

胞的边界（胞壁 1:5 相）对于在胞（2:17 相）中的畴壁位移是一个位垒，胞壁 1:5 相成为一个排斥的钉扎位置。因富 Cu 的 1:5 相的居里温度远低于富 Fe 的 2:17 相的居里温度，所以随着温度的升高，1:5 相的 K_1 值下降速率快于 2:17 相。存在一个排斥-吸引转变温度。在此温度点 1:5 相和 2:17 相的 K_1 值相等，随后 1:5 相的 K_1 值小于 2:17 相的 K_1 值，并随温度升高，两者差异加大，胞壁 1:5 相对畴壁位移的作用成为吸引的钉扎中心，温度达到 1:5 相的居里温度时，吸引的钉扎最大。随着温度进一步升高，在高于 1:5 相的居里温度时，胞壁 1:5 相对畴壁位移完全失去钉扎，每个胞（2:17 相）此时成为被非磁性的 1:5 相隔离的单畴颗粒，磁体变成一个形核型磁体。图 7-87 展示了具有这种形式的高温磁体的矫顽力的温度关系。一般的 Sm-Co-Cu-Fe-Zr 永磁体，矫顽力随温度的变化通常是单调地下降的，像上面所述的非单调地下降的矫顽力温度变化仅出现在耐高温磁体上。

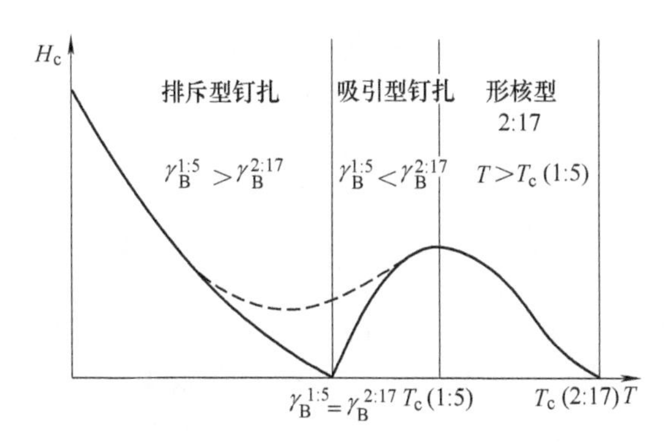

图 7-87　耐高温 $Sm(Co,Cu,Fe,Zr)_z$ 磁体矫顽力的温度关系[93]

7.7.3　烧结 2:17 型 Sm-Co 磁体的矫顽力的角度关系

通常认为，$Sm(Co,Cu,Fe,Zr)_z$ 磁体的矫顽力是由与 2:17 基体相磁性差别较大的 1:5

相胞壁上的“钉扎”控制的。因此，期望该磁体的矫顽力角度关系应该呈现“钉扎”型的 $1/\cos\psi$ 关系，然而 Sm(Co,Cu,Fe,Zr)$_z$磁体的矫顽力的角度关系展示如图 7-88 所示的形状[94]。可看到，该曲线形状完全偏离了“钉扎”型的 $1/\cos\psi$ 关系，而是有点接近形核型的 S-W 关系。由此看来，以上所述的“钉扎”机制是否存在一些问题？这是值得人们进一步讨论的。

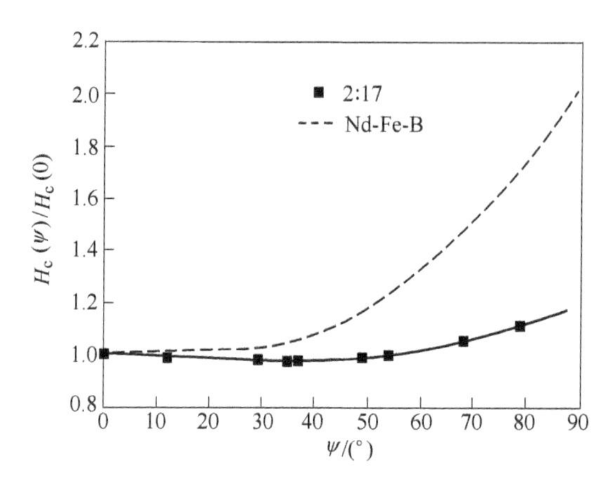

图 7-88 在室温 300K 时 Sm(Co,Fe,Cu,Zr)$_{7.76}$和 Nd-Fe-B 磁体的矫顽力角度关系[94]

实际上，它的形状既不是 $1/\cos\psi$ 关系，也不是 S-W 关系。但人们从图中的 2:17 曲线上可看到一点点 S-W 关系的特征，即在 35°附近显示矫顽力的极小。显然，这有点像单畴颗粒磁矩一致转动的特征。

根据 2:17 型析出硬化磁体所展示的显微结构为纳米晶的胞状结构来看，该磁体已经构成了纳米晶单畴颗粒的集合体。因此，该磁体具有部分单畴颗粒的 S-W 关系的特征是必然的。至于为什么该磁体仅有一点儿单畴颗粒的特征，根据前面讨论的微磁学原理，主要原因是在 Sm(Co,Cu,Fe,Zr)$_z$磁体中纳米相间不存在起到隔离作用的非磁性相，纳米相间存在强烈的交换耦合，同时在 Sm(Co,Cu,Fe,Zr)$_z$磁体中不是所有的晶粒完全一致取向于 c 轴，存在一些错取向晶粒，从而在较大程度上偏离了单畴颗粒的 S-W 关系。

然而，烧结 Sm(Co,Cu,Fe,Zr)$_z$磁体在起始磁化曲线形状、小磁滞回线形状、由小磁滞回线得到的不同最大磁化场的剩磁与矫顽力的特征都指出该类磁体在磁化和反磁化中呈现出典型的钉扎特征，这是毫无问题的。至于为什么在矫顽力的角度关系上显示得不够完美，仅呈现出部分的钉扎磁体应有的 $1/\cos\psi$ 特征，原因可能是由纳米胞状组织构成的 Sm(Co,Cu,Fe,Zr)$_z$磁体不是理想的多畴的大晶粒（微米数量级）单晶结构，就是说，烧结 Sm(Co,Cu,Fe,Zr)$_z$磁体的显微结构与理想的钉扎的结构相差较大。理想的钉扎的结构是大晶粒微米数量级的单晶颗粒，晶粒间无交换耦合，且所有晶粒是一致取向的，但 Sm(Co,Cu,Fe,Zr)$_z$磁体的胞和胞壁相尺寸都在纳米数量级，胞与胞壁相间是直接接触，有很强的交换耦合，且总有部分晶粒处于错取向状态。因此，所观察到的矫顽力角度关系相对于理想钉扎的 $1/\cos\psi$ 关系有较大的偏离是可以理解的。

7.8 烧结 Nd-Fe-B 磁体的磁化和反磁化

在上面 7.6 节和 7.7 节中，我们分别讨论了第一代 1:5 型和第二代 2:17 型 Sm-Co 稀土永磁体的矫顽力机理。根据磁测量数据和磁畴观测结果，可以清楚看到，以上两代烧结稀土磁体有完全不同的矫顽力机制：1:5 型烧结磁体的矫顽力属于“形核”磁硬化型，而 2:17型烧结磁体属于“钉扎”磁硬化型。在上两节也对两种不同磁硬化类型的 Sm-Co 烧结磁体的矫顽力进行了微磁学分析。在本节中，我们将对第三代稀土永磁材料烧结 Nd-Fe-B 磁体的矫顽力机理进行讨论。

7.8.1 烧结 Nd-Fe-B 磁体的磁化和反磁化的实验观测

目前使用最广的稀土永磁材料是以烧结 Nd-Fe-B 为代表的第三代稀土永磁材料。大量的显微结构观察表明，烧结 Nd-Fe-B 磁体通常可存在六个相。这些相的特征可见表 7-3[95~104]：由具有四方结构的 $Nd_2Fe_{14}B$ 主相（Φ）和次相（或称为第二相），包括富 Nd 相（广义为富 R 相）、富 B 相 $NdFe_4B_4$（η）、Nd_2O_3、α-Fe 相和外来的其他掺杂相等组成[87,96]。这后四种相并非在所有烧结 Nd-Fe-B 磁体中都同时存在。

表 7-3 在烧结 Nd-Fe-B 磁体中存在的各种相及其特征[95~104]

相的名称	大体上的成分 Nd:Fe:B	结 构	标 记	相的特征（形貌、分布与取向）
$Nd_2Fe_{14}B$ 基体相	2:14:1	四方	Φ	多边形，不同尺寸，晶体取向不同[95,98]
富 B 相	1:4:4	四方	η	大块或细小颗粒析出物[95,98] 大部分在晶界，少量在主相内
富 Nd 相	Fe :Nd ≈ 1:3	面心立方	n1	薄层状，沿晶界分布[85,98]
		非晶态	—	薄层状，沿晶界分布[99]
	Fe :Nd > 1:9	六方	n2	颗粒状，处晶界交汇处[98,100]
析出相	Nd_2FeB_3	—	—	颗粒，沿晶界分布[96]
	$Nd_5Fe_2B_6O_?$	—	p1	片状，沿晶界分布[96]
	Nd_2O_3	六方	no	颗粒，随机分布在主相内[96]
	$Fe_4Nd_1O_?$	—	fo	—
	Nd（Fe，Al)$_2$	—	a1	沿晶界分布[96]
	$Nd_6Fe_{13}Cu$	四方	—	沿晶界分布[101]
	$Nd_6Fe_{13}Ga$	四方	—	沿晶界分布[102]
	$Nd_6Fe_{11}Al_3$	四方	—	沿晶界分布[103,104]
	$NbFe_2$		nb1	颗粒，随机分布在主相内[96]
	NbFeB		nb2	颗粒，随机分布在主相内[96]
	ZrFeB		zr1 ~ zr3	颗粒，随机分布在主相内[96]
	Mo_2FeB_2		mo1	颗粒，随机分布在主相内[96]
富 Fe 相	Nd-Fe 化合物	体心立方	f	颗粒[96]
	α-Fe	面心立方		颗粒，沿晶界分布[97]
外来相	Nd-Cl		i1	颗粒，随机分布在主相内[96]
	Nd-P-S		i2	颗粒，随机分布在主相内[96]

具有四方结构的 $Nd_2Fe_{14}B$ 主相是烧结磁体中唯一的硬磁性相。它的体积百分数决定了 Nd-Fe-B 永磁合金的 B_r和（BH）$_{max}$值的大小。一般在烧结磁体中主相的体积百分数在 85%~96% 之间，高磁能积烧结 Nd-Fe-B 磁体的主相约占体积的 95%~96%。

烧结 Nd-Fe-B 磁体的晶粒尺寸通常在 2 ~ 15μm 范围，其中的高性能烧结磁体的平均晶粒尺寸小于 7μm[105]（图 7-89）。小的富 Nd 相聚集在晶粒构成的三角形交汇区内（见图 7-90（a））[105]。由热场发射枪扫描电子显微镜（thermal field emission gun scanning electron microscope）观测指出，几纳米厚的富 Nd 晶界相均匀和连续地覆盖在主相 2:14:1 晶粒上，并隔离各个晶粒（见图 7-90（b））。

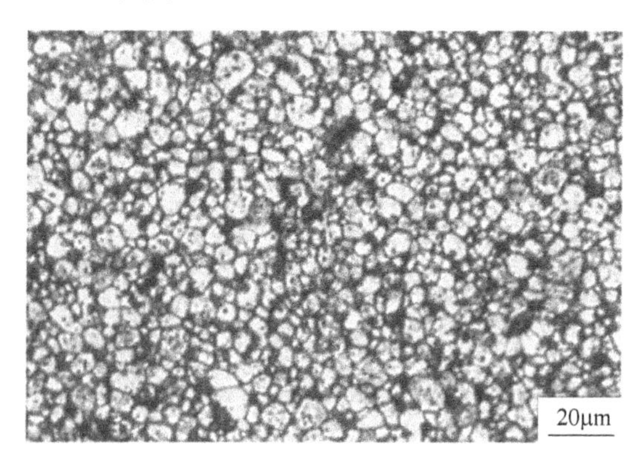

图 7-89 高性能烧结磁体的光学显微图

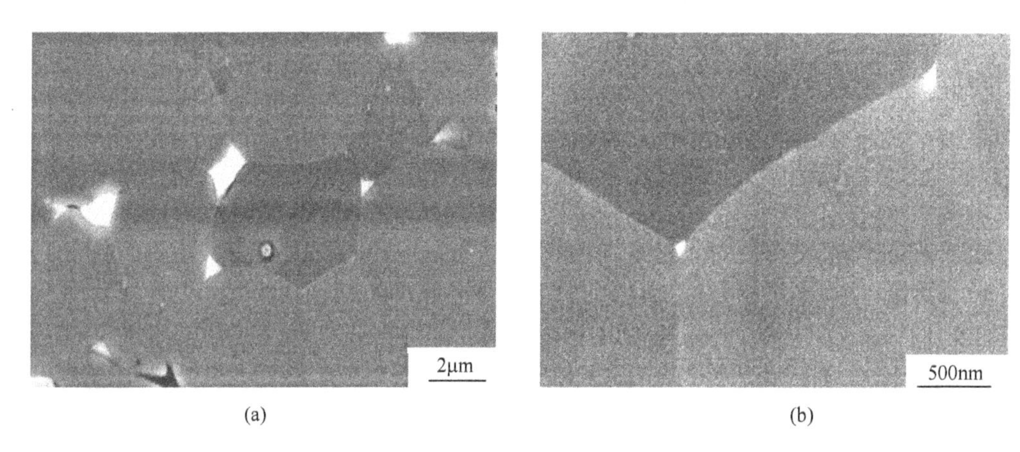

图 7-90 高性能烧结 Nd-Fe-B 磁体的 SEM 图[105]

富 Nd 相对烧结 Nd-Fe-B 磁体的磁硬化起着极其重要的作用。它的成分、结构、分布和形貌对工艺条件十分敏感。显微组织观察表明，按分布和形貌讲，富 Nd 相可分三种类型。第一种是镶嵌在 $Nd_2Fe_{14}B$ 晶粒边界的三角形交汇处（尖角）的块状富 Nd 相，如在图 7-91 中所见的淡灰色反差区域所示。这是一种金属性质的具有 $a = 0.365$nm 和 $c = 1.180$nm 的 hcp 结构的约为 97%（原子分数）Nd 余 Fe 组成的富 Nd 相[99]。第二种是连续分布在晶粒边界的各种厚度不同的层状富 Nd 相，如图 7-92 所示。它具有 $a = 0.52$nm 的面心立方（fcc）结构，成分（原子分数）约为 75% Nd 和 25% Fe。研究发现，随着厚度的降低，这种富 Nd 相由有序结构逐渐转变为无序结构，最终变成非晶态[100]。第三种是弥散地分布在基体相 $Nd_2Fe_{14}B$ 晶粒内部的具有 $a = 0.52$nm 的 fcc 结构富 Nd 相析出物，其数量极少，如图 7-93 所示[100]。从图 7-93 可见，富 Nd 相析出物 b 和基体相间的取向关系是不同的，且本身包含了多个细小晶粒，其直径在数十至数百纳米范围。

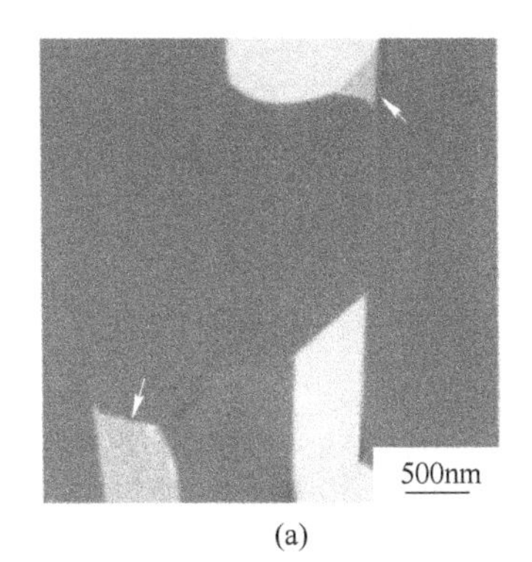

(a)

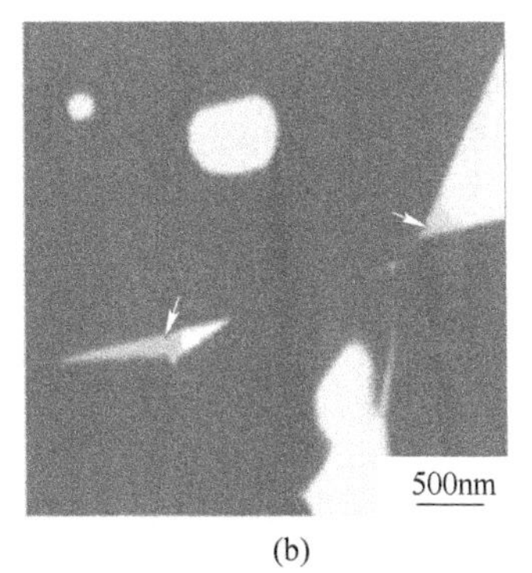

(b)

图 7-91 在 Nd-Fe-B 基烧结磁体的烧结态和退火态下利用高放大率的 SEM 分析的富 Nd 相的 BSE（backscatered electron）图像[99]

（a）烧结态；（b）退火态箭头指的淡灰色反差区域是具有 hcp 晶体结构的富 Nd 相

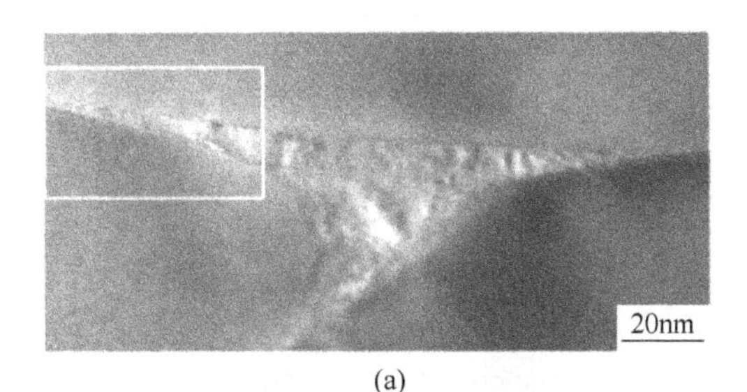

(a)

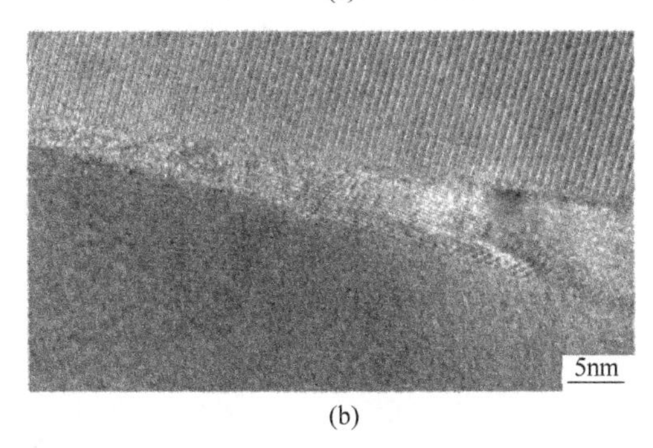

(b)

图 7-92 在 Nd-Fe-B 基烧结磁体的退火态下的 HRTEM 图[100]

（a）低放大率时；（b）在（a）中矩形区域的高放大率时

烧结 Nd-Fe-B 磁体的晶粒边界，从有无晶界相可分为两类：第一类晶界（GB1）无任何晶界相；第二类晶界（GB2）由富 Nd 相或富 B 相组成[98]。从磁性上也可分为两类：第一类是 $Nd_2Fe_{14}B$ 晶粒与磁性相如 α-Fe 相、$R(Co,Fe)_2$ 拉弗（Laves）相或邻近 $Nd_2Fe_{14}B$ 晶粒直接接触；第二类是 $Nd_2Fe_{14}B$ 晶粒与非磁性相如富 Nd 相（一般是 fcc 结构的富 Nd 相）或富 B 相晶粒直接接触，以这样的分类法，无晶界相的情况就可归为第一类，所以以磁性分类更切合磁化、反磁化过程的实质。第二类晶界能起到磁去耦的作用，是永磁体所需要的晶界；但第一类晶界是永磁体应该尽量避免的，因为这种情况增加了晶粒间的交换耦合，使得磁体的矫顽力大幅下降。上述的富 Nd 相可以通过添加稀土元素、低熔点或高熔点金属得到改变，从而改善烧结 Nd-Fe-B 磁体的显微结构和永磁性能[102,105,106]。

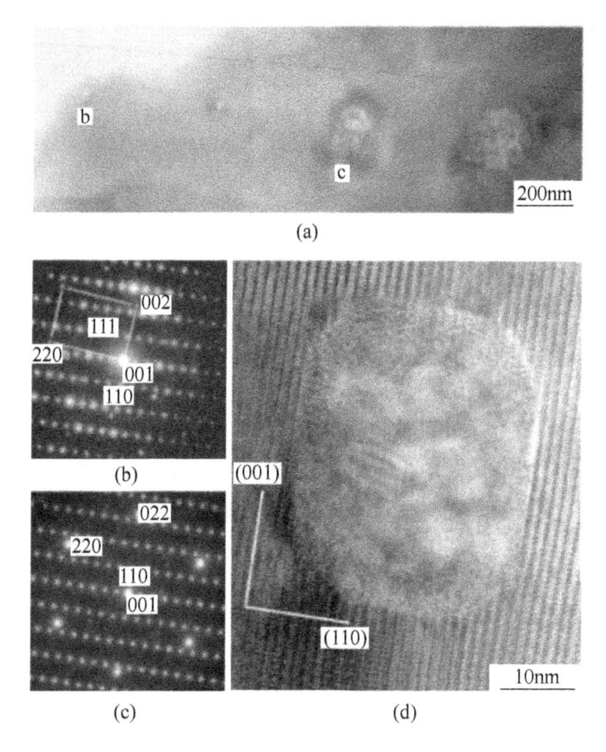

图 7-93 在主相 $Nd_2Fe_{14}B$ 晶粒内的富 Nd 相析出物的 TEM 和 SAD 图[100]

(a) 沿 $[\overline{110}]$ 晶带轴获得的富 Nd 相析出物 BF TEM 图;

(b), (c) 分别是在 (a) 中析出物 b 和 c 区域所获得的 SAD 图;

(d) 在 (a) 中的析出物 b 的 HRTEM 图

烧结 Nd-Fe-B 磁体有与烧结 $SmCo_5$ 磁体类似的起始磁化和小磁滞回线形状（见第 5 章的图 5-3 (a)）。在热退磁状态下，烧结 Nd-Fe-B 磁体的起始磁化曲线上升很陡，即具有极高的低场磁导率；矫顽力随磁化场变化的特征是开始增大较小，但在较小的磁化场 720kA/m（或 9.04kOe）时的矫顽力已经很接近外场 >1600kA/m（或 20.11kOe）的矫顽力，表明烧结 Nd-Fe-B 磁体从热退磁状态很容易磁化饱和。这个结论还可以从不同 H_{cJ} 的烧结 Nd-Fe-B 磁体矫顽力随外磁场的变化关系图中更直观地得到证实（见第 5 章的图 5-3 (b)）。在那里，矫顽力超过 2T 添加 Dy 的烧结 $Nd_{13.5}Dy_{1.5}Fe_{77}B_8$ 磁体和矫顽力为 1.2T 的烧结 $Nd_{15}Fe_{77}B_8$ 磁体，它们的饱和磁化场仅需要 0.7T，而矫顽力为 1.75T 的添加 Nd 和 Al 的烧结 $Nd_{20}Fe_{71}Al_2B_7$ 磁体的饱和磁化场虽然需要 1T，但所有的磁化场都远低于磁体的内禀矫顽力。这些结果表明，烧结 Nd-Fe-B 磁体符合“形核”型的矫顽力机制特征。

利用 Lorentz TEM 在反映畴壁的 Fresnel 模式下研究垂直于 c 轴平面内的磁畴结构被展示于图 7-94 中[99]，样品为掺杂 Al 和 Cu 的磁能积为 50MGOe 的高性能烧结 Nd-Fe-B 磁体。可看到，由亮暗反差给出的畴壁所构成的磁畴呈现出类迷宫结构，在含有窄晶界（含有 Cu 的薄层状的铁磁性的富 Nd 相）的图 7-94 (a) 中，横跨晶界的两个晶粒的畴壁是连续的，这表明两个晶粒的磁化有同一方向，也提示两个晶粒被静磁或交换相互作用耦合着。然而在含有较宽晶界的图 7-94 (b) 中，横跨晶界的两个晶粒的畴壁没有任何接触，这表明两个晶粒之间是退耦的，这是因为在较宽的富 Nd 相晶界中，富 Nd 相是非磁性相，所以磁畴被富 Nd 相完全隔离。

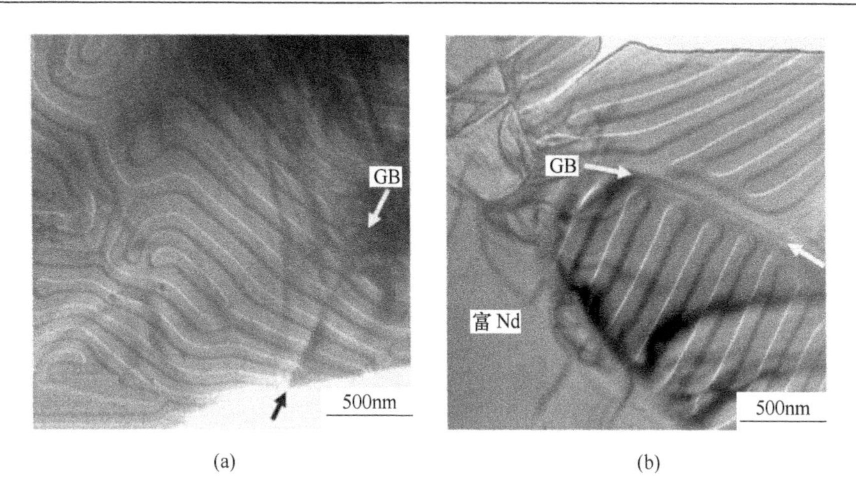

图 7-94 以 Fresnel 模式在烧结 Nd-Fe-B 磁体上观测垂直于 c 轴平面的 Lorentz TEM 图[99]
（GB + 箭头指示晶界）
（a）两个晶粒有窄的晶界；（b）邻近富 Nd 相的两个晶粒有较宽的晶界

图 7-95 展示采用 Kerr 效应研究正向饱和磁化后的取向烧结 Nd-Fe-B 磁体在反磁化过程中磁畴图案的变化[108]。可看到，经饱和磁化后磁场下降到 $\mu_0 H = 0.15\mathrm{T}$ 时的磁畴图（图 7-95（a））与饱和磁化时一样，Nd-Fe-B 晶粒内的所有剩余反向磁畴均处于消失状态。但当磁化场下降到 $\mu_0 H = 0.1\mathrm{T}$ 时，磁体局部已处于磁化反转的退磁状态，于是在 $Nd_2Fe_{14}B$ 晶粒内出现典型的反向畴的形核（图 7-95（b））。可以看到，反向畴的形核出现在与非磁性相相邻的 $Nd_2Fe_{14}B$ 大晶粒的边角上。根据扫描电镜的观测，这些非磁性相是

(e)

(f)

图7-95 在磁场$\mu_0 H$分别为+0.15T（a）、+0.1T（b）、0（c）、-0.1T（d）、-0.15T（e）、-0.35T（f）时由Kerr效应观测的烧结$Nd_{15}Fe_{77}B_8$磁体磁畴图[108]

$NdFe_4B_4$和Nd的氧化物。在以$Nd_2Fe_{14}B$晶粒为基体的磁体中，由于非磁性相的存在而造成的杂散磁场，会严重影响烧结Nd-Fe-B磁体的退磁行为。正如在图7-95（c）~（f）中所展示的那样，在几乎不存在错取向晶粒的磁体内，退磁行为首先被反向畴的形核过程所控制，接着被晶粒内的畴壁位移过程和在相邻$Nd_2Fe_{14}B$晶粒之间磁极面上的静磁性相互作用所控制。在磁化场下降到$\mu_0 H=0T$时，由于样品退磁场的作用，磁体已处于反磁化状态，已形核的反向畴开始延伸扩大（图7-95（c））。当施加反向磁化场，并不断增大时（从-0.1T，-0.2T，至-0.35T），其反向畴也不断延伸扩大，此时的磁畴图案分别展示于图7-95（d）~（f）。在图7-95（c）中也展示出，在不大的反向磁化场（-0.1T）作用下，大部分晶粒已出现反向畴，并且在反向磁场远小于磁体矫顽场下完成了反磁化，此时在$Nd_2Fe_{14}B$晶粒内部已观察不到磁畴。

这一结果表明，样品表面的反磁化比较容易，一方面是因为样品表面的晶粒完美程度远低于磁体内部的晶粒，另一方面是因为样品的表面有较大的退磁场。这也指出了为什么磁体反磁化总是首先出现在磁体表面的原因。

利用带有Fresnel和Foucault图像模式的洛伦兹显微镜结合经磁场表征了的透射电子显微镜的原位磁化实验，实时研究了在不同外加磁场下烧结Nd-Fe-B磁体中单独磁畴的磁化反转变化[109]。研究清晰指出，在烧结Nd-Fe-B磁体中的反磁化过程，首先由在高磁场下保留下的错取向晶粒中已反转的磁畴进行形核和扩胀，然后在更大的反向磁场下通过靠近晶粒取向好的晶界上的磁畴的形核和劈裂实现大的不可逆畴壁位移，直到新建畴壁的横向扩张全部完成。

Lorentz显微镜研究发现[110]，在烧结Nd-Fe-B磁体中每个晶粒包含若干个畴宽约为0.3μm的畴（图7-96（a）），畴壁同富Nd夹杂物（图7-96（b））和晶粒边界（图7-96（c））两者有相互作用，倾斜实验表明后者的作用更强。

7.8.2 烧结Nd-Fe-B磁体的矫顽力的微磁学分析

由上面的初始磁化曲线、小回线形状以及磁畴观测均可得出结论，烧结R-Fe-B磁体在室温附近的矫顽力可以通过反向畴的形核得到解释，这种解释与显微结构的研究是一致

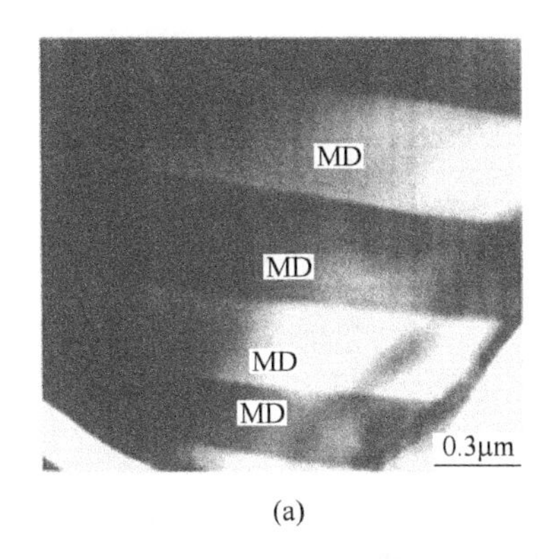

(a)

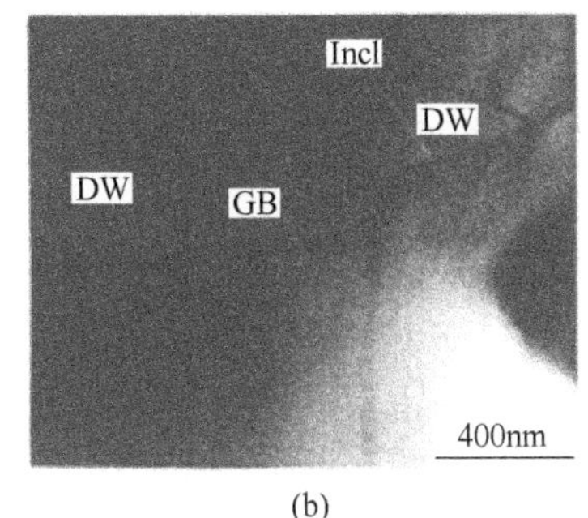

(b)

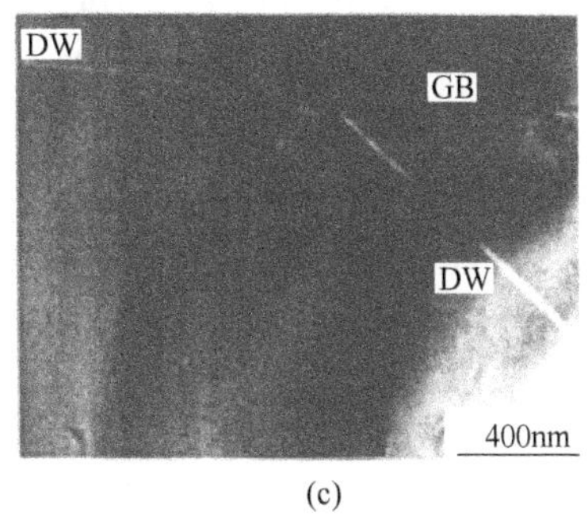

(c)

图 7-96 观察烧结 Nd-Fe-B 磁体的 Lorentz 显微镜显微图[110]

（a）磁畴和畴壁；（b）畴壁与夹杂物相互作用；（c）畴壁与晶粒边界内的粒间相相互作用

MD—磁畴；DW—畴壁；GB—晶粒边界；Incl—夹杂物

的，借助微磁学模型也能获得该类磁体的矫顽力是形核型控制的结论。1988 年 Kronmüller 等人[111]在烧结 Nd-Fe-B 磁体上成功地进行了微磁学分析。如果假设磁体属于钉扎机制，则错取向微结构参数 $\alpha_{\psi}^{\min}=1$，按照微磁学钉扎模型所作的 $H_c/M_s \sim \pi H_A/(3\sqrt{3}\delta_B M_s)$ 图，在低于室温部分的数据点与线性关系有较大的偏离（见图 7-97）；另外，由图7-97 中线

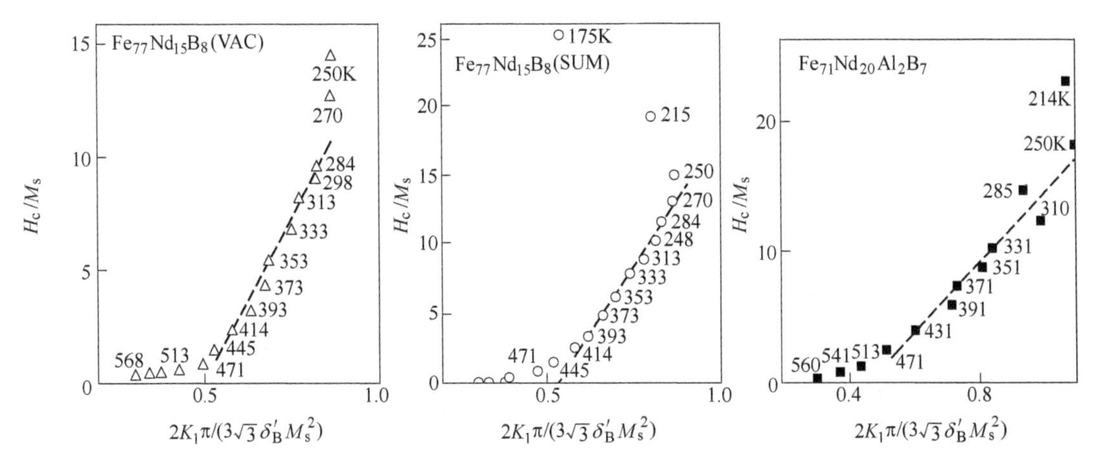

图 7-97 利用 $2r_0 < \delta_B$ 的畴壁钉扎来试验三种磁体 H_c 的温度关系[111]

（VAC 和 SUM 分别指 Vacuumschmelze 和 Sumitomo 生产的磁体）

性段的斜率所确定的钉扎参数 α_K^{pin}，对于三种磁体始终大于0.3，与在钉扎模型中所获得的参数 α_K^{pin} 始终应该小于0.3是矛盾的[10,111]。这些结果表明磁体不符合钉扎模型。

下面，我们来看一看如果假设形核机制的情形。选择VAC、SUM（住友特金）和添加Al的三种烧结Nd-Fe-B磁体，采用变温磁性数据进行分析。采用室温 α_ψ^{nuc} 的最小值 α_ψ^{min} = 0.6[111]，分别作图 $H_c/M_s \sim 2K_1/(\mu_0 M_s^2)$ 和 $H_c/M_s \sim [2K_1/(\mu_0 M_s^2)]\alpha_\psi^{min}$，并在250～450K温度范围内从两条作图曲线上所给出的两个线性斜率，可以得到上述三种磁体参数 α_K^{nuc} 的上限和下限值：0.93和0.72（VAC）、0.90和0.77（SUM）、0.89和0.62（加Al）。采用 α_K^{nuc} 的上限和下限值以及 $Nd_2Fe_{14}B$ 的内禀磁性参数 K_1 和 A（参见表7-1），由式（7-61）可以计算出上述三种磁体的缺陷半宽度 r_0 的上限和下限值，分别为0.4nm和1.2nm（VAC）、0.5nm和1.0nm（SUM）、0.5nm和1.4nm（加Al）。结果表明，烧结Nd-Fe-B磁体的缺陷有一定的分布，r_0 分布范围为0.4～1.4nm；参数 α_K^{nuc} 分布为0.55～0.95（见图7-98插图）。然后依照形核模型，对VAC、SUM（住友特金）和添加Al的三种磁体的实验数据根据下式：

$$H_c/M_s \sim [2K_1/(\mu_0 M_s^2)]\,\alpha_K^{nuc}\,\alpha_\psi^{min} \tag{7-104}$$

作图（参见图7-98）[111]。可看到，在自旋重取向温度 T_s = 135K以上至471K温度区间内三种磁体都表现出很好的线性关系，表明形核机制控制着烧结Nd-Fe-B磁体的矫顽力。由这些曲线的直线段外推所获得的截距就是各磁体的有效退磁因子 N_{eff}，VAC、SUM和加Al磁体 N_{eff} 分别为0.63、0.95和0.5。

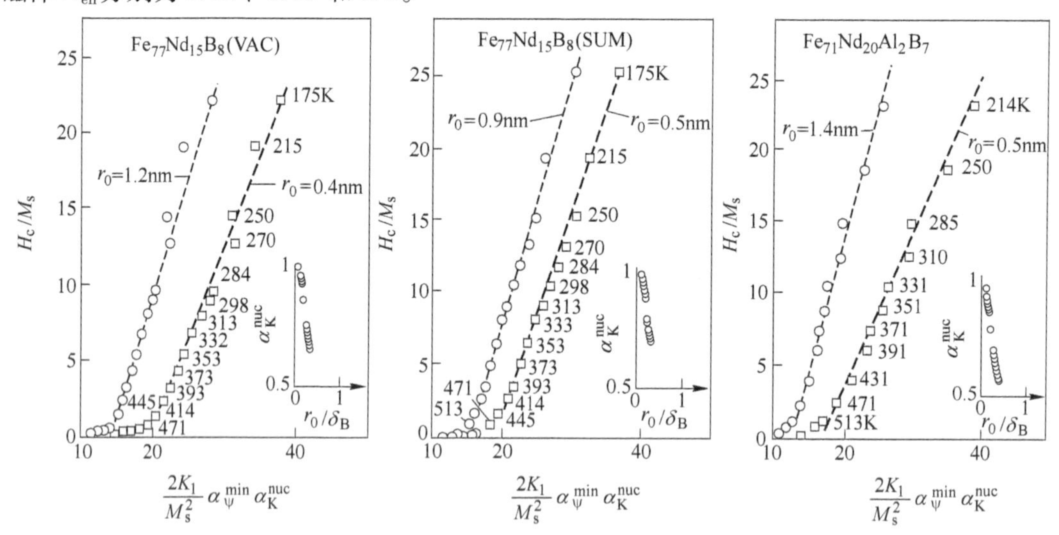

图7-98 三种烧结Nd-Fe-B磁体的 $H_c/M_s \sim [2K_1/(\mu_0 M_s^2)]\alpha_K^{nuc}\alpha_\psi^{min}$ 关系[111]（取 α_ψ^{min} = 0.6；而 α_K^{nuc} 指通过作图 $H_c/M_s \sim H_A$ 和 $H_c/M_s \sim H_A\alpha_\psi^{min}$ 所得到的线性斜率）

同样地，1994年Kronmüller等人[112]在烧结Pr-Fe-B磁体上也成功地进行了微磁学分析。他们首先假设磁体属于钉扎机制，取 α_ψ^{min} = 1，并按照微磁学钉扎模型所作的 $H_c/M_s \sim (\pi H_A/3\sqrt{3}\delta_w M_s)$ 或 $H_c/M_s \sim (2\delta_w H_A/3\pi M_s)$ 图，所得结果均有很大的温度区域偏离线性，表明磁体不符合钉扎模型。但如果取形核机制相关的错取向微结构参数 α_ψ^{min} = 0.5～0.65，依照微磁学形核模型所作的 $H_c/M_s \sim H_A\alpha_\psi^{min}$ 图有很好的线性关系。这表明了形核机制控制

着 $Nd_2Fe_{14}B$ 型烧结 Pr-Fe-B 磁体的矫顽力。

由微磁学理论已比较清晰地了解到，对于形核磁硬化的烧结 Nd-Fe-B 磁体，其矫顽力主要由磁体表面的受损晶粒，以及内部的错取向晶粒、大晶粒和晶粒表面结构不完美等恶化因素所造成的较低的形核场控制。虽然平均晶粒尺寸为 7 ~ 8μm 的烧结 Nd-Fe-B 磁体不符合单畴模型（参见 7.1.3 节），但因为它具有高的单轴各向异性，一旦晶粒饱和磁化，剩磁状态的晶粒不会自发地产生磁畴结构（仍然处于单畴状态），因此，单畴模型的形核场理论仍能应用于烧结 Nd-Fe-B 磁体的反磁化行为[113]。利用单畴模型（参见式（7-96）），烧结 Nd-Fe-B 磁体的形核场应为

$$H_N(\psi, r_0) = \frac{2K_1}{\mu_0 M_s}\alpha_K\alpha_A\alpha_\psi - N_{eff}M_s \tag{7-105}$$

式中，α_K 表示因磁体表面晶粒的受损和内部晶粒表面的不完美所造成的形核场下降；α_A 表示因材料不均匀引起交换作用降低所造成的形核场下降；α_ψ 表示因错取向晶粒所造成的形核场下降；N_{eff}表示晶粒自身和晶粒间偶极子相互作用产生的杂散场影响（其中包含大晶粒的效应）。

依据对实际烧结 Nd-Fe-B 磁体中形核场的微磁学模型，我们可以从以下三方面的显微结构恶化定量地估算矫顽力相对于理论极限值的下降范围[88,111,113]：

（1）局域的杂散场对矫顽力降低的贡献约 2 ~ 3T；

（2）错取向晶粒对矫顽力降低的贡献约 2.5T；

（3）磁体表面晶粒的受损和内部晶粒表面晶体结构的不完美，对矫顽力降低的贡献约 0.5T。

对于一个在确定的工艺条件下所制备的烧结 Nd-Fe-B 磁体，磁体内部的错取向晶粒、大晶粒和晶粒表面结构不完美等显微结构参数显然也是确定的，于是，大尺寸的烧结 Nd-Fe-B 磁体具有确定的矫顽力及其他永磁性能。然而，对于小尺寸磁体而言，由于磁体比表面积显著增大，表面受损晶粒的比例远高于大尺寸的，所以小尺寸磁体的矫顽力随着磁体尺寸的降低而大幅地下降[114]。为了改善小尺寸磁体的矫顽力，最近发展的磁体表面的晶界扩散技术（GBD）[115,116]不但极大地提高小块磁体的永磁性能，也改善了中等尺寸磁体的矫顽力[117]。

磁体表面的晶界扩散技术可明显改变形核场公式中三个结构参数：α_K、α_A 和 N_{eff}的数值，提高 α_K 和 α_A 值，降低 N_{eff}值。稀土元素 Dy 或 Tb 通过表面的晶界扩散技术引入到磁体表面的受损晶粒和内部的晶粒表面，使得磁体表面的受损晶粒和内部有缺陷的晶粒表面都获得修复，从而极大地提高烧结 Nd-Fe-B 磁体的形核场。

胡伯平等人[118]在名义成分为 $Pr_{2.8}Nd_{8.7}Tb_{1.9}Dy_{0.3}(Cu,Al,Ga)_{0.6}Co_{1.5}Fe_{bal}B_{5.7}$ 的高性能烧结磁体表面上，利用 Dy-Fe 合金细粉采用 GBD 技术成功地制备出在室温下品质因子 $Q = H_{cJ}(kOe) + (BH)_{max}(MGOe) > 75$ 的高性能烧结 Nd-Fe-B 磁体。该磁体的永磁性能具体为：$B_r = 12.8kGs(1.28T)$；$H_{cJ} = 35.2kOe(2803kA/m)$；$(BH)_{max} = 40.4MGOe(321.6kJ/m^3)$。图 7-99 展示了采用优化工艺 + GBD 技术制备的 Nd-Fe-B 烧结磁体（C）在 20℃ 和 200℃下的退磁曲线，同时也给出了优化磁体样品（B）和对照样品（A）的退磁曲线，以便进行比较。可看到，经 GBD 处理的磁体（C）的室温内禀矫顽力比优化磁体样品（B）增大了约 3.6kOe，但剩磁和最大磁能积分别下降了 0.2kGs 和 0.5MGOe，且退磁曲线的方形度也变差了一点。

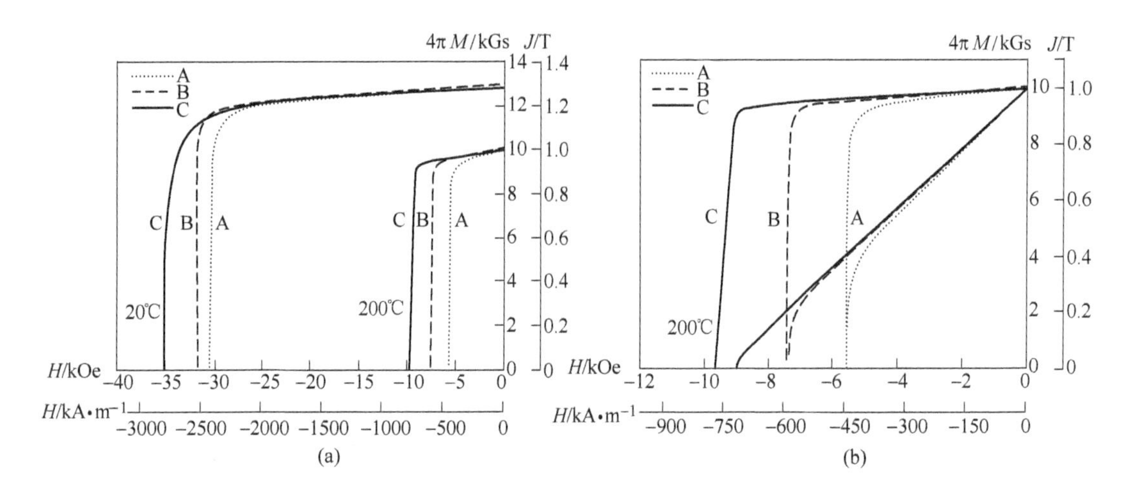

图7-99　对照样品（A）、优化磁体样品（B）和GBD处理样品在20℃和200℃下的退磁曲线（a）和在200℃下放大的退磁曲线（b）[118]

（样品尺寸为 $\phi 10.0 \times 10.0\text{mm}^3$）

利用在不同温度下所测量的磁化曲线和退磁曲线数据，可以作 $H_{cJ}(T)/M_s(T) \sim H_a(T)/M_s(T)$ 图。图7-100展示在不同温度下优化磁体样品（B）和GBD磁体样品（C）的 $H_{cJ}(T)/M_s(T)$ 随 $H_a(T)/M_s(T)$ 的变化。可看到，两条曲线无论是优化磁体还是GBD磁体，在340～200K温度范围内，H_{cJ}/M_s 与 H_a/M_s 都能保持很好的线性关系。

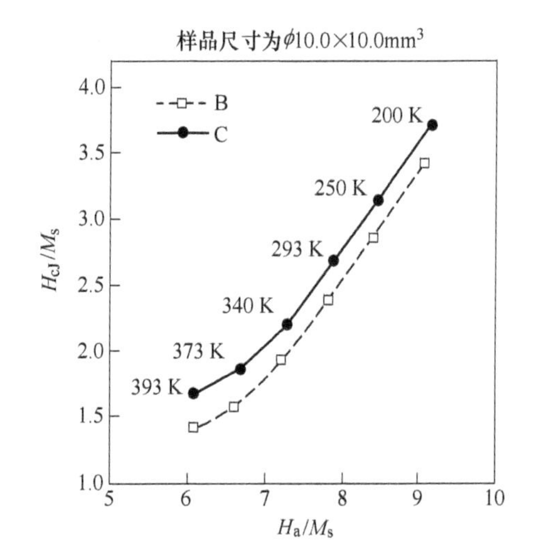

图7-100　在不同温度下优化磁体样品（B）和GBD磁体样品（C）的 $H_{cJ}(T)/M_s(T)$ 随 $H_a(T)/M_s(T)$ 的变化[118]

从曲线B的线性关系和其延伸线，所得到的斜率和（与纵轴的）截距分别为0.825和－4.07；而从曲线C所得到的斜率和截距分别为0.823和－3.81。根据微磁学理论的单畴模型，对于优化磁体样品（B），有方程式：

$$H_{cJ}(B)/M_s(B) = \alpha_K(B)\,\alpha_A(B)\,\alpha_\psi(B)H_a(B)/M_s(B) - N_{eff}(B)$$
$$= 0.825H_a(B)/M_s(B) - 4.07 \qquad (7\text{-}106)$$

于是，$\alpha(B) = \alpha_K(B)\,\alpha_A(B)\,\alpha_\psi(B) = 0.825, N_{eff}(B) = -4.07$；对于GBD磁体样品（C），有方程式：

$$H_{cJ}(C)/M_s(C) = \alpha_K(C)\,\alpha_A(C)\,\alpha_\psi(C)H_a(C)/M_s(C) - N_{eff}$$
$$= 0.823H_a(C)/M_s(C) - 3.81 \qquad (7\text{-}107)$$

于是，$\alpha(C) = \alpha_K(C)\,\alpha_A(C)\,\alpha_\psi(C) = 0.823, N_{eff}(B) = -3.81$。

为了比较晶界扩散前后反磁化结构参数 α 和 N_{eff}的变化情况，人们可作不同温度下磁体 B 和 C 的 H_{cJ}的关系曲线。图 7-101 展示晶界扩散磁体的 $H_{cJ}(C)$ 与优化磁体的 $H_{cJ}(B)$ 的关系曲线。可看到，在整个测量温度区间内 $H_{cJ}(C)$ 与 $H_{cJ}(B)$ 都保持了很好的线性关系。由线性拟合可得到如下关系式（单位为 kOe）：

$$H_{cJ}(C)=1.03H_{cJ}(B)+2.38 \quad (7\text{-}108)$$

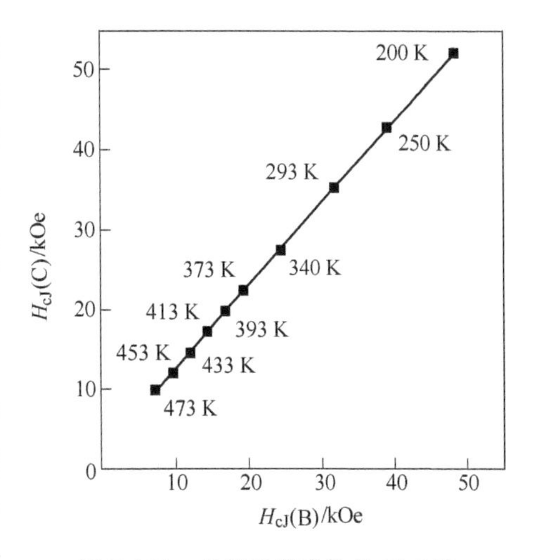

图 7-101 晶界扩散磁体的 $H_{cJ}(C)$ 与优化磁体的 $H_{cJ}(B)$ 的关系曲线[118]

从上式可清楚地看到，经过晶界扩散处理后的磁体的内禀矫顽力 $H_{cJ}(C)$，在优化磁体的内禀矫顽力 $H_{cJ}(B)$ 的基础上增强了 0.03 倍，另外还增加了 2.38kOe。将式（7-106）代入式（7-108），并考虑到 $M_s(B)\approx M_s(C)$ 和 $H_a(B)=104$kOe，可得下式：

$$\begin{aligned}H_{cJ}(C)&=1.03[0.825H_a(B)-4.07M_s(B)]+2.38\\&=0.850H_a(B)-4.19M_s(C)+2.38\\&=0.850[H_a(B)+2.80]-4.19M_s(C)\end{aligned} \quad (7\text{-}109)$$

假设烧结 Nd-Fe-B 每个主相晶粒都由内核和外壳组成，核和壳具有不同的内禀磁性，尤其是磁晶各向异性场。GBD 处理只是影响到了外壳层的内禀磁性能。由此可以将矫顽力 $H_{cJ}(C)$ 的关系描述成下式所示：

$$H_{cJ}(C)=[\alpha(B)+\Delta\alpha][H_c(B)+\Delta H_a]-[N_{eff}(B)+\Delta N_{eff}]M_s(C) \quad (7\text{-}110)$$

代入 $\alpha(B)$ 和 $N_{eff}(B)$，并将上式与式（7-109）比较，可得到 $\Delta\alpha=0.025$，$\Delta H_a=2.80$kOe 和 $\Delta N_{eff}=0.12$。由于 $\alpha(B)=\alpha_K(B)\alpha_A(B)\alpha_\psi(B)$，其中 $\alpha_A(B)$ 和 $\alpha_\psi(B)$ 两个参数在 GBD 处理前后不变，故 $\Delta\alpha(B)=\alpha_A(B)\alpha_\psi(B)\Delta\alpha_K(B)$

这些结果指出，GBD 处理可明显地降低晶粒表面的缺陷和受损程度，改善或修复晶粒表面晶体结构的不完整性，提高了晶粒表面壳层的磁晶各向异性场 $\Delta H_a=2.80$kOe，从而提高单畴颗粒反磁化的形核场（$0.025H_a=2.6$kOe）；但另外轻微增加了有效退磁因子，增大了杂散场（$0.12M_s=1.58$kOe），从而降低了晶粒表面壳层的磁晶各向异性提高对矫顽力的增强效应。

依据上述的单畴模型，随着技术的进步和磁体中晶粒粒度的降低，高磁能积烧结 Nd-Fe-B 磁体的矫顽力有望突破 2.5～3T。

7.8.3 烧结 Nd-Fe-B 磁体的矫顽力的角度关系

在前面图 7-88 中已给出了烧结 Nd-Fe-B 和 Sm_2Co_{17}磁体在 300K 时矫顽力的角度关系。根据形核机制所期望的矫顽力角度关系应遵循 S-W 关系，然而从图 7-88 的实验曲线看，烧结 Nd-Fe-B 磁体的矫顽力已较大地偏离理想形核的 S-W 关系（参见图 7-27），而比较靠近钉扎磁体的 $1/\cos\psi$ 规律（参见图 7-32）。这个矛盾已由多人对它进行了研究[119,120]。实际上，真实磁体矫顽力的角度关系与前面在微磁学理论中所指出的在 0K 下理想的单畴颗粒状态下所获得的应该有一定的差别。因为磁体的晶粒不是理想的单畴状态，而是尺寸较大的多畴状态；磁体的晶粒也不是一致取向，而是或多或少存在错取向晶粒，其平均错取向角度达5°~20°；$Nd_2Fe_{14}B$相的第四级磁晶各向异性常数K_2较大，也对矫顽力的角度关系产生一定的影响；还有温度的影响，因理论模型是在0K下获得的；还有晶粒内可能存在的各种结构不均匀性等等。上述因素的每一种都使磁体的矫顽力角度关系偏离形核型的S-W关系，而朝向钉扎的$1/\cos\psi$规律靠拢，上述各种因素的共同作用可以使得烧结Nd-Fe-B磁体的矫顽力角度关系较大地偏离S-W规律，导致它从表面看起来更像是遵循钉扎磁体的$1/\cos\psi$规律。

虽然烧结Nd-Fe-B磁体的矫顽力角度关系看起来更像遵循钉扎磁体的$1/\cos\psi$规律，但从前面的起始磁化测量和磁畴的观察可确定它不是钉扎磁体，而是实实在在的形核磁体。另外从减轻了某些恶化因素的烧结Pr-Fe-B磁体在低温下矫顽力的角度关系上（见图7-102）也得到证实。很明显，对于烧结Pr-Fe-B磁体，在4.2K下该磁体矫顽力的角度关系是比较接近S-W规律的[121]。可看到，随着温度的下降，矫顽力的角度关系逐渐从接近$1/\cos\psi$规律向S-W规律靠拢。

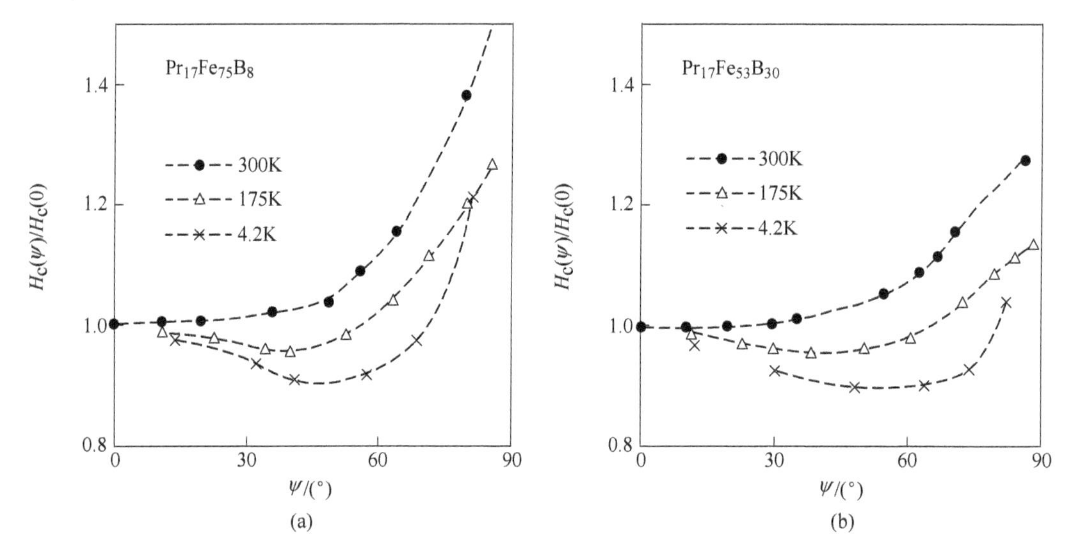

图7-102 在若干温度下烧结$Pr_{17}Fe_{75}B_8$(a)和$Pr_{17}Fe_{53}B_{30}$(b)磁体的矫顽力的角度关系[121]

尽管烧结$Pr_{17}Fe_{75}B_8$和$Pr_{17}Fe_{53}B_{30}$磁体的矫顽力的角度关系与S-W规律还有较大差别，但如果将烧结Pr-Fe-B磁体的晶粒下降到接近$Pr_2Fe_{14}B$的单畴临界直径（~0.2μm），并改善晶粒的取向，那么烧结Pr-Fe-B磁体的矫顽力的角度关系将会进一步接近S-W规律。因为$Pr_2Co_{14}B$相的高阶磁晶各向异性常数不管在什么温度下都有$K_2=0$，这可排除K_2对矫顽力角度关系的影响。可以相信，如果能制备出晶粒极细并取向状态极好的烧结Pr-Co-B磁体，那么这种磁体的矫顽力角度关系将会与理想状态的S-W规律更加接近。

7.9 纳米晶R-Fe-B磁体的磁化和反磁化

粘结磁体所使用的磁粉必须具有一定的矫顽力。由烧结Sm-Co磁体粉碎成的磁粉仍然具有大的矫顽力，因而可直接利用来制备粘结磁体；但烧结 Nd-Fe-B 磁体粉碎成的磁粉，因为不具有大的矫顽力，所以不能作为粘结磁体的原料粉。可以作为粘结磁体原料粉的 Nd-Fe-B 基稀土永磁材料只能是以纳米结构形式存在的 Nd-Fe-B 合金材料，例如熔体旋淬（melt-spinning，简称快淬）[122]、HDDR[123] 和机械合金化[124] 等方法制备的 Nd-Fe-B 合金粉。其中应用最广的是快淬 Nd-Fe-B 合金带粉。

按照目前的工艺技术水平，可以制备成各向同性的单相和两相纳米晶合金粉，如交换退耦的富稀土两相 Nd-Fe-B 纳米晶合金粉、成分接近正分且交换耦合的单相的 Nd（或 Pr）$_2$Fe$_{14}$B 合金粉和富 Fe 的交换耦合的两相纳米晶 Nd(或 Pr)$_2$Fe$_{14}$B/α-Fe、Fe$_3$B/α-Fe + Nd$_2$Fe$_{14}$B 等；也能制备各向异性的单相和两相纳米晶合金粉，但两相纳米晶合金粉中的软磁性相含量不高，且硬磁性相的取向度也欠佳（这部分内容见第 5 章中热变形纳米晶磁体部分）。

Nd-Fe-B 快淬合金带，根据 Nd 成分是超量（富）、正分、还是欠量（贫），可以分别制备成以下三种纳米晶磁体：（1）晶粒间交换退耦的高矫顽力但中等剩磁的两相磁体（主相 + 富 Nd 相）；（2）交换耦合的较高剩磁和中等矫顽力的单相正分磁体（单一主相）；（3）交换耦合的高剩磁但低矫顽力的两相复合磁体（主相 + α-Fe 相）。这三种纳米晶磁体的结构示意于图 7-103 中[125]。可看到，第一种纳米晶磁体包含过量的 Nd，晶粒间被晶界的富 Nd 相隔离而交换退耦，晶粒间不存在短程的直接交换耦合，仅存在长程的磁偶极耦合，此时的纳米晶磁体具有最高的矫顽力。第二种成分正分磁体，晶粒间因无任何晶界相存在，晶粒相互直接接触，因而相邻晶粒中的磁矩间有强的交换耦合，使得相邻晶粒中的磁矩接近一致排列，从而增强了纳米晶磁体的剩磁；晶粒间的长程磁偶极耦合，增加杂散场，但晶粒间的短程的交换耦合可降低杂散场，此时的纳米晶磁体具有较高的剩磁和中等的矫顽力。第三种是双相纳米晶复合磁体，具有高饱和磁矩的 α-Fe 晶粒与硬磁性 Nd$_2$Fe$_{14}$B相晶粒相互弥散分布，并直接接触，两相晶粒间有强的交换耦合，从而极大地增强了复合磁体的剩磁，但同时降低了磁体的矫顽力，此时的纳米晶磁体具有最高的剩磁但较低的矫顽力。

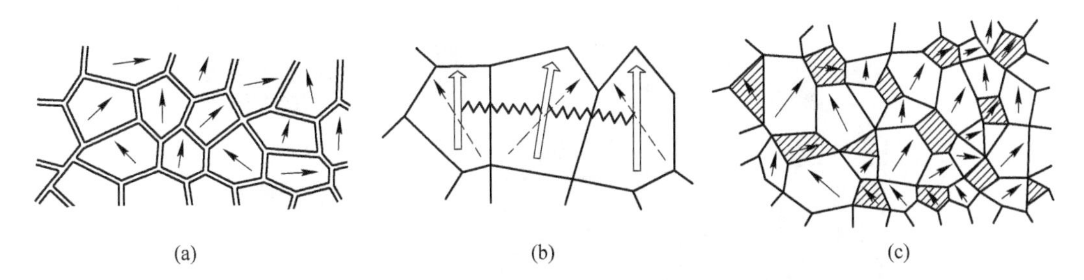

图 7-103 纳米晶快淬磁体的示意图[125]

（a）交换退耦的高矫顽力两相磁体；（b）交换耦合的较高剩磁的单相正分磁体；

（c）交换耦合的高剩磁的两相复合磁体

在 Nd-Fe-B 粘结磁体中，主要使用的是 Nd-Fe-B 快淬粉。早期大量使用的 Nd-Fe-B 快淬粉的 Nd 含量超过 13%（原子分数），如 MQP-A 粉；但目前使用得更多的是接近成分正分的 MQP-B 粉和富 Fe 或富 FeCo 的纳米复合 Nd-Fe-B 快淬粉。下面依次分别讨论部分退耦两相纳米晶磁体、成分正分交换耦合单相纳米磁体和富 Fe 或富 FeCo 交换耦合的双相纳米晶复合磁体的磁化和反磁化。

7.9.1 部分退耦两相纳米晶 R-Fe-B 磁体的磁化和反磁化

退耦和部分退耦纳米晶 R-Fe-B 磁体是分别指晶粒间完全交换退耦和晶粒间大部分交换退耦的以 $Nd_2Fe_{14}B$ 相为基的两相纳米晶 R-Fe-B 磁体。随着富 Nd 相含量的增加，两相纳米晶 R-Fe-B 磁体中纳米晶粒间的磁退耦强度也增大，将降低纳米晶粒内的杂散场，从而导致两相纳米晶磁体的矫顽力增大。

7.9.1.1 部分退耦两相纳米晶 R-Fe-B 磁体的磁化和反磁化的实验观测

对于 Nd 含量（原子分数）在13%～16%范围的 Nd-Fe-B 快淬粉，其显微结构已由透射电子显微镜研究（见图7-104）[122,126～130]。透射电子显微镜观测表明，相应于最佳快淬速度的快淬合金带实际上是两相材料。这种合金带是由尺寸约为30nm 的 $Nd_2Fe_{14}B$ 晶粒和其周围一层（约为3nm 厚）很薄的非晶相组成[122,126～130]；非晶相是由较富的 Nd 和贫的 Fe、B 构成，Nd:Fe 比为7:3。淬火速度过快的过淬合金带大部分为非晶态，经过600℃退火1min 后，该合金带中的晶粒平均尺寸达到30～40nm，与最佳性能的快淬带一样，每个 $Nd_2Fe_{14}B$ 晶粒被一薄层的富 Nd 非晶相围绕。实际上，最佳性能快淬合金带就是包含一薄层富 Nd 相、且晶粒间交换退耦的两相纳米晶磁体（图7-104（b））。在淬火速度过低的欠淬合金带中，每个 $Nd_2Fe_{14}B$ 晶粒比较大，最大的晶粒可达500nm；在晶粒间同样有一薄层

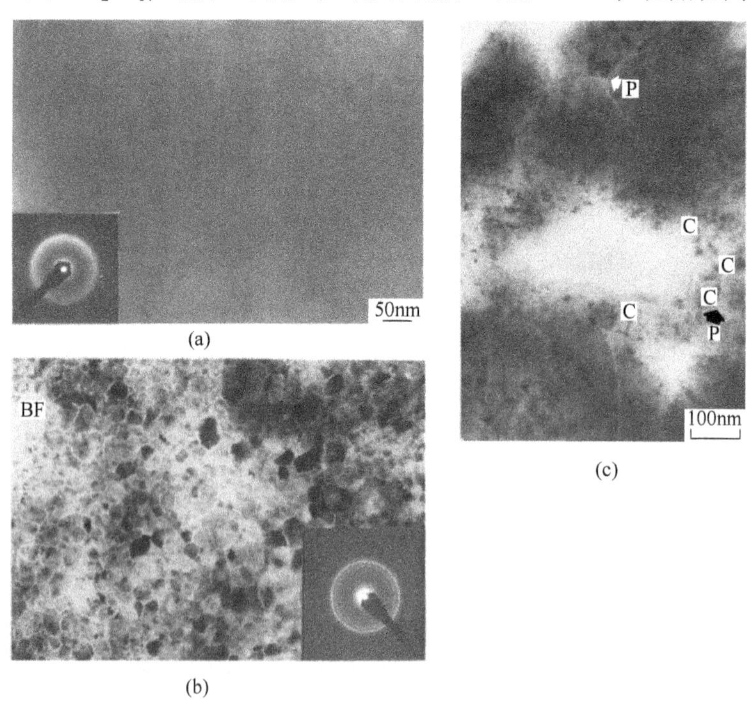

图7-104 在不同快淬条件下 Nd 含量稍富的快淬 Nd-Fe-B 合金带亮场电子显微镜图[131]
（a）过淬 Nd-Fe-B 合金带亮场电子显微镜图，插图是接近非晶的电子衍射图；
（b）最佳快淬 Nd-Fe-B 合金带亮场电子显微镜图；薄的白色是富 Nd 的非晶相；
（c）欠淬 Nd-Fe-B 合金带亮场电子显微镜图，由 C 标记的薄的白色是富 Nd 的非晶相，在交汇处的晶体相由 P 标记

富 Nd 相，而块状富 Nd 相出现在晶粒的交汇处（图 7-104（c））。由于欠淬合金带中的晶粒明显偏大，所以其内禀矫顽力较小。而在过淬合金带中，因合金带中大部分为非晶态（图 7-104（a）），硬磁性的 $Nd_2Fe_{14}B$ 相太少，合金带的矫顽力很小，需要进行退火处理来提高快淬合金带的内禀矫顽力。部分退耦两相纳米晶 Nd-Fe-B 快淬带的矫顽力与晶粒间交换退耦程度密切相关，交换退耦程度越高，矫顽力越大。实验结果已证实，随着富 Nd 含量的增加内禀矫顽力 $\mu_0 H_{cJ}$ 可从较低含量的 ~1.2T 增大到较高含量的 ~2.3T[131]。

由快淬法所获得的具有最佳性能快淬 Nd-Fe-B 合金带的矫顽力 $\mu_0 H_{cJ}$ 约为 1.2T，该合金带在不同磁化场下的磁化和退磁曲线已被测量（见第 5 章的图 5-5）[132]。在不同磁化场下的起始磁化曲线，看起来好像与“钉扎”型磁硬化的 2:17 型 Sm-Co 磁体的起始磁化曲线相似。磁化率在低磁化场下较小，仅当磁化场增加到内禀矫顽力附近时磁化率快速上升，但在高磁化场时磁化率又逐渐降低。最高的剩磁和内禀矫顽力相应于相当高的外加磁化场下得到的饱和退磁曲线上的参数值，也就是说，需要用脉冲磁场（约 11T）充磁才能使快淬 Nd-Fe-B 合金带获得所需要的技术饱和磁化状态和饱和的退磁曲线。此时的剩磁 B_r 和内禀矫顽力 $\mu_0 H_{cJ}(\infty)$ 分别约为 0.81T 和 1.2T（见第 5 章的图 5-5）。

起始磁化曲线的上述变化与纳米晶磁体中包含一薄层富 Nd 的晶界相，以及在快淬合金带中随机的纳米晶粒取向的显微结构密切相关。由于磁体为纳米晶，平均晶粒尺寸在 30~40nm 范围，显然晶粒尺寸均小于 $Nd_2Fe_{14}B$ 相的单畴临界尺寸（见表 7-1），加之相当一部分晶粒被富 Nd 相包围，在这部分晶粒之间相互处于退耦状态，故该快淬 Nd-Fe-B 合金带磁体可看作部分晶粒之间存在交换耦合、部分晶粒之间处于退耦的纳米晶单畴颗粒集合体。由于各向同性的随机晶粒取向，在低磁化场下仅极少数晶粒的易磁化方向与外加磁场方向同向而得到即刻磁化，而绝大部分晶粒的易磁化方向与外加磁场方向不一致，即有一个不同的夹角，正如在 7.2.3 节所指出的，这部分与外加磁场具有一定夹角的晶粒的磁化是以磁矩转动方式进行的，其磁化随磁化场的增加而逐渐增大，并在 $H = H_a$ 时接近饱和磁化。但需注意的是，即使磁化场达到 H_a，快淬带磁化仍然不能完全饱和。为了获得高的剩磁和内禀矫顽力，实验中需要采用高达 $\mu_0 H = 11T$ 的脉冲磁场来预磁化，这足以说明快淬合金带中晶粒的随机取向对快淬磁体的磁化和反磁化的重要影响。

在 Lorentz 显微镜中采用 Fresnel 和 Foucault 法可分别观测到磁畴的畴壁反差图案和磁畴中磁化的分布图案[133]。在富 Nd 的快淬 Nd-Fe-B 合金带中，磁畴观测表明，较小晶粒（平均晶粒尺寸 30~40nm）是单畴结构；而较大晶粒是多畴结构，与烧结 Nd-Fe-B 磁体中一样，热退磁状态的磁化率很高，畴壁移动很容易。事实上，Mishra 观察到[126,127,129]，在最佳快淬 Nd-Fe-B 合金带中，在直径约为 150nm 的晶粒内包含 180°畴壁，畴壁平行于 $Nd_2Fe_{14}B$ 相的 c 轴；畴壁主要存在于晶粒的边界处；畴壁被钉扎在几个直径为 80nm 左右的大晶粒中的边界上；对于较小的晶粒（20~30nm），它们的畴由多个晶粒组成的交换作用畴（多晶粒畴），其畴壁被钉扎在外侧晶粒的边界上。利用 Lorentz 显微镜采用 Fresnel 和 Foucault 法在快淬 Nd-Fe-B 合金带中所获得的 Lorentz 显微镜图被展示于图 7-105 中[133,134]，图 7-105（a）和（b）是采用 Fresnel 法观测到的畴壁反差图，而图 7-105（c）是采用 Foucault 法观测到的磁化方向的分布图案。可观察到畴壁均处于晶粒的边界，见图 7-105（a）和（b）中反差为白色的条纹。图 7-105（a）所展示的情况相应于退耦的纳米晶磁体，可清楚看到粒径约为 500nm 的细晶粒被白色的畴壁条纹所包围。在具有很细晶粒结构（尺寸低于10nm）的快淬Nd-Fe-B合金带中，能观察到包含许多$Nd_2Fe_{14}B$晶粒的非常大的畴（图7-105（b）、（c）），这些畴就是由于邻近晶粒之间交换作用形成的“多晶粒畴”或称“交换作用畴，ID”。图7-105（b）展示了纳米晶的多晶粒畴和畴壁；图7-105（c）展示了磁化方向不同的若干多晶粒畴形态。这里所见到的“多晶粒畴”是下面交换耦合纳米晶磁体中常见的磁畴类型。

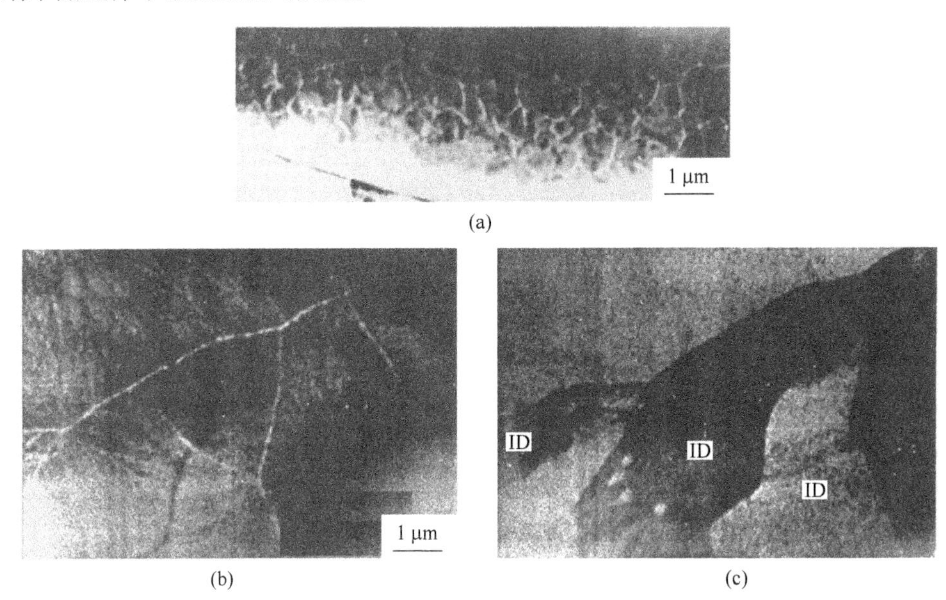

图7-105 在快淬Nd-Fe-B合金带中的磁畴[133,134]

（a）群聚在晶粒边界的畴壁；（b）相应的畴壁；（c）大的多晶粒畴（ID交换作用畴）

从上面借助洛伦兹电子显微镜的磁畴观察，Mishra[129]和Schultz[128]等人都认为：在最佳快淬Nd-Fe-B合金带或在过淬+退火的快淬Nd-Fe-B合金带磁体上，产生高矫顽力是来源于晶粒边界处的畴壁钉扎。

陶一飞（Tao Y F）和Hadjipanayis[135,136]系统地研究了快淬Nd-Fe-B合金带的显微结构和磁硬化机理。他们认为，最佳快淬Nd-Fe-B合金带磁体的磁化和反磁化过程是通过布洛赫壁的位移来实现的；磁体的矫顽力主要来源于晶界对畴壁的钉扎，当晶界面积与晶粒体积之比达到最大值时，可获得最高的矫顽力。

将快淬Nd-Fe-B合金带的高矫顽力来源归因于晶粒边界处的畴壁钉扎这一结论完全是早期（1990年代前后）实验观察的推断。下面进一步的研究分析表明，矫顽力机制与上述推断不一致。对于快淬Nd-Fe-B合金带矫顽力机制，其高矫顽力来源于纳米晶单畴颗粒的磁矩一致转动。

7.9.1.2 部分退耦两相纳米晶R-Fe-B磁体的微磁学分析

为了进一步证实富Nd的快淬Nd-Fe-B合金带中反磁化的钉扎机制，我们利用1990年Pinkerton等人[137]对名义成分为$Nd_{13.1}Fe_{81.3}B_{5.6}$的快淬合金带（$J_r=0.79T$；$\mu_0H_{cJ}=1.51T$）所测量的不同温度下的内禀矫顽力数据，以及不同温度下$Nd_2Fe_{14}B$相的μ_0M_s、μ_0H_a和δ_B数据（参考第4章有关内容），通过对$H_{cJ}/M_s \sim \pi H_a/3\sqrt{3}\delta_B M_s$和$H_{cJ}/M_s \sim 2\delta_B H_a/3\pi M_s$分别作图，期望在微磁学理论基础上分析得到部分退耦快淬Nd-Fe-B合金带磁体的矫顽力究竟属于钉扎的哪一种类型。

图 7-106 展示 1990 年 Pinkerton 等人[137]对名义成分为 $Nd_{13.1}Fe_{81.3}B_{5.6}$快淬合金带($J_r$ = 0.79T; $\mu_0 H_{cJ}$ = 1.51T) 所测量的不同温度下的内禀矫顽力数据。表 7-4 给出了不同温度下 $Nd_{13.1}Fe_{81.3}B_{5.6}$快淬合金带的内禀矫顽力实验值，以及参考第 4 章内容所获得的不同温度下 $Nd_2Fe_{14}B$ 相的$\mu_0 M_s$、$\mu_0 H_a$和由文献［10］获得的 δ_B 数据。

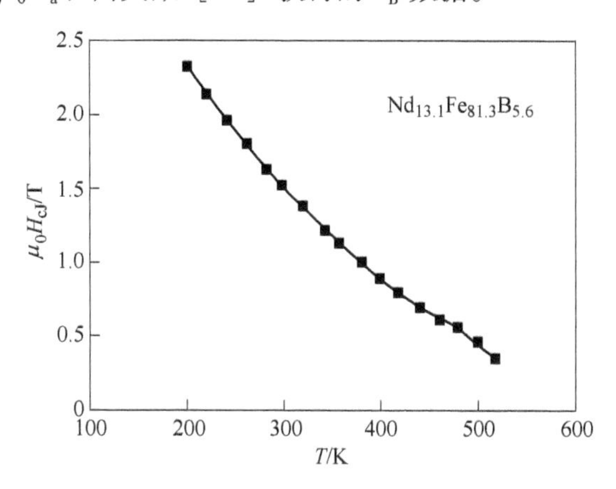

图 7-106 名义成分为 $Nd_{13.1}Fe_{81.3}B_{5.6}$快淬合金带的内禀矫顽力随温度的变化[137]

表 7-4 不同温度下 $Nd_{13.1}Fe_{81.3}B_{5.6}$快淬合金带的内禀矫顽力实验值，以及参考第 4 章由内插法所获得的不同温度下 $Nd_2Fe_{14}B$ 相的$\mu_0 M_s$、$\mu_0 H_a$和由文献［10］获得的δ_B数据

T/K	$\mu_0 H_{cJ}$/T	$\mu_0 M_s$/T	$\mu_0 H_a$/T	δ_B/nm
200	2.32	1.73	10.7	2.87
221	2.14	1.72	9.8	3.14
242	1.96	1.70	9.3	3.29
262	1.80	1.68	8.7	3.56
282	1.64	1.65	8.2	3.74
299	1.52	1.60	7.5	3.93
317	1.38	1.57	6.8	4.10
342	1.22	1.53	6.2	4.32
357	1.14	1.49	5.8	4.45
379	1.00	1.45	5.2	4.66
400	0.90	1.40	4.8	4.85
419	0.90	1.36	4.6	5.01
439	0.70	1.31	4.1	5.20
459	0.62	1.23	3.6	5.31
479	0.56	1.15	3.3	5.45
498	0.46	1.09	2.8	5.59
517	0.36	1.03	2.4	5.80

图 7-107 展示利用钉扎模型所作的 $H_{cJ}/M_s \sim \pi H_a/3\sqrt{3}\delta_B M_s$和 $H_{cJ}/M_s \sim 2\delta_B H_a/3\pi M_s$关系曲线图。从图 7-107 可看到，左侧对应 $2r_0 < \delta_B$ 的 $H_c/M_s \sim \pi H_a/3\sqrt{3}\delta_B M_s$曲线比右侧对应 $2r_0 > \delta_B$ 的 $H_{cJ}/M_s \sim 2\delta_B H_a/3\pi M_s$曲线要光滑和线性段的温度范围宽得多。由两条曲线的线性段可得到其斜率和截距，从而得到两种模型相应的显微结构参数 r_0（平面缺陷厚度的半

宽度）和 N_{eff}（有效退磁因子），并由 r_0进一步推算出 $\alpha=\alpha_K$（$\alpha=\alpha_K\alpha_A\alpha_\psi$，因在钉扎模型中有$\alpha_\psi\approx1$；本节下面将得到$\alpha_A=0.6$）。对应 $2r_0<\delta_B$的 $H_c/M_s\sim\pi H_a/3\sqrt{3}\delta_B M_s$曲线有：$N_{eff}=0$，$r_0=1.22$nm，$\alpha_A\alpha_K=0.228$，即$\alpha_K=0.38$；而对应 $2r_0>\delta_B$的 $H_{cJ}/M_s\sim2\delta_B H_a/3\pi M_s$曲线有：$N_{eff}=-0.5$，$r_0=0.3$nm，$\alpha_A\alpha_K=2.76$，即$\alpha_K=4.6$。从两种钉扎模型分别获得的显微结构参数的数值可看到，无论对应 $2r_0<\delta_B$的还是对应 $2r_0>\delta_B$的显微结构参数α_K的数值都大于模型极限 0.3，这是不符合实际的，因此两种模型都必须排除。

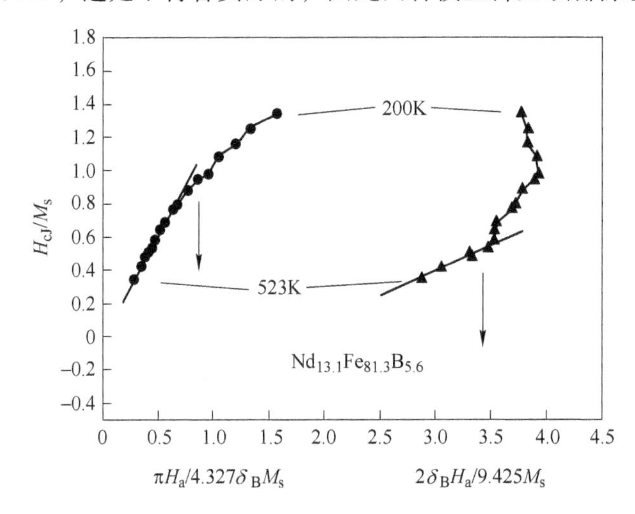

图 7-107　名义成分为 $Nd_{13.1}Fe_{81.3}B_{5.6}$快淬合金带磁体的 $H_{cJ}/M_s\sim\pi H_a/3\sqrt{3}\delta_B M_s$ 和 $H_{cJ}/M_s\sim2\delta_B H_a/3\pi M_s$图

考虑到在这种最佳快淬 Nd-Fe-B 合金带磁体中的纳米晶粒（平均晶粒尺寸在 30～40nm）大部分都是独立的单畴颗粒，应该最有可能符合 S-W 模型。为此，我们也作了 $H_{cJ}/M_s\sim H_a/M_s$关系曲线图。图 7-108 展示名义成分为 $Nd_{13.1}Fe_{81.3}B_{5.6}$快淬合金带磁体作的 $H_{cJ}/M_s\sim H_a/M_s$曲线图。结果惊奇地发现，$H_{cJ}/M_s\sim H_a/M_s$曲线的线性程度远比利用钉扎模型的两条曲线都要好得多，这意味着 S-W 模型比较符合名义成分为 $Nd_{13.1}Fe_{81.3}B_{5.6}$的快淬

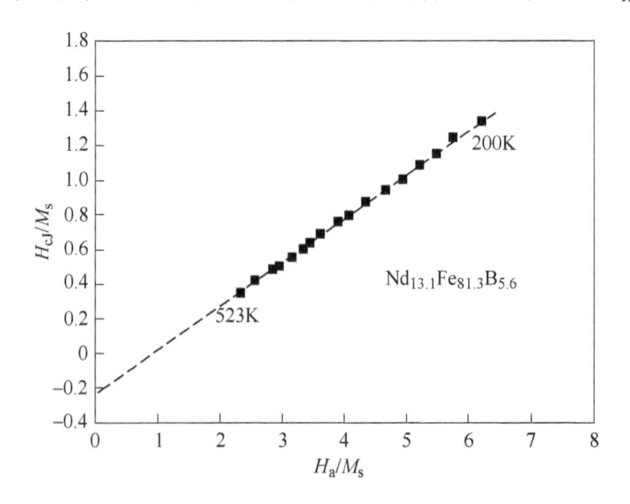

图 7-108　名义成分为 $Nd_{13.1}Fe_{81.3}B_{5.6}$快淬合金带磁体作的 $H_{cJ}/M_s\sim H_a/M_s$曲线图

合金带的矫顽力机制，也就是说，部分退耦的快淬 Nd-Fe-B 合金带磁体的矫顽力主要由单畴颗粒的磁矩一致转动模式控制。尽管在磁畴观察中人们能见到一些畴壁确实被钉扎在某些晶粒的边界上，但作为形核型磁体先决条件的晶界相对畴壁的钉扎是对所有的形核型磁体都是必需的先决条件。

事实上，显微结构的研究已指出，快淬合金带中的 $Nd_2Fe_{14}B$ 纳米晶粒的内部结构较完美，同时 Givord 等人在利用“热激活法”研究 Nd-Fe-B 磁体的反磁化行为时也已指出（见 7.4.2.2 节），反向畴的形核区域仅为直径 10nm 左右的球体范围，所以平均晶粒为 30 ~ 40nm 的 $Nd_2Fe_{14}B$ 晶粒的反磁化过程应该是，首先由纳米晶粒表面的缺陷形成反向畴核，该畴核再在反向的外加磁场作用下通过磁矩的一致转动实现所在纳米晶粒的整体反磁化。每个纳米晶粒都具有这种反向畴核的形成能力，因此，该纳米晶磁体的反磁化机制可能主要是由反向畴的形核来控制的。由于这些晶粒都是实实在在的纳米晶粒，其尺寸大部分都在 30 ~ 40nm 范围，均为单畴颗粒，加之，它们的大部分晶粒相互之间被隔离，仅部分晶粒间存在交换耦合，因此，该两相纳米晶磁体应该属于仅部分晶粒间存在交换耦合但大部分晶粒间具有长程静磁耦合的纳米晶单畴颗粒集合体。这种单畴颗粒集合体的反磁化应该遵循显微结构恶化了的 S-W 模型所给出的形核场。由以上分析，可以得出结论，富 Nd 含量的快淬 Nd-Fe-B 合金带的矫顽力机制基本上符合单畴颗粒的磁矩一致转动模式。

从 $H_{cJ}/M_s \sim H_a/M_s$ 曲线的线性斜率和截距，人们可得到微结构参数 $\alpha = \alpha_K\alpha_A\alpha_\psi = 0.255$ 和 $N_{eff} = 0.24$。由于名义成分为 $Nd_{13.1}Fe_{81.3}B_{5.6}$ 的快淬合金带中仅在部分晶粒间存在一薄层的富 Nd 相，晶粒间没有完全交换退耦，故有 $\alpha_A < 1$；又由于形核磁体的 $\alpha_\psi^{min} \approx 0.5$（参见 7.5.4.3 节），所以 $\alpha_K\alpha_A = 0.51$。这样，从对 $H_{cJ}/M_s \sim H_a/M_s$ 曲线的微磁学分析，人们可对名义成分为 $Nd_{13.1}Fe_{81.3}B_{5.6}$ 快淬合金带磁体定量地获得四个微结构参数数值。有效退磁因子 $N_{eff} = 0.24$，这个数值十分小，这意味着在富 Nd 快淬 Nd-Fe-B 合金带磁体中，晶粒内受到的杂散场影响很小，这与快淬 Nd-Fe-B 合金带中晶粒直径明显比烧结磁体的细小（约小 10 ~ 100 倍），以及晶粒表面更加光滑有关。

为了确定完全退耦的纳米晶 Nd-Fe-B 快淬磁体的显微结构参数 α_K 值，我们利用 1989 年 Gronefeld 等人对基本交换退耦的快淬 $Nd_{18}Fe_{74}B_6Ga_1Nb_1$ 合金带磁体的矫顽力分析结果来讨论上面部分退耦磁体中的交换耦合参数 α_A。

只有当 Nd 含量足够富的时候，纳米晶 Nd-Fe-B 快淬磁体中的纳米晶粒才可完全被非铁磁性富 Nd 相隔离开。此时，在纳米晶粒间不存在任何交换耦合，从而真正地实现纳米晶磁体的完全交换退耦。快淬 $Nd_{18}Fe_{74}B_6Ga_1Nb_1$ 合金带的 Nd 含量高达 18%（原子分数），在纳米晶粒间基本实现交换退耦。图 7-109 展示了对快淬 $Nd_{18}Fe_{74}B_6Ga_1Nb_1$ 合金带的 H_c（T）温度关系的分析。可看到，温度高于 200K 时同样有很好的线性度，并可获得 $\alpha_K\alpha_A = 0.85$ 和 $N_{eff} = 0.74$[42]。由于在快淬 $Nd_{18}Fe_{74}B_6Ga_1Nb_1$ 合金带中 Nd 含量较富，在主相纳米晶粒间基本上交换退耦，有 $\alpha_A = 1$，所以有 $\alpha_K = 0.85$。

有了完全退耦的 $Nd_2Fe_{14}B$ 相的 $\alpha_K = 0.85$ 数值，我们可以再来讨论上面名义成分为 $Nd_{13.1}Fe_{81.3}B_{5.6}$ 的部分退耦的快淬合金带的显微结构参数 $\alpha_K\alpha_A = 0.51$。由于完全交换退耦

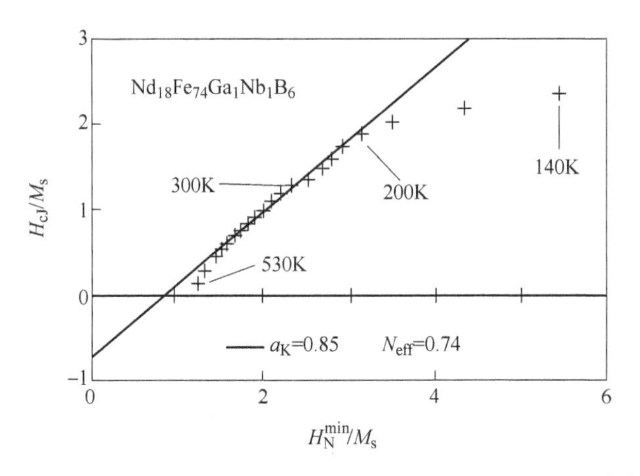

图7-109 快淬 $Nd_{18}Fe_{74}B_6Ga_1Nb_1$ 合金带 H_c(T) 温度关系[42]

的纳米晶 $Nd_2Fe_{14}B$ 相的 $\alpha_K=0.85$，用 $\alpha_K=0.85$ 代入 $\alpha_K\alpha_A=0.51$，可得 $\alpha_A=0.6$。由此可知，名义成分为 $Nd_{13.1}Fe_{81.3}B_{5.6}$ 的部分退耦的快淬合金带，尽管在这种纳米晶磁体中的纳米晶粒间大部分已被隔离开，但部分未被隔离的纳米晶粒间的交换耦合对磁体的影响是相当大的，可使得显微结构参数 α_A 从完全隔离的1下降到目前的0.6；如果Nd含量减少到接近成分正分的话，显微结构参数 α_A 可下降到0.4（见下面7.9.3节表7-5）。

7.9.2 成分正分的单相纳米晶 R-Fe-B 磁体的磁化和反磁化

接近成分正分的Nd-Fe-B快淬带是单相纳米晶。在这单相纳米晶中，仅存在一个 $Nd_2Fe_{14}B$ 相。由于晶粒间无隔离的非磁性富Nd相，且晶粒界面处共格状态，在纳米晶粒间有强烈的交换耦合。因此，接近成分正分的单相纳米晶Nd-Fe-B快淬带磁体是交换耦合磁体。

7.9.2.1 正分成分的单相纳米晶磁体的磁化和反磁化的实验观测

图7-110和图7-111展示接近正分成分纳米晶 $Nd_{12}Fe_{82}B_6$ 快淬合金带的TEM显微图和晶粒尺寸分布[138]。从图7-110和图7-111可看到，在接近成分正分的Nd-Fe-B快淬带中，因晶粒间无其他杂相，纳米晶粒的生长环境基本相同，因而有较一致的晶粒尺寸，平均晶粒直径 $\bar{d}=20nm$。

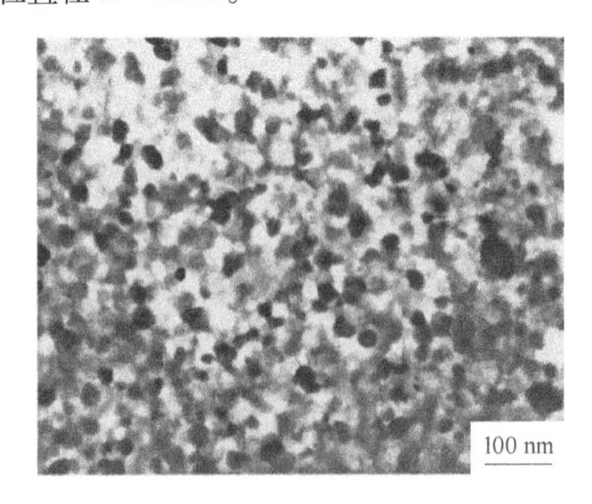

图7-110 接近正分成分纳米晶 $Nd_{12}Fe_{82}B_6$ 快淬合金带的TEM显微图[138]

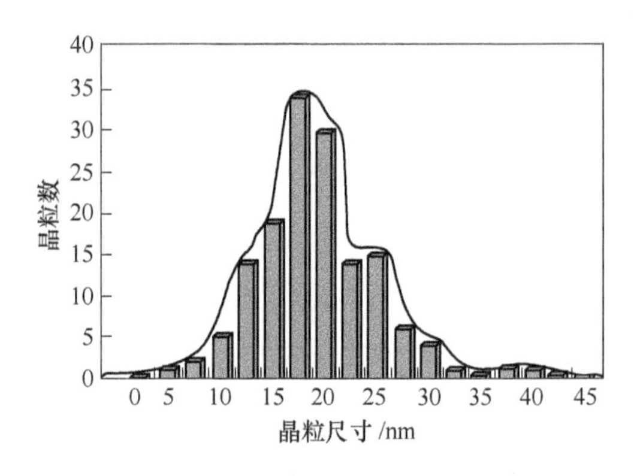

图7-111 正分成分纳米晶 $Nd_{12}Fe_{82}B_6$ 快淬合金带的晶粒尺寸分布[138]

对于接近正分成分的 $Nd_{12}Fe_{82}B_6$ 快淬合金带和 MQP-B 粉，期望的室温饱和磁极化强度 $J_s=\mu_0M_s=1.60T$，即 $Nd_2Fe_{14}B$ 相在室温的 J_s 值。图 7-112 展示从最大磁场为 5T 所测量的接近正分成分的 $Nd_{12}Fe_{82}B_6$ 快淬合金带的室温磁滞回线。利用趋近饱和定律对实验数据作 J 对 $1/(\mu_0H)^2$ 的图可获得饱和磁极化强度 $J_s=(1.58\pm0.05)T$[138]，显然这与理论期望值 1.61T 很一致。从图 7-112 可看到，尽管快淬带是各向同性的，但它的剩磁 $B_r=1.02T$，远大于 $J_s/2=0.8T$，这表明在接近正分成分的纳米晶 $Nd_{12}Fe_{82}B_6$ 快淬带中，晶粒间的磁矩存在较强的交换耦合作用，使得相邻纳米晶粒中不同方向的磁化矢量适当偏离各自的易磁化轴，在沿外加磁场磁化的方向趋于一致排列，明显提高合金带的剩磁，从而产生了所谓的剩磁增强效应（见 7.5.5.5 节）。显然，剩磁增强效应的程度与纳米晶粒的尺寸相关，晶粒尺寸越小，剩磁增强越大。

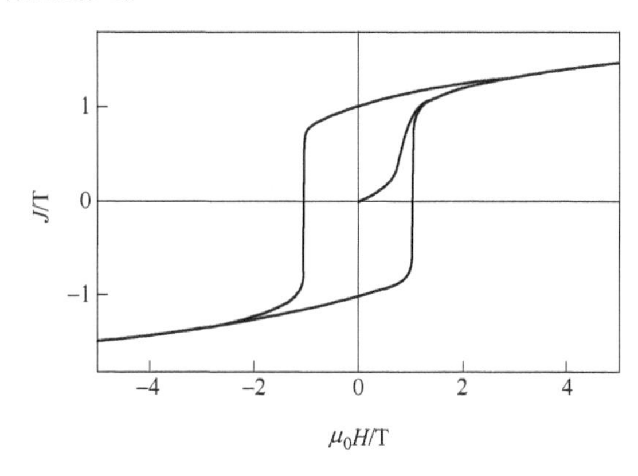

图 7-112 接近正分 $Nd_{12}Fe_{82}B_6$ 快淬磁体的室温磁滞回线[138]

因晶粒间强烈的交换耦合，导致形核场的降低，从而造成矫顽力的下降，由退耦时的 2.16T 下降到 1.04T。同时可注意到，由于晶粒尺寸均匀，成分正分的纳米晶磁体的退磁曲线有较好的方形度。另外，从热退磁下的起始磁化曲线可看到，随着磁场的增加，开始磁化的增加很小；在接近矫顽力处，磁化快速增加；磁场超过矫顽力后，磁化的增加又逐渐变小。这种起始磁化曲线形状与退耦的两相纳米晶磁体的一样，显然这也是单畴颗粒磁矩一致转动的起始磁化曲线形状。由于此时纳米晶粒间无退耦，纳米晶粒间存在交换耦合，降低了微结构参数 α_A（从后面的微磁学分析可看到，α_A 从交换退耦的 $\alpha_A=1$ 下降到正分成分的 $\alpha_A=0.4$），所以在成分正分的单相纳米晶 Nd-Fe-B 快淬合金带中，交换耦合是造成矫顽力下降的主要原因。

7.9.2.2 正分成分的单相纳米晶 R-Fe-B 磁体的微磁学分析

图 7-113 展示同样是接近成分正分的 MQP 磁粉（牌号 MQP-13-9）在 −40 ~ 175℃ 温度范围的退磁曲线[139]。利用不同温度下的内禀矫顽力 H_{cJ} 值，以及 $Nd_2Fe_{14}B$ 相的 M_s、H_a 数据，可在 S-W 模型下作 $H_{cJ}/M_s\sim H_a/M_s$ 曲线图，并从曲线的线性段获得斜率和截距，从而得到磁体的显微结构参数。

图 7-114 展示牌号 MQP-13-9 的接近成分正分的纳米晶 Nd-Fe-B 快淬合金带在 S-W 模型下作的 $H_{cJ}/M_s\sim H_a/M_s$ 曲线图。可看到，这整个测量温度范围内，$H_{cJ}/M_s\sim H_a/M_s$ 曲线的线性程度都比较好。这意味着，接近成分正分的纳米晶 Nd-Fe-B 快淬合金带磁体的矫顽

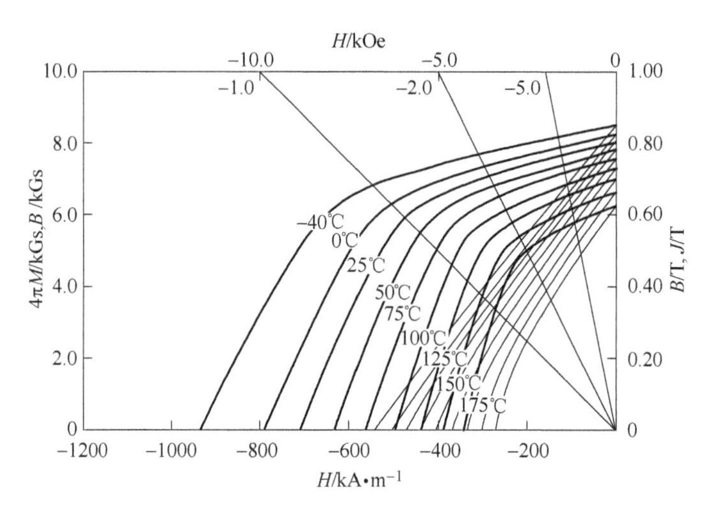

图7-113 接近成分正分的MQP磁粉（牌号MQP-13-9）在$-40\sim175$℃温度范围的退磁曲线[139]

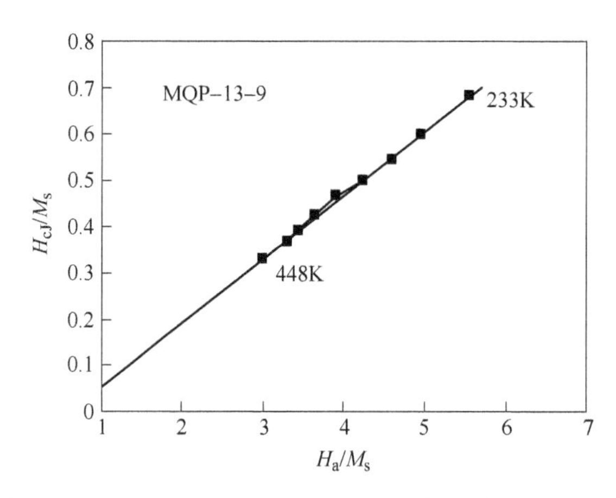

图7-114 接近成分正分的MQI-B（牌号MQP-13-9）粉磁体的$H_{cJ}/M_s \sim H_a/M_s$关系曲线

力主要由纳米晶粒表面缺陷的反向畴核的形核控制的。同时，从该直线的斜率和截距可获得接近成分正分的纳米晶Nd-Fe-B快淬合金带磁体的显微结构参数α（$=\alpha_K\alpha_A\alpha_\psi$）和$N_{eff}$分别是0.113和0.055。由于形核型磁体的$\alpha_\psi^{min}\approx0.5$（参见7.5.4.3节），故$\alpha_K\alpha_A=0.226$。参数$\alpha_K\alpha_A$的数值很小意味着，纳米晶磁体的缺陷量远大于烧结磁体的缺陷量；而参数N_{eff}的数值接近零意味着，纳米晶磁体的杂散场远小于烧结磁体的杂散场。利用钉扎模型所作的两条曲线的形状与前面退耦的纳米晶Nd-Fe-B快淬合金带磁体的相似，线性程度差，意味着接近成分正分的MQP-13-9粉也不符合钉扎模型。

7.9.3 双相纳米晶R-Fe-B复合磁体的磁化和反磁化

双相纳米晶复合磁体是包含硬磁性和软磁性两种磁性相、且晶粒间几乎不存在任何非磁性相的界面相干的纳米晶复合永磁材料。双相纳米晶R-Fe-B复合磁体是包含硬磁性$Nd_2Fe_{14}B$相和软磁性α-Fe、Fe_3B相纳米晶的复合稀土永磁材料。在富Fe的交换耦合纳米晶R-Fe-B磁体中，包含主要的$Nd_2Fe_{14}B$相和次要的α-Fe，即纳米晶$Nd_2Fe_{14}B/\alpha$-Fe复合永磁材料；在富Fe和富B的交换耦合纳米晶R-Fe-B磁体中，包含Fe_3B相、$Nd_2Fe_{14}B$相

和 α-Fe 相，即纳米晶 $Nd_2Fe_{14}B$/(Fe_3B，α-Fe）复合永磁材料。

除了以 $Nd_2Fe_{14}B$ 相为基的纳米晶交换耦合磁体外，还有 $SmCo_5$、$Sm_2Fe_{17}N_3$ 等各种硬磁性相为基的纳米晶交换耦合磁体。这里，仅以 $Nd_2Fe_{14}B$ 相为基的纳米晶交换耦合磁体为例，讨论这类磁体的磁化和反磁化行为和机理。

7.9.3.1 双相纳米晶 R-Fe-B 复合磁体的磁化和反磁化的实验观测

富 Fe 的纳米晶 Nd-Fe-B 快淬合金带是交换弹性的纳米晶复合永磁材料。在纳米晶 Nd-Fe-B 快淬合金带中，由于同时存在两种相互直接接触且在结构上相干的硬磁性 $Nd_2Fe_{14}B$ 相和软磁性 α-Fe 相的晶粒（见图 7-115）[138]，所以在硬磁性相和软磁性相的晶粒之间存在强烈的交换耦合。

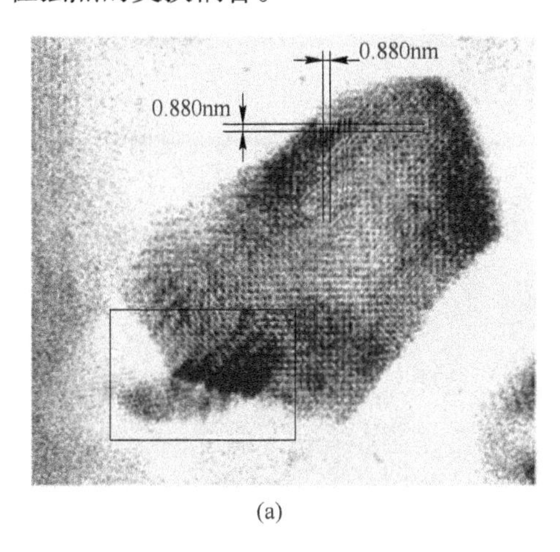

(a)

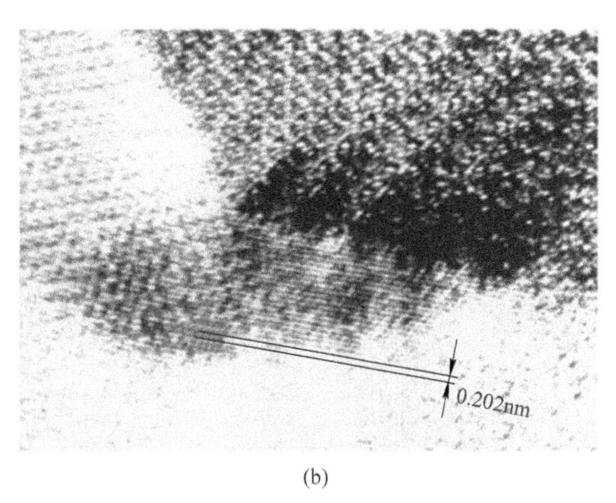

(b)

图 7-115 纳米晶 $Nd_{10}Fe_{84}B_6$（14.2% α-Fe）（体积分数）快淬带的高分辨率 TEM 微观图[138]

利用快淬法制备的富 FeCo 的 Nd-(Fe,Co)-B 基纳米晶复合永磁材料的磁滞回线被展示于图 7-116 中[140]。可清晰地看到，与其他各向同性的快淬合金带一样，交换耦合的两相纳米晶复合磁体的热退磁下的起始磁化曲线具有类似退耦合的和成分正分的纳米晶磁体中磁矩一致转动的起始曲线的形状特征。随着磁化场的增加，磁化强度开始缓慢上升，中间上升较快，而后又缓慢上升的特征。随着 Fe 含量的增加，磁滞回线的宽度由胖变瘦，高度由低变高，表明随着 Fe 含量的增加，磁体的矫顽力在下降，而剩磁在增大。这些都与软磁性相和硬磁性相纳米晶粒间的交换耦合密切相关。

在纳米晶的交换弹性磁体中，随着高饱和磁化的软磁性相含量的增加，剩磁将明显地增大，表现出所谓的剩磁增强效应。同时，由于双相合金带中存在两种不同成分的相，两相的热焓不同，它们各自有不同的生长条件和相互影响，使得两种晶粒有不同的生长速率，造成两个相有不一致的晶粒尺寸。在 $R_2Fe_{14}B$/α-Fe(R = Nd 或 Pr）纳米晶复合磁体中，$R_2Fe_{14}B$ 相晶粒有较大的晶粒尺寸，而 α-Fe 相晶粒有较小的晶粒尺寸。图 7-117 和图 7-118 分别展示了双相纳米晶 $Nd_{10}Fe_{84}B_6$ 快淬合金带的 TEM 显微结构图和晶粒尺寸分布[132]。可看到，对于较大晶粒尺寸的 $Nd_2Fe_{14}B$ 相晶粒，其平均晶粒直径 $\overline{d}$ = 30nm；对于较小晶粒尺寸的 α-Fe 相晶粒，其平均晶粒直径 $\overline{d}$ = 15nm。从含有 15% α-Fe 的 $Nd_2Fe_{14}B$ 型双相纳米晶复合磁体的高分辨率 TEM 图（图 7-119）[5] 中也可看到，约为 15nm 的 α-Fe 晶粒尺寸明显小于基体相 $Nd_2Fe_{14}B$ 晶粒的尺寸 30～40nm。

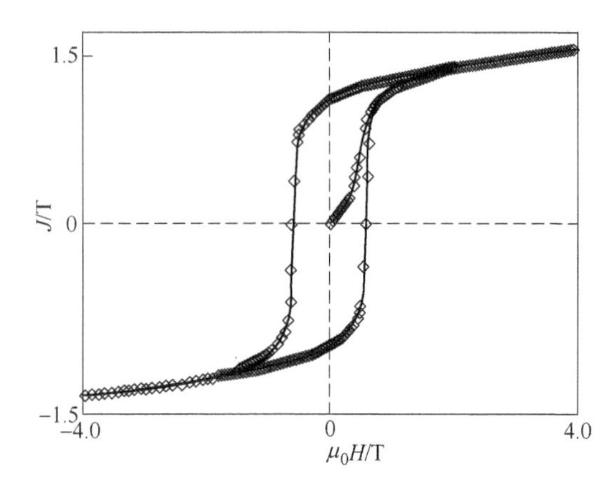

图 7-116 富 FeCo 的 $Nd_{9.5}Fe_{65}Co_{20}B_{5.5}$ 纳米晶复合永磁材料的室温磁滞回线[140]

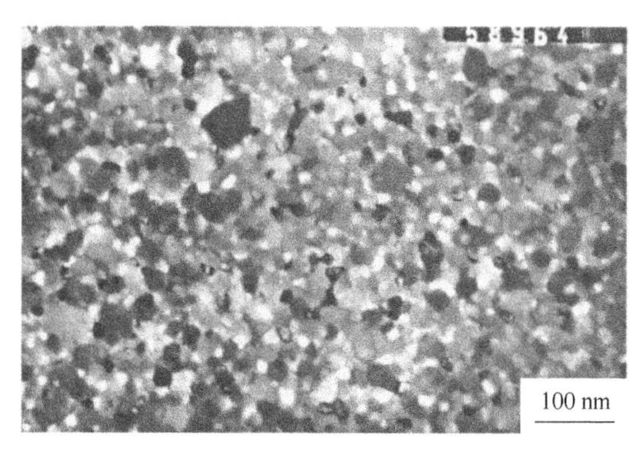

图 7-117 纳米晶 $Nd_{10}Fe_{84}B$（14.2% α-Fe）（体积分数）快淬带的 TEM 微观图[138]

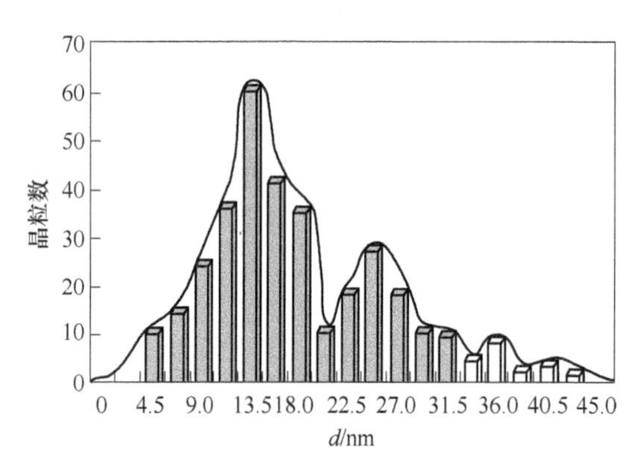

图 7-118 纳米晶 $Nd_{10}Fe_{84}B$（14.2% α-Fe）（体积分数）快淬带的晶粒尺寸分布[138]

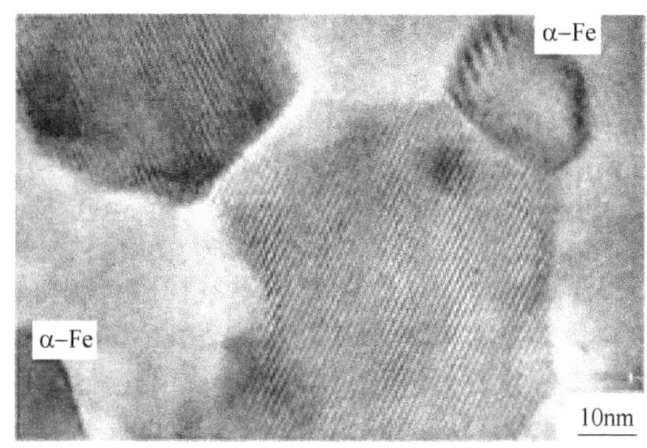

图 7-119 纳米晶 $Nd_2Fe_{14}B$ 和 15% α-Fe(深色的晶粒）两相复合磁体的高分辨率 TEM 图[5]

7.9.3.2 双相纳米晶 R-Fe-B 复合磁体的微磁学分析

Kronmuller 等人[138,140,141]详细地研究了通过快淬技术（melt-spinning procedure）生产的晶粒尺寸约为 20nm 的单相的交换耦合 $R_2Fe_{14}B$ 和双相的 $R_2Fe_{14}B + \alpha\text{-}Fe$（R = Nd 和/或 Pr）纳米晶磁体的磁性和显微结构性质。他们利用磁测量和高分辨率 TEM 分别测量了材料的磁性和显微结构，并采用微磁学理论分析了磁性的测量结果与真实显微结构之间的关联。图 7-120 展示不同 α-Fe 含量的 $Pr_2Fe_{14}B + \alpha\text{-}Fe$ 两相纳米磁体的矫顽力随温度的变化曲线（为了比较，其中包含交换退耦的和成分正分的纳米晶磁体）[141]。可看到，随着 α-Fe 含量的增加，微结构参数 α_A 大幅地下降，导致内禀矫顽力大幅地下降；随着温度的升高，由于 H_a 的单调下降，使得内禀矫顽力进一步降低。

对于处于单畴颗粒的纳米晶集合体，利用 S-W 模型来讨论这些纳米晶集合体的反磁化行为是合理的。在实际的磁体中，始终存在错取向的晶粒，磁体的反磁化总是在形核场最小的晶粒上开始，并影响邻近的晶粒实现磁体的级联式的反磁化。依据 S-W 模型（见 7.5.3 节），磁体的矫顽力可表达为 $H_c = \alpha_K \alpha_A H_N^{min} - N_{eff} M_s$，其中 $H_N^{min} = H_N^{理想}/2 = H_a/2$。利用不同温度下矫顽力的实验数据 $\mu_0 H_c / J_s$ 对理论数据 $\mu_0 H_N^{min} / J_s$ 作图，可以获得显微结构参

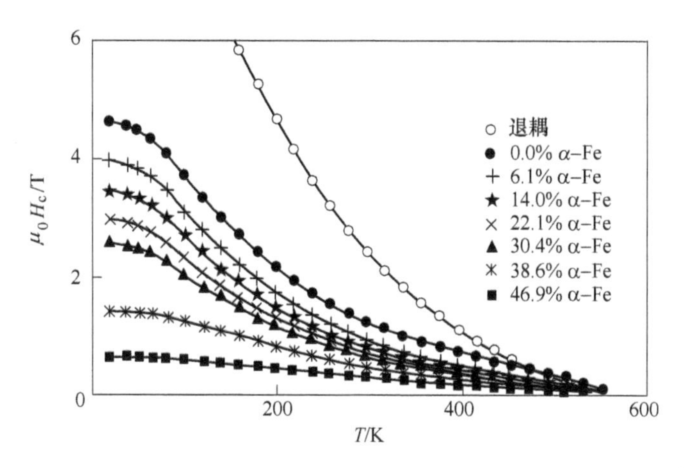

图 7-120 不同成分的纳米晶 Pr-Fe-B 磁体的矫顽力的温度关系[141]

数α_K、α_A和 N_{eff}。图 7-121 展示在具有交换退耦、交换耦合的正分和复合的七种不同成分的 Pr-Fe-B 纳米晶磁体的$\mu_0 H_c/J_s \sim \mu_0 H_N^{min}/J_s$图[141]。可看到，在整个铁磁性温度范围内，每种成分磁体的作图曲线都呈现出一个近似线性的行为。这个结果表明，这些磁体都满足单畴颗粒的 S-W 模型。这也意味着，交换耦合的纳米晶 Pr-Fe-B 复合磁体的反磁化过程完全是由磁矩的一致转动模式（S-W 模型）所支配。由作图曲线所拟合的直线的斜率$\alpha_K \alpha_A$和截距 N_{eff}数值被总结在表 7-5 中。

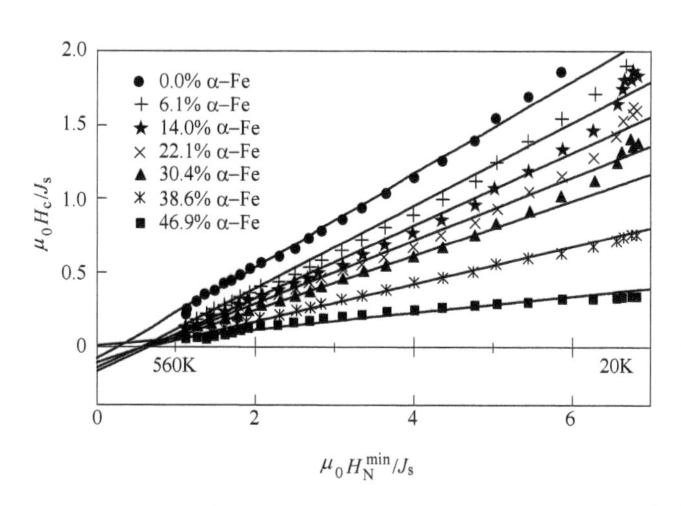

图 7-121 不同成分纳米晶 Pr-Fe-B 磁体的$\mu_0 H_c/J_s \sim \mu_0 H_N^{min}/J_s$图[141]

由于在退耦的富 Pr 的 $Pr_{15}Fe_{78}B_7$快淬合金带中的晶粒间有一薄层富 Pr 相隔离，在其晶粒间无交换耦合，所以该磁体的参数 $\alpha_A = 1$。从实验值 $\alpha_K \alpha_A = 0.80$，可得该磁体的参数 $\alpha_K = 0.80$。这个结果指出，退耦的 $Pr_2Fe_{14}B$ 相的参数 $\alpha_K = 0.80$。利用这个已知的数值 $\alpha_K = 0.80$ 代入 $\alpha_K \alpha_A$，可以计算出每个样品中的参数 α_A 值。例如成分正分的样品 $\alpha_K \alpha_A = 0.32$，可得 $\alpha_A = 0.4$。对不同成分样品所计算的参数 α_A 数值与斜率 $\alpha_K \alpha_A$ 和截距 N_{eff}数值一起列于表 7-5 中。

表 7-5　不同成分的 Pr-Fe-B 纳米晶磁体的显微结构参数[141]

名 义 成 分	$\alpha_K\alpha_A$	N_{eff}	α_A
$Pr_{15}Fe_{78}B_7$（退耦）	0.80	0.74	1.00
$Pr_{12}Fe_{82}B_6$（成分正分）	0.32	0.09	0.40
$Pr_{11}Fe_{83}B_6$（6.1% α-Fe）（原子分数）	0.28	0.17	0.35
$Pr_{10}Fe_{84}B_6$（14.0% α-Fe）（原子分数）	0.24	0.16	0.30
$Pr_9Fe_{86}B_5$（22.1% α-Fe）（原子分数）	0.21	0.14	0.26
$Pr_8Fe_{87}B_5$（30.4% α-Fe）（原子分数）	0.18	0.12	0.23
$Pr_7Fe_{88.5}B_{4.5}$（38.6% α-Fe）（原子分数）	0.13	0.08	0.16
$Pr_6Fe_{90}B_4$（46.9% α-Fe）（原子分数）	0.06	0.00	0.08

从图 7-121 中的作图曲线和表 7-5 中的参数 α_A 数值可看到，随着参数 α_A 数值的降低，即磁体中交换耦合的加强，矫顽力温度关系的线性斜率急剧下降，线性斜率从无交换耦合的退耦磁体的 0.8 下降带有 46.9% α-Fe 的复合磁体的 0.06。这表明，磁体矫顽力的下降是与磁体内晶粒间交换耦合密切相关，晶粒间交换耦合愈强，矫顽力下降愈快。

值得注意的是交换耦合的纳米晶复合磁体的参数 $N_{eff} \approx 0.1$，它远小于晶粒间无交换耦合的退耦纳米晶磁粉的 $N_{eff} \approx 0.74$。如此大的差别必须归因于，在退耦纳米晶磁粉中有大量的带有边角的晶粒，而在交换耦合的纳米晶复合磁粉中，多边形的晶粒形状更接近球形，以及许多晶粒一起的合作效应，降低了每个晶粒内部的杂散场[141]。

双相纳米晶复合磁体是由具有高饱和磁矩的 α-Fe 或 FeCo 合金晶粒与硬磁性的 $Nd_2Fe_{14}B$或 $Sm_2Fe_{17}N_3$相晶粒相互弥散分布并直接接触构成的。两相的晶粒界面处于相干状态，两相晶粒直接接触，两相晶粒间有强的交换耦合，从而增强了复合磁体的剩磁，但同时降低磁体的矫顽力。为了保持两相的纳米晶复合磁体所需的矫顽力和高的剩磁，复合磁体的显微结构必须满足如下两个条件：（1）软磁性相的尺寸必须小于 $4l_{ex}$（$l_{ex} = (A_{ex}/\mu_0 M_s^2)^{1/2}$，表示交换长度）；（2）通过晶粒间的交换耦合所引起的矫顽力的下降不能低于 $\mu_0 H_{cJ} = B_r/2$。这个条件在软磁性相尺寸 $D < 2\delta_B$ 时是满足的，这里，$\delta_B = \pi(A_{ex}/K_1)^{1/2}$，表示硬磁性相的畴壁宽度。此时，根据一维交换模型[46]，最大矫顽力就是软磁性相的区域达到临界宽度时磁体实现反磁化的临界磁场 H_0，即

$$H_{cJ} = H_0 = \frac{K_1}{\mu_0 M_s^m} \tag{7-111}$$

式中，K_1是硬磁性相的第二级磁晶各向异性常数；M_s^m 是软磁性相的饱和磁化强度。

对于双相纳米晶 $Nd_2Fe_{14}B$/α-Fe 复合材料，由表 7-1 有，$Nd_2Fe_{14}B$ 的 l_{ex} = 2.1nm 和 δ_B = 4.5nm，于是 $4l_{ex}$ = 8.4nm。由 K_1 = 4.3MJ/m³ 和 $\mu_0 M_s^m$ = 2.15T，可得 H_{cJ} = 2.0。这个结果与上面的实验值 1.2T 有一定的差距，这是因为在计算中对于双相纳米晶复合磁体中晶粒表面存在的缺陷还没有被考虑所造成的。

7.10　热压和热变形磁体的磁化和反磁化

利用部分交换退耦的快淬 Nd-Fe-B 合金带（如 MQP 粉），可以形成三种类型磁体。第

一种是将这些合金带碾碎成粉，然后用聚合物直接粘结构成粘结磁体。此时剩磁被降低到0.65T左右，因为聚合物占据了部分体积。第二种是各向同性的热压磁体，快淬合金带被热压形成全密度的磁体，基本上保持快淬带的微结构和磁性。第三种是取向的热变形磁体，晶粒的取向是在热压磁体上通过热变形实现的。热变形磁体有接近烧结磁体的剩磁值，$B_r \approx 1.2$T，内禀矫顽力 $\mu_0 H_c \approx 1.2$T。

由于第一种聚合物粘结磁体中硬磁性相的显微结构与快淬 Nd-Fe-B 合金带的没有明显差别，这种聚合物粘结磁体的磁化和反磁化基本上与快淬 Nd-Fe-B 合金带的一样，因此，下面仅讨论后两种致密磁体的磁化和反磁化行为。

7.10.1 热压和热变形磁体的磁化和反磁化的实验观测

与烧结 Nd-Fe-B 磁体类似，热压 Nd-Fe-B 也需要稍许过量的 Nd 和 B，以便产生富 Nd 晶界相和避免 α-Fe 的析出。为获得致密的富稀土的热压 Nd-Fe-B 磁体，热压温度必须高于 Nd-Fe-B 系的富 Nd 相共晶温度（三元系为655℃），使富 Nd 的晶界相液化，获得一定的流动性，富 Nd 液相进入快淬磁粉的空隙，排除空隙，致密化磁体，使得热压磁体的相对密度接近理论密度值[142]。热压磁体仅仅是快淬磁粉的致密化磁体，原始的快淬带内晶粒的织构基本不变，只是晶粒边界处的织构有少许变化。因此，致密的热压磁体与快淬带一样是各向同性的，其磁性能基本上与快淬带相同。

热压磁体典型的显微结构展示于图7-122[127]。可看到，在晶粒的边界处存在类似于熔体旋淬合金中所观察的晶界相，这个成分约为 Nd_7Fe_3 的晶界相在一些样品中显示为晶态，但一些样品中呈现非晶态。在两粒磁粉熔合在一起的区域，人们可观察到一些大晶粒处于粉粒的界面处（见图7-122（a）），和/或一些球形颗粒弥散地分布在界面附近（见图7-122（b））。正如在图7-122（a）中所见到的，在这些大晶粒附近存在 fcc 相，在它们的中央还有细析出物。在图7-122（b）中标记 P 的球形颗粒是类似海绵状的颗粒。

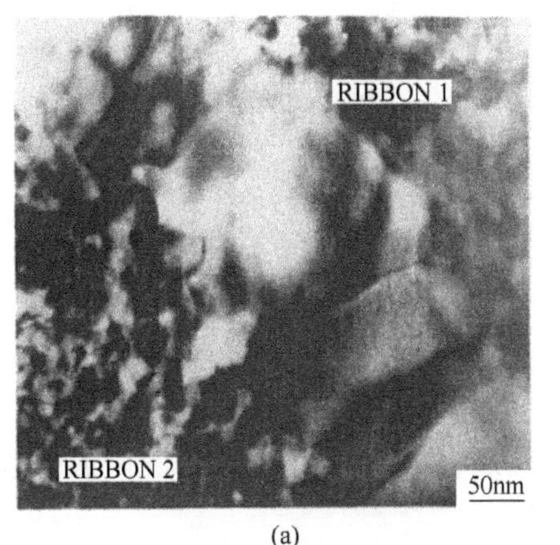

(a)

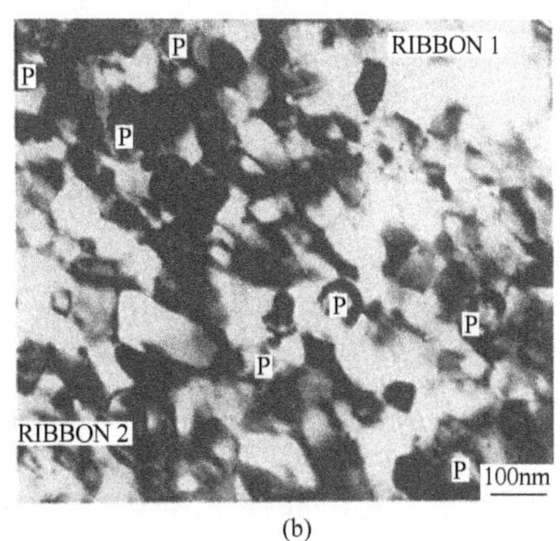

(b)

图7-122 热压磁体截面的亮场 TEM 图[127]

（a）粉粒界面区域展示包含细晶粒的大晶粒；（b）类似海绵状颗粒散布在粉粒界面附近
（标记 P 的球形颗粒是类似海绵状的）

热变形磁体是在热压磁体的基础上进行热变形后得到的各向异性致密化磁体，其磁性能明显高于各向同性的热压磁体。平行和垂直于压力方向的热变形磁体截面的 TEM 图被分别展示于图7-123（a）和（b）[143]。从图7-123可清晰地看到，在热变形磁体中主相受压而变为长条形的小板状晶粒，各个小板状晶粒平均长度约为 300nm、厚度约为 60nm，并在长方向上基本上平行排列，晶粒的 c 轴垂直于小板状晶粒的板面，所以热变形磁体的 c 轴与压力方向平行。在小板状 $Nd_2Fe_{14}B$ 晶粒内部，晶体结构基本上没有缺陷。与在热压磁体中一样，成分约为 Nd_7Fe_3 的晶界相（标记 C）分布在晶粒边界处（见图 7-123（a）），也有一些其他相颗粒（标记 P）随机地分布在晶界上（见图 7-123（b））。

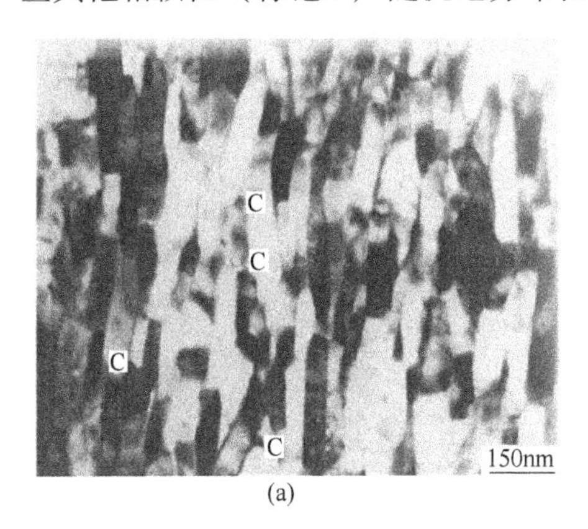

(a)

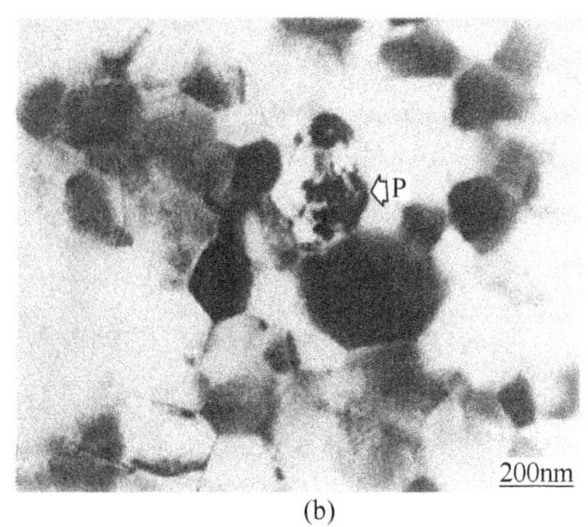

(b)

图 7-123　热变形磁体截面的亮场 TEM 图[143]

（图中 P 和 C 所指的是第二和第三相，薄片状的晶粒是 $Nd_2Fe_{14}B$）

（a）平行于压力方向；（b）垂直于压力方向

热压和热变形 Nd-Fe-B 磁体的初始磁化曲线以及不同磁化场下的退磁曲线已被测量[130]（见第 5 章的图 5-132 和图 5-136）。从那里可看到，在低磁化场部分，热压磁体与原始快淬带的初始磁化曲线有明显的不同，热压磁体比原始快淬带呈现更高的磁导率；但随磁化场增加到内禀矫顽力 $H_{cJ}(\infty)$ 附近时，热压磁体与原始快淬带的初始磁化曲线变化特征类似，这是由于仍然存在部分随机取向的晶粒的缘故。而热变形磁体的初始磁化曲线和不同磁化场下的退磁曲线，既与原始快淬带的有显著的差别，也与热压磁体的有明显的不同。此时，由于在热变形磁体中大部分晶粒具有取向特征，热变形磁体的饱和退磁曲线的方形度获得了极大提高，从而增大了剩磁，但也在一定程度上降低了内禀矫顽力。与烧结和热压磁体一样，在低磁化场部分，热变形磁体沿着压力方向所测量的初始磁化曲线呈现高的磁导率，但在高磁化场部分因部分晶粒未取向而呈现各向同性的低磁化率特征。

不同类型 Nd-Fe-B 磁体材料的内禀矫顽力 H_{cJ} 和剩磁 B_r 随归一化磁化场 $H/H_{cJ}(\infty)$ 的变化曲线也已被测量[130]（见第 5 章的图 5-7）。从那里可看到，快淬 Nd-Fe-B 合金带及以其为原始材料所形成的热压磁体和热变形磁体的饱和磁化场 H_s 都远高于内禀矫顽力 $H_{cJ}(\infty)$，而烧结 Nd-Fe-B 磁体的饱和磁化场 H_s 则远低于完全饱和磁化的内禀矫顽力 $H_{cJ}(\infty)$。两者呈现完全不同的磁化和反磁化行为。

利用 Lorentz 显微镜采用 Fresnel 方法在热压和热变形 Nd-Fe-B 磁体上所观测到的磁畴畴壁图案展示于图 7-124 中[127]。在热变形磁体中，由于热变形形成了磁体晶粒的高度取向，产生了大量方向一致的等间距（约 200nm）的多晶粒间的交换作用畴（多晶粒畴），见图 7-124（a）。在热压磁体中，由于磁体晶粒基本上是各向同性的，畴的方向是无序的。与快淬合金带中所观察到的磁畴结构类似，在小晶粒上是单畴结构，见图 7-124（b）中围绕小晶粒的白色条纹晶粒边界 B；而在大晶粒上是多畴结构，见图 7-124（b）中多畴结构中的白色带畴壁 A。

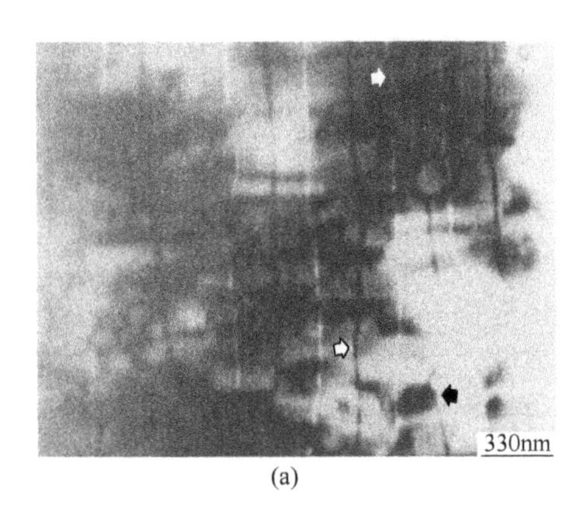

(a)

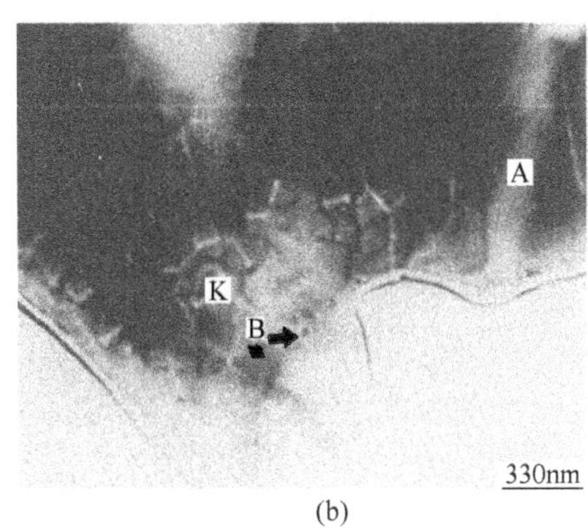

(b)

图 7-124 由 Lorentz 电子显微镜观测的畴壁图[127]
(a) 在热变形 Nd-Fe-B 样品上所展示的等间距畴壁（垂直线）；
(b) 热压 Nd-Fe-B 样品所展示的畴壁图（其中 A 为大晶粒内部，B 为小晶粒周围）

最近，Liu 等人[145,146]对热变形 Nd-Fe-B 磁体中 Nd 含量、晶粒尺寸及其相应的显微结构对矫顽力的影响进行了详细研究。图 7-125 展示两种 Nd 含量（原子分数）（12.7% Nd 和 14.0% Nd）的热变形 Nd-Fe-B 磁体在 $H=0$ 和 0.1T 下在 Fresnel（菲涅尔）模式下分别在平面和截面上观察的 TEM 图。从图 7-125（a）和（b）可看到，在垂直于 c 轴的平面上，晶粒呈现多边的形状，其中较大的晶粒（直径大于 0.2μm）显示出清晰的迷宫畴结构，较小的晶粒显示为单畴；而错取向的晶粒（见图 7-125（a）中左下角）呈现条形畴结构。从图 7-125（c）～（f）可看到，在平行于 c 轴的截面上，晶粒呈现条板的形状，白与黑的畴壁平行于 c 轴横跨许多条板状晶粒；在外加磁场（$H=0.1$T）的作用下，畴壁发生位移（见图 7-125（e）和（f）中黑色箭头所指位置）。

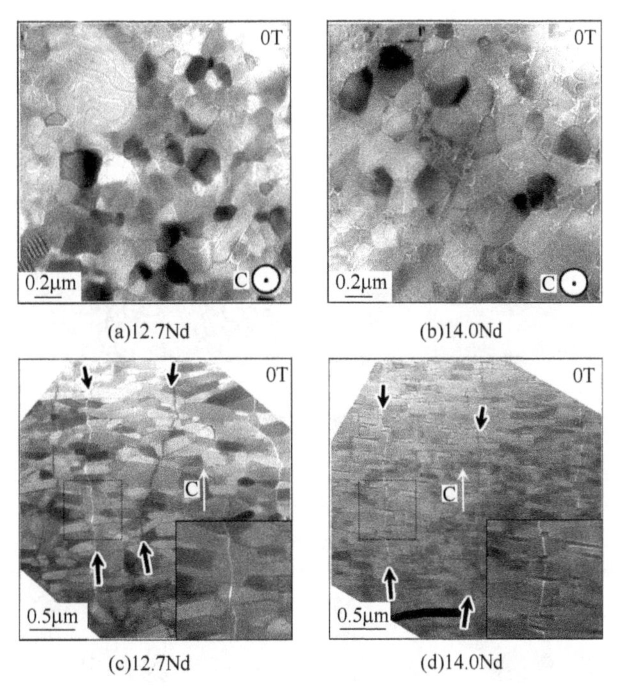

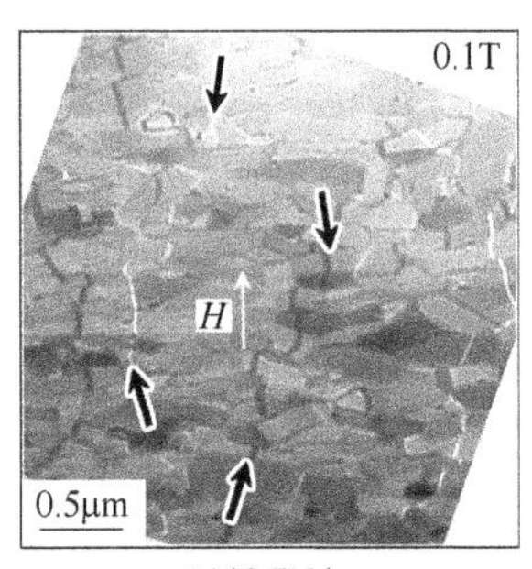

(e)12.7Nd

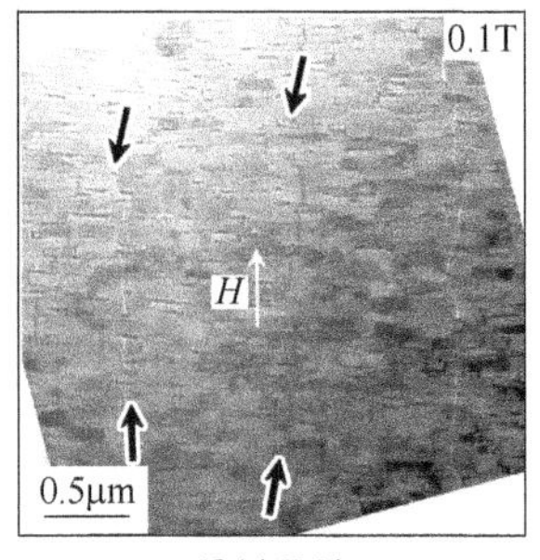

(f)14.0Nd

图 7-125　Nd 含量(原子分数) 为 12.7%、14.0% 的热变形 Nd-Fe-B 磁体在 $H=0$ 时在 Fresnel 模式下的平面观察 TEM 图（a，b）和 Nd 含量（原子分数）为 12.7%、14.0% 在 $H=0$ 时的截面观察 TEM 图（c，d）及 Nd 含量（原子分数）为 12.7%、14.0% 在 $H=0.1$T 时的截面观察 TEM 图（e，f）[144,145]

图 7-126 展示了由磁力显微镜（MFM）观测到的在不同压缩比（60%~88%）下热变形 Nd-Fe-B 磁体的磁畴图案变化[146]。从图中可看到，平行压力方向的畴呈现类迷宫（maze-like）畴，而垂直于压力方向的畴呈现类板状（plate-like）畴；平行压力方向的畴宽约为 0.4~0.6μm，而垂直于压力方向的畴宽约为 0.9~3.8μm。由于磁体晶粒的宽度范围仅为 50~65nm，长度范围仅为 300~500nm，而热变形 Nd-Fe-B 磁体的磁畴尺寸远大于晶粒尺寸，约是晶粒尺寸的十倍之多，因此，在热变形 Nd-Fe-B 磁体中所观测到的磁畴是与其原始的合金粉中所观测到的磁畴一样，是由晶粒间交换和静磁耦合造成的一种多晶粒磁畴。随着压缩比的增加，热变形 Nd-Fe-B 磁体中晶粒的取向度增加。在压缩比为 60% 时，由于磁体晶粒的取向度还不好，仅有轻微的取向，所以在图 7-126（b）中所见到的类板状畴的畴宽较窄，且方向性差。但在压缩比为 70% 和 88% 时，由于磁体晶粒的取向度好，在图 7-126（d）和（f）中可见到的类板状畴较宽，且方向性也好。

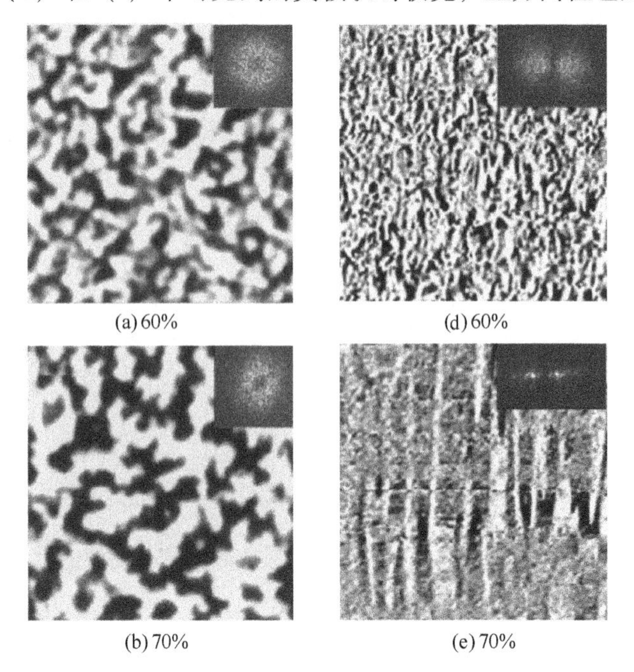
(a) 60%　(d) 60%

(b) 70%　(e) 70%

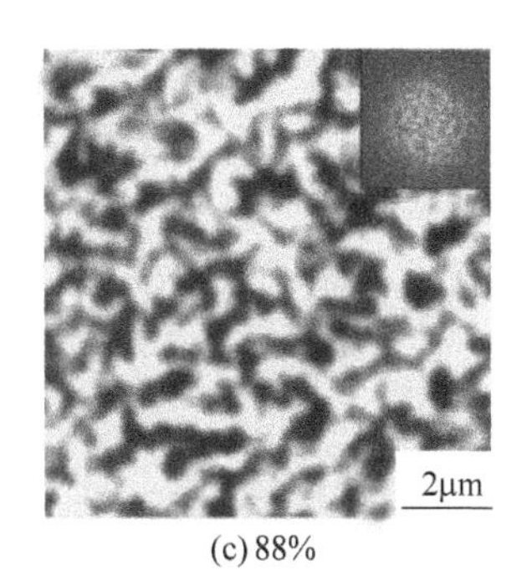

(c) 88%

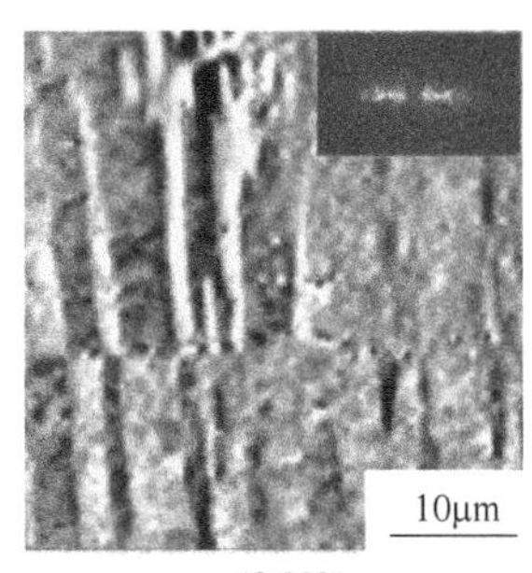

(f) 88%

图 7-126 热变形 Nd-Fe-B 磁体的磁力显微镜（MFM）磁畴图案[146]

（a）～（c）平行于压力方向，即与 c 轴垂直；（d）～（f）垂直于压力方向，即与 c 轴平行

（百分数是压力方向的压缩比；插图是相应的二维 Fourier 变换图）

7.10.2 热变形磁体的矫顽力的微磁学分析

利用微磁学模型来分析有关热变形磁体的矫顽力机制的文献很少。为了获得微磁学模型中描述的一些显微结构参数，如磁体中晶粒表面的缺陷大小，以及反映磁性不均匀对形核磁场或钉扎磁场降低程度的结构参数 α_K、α_ψ 和反映晶粒的形状与晶粒之间静磁耦合所产生的杂散磁场的参数，即有效退磁因子 N_{eff}，我们用到了 McGuiness 等人发表的关于热变形磁体的实验结果，其中包含磁体的具体的成分和矫顽力的温度关系[147]，参考了本书第 4 章中关于 $Nd_2Fe_{14}B$ 的内禀磁性以及元素替代对内禀磁性影响（见 4.5.4 节），采用了插入法在相近两点间获得了不同成分的内禀磁性参数 $M_s(T)$ 和 $H_a(T)$ 的数据，同时又参考了文献［8］中有关 $Nd_2Fe_{14}B$ 相的布洛赫畴壁宽度 δ_B 随着温度的变化 $\delta_B(T)$ 值数据。这些内禀磁性参数 $M_s(T)$、$H_a(T)$ 和 $\delta_B(T)$ 数据，以及热变形磁体的成分与内禀矫顽力 $\mu_0H_{cJ}(T)$ 的数据一起被列在表 7-6 中。

表 7-6 热变形磁体的成分、内禀矫顽力 $\mu_0H_{cJ}(T)$[139]、磁晶各向异性场 $\mu_0H_a(T)$ 和饱和磁化强度 $M_s(T)$

样品成分（原子分数）	T/K	$\mu_0H_{cJ}(T)$/T	$\mu_0H_a(T)$/T	$\mu_0M_s(T)$/T	$\delta_B(T)$/nm
$Pr_{12.9}Dy_{0.7}Fe_{78.6}Co_{2.2}B_{5.6}$	323	1.34	7.80	1.49	4.17
	373	0.80	7.00	1.41	4.60
	423	0.49	5.46	1.30	5.05
	473	0.24	3.26	1.17	5.45
	523	0.137	1.82	0.98	5.73
$Nd_{12.8}Dy_{0.7}Fe_{78.7}Co_{2.2}B_{5.6}$	300	1.15	7.87	1.60	3.96
	323	0.95	7.00	1.53	4.17
	373	0.65	5.68	1.45	4.60
	423	0.40	4.83	1.36	5.05
	473	0.25	3.68	1.20	5.45
	523	0.13	2.56	1.01	5.73

续表 7-6

样品成分（原子分数）/%	T/K	$\mu_0 H_{cJ}(T)$/T	$\mu_0 H_a(T)$/T	$\mu_0 M_s(T)$/T	$\delta_B(T)$/nm
$Nd_{12.5}Dy_{0.7}Fe_{78.4}Co_{2.2}Ga_{0.6}B_{5.6}$	323	1.28	7.00	1.53	4.17
	373	0.86	5.68	1.45	4.60
	423	0.57	4.83	1.33	5.05
	473	0.35	3.68	1.20	5.45

利用表7-6中的数据，人们可以利用微磁学理论在“形核”和“钉扎”模型中反磁化的临界磁场与磁晶各向异性场之间明显不同的表达式（不同的磁晶各向异性场的下降因子）（“形核”型见式（7-58）；“钉扎”型见式（7-66）和式（7-67）），作出不同温度下内禀矫顽力对磁晶各向异性场和不同下降因子的关系曲线，就可以判断磁体的矫顽力机制究竟是“形核”还是“钉扎”。如果磁体是“形核”型，即直接对 $H_{cJ}/M_s \sim H_a/M_s$ 作图，不需要附加任何因子。如果磁体是“钉扎”型，需要处理两种情况：一种是窄缺陷区域 $2r_0 < \delta_B$（r_0是平面缺陷的半厚度）情形，需对 $H_{cJ}/M_s \sim \pi H_a/(3\sqrt{3}\delta_B M_s)$ 作图；另一种是宽缺陷区域 $2r_0 > \delta_B$ 情形，需对 $H_{cJ}/M_s \sim 2\delta_B H_a/(3\pi M_s)$ 作图。视上述三种情形中哪一种所得曲线的线性程度更好、温度范围更宽和给出的显微结构参数更合理等，线性程度最好、温度范围最宽和给出的显微结构参数最合理的那个模型就是该磁体矫顽力机制所对应的类型。

从前面的磁测量和磁畴观察数据，像快淬 R-Fe-B 磁体一样，在1990年代前后，人们通常会认为热变形的 R-Fe-B 磁体是“钉扎”型磁体[137]。为此，我们首先利用“钉扎”模型的两种情况（$2r_0 < \delta_B$ 和 $2r_0 > \delta_B$）对上述三种成分的热变形磁体分别作出 $H_{cJ}(T)/M_s(T) \sim \pi H_a(T)/[3\sqrt{3}\delta_B(T)M_s(T)]$ 和 $H_{cJ}(T)/M_s(T)$ 对 $2\delta_B(T)H_a(T)/[3\pi M_s(T)]$ 的变化曲线图。图7-127展示上述三种成分的热变形磁体的 $H_{cJ}/M_s \sim \pi H_a/(3\sqrt{3}\delta_B M_s)$ 和 $H_{cJ}/M_s \sim 2\delta_B H_a/(3\pi M_s)$ 的关系图。可看到，横轴坐标标题为 $\pi H_a/(3\sqrt{3}\delta_B M_s)$ 的三种成分磁体的三条曲线在整个测量温度范围内都有较好的线性特征（图7-127（a）），但由横轴坐标标题为 $2\delta_B H_a/(3\pi M_s)$ 所给出的三条曲线在低或高温度范围线性度差（图7-127（b））。两种坐标作图的结果差异明显，这意味着横轴坐标标题为 $\pi H_a/(3\sqrt{3}\delta_B M_s)$ 所作图的曲线可能比较符合由窄平面缺陷（$2r_0 < \delta_B$）假设的钉扎模型表达式，而由宽平面缺陷（$2r_0 > \delta_B$）假设所作图的三条曲线可能不符合钉扎模型的表达式。

由图7-127（a）中的三条直线和图7-127（b）中三条曲线的线性段可分别得到在窄和宽平面缺陷下三种成分热变形磁体的斜率 r_0 和外延到纵轴的截距 N_{eff}（有效退磁因子）。这些不同成分热变形磁体的 r_0 和 N_{eff} 数据与磁性参数一起列在表7-7中。在“钉扎”型的实际磁体中，由于晶粒取向分布，始终使得 $\alpha_\psi \approx 1$（见7.5.6.2节）；另外，根据热压和热变形的原始材料快淬 Nd-Fe-B 合金带的 $\alpha_A \approx 0.6$（见7.9.1节），这里的 α_A 应该有相近的值，即 $\alpha_A \approx 0.6$。利用上图曲线中线性斜率所获得的 r_0 数值和室温下的布洛赫畴壁宽度 δ_B 数值，人们可通过计算得到室温下的微结构参数 $\alpha(\alpha = \alpha_K\alpha_A\alpha_\psi)$。依据微磁学的钉扎模型，对于厚度窄的平面缺陷情形，有 $\alpha_K = \pi r_0/(3\sqrt{3}\delta_B)$（见式（7-66））；对于延伸的厚

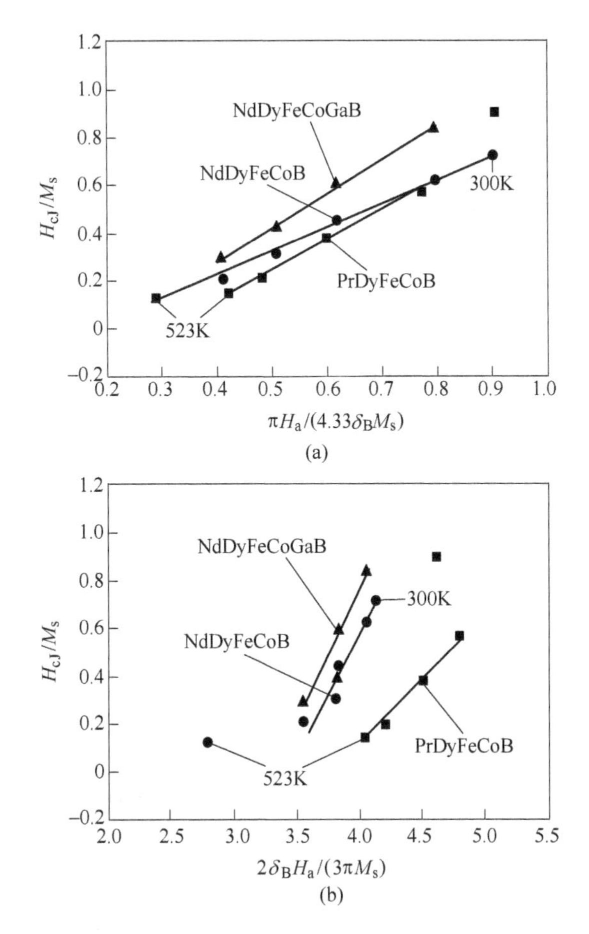

图 7-127 采用微磁学方法对上述三种成分的热变形磁体作 $H_{cJ}/M_s \sim \pi H_a/(3\sqrt{3}\delta_B M_s)$（a）和 $H_{cJ}/M_s \sim 2\delta_B H_a/(3\pi M_s)$（b）的关系图

的平面缺陷情形，有 $\alpha_K = 2\delta_B/(3\pi r_0)$（见式（7-67））。利用上图曲线中线性斜率所获得的 r_0数值和室温下的布洛赫畴壁宽度 δ_B 数值，人们可计算得到室温下的微结构参数 α_K。由不同成分的 r_0和室温下的 δ_B =3.9nm 所计算得到的不同成分磁体的室温 α_K 数值与 r_0和 N_{eff}一起列在表 7-7 中。

表 7-7 不同模型下由实验数据确定的微结构参数 r_0、N_{eff}和 α_K（或 α）

样品	钉扎模型 $2r_0 < \delta_B$			钉扎模型 $2r_0 > \delta_B$			S-W 模型	
	r_0/nm	N_{eff}	α_K	r_0/nm	N_{eff}	α_K	N_{eff}	α
$Nd_{12.8}Dy_{0.7}Fe_{78.7}Co_{2.2}B_{5.6}$	1.0	-0.18	0.32	1.01	-3.45	1.36	-0.67	0.28
$Nd_{12.5}Dy_{0.7}Fe_{78.4}Co_{2.2}Ga_{0.6}B_{5.6}$	1.43	-0.30	0.45	1.13	-3.75	1.22	-0.87	0.37
$Pr_{12.9}Dy_{0.7}Fe_{78.6}Co_{2.2}B_{5.6}$	1.26	-0.38	0.38	0.57	-2.15	2.43	-0.80	0.28

从表 7-7 第二列的窄平面缺陷假设中可看到，三种成分磁体的平面缺陷的半厚度 r_0都很小，小于 1.5nm，即 $d = 2r_0 \leqslant 3.0$nm，也就是说，产生畴壁钉扎的平面缺陷的厚度（$d = 2r_0$）确实小于 $Nd_2Fe_{14}B$ 相在室温下的 δ_B =3.9nm，其结果在合理范围，但三种成分热变

形磁体的结构参数 α_K 在 0.32 ~ 0.45 之间，都超过了钉扎模型 α_K 的极限值 0.3，所以窄平面缺陷假设的钉扎模型对上述三种热变形磁体是不适用的。同样，从表 7-7 第三列由宽平面缺陷（$2r_0 > \delta_B$）假设所获得的结果看，模型给出的 r_0 很小，小于 1.13nm，$2r_0 \leqslant 2.26$，小于室温下布洛赫畴壁宽度 $\delta_B = 3.9$nm，显然这与宽平面缺陷（$2r_0 > \delta_B$）的假设相矛盾，另外，模型给出的 α_K 都很大，都大于 1，与“钉扎”模型的 α_K 的极限值小于 0.3 也是相矛盾，因而宽平面缺陷假设的钉扎模型对上述三种成分磁体是更不适用的。

通过以上的微磁学钉扎模型分析，我们可得出结论，对于目前三种成分的热变形磁体，不管是窄平面缺陷的还是宽平面缺陷的钉扎模型假设，两种钉扎模型都不符合热变形磁体的矫顽力机制。事实上，尽管从磁性测量和磁畴观察似乎都很像“钉扎”型机制，但它们与热变形 Nd-Fe-B 磁体的原始粉（部分退耦的快淬 Nd-Fe-B 合金带）一样，其反磁化行为主要仍然由反向畴的 S-W 和磁矩的一致转动模式控制，而畴壁钉扎仅是辅助的。为了确认该事实，我们也利用形核模型对上述三种热变形 Nd-Fe-B 磁体进行了分析研究。图 7-128 展示了利用微磁学方法对上述三种成分的热变形 Nd-Fe-B 磁体所作的 $H_{cJ}/M_s \sim H_a/M_s$ 关系图。可看到，在很宽的温度范围内这三种热变形 Nd-Fe-B 磁体的 $H_{cJ}/M_s \sim H_a/M_s$ 关系曲线确实呈现很好的线性关系，例如，NdDyFeCoB 磁体的线性范围为 300 ~ 473K；NdDyFeCoGaB 磁体的线性温度范围为 323 ~ 473K；PrDyFeCoB 磁体的线性范围为 373 ~ 523K。这表明，上述三种热变形 Nd-Fe-B 磁体的矫顽力温度关系 $H_{cJ}(T)$ 在室温附近的一段很宽的温度区域内确实符合形核型机制。由三种热变形 Nd-Fe-B 磁体的 $H_{cJ}/M_s \sim H_a/M_s$ 关系曲线的线性段获得的斜率 α（理想形核场降低的显微结构参数）和截距 N_{eff}（有效退磁因子）与“钉扎”模型获得的显微结构参数一起被列于表 7-7 中。在这 S-W 模型中，α_ψ 数值通常由 α_ψ^{min} 数值确定，有 $\alpha_\psi = 0.5$；又因 $Nd_2Fe_{14}B$ 相的 $\alpha_K = 0.85$；故三种热变形 Nd-Fe-B 磁体的 α_A 数值可方便导出。这些数值分别为：对 NdDyFeCoB 磁体，有 $\alpha_A = 0.66$；对 NdDyFeCoGaB 磁体，有 $\alpha_A = 0.88$；对 PrDyFeCoB 磁体，有 $\alpha_A = 0.65$。三种热变形 Nd-Fe-B 磁体的 α_A 数值小于完全交换退耦的 $\alpha_A = 1$ 但大于成分正分磁体的 $\alpha_A = 0.4$。这些结果表明，热变形 Nd-Fe-B 磁体中包含一定数量的未被隔离的纳米晶粒，它们之间存在着交换耦合作用，从而增强剩磁，但也降低矫顽力。

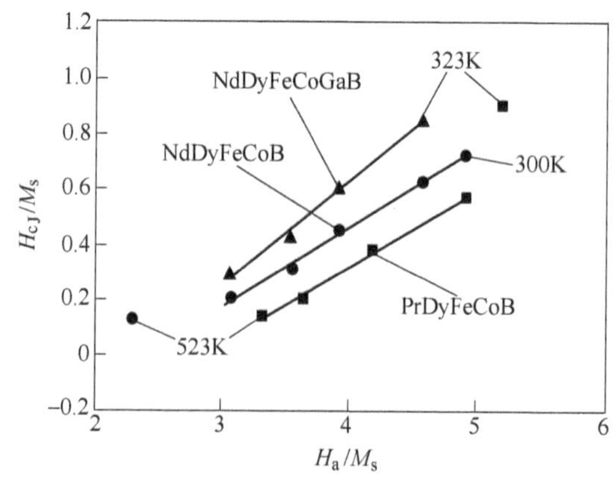

图 7-128　利用微磁学方法对上述三种成分的热变形 Nd-Fe-B 磁体所作的 $H_{cJ}(T)/M_s(T) \sim H_a(T)/M_s(T)$ 关系图

显微结构的研究指出，热变形 Nd-Fe-B 磁体基本上是由平均直径约为300nm 厚度约为60nm 的盘状晶粒构成，这些盘状晶粒有序地沿着压力方向排列[143]。由于 $Nd_2Fe_{14}B$ 相的单畴颗粒直径 $d_c=240nm$，所以热变形 Nd-Fe-B 磁体已与它的原料粉为部分交换退耦（过量 Nd）的快淬 Nd-Fe-B 合金带中的晶粒结构状况完全不一样了，它的原料粉基本上是纳米晶单畴颗粒的集合体，但经过热压和热变形工艺后已变为亚微米晶体的多畴颗粒集合体。在热变形 Nd-Fe-B 磁体中，畴壁平行于盘状晶粒的 c 轴（垂直于盘平面），又在热变形 Nd-Fe-B 磁体中的 $Nd_2Fe_{14}B$ 相晶粒内部没有任何缺陷[127,143]，因此，在该磁体中畴壁移动十分容易，导致起始磁导率较大[130]，这是热变形 Nd-Fe-B 磁体具有形核磁体行为的主要证据。热变形 Nd-Fe-B 磁体反向畴的形核在反向磁场和部分晶粒间交换耦合联合作用下可快速扩张到整个磁体，导致磁体实现反磁化。热变形 Nd-Fe-B 磁体的矫顽力是随着富 Nd 相的增加而增大的，因而富 Nd 相含量的多少是热变形 Nd-Fe-B 磁体矫顽力大小的关键因素。富 Nd 相含量与晶粒间隔离程度密切相关，因而它直接影响反向畴的形核场大小。为了增大磁体的矫顽力，必须增加磁体的 Nd 含量，增强盘状晶粒间的富 Nd 相对畴壁的钉扎，同时减少部分晶粒间的交换耦合。

由上分析表明，热变形 Nd-Fe-B 磁体主要由取向排列的盘状晶粒构成，其晶粒尺寸为亚微米范围（10^2nm 量级），另外也存在少量在压制过程中未充分取向的单畴颗粒纳米晶粒。由于在热变形 Nd-Fe-B 磁体中仅有少量的富 Nd 相，所以仅少部分晶粒被隔离，大部分晶粒直接接触，纳米晶粒之间存在交换耦合作用。在各向异性的热变形 Nd-Fe-B 磁体中，矫顽力主要由亚微米盘状晶粒表面缺陷的反磁化核场控制，同时伴随未充分取向的单畴纳米晶粒的磁矩一致转动。

7.10.3 热变形磁体的矫顽力的角度关系

图 7-129 展示了在热变形磁体中的 H_c 的角度关系[148]。$H_c(\theta)/H_c(0)$ 随着 θ 增加而增加，呈现类似于钉扎磁体的 $1/\cos\psi$ 规律。与烧结 Nd-Fe-B 磁体一样，尽管它的矫顽力角度关系类似于钉扎磁体的 $1/\cos\psi$ 规律，但正如在上节中所分析的，热变形 Nd-Fe-B 磁体的反磁化是以反向畴的形核方式实现的，并以形核为主。与烧结 Nd-Fe-B 磁体一样，是各种恶化因素在起作用，使得该磁体的矫顽力角度关系严重地偏离理想单畴颗粒磁体的 S-W 关系。

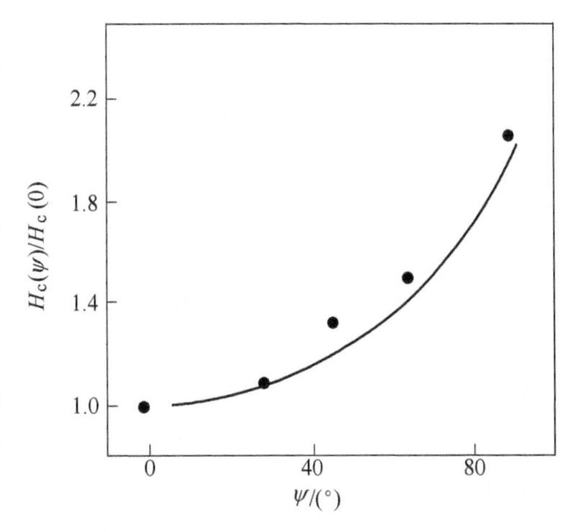

图 7-129 Nd-Fe-B 热变形磁体矫顽力的角度关系[148]

由于热变形 Nd-Fe-B 磁体内晶粒大部分在数百纳米量级，其大部分晶粒尺寸大于单畴颗粒尺寸；又由于晶粒内无缺陷，容易进行畴壁位移，所以该磁体属于反向畴形核的多畴颗粒集合体（形核型磁体），磁体的形核场的角度关系应该遵循 S-W 规律，即在45°处有最小的形核场，且其值恰好是0°时最大值的一半。然而，由于晶粒通常为非椭球形时，形状边角将引入不均匀的退磁场，从而造成晶粒内部磁化的不均匀。在反磁化时，晶粒内将出现不均匀的反磁化过程。文献［42］应用二维有限元的数值微磁学方法计算了考虑晶粒形状边角后形核场的角度关系（见图 7-38）。由于自身的杂散场可以明显改变形核场的角度关系，使得偏离 S-W 规律而朝向 $1/\cos\psi$ 关系靠拢。如果在计算中再考虑晶粒表面磁性的不均匀和晶粒的错取向，那么形核场的角度关系会更加靠近 $1/\cos\psi$ 关系。事实上，在 MQ-Ⅲ磁体中，晶粒的取向是不完全的，存在大量错取向的晶粒，晶粒表面也是不完美的。因而，MQ-Ⅲ磁体的实验点所给出的形核场的角度关系与仅考虑形状边角的比较起来是更接近 $1/\cos\psi$ 关系的。加之，畴壁在一些晶界相的钉扎，热变形磁体呈现类似于 $1/\cos\psi$ 关系是更容易理解了。

7.11 间隙 R-Fe 化合物磁体的磁化和反磁化

有些富 Fe 的稀土过渡族金属间化合物，虽然具有饱和磁化强度高的优点，但因是平面各向异性和居里温度较低等缺点，不适宜永磁材料的应用，例如，2:17 型结构的 Sm_2Fe_{17}、1:12 型结构的 $NdFe_{11}Ti$ 和 $NdFe_{10.5}Mo_{1.5}$，以及 3:29 型的 $Sm_3(Fe,Ti)_{29}$等。然而，作为间隙原子的氮和碳原子引进这些金属间化合物的原子间隙后，它们的氮和碳的间隙化合物的磁性会发生急剧的变化，尤其是磁晶各向异性的变化，这些间隙化合物的易磁化轴从基平面转变到 c 轴，并成为永磁应用必须具备的单轴各向异性（见第 4 章相关内容）。上述间隙化合物的永磁性能可见第 5 章相关内容。这里讨论有关间隙化合物的磁化和反磁化。

间隙化合物主要以粉末颗粒的形式存在。有应用潜力的间隙化合物种类有 2:17 型结构的 $Sm_2Fe_{17}N_3$、1:12 型结构的 $NdFe_{10.5}Mo_{1.5}N$，以及 3:29 型的 $Sm_3(Fe,Ti)_{29}N_4$。这里通过磁性测量和磁畴观察两种实验手段所得到的结果，主要讨论 2:17 型结构的 $Sm_2Fe_{17}N_x$ 磁体的磁化和反磁化行为。

7.11.1 $Sm_2Fe_{17}N_x$磁体的磁化和反磁化的实验观测

为了确定 $Sm_2Fe_{17}N_x$ 间隙化合物的矫顽力机制，最简单和通常的方法是利用一般的磁性测量手段，如振动样品磁强计，测量热退磁状态下的起始磁化曲线和/或测量不同最大磁化场下的小磁滞回线，观察起始磁化曲线和/或矫顽力随最大磁化场的关系曲线的形状（见 7.5.7.3 节）。图 7-130 展示在 297K 时由氢破碎（hydrogen decrepitation，HD）法破碎的平均颗粒尺寸为 38μm 的 $Sm_2Fe_{17}N_x$ 磁体的小回线的矫顽力随磁场的关系[149]。显微测量指出，由氢破碎法破碎的 Sm_2Fe_{17} 颗粒内部存在大量的显微裂纹；这些显微裂纹将宏观的 Sm_2Fe_{17} 颗粒分裂成直径为 5～12μm 的细晶粒[149]。上述的显微裂纹是氮化过程的氮原子进入颗粒内部的快速通道，能促进氮原子的扩散和 Sm_2Fe_{17} 相对氮原子的吸收。从图 7-130 可看到，在到达磁体的内禀矫顽力 H_{cJ} 前，随着最大磁化场的增大，平均颗粒尺寸为 38μm 的 $Sm_2Fe_{17}N_x$ 磁体的小回线的矫顽力线性地增大。根据多畴多晶的反磁化理论（见 7.5.7.3 节），小回线的矫顽力随着最大磁化场的这种线性关系表明，由氢破碎法制备的 $Sm_2Fe_{17}N_x$ 磁体的矫顽力被形核机制所控制。

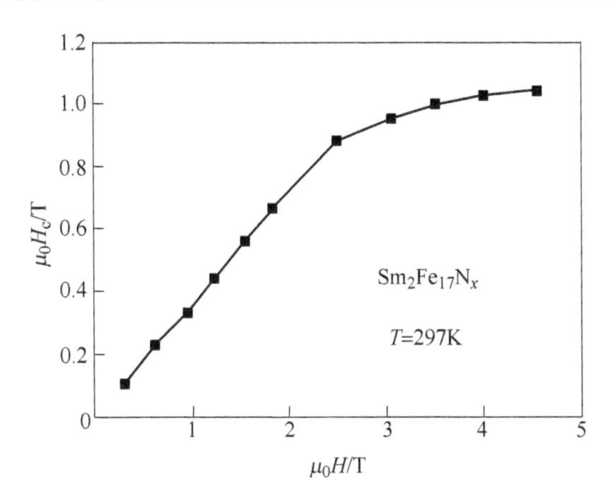

图 7-130 在 297K 时平均颗粒尺寸为 38μm 的 $Sm_2Fe_{17}N_x$磁体的小回线的矫顽力随磁场的关系[149]

磁畴观察也证实了 $Sm_2Fe_{17}N_x$间隙化合物的矫顽力由形核机制控制。在 1993 年，胡季帆（Hu Jifan）等人[150]最早对 $Sm_2Fe_{17}N_x$间隙化合物的磁化和反磁化过程进行了磁畴观察。图 7-131 展示氮化不均匀的 $Sm_2Fe_{17}N_x$间隙化合物颗粒上的磁畴图案。可看到，图 7-131（a）是氮化不均匀的 $Sm_2Fe_{17}N_x$晶粒的磁畴图案，靠近晶粒边界的表面呈现清晰的迷宫畴和少量的钉形畴（spike domain，通常称楔形畴），而离表面稍许远的是条形畴，离表面较远的晶粒中心几乎看不见磁畴，造成上述现象的原因是 Sm_2Fe_{17}化合物的粉末颗粒并没有被充分氮化，而仅仅氮化了粉末颗粒的表面，生成了 $Sm_2Fe_{17}N_x$硬磁相，而颗粒中心依然是没有氮化的软磁性 Sm_2Fe_{17}相区域，磁畴很宽，故不容易区分出磁畴。图 7-131（b）是除了中心外粉末颗粒的大部分区域被氮化了的名义成分为 $Sm_2Fe_{17}N_{1.52}$样品的迷宫畴和钉形畴；图 7-131（c）是粉末颗粒已基本上氮化的名义成分为 $Sm_2Fe_{17}N_{2.15}$样品的钉形畴。从图 7-131 中 $Sm_2Fe_{17}N_x$的磁畴图案可以直接得到 $Sm_2Fe_{17}N_x$在室温附近的磁畴宽度，再依据 $Sm_2Fe_{17}N_x$的磁性数据可以得到 $Sm_2Fe_{17}N_x$在室温附近的 180°畴壁能密度 γ_b 值，并以此得到 $Sm_2Fe_{17}N_x$间隙化合物的交换常数 A 值，进而获得 $Sm_2Fe_{17}N_x$磁体 180°畴壁的畴壁宽度 δ_B，其典型值为 3.75nm[150]。

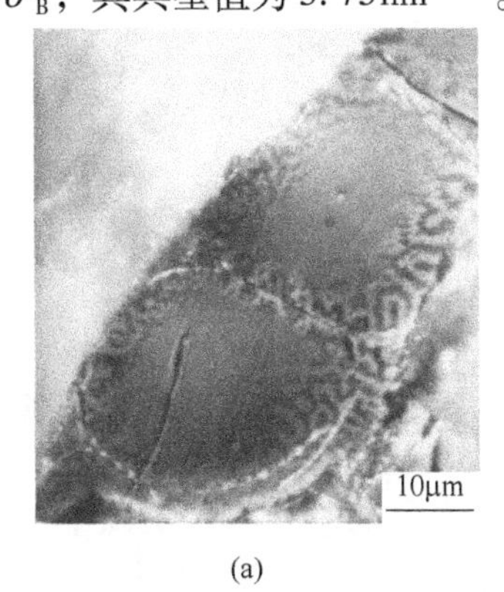

(a)

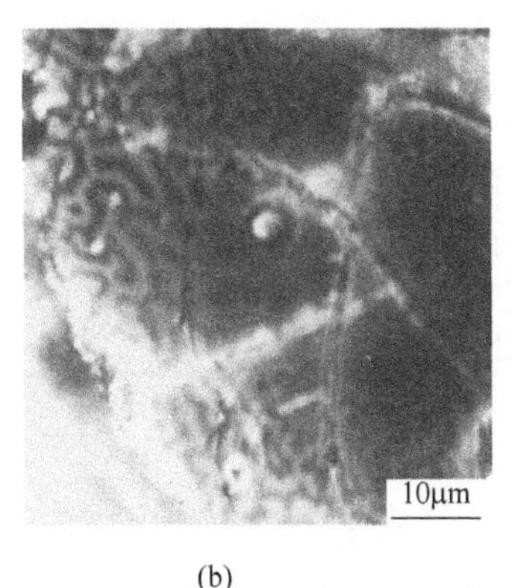

(b)

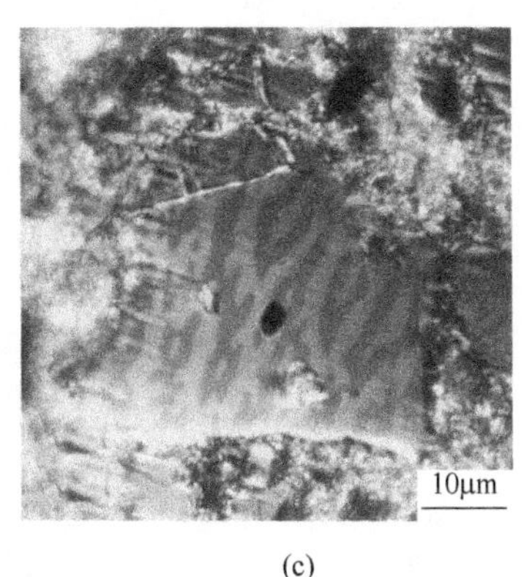

(c)

图 7-131 $Sm_2Fe_{17}N_x$间隙化合物颗粒上的磁畴图案[150]

（a）氮化不均匀的 $Sm_2Fe_{17}N_x$晶粒的磁畴；（b）名义成分为 $Sm_2Fe_{17}N_{1.52}$样品的迷宫畴；（c）名义成分为 $Sm_2Fe_{17}N_{2.15}$样品的钉形畴

胡季帆（Hu Jifan）等人[150]还在不同外加磁场下对 $Sm_2Fe_{17}N_{2.15}$ 样品的磁化和反磁化过程的磁畴进行了观察，其结果展示于图7-132中。可看到，在零磁场（图7-132（a））时，磁畴是多畴态。随着磁化场的增大，畴壁发生移动，且在磁化场 $\mu_0 H$ 增大至0.54T时，磁化达到饱和，并不再显示磁畴（图7-132（b））。在磁化场返回到0.36T时（图7-132（c）），反向畴核开始出现，因为靠近中心的各向异性比颗粒的其他部位相对小一些，容易引起反磁化。这是氮化分布不均匀的缘故，畴壁钉扎延伸不到颗粒的中心。在外场为零的剩磁状态（图7-132（d）），晶粒已经处于多畴状态，且在晶粒的表面形成新的反向畴核，它从晶粒的表面一直延伸到晶粒的内部。随着反向磁场的增大，畴壁将位移（图7-132（e）），并随着磁场达到 −0.54T（图7-132（f））时，磁畴最终又一次消失，但磁体的磁化方向与图7-132（b）相反。

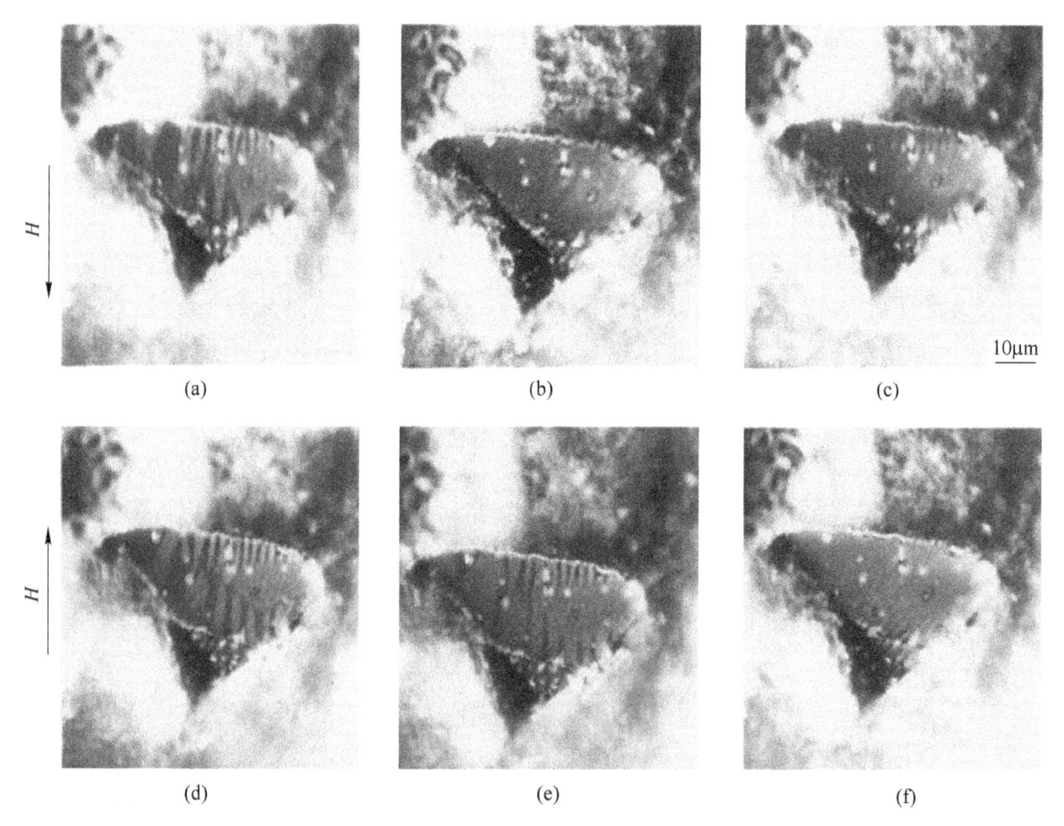

图7-132 在不同外加磁场下 $Sm_2Fe_{17}N_{2.15}$ 样品的磁畴图案[150]

(a) $\mu_0 H=0$；(b) 0.54T；(c) 0.36T；(d) $\mu_0 H=0$；(e) −0.17T；(f) −0.54T

7.11.2 $Sm_2Fe_{17}N_x$ 磁体的矫顽力的微磁学分析

从 $Sm_2Fe_{17}N_x$ 间隙化合物在不同温度下的磁化和退磁曲线，人们能得到不同温度下的磁性参数，例如 $M_s(T)$、$K_1(T)$、$K_2(T)$ 和 $H_{cJ}(T)$ 等，从而获得 $\mu_0 H_{cJ}(T)/M_s(T)$ 对 $2K_1(T)/[M_s(T)]^2$ 的关系曲线，并从该曲线的线性段和它的延伸线的截距可得到微磁学理论中形核场的降低的微结构参数：α 和 N_{eff}。这些微结构参数反映了构成实际永磁材料的晶粒的各种缺陷和静磁的相互作用。胡季帆（Hu J F）等人[149,151,152]和 Wendhausen 等人[153]

利用微磁学理论研究了由通常破碎[130]、氢破碎[149]、金属粘结[153]和爆炸烧结[151]等方法制备的 $Sm_2Fe_{17}N_x$ 磁体的矫顽力机制。

图 7-133 展示平均颗粒分别为 38μm 和 4μm 的氢破碎方法制备的 $Sm_2Fe_{17}N_x$ 磁体矫顽力的温度关系[149]。可看到，破碎得过分细的平均颗粒为 4μm 所制备的 $Sm_2Fe_{17}N_x$ 磁体的矫顽力明显地低于平均颗粒为 38μm 所制备的磁体的矫顽力。这是由于破碎得过分细的颗粒在制备过程中容易氧化造成的。

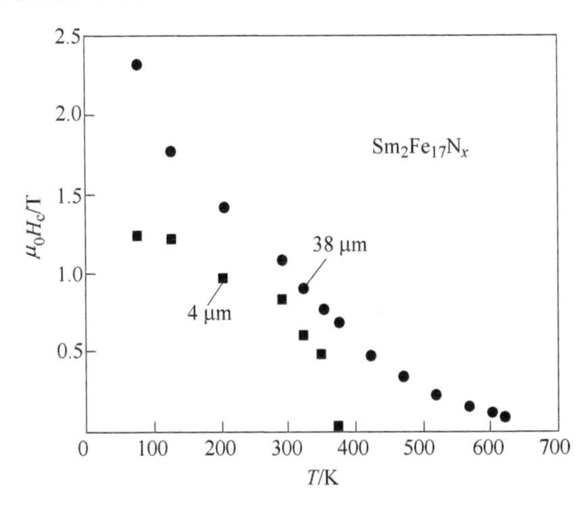

图 7-133 平均颗粒分别为 38μm 和 4μm 的氢破碎方法制备的 $Sm_2Fe_{17}N_x$ 磁体矫顽力的温度关系[149]

如果假设上述间隙化合物磁体的退磁磁场接近零，则根据微磁学理论所预示的理想的形核磁场应该是每个温度下的磁晶各向异性场，即 $\mu_0H_c(T)=\mu_0H_a(T)=2K_1(T)/M_s(T)$。在室温（300K）下，$\mu_0H_c=\mu_0H_a=14T$。然而，平均粒度分别为 38μm 和 4μm 的氢破碎方法制备的 $Sm_2Fe_{17}N_x$ 磁体的内禀矫顽力，分别约为 1T 和 0.5T，远远低于理想的形核磁场数值，仅是理想形核磁场的十几分之一。类似的情况出现在所有的稀土永磁材料上。这是实际磁体的显微结构与理想磁体的显微结构存在较大差异的缘故。构成理想磁体的晶粒要求内部不存在任何缺陷的表面光滑的椭球体，且晶粒之间存在一个磁退耦的非铁磁性的薄层以相互隔离。但实际磁体中的晶粒既非椭球形状，表面和体内也非光滑和均匀，而是在各个方面都不符合理想的要求，在显微结构上构成磁体的每个晶粒都存在着大量的各种各样的缺陷，所有的缺陷都造成形核磁场的下降，从而大幅地降低磁体的内禀矫顽力。

平均粒度 4μm 的 $Sm_2Fe_{17}N_x$ 磁体，在工艺上比 38μm 磁体多一步球磨，增大了颗粒表面的应力和损伤，加之颗粒细，比表面大，增大了氧化物在每个晶粒和整个磁体中体积比，因而平均粒度 4μm 的 $Sm_2Fe_{17}N_x$ 磁体要比平均粒度 38μm 磁体的内禀矫顽力低一些。

人们由 $\mu_0H_{cJ}(T)/M_s(T)$ 对 $2K_1(T)/[M_s(T)]^2$ 的关系曲线的线性段和它的延伸线的截距可得到微磁学理论中形核场的降低的微结构参数：α 和 N_{eff}。图 7-134 展示了平均颗粒分别为 38μm 和 4μm 的氢破碎方法制备的 $Sm_2Fe_{17}N_x$ 磁体的 $\mu_0H_{cJ}(T)/M_s(T)$ 对 $2K_1(T)/[M_s(T)]^2$ 的关系曲线[149]。从图 7-134 可以分别得到 38μm 磁体的显微结构参数：$\alpha=0.42$，$N_{eff}=3.45$ 和 4μm 磁体的显微结构参数：$\alpha=0.38$，$N_{eff}=3.58$。这些显微结构参数的数值表明，晶粒表面被强烈地损坏，晶粒的内部也很不均匀，因而造成了参数 α_K 数值的大幅下降；另外由于大量错取向晶粒的存在，产生了参数 α_ψ 数值的下降。参数 α_K 和参

数 α_ψ 的乘积数值确定了参数 α 。由于大量的错取向晶粒和各种各样的缺陷存在，因此磁体的杂散磁场很大，参数 N_{eff}的数值都超过 3.4。

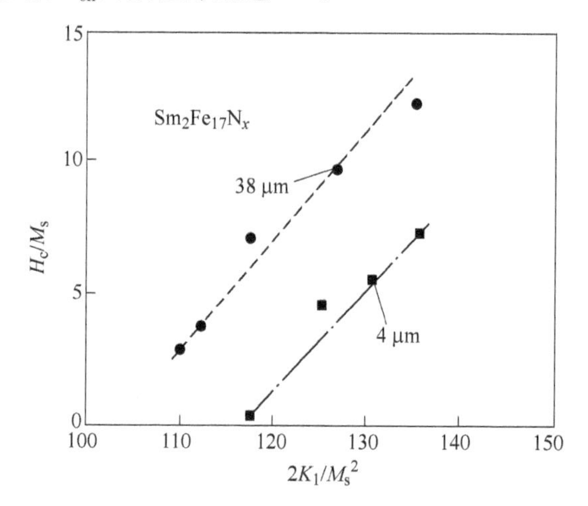

图 7-134 平均颗粒直径分别为 38μm 和 4μm 的氢破碎方法制备的 $Sm_2Fe_{17}N_x$ 磁体的 H_c/M_s对 $2K_1/M_s^2$的关系曲线[149]

从以上的微磁学分析表明，平均颗粒直径分别为 38μm 和 4μm 的氢破碎方法制备的 $Sm_2Fe_{17}N_x$磁体的矫顽力的急剧降低，这是由于大量的磁晶各向异性晶粒缺陷、错取向晶粒和晶粒表面的缺陷和边角等所产生的大的杂散磁场一起造成的。

利用常规破碎方法制备的 $Sm_2Fe_{17}N_x$粉由环氧树脂粘结的 $Sm_2Fe_{17}N_x$粘结磁体[151]、由低熔点金属锌（Zn）粘结的 $Sm_2Fe_{17}N_x$粘结磁体[153]和由爆炸烧结的 $Sm_2Fe_{17}N_x$烧结磁体[151]的 $\mu_0H_{cJ}(T)/M_s(T)$ 对 $2K_1(T)/[M_s(T)]^2$的关系曲线也被研究。研究发现，与氢破碎方法制备的 $Sm_2Fe_{17}N_x$磁体一样，它们的矫顽力都是由晶粒表面的反向畴的形核控制的；但在室温以上的温度范围不同工艺所制备的磁体具有明显不同的显微结构参数，其中包括与确定反磁化的缺陷的磁性效应相关的唯象参数 α ，以及与晶粒本身的形状和晶粒之间的磁偶极相互作用有关的唯象参数（有效退磁因子）N_{eff}。从提高磁体的矫顽力的角度看，希望唯象参数 α 越高越好，而唯象参数 N_{eff}越低越好。对于 α 希望尽量接近极限值 1，而对于 N_{eff}希望尽量接近极限值零。表 7-8 列出了上述四种不同方法所制备的 $Sm_2Fe_{17}N_x$磁体在室温以上的显微结构参数 α 和 N_{eff}值。从表 7-8 可清楚看到，对于 α 值，氢破碎法有最高值，而爆炸烧结法最低。这意味着，氢破碎法可以获得较高的矫顽力，而爆炸烧结法的矫顽力最低。对于 N_{eff}值，氢破碎法有最高值，而 Zn 粘结法维持最低值。这意味着氢破碎法磁体因杂散磁场大而降低矫顽力，而 Zn 粘结磁体因较低的杂散磁场可以获得较高的矫顽力。Zn 粘结磁体有如此低的 N_{eff}值，是因为 Zn 粉和 $Sm_2Fe_{17}N_x$晶粒表面之间的反应改善了 $Sm_2Fe_{17}N_x$晶粒的表面行为，并极大地降低 $Sm_2Fe_{17}N_x$晶粒的退磁因子造成的。

表 7-8 在室温以上四种不同方法制备的 $Sm_2Fe_{17}N_x$磁体的显微结构参数[149]

显微结构参数	氢破碎（38μm）+环氧	一般破碎+环氧	一般破碎+爆炸烧结	一般破碎+Zn 粘结
α	0.42	0.31	0.265	—
N_{eff}	3.54	2.37	2.21	0.43~1.1

7.11.3 $Sm_2Fe_{17}N_x$磁体的矫顽力的角度关系

由前面的小磁滞回线测量所得到的矫顽力与最大磁化场的线性关系和由磁畴观察的结果都证实间隙化合物磁体的矫顽力机制是由反向畴的形核所控制。正如在 7.5.1 节中指出的，理想单畴颗粒的矫顽力的角度关系应该符合 S-W 模型，然而实际的磁体均不是理想磁体，总是存在各种各样的缺陷，使得磁体的矫顽力的角度关系偏离 S-W 模型，并更靠近 $1/\cos\psi$ 关系（ψ 是外加磁场与易磁化方向间的夹角），见图 7-89 和图 7-102。间隙化合物 $Sm_2Fe_{17}N_x$磁体的矫顽力的角度关系也被研究。图 7-135 展示出在室温下两种不同工艺所制备的 $Sm_2Fe_{17}N_x$磁体的矫顽力的角度关系[154]，其中一种工艺是利用直径约 20μm 的 Sm_2Fe_{17}合金粉经过 500℃ ×4h 的氮化处理，接着球磨 2 ~14h；另一种是利用直径约 20μm 的 Sm_2Fe_{17}合金粉，首先在不同时间下球磨，然后氮化。可看到，尽管两种工艺制备的 $Sm_2Fe_{17}N_x$磁体的矫顽力有很大的差异，但两者磁体的矫顽力都随 ψ 的增大而增大，都不见矫顽力的最小值。这个现象是与典型的形核型烧结 Sm-Co 和 Nd-Fe-B 磁体是一样的。与烧结 Nd-Fe-B 磁体一样，单从矫顽力的角度关系来看，似乎有的像钉扎型，但烧结 Nd-Fe-B 磁体确实不是钉扎型，是地地道道的形核型磁体。正如在 7.8.3 节已讨论的那样，由于 $K_2 \neq 0$、晶粒表面磁性的不均匀、错取向晶粒的存在、晶粒的非椭球形状、晶粒间短程的交换耦合和长程的静磁耦合等都会造成偏离形核型的 S-W 关系，朝向 $1/\cos\psi$ 关系。以上结果也表明，构成磁体的 $Sm_2Fe_{17}N_x$晶粒的表面存在着大量的缺陷和在磁体中存在大量错取向的晶粒等各种显微结构恶化因素。

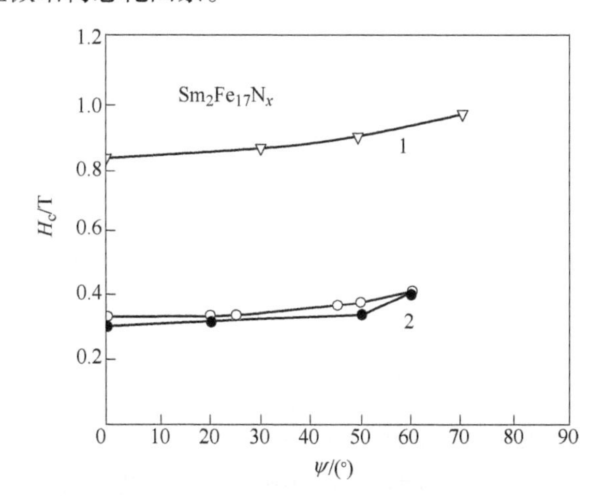

图 7-135 在室温下两种工艺制备的 $Sm_2Fe_{17}N_x$磁体的矫顽力的角度关系[154]

1—用环氧树脂粘结先氮化后球磨的氮化粉所制备的粘结磁体；

2—用环氧树脂粘结先球磨后氮化的氮化粉所制备的粘结磁体

有关间隙化合物 1:12 型和 3:29 型磁体的磁化和反磁化行为虽然亦有研究，但数量很少。它们的磁化和反磁化行为与上面详细研究的间隙化合物 $Sm_2Fe_{17}N_x$磁体的行为是类似的，这里不再进行讨论。

本章至此，我们已简要地描述了单轴各向异性永磁材料中的磁畴、技术磁化过程和反磁化过程；在此基础上，我们又简单地介绍早期用来讨论矫顽力机制的磁畴理论和在理论上最易理解的宏观唯象理论；随后详细介绍了微磁学理论，即在假设 S-W 理想单畴颗粒的条件下，给出理想单畴颗粒的形核场，即 S-W 模型；进而再对各种非理想单畴颗粒的显微结构给出修正的形核场，同时还利用数值微磁学方法计算不同颗粒形状、大小和同时存在多种非理想条件下显微结构的形核场；最后，通过对各种稀土永磁体（包括由大晶粒组成的普通磁体和由纳米晶粒组成的交换耦合磁体）的显微结构分析、磁畴观察和磁性测量，以及根据显微结构分析和磁性测量数据所进行的微磁学理论分析，我们力图对不同种类的稀土永磁体的矫顽力机制作出比较清晰的图像。

根据以上对不同种类的稀土永磁体所进行的大量的实验观察和理论分析，我们可以得到如下一些结论：

（1）对于以烧结 $SmCo_5$ 磁体为代表的第一代稀土永磁材料——烧结 1:5 型 Sm-Co 磁体，由于磁体是由微米级的、比较完美的单相晶粒组成，所以烧结 1:5 型 Sm-Co 磁体的矫顽力是典型的“形核”型机制。

（2）对于第二代稀土永磁材料家族中的低矫顽力烧结 2:17 型 Sm-Co 磁体，由于磁体主要是脱溶析出的、相干的两相纳米级胞状结构组成，所以低矫顽力烧结 2:17 型 Sm-Co 磁体的矫顽力属于典型的“钉扎”控制型。

（3）对于第二代稀土永磁材料家族中的高矫顽力烧结 2:17 型 Sm-Co 磁体，由于胞状结构明显粗化，磁体主要是脱溶析出的、相干的两相亚微米胞状结构组成，粗化的胞状结构内畴壁位移比较容易。所以高矫顽力烧结 2:17 型 Sm-Co 磁体的矫顽力是以“钉扎”为主，但兼有“形核”的混合型控制磁体。

（4）第三代稀土永磁材料的烧结 Nd-Fe-B 磁体，与第一代稀土永磁材料——烧结 1:5 型 Sm-Co 磁体一样，由于磁体是由微米级的、比较完美的单相晶粒组成，所以烧结 Nd-Fe-B 磁体的矫顽力是典型的“形核”型机制。

（5）快淬 R-Fe-B 磁粉是由等轴的、各向同性的纳米级单畴晶粒组成，以成分 Nd 或 Fe 的贫富可分为三类：富 Nd（或贫 Fe）、正分和富 Fe（或贫 Nd）。前两类是单一硬磁性相的纳米交换耦合磁体，其矫顽力机制是以磁矩一致转动（S-W 模型）和交换耦合实现反磁化；而后一种是包含硬磁性相和软磁性相的复合纳米交换耦合磁体，其矫顽力机制是一种新型的交换耦磁硬化机理，仍然以磁矩一致转动（S-W 模型）和交换耦合实现反磁化，与前两类不同的是交换耦合作用使软磁相充分磁硬化，同时又较大幅度降低了硬磁相的矫顽力，磁体表现出单一硬磁相的反磁化行为。

（6）热压 R-Fe-B 磁体是由富 Nd 快淬 R-Fe-B 磁粉为原料制成的一种包含大部分纳米级单畴晶粒和少量亚微米级晶粒组成的各向同性的交换耦合磁体，它的矫顽力机制是以纳米级单畴晶粒的磁矩一致转动为主和大晶粒“形核”为辅的两种混合。

（7）对于热变形 Nd-Fe-B 磁体，由于磁体大部分由亚微米级盘状晶粒组成且取向排列，像烧结 Nd-Fe-B 磁体一样，具有“形核”特征，又由于包含了部分取向或生长不充分的纳米级单畴晶粒，像快淬 Nd-Fe-B 磁粉一样，具有纳米级单畴晶粒的磁矩一致转动特征，所以各向异性的热变形 Nd-Fe-B 磁体的矫顽力机制属于以大晶粒的“形核”为主，纳米级单畴晶粒的磁矩一致转动为辅的混合型。

（8）对于由微米级单晶颗粒组成的间隙化合物磁体，其矫顽力机制通常为“形核”型，$Sm_2Fe_{17}N_x$ 是其典型代表。

（9）关于各向异性磁体的矫顽力的角度关系，从前面的几个例子可看到，由于实际磁体的显微结构与理想磁体之间有较大差异，造成了实际磁体的矫顽力的角度关系与理论关系都存在很大偏离，从而使得我们在许多情况下不能从磁体的矫顽力的角度关系上直接判断出该磁体的矫顽力机制的模式；但在一些特殊条件下，人们可以从磁体的矫顽力的角度关系上直接判断其矫顽力机制的模式，如烧结 Pr-Fe-B 磁体。

参考文献

[1] 钟文定. 铁磁学（中册）[M]. 北京：科学出版社，1987.

[2] 钟文定. 技术磁学（上册）[M]. 北京：科学出版社，2008.

[3] 宛德福，马兴隆. 磁性物理学 [M]. 成都：电子科技大学出版社，1994.

[4] Kronmuller H. Micromagnetic background of hard magnetic materials [M]. In: Long GJ and Grandjean F ed.. Supermagnets, Hard Magnetic Materials. Netherlands: Kluwer Academic Press, 1991: 461 ~ 498.

[5] Kronmuller H, Fahnel M. Micromagnetism and the Microstructure of Ferromagnetic Solids [M]. Cambridge: Cambridge University Press, 2003.

[6] 近角聪信. 铁磁性物理（葛世慧译，张寿恭校）[M]. 兰州：兰州大学出版社，2002.

[7] Kronmuller H. Theory of Nucleation Fields in Inhomogeneous Ferromagnets [J]. Phys. Stat. Sol. B, 1987, 144: 385.

[8] Inoue T, Goto K, Sakurai T. Magnetic domains of single-domain particles of $SmCo_5$ observed by the colloid-SEM method [J]. Jpn. J. Appl. Phys., 1983, 22: L695.

[9] Adler E, Hamann P. A contribution to the understanding of coercivity and its temperature dependence in sintered $SmCo_5$ and $Nd_2Fe_{14}B$ magnets [C]. In: 4th Int. Symp. on Magn. Anisotopy and Coercivity in RE-Transition Metal Alloys. Dayton, Ohio, 1985.

[10] Givord D, Rossignol M F. Coercivity [M]. In: Coey J M D, ed. Rare-Earth Iron Permanent Magnets. Oxford: Clarendon Press, 1996: 218 ~ 285.

[11] Coey J M D. Introduction [M]. In: Coey J M D, ed. Rare-Earth Iron Permanent Magnets. Oxford: Clarendon Press, 1996: 1 ~ 57.

[12] Weiss P. The hypothesis of the molecular field and the property of ferromagnetism [J]. J. de Phys. Rod., 1907, 6: 661.

[13] Bitter F. On inhomogeneities in the magnetization of ferromagnetic materials [J]. Phys. Rev., 1931, 38: 1903.

[14] Landau L D, Lifshitz E M. On the theory of the lispersion of magnetic permeability in ferromagnetic bodies [J]. Phys. Z. sowjetunion, 1935, 8: 153.

[15] Sagawa M, Hirosawa S, Yamamoto H, et al. Nd-Fe-B permanent magnet materials [J]. Jpn. J. of Appl. Phys., 1987, 26: 785.

[16] Sagawa M, Hirosawa S. Coercivity and microstructure of R-Fe-B sintered permanent magnets [J]. J. dePhysique (paris), 1988, 49: C8-617.

[17] Hirosawa S, Tsubokawa Y, Shimizu R, [C] 10th Int. Workshop on Rare-Earth Magnets and Their Applications (The Society of Non-Traditional Technology, Tokyo), 1988: 465.

[18] Givord D, Tenaud P, Viadieu T. Coercivity mechanisms in ferrite and rare earth transition metal sintered magnets ($SmCo_5$, Nd-Fe-B) [J]. IEEE Trans. Mag., 1988, 24: 1921.

[19] Wohlfarth E P. The coefficient of magnetic viscosity [J]. J. Phys. F, 1984, 14: L155.

[20] Gaunt P. Magnetic viscosity and thermal activation energy [J]. J. Appl. Phys., 1986, 59: 4129.

[21] Landau L D, Lifshitz E M. Onthetheory of the dispersion of magnetic permeability in ferromagneticbodies [J]. Physik Z. Sowjetunion, 1935, 8: 153.

[22] Brown W F. Theory of the approach to magnetic saturation [J]. Phys. Rev., 1940, 58: 736.

[23] Neel L. Theorie du trainage magnetique des substances massives dans domain de rayleigh [J]. J Phys. Rad., 1950 (11): 49.

[24] Kittel C. Physical theory of ferromagnetic domains [J]. Rev. Mod. Phys., 1949, 21: 541.

[25] Aharoni A. Reduction in coercive force caused by a certain type of imperfection [J]. Phys. Rev., 1960, 119: 127.

[26] Abraham C, Aharoni A. Linear decrease in the magnetocrystalline anisotropy [J]. Phys. Rev., 1960, 120 :1576.

[27] Kronmuller H, Schrefl T. Interactiveand cooperative magnetization processes in hard magnetic materials [J]. J. Magn. Magn. Mater., 1994, 129: 66~78.

[28] Kronmuller H, Durst K D, Martinek G. Angular dependence of the coercive field in sintered $Fe_{77}Nd_{15}B_8$ magnets [J]. J. Magn. Magn. Mater., 1987, 69: 149.

[29] Kronmuller H, Durst K D, Hock S, Martinek G. Micromagnetic analysis of the magnetic hardening mechanisms in RE-Fe-B magnets [J]. J. Phys. (Paris)., 1988, 49: C8-623.

[30] Aharoni A. Theoretical search for domain nucleation [J]. Rev. Mod, Phys., 1962, 34: 227.

[31] Aharoni A, Shtrikman S. Magnetization curve of the infinite cylinder [J]. Phys. Rev., 1958, 109: 1522.

[32] Stoner E C, Wohlfarth E P. A mechanism of magnetic hysteresis in heterogeneous alloys [J]. Philos. Trans. R. Soc., London Ser. A, 1948, 240: 599.

[33] 蒲富恪, 李伯藏. Bifurcation solutions of brown's equations and problems of nucleation in magnetization reversal and of formation of incipient magnetic domain [J]. 科学通报(英文版), 1981, 26: 207.

[34] Holz A. Theoetical study of nucleation ferromagnetic materials [J]. Phys. Status Solidi, A, 1968, 25: 567.

[35] Aharoni A. Magnetization curling [J]. Phys. Stat. Sol., 1966, 16: 3.

[36] Zijlstra H. Permanent Magnets; Theory [M]. In Ferromagnetic materials, Vol. 3, Wohlfarth EP (ed.), North Holland, 1982: 37.

[37] Kondorsky E. On hysteresis in ferromagnetics [J]. J. Phys., (Moscow), 1940, 2 : 161.

[38] Hock S. Dr. rer. Nat. Thesis, (1988) Univ. Stuttgart.

[39] Landau L D, Lifshitz E M. Quantenmechanik [M]. Akademie-Verlag, Berlin, 1966: 78.

[40] Kronmuller H, Fahnle M. Micromagnetism and the Microstructure of Ferromagnetic Solids [M]. Cambridge Univ. press, 2003.

[41] Martinek G, Kronmuller H. Influence of grain orientation on the coercive field in Fe-Nd-B permanent magnets [J]. J. Magn. Magn. Mater., 1990, 86: 177.

[42] Gronefeld M, Kronmuller H. Calculation of strayfields near grain edges in permanent magnet material [J]. J. Magn. Magn. Mater., 1989, 80: 223.

[43] Schmidts H F, Kronmuller H. Size dependence of the nucleation field of rectangular ferromagnetic parallelepipeds [J]. J. Magn. Magn. Mater., 1991, 94: 220.

[44] Durst K D, Kronmuller H. The coercive field of sintered and melt-spun NdFeB magnets [J]. J. Magn. Magn. Mater., 1987, 68: 63.

[45] Durst K D, Thesis Univ. Stuttgart, 1986.

[46] Hernando A, Navarro I, Gonzalez J M. On the role of intergranular exchange coupling in the magnetization process of permanent magnet materials [J]. Europhys. Lett., 1992, 20: 175.

[47] Gonzalez J M, Cebollada F, Hernando A. Modelling the influence of intergranular phases on hysteretic behavior of hard magnetic polycrystals [J]. J. Appl. Phys., 1993, 73: 6943.

[48] Gonzalez J M, Cebollada F. Exploitation Report, Contract BREU-150' Analysis of Coercivity and of the

Microstructure of High-Tech Hard Magnetic Materials' [R]. 1993.

[49] Henkel O. Remanenzverhalten und Wechselwirkungen in hartmagnetischen Teilchenkollektiven [J]. Phys. Stat. Sol., 1964, 7: 919.

[50] Wohlfarth E P. Relations between different modes of acquisition of the remanent magnetization of ferromagnetic particles [J]. J. Appl. Phys., 1958, 29: 595.

[51] 王亦忠，张茂才，乔祎，王晶，王荫君，沈宝根，胡伯平. 各向同性纳米结构 Fe-Pt 薄膜的结构和磁性 [J]. 物理学报，2000，49：1600～1605.

[52] Panagiotopoulos I, Withanawasam L, Hadjipanayis G C. 'Exchange spring' behavior in nanocomposite hard magnetic materials [J]. J. Magn. Magn. Mater., 1996, 152: 353～358.

[53] Schrefl T, Fidler J, Kronmuller H. Nucleation fields of magnetic particles in 2D and 3D micromagneticcalculations [J] . J. Magn. Magn. Mater., 1994, 138: 15～30.

[54] Kneller E F, Hawig R. The exchange-spring magnet: a new material principle for permanent magnets [J]. IEEE Trans. Mag., 1991, 27: 3588.

[55] Skomski R, Coey J M D. Giant energy product in nanostructured two-phase magnets [J]. Phys. Rev. B, 1993, 48: 15812.

[56] Gaunt P. Ferromagnetic domain wall pinning by a random array of inhomogeneities [J]. Phil. Mag. B, 1983, 48: 261.

[57] Kersten M, Phys. Z. Nonmagnetic Inclusions and Coercive Force of Ferromagnetic Materials [J]. 1943, 44: 63.

[58] Friedel J. Electron Microscopy and Strength of Crystals [M]. Thomas G and Washburn J (eds), Interscience, New York, 1963: 605.

[59] Kromüller H. Micromagnetism in hard magnetic materials [J]. J. Magn. Magn. Mater., 1978, 7: 341.

[60] Hilzinger H R, Kronmuller H. Investigation of bloch-wall-pinning by antiphase boundaries in RCo_5-compounds [J]. Phys. Lett., 1975, 51A: 59.

[61] Hilzinger H R. The influence of planar defects on the coercive field of hard magnetic materials [J]. Appl. Phys., 1977, 12: 253.

[62] Kronmuller H, Schrefl T. Interactive and cooperative magnetization processes in hard magnetic materials [J]. J. Magn. Magn. Mater., 1994, 129: 66～78.

[63] Schrefl T, Kronmuller H, Fidler J. Exchange hardening in nano-structured two-phase permanent magnets [J]. J. Magn. Magn. Mater., 1993, 127: L273.

[64] Schrefl T, Schmidts H F, Fidler J, Kronmuller H. Nucleation fields and grain boundaries in hard magnetic materials [J]. IEEE Trans. Mag., 1993, 29: 2878.

[65] Livingston J D. Present understanding of coercivity in cobalt-rare-earth [C]. AIP Conf. Proc., 1973, 10: 643～657.

[66] Strnat K J. Rare earth-cobalt permanent magnets. In: Wohlfarth E P and Buschow K H J ed. Ferromagnetic Materials Vol. 4 [M]. Elsevier Science Publishers B. V, 1988: 131～209.

[67] Croat J J, Lee R W. A metallographic study of sintered $SmCo_5$ compacts [J]. IEEE Trans., 1974, MAG-10: 712.

[68] Livingston J D. Domains in sintered Co_5Sm magnets [J]. Phys. Status Solidi, A, 1973, 18: 579.

[69] Smeggil J. Phase analysis of liquid-phase sintered Co_5Sm magnet compacts [J]. IEEE Trans. Magn., 1973, MAG-9: 158.

[70] Riley A, Jones G A. The observation of domain structures in $SmCo_5$ by electron microscopy [J]. IEEE Trans. Magn., 1973, MAG-9: 201.

[71] Adler E, Hamann P. A contribution to the understanding of coercivity and its temperature dependence in sintered $SmCo_5$ and $Nd_2Fe_{14}B$ magnets [C]. In 4th Inter. Sym. On Magn. Aniso. &Coer. in Rare Earth-Tran. Metal Alloys, Dayton, Ohio, 1985, Univ. Dayton.

[72] Goto K, Sakurai T, Yazaki T. Magnetic domains of a sintered $SmCo_5$ magnet [J]. Appl. Phys. Lett., 1973, 22: 686.

[73] Adler E, Hilzinger H R, Wagner R. The influence of surface conditions on magnetic properties of sintered Co_5Sm magnets [J]. J. Magn. Magn. Mater., 1978, 9: 188.

[74] Strnat K J, Li D, Mildrum H F. Magnetic domains and reversal mechanisms in sintered "$SmCo_5$" permanent magnets [J]. J. Appl. Phys., 1984, 55: 2100.

[75] Kronmüller H, Hilzinger H R. Incoherent nucleation of reversed domains in Co_5Sm permanent magnets [J]. J. Magn. Magn. Mater., 1976, 2: 3.

[76] Rothworf F, Tawara Y, Ohashi K, et al. Enhancement of coercitivity by heat treatment of $Sm(CoCuFeZr)_{7.5}$ magnets [C]. The Proc. 6th Inter. Workshop on Rare Earth-Cobalt Permanent Magnets and Their Applications, 1982: 567.

[77] Fidler J, Skalicky P. Microstructure of precipitation hardened cobalt rare earth permanent magnets [J]. J. Magn. Magn. Mater., 1982, 27: 127.

[78] Matthias T, Zehemer G, Fidler J, et al. TEM-analysis of Sm(Co,Fe,Cu,Zr) magnets for high-temperature application [J]. J. Magn. Magn. Mater, 2002, 242 ~ 245: 1353.

[79] Lefever A, Cohen-Adad M Th, Mentzen B F. Stuctural effect of Zr substitution in the Sm_2Co_{17} phase [J]. J Alloys Comp, 1997, 2156: 207.

[80] Hadjipanayis G C. Microstructure and magnetic domain structure of 2∶17 precipitation hardened rare-earth cobalt permanent magnets [C]. In: Fidler J ed. Proc. 3th Int. Symp. on Magn. Anisotopy and Coercivity in RE-Transition Metal Alloys, Baden, Austria, 1983: 609.

[81] Xiong X Y, Ohkubo T, Koyama T, Ohashi K, Tawara Y, Hono K. The microstructure of sintered $Sm(Co_{0.72}Fe_{0.20}Cu_{0.055}Zr_{0.025})_{7.5}$ permanent magnet studied by atom probe [J]. ACTA Materialia, 2004, 52: 737.

[82] Gutfleisch O, Muller K H, Khlopkov K, Wolf M, Yan A, Schafer R, Gemming T, Schultz L. Evolution of magnetic domain structures and coercivity in high-perfomance SmCo 2∶17-type permanent magnets [J]. Acta Materialia, 2006, 54: 997.

[83] Yan A, Gutfleisch O, Gemming T, Muller K H. Microchemistry and magnetization reversal mechanism in melt-spun 2∶17-type Sm-Co magnets [J]. Appl. Phys. Lett., 2003, 83: 2208.

[84] Goll D, Sigle W, Hadjipanayis G C, Kronmuller H. Nanocrystalline and nanostructured high-performance permanent magnets [C]. Mater. Res. Soc. Symp. Proc., 2001: 674.

[85] Kronmuller H, Goll D. Micromagnetic analysis of pinning-hardened nanostructured nanocrystalline Sm_2Co_{17} based alloys [J]. Scripta Materialia, 2002, 47: 545.

[86] Li D, Strnat K J. Domain structures of two Sm-Co-Cu-Fe-Zr "2∶17" magnets during magnetization reversal [J]. J. Appl. Phys., 1984, 55: 2103.

[87] Okabe F, Park H S, Shindo D, Park Y G, Ohashi K, Tawara Y. Microtructures and magnetic domain structures of sintered $Sm(Co_{0.720}Fe_{0.200}Cu_{0.055}Zr_{0.025})_{7.5}$ permanent magnet studied by transmission electron microscopy [J]. Materials Transactions, 2006, 47: 218.

[88] Fidler J, Skalicky P. Domain wall pinning in REPM [C]. In: Fidler J ed. Proc. 3th Int. Symp. on Magn. Anisotopy and Coercivity in RE-Transition Metal Alloys, Baden, Austria, 1983: 585.

[89] Hadjpanayis G C, Hazelton R C, Lawless K R, et al. Magnetic domains in rare-earth cobalt permanent

magnets [J]. IEEE Trans. Mag., 1982, MAG-18: 1460.

[90] Okabe F, Park H S, Shindo D, Park Y G, Ohashi K, Tawara Y. Microstructures and magnetic domain structures of sintered $Sm(Co_{0.720}Fe_{0.200}Cu_{0.055}Zr_{0.025})_{7.5}$ permanent magnet studied by transmission electron microscopy [J]. Mater. Transactions, 2006, 47: 218.

[91] Livingston J D. Domains in sintered Co-Cu-Fe-Sm magnets [J]. J. Appl. Phys., 1975, 46: 5259~5262.

[92] Kumar K. $RETM_5$ and RE_2TM_{17} permanent magnets development [J]. J. Appl. Phys. 1988, 63: R13~R57.

[93] Kromüller H, Goll D. Analysis of the temperature dependence of the coercive field of Sm_2Co_{17} [J]. Scripta Materialia. 2003, 48: 833.

[94] Givord D, Rossignol M F, Taylor D W, et al. Coercivity analysis in $Sm(Co,Cu,Fe,Zr)_{7\sim8}$ magnets [J]. J. Magn. Magn. Mater., 1992, 104~107: 1126.

[95] Fidler J. Analytical microscope studies of sintered Nd-Fe-B magnets [J]. IEEE Trans. magn., 1985, MAG-21: 1955.

[96] Fidler J. On the role of the Nd-rich phases in sintered Nd-Fe-B magnets [J]. IEEE Trans. magn., 1987, MAG-23: 2106.

[97] Fidler J, Tawara Y. TEM-study of the precipitation of iron in Nd-Fe-B sintered magnets [J]. IEEE Trans. magn., 1988, MAG-24: 1951.

[98] Fidler J, Knoch K G. Electron microscopy of Nd-Fe-B based magnets [J]. J. Magn. Magn. Mater., 1989, 80: 48.

[99] Sepehri-Amin H, Ohkubo T, Shima T, Hono K. Grain boundary and interface chemistry of an Nd-Fe-B-based sintered magnet [J]. Acta Materialia, 2012, 60: 819.

[100] Shinba Y, Konno T J, Ishikawa K, Hiraga K, Sagawa M. Transmission electron microscopy study on Nd-rich phase and grain boundary structure of Nd-Fe-B sintered magnets [J]. J. Appl. Phys., 2005, 97: 053504.

[101] Bernardi J, Fidler J. Preparation and transmission electron microscope investigation of sintered $Nd_{15.4}Fe_{75.7}B_{6.7}Cu_{1.3}Nb_{0.9}$ magnets [J]. J. Appl. Phys., 1994, 76: 6241.

[102] Bernardi J, Fidler J, Seeger M, Kronmuller H. Preparation and TEM-Study of Sintered $Nd_{18}Fe_{74}B_8Ga_1Nb_1$ Magnets [J]. IEEE Trans. magn., 1993, MAG-20: 2773.

[103] Allemand J, Letant A, Moreau J M, Nozieres J P, de la Bathie R P. A new phase in $Nd_2Fe_{14}B$ magnets crystal structure and magnetic properties of $Nd_6Fe_{13}Si$ [J]. J. Less-Comm. Metals, 1990, 166: 73.

[104] Schrey Pand Velicescu M. Influence of Sn additions on the magnetic and microstructural properties of Nd-Dy-Fe-B magnets [J]. J. Magn. Magn. Mater., 1991, 101: 417.

[105] Khlopkov K, Gutfleisch O, Eckert D, Hinz D, Wall B, Rodewald W, Muller K H, Schultz L. Local texture in Nd-Fe-B sintered magnets with maximized energy density [J]. J. Allo. Comp., 2004, 365: 259.

[106] Sagawa M, Fujimura S, Yamamoto H, Matsuura Y, Hiraga K. Permanent magnet materials based on the rare earth-iron-boron tetragonal compounds [J]. IEEE Trans. magn., 1984, MAG-20: 1584.

[107] Livingston J D. Nucleation fields of permanent magnets [J]. IEEE Trans. Mag., 1987, 23: 2109~2113.

[108] Pastushenkov Y, Skokov K. Magnetic Domain Structur: Analysis of Magnetic Reversal in RE-3d Permanent Magnets [C]. In: Luo Y and Li W. Proc. 19th Int'l. Workshop on REPM & Their Appl.. Beijing: J. Iron Steel Research International Vol. 13, 2006: 79.

[109] Volkov V V, Zhu Y. Dynamic Magnetization Observations and Reversal Mechanisms of Sintered and Die-

Upset Nd-Fe-B Magnets [J]. J. Magn. Magn. Mater. , 2000, 214: 204.

[110] Hadjipanayis G C, Tao Y F, Lawless K R. Microstructure and magnetic properties of Iron-Rare-Earth magnets [C]. In: Strnat K J. 8th Int. Workshop on Rare Earth Magnets and their Applications. Dayton, Ohio, 1985: 657.

[111] Kronmuller H, Durst K D, Sagawa M. Analysis of the magnetic hardening mechanism in Re-Fe-B permanent magnets [J]. J. Magn. Magn. Mater. , 1988, 74: 291.

[112] Kronmuller H, Schrefl T. J. Magn. Magn. Mater. , 1994, 129: 66.

[113] Durst K D, Kronmuller H. The coercive field of sintered and melt-spun NdFeB magnets [J]. J. Magn. Magn. Mater. , 1987, 68: 63 ~ 75.

[114] Givord D, Tenaud P, Viadieu T. Analysis of hysteresis loops in Nd-Fe-B sintered magnets [J]. J. Appl. Phys. , 1986, 60: 3263.

[115] Nakamura H, Hirota K, Shimao M, Minowa T, Honshima M. Magnetic properties of extremely small Nd-Fe-B sintered magnets [J]. IEEE Trans. magn. , 2005, MAG-41: 3844.

[116] Hirota K, Nakamura H, Minowa T, Honshima M. Coercivity enhancement by the grain boundary diffusion process to Nd-Fe-B sintered magnets [J]. IEEE Trans. magn. , 2006, MAG-42: 2909.

[117] 钮萼．晶界扩散对钕铁硼磁体内禀矫顽力的影响机制．2015 年中国科学院物理研究所博士学位论文．

[118] Hu Boping, Niu E, Zhao Yugang, Chen Guoan, Chen Zhian, Jin Guoshun, Zhang Jin, Rao Xiaolei, Wang Zhenxi. Study of sintered Nd-Fe-B magnet with high performance of H_{cJ}(kOe) + $(BH)_{max}$(MGOe) > 75 [J]. AIP Advances, 2013, 3: 042136 .

[119] Kronmuller H, Durst K D, Martinek G. Angular dependence of coercive field in sintered $Fe_{77}Nd_{15}B_8$ magnets [J]. J. Magn. Magn. Mater. , 1987, 69: 149.

[120] Cebollada F, Ossignol M F, Givord D. Angular dependence of coercivity in Nd-Fe-B sintered magnets: proof that coherent rotation is not involved [J]. Phys. Review B, 1995, 52: 13512.

[121] Martinek G, Kronmuller H, Hirosawa S. Angular dependence of coercivity in Pr-Fe-B sintered magnets [J]. J. Magn. Magn. Mater. , 1990, 89: 369 ~ 374.

[122] Chen Y T. Transmission electron microscopy study of high energy product Fe-Nd-B ribbons [J]. IEEE Trans. magn. , 1985, MAG-21: 1967.

[123] Takeshita T, Nakayama R. Magnetic properties and microstructures of the Nd-Fe-B magnet powders produced by the hydrogen treatment [C]. Proc. 10th Int. Workshop on RE Magnets and Their Applications, Kyoto Japan: 1998: 551.

[124] Schultz L, Wecker J, Hellstern E. Formation and properties of Nd-Fe-B prepared by mechanical alloying and solid-state reaction [J]. J. Appl. Phys. , 1987, 61: 3583.

[125] Kronmuller H, Goll D. Micromagnetic analysis of nucleation-hardened nanocrystalline PrFeB magnets [J]. Scripta Materialia, 2002, 47: 551.

[126] Mishra R K. Microstructure of melt-spun Nd-Fe-B Magneqench magnets [J]. J. Magn. Magn. Mater. , 1986, 54 ~ 57: 450.

[127] Mishra R K. Microstructure of hot-pressed and die-upset NdFeB magnets [J]. J. Appl. Phys. , 1987, 62: 967 ~ 971.

[128] Wecker J, Schultz L. Coercivity after heat treatment of overquenched and optimally quenched Nd-Fe-B [J]. J. Appl. Phys. , 1987, 62: 990.

[129] Mishra R K. Electron microscopy and study of microstructure and domain structure of magnetic materials

[J]. Materials Science and Enginneering, 1991, B7: 297 ~ 306.

[130] Buschow K H J. Permanent magnet materials based on 3d-rich ternary compounds [C]. In: Wohlfarth E P and Buschow K H J ed. Ferromagnetic Materials, Vol. 4 . Elsevier Science Publishers B. V., 1988: 1 ~ 129.

[131] Zern A, Seeger M, Bauer J, Kronmuller H. Microstructural investigations of exchange coupled anddecoupled nanocrystalline NdFeB permanent magnets [J]. J. Magn. Magn. Mater., 1998, 184: 89 ~ 94.

[132] Pinkerton F E, Van Wingerden D J. Magnetization process in rapidly solidified neodymium-iron-boron permanent magnet materials [J]. J. Appl. Phys., 1986, 60: 3685.

[133] Hadjipanayis G C. Microstructure and magnetic domains [M]. In: Coey J M D ed. Rare-Earth Iron Permanent Magnets. Oxford: Clarendon Press, 1996: 1 ~ 57.

[134] Hadjipanayis G C, Gong W. Lorentz Microscopy in Melt-Spun R-Fe-B Alloys [J]. J. Magn. Magn. Mater., 1987, 66: 390.

[135] Tao Y F. Magnetic and microstructure properties of iron-rare earth-boron magnets [R]. Ph. Dr. Thesis of Department of Physics, Kansas State University, USA; 1986: 79.

[136] Hadjipanayis G C, Tao Y F, Lawless K R. Microstructure and magnetic properties of iron-rare earth magnets [C]. 4th. Inter. on Rare- Earth Magnets and their Applications, Ohio, Dayton, Ohio. USA; 1885: 657.

[137] Pinkerton F E, Fuerst C D. A strong pinning model for the coercivity of dieupset PrFeB magnets [J]. J. Appl. Phys., 1991, 69: 5817 ~ 5819.

[138] Bauer J, Seeger M, Zern A, Kronmüller H. Nanocrystalline FeNdB permanent magnets with enhanced remanence [J]. J. Appl. Phys., 1996, 80: 1667.

[139] 麦格昆磁公司的产品目录和网页 http: //www. mqitechnology. com.

[140] Melsheimer A, Seeger M, Kronmüller H. Influence of Co substitution in exchange coupled NdFeB nanocrystalline permanent magnets [J]. J. Magn. Magn. Mater., 1999, 202: 458 ~ 464.

[141] Goll D, Seeger M, Kronmuller H. Magnetic and Micromagnetic properties of nanocrystalline exchenge coupled PrFeB permanent magnets [J]. J. Magn. Magn. Mater., 1998, 185: 49 ~ 60.

[142] 周寿增，董清飞．超强永磁体—稀土铁系永磁材料 [M]. 2 版，北京：冶金工业出版社，2010.

[143] Mishra R K, Lee R W. Microstructure, domain walls, and magnetization reversal in hot-pressed NdFeB magnets [J]. Appl. Phys. Lett., 1986, 48: 733 ~ 735.

[144] Fang Y K, Yin X L, Valloppilly S, Li W, Zhu M G, Liou S H. Magnetic micro-structural nuniformity of die-upset Nd-Fe-B magnets [J]. J. Appl. Phys., 2012, 111: 07A734.

[145] Liu J, Sepehri-Amin H, Ohkubo T, Hioki K, Hattori A, Schrefl T, Hono K. Grain sizedependence of coercivity of hot-deformed Nd-Fe-B anisotropic magnets [J]. Acta Mater. 2015 (82): 336 ~ 343.

[146] Liu J, Sepehri-Amin H, Ohkubo T, Hioki K, Hattori A, Schrefl T, Hono K. Effect of Ndcontent on the microstructure and coercivity of hot-deformed Nd-Fe-B permanent magnets [J]. Acta Mater. 2013 (16): 5387 ~ 5399.

[147] McGuiness P J, Drazc G, Kobe S, Brown D N, Ma B M. Magnetic Properties and Microstructures of Nd-Dy-Fe-Co-B-Ga Hot-Deformed Magnets [J]. IEEE Trans. Mag., 2004, MAG-40: 2892 ~ 2894.

[148] Viadieu T, Thesis, Universite de Grenoble, 1988.

[149] Hu J F, Kou X C, Kronmuller H, Zhou S Z. Coercive field in $Sm_2Fe_{17}N_x$ hydrogen decrepitated magnets [J]. Phys. Stat. Sol. (a), 1992, 134: 499 ~ 507.

[150] Hu J F, Dragon T, Sartorelli M L, Kronmuller H. Investigation of the domain structure of $Sm_2Fe_{17}N_x$ in-

termetallic nitrides [J]. Phys. Stat. Sol. (a), 1993, 136: 207 ~ 214.

[151] Hu J F, Kou X C, Dragon T, Kronmuller H , Hu B P. Coercive field in explosion sintered $Sm_2Fe_{17}N_x$ magnets [J]. Phys. Stat. Sol. (a), 1993, 139: 199 ~ 205.

[152] Hu J F, Yang F M, Zhao R W, Wang Z X, Yu S J, Zhou S Z, Hu B P, Wang Y Z. Coercive field of $Sm_2Fe_{17}N_x$ epoxy resin bonded magnets [J]. J. Magn. Magn. Mater. , 1994, 135: 221 ~ 225.

[153] Wendhausen P A P, Muller K H, Handstein A, Eckert D, Pitschke W, Hu B P. [C]. Fc-05 Intermag'93, Stockhoth (1993) .

[154] Hu J F, Yang F M, Zhao T Y, Yan Q W, Wang Z X, Liu G C, Wang Y Z , Hu B P, Yu S J, Yang J. Zhou S Z. Hard magnetic behavior of $Sm_2Fe_{17}N_x$ and $Nd(Fe,Mo)_{12}N_x$ epoxy resin-bonded materials [J]. J. Alloys Compounds, 1995, 222: 103 ~ 106.

第8章

稀土永磁材料制备

稀土永磁材料的制备需完成三个基本任务——在材料中实现高剩磁、高磁能积和高矫顽力所需要的冶金学显微结构，使材料的形状、磁化方式和磁化强度达到磁路应用的要求，确保材料满足磁性器件以至整机长时间使用的其他力学、物理或化学特性要求。由于磁化强度为单位体积内所有磁矩的矢量和，因此磁体可以根据其磁性物质所占的体积，分为全密度磁体和复合磁体（磁粉+粘结剂），并根据单个磁矩是否有目的地排列而分成各向异性磁体和各向同性磁体。全密度稀土永磁体绝大多数采用粉末冶金工艺制造[1~4]，以各向异性为主，且通常具有单一的取向方向，以获得高的磁性能。随着电机设计及其应用的发展，采用特殊取向磁体的电机表现出更加优异的运转特性，从而在市场上占有一席之地，如辐射取向环形磁体或多极取向环形磁体。制备烧结磁体的粉末冶金工艺——“熔炼—制粉—成形—烧结—热处理”是一个繁复的流程，从而有不少另辟蹊径的制备工艺研究。捷径无疑是合金铸造直接获得永磁特性，在实验发现和确认 RCo_5（R = Gd[5]、Y、Ce、Pr、Ce-MM 和 Sm[6~8]）粉末具有极佳永磁特性后，就有研究揭示[9,10]，Sm-Co 类磁体可以通过合金铸造方便地达成永磁特性；Nd-Fe-B 问世后对 R-Fe-B 磁体制备的铸造工艺也有过非常系统的研究，其中 Pr-Fe-B-Cu 铸造磁体技术具备了量产条件[11]，但最终没有实现规模生产。通过热压可以直接从铸态合金制造出全密度各向同性 Sm-Co 和 Nd-Fe-B 磁体[12,13]，并运用 Nd-Fe-B 的热变形取向机制，发展出了热压—热变形各向异性 Nd-Fe-B 磁体制备工艺[13,14]，成为制作薄壁辐射取向磁环的主要技术手段，但这两类磁体的铸态合金必须具有与最终产品相当的内禀矫顽力，Sm_2Co_{17} 合金经恰当热处理即可实现这一目标，Nd-Fe-B 合金必须是晶粒尺寸细至亚微米的快淬磁粉。复合磁体以热固性或热塑性粘结剂为主，也有采用低熔点金属或合金的。由于矫顽力机制的差异，Sm-Co 复合磁体的磁粉可以是铸锭直接破碎粉（$SmCo_5$）、经过脱溶处理的合金破碎粉（Sm_2Co_{17}）亦或烧结磁体破碎粉，并依据磁粉的取向特征可加工成各向同性磁体或各向异性磁体[15]。由于 Nd-Fe-B 合金铸锭不具有实用的矫顽力，烧结 Nd-Fe-B 磁体破碎到 1mm 以下时，因为氧化和粉末表面缺陷等原因矫顽力也很低，所以绝大多数粘结 Nd-Fe-B 磁体采用快淬各向同性磁粉[16,17]；热压—热变形 Nd-Fe-B 磁体保持了快淬磁粉的亚微米晶粒结构，破碎后矫顽力并不显著下降，可用来制造各向异性粘结磁体[18]；氢化（Hydrogenation）—歧化（Disproportionation）—脱氢（Desorption）—重组（Recombination）（HDDR）的氢处理工艺可以制备高矫顽力各向同性或各向异性 Nd-Fe-B 粉末[19~22]，在成本上优于热变形磁粉；以 Sm_2Fe_{17} 或 $NdFe_{12-x}M_x$ 为基的氮化物各向异性粉末也被用来制造粘结磁体[23~26]。

见诸期刊和学术会议的稀土永磁材料制备工艺研究，重点集中在全密度磁体和供复合磁体用的磁粉，其主要原因在于磁性材料及其工艺的研究基本上是从磁学或金属学的角度来展开的，焦点集中在材料的内禀磁性、硬磁性及其与显微结构的关系上，而复合磁体的制备技术具有高分子、机械、粉末冶金多学科综合的特点，且更偏向于工艺和技巧，没有成为磁性材料研究和交流的重点，而是作为各制造厂家的独门绝技，在专利上呈现出丰富的图景。

在本章中，我们的重点将放在如何实现稀土永磁体的永磁特性上，并以各向异性烧结磁体和各向同性快淬磁粉为主，仅用少量篇幅介绍铸造、热压—热变形和粘结磁体的制备工艺，以及烧结和粘结磁体常用的机械加工手段。另外，由于稀土元素的化学活泼性和稀土磁体多金属相的特点，稀土磁体的化学稳定性较差，而 Nd-Fe-B 比以 Co 为基的 Sm-Co 磁体更差，磁体的表面防护工序已成为稀土永磁材料制备不可或缺的部分，本章也将就此作一些说明。

8.1　烧结磁体制备工艺

采用粉末冶金工艺制备烧结磁体的基本流程可以参见图 8-1。

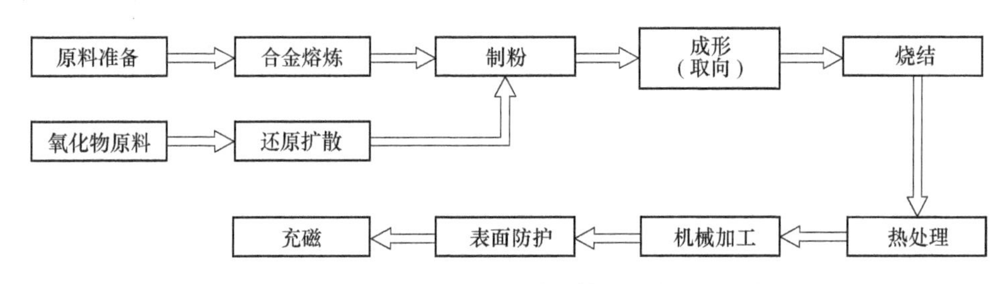

图 8-1　粉末冶金工艺制备烧结磁体的基本流程示意图

各向异性磁体的取向在成形工序中实现，磁体合金除了采用纯金属或合金为原料经过高温熔炼制备以外，还可以采用还原扩散工艺由金属氧化物直接制备成粉末[27~29]。为了保障最终产品的质量，每一道工序都必须严格控制，其中碳氧含量的控制尤为重要。

8.1.1　原料准备和合金制备

通常采用纯金属或中间合金作为原料，利用交变磁场在原料内产生涡电流的电磁感应加热原理，在真空或惰性气体环境下对原料进行中低频感应熔炼，使原料加热熔融，同时对熔体进行搅拌使其均匀化。稀土金属的熔点处于 800 ~ 1500℃之间，Fe 和 Co 分别是 1536℃和 1495℃，纯 B 则高达 2077℃，作为添加剂的一些高熔点金属如 Ti、V、Cr、Mo 或 Nb 等的熔点在 1600 ~ 3400℃。考虑到稀土元素挥发量的抑制，熔炼温度通常控制在 1000 ~ 1600℃，高熔点元素靠稀土金属熔液的合金化作用熔融，或者直接用高熔点元素的合金（通常为铁合金）做原料，例如 B-Fe(熔点 ~1500℃)、Nb-Fe(熔点 ~1600℃) 合金等。为了确保熔炼—浇铸的低氧环境，需要对熔炼和浇铸炉体抽真空，并使炉内各零部件以及原材料充分放气，真空水平通常要达到 10^{-2} ~ 10^{-3}Pa，炉体在加热前的压升率（内部放气以及外部漏气）也需要控制在较低的水平，如容量为 1t 的熔炼炉，压升率应低于 5×10^{-4} ~ 1×10^{-3}L/s。真空熔炼可以使熔融液体充分放气，去除低沸点杂质和有害气体元素，提高合金的纯度，但由于稀土金属的蒸汽压很低（小于 1Pa），挥发损耗十分可观，所以通常在熔炼过程中对炉体充入惰性气体，提升环境气压来抑制稀土挥发，较为方便的是采用高纯氩气，一般情况下充到50kPa 的水平。待合金熔液均匀化、排气和造渣充分完成后，就可以进行浇铸了。合金浇铸是一个非常关键的过程，因为相的组成、结晶状态和空间分布对烧结磁体的磁性能至关重要，合金铸锭经历了厚重的“炮弹”、20mm 厚的“书本”、5mm 的“煎饼”，目前发展到厚度仅 0.3mm 的速凝薄片，人们在避免成分偏析和杂相生成、合理分配富钕相分布等方面做出了多方的努力。

8.1.1.1 原料

稀土原料通常采用纯金属的形式，往往也会因成本原因选用稀土合金，如 Pr-Nd、La-Ce、混合稀土（MM）和 Dy-Fe 合金等；高熔点元素成分（如 B、Mo、Nb 等）则多以铁合金的方式加入。Nd-Fe-B 磁体具有多金属相的特征，富 Nd 相是高矫顽力的必要条件，而富 B 相也必然共生，因此通常要求原始配方中稀土和 B 高于 $R_2Fe_{14}B$ 正分成分，但有时为了调整晶界相的组成（特别是在添加 Cu、Al、Ga 时）也会使 B 含量略低于正分成分。由于稀土金属与坩埚材料的反应以及熔炼和烧结挥发（尤其是 Sm），所以配方时要考虑稀土金属一定的损失量。为了降低合金中的杂质含量，原料纯度要进行严格控制，表面的氧化层和附着物要充分去除。中低频感应熔炼的热源是交变磁场在原料中形成的感应涡电流，涡电流的趋肤效应使电流集中在原料的表面，如果原料块尺寸过大，涡流不能穿透到料块中心，就只能靠热传导将芯部熔融，这在实际生产中很不现实，所以要根据频率的选择调整原料尺寸，一般将其控制在趋肤深度的 3 ~6 倍。表 8-1 给出了电源频率—趋肤深度—原料尺寸之间的关系[30]，可见频率越高，趋肤效应越显著，要求原料尺寸越小。熔炼频率的选择受制于感应熔炼的另一个重要作用——电磁搅拌，即利用熔融金属液与交变磁场之间力的相互作用促进未熔融固体的熔化和已熔融金属液的均匀化，电磁力的大小与电流频率的平方根成反比，过高的频率会削弱交变电源的电磁搅拌效果。实际生产中采用的频段在 1000 ~2500Hz 附近，原料尺寸需要控制在 100mm 以下。原料在坩埚内的码放，要考虑到感生磁场和熔炼过程中温度的空间分布，通常感应线圈绕在坩埚外侧面，坩埚内侧面磁场最强，向中心逐渐减弱，但坩埚侧面、底面以及上开口又是热量外泄的主要途径，所以坩埚的下侧面温度居中，上层和底面中部温度偏低，中间部分温度最高。因此，装料时宜将低熔点的小块料较密实地放在埚底；高熔点料、大块料放在中下部；低熔点的大块料放在上部，且较松动以防搭桥。如今已普遍采用连续熔炼—浇铸技术，原料通过加料舱陆续加入尚处于高温的坩埚，为控制稀土材料挥发，通常先加入纯铁使其熔融，然后顺序加入高熔点金属或合金，最后加入稀土。

表 8-1 电源频率、趋肤深度、原料尺寸之间的关系[30]

电源频率/Hz	50	150	1000	2500	4000	8000
趋肤深度/mm	73	42	16	10	8	6
最佳原料尺寸/mm	220 ~440	125 ~250	50 ~100	30 ~60	25 ~50	15 ~35

8.1.1.2 坩埚

由于合金熔融液体与坩埚材料在高温下长时间接触，合金元素与坩埚材料的反应性是不可忽视的重要因素，关于稀土永磁合金熔炼坩埚的选择有过较为仔细的热力学分析和实验研究[31~33]。常用的金属坩埚材料（如 Ta、Mo 和 W）对熔融稀土金属而言没有问题，但会被 Fe 和 Co 的合金快速侵蚀，自然不能用作稀土永磁材料的合金熔炼，其他可供选择的坩埚材料是氧化物、硼化物或氮化物。氧化物的选择必须考虑其对应金属与稀土金属的氧化反应顺序。鉴于稀土元素极为相近的热力学性质和化学反应特性，表 8-2 列出了典型稀土氧化物在 1600K(1327℃) 的生成自由能 ΔF[34]（稀土金属生成稀土氧化物的自由能的变化），同时列出了可选坩埚材料的 ΔF，可见稀土氧化物的 ΔF 是一个绝对值很大的负数，所有其他氧化物相对于稀土氧化物而言 ΔF 都是正值，意味着氧化物坩埚材料的金属元素会被稀土金属还原出来进入合金，好在这是一个渐进的过程，因此稀土永磁合金熔炼的坩埚材料还是以氧化物为主。以最常用的高度重结晶氧化铝坩埚为例，实验表明[33]在熔融状态下 Sm 与氧化铝反应生成 Sm_2O_3 和 Sm-Al 金属间化合物（如 SmAl、Sm_2Al 和 $SmAl_4$），1375℃的 $SmCo_5$ 合金液在 24h 之内差不多能侵蚀到 2mm 壁厚坩埚的一半。如果能控制工艺条件使 R-Al 相与高熔点的稀土氧化物紧密附着，则可以大大降低合金熔融液中 Al 和 O 的水平。尽管热力学参数表明 ThO_2 抗击稀土金属侵蚀的能力最强，但实验还是证实重结晶 ThO_2 被熔融 Sm-Co 液体侵蚀，生成 Sm_2O_3 并滞留在 Sm-Co 合金中，并且在合金锭外侧可以检测到 ThO_2 的存在。MgO 被熔融 Sm-Co 侵蚀的程度是最低的，是最适合用作稀土永磁合金熔炼的氧化物坩埚材料。硼在稀土金属和 Co 中的溶解度很低，在常见的硼化物 TiB_2、ZrB_2 和 LaB_6 中，熔点最高、生成自由能最负的 ZrB_2 可用于 $SmCo_5$ 合金的熔炼，但 Fe-B 相图表明 B 与 Fe 的反应机会更大，因此在 Fe 基合金如 $Sm_2(Co,Fe,Cu,Zr)_{17}$、Nd-Fe-B 或 Sm-Fe-N 中不宜采用硼化物。过渡金属氮化物如 TiN 和 ZrN 等在高温下会部分分解，并且它们都是晶格常数相近的面心立方（NaCl 型）结构，有利于金属原子扩散和固溶体形成，这当然也包括稀土金属原子，所以不适合做稀土永磁合金的坩埚材料，但 BN 是一个例外，因为它的晶体结构与金属氮化物完全不同，被成功应用于许多反应性强的材料，为防止稀土金属与氧化物反应，需要从 BN 中仔细剔除氧化硼，因此热解 BN 坩埚是最佳选择。实验发现 BN 依然会被熔融 Sm-Co 侵蚀并生成 SmN 和硼化物，但反应产物会在合金液与坩埚界面形成连续过渡层，阻碍反应的进一步发生，在不施加电磁搅拌的情况下，热解 BN 坩埚对 Sm-Co 合金的 B、N 污染水平分别是 30ppm 和 40ppm，电磁搅拌可能妨碍连续过渡层的形成，使污染水平上升。结合氧化物和 BN 两者的优点，BN 和 MgO 涂敷的重结晶氧化铝坩埚在合金熔炼中得到了广泛的应用，可以在稀土永磁合金制备中加以借鉴。

表 8-2 典型氧化物的生成自由能 ΔF（1600K）[34] （kJ/g）

稀土氧化物	ΔF	氧化物	ΔF	坩埚材料	ΔF
Y_2O_3	-431	ThO_2	-460	Al_2O_3	-389
Pr_2O_3	-460	BeO	-440	MgO	-406
Nd_2O_3	-460			ZrO_2	-402
Sm_2O_3	-460				

8.1.1.3 浇铸

由 R-Co 和 R-Fe 相图可知（参见第 2 章），稀土二元或三元合金在缓慢（趋近平衡态）冷却的条件下不可避免地生成 α-Co 或 α-Fe 相，它们的室温软磁特性将严重损伤磁体的永磁性能，必须通过快速冷却来抑制其生成。为达到所需的急冷效果，传统的锭模浇铸技术一直朝着降低合金锭厚度的方向努力，合金锭从直径十几厘米的圆台（俗称“炮弹头”）减薄到2～4cm的薄板（“书本模”），锭模浇铸的优点是设备成本低、操作简单，能满足一般磁体生产的要求，缺点是晶粒尺寸不均匀，从急冷细晶粒到平衡冷却的粗大晶粒都共同存在，并往往有α-Co或α-Fe相析出。在低于合金熔点的温度下对合金锭进行长时间热处理，有助于消除α-Co或α-Fe相，但对Nd-Fe-B合金而言会造成富钕相的积聚，不利于烧结磁体的晶界相优化分布。为进一步降低合金锭厚度，开发了类似摊煎饼的“圆盘—刮板”结构，使合金厚度达到1cm左右，但合金面积的增大给大容量熔炼炉的收料带来不小的麻烦。另一条有效的技术开发路径则反其道而行之，从制备快淬Nd-Fe-B合金的极高冷却速率出发，设法降低冷速来制备快冷晶态合金，被称之为条片浇铸或速凝薄片（strip casting或SC）的技术应运而生[35]，它是将熔融合金通过导流槽浇到快速旋转的水冷金属轮上，得到厚度0.2～0.6mm、相组成和织构理想的合金薄片。

就Sm_2Co_{17}型烧结磁体而言，$Sm_2(Co,Fe,Cu,Zr)_{17}$合金的浇铸直截了当，从图2-15的Sm-Co二元相图可见，Co和Sm_2Co_{17}的共晶温度1325℃与Sm_2Co_{17}相的熔点1335℃仅相差10℃，Sm_2Co_{17}邻近区域的细节（图2-24）更揭示出Sm_2Co_{17}的固液同成分特征，因此Sm_2Co_{17}合金凝固过程中相分离现象不严重，合金可以很缓慢地冷却以便晶粒长大。与Sm_2Co_{17}不同的是，$SmCo_5$通过包晶反应生成（图2-15和图2-22），如果最先从液相凝固的Co生长过快且不能被包晶反应完全吸收的话，就会形成Co核，造成合金成分偏析。采用合金快速冷却技术，使液态合金迅速穿越固-液两相区降到包晶点以下，可以大大抑制Co核偏析，然后让晶粒在包晶点以下生长，以便在制粉工序制成单晶$SmCo_5$颗粒。单相$SmCo_5$合金可以通过均匀化处理获得，先采用快速冷却技术将合金铸锭快冷到室温，然后在低于包晶点的温度进行长时间均匀化处理，但如果Co核被主相严重包裹，很难与外面的富Sm相（比如Sm_2Co_7）直接反应，则均匀化处理效果有限。为调整磁体性能而添加微量元素，目的都是为了在磁体中生成一些附加相，这时仍需要采用合金快冷技术获得理想的相组成和晶粒结构。

在Nd-Fe-B合金中抑制α-Fe和$Nd_{1.1}Fe_4B_4$富硼相生成的目的与$SmCo_5$的情形是一样的，且有实验发现α-Fe会影响主相的取向度和$(BH)_{max}$[36]，但$Nd_2Fe_{14}B$的熔点1180℃远低于α-Fe的熔点1538℃，α-Fe极易在生成$Nd_2Fe_{14}B$的包晶反应前率先凝固，添加合金化元素如Ti/Nb/Zr/V/Mo或W、控制熔炼条件、各种铸锭模的设计都用来减少α-Fe相的生成，但无法根除α-Fe。Nd-Fe-B合金均匀化处理能有效消除α-Fe，但会带来新的问题——富Nd相聚集，团聚的富Nd相在合金破碎和细磨的过程中倾向于形成独立的粉粒，过细的部分进入气流磨超细粉收集器而不参与成形烧结，留在成形粉末内的粗颗粒在烧结过程中倾向于填充主相晶粒之间的三角区，不利于烧结磁体晶界富Nd相的生成，从而削弱了富Nd相对磁体矫顽力的重要作用，且在氧含量和退磁曲线方形度方面都有不利影响。如图8-2（a）所示，常规工艺浇铸的合金主要由$Nd_2Fe_{14}B$主体（灰色）、富Nd相（白色）和α-Fe(黑色）构成，后者呈典型的枝晶结构。均匀化处理后（图8-2（b）），合金内α-Fe含量大幅度减少，但依稀可见其残留痕迹，主相晶粒明显长大，白色的富Nd相从较细小的主相晶粒边界区汇聚到大晶粒主相之间的空隙区域，其宽度扩展到10μm量级，如果将合金破碎到平均粒度为3～5μm的成形磁粉，这样的富Nd相无疑以独立颗粒的形式存在。

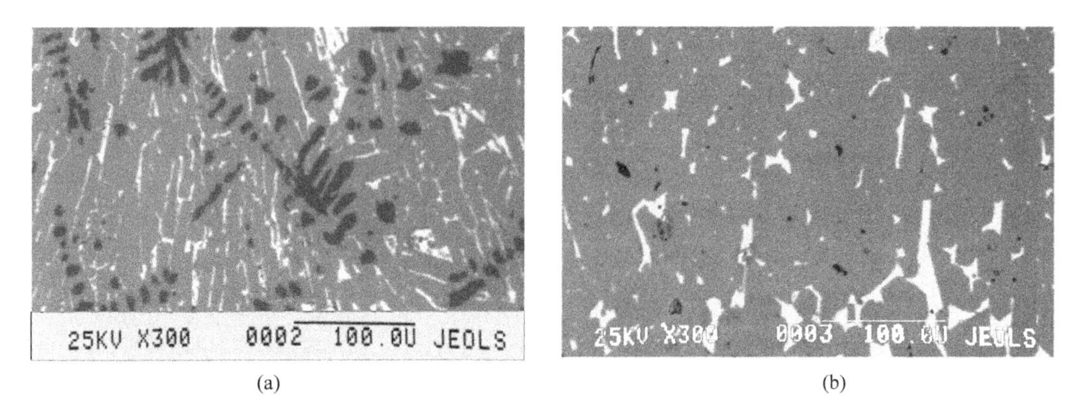

(a) (b)

图 8-2 常规工艺浇铸的 Nd-Fe-B 合金显微结构照片

（a）铸态；（b）热处理态

在 Nd-Fe-B 铸锭中消除 α-Fe 的最佳途径是提高冷凝速度。日本昭和电工开发的“条片浇铸（SC）”技术[35]，用极快的冷却速度有效抑制了 α-Fe 的生成，速凝合金薄片中难以寻觅 α-Fe 的踪迹（图 8-3（a））。速凝薄片最大的特点在于主相和富 Nd 相的分布特征：

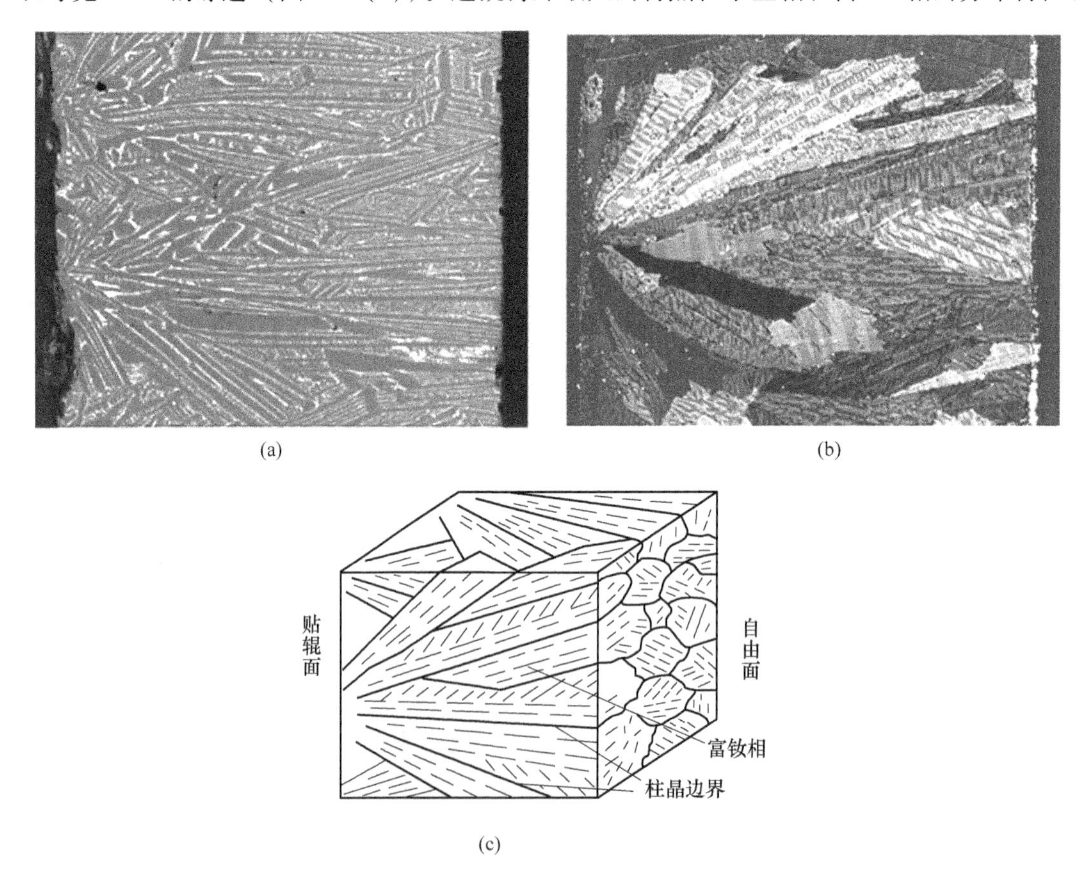

(a) (b)

(c)

图 8-3 条片浇铸 Nd-Fe-B 合金的显微结构

（a）电镜照片；（b）磁畴照片；（c）结构示意[35]

主相晶粒从贴辊面到自由面呈放射状生长，条状磁畴的形貌特征表明该生长方向垂直于$Nd_2Fe_{14}B$四方相的c轴（图8-3（b）），但并非严格的$Nd_2Fe_{14}B$易生长方向<100>[37,38]，富Nd相呈极薄的条状过渡层（~0.1μm），沿$Nd_2Fe_{14}B$的a-b面均匀地镶嵌在主相晶粒内部，将具有单一易磁化轴的主相晶粒分割成间距3~5μm的层状亚结构。TEM分析（图8-4）证实[39]，具有亚结构的整个主相晶粒的晶体学方向一致，晶间薄片（lamella）富Nd相极为平整，宽度为60~150nm，选区电子衍射揭示富Nd相主要是fcc结构的Nd，大多数片层的生长方向平行于$Nd_2Fe_{14}B$的{1，1，-1}平面，只有少量的以氧化钕的形式存在，X光谱分析表明有不少的Fe溶入富Nd相，但观察不到α-Fe和$Nd_{1+\varepsilon}Fe_4B_4$。从图8-4还可以注意到，在主相晶粒边界富Nd相变得不规整。晶间片状富Nd相的分布特征对Nd-Fe-B烧结磁体生产带来的益处在于，如果采用氢破碎工艺对合金进行气流磨前处理，主相晶粒将沿富Nd相开裂，并携带部分富Nd相，这种镶嵌结构会一直延续到平均粒度3~5μm的成形磁粉，对烧结磁体富Nd相在主相晶界的均匀分布极为有利。条片浇铸合金的结构示意图可参见图8-3（c）。富Nd相的均布和对α-Fe的抑制减少了总稀土含量，有利于获得高性能磁体并降低磁体成本。条片浇铸技术的不足之处是，由于富Nd相体积分数的减少，与采用锭模浇铸生产的磁体相比，磁体脆性增加，后加工难度增大。

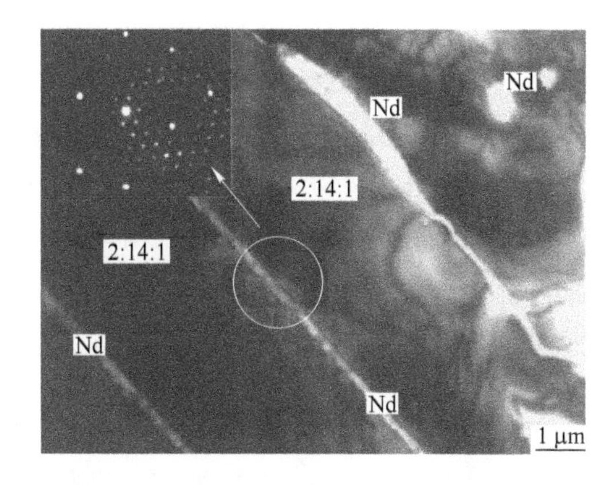

图8-4 $(Nd, Dy)_{14.1}(Fe, Al)_{80}B_{5.9}$快冷片的TEM显微照片[39]

（圆圈区域的衍射图案表明富Nd相为fcc结构，且富Nd相两侧主相晶粒取向一致）

8.1.1.4 还原扩散法

稀土氧化物通过金属钙热还原，并与Co、Fe等金属或氧化物粉末相互扩散，可以直接生成所需要的R-T合金粉末。该项技术最早由美国通用电气公司的Cech开发并应用于$SmCo_5$合金粉末制备[40]，其典型的化学反应式为：

$$\begin{aligned} Sm_2O_3 + CaH_2 + 10Co &\xrightarrow{850℃,\ H_2} 2SmOCo_5 + CaO + H_2\uparrow \\ 2SmOCo_5 + 2CaH_2 &\xrightarrow{1050℃,\ H_2} 2SmCo_5 + 2CaO + 2H_2\uparrow \end{aligned} \tag{8-1}$$

德国Goldschmidt公司的H. G. Domazer则开发了将Sm_2O_3和Co_3O_4共还原的技术[41]：

$$Sm_2O_3 + nCo_3O_4 + (10-3n)Co + (4n+3)Ca \xrightarrow{1000℃,真空} 2SmCo_5 + (4n+3)CaO \tag{8-2}$$

李东等人将还原扩散方法应用于2:17的Sm-Co合金[28]，而Herget等人则将还原扩散法应用于 Nd-Fe-B 合金的制备上[29]，其反应方程式分别如下：

$$Sm_2O_3 + 3Ca + 17Co \xrightarrow{850 \sim 1160℃，真空} Sm_2Co_{17} + 3CaO \tag{8-3}$$

$$Nd_2O_3 + 14Fe + B + 3Ca \xrightarrow{1200℃，真空} Nd_2Fe_{14}B + 3CaO \tag{8-4}$$

由于直接采用稀土氧化物甚至过渡金属氧化物作为原料，并且将熔炼制备合金的原料提纯、合金熔炼和粉末粗破碎整合为一个步骤，制造成本相对低廉。为了使原子充分扩散形成均匀的金属间化合物，原料粉末的粒度不宜过大，一般控制在 40 ~ 200μm 之间，反应生成的合金呈海绵状，含氧量较高（重量比 0.10% ~ 0.25%），因为需要在原料中添加过量的稀土氧化物进行反应补偿。

还原扩散工艺主要分为粉末混合、还原扩散处理和脱钙三个步骤。粉末混合遵从一般的粉末冶金原理，物料的粒度、密度、形状以及表面粗糙度都会影响到混合体的均匀性，导致成分偏析，影响还原扩散处理效果。运用以重力作为动力的 V 形、双锥形、三维行星形混料机，可以通过粒度-密度的关系调整使不同物料的颗粒单重接近；如果偏析现象严重，则可以采用对流式的混合机。为了防止还原剂钙的氧化，还需要对混合过程实施气氛保护。还原扩散处理在真空或惰性气体保护下实施，$SmCo_5$合金需在 850 ~ 1150℃处理 5 ~ 8h，其中 850℃中温处理就需要 2h 以上，Cech 的工艺是在 850℃、900℃、950℃、1100℃和 1150℃各保温 30min；Sm_2Co_{17}的处理条件与 $SmCo_5$的接近，但由于 Fe、Cu 和 Zr 等元素的存在，以及 Sm_2Co_{17}与 $SmCo_5$晶体结构的衍生关系，还原扩散反应温度-时间组合的差别可分别将反应导向 Sm_2Co_{17}纯相或 $Sm_2Co_{17}/SmCo_5$混合相，前者的反应条件是 850℃ + 1180℃ ×5h，后者为 850℃ ×1h + 1100℃ ×3h + 1160℃ ×2h；Nd-Fe-B 要在 1200℃真空下进行处理而获得，并且要形成足量的富 Nd 相以便获得高矫顽力，对防氧化要求更高。因为还原扩散处理温度低于硬磁主相的熔点，反应产物不是一个整体熔融块，CaO 和残余的 Ca 粉末与永磁合金呈海绵状熔接，需要用机械或化学的方法予以去除，生产中一般采用水磨法，即在水中球磨使 CaO 和 Ca 从合金块中分离，再与水反应生成氢氧化钙沉淀，固-液分离后再经过干燥处理，得到 500μm 左右的粗粉产物，水磨法可以将 Ca 含量（质量分数）降低到 0.5% 的水平，再用弱酸（比如稀释后的醋酸）进行酸洗可以中和残余的氢氧化钙，进一步将 Ca 含量（质量分数）降到 0.1% 以下。Nd-Fe-B 合金粗粉易氧化，所以对水磨介质中氧溶解量的控制更加严格。

8.1.2　粉末制备

得到合适的粉末形状、平均粒度和粒度分布是粉末制备的基本目的。粉末的上述特征差异在宏观上表现为粉末的松装密度、振实密度、安息角、流动性、压缩比、内摩擦和外摩擦系数等参数的变化，直接关系到成形工序中的粉末充填、磁场取向、毛坯压制和脱模，以及烧结和热处理工序生成的磁体显微结构，从而敏感地影响磁体的永磁性能、机械性能、热电性能和化学稳定性。烧结磁体理想的显微结构是细密而均匀的主相晶粒被平滑、纤薄的附加相包围，主相晶粒的易磁化方向尽可能一致地沿取向方向排列。除脱溶钉扎型的 Sm_2Co_{17}以外，在其他烧结稀土永磁体中空洞、大晶粒和较大尺寸的软磁相都会严重降低磁体的内禀矫顽力，而易磁化方向偏离取向方向的晶粒会同时降低磁体的剩磁和退磁曲线方形度。为此需要将合金铸锭或快冷片制成平均粒度 3～5μm、最大颗粒粒度小于 20μm、形状接近球形的单晶颗粒，同时还要控制过细晶粒的比例，以避免粉末严重氧化的倾向，必要的情况下通过粉末表面处理来增强粉末的防氧化能力，改善充填和可压制性。

Uestuener 等人[42] 系统研究了烧结 Nd-Fe-B 磁体（具体成分 $Nd_{14.3}Fe_{78.9}TM_{1.2}B_{5.6}$，TM = Co，Cu，Al，Ga）的磁粉粒度及其分布、磁体平均晶粒尺寸与磁体剩磁和内禀矫顽力之间的关系。他们用不同的气流磨分级轮转速得到费氏平均粒度（F. S. S. S.）为 1.9～3.5μm 的磁粉，用激光粒度仪分析对应的粒度分布，并用美国材料与试验协会的 ASTM E112 标准测量磁体断面的平均晶粒尺寸，其结果以及对应的磁体性能列在表 8-3 之中。将表中的 D_{50} 与 F. S. S. S 粒度进行关联（图 8-5（a）），可以看出 D_{50} 与熟知的费氏粒度之间几乎呈线性关系，两者可以共同承担粉末粒度表征和生产过程品质控制的任务，只是要注意 D_{50} 比费氏粒度大 2～4μm（在实际生产过程中，出于防氧化保护、制粉效率和润滑等原因，往往在中碎粉或微粉中添加少量润滑剂或防氧化剂，可能会造成激光粒度仪测试结果一定的偏差）；随着平均粒度 D_{50} 的减小，粒度分布宽度 D_{90}/D_{10} 也逐渐变窄，这显然有利于磁体的 H_{cJ} 和退磁曲线方形度，从图 8-6 不同平均晶粒尺寸 D_{ASTM} 烧结磁体的退磁曲线以及表 8-3 中的回复磁导率 μ_{rec} 可以清楚地辨识出这个事实；烧结磁体平均晶粒尺寸 D_{ASTM} 直接取决于 D_{50}（图 8-5（b）），粉末粒度越细，粒度分布越窄，磁体平均晶粒尺寸就越小，且晶粒尺寸的分布也越窄。从表 8-3 的数据看，B_r 的变化不甚敏感，但 H_{cJ} 显著提升，从而 H_{cJ} 的温度系数也有所改善，H_{cJ} 与 D_{ASTM} 的关系以及 H_{cJ} 与 D_{50} 的关系可以拟合成下述表达式：

$$H_{cJ}(\text{kA/m}) = 2177.6 \times (D_{ASTM})^{-0.44} = 1783.9 \times (D_{50})^{-0.34} \tag{8-5}$$

其中 D_{ASTM} 和 D_{50} 的单位是 μm。根据式（8-5），如果能将 D_{ASTM} 进一步缩小到 2μm 甚至 1μm 的话，H_{cJ} 将达到 1605kA/m（20kOe）或 2178kA/m（27kOe）；而 D_{50} = 2μm 和 1μm 对应的 H_{cJ} = 1405kA/m（17.6kOe）或 1784kA/m（22.4kOe），即在不添加 Tb 或 Dy 的情况下粉末 D_{50} 小到 1～2μm 时可以期待获得非常高的内禀矫顽力。但随着粉末粒度的减小，其比表面积增大，极大地提高了钕铁硼磁粉的氧化倾向，磁体的 H_{cJ} 会显著下降，如图 8-7 中晶粒尺寸约 4μm 处的分叉箭头所示[43]。

表 8-3　烧结 Nd-Fe-B 粉末粒度、磁体平均晶粒尺寸与磁性能的关系[42]

粉末	粉末粒度/μm					磁体晶粒 D_{ASTM} /μm	H_{cJ}		α/H_{cJ} (20～100℃) (%/K)	B_r/T	μ_{rec}
	F. S. S. S.	激光粒度									
		D_{10}	D_{50}	D_{90}	D_{90}/D_{10}		kA/m	kOe			
A	1.9	1.5	3.0	5.4	3.6	3.8	1178	14.8	-0.634	1.43	1.047
B	2.2	1.9	3.8	6.9	3.6	4.3	1162	14.6	-0.633	1.41	1.045
C	2.6	2.1	4.6	8.4	4.0	4.9	1090	13.7	-0.649	1.42	1.052
D	3.0	2.5	5.8	10.8	4.3	6.0	971	12.2	-0.657	1.44	1.055
E	3.5	2.8	7.3	14.4	5.1	7.6	883	11.1	-0.662	1.44	1.077

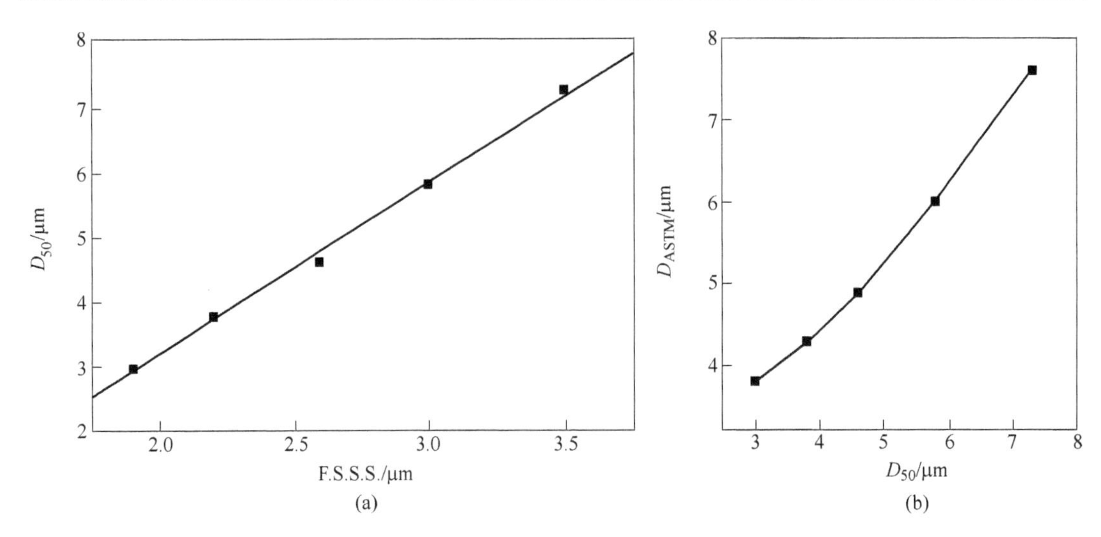

图 8-5 Nd-Fe-B 气流磨粉的激光粒度 D_{50} 与费氏粒度的关系（a）及 Nd-Fe-B 烧结磁体平均晶粒尺寸 D_{ASTM} 与磁粉 D_{50} 的关系（b）[42]

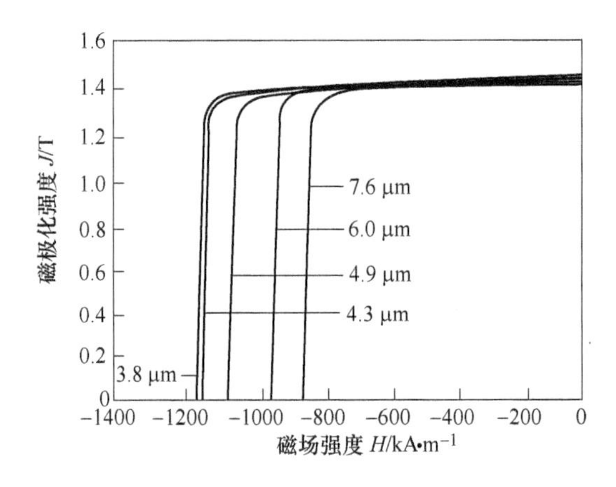

图 8-6 烧结 Nd-Fe-B 磁体不同平均晶粒尺寸 D_{ASTM} 对应的退磁曲线[42]

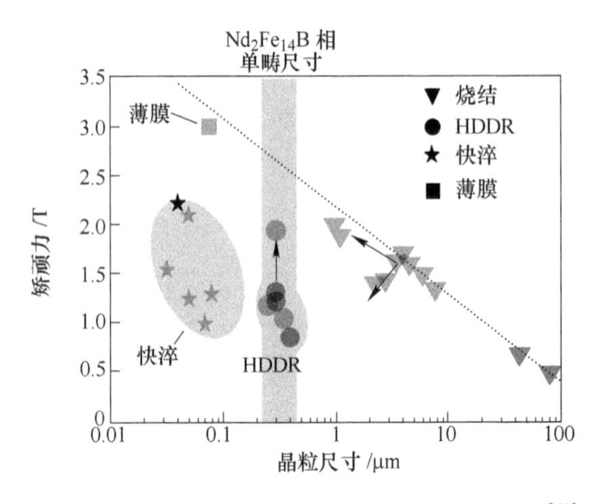

图 8-7 Nd-Fe-B 的内禀矫顽力 H_{cJ} 与粒度的关系[43]

Bartlett 和 Jorgensen 对 $SmCo_5$ 的氧化产物及氧化过程动力学进行了细致的研究[44]，样品横截面的 SEM 照片（图 8-8（a））显示：$SmCo_5$ 氧化形成两个相邻的变化层，外层为 30μm 厚的多孔层，由氧化钐和氧化钴构成，内层厚度大约为 100μm，系 Co 包覆的片状或针状氧化钐复合结构（图 8-8（b））。如果将氧分压控制在溶氧形成 CoO 所需压强之下，就可以抑制外层的生成。氧化过程动力学研究表明，从温度 $T=300\sim754$℃，内层厚度 δ 随等温反应时间 t 的延续满足抛物线定律——$\delta=k_p\sqrt{t}$，抛物线反应速率常数 k_p 与反应温度 T 的关系在 750℃以下符合 Arrhenius 定律，即 $\lg k_p$ 与 $1/T$ 呈线性关系，由直线斜率可以估算出表观激活能为 58.8kJ/mol（14.0kcal/mol），高温下（750～1125℃）反应激活能降低，与此相伴的是内层氧化物-金属复合结构变得粗大。当环境温度从 25℃升到 125℃时，100℃的温升在几个小时内就会在 $SmCo_5$ 颗粒表面形成 110nm 厚的氧化层，平均粒度 3μm 左右的粉末含氧量可以达到 0.1%（见图 8-9）。Ormerod[45] 对 $Sm(Co,Cu,Fe,Zr)_z$ 和 Nd-Fe-B 也做了振动球磨时间与粉末粒度及其氧含量的研究（见图 8-10），他发现 Nd-Fe-B 平均粒度随球磨时间的变化更为快捷，与此同时氧含量的增加也远大于 Sm-Co 粉末，相当于 Sm-Co 的三倍。2h 球磨后 Nd-Fe-B 粉末达到 3μm 的平均粒度和 0.1% 的氧含量水平，而 Sm-Co 仅 4μm 和 0.25%。

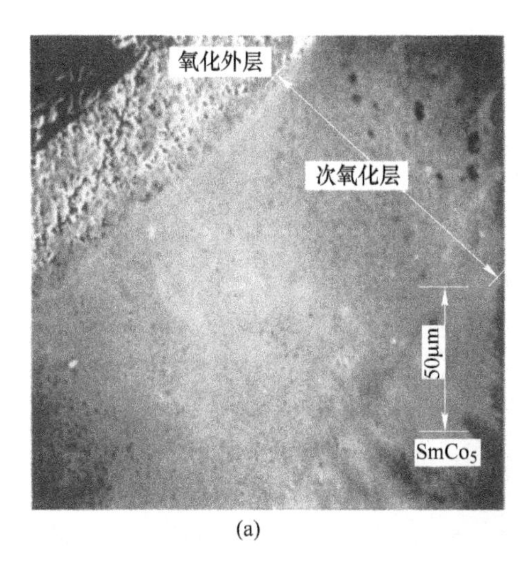

(a)

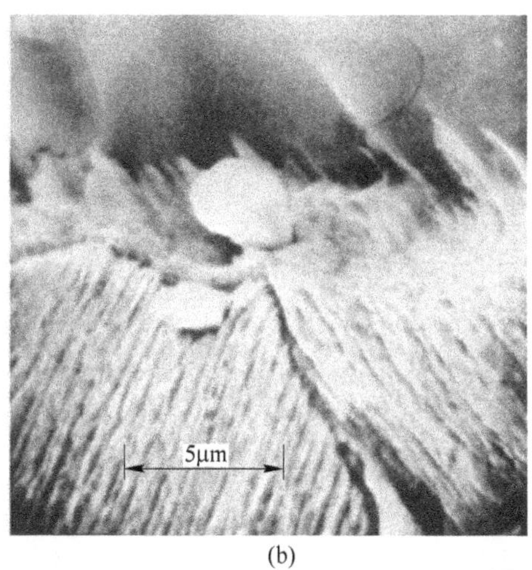

(b)

图 8-8 $SmCo_5$ 氧化后的显微结构以及过渡层与基体之间的关系[44]

另外，当磁性粉末颗粒小到～10μm 的水平时，粉末的团聚会非常强烈，因为颗粒的多畴结构已难以将磁荷完全封闭，除了粉末颗粒间非磁性相互作用如范德华力、伦敦力外，磁偶极相互作用使颗粒表现出很强的团聚性，团聚粉末颗粒不仅影响到对颗粒分布的测量和判断，更直接影响粉末填充和取向，所以在压制过程中要采用足够强的磁场来解除这种团聚效应。粉末团聚也会敏感地影响到激光粒度仪测量粉末粒度分布的结果，因此需要调整恰当的粉末输送条件和分散气压，确保结团的粉末在进入激光散射区之前被充分打散。

8.1.2.1 常规机械破碎方法

稀土过渡族金属间化合物硬度和脆性大，合金铸锭很容易用颚式破碎机或类似的机械

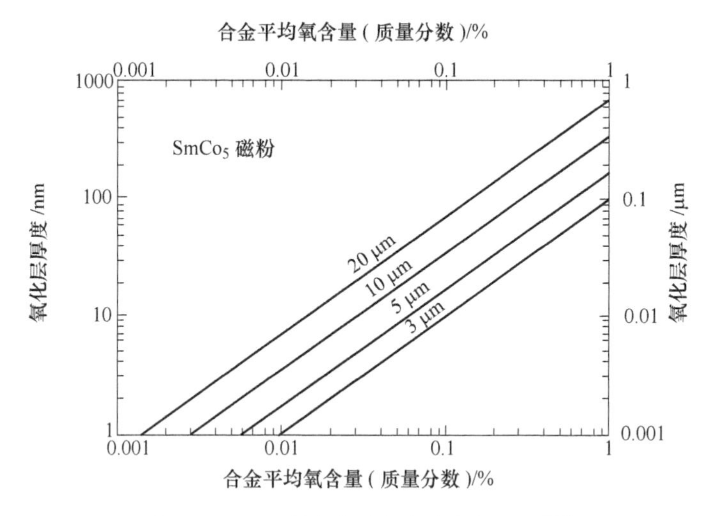

图 8-9　$SmCo_5$ 粉末粒度与氧含量的关系[44]

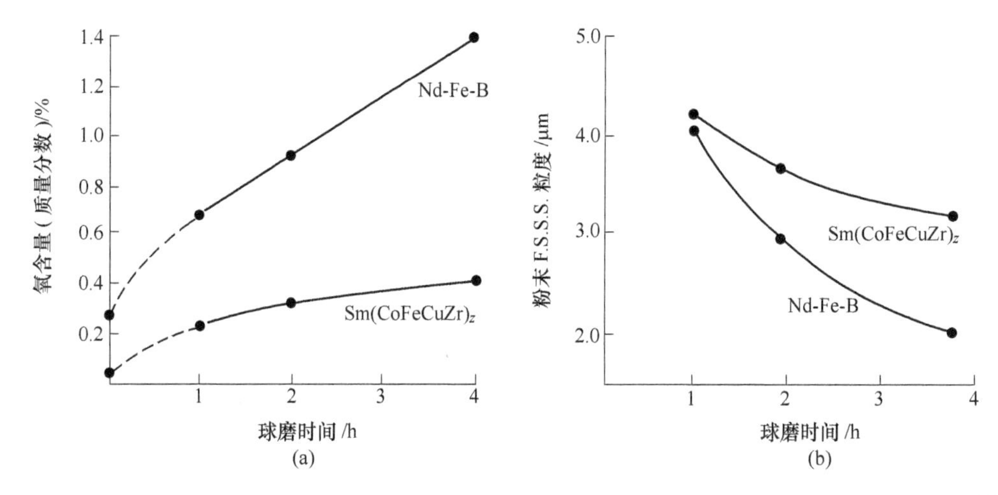

图 8-10　$Sm(Co,Cu,Fe,Zr)_z$ 和 Nd-Fe-B 粉末的氧含量（a）和平均粒度（b）与振动球磨时间的关系[45]

破碎成小块，然后再逐级机械粉碎到平均粒度 3 ~ 5μm 的水平，但设备磨损带进的杂质也不可避免地影响到粉末的品质。由于稀土金属及其金属间化合物的严重氧化倾向，粗破碎（~10mm 水平）和中破碎（~100μm 水平）通常在氮气或氩气等保护气氛下进行，而细磨（平均粒度 3 ~ 5μm）则选择液体保护球磨或氮气、惰性气体气流磨。Sm-Co 磁体制造过程中，为了补偿 Sm 的氧化损耗，会在球磨中或者球磨后添加一些合金来调整成分，液相烧结的 RCo_5 和 R_2Co_{17} 磁体会添加 Sm60%-Co40%（质量分数）的合金，而 Sm_2Co_7 和 Sm_3Co 正分成分的合金则被用于 $SmCo_5$ 磁体的制造。烧结 Nd-Fe-B 的双合金法或多合金法也被广泛运用，通常是将接近 $Nd_2Fe_{14}B$ 正分成分的合金和富 Nd 的快冷合金进行混合研磨，并使体积比偏小的富 Nd 粉末均匀分布到近正分合金粉主体之中。

8.1.2.2　氢破法（也称氢爆法）Hydrogen Decrepitation（HD）

有关稀土金属、合金和金属间化合物吸氢的行为和氢化物的物理、化学特性的研究，一直是稀土应用的重大课题，最直接的例子就要算氢电池了。稀土永磁材料的合金铸锭也有很强的吸氢倾向，氢原子进入金属间化合物主相和富稀土晶界相中的间隙位，形成间隙原子化合物，使原子间距加大，晶格体积膨胀，由此产生的内应力在脆性很大的合金中引发合金的晶界开裂（沿晶断裂）、晶粒断裂（穿晶断裂）或韧性断裂，因为这种开裂或断裂伴随着噼啪声，所以被称为“氢破碎”或“氢爆裂”（Hydrogen Decrepitation，HD）。氢破碎过程的类型和粉末性状可参见表 8-4。

表 8-4 氢破碎过程的类型和表现形式[46]

爆裂类型	粉末形状和特点
（1）沿晶断裂	等轴晶、柱状晶或其混合体，表面平滑，并镶有晶界碎屑
（2）穿晶断裂	
1）随机断裂	形状不规则，断面锐利，如果是脆性破坏的话，表面平滑；
2）理解面断裂	规则的晶体学形状，表面平滑；
3）第二相界面断裂	取决于相界面的特性，可能有针状、片状等
（3）韧性断裂	“洋葱皮”效应，薄片状颗粒，表面不规则，反射率低、表面积大

许多 RCo_5 化合物都可以与氢气发生放热反应生成亚稳态氢化物[47]。Harris 领导的研究组长年致力于稀土及其化合物的氢化物研究，Harris 和 Evan 在 1978 年就申请了利用吸氢破碎制备 $SmCo_5$ 和 Sm_2Co_{17} 合金粉并用于烧结及粘结磁体的专利[48]。他们的实验研究表明[46]：$SmCo_5$ 合金在常温常压下就可以发生吸氢反应，合金中的富 Sm 晶界相率先吸氢，形成 SmH_x 氢化物，引发合金的沿晶断裂；随后 $SmCo_5$ 主相也吸氢并形成间隙原子化合物 $SmCo_5H_y$，产生穿晶断裂，另外还存在少量薄片状晶界相粉粒，据推测为 Sm_2Co_7。他们同时发现，$Sm_2(Co,Fe,Cu,Zr)_{17}$ 合金的吸氢行为与 $SmCo_5$ 大相径庭，在不加热的情况下，即使将氢气压强提高也不能产生吸氢破碎效应，只有在 200℃ 和 20MPa 的氢气氛下，氢化反应才发生，且穿晶断裂不充分，只是存在大量的穿晶裂纹，需要进一步研磨成为细粉。当 Sm 的成分变化时，合金中可能存在韧性相，所以会观测到“洋葱皮”式的断裂。Nd-Fe-B 磁体问世不久，Harris 就报道了其合金铸锭的 HD 行为[49]，在压强 3.3MPa 的室温氢气中 $Nd_{15}Fe_{77}B_8$ 合金很快发生吸氢反应，破碎成与合金晶粒尺寸相当的粉末（图 8-11），在 430 倍的放大倍数下可以观察到穿晶断裂的特征（图 8-11（b）中的小图）。随后的系统研究表明：Nd-Fe-B 合金铸锭内的 $Nd_2Fe_{14}B$ 主相和富 Nd 相在常温常压下都有很强的吸氢倾向[50,51]，与 $SmCo_5$ 合金的情况类似，首先是富 Nd 相吸氢生成 $NdH_{2.7}$ 氢化物，这是一个放热反应，在这个释放热的作用下 $Nd_2Fe_{14}B$ 主相吸氢形成间隙化合物 $Nd_2Fe_{14}BH_x$（$x \approx 2.7$），图 8-12（a）是 $Nd_{15}Fe_{77}B_8$ 合金在 0.1MPa 氢气氛中的 DSC 曲线，它清晰地展现了低温和高温两个放热峰，而 0.7MPa 氢气氛中的热重曲线（图 8-12（b））则给出了合金的氢含量，可表述为 $Nd_{15}Fe_{77}B_8H_{2.5}$。富 Nd 相吸氢放热的先导作用极为重要，因为有实验表明单相 $Nd_2Fe_{14}B$ 合金只有加热到 160℃ 以上才能吸氢。Nd-Fe-B 合金的吸氢和脱氢是一对可逆反应，但反向脱氢反应需要加热激活，图 8-13 是 HD 处理 Nd-Fe-B-H 合金粉末的真空脱氢升温—氢分压曲线[52]，可见氢化物的脱氢过程分三个阶段，反映出不同相与氢原子结合能的差异，首先是 $Nd_2Fe_{14}BH_x$ 主相在 150℃ 附近脱氢，然后是富 Nd 相 $NdH_{2.7}$ 在 200℃ 附近部分脱氢到 NdH_2，600℃ 附近的氢分压峰对应 NdH_2 完全脱氢还原成富 Nd 相。发生歧化反应合金的脱氢行为有所不同，有三个脱氢峰分别出现在 400℃、500℃ 和 750℃，脱氢后的 Nd、Fe 和 Fe_2B 混合物需要经过再化合反应重新生成 $Nd_2Fe_{14}B$ 相。

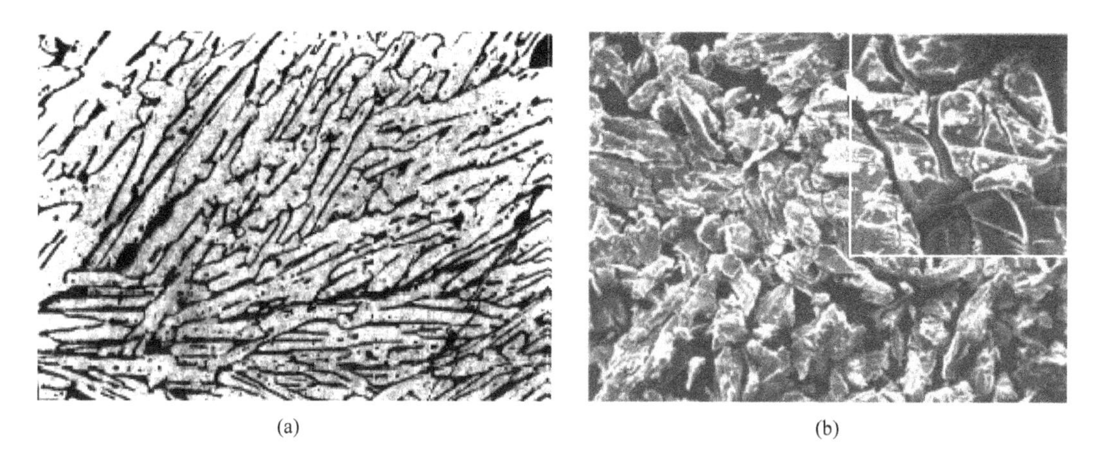

图 8-11　$Nd_{15}Fe_{77}B_8$合金的金相照片（50×）（a）和 HD 处理后的合金形貌（110×）（b）[49]
（右上角为放大到 430×的形貌照片）

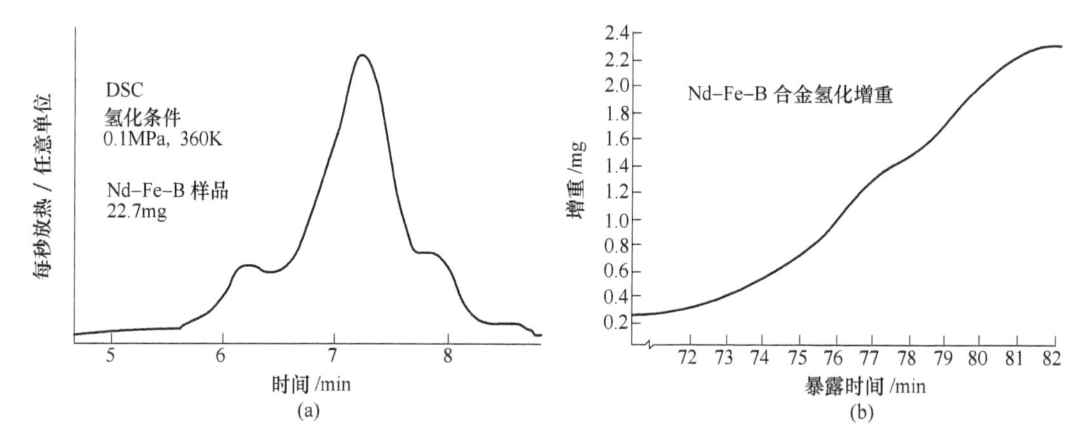

图 8-12　$Nd_{15}Fe_{77}B_8$合金在 0.1MPa 氢气氛下的 DSC 曲线（a）和
$Nd_{15}Fe_{77}B_8$合金在 0.7MPa 氢气氛下的热重曲线（b）[46]

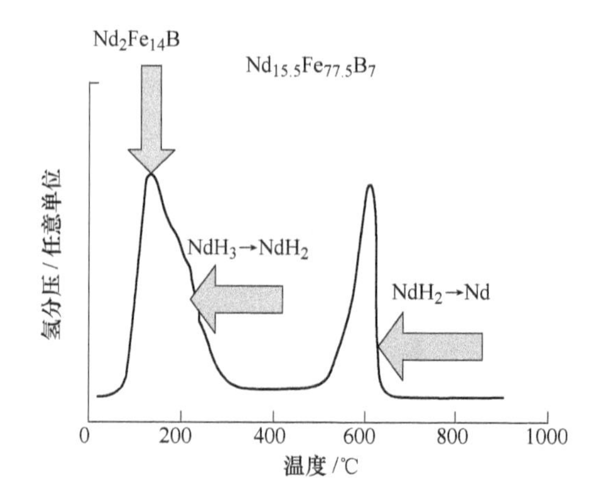

图 8-13　$Nd_{15.5}Fe_{77.5}B_7$合金 HD 粉末的真空脱氢行为[52]

相对于初始相 $Nd_2Fe_{14}B$ 和富 Nd 相而言，其氢化物有较大的晶格膨胀，例如当 $x=3$ 时 $Nd_2Fe_{14}BH_x$ 的 $\Delta a/a$ 和 $\Delta c/c$ 可以达到 3%，体积膨胀率 2.4%[53]。控制吸氢和脱氢温度在歧化反应以下，就可以利用这种氢化—开裂效应对 Nd-Fe-B 合金铸锭进行粗破到细破的制粉工作，得到筛分粒度 40 ~ 355μm 的细粉。图 8-14 是一个 $Nd_2Fe_{14}B$ 晶粒经过 HD 过程后的 SEM 照片[52]，由于沿晶断裂，这颗晶粒已经脱离合金主体，同时可以看到晶粒上的穿晶裂缝，晶粒表面还附着了一粒晶界富 Nd 相氢化物 $NdH_{2.7}$ 的碎块。由于 HD 过程形成的断裂和穿晶裂缝，Nd-Fe-B 合金粗粉非常易碎，对后期的气流磨加工细粉极为有利，如图 8-15 所示[54]。在相同的粗粉送料速率下，HD 粗粉比机械破碎粗粉能得到更小的平均粒径，且平均粒径与送料速率的敏感度大幅降低，因此 HD 处理不仅使气流磨效率大为提升，而且有利于细粉平均粒度的控制。由于氢化粉脱氢需要外部加热，因此气流磨细粉依然保持在氢化状态，具有较好的抗氧化能力。氢破碎以后，$Nd_2Fe_{14}BH_x$ 粉末依然保持易 c 轴各向异性，但磁晶各向异性场远低于 $Nd_2Fe_{14}B$[55]，磁粉几乎没有矫顽力，氢化粉可以直接进行磁场取向压型或无需退磁。然而，过高的氢含量会对后续的脱氢烧结过程带来磁体出现裂纹等副作用，而且磁体残留氢过量还会造成在使用中氢脆破裂的巨大隐患，所以采用控量脱氢的方法可以有效平衡细粉氧化和磁体氢脆的矛盾。另外，从 HD 的机理可知，HD 处理的合金粉末晶粒的形貌在很大程度上取决于原合金的结晶状况，从而也敏感

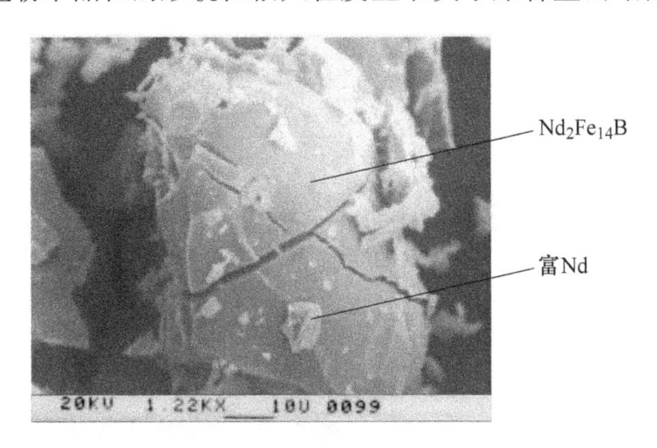

图 8-14 $Nd_2Fe_{14}B$ 晶粒经过 HD 处理后的 SEM 照片[52]

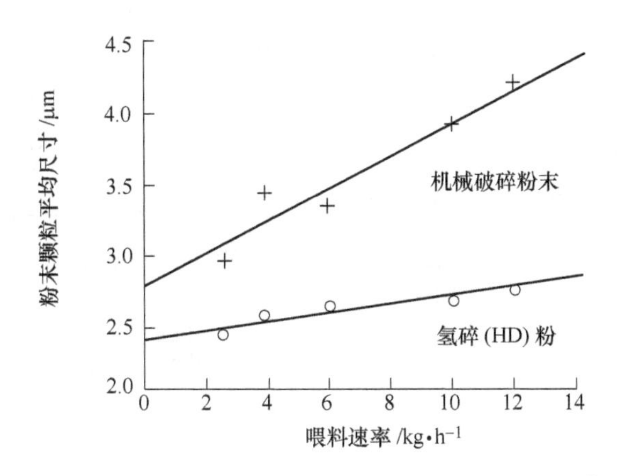

图 8-15 气流磨细粉平均粒度与粗粉送料速率的关系[54]

地影响到后续研磨细粉的状况。对条片浇铸法（SC）制备的合金快冷片而言，其晶粒生长和富 Nd 相分布的特点意味着，HD 处理有利于快冷片在富 Nd 相处形成沿晶断裂（图 8-16），获得良好的细微单晶粉末颗粒，并使适量的富 Nd 相“镶嵌”在单晶颗粒表面，有助于富 Nd 相在烧结过程中长成纤薄而均匀的晶界相，最大限度地发挥其效能。“SC + HD”法已经成为高性能烧结 Nd-Fe-B 磁体的常规工艺途径。

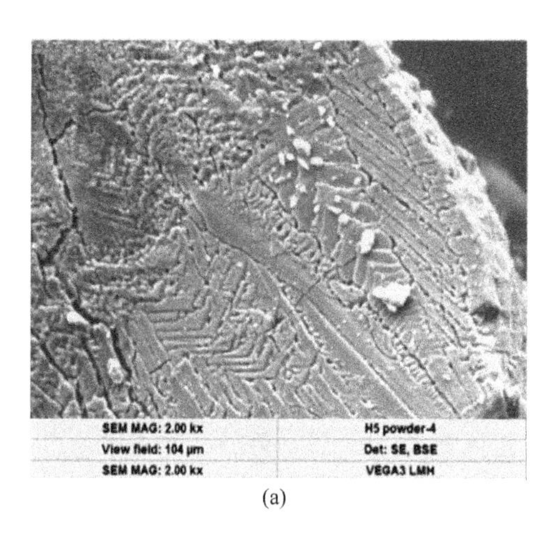

(a)

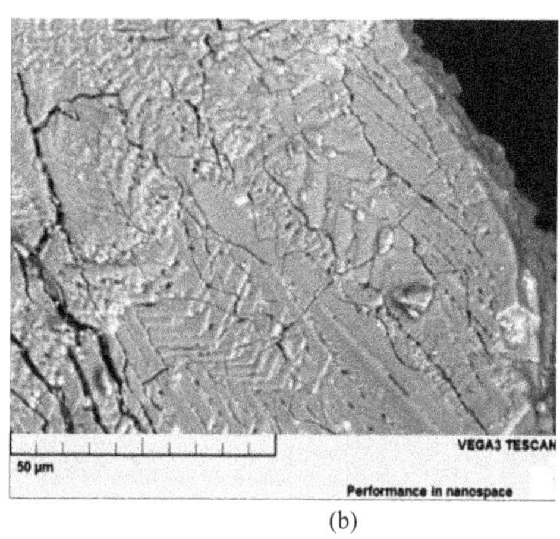

(b)

图 8-16 SC 合金经 HD 处理后的断裂特征（中科三环研究院内部资料）
（a）背散射电子像；（b）二次电子像

8.1.2.3 氦气流磨法

在实验室或规模化生产过程中，通常采用以高压（0.6MPa 左右）、高纯（99.995%）氮气作为动力源的流化床气流磨，激光粒度分析仪测到的中值粒度 D_{50}在 5μm 左右。Sagawa 和 Une 进一步将 D_{50}细化到 2.7μm[56]，但遇到了两大难题：一是研磨时间大幅度增加，致使制粉效率严重低下，且粉末氧含量明显增加；二是粉末表面氮原子吸附量增大，在烧结过程中不能完全解附，引发磁粉与氮反应。将氮气换成惰性气体可以解决第二个难题，Une 和 Sagawa 的确尝试了 Ar 气[57]，但研磨效率并没有提升。考虑到气体压强正比于气体分子的平均动能，在压强相同的情况下，小分子（或原子）量的气体具有更大的飞行速度，气体流速加大有利于提升粉末颗粒自碰撞频次。氢分子和氦原子（惰性气体为单原子组成）可为最佳的候选者，但由于氢气的燃爆性使得氦气成为不二选择，而氦气的流速为氮气的 2.9 倍，可以在短时间内将 Nd-Fe-B 粗粉粉碎至 $D_{50}=2$μm 以下，图 8-17 给出了进气口压强为 0.7MPa 时获得的 $D_{50}=1.1$μm 粉末的粒度分布以及 SEM 照片。图 8-18 是氦气流磨的结构框图。与常规的氮气流磨相比，氦气流磨作了如下改进：

（1）采用氦气专用的气体压缩机；

（2）采用氦气循环系统回收氦气，超细粉与氦气设置多级分离；

（3）提高管路、接口阀和磁粉容器的气密性；

（4）改进磨体，抑制入料时粗粉混入，使粒度分布更窄；

（5）在启动气流磨之前将系统氧、氮含量降到更低限度。

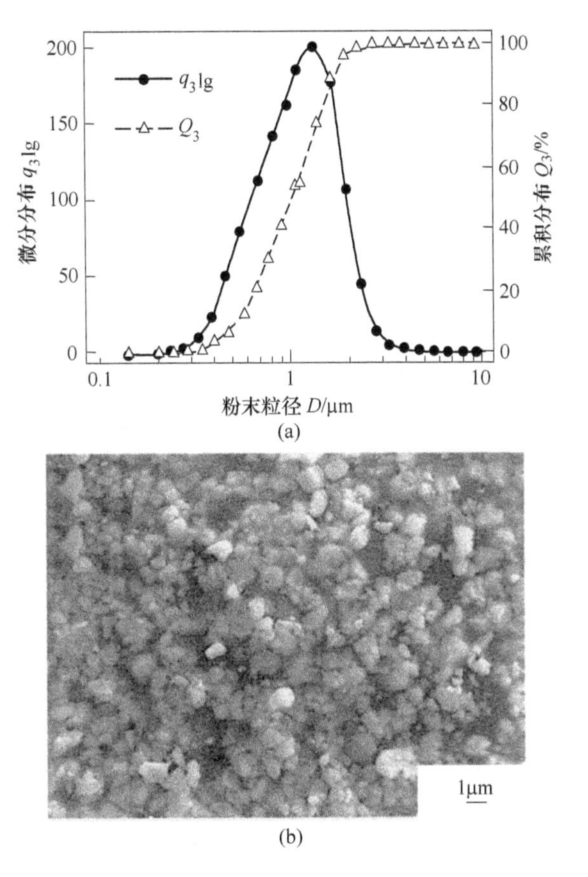

图 8-17 $D_{50}=1.1\mu m$ 粉末的粒度分布（a）和 SEM 照片（b）[57]

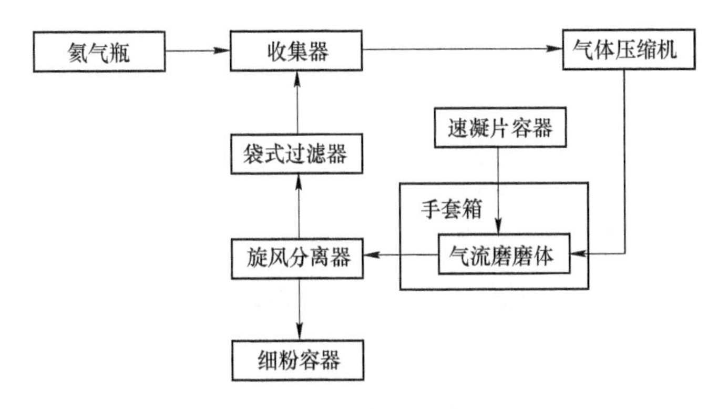

图 8-18 循环式氮气流磨的结构框图

8.1.3 磁场取向成形

磁场取向成形是利用磁性粉末和外磁场的相互作用，对粉末颗粒的易磁化方向进行排列，使其与磁体最终充磁方向一致，这是获得各向异性磁体最常用的一种方法。粉末制备工序将 Sm-Co 合金或 Nd-Fe-B 合金破碎到单晶颗粒，而它们又是单轴各向异性的，每个颗粒都只有一个易磁化轴——主相晶胞的 c 轴。将粉末松散地充填到模具内，充填密度大约是实密度的 25%~30%，在 0.8kA/m 以上的外磁场作用下这些粉末颗粒由多畴变成单畴，并通过旋转或移动将易磁化方向调整到外磁场方向，也就是使各晶粒的 c 轴沿外磁场方向排列取向。在工业生产中，目前压制成形方式分一次成形和二次成形两大类。一次成形可以采用单向压机（压强一般为 50~100MPa，压坯密度为 55%~60% 的实密度）或者冷等静压机（压强 200MPa 左右，压坯密度为 60% 左右的实密度）；二次成形可以采用单向压机（压强一般为 20~30MPa，压坯密度为 45% 左右的实密度）加上冷等静压机（压强 200MPa 左右，压坯密度为 60% 左右的实密度）。在取向成形过程中，合金粉末基本上保留了 c 轴取向排列的状态，压制完成后对毛坯退磁（消除磁粉颗粒间磁偶极相互作用对相邻颗粒取向的破坏），然后脱模，就可以得到易磁化方向取向良好的毛坯。高达 100MPa 的压强会迫使磁粉服从机械力与磁力的平衡条件，难免引起磁粉颗粒的移动和旋转，可能使其 c 轴偏离外磁场方向，降低毛坯的取向度。因此，磁场成形过程是在达到毛坯密度的前提下，合理地平衡磁场强度与成形压力的关系，获得尽量高的取向度。高汝伟和周寿增详细研究了在其他相同的成形条件下，直流取向磁场对磁性能的影响[58]，图 8-19 中编号1~5 的退磁曲线分别对应 $\mu_0H=0.0\text{T}$、0.05T、0.15T、0.50T 和 1.40T 的取向磁场，可见随着取向场的增加，剩磁、H_{cB} 和最大磁能积都显著提高，退磁曲线的方形度也明显改善，但 H_{cJ} 逐步下降，当取向磁场超过 1.2T 后，上述参数的变化趋于平缓。而 Kaneko 等人[59]研究了在橡皮模具中同等压强下，磁体性能与更高的脉冲取向磁场的关系，实验表明取向磁场从 1.6MA/m 提高到 3.2MA/m 时（$\mu_0H=2\sim4\text{T}$）剩磁和最大磁能积仍有较大幅度的上升，在 3.2~6.4MA/m（$\mu_0H=4\sim8\text{T}$）区间，上升幅度减缓并趋于线性，但仍然没有达到饱和（见图 8-20）。粉末取向度还受到粉末内摩擦力的影响，松装密度较大时影响尤其严重，实际生产中采用有机润滑剂来降低内摩擦力，但必须在烧结反应发生前（通常在 200℃附近）将润滑剂完全脱出，以防止润滑剂氧化或炭化降低磁体的性能。

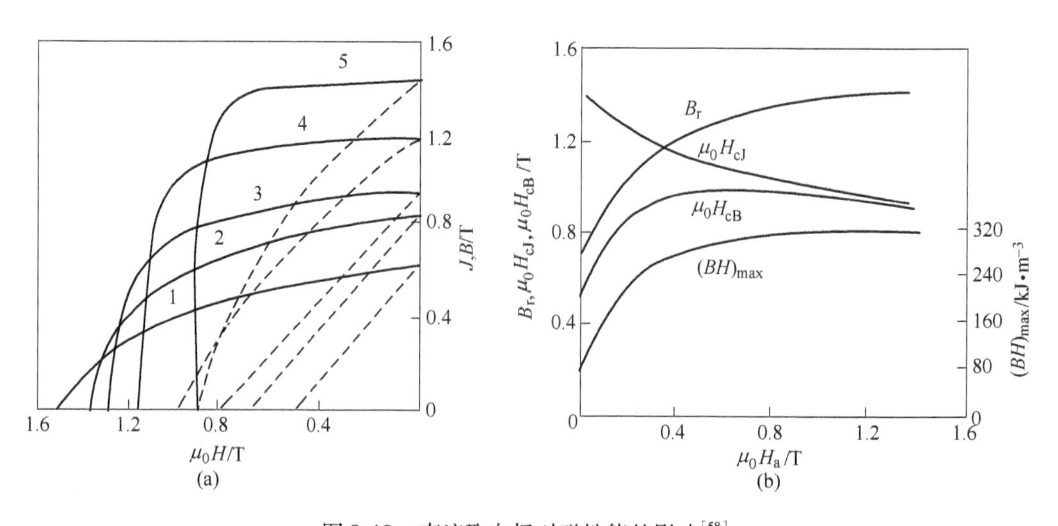

图 8-19 直流取向场对磁性能的影响[58]

另外，取向磁场和成形压力之间的夹角关系对磁体性能的影响也是很可观的，一方面由于磁路设计的限制可能难以达到相同水平的磁场强度（比如辐射取向），另一方面即使取向磁场相同，也会因为机械压力、磁偶极相互作用力和内外摩擦力的方向关系，导致不同的力学平衡状态和不同的磁性能。实际生产中的成形过程通常有垂直压（横向压）制（Transverse Direction Pressing，TDP）、平行压（轴向压）制（Axial Direction Pressing，ADP）和等静压（Isostatic Pressing，IP）三种（等静压通常采用液体介质，而采用橡胶为介质的等静压称为橡皮模压，即 Rubber Isostatic Pressing，RIP）。其中最常见的是垂直压，顾名思义即磁场方向 H 与压制方向 P 垂直；平行压即磁场方向与成形压力平行（见图 8-21）；而等静压则是通过液体或橡胶模等介质在各个方向对磁粉均匀施加压力。在磁粉充填、磁场强度、成形压强等工艺参数相同的情况下，以等静压方法获得的磁体性能最高，垂直压其次，而平行压是最低的[59]，如果以剩磁与饱和磁化强度的比值来衡量取向度的话，RIP 高达 94%~96%，TDP 为 90%~93%，而 ADP 仅 86%~88%，三者之间的 $(BH)_{max}$ 可以相差 16 ~ 40kJ/m³ (2 ~ 5MGOe)[60]，这个差异典型地反映了机械压力、磁偶极相互作用力和内外摩擦力之间的竞争关系（图 8-22）。

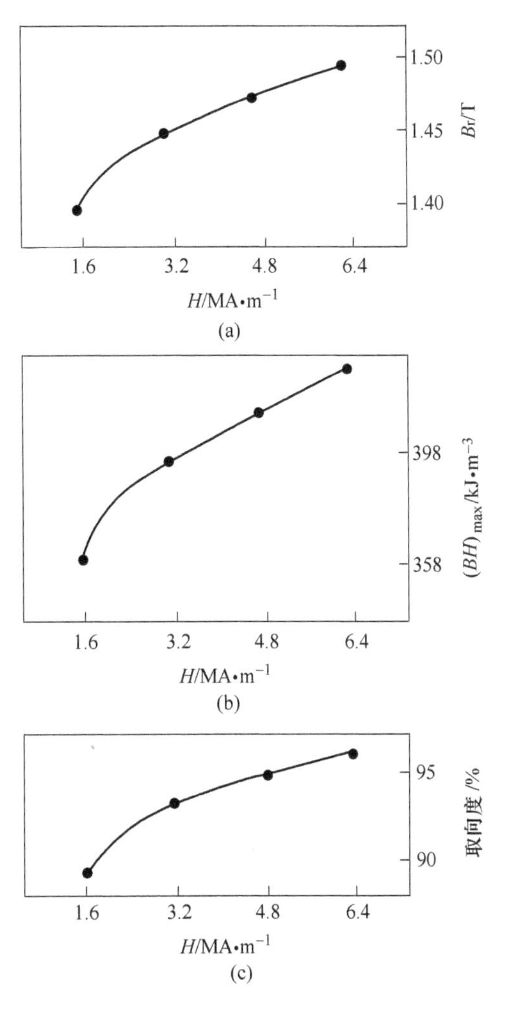

图 8-20 脉冲高取向场对磁性能的影响[59]

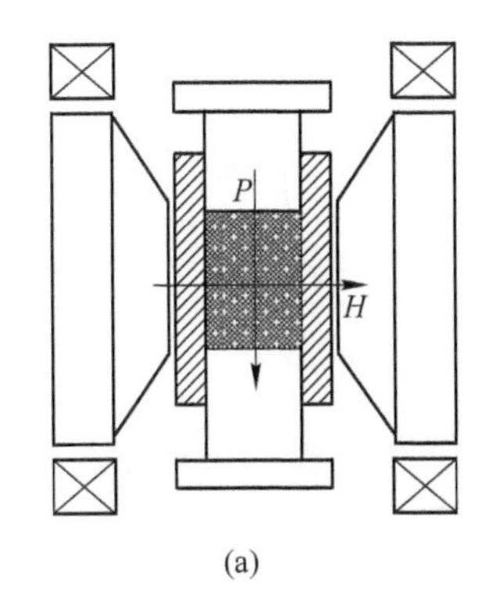

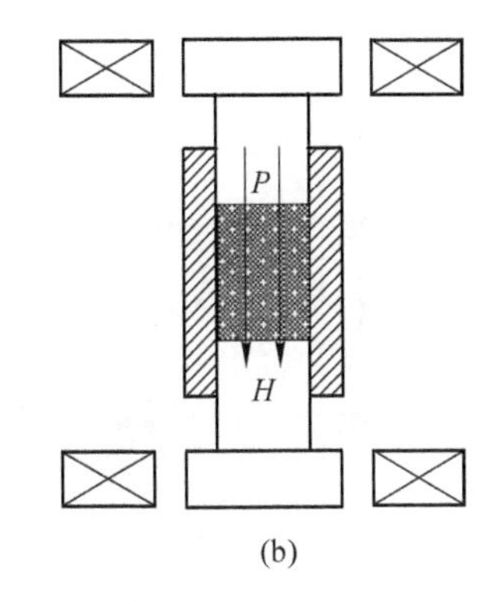

图 8-21 成形时磁场与压力的方向关系

（a）垂直压制；（b）平行压制

Shimoda[61] 建立了一个简单的刚性球体模型（图 8-23）：设定球体半径 r，饱和磁化强度 $4\pi M_s$，取向偏离角 θ，球体表面摩擦系数 μ，压制力 P，取向磁场强度 H_f，按图中的力

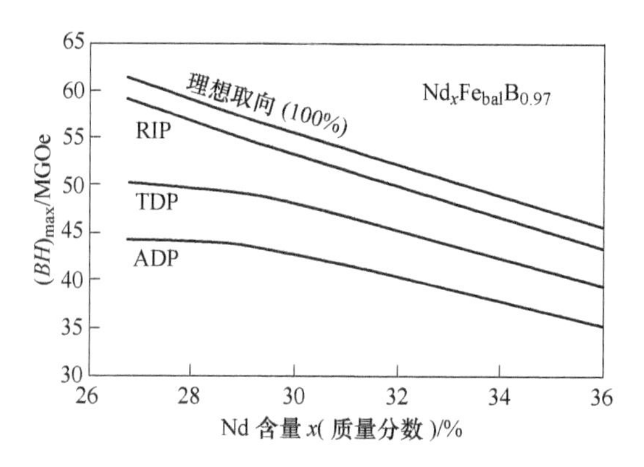

图 8-22 垂直压、平行压和准等静压三种成形方式磁体的 $(BH)_{max}$与 Nd 含量的关系[59]

学平衡关系：

$$\frac{4}{3}\pi r^3 M_s H_f \sin\theta - r(P\mu\cos\theta - P\sin\theta + P\mu\cos\theta + P\sin\theta) = 0 \tag{8-6}$$

可以算出平行压制的条件下的取向偏离角 θ_c如下式所示：

$$\theta_c = \tan^{-1}\frac{3P\mu}{2r^2 M_s H_f} \approx \frac{3P\mu}{2r^2 M_s H_f} \tag{8-7}$$

可见偏离角随成形压力 P 和摩擦系数 μ 的增大而加大，而大粒径、高饱和磁化强度和高取向磁场则有利于提高取向度。冷等静压通常能得到更好的取向度，将松散的粉末在橡皮模中用磁场取向，然后对橡皮模施加接近各向同性的压力，有利于缓解诸如粉末与模具表面摩擦等粉末颗粒偏离取向的效应，得到的磁性能最大。

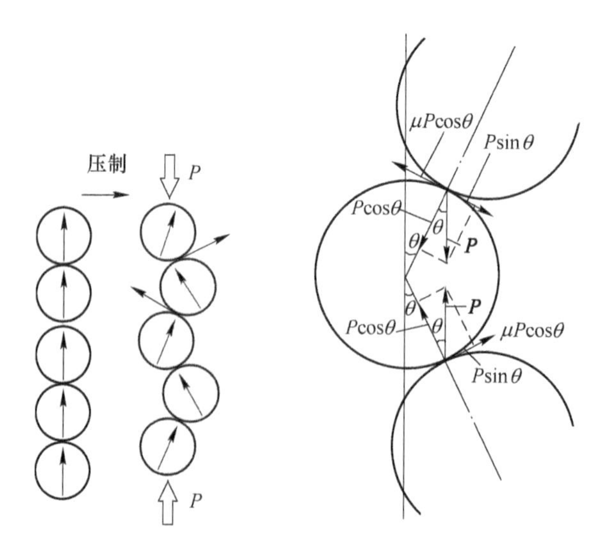

图 8-23 取向偏离角 θ_c计算的刚性球体模型[61]

冷等静压也常被用于单向压制毛坯的二次加压，在取向磁场有限的情况下，先采用较低的压力获得恰当的取向度，再利用等静压进一步提高压坯密度而不破坏已有的取向水平[62]。Sagawa 和 Nagata[63] 开发的橡皮模等静压技术 RIP，先将磁粉充填到橡胶模具中用脉冲强磁场取向，然后将橡胶模放入金属模具，由上下冲头对橡胶模施压，橡胶模受压收缩，除了传递冲头的轴向压力外，还对磁粉施加侧向压力，从而对磁粉实施准等静压压制，为了防止橡胶模受压挤入金属模具和上下冲之间的缝隙，冲头前端外侧镶嵌硬度大于橡胶模的橡胶密封圈，图 8-24 展示了 RIP 的原理结构[60]。准等静压的各向同性效果取决于橡胶模的侧壁厚度，厚度越大，磁粉侧向变形量与轴向压缩量的比例越大，效果越好。准等静压不破坏磁粉取向，为大脉冲场（3～4T）预取向提供了机会，也有利于结团粉取向，只要粉末充填密度足够高，RIP 过程中的变形率不大，就可以获得优异的取向度。Takahashi 等人[64] 开发的日立低氧工艺 HILOP（Hitachi Low Oxygen Process），借鉴了铁氧体压形工艺思路，将气流粉碎的微粉直接盛入装有特殊油的容器中，阻断气氛中的氧对磁粉的作用，被油分子包覆的磁粉在磁场下成形，既防止空气氧化，又有利于取向，保护用油在烧结前期 100～300℃ 真空脱除，磁体氧含量低于 0.2%，碳含量则不超过 0.1%。

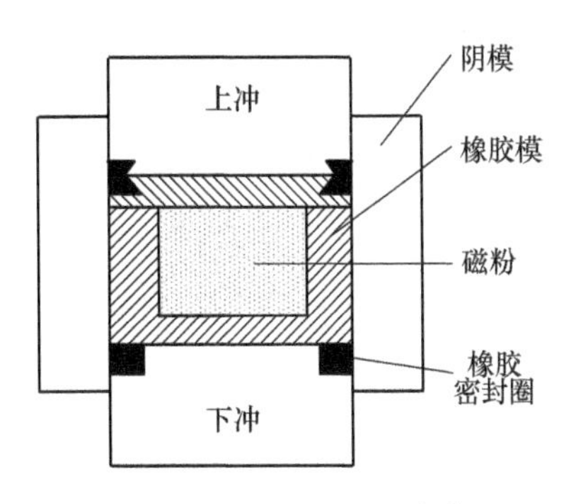

图 8-24　RIP 原理图[60]

对电机和磁耦合器件而言，环状磁体多极充磁是理想的选择，磁体易磁化方向常选择在沿磁环半径的方向，即辐射取向，营造辐射取向磁场的常见方法有三种，一种方法是用电磁铁和模具构成“双极对充”的磁路（图 8-25（a）），模具芯棒和阴模安装套采用导磁材料构成磁路，上下压头和阴模为非导磁材料，芯棒两端各设置电流线圈，两个线圈的电流方向相反，对顶磁场在膜腔形成辐射状磁场对磁粉取向；第二种方法是用相互垂直的两组线圈，由磁性轭铁构成圆形模具安装腔体将磁力线引向芯棒（图 8-25（b））；第三种方法则用一组线圈，用扇形轭铁和模具芯棒构成一个磁场扇区，在取向和成形过程中，阴模

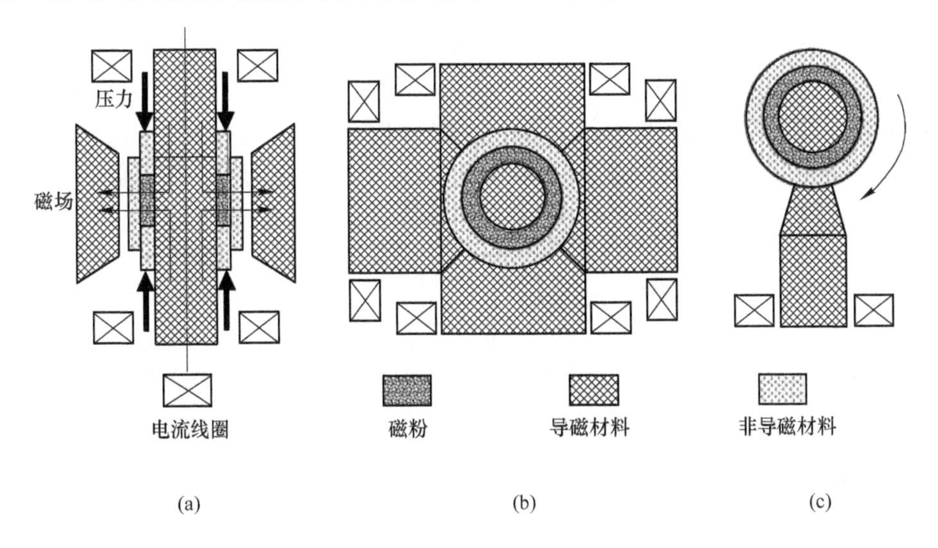

图 8-25　辐射取向磁场构型

（a）对顶磁场（侧视图）；（b）四线圈组（俯视图）；（c）旋转模具（俯视图）

旋转从而使处于不同角度的磁粉陆续取向（图 8-25（c））。第一种方法的取向磁场有很好的轴对称性，磁体性能沿圆周的均匀性能得到保障，但在高度方向磁力线会偏离水平面，所以磁体高度受限；第二种方法可以有较高的均匀磁场区，但气隙场的大小受限制，磁粉取向不充分；第三种方法有效缩小了取向场面积，提高了磁场强度，但旋转机构的机械配合精度会影响环形磁体的同心度和沿圆周的性能均匀性。还有一种环形磁体的取向方法是多极非一致取向（又称 Halbach 取向），其取向磁场由类似于多极充磁夹具的脉冲线圈产生，取向场磁力线由 N 极进入相邻的 S 极，在模具型腔内呈曲线状，从而磁粉也呈曲线排列，取向夹具需针对每个磁体的具体尺寸和充磁极数来设计，制成磁体后按同样的极数和方向充磁，这种方法可以得到接近平行压的性能水平，且气隙场的波形接近正弦曲线，对电机应用十分有利，但由于 $Nd_2Fe_{14}B$ 晶粒在 c 轴和 a 轴上的热膨胀系数差异很大，磁环烧结收缩不均匀，烧结后的毛坯是多边形的，加工成环形磁体的材料利用率偏低。辐射取向和多极取向磁环的易磁化轴分布特征可参见图 8-26。

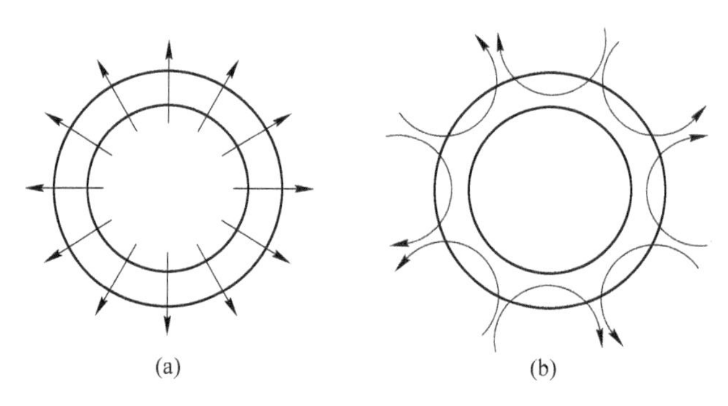

图 8-26　辐射取向磁环（a）和多极取向（Halbach 取向）磁环（b）的易磁化轴分布特征

对于 $D_{50}<3\mu m$ 的超细粉末，取向成形过程的防氧化问题成为技术瓶颈，为配合氦气流磨 $D_{50}=1.1\mu m$ 的超细粉，Une 和 Sagawa 在实验室构建了无压机流程（Pressless Process，简称 PLP）[57]，其实验装置如图 8-27 所示。将类似于 RIP 的流程装入密闭的手套箱内，用高纯氩冲洗手套箱，将氧含量控制在 0.0001% 以下，水气含量对应的露点低于 -76℃，将

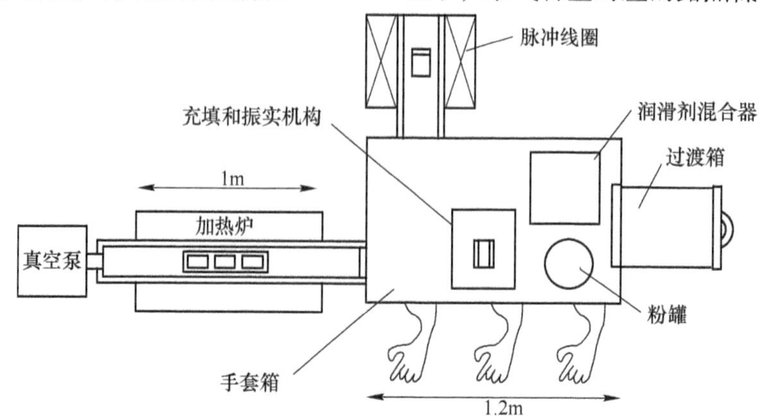

图 8-27　PLP 实验装置[57]

磁粉与润滑剂进行混合，装入石墨模具，通过振实机构得到3.2~3.6g/cm^{3}的充填密度，用5T的脉冲场取向，取出取向毛坯在900~1000℃烧结1h，烧结真空度9×10^{-4}Pa，最后将烧结毛坯在PLP以外的氩气保护炉中热处理，480~520℃×30min后急冷。PLP制备的样品密度$d=7.52$g/cm^3，氧含量0.146%、碳含量0.120%、氮含量0.015%，磁性能参数为：$B_r=1.40$T(14.0kGs)、$H_{cJ}=1.59$MA/m(19.98kOe)、$(BH)_{max}=382.0$kJ/m^3(48.0MGOe)，与传统的氮气流磨和常规烧结工艺相比，H_{cJ}显著提高（图8-28（a）），从磁体的SEM照片看（图8-28（b）），烧结磁体的平均粒度约1.8μm，部分主相晶粒的尺寸在0.8μm以下，在起始磁化过程中表现出单畴颗粒的特征，体积比约占10%。

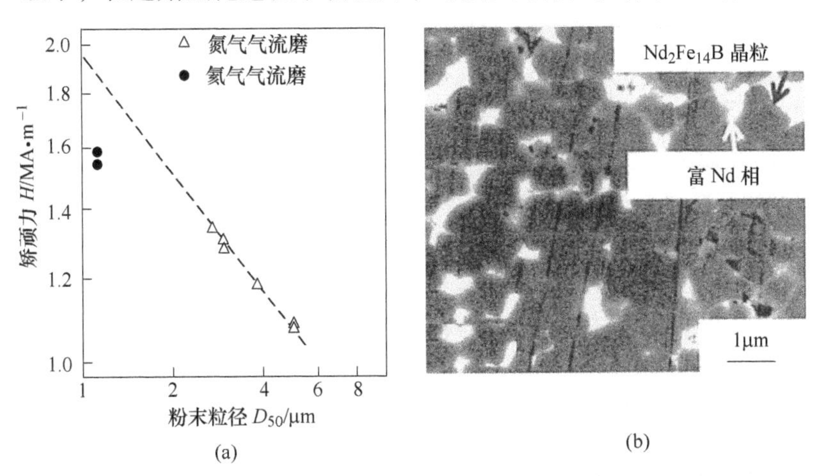

图8-28 Nd-Fe-B磁体H_{cJ}与粉末D_{50}的关系（a）及PLP制备细化晶粒磁体的SEM照片（b）[57]

8.1.4 烧结和热处理

磁场取向压制的毛坯，在高真空或纯惰性气氛下经过烧结达到接近95%理论密度以上的高密度，磁体孔洞呈封闭结构，确保了磁通密度的均匀性和化学稳定性；又因为磁体的永磁特性与其金属学显微结构密切相关，烧结后的热处理过程对磁性的调整至关重要，但毕竟处理温度较低，一些重要的显微结构特征不能完全指望热处理来调整，而是要在烧结过程中仔细控制。

第一代稀土永磁材料以$SmCo_5$为基础，凭借其最高可达350kA/m(400kOe)的室温磁晶各向异性场，合金粉末就具有实用的矫顽力。Velge和Buschow[65]系统研究了RCo_5磁粉的内禀矫顽力H_{cJ}与H_a的关系，数据展现的单调关联性并不强，说明显微结构的影响非常敏感，为此他们又研究了H_{cJ}随球磨时间的变化规律，实验表明（见图8-29），随着振动球磨破碎时间的延续，初始粒度为过100μm筛的$SmCo_5$合金粉末H_{cJ}从400kA/m(5kOe)增加到1200kA/m(15kOe)，然后逐渐下降，峰值1200kA/m(15kOe)对应的平均粒度是10μm，球磨时间为4h。由于微细磁粉的H_{cJ}与其在研磨过程中的塑性形变密切相关，因此除了平均粒度的减小以外，塑性形变增大也是研磨导致H_{cJ}升高的重要原因，但更长时间的研磨会进一步增大形变，使磁粉取向变差。在$LaCo_5$合金中，稀土元素La对磁晶各向异性无任何贡献，但粉末 H_{cJ} 仍可达到 287kA/m(3.6kOe)，足见 Co 次晶格的磁晶各向异性之强大，这也是 $SmCo_5$ 磁体成为第一代稀土永磁体的主要原因。最早的实密度稀土永磁体，是由 Westendorp 和 Buschow 获得的[66]，他们用 2000MPa 的静水压将磁场取向的 $SmCo_5$ 粉末制成密度为理论密度 85% 的压坯，再在 3000MPa 的超高压装置中将坯件压到理论密度的 95%，使其具备实用化的机械强度。Das 率先采用了单相烧结工艺制备 $SmCo_5$ 磁体[1]，在 1000℃ 的烧结温度下获得了 $160kJ/m^3$ 的最大磁能积。但随后的研究表明，在烧结温度低于 1100℃ 时，磁体密度几乎得不到进一步提升，而烧结温度超过 1100℃ 时会导致大范围的晶粒过度长大，磁体矫顽力大幅度降低。Jorgensen 和 Bartlett[67] 的研究表明，在 1000℃ 时相当多的相邻颗粒间已经出现典型的颈状融合结构，但晶粒尚未长大，毛坯也没有显著的收缩。在 1100℃ 以上毛坯明显收缩，密度接近理论值，除了密度提高以外，烧结过程还会改善晶粒的取向度，因为在晶粒长大的过程中，一些小的偏离取向颗粒会被较大的取向良好晶粒融合。为了避免大范围的晶粒过度长大，$SmCo_5$ 的烧结过程在达到 93%~95% 理论密度时就要终止。通过削弱压坯的化学均匀性可以较好地抑制晶粒长大，例如 Benz 和 Martin[2] 发现，采用液相烧结的办法，在 $SmCo_5$ 合金中混入富 Sm 合金（60%（质量分数）Sm），烧结过程中富 Sm 液相会形成边界相，阻止主相原子的迁移和晶粒长大，而且磁体中的富 Sm 相在反磁化时还会阻止反向磁畴在相邻晶粒间传播，提高磁体的矫顽力。另一个既能提高密度又能抑制晶粒长大的方案由 Narasimhan 和 Lizzi[68] 提出，对在常压惰性气氛烧结的磁体实施热等静压（HIP），有效地缩小了烧结中形成的封闭孔尺寸，但也大幅度提高了缩孔周边的内应力（接近 100MPa），而且磁体的脆性大为增加。实际生产 $SmCo_5$ 磁体的典型烧结、热处理过程如图 8-30 所示[69]，经过 100℃ 低温脱气，将毛坯中的水分和有机添加剂脱出，然后在 1130～1150℃ 烧结 1～2h，典型的晶粒尺寸达到 10～20μm，随后急冷到 850～900℃ 进行固溶处理，最后急冷到室温。

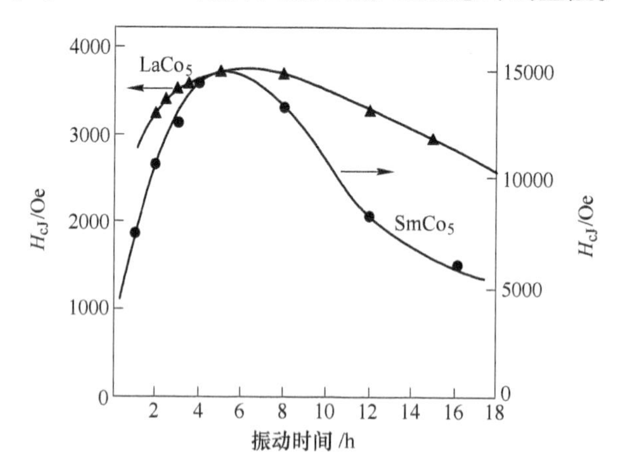

图 8-29 RCo_5 合金的 H_{cJ} 随球磨时间的变化规律[65]

矫顽力与热处理温度的依赖关系见图 8-31，在 850～950℃ 之间可以获得最佳的 H_{cJ}，800℃ 以下热处理对应的矫顽力很低，但可以通过 850～950℃ 热处理回复，而 950℃ 以上矫顽力也逐步下降到较低的水平。造成 800℃ 以下热处理低矫顽力的机理分析有几种说法：一是 $SmCo_5$ 共析分解成各向异性场较低的 Sm_2Co_7 和 Sm_2Co_{17} 相，成为反磁化畴形核中心[70]；二是认为Sm_2Co_7和Sm_2Co_{17}来源于第二相脱溶，而不是$SmCo_5$分解，证据是$SmCo_5$相在低温下稳定性很好[71]；第三种看法是$SmCo_5$脱溶分解（spinodal 分解），Sm_2Co_{17}具有较高的熔点和较低的自由能，可以率先从$SmCo_5$中析出，当分解产物很细小时只有Sm_2Co_{17}相，只是分解产物粗大时会观察到Sm_2Co_7和Sm_5Co_{19}相的存在[72]；考虑到低温和中温热处理的可逆性，第四种看法[73]认为存在可以随热处理温度变化形成或消失的不均匀固溶体，即合金内部 Sm 或 Co 相对富集的区域，降低主相的各向异性场，倘若富集区随热处理程度的加深形成真正的第二相Sm_2Co_7和Sm_2Co_{17}时，热处理的可逆性就消失了。热处理后的磁体如果是随炉温下降缓慢冷却，矫顽力和退磁曲线方形度都会受到不良影响，所以制作大尺寸烧结$SmCo_5$磁体有一定的困难。

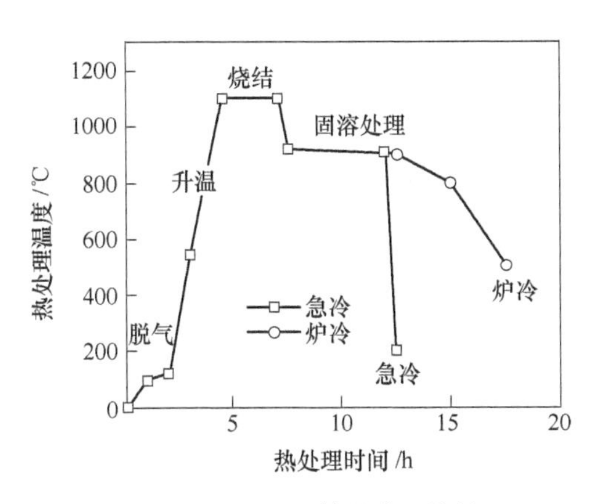

图 8-30 $SmCo_5$磁体的典型烧结、热处理过程[69]

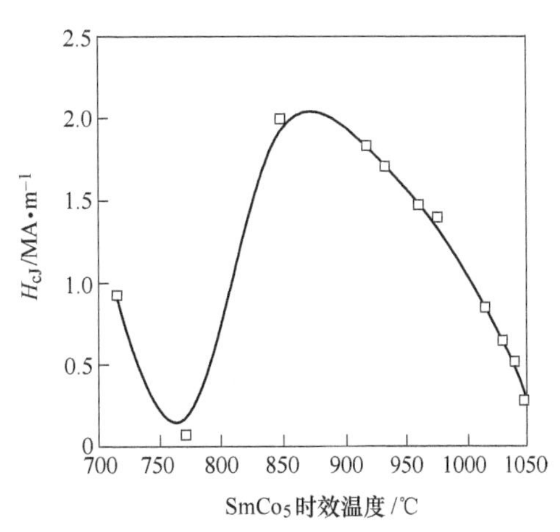

图 8-31 $SmCo_5$磁体H_{cJ}与热处理温度的依赖关系[69]

第二代稀土永磁体Sm_2Co_{17}的发展不那么一帆风顺，而是经历了$R(Co,Cu)_5$（R = Sm、Ce）、$Sm(Co,Fe,Cu)_7$和Sm_2Co_{17}三个阶段，商品化的Sm_2Co_{17}磁体实际上是由 Cu、Fe 和 Zr 等元素部分置换 Co 的多元、多相组合体，Sm_2Co_{17}磁体的烧结温度比$SmCo_5$更高一些，在1180～1200℃之间，而热处理过程因组分及其比例的不同而各异。1967 年 Nesbitt[74]发现，用 Cu 部分取代 Co，未经任何后续处理的$Sm(Co,Cu)_5$合金内禀矫顽力就可以达到800kA/m（10kOe），而经过适当的热处理后，合金的矫顽力大幅度提高到 2296kA/m（28.7kOe）（图 8-32）。与此同时 Tawara 也独立发现$CeCo_5$中存在相同的 Cu 替代效应[75]，并由此打开了系统开发 2:17 型 Sm-Co 烧结磁体的大门。$R(Co,Cu)_5$的磁化过程表现出典型的畴壁钉扎特征，透射电镜显微观察发现，主相中生成了富 Cu 的非磁性细微脱溶相，阻碍畴壁移动。但 Cu 的替代会造成磁体的磁化强度下降，所以加入 Fe 来增强磁性，考虑到稀土资源中 Ce 的含量比 Sm 更加丰富，真正实现商品化的是$Ce(Co,Fe,Cu)_5$，在最佳成分$Ce(Co_{0.72}Fe_{0.14}Cu_{0.14})_5$得到$(BH)_{max}$ = 100kJ/m^3。为进一步提高磁化强度，Senno 和 Tawara[76]将磁体成分移向富 Co 侧，在$(Sm,Ce)(Co,Fe,Cu)_7$附近实现了优异的磁性能，$Sm(Co_{0.79}Fe_{0.06}Cu_{0.15})_{6.8}$的$(BH)_{max}$达到 200kJ/m^3，被称作第一阶段的$Sm_2Co_{17}$磁体。

随后许多研究围绕第四元素（如 Ti、Zr、Hf 等）的添加效应而展开，Ojima 等人[77,78]

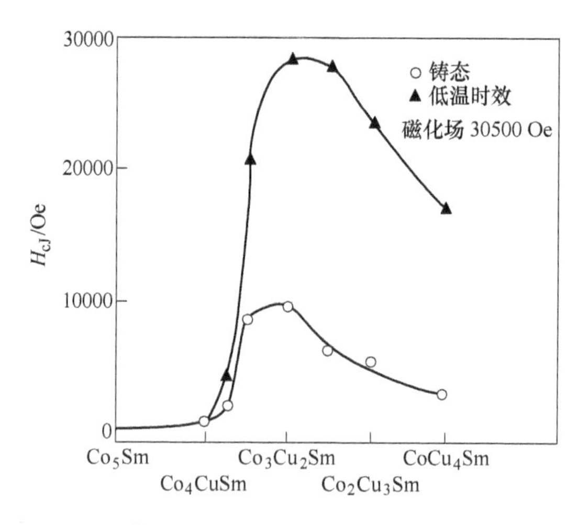

图 8-32 Cu 取代 Co 的 $SmCo_5$ 合金内禀矫顽力（3.05T 充磁）[74]

发现添加 Zr 可以扩大 Fe 的固溶度，有利于减少 Cu 的含量，提高磁体的饱和磁化强度，经过 800℃和 400℃两级热处理，矫顽力可以最大化，第二阶段的 Sm_2Co_{17}磁体的典型代表 $Sm(Co_{0.75}Fe_{0.14}Cu_{0.10}Zr_{0.01})_{7.4}$的性能参数为：$B_r=1.1T$，$H_{cJ}=540kA/m$，$(BH)_{max}=240kJ/m^3$。Livingston[79]和 Rabenberg[80]研究了这类磁体的金相结构，揭示出薄层状 $SmCo_5$ 相在 Sm_2Co_{17}主相晶粒边界析出的特征，热处理过程使 Cu 在 $SmCo_5$ 相富集，而 Fe 和 Zr 则在 Sm_2Co_{17}相富集，析出相的畴壁能低于主相，畴壁在这个析出区被钉扎，使磁体呈现典型的钉扎型磁化和反磁化特征，因此成分偏析程度越大，矫顽力会越高，这与 Ojima 发现的高矫顽力可以通过从 800℃到 400℃经过多段热处理来实现相吻合（见图 8-33）。Shimoda 等人[15]仔细研究了第二代 Sm_2Co_{17}磁体的添加元素及其比例与热处理条件的关系，将 Zr 在过渡金属中的比例从 0.01 增加到 0.02 ~ 0.03，并添加更多的 Fe 来提升磁化强度，而 Cu 含量则控制在 0.1 以下，经过如图 8-34（a）所示的二次热处理过程，矫顽力达到 1000kA/m 以上的水平（见图 8-34（b）），第一次热处理为 750℃ ×2 ~ 3h，以 1℃/min 的降温速率缓慢冷却，效果是将烧结后磁体的退磁曲线调整成方形，但矫顽力很低；第二次热处理温度提高到 800 ~ 850℃，以 0.5℃/min 的速率缓冷到约 450℃后急冷到室温。通过热处理温度、保温时间和缓冷速率等参数的调节，可以对矫顽力进行控制，在同一配方下

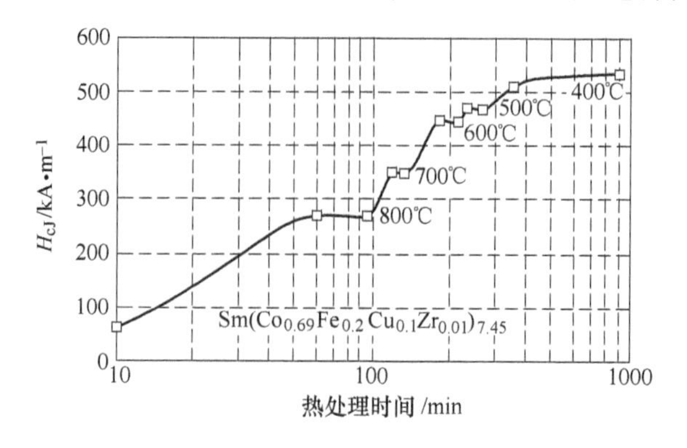

图 8-33 $Sm(Co_{0.69}Fe_{0.2}Cu_{0.1}Zr_{0.01})_{7.45}$的多段热处理工艺[77,78]

分别实现低矫顽力和高矫顽力两种不同的产品，例如 $Sm(Co_{0.72}Fe_{0.20}Cu_{0.055}Zr_{0.025})_{7.5}$ 就可以有 $B_r = 1.1T$、$H_{cJ} = 1000kA/m$、$(BH)_{max} = 225kJ/m^3$ 和 $B_r = 1.08T$、$H_{cJ} = 1600kA/m$、$(BH)_{max} = 210kJ/m^3$ 两种规格，这便是第三阶段的 Sm_2Co_{17} 磁体。

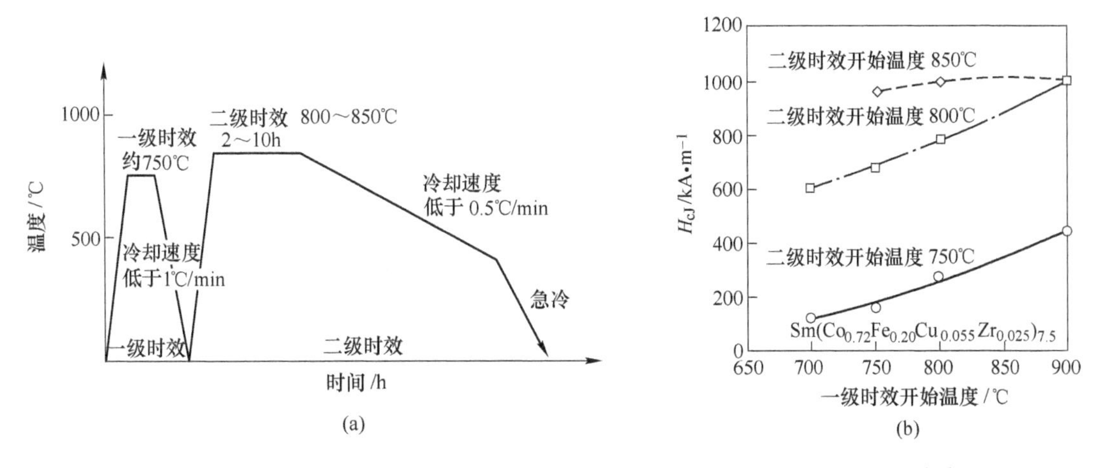

图 8-34 Sm_2Co_{17} 二次热处理工艺曲线（a）和 H_{cJ} 随热处理温度的变化（b）[15]

Nd-Fe-B 三元相图比 Sm-Co 二元相图要简单得多，具有硬磁性的只有 $Nd_2Fe_{14}B$ 主相，不可或缺的富 Nd 相与主相、富硼相的三相共晶点低到 617℃[81]，其中富 Nd 相充当烧结过程中的液相，以促进烧结反应的进程，并对主相晶粒表面的缺陷进行修复，减少反磁化畴的形核区。与 $SmCo_5$ 磁体类似，需要尽量避免主相晶粒长大导致的矫顽力下降，为此 Nd-Fe-B 磁体需要在低于 1100℃ 的温度下烧结，通常的烧结温度是 1050 ~ 1080℃，并可以得到接近零孔隙率的实密度，晶粒尺寸在 5 ~ 15μm 的范围；为了获得高矫顽力，通常需要进行 900℃ 附近和 500℃ 附近的两级热处理，而且烧结和热处理后都需要急冷来固定相应的显微结构。最佳的热处理温度和时间组合与 Nd-Fe-B 磁体中的添加元素及其成分密切相关，但大量实验表明一级热处理温度（900℃）具有广泛的普适性，原因在于此温度下富 Nd 相处于液态，作为晶界相可对主相晶粒的表面进行修复，只要时间不是太长，不会导致主相晶粒过分长大或富 Nd 相富集，这个效果是与成分关系不大的；第二级热处理对磁体的相组成和显微结构的调整至关重要，在这个温区段会发生共晶反应，液相的总量、成分和分布都在变化，所以会敏感地影响到磁体的内禀矫顽力、退磁曲线方形度以及磁体的高温不可逆损失，例如 $Nd_{0.8}Dy_{0.2}(Fe_{0.851}Co_{0.06}B_{0.08}Nb_{0.009})_{5.5}$ 在 580℃ 热处理可以得到最好的方形度，而降低 20℃ 的情况下方形度就明显变差[82]，又比如 $Nd_{0.8}Dy_{0.2}(Fe_{0.85}Co_{0.06}B_{0.08}Al_{0.01})_{5.5}$ 在 580℃ 热处理 1h 后 $H_{cJ} = 2.24MA/m$，而在 640℃ 的情况下 H_{cJ} 降到 1.70MA/m，但后者的开路磁通不可逆损失反而更小[83]。尽管第三代稀土永磁体 Nd-Fe-B 没有像2:17 型 Sm-Co 磁体那样分成几个次生代，但随着工业技术的进步，其磁性能、热稳定性、化学稳定性等一直在持续不断地提高，部分参数如剩磁和最大磁能积已逼近理论极限值。为了提高磁性能，降低富 Nd 相和富 B 相的比例，Otsuki 采用了双合金方法[84]，即用急冷方法制备接近液相成分但氧含量很低的子合金，将子合金粉末与接近主相 $Nd_2Fe_{14}B$ 成分的粉末均匀混合，再进行磁场取向压制和烧结、热处理，在全球首次制备出最大磁能积高于 $400kJ/m^3$ 的 Nd-Fe-B 磁体；考虑到 Dy、Tb 等元素集中在主相晶粒表层时，对矫顽力的提升有最实质性的效果，而且对磁体饱和磁化强度的影响最小，Kusunoki[85]采用含有重稀土的烧结助剂（典型成分 $Nd_{28}Dy_{7}Fe_{29}Co_{30}B_{4}Al$），实现了高剩磁、高最大磁能积和高矫顽力磁体的批量生产。条片浇铸（SC）[35]合金及其氢破碎（HD）[51]更是成为高性能磁体的常规工艺。

8.1.5 机械加工

由于磁场取向成形过程的特点和技术局限，烧结磁体很难一次性直接达到实际应用的形状和尺寸精度，所以烧结毛坯的机械加工在所难免。主要原因有如下三点：首先，很多成品磁体的体积小、形状复杂（例如在手机等消费电子产品中的磁体），只能通过一定形状的毛坯磁体加工而成；其次，即使对于近终成形的毛坯磁体，由于粉末松装密度低、流动性差，导致阴模充填均匀性欠佳，难以避免烧结磁体毛坯形状或尺寸的涨落；第三，由于 Nd-Fe-B 毛坯磁体在平行和垂直于取向方向上烧结收缩的明显差异，以及毛坯磁体边界和中心烧结收缩的差异，最终难以达到成品磁体尺寸精度的要求。日本和欧美企业因考虑原材料和人工成本而选择近终成形工艺居多，后续机械加工辅之；中国企业生产的稀土永磁产品繁多，主要采用毛坯磁体结合后加工的综合生产流程，充分借鉴陶瓷和水晶加工的工艺优势，将稀土永磁体的机械加工水平发挥到了极致。随着原材料成本和人工成本压力的增加，在我国近终成形和自动成形技术正在快速发展。

通过粉末冶金方法制备的稀土永磁体是一种典型的金属陶瓷制品，硬而脆，对硬而脆的材料而言，一般机械加工用的车铣刨磨钻就只剩下切割、钻孔、研磨或滚磨了。根据加工面的基本特征可以进行细分：刀片切割通常采用金刚石或立方氮化硼粉末电镀的刀片，根据切口深度和形位公差要求选择不同的刀片厚度和刀片刃口的位置，内圆切刀的刃口由于刀片和外圆箍的支撑，切割过程中可以保证良好的平面度，因此刀片厚度可以做到 0.1mm，但其切口深度和所切磁体的尺寸受到刀片内径和内外径差的限制。外圆切刀的刃口飘在外沿，刀口支撑能力逊色于内圆切刀，所以保证同样的公差水平需要厚度略大的刀片，一般在 0.2 ~ 0.5mm 范围，由此带来的材料损耗也大一些。对于批量大、尺寸规格单一的产品，采用线锯切片，效率非常高。电火花切割和激光切割属于直接热加工，可以从事形状复杂的切割工作，但相对而言切割效率较低，加工成本高，而且有研究发现烧结 Nd-Fe-B 磁体的加工表面由于加工温升形成厚度约 15μm 的 Nd 富集层，降低了材料的化学稳定性。磁体钻孔要靠金刚钻或激光，为提高材料利用率而发展了空心钻掏孔的技术，较大内径产品中心挖出来的实心圆柱还可以用来做其他小尺寸的产品，配合超音波作用的钻孔方式能够缓解脆性破损，对脆性高的高性能或高热稳定性磁体的加工比较有利。研磨砂轮分金属基或树脂基两种，仿形磨是依据研磨面轮廓制成砂轮基底，然后镀上金刚石或 BN 粉末，并经过修形以达到最终产品的要求。图 8-35 给出了稀土磁体的机械加工分类图。

机械加工会在磁体表面产生缺陷，严重影响到磁体的性能和耐腐蚀性[86,87]，对小或薄的产品而言更为严重，因此需通过去除或修复表面缺陷层的方法加以恢复。Imaizumi 等人[88]研究了线切割和研磨加工对磁体的影响，以及可控氧气氛热处理对缺陷层的修复作用，热处理氧气氛压强在 1.33×10^{-2}Pa 左右，热处理制度为 1000℃ ×1h + Ar 气快冷，然后在 650℃ ×2h + 随炉冷。图 8-36 是机械加工的 NdDy-Fe-B 磁体（尺寸 1mm × 1mm ×

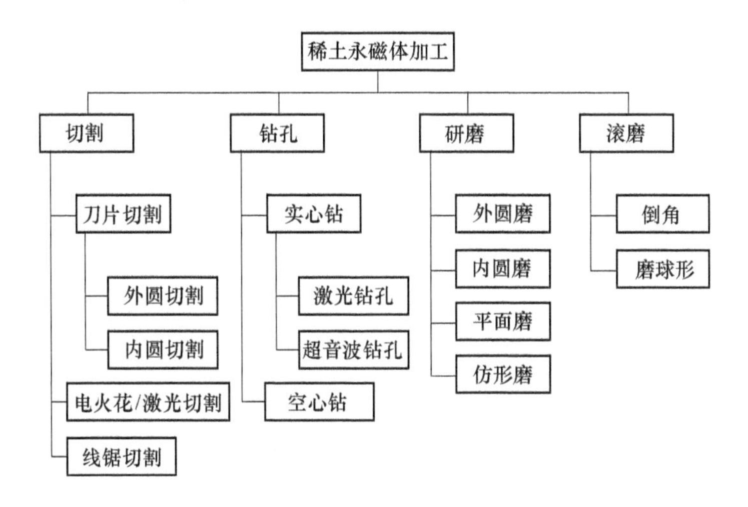

图 8-35 稀土磁体的机械加工分类图

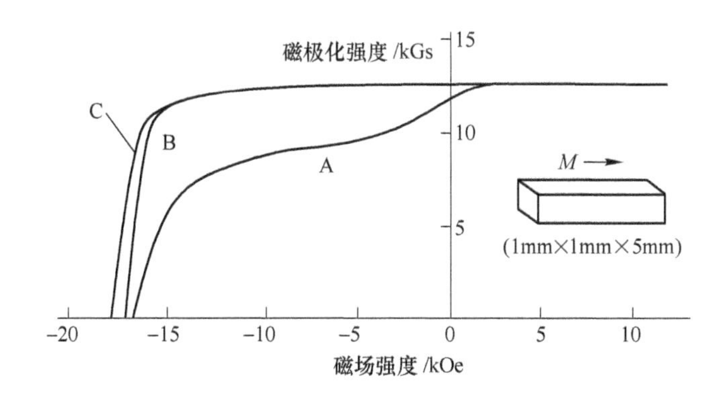

图 8-36 机械加工磁体和后续热处理磁体的退磁曲线[88]

5mm，取向方向 5mm）热处理前后的退磁曲线，由图可见，机械加工造成零场附近磁极化强度骤减，且退磁曲线方形度也显著劣化（曲线 A），但后续热处理基本上将磁性回复到原状（曲线 B 和 C）。经过 1000h 60℃ ×90% RH 湿热试验，机械加工磁体锈蚀严重，深度可达 10μm，而低氧气氛热处理的磁体几乎没有锈斑。将磁体以 0.4nm/min 的速率进行离子减薄，用电镜俄歇谱分析不同减薄时间（等同于距磁体表面不同深度）的氧、Nd 和 Fe 含量分布，图 8-37 显示机械加工磁体的氧化深度很大，而热处理样品表面层氧含量更高，到 14h 减薄后（相当于 0.3μm）氧含量下降，热处理层的 Nd 含量也比机械加工的高，可以推测低氧气氛在磁体表面形成了一层稳定的氧化物，如 Nd_2O_3 和 Fe_3O_4。

Nishio 等人[89] 制备了 50mm ×20mm ×9.5mm 的长方形 $Nd_{14}Dy_{0.5}Fe_{78.5}B_7$ 烧结磁体，性能参数为：$B_r = 1.24T$、$H_{cJ} = 1060kA/m$、$H_{cB} = 892kA/m$、$(BH)_{max} = 282kJ/m^3$。用金刚石锯将长方体切割成不同比表面积 S/V（0.6 ~5.3/mm）的小长方体，其长度、宽度和厚度范围分别是 9.6 ~ 10.4mm、1.0 ~ 6.8mm 和 0.4 ~ 2.6mm，另外还切割出边长为 1.3 ~ 6.3mm 的立方体，用尖头 SiC 打磨掉尖角，再制成直径 1.1 ~6.1mm、比表面 $S/V = 1.0$ ~ 5.5/mm 的球形样品。他们将部分长方形样品在 600℃和 1.33×10^{-4}Pa 真空热处理 1h，再

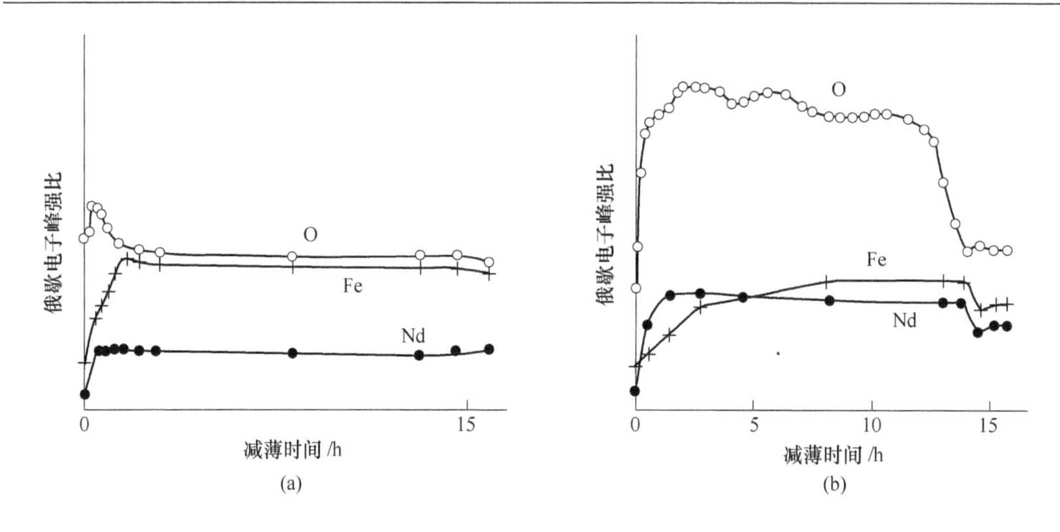

图 8-37 机械加工磁体和后续热处理磁体表面不同深度的氧、Nd 和 Fe 分布[88]

溅射沉积 3μm 的 Nd 并追加热处理；将部分球形样品也作同样的热处理，另一部分球形样品则用 2% 的硝酸溶液酸洗 10 ~ 30s，这三组样品将与机械加工样品进行比较。图 8-38 比较了机械加工和热处理 + 溅射 Nd 修复的长方形样品退磁曲线，磁性参数与 S/V 的关系表述在图 8-39 中。同样，机械加工、热处理修复和酸洗修复的球形样品退磁曲线可参见图 8-40，磁性参数与 S/V 的关系则可参见图 8-41。图 8-40 表明，比表面积较小（S/V = 0. 6/mm）的样品没有零场骤降的情况，大 S/V 样品显现出这种骤降，且下降幅度随 S/V 增大而加剧；经过热处理并 Nd 溅射样品的零场骤降得以修复，但退磁曲线方形度 SQ 以及 H_k 变差（SQ 以 J-H 曲线的面积与 $J_r \times H_{cJ}$之比来计算）。比较球形样品的退磁曲线（图 8-40）

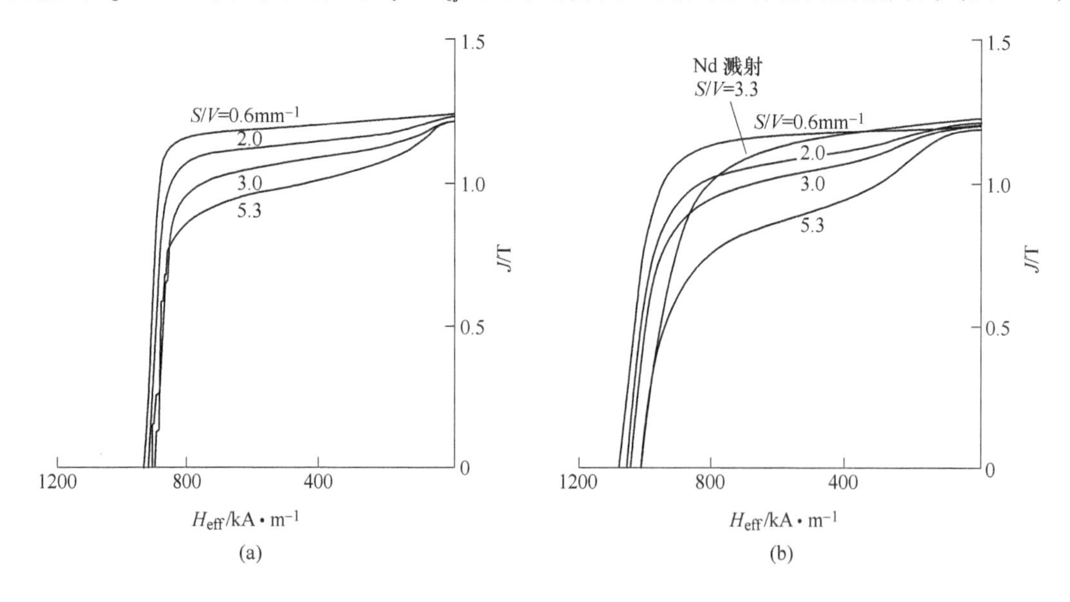

图 8-38 不同比表面积 S/V 的长方形磁体的退磁曲线[89]

（a）机械加工样品；（b）热处理并溅射 Nd 的样品

可见，$S/V=1.0/\mathrm{mm}$ 的样品没有零场骤降，$S/V>1.9/\mathrm{mm}$ 的零场骤降明显，且热处理以及酸洗不能改善零场骤降行为。$S/V>3.0/\mathrm{mm}$ 的样品在 H_{cJ} 附近出现巴克豪森跳跃（图 8-38（a）、8-40（a）和 8-40（c）），这与表面机械加工缺陷有密切关系，热处理并溅射 Nd 有助于修复这些缺陷，但表面酸洗于事无补。

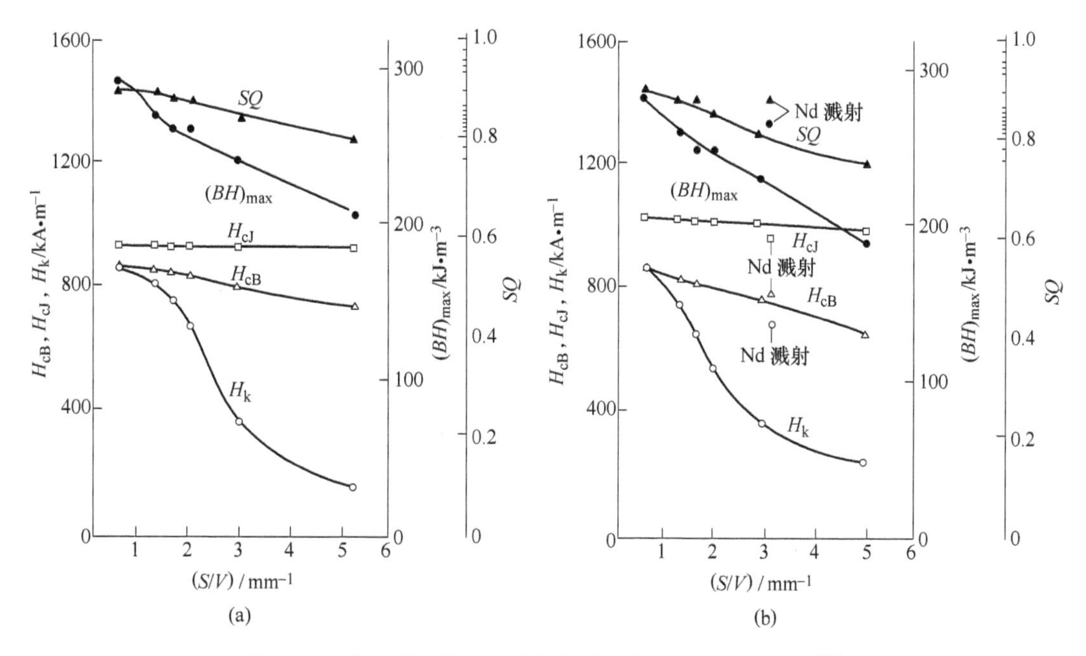

图 8-39 长方形磁体的磁性能参数与表面积 S/V 的关系[89]

（a）机械加工样品；（b）热处理并溅射 Nd 的样品

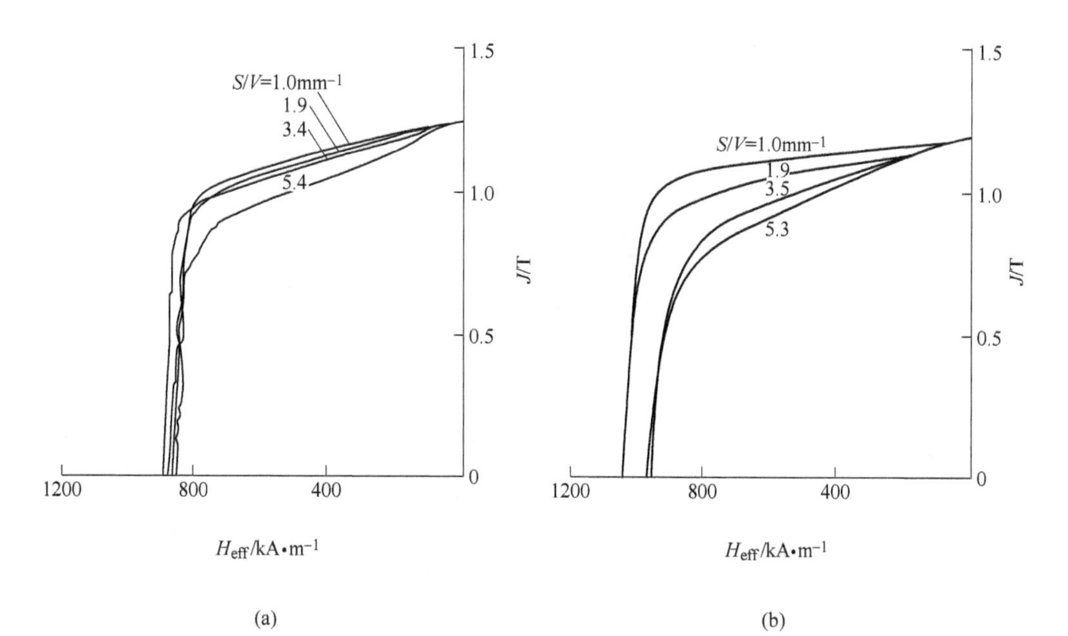

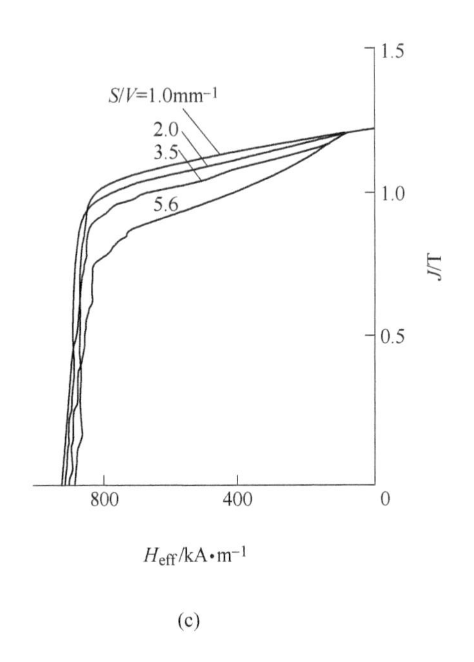

(c)

图 8-40 不同比表面积 S/V 的球形磁体的退磁曲线[89]

（a）机械加工；（b）热处理；（c）稀硝酸浸蚀的样品

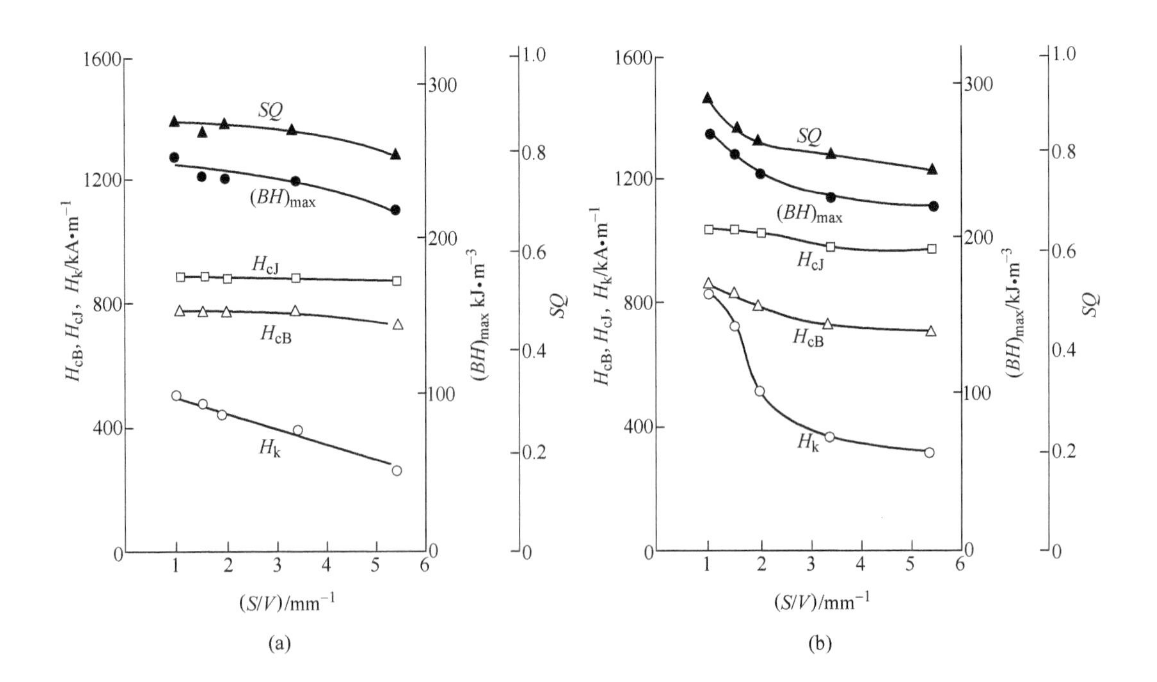

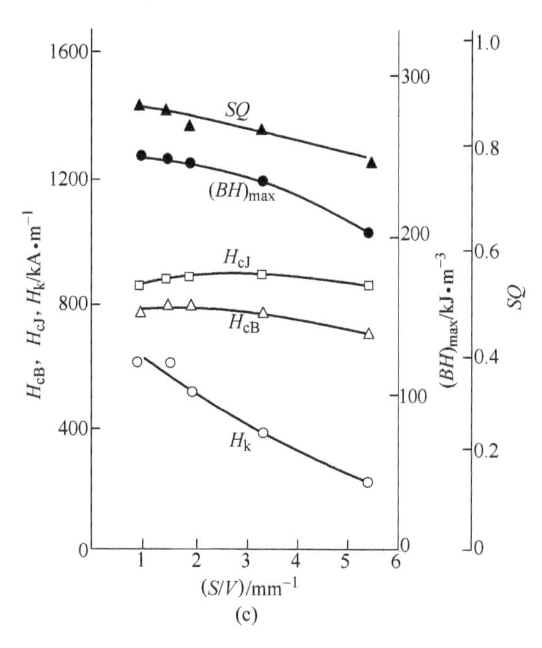

图 8-41 球形磁体的磁性能参数与表面积 S/V 的关系
（a）机械加工样品；（b）热处理；（c）稀硝酸浸蚀的样品

8.2 烧结 Sm-Co 磁体制备

因为以 Fe 和稀土储量高的 Nd 为主要原材料，第三代稀土永磁材料 Nd-Fe-B 具有很高的性价比，从问世以来就主导了稀土永磁材料市场，Sm-Co 磁体被严重边缘化。但在 Nd-Fe-B 不能企及的特殊应用领域，特别是要求高使用温度和高温度稳定性的场合，Sm-Co 磁体发挥了不可替代的作用，因为它们具有远高于 Nd-Fe-B 的居里温度，而且抗腐蚀能力也更优越。在发挥 Sm-Co 磁体特殊优点的同时，对其高性能化方面的研究开发工作一直没有停滞，复杂而精巧的工艺和显微结构控制不断地将性能推到极致，1997 年，美国国防部要求将 Sm-Co 磁体的使用温度从常规的 300℃ 提高到 500℃ 以上，以适应航空航天新应用的要求（如电机、发电机），部分尖端应用如行波管（空间探索和卫星通信）和惯性装置（重力传感器和陀螺仪）还特别要求剩磁可逆温度系数的绝对值小（习惯上称为低温度系数磁体），由此引发了 RCo_7 型磁体的开发[90]以及 Sm-Co 磁体高温特性的大幅度提升，美国电子能源公司（EEC）开发了最高工作温度涵盖 450 ~ 550℃ 的一系列磁体，国内的北京钢铁研究总院、北京航空航天大学、北京科技大学等单位也开展了相应的研究开发工作，并取得了良好的成果。

8.2.1 高性能烧结 2:17 型 Sm-Co 磁体

从提升硬磁主相 Sm_2Co_{17} 饱和磁化强度的角度出发，用 Fe 部分替代 Co 是十分有效的，代价就是降低了磁体的内禀矫顽力。在保持赝二元合金 $Sm_2(Co_{1-x}Fe_x)_{17}$ 为单相的前提下，适量添加 Mn、Cr 等元素能有效提高内禀矫顽力，但它的温度稳定性较差，且制备工艺困难、重复性差，这项技术没有真正走向市场。另一条高性能化的途径，是在三元 Sm-Co-Cu 系磁体析出硬化机制（或称沉淀硬化机制）的基础上，同样通过添加 Fe 来提升饱和磁化强度，并结合 Zr 等元素的添加增强畴壁位移的钉扎强度来提高矫顽力，实测结果成为现在公知的事实，即 $Sm(Co,Cu,Fe,Zr)_z$ 磁体既有很高的永磁性能，又有很好的温度稳定性，并成为第二代稀土永磁体的代表。析出硬化型三元 Sm-Co-Cu 系磁体的化学式通常表示为 $Sm(Co_{1-x}Cu_x)_z$（$5<z\leqslant8.5$），当 $5<z\leqslant5.6$ 时磁体基体相为 $Sm(Co,Cu)_5$ 相（1:5 相），析出相是 $Sm_2(Co,Cu)_{17}$（2:17 相）；$6.9\leqslant z\leqslant7.8$ 的磁体则反过来，基体相为 2:17 相，析出相为板条状或棒状的 1:5 相。当 Cu 含量较低时，磁体的矫顽力很低；增加 Cu 含量能有效提升矫顽力，但也会降低饱和磁化强度，且居里温度大幅度下降，磁体没有实用价值。用 Fe 部分替代 Co 带来了两个突出的变化：一是磁体的饱和磁化强度提高，但在 Fe 替代 Co 的量大于 10% 时会析出软磁性的 Fe-Co 相；二是在 $z\approx7.0$ 的 $Sm(Co_{1-x-y}Cu_xFe_y)_{7.0}$ 磁体中形成直径约为 60nm 的胞状组织，胞内是 2:17 相，胞壁是 1:5 相，胞壁厚度约为 10nm，显微组织的改变大幅度提升了磁体的内禀矫顽力。添加 Zr、Hf、Ti 等元素能进一步改善磁体的永磁性，并以添加 Zr 的最佳，且能提高磁体的抗腐蚀性。经过上世纪末在成分和工艺上的进一步改进，耐高温应用的 $Sm(Co,Cu,Fe,Zr)_z$ 磁体的长时间使用温度从过去的 300℃上升到与 Alnico 磁体相同的 500℃，有的甚至高达 550℃，成为稀土永磁体在耐高温永磁材料应用的代表。

经等温时效处理和紧接着的缓慢冷却或分级时效处理，可在 $Sm(Co,Cu,Fe,Zr)_z$（$z=7\sim8.5$）中形成最佳的相组成和显微结构，从而得到最佳的永磁性能。在分级时效处理之前，$Sm(Co,Cu,Fe,Zr)_z$ 磁体以富 Sm 贫 Zr 的无序 2:17 相为主。经时效处理后，演变成由主相和边界相（次相）组成的细小的胞状组织结构[91,92]（参见第 7 章图 7-71），其中主相为有序的 Th_2Zn_{17} 型胞状相，在成分上富 Fe、贫 Cu 和贫 Zr；胞壁边界相为 $CaCu_5$ 型富 Cu、贫 Fe 和无 Zr 相。由于 2:17 相和 1:5 相的单胞结构极为相近，前者由哑铃对 Co-Co 有序替代后者的 Sm 演化出来，因此主相与相邻的胞壁相是连贯共格的，两相的位相关系为 $[0001]_{2:17}$ // $[0001]_{1:5}$，$(11\bar{2}0)_{2:17}$ // $(10\bar{1}0)_{1:5}$。Fidler 等人[93]通过显微结构分析证明，菱形胞内至少有两个相，一个是富 Fe 的 $Sm_2(CoFe)_{17}$ 相，另一个是富 Zr 贫 Cu 的 Th_2Ni_{17} 型长片状相，它垂直于 c 轴镶嵌于胞状组织结构中，其成分接近 $Sm_2(CoCuZr)_{17}$。胞径一般在 50～200nm 之间，胞壁的厚度约为 5～20nm，富 Zr 片状相的厚度约为 5～10nm。当观察平面与 c 轴垂直时，胞呈等轴状；当观察平面通过 c 轴时，胞为长菱形状（参见第 7 章图 7-72）。从磁性贡献上看，Th_2Zn_{17} 型主相 $Sm_2(Co,Fe)_{17}$（Cu、Zr 含量较低）是磁体高饱和磁化强度的主要来源，$CaCu_5$ 型结构的 $Sm(CoCu)_5$ 胞壁相通过钉扎畴壁使磁体获得高的矫顽力，而 Th_2Ni_{17} 型结构的 $Sm_2(CoCuZr)_{17}$ 片状相在分级时效处理时为 Cu 的扩散提供通道，使主相中的 Cu 快速从主相分离进入胞壁区域，促进胞壁形成均匀的 $Sm(CoCu)_5$ 相[91,94~96]。透射电子显微镜研究指出[97,98]，在低矫顽力的析出硬化磁体中，胞状组织是长轴沿着 c 轴的一个具有菱方 2:17 结构的长菱形，其胞径约 50nm，胞壁厚度约 5nm，胞内部由两个成对取向的小薄板组成（参见第 7 章图 7-72）。而高矫顽力的析出硬化磁体，胞径明显粗大，约 100nm，并显示出有约 3nm 厚的薄片附加在该胞状的显微结构上（参见第 7 章图 7-73）。Xiong 等人[95]运用三维原子探针技术（3DAP）和高分辨率电子显微镜在研究耐高温 2:17 型 Sm-Co 磁体的显微结构时发现，富 Zr 片状相的结构并不是通常认为的

2:17H，而是与 $SmCo_3$ 相似、空间群为 $R\bar{3}m$ 的 Be_3Nb 型结构，晶格常数 $a=0.5nm$、$c=2.4nm$，富 Zr 片状相的组成应该是（Zr,Sm,Cu）(Co,Fe)$_3$，稀土晶位主要被 Zr 占据，Sm 和 Cu 含量很少。Gutfleisch 等人[99]则用高分辨率 TEM 研究了耐高温析出硬化 2:17 型高矫顽力烧结 Sm-Co 磁体的显微结构和元素分布（参见第 7 章图 7-74），清楚地揭示了耐高温 2:17 相胞状结构的平均尺寸约为 100nm，被宽度约为 5～8nm 的 1:5 边界相包围，2:17 主相富 Co 和富 Fe，而边界 1:5 相是富 Cu 和富 Sm。

更细致的研究表明[100~102]，在 850℃时效后慢冷到 400℃的 2:17 型 Sm-Co 磁体中，Cu 并不是均匀地分布在胞边界上的，而是有很大的浓度梯度，且其梯度随慢冷的终端温度下降而急剧增加（参见第 7 章图 7-75）。Kronmuller 等人[103]由主相和胞壁相的 EDX 分析成分分布估计出两者对应的第二级磁晶各向异性常数 K_1 分布（参见第 7 章图 7-76），结果表明富 Co 的 1:5 型胞壁相提供了接近三倍的 K_1，可对畴壁移动提供强烈的窄畴壁钉扎，极大地改善磁体的内禀矫顽力，而富 Fe 主相负责磁体的高剩磁和高最大磁能积。

从上面的显微结构分析可知，析出硬化型高性能 2:17 型烧结 Sm-Co 磁体的永磁性能对成分的变化极为敏感。磁体的成分通式可表达为：$Sm(Co_{1-u-v-w}Cu_uFe_vZr_w)_z$，其中 z 代表稀土元素 Sm 与过渡族元素总和 Co + Cu + Fe + Zr 的原子比，z 通常介于 7.0～8.5 之间，$u=0.05\sim0.08$，$v=0.10\sim0.30$，$w=0.01\sim0.03$。

首先看一下 Sm 对永磁性能的影响。如图 8-42 所示[77]，在 Zr 含量（质量分数）偏高（3%）的高矫顽力 $Sm_xCo_{bal}Cu_6Fe_{15}Zr_3$ 和 $Sm_xCo_{bal}Cu_8Fe_{15}Zr_3$（质量分数）磁体中，Sm 含量 x

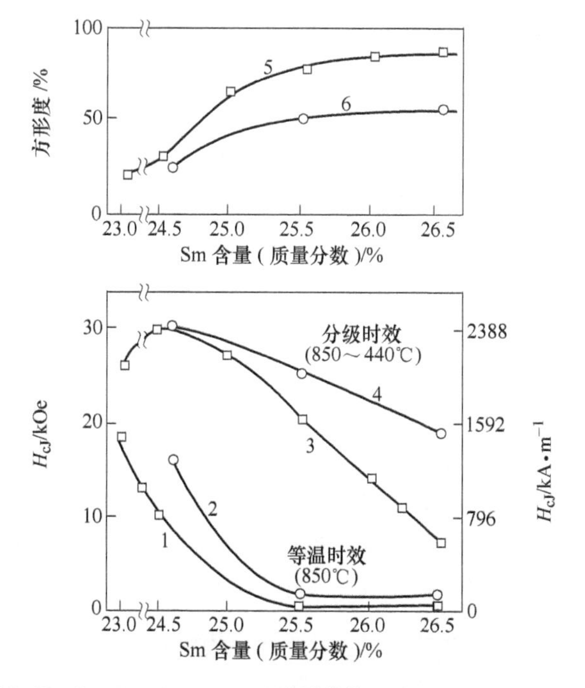

图 8-42 $Sm_xCo_{bal}Cu_6Fe_{15}Zr_3$（质量分数）和 $Sm_xCo_{bal}Cu_8Fe_{15}Zr_3$（质量分数）的 H_{cJ} 和 H_k/H_{cJ} 随 x 的变化[77]

1—6% Cu、850℃等温时效，2—8% Cu、850℃等温时效；3，5—6% Cu、850～400℃分级时效；4，6—8% Cu，850～400℃分级时效

(质量分数)约为24.5%时 H_{cJ} 可达到2388kA/m(30kOe),但退磁曲线的方形度 H_k/H_{cJ} 较差,仅40%左右;随着 x 的增加,H_{cJ} 虽然有些下降,但方形度显著改善;当Sm含量 x(质量分数)为26.5%时 H_{cJ} 仍可维持在1592kA/m(20kOe)的高水平,方形度则提升至90%。在磁体成分通式中,添加适量的Fe($0.06 \leqslant v < 0.1$)可抑制合金中生成软磁性Fe-Co相,再添加适量Cu($u \approx 0.1$)和Zr($w = 0.03$)使磁体有足够的矫顽力。在上述条件下,Zhang等人[104]研究了三种Cu含量的 $Sm(Co_{1-u}Cu_uFe_{0.06}Zr_{0.03})_z$ 磁体 H_{cJ} 与 z 的关系,如图8-43所示,H_{cJ} 都随 z 的增加而单调增加,Cu含量 u 高于0.10的合金在 $z=6$ 附近的 H_{cJ} 不高,但随着 z 增加稳步上升,到 $z=6.7$ 后 H_{cJ} 超过1592kA/m(20kOe),而Cu含量较低($u=0.08$)的磁体在 $z \leqslant 7$ 时 H_{cJ} 都很低。因此,在给定的稀土总量范围内,Sm含量越高 H_{cJ} 越低。但对于高温磁体来说,胞状组织的尺寸越小,内禀矫顽力的温度系数 α_{HcJ} 绝对值越小,有利于提高磁体的最高使用温度 T_w[90],这时希望适当增加Sm和Cu含量,以便形成更多的富Cu贫FeSm$(Co,Cu)_5$ 胞壁相。刘金芳等人[105]在研究 $Sm(Co_{bal}Fe_{0.1}Cu_{0.08}Zr_{0.033})_z$ 磁体时给出如下结果:当 $z=7$ 时,α_{HcJ} 达到 $-0.03\%/℃$,在温度达到773K时,内禀矫顽力还有796kA/m(10kOe);但当 z 增加到8.5时,α_{HcJ} 的绝对值8倍于前者,$\alpha_{HcJ} = -0.25\%/℃$,而在773K时 H_{cJ} 只是前者的一半(400kA/m或5kOe),尽管Sm含量增加部分降低了室温 H_{cJ},但优化的 α_{HcJ} 却更有利于提高磁体的最高使用温度。

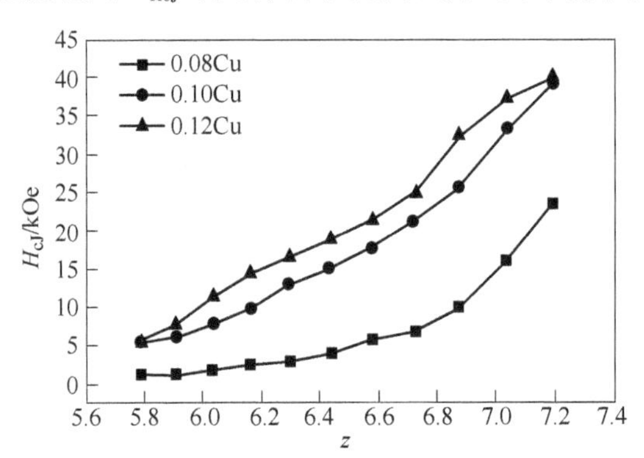

图8-43 三种Cu含量 $Sm(Co_{1-u}Cu_uFe_{0.06}Zr_{0.03})_z$ 磁体 H_{cJ} 与 z 的关系[104]

下面再看一看Fe含量对永磁性能的影响。显微结构研究表明,Fe主要进入 Th_2Zn_{17} 型晶体结构的胞状主相 $Sm_2(Co,Fe)_{17}$,意味着Fe的主要功效是提升磁体的饱和磁化强度和剩磁,这也正是第二代稀土永磁材料的开发目的。而兰德年等人[106,107]的研究则表明适量的Fe含量还有利于提高磁体的 H_{cJ},如图8-44所示[107],对于成分为 $Sm(Co_{0.675-x}Cu_{0.078}Fe_xZr_{0.027})_{8.22}$ 的磁体而言,随着Fe含量 x 的增加,B_r 单调地增大,而 H_{cB} 先不变后单调地降低,相应地 $(BH)_{max}$ 先到达一个极值再单调下降,Fe含量为0.24的永磁性能最佳:$B_r = 1.06T(10.6kGs)$,$H_{cB} = 732.3kA/m(9.2kOe)$,$(BH)_{max} = 238.8kJ/m^3(30MGOe)$。刘金芳(Liu J F)等人[108]的研究结果也表明,$Sm(Co_{bal}Fe_{0.1}Cu_{0.078}Zr_{0.033})_{8.3}$ 磁体的饱和磁化强度 M_s 和剩余磁化强度 M_r 都随着Fe含量的增加而增大,而内禀矫顽力 H_{cJ} 在 $x=0.10$ 时达到最大值3184kA/m(40kOe),但内禀矫顽力的温度系数 α_{HcJ} 的绝对值也随 x 而加大,不利于提高磁体的工作温度 T_w,好在 $x=0.10$ 时即使当温度 $T=800K(527℃)$ 时 H_{cJ} 还有796kA/m(10kOe)。Fe含量对2:17型Sm-Co磁体永磁性能的影响还与合金中Cu

和 Zr 的含量相关，Ojima 等人[77]发现，当磁体中的 Cu 含量（质量分数）固定为 8%时，不含 Zr 磁体的 H_{cJ}随 Fe 含量的增加而降低，而 Zr 含量（质量分数）1.0% 的磁体 B_r、H_{cJ}和（BH）$_{max}$三个永磁参量随 Fe 含量的增加都有所升高，在 Fe 含量（质量分数）高达 14% 时 H_{cJ}和（BH）$_{max}$才开始下降，如图 8-45 所示。

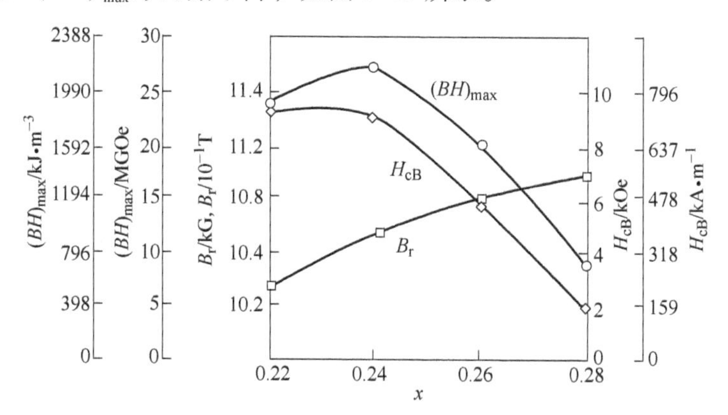

图 8-44 $Sm(Co_{0.675-x}Cu_{0.078}Fe_xZr_{0.027})_{8.22}$磁体永磁性能与 Fe 含量 x 的关系[107]

元素 Cu 在 $Sm(Co,Cu,Fe,Zr)_z$磁体中主要进入胞壁 $Sm(Co,Cu)_5$晶界相，目的是增大晶界相与主相之间的磁晶各向异性差异，以起到增强畴壁钉扎、提高磁体矫顽力的作用。图 8-46 展示了 $Sm_{25.5}Co_{bal}Cu_uFe_8Zr_w$（质量分数）（$w$ = 0 或 1.0）的 H_{cJ}随 Cu 含量 u 的变化规律[77]，可见不含 Zr 磁体只有在 Cu 含量高于 10%（质量分数）时才能获得较高的 H_{cJ}，而在 Zr = 1.0%（质量分数）的磁体中只要 Cu 含量（质量分数）高于 5%，H_{cJ}就随 Cu 含量的增加迅速提高。图 8-47 则是高矫顽力 $Sm_{26.5}Co_{bal}Cu_uFe_{18.5}Zr_{2.4}$（质量分数）磁体在 6 种时效温度下处理 1h 后，以 0.5℃/min 的速率缓冷至 400℃ 的 H_{cJ}与 Cu 含量 u 的关系[109]。只有时效温度高于 800℃ 才能获得较高的矫顽力，且 Cu 含量（质量分数）通常要高于 6%。Tang 等人[110]在研究 Cu 含量对 $Sm(Co_{bal}Fe_{0.1}Cu_uZr_{0.04})_z$磁体正温度系数的影响时发现：正温度系数只可能在低 Cu 磁体中实现；随 Cu 含量的增加，H_{cJ}在高温区的峰值温度移向低温区；对每一个固定的 z 值都存在一个临界的 Cu 含量，在临界值以下磁体都会出现正温度系数现象，而临界值随 z 值的减小而增加，如 z = 7.5 时临界值 u = 0.1，而在 z = 8.5 时临界值降低到 u = 0.02。可见，反常 H_{cJ}(T) 的出现首先

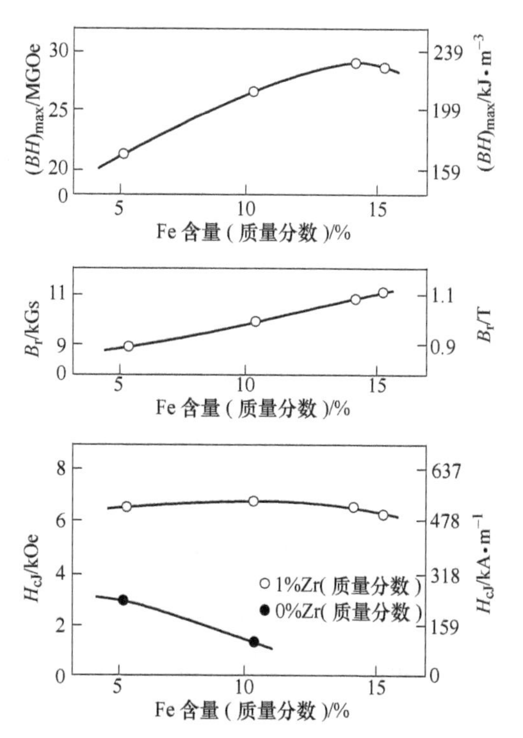

图 8-45 $Sm_{25.5}Co_{bal}Cu_8Fe_xZr_w$（质量分数）（$w$ = 0 或 1.0）磁体永磁性能与 Fe 含量 x 的关系[77]

依赖于胞状组织的形成，而从反常到正常的转变依赖于Cu含量。由此可看到，Cu含量在2:17型Sm-Co磁体及其反常H_{cJ}(T)中都起到非常重要的作用。

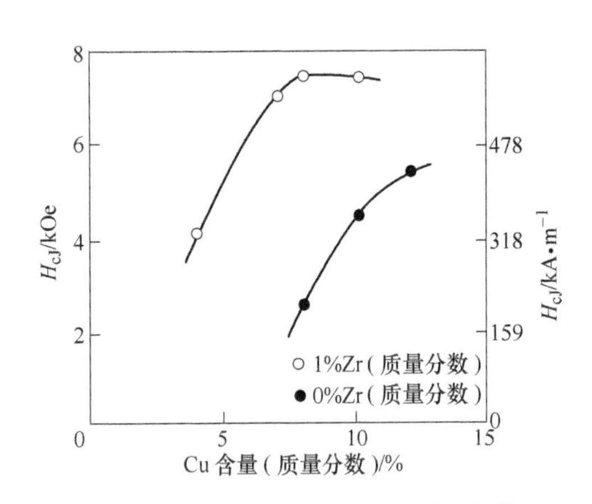

图8-46 $Sm_{25.5}Co_{bal}Cu_uFe_8Zr_w$(质量分数)($w=0$或1.0)磁体$H_{cJ}$与Cu含量$u$的关系[77]

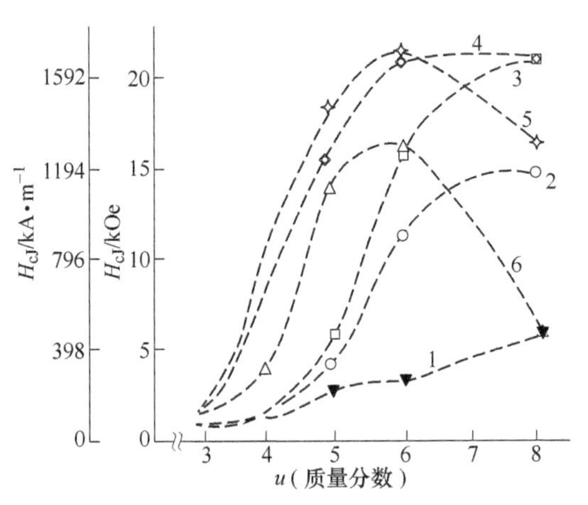

图8-47 高矫顽力$Sm_{26.5}Co_{bal}Cu_uFe_{18.5}Zr_{2.4}$(质量分数)磁体的$H_{cJ}$随Cu含量$u$的变化规律[109]

(1~6的时效处理温度分别为750℃、800℃、820℃、850℃、870℃、900℃)

Zr在磁体中主要形成Th_2Ni_{17}型结构的富Zr贫Cu的片状相，为Cu进入胞壁中的富Cu贫Fe $Sm(Co,Cu)_5$相提供扩散通道。图8-48清楚表明Zr的含量和时效处理后的缓冷过程对H_{cJ}所起的关键性作用[111]，800℃时效处理3h后水冷的磁体H_{cJ}只有160kA/m(2kOe)，而缓冷至400℃的磁体都在320kA/m(4kOe)以上，但Zr含量在$Sm(Co_{0.70-x}Fe_{0.20}Cu_{0.10}Zr_x)_{7.5}$中超过0.03后$H_{cJ}$即迅速升高到955kA/m(12kOe)以上。图8-49展示了高矫顽力的$Sm_{25.5}Co_{bal}Cu_6Fe_{15}Zr_w$(质量分数)磁体的$H_{cJ}$和退磁曲线方形度随Zr含量的变化，当Zr含量高于1.5后两者都有很大提高，Zr含量在2.5附近最佳[109]。Tang等人[112,113]在研究Zr含量对$Sm(Co_{bal}Fe_{0.1}Cu_{0.088}Zr_w)_{8.5}$磁体$H_{cJ}$的影响时发现，Zr含量适度时，如$w=0.04$，合金的$H_{cJ}$取得最大值，且在$w=0.02\sim0.06$范围内合金都较高，这与图8-48的情况一致。Zr含量的变化对矫顽力温度系数α_{HcJ}也有一定影响，例如w从0.02增加到0.08，a_{HcJ}(25~500℃)从-0.18%/℃改善到-0.12%/℃，而在$w=0.02\sim0.06$的范围内H_{cJ}都可达到3183kA/m(40kOe)左右。微观结构分析表明，随着Zr含量的增加，磁体内部胞状组织细化，片状相增加，这进一步证实了胞状组织细化与内禀矫顽力温度系数的改善有着一定的联系。

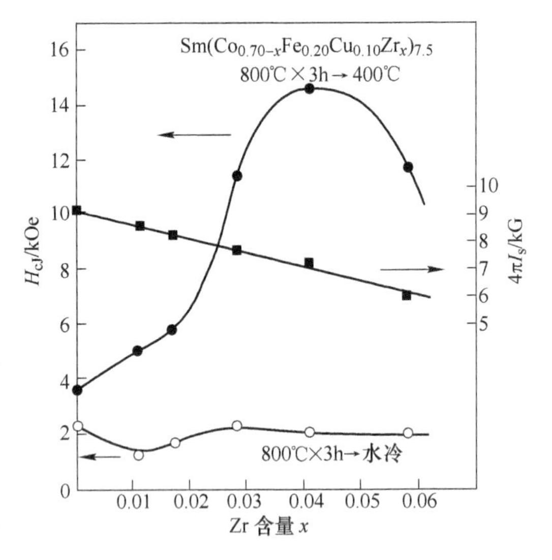

图8-48 $Sm(Co_{0.70-x}Fe_{0.20}Cu_{0.10}Zr_x)_{7.5}$磁体$B_r$和$H_{cJ}$与Zr含量$x$以及时效处理后冷却条件的关系[111]

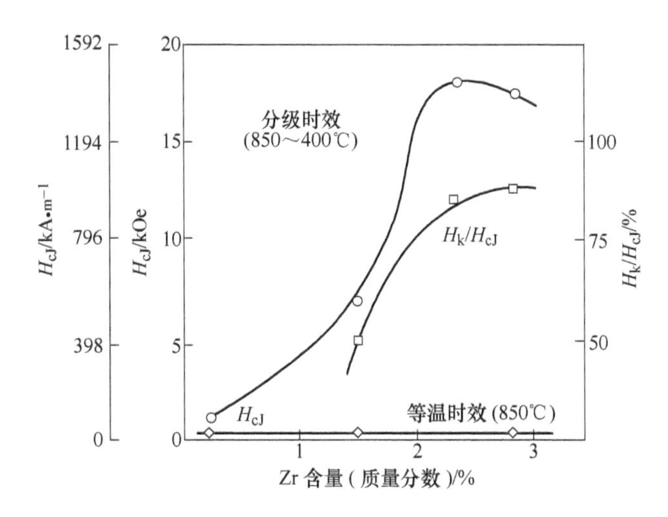

图 8-49 $Sm_{25.5}Co_{bal}Cu_6Fe_{15}Zr_w$（质量分数）磁体 H_{cJ}和退磁曲线方形度与 Zr 含量 x 的关系[109]

8.2.2 高使用温度烧结 1∶7 型 Sm-Co 磁体

RCo_7型磁体具有 $TbCu_7$ 型结构（空间群 $P6/mmm$），第 3 章详细陈述了 $SmCo_5$、Sm_2Co_{17}和 $SmCo_7$三种结构的彼此关系，纯 $SmCo_7$相不稳定，所以需要引入第三元素 M 来稳定，其中 M = Fe、Si、Cu、Ga、Zr、Nb 或 Hf 等。与2∶17 型 Sm-Co 磁体类似，商品化的 1∶7 型磁体仍以 Fe、Cu、Zr 的添加为主，但稀土总量的差异和工艺路径的变化，使磁体的宏观磁特性和微观结构发生了本质变化，刘金芳等人[114]对此进行了详细的比较研究。表 8-5 列出了 1∶7 和 2∶17 型 Sm-Co 磁体的居里温度和室温永磁特性参数，可见 1∶7 型磁体的居里温度比 2∶17 型稍低（5K），且 B_r、H_{cJ}和（$(BH)_{max}$）都偏低，而 H_{cJ}更是低了 6kOe 之多。但 H_{cJ}的温度依赖关系图（图 8-50），还有室温、200℃、300℃和 500℃的 H_{cJ}数据及其对应的温度系数（表 8-6）均揭示出 1∶7 型磁体耐高温的本质——H_{cJ}的温度系数远优于 2∶17 型。从室温到 500℃，2∶17 型磁体的 H_{cJ}-T 呈凹曲线并急剧下降，室温到 200℃、300℃和 500℃的内禀矫顽力温度系数 α_{HcJ}分别为 -0.32%/℃、 -0.26%/℃和 -0.20%/℃，而 1∶7 型几乎是直线平缓下降，温度系数仅为 -0.16 ~ -0.17%/℃，因此，当 2∶17 型磁体在 500℃的 H_{cJ}只剩下 119kA/m(1.5kOe) 时，1∶7 型还保持在 366kA/m(4.6kOe)。两类磁体的磁化饱和趋势曲线（图 8-51）清晰地表征出：1∶7 型磁体在外场 15kOe 以下存在很强的畴壁钉扎效应，M 随 H 直线缓慢增长，dM/dH 接近常数，后续磁化 dM/dH 在 19.5kOe 和 35kOe 出现两个峰，对应大幅度的畴壁脱钉移动；而 2∶17 型磁体第一个 dM/dH 峰在零场即出现了，第二个峰与 1∶7 相近，在 34kOe。因此 1∶7 型磁体的高温特性与 15kOe 以下的畴壁钉扎机制密切相关。图 8-52 是 1∶7 型和 2∶17 型磁体由 TEM 照片分析得出的粒度分布。总体上看前者分布更窄，且偏向细晶粒一侧，具体而言以 80nm 的晶粒占主导地位（45%），20 ~ 60nm 的晶粒占另 45%，100 ~ 120nm 的大晶粒只有 10%。反观后者，粒度更大且分布更宽，峰值位于 120nm(33%)，80nm 和 100nm 的晶粒将近 40%，140 ~

160nm 的大晶粒也有 12.5%。因为稀土总量更高，1:7 型磁体内部能形成更多的 Sm(Co, Cu)$_5$边界相，有助于 2:17 相的晶粒细化，而更细小的晶粒和更窄的粒度分布有利于更强、更均匀的畴壁钉扎。表 8-7 列出了两类磁体的单胞平均尺寸、边界相宽度、层状相密度和孪生结构特征，可见 1:7 型磁体平均粒度更小、晶界相宽度更窄、层状相密度更高、孪生结构更窄，层状相作为 Cu 的扩散通道有助于 Sm(Co, Cu)$_5$晶界相的生成，对畴壁钉扎极为有利。

表 8-5 1:7 型和 2:17 型 Sm-Co 磁体的居里温度和室温磁特性[114]

磁 体	T_c/K	M_s(55kOe)/emu · g^{-1}	M_r/emu · g^{-1}	H_{cJ}/kOe
1:7 型 Sm-Co	1083	93	81	19.5
2:17 型 Sm-Co	1088	104	100	25.5

表 8-6 1:7 型和 2:17 型 Sm-Co 磁体室温到 200℃、300℃和 500℃的 H_{cJ} 及其温度系数[114]

磁 体	H_{cJ}/kOe				α_{HcJ}/% · ℃$^{-1}$		
	室温	200℃	300℃	500℃	室温～200℃	室温～300℃	室温～500℃
1:7 型 Sm-Co	19.5	15.6	10.7	4.6	-0.16	-0.17	-0.16
2:17 型 Sm-Co	36.0	22.0	10.7	1.2	-0.32	-0.26	-0.20

表 8-7 1:7 型和 2:17 型 Sm-Co 磁体显微结构参数比较[114]

磁 体		1:7 型	2:17 型
单胞平均尺寸/nm		68	101
晶界相宽度/nm		10.0	13.5
层状相线密度/条 · nm^{-1}	$[1120]_{1:5}$	0.041	0.03
	$[0110]_{1:5}$	0.063	0.05
孪生结构	宽 窄	窄	宽
	密 度	高	低

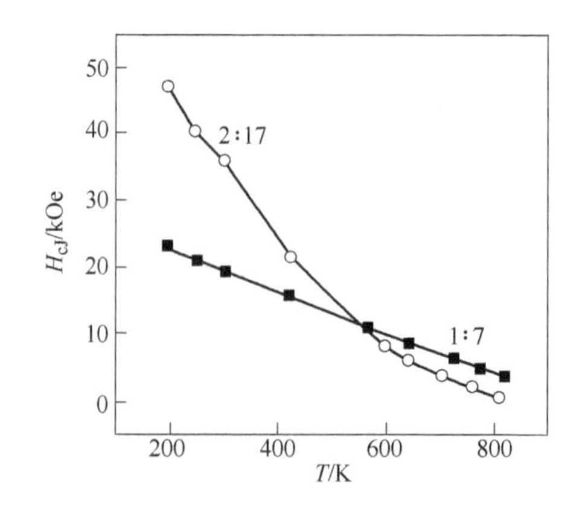

图 8-50 1:7 型和 2:17 型 Sm-Co 磁体内禀矫顽力 H_{cJ} 的温度依赖关系[114]

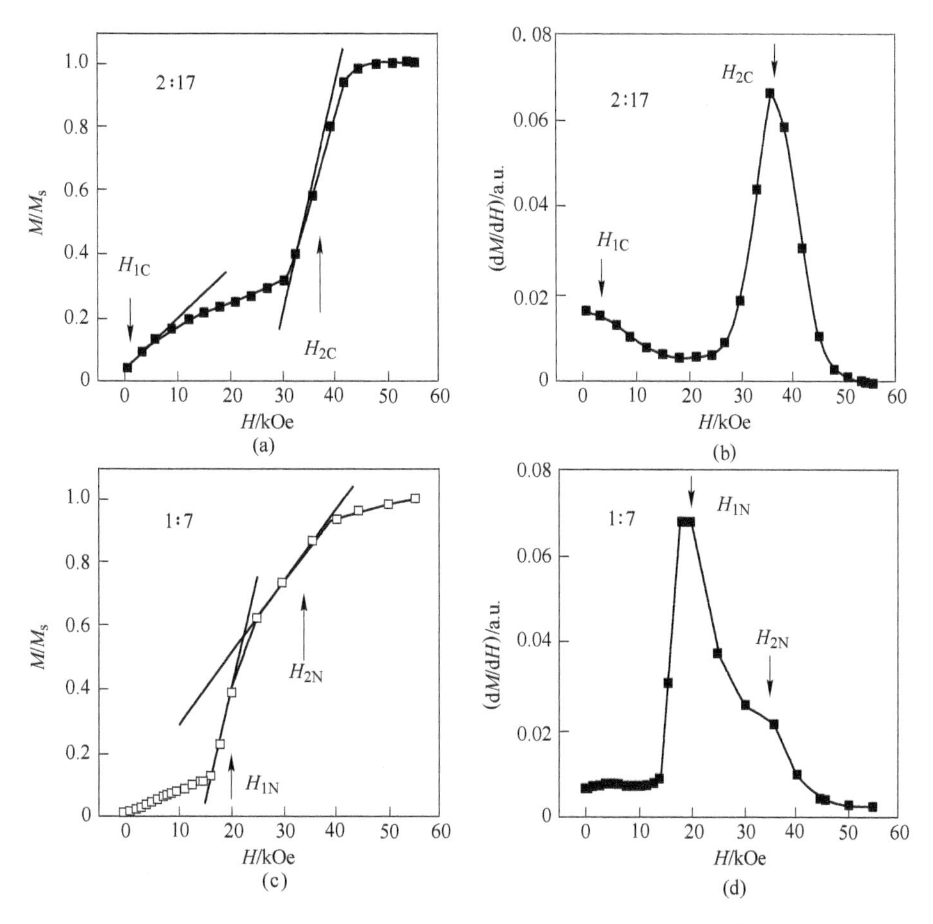

图 8-51 1:7 型和 2:17 型 Sm-Co 磁体起始磁化过程比较[114]

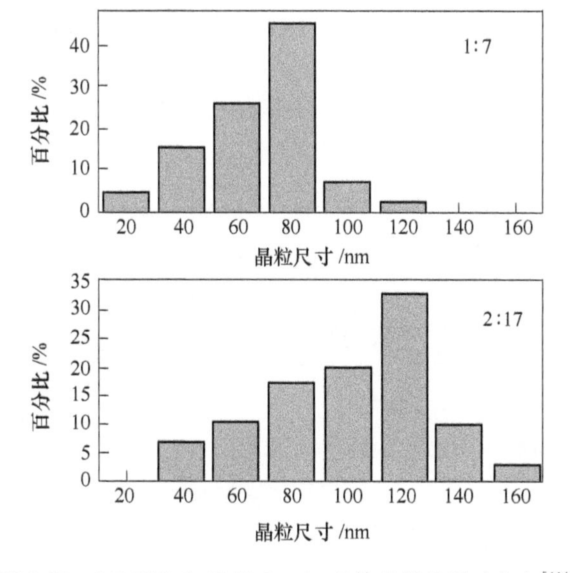

图 8-52 1:7 型和 2:17 型 Sm-Co 磁体的晶粒尺寸分布[114]

用 Ti 替代看似不可或缺的 Zr，周健等人[115]在 $Sm(Co_xCu_{0.6}Ti_y)$（$x=6.1\sim6.7$，$y=0.25\sim0.3$）烧结磁体中观察到了 H_{cJ} 从室温到 550℃ 的正温度系数行为（图 8-53）。XRD 分析表明，铸态合金呈 $TbCu_7$ 型晶体结构，经 1150℃ 热处理 2h 后冷却，或经过 1185℃ × 3h 和 850℃ × 8h 并以冷却速率 1K/min 缓冷到 600℃，磁体呈现 2:17 和 1:5 双相共存。

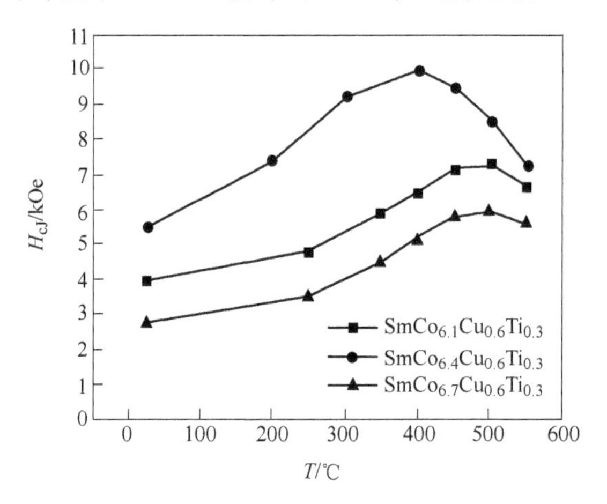

图 8-53 $Sm(Co_xCu_{0.6}Ti_y)$（$x=6.1\sim6.7$，$y=0.25\sim0.3$）的 H_{cJ} 温度依赖关系[115]

Fe 对 Co 的替代也会敏感影响到磁体的耐高温特性，Tang 等人[116]系统研究了 $Sm(Co_{bal}Fe_xCu_{0.128}Zr_{0.02})_{7.0}$ 磁性能与 x 的关系。图 8-54 展示的是室温饱和磁化强度 M_S 和内禀矫顽力 H_{cJ} 随 Fe 成分变化的趋势，M_S 随 x 不出意料地单调上升，但 H_{cJ} 在 $x=0.2$ 冲到峰值后便急速下滑，与相的组成密切相关。XRD 分析表明，$x=0.1$ 的磁体主相结构经热处理后由六角 2:17 转变为菱方 2:17，而 $x=0.3$ 的始终保持菱方结构，从 1:5、六角 2:17 和菱方 2:17 居里温度由低及高的知识也可以判断出这个变化特征，因此 Fe 原子的增加有助于菱方相的稳定，但对高矫顽力所需的胞状结构不利。图 8-55 和图 8-56 是不同 Fe 成分磁体内禀矫顽力 H_{cJ} 的温度依赖关系及其温度系数。显然 $x=0.2$ 的 H_{cJ} 随温度变化趋势与低 Fe 含量磁体很不同，曲线由凸转凹，高温下降趋势显著加剧（图 8-55）。室温至 500℃ 的温度系数随 x 的提高单调上升（图 8-56），这与 Fe 次晶格低各向异性和低居里温度不无关系。

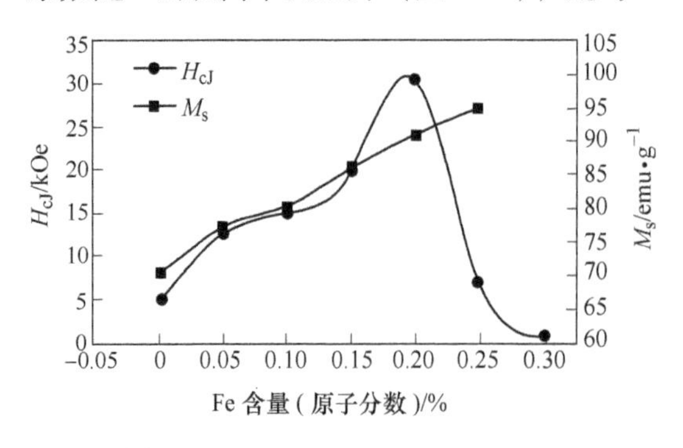

图 8-54 $Sm(Co_{bal}Fe_xCu_{0.128}Zr_{0.02})_{7.0}$ 饱和磁化强度和内禀矫顽力与 Fe 成分 x 的关系[116]

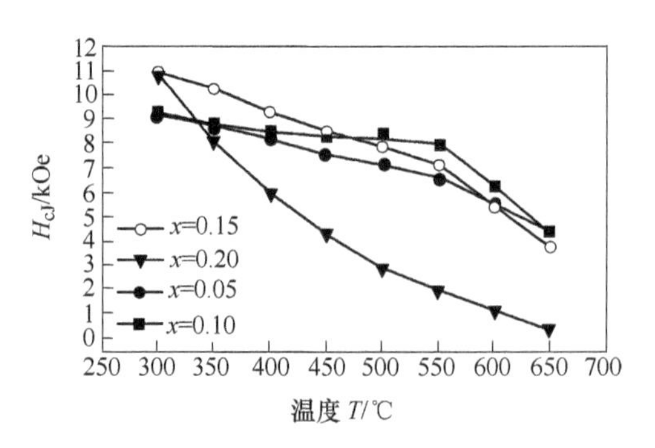

图 8-55 不同 Fe 成分 $Sm(Co_{bal}Fe_xCu_{0.128}Zr_{0.02})_{7.0}$ 磁体内禀矫顽力与温度的关系[116]

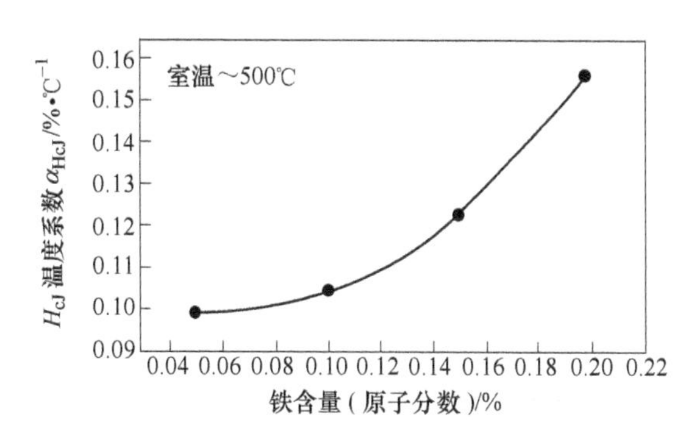

图 8-56 不同 Fe 成分 $Sm(Co_{bal}Fe_xCu_{0.128}Zr_{0.02})_{7.0}$磁体的矫顽力温度[116]

中重稀土元素 R-T 化合物中，R 原子磁矩和 T 原子磁矩为亚铁磁性耦合，其 M-T 曲线在居里温度附近有正的温度系数，与轻稀土元素 R-T 化合物的负温度系数补偿，可以得到剩磁温度系数非常小的永磁材料。另外，通过部分 Co 替代 Fe，较大幅度提升化合物的居里温度，也可以在使用温度范围内改善剩磁温度系数。刘金芳（Liu J F）等人[117]在高使用温度 Sm-Co 磁体中以不同比例 Gd 取代 Sm，实现了对剩磁温度系数 α_{Br}的连续调控，表 8-8 列出了$(Sm_{1-x}Gd_x)(Co_yFe_uCu_vZr_w)_7$在室温、150℃和 400℃的剩磁以及从室温至 150℃的剩磁温度系数 α_{Br}与 Gd 成分 x 的关系，α_{Br}与 x 呈线性关系，在 $x=0.55$ 时由负转正，所有磁体的最高使用温度 T_W都是 400℃，并不受 Gd 成分的影响，因为 T_M受制于磁体的居里温度，对 Co 和 Fe 的比例更为敏感。

表 8-8 不同 Gd 含量的 $(Sm_{1-x}Gd_x)(Co_yFe_uCu_vZr_w)_7$磁体性能[117]

x		0.00	0.09	0.19	0.28	0.37	0.46	0.55
B_r/kGs	25℃	9.6	9.1	8.7	8.3	7.9	7.4	6.9
	150℃	9.1	8.7	8.4	8.1	7.7	7.3	7.0
	400℃	8.1	7.8	7.6	7.4	7.0	6.8	6.5
α_{Br}/%·℃$^{-1}$(−50～+150℃)		−0.037	−0.034	−0.030	−0.020	−0.015	−0.007	+0.002
$(BH)_{max}$/MGOe	25℃	21.9	19.9	18.0	16.5	14.7	13.0	11.5
	150℃	19.6	18.0	16.5	15.3	14.0	12.5	11.3
	400℃	14.7	13.6	12.7	12.1	11.0	10.3	9.5
T_W/℃		400	400	400	400	400	400	400

8.3 烧结 Nd-Fe-B 磁体制备

如第 5 章所述，烧结 Nd-Fe-B 磁体被称为“三高”磁体，即它在室温下的三个基本永磁性能指标——剩磁 B_r、内禀矫顽力 H_{cJ}和最大磁能积（$(BH)_{max}$）都具有很高的水准。图 8-57 所展示的是市场现行不同牌号烧结钕铁硼磁体室温磁性能参数分布，可见不同的技术路线或工艺水准（如平行压制和垂直压制）会在相同的 H_{cJ}水平下对应不同的 B_r，而同一技术路线或工艺水准，H_{cJ}和 B_r存在此消彼长的关系，因为高 H_{cJ}靠元素替代或添加来改善磁体的磁晶各向异性场或显微结构，大都要以牺牲磁体主相的饱和磁极化强度以及增加非磁性相为代价。高性能烧结钕铁硼的技术发展，就是不断地提升 B_r、并针对市场需求不断提升 H_{cJ} 的过程。

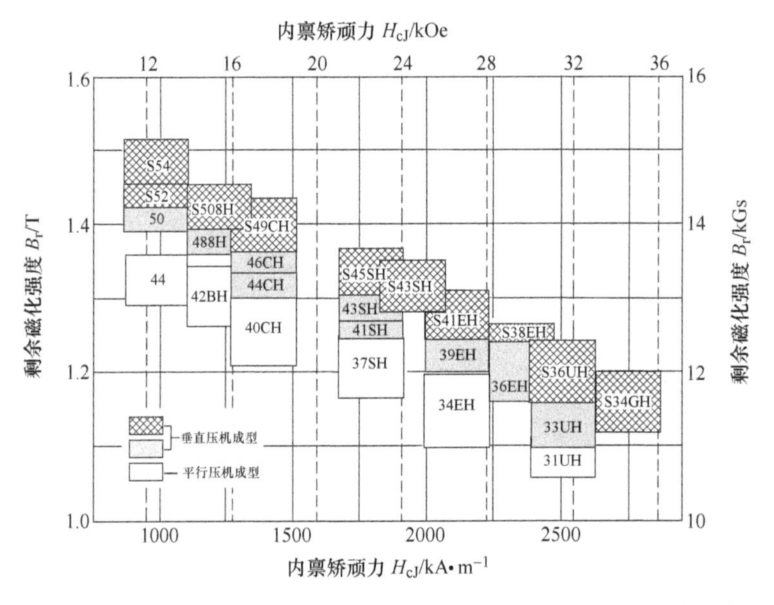

图 8-57 市场现行不同牌号烧结钕铁硼磁体室温磁性能参数分布[118]

8.3.1 高磁能积烧结 Nd-Fe-B 磁体

1983 年 Sagawa 发明烧结钕铁硼磁体，就以 $(BH)_{max}=290\text{kJ/m}^3$(36.4MGOe) 创下永磁材料的新纪录[4]，1987 年 Sagawa 等人又将 $(BH)_{max}$ 推高到 400kJ/m^3(50.3MGOe)[119]。2000 年 Kaneko 等人运用条片浇铸（SC）急冷合金[120,121]，并采用增加反向脉冲磁场取向方法，制备出 $(BH)_{max}=444\text{kJ/m}^3$(55MGOe) 的磁体，2002 年德国真空冶炼公司（VAC）的 Rodewald 等人[122] 重点强化了对取向因子 f 的提升，实现了 $(BH)_{max}=451\text{kJ/m}^3$ (56.7MGOe) 磁体的制备。2004 年 NEOMAX 公司的 Kuniyoshi 等人[123] 设法降低杂相含量（特别是氧含量），优化条片浇铸（SC）合金的显微结构，结合“倾斜脉冲场取向”技术，成功制备出 $(BH)_{max}=460\text{kJ/m}^3$(57.8MGOe) 的高磁能积磁体。2006 年，NEOMAX 公司实验室样品已达到 474kJ/m^3(59.6MGOe)（参见第 1 章参考文献 [18]），达到理论极限值 509kJ/m^3(64.0MGOe) 的 97%。

在开发烧结钕铁硼磁体的初始阶段，Sagawa 等人系统研究了 $Nd_xFe_{100-x-y}B_y$ 合金中 Nd 含量 x($x=13\sim19$) 和 B 含量 y($y=4\sim17$) 与磁体性能的密切关系[4]，其结果展示在图 8-58 中。就高 $(BH)_{max}$ 而言，B 含量在 6%~8%（原子分数）的范围内最佳，Nd 含量的最佳范围则为 13.5%~15%（原子分数）；剩磁 B_r 随着 Nd 含量 x 的增加单调下降，但对 B 含量存在峰值，峰位在 $y=6$（原子分数）；H_{cJ} 在上述范围内随 x 和 y 呈单调上升的趋势，从 $x=13$ 到 $x=15$ 的区间内迅速上升，在 $x>15$ 后增长缓慢，同样在 $y>7$ 以后增速也明显降低。综合考虑 H_{cJ} 对磁体应用的影响，$Nd_{15}Fe_{77}B_8$ 是优化配方的选择，相对于主相 $Nd_2Fe_{14}B$ ($Nd_{11.76}Fe_{82.36}B_{5.88}$，原子分数）正分成分而言，显然 Nd 和 B 都富裕，以形成必要的富 Nd

相。图 8-59 是 $Nd_{15}Fe_{77}B_8$磁性能（包括密度）与烧结温度（在氩气氛下烧结 1h 后急冷）和热处理温度（热处理 1h 后急冷）的关系。烧结温度在 1350K（1077℃）以上时，密度已经达到合金锭的 98%~99%，对 $(BH)_{max}$和 B_r而言存在一个很宽的烧结温度平台，但 H_{cJ}随烧结温度上升而单调下降，因此过高的烧结温度［比如高于 1390K（1117℃）］对 H_{cJ}不利。H_{cJ}与热处理温度的关系极为敏感（图 8-59（b）），在 870~890K（597~617℃）很窄的范围内达到峰值，这反映出磁体显微结构对矫顽力的重要影响。首次报道高性能烧结钕铁硼的性能参数为：$(BH)_{max}$ = 290kJ/m³(36.4MGOe)、B_r = 1.23T(12.3kGs)、H_{cJ} = 960kA/m(12.06kOe)、H_{cB} = 880kA/m(11.06kOe)。

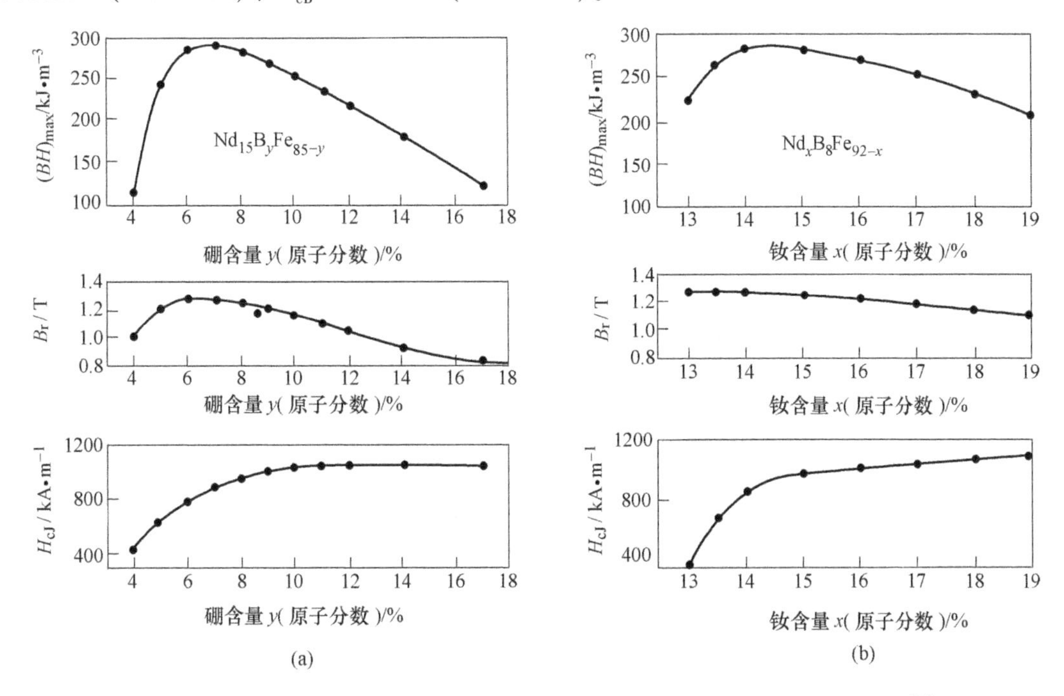

图 8-58 $Nd_xFe_{100-x-y}B_y$磁体性能与 B 含量 y（a）和 Nd 含量 x（b）的关系[4]

Rodewald 等人[122]采用双合金工艺，在惰性气体保护下将成分为 $Nd_{12.7}Dy_{0.03}Fe_{80.7}TM_{0.8}B_{5.8}$和 $Nd_{13.7}Dy_{0.03}Fe_{79.8}TM_{0.8}B_{5.7}$(TM = Al、Ga、Co、Cu）的合金分别磨成 3~5μm 的细粉，两种粉末按不同比例混合以优化磁体中的稀土总量，混合粉在 1300kA/m(16.3kOe）的磁场下取向并振实到理论密度的 29%(约 2.2g/cm³)，然后沿易磁化轴施加若干次持续时间 10ms、峰值强度约 6400kA/m(约 80kOe）的脉冲磁场，磁场方向或始终沿原取向方向、或先反向后正向，并调整脉冲次数来比较和优化取向效果，然后将压坯等静压到更高的密度，在 1050~1100℃烧结 4h，在 500~600℃热处理 1h 制成最终磁体。测试结果表明，磁体密度 d 在 7.55~7.60 之间，d/d_0 > 99%，防氧化水平使杂相控制在 2.1%(质量分数）以下，由于双合金粉末混合比例不同，富 Nd 相在 1.8~4.4%(质量分数）的范围之内，因此主相比例 v_m在96%~98%(质量分数)，可以期待 B_r在 1.5T 附近［参见式（5-2）及相关讨论］。图 8-60 比较了全部正向脉冲（a）和先反向后正向脉冲（b），不同脉冲次数对 B_r、H_{cJ}和取向因子 f 的影响，可见正向单次脉冲对提高 f 和 B_r几乎没什么效果，3 到 6 次正脉冲也收效甚微，f 从 97% 到 97.5%，B_r从 1.49T 到 1.50T，好在 H_{cJ}几乎不变；但先反

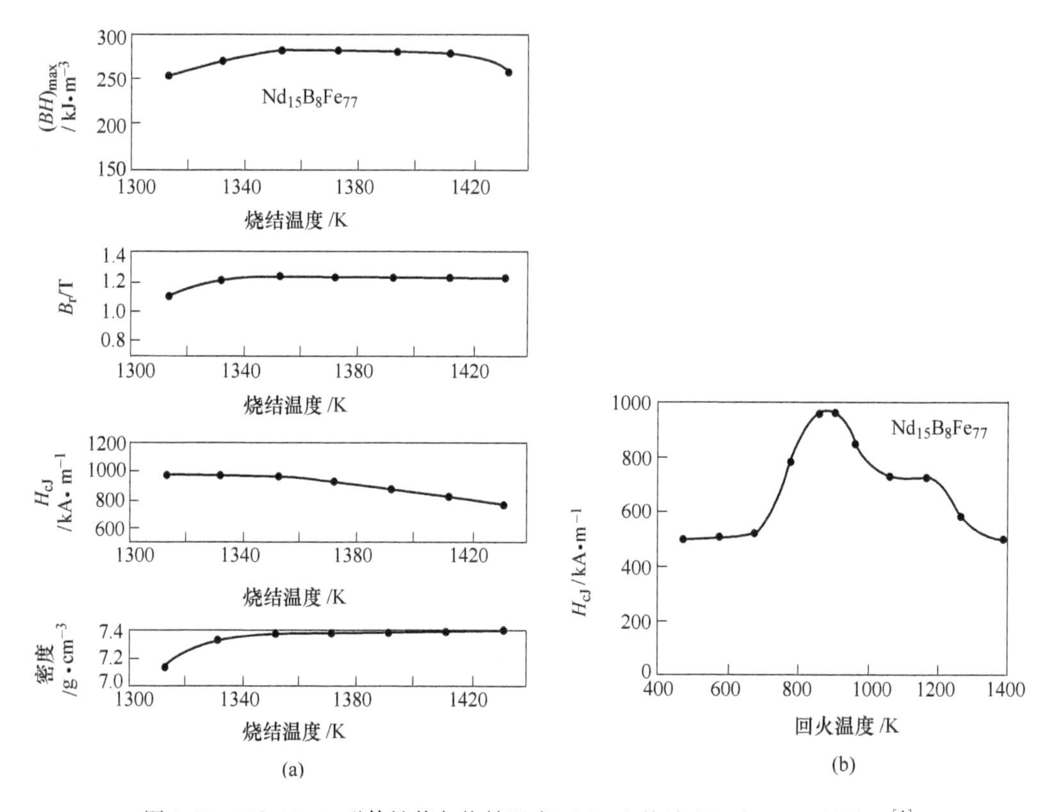

图 8-59 $Nd_{15}Fe_{77}B_8$磁体性能与烧结温度（a）和热处理温度（b）的关系[4]

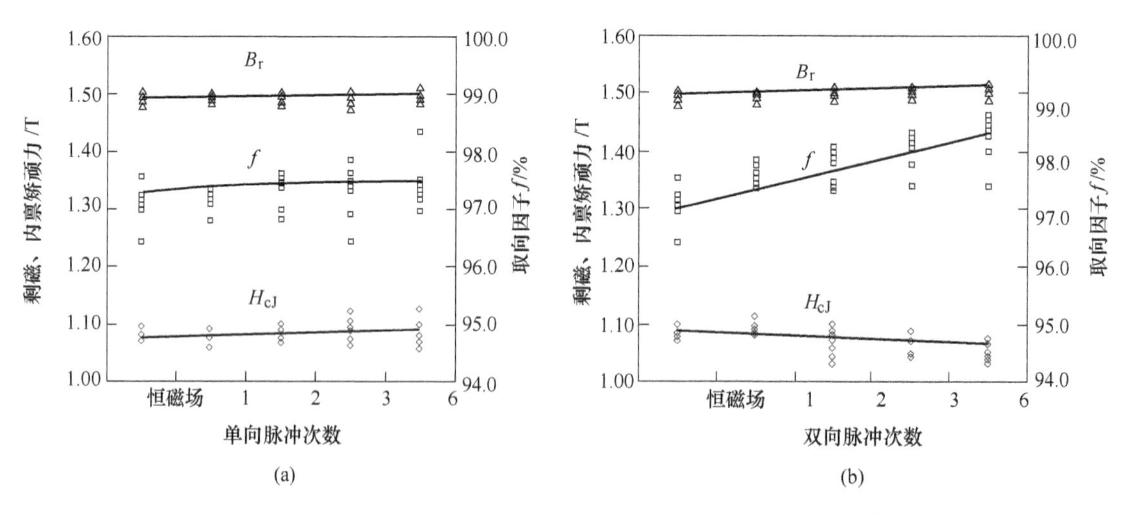

图 8-60 剩磁、内禀矫顽力和取向因子随脉冲取向场次数的变化[122]

（a）磁场沿预取向方向；（b）磁场先反向再正向

向后正向的脉冲场将f从97%提高到98.3%，B_r提升到1.51T，但H_{cJ}下降了1.5%。正反向变化的脉冲场促使磁粉克服颗粒之间的摩擦力，有助于磁粉取向。通过两种合金混合比例的调整，他们将富Nd相和杂质降到了最低限度，最终获得B_r = 1.519T(15.19kGs)、H_{cJ} = 7.8kA/m(12.25kOe)、μ_{rec} = 1.03、$(BH)_{max}$ = 451kJ/m^3(56.7MGOe)的高性能磁体。

该磁体 20~80℃的剩磁温度系数为 -0.11%/K，矫顽力的温度系数为 -0.8%/K。电镜观察表明，磁体的平均晶粒尺寸为 4.6μm，只有极少数晶粒超过 25μm，当稀土总量偏高时，平均粒径上升到 2.9μm，而且存在一些尺寸在 330μm 的粗大晶粒。

Kuniyoshi 等人制备 $(BH)_{max}=460kJ/m^3$ (57.8MGOe) 高磁能积磁体的工艺优化首先从合金开始[123]。常规 SC 快冷合金片的稀土 (R) 总量 (原子分数) 比主相正分成分高 3%，R 含量 (原子分数) 为 14.3%，主相由急冷的贴辊面向自由面生长，富 Nd 相会形成连续的线条将主相分割包围。如果为获得高 B_r 而将 R 含量 (原子分数) 进一步降低到 12.5%，常规 SC 工艺制备的快冷片富 Nd 相间隔明显加大 (图 8-61 (a))，且分布断断续续，对主相的包围非常差，这对制备镶嵌富 Nd 相的细粉颗粒极为不利，而 α-Fe 枝晶的存在更是雪上加霜。他们在合金中加入 Al、Cu 等低熔点金属元素，合金名义成分为 $Nd_{12.5}Fe_{bal}TM_{0.5}B_{5.7}$ (TM = Al、Co、Cu)，通过熔炼过程的优化和严格的条片浇铸控制，获得了如图 8-61 (b) 所示的显微结构，富 Nd 相连续分割主相，间隔狭窄，主相从贴辊面到自由面几乎垂直生长，α-Fe 得到了有效抑制。从超细粉的 Nd 含量也可以看到新 SC 技术的优势，如图 8-62 所示，常规 SC 工艺 1μm 以下细粉的 Nd 含量奇高，说明大多数富 Nd 相与主相颗粒分离，气流磨粉存在严重的成分偏析，而新 SC 工艺的 Nd 含量偏析程度减半，有利于烧结过程的富 Nd 相均匀分布和烧结致密化。事实上，通常成分钕铁硼磁体在 938K (665℃) 附近发生富 Nd 相、主相和富 B 相三相共晶反应，在 1368K(1095℃) 附近则是主相和富 B 相共晶反应并生成液相，有利于原子排布和成分扩散，使磁体达成致密化。但低 R 和低 B 使液相烧结缺失动力，采用常规 SC 工艺制备的磁粉在 1350K(1077℃) 以上才能达到 98% 的致密度 (图 8-63)，但新开发的 SC 工艺在 1300K(1027℃) 即接近真密度，显然富 Nd 相的均匀分布对此起到了决定性作用，同时低温烧结还有利于抑制晶粒反常长大和高矫顽力的获得。

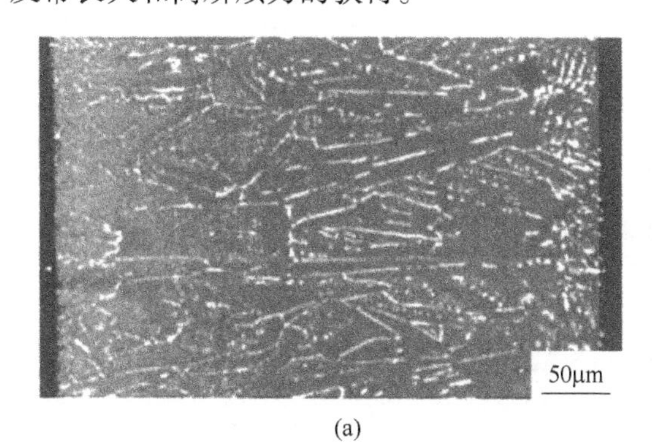

(a)

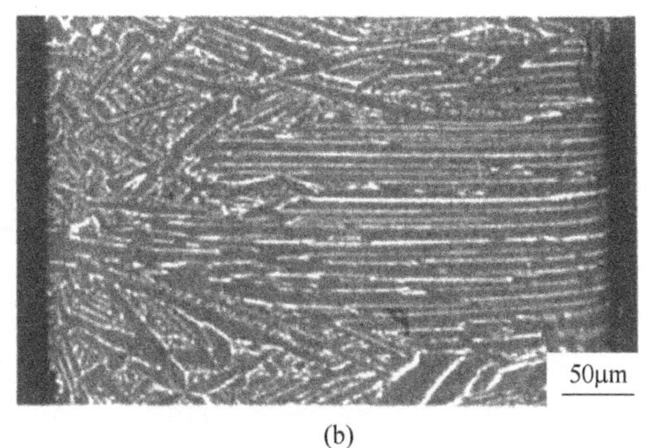

(b)

图 8-61 稀土总量 R=12.5% (原子分数) 的常规 SC 工艺合金 (a) 和新 SC 工艺合金 (b) 的背散射电子像[123]

高磁能积烧结磁体工艺优化的核心，是在粉末制备过程中将氧含量降到极致。R 含量 (原子分数) 12.5% 只比主相正分成分高 0.74%，相对盈余仅 6.25%，除去液相烧结致密化以及高内禀矫顽力所需的富 Nd 相外，几乎没有余量来分担氧化反应了，磁体总氧含量 (原子分数) 需控制在 0.9% (重量比约为 0.2230%) 以下。仰仗新开发的防氧化润滑剂，气流磨制备的 3μm 细粉在大气环境下 (293K × 70% RH) 放置 120min，氧含量仅 0.9%

(原子分数)，相比之下采用硬脂酸锌的氧含量达到2.0%(原子分数）或0.4970%（质量分数)(图8-64)。

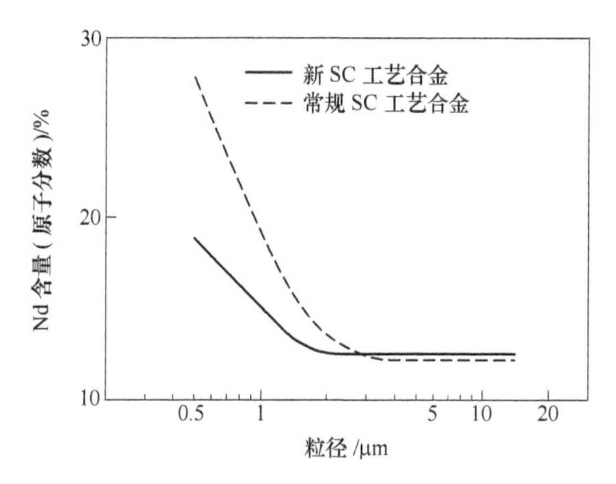

图8-62 R=12.5%(原子分数）合金磁粉粒度与Nd含量的关系[123]

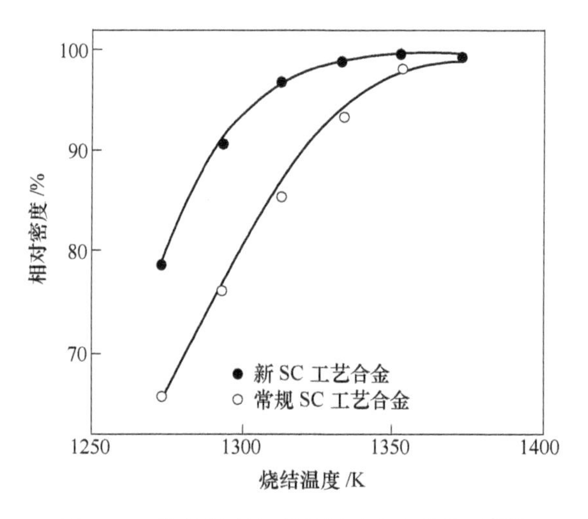

图8-63 烧结温度与磁体相对密度的关系[123]

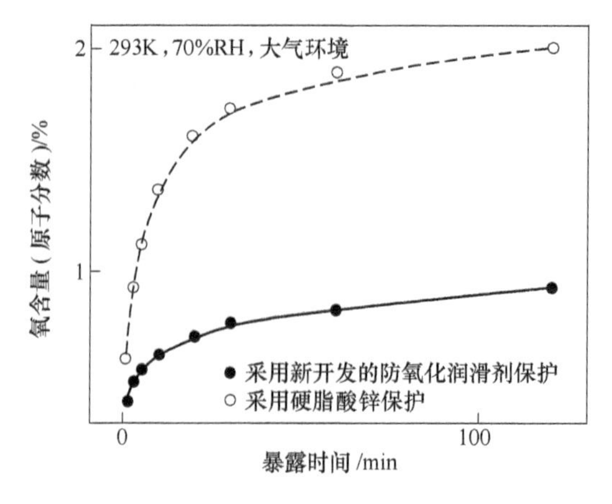

图8-64 不同防氧化剂保护下气流磨磁粉含氧量随放置时间的变化[123]

正反向脉冲取向冷等静压是提高取向度的有效方法[120,121]，通常橡皮模中部（图 8-65（a）的 B 部位）的磁场最强，但 Kuniyoshi 等人采用倾斜脉冲磁场的配置，磁场在橡皮模顶部（A 部位）最强，然后向中部和下部（C 部位）递减，与通常的单方向直脉冲取向相比，磁体的 B_r提高 1.6%，退磁曲线方形度 H_k/H_{cJ}绝对提高 3%，倾斜度越大提升越明显，且正反向脉冲的效果比单方向更佳（图 8-65（b））。

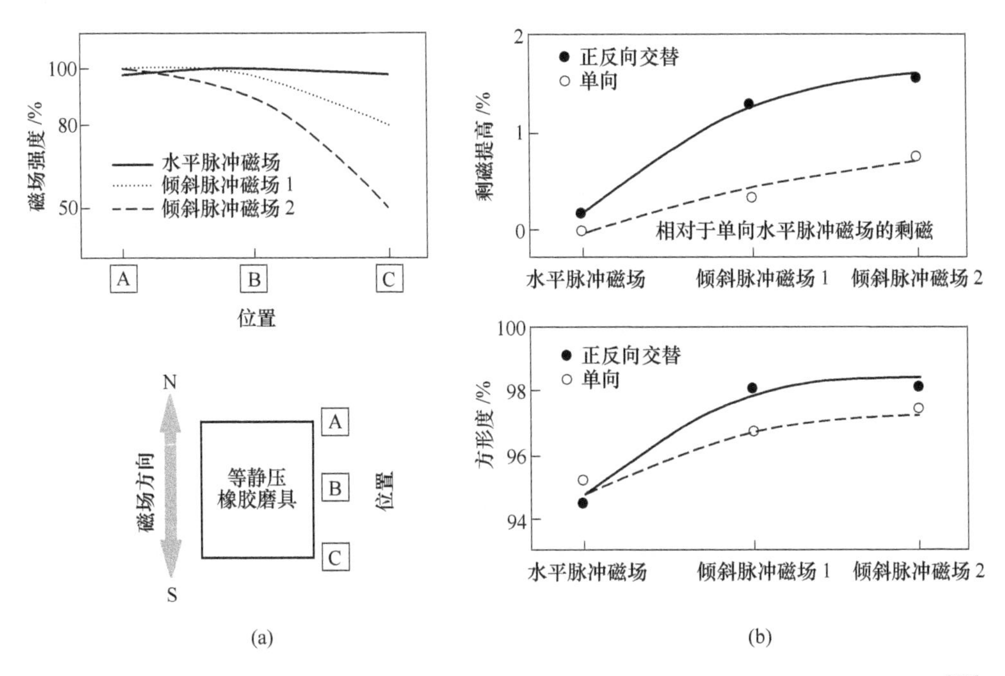

图 8-65 倾斜脉冲磁场取向示意图（a）和正向与倾斜磁场取向的剩磁和方形度比较（b）[123]

表 8-9 对 460kJ/m^{3}磁体和量产高性能磁体做了一番对比，可见前者 R 低 1.8%（原子分数）、B 低 0.3%（原子分数）使磁体的主相体积比增加了 5.8%，迫使氧含量（原子分数）从 2.0% 降到 0.6%，倾斜脉冲取向使取向度提高了 2%，从而 B_r从 1.41T 上升到 1.53T，$(BH)_{max}$由 390kJ/m^3 达到 460kJ/m^3。

表 8-9 460kJ/m^{3}磁体与量产高磁能积磁体的比较[123]

磁 体	成分（原子分数）/%			主相体积比 /%	取向度 /%	相对密度 /%	B_r/T	$(BH)_{max}$ /kJ · m^{-3}
	Nd	B	O					
高磁能积磁体	12.5	5.7	0.6	97.8	98.5	99.0	1.53	460
量产磁体	14.3	6.0	2.0	92.0	96.5	99.0	1.41	390

8.3.2 高矫顽力烧结 Nd-Fe-B 磁体

根据 Stoner-Wolhfarth、Kronmuller、Sagawa 和 Givord 等人发展的形核机制主导矫顽力理论及实验结果，烧结钕铁硼的内禀矫顽力可以表述成下述公式：

$$H_{cJ} = \alpha H_a - N_{eff} M_s \tag{8-8}$$

其中 H_a和 M_s分别为磁体主相的磁晶各向异性场和饱和磁化强度，α 和 N_{eff}是与磁体显微结构密切相关的参数。α 描述形核场从理想值——磁晶各向异性场降低到现实值的程度，起因于主相晶粒表面层的低磁晶各向异性场，以及错取向晶粒间因长程磁偶极相互作用或短程交换作用导致的合作退磁过程。N_{eff}表征磁体内部杂散场作为等效退磁场对矫顽力的减弱效果（详细讨论，参见第 7 章）。高矫顽力磁体的制备，就是在维持主相高 M_s的前提下，以提高 H_a和 α、降低 N_{eff}为目标而展开的，同时也适当引入钉扎机制进一步提升 H_{cJ}，传统的技术路径是选择能使 $R_2Fe_{14}B$ 相具有高单轴磁晶各向异性场的稀土元素 R（典型的是 Dy 和 Tb），以其部分取代 Nd 来提高 H_a，或添加少量过渡族元素优化磁体显微结构。随着耐高温磁体对 Dy、Tb 依赖性的加剧，双合金方法和晶界扩散方法（GBD）被相继开发出来，将 Dy、Tb 导向更能有效提高 H_{cJ}的主相晶粒表层，或通过工艺改善细化磁体晶粒来进一步提升 H_{cJ}。

Sagawa 等人在钕铁硼发展初期，就将 $Nd_{15}Fe_{77}B_8$中的 Nd 用 10% 的 Dy 进行置换，制备的 $(Nd_{0.9}Dy_{0.1})_{15}Fe_{77}B_8$烧结磁体 $H_{cJ}=1592kA/m(20kOe)$，比原磁体高 66%，代价是将 B_r从 1.23T(12.3kGs) 拉低到了 1.10T(11.0kGs)[124]。周寿增[125]、马保民[126]和 Sagawa[127]等研究组对 Dy 置换 Nd 都分别进行了系统研究。图 8-66 是马保民等人[126]测到的 $Nd_{15.5-x}Dy_xFe_{78.5}B_6(x=0\sim3.7)$磁体 H_a和 H_{cJ}随 Dy 含量 x 的变化曲线，如果用 $x=0$ 的数据进行约化，$H_{cJ}/H_{cJ}(0)$ 的提升幅度明显大于 $H_a/H_a(0)$，意味着除了磁晶各向异性场的贡献以外，Dy 对磁体显微结构的改善也是不可忽略的因素。显微结构观察表明：随着 Dy 替代量的增加，磁体平均晶粒明显变细，因此 Dy 的添加对晶粒细化十分有利。Sagawa 等人[127]考察了 $(Nd_{1-x}Dy_x)_{15}Fe_{77}B_8(x=0.0\sim0.6)$ 不同 Dy 含量时烧结磁体的室温及高温 H_{cJ}，图 8-67 中的插图表明，室温 H_{cJ}随 Dy 含量的增加线性提升，每 10% 的 Dy 替代 Nd 可提升 H_{cJ}约 613kA/m(7.7kOe)，但在 $x>0.47$ 后 H_{cJ}不再升高。另外，Dy 含量越高，H_{cJ}随温度升高而下降越显陡峻（图 8-67 主图），特别是 $x>0.47$ 之后，他们认为这与高 Dy 含量磁体生成铁磁性 $DyFe_4B$ 相有关。

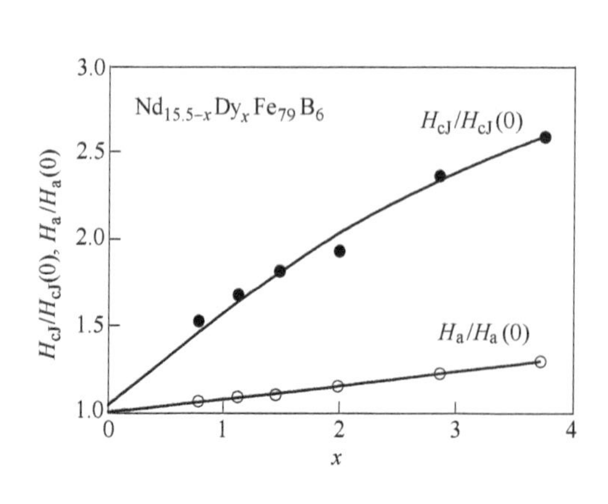

图 8-66 $Nd_{15.5-x}Dy_xFe_{79}B_6$烧结磁体 H_a和 H_{cJ}与 Dy 含量 x 的关系[126]

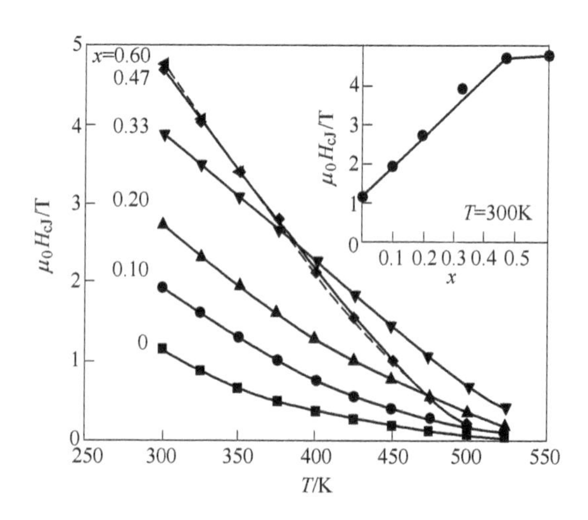

图 8-67 不同 Dy 含量烧结磁体 $(Nd_{1-x}Dy_x)_{15}Fe_{77}B_8$的 H_{cJ}随温度变化的关系[127]

Velicescu 等人[128]运用双合金工艺，分别制备不含 Dy 的合金粉末与 Dy 含量高的合金粉末，将两者按比例充分混合后再取向成形并烧结，显微结构分析发现，在双合金工艺制备的磁体中，Dy 在主相晶粒内的分布不均匀，且 Dy 倾向于分布在晶粒表层，从而形成高磁晶各向异性“硬壳”和低磁晶各向异性“软核”，“硬壳”有效补偿了晶粒表面层低 H_a 对 α 的影响，而低 Dy 的“软核”又赢得了更高的饱和磁化强度，因此双合金工艺在相同的 H_{cJ}能得到更大的 B_r和 $(BH)_{max}$。Li 等人[129]研究了多合金粉末混合添加 Dy 的烧结钕铁硼磁体显微结构，发现 Dy 并不完全进入主相，还有部分进入晶间三角区，进入主相的 Dy 也呈“硬壳软核”非均匀分布。后面要介绍的 Dy、Tb 晶界扩散技术（GBD），将 Dy、Tb 挤压到更窄的晶粒外缘，除了磁体矫顽力显著提升外，其剩磁和最大磁能积几乎保持与 GBD 处理前一样，以更为经济的 Dy、Tb 用量同时达到了高 H_{cJ}和高 $(BH)_{max}$。$Tb_2Fe_{14}B$ 与 $Dy_2Fe_{14}B$ 的室温饱和磁极化强度 J_s相当（0.70T 和 0.71T），但前者的室温 μ_0H_a远大于后者（分别为 22T 和 15T，$Nd_2Fe_{14}B$ 是 7.6T），可以想见，以更少的 Tb 置换 Nd 就可以达到 Dy 置换提升 H_{cJ}的效果，而磁体的 J_s、B_r和 $(BH)_{max}$都更高。日立金属的 M. Tukunaga 等人[130]研究了 $(Nd_{1-x}Tb_x)(Fe_{0.92}B_{0.08})_{5.8}$($x=0.05$ 和 0.10)的制备工艺，特别是经过 900℃ × 2h 的一级时效后，1h 的二级时效温度对 H_{cJ}的影响，并将其与 $(Nd_{1-x}Dy_x)(Fe_{0.92}B_{0.08})_{5.8}$ ($x=0.00$、0.04、0.08、0.12 和 0.20）进行了比较，实验表明二级时效温度从 550℃升到 675℃时，$(Nd_{1-x}Tb_x)(Fe_{0.92}B_{0.08})_{5.8}$的 H_{cJ}持续升高，且 $x=0.10$ 的更为显著（图 8-68），但 700℃的时效效果变差。两个系列磁体的室温磁性能参数列在表 8-10 中，可见每 10% 的 Nd 被 Tb 替代，H_{cJ} 可提升 883kA/m（11.1kOe），而同量的 Dy 只能提高 613kA/m（7.7kOe）。

表 8-10 (Nd,Tb)-Fe-B 和 (Nd,Dy)-Fe-B 磁体性能比较[130]

磁 体	x	B_r/kGs	H_{cJ}/kOe	H_{cB}/kOe	$(BH)_{max}$/MGOe
$Nd(Fe_{0.92}B_{0.08})_{6.0}$	0.00	13.80	9.20	9.15	44.0
$(Nd_{1-x}Tb_x)(Fe_{0.92}B_{0.08})_{5.8}$	0.05		~14.00		
	0.10	12.75	20.30	12.20	39.0
$(Nd_{1-x}Dy_x)(Fe_{0.92}B_{0.08})_{5.8}$	0.00	12.40	10.70	10.30	36.0
	0.04	12.40	13.00	11.80	36.5
	0.08	12.05	16.80	11.50	34.9
	0.12	11.70	21.00	11.20	33.1
	0.20	10.95	25.60	10.60	28.8

添加过渡金属 M 改善 H_{cJ}的研究非常广泛，几乎涵盖了元素周期表上的所有元素。这些元素大都能进入 $R_2Fe_{14}B$ 主相并占据 Fe 晶位，改变主相的内禀磁性（参见 4.5.4 节），并由此对磁体的硬磁性施加影响，但它们更是通过对磁体相组成和显微结构的调整来改变其 H_{cJ}。通过对烧结 Nd-Fe-B 磁体矫顽力与显微结构关系的系统研究，Bernardi 和 Fidler 等人[131,132]认为过渡金属添加可分为两大类：M1 为低熔点金属元素，如 Al、Ga、Cu、Sn、Zn 等，它们在主相中的溶解度极为有限，倾向于与稀土元素生成低共晶温度合金相，如

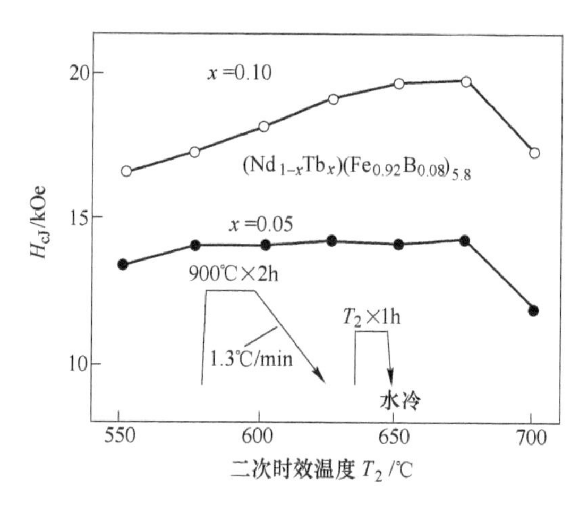

图 8-68 二级时效温度对$(Nd_{1-x}Tb_x)(Fe_{0.92}B_{0.08})_{5.8}$磁体 H_{cJ}的影响[130]

M1Nd、$M1_2Nd$或$(FeM1)_{14}Nd_6$等，降低烧结液相的熔点，增加富 Nd 相与 $Nd_2Fe_{14}B$ 主相之间的润湿角，增强 $Nd_2Fe_{14}B$ 主相晶粒间的去磁耦合作用，从而有效降低 N_{eff}，提高磁体的矫顽力；M2 为难熔金属元素，如 Zr、Nb、V、W、Mo 和 Ti 等，它们更难溶于主相，在磁体烧结过程中析出细小的高熔点非磁性脱溶相，如 M2B(Ti)、M2Fe(Nb,W)、$M2FeB_2$(V,Mo) 等，位于主相晶粒内或晶粒间，有效抑制主相晶粒长大，并对畴壁移动起钉扎作用，也能有效提高磁体的 H_{cJ}。下面将更细致地描述各类添加元素及其混合添加对烧结 Nd-Fe-B 永磁性能，特别是 H_{cJ}的影响。

Al 进入 $Nd_2Fe_{14}B$ 主相替代 Fe 原子，使得 $Nd_2Fe_{14-x}Al_xB$ 居里温度 T_c和饱和磁化强度 M_s随 x 的增大而单调下降，但室温磁晶各向异性场 H_a在 $x<0.5$ 时有微小增大（参见 4.5.4 节）。Al 替代 Fe 原子不仅影响了 Fe 次晶格的磁性[133]，而且也影响到 Nd 次晶格的磁晶各向异性（参见图 4-106）。烧结磁体 $Nd_{16.5}(Fe_{1-x}Al_x)_{76.5}B_7$($x=0\sim0.08$) 的磁性能也相应地发生了变化，且它们随 Al 含量 x 变化趋势与 $Nd_2Fe_{14-x}Al_xB$ 的内禀磁性变化趋势保持良好的同步关系，如表 8-11 所示。Pandian 等人[134]研究了 $Nd_{16.8}Fe_{75.7-x}Al_xB_{7.5}$烧结磁体 H_{cJ}、B_r、$(BH)_{max}$和 T_c 随 Al 含量变化的规律。如图 8-69 所示，尽管非磁性元素 Al 的替代使 B_r、$(BH)_{max}$和 T_c 都有不同程度的下降，但 H_{cJ}在 $x<1.5$ 时是上升的，并在 $x=1.5$ 达到峰值950kA/m(11.9kOe)，比不添加 Al 的700kA/m(8.8kOe) 提高近40%。他们还发现，Al 置换 Fe 能降低磁体的自旋重取向温度 T_{SR}，磁体的低温使用特性得以改善。Mizoguchi 等人[135]为了解决 Co 替代磁体（特别是高 Co 含量）在 T_c提高的同时 H_{cJ}严重下降的问题，在磁体中也引入了 Al。$Nd_{15}Fe_{63.5-x}Co_{16}Al_xB_{5.5}$烧结磁体的 H_{cJ}随 x 的变化表现在图 8-70（a）中，加 Al 的确能够有效地提高磁体的 H_{cJ}，但当 Al 含量 $x>2$ 后 H_{cJ}便开始降低。选择 Al 含量 $x=2$，$Nd_{15}Fe_{77.5-y}Co_yAl_2B_{5.5}$烧结磁体的 H_{cJ}与 Co 含量 y 的关系可参见图 8-70（b），H_{cJ}在 $y=16$ 出现峰值。X 射线衍射谱显示，更高的 Co 含量会导致磁体中出现 $Nd(Fe,Co)_2$相，造成 H_{cJ}下降；而不添加 Al 的磁体在 Co 含量更低的时候就已经出现 $Nd(Fe,Co)_2$相了。

此进行了汇总，用1.5%（质量分数）的 Nb 替代 Fe（非稀土总量的重量百分比），在 B_r仅减少 0.2～0.4kGs 的情况下，H_{cJ}提高了 1.6～2.4kOe，他们发现 Nb 的添加能有效改善退磁曲线的方形度，$(BH)_{max}$只降低 1MGOe 左右，在低 Nb 区域甚至出现 $(BH)_{max}$上升的情况。成问好等人也发现[150]，当 Nb 在 $Nd_{29.5}Dy_{1.0}Fe_{68.15-y}Al_{0.25}Nb_yB_{1.1}$（质量分数）磁体中的含量（质量分数）≤1.0%时，除了提高 H_{cJ}外，还提高了 B_r和 $(BH)_{max}$（图 8-77），起因是磁体晶粒均匀、密度增大；但当 Nb 含量（质量分数）大于 1.0%时，H_{cJ}继续提高，但 B_r和 $(BH)_{max}$都大幅下降，因为过量的 Nb 形成了 NbFeB 和 NbFe 等非磁性相，减少了 $Nd_2Fe_{14}B$ 硬磁相的体积分数。

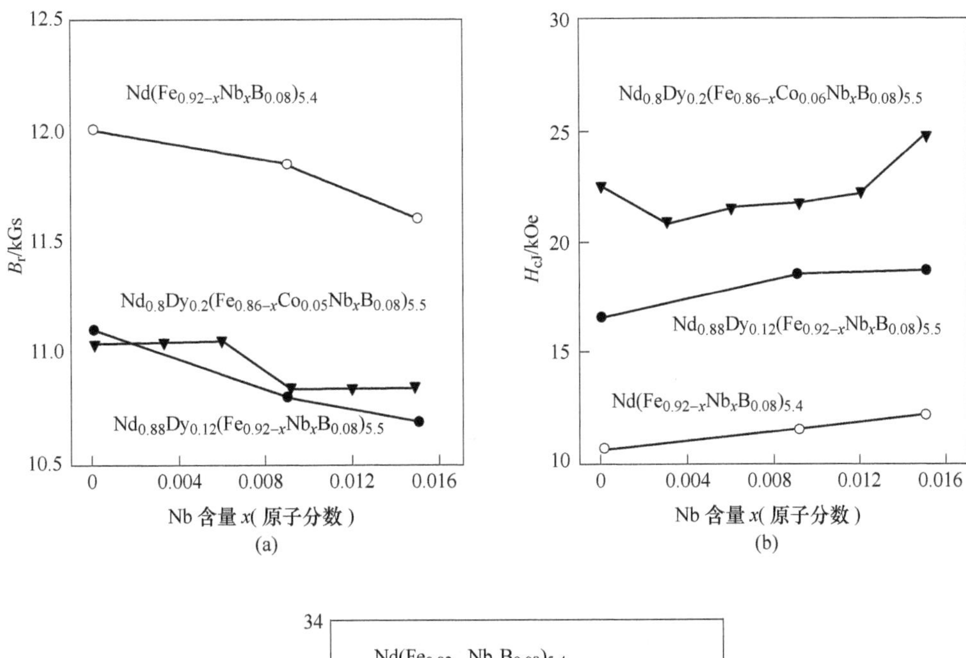

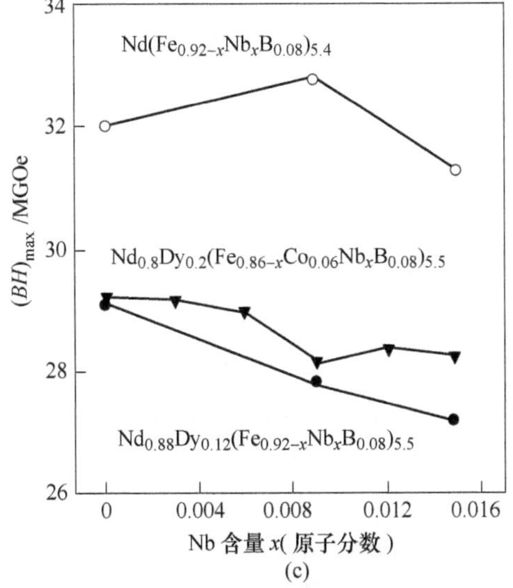

图 8-76 含 Nb 磁体室温磁性能与 Nb 含量的关系[148]

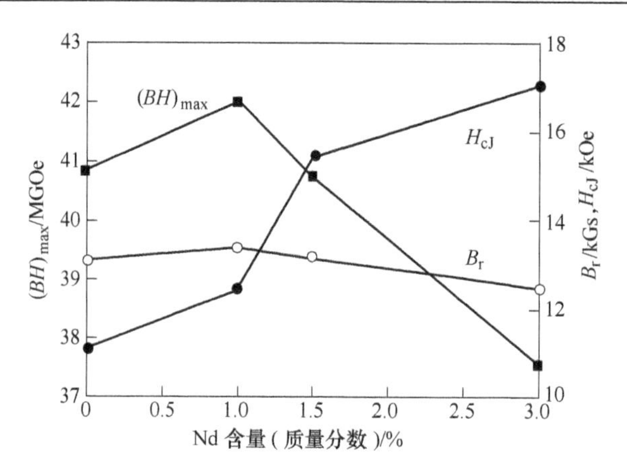

图 8-77 Nb 含量对 $Nd_{29.5}Dy_{1.0}Fe_{68.15-y}Al_{0.25}Nb_yB_{1.1}$ 磁性能的影响[150]

Ti 加入到 Nd-Fe-B，会在主相晶粒内部及边界中形成六角结构的 TiB_2 沉淀相[150]，无论是合金铸锭还是烧结磁体。显微结构分析发现 TiB_2 有两种形貌：板条形状和非板条形状。板条状 TiB_2 具有 {101} 惯习面（habit plane），且往往与主相晶粒构成一定的晶体学取向，非板条形状 TiB_2 则不具有相应的晶体学织构和取向。两种形貌的 TiB_2 析出相均有可能阻碍晶粒长大，起到细化晶粒的作用，从而提高磁体的矫顽力。Sagawa 等人[151]研究了 V 对提高 $Nd_{16}Fe_{79-x}V_xB_8$ 矫顽力的作用，发现磁体主相中只含少量 V，添加的 V 主要生成 $V_{3-x}Fe_xB$ 相，使 Nd 更有效地形成富 Nd 相，增强去磁耦合作用；同时，烧结过程中的晶粒长大也因 V 的存在得到有效抑制。此外，申战功等人[152]还发现，添加 V 可提高磁体的最佳烧结温度，有利于进一步消除较高熔点的软磁相杂质。Mo 元素显示了与 V 类似的效应，Hirosawa 等人[153]指出，V 和 Mo 加入 $Nd_{14.4}Dy_{11.6}Fe_{71}Co_5B_8$ 合金，大都进入 $(Fe_{0.6}V_{0.4})_3B_2$ 和 $FeMo_2B_2$ 相，它们的存在减少了 $Nd_{1+\xi}Fe_4B_4$ 相的份额，提高了磁体的 H_{cJ}，改善了磁体的热稳定性，V 和 Mo 添加量对磁体性能的影响见图8-78。混合添加 V 和 Mo 的另一个显著效果是加宽了热处理温度窗口（图 8-79），有利于烧结工艺的控制。Rodewald 和 Schrey[154] 在 $Nd_{14.4}Fe_{67-x}Co_{11.8}Mo_xB_{6.8}$ 磁体中也发现了类似的规律，当 Mo 添加量（原子分数）达到 4% 时，会在主相晶粒内部出现 Mo_2FeB_2 相，降低磁体的饱和磁极化强度，但这些析出相尺寸较大、密度较低，不太可能有效钉扎畴壁。因此，添加 Mo 提升矫顽力的主要原因是晶粒细化。Bernardi 等人[155]研究了 W 加入 Nd-Fe-Co-B 磁体的磁性和相结构，W 不进入富 Nd 相，在 W =5%（原子分数）时磁体主相中析出纳米级高密度棒状 W-Fe-B 相，电子衍射确定其具有

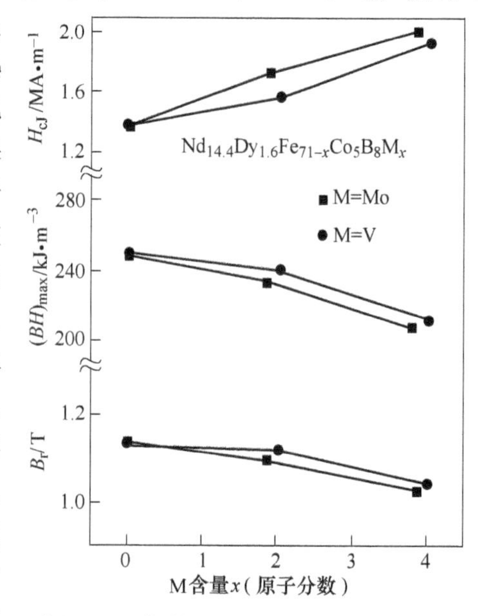

图 8-78 烧结 $Nd_{14.4}Dy_{1.6}Fe_{71-x}Co_5B_8M_x$ (M = V 或 Mo) 磁体的磁性能[153]

Co_2Si 型晶体结构；W 也出现在富 B 相中，具有同样的 Co_2Si 型结构和成分。W 的适量添加也能够细化磁体晶粒，提高矫顽力。

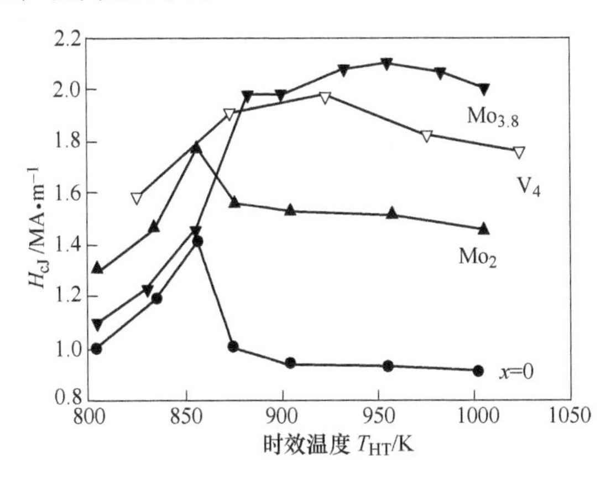

图 8-79　$Nd_{14.4}Dy_{1.6}Fe_{71-x}Co_5M_xB_8$磁体 H_{cJ}随时效温度 T_{HT}的变化（M = V 或 Mo）[153]

信越化工中村元（Nakamura）等人[156]开发的晶界扩散（Grain Boundary Diffusion，GBD）技术，以极为有效的 Tb、Dy 使用量获得高矫顽力烧结钕铁硼磁体，在沉寂多年的稀土永磁技术开发和矫顽力机理研究领域激起了新的浪潮。GBD 的技术源头可以追溯到 E. Otsuki[157]等人开发的双合金方法，他们单独制备接近 $Nd_2Fe_{14}B$ 化学正分成分的合金粉末，并用液态急冷法制备与烧结液相成分相近的微晶合金粉末（烧结助剂），两者混合能显著提高液相分散性，降低稀土总量，提高剩磁和最大磁能积。信越化工的 Kusunoki 等人[158]制备富 Dy 的烧结助剂，并适当加 Co 改善助剂合金的破碎性，相同 H_{cJ}磁体的 Dy 用量明显少于单合金方法，磁体的剩磁和最大磁能积也有显著改善。他们发现，经过 1050 ~ 1100℃高温烧结后，Dy 从晶界相扩散进入主相，深度可达 1 ~ 4μm，这对开发 GBD 技术是一个重要的启发。GBD 的另一个思路源头是，厚度约 100μm 的极薄烧结钕铁硼磁体，可以通过表面溅射 Nd 或 Tb 加后续热处理以恢复机械加工造成的性能损失[159]；同样，Park 等人[160]用溅射 Dy 的方法使 50μm 厚磁体的 H_{cJ}得到提升，磁体经 Dy 表面溅射后仅需在 800℃处理 5min 即可。中村元等人开发的 GBD 技术工艺流程如下[161]：先将 1 ~ 5μm 的 Dy_2O_3、DyF_3或 TbF_3粉末与酒精混合，涂在烧结磁体表面，再将磁体在 700 ~ 1000℃氩气气氛下进行热处理，使 Dy 通过液态富 Nd 相扩散到磁体内部，在主相晶粒表面形成含 Dy 的 $(Nd,Dy)_2Fe_{14}B$ 高磁晶各向异性过渡层，最后在 500℃左右进行热处理。图 8-80（a）的退磁曲线表明：相对于未经 GBD 处理的磁体而言，GBD 处理磁体的 H_{cJ}显著提升，不同涂覆材料中，氟化物的效果优于氧化物，而 Tb 的效果优于 Dy。值得关注的是，GBD 处理前后磁体的 B_r没有明显降低，而双合金法不可避免地降低了 B_r；另外，相同 H_{cJ}所需的 Dy 含量仅为双合金方法的 1/10（图 8-80（b）），大大减少了资源稀缺的重稀土 Tb、Dy 的用量。用不同稀土元素的氧化物（La_2O_3、Pr_6O_{11}、Sm_2O_3、Gd_2O_3、Tb_4O_7、Dy_2O_3、Ho_2O_3、Er_2O_3、Tm_2O_3、Yb_2O_3、Lu_2O_3、Y_2O_3）对磁体进行 GBD 处理，由于稀土元素在 $R_2Fe_{14}B$ 主相中的磁晶各向异性行为差异，其对 H_{cJ}的改变也截然不同[162]。由图 8-81（a）可见，H_{cJ}的增强效果与单轴易磁化 $R_2Fe_{14}B$ 的磁晶各向异性场 H_a存在强关联，具有强单轴各向异性的 Tb、Dy 对 H_{cJ}的提升最为明显，Ho 略有增加，单轴各向异性场比 Nd 低的 La、Gd、

Lu、Y 对 H_{cJ}的贡献是负的；扩散具有平面各向异性的 Sm、Er、Tm 等元素，H_{cJ}也是下降的，且其下降幅度与第二级磁晶各向异性常数（或称磁晶各向异性能）K_1也存在线性强关联（图 8-81（b）），即 $R_2Fe_{14}B$ 的磁晶各向异性场 H_a越大 H_{cJ}增长就越大（$R_2Fe_{14}B$ 的室温 H_a随 R 变化参见图 4-79）。由于扩散行为必然带来的 Tb、Dy 浓度随扩散深度的变化，中村元等人考察了磁体不同深度的性能分布特征以及不同厚度磁体的 GBD 效果[161]。将 GBD 处理前后的磁体用硝酸逐层剥离，剩余部分的 B_r和 H_{cJ}与剥离层厚度的关系反映在图 8-82 中，可见不同扩散深度的 H_{cJ}基本一致，始终高于未处理磁体，而最外层的 B_r比基体低 0.03T(0.3kGs)，表面层剥离 20μm 后可恢复原状。随着磁体厚度的增加，GBD 处理对 H_{cJ}的提升幅度直线下降（图 8-83），但 5mm 厚的磁体仍有约 250kA/m(3.14kOe) 的增量。

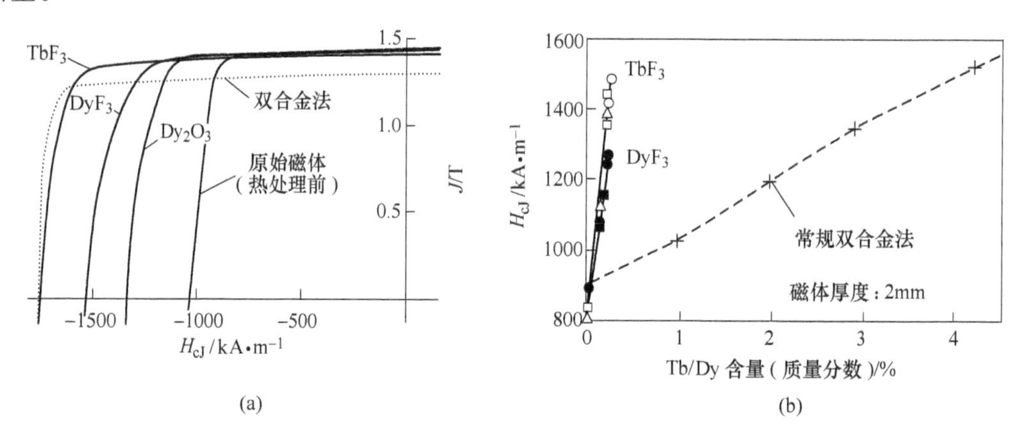

图 8-80 不同涂覆材料 GBD 处理磁体的退磁曲线（a）和 H_{cJ}与 Dy 含量的关系（b）[161]

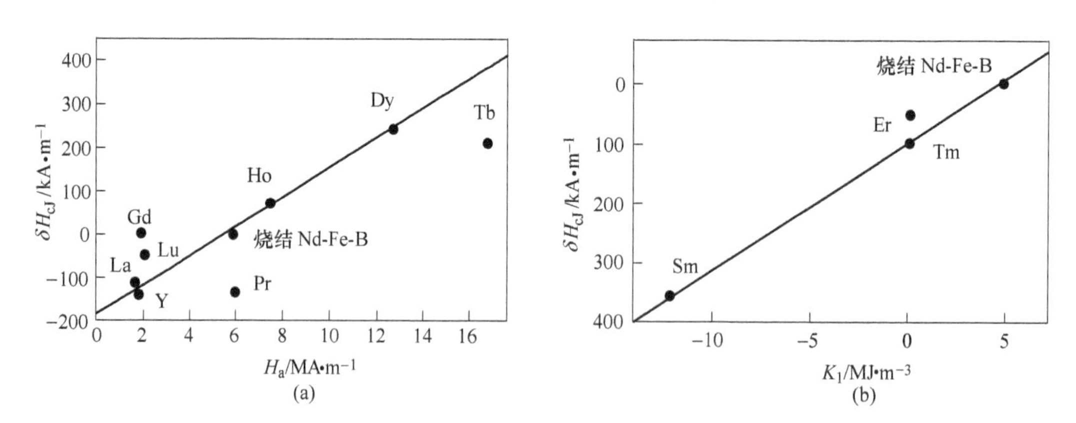

图 8-81 每吸收 0.1%（质量分数）的稀土元素对 H_{cJ}的贡献与单轴易磁化 $R_2Fe_{14}B$ 磁晶各向异性场或平面易磁化 $R_2Fe_{14}B$ 磁晶各向异性常数的关系[162]

更细致的工艺研究涉及涂覆浓度、扩散处理温度和时间等关键技术参数对磁体性能及其空间分布的影响。中村元等人[163]按图 8-84 的方式制备了一系列样品：准备不同浓度的 TbF_3悬浊液和 40mm × 10mm × 14.5mm 的长方条 N52 磁体（14.5mm 方向为取向方向），将 TbF_3悬浊液涂覆在单个磁极面（即 40mm × 10mm 表面）后用热空气干燥，不同样品的 TbF_3沉积量在 16 ~ 96μg/mm^{2}之间，扩散处理温度在 800 ~ 900℃之间，时间在 10 ~ 110h，

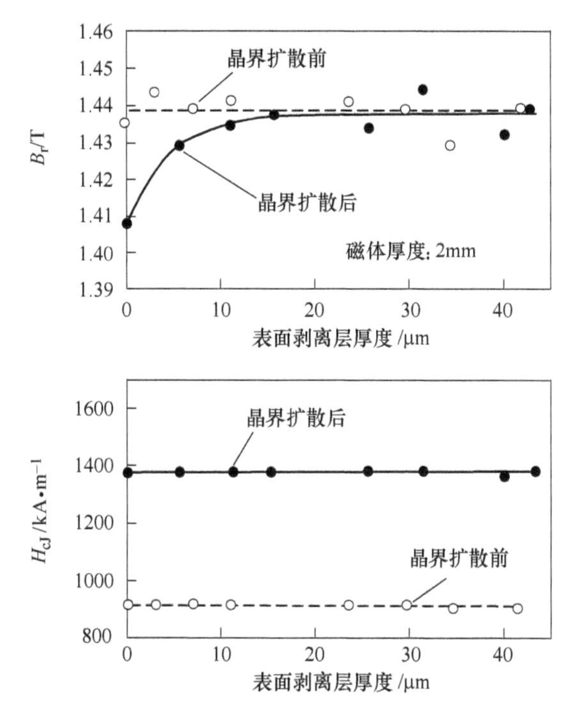

图 8-82 GBD 处理前后磁体 B_r 和 H_{cJ} 随表面剥离层厚度变化的特征[161]

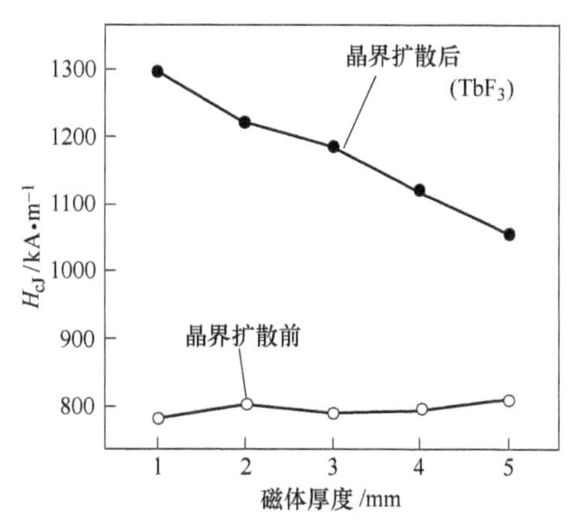

图 8-83 用 TbF_3 进行 GBD 处理的磁体 H_{cJ} 与磁体厚度的关系[161]

然后将磁体在 500℃时效处理 1h。在 40mm 方向截取中间 20mm 的一段（20mm × 10mm × 14.5mm）磁体用来作闭路磁性测量，另外截取 1mm 厚的片状磁体，从涂覆表面到磁体纵深沿取向方向对称轴两边不同距离切割 1mm × 1mm × 1mm 的立方块，用脉冲磁场测量其磁性。图 8-85 是大样品在 850℃处理 10h 后的退磁曲线（图 8-85（a））及其在 H_{cJ} 附近的细节（图 8-85（b）），随着涂覆材料面密度的增加，磁体 H_{cJ} 持续上升，但退磁曲线磁极化强度 J 显著下降的转折点没有明显改变，因此退磁曲线方形度变差。H_{cJ} 变化量 ΔH_{cJ} 沿扩散深度的分布特征（图 8-86）表明：H_{cJ} 提升层的厚度约 4 ~ 5mm，与 TbF_3 涂覆面密度和扩散处理温度无关，但涂覆面密度会敏感影响 ΔH_{cJ}，而不同温度带来的差异不明显。图 8-86 显示的 ΔH_{cJ} 扩散深度分布可以用高斯分布函数来拟合：

$$\Delta H_{cJ} = \Delta H_{cJ}^{(0)} \exp(-x^2/w^2) \tag{8-9}$$

其中 $\Delta H_{cJ}^{(0)}$ 是磁体表面的 H_{cJ} 提升量，x 为磁体扩散深度，w 为高斯分布宽度，拟合参数 $\Delta H_{cJ}^{(0)}$ 和 w 描绘在图 8-87 中。可见随涂覆面密度的增加，$\Delta H_{cJ}^{(0)}$ 线性增大，而 w 保持为常数；但对固定的涂覆条件而言，$\Delta H_{cJ}^{(0)}$ 和 w 都无明显变化。图 8-88 是 50μg/mm^2 涂覆、在

850℃分别处理 10h、20h 和 110h 的退磁曲线及其在 H_{cJ}附近的细节，以及 ΔH_{cJ}沿扩散深度的分布特征，可见 20h 的结果略好于 10h，而 110h 长时间处理使扩散趋于空间均匀，表面高 H_{cJ}层与磁体内部的差异变小，ΔH_{cJ}和 x 的关系不再符合高斯分布。

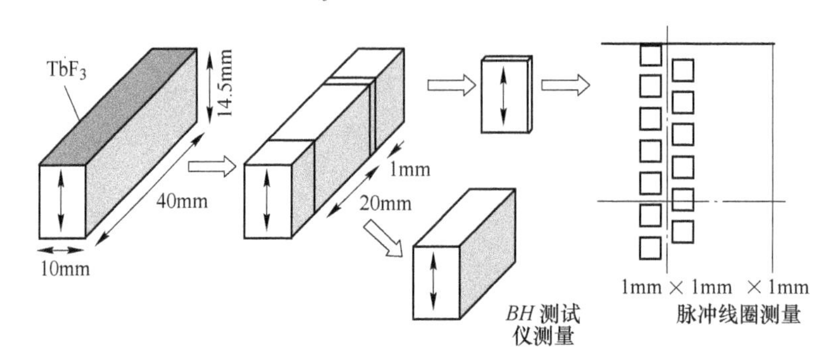

图 8-84　工艺研究样品制备过程示意图[163]

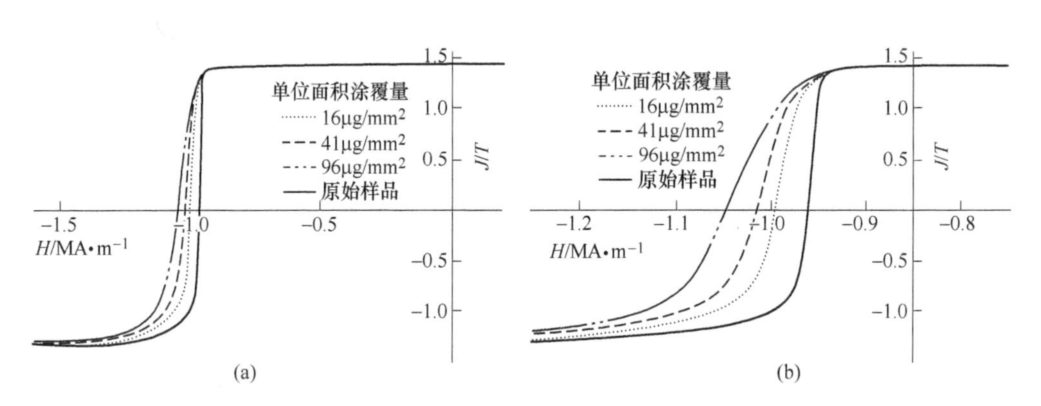

图 8-85　大样品在 850℃处理 10h 后的退磁曲线（a）及其在 H_{cJ}附近的细节（b）[163]

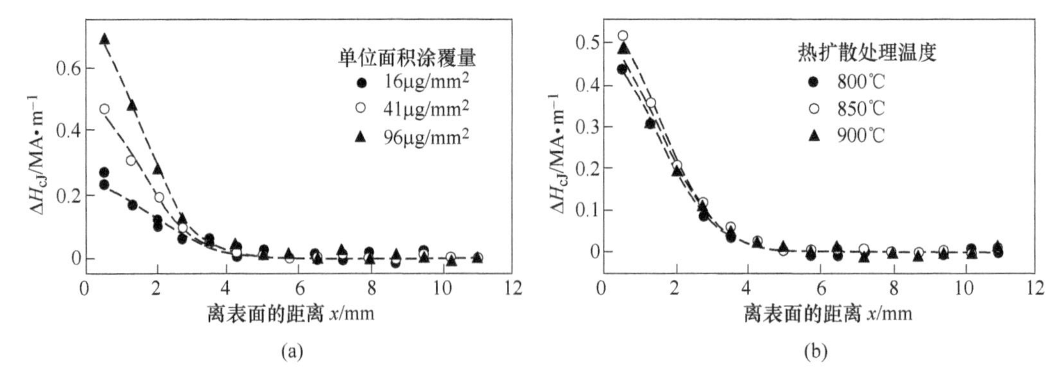

图 8-86　不同涂覆量磁体在 850℃处理 10h 后的 H_{cJ}增量纵深分布（a）及
50μg/mm²涂覆量磁体在 800～900℃处理 10h 后的 H_{cJ}增量纵深分布（b）[163]

钮萼等人[164]使用 Dy 合金粉末对烧结 Nd-Fe-B 磁体不同方形进行了晶界扩散，发现扩散效果具有各向异性（见图 8-89）。对取向磁体而言，虽然扩散物涂覆于极面（样品 $c_{/\!/}$，沿取向方向）后进行热扩散与涂覆于侧面（$c_{\perp}$，沿取向方向）后进行热扩散得到的 H_{cJ}值

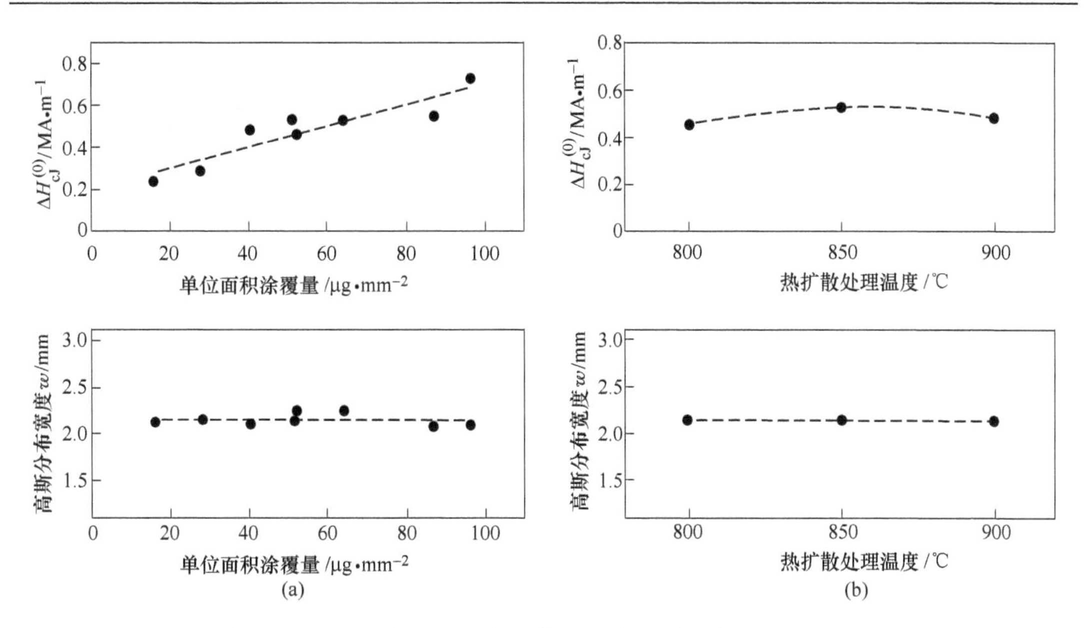

图 8-87 850℃处理 10h 后 $\Delta H_{cJ}^{(0)}$ 和 w 与涂覆量的关系（a）及 50μg/mm² 涂覆量磁体在 800～900℃处理 10h 后 $\Delta H_{cJ}^{(0)}$ 和 w 与处理温度的关系（b）[163]

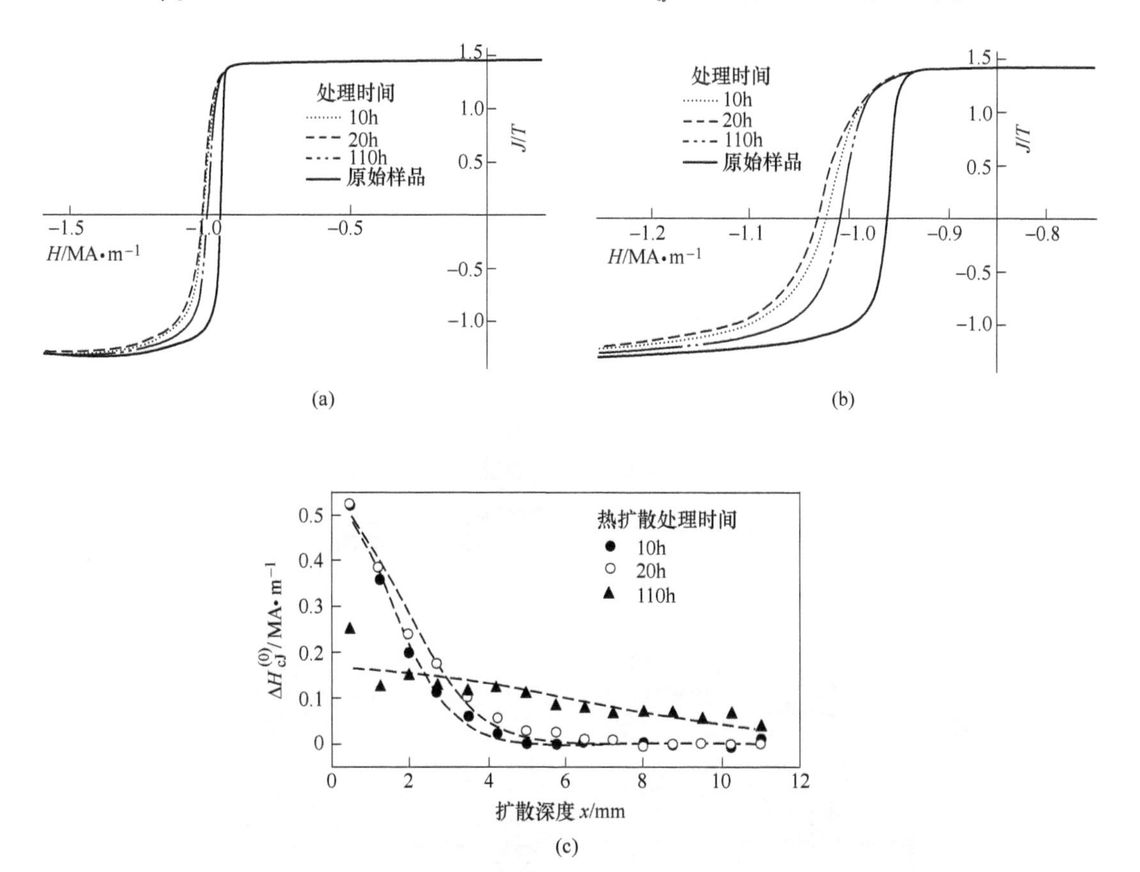

图 8-88 大样品在 850℃处理不同时间后的退磁曲线（a）、退磁曲线在 H_{cJ} 附近的细节（b）$\Delta H_{cJ}^{(0)}$ 和 w 与涂覆量的关系（c）[163]

相同，但涂覆于极面后进行热扩散后磁体具有更好的方形度，而在未取向的磁体中无论从哪个方向扩散效果都一样，并没有发现差异。通过金相观察，发现取向烧结磁体的极面和侧面经历同样侵蚀后，极面侵蚀的晶粒轮廓（图 8-90（d））比侧面（图 8-90（e））和非取向磁体表面（图 8-90（f））更清晰；通过烧结磁体极面（图 8-90（a））、侧面（图 8-90（b））和非取向磁体表面（图 8-90（c））磁畴观察，发现具有迷宫畴的晶粒（观察面与 c 轴垂直）更容易被侵蚀出轮廓。由上述实验结果，初步可以认为晶界扩散的各向异性与磁体晶粒取向相关，平行于取向方向比垂直于取向方向晶界相分布通道更多，沿取向方向更有利于扩散物渗透，有更好的扩散效果，因而磁体退磁曲线表现出更好的方形度。

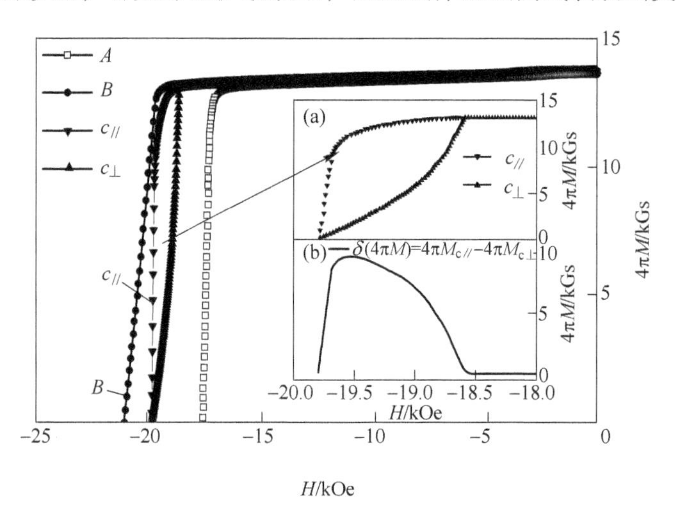

图 8-89　烧结 Nd-Fe-B 磁体不同方向扩散后的退磁曲线[164]

（a）H_{cJ}附近 $c_{//}$ 与 $c_{\perp}$ 样品的退磁行为；（b）两者之间磁极化强度的差异

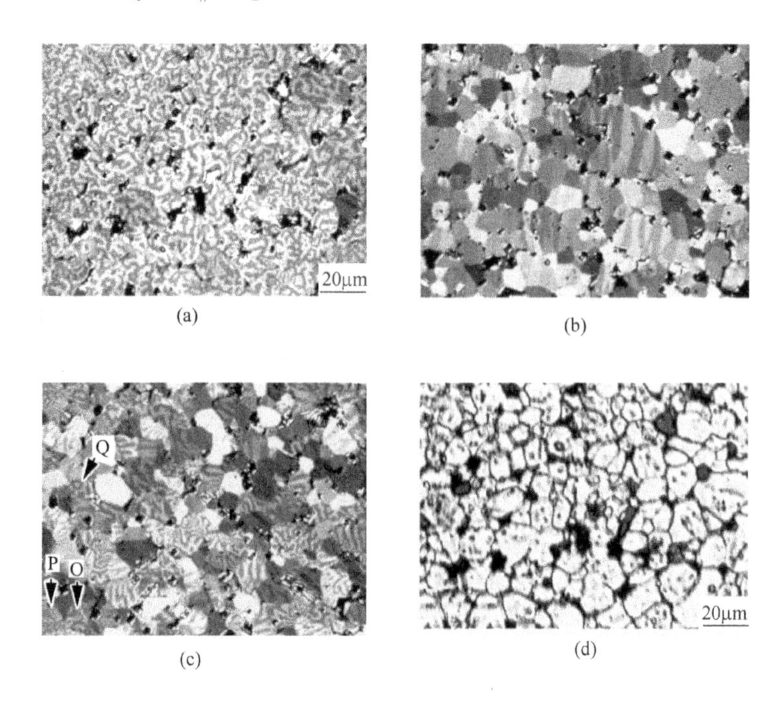

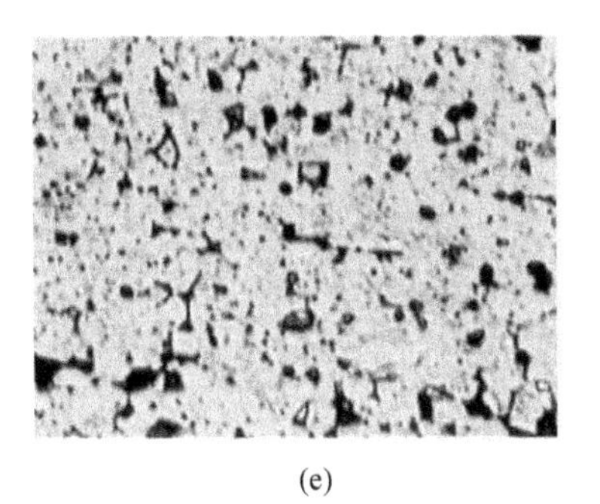

(e)

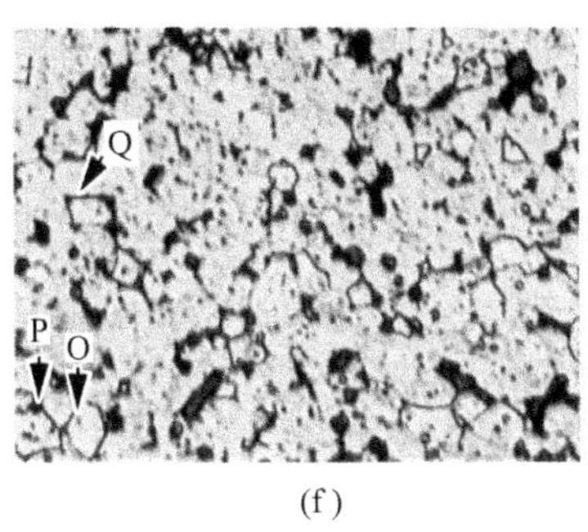

(f)

图 8-90 烧结 Nd-Fe-B 磁体极面和侧面的磁畴照片（a、b）和非取向磁体表面磁畴照片（c），以及它们经相同侵蚀条件侵蚀后的原位照片（d、e）和（f）[164]

关于晶界扩散提升 H_{cJ} 的研究和技术开发在全球引起了极大的关注，处理对象几乎涵盖钕铁硼永磁材料的各种存在形式，除了主流的烧结磁体以外，还有快淬磁粉、热压/热变形磁体（MQ-Ⅲ）和 HDDR 磁粉等，涂覆对象除稀土氧化物和氟化物外，还有低共晶温度稀土——过渡族元素合金、稀土纳米粉等，甚至还有溅射、蒸镀或高真空升华的稀土金属。胡伯平等人[165]通过烧结磁体工艺的全面优化，结合 GBD 处理技术，制备出 B_r = 12.8kGs、H_{cJ} = 35.2kOe、$(BH)_{max}$ = 40.4MGOe 的高矫顽力、高性能磁体，综合磁性能指标 H_{cJ}(kOe) + $(BH)_{max}$(MGOe) = 75.6 > 75。首先，通过合金成分和速凝条片工艺的优化，消除了如图 8-91（a）所示的条片贴辊面急冷等轴细晶粒区，得到完整的主相晶粒（图 8-91（b））；然后通过氢破碎和气流磨工艺的优化将粉末粒度细化，激光散射粒度分析仪测出的 D_{50} 从 6.63μm 下降到 5.28μm（图 8-92）；压坯采用低温长时间烧结工艺（1080℃ × 3h），将磁体的晶粒尺寸从 20μm 降到 10μm（图 8-93）。图 8-94（a）比较了相同成分优化工艺制备磁体（样品 B）与传统工艺制备磁体（样品 A）的退磁曲线，最显著的变化是 H_{cJ}，从 30.4kOe 提高到 31.6kOe，而 B_r 也从 12.8kGs 略升到 13.0kGs。经 GBD 处理后，样品 C 的 H_{cJ} 进一步提升到 35.2kOe。由于具有超高的内禀矫顽力，当环境温度升高到 200℃ 时，H_{cJ} 还可以维持在 9.67kOe，在数值上与 B_r = 10.0kGs 相当，因此 B-H 曲线还未出现膝点，这便确保了磁体在如此高温下长时间使用的性能稳定性，从图 8-94（b）中不同长径

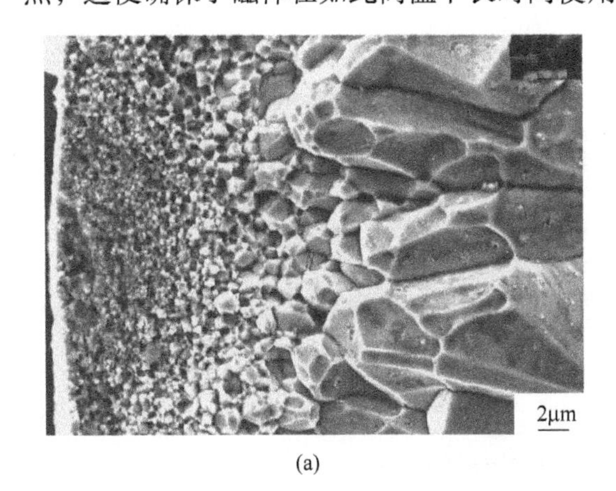

(a)

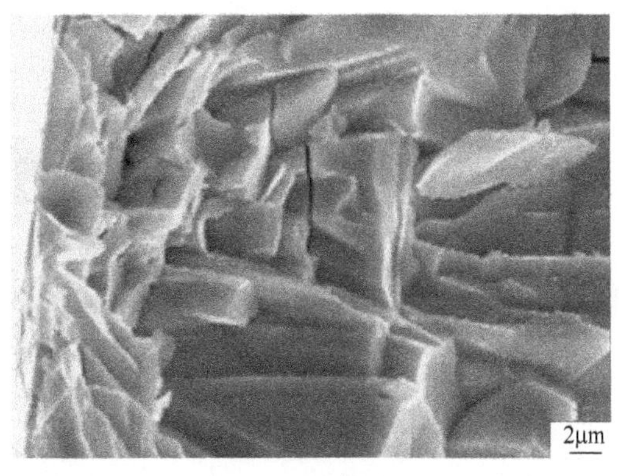

(b)

图 8-91 速凝条片贴辊面附近的金相照片（左侧为贴辊面）[164]

（a）改善前；（b）改善后

比磁体的不可逆损失曲线可以看到，在 200℃ 以下，不同长径比磁体的不可逆损失几乎为零，实测数据在 -0.6 ~ -1.2 之间，更高温度下不可逆损失的绝对值比未经 GBD 处理的小 5%~10%。

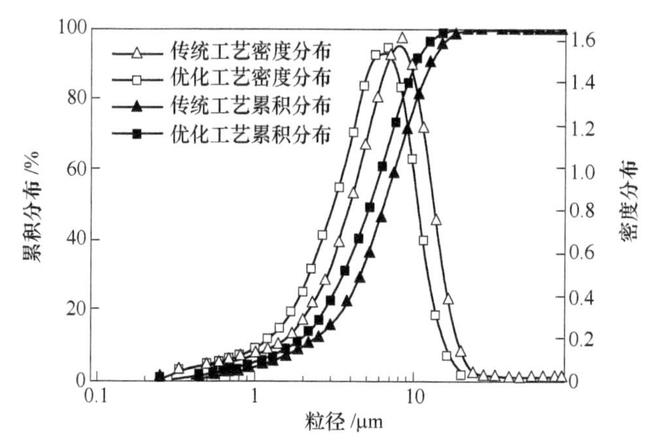

图 8-92 传统工艺和优化工艺制备的粉末的粒度密度分布曲线和累积分布曲线[164]

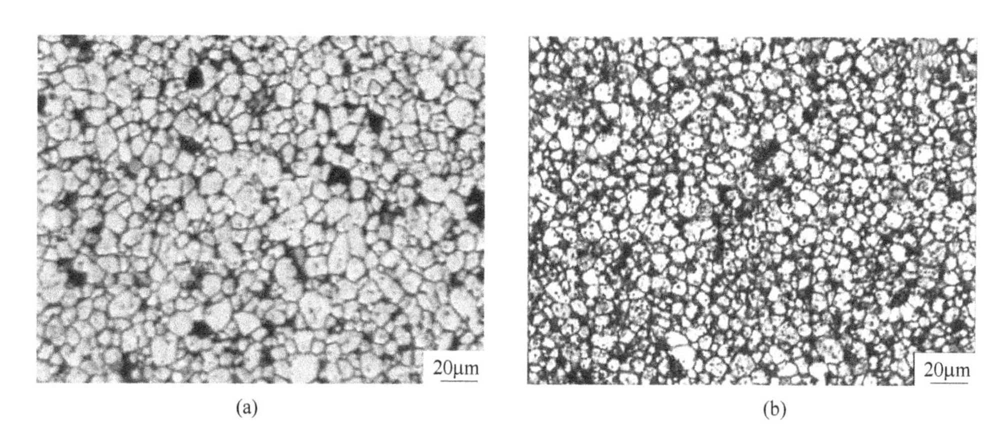

图 8-93 传统工艺（a）和优化工艺制备磁体（b）的金相对比[164]

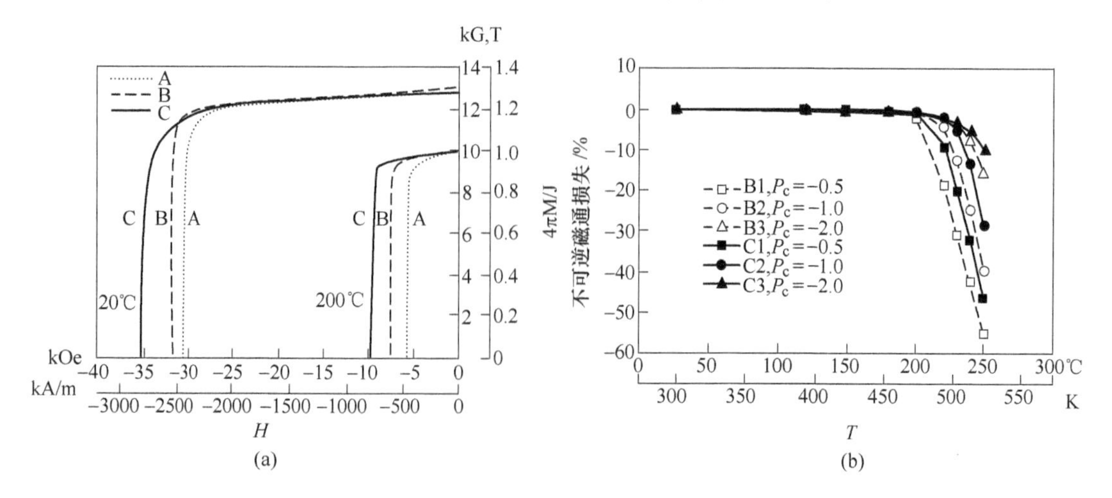

图 8-94 传统工艺、优化工艺和 GBD 处理制备磁体的退磁曲线和磁体的高温不可逆损失[164]

（a）室温和 200℃ 对应的退磁曲线；（b）磁体的高温不可逆损失

8.3.3 低温度系数烧结 Nd-Fe-B 磁体

由于 $Nd_2Fe_{14}B$ 的居里温度仅有 313℃，比 $SmCo_5$ 和 Sm_2Co_{17} 低很多（参见表 4-24），其饱和磁化强度随温度上升而下降较快，同时导致磁体在通常使用环境下有较大的温度系数绝对值，在 −50 ~ 150℃之间 Nd-Fe-B 磁体的剩磁温度系数 α_{Br} 为 −0.08 ~ −0.12%/℃。用 Co 替代 Fe，可以显著提升 $Nd_2(Fe,Co)_{14}B$ 的居里温度，温度系数可望得到显著改善[4,165,166]，但其负面影响是降低磁体的 H_{cJ}，这是无法用 $Nd_2(Fe_{1-x}Co_x)_{14}B$ 磁晶各向异性场的变化来解释的，因为当 x 较小时室温磁晶各向异性场 H_a 降低很少（参见图 4-104），显然相结构和显微结构的变化才是问题的关键，也是解决问题的途径。Arai 和 Shibata[166] 系统研究了 Co 替代 Fe 并改变 B 含量的 $Nd_{23-y}Fe_{77-2x}Co_{2x}B_y$ 烧结磁体（$x = 0 \sim 10$，$y = 5 \sim 10$）性能及其相组成和显微结构，实验表明：在 $y = 8$ 时，随着 Co 含量 $2x$ 的增加，磁体的 T_c 从 313℃近线性地上升到 525℃（图 8-95（a）），但 $x = 8$ 和 10 的 M-T 曲线在 190℃附近有一个台阶，意味着存在新的磁性相；磁体 B_r 先升后降，但变化幅度不大；H_{cJ} 先大幅度降低，在 $x = 3$ 附近只有无 Co 磁体的一半，然后在 $x = 4$ 后回升；过低的 H_{cJ} 使 $(BH)_{max}$ 先期随 H_{cJ} 变化而变化，在高 Co 段 H_{cJ} 回升后再受制于偏低的 B_r，结果是在 $x = 6$ 附近达到极大值。固定 $x = 5.5$ 而改变 B 含量 y，图 8-95（b）显示 T_c 依然线性上升，但增幅只有 20℃，远不如 Co 的影响大；B_r 随 y 上升而上升，但在 $y > 9$ 后突降，$y = 10$ 的 M-T 曲线也显示出新磁性相；H_{cJ} 下降到一个平台后，在 $y > 9$ 也突然大幅下降；$(BH)_{max}$ 在 $y = 7$ 取得峰值。成分优化磁体 $Nd_{16}Fe_{66}Co_{11}B_7$（$x = 5.5$，$y = 7$）的 $B_r = 13.2$kGs、$H_{cJ} = 8.0$kOe、$(BH)_{max} = 42$MGOe。振动样品磁强计（VSM）测量的磁体可逆、不可逆损失曲线（图

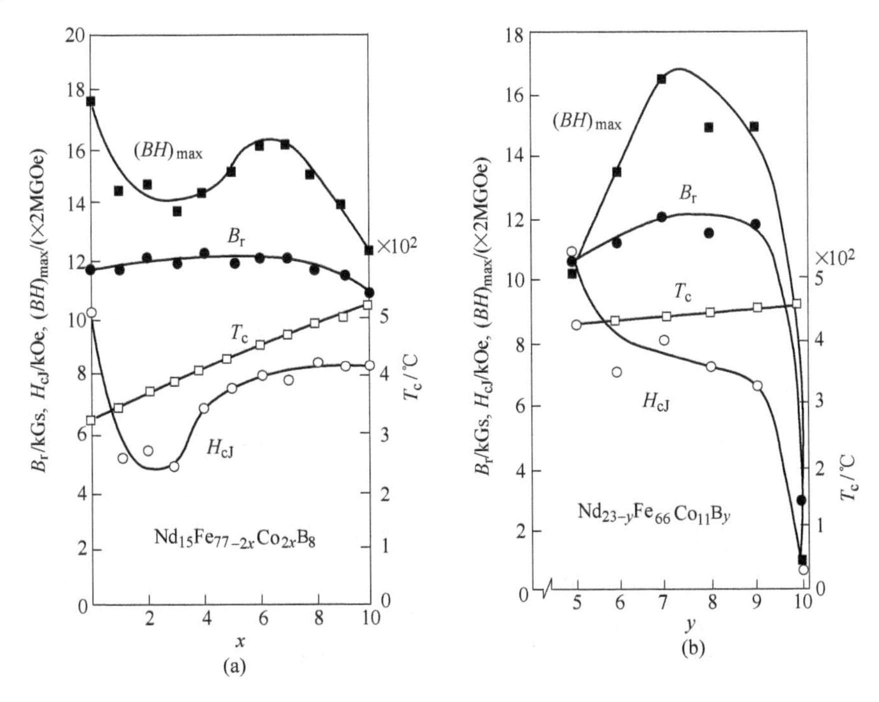

图 8-95 $Nd_{23-y}Fe_{77-2x}Co_{2x}B_y$ 磁性与 Co 含量（a）和 B 含量（b）的关系[165]

8-96）表明，在 20 ~ 100℃的温度区间内，该磁体的可逆温度系数仅 -0.02%/℃，即使在 120℃以上也没有明显的磁通陡降，但不含 Co 的 $Nd_{15}Fe_{77}B_8$磁体在 100℃的温度系数为 -0.03%/℃，120℃以上发生磁通陡降。$Nd_{15}Fe_{77-2x}Co_{2x}B_8$磁体的 X 射线衍射图表明，磁体主相依然是 2:14:1 四方结构，晶格常数 a 和 c 随 Co 含量增加略微减小，在 $x=8$ 的磁体中能看到 Nd-Co 合金的衍射峰，但恰当的时效处理能消除。SEM 线扫描和电子探针分析表明，$x>7$、$y=8$ 的磁体中 Co 均匀分布于主相和富 Nd 相，新的 Nd-Co-B 磁性相在富 Nd 相处生成，低 Co 含量磁体中 Co 仅存在于主相，而 $y=10$ 的高 B 含量磁体中存在 α-Fe 相。Mizoguchi 等人[167]发现，适当添加 Al 可以使 Nd-Co-B 相转变为非磁性相，从而在 Nd-Fe-Co-Al-B 磁体中同时实现高 H_{cJ}和低温度系数，其典型的合金成分为 $Nd_{15}Fe_{62.5}Co_{16}Al_1B_{5.5}$，对应的室温磁性能参数为 $B_r=13.2kGs$、$H_{cJ}=11.0kOe$、$(BH)_{max}=41.0MGOe$，磁体的 $T_c=500$℃，剩磁可逆温度系数 $\alpha_{Br}=-0.071\%/℃$，仅为 $Nd_{15}Fe_{77}B_8$的一半。

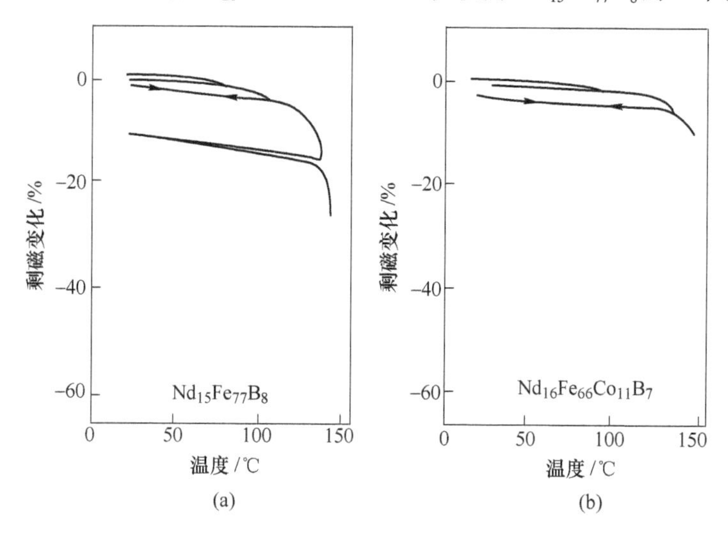

图 8-96　$Nd_{15}Fe_{77}B_8$(a) 和 $Nd_{16}Fe_{66}Co_{11}B_7$(b) 磁体的可逆-不可逆损失[165]

Yamamoto 等人[168]通过磁热分析描绘了 $Nd_{15}Fe_{77-x}Co_xB_8$($x=0\sim77\%$(原子分数)) 铸态合金经 1000℃均匀化处理 72h 后的磁相图（图 8-97），除了 $Nd_2(Fe,Co)_{14}B$ 主相以外，在 $x=0\sim60$ 时还存在 Fe-Co 二元合金。当 $x\geq20$ 时开始出现 1:5、5:19 和 1:3 等 Nd-(Fe,Co) 赝二元铁磁性化合物，在 $x=40$ 的合金中发现 $T_c=373K$ 的 $Nd(Fe,Co)_2$ Laves 相，在 $x\geq60$ 时 2:7 型化合物开始出现，直到 $x=77$ 时显现所有的 Nd-Co 二元化合物：$NdCo_5$、Nd_5Co_{19}、Nd_2Co_7和 $NdCo_3$。粉末 X 光衍射和定量 EDAX 分析结果表明：$x=20$ 的磁体富 Nd 相消失，取而代之的是 1:5、1:2、7:3 和 3:1 相，主相中 Co 占 Fe-Co 总量的 28%(质量分数)，而 Co 在赝二元相中的比例分别为 36%、64%、91% 和近 100%，也就是说 Co 主要进入赝二元相而非主相；$x=77$ 的 $Nd_{15}Co_{77}B_8$也不含富 Nd 相。烧结磁体 $Nd_{15}Fe_{67}Co_{10}B_8$ 的 XRD 和 EDAX 分析给出其相组成为 $Nd_2(Fe,Co)_{14}B$、$Nd_{1+\varepsilon}(Fe,Co)_4B_4$和 $Nd(Fe,Co)_2$，没有发现富 Nd 相。主相中 Fe、Co 之比为 1:0.12 ~ 1:0.16，$Nd(Fe,Co)_2$相中 Fe、Co 之比上升到 1:1.1 ~ 1:1.8。单一的 $Nd(Fe_{0.5}Co_{0.5})_2$合金为 C15 结构 Laves 相，系 $T_c=469K$ 的软磁相，因此可以推断，在合金和烧结磁体中，包晶反应生成的软磁相 $Nd(Fe,Co)_2$包裹主

相晶粒，使相邻主相晶粒形成磁性连接，并担当反磁化畴的形核中心，加上起退磁耦合作用的富 Nd 相缺失，使高 Co 磁体的 H_{cJ} 大幅度下降。在 $Nd(Fe,Co)_2$ 中加入适量的 Al，$Nd(Fe_{0.5}Co_{0.5})_2$ 和 $Nd(Fe_{0.475}Co_{0.475}Al_{0.05})_2$ 合金的 XRD 图（图 8-98）表明：$Nd(Fe_{0.5}Co_{0.5})_2$ 合金基本上是 1:2 单相，而 $Nd(Fe_{0.5}Co_{0.45}Al_{0.05})_2$ 合金则是 1:3 相和 3:1 相与 1:2 相共生，因此 Al 会使 Laves 相失稳分解成非磁性 3:1 相和磁性 1:3 相，前者也是通过包晶反应生成并包裹主相晶粒，但起的是磁性分离作用，抑制畴壁向主相晶粒渗透，这可能就是添加 Al 使 Nd-Fe-Co-Al-B 获得高 H_{cJ} 的原因。

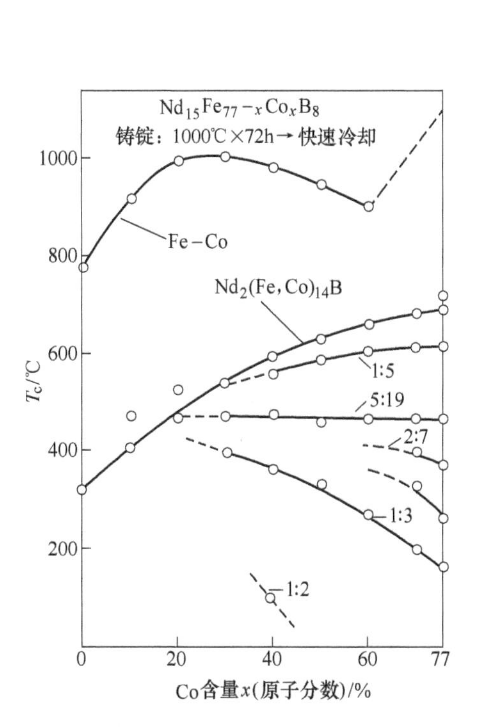

图 8-97 $Nd_{15}Fe_{77-x}Co_xB_8$（$x=0\sim77$）铸态合金经 1000℃均匀化处理 2h 后的磁相图[168]

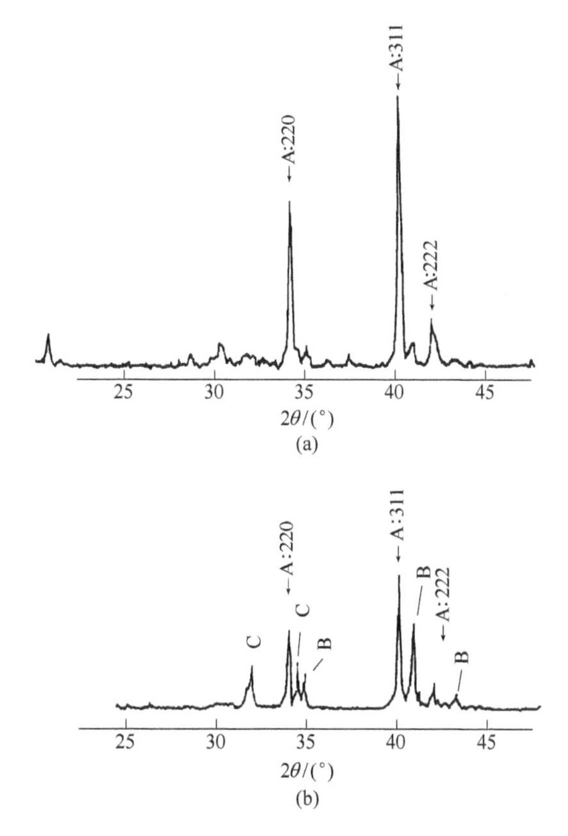

图 8-98 $Nd(Fe_{0.5}Co_{0.5})_2$ 和 $Nd(Fe_{0.475}Co_{0.475}Al_{0.05})_2$ 合金的 X 射线衍射图[168]

重稀土化合物 $R_2Fe_{14}B$（R = Gd、Tb、Dy、Ho、Er 和 Tm）中，稀土原子磁矩与 Fe 原子磁矩反平行排列（参见图 4-74），由于 Fe 次晶格磁化强度 $M_{Fe}(T)$ 和稀土次晶格磁化强度 $M_R(T)$ 随温度的变化不尽相同，M-T 曲线会呈现随温度 T 上升饱和磁化强度 $M_s(T)=M_{Fe}(T)-M_R(T)$ 升高的情形，即存在饱和磁化强度温度系数为正的温度段（参见图 4-92（b））。将适量重稀土元素 R 与负温度系数的 $Nd_2Fe_{14}B$ 合金化，使正负温度变化趋势得以补偿，在 $(Nd_{1-x}R_x)$-Fe-B 磁体中可望获得剩磁温度系数接近零的低温度系数磁体。从图 4-92（b）可知，R = Ho、Er 和 Tm 化合物的正温度系数优于 R = Tb 和 Dy 化合物；但由于 Ho、Er 和 Tm 三种化合物中仅 $Ho_2Fe_{14}B$ 在室温下为单轴各向异性，所以选择 Ho 取代 Nd 是较有效的选择。马保民等人[169]基于 $R_2Fe_{14}B$ 的实验数据（表 8-12），用线性叠加原理计算了 R 与 Nd 的二元和多元可能组合，表 8-13 给出了以 Ho 为主成分的、符合 J_s >

7.5kGs 和 α_{Br}(%/℃)(-50～200℃)优于 -0.01 条件的部分合金成分设计，典型成分的计算 J_s-T 曲线见图 8-99。根据计算成分，他们制备了如表 8-14 所列的烧结磁体，温度系数的实测值与计算值有不错的符合度，实测 J_s-T 曲线与计算曲线的比较可参见图 8-100。

表 8-12　$R_2Fe_{14}B$ 的室温饱和磁化强度和 -50～200℃之间的剩磁温度系数[169]

R	J_s/kGs	α_{Br}/%·℃$^{-1}$ (-50～200℃)	R	J_s/kGs	α_{Br}/%·℃$^{-1}$ (-50～200℃)
Gd	7.45	-0.053	Ho	7.06	0.016
Tb	5.97	-0.007	Er	7.89	-0.042
Dy	6.16	0.007	Tm	9.81	-0.078

表 8-13　$(Nd,R)_2Fe_{14}B$ 化合物的室温 J_s 和 α_{Br} 计算值[169]

稀土元素成分组合							J_s /kGs	α_{Br}/%·℃$^{-1}$	
Nd	Gd	Tb	Dy	Ho	Er	Tm		-50～150℃	-50～200℃
9				91			7.80	+0.021	-0.006
8	7			85			7.70	+0.018	-0.008
5				85		10	7.71	+0.021	-0.008
10			35	55			7.40	+0.015	-0.009
8				85	7		7.72	+0.021	-0.007
6				85		9	7.76	+0.020	-0.010
10		4		86			7.77	+0.017	-0.008
10	2		16	72			7.65	+0.015	-0.010
14	6		40	40			7.71	-0.000	-0.021
8		2	38		52		7.66	+0.001	-0.035
8				84	6	2	7.77	+0.019	-0.009

表 8-14　$(Nd,R)_{15}Fe_{79}B_6$ 磁体实测温度系数与计算值的比较[169]

磁体编号	稀土元素成分组合					α_{Br}/%·℃$^{-1}$(-50～150℃)	
	Nd	Gd	Dy	Ho	Er	实测值	计算值
A	24			70	6	-0.034	-0.013
B	23		13	64		-0.029	-0.012
C	61	1	7	31		-0.070	-0.061
D	65			35		-0.074	-0.063

Xiao 和 Strnat 等人[170] 比较了 $(Nd_{1-x}Dy_x)(Fe_{0.80}Co_{0.12}B_{0.08})_{5.5}$ 磁体和以部分 Er 替代 Dy 的 $(Nd_{0.8}Dy_{0.2-x}Er_x)(Fe_{0.80}Co_{0.12}B_{0.08})_{5.5}$ 磁体的室温磁性、B_r 及 H_{cJ} 的 0～150℃ 温度系数 α_{Br} 和 α_{HcJ}。由图 8-101 可见，不出意料，Dy 含量的增加能显著提升 H_{cJ}，由于 Dy 和 Nd 的 M-T 温度补偿效应，α_{Br} 从 $x_{Dy}=0$ 的 -0.09%/℃改善到 $x_{Dy}=0.20$ 的 -0.07%/℃，$|\alpha_{HcJ}|$ 随

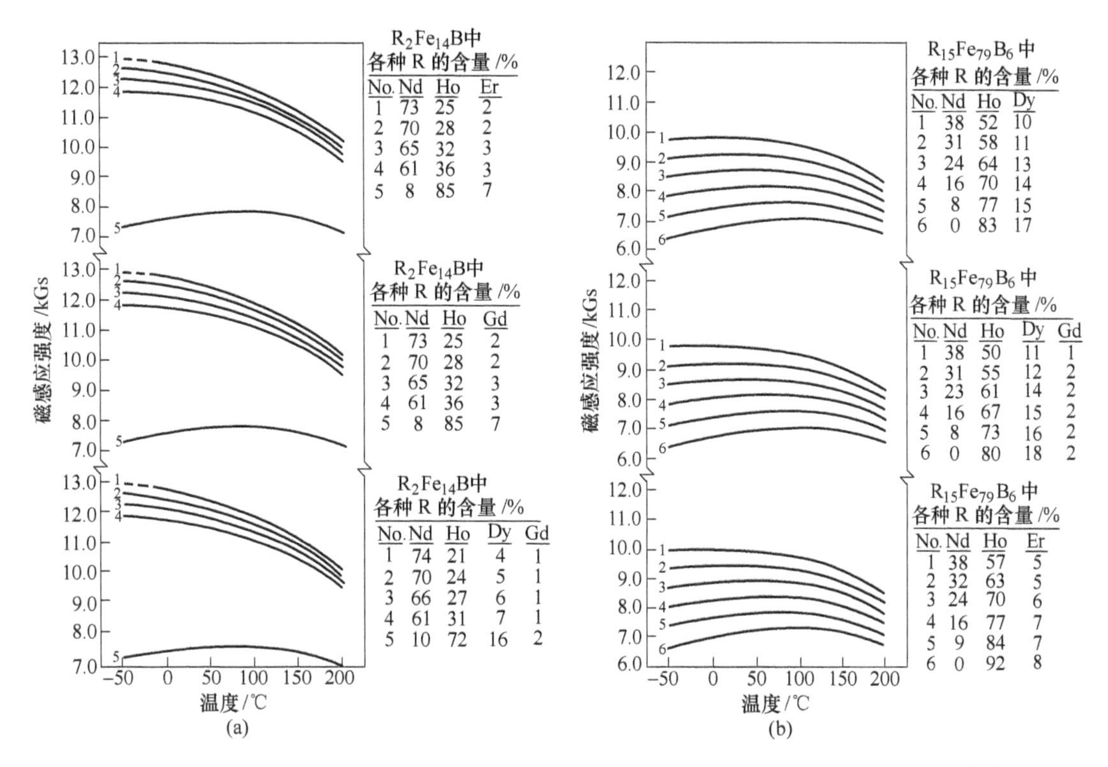

图 8-99 $(Nd,R)_2Fe_{14}B$ 化合物（a）和 $(Nd,R)_{15}Fe_{79}B_6$ 磁体（b）的计算 J_s-T 曲线[169]

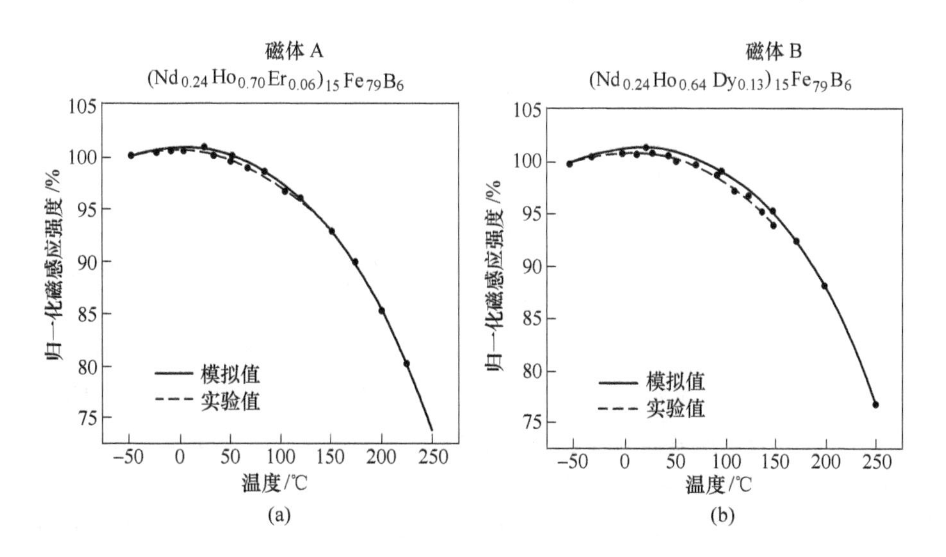

图 8-100 烧结磁体实测 J_S-T 曲线与计算曲线的比较[169]

x_{Dy}先有所增加，到 $x_{Dy}=0.12$ 之后开始向低值回复。尽管 Er 的加入使 H_{cJ}急速下降，但 B_r 和 $(BH)_{max}$却有所上升，$|\alpha_{Br}|$ 始终低于无 Er 的磁体，且在 $x_{Er}=0.04$ 达到极小值0.055/℃，$|\alpha_{HcJ}|$ 也在 $x_{Er}=0.04$ 达到极小值，但随后的增加量超过了无 Er 磁体。在混合添加 Dy 和 Er 的磁体中，他们发现最优化的温度系数出现在 $(Nd_{0.75}Dy_{0.2}Er_{0.05})(Fe_{0.80}Co_{0.12}B_{0.08})_{5.5}$，其对应的 $\alpha_{Br}=-0.048\%/℃$、$\alpha_{HcJ}=-0.46\%/℃$。

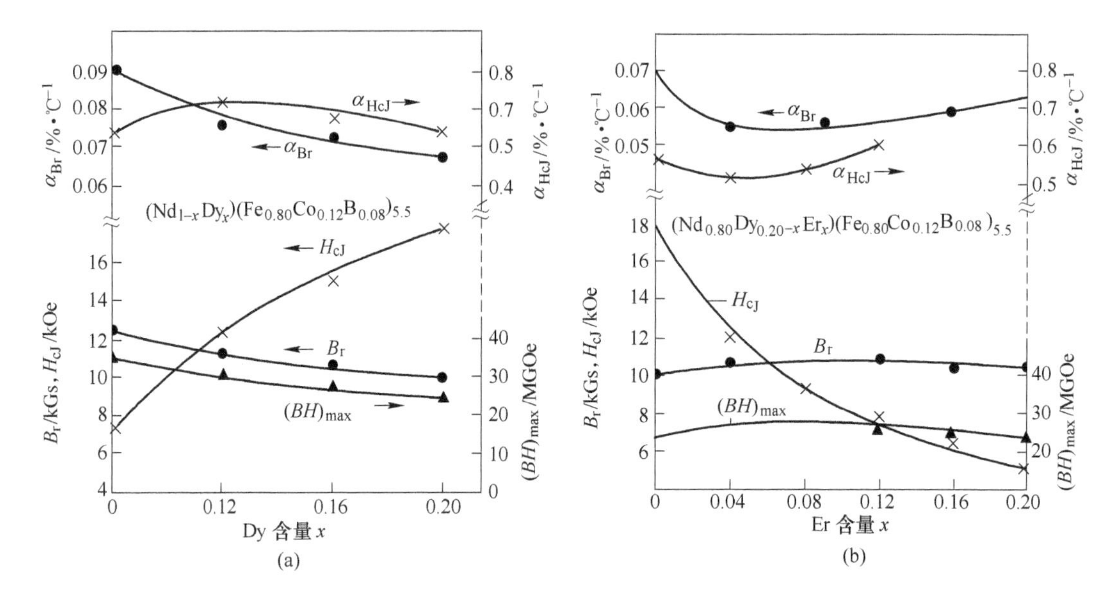

图 8-101 $(Nd_{1-x}Dy_x)(Fe_{0.80}Co_{0.12}B_{0.08})_{5.5}$的磁性参数与 Dy 含量的关系（a）以及 $(Nd_{0.8}Dy_{0.2-x}Er_x)(Fe_{0.80}Co_{0.12}B_{0.08})_{5.5}$的磁性参数与 Er 含量的关系（b）[170]

8.3.4 高耐腐蚀性烧结 Nd-Fe-B 磁体

正如6.6节所述，烧结 Nd-Fe-B 磁体存在严重的电化学腐蚀，常规的防腐蚀手段都是靠表面覆盖，如金属镀层、环氧树脂涂覆、磷化/钝化膜等，以隔绝磁体基体与环境物质的反应。Minowa 等人[171]研究了电镀 Ni、真空离子镀 Al 和喷涂环氧树脂等表面防护技术对提高磁体耐腐蚀性的重要作用，图 8-102 是磁体经不同时间湿热试验和高压釜试验后的磁通损失曲线，可见无表面防护的基体磁体磁通损失非常严重，而表面防护磁体的磁通损失大为改善，且金属防护层的效果优于环氧涂层，说明前者在阻止水分子对磁体侵扰方面优于高分子材料构成的防护层。尽管表面防护在 Nd-Fe-B 磁体应用中不可或缺，但基体本身的强健才是基础，在确保磁性能的前提下，通过晶界相的调整缩小主相与晶界相之间的电极电位差，可以在很大程度缓解电化学腐蚀，大幅度改善磁体基体的耐腐蚀性。本章 8.3.2 节曾提到，Bernardi 和 Fidler 对合金化元素影响烧结 Nd-Fe-B 磁体 H_{cJ}的机理进行了系统研究[131,132]，结果表明合金化手段可以有效地改变富 B 相或富 Nd 相，或引入新的边界相或夹杂相，从而为缩小主相与晶界相之间的电位差提供了诸多的可能性，不少实验结果研究和证实了少量合金化元素及其组合对改善烧结 Nd-Fe-B 磁体耐蚀性的作用，例如 Co[172]、Al 和 Co[173]，Al 和 Dy[174]、P、Cr、Ti、Zr 和 Pb[175]等。另外，随着对烧结 Nd-Fe-B 磁体矫顽力机制认识的深入，双合金、双主相、晶界扩散等技术被引进烧结 Nd-Fe-B 的制造流程，可以从制粉和成形工序人为引入新相，如子合金、纳米金属和合金以及微米氧化物添加等，甚至对烧结磁体再进行晶界相调整，为高耐蚀性磁体的实现提供了更丰富的技术手段。因为同样是注重对磁体显微结构的优化调整，高耐蚀性磁体和高矫顽力磁体的制备技术存在密切关联，其作用机理也往往来自同一个源头，即主相外的夹杂相及其与主相的关系调整和优化。

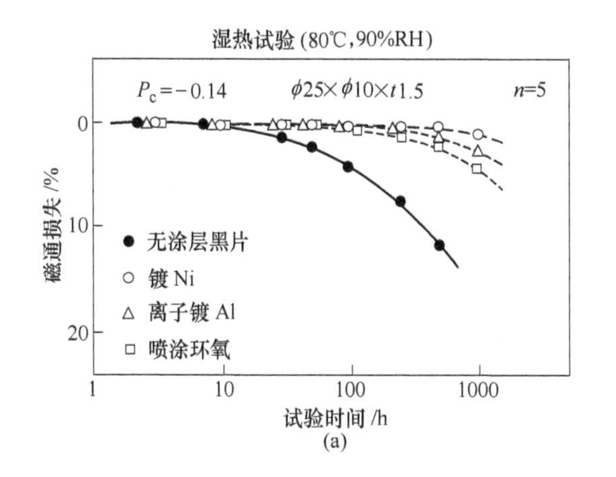

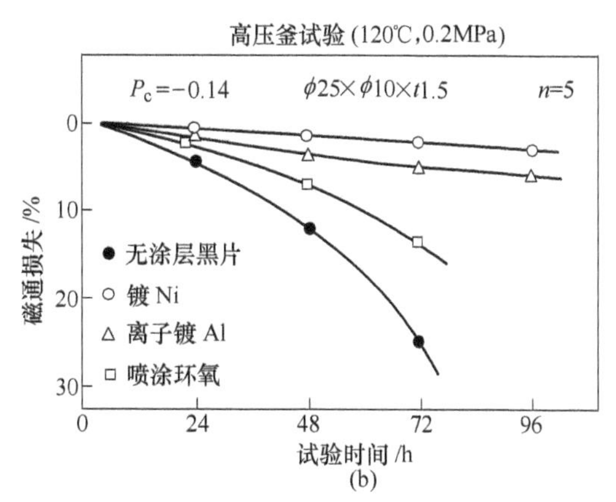

图 8-102 磁体磁通损失与加速老化试验时间的关系[171]

（a）湿热试验；（b）高压釜试验

8.3.4.1 添加 Co、Ni 改善烧结 Nd-Fe-B 磁体的耐蚀性

在电解质环境下，烧结 Nd-Fe-B 磁体各元素的阳极反应及其对应的标准氧化还原电位（电极电位）分别为[176]：

$$R \rightarrow R^{3+} + 3e^-: -2.2 \sim -2.5\text{V}\ (R = \text{Nd、Dy、Sm 等})$$

$$Fe \rightarrow Fe^{2+} + 2e^-: -0.440\text{V},\ Fe \rightarrow Fe^{3+} + 3e^-: -0.030\text{V}$$

$$B \rightarrow B^{3+}(\text{硼酸}) + 3e^-: -0.87\text{V}$$

比较而言，Co 失去两个电子变成 Co^{2+} 离子的标准电极电位只有 −0.277V，因此 Co 发生阳极腐蚀的倾向远低于 Fe，以部分 Co 置换 Fe 可望有效抑制 Nd-Fe-B 的电化学腐蚀。Fukuzumi 等人[177]研究了 Co 取代 Fe 的主相合金 $Nd_{11.8}Fe_{82.3-x}Co_xB_{5.9}$（$x$ = 0，5，10，20，50（原子分数））自然电极电位与 Co 含量的变化规律，图 8-103（a）是主相合金在 2.5% Na_2SO_4 中性溶液中的化学势动力极化曲线，随着 Co 含量的增加，区分阴极和阳极反应的自然电极电位（电流密度极小值对应电压）逐渐增大并向 0 靠近，意味着主相的电化学稳定性显著增加。他们测量了这些合金在高温高湿环境下（80℃ ×90% RH ×120h）的失重，图 8-

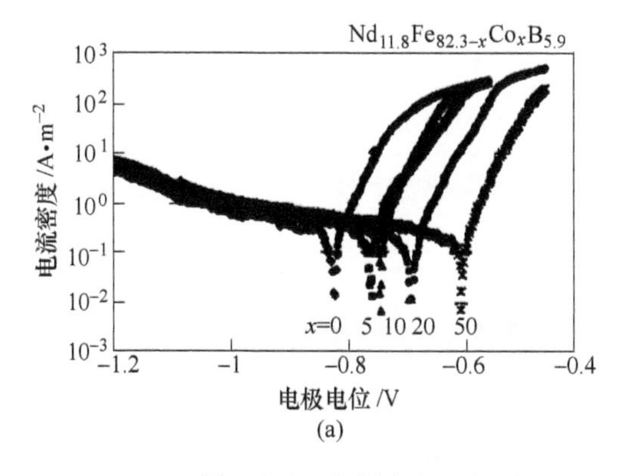

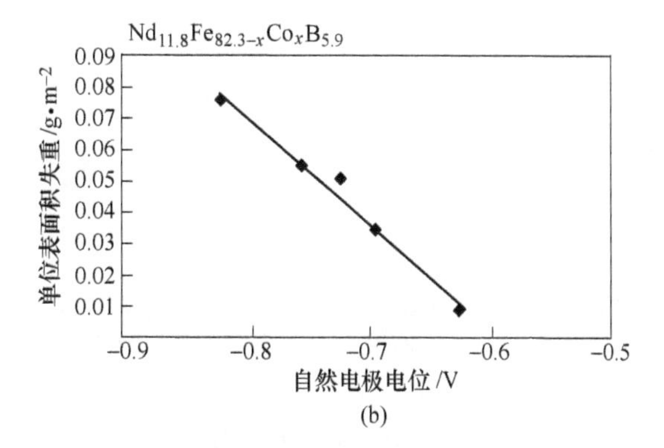

图 8-103 主相合金 $Nd_{11.8}Fe_{82.3-x}Co_xB_{5.9}$（$x$ = 0，5，10，20，50（原子分数））的动电位极化曲线（a）和失重与自然电极电位的关系（b）[177]

103（b）显示单位表面积失重与自然电极电位呈线性负关联，通过 Co 替代 Fe 提升主相合金的电极电位，有效改善了其耐腐蚀特性。他们还研究了烧结钕铁硼磁体内各可能杂相如 $Nd_{1.1}Fe_4B_4$、Nd_2Fe_{17}、$NdFe_2$、Nd_3Co、$NdCo_2$ 合金与金属 Nd 的自然电极电位，并将其与 $Nd_{11.8}Fe_{82.3-x}Co_xB_{5.9}$ 进行比较，由图 8-104 可见，金属 Nd 的电极电位低至 -1.4V，而 Nd-Fe 合金的电极电位集中在 -0.92 ~ -0.65V 之间（包括主相合金），Co 含量越高，主相合金的电极电位越高（绝对值越小），$x=20$ 的数值与 Nd_3Co 非常接近且低于 Nd_3Co，如果 Co 部分替代 Fe 进入主相，并使富 Nd 相转变为 Nd_3Co，则主相与边界相的电极电位差可望大幅度缩小，且使得大阴极、小阳极的情形反转，烧结磁体的耐蚀性将得到有效改善。Sunada 等人[178]采用交流阻抗法和溶液浸泡法也研究了 Co 对 Nd-Fe-B 耐蚀性改善的作用。他们用高频感应熔炼和 1353K ×6h 均匀化处理的手法，制备了相似成分的单相合金 $Nd_{11.8}Fe_{82.3-x}Co_xB_{5.9}$（$x$ =0、2.5、5.0、7.5 和 10.0），从合金中裁出 50mm ×15mm ×2mm 的电极样条，用 0.0074mm（2000 目）的水砂纸抛光，酒精清洗后再在丙酮中超声清洗，最后用硅橡胶包覆样条，仅留出（15 ×5）mm^2 的未包覆窗口。试验溶液为去离子水（电导率 2.0×10^{-5} S/m）配制的 2.5% Na_2SO_4 溶液，pH = 6.4，参比电极为 Ag-AgCl（3.33kmol/m^3 KCl）。试验结果表明，随着 Co 含量的增加，合金的自然电极电位从 $x=0$ 的 -810mV 线性增长到 $x=10.0$mV 的 -730mV（图 8-105），合金更接近贵金属特征，意味着更不易氧化或腐蚀。样条交流阻抗的实部和虚部 Nyquist 图也可以作为其腐蚀特性的表征：在最高频率处阻抗虚部 $\mathrm{Im}Z=0$，实部为溶液电阻 R_{sol}，即 $Z=\mathrm{Re}Z=R_{sol}$；在最低频处 $\mathrm{Im}Z$ 再一次等于零，阻抗实部除了溶液电阻外还会加上电荷转移电阻 R_{ct}，也就是说 $Z=\mathrm{Re}Z=R_{sol}+R_{ct}$，后者反比于腐蚀速率。图 8-106（a）描绘了样条转移电阻 R_{ct} 与 Co 含量 x 的关系，可见 Co 显著提升了 R_{ct}，表明腐蚀速率明显下降。浸泡试验的溶出离子浓度同样可以反映磁体的电化学腐蚀程度：样条在 0.176kmol/m^3 Na_2SO_4 溶液（pH =6.4）浸泡 2h 后的溶出离子质量见图 8-106（b），Co 使合金中 Fe 的溶出量大幅度下降，Nd 的溶出量也相应减少。

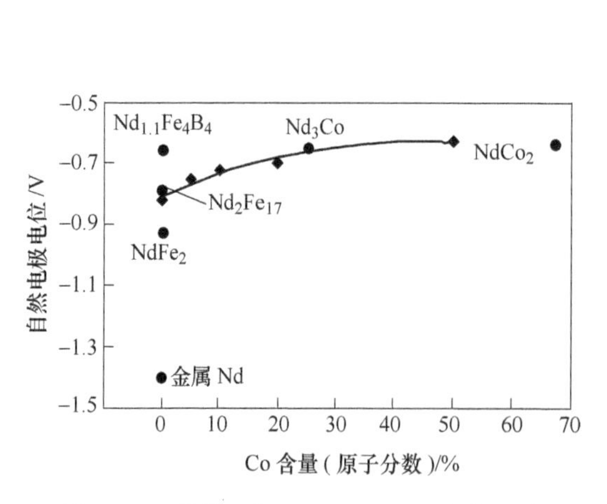

图 8-104 烧结 $Nd_{11.8}Fe_{82.3-x}Co_xB_{5.9}$ 主相（◆）及相关次相的自然电极电位与 Co 含量的关系[177]

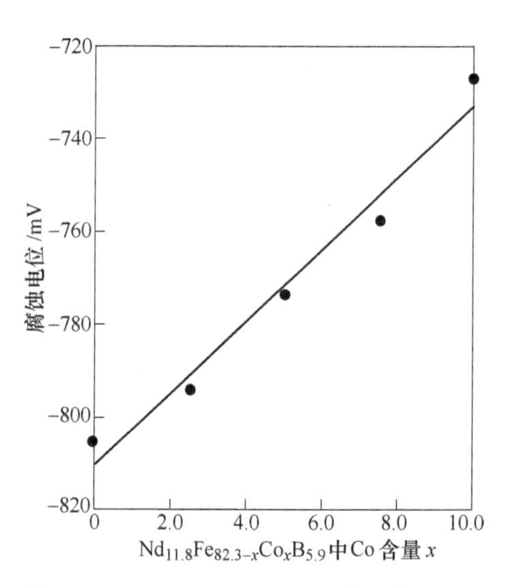

图 8-105 $Nd_{11.8}Fe_{82.3-x}Co_xB_{5.9}$ 合金自然电极电位与 Co 含量的关系[178]

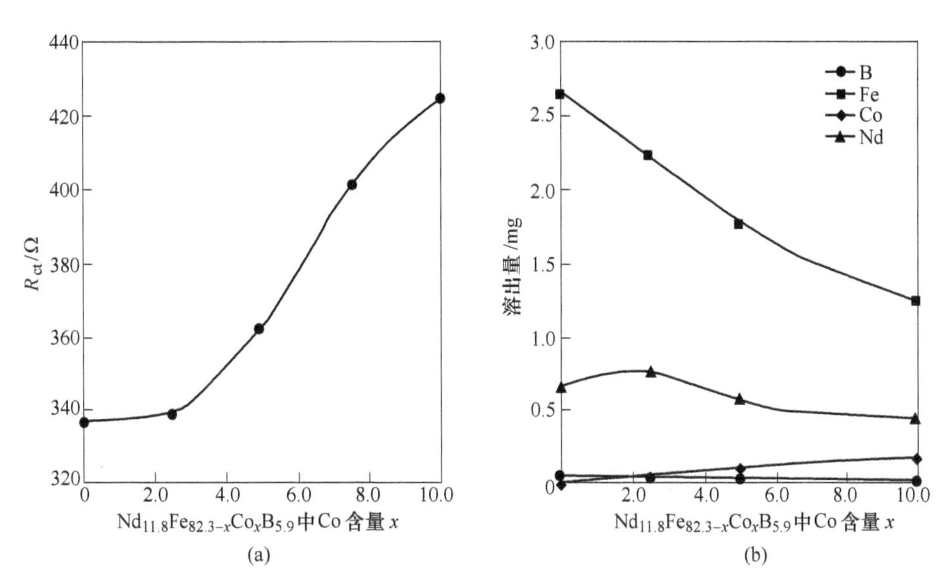

图 8-106 $Nd_{11.8}Fe_{82.3-x}Co_xB_{5.9}$合金的电荷转移电阻 R_{ct}(a) 和浸泡试验溶出物离子质量与 Co 含量的关系 (b)[178]

事实上，在 M. Fukuzumi 的机理研究之前，Ohashi 等人[172]和藤田明等人[179]的实验工作就分别展示了 Co 置换 Fe 和 Co、Ni 联合改善磁体耐蚀性的效果。在 $Nd_{15}(Fe\text{-}Co\text{-}Ni)_{77}B_8$烧结磁体中，随着 Co 置换 Fe 的比例增大，磁体经过 70℃ ×95% RH ×48h 湿热试验的锈蚀表面积等值曲线移向低值[179](图 8-107 (a))，且 Ni 的添加效果比 Co 更为显著，结合磁体 H_{cJ}的变化趋势（图 8-107 (b)），在 Co 20%~40%、Ni ~10%(替代 Fe 的原子百分比) 可同时得到高 H_{cJ}和高耐蚀性的磁体，比如 $Nd_{15}(Fe_{0.6}Co_{0.3}Ni_{0.1})_{77}B_8$的 B_r = 11.0kGs、H_{cJ} = 5.0kOe、$(BH)_{max}$ = 22.7MGOe、T_c = 550℃，如果再用少量的 Ti 置换 Fe(0.015)，则可显著将磁性能改善到 B_r = 11.9kGs、H_{cJ} = 10.4kOe、$(BH)_{max}$ = 33.8MGOe。Tenaud 等人[173]在 Nd-Fe-Al-B 烧结磁体中混合添加 Co 和 V，80℃ ×90% RH 的湿热试验结果显示（图 8-108）：$Nd_{15}Fe_{bal}Co_5V_4Al_{0.5}B_8$不涂装磁体的增重趋势仅为 $Nd_{15}Fe_{bal}Al_{0.5}B_8$的一半，试验超过 250h 后差异更为显著。用 XRD 分析 $Nd_{15}Fe_{bal}Al_{0.5}B_8$磁体湿热试验产生的表面粉化物，衍射峰显示其为主相 $Nd_2Fe_{14}B$、$Nd_{1+\varepsilon}Fe_4B_4$和 $Nd(OH)_3$的混合体，但没有发现 B 或 Fe 的氧化物，可以推测富 Nd 相在湿热环境下转化为 $Nd(OH)_3$，致使主相和富 B 相晶粒从磁体上剥落。有机涂层包覆的磁体经 30 天 PCT 试验（115℃ ×0.175MPa，饱和模式）后外观仍无明显变化，而无 Co、V 磁体则完全失效。可见在耐湿性较差的有机涂层保护下，基体的耐蚀性尤为重要。该成分磁体的室温磁性能达到：B_r = 11.6kGs、H_{cJ} = 11.0kOe、$(BH)_{max}$ = 31.0MGOe；用 1.5%(原子分数) 的 Dy 置换 Nd 可将 H_{cJ}提升到 24.0kOe，但 $(BH)_{max}$降到 25.0MGOe，而相同制备条件下不含 Co、V 磁体的性能也不过是 B_r = 11.9kGs、H_{cJ} = 17.0kOe、$(BH)_{max}$ = 32.4MGOe。Camp 和 Kim[180]也发现，即使在低 N 和 O 的情况下，混合添加 Co 和 Al 磁体的高压釜试验失重也明显优于纯 Nd-Fe-B 磁体，由于 Co 的进入，$Nd_{88}Co_{12}$(或 Fujimura 等人报道的 Nd_3Co[181]) 代替了边界和三角区的富 Nd 相，少量 O 与 Nd 生成稳定的 Nd_2O_3。Hirosawa 等人[182]则在 $Nd_xFe_{90.2-x-y}Co_yMo_{2.8}B_7$ 和

$Nd_xFe_{90.2-x-y}Co_yV_{4.0}B_7$中观察到，随着 Co 含量的增加，磁体的 PCT 试验（条件为 125℃ × 85% RH × 0.2MPa）失重明显减小，在 Co = 5%（原子分数）的最佳 H_{cJ}条件下（图 8-109（a）），失重率比 Co = 0 低一个数量级以上（图 8-109（b））。他们发现 V 或 Mo 的添加并不明显改变磁体的剩磁，说明 V 或 Mo 基本上不进入主相，但它们有效地细化了烧结磁体的晶粒，并生成 $V_{3-x}Fe_xB_2$（$x \approx 1$）或 Mo_2FeB_2相将富硼相 $Nd_{1+\varepsilon}Fe_4B_4$取而代之，这些新相夹杂在晶界或晶粒三角区的富 Nd 相之间，有效缓解了磁体的腐蚀失重；含 Co 磁体的 Co 很少溶入含 V 或 Mo 的相中，而是新增加了 Nd_3Co 和 Nd_2O_3 相，部分置换了富 Nd 相，这是高 Co 含量磁体耐蚀性提升的主要原因。

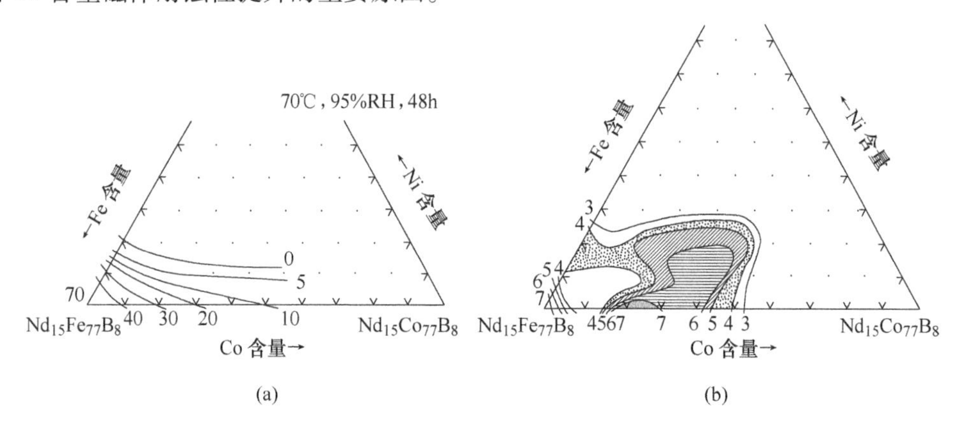

图 8-107　Nd-(Fe,Co,Ni)-B 烧结磁体的锈蚀表面积等值曲线（a）和 H_{cJ}等值曲线（b）[179]

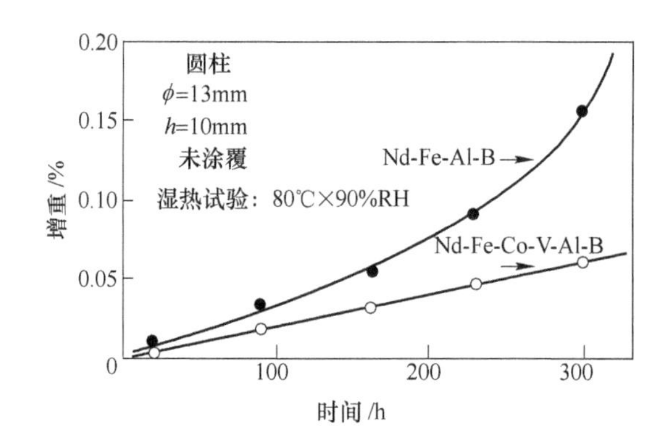

图 8-108　$Nd_{15}Fe_{bal}Co_5V_4Al_{0.5}B_8$ 和 $Nd_{15}Fe_{bal}Al_{0.5}B_8$ 不涂装磁体的湿热试验增重曲线[173]

Bala 等人[183]专门研究分析了 Ni 置换 Fe 的 $Nd_2Fe_{14-x}Ni_xB$（x = 0、5、7、10 和 14）在酸性和中性溶液中的腐蚀行为。图 8-110（a）是不同 Ni 含量的合金在氩气饱和 0.5mol/L 硫酸钠溶液（pH = 7）中的动电位极化曲线，x = 0 和 x = 5 的低 Ni 含量合金腐蚀伴随着析氢反应，水分子的还原反应分解起始点在 −0.66V（相对于标准电极电位），而这两个合金的腐蚀电位在 −0.8V 附近，腐蚀速率很低，只有 0.05mA/cm²；相反，高 Ni 含量合金腐蚀没有析氢反应，腐蚀电位在 −0.6 ~ −0.5V 之间，腐蚀速率 0.02 ~ 0.04mA/cm²，与电极搅拌速率有关，因此高 Ni 合金在中性溶液中的腐蚀源于氩气中的残氧，阳极过程被 Ni 强烈抑制。图 8-110（b）是这些合金在 0.5mol/L 硫酸溶液（pH = 0.5）中的动电位极化曲线，Ni 含量增加抑制了析氢反应和阳极溶解，腐蚀电流 i_{corr}从 x = 0 的 50mA/cm²逐步降

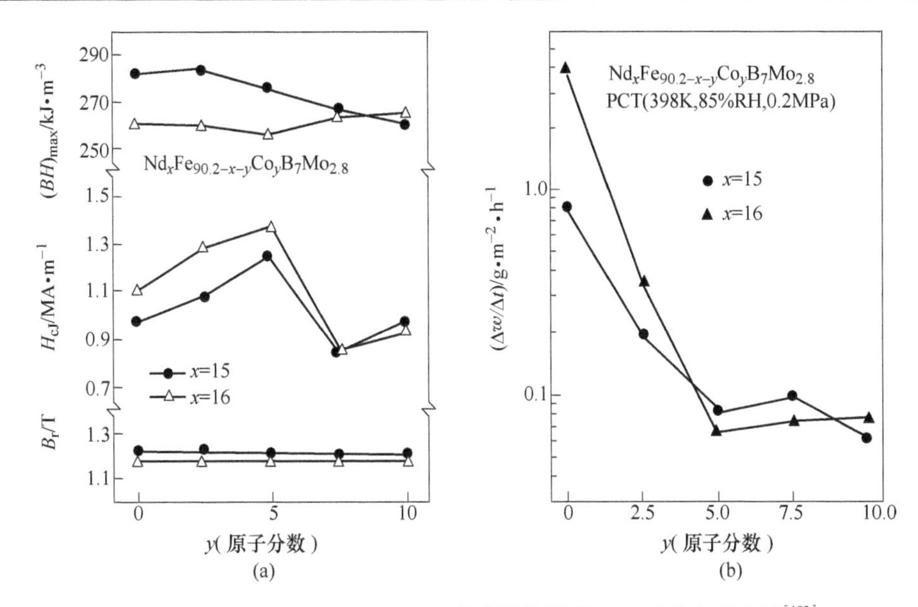

图 8-109 $Nd_xFe_{90.2-x-y}Co_yMo_{2.8}B_7$ 的磁性能及其 PCT 试验失重曲线[182]

低：9.0(x=5)、6.0(x=7)、1.0(x=10) 和 0.6(x=14)，所有合金中只有不含 Fe 的合金(x=14) 有一个小的极大值。比较而言，只含 Fe 的 $Nd_2Fe_{14}B$ 和只含 Ni 的 $Nd_2Ni_{14}B$ 腐蚀电流分别为 0.2 和 0.1，在 -0.1V 附近 Ni 的活性溶解开始受到抑制，表明活性表面开始生成 NiO 层，Ni 在 0.1V 以上开始钝化，而 Fe 在 0.4V 也开始钝化，x=0 的合金表现出轻微的钝化反应，但“钝化态”的阳极电流密度很高（~30Am/cm^2），其他 $Nd_2Fe_{14-x}Ni_xB$ 合金都没有呈现出钝化迹象，而且 Ni 含量越高，0.8~1.2V 之间的阳极电流越大，在 1.5V 以上部分合金表现出二次钝化，也许在合金表面生成了 Ni_2O_3，尽管如此，其阻止合金溶解的效果也远低于 NiO 层。因此，Ni 部分替代 Fe 会有效抑制 $Nd_2Fe_{14-x}Ni_xB$ 合金的酸腐蚀，但在被动溶解区的耐蚀效果适得其反，且高 Ni 添加使合金在强阴极极化下更容易氢化，导致合金表面机械破损。

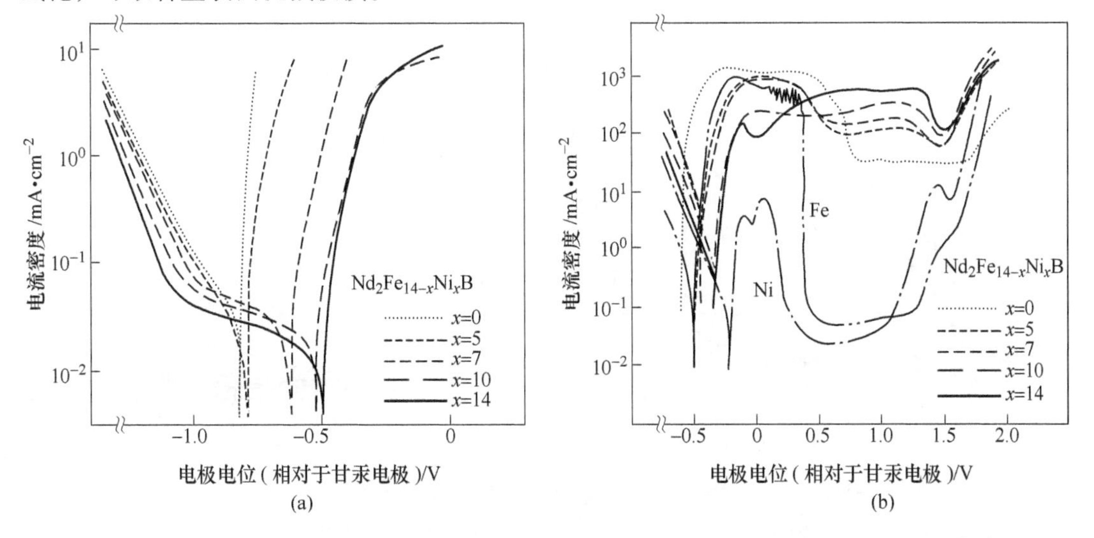

图 8-110 $Nd_2Fe_{14-x}Ni_xB$ 合金在中性溶液（a）和酸性溶液（b）中的动电位极化曲线[183]

8.3.4.2 添加 Al、Cu、Ga 改善烧结 Nd-Fe-B 磁体的耐蚀性

Bala 等人[184]研究了 $Nd_{15}Fe_{77-x}Al_xB_8$（x = 0，1，4，6）烧结磁体在酸性和中性硫酸盐溶液中的腐蚀行为，动电位极化曲线表明添加 1%～6% 的 Al 并不影响磁体的活性溶解，但能促进磁体在中性环境下的钝化反应，且有利于抑制磁体在海洋环境气氛的腐蚀。图 8-111 是磁体在模拟海洋气氛的醋酸盐雾试验增重曲线，试验条件为：3% 的 NaCl 溶于 0.1mol/L 的醋酸溶液，40℃，喷雾量 1.0L/h（参照美国材料与测试学会标准 ASTM B-287-62），可见随着 Al 含量的增加，腐蚀增重明显减少。Filip[185]等人用电化学分析手段，研究了 Al 含量 x 对主相合金（$Nd_{0.87}Dy_{0.13}$）$_2$（$Fe_{0.982-x}Co_{0.018}Al_x$）$_{14}$B 耐蚀性的影响，其中 x = 0、0.012、0.024 和 0.036，相当于合金的原子分数 0、1%、2% 和 3%。样品制备方式为：在氩气氛下电弧熔炼制备合金，合金在充填 0.2MPa 氩气的石英密封管中均匀化处理 5h 或 10h，热处理温度 1050℃。SEM 分析表明，10h 处理后的合金依然含少量富 Nd 相和 α-Fe，且 α-Fe 含量随 x 的增加而增加，Al 主要溶于主相。自发溶解试验的条件为 25℃、氮气净化的 0.5mol/L H_2SO_4 溶液（pH = 0.2），40min 内合金腐蚀失重率的时间演化过程见图 8-112（a），添加 Al 使失重率降低超过 2/3，并以 1%（原子分数）的 Al 添加量为最佳，更高的添加量反而不利，可以归结为 α-Fe 量的增加；长时间热处理有利于改善耐蚀性，因为富 Nd 相进一步减少。HAST 试验的条件为 150℃、0.5MPa 的潮湿空气（去离子水加湿），96h 内合金腐蚀失重率的时间演化过程见图 8-112（b），10h 热处理后的高 Al 样品失重率最大，其中 1%（原子分数）的略低，而热处理 5h 含 Al 样品的失重率最小，观察发现失重率大的样品表现出机械破碎剥离的行为。图 8-113 是不同样品在酸性溶液中的动电位极化曲线，测试条件为 25℃ 氮气净化的 0.5mol/L H_2SO_4 溶

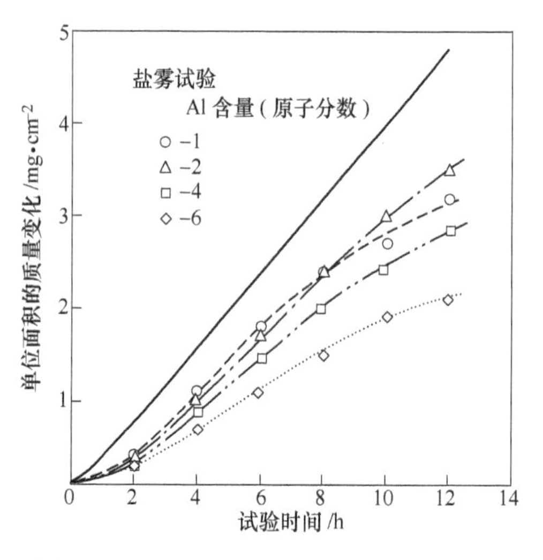

图 8-111 $Nd_{15}Fe_{77-x}Al_xB_8$（x = 0，1，4，6）烧结磁体在醋酸盐雾试验中的增重曲线[184]

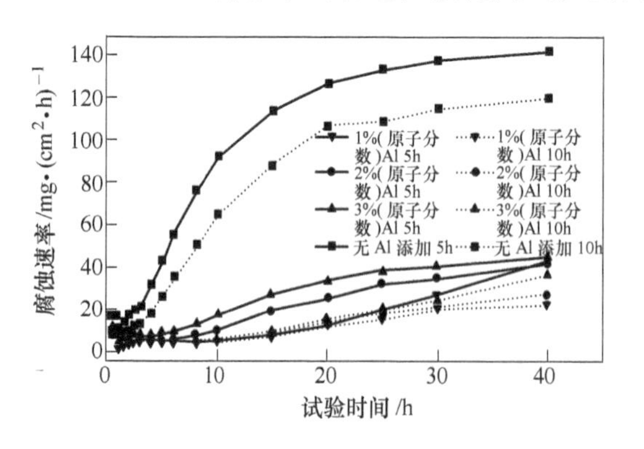

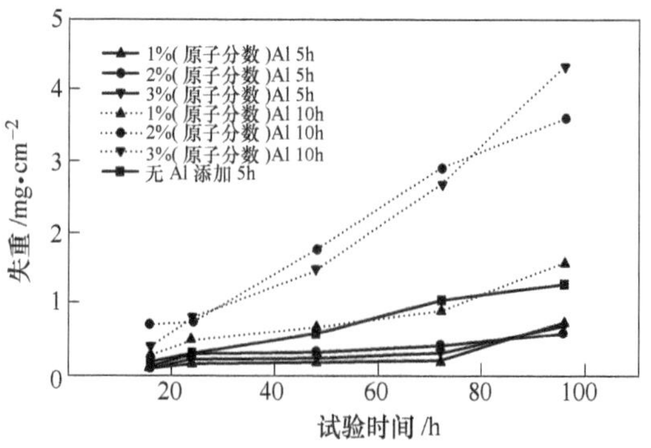

图 8-112 （$Nd_{0.87}Dy_{0.13}$）$_2$（$Fe_{0.982-x}Co_{0.018}Al_x$）$_{14}$B 合金的腐蚀失重率[185]

（a）25℃、氮气净化 0.5mol/L H_2SO_4 溶液；（b）HAST 试验：150℃、0.5MPa 潮湿空气（去离子水）

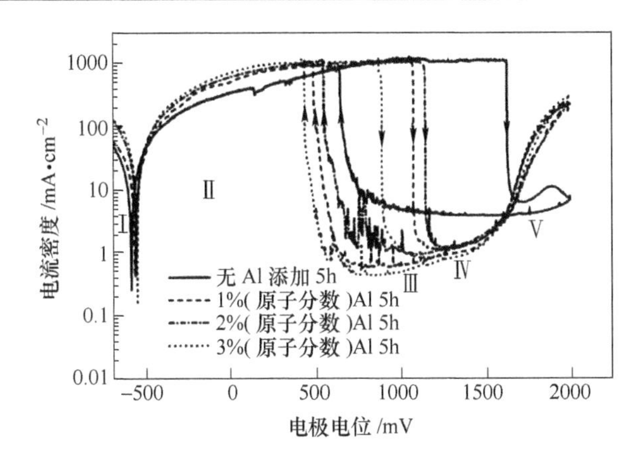

图 8-113 $(Nd_{0.87}Dy_{0.13})_2(Fe_{0.982-x}Co_{0.018}Al_x)_{14}B$ 合金在 25℃氮气净化 0.5mol/L H_2SO_4 溶液 720r/min、2mV/s 的动电位极化曲线[185]

液，电压扫描速率 2mV/s，电极转速 720r/min。图中电流密度 i 随电势差 U_{SCE} 的变化可分为 5 个区间：Ⅰ区（电极电位小于 -500mV）对应活化溶解起始阶段，不同样品的电化学行为相似，$x=0$ 样品的起始电动势最低，含 Al 样品非常接近，阳极腐蚀符合法拉第定律；Ⅱ区（电极电位 -500 ~ 500mV）表明扩散机制决定的腐蚀行为趋近稳定状态，电流密度达到 $1000mA/cm^2$ 的水平，各样品间无明显差异；电流密度在Ⅲ区（电极电位 500 ~ 1500mV）突降三个数量级，样品表面形成了“准钝化”膜，突降电压以无 Al 样品最高、3%（原子分数）Al 的最低，1%（原子分数）的低于 2%（原子分数）；Ⅳ区（电极电位 1500 ~ 2000mV）意味着样品进入“准钝化”状态，无 Al 样品的阳极电流密度最高，约 $4mA/cm^2$，其他含 Al 样品则低至 $1mA/cm^2$；样品在电势差 $U_{SCE}\approx 1.5V$ 的Ⅴ区发生钝化膜析氧反应，电流密度再次上升，腐蚀继续，而含 Al 样品的电流上升对应电压值偏低。因此，耐蚀性好的含 Al 样品在动电位极化曲线中的表现为：Ⅲ区“准钝化”起始电位和Ⅴ区析氧反应电位低，且Ⅳ区“准钝化”态电流密度低，钝化倾向更强。Kim 和 Jacobson[174] 也研究了混合添加 Dy 和 Al 的烧结 Nd-Fe-B 磁体的腐蚀增重行为，实验表明最显著的效果体现在室温潮湿环境的腐蚀增重上。如图8-114 所示，用不同目数的砂纸将磁体打磨到不同的光洁度，在同等试验条件下表面洁净磁体的失重率下降近 50%（图 8-114（a）与图 8-114（c）比较），光洁度越高失重越小；带指纹磁体的失重率变化不大，但依然表现出光洁度越高失重越小的趋势，与不含 Dy、Al 的情况相反（图 8-114（b）与图 8-114（d）比较）。表 8-15 列出了他们所研究的不同添加元素磁体的高压釜试验失重数据[174,186]，试验条件为：温度 110 ~ 115℃、水蒸气压强 34.5 ~ 69kPa（5 ~ 10psig），数据表明添加 Co 和 Al 的 A6 磁体相对于无添加的 B1 有极为显著的改善，含 Dy 和 Co 的 B5 磁体对 B1 的失重改善也非常可观，试验 240h 后的失重还不及 B1 在 96h 后失重的 1/2，而额外添加少量 Al 的 B6 磁体更进一步改善了 B5 的失重水平。

Szymura[187] 测量并比较了 $Nd_{15}Fe_{77}B_8$ 和 $Nd_{15}Fe_{75.3}Cu_{1.7}B_5$ 的酸浸蚀动力学曲线（图 8-115），试验是在 25℃的静置 Ar 饱和 0.5M H_2SO_4 溶液中进行的，初始阶段对应晶间相选择性侵蚀，进入腐蚀稳态后主相晶粒逐渐从磁体表面剥落分离。由图可见，添加 Cu 磁体（实线）的初始阶段从无 Cu 磁体（点画线）的 10min 延长到 20 ~ 40min，稳态腐蚀速率也从 $v_{corr,i}=200mg/(cm^2\cdot h)$ 大幅度降到 $35mg/(cm^2\cdot h)$，添加 Cu 使磁体中出现了共晶相

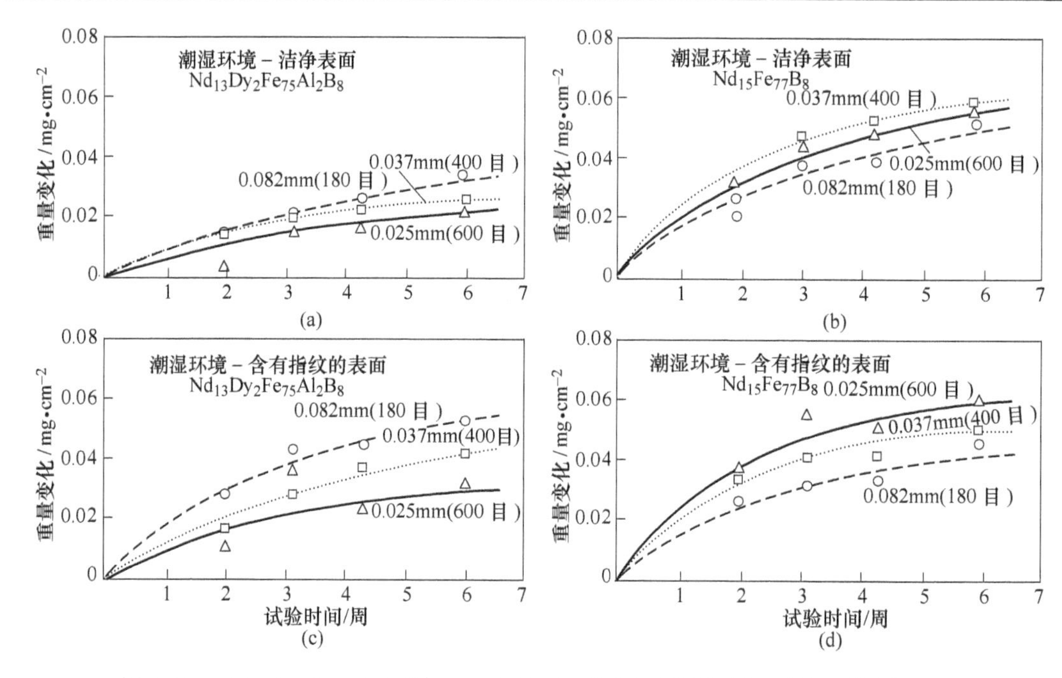

图 8-114　$Nd_{13}Dy_2Fe_{75}Al_2B_8$磁体和 $Nd_{15}Fe_{77}B_8$磁体在室温潮湿环境下的腐蚀增重和不同表面光洁度的洁净表面以及含有指纹表面的比较[174]

表 8-15　添加 Dy、Al 磁体与无添加磁体的高压釜试验失重比较

（实验条件：温度 110～115℃、水蒸气压强 34.5～69kPa（5～10psig））

合金	合金配方/%（质量分数）							失重/mg · cm^{-2}			参考文献
	Nd	Dy	Fe	Co	Al	Cu	B	96h	144h	240h	
A6	33.0		60.6	5.0	0.35		1.05	0.3			[180]
B1	33.5		65.4				1.1	422.0			[186]
B5	31.0	3.0	59.9	5.0			1.1		75	188	[186]
B6	31.0	3.0	59.5	5.0	0.35		1.15		45	150	[186]
C1	33.0		65.75			0.15	1.1	18.3			[188]
C2	33.0		64.55	1.2		0.15	1.1	0.15			[188]

$NdCu_2$和 $NdFeCu_x$相（富 Cu 且 B 不可探测），而含 Cu 共晶相更难被侵蚀，且更能有效防止主相晶粒剥落。他们还按照 DIN 50018 标准进行了模拟工业大气环境的加速老化试验，试验条件为 40℃含饱和水蒸气和 SO_2 3mg/L 的空气，图 8-116 表明添加 Cu 后单位面积增重降低近 25%，而在同等条件下成分相近的热压磁体增重只有无 Cu 烧结磁体的一半，可见显微结构差异对磁体耐蚀性影响的敏感程度。Kim 和 Camp 也发现 Cu 的添加对磁体 PCT 失重有显著改善[188]，而 Cu 和 Co 混合添加可将 96h 的 PCT 失重改善到接近零的水平，其数据也一并列在表 8-15 之中（合金 C1 和 C2）。SEM 和 EDS 显微结构分析表明[189]，含 Cu 和 Co 的磁体中富硼相消失，晶界相（富钕相）转变为 $Nd_{15}Co_4Cu$ 相，从根本上剔除了烧结 Nd-Fe-B 的易腐蚀相——富 B 相和富 Nd 相。

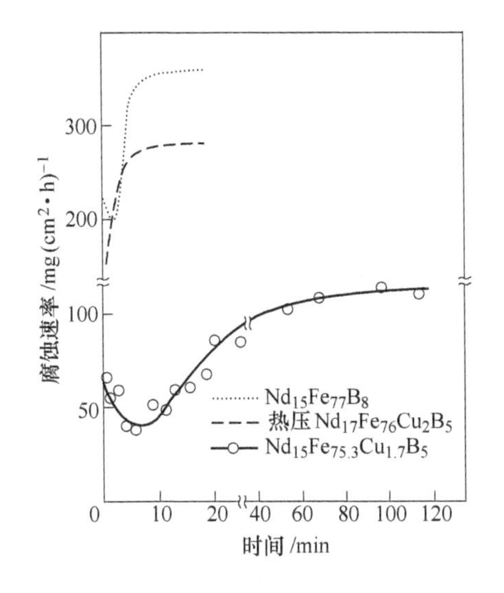

图 8-115　浸蚀动力学曲线[187]

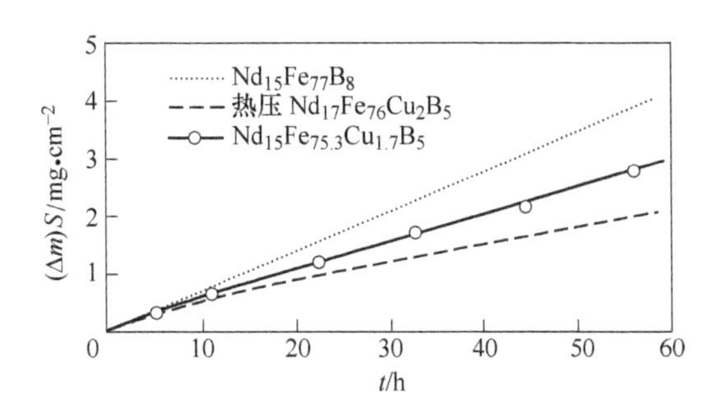

图 8-116　工业大气环境腐蚀增重曲线[187]

从烧结 Nd-Fe-B 矫顽力机制出发，Grieb 等人[190]寻求在主相中溶解度低，同时又能降低富 Nd 相熔点且改善其浸润性的添加元素，结果锁定在 Ga 上。当 Ga 在磁体中的添加量（原子分数）为2%时，H_{cJ}从 10kOe 提升到 18kOe，而 Ga 溶入主相的量仅 0.8%（原子分数），Ga 主要进入 Fe-Nd-Ga 三元相 δ 相，成分为 $Fe_{70-x}Nd_{30}Ga_x$（$x=3\sim8$）（或 $Nd_6Fe_{11}Ga_3$[140]），系磁性相，在 900℃附近由液相和主相包晶反应生成，替代常规磁体的富 Nd 相分布于主相表面，对其妥善包围分割，H_{cJ}在烧结态就可以达到 15kOe。实验还表明 δ 相对氧气和湿气更不敏感，且与主相之间的电极电位差远小于主相与富 Nd 相，能大幅度抑制磁体的电化学腐蚀效应，实测的腐蚀电流密度仅为不含 Ga 磁体的 1/3。

Fernengel 等人[191]开发了含 Co、Cu 和 Ga 的耐高温、耐蚀磁体，其合金配方为 $Nd_{11}Dy_{4.5}Fe_{78-x}Co_xTM_{0.5}B_6$（TM = Cu 和 Ga，$x=0\sim4$），磁体密度 $\rho>7.5g/cm^3$，剩磁 $B_r=11.2\sim11.6kGs$，$H_{cJ}>22kOe$（最高可达 30kOe），在 150℃ 时仍有 10 ~ 13kOe，$x=4$（原子分数）的剩磁温度系数 $\alpha_{Br}=-0.09\%/℃$。他们采用高加速应力试验（HAST）的失重来表征磁体的耐蚀性，试验条件参照 IEC 68-2-66 标准，温度为 130℃、饱和水蒸气压强 0.27MPa，图 8-117 是 HAST 试验 10 天后磁体单位面积失重与 Co 含量 x 的关系曲线，可见失重量与 x 呈指数下降的趋势，从 $x=0$ 的 $450mg/cm^2$ 下降到 $x=3.8$ 的 $0.1mg/cm^2$。同一研究机构的 Katter 等人[192]则研究了总稀土含量（质量分数）30.5%~32.0% 的 Nd-Dy-Fe-Co-Cu-Al-Ga-B 烧结磁体耐蚀性，及其与磁体相组成和显微结构的关系。他们发现磁体在 HAST 试验（130℃、95%RH、无凝露）的失重与稀土总量和 Co 含量密切相关（图 8-118），R 含量（质量分数）32%、不含 Co 的磁体几天内失重就高达 $10mg/cm^2$以上，而 R 含量（质量分数）30.8%并添加 3.1%（质量分数）Co 和少量 Cu、Ga 和 Al 的磁体，200 天以后还没有失重，倒是因为生成钝化表面层——(Nd，Fe）氢氧化物而有所增重，但当 R 含量（质量分数）上升到 31.3%时 100h 后失重急增。从外观看，磁体在 HAST 试验中的腐蚀顺序为：几天后 50 ~ 200μm 的碎屑从尖锐的边角剥落，同时出现直径 10μm、厚度数微米的片状富 Nd 相锈蚀，40 ~ 200 天后磁体从边界开始脱落出松散粉末。130℃、100% RH（凝露）、0.27MPa 的 PCT 试验加速腐蚀率为上述 HAST 试验的 10 倍左右，腐蚀顺序与 HAST 试验无异。盐雾试验（DIN 50021）24h 后，含 Co 和无 Co 磁体都被“红锈” Fe_2O_3覆盖，原因是主相被氯离子侵蚀而分解，因此含 Co 磁体也需要靠涂层来保护。电镜分析揭示：稀土总量 37.3%（质量分数）磁体的富 Nd 相和富 B 相被$Nd_3(Co,Cu)$、$Nd_5(Co,Cu,Ga)_3$和 $Nd_6(Co,Cu)_{13}Ga$ 替代，这些相的电化学势明显高于纯 Pr、纯 Nd 和纯 Dy（表 8-16）。在 Al 添加的 Nd-Fe-B 烧结磁体中还有可能出现$Nd_6(Fe, Al)_{14}$相[131,132]，其典型化合物 $Nd_6Fe_{11}Al_3$的居里温度 T_C = 12℃（285K），在室温下表现为顺磁状态[193]。在高温高湿环境下，钕铁硼磁体内会发生方程式（5-5）~ 式（5-7）的连锁化学反应，首先是磁体晶界富 Nd 相与水反应生成 Nd 的氢化物和氢氧化物；氢化物在高温高湿环境下不稳定，进一步与水反应生成稳定的氢氧化物，却释放出活泼的氢气；氢气继续与富 Nd 相反应又生成不稳定的氢化物。只要有水分子存在，后两个反应就会交替发生，加速富 Nd 相向氢氧化钕的转化，导致富 Nd 相体积急剧膨胀，使磁体沿晶粒边界产生裂纹，充分反应的结果就是磁体彻底粉化，俗称“白锈”，因为显眼的锈蚀产物是白色的稀土氧化物。上述第一步反应取决于晶界相的电化学势，主相晶粒电化学势相对较高，在 HAST 或 PCT 条件下与水分子的反应并不强，因此避免磁体高温高湿锈蚀的途径，就是将晶界相的电化学势提高到接近主相的程度。由表 8-16 可知，在晶界相中添加贵金属元素如 Co 或 Cu，可将晶界相的电化学势从富 Nd 相的 -1600mV 提高到3:1、5:3 或6:13:1 相的 -800mV，与主相的 -700mV 已极为相近，所以磁体的高温高湿腐蚀被大幅度抑制。添加 3%（质量分数）的 Co 和少量 Cu、Al 和 Ga 的高耐热耐湿磁体已批量生产，其典型磁性能参数为：B_r = 13.5 ~ 10.8kGs、H_{cJ} = 18 ~ 33kOe、$(BH)_{max}$ = 44 ~ 28MGOe。

表 8-16　Nd-Fe-B 磁体、含 Co、Cu 或 Ga 的晶界相以及稀土金属和其他金属的成分及电化学势（在人造海水环境下相对于 Ag/AgCl 饱和 KCl 参比电极）[192]

样　品	成分（质量分数）/%						电化学势 /mV
	Nd	Dy	Fe	Co	Cu	Ga	
磁体 A	30.0	0.5	bal.				-730
磁体 B	24.5	8.5	bal.				-670
磁体 C	22.0	9.0	bal.	3.0	0.2	0.3	-700
$Nd_3(Co,Cu)$	bal.		1.8	10.5	1.9		-900
$Nd_5(Co,Cu,Ga)_3$	bal.		3.1	4.5	3.3	10.1	-807
$Nd_6(Co,Cu)_{13}Ga$	bal.	2.5	43.3	2.0		3.4	-750
Pr							-1689
Nd							-1670
Dy							-1645
Al							-720
Ni							-130

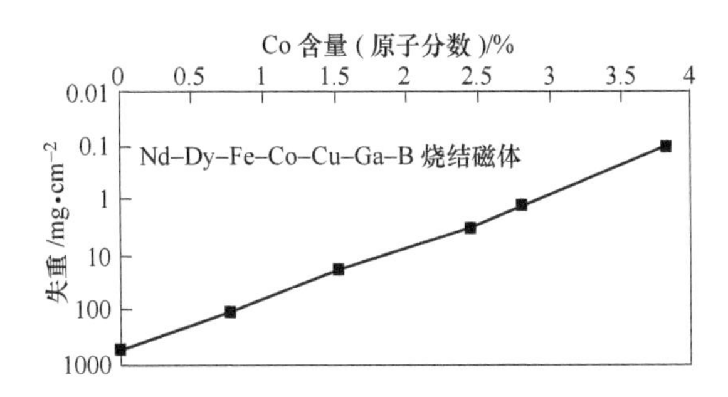

图 8-117 R-Fe-Co-Cu-Ga-B 磁体在 HAST 试验(130℃,0.27MPa 水蒸气)10 天后的失重与 Co 含量的关系[191]

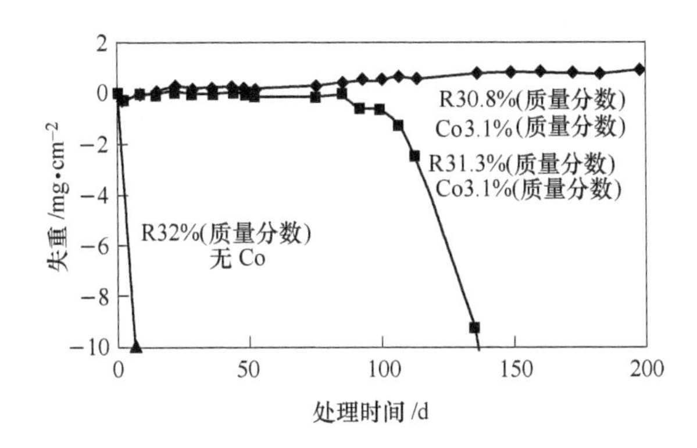

图 8-118 R-Fe-Co-Cu-Ga-Al-B 磁体在 HAST 试验(130℃,95% RH,无凝露)的失重与时间的关系[192]

8.3.4.3 添加 V、Nb、Zr 改善烧结 Nd-Fe-B 磁体的耐蚀性

Kim 和 Camp[186]还研究了 V、Nb、Zr 对掺 Dy、Co、Al 磁体磁性和耐蚀性的影响。表 8-17 中样品 B1 ~ B7 是不同磁体的合金配方及其在 PCT 试验(110 ~ 115℃ × 水蒸气压强 34.5 ~ 69kPa(5 ~ 10psig))中的失重,相对于纯 $Nd_{33.5}Fe_{65.4}B_{1.1}$磁体(样品 B1)在 96h 后高达 422.0mg/cm^{2}的失重而言,添加 5% 左右的 Co、0.35% 左右的 Al 和少量的 V、Nb、Zr,就将磁体失重大幅度降低到 4 ~ 5mg/cm^{2}甚至 0.3mg/cm^2,其中 Zr 的效果最为显著(样品 B4),而且在更长时间的 PCT 试验中(144h 和 240h)保持 0.3mg/cm^{2}这个失重水平,添加 V(样品 B2)和 Nb(样品 B3)磁体的长时间失重增长到几十和数百 mg/cm^2。表 8-18 列出了这些磁体的室温磁性能参数,其中 B5、B6 和 B7 磁体的取向磁场更高,得到了更大的 B_r和 $(BH)_{max}$。比较 B1 ~ B4 的数据可知,在 Dy、Co 和 Al 添加量相当的前提下,少量添加 V、Nb、Zr 可以改善 H_{cJ},且对 B_r和 $(BH)_{max}$影响不大,但过多的 V 会降低 B_r和 $(BH)_{max}$以及退磁曲线方形度。综合磁体性能和耐蚀性改善,V、Nb 和 Zr 中以添加少量 Zr 最佳。从 B5、B6 和 B7 的对比可以区分 Dy、Al 和 Zr 各自对性能及耐蚀性的影响,也可以看出 Zr 的效果极为显著,添加 1.0%(质量分数)的 Zr 可将 H_{cJ}提升 6.9kOe,而 PCT 失重大幅度下降到 0.3mg/cm^2,但更多的 Zr 会使 H_{cJ}直线下降,到 Zr 含量 4%(质量分数)时 H_{cJ}降低了 12kOe 以上(图 8-119)。

表 8-17 添加 Dy、Al 磁体与无添加磁体的高压釜试验失重比较[186]

（实验条件：温度 110 ~ 115℃、水蒸气压强 34.5 ~ 69kPa（5 ~ 10psig））

合 金	合金配方（质量分数）/%							失重/mg · cm^{-2}		
	Nd	Dy	Fe	Co	Al	TM	B	96h	144h	240h
B1	33.5		65.4				1.1	422.0		
B2	29.7	3.7	57.5	4.5	0.20	V3.1	1.3	3.7		
B3	31.0	3.0	58.8	5.0	0.35	Nb0.7	1.1	5.2		
B4	31.0	3.0	58.5	5.0	0.35	Zr1.0	1.1	0.3		
B5	31.0	3.0	59.9	5.0			1.1		75	188
B6	31.0	3.0	59.5	5.0	0.35		1.1		45	150
B7	31.0	3.0	58.5	5.0	0.35	Zr1.0	1.1		0.3	0.3

表 8-18 添加 V、Nb、Zr 不同成分磁体的室温磁性能参数[186]

合 金	B_r/kGs	H_{cJ}/kOe	H_k/kOe	$(BH)_{max}$/MGOe	H_k/H_{cJ}
B1	11.3	13.9	9.9	30.7	0.712
B2	10.0	24.4	9.0	22.5	0.369
B3	11.0	20.5	15.0	28.7	0.732
B4	10.9	21.2	14.6	28.5	0.689
B5	11.7	14.6	13.0	32.9	0.890
B6	11.6	17.0	14.7	32.3	0.865
B7	11.4	23.9	20.0	31.9	0.837

Aziz[194]对添加合金化元素改善磁体耐蚀性的机理做了较为系统的归纳。与前几小节的情况类似，他将研究对象分为三类：

S1 = $Nd_{26}Dy_6Fe_{62.3}B_{0.87}M$（M = Co、Al、Cu 和 Ga）

S2 = $Nd_{26}Dy_6Fe_{66}B_{0.87}M$（M = Al 和 Nb）

S3 = $Nd_{28}Dy_5Fe_{66}B_{0.87}$

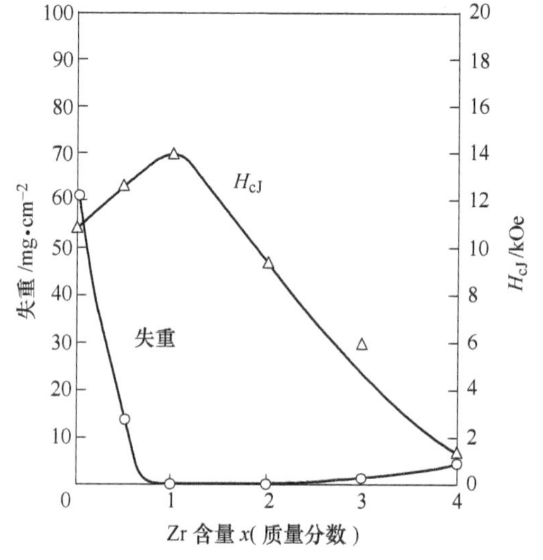

图 8-119 $Nd_{33}Fe_{60.6-x}Co_5Al_{0.3}Zr_xB_{1.1}$ 磁体 H_{cJ} 和 96h PCT 试验失重与 Zr 成分的关系[186]

自由腐蚀条件下的自发溶解试验环境为 25℃氮气净化的 0.5mol/L H_2SO_4溶液，10min 内磁体的腐蚀失重率见图 8-120，相对于纯 Fe（99.9%）而言，Nd-Fe-B 的失重率都非常高，其中添加 Co 以及低熔点金属元素的 S1 类失重率最低，而无合金化元素的 S3 类最高。在最初的 2 ~ 3min，晶间富 Nd 相和富 B 相优先腐蚀，中间的4 ~ 6min 主相晶粒从磁体上剥离、溶入溶液。在高阴极极化的反常溶解试验中，溶液条件同上，相对于饱和甘汞电极（SCE）施加 U_{SCE} = －1.00V 的电压，电压扫描速率

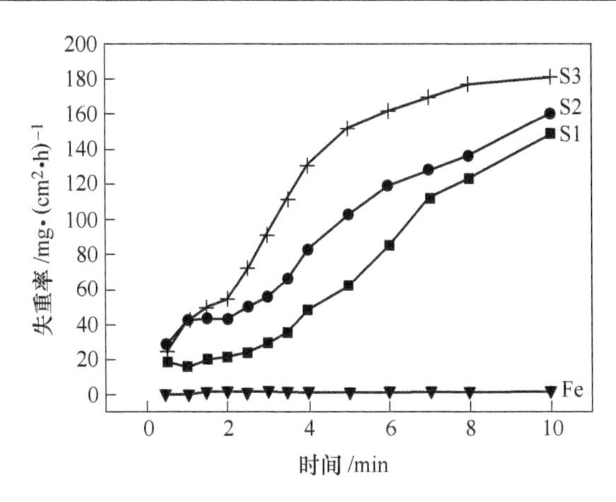

图 8-120 烧结 Nd-Fe-B 磁体和纯 Fe 在 25℃氮气净化的 0.5mol/L H_2SO_4溶液中的腐蚀失重率[194]

10mV/s，电极转速 720r/min。60min 后磁体样品的失重率、阴极电流密度和氢含量见表 8-19，可见失重率随氢增加量的提升而加大，吸氢腐蚀促进主相晶粒从磁体上剥落。图 8-121（a）是不同样品在酸性溶液中的动电位极化曲线，测试条件为 25℃ 氮气净化的 0.5mol/L H_2SO_4溶液，电压扫描速率 2mV/s，电极转速 720r/min。由图可见，活化溶解起始阶段（Ⅰ区）不同样品的电化学行为相似，Fe 的起始电动势略高于 Nd-Fe-B，阳极腐蚀符合法拉第定律；随着 U_{SCE}增加，扩散机制决定的腐蚀行为趋近稳定状态（Ⅱ区），电流密度达到 500mA/cm^{2}以上，各样品间也无明显差别；电流密度在“准钝化”膜形成区（Ⅲ区）以数个数量级突降，比较而言 Fe 的突降电压最低，Nd-Fe-B 样品的顺序为 S1 < S2 < S3；当样品进入“准钝化”状态（Ⅳ区），S3 的阳极电流密度最高，约 20mA/cm^2，S1 和 S2 的也大于 5mA/cm^2，比纯 Fe 的 0.1mA/cm^{2}高两个量级，样品 S1 的俄歇电子谱（AES）分析表明钝化膜主要是（Nd，Fe）氧化物，含少量 Co 和 Al；在电势差 U_{SCE} > 1.5V 的Ⅴ区发生钝化膜析氧反应，电流密度再次上升，腐蚀继续，S1 的电流密度上升电压最低，S3 的远高于 S1 和 S2。因此，耐蚀性最好的 S3 样品在动电位极化曲线中的表现为：Ⅲ区“准钝化”起始电位和Ⅴ区析氧反应电位低，且Ⅳ区“准钝化”态电流密度低。在中性溶液中的动电位极化曲线（图 8-121（b））与图 8-121（a）类似，但“准钝化”的起始电位和稳态电流密度都偏低，S1 的起始电位明显低于 S2 和 S3，并呈现三个台阶，而 S2 和 S3 的行为非常相近。质谱和原子发射谱分析给出样品 S1 的 B 含量低于 1%（质量分数），可以推测磁体中富 B 相缺失，而背散射 SEM 分析揭示 S1 的晶界相中含有 Al 和 Ga，说明 Al 和 Nb 的添加对晶界相的改善不明显，而添加 Co、Ga 和 Cu 形成的新晶界相可显著改善 Nd-Fe-B 磁体的电化学腐蚀耐受性。图 8-122 给出了扫描探针显微镜（SPM）探测的阳极极化 Nd-Fe-B 磁体表面拓扑形貌和高度起伏差异，极化条件为 0.5mol/L H_2SO_4酸性溶液，U_{SCE} = −800 ~ 200mV，选择性晶界相优先腐蚀在磁体表面挖出约 3 ~ 5μm 的“坑”，对应主相晶粒因晶界腐蚀而剥落，留下的主相晶粒形成间距 8 ~ 16μm 的“岛”。归纳上述研究结果，阴极极化会加速 Nd-Fe-B 的腐蚀，且腐蚀速率与磁体氢含量呈正相关；溶液的 pH 值敏感影响腐蚀过程，低 pH 值的酸性环境优先腐蚀富 Nd 相；添加 Co、Ga 和 Cu 的磁体耐蚀性显著改善，低 B 含量有助于耐蚀性，而添加少量 Dy 不生成新相，对耐蚀性无影响。

表 8-19 反常溶解试验反应率[194]

样品	失重率 /mg·(cm²·h)⁻¹	阴极电流密度 /mA·cm⁻²	试验后 H_2 量 /×10⁻⁴%	试验前 H_2 量 /×10⁻⁴%	H_2 增加量 /×10⁻⁴%
S1	186	-310	6.97	3.84	3.13
S2	267	-215	12.20	5.46	6.74
S3	288	-183	14.70	5.58	9.12

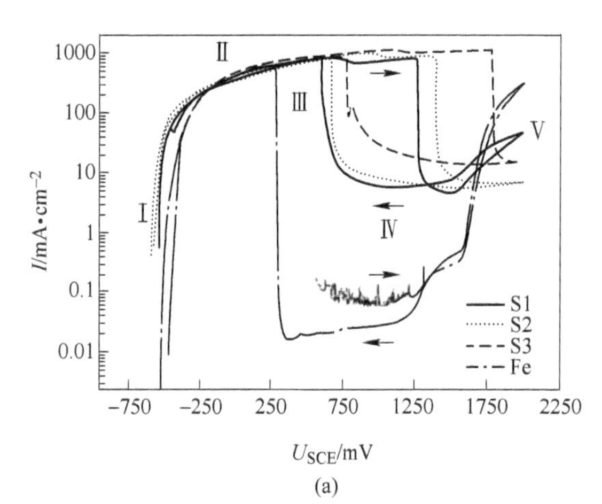

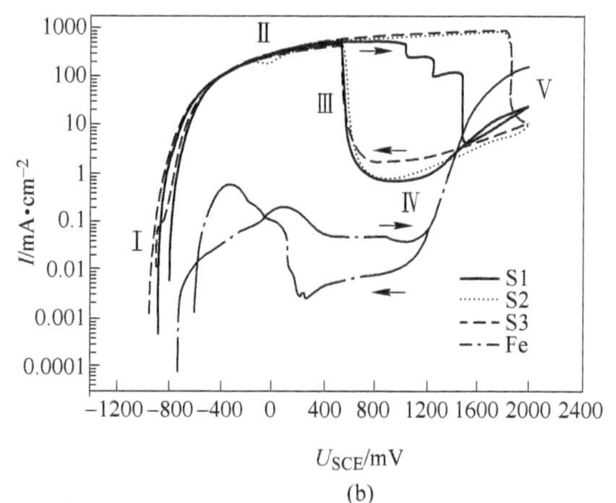

图 8-121 25℃氮气净化溶液 720r/min、2mV/s 的动电位极化曲线[194]

(a) 酸性溶液 0.5mol/L H_2SO_4；(b) 中性溶液 0.5mol/L Na_2SO_4

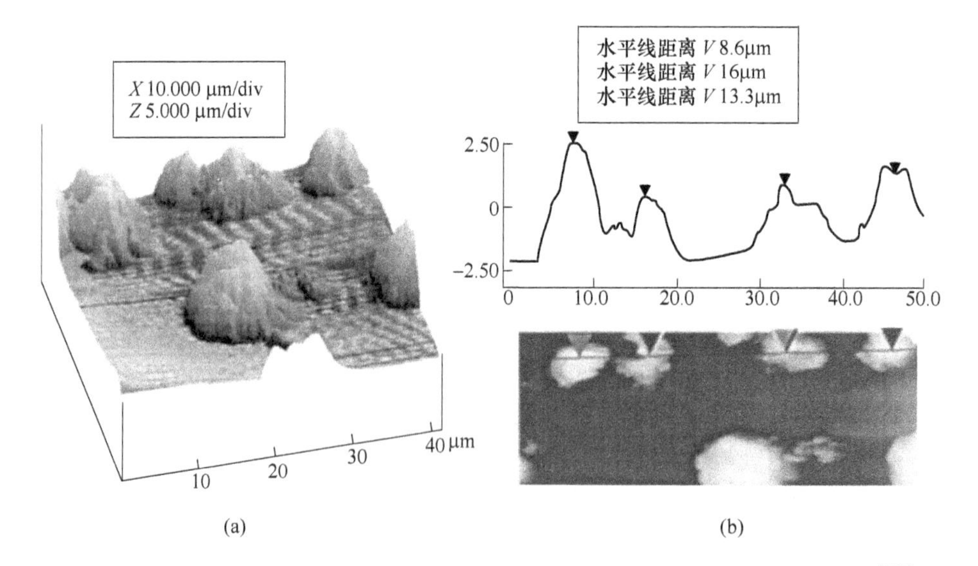

图 8-122 0.5mol/L H_2SO_4溶液阳极极化 Nd-Fe-B 样品表面的拓扑结构和高度差[194]

8.3.4.4 其他添加物改善烧结 Nd-Fe-B 磁体的耐蚀性

采用合金熔炼的方式引入合金化元素，无疑会导致其进入主相，大多数元素会造成主相内禀磁性的衰减，因此，双合金工艺和由此发展的制粉工序混入合金化元素工艺得以发展，直接对晶界相进行调整和改善，以提高磁体的耐蚀性。Beseničar 等人[195~197]研究了 ZrO_2对 Nd-Dy-Fe-B 磁体磁性、温度系数和耐蚀性的影响，1%（质量分数）的 ZrO_2在气流磨粉之前加入以得到更好的混合均匀性。TEM 观察发现，添加 ZrO_2的磁体在富 Nd 相中出现片状脱溶相，长度在 100~300nm 之间，厚度为 15~70nm；选区电子衍射（SAED）和 EDX 谱分析推断该脱溶相为 ZrB_2(3H)，对样品微区缓慢加热到 1000℃仍看不到片状相的生长或消融；高分辨透射电镜（HREM）观察揭示，主相晶粒间的晶界相为厚度几纳米的非连续非晶膜，EDX 分析表明其 Nd 和氧的含量明显高于主相。加湿试验（室温 ×87% RH ×720h）后磁体增重仅 0.005%，锈蚀反应仅局限于磁体表面，而无 Zr 的 Nd-Dy-Fe-B 磁体增重 0.03%，且发生了体锈蚀，可能的原因是 ZrO_2将部分富 Nd 相转化成 Nd_2O_3，以及附加的相 ZrB_2，降低了晶界相的易腐蚀特性。XRD 分析表明，无 Zr 磁体的锈蚀物主要由 Nd_2O_3、$Nd(OH)_3$或 NdO(OH) 组成，$Fe(OH)_3$或 FeO(OH) 较少，而添加 ZrO_2磁体的锈蚀产物主要是 $Fe(OH)_3$、FeO(OH) 和 Fe_2O_3，只有痕量的 Nd_2O_3、$Nd(OH)_3$或 NdO(OH)。

莫文剑等人[198]研究了在 $Nd_{15}Dy_{1.2}Fe_{77}Al_{0.8}B_6$粉中添加 MgO 的磁性和耐蚀性，他们将粒度约 40nm 的 MgO 粉末加入 4~5μm 的 $Nd_{15}Dy_{1.2}Fe_{77}Al_{0.8}B_6$粉末，添加比例 0.1%~0.4%（质量分数），用球磨机在石油醚介质中混合均匀，混合粉在真空中干燥后制成烧结磁体。另外，他们还研究了在 $Nd_{22}Fe_{71}B_7$中分别添加 80nm MgO 或 ZnO 的磁性和耐蚀性[199]，氧化物添加比例 0.1%~1.5%（质量分数）。不同 MgO 或 ZnO 含量磁体的室温磁性能见图8-123，对添加 MgO 的 $Nd_{15}Dy_{1.2}Fe_{77}Al_{0.8}B_6$磁体而言，密度和 B_r在 0.2%（质量分数）最高，在 0.4%（质量分数）时显著降低，H_{cJ}在 0.2%（质量分数）之前几乎不变，但在 0.3%（质量分数）时大幅下降；添加 MgO 或 ZnO 的 $Nd_{22}Fe_{71}B_7$磁体密度和 B_r在 1.5%（质量分数）才显著下降，H_{cJ}在 0.4%（质量分数）最高。MgO 和 ZnO 的差别主要体现在 H_{cJ}上（图 8-123(b)），后者更有利于 H_{cJ}。SEM 照片显示（图 8-124），$Nd_{22}Fe_{71}B_7$磁体的主相晶粒因氧化物的添加而细化，平均粒径从 9.3μm 降到 0.77μm（0.4%（质量分数）的 MgO）和 0.79μm（0.4%（质量分数）的 ZnO），这对 H_{cJ}的提升有一定的贡献，但 $Nd_{15}Dy_{1.2}Fe_{77}Al_{0.8}B_6$磁体的变化不大，只是从 8.5 降到 8.2。背散射电镜照片（图 8-125）显示，0.4%（质量分数）MgO 的样品中晶间富稀土相连续分布，但 1.0%（质量分数）的样品富 Nd 相减少，且出现中断的情况。EDS 分析表明：晶间相的氧含量偏低，而三角区氧更加富集，Mg 只进入晶界，

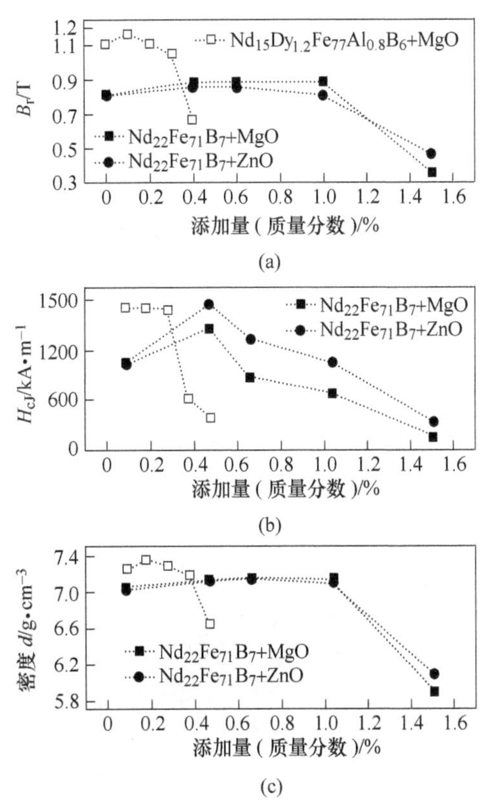

图 8-123 添加纳米 MgO 粉 $Nd_{15}Dy_{1.2}Fe_{77}Al_{0.8}B_6$磁体和分别添加 MgO、ZnO 粉 $Nd_{22}Fe_{71}B_7$磁体的室温磁性能与氧化物添加量的关系[199]

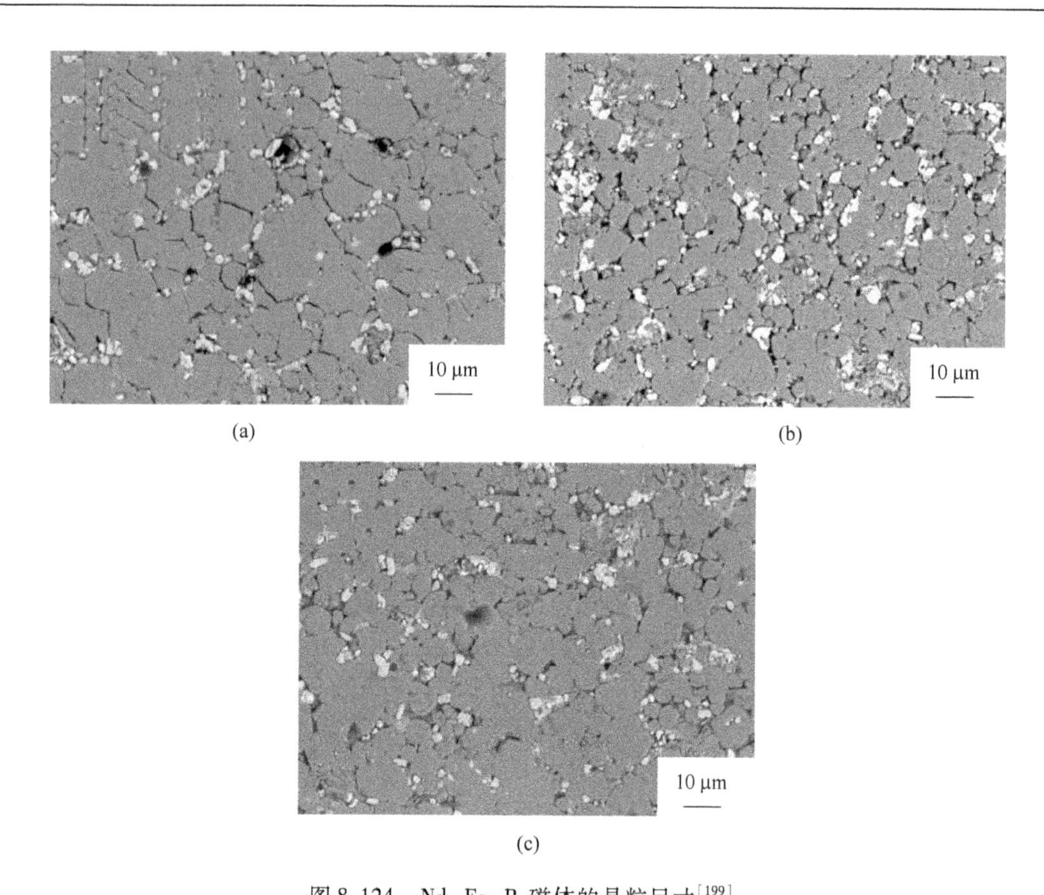

图 8-124　$Nd_{22}Fe_{71}B_7$磁体的晶粒尺寸[199]

(a) 原磁体；(b) 添加 0.4%(质量分数) MgO；(b) 添加 0.4%(质量分数) ZnO

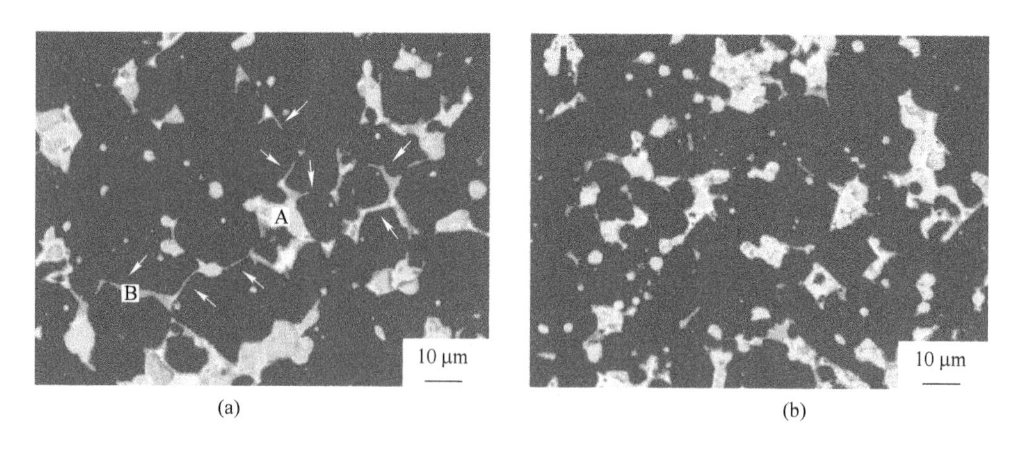

图 8-125　添加 MgO 的 $Nd_{22}Fe_{71}B_7$磁体背散射电镜照片[199]

(a) 0.4%(质量分数)；(b) 1.0%(质量分数)

并以 Nd-O-Fe-Mg 颗粒夹杂物的形式存在于主相晶粒三角区，纯 MgO 或 ZnO 相消失。随着 MgO 或 ZnO 添加量的增加，氧含量低的富 Nd 相逐渐减少，高氧含量三角区增多，导致磁体密度、B_r和 H_{cJ}下降。不同 MgO 或 ZnO 含量磁体在室温不同溶液中的极化曲线见

图 8-126，电压扫描速率 2mV/s，溶液分别为 2.73% NaCl + 0.38% $MgCl_2$(pH = 7) 和 2.34% NaH_2PO_4(pH = 4)。不同成分和氧化物添加量磁体的极化曲线差异不大，而溶液性质对极化反应的影响更为明显，在 NaH_2PO_4 酸性溶液中，磁体在 -0.3 ~ 1.2V 之间表现出明显的钝化行为（图 8-126（a）、（b）），且存在 a_1 处的活化溶解峰，应该对应于 Fe 的溶解，因为纯 Fe 不倾向于发生钝化反应。在 NaCl + $MgCl_2$ 溶液中，由于 Cl 离子会损伤钝化层，所以观察不到钝化平台（图 8-126（c）、（d））。添加 MgO 和 ZnO 的磁体的腐蚀起始电位更高，表 8-20 列出了不同磁体在两种溶液下的腐蚀电位，可见其随氧化物添加量上升而上升的趋势，而阳极分支（$U_{SCE} > 0$）的极化电流密度和钝化电流密度更低，

表 8-20 加 MgO 或 ZnO 不同成分磁体的腐蚀电位[199]

合金		$E_{NaH_2PO_4}$	$E_{NaCl+MgCl_2}$
$Nd_{22}Fe_{71}B_7$	+0	-0.762	-0.825
	+0.4% MgO	-0.709	-0.762
	+1.0% MgO	-0.661	
	+0.4% ZnO	-0.701	-0.788
	+1.0% ZnO	-0.692	
$Nd_{15}Dy_{1.2}Fe_{77}Al_{0.8}B_6$	+0	-0.781	-0.803
	+0.1% MgO	-0.716	-0.748
	+0.3% MgO	-0.709	-0.734

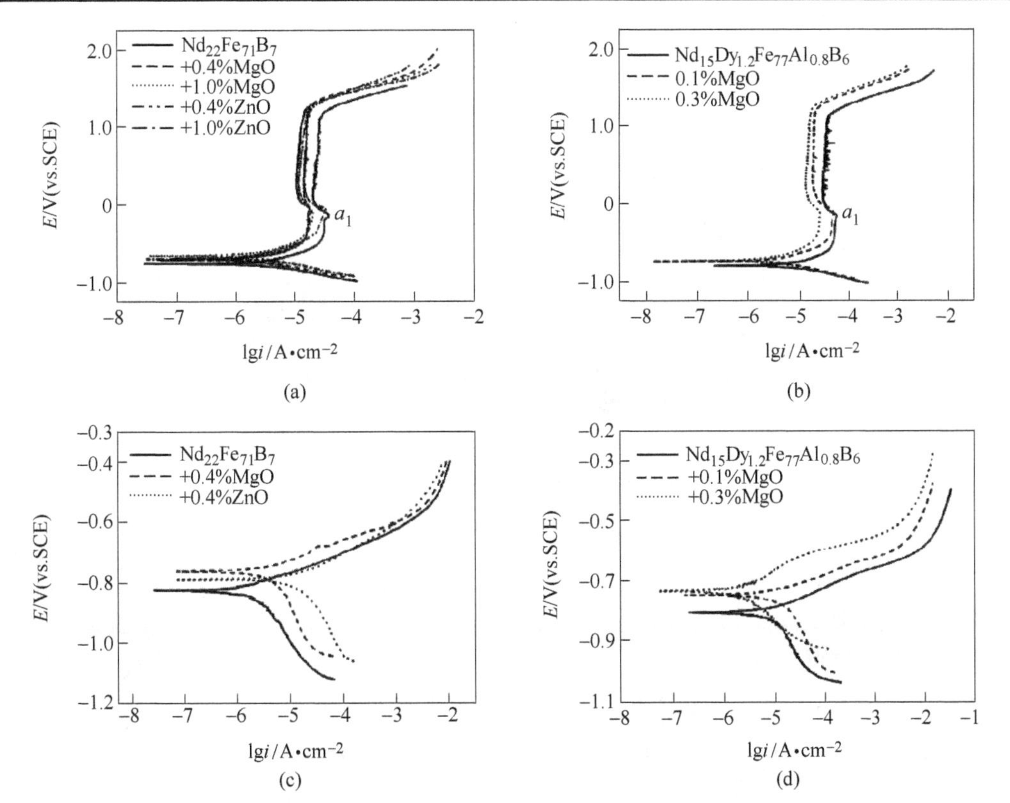

图 8-126 添加纳米 MgO 和 ZnO 粉磁体的极化曲线[199]

（a），（b）NaH_2PO_4 溶液；（c），（d）NaCl + $MgCl_2$ 溶液

反映出其耐蚀性的增强。图 8-127 的高压釜试验失重曲线（试验条件 120℃、34.5 ~ 69kPa 蒸汽压）同样表现出氧化物添加对磁体耐蚀性的显著改善，总稀土含量高的 $Nd_{22}Fe_{71}B_7$ 磁体失重率是 $Nd_{15}Dy_{1.2}Fe_{77}Al_{0.8}B_6$ 的三倍，而高 MgO、ZnO 含量、富 Nd 相大为减少的磁体失重率明显减小。极化曲线测试后磁体的显微结构特征（图 8-128）表明：晶界相发生优先侵蚀，主相表面有少量腐蚀坑，而且不添加 MgO 的磁体有主相晶粒开裂的情况（图 8-128（a））。

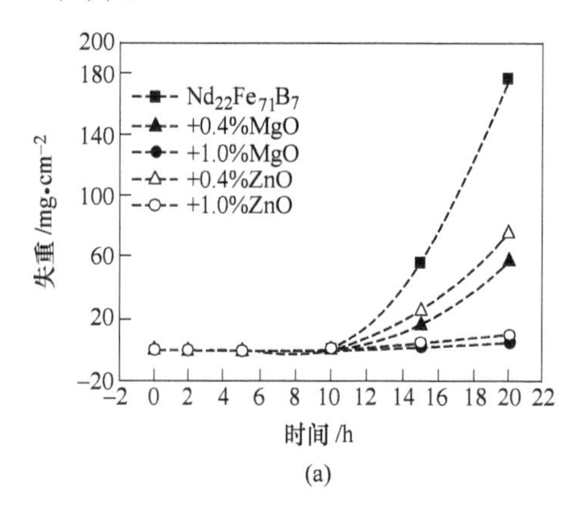

(a)

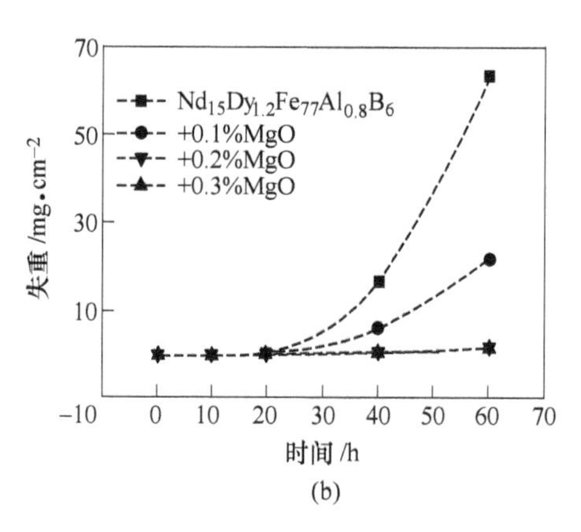

(b)

图 8-127 高压釜试验失重曲线[199]

（a）$Nd_{22}Fe_{71}B_7$ 磁体；（b）$Nd_{15}Dy_{1.2}Fe_{77}Al_{0.8}B_6$ 磁体

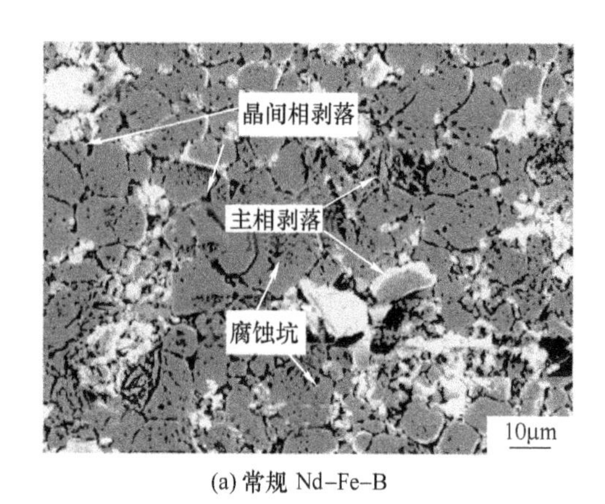

(a) 常规 Nd–Fe–B

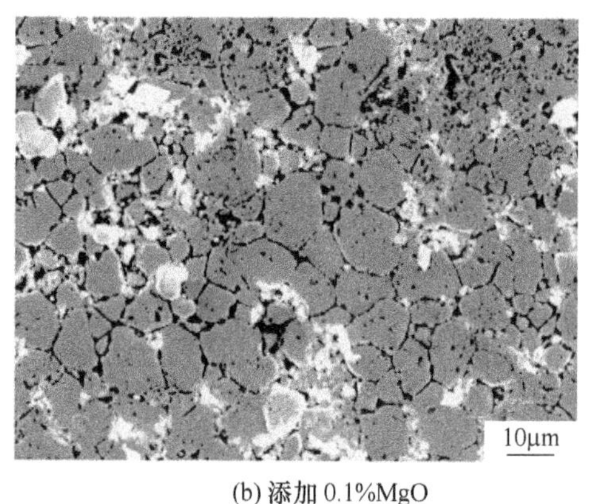

(b) 添加 0.1%MgO

图 8-128 极化曲线测试后磁体的 SEM 照片[198]

（a）$w(MgO)=0$；（b）$w(MgO)=0.1\%$（质量分数）

Cui 和严密等人[200]则研究了在 $Nd_{28.25}Dy_{2.75}Fe_{67.67}Al_{0.15}Ga_{0.1}Nb_{0.1}B_{0.98}$ 中添加不同重量 SiO_2 纳米粉末对磁体性能和耐蚀性的影响，20 ~ 25nm 的 SiO_2 粉末通过化学沉淀法制备。磁体磁性能和密度随 SiO_2 添加量的变化见图 8-129，B_r、H_{cJ}、$(BH)_{max}$ 和密度在 SiO_2 添加到磁体总重量的 0.01 时达到最大值，分别为 1.33T、1270kA/m、336kJ/m³ 和 7.50g/cm³。显微照片表明添加 SiO_2 有效抑制了烧结过程中的晶粒长大，$x=0$ 的平均粒径为（6.42 ± 0.94）μm，而 $x=0.01$ 的就降低到 4.62 ± 0.99μm，而且晶粒更加规则和光滑，三角区的富 Nd 相尺寸更小，这正是高 H_{cJ} 所需要的显微结构。EDX 分析结果证实 Si 主要进入富 Nd 相，可能是在烧结阶段与富 Nd 相反应生成 Nd_2O_3，根据 Barin 和 Platzki[201]的数据可以算出：这个反应的标准摩尔吉布斯自由能 $\Delta_r G_m^{\ominus}$(1340K) = −849.813kJ/mol，意味着反应会在烧结温度 1340K 附近自发发生。Si 进入富 Nd 相能有效提升其相对主相晶粒的浸润作用，而 Nd_2O_3会妨碍富 Nd 相的移动、阻止主相晶粒的生长，两者共同作用导致上述的显微结构改善。3.5%(质量分数) NaCl 溶液中的动电势极化曲线给出的腐蚀电势 E_{corr}和电流密度 i_{corr}列在表 8-21 中，$x=0.01$ 的 E_{corr}最大、i_{corr}最小，对应磁体的耐蚀性最佳；x 继续增大会使耐蚀性变差，$x=0.07$ 时 E_{corr}甚至低于 $x=0$ 的磁体，但 i_{corr}依然较低，说明耐蚀性仍好于 $x=0$ 的磁体。

表 8-21 $Nd_{28.25}Dy_{2.75}Fe_{67.67}Al_{0.15}Ga_{0.1}Nb_{0.1}B_{0.98}$磁体腐蚀电位和电流密度与 SiO_2含量的关系[200]

SiO_2(质量分数)/%	0	0.01	0.03	0.05	0.07
E_{corr}/mV	−676	−595	−641	−645	−706
i_{corr}/μA · cm^{-2}	700.6	279.6	482.7	509.4	540.2

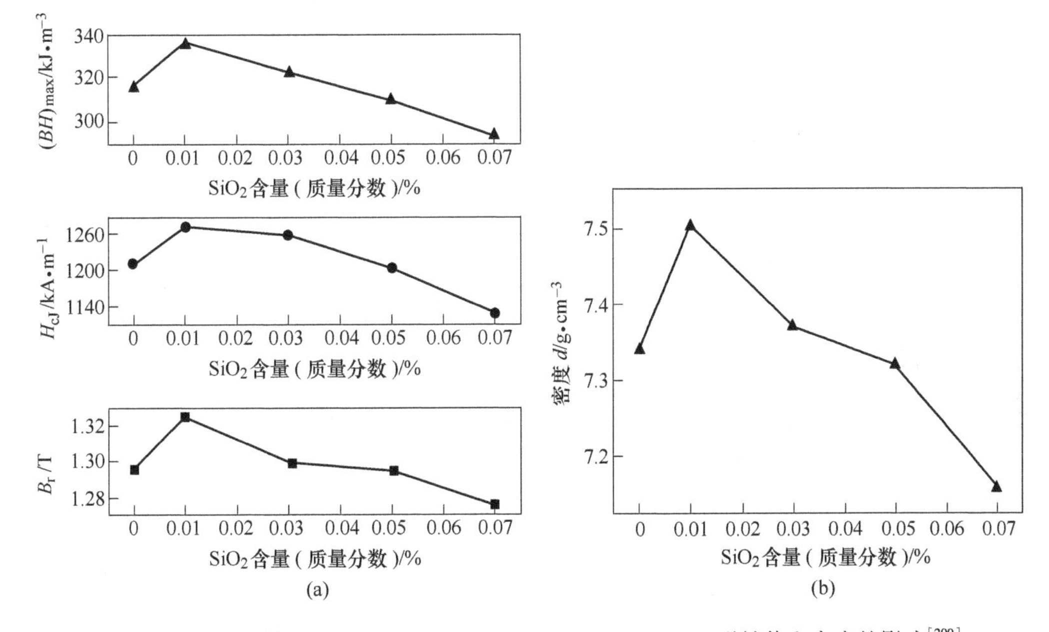

图 8-129 SiO_2添加量对 $Nd_{28.25}Dy_{2.75}Fe_{67.67}Al_{0.15}Ga_{0.1}Nb_{0.1}B_{0.98}$磁性能和密度的影响[200]

除了氧化物外，金属和合金粉末添加对磁体性能和耐蚀性的影响也得到了广泛研究，例如 Sn 粉[202]、Cu 粉[203,204]、Cu/Nb 粉[205]、Al-Cu[206~209]、Cu-Zn[210]、Nd-Co[211]、$Nd_6Co_{13}Cu$[212]和 $(Pr,Nd)_6Fe_{13}Cu$[213]等，并提出了晶界重构的概念。Ni 等人[202]将 0.2%~0.6%(质量分数) 的 Sn 粉（平均粒度 4μm）添加到 $Nd_{31.8}Fe_{66.9}Al_{0.3}B_{1.0}$制成磁体，测得其在 0.005mol/L H_2SO_4和 0.6mol/L NaCl 溶液中的腐蚀电势 E_{corr}和电流密度 i_{corr}。如图 8-130 所示，在两种溶液中 E_{corr}随 Sn 含量的增加近乎线性增长，在 NaCl 溶液中的数值普遍低于 H_2SO_4溶液；i_{corr}快速下降，在 $x=0.3$ 达到极小值后便缓慢回升，$x=0.3$ 磁体的耐蚀性最佳，在 NaCl 溶液中的 i_{corr}远低于 H_2SO_4溶液。在 H_2SO_4溶液动电势极化试验后，样品的 SEM 二次电子像（图 8-131）显示 $x=0$ 样品表面的主相晶粒严重剥落；$x=0.3$ 样品的主相保留完整，只有少量的三角区和边晶界相侵蚀；$x=0.6$ 样品的三角区剥落有所加重，并伴随少数细小主相晶粒的剥离。极化试验前样品的背散射 SEM 照片显示，部分三角区存在灰度介于灰暗主相和明亮富 Nd 相之间的新相，EDS 分析给出的原子百分比近似于 30% Nd、65% Fe 和 5% Sn，也就是 $Nd_6Fe_{13}Sn$，且 Sn 很少溶入主相，Sn 的增加意味着更多 $Nd_6Fe_{13}Sn$ 相取代富 Nd 相。在 0.005mol/L H_2SO_4 溶液中，富 Nd 相、$Nd_6Fe_{13}Sn$ 和 $Nd_2Fe_{14}B$ 相对于饱和甘汞电极（SCE）的开路电势分别为 -0.853、-0.734 和 -0.669V，而在 0.6mol/L NaCl 溶液中的开路电势为 -1.179V、-0.742V 和 -0.714V，可见 NaCl 溶液中富 Nd 相与主相的电势差更大，电化学腐蚀更严重，而 $Nd_6Fe_{13}Sn$ 与主相的电势差小得多，电化学腐蚀会因 Sn 的添加而显著改善。电化学阻抗谱（EIS）测出的阻抗实部-虚部 Nyquist 曲线（图 8-132）显示，在 0.005mol/L H_2SO_4 溶液中高频和中频阻抗为容抗弧，低频阻抗为感抗弧；在 0.6mol/L NaCl 溶液中，高频到低频都是感抗弧。由数据拟合得到的等效电路也包含在图8-132 之中，吸收感抗 R_L 和电荷转移电阻 R_t 列于表 8-22 之中，R_t 与晶界相和电解质溶液界面的电化学反应相关，R_L 取决于中间产物（包括晶界相表面的 Nd 或 Fe 氢氧化物）的吸收过程，抗电解质电阻 R_S 相比于 R_t 和 R_L 太小而予以忽略。数据显示 R_t 低于 $1000\Omega \cdot cm^2$，说明阳极晶界相区存在活化反应通道，磁体在酸或盐中的电化学腐蚀受控于这些通道，酸腐蚀还因感抗弧而多出一项 R_L。随着 Sn 含量的变化，R_L 和 R_t 在 $x=0.3$ 达到最大值，表明晶界相稳定性的改善提高了形成活化反应通道的阻力，并抑制了中间产物吸收过程，而反比于 R_L 和 R_t 的 i_{corr} 自然降低。$x>0.3$ 样品的 R_t 和 R_L 减小、i_{corr} 增加，可能与晶界相的聚集有关，$x=0.6$ 样品在三角区的 $Nd_6Fe_{13}Sn$ 相增多且尺寸加大，活化反应通道更多，更多活化离子被吸收，故而 R_t 和 R_L 减小，但依然远高于 $x=0$ 的对应值。

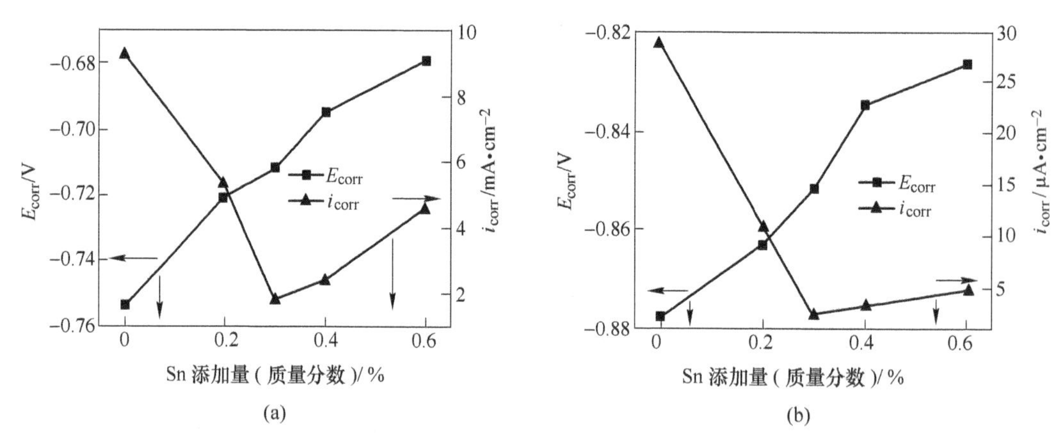

图 8-130　$Nd_{31.8}Fe_{66.9}Al_{0.3}B_{1.0}$ 磁体添加 4μm Sn 粉的腐蚀电势和电流密度[202]

（a）0.005mol/L H_2SO_4 溶液；（b）0.6mol/L NaCl 溶液

表 8-22　Nyquist 曲线等价电路的吸收感抗 R_L 和电荷转移电阻 R_t[202]

Sn（质量分数）/%	$R_L/\Omega \cdot cm^2$		$R_{t1}/\Omega \cdot cm^2$	$R_{t2}/\Omega \cdot cm^2$	$R_t/\Omega \cdot cm^2$
	0.005mol/L H_2SO_4	0.6mol/L NaCl	0.005mol/L H_2SO_4		0.6mol/L NaCl
0	85.9		55.8	40.4	391.3
0.2	127.2		63.6	53.8	652.8
0.3	159.9		96.4	74.1	997.4
0.4	148.5		92.3	62.8	908.1
0.6	135.7		71.8	57.8	829.2

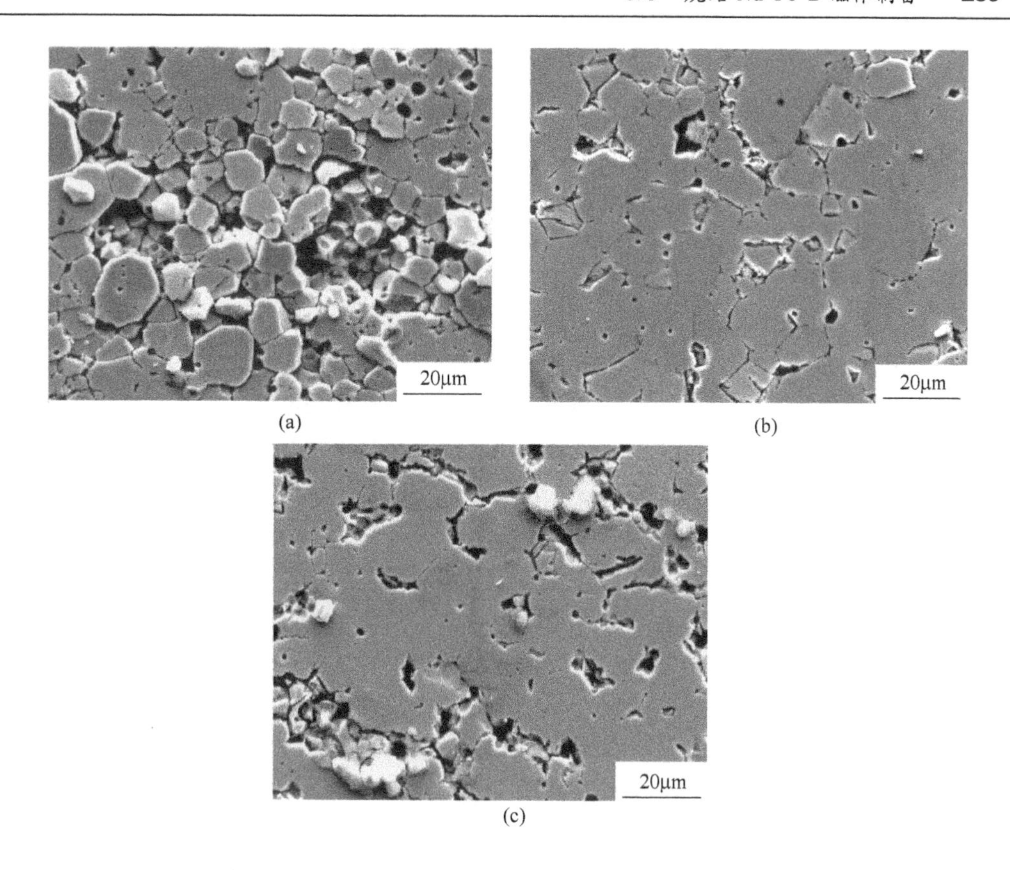

图 8-131　$Nd_{31.8}Fe_{66.9}Al_{0.3}B_{1.0}$磁体的 SEM 二次电子像[202]

（a）不加 Sn；（b）0.3%（质量分数）Sn；（c）0.6%（质量分数）Sn

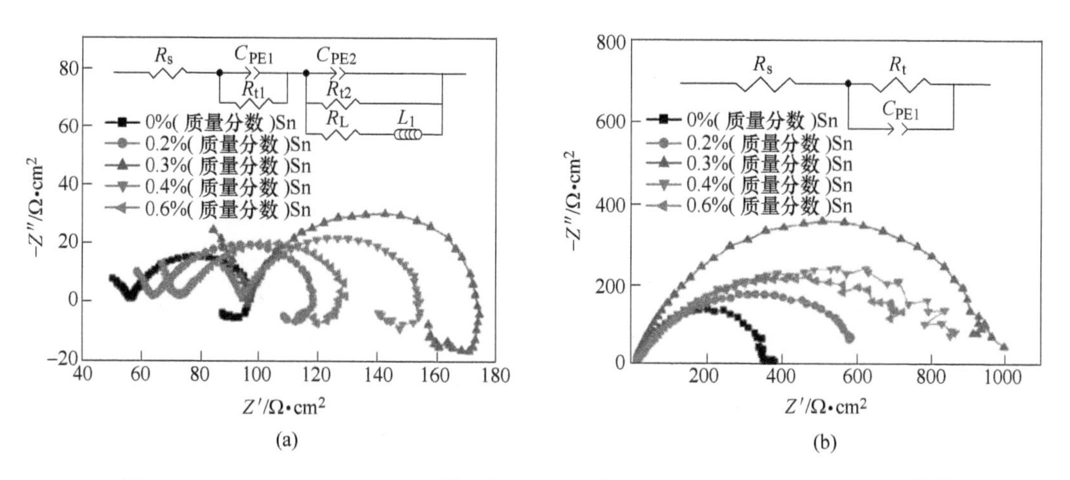

图 8-132　$Nd_{31.8}Fe_{66.9}Al_{0.3}B_{1.0}$磁体添加 4μm Sn 粉的 Nyquist 曲线及其等效电路[202]

（a）0.005mol/L H_2SO_4溶液；（b）0.6mol/L NaCl 溶液

Cui 等人[203] 制备了 $Nd_{29.3}Dy_{0.5}Tb_{0.2}Fe_{68.64}Al_{0.1}Ga_{0.11}Nb_{0.1}Zr_{0.1}B_{0.95}$ 合金粉末，平均粒度 3.3μm，然后将平均粒度 48nm 的 Cu 粉按磁体总重量的百分比 x 与磁粉均匀混合制成烧结

磁体，$x=0$、0.05、0.1 和 0.2。图 8-133 是磁体性能和密度与 x 的关系曲线，可见 B_r、$(BH)_{max}$和密度 d 的变化是同步的，在 $x=0.10$ 达到峰值，分别是：$B_r=1.393T$、$(BH)_{max}=363kJ/m^3$和 $d=(7.54\pm0.01)g/cm^3$，H_{cJ}则在 $x=0.05$ 时最大，达到 $(1179.7\pm10.7)kA/m$，继续增加 Cu 含量对 H_{cJ}的影响不大。金相观察发现添加 0.05%(质量分数) 的纳米 Cu 粉可将磁体的晶粒从 $(6.49\pm0.67)\mu m$ 细化到 $(5.98\pm0.42)\mu m$，且粒度分布更均匀，晶界更加清晰和平滑，更多的 Cu 会使晶粒增大到 $(6.13\pm0.54)\mu m$，但仍优于 $x=0$ 的无 Cu 磁体。这个显微结构特征与磁性能和密度的变化是吻合的，说明 Cu 添加到磁粉表面对烧结液相浸润性和抑制晶粒生长的积极作用。EDX 分析结果显示，Cu 几乎不进入主相，而是形成新的 $Nd_{29.08}Fe_{67.85}Cu_{3.07}$(原子分数) 晶间相，与 $Nd_6Fe_{13}Cu$ 接近，并少量进入富 Nd 相 (约 0.34%(原子分数))，氧主要在富 Nd 相中。TG 测量各成分磁体的居里温度同为 (307.4 ± 0.4)℃，也说明 Cu 在主相之外。在 3.5%(质量分数) 的 NaCl 溶液中测到的腐蚀电势 E_{corr}和电流密度 i_{corr}列在表 8-23 中，可见随着 Cu 含量的增加，E_{corr}向正向移动，而 i_{corr}明显减小，意味着磁体的耐电化学腐蚀性增强。另外，Sun 等人[204]也做了类似的研究，基体合金的成分是 $Nd_{10.1}Pr_{2.8}Fe_{81.1}B_6$(原子分数)，Cu 纳米粉用惰性气体冷凝法制备，粒度在 50~100nm 之间，Cu 粉按磁体总量的百分比混入磁粉并制成烧结磁体。图 8-134 (a) 是磁体性能与 Cu 含量的关系曲线，与图 8-133 的趋势不同，B_r和 $(BH)_{max}$随 Cu 含量增加单调下降，H_{cJ}则单调上升。EDX 分析表明只有少量 Cu 进入主相，Cu 主要分布在晶界富 Nd 相。121℃、0.2MPa 高压釜试验的失重曲线见图 8-134 (b)，可见 Cu 对耐蚀性改善的重要作用，特别是 $x=0.8$(质量分数) 磁体 150h 试验的失重率仅为无 Cu 磁体的 2.8%。将磁体在 200℃ 大气环境下放置 197h，从磁体性能的变化 (表 8-24) 也可以看出，纳米 Cu 粉的添加有助于提高磁体的抗氧化性。Zhang 等人[205]在 $(Pr,Nd)_{13.34}Fe_{80.82}B_{5.84}$

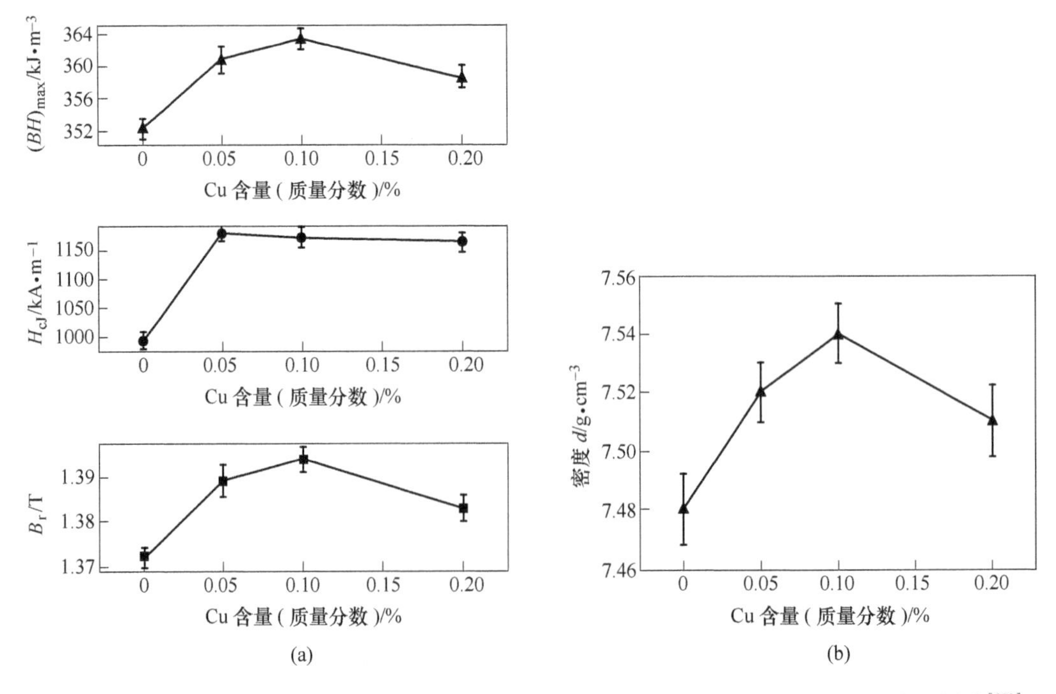

图 8-133 纳米 Cu 粉添加量对 $Nd_{29.3}Dy_{0.5}Tb_{0.2}Fe_{68.64}Al_{0.1}Ga_{0.11}Nb_{0.1}Zr_{0.1}B_{0.95}$磁性和密度的影响[203]

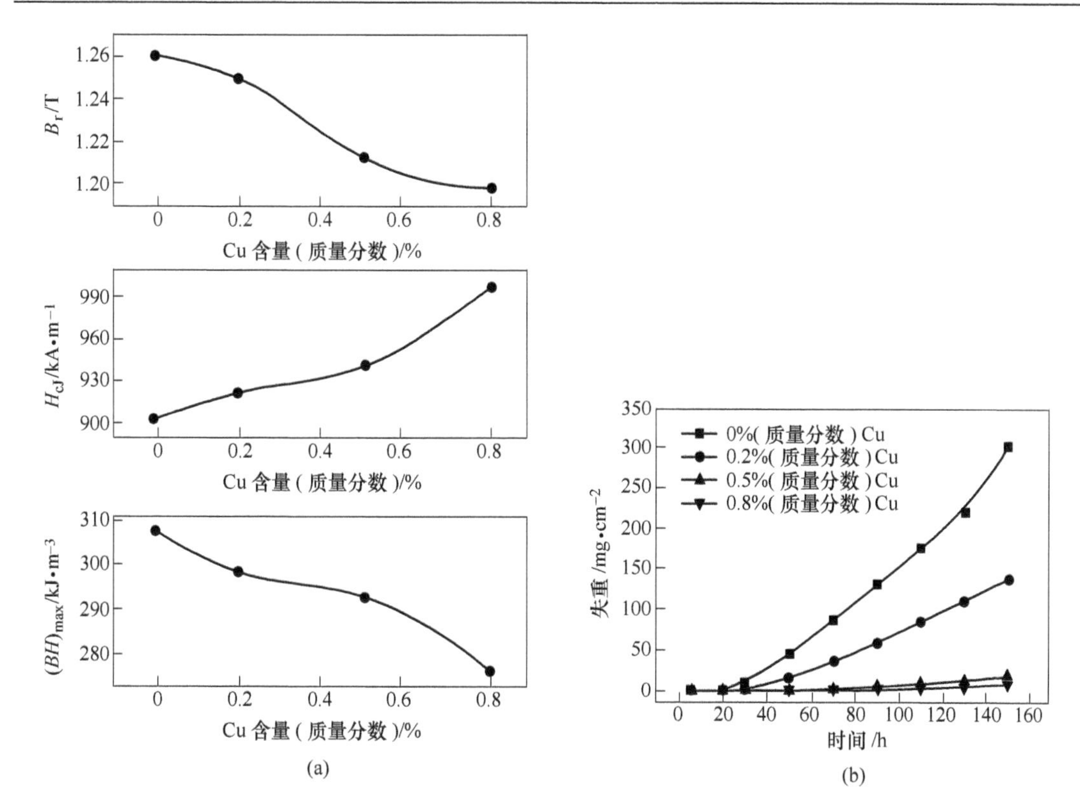

图 8-134 纳米 Cu 粉添加量对 $Nd_{10.1}Pr_{2.8}Fe_{81.1}B_6$(原子分数)的磁性和高压釜试验失重的影响[204]

(原子分数)中添加 Nb 粉或混合微米级的 Cu 和 Nb 粉,磁体在 3.5%(质量分数)的 NaCl 溶液中的腐蚀电势 E_{corr}和电流密度 i_{corr}(表 8-23)也因这两种添加而显著改善,从而在 PCT 试验(120℃、0.2MPa、100% RH)中的失重率大幅度减少(图 8-135)。显微结构分析表明:添加 Nb 粉的磁体晶粒细化效果明显,平均晶粒尺寸从 18.5μm 缩小到 9.5μm,Nb 主要进入三角区,磁体中三角区的体积分数从 8.143% 略微下降到 8.051%,说明富 Nd 相有移向晶界的倾向;混合添加 Cu 和 Nb 的磁体平均晶粒尺寸 13.8μm,略大于纯 Nb 添加,但三角相区的体积分数低了近一半(4.334%),而晶界相变得清晰而完整,再一次说明 Cu 对富 Nd 相浸润性具有重要作用。磁体的磁性能参数为:B_r = 13.6kGs、H_{cJ} = 11.4kOe、$(BH)_{max}$ = 46.2MGOe。

表 8-23 $Nd_{29.3}Dy_{0.5}Tb_{0.2}Fe_{68.64}Al_{0.1}Ga_{0.11}Nb_{0.1}Zr_{0.1}B_{0.95}$磁体(A)和 $(Pr,Nd)_{13.34}Fe_{80.82}B_{5.84}$磁体(B)在 3.5%(质量分数)的 NaCl 溶液中的腐蚀电势 E_{corr}和电流密度 i_{corr}[203,205]

磁体样品(质量分数)			E_{corr}/mV	i_{corr}/μA·cm^{-2}	参考文献
A	Cu	0%	-660	475	[203]
	Cu	0.05%	-618	304	[203]
	Cu	0.10%	-553	155	[203]
B	Nb	0%	-1115	62.33	[205]
	Nb	1.0%	-906	11.06	[205]
	Cu + Nb	0.2% +0.8%	-799	12.28	[205]

表 8-24　添加纳米 Cu 粉的 $Nd_{10.1}Pr_{2.8}Fe_{81.1}B_6$ 磁体在 200℃放置 197h 后的磁性能变化[204]

Cu（质量分数）/%	B_r/T			H_{cJ}/kA · m^{-1}			$(BH)_{max}$/kJ · m^{-3}		
	前	后	后/前	前	后	后/前	前	后	后/前
0	1.261	1.220	0.950	902.4	951.2	1.054	307.92	289.04	0.939
0.2	1.250	1.236	0.989	922.4	966.4	1.048	298.32	295.36	0.990

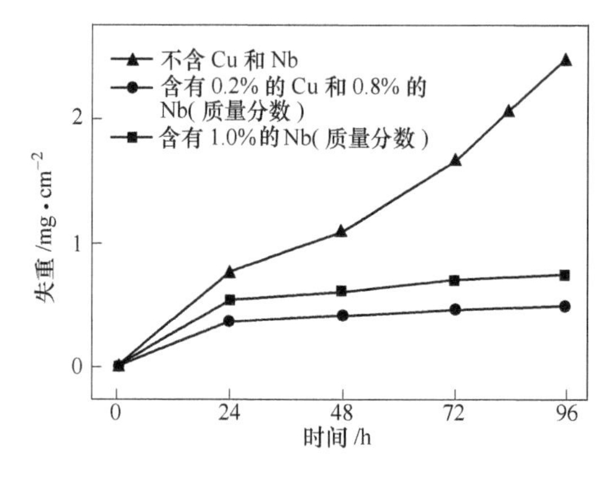

图 8-135　$(Pr,Nd)_{13.34}Fe_{80.82}B_{5.84}$ 及其添加 Nb 和 Cu + Nb 磁体的 PCT 失重率[205]

针对低熔点 Al-Cu 合金体系，严密等人展开了更为广泛和细致的研究。Ni 等人[206] 以不同重量比将 $Al_{85}Cu_{15}$（原子分数）球磨粉与 $(Pr,Nd)_{14.8}Fe_{78.7}B_{6.5}$（原子分数）气流磨粉混合制备烧结磁体，两种粉末的平均粒度均为 4μm，用球磨机在氮气保护下混合 1.5h。图 8-136 是磁体性能和密度与 $Al_{85}Cu_{15}$ 重量比的关系曲线，我们再一次看到 B_r、$(BH)_{max}$ 和密度 d 的同步关系，$x = 0.6$（质量分数）达到最佳性能：$B_r = 1.280T$、$(BH)_{max} = 316kJ/m^3$ 和 $d = 7.50g/cm^3$，H_{cJ} 也达到最大值 1090kA/m。与 Sn 和 Cu 粉类似，在 0.049% H_2SO_4 溶液和 3.5% NaCl 溶液中测到的腐蚀电势 E_{corr} 和电流密度 i_{corr}，都显示出 $Al_{85}Cu_{15}$ 添加量对磁体耐电化学腐蚀特性改善的单调性（图 8-137），不同溶液中 E_{corr} 和 i_{corr} 的差异特征也与图 8-130 的添加 Sn 粉类似。高压釜试验（120℃、0.2MPa、100% RH）的单位面积失重曲线（图 8-138（a））显示，只要加入 0.3%（质量分数）的 $Al_{85}Cu_{15}$ 即可显著降低失重，96h 后的失重从 $x = 0$ 的 114.9mg/cm^2 降到 20mg/cm^2 以下，而更多的 $Al_{85}Cu_{15}$ 添加只是锦上添花，例如添加 1.2%（质量分数）的只有 4.2mg/cm^2。EDX 分析再一次证实，Al 和 Cu 主要进入晶界相，并可以观察到富 Cu 新相 $(Pr,Nd)_{22}Fe_{56}Cu_{10}Al_2O_{10}$，该相的稀土与过渡金属之比 = 1:2.82，接近 1:3。他们制备了与主相、富稀土相和新相成分相同的合金，测得在 0.049% H_2SO_4 溶液和 3.5% NaCl 溶液中的开路电势（表 8-25），可见新相与主相的电势差显著低于富 Nd 相与主相。三个相对应合金的高压釜试验的失重曲线（图 8-138（b））表明：除了富稀土相 $(Pr,Nd)_{80}Fe_{20}$ 出现严重失重外，主相和新相 96h 内几乎没有失重。为优化加 Al-Cu 合金磁体的磁性能，他们还对不同添加量的烧结磁体进行了热处理制度的优化[207]，热处理时间 3h 后气淬快速冷却，图 8-139 反映了不同 $Al_{85}Cu_{15}$ 添加量磁体 H_{cJ} 随热处理温度的变化特征，$Al_{85}Cu_{15}$ 添加量（质量分数）为 0.3% 和 0.6% 的磁体在 550℃ 热处理时 H_{cJ} 最大，添加量（质量分数）为 0.9% 和 1.2% 的磁体在 480℃ 时 H_{cJ} 最大，且高于低

$Al_{85}Cu_{15}$含量磁体。添加 1.2%（质量分数）的 $Al_{85}Cu_{15}$在 480℃ 处理 3h 的磁体性能参数为：B_r = 1.220T，H_{cJ} = 1195kA/m，$(BH)_{max}$ = 305kJ/m^3，H_k/H_{cJ} = 96.2%。背散射 SEM 照片表明：在最佳热处理条件下，磁体中的富稀土相清晰，平滑、完整地分割主相晶粒（图 8-140（b）和图 8-141（c）），富稀土三角区的比例较小；而烧结态和低温热处理态的晶界相不能完全分割主相，富稀土相相对集中于三角区（图 8-140（a）、图 8-141（a）和（b））；高于最佳处理温度时（图 8-141（d）），边界相变得模糊和不连续，但依然比低温热处理的清晰，稀土再次向三角区富集。烧结态磁体升温速率 5℃/min 的 DSC 曲线显示：0.6%（质量分数）的磁体有两个吸热峰：301℃ 和 537℃，分别对应主相的居里温度和 Al-Cu 合金共晶反应：液相↔Al + $CuAl_2$，1.2%（质量分数）磁体的吸热峰有三个——296℃、464℃ 和 539℃，464℃ 的吸热峰对应 R-Cu 合金的共晶反应：液相↔(Pr,Nd) + (Pr,Nd)Cu，由于晶界相成分和共晶温度不同，不同添加量磁体的最佳热处理温度也不相同。

表 8-25　添加 $Al_{85}Cu_{15}$ 的 $(Pr,Nd)_{14.8}Fe_{78.7}B_{6.5}$ 磁体内各相相对于饱和甘汞电极的开路电势[206]

合 金 相	U_{SCE}/V	
	0.049% H_2SO_4 溶液	3.5% NaCl 溶液
$(Pr,Nd)_{22}Fe_{56}Cu_{10}Al_2O_{10}$	-0.784	-0.735
$(Pr,Nd)_{11.76}Fe_{82.36}B_{5.88}$	-0.707	-0.700
$(Pr,Nd)_{80}Fe_{20}$	-0.870	-1.191

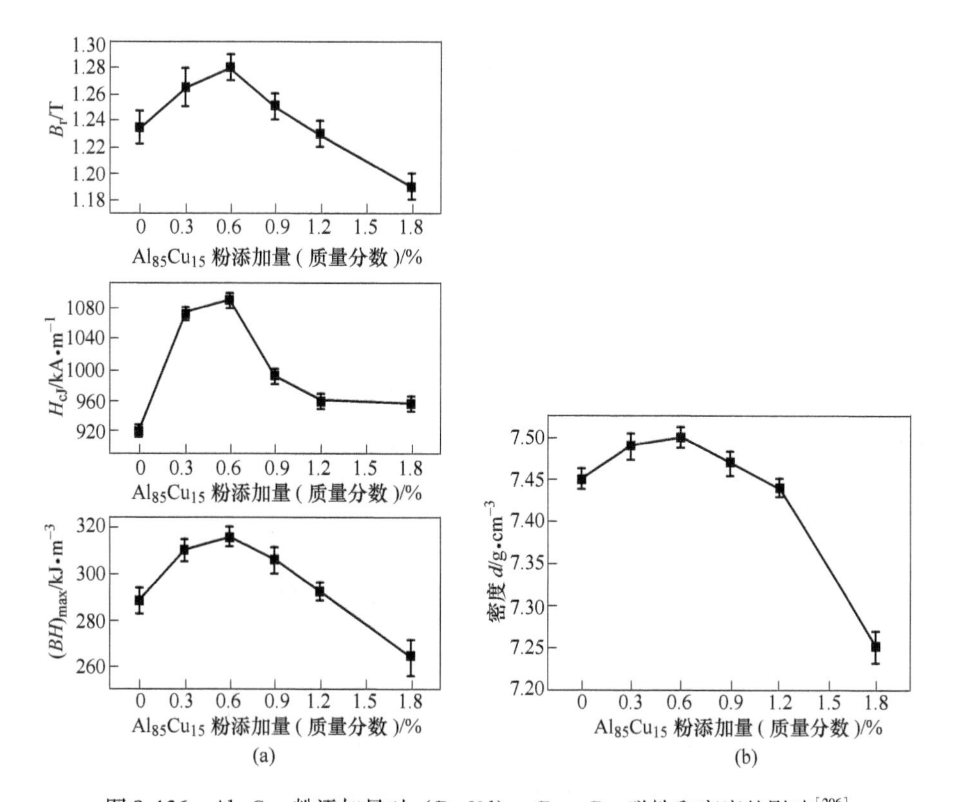

图 8-136　$Al_{85}Cu_{15}$ 粉添加量对 $(Pr,Nd)_{14.8}Fe_{78.7}B_{6.5}$ 磁性和密度的影响[206]

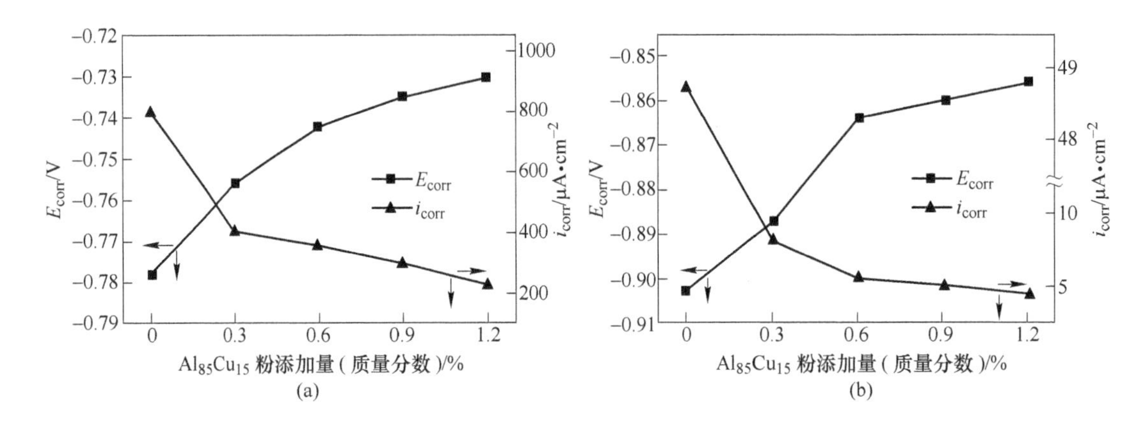

图8-137 添加4μm $Al_{85}Cu_{15}$粉的 $(Pr,Nd)_{14.8}Fe_{78.7}B_{6.5}$磁体腐蚀电势和电流密度[206]

(a) 0.049% H_2SO_4溶液;(b) 3.5% NaCl溶液

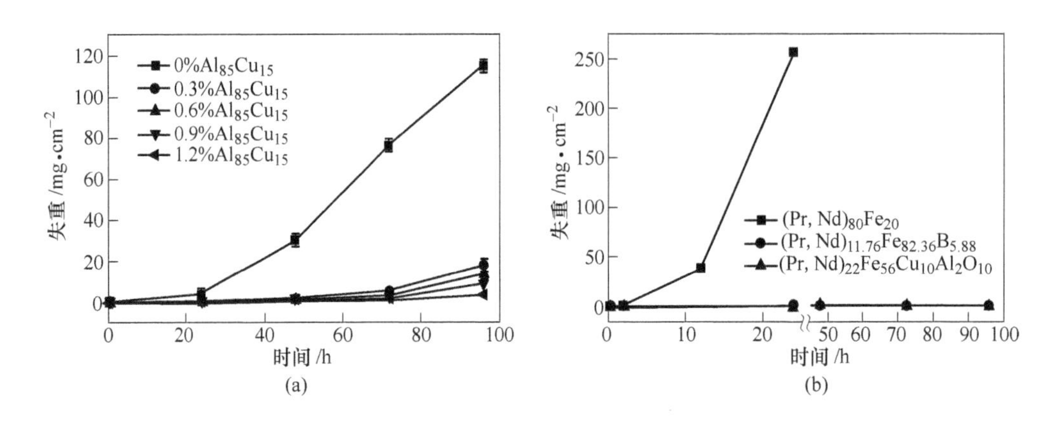

图8-138 高压釜试验(120℃、0.2MPa、100%RH)失重率[206]

(a) $(Pr,Nd)_{14.8}Fe_{78.7}B_{6.5}$磁体添加4μm $Al_{85}Cu_{15}$粉;(b) 磁体中不同的相

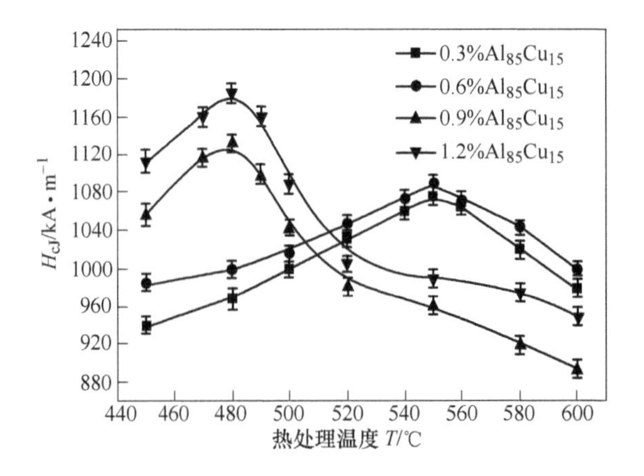

图8-139 添加4μm $Al_{85}Cu_{15}$粉的 $(Pr,Nd)_{14.8}Fe_{78.7}B_{6.5}$

磁体H_{cJ}与热处理温度的关系[207]

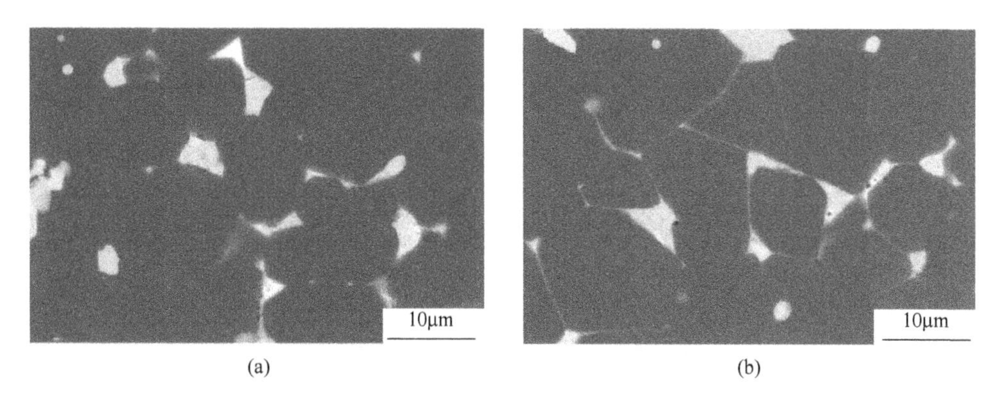

图 8-140 添加 0.6%(质量分数) $Al_{85}Cu_{15}$粉的 $(Pr,Nd)_{14.8}Fe_{78.7}B_{6.5}$磁体背散射 SEM 照片[207]

(a) 480℃热处理;(b) 550℃热处理

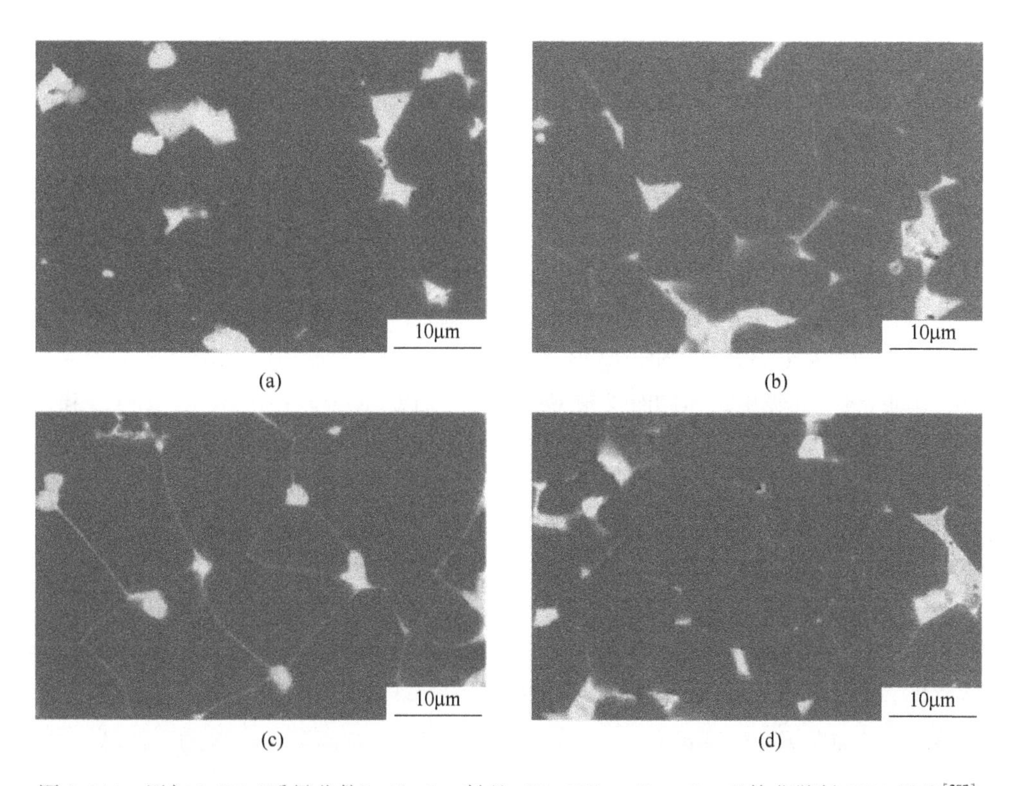

图 8-141 添加 1.2%(质量分数) $Al_{85}Cu_{15}$粉的 $(Pr,Nd)_{14.8}Fe_{78.7}B_{6.5}$磁体背散射 SEM 照片[207]

(a) 烧结态;(b) 450℃热处理;(c) 480℃热处理;(d) 550℃热处理

采用相同的实验方法,Ni 和严密等人还对添加不同 Cu 含量的 $Al_{100-x}Cu_x$合金($x=15$、25、35 和 45(原子分数))影响 $(Pr,Nd)_{14.8}Fe_{78.7}B_{6.5}$磁体性能[208]和耐蚀性[209]的行为进行了系统研究,以进一步优化磁体性能。同样添加 0.6%(质量分数)的 $Al_{100-x}Cu_x$合金粉,不同热处理温度下磁体的 H_{cJ}变化特征见图 8-142,由于 Cu 含量整体高于图 8-139 中添加 0.6%(质量分数) $Al_{85}Cu_{15}$合金粉的磁体,最佳热处理温度都在 480℃,与添加高重量比 $Al_{85}Cu_{15}$的情况一样,$x=25$、35 和 45(原子分数)磁体的最高 H_{cJ}分别为 1201kA/m、

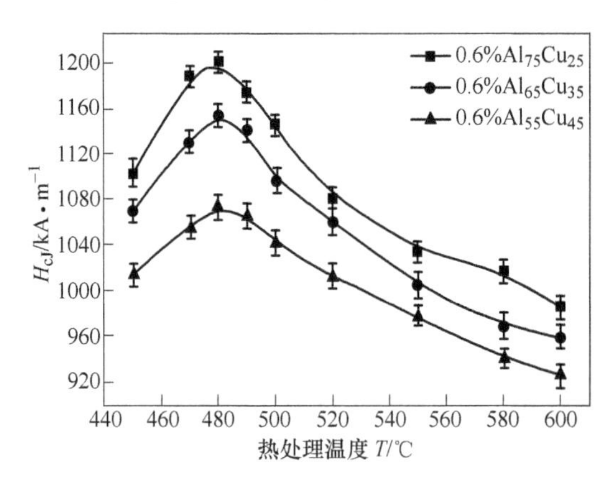

图 8-142 添加 0.6%（质量分数）$Al_{100-x}Cu_x$粉的（Pr,Nd）$_{14.8}Fe_{78.7}B_{6.5}$磁体 H_{cJ}与热处理温度的关系[208]

1154kA/m 和 1073kA/m。480℃热处理磁体其他磁性能参数与 $Al_{100-x}Cu_x$合金粉中 Cu 含量 x 的关系见图 8-143，当 x 从 15 增至 45(原子分数）时，磁体 B_r近线性地从 1.280T 提升到 1.312T，$x=25$(原子分数）时 H_{cJ}(1201kA/m）和方形度 H_k/H_{cJ}(96.8%）最大，因此达到了（BH）$_{max}$的峰值 336kJ/m^3。不同成分和热处理条件磁体的背散射 SEM 照片给出了与图 8-140 和图 8-141 一样的提示，且 Cu 含量高的粉末富稀土相向三角区汇集，晶界相分布不均，主相晶粒分布变宽，致使 H_{cJ}和 H_k变差。从热力学角度来看，根据 Miedema 模型可以计算 Al-Cu 混合、Al-Nd/Fe/B 混合和 Cu-Nd/Fe/B 混合的生成焓 ΔH_{mix}，图 8-144 表明 Cu-Fe 的 $\Delta H_{mix}>0$，Al-B 和 Cu-B 的 $\Delta H_{mix}=0$，其他的两两组合都具有 $\Delta H_{mix}<0$ 的特点。Al 皆可被 Nd、Fe 和 Cu 吸引，加上略小的原子半径，较易在烧结过程中进入主相替代 Fe；尽管 Cu 倾向于被 Nd 吸引，但同时又被 Fe 排斥，所以 Cu 难以进入主相，而 Cu 和 Nd 较大的原子半径差异更促使 Cu 向晶界富稀土相富集。烧结态磁体的 EDS 线扫描可以发现，Al 均匀分布于主相和晶界相，而 Cu 的确只在三角区晶界富集。当 Al 和 Cu 共存时，彼此具有最强的结合趋势，所以能在烧结中保持 Al-Cu 合金的状态，但随着 Cu 含量的增加(增加 $Al_{85}Cu_{15}$在磁体中的重量比或增加 $Al_{100-x}Cu_x$的 Cu 原子比)，Nd-Cu 结合的机会增大，所以在 DSC 中能观察到"液相↔(Pr,Nd)+(Pr,Nd)Cu"共晶反应的吸热峰。添加 1.2%(质量分数）的 $Al_{1-x}Cu_x$合金粉，严密等人[209]测量分析了(Pr,Nd)$_{14.8}Fe_{78.7}B_{6.5}$磁体的耐蚀性特征，图 8-145 是在 0.005mol/L H_2SO_4溶液中磁体的腐蚀电势 E_{corr}和电流密度 i_{corr}与 x 的关系曲线，x 增加对 E_{corr}略有提升，从 $x=15$ 的 -0.731V 提高到 $x=45$ 的 -702V，i_{corr}在 $x=35$ 时最低（43.1μA/cm^2)，相对于 $x=15$ 的 242.8μA/cm^{2}而言下降幅度很大，意味着以晶界相 $Al_{65}Cu_{35}$掺杂的磁体腐蚀溶解速率最小，$x=45$ 的 i_{corr}增大到 148.5μA/cm^2。从极化试验的腐蚀形貌看（图 8-146)，晶界相剧烈地溶入电解质溶液，导致晶界腐蚀，主相中也有少量腐蚀坑，可能是残存的氧化钕[211]。添加 $Al_{85}Cu_{15}$磁体的晶界相沿着主相边界和三角区腐蚀，主相局部有开裂现象（图 8-146（a)），而添加 $Al_{65}Cu_{35}$和 $Al_{55}Cu_{45}$磁体的腐蚀主要发生在三角区（图 8-146（b）和（c)），且前者的腐蚀坑更小、分布更均匀，主相晶粒完整而无开裂。为了证实晶界相的分布效应，他们对磁体进行了电化学阻抗谱（EIS）的测量分析，在 0.005mol/L H_2SO_4溶液中的 Nyquist 曲线与图8-132（a）类似，由高、中频容抗弧和低频感抗弧组成，说明磁体在弱酸环境下的电化学反应有表面电荷转移和活化

物质吸收两个步骤，从表 8-26 的等效电路参数可知，电荷转移电阻 R_t 偏低（ $<170\Omega \cdot cm^2$ ），加上感抗电阻 R_L 的存在，意味着作为阳极的晶界相区域存在许多活化反应通道，这与富稀土相的分布和形貌密切相关。添加 $Al_{65}Cu_{35}$ 磁体只在三角区有小尺寸的均匀分布晶界相，活化反应通道少、活化离子少，R_L 和 R_t 都明显增大，i_{corr} 必然减小，磁体耐蚀性明显改善。更高 Cu 成分的 $Al_{55}Cu_{45}$ 合金加入后，含 Cu 的边界相在三角区富集，尺寸变大，使此处分布了更多的活化反应通道，R_L 和 R_t 都有所下降，i_{corr} 提升，腐蚀加剧，并掩盖了 E_{corr} 升高所带来的晶界相稳定性。

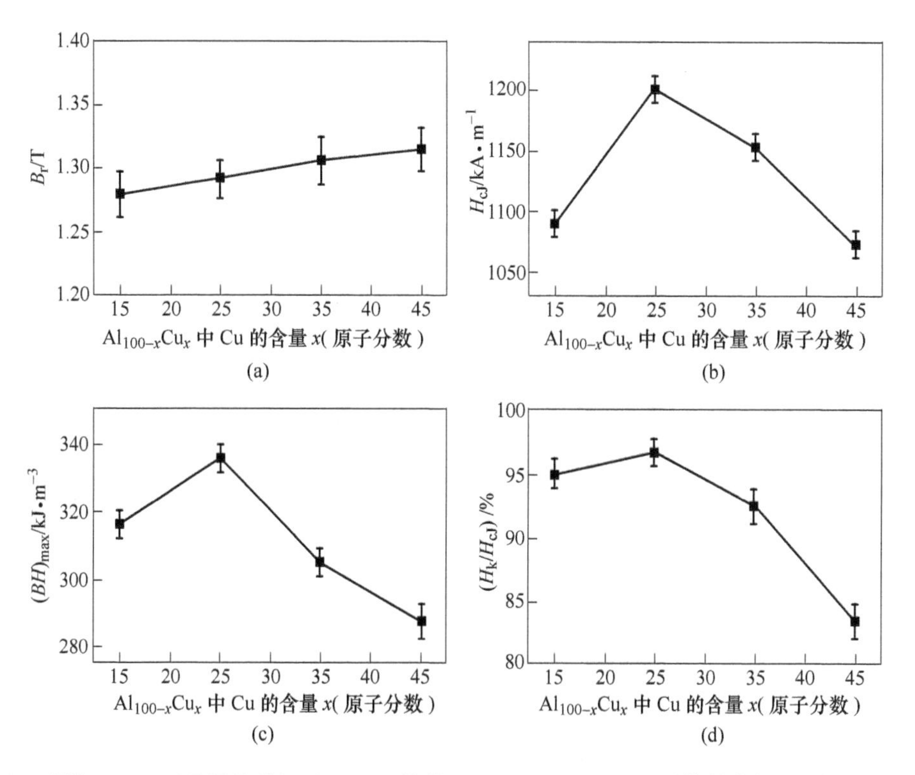

图 8-143 添加 0.6%（质量分数）$Al_{100-x}Cu_x$ 粉的（Pr, Nd）$_{14.8}Fe_{78.7}B_{6.5}$ 磁体性能与 Cu 含量的关系[208]

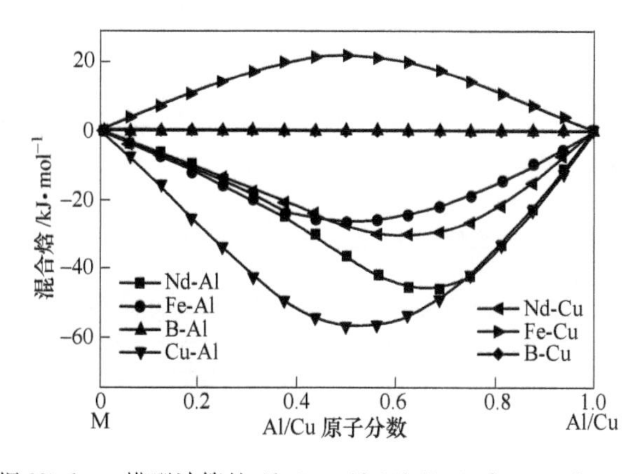

图 8-144 根据 Miedema 模型计算的 Al-Cu，Al-Nd/Fe/B 和 Cu-Nd/Fe/B 的混合焓[208]

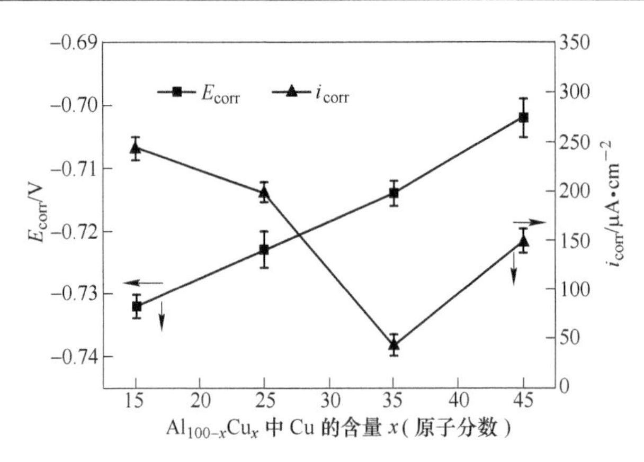

图 8-145 添加 1.2%(质量分数) $Al_{100-x}Cu_x$的 $(Pr,Nd)_{14.8}Fe_{78.7}B_{6.5}$磁体在 0.005mol/L H_2SO_4溶液中的 E_{corr}和 i_{corr}[209]

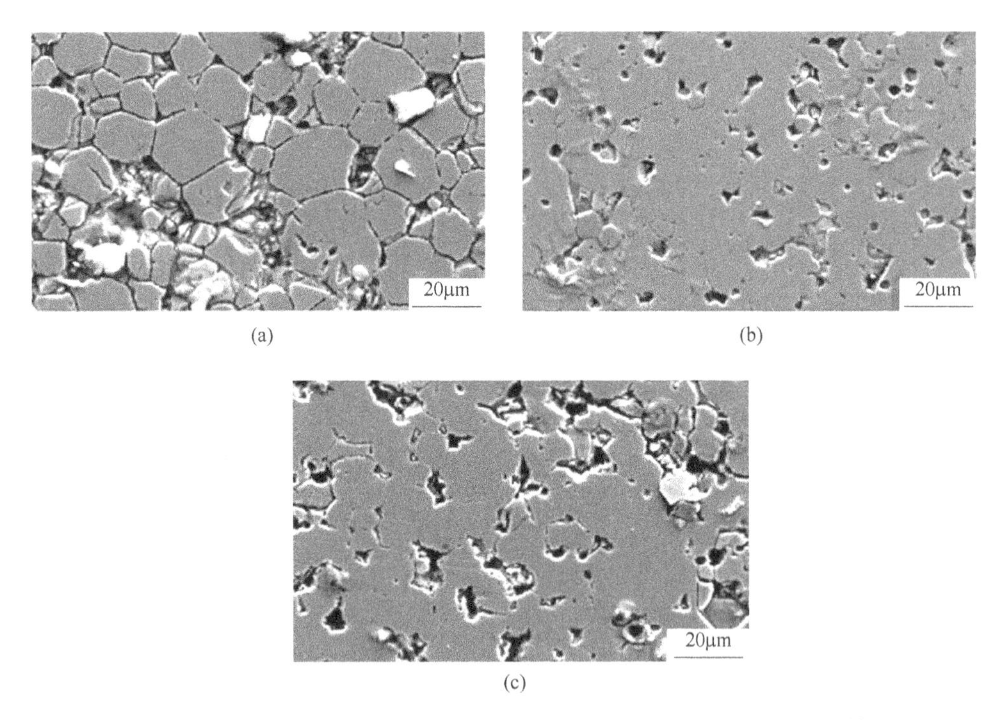

图 8-146 添加 1.2%(质量分数) $Al_{100-x}Cu_x$的 $(Pr,Nd)_{14.8}Fe_{78.7}B_{6.5}$磁体在 0.005mol/L H_2SO_4溶液中极化试验后的磁体形貌[209]

(a) $Al_{85}Cu_{15}$; (b) $Al_{65}Cu_{35}$; (c) $Al_{55}Cu_{45}$

表 8-26 在 0.005mol/L H_2SO_4溶液中 Nyquist 曲线等价电路的吸收感抗 R_L和电荷转移电阻 R_t[209]

x(原子分数)	$R_L/\Omega \cdot cm^2$	$R_{t1}/\Omega \cdot cm^2$	$R_{t2}/\Omega \cdot cm^2$
15	196.8	66.8	74.1
35	520.6	109.5	165.8
45	313.5	99.1	127.8

Wu 等人[210]对添加 $Cu_{60}Zn_{40}$纳米粉的磁体也做了相同的研究，$Cu_{60}Zn_{40}$的平均粒度为 80nm，添加量为 0.1%~0.5%（质量分数），基体磁粉成分 $Nd_{28.2}Dy_{2.0}Fe_{68.43}Al_{0.1}Ga_{0.11}Nb_{0.2}Ga_{0.11}B_{0.96}$。磁体的磁性能和密度随 $Cu_{60}Zn_{40}$纳米粉添加量的变化列在图 8-147 之中，密度峰值在 0.1%（质量分数）的位置，但磁性能峰值在 0.2%（质量分数）：B_r = 1.384T，H_{cJ} = 1204kA/m，$(BH)_{max}$ = 376kJ/m^3 和 d = 7.565g/cm^3。在 3.5%（质量分数）NaCl 和 3.0%（质量分数）NaOH 溶液中，不同 $Cu_{60}Zn_{40}$添加量磁体的腐蚀电势 E_{corr}及电流密度 i_{corr}见表 8-27。在 NaCl 溶液中，E_{corr}随着 $Cu_{60}Zn_{40}$的变化不是单调上升的，极大值点在 0.2%（质量分数），在添加 $Cu_{60}Zn_{40}$的实验范围内 i_{corr}都大幅度降低，并在 0.2%（质量分数）达到最低，因此添加 $Cu_{60}Zn_{40}$能显著改善 Cl 离子引发的电化学腐蚀，并在 0.2%（质量分数）的添加量达到性能和耐蚀性最优。在 NaOH 溶液中，E_{corr}的行为类似，但极大值点出现在 0.3%（质量分数），也是 i_{corr}的最低点，i_{corr}的改善不如在 NaCl 中显著，但 0%（质量分数）的 i_{corr}本身就低很多，原因在于在碱性电解质溶液中磁体表面形成了致密的钝化层。从显微结构看，添加 $Cu_{60}Zn_{40}$后磁体的晶界相更清晰和平滑，且富 Nd 相三角区变小，根据 EDX 分析，磁体中出现 $Nd_{30.01}Fe_{63.48}Cu_{6.51}$相，即 $Nd_6Fe_{13}Cu$。

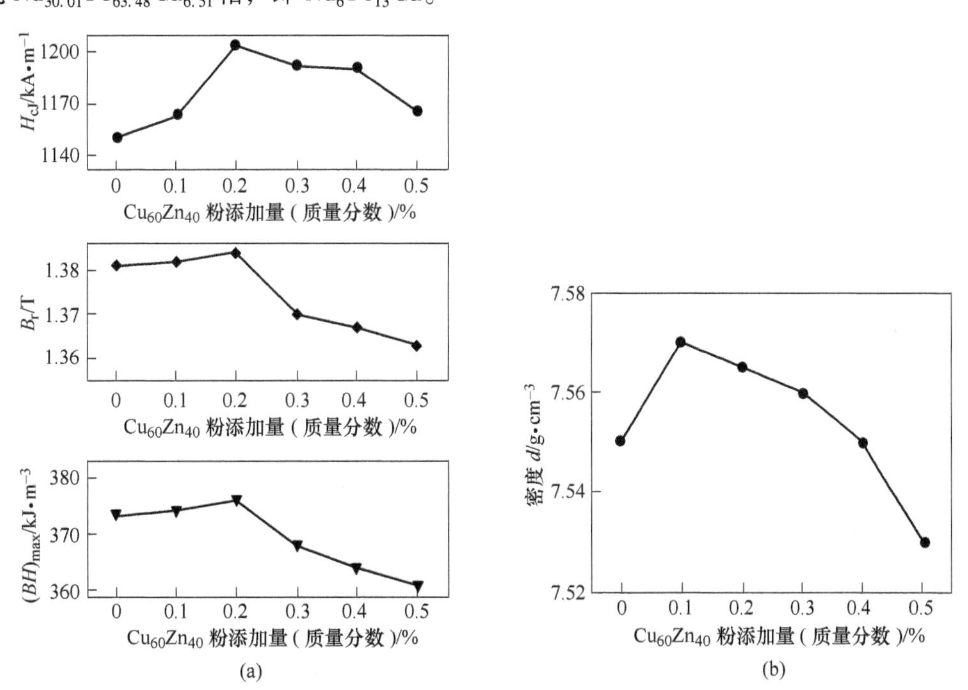

图 8-147 添加纳米 $Cu_{60}Zn_{40}$粉的 $Nd_{28.2}Dy_{2.0}Fe_{68.43}Al_{0.1}Ga_{0.11}Nb_{0.2}Ga_{0.11}B_{0.96}$磁体性能[210]

表 8-27 添加纳米 $Cu_{60}Zn_{40}$粉的 $Nd_{28.2}Dy_{2.0}Fe_{68.43}Al_{0.1}Ga_{0.11}Nb_{0.2}Ga_{0.11}B_{0.96}$ 磁体的腐蚀电势 E_{corr}和电流密度 i_{corr}[210]

$Cu_{60}Zn_{40}$/%	E_{corr}/mV		i_{corr}/μA·cm^{-2}	
	3.5%（质量分数）NaCl	3.0%（质量分数）NaOH	3.5%（质量分数）NaCl	3.0%（质量分数）NaOH
0	-881	-839	18.020	6.199
0.1	-770	-822	4.576	5.840

续表 8-27

$Cu_{60}Zn_{40}$/%	E_{corr}/mV		i_{corr}/μA · cm^{-2}	
	3.5%(质量分数) NaCl	3.0%(质量分数) NaOH	3.5%(质量分数) NaCl	3.0%(质量分数) NaOH
0.2	-763	-803	3.985	4.342
0.3	-781	-766	5.827	2.840
0.4	-778	-827	5.075	3.920
0.5	-791	-836	4.481	6.095

更直截了当地，Ni 等人[213]用双合金方法，将 4μm 的母合金（$(Pr,Nd)_{12.6}Fe_{81.3}B_{6.1}$(原子分数）粉末与 4μm 的子合金（$(Pr,Nd)_{32.5}Fe_{62.0}Cu_{5.5}$(原子分数）粉末混合，在 1.6T 取向磁场下用 6MPa 压强压制成坯，在 1090℃烧结 2h，在 890℃和 500℃各处理 2h。不同比例子合金添加的磁体性能见表 8-28，随着子合金比例的增加，磁体 B_r单调下降，但 H_{cJ}和 H_k/H_{cJ}明显改善，使（$(BH)_{max}$在 3%(质量分数）时提升 30% 以上，更多的子合金添加也只是使（$(BH)_{max}$缓慢下降。磁体在 PCT 试验（120℃、0.2MPa、100% RH）中的单位面积失重曲线见图 8-148，添加子合金后，磁体 72h 内的失重几乎可以忽略，96h 后失重仅 0.6～1.0mg/cm^2，有趣的是子合金添加量越大失重越高，但与 12%(质量分数）添加量成分相同的单合金磁体（$(Pr,Nd)_{14.5}Fe_{79.5}Cu_{0.5}B_{5.5}$(原子分数）48h 后即可测到失重，96h 的失重达到 2.7mg/cm^2，而稀土含量相同但不含 Cu 的磁体（$(Pr,Nd)_{14.5}Fe_{79.5}B_{6.0}$(原子分数）失重则高达 15.7mg/$cm^2$。0.005mol/L H_2SO_4溶液中的动电势极化曲线表明，子合金从 0 到 12%(质量分数）磁体的 E_{corr} 从 -0.717V 降到 -741V，i_{corr} 从 182.9μA/cm^2 升高到 287.6μA/cm^2，相同成分单合金磁体 i_{corr} = 483.5μA/cm^2，而不含 Cu 磁体 E_{corr} = -0.776V，i_{corr} = 765.3μA/cm^2，这个顺序与 PCT 失重率完全吻合。由此可见双合金法磁体的耐蚀性显著改善。SEM 照片（图 8-149（a））表现出典型的烧结 Nd-Fe-B 显微结构，三角亮区的成分为（$(Pr,Nd)_{30}Fe_{65}Cu_5$(原子分数)，与 δ-相（$(Pr,Nd)_6Fe_{13}Cu$（原子分数）吻合，说明子合金与母合金几乎没有合金化倾向，图 8-149（b）的扫描 TEM（S-TEM）照片及其线扫描 EDX（图 8-149（c））表明 Cu 驻留在晶界三角区内。高分辨 TEM 照片（图 8-150）揭示出，晶界相是宽度 15nm 的含 Cu 非晶相，比 Nd-Fe-B 的交换作用长度 2.0nm 大很多，对主相晶粒有很好的退交换耦合作用，增加磁体的 H_{cJ}，而且非晶态晶界相的耐蚀性也远优于结晶相。

表 8-28　$(Pr,Nd)_{12.6}Fe_{81.3}B_{6.1}$中添加 $(Pr,Nd)_{32.5}Fe_{62.0}Cu_{5.5}$的磁体室温磁性能[213]

子合金（质量分数)/%	B_r/T	H_{cJ}/kA · m^{-1}	$(BH)_{max}$/kJ · m^{-3}	(H_k/H_{cJ})/%
0	1.401	522	292	77.7
3	1.395	720	384	90.7
6	1.378	852	368	92.5
9	1.357	935	360	93.7
12	1.348	960	356	93.5

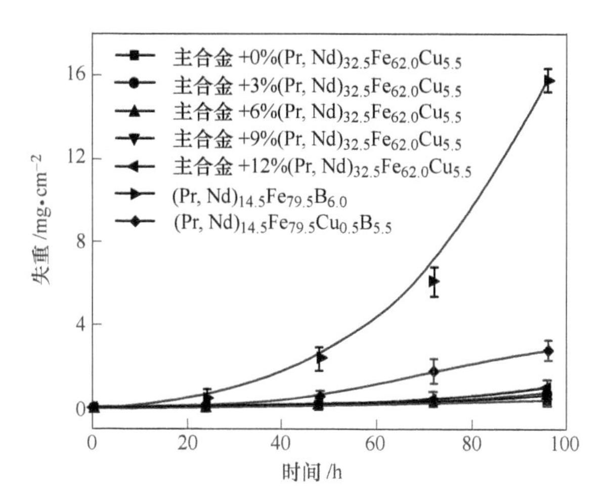

图 8-148 $(Pr,Nd)_{12.6}Fe_{81.3}B_{6.1}$ 中添加子合金 $(Pr,Nd)_{32.5}Fe_{62.0}Cu_{5.5}$ 的 PCT 试验失重率[213]

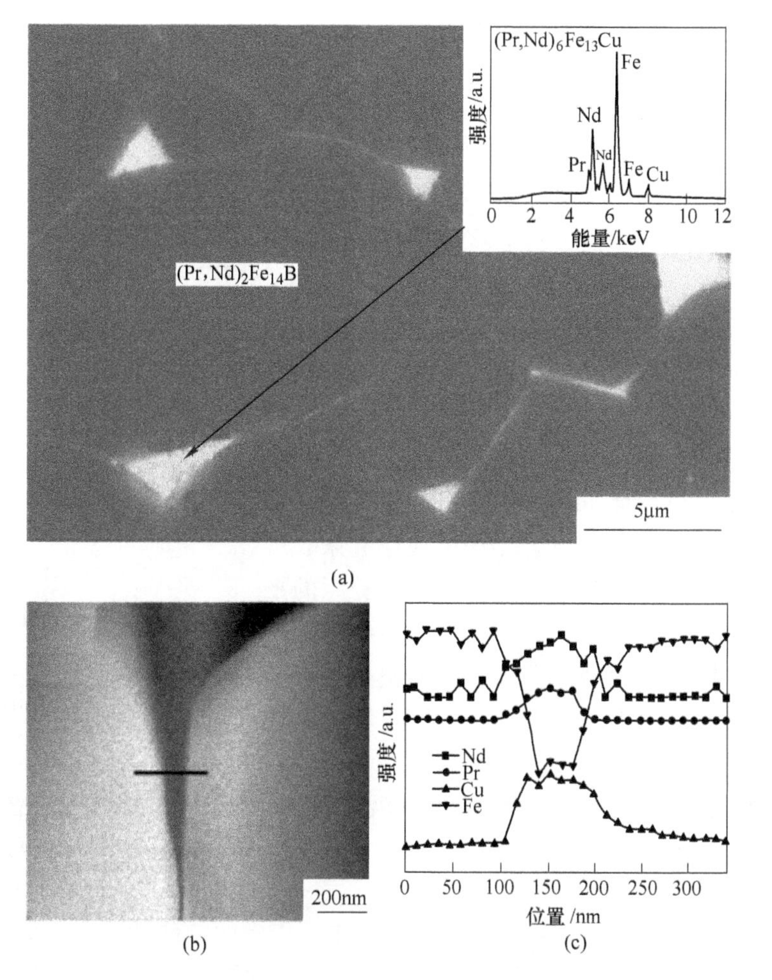

图 8-149 添加 12%（质量分数）子合金的 $(Pr,Nd)_{12.6}Fe_{81.3}B_{6.1}$ 磁体的 SEM 照片和 EDX 谱（a）、S-TEM 照片（b）及 EDX 线扫描（c）[213]

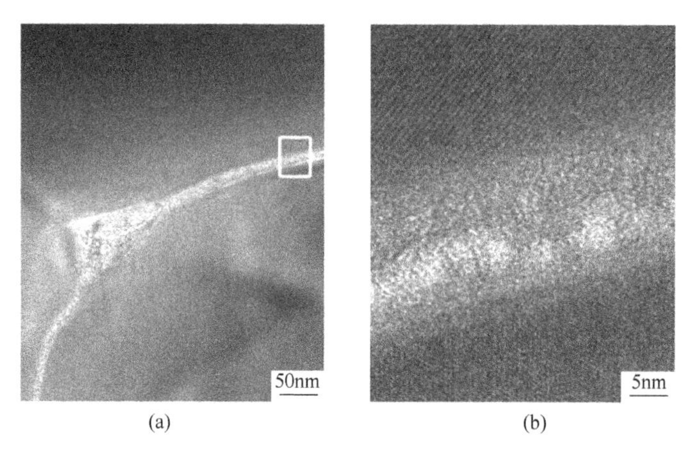

图8-150 添加12%(质量分数)子合金的$(Pr,Nd)_{12.6}Fe_{81.3}B_{6.1}$磁体TEM照片和方框区的HRTEM照片[213]

8.3.5 Ce、MM替代烧结Nd-Fe-B磁体

稀土矿的分离提纯过程如图8-151所示[214]，通过化学反应去除非稀土成分后，即可获得混合稀土(Mishmetal，简称MM)，显然MM中各稀土元素的含量取决于原生矿的形态；经过初级萃取将中重稀土与轻稀土分离后，再进一步萃取可获得La、Ce和含Ce的Pr-Nd合金(Ce-Didymium，简称Ce-Di)；后者经充分去除Ce而得到Pr-Nd合金(Didymium，简称Di)，并可进而分离成Pr和Nd。表8-29列出了两种典型MM的稀土含量重量百分比[215]，可见Ce几乎占一半，位于次席的La也接近1/3，而Nd-Fe-B永磁体所需的Pr/Nd占20%左右，如果能有效地将La或Ce应用起来，可以大幅度降低磁体成本，并且显著改善稀土资源的平衡利用。进一步而言，如果能直接应用分离中间产物如Di甚至MM为原料，还能节省繁复的分离过程，环境污染的治理负担和成本也会大幅下降，磁体成本更低。其实，在Nd-Fe-B问世前的1981年，Koon等人[216,217]研究非晶态Fe-B合金通过添加稀土元素和晶化过程获得永磁特性，就是从La和Tb开始的，并在快淬及晶化$(Fe_{0.82}B_{0.18})_{0.9}Tb_{0.05}La_{0.05}$合金中实现了突破，磁性能达到：$B_r=4.8kGs$、$H_{cJ}=10kOe$，这项工作随后发展成为第一批Nd-Fe-B专利和文章之一。随着Nd-Fe-B的问世，广泛深入的La、Ce和MM研究应运而生，对La和Ce在稀土家族中的特殊性质有了深刻的认识，尤其是Ce的变价特性及其对内禀和外禀磁性的影响，成为开发低成本烧结Nd-Fe-B磁体的重要指南。

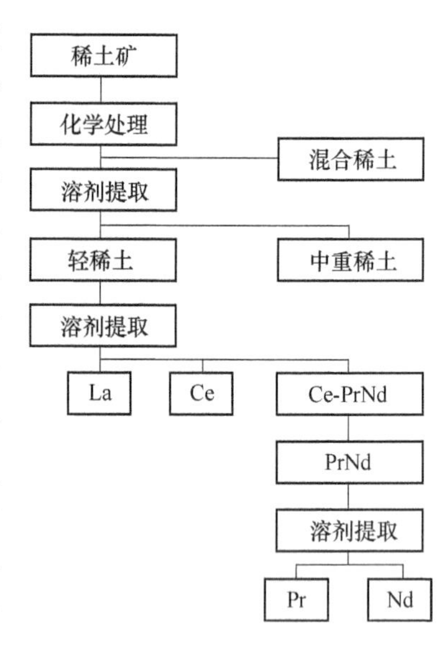

图8-151 稀土矿分离和提纯示意图[214]

表 8-29 典型混合稀土中各元素占总稀土的质量分数（白云鄂博矿讨论参见 1.5.2 节）

R	La	Ce	Pr	Nd	Sm	Gd	Tb	Dy	其他
白云鄂博矿	23.0	50.0	6.6	18.5	0.8	0.7	0.1	0.1	0.2
参考文献［215］	31.6	48.0	4.6	15.5	0.4	—	—	—	—

8.3.5.1 Ce 的混合价态与 $Ce_2Fe_{14}B$ 的内禀磁性

Ce 原子的基态电子构型为［Xe］$4f^1 5d^1 6s^2$，在金属化合物中，Ce 离子既可能与常规稀土离子一样处于 +3 价态——γ 态，也可能再失去一个 f 电子而处于 +4 价态——α′态，不同价态离子择优占位，使 Ce 离子整体上处于强混合价态——α 态。变价使 Ce 离子表现出截然不同的磁性：前者对应 $4f^1$ 电子组态，$S=1/2$，$L=3$，$J=L-S=5/2$，局域 $4f$ 电子使 Ce^{3+} 离子表现出宏观磁性，洪德法则给出的离子磁矩 $g_J\sqrt{J(J+1)}=2.54\mu_B$，相当于 Pr 和 Nd 的 70%，同时还可期待局域 $4f$ 电子对磁晶各向异性作出一定的贡献；后者的电子组态为 $4f^0$，局域磁矩和磁晶各向异性效应随着 $4f$ 电子的离去而丧失，只剩下具有巡游特性的 $5d$ 电子，如果忽略可能存在的 $5d$ 极化感生磁矩，Ce^{4+} 离子将处于非磁性态[218~221]。Ce 的变价现象在稀土过渡族金属间化合物中普遍存在，我们在前面的第 4 章中已经进行了讨论。实验结果表明（参见表 4-24）[222]，$Ce_2Fe_{14}B$ 的室温饱和磁化强度 μ_0M_s 为 1.17T，甚至低于非磁性稀土元素化合物 $Y_2Fe_{14}B$ 的 1.41T，室温磁晶各向异性场 H_a 与 $Y_2Fe_{14}B$ 和 S 态稀土元素化合物 $Gd_2Fe_{14}B$ 的相当，基本上来自 Fe 次晶格的贡献，可以认为室温下 Ce 离子是非磁性的。而且，$Ce_2Fe_{14}B$ 的晶格常数显著低于 $R_2Fe_{14}B$ 的镧系收缩趋势，表明 Ce 离子具有明显小于 +3 价的离子半径，而偏低的晶格常数意味着更小的 Fe-Fe 间距和更弱的 $3d$ 交换作用，$3d$ 能带交换劈裂缩小降低了 Fe 次晶格磁矩，使 $Ce_2Fe_{14}B$ 的自发磁化强度低于 $Y_2Fe_{14}B$，居里温度也比 $Y_2Fe_{14}B$ 低 150K 左右。$Ce_2Fe_{14}B$ 磁矩低于 $Y_2Fe_{14}B$ 的另一个原因，还可能是 Ce 离子的多余电子进入 Fe 的 $3d$ 能带。但在低温下 $Ce_2Fe_{14}B$ 的磁晶各向异性场是 $Y_2Fe_{14}B$ 和 $Gd_2Fe_{14}B$ 的两倍左右，意味着 Ce 可能不完全处于 +4 价，而是混合价态。Herbst 和 Yelon[223] 在拟合 $Ce_2Fe_{14}B$ 的室温中子衍射谱时，考虑到其晶格常数隐含的 Ce 离子准四价特性，以 Ce 磁矩为零的假设得到了很好的拟合结果。Capehart 等人[224] 运用高能同步辐射 X 光吸收近边界结构（XANES）技术，从 Ce 的 L_3 吸收边测得其在 $Ce_2Fe_{14}B$ 中的 X 光谱价 $\nu_S\approx3.44$，基本上处于 γ-Ce 的 +3 价和 α′-Ce 的 +4 价中央，$Ce_2Fe_{14}BH_{3.9}$ 氢化物的 ν_S 降到 3.36，而 Ce_2Fe_{17} 的 ν_S 则高达 3.58，比 +4 价的 CeO_2 还高 0.09。他们将 Ce 离子的混合价与其由 Voronoi 多面体定义的晶位空间进行关联，结果表明这三种化合物的 ν_S 与晶位空间呈直线下降关系（图 8-152），$Ce_2Fe_{14}BH_{3.9}$ 的 ν_S 因间隙原子带来的晶格膨胀而显著降低，需要有比 $Ce_2Fe_{14}BH_{3.9}$ 稍大的晶格空间才可容纳 +3 价 γ-Ce，比如 $4g$ 晶位，而晶体结构更紧凑的 Ce_2Fe_{17} 具有高 ν_S 值。因此，如果能给 Ce 离子提供更大的晶位空间，就有希望使其处于 +3 价 γ 态，对材料的磁性作出贡献。Alam 和 Johnson[225] 从第一原理出发计算了一个 $Ce_2Fe_{14}B$ 单胞中 Ce^{4+} 以不同比例优先占据 $4f$ 或 $4g$ 晶位的混合价态与 $Ce_2Fe_{14}B$ 相生成焓的关系，因为 $4f$ 晶位空间体积较小，离子半径小的 Ce^{4+} 倾向于优先进入 $4f$，而将晶体空间体积较大的 $4g$ 晶位留给离子半径大的 Ce^{3+}。计算结果表明（图

8-153（a））Ce^{4+}优先进入 4f 晶位具有负生成焓，且生成焓极小值对应的混合价 $\nu_S = 3.53$，与上述 3.44 的符合度相当高。反之，Ce^{4+}优先进入 4g 晶位的生成焓为正，在能量上处于不利地位（图 8-153（a）中的虚线）。如果引入大离子半径的 La^{3+} 形成赝三元化合物 $(Ce,La)_2Fe_{14}B$，稀土晶位的晶体空间增大，便有机会使 Ce 混合价态向 Ce^{3+} 移动，图 8-153（b）是假设一个 La 离子择优占据 4g 晶位后（相当于 1/8 的 Ce 被替代），$(Ce_{87.5}La_{12.5})_2Fe_{14}B$ 生成焓与混合价的关系，显然生成焓极小值对应的混合价移向 γ 态，$\nu_S = 3.43$，与 $(Ce_{90}La_{10})_2Fe_{14}B$ 的 XANES 实验结果 3.46[226] 非常接近。而中子衍射研究表明，$Ce_2Fe_{14}BH_x$ 中稀土晶位的磁矩为 $2.1\mu_B$，与 Ce^{3+} 离子磁矩相等[227,228]。

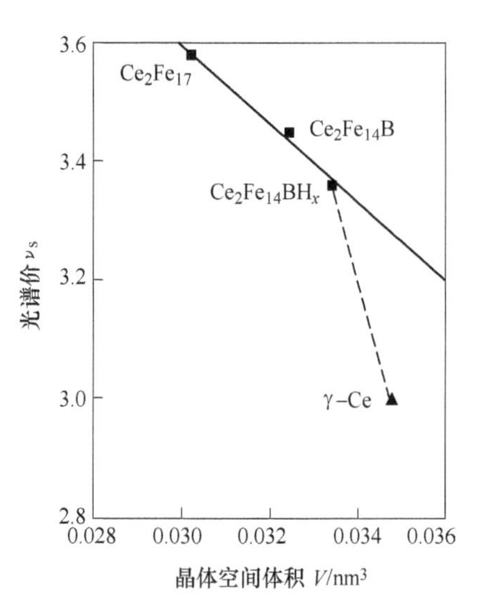

图 8-152 Ce 的光谱价 ν_S 与平均晶体空间体积的关系[224]

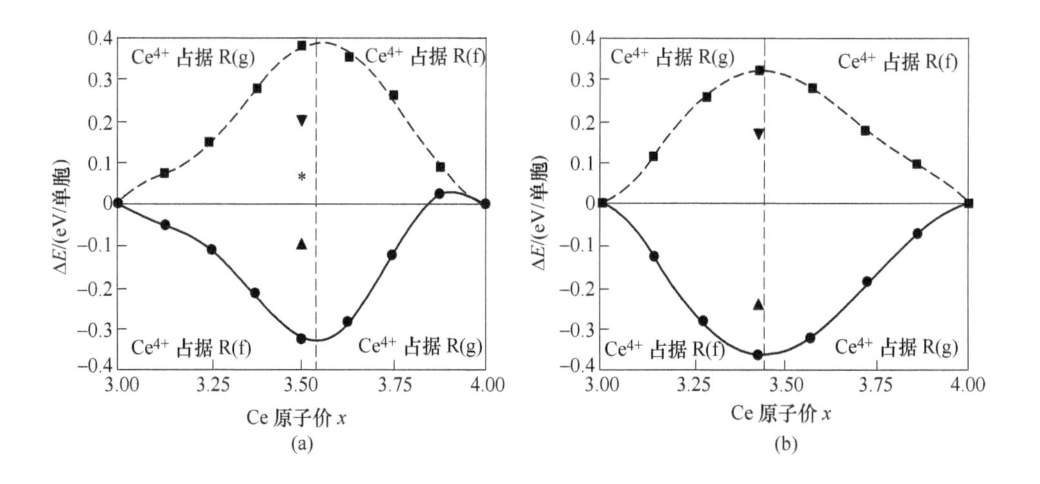

图 8-153 $Ce_2Fe_{14}B$ 生成焓与 Ce 混合价的关系（a）和 $(Ce_{87.5}La_{12.5})_2Fe_{14}B$ 生成焓与 Ce 混合价的关系（b）（La 优先进入一个 4g 晶位）[225]

实线—Ce^{4+}小离子优先占据 4f 晶位；虚线—Ce^{4+}小离子优先占据 4g 晶位

Fuerst 等人[229]在系统制备 $La_{2-x}Ce_xFe_{14}B$（$x = 0 \sim 2$，每 0.2 一档）合金时注意到，配方的稀土过盈量和热处理条件对最终获得纯相都至关重要。选择纯度为 99.9% 的 La、Ce 和 99.99% 的 Fe、B 原料，$x \leqslant 0.2$ 合金的配方为 $R_{2.2}Fe_{14}B$，而 $x \geqslant 0.4$ 的配方为 $R_{2.02}Fe_{14}B$。在 800℃热处理六周可得到最佳的 $La_2Fe_{14}B$ 样品，比较粉末 XRD 的测量和计算结果可知，实际样品含少量 α-Fe、La_2O_3 和正分成分接近 $LaFe_{12}B_6$ 的杂相。$x = 0.2$ 的样品经 800℃处理 3 天后又在 900℃处理了 3 天，$x \geqslant 0.4$ 的其他样品还追加了 1000℃ ×10 天的第三段热处理，XRD 表明 $x = 0.2$ 和 0.4 的样品含有与 $x = 0$ 一样的杂相，其他样品则全是纯 $R_2Fe_{14}B$ 相。所有样品的晶格常数、低温饱和磁化强度 $4\pi M_s$（$T = 5K$）和居里温度 T_c 见表 8-30，其中晶格常数、c/a 和 T_c 均随 x 呈线性下降的关系，最小二乘拟合可得到：

$a(x)=0.8829-0.0034x$ 偏差平均值 0.04%

$c(x)=1.2363-0.0114x$ 偏差平均值 0.06%

$c/a(x)=1.400-0.008x$ 偏差平均值 0.06%

$T_c(x)=545.3-58.8x$ 偏差平均值 0.32%

从 $x=0$ 到 $x=2$，a 只减小了 0.007nm，反映出 Fe-B 三角菱柱对 $Nd_2Fe_{14}B$ 型结构稳定性所起的作用；而 c 的减小幅度大得多，达到 0.022nm，是稀土离子半径的影响，线性关系表明 $Ce_2Fe_{14}B$ 中 Ce 离子的 +4 价特性始终保持。考虑到磁矩测量的不确定度 ±0.2kGs（$\pm0.4\mu_B$/f. u.）和 $x\leqslant0.4$ 的杂相，可以认为低温饱和磁化强度 $4\pi M_s$ 与 x 无关联，即 Ce 离子对 $La_{2-x}Ce_xFe_{14}B$ 化合物的饱和磁化强度无贡献。居里温度的变化则源于 Fe-Fe 间距效应（参见 4.1.4 节分子场模型和交换作用讨论）。

表 8-30 $La_{2-x}Ce_xFe_{14}B$ 化合物的晶格常数（a，c）、单胞体积低温饱和磁化强度 $4\pi M_s$(5K) 和居里温度 T_c[229]

x	a/nm	c/nm	V/nm³	$4\pi M_s(T=5K)$		T_c/K
				kGs	μ_B/f. u.	
0	0.883	1.237	0.9645	15.0	31.0	543
0.2	0.882	1.234	0.9600	15.1	31.1	535
0.4	0.882	1.232	0.9584	15.5	31.8	520
0.6	0.881	1.229	0.9539	15.4	31.5	510
0.8	0.881	1.226	0.9516	15.0	30.6	499
1.0	0.879	1.225	0.9465	15.2	30.8	487
1.2	0.879	1.224	0.9457	14.8	30.1	479
1.4	0.878	1.220	0.9405	15.1	30.5	462
1.6	0.877	1.217	0.9360	15.0	30.1	452
1.8	0.877	1.215	0.9345	15.0	30.0	438
2.0	0.877	1.215	0.9345	15.0	30.0	425

8.3.5.2 快淬 (R,Ce)-Fe-B 合金的硬磁性

含 La、Ce 或 MM 的 Nd-Fe-B 磁体研究开发工作，可以上溯到烧结 Nd-Fe-B 发展的初期，Croat 等人[16]在其第一篇研究快淬 Nd-Fe-B 的文章中，就发表了 $R_{0.135}(Fe_{0.935}B_{0.065})_{0.865}$（R = La、Ce、Pr、Nd、Sm、Gd、Tb、Dy、Er 和 Ho）全系列的结果，他们发现除了 R = La 以外，全部 R 元素都能形成四方相，推测因为 La 的离子半径过大，只能生成 La-Fe 合金，使多余的 La 和 B 形成 La-B 或 Fe-B 合金。以 20% 的 R 替代 Nd，除了具有平面易磁化倾向的 Sm 外，都可以得到良好的退磁曲线（图 8-154（a）），添加 La 或 Ce 会降低剩磁和矫顽力，而 Tb 和 Dy 会显著提高合金的矫顽力，但纯 R-Fe-B 合金只有 Pr 和 Nd 表现上佳，Tb-Fe-B 或 Dy-Fe-B 的矫顽力反而低到不可思议，可能与当时的测量磁场偏低有关（图 8-154（b））。

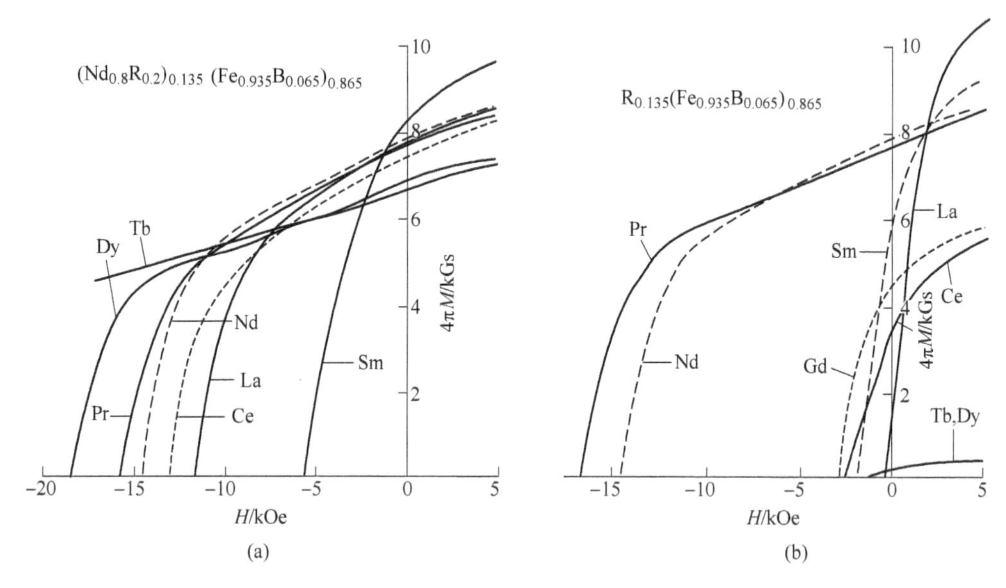

图 8-154 $(Nd_{0.8}R_{0.2})_{0.135}(Fe_{0.935}B_{0.065})_{0.865}$(a) 和 $R_{0.135}(Fe_{0.935}B_{0.065})_{0.865}$ (b) 最佳淬态的退磁曲线[16]

Hadjipanayis 发现[230]，快淬 $La_{16}Fe_{76}B_8$合金的 DSC 曲线在 450℃和 480℃附近有两个放热峰，第一个峰对应 $La_2Fe_{14}B$ 的晶化温度，紧接着的第二个峰就对应着 $La_2Fe_{14}B$ 分解为 α-Fe、富 La 相和富 B 相的转变点，因此 $La_2Fe_{14}B$ 相能够生成但极不稳定，需通过低于这个分解温度的长时间退火来制备。如果引入离子半径小的 Ce 或其他稀土元素，$(La,R)_2Fe_{14}B$ 相的稳定性可显著改善。Soeda 等人[231]通过合金粉末 X 光衍射证实：即使采用常规的合金熔炼技术，也可以在 $0<x\leqslant1$ 的范围内制成 $(La_{1-x}Ce_x)_2Fe_{14}B$ 赝三元四方相，但 $x=0$ 的纯 La-Fe-B 合金不能形成 2:14:1 相。$(La_{1-x}Ce_x)_2Fe_{14}B$ 的晶格常数随 Ce 含量的增加单调下降，磁晶各向异性常数在 $x=0.6$ 时达到最大值（$\sim1.4\times10^6J/m^3$），这个比例与表 8-29 中混合稀土（MM）的 La、Ce 之比非常接近。同一研究机构的 Yamasaki 等人[215]用混合稀土制备了 $MM_{16}Fe_{84-x}B_x$($x=5\sim13$）合金，再以不同的快淬轮线速度 v_W 制成快淬磁粉，实验表明磁粉 H_{cJ}与 v_W关系密切（图 8-155（a）），最佳线速度在 20m/s 附近，30m/s 及其以上的线速度得到的是 $H_{cJ}\approx0$ 的软磁材料。扫描电镜和 X 射线衍射分析揭示出：用最佳线速度制备的快淬带由纳米晶粒构成，粒径分布比 Nd-Fe-B 最佳快淬带的 20～80nm[16]宽，贴辊面激冷层结晶状况良好，但晶粒尺寸小于 10nm，而自由面的晶粒尺寸达到 300nm。对应图 8-155（a）最低线速度 5m/s 的欠淬态，贴辊面晶粒尺寸约 100nm，具有与最佳淬态相当的 H_{cJ}，但中部和自由面的晶粒都已达到 2～3μm，使磁粉整体 H_{cJ}下降。XRD 的 (330）与（006）峰强比 I(330)/I(006）可反映晶粒的取向程度，从图 8-155（b）的自由面和贴辊面 I(330)/I(006）与 v_W的关系可见，贴辊面基本上保持各向同性状态，与快淬线速度无关，但自由面的 I(330)/I(006）随线速度提升而陡峭上升，意味着晶粒易磁化轴由垂直于快淬带表面逐渐转向平行于表面。图 8-156 是 $v_W=20m/s$ 时 $MM_{16}Fe_{84-x}B_x$快淬带的 H_{cJ}与 B 含量 x 的关系，可见 H_{cJ}随 x 的增加迅速提升，在 $x=9$ 达到峰值，然后随 x 缓慢下降。优化成分和工艺条件得到的 $MM_{16}Fe_{75}B_9$磁粉性能为：$B_r=6.2kGs$、$H_{cJ}=9.4kOe$、

$H_{cB}=5.2kOe$、$(BH)_{max}=8.1MGOe$，远好于纯 Ce-Fe-B 和 La-Fe-B 快淬带。将磁粉制成磁粉体积比 81%、密度 $6.08g/cm^3$ 的粘结磁体，其性能达到：$B_r=5.2kGs$、$H_{cJ}=7.6kOe$、$(BH)_{max}=4.4MGOe$。

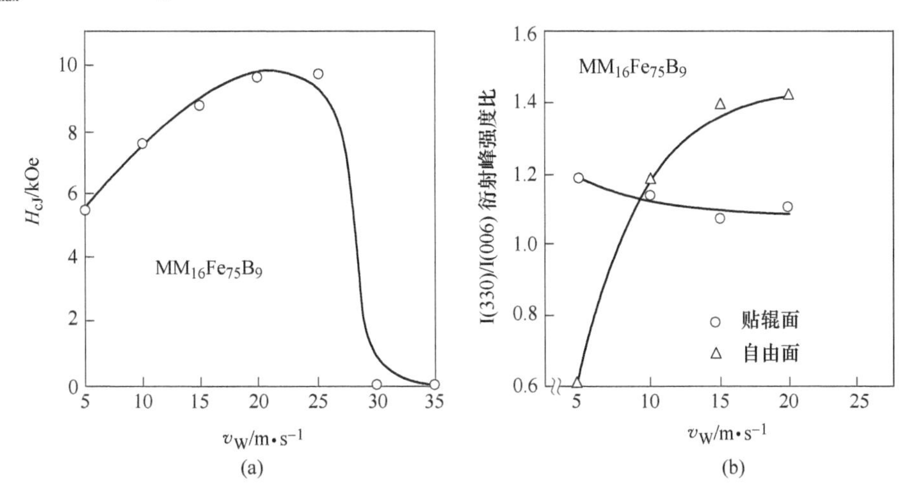

图 8-155 快淬 $MM_{16}Fe_{75}B_9$ 磁粉的 H_{cJ}（a）和自由面及贴辊面 XRD 的 I(330)/I(006) 与快淬轮线速度 v_W 的关系（b）[215]

Herbst 等人[232]系统研究了 $Ce_2Fe_{14}B$ 相邻区域 Ce-Fe-B 三元系快淬合金的相结构和永磁特性，以寻求性能最佳的纯 Ce-Fe-B 快淬磁体。图 8-157（a）是合金配方点在 Ce-Fe-B 三元相图中的分布（原子分数），并以方框的灰度表征（B_r+H_{cJ}）的高低——从纯白的最大值到纯黑的最小值，表 8-31 列出了围绕最佳性能点 A-$Ce_{17}Fe_{78}B_6$的合金性能；图 8-157（b）是过淬 A 合金在不同温度下退火 5min 的磁性能变化规律，过淬态的晶化温度在 450℃附近，合金晶化后才显示出良好的永磁特性，但退火温度过高性能也会大打折扣，原因是晶粒过度长大。他们强调指出：Ce-Fe-B 的最佳性能成分有别于 Nd-Fe-B 体系的 $Nd_{13}Fe_{82}B_5$[16]（对应图 8-157（a）和表 8-31 中的 M），A 合金的相组成为 $Ce_2Fe_{14}B$、$Ce_{1.12}Fe_4B_4$和 $CeFe_2$，M 合金 $Ce_{13}Fe_{82}B_5$与 A 合金处在 $Ce_2Fe_{14}B$-$CeFe_2$连接线的两侧，相组成变为 $Ce_2Fe_{14}B$、Ce_2Fe_{17}和 $CeFe_2$。由于离子半径较大，热平衡 Nd-Fe 二元系不存在 $NdFe_2$相（写成原子分数为 $Nd_{33}Fe_{67}$），取而代之的是 Fe 含量更高的 Nd_5Fe_{17}相（$Nd_{23}Fe_{77}$），因此合金最佳成分可以更靠近富 Fe 区，而且在快淬—晶化的亚稳条件下只有主相和 Nd-Fe 晶界相，不存在富 B 相，显然有利于得到高磁化强度。从 550℃晶化后 A 合金的 XRD 图谱可识别出主相、$CeFe_2$和少量氧化物 Ce_2Fe_3及 CeO，将 A 合金按上述三个平衡相分解可以得到：

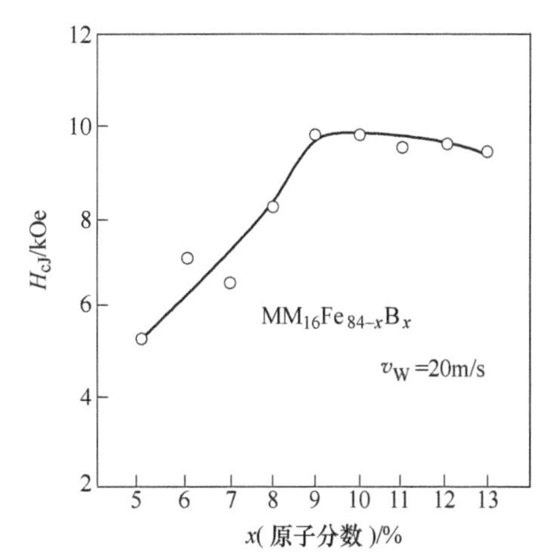

图 8-156 快淬轮线速度 $v_W=20m/s$ 的 $MM_{16}Fe_{84-x}B_x$快淬带 H_{cJ}与 B 含量 x 的关系[215]

$$Ce_{17}Fe_{78}B_6 = 4.3Ce_2Fe_{14}B + 7.9CeFe_2 + 0.4Ce_{1.12}Fe_4B_4$$
$$= 0.74Ce_{12}Fe_{82}B_6 + 0.24Ce_{33}Fe_{67} + 0.04Ce_{12}Fe_{44}B_{44}$$

因为富 B 相 $Ce_{1.12}Fe_4B_4$ 比例太低，不易被 XRD 图谱反映出来。XRD 图谱多组分 Rietveld 分析给出主相和 $CeFe_2$ 相的质量分数分别为 87% 和 12%，剩余 1% 为氧化物，以各相的密度：$d(Ce_2Fe_{14}B) = 7.7g/cm^3$、$d(CeFe_2) = 8.6g/cm^3$、$d(Ce_2O_3) = 6.6g/cm^3$ 和 $d(CeO) = 7.9g/cm^3$ 折算出相应的体积比为 88%、11% 和 1%，从 $Ce_2Fe_{14}B$ 的饱和磁化强度 $4\pi M_s = 11.7kGs$ 可以估算出磁粉的剩磁 $B_r \approx 88\% \times 11.7/2 = 5.1kGs$，与实测值 4.9kGs 很接近。由于主相晶粒尺寸过大，Nd-Fe-B 快淬合金中的交换耦合剩磁增强效应不复存在。

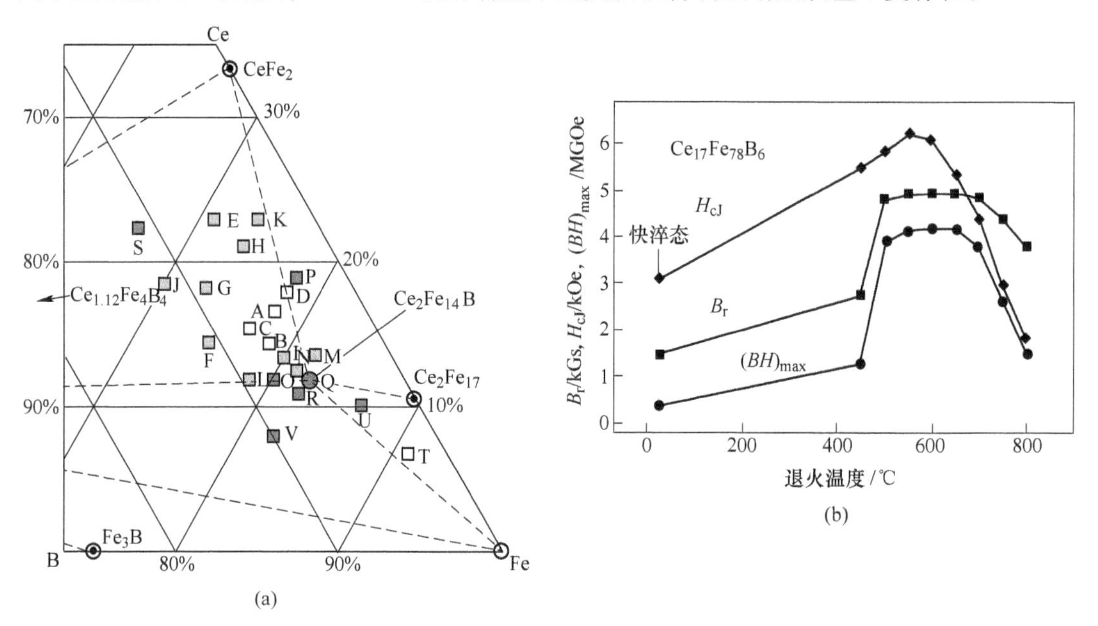

图 8-157 快淬 Ce-Fe-B 合金的成分与磁性能关系（a）和过淬 $Ce_{17}Fe_{78}B_6$ 合金在不同温度下退火 5min 的磁性能变化规律（b）[232]

表 8-31 最佳性能点附近的合金成分（原子分数）、磁性能参数及对应退火温度[232]

编号	成分	B_r/kGs	H_{cJ}/kOe	$(BH)_{max}$/MGOe	$B_r + H_{cJ}$	T_a/℃
A	$Ce_{17}Fe_{78}B_6$	4.9	6.2	4.1	11.1	550
B	$Ce_{14}Fe_{79}B_7$	5.3	5.4	4.6	10.7	500
C	$Ce_{15}Fe_{77}B_8$	4.7	5.8	3.4	10.5	600
D	$Ce_{18}Fe_{78}B_4$	4.6	5.6	3.3	10.2	600
E	$Ce_{23}Fe_{71}B_6$	2.9	7.1	1.4	10.0	600
F	$Ce_{14}Fe_{75}B_{11}$	5.0	4.7	3.6	9.7	600
I	$Ce_{13}Fe_{80}B_7$	5.2	3.2	2.8	8.4	600
M	$Ce_{13}Fe_{82}B_5$	4.8	3.1	2.5	7.9	650
V	$Ce_8Fe_{82}B_{10}$	2.3	0.6	0.3	2.9	700

Zhou 等人[233]研究了当 B 含量固定、Ce 总量变化时，$Ce_xFe_{94-x}B_6$（$x = 12 \sim 23$，原子分

数）快淬合金磁性与 Ce 含量的关系，其样品制备方法为：在氩气氛下将不同配方纯金属原料用电弧熔炼成合金锭，将合金重熔后以 20m/s 线速度快淬制成厚度 20～65μm 的薄带，然后在 673～873K 之间热处理 30min。粉末 XRD 图谱显示，快淬态合金的相组成与 Ce 含量关系密切（参见表 8-28）：20m/s 的线速度不足以抑制 α-Fe 的生成，特别是在 $x=12$ 时含量很高，随着 x 的增加 α-Fe 显著降低，但在 $x=23$ 时仍不能完全消除，这与 Ce_2Fe_{17}熔点低至 1063℃不无关系（图 2-28），需要更快的淬速使液相合金快速穿过 Fe 凝结区。另外，Fe_2O_3的衍射峰较为显著，Ce_2O_3和 CeO 先随 Ce 增加而增加，到 $x=19$ 后开始减少，在 $x=23$ 时 Fe_2O_3 的衍射峰较低，且 Ce 氧化物的衍射峰消失。Ce_2Fe_{17}和 CeB 存在于所有合金之中，但在 $x=23$ 时显著减少。最值得关注的是当 $x=17$ 时 $CeFe_2$相的出现，它是主相以外其他相减少或消失的推手。快淬态合金高分辨率透射电镜分析表明：$x=12$ 时主相晶粒尺寸在 10～50nm 之间，晶界相不明显；$x=14$ 和 17 的晶粒长到～100nm，晶界相宽度约 2nm，且含有 Ce 的氧化物颗粒；$x=23$ 的晶粒尺寸大到 200nm 以上，晶界相再次变窄。由于相组成和显微结构的变化，不同 Ce 含量淬态合金的室温磁性能也明显不同，图 8-158 是相应的退磁曲线和磁性能与 x 的关系，当 Ce 含量偏低时（$x=12$），合金的永磁特性很差，明显存在软磁成分，这是高 α-Fe 和氧化物含量的表现；$x\geqslant14$ 后合金呈现典型的各向同性永磁特性，B_r随 x 增加而显著下降，但 H_{cJ}上升，$x=17$ 的退磁曲线在外磁场 4500Oe 附近有一个拐弯，可能与 $CeFe_2$的出现有关。图 8-159 是不同热处理温度下快淬合金 $Ce_xFe_{94-x}B_6$的室温磁性能与 x 的关系曲线，将图 8-159 与图 8-158（b）比较可以看出，673K 低温热处理显著改善了 $x=17$ 合金的 B_r 和 $(BH)_{max}$，也使 H_{cJ}略为提升，从而得到了最佳磁性能：$B_r=6.9$kGs、$H_{cJ}=6.2$kOe、$(BH)_{max}=8.6$MGOe；而 873K 的高温热处理显著降低了 $x=12$ 合金的磁性能，有效提升了 $x=23$ 的 B_r，但使其 H_{cJ}大幅下降；其他温度对磁性能有一些调整作用，但基本上保持淬态合金的状况，总体上看 B_r变化不明显，H_{cJ}随温度升高有所下降。

表 8-32 不同 Ce 含量快淬合金 $Ce_xFe_{94-x}B_6$的相组成[233]

x \ 相	α-Fe	Fe_2O_3	CeO	Ce_2O_3	Ce_2Fe_{17}	CeB	Fe-B	$CeFe_2$
12	▲	✸	★	✶	■	◆	✦	
14	▲	✸	★	✶	■	◆	✦	
17	▲	✸	★	✶	■	◆	✦	●
19	▲	✸	★	✶	■	◆	✦	●
23	▲	✸			■	◆		●

Li 等人[234]对稀土总量和 B 含量固定、Ce-Nd 以不同比例固溶的快淬合金系列 $Nd_{12-x}Ce_xFe_{82}B_6$（$x=0$～12，原子分数）进行了研究，电弧熔炼合金重熔快淬的线速度为 20～25mm/s，但 $x=11$ 和 12 的高 Ce 合金采用了更高的线速度 27mm/s。图 8-160（a）是快淬合金的晶格常数与 Ce 含量 x 的关系曲线，可见 a 和 c 随 x 的增加总体呈下降趋势，特别是在高 Nd 和高 Ce 两端时这个变化较大，但在 $x=2$～10 之间 c 几乎没有变化，而且 a 的变化也相对平缓，这与 Nd 和 Ce 的择优占位可能有关联。图 8-160（b）反映的是室温 H_{cJ}和 $(BH)_{max}$与 x 的关系，单调下降的趋势在 $x=10$～12 处加剧，与晶格常数的变化对

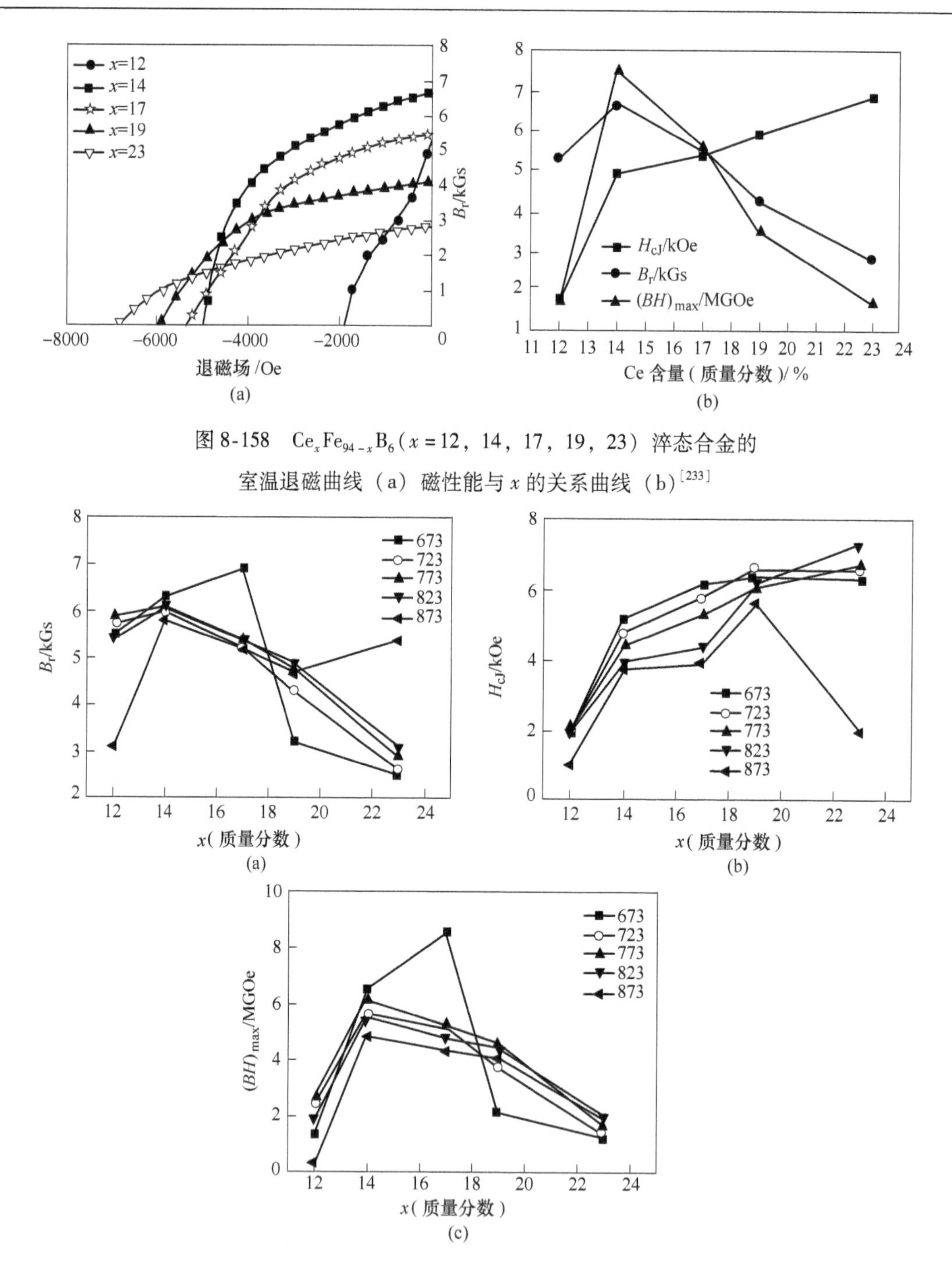

图 8-158　$Ce_xFe_{94-x}B_6$(x = 12，14，17，19，23) 淬态合金的室温退磁曲线（a）磁性能与 x 的关系曲线（b）[233]

图 8-159　不同热处理温度下快淬合金 $Ce_xFe_{94-x}B_6$ 的室温磁性能与 x 的关系曲线（数据自文献 [233]）

应，鉴于 Fe 基金属间化合物磁性能与 Fe-Fe 间距密切相关的事实，这个变化体现了内禀磁性的决定性作用。另外，该成分范围内退磁曲线的方形度严重劣化，从 XRD 图谱中可以看到衍射峰展宽的迹象，说明更高的快淬线速度细化了晶粒，同时也可能制造了部分非晶相，使晶粒间交换耦合效应减弱，这一点可从 Hankel 曲线（图 8-161）中识别出来，就

是 δM 的峰值显著降低。因此，高 Ce 合金从显微结构上也进一步削弱了其永磁特性。

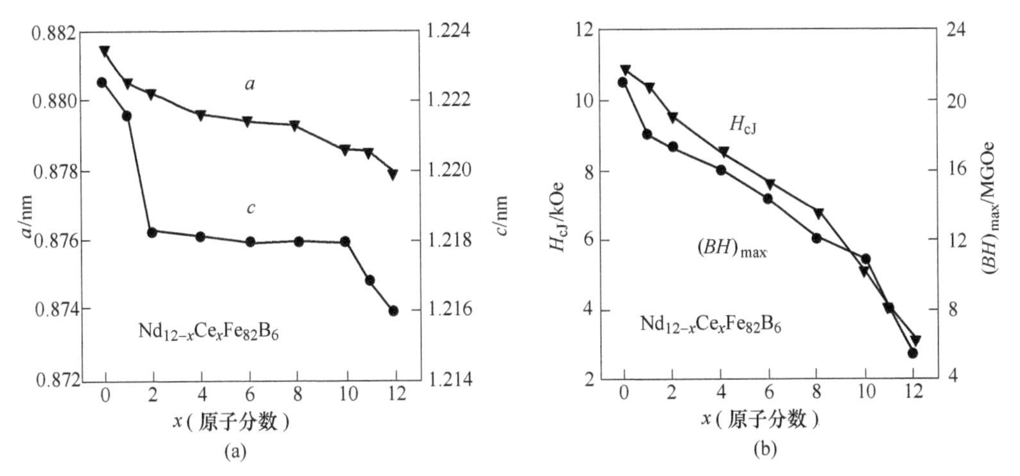

图 8-160 $Nd_{12-x}Ce_xFe_{82}B_6$ 快淬合金的主相晶格常数与 x 的关系曲线（a）和 H_{cJ} 与（BH）$_{max}$ 与 x 的关系曲线（b）[234]

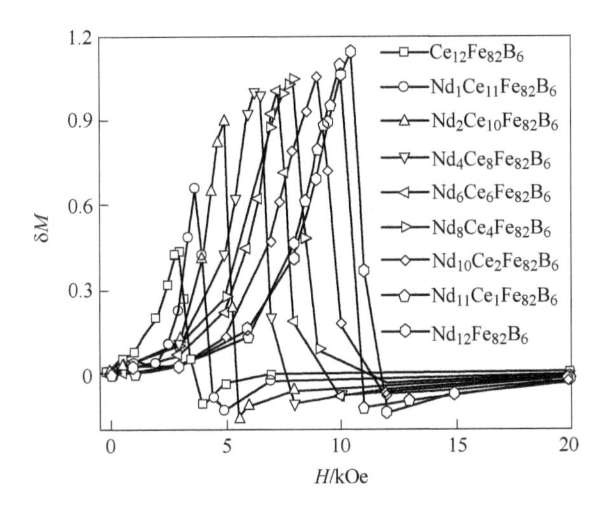

图 8-161 $Nd_{12-x}Ce_xFe_{82}B_6$ 快淬合金的 Hankel 曲线：δM 峰位与 H_{cJ} 关联，δM 大小反映交换耦合强度[234]

Wang 等人[235]在研究 Ce 替代 Nd 的快淬合金显微结构时发现，随着 Ce 含量的增加，成分为（$Nd_{100-x}Ce_x$）$_{30}Fe_{64.88}Co_4Ga_{0.2}B_{0.92}$（$x=50\sim90$，质量分数）的快淬合金晶粒尺寸显著加大（图 8-162），$x=50$ 时晶粒尺寸在 80nm 左右，$x=60$ 时长到 100nm，70 和 80 对应的是 150～200nm，到 $x=90$ 时则达到 300nm 了。他们认为，Ce 置换 Nd 降低了合金的熔点，合金液与快淬铜轮的温差减小，过冷度也随之减小，在同等淬速下合金有更充分的固化和扩散过程，晶粒得以充分生长。从合金起始磁化曲线和磁滞回线上（图 8-163）可以看到：与 Li 等人[234]的结果类似，B_r 和 H_{cJ} 随 x 增大而逐渐减小，且 $x=80$ 和 90 的退磁曲线方形度明显变差，$x=70\sim90$ 的起始磁化曲线在低场下有明显的畴壁移动迹象，起始磁化率也较高，直接反映出晶粒尺寸长大的多畴效应。

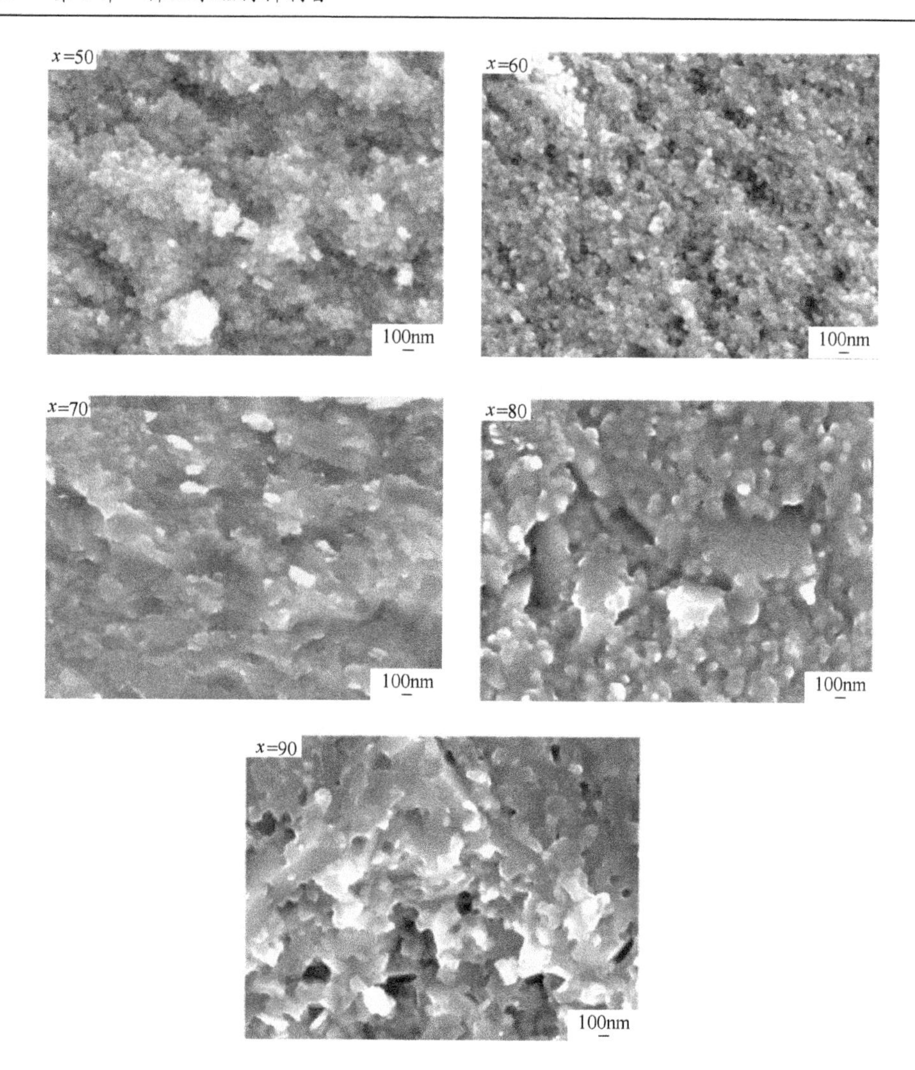

图 8-162 $(Nd_{100-x}Ce_x)_{30}Fe_{64.88}Co_4Ga_{0.2}B_{0.92}$（$x=50\sim90$，质量分数）快淬合金的 SEM 照片[235]

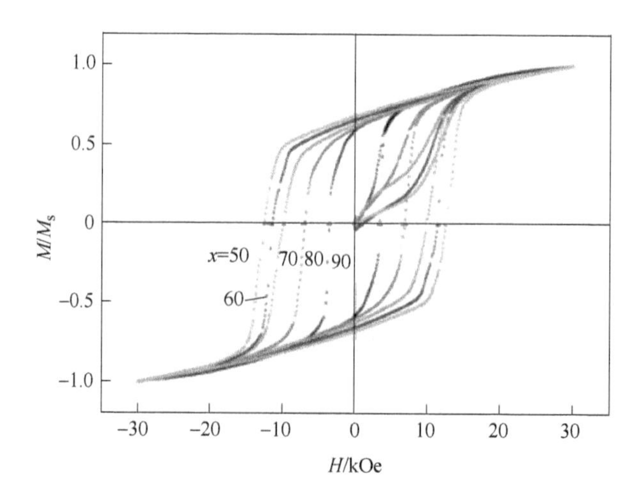

图 8-163 $(Nd_{100-x}Ce_x)_{30}Fe_{64.88}Co_4Ga_{0.2}B_{0.92}$（$x=50\sim90$，质量分数）快淬合金的起始磁化曲线和磁滞回线[235]

Chen 等人[236]研究了 Ce 逐步替代 Pr-Nd 的快淬 Nd-Fe-B 磁粉特性，合金成分为 $[(Nd_{0.75}Pr_{0.25})_{1-x}Ce_x]_{11.65}Fe_{82.75}B_{5.6}$ ($x=0\sim0.5$)，电弧熔炼合金锭经熔旋快淬后破碎到 425μm 以下，然后在 550～600℃退火以优化显微结构和磁性。图 8-164（a）是不同 Ce 含量快淬磁粉的室温退磁曲线，图 8-164（b）是室温磁性能参数 B_r、H_{cJ}和（BH）$_{max}$与 x 的关系，显然它们随 Ce 含量 x 的增加呈线性下降趋势，其中 B_r的线性下降看上去符合固溶规律，以线性拟合估算，$x=0.5$ 相对于 $x=0$ 的剩磁比为 88.3%，但从 $Ce_2Fe_{14}B$、$Pr_2Fe_{14}B$ 和 $Nd_2Fe_{14}B$ 的饱和磁化强度 11.7kGs、15.6kGs 和 16.0kGs 来计算，Ce 替代一半 $Nd_{0.75}Pr_{0.25}$的剩磁应为无 Ce 磁粉的 86.8%，这意味着 Ce 离子在 $(Ce,Pr,Nd)_2Fe_{14}B$ 里的磁性强于纯 $Ce_2Fe_{14}B$。H_{cJ}下降也可以归结为 Ce 对 Pr-Nd 磁晶各向异性场的稀释效应，并与磁体的开路磁通不可逆损失变化趋势相吻合（如图 8-165 所示），ϕ9.8mm×6.5mm 的圆柱形粘结磁体在 120℃放置 1000h，开路磁通不可逆损失从 $x=0$ 的 −4% 增加到 $x=0.5$ 的 −5.9%。磁粉的居里温度从 $x=0$ 的 311℃线性下降到 $x=0.5$ 的 236℃，使室温至 100℃的剩磁温度系数也从 −0.13%/℃变到绝对值更大的 −0.20%/℃。

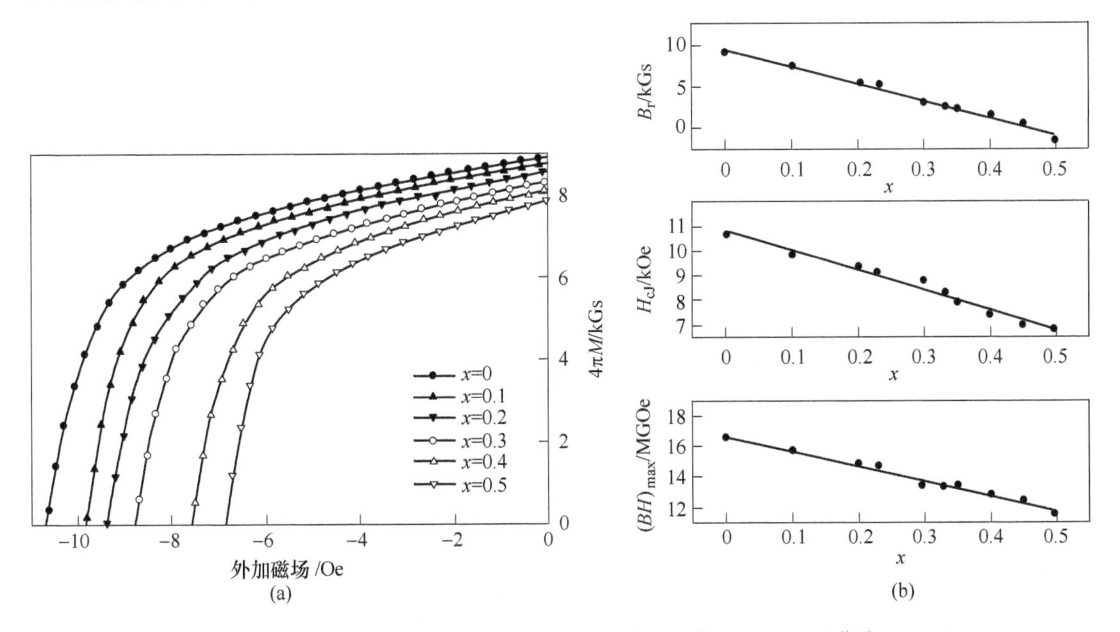

图 8-164 $[(Nd_{0.75}Pr_{0.25})_{1-x}Ce_x]_{11.65}Fe_{82.75}B_{5.6}$快淬磁粉的室温退磁曲线（a）和室温磁性能参数与 Ce 含量的关系（b）[236]

Pathak 等人[237]也做了类似的研究，他们的合金体系为 $(Nd_{1-x}Ce_x)_2Fe_{14-y}Co_yB$ ($x=0\sim0.75$，$y=0$、1 和 2)，当 Ce 含量达到 0.2 时，样品的室温磁滞回线出现了高-低矫顽力双相的特征（图 8-166（b）、(c)），退磁曲线方形度很差，室温磁性能参数与 Ce 含量 x 的关系（图 8-166（d）～(f)）与 Chen 等人的结果（图 8-164（b））非常不同，在 $x=0.2$ 时 H_{cJ}有一个跳跃，达到 10kOe，然后在 $x=0.35$ 回落到正常的下降轨道，与此对应的是 B_r和（BH）$_{max}$从 $x=0.20$ 开始陡降，到达 $x=0.30$ 的谷底后再突然回复到正常趋势。他们认为在 $0.20\leqslant x\leqslant0.30$ 的成分区段内发生了相分离[238]，理由是 $(Nd_{1-x}Ce_x)_2Fe_{14}B$ 的晶格常数 c 比正常收缩的趋势更小，对应的磁晶各向异性场有类似图 8-166（d）那样的反常

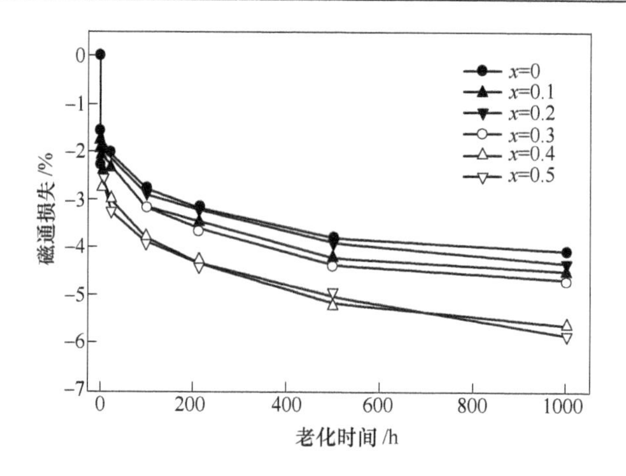

图 8-165　ϕ9.8mm×6.5mm 圆柱形粘结磁体在 120℃ 的开路磁通不可逆损失[236]

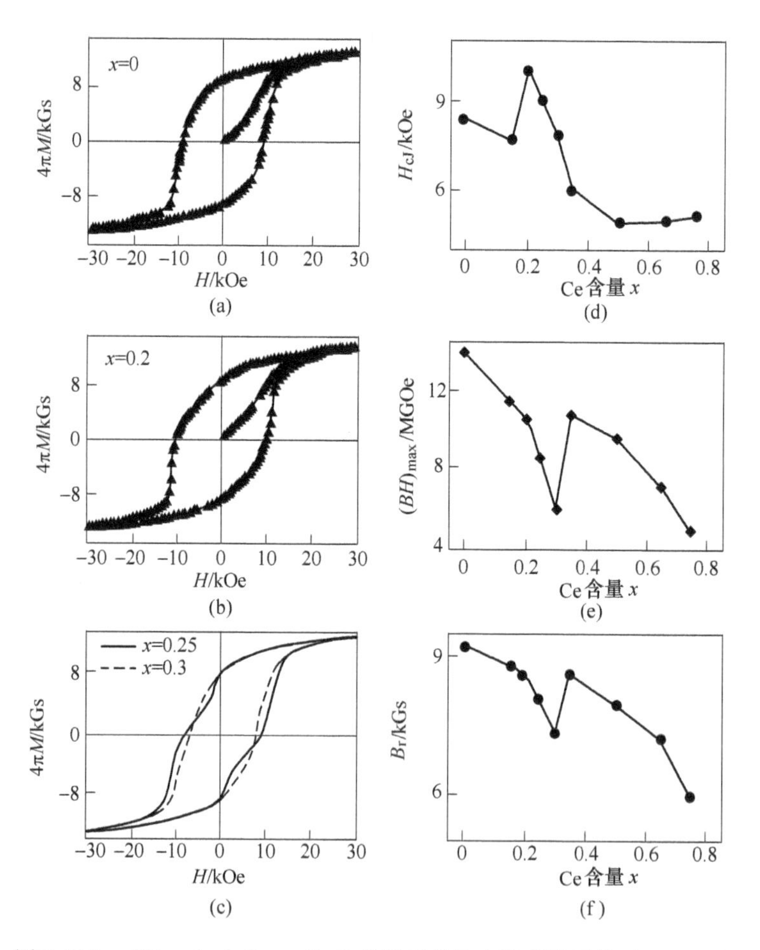

图 8-166　$(Nd_{1-x}Ce_x)_2Fe_{14-y}Co_yB$ 快淬磁粉的室温磁滞回线（a～c）和室温磁性能参数与 Ce 含量的关系（d～f）[237]

上升，而饱和磁化强度却像图 8-166（f）的 B_r 一样缓降后陡升，SEM 照片显示合金中存在 Ce 含量不同的两个相区。在 Ce 添加 0.2 的基础上用部分 Co 替代 Fe，H_{cJ} 有所下降但相分离情况大为改善，在 $y=2$ 时退磁曲线呈现单一硬磁相，方形度变得非常好，$(BH)_{max}$ 从 $(Nd_{0.8}Ce_{0.2})_2Fe_{14}B$ 的 10.6MGOe 提高到 $(Nd_{0.8}Ce_{0.2})_2Fe_{12}Co_2B$ 的 16.0MGOe。他们在合金配方中适当增加 Nd 和稀土总量的比例，并添加适量的 ZrC 或 TiC 细化快淬合金晶粒，成分为 $(Nd_{0.96}Ce_{0.2})_{2.4}Fe_{12}Co_2B$ 的磁粉性能达到 $H_{cJ}=18.9$kOe、$(BH)_{max}=15$MGOe。

Herbst 研究组在 Ce-Fe-B 三元系成分优化[232]的基础上，由 Skoug 等人[239]发表了 (B_r+H_{cJ}) 最高的 A 和 B 合金以部分 Co 取代 Fe 的研究结果，A 合金位于富 Ce 端，原子比例化学式 $Ce_{17}Fe_{78}B_6$ 折算到2:14:1 的表达为 $Ce_3Fe_{14}B$；B 合金同时富 Ce 和富硼，可表述为 $Ce_{2.55}Fe_{14}B_{1.27}(Ce_{14}Fe_{79}B_7)$。$Ce_3Fe_{14-x}Co_xB$ $(x=0, 1, 2, 3, 4)$ 的 XRD 图谱可以分辨出主相以外的 $Ce(Fe,Co)_2$ 相，在 $x=4$ 时 α-Fe 也出现了；$Ce_{2.55}Fe_{14-x}Co_xB_{1.27}$ $(x=0, 1, 2, 3, 4)$ 的 XRD 图谱情况类似，但 $Ce(Fe,Co)_2$ 衍射峰直到 $x=3$ 时才出现。图 8-167 (a) 是由两组合金的 XRD 拟合得出的 $Ce_2Fe_{14-x}Co_xB$ 晶格常数，A 系列合金对应实心数据点，B 系列对应空心点，图中 a 和 c 的刻度间隔一致，可以看出 c 随 x 增加而直线下降的斜率是 a 的三倍，因此 c/a 也单调下降。当 $x>5$ 后，合金 $Ce_3Fe_{14-x}Co_xB$ 的相组成发生了很大变化，$Ce_2Fe_{14-x}Co_xB$ 逐步分解成 $Ce(Fe,Co)_2$、α-Fe 和 Ce_2Fe_{17}，$x=14$ 的纯 Co 合金几乎只剩下 $CeCo_5$ 相，没有丝毫 $Ce_2Co_{14}B$ 的迹象，因此 Co 在 $Ce_2Fe_{14-x}Co_xB$ 中不是无限互溶的。图 8-167 (b) 是两组合金在 $x\leqslant5$ 的居里温度和室温磁性能与 x 的关系曲线。在这个成分区间内，居里温度随 x 线性增长，在 $x=5$ 时增加了近 50%，这与 $Nd_2Fe_{14-x}Co_xB$ 和

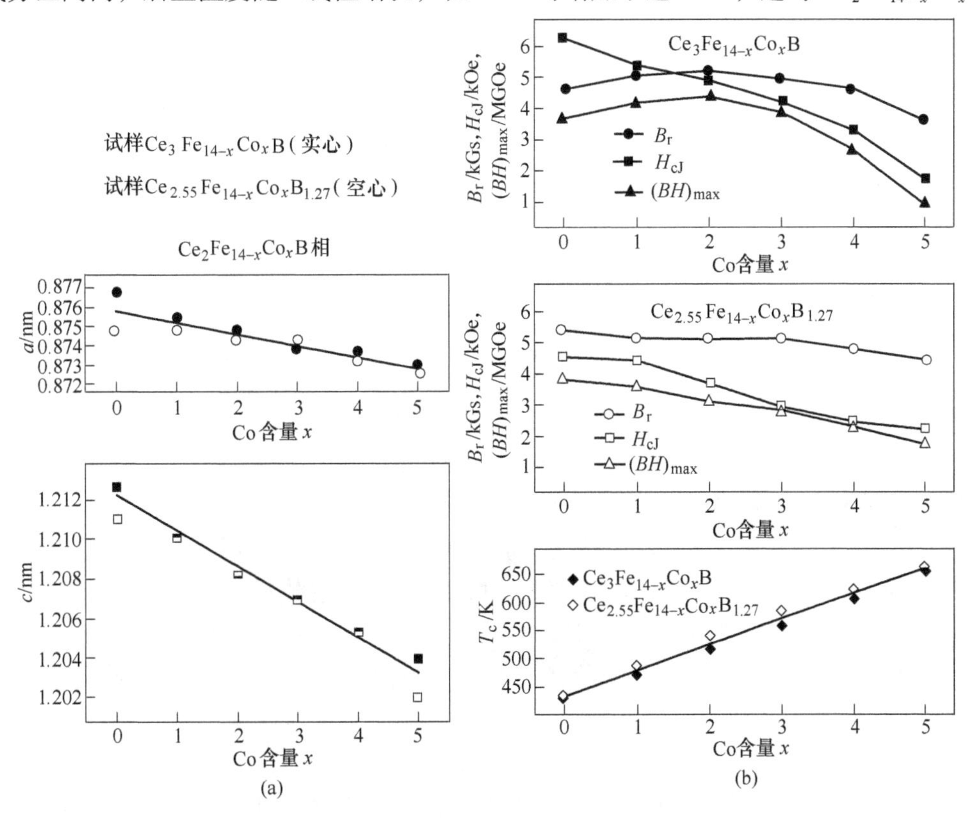

图 8-167 试样 $Ce_3Fe_{14-x}Co_xB$ 和试样 $Ce_{2.55}Fe_{14-x}Co_xB_{1.27}$ 中 $Ce_2Fe_{14-x}Co_xB$ 相晶格常数及试样的居里温度和室温永磁参数[239]

$Nd_2Fe_{14-x}Co_xB$ 的情形类似。合金的 H_{cJ} 随 x 近线性下降，反映出主相磁晶各向异性场减小的效果，因为Co次晶格在 $R_2Fe_{14-x}Co_xB$ 中的易磁化方向倾向于 a-b 面（参见图4-102），除 $x=5$ 以外A系列的 H_{cJ} 更高；就 B_r 而言，两个系列的差异不大，只是在A系列中 B_r 在 $x=2$ 取得极大值，与 $Nd_2Fe_{14-x}Co_xB$ 类似，但在B系列中 $x=0$ 的 B_r 最大，随后基本上单调下降；由于 H_{cJ} 偏高，A系列的 $(BH)_{max}$ 总体上高于B系列，在 $x=2$ 处（相当于 $Ce_{17}(Fe_{0.9}Co_{0.1})_{78}B_6$）得到最佳的永磁性能：$B_r=5.2kGs$，$H_{cJ}=4.9kOe$，$(BH)_{max}=4.4MGOe$，$T_c=516K$。

Ni等人[240]在快淬 $Ce_{17}Fe_{78}B_6$ 合金中用部分Zr置换Fe，实验表明随着Zr含量的增加，晶化起始温度 T_x 逐渐提高，说明Zr对四方相具有很好的稳定作用，同时最佳热处理温度 T_a 也需要逐步提升（表8-33）。XRD图谱显示：热处理后的合金由主相和 $CeFe_2$ 组成，通过特征峰宽度可以估算出两个相的平均晶粒尺寸，运用Rietveld拟合除了获得晶格常数外，还得到了 $CeFe_2$ 的相对体积比。数据显示：随着 x 的增加，c 下降的趋势比 a 快，致使 c/a 也下降；$CeFe_2$ 的相对体积比上升；主相和 $CeFe_2$ 的晶粒尺寸细化；在 $x=0.5$ 以前居里温度 T_c 基本不变，随后降低，室温磁性能在 $x=0.5$ 时达到峰值。

表8-33 快淬 $Ce_{17}Fe_{78-x}Zr_xB_6$ ($x=0\sim2$) 合金的晶化起始温度 T_x、最佳处理温度 T_a、居里温度 T_c、热处理后的磁性能[240]

x	T_x /K	T_a /K	a/nm	c/nm	c/a	$CeFe_2$ (体积分数)/%	晶粒/nm		T_c/K	B_r/kGs	H_{cJ}/kOe	$(BH)_{max}$ /MGOe
							主相	$CeFe_2$				
0.0	740	768	0.8747	1.2101	1.383	17.1	32.5	14.5	425.7	4.5	4.8	3.4
0.5	750	788	0.8745	1.2082	1.382	18.5	31.8	12.1	425.6	4.8	5.4	4.5
1.0	775	798	0.8742	1.2063	1.380	20.3	29.0	11.9	420.5	4.5	4.7	4.0
1.5	788	818	0.8743	1.2060	1.379	23.0	27.2	11.5	415.6	4.5	4.6	3.9
2.0	808	823	0.8736	1.2034	1.377	24.0	26.4	10.7	415.6	4.1	3.9	2.9

8.3.5.3 烧结 (R,Ce)-Fe-B 磁体

$La_2Fe_{14}B$ 成相困难使得制备烧结La-Fe-B磁体的尝试几乎难有成功的机会，鲜有相关的报道；纯Ce-Fe-B烧结磁体的实验也不成功，只有快淬磁体的研究见诸文献。因此，La、Ce烧结磁体都是从部分替代Pr或Nd着手的，尽管MM天然就是La、Ce、Pr、Nd的混合物，但因为La、Ce含量过高，纯MM烧结磁体的性能是很低的[241]。Okada等人[214]用不同Ce含量的Pr-Nd合金（Di）作为原料来制备烧结磁体，原料成分分别为：Nd-10% Pr、Nd-15% Pr-5% Ce和Nd-10% Pr-40% Ce（质量分数），磁体成分为 $R_{32.5\sim34.5}Fe_{bal}B_{1\sim1.6}$。实验表明：不含Ce的磁体烧结温度需要达到1080℃以上才能得到98%~99%的相对密度，B含量增加有利于获得高矫顽力，最佳磁性能的成分为 $R_{32.5}Fe_{66.5}B_1$，磁性能为：$B_r=12.4kGs$，$H_{cJ}=10kOe$，$(BH)_{max}=36MGOe$；Ce占稀土总量（质量分数）5%的磁体，最佳烧结温度降到1060~1080℃，且烧结温度窗口相对较宽，合金成分为 $R_{33.5}Fe_{65.5}B_1$ 时 $B_r=13.2kGs$，$H_{cJ}=10.2kOe$，$(BH)_{max}=40MGOe$；当Ce含量增加到总稀土量（质量分数）的40%时，得到高密度的烧结温度进一步下降到（1040±5）℃，过低或过高的烧结温度会显著降低 $(BH)_{max}$，成分为 $R_{33.5}Fe_{65.5}B_1$ 的磁体 $B_r=11.5kGs$，$H_{cJ}=5.3kOe$，$(BH)_{max}=$

27MGOe，相对于5% Ce 磁体的水平大打折扣，但依然具有一定的实用价值，不过其矫顽力的温度系数不佳，100℃的 H_{cJ} 仅为室温的65%。电镜观察表明，Ce 进入主相和富稀土相，降低了两者的熔点，使烧结更容易达成，且富 Nd-Ce 相对主相的浸润性更好。龚伟（Gong W）和 Hadjipanayis[241]尝试完全采用 MM 来制备烧结磁体，名义成分为 $MM_{15}Fe_{77}B_8$ 的磁体 H_{cJ} 不超过 2kOe，通过添加 Al 和 Dy_2O_3 或 Nd_2O_3 可以显著改善 H_{cJ}，达到 8 ~ 10kOe 的实用水平，代价是剩磁大幅下降，以致磁体 $(BH)_{max}$ < 10MGOe，还不如各向同性粘结钕铁硼磁体。马保民（Ma B M）和 Willman[242]用多合金方法将不同 B、Al 含量的 Nd-Fe-B 合金与 MM-Fe-B 或 MM-Fe-Al-B 合金粉末混合来制备烧结磁体，他们所用的 MM 成分为（质量分数）：La 43.11%、Ce 29.14%、Pr 6.84%、Nd 19.17%、Gd 0.44%、Y 0.23%、Fe 0.31%、Al 0.31%、Mg 0.18%、Mn 0.034%和 Si 0.21%，图 8-168 是磁体 B_r 和 H_{cJ} 随 MM 以及 Al 含量的变化趋势，MM 的增加会显著降低 B_r，且以更大的幅度降低 H_{cJ}，烧结温度略高有利于维持 B_r 但 H_{cJ} 更低一些。在相同烧结温度下，高 MM 含量磁体（$x = 10.5$）的平均晶粒尺寸是低 MM 含量磁体（$x = 3.7$）的两倍，因此 MM 从磁晶各向异性场和显微结构两方面双重削弱了磁体的矫顽力，表 8-34 综合了他们在不同 MM 和 Al 成分磁体中获得的磁性能。

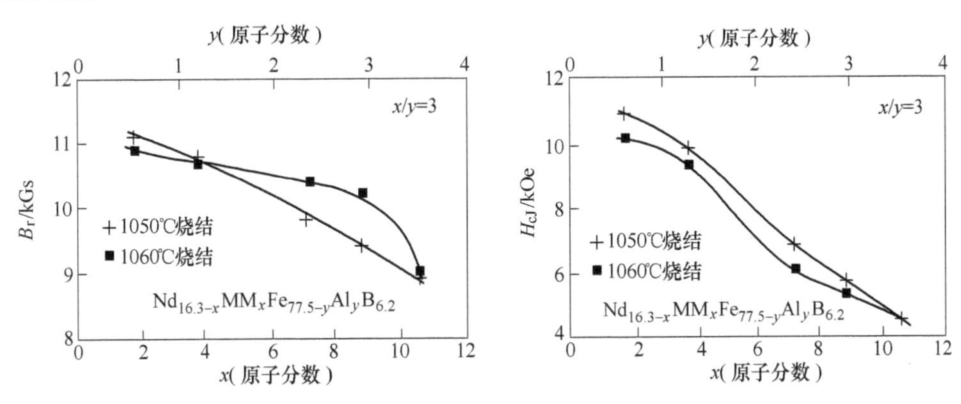

图 8-168 $Nd_{16.3-x}MM_xFe_{77.5-y}Al_yB_{6.2}$ 的剩磁 B_r 及内禀矫顽力 H_{cJ} 随 MM 和 Al 含量的变化[242]

表 8-34 $MM_{16.3-x}Nd_xFe_{77.5-y}Al_YB_{6.2}$ 的磁性能[242]

x(原子分数)	y(原子分数)	B_r/kGs	H_{cB}/kOe	H_{cJ}/kOe	H_k/kOe	$(BH)_{max}$ /MGOe
5.8	3.5	8.9	4.2	4.6	3.4	16.2
7.5	2.9	9.4	5.1	5.8	4.0	18.5
9.2	2.4	9.8	5.8	6.9	4.1	20.2
12.6	1.2	10.8	8.0	9.9	5.8	25.5
14.6	0.7	11.1	8.1	11.0	6.3	27.8

Li 和 Bogatin[243]研究了 Nd 置换 Ce、Co 和 Si 置换 Fe 对 Ce-Fe-B 烧结磁体相结构和磁性的影响，用 M-T 曲线分析了 $Ce_zFe_{75.5-z}Co_{17}Si_1B_{6.5}$（$z = 13.5$、15、17）合金铸态以及 1010℃均匀化处理 2h 的相组成，发现 $z = 17$ 的铸态合金存在三个铁磁性相——α-Fe、$Ce_2(Fe,Co,Si)_{14}B$ 和居里温度 $T_c \approx 110$℃的富 Ce 相（图 8-169（a）），而低 Ce 合金只有 α-Fe 和 $Ce_2(Fe,Co,Si)_{14}B$ 相；α-Fe 含量随 Ce 减少而减少。均匀化处理后，所有合金的

α-Fe 含量都显著降低，在 $z=13.5$ 时降为零，$z=17$ 合金的低 T_c 相也消失了（图 8-169（b））。添加 Nd 替代 Ce 的烧结磁体 $(Ce_{1-x}Nd_x)_{13.5}Fe_{62}Co_{17}Si_1B_{6.5}$ 性能与 Nd 含量 x 的关系见图8-170，纯 Ce-Fe-B 磁体的 $(BH)_{max}$ 仅 11.1MGOe；随 Nd 含量的增加，B_r 和 $(BH)_{max}$ 明显改善，H_{cJ} 在 $x=0.4$ 时达到最大，然后随 Nd 含量增加而下降。$x=0.4$ 磁体的 $B_r=11.7$kGs，$H_{cJ}=7.5$kOe，$(BH)_{max}=27.2$MGOe。周少雄（Zhou S X）、Wang 和 Høier[244] 同样研究了 Si 和 Co 添加对 Ce-Fe-B 烧结磁体性能的影响，并通过添加 Dy_2O_3 来改善磁体的

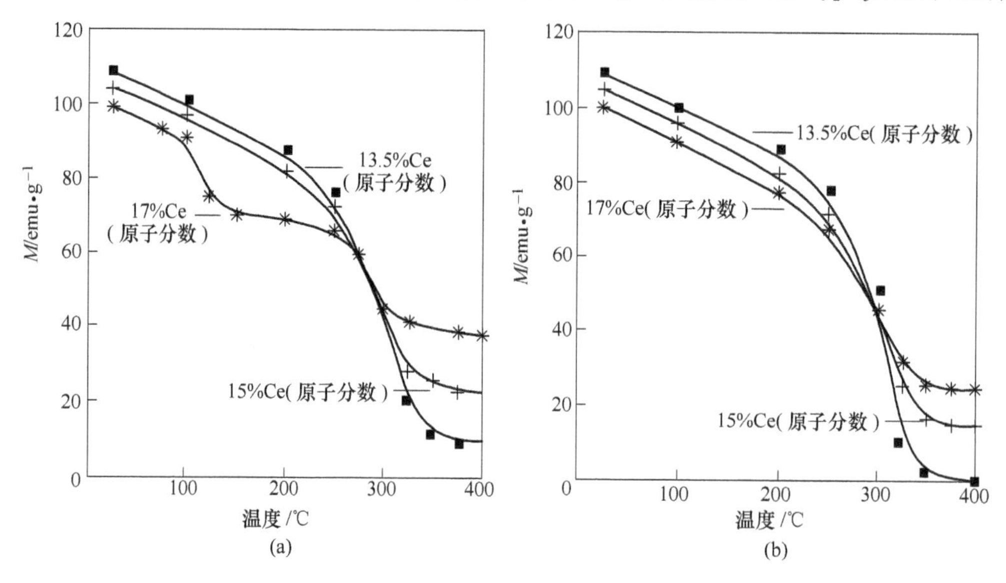

图 8-169 $Ce_zFe_{75.5-z}Co_{17}Si_1B_{6.5}$（$z=13.5$、15、17）合金铸态（a）以及 1010℃均匀化处理 2h（b）的 M-T 曲线[243]

H_{cJ}，他们用纯 Ce、Pr 和 Nd 按质量分数 $Ce_{40}Pr_{10}Nd_{50}$ 制成 40Ce-Di 稀土合金，再由此分别制成 A 系列（$40Ce\text{-}Di_{16.5}Fe_{77-x}Si_xB_{6.5}$，$x=0\sim8$）、B 系列（$40Ce\text{-}Di_{16.5}Fe_{73-y}Co_ySi_4B_{6.5}$，$y=0\sim30$）和将 $40Ce\text{-}Di_{16.5}Fe_{63}Co_{10}Si_4B_{6.5}$ 粉末掺入 Dy_2O_3 粉（质量分数 z）的 C 系列烧结磁体，三个系列磁体的室温磁性能参数见表 8-35。从 A 系列的数据可以看出，Si 的添加有利于提高磁体的 T_c 和 H_{cJ}，尽管 B_r 单调下降，但 $(BH)_{max}$ 在 $x=4$ 取得峰值；锁定 Si 含量 4%（原子分数）后，B 系列磁体的 T_c 因 Co 含量增加而显著提高，H_{cJ} 单调下降，但 B_r 先升后降的趋势也不能阻止 $(BH)_{max}$ 一路降低的趋势；Dy_2O_3 粉的加入使我们看到了熟悉的变化趋势——B_r 降低但 H_{cJ} 显著提升，$(BH)_{max}$ 在 $z=2\%\sim3\%$ 达到极大值。$(BH)_{max}+H_{cJ}$ 最大的磁体对应成分为 $40Ce\text{-}Di_{16.5}Fe_{63}Co_{10}Si_4B_{6.5}+2\%\sim3\%$（质量分数）$Dy_2O_3$。

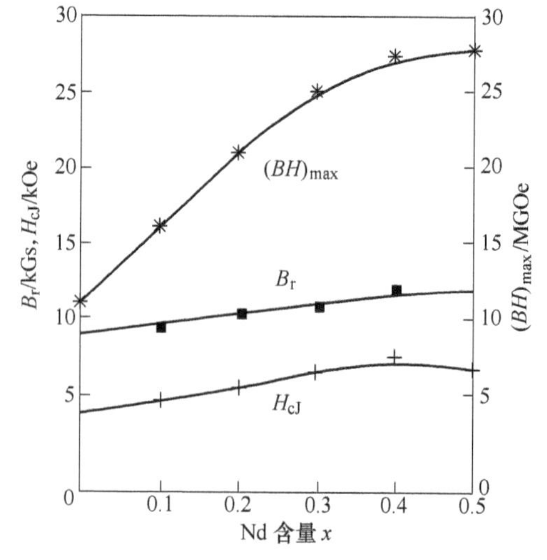

图 8-170 烧结磁体 $(Ce_{1-x}Nd_x)_{13.5}Fe_{62}Co_{17}Si_1B_{6.5}$ 性能与 Nd 含量 x 的关系[243]

表 8-35 (40Ce-Di)-Fe-B 添加 Si、Co 和 Dy_2O_3的磁性能数据[244]

合金		B_r/kGs	H_{cJ}/kOe	$(BH)_{max}$/MGOe	T_c/℃
A 系列 x(原子分数)	0	11.6	5.1	27.8	261
	2	11.3	5.9	28.5	268
	4	11.2	6.5	29.0	275
	6	10.8	6.9	26.4	280
	8	10.3	7.2	24.0	286
B 系列 y(原子分数)	0	11.2	6.5	29.0	275
	10	11.3	6.0	26.5	350
	20	11.0	5.8	25.5	418
	30	10.5	5.5	23.3	464
C 系列 Dy_2O_3 质量分数/% (磁体中 Dy 原子分数)	0(0.0)	11.3	6.0	26.5	350
	2(0.7)	11.1	8.5	29.0	
	3(1.1)	10.9	9.2	28.2	
	4(1.4)	10.5	9.8	25.8	
	5(1.8)	9.9	10.4	22.9	

朱明刚和李卫等人[245,246]采用双主相的方法，用速凝薄片技术分别制备 Nd-Fe-B 和 (Ce-Nd)-Fe-B 合金，再将两种合金的粉末以不同比例混合均匀，用传统粉末冶金方法制备出名义成分为 $(Nd_{1-x}Ce_x)_{30}(Fe,TM)_{69}B_1$ ($x=0.10\sim0.45$，质量分数) 的烧结磁体，探讨了烧结温度对磁体取向度、密度和磁性能的影响，如图 8-171 所示，$(Nd_{0.8}Ce_{0.2})_{30}(Fe,TM)_{69}B_1$ 的烧结温度高于 1020℃才能达到 7.64g/cm^{3}以上的高密度，为高 B_r和 $(BH)_{max}$提供必要条件，但 H_{cJ}随烧结温度升高单调下降，且 1060℃高温烧结会显著降低 B_r 和 $(BH)_{max}$，所以优化的烧结温度在 1020～1050℃之间。以取向方向为法线的 XRD 图谱显示，1060℃烧结磁体的 (105) 衍射峰高度超过 (006)，说明偏离 c 轴的晶粒增多，磁体取向度变差。在优化工艺条件下得到的磁体性能与 Ce 含量 x 的关系可参见表 8-36，富稀土相的熔点从 $x=0$ 的 455℃单调降低到 $x=0.2$ 的 419℃，说明含 Ce 磁体可以在更低温度下烧结，以避免主相晶粒过度生长；磁体 T_c和 B_r降低表明 Ce 进入主相形成了 $(Ce,Nd)_2Fe_{14}B$ 固溶化合物；在 $x\leq0.2$ 可以得到 $H_{cJ}\approx12$kOe、$(BH)_{max}\geq45$MGOe 的性能适中的磁体，即使在 $x=0.3$，$(BH)_{max}$还可以维持在 43MGOe 以上。为了说明双主相方法的优势，他们比较了 $(PrNd_{0.8}Ce_{0.2})_{31}(Fe,TM)_{68}$

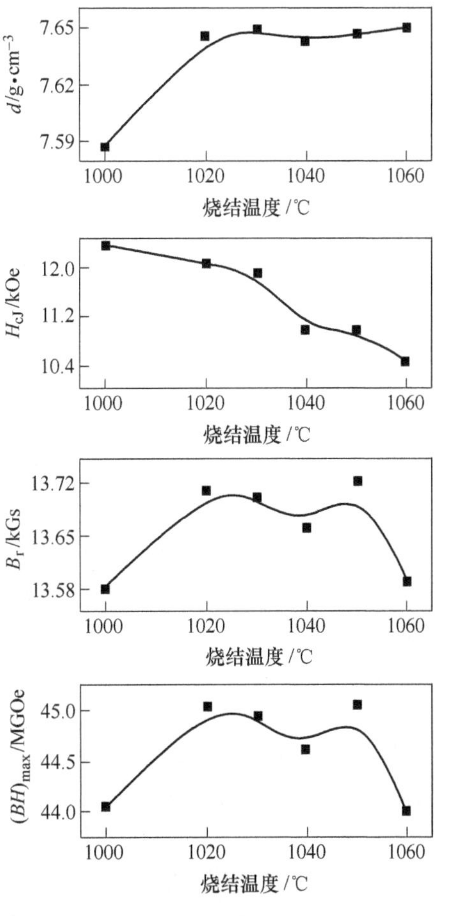

图 8-171 $(Nd_{0.8}Ce_{0.2})_{30}(Fe, TM)_{69}B_1$的密度及磁性能与烧结温度的关系[245]

B_1单合金磁体和由（PrNd）$_{31}$(Fe,TM)$_{68}$$B_1$和（$PrNd_{0.5}Ce_{0.5}$）$_{31}(Fe,TM)_{68}$$B_1$按3:2 配成相同成分的双主相磁体的性能[246]，磁体烧结制度均为 1010℃ ×2h，结果表明前者的 H_{cJ} = 7.7kOe，而后者提升到 12.1kOe，而且 B_r从 13.16kGs 升高到 13.30kGs。显微结构分析表明，双主相方法有更多的富稀土相来分割主相，为高矫顽力提供了保障，且主相晶粒基本上保持各自的 Ce 含量不变，没有在烧结过程中相互扩散渗透而均分 Ce 原子，两种内禀磁性差异较大的主相晶粒间相互影响，其效果优于形成完全固溶体后的内禀磁性。

表 8-36 （$Nd_{1-x}Ce_x$）$_{30}$(Fe,TM)$_{69}$$B_1$（$x$=0.10～0.45，质量分数）的磁性能数据[245]

x	B_r/kGs	H_{cJ}/kOe	$(BH)_{max}$/MGOe	H_k/H_{cJ}	T_c/℃	富 R 相熔点
0.00	14.2	13.1	48.1	0.80	315	455
0.10	14.0	12.2	46.6	0.87	306	433
0.15	13.8	11.4	45.6	0.95	294	422
0.20	13.7	12.0	45.0	0.90	293	419
0.30	13.6	9.3	43.3	0.93		
0.45	12.4	6.2	33.4	0.90		

钮萼（Niu E）等人[247]较系统地研究了采用混合稀土合金（MM）和双合金法制备烧结磁体的相结构、显微结构与性能的关系，对高 La、Ce 或 MM 含量烧结磁体低 H_{cJ}的行为进行了有益的探讨。产自白云鄂博的典型 MM 稀土含量（质量分数）为：La 27.06%、Ce 51.46%、Pr 5.22%、Nd 16.16%、杂质 0.1%，按名义成分 $MM_{15.30}Co_{0.56}Cu_{0.08}B_{6.11}Fe_{bal}$（原子分数）配方制成厚度为 0.3 ～ 0.5mm 的合金 A 速凝片，并按名义成分 $(Pr,Nd)_{13.14}Dy_{0.73}Co_{1.00}Cu_{0.10}Al_{0.24}Nb_{0.21}B_{6.05}Fe_{bal}$制成合金 B 速凝片；用氢破碎和气流磨粉工艺将速凝片分别破碎成平均粒度为 3 ~5μm 的粉末，将不同重量比的粉末 A 和 B 均匀混合后制成取向烧结磁体，其 A:B 混合比例以及详细的化学成分见表 8-37。图 8-172 展示了磁体内禀磁性和外禀磁性随 MM 占稀土总量 R 的比例 MM/R 变化的特征，可见磁体的磁晶各向异性场 H_a、饱和磁化强度 $4\pi M_s$和居里温度 T_c都随 MM/R 线性下降，呈简单的固溶模式，相应的磁体 B_r和（BH）$_{max}$也线性下降，唯独 H_{cJ}在 MM/R =42.2% 出现转折，对应的 LaCe 与 R 之比为 1/3，在 MM/R≤21.5% 能得到 B_r≥12.1kGs、H_{cJ}≥10.7kOe、（BH）$_{max}$≥34.0MGOe 的实用化磁体。将 MM/R =0 的常规磁体与高 MM 含量磁体（MM/R =62.1%(原子分数)）的 SEM 背散射图像（图 8-173）进行比较可以看出：前者主相晶粒内化学成分均匀，沿着晶界有薄且连续的富 Pr-Nd 相，部分晶界三角区也存在富 Pr-Nd 相；而后者存在明显区别——多数晶粒都具有清晰的“核”与“壳”衬度，“壳”区灰度低于“核”区，意味着“壳”的平均原子序数比“核”小，而富稀土相几乎都位于晶界三角区，不在相邻主相晶粒之间。区域 EDS 分析结果证实，“核”区稀土元素只有 Pr 和 Nd，La 和 Ce 含量不可探测，而“壳”中 La、Ce 含量与 Pr、Nd 相当，且 Ce 含量最高，可以推测“壳”的磁晶各向异性场比“核”的低，主相晶粒呈现“软壳硬核”特征，加上晶粒边界缺少退磁耦合的连续富稀土相，因此高 MM 磁体矫顽力很低。从不同 MM 含量磁体的断裂形貌（图 8-174）也可以识别两者在富稀土相分布上的典型差异：低 MM 含量磁体为沿晶断裂，主相晶粒边界清晰，晶粒尺寸在 5 ~10μm 之间，除了孔洞多一些以外，a_{20}的显微结构与 a_0非常类似；而高 MM 含量磁体（图 8-174（c）、（d））大多为穿晶断裂，主相晶粒间没有

明显的边界，多个晶粒连成等效大晶粒，断面还存在 5 ~ 10μm 的孔洞。另外，通过 XRD、EDS 和 M-T 曲线还证实，a_{60} 和 a_{100} 样品中存在（Ce,Nd）$(Fe,Co)_2$ 相晶粒，居里温度约 245K，比 Déportes 等人[248]报道的 235K 高 10K，这与 Co 和 Nd 的固溶不无关系。从第 2 章 2.5.4 节中 Ce-Fe-B 和 Nd-Fe-B 三元相图的比较可知道，由于 Ce 的混合价行为，离子半径更小的 Ce 能形成 $CeFe_2$ Laves 相，烧结 Ce-Fe-B 的成分处于由 $Ce_2Fe_{14}B$、$Ce_{1.12}Fe_4B_4$ 和 $CeFe_2$ 构成的三角形内（见图 2-64），这三个相都倾向于以独立晶粒的形式存在，主相晶粒之间缺乏起退磁耦合作用的浸润性富稀土相，导致烧结 Ce-Fe-B 磁体 H_{cJ} 极低。

表 8-37 双合金法制备 MM-Fe-B 烧结磁体的合金配比及化学成分[247]

样品	A:B（质量）	MM/R（原子分数）/%	化学成分（原子分数）/%										
			La	Ce	Pr	Nd	Dy	Cu	Al	Nb	Co	B	Fe
a_0	0:100	0	0	0	2.68	10.46	0.73	0.10	0.24	0.21	1.00	6.05	78.53
a_{10}	10:90	10.8	0.42	0.78	2.49	9.66	0.65	0.10	0.22	0.19	0.96	6.06	78.47
a_{20}	20:80	21.5	0.83	1.57	2.30	8.86	0.58	0.10	0.19	0.17	0.91	6.07	78.42
a_{40}	40:60	42.2	1.67	3.14	1.93	7.25	0.44	0.10	0.15	0.13	0.82	6.08	78.29
a_{60}	60:40	62.1	2.50	4.72	1.55	5.65	0.29	0.09	0.10	0.09	0.74	6.09	78.18
a_{80}	80:20	81.4	3.34	6.31	1.18	4.03	0.15	0.09	0.05	0.04	0.65	6.10	78.06
a_{100}	100:0	100	4.19	7.90	0.80	2.41	0.00	0.08	0	0	0.56	6.11	77.95

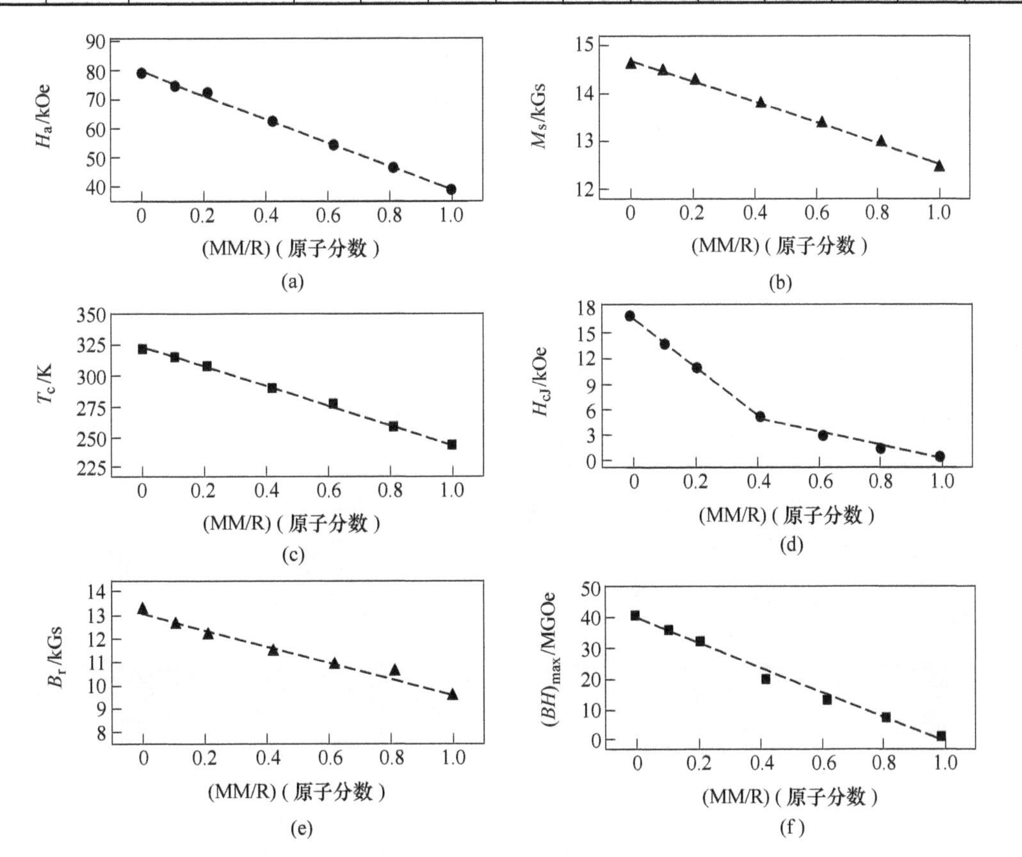

图 8-172 双合金法制备 MM-Fe-B 烧结磁体的内禀磁性和外禀磁性与 MM/R 的关系[247]

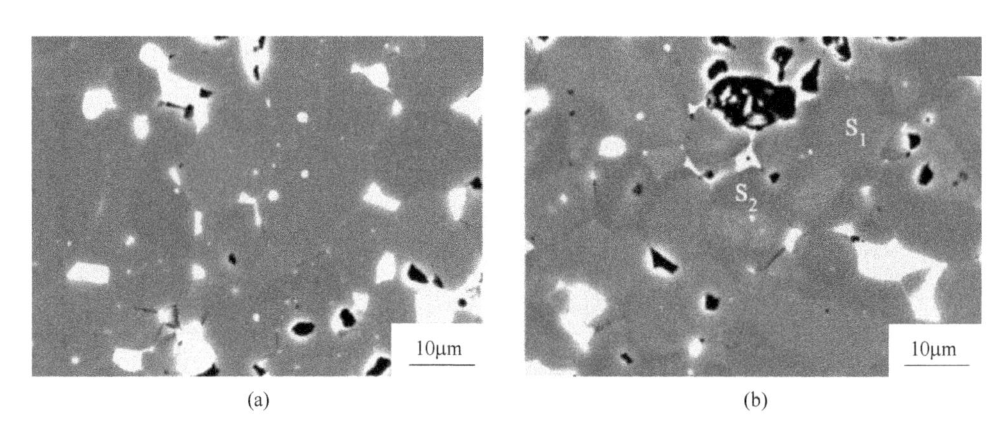

图 8-173　磁体的 SEM 背散射图像[247]

（a）MM = 0 试样 a_0；（b）MM/R = 62.1%（原子分数）试样 a_{60}

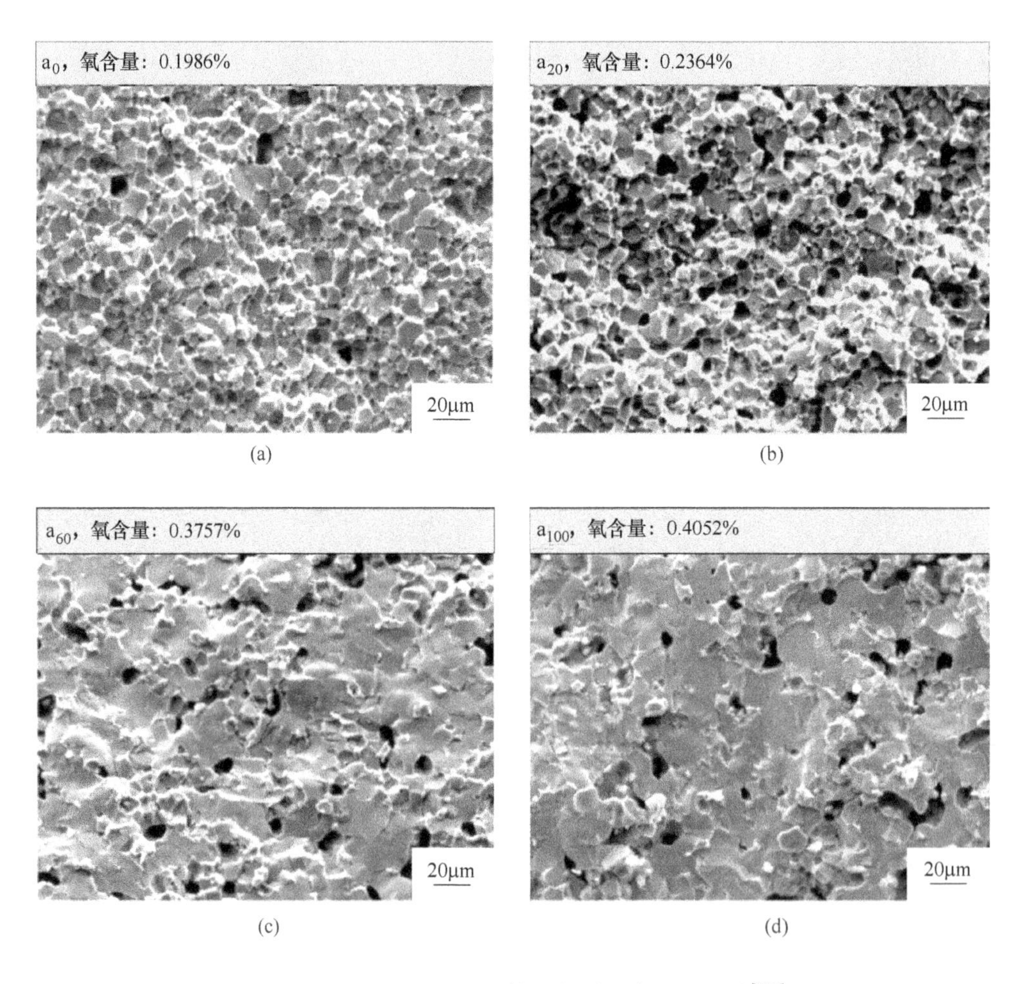

图 8-174　不同 MM 含量磁体的断裂形貌 SEM 照片[247]

严长江（Yan C J）等人[249]在氩气氛下，将1280℃的$Ce_{30.5}Fe_{68.5}B_1$（质量分数）液态合金以1.8m/s的铜辊线速度制成速凝薄片，平均厚度200μm。粉末XRD图谱显示合金以$Ce_2Fe_{14}B$、α-Fe、Fe_2B、$CeFe_2$和Ce五相共存，高达10^3/℃的冷速不能有效抑制α-Fe的生成，其实即使以熔旋快淬的冷速也会生成$CeFe_2$[232]，不像Nd-Fe-B体系在同等条件下只有$Nd_2Fe_{14}B$和富Nd相。差热分析和背散射电镜照片（图8-175）给出了合金凝固过程的反应特征（表8-38），共晶反应生成的α-Fe和Fe_2B枝晶形成“核”（图8-175（a）中黑色区域2），核外包覆包晶反应生成的$Ce_2Fe_{14}B$“壳”（深灰色区域1），$CeFe_2$和Ce（浅灰色区域3）被挤到三角区。主相晶粒并非贯穿薄片厚度方向的柱状晶，面积也不占绝对优势。在生成温度982℃和熔点1074℃之间进行退火处理有助于消除杂相，例如1000℃×30min即可消除α-Fe和Fe_2B，但仍有$CeFe_2$（图8-175（b））残留。他们通过进一步的实验发现[250]，将Ce的近1/5用Ho替代，$Ce_{25.5}Ho_5Fe_{68.5}B_1$速凝薄片可完全消除高熔点富Fe相“核”（图8-176（b）），因为Ho有效提高了主相的固相线温度，$(Ce,Ho)_2Fe_{14}B$主相晶粒以椭圆形式存在，大多数椭圆的长轴沿冷却热流方向排列，$CeFe_2$晶界相分布较为集中，不像富Nd相完全浸润主相晶粒；进一步用部分Nd替代Ce和Mn替代Fe，并适当提高稀土总量、降低B含量，$Ce_{22}Ho_5Nd_4Fe_{67.1}Mn_{0.96}B_{0.94}$速凝薄片呈现与Nd-Fe-B一样的显微结构（图8-176（c）），主相柱晶沿热流方向生长，Nd主要集中于晶界，可能将较高熔点的RFe_2相转化为熔点低得多的富稀土相。将上述三种合金经氢破和气流磨制成平均粒度为2.5μm的粉末，在20kOe磁场下取向压制成压坯，用200MPa对压坯实施冷等静压，烧结和热处理条件分别为：（900~1000℃）×2h和500℃×2h，表8-39列出了烧结磁体密度和性能，图8-177展示了磁体断面的显微结构特征。

表8-38 Ce-Fe-B速凝薄片凝固反应特征[249]

相	反应类型	反应方程式	温度/℃
Fe_2B	共晶	$L \rightarrow \gamma\text{-}Fe + Fe_2B$	1173
Fe	共晶	$L \rightarrow \gamma\text{-}Fe + Fe_2B$	1173
$Ce_2Fe_{14}B$	包晶	$L' + \gamma\text{-}Fe + Fe_2B \rightarrow Ce_2Fe_{14}B$	982
Ce_2Fe_{17}	包晶	$L'' + \gamma\text{-}Fe \rightarrow Ce_2Fe_{17}$	970
$CeFe_2$	包晶	$L''' + Ce_2Fe_{17} \rightarrow CeFe_2$	876

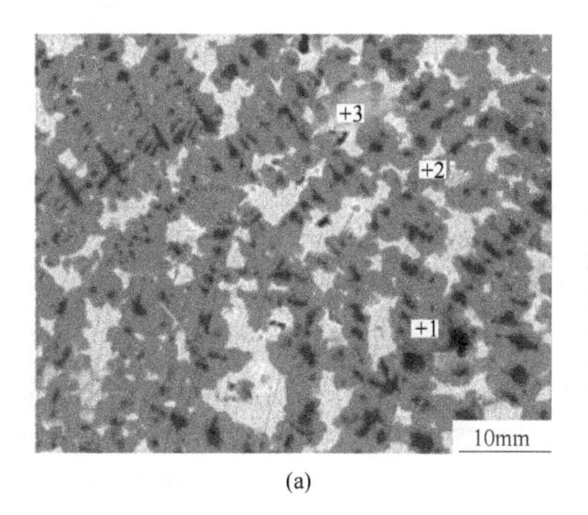

(a)

(b)

图8-175 $Ce_{14.16}Fe_{79.82}B_{6.02}$（原子分数）速凝薄片的淬态（a）和热处理态（b）BSE照片[249]

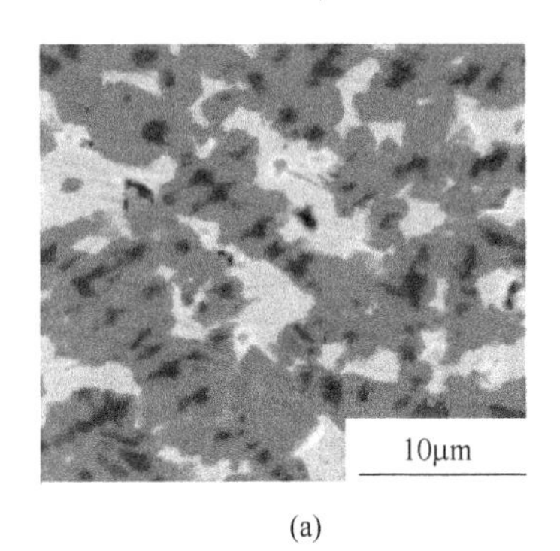

(a)

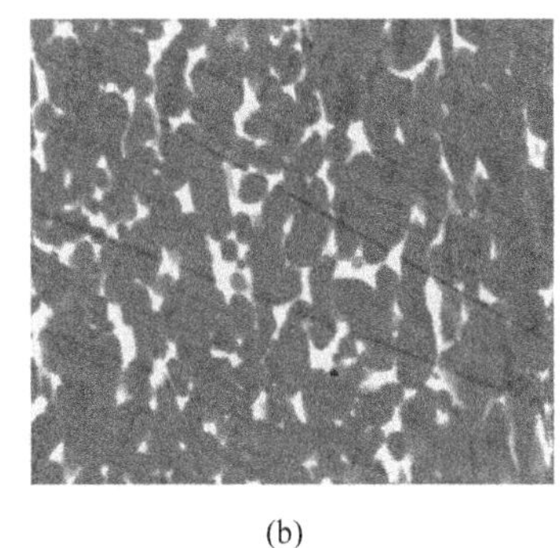

(b)

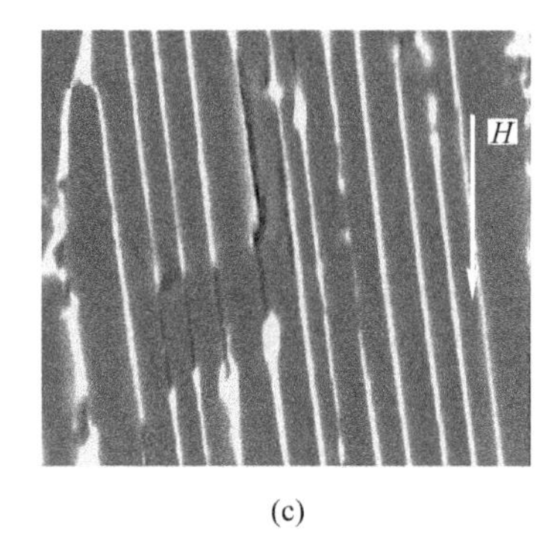

(c)

图 8-176 速凝薄片的 BSE 照片[250]

(a) $Ce_{30.5}Fe_{68.5}B_1$；(b) $Ce_{25.5}Ho_5Fe_{68.5}B_1$；(b) $Ce_{22}Ho_5Nd_4Fe_{67.1}Mn_{0.96}B_{0.94}$

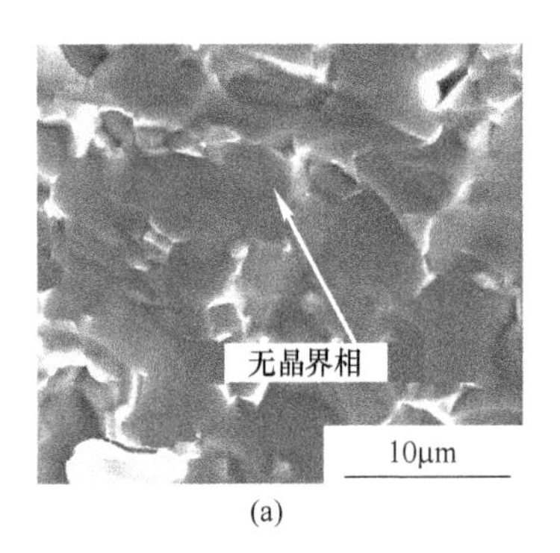

(a)

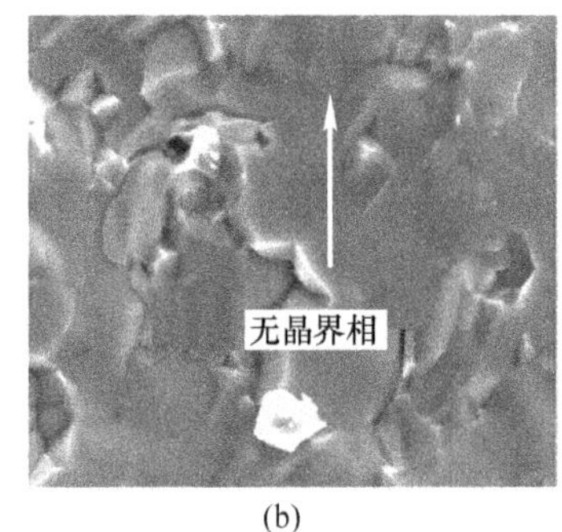

(b)

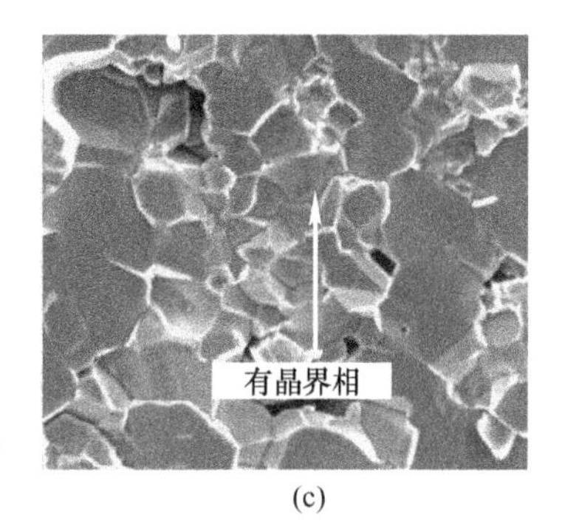

(c)

图 8-177 烧结磁体断面的 SEM 照片[250]

(a) $Ce_{30.5}Fe_{68.5}B_1$；(b) $Ce_{25.5}Ho_5Fe_{68.5}B_1$；(c) $Ce_{22}Ho_5Nd_4Fe_{67.1}Mn_{0.96}B_{0.94}$

表 8-39 含 Ho、Nd 和 Mn 的 Ce-Fe-B 烧结磁体的性能[250]

合金成分	$d/g \cdot cm^{-3}$	B_r/kGs	H_{cJ}/kOe	$(BH)_{max}$/MGOe
$Ce_{30.5}Fe_{68.5}B_1$	7.61	3.74	0.10	0.07
$Ce_{25.5}Ho_5Fe_{68.5}B_1$	7.65	7.29	0.17	0.26
$Ce_{22}Ho_5Nd_4Fe_{67.1}Mn_{0.96}B_{0.94}$	7.63	9.41	3.59	18.45

由于浸润性晶界相的缺失，前两种合金为穿晶断裂，主相晶粒粗大，磁体 H_{cJ} 很低；随着浸润性晶界相的出现，磁体永磁特性显著改善。他们还将 Ce 以不同比例混入 Pr-Nd 合金（Di）制成烧结磁体[251]，磁体配方的名义成分为 $(Di_{1-x}Ce_x)_{27.5}Dy_3Fe_{68.3}Al_{0.1}Cu_{0.1}B_1$（$x$ = 0、0.08，0.16，0.24，0.32 和 0.56，质量分数），工艺过程为条片浇铸（SC）、氢破碎（HD）、氮气流磨（JM）、磁场成型和冷等静压、真空烧结（3×10^{-4} Pa、（1000 ~ 1050℃）×2h）和两级时效（900℃ ×2h 和 500℃ ×2h）。磁体室温和高温永磁特性随 x 变化的趋势见图 8-178，B_r 随 x 单调下降的趋势不奇怪，但 H_{cJ} 随 x 下降在 x = 0.24 的跳跃有些反常，与图 8-166 中 $(Nd_{1-x}Ce_x)_2Fe_{14-y}Co_yB$ 快淬磁粉的行为类似。XRD 图谱表明在 $x \geqslant 0.24$ 的合金中开始出现 $CeFe_2$ 相，他们认为 $CeFe_2$ 减少了主相的体积比，却使浸润性富稀土相的比例上升，因此对 H_{cJ} 有利。高分辨率 TEM 照片（图 8-179）显示，x = 0.56 的磁体具

有比 $x=0.08$ 更宽的非晶态晶界相，其稀土元素以 Pr、Nd 为主，Ce 含量很少，说明 Ce 更倾向于以 $CeFe_2$ 的形态存在，EDS 证实它们在主相晶粒的三角区中，对磁体的 H_{cJ} 没有贡献。

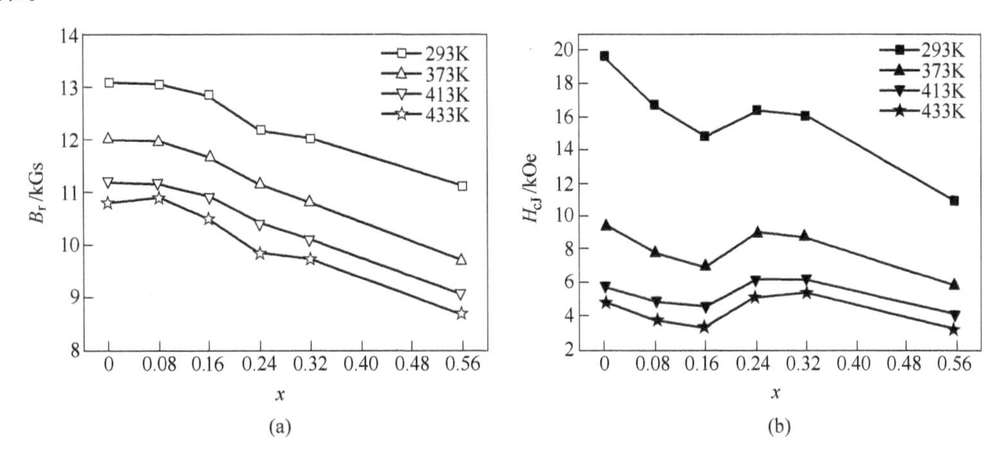

图 8-178 $(Di_{1-x}Ce_x)_{27.5}Dy_3Fe_{68.3}Al_{0.1}Cu_{0.1}B_1$ 烧结磁体不同温度的磁性能与 x 的关系曲线[252]

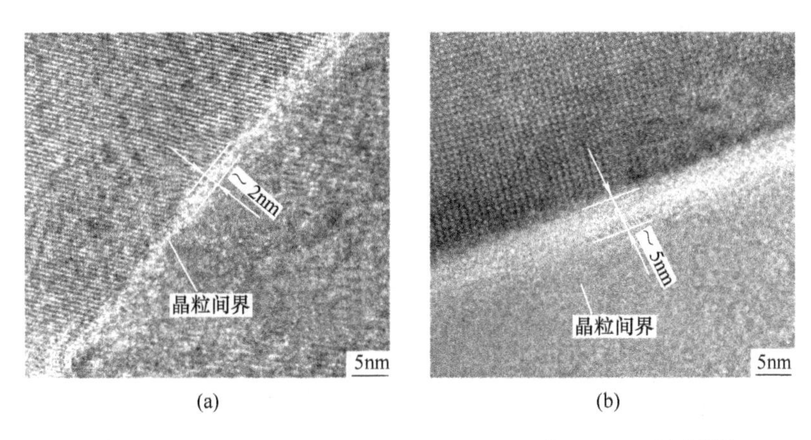

图 8-179 $(Di_{1-x}Ce_x)_{27.5}Dy_3Fe_{68.3}Al_{0.1}Cu_{0.1}B_1$ 的 HRTEM 照片[251]

（a）$x=0.08$；（b）$x=0.56$

8.4 粘结磁体制备

粘结磁体是由磁性粉末与粘结剂以及适当的添加剂共同组成的复合体，粘结磁体的磁性能主要由可忽略相互作用的每个磁粉的性能平均值来确定，尽管有研究尝试采用低熔点金属或合金作为粘结剂，但真正形成批量生产的粘结永磁体所采用的粘结剂都是高分子材料。与烧结磁体不同的是，粘结磁体的单个粉末颗粒必须具有足够高的矫顽力，如果高矫顽力所需要的相组成和显微结构在制粉过程中严重损害，就不能制成良好的粘结磁体，典型的实例就是难以直接将机械破碎后的烧结 Nd-Fe-B 磁粉用来制作粘结磁体，因为晶界相的损伤和颗粒氧化已经使其矫顽力大大下降。粘结磁体与烧结磁体的另一个重大差异在于：磁性能要大打折扣，从第 5 章我们知道，磁体的最大磁能积与其剩磁的平方成正比，而剩磁是与磁体中磁粉的饱和磁感应强度、取向度和体积填充率成正比的，粘结剂和添加剂占据了十分可观的体积（将近 20%），且许多磁体是不取向的，即使是取向磁体，其取向度也很难达到烧结磁体相同的水平。但是，粘结磁体仍以性能一致性好、尺寸精确、形状复杂、材料利用率高、易与金属/塑料零件集成等优点，在稀土永磁领域占据重要位置，其中最主要的品种就是采用快淬 Nd-Fe-B 磁粉的各向同性磁体。根据高分子材料加工特性的差异，可将磁体成形分成压缩、注射、挤出和压延四大类。图 8-180 给出了四种成形工艺流程示意图。四种成形方法各有特长和缺点，具体应用选择可以参见对照表 8-40。

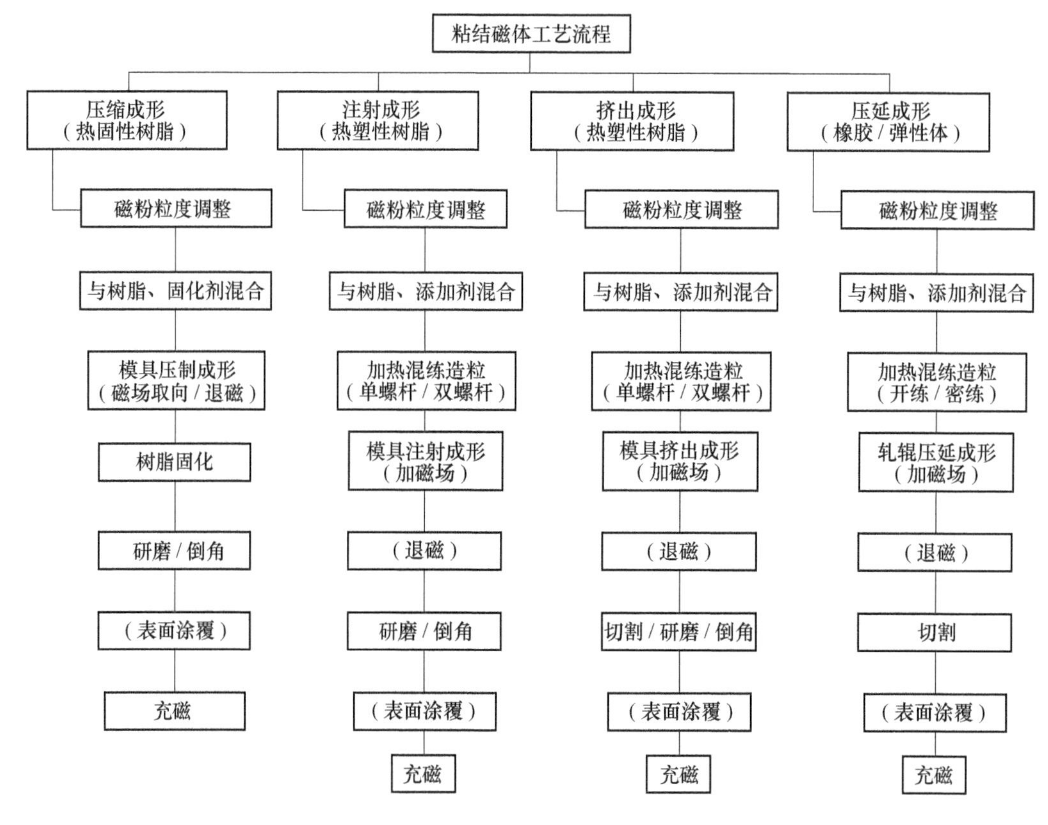

图 8-180 四种成形工艺流程示意图

表 8-40 四种成形方法的特性比较

特 性	单 位	压缩成形	注射成形	挤出成形	压延成形
磁粉体积填充比（体积分数）	%	70 ~ 85	50 ~ 70	60 ~ 80	50 ~ 70
磁体孔隙率（体积分数）	%	5 ~ 8	2 ~ 5	3 ~ 6	6 ~ 10
$(BH)_{max}$（以 Nd-Fe-B 为例）	MGOe	12 ~ 13	6 ~ 8	10 ~ 11	6 ~ 8
尺寸精度（以 ϕ30mm 为例）	mm	±0.03	±0.02	±0.03	±0.05
形状复杂性		中	高	较高	低
树脂耐温		较高	高（采用 PPS）	高（采用 PPS）	低
特 长		磁性能高	形状复杂、一体化成形	长尺寸、横截面形状复杂	柔性

8.4.1 Sm-Co 合金磁粉

市场上的 Sm-Co 粘结磁体主要有两类：$SmCo_5$和 $Sm_2(Co,Cu,Fe,Zr)_{17}$，这与烧结 Sm-Co 磁体是对应的。$SmCo_5$粉末的制备过程直截了当，只要将熔炼浇铸的合金粉碎到合适粒度即可[12,65]，因为 $SmCo_5$相高达 30MA/m(37.7kOe) 的各向异性场已经足够让其合金具有 1MA/m(12.6kOe) 以上的内禀矫顽力，从图 8-29 可以看到，$SmCo_5$粉末过 100μm 筛，在振动球磨机中研磨 4h 后，H_{cJ}从 398kA/m(5kOe) 升高到 1193.7kA/m(15kOe)，用该磁粉制作的取向压制成形粘结磁体的退磁曲线如图 8-181 所示，其永磁性能为：$B_r = 0.58T$ (5.8kGs)、$H_{cJ} \approx 730kA/m$(9.2kOe)、$(BH)_{max} = 65kJ/m^3$(8.1MGOe)。机械破碎带来的磁粉表面和内部缺陷可以通过热处理或 Zn 粉混合热处理加以修复，使矫顽力进一步提高。其实，第一块稀土永磁体就是树脂粘结的各向异性磁体，由上一节所叙述的烧结 Sm-Co 工艺开发历史已知，采用尼龙粘结剂的 $SmCo_5$磁体甚至先于各向异性高密度烧结磁体投入批量生产。还原扩散法制成的 $SmCo_5$粉经过球磨也是制作粘结磁体的优良材料，但由于最大磁能积偏低（48~80kJ/m^3或 6~10MGOe），长时间使用温度不超过 80℃，市场应用面窄，生产厂家并不多。

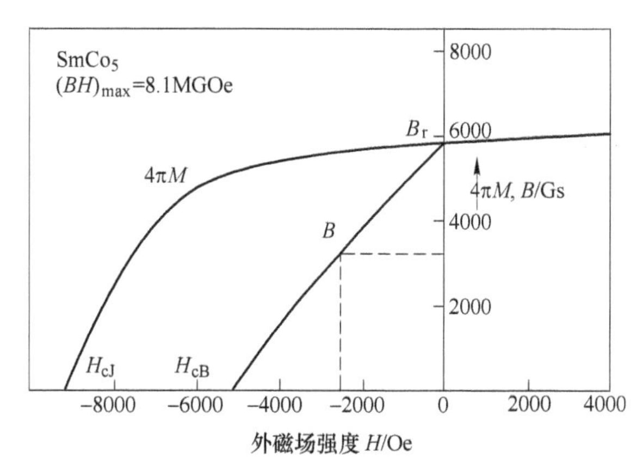

图 8-181 取向压制粘结 $SmCo_5$磁体的室温退磁曲线[65]

$Sm_2(Co,Cu,Fe,Zr)_{17}$合金铸锭则需要多两道工序——固溶处理（solid solution treatment，简称 SST）和磁硬化时效来实现高矫顽力，这与 2:17 型烧结 Sm-Co 磁体复杂的热处理过程类似，固溶处理的目的是消除合金的成分偏析及非均匀性，以及内应力和晶格缺陷，使 Sm、Co、Cu、Fe 和 Zr 较为均匀地分布于合金中；磁硬化时效处理则是促使合金脱溶析出 Fe 和 Zr 含量都很低的 1:5 边界相 $Sm(Co,Cu)_5$，将 Fe 和 Zr 富集于胞状 2:17 主相 $Sm_2(Co,Fe,Zr)_{17}$，形成与烧结磁体类似的胞状结构，使合金产生高 H_{cJ}。Shimoda 等人[15]用成分为 $Sm(Co_{0.672}Cu_{0.08}Fe_{0.22}Zr_{0.028})_{8.35}$的合金磁粉制成取向粘结磁体，其 $(BH)_{max}$可达到 $130kJ/m^3$(16.5MGOe)。为进一步提升磁性能，他们提高了 Fe 的含量，并对固溶处理工艺和后续的磁硬化处理进行了优化[253]，其磁粉制备流程为：合金在 1120~1200℃的氩气氛下进行 4h 固溶处理并气淬至室温，再在 600~900℃氩气氛下进行磁硬化处理，经破碎制备成高性能磁粉，然后将磁粉制成取向粘结磁体来看磁性能变化，成形过程的取向磁场为 1270kA/m（16kOe）。图 8-182 是 $Sm(Co_{0.62}Cu_{0.08}Fe_{0.28}Zr_{0.02})_{8.35}$ 合金 H_{cJ} 与固溶处理温度的关系，不同曲线对应不同时间的 800℃磁硬化处理，可见固溶处理温度和磁硬化处理的时间对高 H_{cJ} 至关重要。图 8-183 是在优化的固溶处理温度下，$Sm(Co_{0.9-v}Cu_{0.08}Fe_vZr_{0.02})_{8.35}$ 合金内禀矫顽力 H_{cJ} 和饱和磁化强度 J_s 与 Fe 含量 v 的关系，不同 Fe 含量 v 对应的最佳固溶温度见表 8-41，可见随着 Fe 含量的增大，最佳固溶处理温度有所下降。经最佳固溶温度处理 4h 后再在 800℃处理不同时间，磁体的 H_{cJ} 在 Fe 含量为 0.24 处得到峰值，且 24h 处理的 H_{cJ} 远大于 2h 或 8h 的短时间磁硬化处理，但在低 Fe 含量一侧对应的 J_s 比较低。图 8-184 更细致地描绘了磁硬化处理时间与永磁性能参数的关系，可见 $v=0.22$ 时 H_{cJ} 和 J_s 存在此消彼长的抗衡（图中虚线），而 $v=0.30$ 的磁体 J_s 较为平坦。最终确定的优化成分为 $Sm(Co_{0.60}Cu_{0.08}Fe_{0.30}Zr_{0.02})_{8.35}$，$B_r$ = 9kGs、H_{cJ} 在 5 ~ 6kOe 之间，$(BH)_{max}$ 达到 18MGOe，与烧结 $SmCo_5$ 有一拼。对合金直接做固溶处理和磁硬化处理，大大简化了磁粉的制备过程，但由于粉末的多晶结构会导致取向不充分，部分削弱 B_r 和 $(BH)_{max}$，变通的方法就是将烧结后的 $Sm_2(Co,Cu,Fe,Zr)_{17}$ 磁体破碎，或者是有效地将烧结 Sm_2Co_{17} 磁体的加工废料加以合理利用。也有人尝试过利用切削和研磨加工中的碎屑，但磁性能损失过大难以恢复。

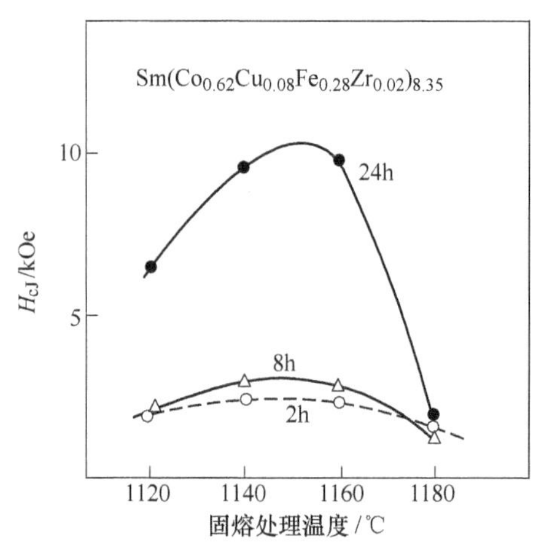

图 8-182 $Sm(Co_{0.62}Cu_{0.08}Fe_{0.28}Zr_{0.02})_{8.35}$ 合金的 H_{cJ} 与固溶处理温度的关系，所标时间为 800℃磁硬化处理的持续时间[253]

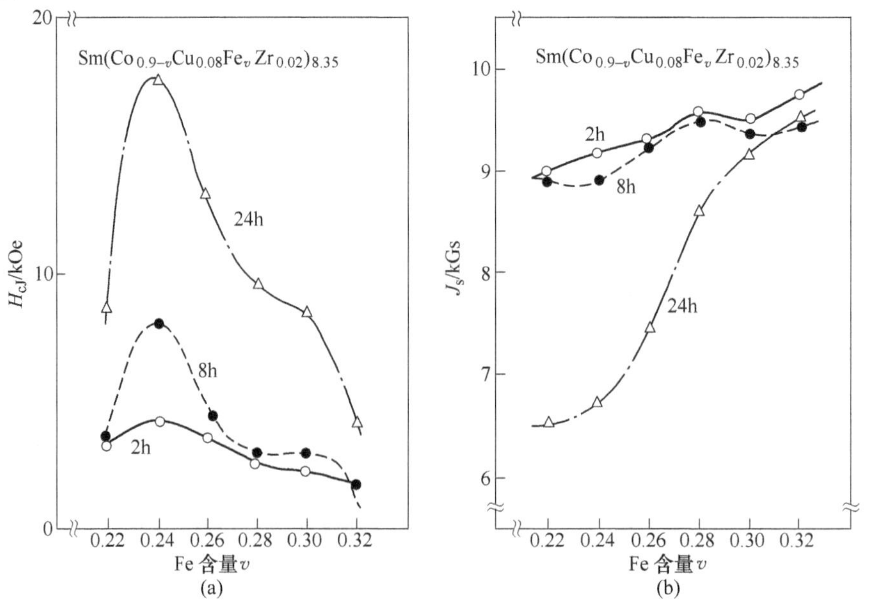

图 8-183 $Sm(Co_{0.9-v}Cu_{0.08}Fe_vZr_{0.02})_{8.35}$ 合金 H_{cJ}(a) 和 J_s(b) 与 Fe 含量 v 的关系[253]

表 8-41 $Sm(Co_{0.9-v}Cu_{0.08}Fe_vZr_{0.02})_{8.35}$合金最佳固溶处理温度与 Fe 含量$v$的关系[253]

Fe 含量 v	0.22	0.24	0.26	0.28	0.30	0.32	0.40
最佳固溶处理温度/℃	1170	1160	1160	1140	1140	1120	1080

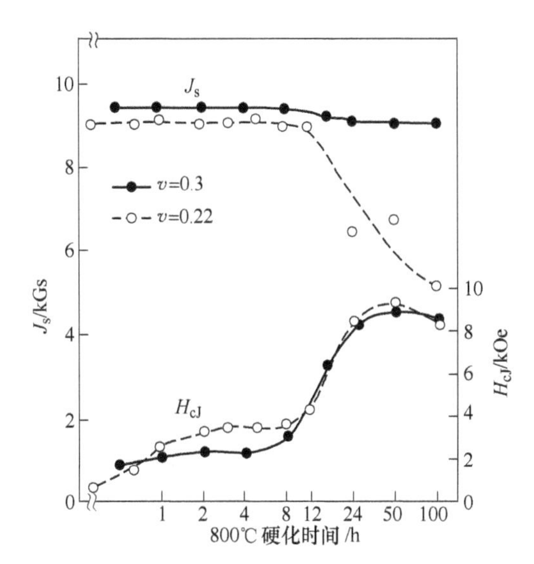

图 8-184 $Sm(Co_{0.9-v}Cu_{0.08}Fe_vZr_{0.02})_{8.35}$合金 H_{cJ}和 J_s与 800℃磁硬化处理时间的关系[253]

8.4.2 各向同性快淬稀土永磁粉末

8.4.2.1 不同稀土含量的纳米晶 Nd-Fe-B 快淬磁粉

粘结 Nd-Fe-B 磁粉的制作方法与烧结 Nd-Fe-B 全然不同，因为烧结 Nd-Fe-B 的合金铸锭或烧结体在破碎到用于粘结磁体的粒度后都不具备实用的矫顽力，批量生产的制备方法是在惰性气体环境下，熔融合金以 10^5 ~ 10^6℃/s 的冷却速度冷凝成微晶甚至非晶态结构，再经过晶化热处理使晶粒生长到几十或几百纳米，在小于 $Nd_2Fe_{14}B$ 单畴临界尺寸的亚微米晶粒中获得高内禀矫顽力。通常磁粉难以破碎到这么细小的单晶颗粒，而快淬定向生长亚微米晶粒的技术尚未成熟，因此熔旋快淬方法制成的是多晶粉末，且每个晶粒的易磁化轴没有强烈的排列倾向，磁粉是各向同性的。如此高的冷却速度是通过将炽热的熔融合金液倾倒或喷射到线速度为 16 ~ 30m/s 的水冷旋转铜轮上实现的[16]，液态合金在旋转铜轮的加速作用下沿切线方向甩出并被冷凝成厚度 ~100μm 的薄带，冷却速度敏感地决定了合金薄带的晶粒尺寸，从而敏感地影响磁粉退磁曲线形状和内禀矫顽力，由图 8-185（a）的 $Nd_{0.135}(Fe_{0.945}B_{0.055})_{0.865}$磁粉（$BH$)$_{max}$与冷却铜轮线速度 v_s关系可以看到，对应高（BH)$_{max}$的线速度范围是非常窄的，偏离峰值对应速度仅 1m/s(5%）的（BH)$_{max}$就会下降 2MGOe。图 8-185（b）表明，当铜轮线速度为 19m/s 时磁性能最佳，B_r = 0.84T(8.4kGs)、H_{cJ} = 1.10MA/m(13.8kOe)、(BH)$_{max}$ = 112kJ/m^3(14.1MGOe)，Mishra[254] 的透射电镜显微观察表明，最佳淬态磁粉由 30nm 左右的等轴晶粒组成，晶粒边界是厚度约 2nm 的非晶态富 Nd

相 $Nd_{0.7}B_{0.3}$，$Nd_2Fe_{14}B$ 体积比约为 95%。Hadjipanayis[255]则指出主相晶粒间实际上并不存在晶界相，而是直接相邻的。图 8-185（b）中 v_s = 35m/s 的铜辊线速度带来的冷却速度过快，合金薄带完全呈非晶态[254]，表现出典型的软磁特征；经过略高于晶化温度的 600℃ 退火 1min 后，非晶态合金晶化为平均晶粒尺寸 30 ~ 40nm 的纳米晶，与最佳淬态相似，主相晶粒也被一层富 Nd、贫 B 的薄非晶相包裹；如果退火时间过长（如 15min），平均晶粒长大到 60nm，晶界出现脱溶的晶体颗粒，退磁曲线表现出与低淬速（14m/s）类似的“塌肩”特征，意味着快淬带中存在低 H_{cJ} 的第二相。线速度在远低于最佳值的 14m/s 时（欠淬状态），退磁曲线的两相特征十分明显，且矫顽力偏低，从显微结构看快淬带包含较大的 $Nd_2Fe_{14}B$ 晶粒，最大的可达 500nm，超出了 $Nd_2Fe_{14}B$ 的单畴临界尺寸（D_c ≈ 150nm[254]），因此这些粗大晶粒处于多畴状态，由于缺乏有效阻碍畴壁运动的显微结构缺陷，很容易磁化或反磁化，表现出软磁特征，但快淬带中那些细小晶粒仍会维持高 H_{cJ}，因此欠淬磁粉表现出硬磁、软磁晶粒共存而形成的肩部塌陷退磁曲线。除了非晶态晶界相外，在主相晶粒交汇的三角区中还观察到富 Nd 脱溶晶粒，微区电子衍射分析表明它是晶格常数为 0.41nm 的体心立方体，与 β-Nd 相近。值得指出的是，根据 Nd-Fe-B 快淬粉末各向同性的特征，磁粉的剩磁应该是饱和磁感应强度的一半，按 $Nd_2Fe_{14}B$ 的室温 J_s = 1.6T，再考虑到主相体积比 95%，剩磁应该只有 0.76T，因此最佳条件下 B_r = 0.84T 表明主相晶粒间存在交换耦合剩磁增强效应，而且退磁曲线良好的方形度也是交换增强效应的反映。由于冷却速度取决于合金液温度、流动速度、铜轮转速和温度以及氩气氛等诸多因素，难以严格控制和同步优化，如果以最佳淬态的纳米晶金相结构为量产目标，则非常容易导致晶粒尺寸分布过宽，对应的晶粒内禀矫顽力分布也很宽，致使磁粉的退磁曲线方形度很差。因此，在实际生产中通常是先将磁粉以适当高于最佳线速度的轮速快速冷凝到部分非晶态，再通过 630℃ 晶化处理，调整结晶状态到平均晶粒尺寸 40nm 的水平，以达到稳定、良好的永磁特性，主导各向同性快淬 Nd-Fe-B 市场的美国麦格昆磁公司，就是采用这样的技术线路来生产的。

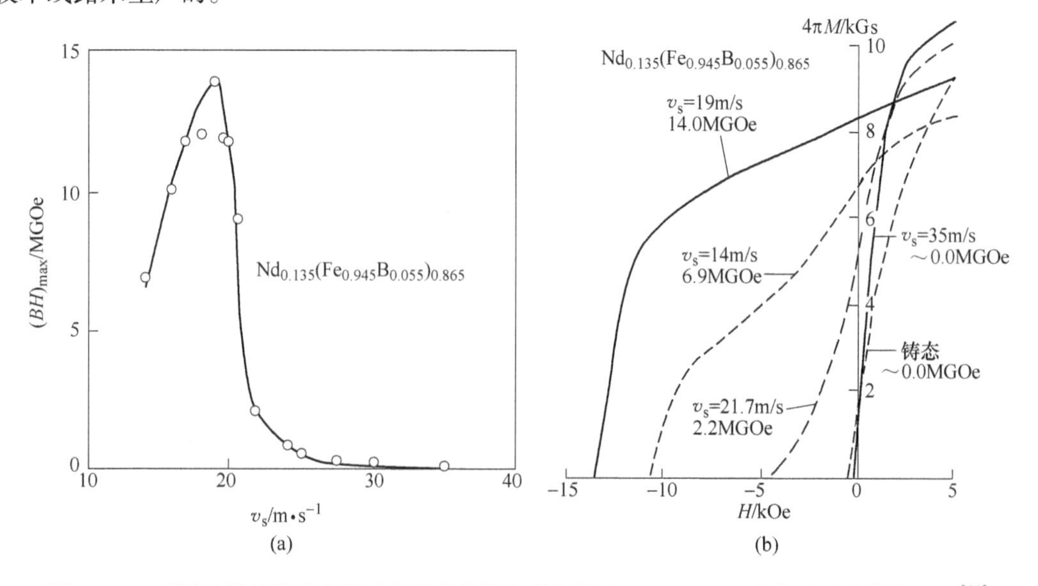

图 8-185 不同的铜轮线速度所对应的磁粉最大磁能积 $(BH)_{max}$（a）和典型退磁曲线（b）[16]

如第5章和第7章所述，根据稀土总量相对于$Nd_2Fe_{14}B$正分成分是富Nd、正分，还是贫Nd，可以分别制备成三种类型的纳米晶Nd-Fe-B快淬磁粉，即：（1）由主相和富Nd相组成的高矫顽力晶粒间交换退耦合两相磁粉；（2）由单一主相组成的高剩磁交换耦合单相磁粉；（3）由主相和软磁相组成的高剩磁双相交换耦合复合磁粉，其中的软磁相为α-Fe[256,257]。这三种纳米晶磁体的显微结构示意图可参见第7章图7-103，第一种纳米晶磁体包含过量的Nd，主相晶粒被晶界富Nd相隔离，晶粒间不存在短程的直接交换耦合作用，但仍然存在长程的磁偶极耦合作用，这样的纳米晶磁体具有最高的矫顽力。第二种磁体完全由主相晶粒构成，晶粒间无任何晶界相，相邻晶粒直接接触，磁矩间存在强交换耦合作用，一旦在某一特定方向磁化，易磁化轴偏离该磁化方向的晶粒，其磁矩能克服一定的晶场相互作用而向磁化方向靠拢，全部晶粒的磁矩分布比半球窄，剩磁增强但H_{cJ}将以较大幅度下降；除了短程交换耦合作用外，晶粒间的长程磁偶极耦合总是存在的，杂散场也有所增大。第三种是硬磁、软磁双相纳米晶复合磁体，具有高饱和磁矩和低矫顽力的软磁α-Fe晶粒与硬磁性$Nd_2Fe_{14}B$相晶粒彼此弥散分布，并有很大的机会直接接触，同样因为晶界富Nd相的缺失，两相晶粒间有很强的交换耦合作用，从而极大地增强了复合磁体的剩磁，但矫顽力则更显著地降低，相对而言这样的纳米晶磁体具有最高的剩磁和最低的矫顽力。在交换退耦、正分和复合双相纳米晶Pr-Fe-B快淬合金系列中也有完全相同的表现。Bauer等人[256]系统研究了以$Nd_2Fe_{14}B$正分成分为基点、Fe过量比例不同的Nd-Fe-B快淬磁粉的磁性能。表8-42是不同名义成分合金的α-Fe体积含量。根据合金的名义成分可以计算出其偏离正分成分的Fe富余含量δ-$Nd_2Fe_{14+\delta}B$或$Nd_2Fe_{14}B+\delta Fe$，然后从$Nd_2Fe_{14}B$和α-Fe的单胞结构计算出这些余量Fe在合金中的体积分数，即表8-42中的理论计算值。实际测量值的计算方法如下：在高于$Nd_2Fe_{14}B$居里温度的623K和673K测量合金的自发磁极化强度J_s，它将完全由α-Fe贡献，J_s与纯α-Fe的自发磁极化强度J_s^{Fe}之比即所求的体积比，从数据上看理论值和实测值的符合度还是很高的。对$\delta=0$的合金施加5T的外加磁场，将磁极化强度J对$1/(\mu_0H)^2$作图，根据趋近饱和定律外推倒$1/(\mu_0H)^2=0$便得到$J_s=(1.58\pm0.05)$T，与单晶$Nd_2Fe_{14}B$的测量值1.6T一致；类似地，α-Fe为30%（体积分数）合金的实测值$J_s^{exp}=(1.78\pm0.05)$T，也与理论计算值$J_s^{the}=1.76$T吻合。图8-186是不同α-Fe体积分数的快淬Nd-Fe-B纳米晶合金带的室温第Ⅰ、第Ⅱ象限曲线，图中的α-Fe体积分数是以实际测量值标注的。正分成分合金的退磁曲线具有最大的H_{cJ}和最好的方形度；随着α-Fe增多，第Ⅰ象限的高场磁极化强度稳步增长，J_r单调增大，但总变化量在0.2T以内，H_{cJ}一路下行，且退磁曲线方形度变差。由该图得到的永磁参数与α-Fe体积分数的关系见图8-187，在低于30%（体积分数）的范围内上述B_r和H_{cJ}的变化使$(BH)_{max}$维持在一个水平，超过30%（体积分数）后B_r变化不大，H_{cJ}仍持续下降，而$(BH)_{max}$则大幅度降低，其原因是H_{cJ}过低，B-H曲线不再能容纳过$1/2B_r$点的内接矩形，以至于$(BH)_{max}$进入由H_{cJ}主导的区域。30%（体积分数）α-Fe的$(BH)_{max}$达到极大值185.2kJ/m^3(23.3MGOe)。对TEM照片进行图像分析可以得到快淬合金的晶粒尺寸分布（参见第7章图7-110和图7-117），正分成分合金的平均晶粒尺寸为$d=(19\pm2)$nm，尺寸分布狭窄，最大晶粒不超过50nm。相邻硬磁晶粒的交换作用只在厚度约为Bloch畴壁宽度$\delta_B=4.3$nm的表面层起作用，对直径为20nm的球形颗粒而言，这么宽的表面层所占体积可达到整个晶粒的50%，因此存在有效的交换作用和剩磁增强效应。α-Fe含量为14.2%

（体积分数）合金的晶粒尺寸呈双峰分布，15nm 处的峰对应 α-Fe，25nm 的峰对应 $Nd_2Fe_{14}B$，由晶粒尺寸分布对应的相体积比与表 8-42 相符，这种细晶粒软磁和较大晶粒硬磁组合有利于软磁相在交换耦合作用下表现出硬磁性。Kronmuller 和 Goll[257] 用同样的方法研究了 Pr-Fe-B 体系，图 8-188 中不同 α-Fe 含量快淬合金的磁滞回线正好反映出图 7-103 的三种状况：富 Pr 磁粉、正分成分磁粉和不同 α-Fe 含量的复合磁粉，第一种交换退耦合磁粉具有最高的矫顽力和最低的剩磁；第二种主相交换耦合磁粉矫顽力大幅度下降，但剩磁上升，且退磁曲线方形度最佳；第三种软磁-硬磁双相复合磁粉，其矫顽力随着 α-Fe 含量的增加进一步下降，而剩磁则相应地明显提升。将第三种磁粉的剩磁、内禀矫顽力和最大磁能积与其 α-Fe 的体积分数描绘到图 8-189 中，可以得到与图 8-187 非常相似的结果，定量地反映这种变化关系：H_{cJ} 基本上线性下降，每 10% 的体积增量导致 0.16T 的降幅；在 50%（体积分数）之前 J_r 线性增加，但在 60%（体积分数）时由于矫顽力过低，剩磁也就不再继续增加了；在 0 ~ 30%（体积分数）之间 $H_{cJ} > 1/2J_r$，最大磁能积 $(BH)_{max}$ 由 J_r 主导，所以还一路上升，过了这个坎，$(BH)_{max}$ 转由 H_{cJ} 主导，所以呈迅速下滑的趋势。这个转折点也与 Nd-Fe-B 体系完全相同。

表 8-42　合金名义成分与 α-Fe 体积分数的关系：理论计算和高温磁测量结果的比较[256]

名义成分（原子分数）/%	$Nd_2Fe_{14+\delta}B$ 的 δ	α-Fe（体积分数）/%	
		理论计算	实际测量
$Fe_{82}Nd_{12}B_6$	0.0	0.0	1.8
$Fe_{83}Nd_{11}B_6$	1.1	6.0	7.5
$Fe_{84}Nd_{10}B_6$	2.8	13.8	14.2
$Fe_{85}Nd_{9.5}B_5$	3.9	17.9	18.7
$Fe_{86}Nd_9B_5$	5.1	21.9	21.5
$Fe_{86.5}Nd_{8.5}B_5$	6.4	25.9	26.8
$Fe_{87}Nd_8B_5$	7.8	30.0	29.8
$Fe_{87.5}Nd_8B_{4.5}$	7.9	30.0	29.6
$Fe_{88}Nd_{7.5}B_{4.5}$	9.5	34.1	33.8
$Fe_{88.5}Nd_7B_{4.5}$	11.3	38.3	40.2

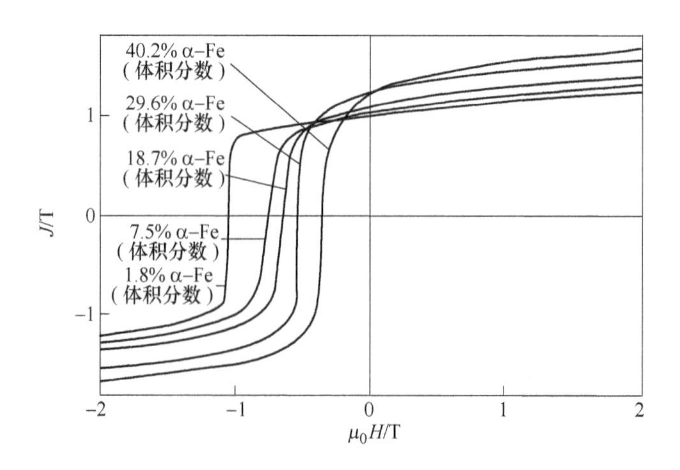

图 8-186　不同 α-Fe 含量的快淬 Nd-Fe-B 纳米晶合金带的第Ⅰ、第Ⅱ象限磁滞回线[256]

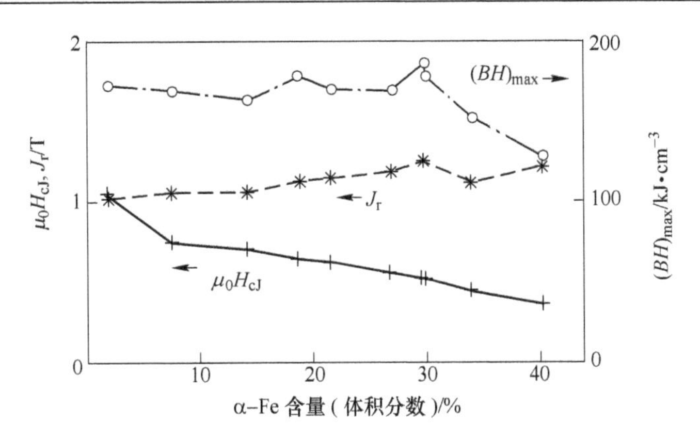

图 8-187 不同 α-Fe 含量快淬 Nd-Fe-B 纳米晶合金带的室温永磁参数与 α-Fe 体积分数的关系[256]

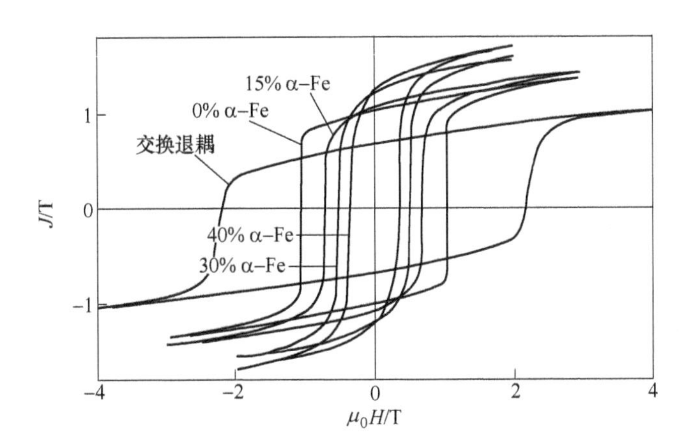

图 8-188 富 Pr、成分正分和不同 α-Fe 含量的快淬 Pr-Fe-B 纳米晶合金带的磁滞回线[257]

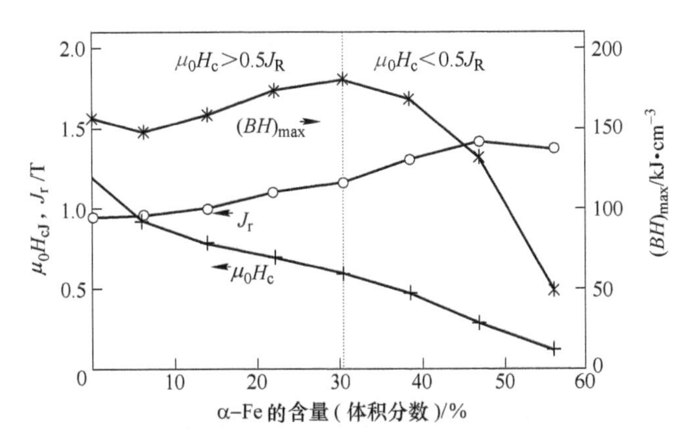

图 8-189 不同 α-Fe 含量的快淬 Pr-Fe-B 纳米晶合金带的室温永磁参数[257]

8.4.2.2 低 Nd、高 B 含量的纳米晶 $Fe_3B/Nd_2Fe_{14}B$ 快淬磁粉

其实，在以 α-Fe 为软磁相的纳米晶复合双相磁粉问世之前，荷兰飞利浦公司的 Coehoorn 等人[258~260]就于 1988 年研究了以亚稳态软磁性 Fe_3B 为主相、辅以 $Nd_2Fe_{14}B$ 硬磁相的纳米双相复合体系，并掀起了“交换弹簧磁体”的研究热潮。寻找亚稳相的一个重要

实验手段就是将快淬非晶态合金晶化，Khan 等人[261]采用这个手段合成了软磁亚稳相 Fe_3B，非晶态合金 $Fe_{76}B_{24}$转变为晶态 Fe_3B 的过程可以用单一热激活定律来描述[259]，即不同加热速率 s（单位为 K/min）及其对应的晶化温度 T_x（单位为 K）符合指数关系：$\ln(1/sT_x) = C + \Delta E/kT_x$，将 $\ln(1/sT_x)$ 对 $1/T_x$作图可得到晶化激活能 $\Delta E = 238$kJ/mol。四方对称的 Fe_3B 相室温饱和磁化强度 1.62T，易磁化轴在 x-y 平面的［110］方向，磁晶各向异性场 $\mu_0H_a = -0.5$T，居里温度（786 ± 3）K（（513 ± 3）℃），畴壁宽度 20nm[262]。在 Fe_3B 中只要加入少量 Nd，如第5章图5-86的局部 Nd-Fe-B 三元相图中 Nd = 4%（原子分数）附近的区域[258]，Coehoorn 等人就得到了很高的剩磁（$B_r = 1.2$T）和出人意料的高矫顽力（$\mu_0H_{cJ} = 0.36$T），$(BH)_{max} = 95$kJ/m^3（11.9MGOe），更引人注目的是剩磁与饱和磁极化强度的比值 $B_r/J_s = 0.7 \sim 0.8$，而由各向同性无相互作用晶粒组成的磁体，如果其磁化过程由自旋一致转动主导的话，这个比值只有 0.5。TEM 观察揭示合金典型的晶粒尺寸在 30nm 附近，与其畴壁宽度 20nm 相近，因此晶粒间的交换相互作用可与磁晶各向异性相互作用抗衡，产生交换耦合剩磁增强效应。在设定的晶化温度处理 30min，不同 Nd 含量快淬合金的矫顽力-晶化温度关系曲线见图 8-190[259]，$H_{cJ} = 0$ 的快淬态合金晶化后表现出硬磁特性，Nd 含量和晶化温度对 H_{cJ}的影响极为灵敏，图中只有 $Nd_{3.7}Fe_{77.3}B_{18.8}$存在一个较宽的工艺温度平台，最佳晶化温度有 50℃的宽容度，而高 Nd 含量合金的晶化温区很窄。晶化后的磁粉中存在少量 $Nd_2Fe_{14}B$ 晶粒，在图 5-86 的对应相区中，$Nd_2Fe_{14}B$ 不是热平衡条件或低温下的稳态，而是处于亚稳态，主相 Fe_3B 亦如此。图 8-191（a）是不同 Nd 含量非晶带 $(Fe_3B)_{1-x}(Nd_2Fe_{14}B)_x$的晶化温度与 Nd 原子分数的关系[260]，其中 Nd < 4%（原子分数）的 T_1温度对应 Fe_3B 相的生成，Nd > 4%（原子分数）的 T_1对应亚稳相 $Nd_2Fe_{23}B$ 的生成，后者具有立方对称性，不适合永磁应用。随着 Nd 的增加，T_1迅速上升，这是因为含 Nd 合金的晶化涉及 Nd 原子的长程扩散，晶化过程的有效激活能增大。T_2是 $Nd_2Fe_{14}B$ 的晶化温度，在 Nd > 2%（原子分数）后才开始出现，图 8-191（b）的 T_2晶化放热量表明，在 Nd = 4.2%（原子分数）时 $Nd_2Fe_{14}B$ 的含量最高，但在 5%（原子分数）以上 $Nd_2Fe_{14}B$ 就消失了。在 4%~5%（原子分数）之间，T_1温度生成的亚稳相 $Nd_2Fe_{23}B$ 在 T_2温度分解为 Fe_3B 和 $Nd_2Fe_{14}B$。晶化薄带 H_{cJ}与 Nd 含量的关系反映在图 8-191（b）中，Nd = 4.5%（原子分数）的 $Nd_{4.5}Fe_{77.0}B_{18.5}$合金 H_{cJ}达到峰值，$\mu_0H_{cJ} = 0.36$T（3.6kOe），对合金施加 2T 的外场仍不能将其磁化饱和。Nd 含量更高的合金 H_{cJ}很低，与 $Nd_2Fe_{14}B$ 生成的不同路径有关。穆斯堡尔谱分析表明，所有的合金都含有少量的 α-Fe，例如 $Nd_4Fe_{77}B_{19}$的 Fe_3B、$Nd_2Fe_{14}B$ 和 α-Fe 比例分别为 73%、15% 和 12%（以 Fe 原子数计）。

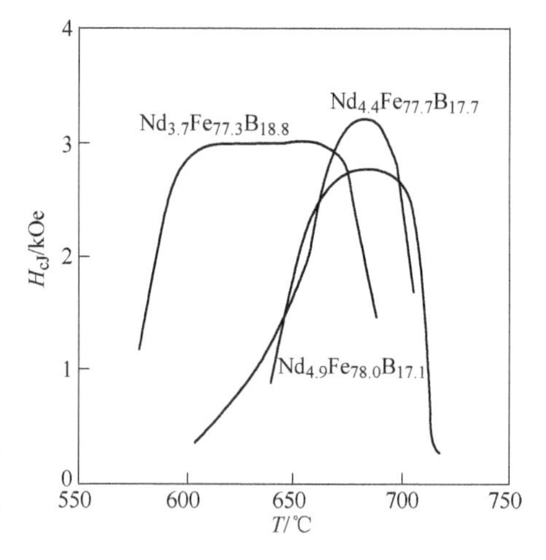

图 8-190 晶化温度对不同 Nd 含量 Fe_3B 快淬薄带 H_{cJ}的影响[259]

以 Coehoorn 等人的工作为出发点，1993 年日本住友特殊金属的 Kanekiyo 和 Hirosa-

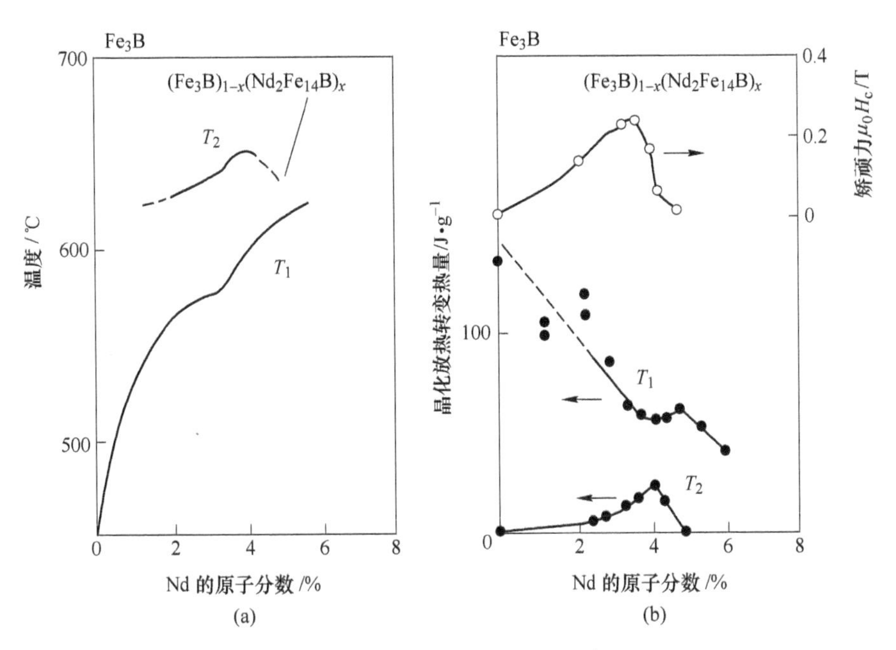

图 8-191 不同 Nd 含量 Fe_3B 快淬薄带的晶化温度（a）和晶化放热转变热量和内禀矫顽力（b）[260]

wa[263]发表了他们在 Fe_3B-$Nd_2Fe_{14}B$ 交换耦合剩磁增强合金中添加 Dy、Co 或 M（M = Al, Si, Cu, Ga, Ag, Au）提高 H_{cJ} 的研究。他们在石英管中将原料高频熔融到 1600K，熔融气氛为氩气，然后用 9.8kPa 的压强将合金液通过管底 0.8mm 直径的小孔喷到高速旋转的 Cu 轮上，Cu 轮线速度在 5 ~ 25m/s，再将快淬合金带在氩气氛下热处理 10min，温度范围为 870 ~ 1000K。热处理温度会敏感地影响到快淬带的晶化状况，从而影响其永磁特性。$Nd_5Fe_{70.5}Co_5Ga_1B_{18.5}$ 快淬合金带及其在不同温度热处理 10min 的粉末 XRD 图谱（图 8-192）表明，淬态合金处于非晶态，只有少量的晶体相衍射峰；随着晶化温度的提高，Fe_3B、$Nd_2Fe_{14}B$ 和 α-Fe 的衍射峰逐渐增强。VSM 测量结果表明热处理温度为 893K（620℃）的快淬合金 H_{cJ} 最大。图 8-193 的透射电镜照片显示：快淬态（a）的晶粒极其细微，因此在 XRD 图谱中显示出非晶态；853K（580℃）处理的合金（b）出现离散的初生纳米晶粒，合金处于前期晶化状态；在 893K 得到最高 H_{cJ} 的合金（c）完全晶化，晶粒尺寸约 20nm；如果晶化温度进一步提高到 973K（700℃），合金（d）的晶粒继续生长到 50nm，与图 8-190 类似，H_{cJ} 急速下降。热处理使 $Nd_2Fe_{14}B$ 晶粒脱溶析出。改变稀土总量、用 Dy 置换 Nd、添加不同金属元素 M 制作的复合纳米双相耦合磁粉的永磁特性参数见表 8-43。比较前三个成分可以看到，降低 Nd 含量有利于提高 B_r，但 H_{cJ} 随之下降，$(BH)_{max}$ 在 B_r 和 H_{cJ} 两者此消彼长的中间地带最佳；通过以 Dy 换 Nd 可以显著提高 H_{cJ}（比较样品 3 和样品 4），但 B_r 和 $(BH)_{max}$ 降低。加 5%（原子分数）的 Co 能部分提升 H_{cJ}，尽管 B_r 略微下降，但 $(BH)_{max}$ 提高（比较样品 3 和样品 5）；在此基础上添加 1%（原子分数）的其他过渡族元素 M，样品 6 至样品 11 的数据表明，M 总体上对 H_{cJ} 的影响不完全相同，但都提高了 B_r、$(BH)_{max}$ 和 H_k，其中 Ga 的效果最佳，在 H_{cJ} = 340kA/m（4.27kOe）的前提下 $(BH)_{max}$ 最高，达到 121kJ/m³（15.2MGOe），Si 的 $(BH)_{max}$ 水平相当，只是 H_{cJ} 偏低。混合添加 Dy、Co 和 Ga 的 $Nd_3Dy_2Fe_{70.5}Co_5Ga_1B_{18.5}$ 合金 H_{cJ} 最大，为 480kA/m（6.03kOe），且 $(BH)_{max}$ 达到 108.1kJ/m³(13.6MGOe)。

表 8-43　添加不同金属元素的 Fe_3B-$Nd_2Fe_{14}B$ 纳米晶磁粉的永磁特性参数[263,265]

样品序号	成分（原子分数）/%							H_{cJ}		B_r		$(BH)_{max}$		H_k	
	Nd	Dy	Fe	Co	M		B	kA/m	kOe	T	kGs	kJ/m³	MGOe	kA/m	kOe
1	3		78.5				18.5	190	2.39	1.31	13.1	108.4	13.6	84	1.06
2	4		77.5				18.5	260	3.27	1.23	12.3	113.4	14.3	80	1.01
3	5		76.5				18.5	300	3.77	1.05	10.5	83.7	10.5	73	0.92
4	3	2	76.5				18.5	410	5.15	0.96	9.6	80.2	10.1	72	0.90
5	5		71.5	5			18.5	330	4.15	1.02	10.2	90.3	11.3	80	1.01
6	5		70.5	5	Al	1	18.5	330	4.15	1.15	11.5	110.2	13.8	94	1.18
7	5		70.5	5	Si	1	18.5	320	4.02	1.19	11.9	118.5	14.9	97	1.22
8	5		70.5	5	Cu	1	18.5	350	4.40	1.09	10.9	104.3	13.1	87	1.09
9	5		70.5	5	Ga	1	18.5	340	4.27	1.18	11.8	121.0	15.2	100	1.26
10	5		70.5	5	Ag	1	18.5	320	4.02	1.11	11.1	104.5	13.1	88	1.11
11	5		70.5	5	Au	1	18.5	330	4.15	1.13	11.3	107.2	13.5	88	1.11
12	3	2	70.5	5	Ga	1	18.5	480	6.03	0.98	9.8	108.1	13.6	107	1.34
13	4.5		77		V	0	18.5	290	3.64	1.20	12.0	107.1	13.5	75	0.94
14	4.5		76		V	1	18.5	320	4.02	1.10	11.0	90.7	11.4	64	0.80
15	4.5		74		V	3	18.5	370	4.65	0.99	9.0	90.1	11.3	83	1.04
16	4.5		72		V	5	18.5	390	4.90	0.88	8.8	71.4	9.0	74	0.93
17	4.5		73		V-Al	3-1	18.5	370	4.65	0.98	9.8	98.5	12.4	92	1.16
18	4.5		73		V-Si	3-1	18.5	380	4.78	1.05	10.5	108.8	13.7	109	1.37

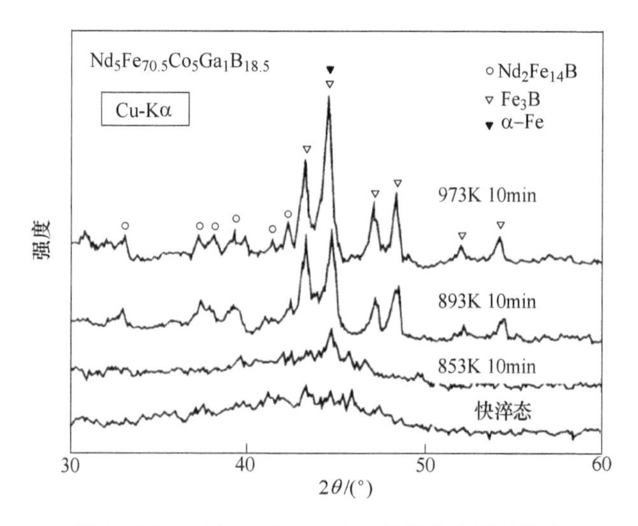

图 8-192　$Nd_5Fe_{70.5}Co_5Ga_1B_{18.5}$ 快淬合金带及其在不同温度热处理 10min 的 XRD 图谱[263]

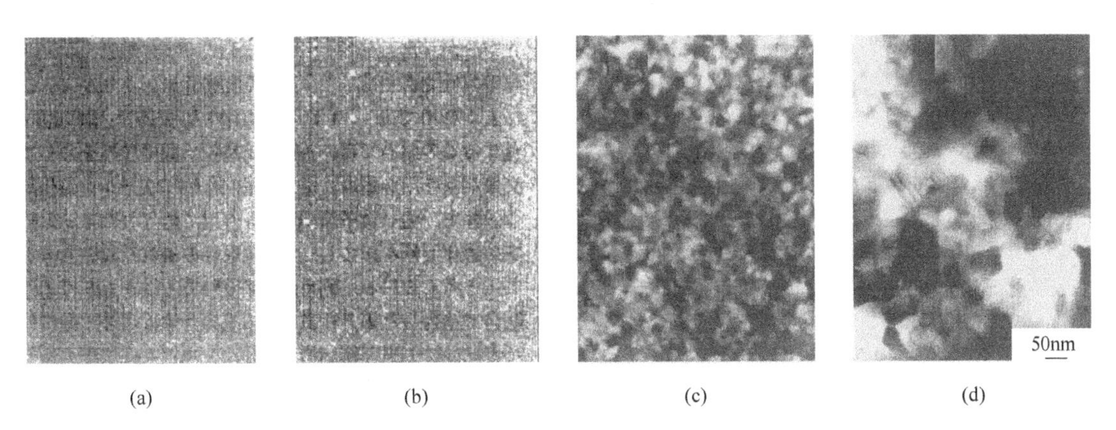

(a) (b) (c) (d)

图 8-193 $Nd_5Fe_{70.5}Co_5Ga_1B_{18.5}$快淬合金带及其在不同温度热处理10min的TEM照片

(a) 快淬态; (b) 853K; (c) 893K; (d) 973K[263]

TEM观察揭示，添加Dy以及M元素改善H_{cJ}、$(BH)_{max}$和H_k的主要途径是细化晶粒，同等制备条件下将纯Fe_3B-$Nd_2Fe_{14}B$的晶粒尺寸从50nm缩减到20nm。粘结磁体的制备过程如下：将快淬带破碎成平均粒度为150μm的细粉，与2%（质量分数）的环氧树脂和固化剂混合，在590MPa的压强下压制成密度为$6.0Mg/m^3$的毛坯，再将毛坯加温固化。采用$Nd_{4.5}Fe_{73}Co_3Ga_1B_{18.5}$和MQP-B磁粉制作的粘结磁体室温$B$-$H$退磁曲线见图8-194（a），前者的永磁性能为：$B_r=0.86T(8.6kGs)$、$H_{cJ}=310kA/m(3.9kOe)$，$(BH)_{max}=66.07kJ/m^3$(8.3MGOe)，其高$B_r$、低$H_{cJ}$的特点使两条$B$-$H$曲线在$P_c\approx-3.5$处交叉，因此$Fe_3B$-$Nd_2Fe_{14}B$体系适合于高$P_c$的应用。图8-194（b）展示的$P_c=-1$磁体开路磁通磁化饱和趋势表明，$Fe_3B$-$Nd_2Fe_{14}B$体系远比MQP磁粉易于饱和磁化，达到95%饱和度的外磁场仅1100kA/m(13.8kOe)，只是MQP-B对应数值2100kA/m(26.4kOe)的一半，这对先装配、后充磁的多极磁环极为有利。$Nd_{4.5}Fe_{73}Co_3Ga_1B_{18.5}$粘结磁体从室温到413K（140℃）的温度系数分别为：$\alpha_{Br}=-0.05\%/℃$和$\alpha_{HcJ}=-0.35\%/℃$，优于MQP-B的$-0.1\%/℃$和$-0.4\%/℃$，剩磁温度系数α_{Br}的改善显然得益于Fe_3B的高居里温度。交换耦合作用使Fe_3B-$Nd_2Fe_{14}B$体系的回复磁导率加大，在H_{cJ}处磁极化强度J还能回复到70% J_r。图8-195（a）是他们测得的$Nd_{4.5}Fe_{77-x}Cr_xB_{18.5}$快淬带磁性能与Cr含量$x$的关系[264]，可见随着Cr含量的增加，$H_{cJ}$升高但$B_r$和$(BH)_{max}$单调下降。图8-195（b）是不同Cr含量快淬合金的磁有序温度，随着Cr在$Nd_2Fe_{14}B$中固溶度的增加，居里温度逐渐下降（图8-195（b）中的“●”），但$(Fe, Cr)_3B$的居里温度下降迅速（图8-195（b）中的“▲”），意味着软磁相的交换耦合作用大幅度降低，H_{cJ}相应得以提升，代价则是B_r的减小。他们还比较了加V和混合添加V-Al、V-Si对磁性能的影响[265]，其结果也列在表8-43中，对应的样品为13～18号。与添加Cr的情形类似，V显著提高H_{cJ}，而B_r和$(BH)_{max}$单调下降，V=3%（原子分数）的H_k明显占优；在V=3%（原子分数）的基础上再追加1%（原子分数）的Al或Si，H_k得到进一步改善，从而较大幅度提升了$(BH)_{max}$。密度为$5.7Mg/m^3$的$Nd_{4.5}Fe_{73}V_3Si_1B_{18.5}$粘结磁体$B_r=0.71T(7.1kGs)$、$H_{cJ}=400kA/m(5.03kOe)$、$(BH)_{max}=57.31kJ/m^3(7.2MGOe)$，从室温到413K（140℃）的温度系数分别为：$\alpha_{Br}=-0.08\%/℃$和$\alpha_{HcJ}=-0.37\%/℃$，略逊于$Nd_{4.5}Fe_{73}Co_3Ga_1B_{18.5}$磁体。

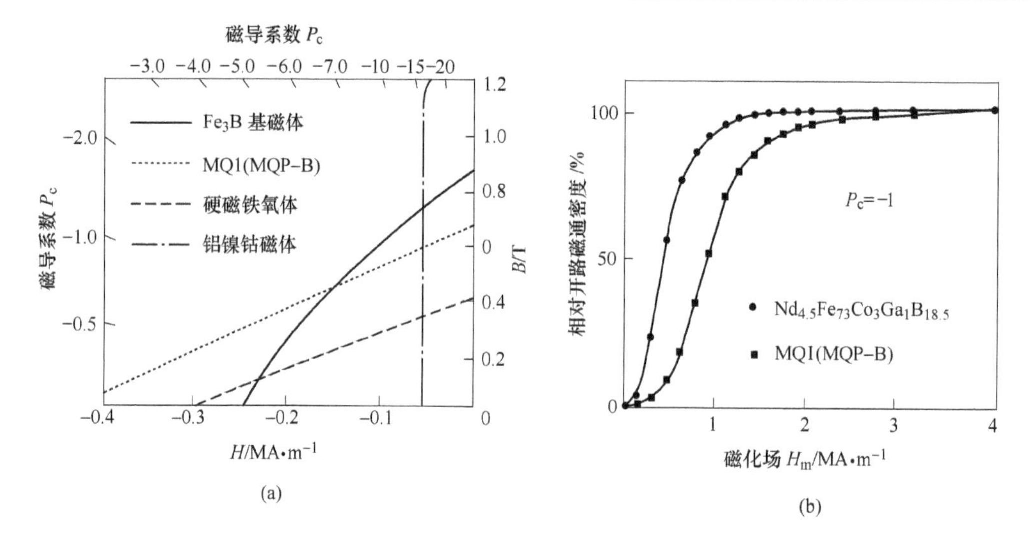

图 8-194　采用 $Nd_{4.5}Fe_{73}Co_3Ga_1B_{18.5}$ 和 MQP-B 磁粉制作的粘结磁体的室温退磁曲线（a）和 $P_c=-1$ 磁体的磁化饱和趋势（b）[263]

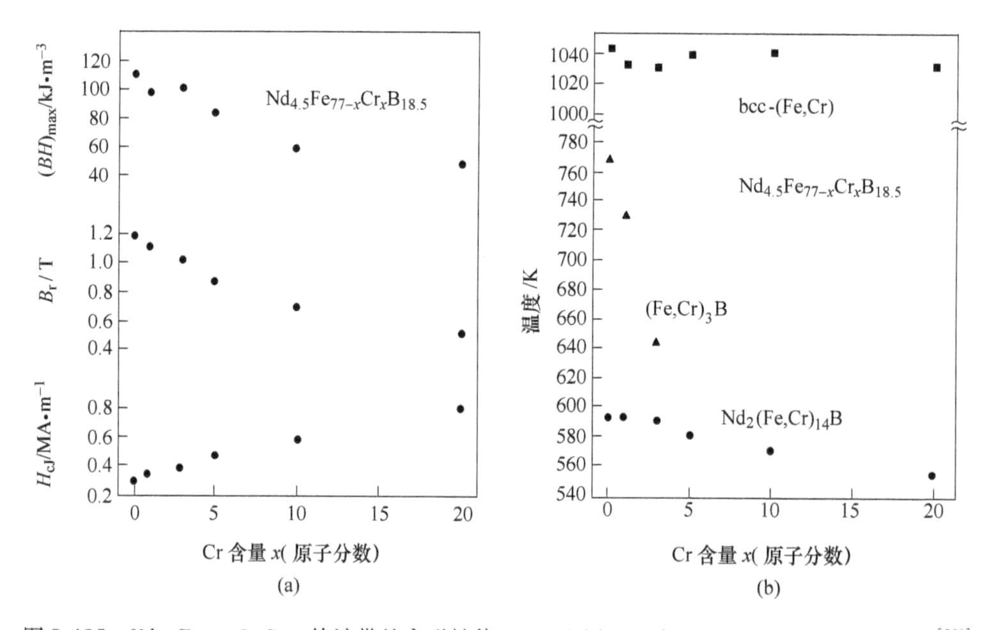

图 8-195　$Nd_{4.5}Fe_{77-x}Cr_xB_{18.5}$ 快淬带的永磁性能（a）和居里温度（b）与 Cr 含量 x 的关系[264]

以上述研究工作为基础，Kanekiyo 和 Hirosawa 探索并实现了低 Nd 含量纳米晶磁粉直接快淬而无需热处理的量产技术[266]，其核心突破是用低 Cu 轮线速度（$v_s=5$m/s）和低氩气氛围压强（≈1.3kPa）将合金快淬成厚度数百微米的薄板。成分为 $Nd_4Fe_{77.5}B_{18.5}$ 的合金在氩气氛围压强 75kPa 和 1.3kPa、Cu 轮线速度 $v_s=5$m/s 的条件下快淬成薄板，从 XRD 图谱（图 8-196）可以看出，前者以 α-Fe 为主，伴有少量的 Fe_3B 和 $Nd_2Fe_{14}B$，VSM 测得 H_{cJ} 仅 20kA/m(250Oe)，完全不具有永磁特性；后者以 Fe_3B 和 $Nd_2Fe_{14}B$ 主导，两相对应的典型衍射峰较宽，反映出材料的纳米晶特点。从外观看，75kPa 对应的薄板贴轮面存在大量酒窝状凹坑，直径大约为 200μm，而自由面平整如镜，这是由轮面气泡造成的，对合金的冷却速率和结晶状态有敏感的影响；当环境气压降到6.3kPa以后，气泡影响就消失了，在1.3kPa甚至能将合金制成连续薄带。图8-197是1.3kPa氩气压强下，在3～20m/s范围内不同的Cu轮线速度v_s对应的永磁特性及合金厚度。良好永磁特性对应的v_s仅限于5m/s附近小于±0.5m/s的范围内，工艺窗口很窄，只有外场1.2T对应的磁极化强度$J_{1.2}$基本独立于v_s。合金厚度与v_s成反比，最佳工艺窗口对应的合金厚度为150～230μm，是MQP磁粉的5～10倍，如果将其破碎成几十微米的细粉的话，将呈等轴的多面体形状，更有利于粉末流动和加压成形。优化快淬条件得到的$Nd_4Fe_{77.5}B_{18.5}$合金B_r = 1.25T（12.5kGs）、H_{cJ} = 276kA/m（3.47kOe），$(BH)_{max}$=118.1kJ/m^3(14.8MGOe)，而成分与表8-43中12号样品接近的添加Dy、Co、Ga的合金$Nd_{3.5}Dy_1Fe_{73}Co_3Ga_1B_{18.5}$，最佳快淬线速度$v_s$=3.3m/s，合金厚度240μm，$B_r$ = 1.15T(11.5kGs)、H_{cJ}=400kA/m(5.03kOe)，$(BH)_{max}$=131.6kJ/m^3(16.5MGOe)。这两组数据与表8-43中的对应数据等价，表明工业生产完全可以跳过热处理的环节，不仅可以降低生产成本，而且能保持快淬薄带的韧性，将厚度100～300μm的薄带直接投入实际应用。

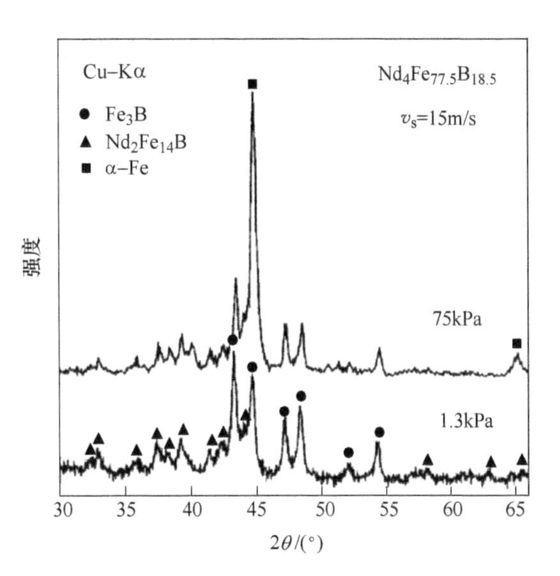

图8-196 $Nd_4Fe_{77.5}B_{18.5}$快淬薄板的粉末XRD图谱[266]

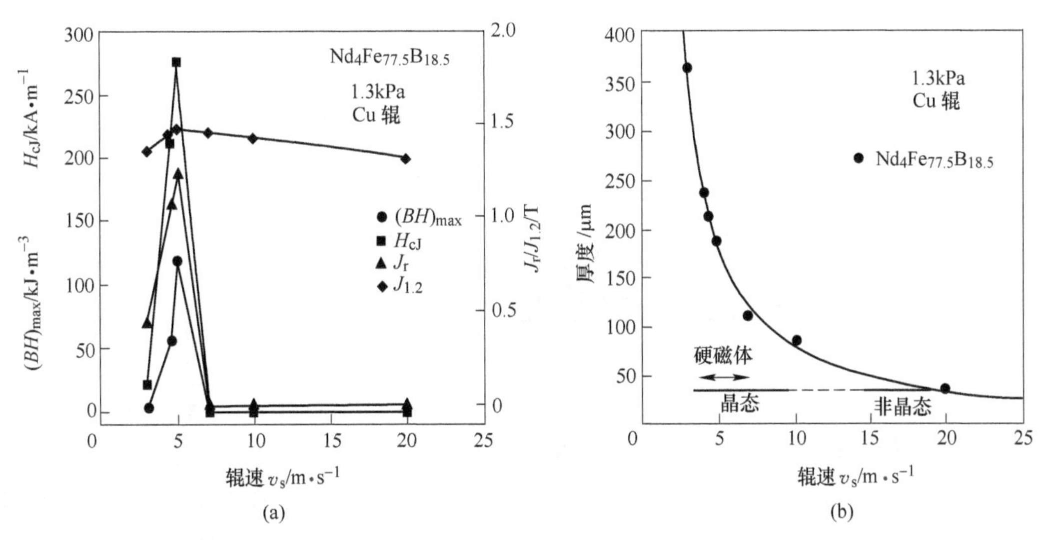

图8-197 $Nd_4Fe_{77.5}B_{18.5}$快淬薄板的粉末XRD图谱[266]

为进一步改善$Fe_3B/Nd_2Fe_{14}B$纳米晶磁粉的H_{cJ}，Hirosawa等人[267]将稀土总含量提高到9%（原子分数），并相应降低B含量，再适当添加Ti，使上述高B_r、低H_{cJ}快淬$Fe_3B/$

$Nd_2Fe_{14}B$ 纳米晶磁粉的相组成和显微结构发生了根本性变化。表 8-44 是粉末 XRD 图谱给出的 $Nd_9Fe_{91-x}B_x$和 $Nd_9Fe_{88-x}Ti_3B_x$在 v_s = 10m/s 和 20m/s 两个快淬线速度得到的快淬薄带相组成，对不含 Ti 的合金而言，只有高线速度（20m/s）、高 B 含量（原子分数）（15%）时为非晶态，其余条件下都可以得到 α-Fe 和 $Nd_2Fe_{14}B$ 组成的纳米晶复合体系，不再是 $Fe_3B/Nd_2Fe_{14}B$ 体系了。比较而言，添加 Ti 抑制了 Fe 晶化成 γ-Fe（低温下转换成 α-Fe）的趋势，高淬速下（20m/s）迫使其形成非晶态合金，而且对高 B 含量而言低淬速也能使其非晶化。将 B 用 C 来部分置换，用 v_s = 25m/s 的线速度快淬后再在 720℃ 晶化 6min，合金 $Nd_9Fe_{73}Ti_4B_{14-x}C_x$的 B_r及 H_{cJ}随 C 含量 x 的变化趋势见图 8-198，B_r基本上保持为常数，H_{cJ}在 1%~2%（原子分数）的 C 含量有所上升，而过高的 C 会生成 TiC 和 α-Fe，使 H_{cJ}急剧下降。$Nd_9Fe_{73}Ti_4B_{12.6}C_{1.4}$合金经 v_s = 10m/s 快淬和 680℃ ×6min 热处理后，B_r = 0.832T（8.32kGs）、H_{cJ} = 990kA/m（12.44kOe），$(BH)_{max}$ = 117kJ/m^3（14.7MGOe）。TEM 观察分析表明，少量 C 的添加能抑制 μm 量级的 TiB_2大晶粒生成，并使主相晶粒粒径分布均匀。由于 Nd 的增加和 B 的降低，加上 Ti 和 C 的参与，快淬合金相组成和显微结构的显著变化由图 8-199 来示意，低 Nd 高 B 的 $Fe_3B/Nd_2Fe_{14}B$ 体系（图 8-199（b））以 Fe_3B 纳米晶粒为主体，在其缝隙中分布着 $Nd_2Fe_{14}B$ 纳米晶粒，住友特殊金属的商品化 SPRAX-Ⅰ磁粉就是如此；而 $Nd_9Fe_{73}Ti_4B_{14-x}C_x$ 以 $Nd_2Fe_{14}B$ 纳米晶粒为主体，衬以 Fe-B 合金背底，有效抑制了 Fe_3B 软磁相的回复磁化行为，使 H_{cJ}得以有效提升，SPRAX-Ⅱ从此走向市场。

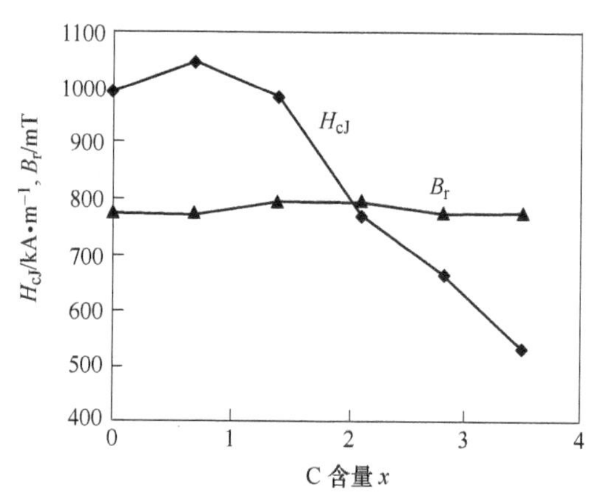

图 8-198　$Nd_9Fe_{73}Ti_4B_{14-x}C_x$的 B_r及 H_{cJ}随 C 含量 x 的变化趋势[267]

表 8-44　$Nd_9Fe_{91-x}B_x$和 $Nd_9Fe_{88-x}Ti_3B_x$在 v_s = 10m/s 和 20m/s 的相组成[267]

合金成分	v_s /m·s^{-1}	B 含量 x（原子分数）		
		7.6	11.5	15
$Nd_9Fe_{91-x}B_x$	10	α-Fe + $Nd_2Fe_{14}B$	α-Fe + $Nd_2Fe_{14}B$	α-Fe + $Nd_2Fe_{14}B$
	20	α-Fe + $Nd_2Fe_{14}B$	α-Fe + $Nd_2Fe_{14}B$	非晶
$Nd_9Fe_{88-x}Ti_3B_x$	10	α-Fe + $Nd_2Fe_{14}B$	α-Fe + $Nd_2Fe_{14}B$	$Nd_2Fe_{14}B$ + 非晶
	20	$Nd_2Fe_{14}B$ + 非晶	$Nd_2Fe_{14}B$ + 非晶	非晶

8.4.2.3　Sm-Fe 快淬合金及其氮化物磁粉

快淬 Nd-Fe-B 磁粉研究的重要启示是——将内禀磁性足够高的化合物晶粒做到纳米量级（单畴临界尺寸），就可能得到高的内禀矫顽力，而熔融快淬及晶化是制备纳米晶粒的有效手段。鉴于 $Sm_2Fe_{17}N_{3-\delta}$具有与 $Nd_2Fe_{14}B$ 相当的饱和磁化强度和更优异的磁晶各向异性和居里温度，Katter 等人[268]率先研究了 Sm_2Fe_{17}（或 $Sm_{10.5}Fe_{89.5}$，原子分数）正分成分附近快淬 Sm_xFe_{100-x}（$9 \leqslant x \leqslant 15$）合金及其氮化物的结构特性和硬磁化途径。由第 2 章图

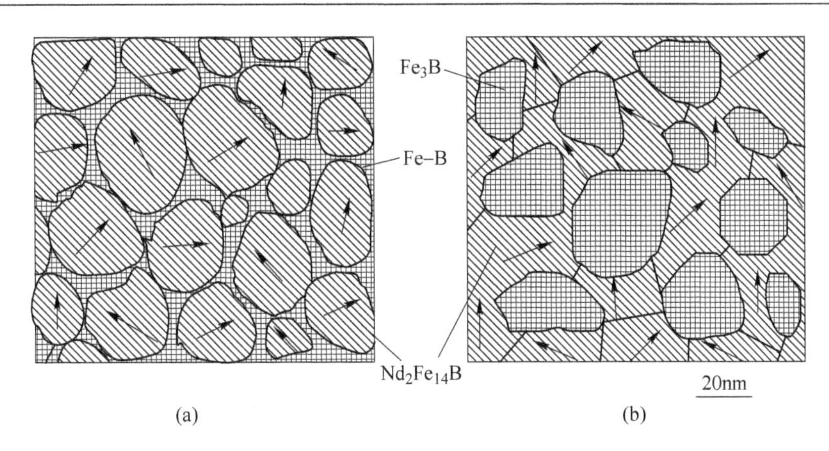

图 8-199 Nd-Fe-Ti-B-C（a）和 $Fe_3B/Nd_2Fe_{14}B$（b）纳米晶复合体的显微结构示意图[267]

2-28 的 Sm-Fe 二元相图表明，Sm 含量由低到高，该体系的低温热平衡相依次为：α-Fe（体心立方结构）、菱方 Sm_2Fe_{17}（Th_2Zn_{17} 结构）、菱方 $SmFe_3$（$PuNi_3$ 结构）、立方 $SmFe_2$（$MgCu_2$ 结构）和菱方 Sm。在 Sm-Co 二元相图中的六方 $SmCo_5$（$CaCu_5$ 结构）没有对应的 $SmFe_5$，Cadieu 等人[269a]发现添加少量 Ti 或 O 可稳定这个结构，而 Yang 等人[269b]通过非晶态合金晶化可获得亚稳态菱方 Sm_2Fe_7（Gd_2Fe_7 结构）。Katter 等人则发现接近 Sm_2Fe_{17} 正分成分的快淬 Sm-Fe 合金存在从有序菱方 Th_2Zn_{17} 结构向无序六方 $TbCu_7$ 结构的转变。Th_2Zn_{17} 结构是过渡金属哑铃对有序取代 $CaCu_5$ 结构中的 Ca 而转换出来的，但在 $TbCu_7$ 结构中，哑铃对以长程无序的方式随机取代 Ca，晶格常数的关系为 $a_{1:7}=1/\sqrt{3}\ a_{2:17}$，$c_{1:7}=1/3\ c_{2:17}$。XRD 图谱表明，$Sm_2Fe_{17}$ 中 Sm 和 Fe 哑铃对有序排列的超结构会产生（204）和（211）衍射峰，但在快淬 $Sm_{10.6}Fe_{89.4}$ 和 $Sm_{10}Fe_{90}$ 合金中没有对应，而且与（220）和（006）相应的（200）和（002）峰位移动，意味着晶格常数发生了变化。图 8-200 是铜轮线速度 $v_s=15m/s$ 时快淬 Sm_xFe_{100-x} 合金（$9\leqslant x\leqslant 15$）晶格常数 a、c 以及 c/a 与 x 的关系，Sm 含量高时合金为 Th_2Zn_{17} 结构，a 和 c 与 Sm 的变化无关，变换后的 $c/a\approx 0.84$；随着 Sm 含量下降并逐渐低于 2:17 正分成分，a 下降而 c 上升，致使 c/a 显著上升，并接近单原子密堆结构的理论值 $\sqrt{3}/2=0.866$，意味着合金转变为 1:7 相。不同 Sm 含量合金的单胞体积变化很小，在 $0.0870\sim 0.0878nm^3$ 之间。对 Sm 含量相同的合金，快淬线速度也会影响到其晶体结构，图 2-94 汇总了不同线速度下快淬非平衡合金的相组成与 Sm 含量的关系，图中的实心圆圈对应的主相 c/a 接近 0.8399，这是 Th_2Zn_{17} 结构的典型数值，他们位于 Sm 含量高的区域，合金伴生着 $SmFe_2$ 相，淬速越高 $SmFe_2$ 相越少；空心圆圈主相的 c/a 接近 $TbCu_7$ 的 0.869，低 Sm 合金中存在 α-Fe，同样淬速越高 α-Fe 含量越低，在图中与纯 1:7 相区由左倾斜线分割；相图中存在一个既无 α-Fe 又无 $SmFe_2$ 相的 V 形纯相区域，并包含 Th_2Zn_{17} 和 $TbCu_7$ 之间结构转变的阴影过渡区，在 $Sm_{10}Fe_{90}$ 和 30m/s 以上的线速度 c/a 达到最大值。对淬态 $Sm_{10.6}Fe_{89.4}$ 合金在不同温度保温 15min，在 700℃以上，随着热处理温度的提升，其 c/a 逐渐减小并趋近 Th_2Zn_{17} 结构的典型值，意味着热处理会改变合金的晶体结构，从亚稳态转为稳态，其结果显示在图 8-201 中。在氮化物的制备过程中，为适应 N 原子扩散的缓慢运动学过程，快淬带被研磨成 20μm 以细的粉末，典型的氮化处理条件为 460℃保温 4h，氮气氛压强 90kPa。晶化到 Th_2Zn_{17} 结构的快淬带的氮化行为与常规合金很相似，但 1:7 相的氮化物稳定性很差，450℃保温 4h 的合金粉存在大量的 α-Fe，500℃氮化则直接分解成非晶相和 α-Fe。2:17 相和 1:7 相及其对应氮化物的内禀磁性参数列在表 8-45 中，可见1:7 相的居里温度和室温饱和磁极化强度都高于 2:17 相的数值，但其对应氮化物的特性参数反倒不如 2:17 氮化物，不过依然有高于 $Nd_2Fe_{14}B$ 的磁晶各向异性场，且由 K_2 主导，而 $Sm_2Fe_{17}N_{2.94}$ 则具备非常优异的内禀磁特性。与快淬 Nd-Fe-B 一样，快淬 Sm-Fe 合金氮化后的永磁特性也敏感地依赖于合金的晶粒尺寸分布，也就是快淬条件以及快淬后的晶化处理条件，并且还不能因氮化的高温过程而明显改变。图 8-202 是 H_{cJ} 与快淬合金热处理温度的关系，$TbCu_7$ 型 $Sm_{10.6}Fe_{89.4}$ 经 v_x = 60m/s 快速冷却过淬和 700℃ 处理 15min 后，H_{cJ} 达到最大值 100kA/m(1.26kOe)，更高温度热处理使晶体结构转变成 Th_2Zn_{17} 型，H_{cJ} 陡降。经 460℃ 氮化处理 4h 后，由于磁粉的磁晶各向异性场大幅度提升，H_{cJ} 也有很大程度的增加，最大值 800kA/m(10kOe) 出现在 800℃ 处理的快淬合金中，更高的温度有可能使晶粒过度生长，从而对 H_{cJ} 不利。$Sm_{10.6}Fe_{89.4}N_x$ 的磁滞回线可看到软磁相的影响，B_r = 0.86T (8.6kGs)，$(BH)_{max}$ = 69.6kJ/m³ (8.72MGOe)，与 $(1/4\mu_0)B_r^2$ = 147kJ/m³ (18.5MGOe) 相去甚远。更高的 H_{cJ} 体现在 Th_2Zn_{17} 结构的 $Sm_{12}Fe_{88}$ 氮化物上，730℃ 晶化处理、480℃ 氮化处理的 H_{cJ} 达到 1450kA/m，即 18.2kOe，氮化温度降到 460℃ 的 H_{cJ} 更高，为 1670kA/m(21.0kOe)，这与其高达 22.2T (222kOe) 的磁晶各向异性场有必然的关系。但 $Sm_{12}Fe_{88}N_x$ 的磁滞回线并不理想，明显可看到数量可观的软磁相，B_r = 0.73T(7.3kGs)，$(BH)_{max}$ = 65.6kJ/m³(8.24MGOe)。因此，为了在快淬 Sm-Fe 合金氮化物中实现优异永磁特性，需避免 $SmFe_9$ 的出现，也不宜用过量 Sm 来维持 Sm_2Fe_{17} 相却带来 $SmFe_2$ 相，后者在氮化过程中分解成 SmN 和 α-Fe 影响退磁曲线方形度。

表 8-45 2:17 相和 1:7 相 Sm-Fe 合金及其对应氮化物的内禀磁性参数[268]

化合物	晶体结构	T_c/℃	J_s/T	K_1/MJ·m^{-3}	K_2/MJ·m^{-3}	$\mu_0 H_a$/T
Sm_2Fe_{17}	Th_2Zn_{17}	117	1.07	-1.0	0.0	
$Sm_2Fe_{17}N_{2.94}$	Th_2Zn_{17}	473	1.51	8.4	2.5	22.2
$Sm_{10.6}Fe_{89.4}$	$TbCu_7$	200	1.24	0.0	1.0	3.8
$Sm_{10.6}Fe_{89.4}N_x$	$TbCu_7$	470	1.40	0.2	2.3	8.6

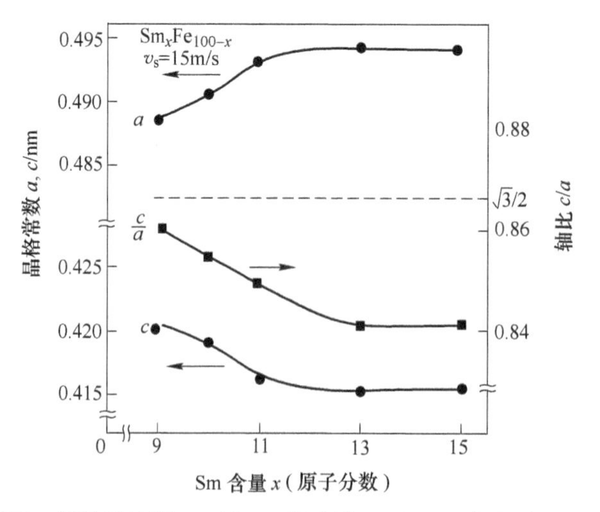

图 8-200 铜轮线速度 v_s = 15m/s 的快淬 Sm_xFe_{100-x} 合金 (9≤x≤15) 晶格常数 a、c 以及 c/a 与 x 的关系[268]

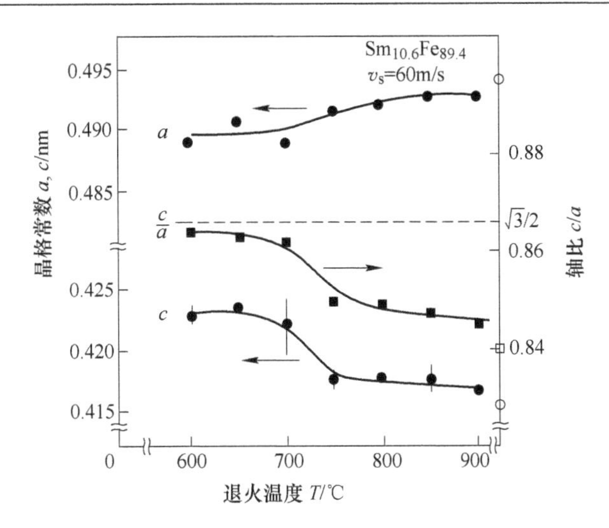

图 8-201 快淬 $Sm_{10.6}Fe_{89.4}$合金在不同温度处理 15min 后的晶格常数及其比值 c/a[268]

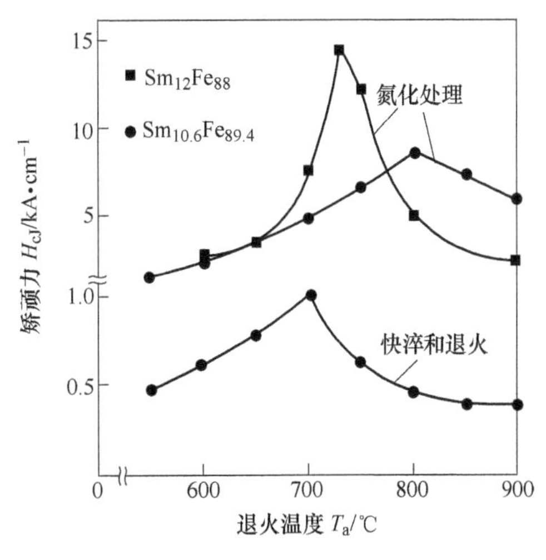

图 8-202 经过 15min 热处理后的快淬 Sm-Fe 合金及其氮化物的 H_{cJ}与热处理温度的关系[268]

日本大同制钢的大松泽亮等人[270]将类似的技术线路开发成了量产工艺。将 Sm、Fe、Co 和 M（M = Si、Al、Ga、Ti、Nb、Zr 和 Hf）等熔炼成 $Sm_x(Fe_{1-y-z}Co_yM_z)_{100-x}$（$x$ = 8.7 ~ 10.0）合金，以 15 ~ 45m/s 的快淬轮线速度制成快淬薄带，破碎到 300μm 以下，经 993 ~ 1050K 热处理，最后在 723K 附近氮化制成永磁粉末。对不添加 Co 和 M 的 Sm_xFe_{100-x}合金而言，x≤9.0 的快淬合金存在 α-Fe，适当过量的 Sm 即可抑制 α-Fe 的生成，使合金处于 1:7 单相[269]。图 8-203 是快淬轮线速度与 $Sm_{9.3}Fe_{90.7}$合金氮化物永磁性能的关系曲线，快淬带的热处理温度都是 1023K，J_s和 B_r随着淬速加快单调上升，H_{cJ}和（BH）$_{max}$在 40m/s 达到峰值，更快的淬速会使 H_{cJ}降低，同时对（BH）$_{max}$不利。以 40m/s 的固定转速和 1023K 的同一热处理温度，x = 9.1 ~ 9.5 不同 Sm 含量的 Sm_xFe_{100-x}氮化物永磁性能见图 8-204，可见热处理合金及其氮化物的 J_s随 x 增加而单调下降，这应该与 Fe 磁矩的下降有关；热处理合金的 H_{cJ}也是单调下降的，但氮化物 H_{cJ}显著增大，显然 Sm-Fe 氮化物的高磁晶各向异性起了关键作用，并使 B_r在 Sm 增加时有一个阶段维持常数而不随 J_s下降，且（BH）$_{max}$在 x = 9.2 和 x = 9.3 之间达到峰值。用部分 Co 置换 Fe 可显著改善磁粉的 H_{cJ}和（BH）$_{max}$，如图 8-205 所示，$Sm_{9.2}(Fe_{1-y}Co_y)_{90.8}$氮化物的 H_{cJ}随 Co 的添加而逐渐上升，到 y = 0.1 后趋于平缓，（BH）$_{max}$也有所增加，在 y = 0.15 达到峰值 139kJ/m^3（17.5MGOe），对应的 B_r = 0.95T（9.5kGs），H_{cJ} = 682kA/m（8.57kOe），由其制备的粘结磁体性能达到：B_r = 0.81T（8.2kGs）、H_{cJ} = 674kA/m（8.47kOe）、（BH）$_{max}$ = 116.2kJ/m^3（14.60MGOe）。从快淬及热处理合金的 SEM 照片看（图 8-206），以 40m/s

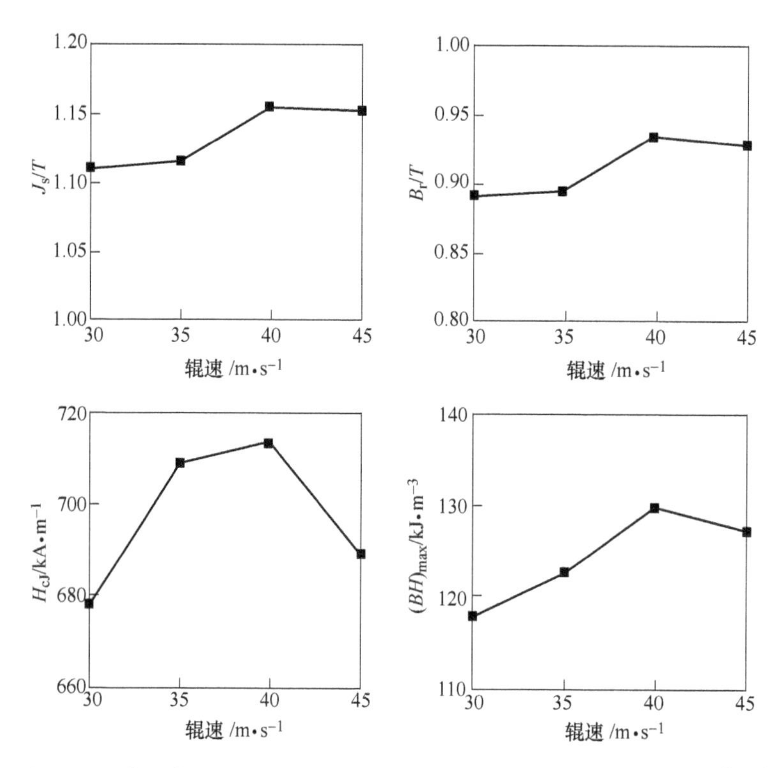

图 8-203 快淬轮线速度与 $Sm_{9.3}Fe_{90.7}$ 合金氮化物永磁性能的关系曲线[270a]

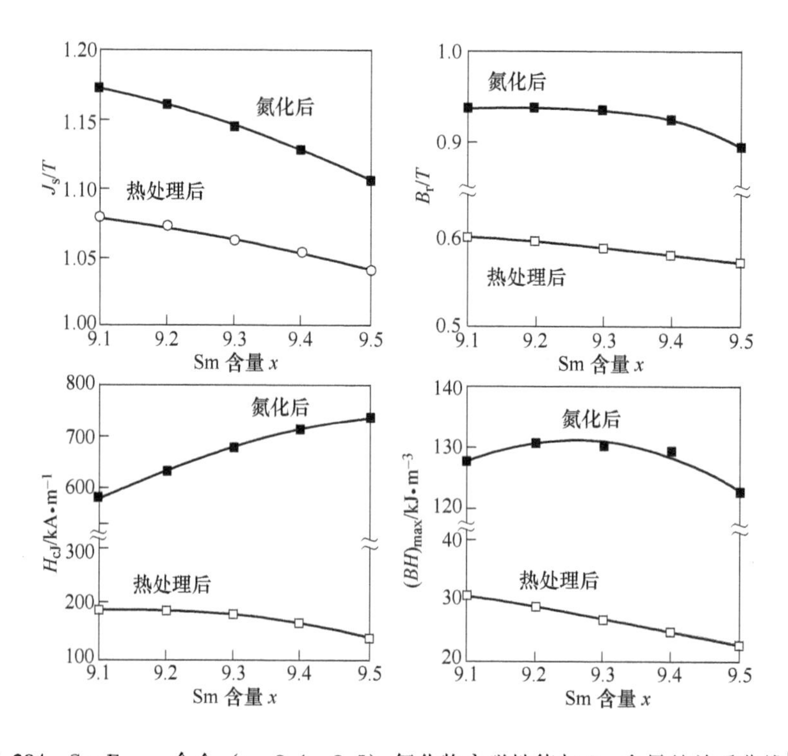

图 8-204 Sm_xFe_{100-x}合金（x =9.1 ~9.5）氮化物永磁性能与 Sm 含量的关系曲线[270a]

线速度快淬并在1023K热处理的$Sm_{9.2}Fe_{90.8}$合金粉末中（图8-206（a）），$SmFe_9$相形成100～300nm的六角晶粒，是同等H_{cJ}快淬Nd-Fe-B晶粒尺寸10～20nm的十倍；而用15%Co置换Fe的$Sm_{9.2}(Fe_{0.85}Co_{0.15})_{90.8}$合金粉末$Sm(Fe,Co)_9$，晶粒细化到10～100nm(图8-206（b）)，H_{cJ}的提升由此可见。在Sm-Fe-Co中进一步添加M元素（M=Si、Al、Ga、Ti、Nb、Zr和Hf）[270]，他们发现对应氮化物的H_{cJ}都有所提高，但只有Zr和Hf能同时提升B_r和$(BH)_{max}$，如图8-207所示。从显微结构看，M元素的添加可显著细化快淬合金的晶粒，如果将合金氮化物的永磁特性与SEM照片估算出的平均晶粒尺寸相关联，图8-208表明M=Hf的合金具有最细小的晶粒尺寸和最高的H_{cJ}，而M=Zr的剩磁更高一些，Sm-Fe-Co-Zr氮化物制成的压缩成形磁体B_r = 0.80T(8.0kGs)、H_{cJ} = 720kA/m(9.05kOe)、$(BH)_{max}$ = 110kJ/m^3(13.8MGOe)。

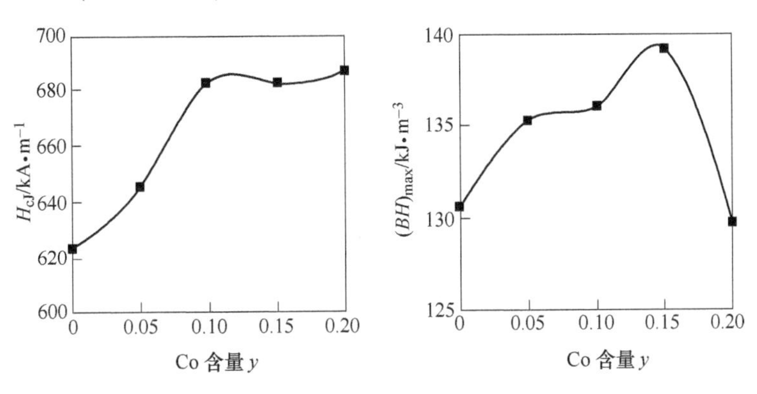

图8-205 $Sm_{9.2}(Fe_{1-y}Co_y)_{90.8}(y=0\sim0.2)$合金氮化物永磁性能与Co含量的关系曲线[270a]

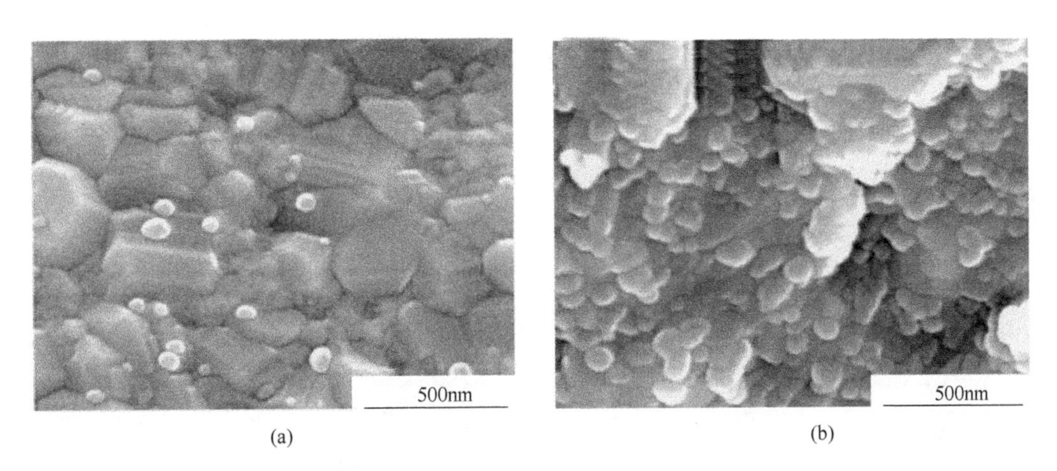

图8-206 40m/s线速度快淬、1023K热处理的$Sm_{9.2}Fe_{90.8}$合金（a）和$Sm_{9.2}(Fe_{0.85}Co_{0.15})_{90.8}$合金（b）的SEM照片[270a]

TDK的Yamamoto等人[271]系统研究了改变稀土总量的（Sm,Zr）（Fe,Co)$_7$-N+α-Fe纳米复合体系的永磁特性，其工艺流程为：电弧熔炼合金，将合金以50m/s的线速度快淬成合金薄带，将薄带破碎到106μm以细后在973～1073K氩气氛下处理1h，然后在723K氮化1～2h。图8-209是1:9相（Sm,Zr)-(Fe-Co）氮化物$Sm_{6\sim9}Zr_{2\sim10}Fe_{81\sim92}$-N的居里温

度 T_c 与 Sm/(Sm + Zr) 的正相关关系，反映出 Zr 替代 Sm 的特征。图 8-210 则是 (Sm, Zr)$_{8\sim17}$Fe$_{83\sim92}$-N 粉末永磁特性参数与 (Sm + Zr) 总量的关系，合金氮含量与 (Sm + Zr) 总量成正比；H_{cJ} 在 (Sm + Zr) 总量为 13%～15%(原子分数) 时达到峰值 900kA/m (11.3kOe)；$(BH)_{max}$ 的峰值 104kJ/m^3 (13.1MGOe) 对应的 (Sm + Zr) 总量为 10%～11% (原子分数)，合金的实际成分为 $Sm_8Zr_3Fe_{89}$-N；B_r 基本上随 (Sm + Zr) 的增加单调下降。图 8-211 是 $Sm_8Zr_3Fe_{89}$-N 的氮含量和永磁特性参数与快淬合金薄带热处理温度的关系，热处理温度并不影响后续的氮化处理，因此在同等氮化条件下合金的氮含量为常数，H_{cJ} 随热处理温度提高而上升，但 1073K 及其更高温度会损伤 B_r，$(BH)_{max}$ 峰值对应的温度为 1023K。氮化时间对 $Sm_8Zr_3Fe_{89}$-N 永磁特性的影响见图 8-212，合金的氮含量随氮化时间的推演逐渐上升，1h 后趋近饱和；H_{cJ} 在氮含量尚未饱和的 30min 就达到平台，此后不再继续增

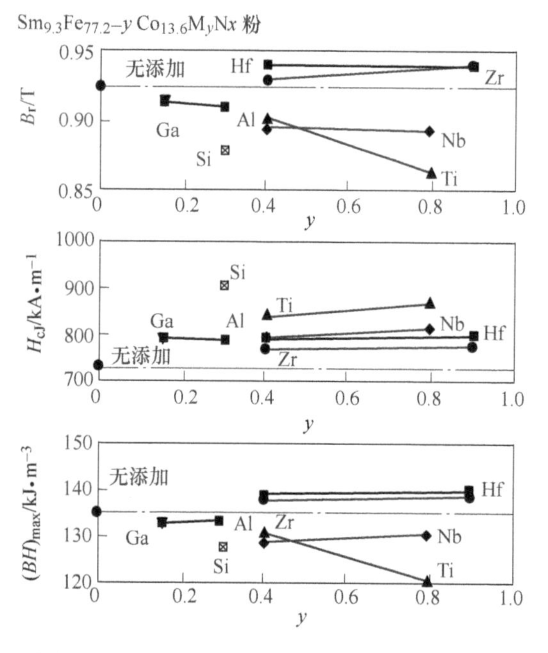

图 8-207　添加元素 M 对 $Sm_{9.3}Fe_{77.2-y}Co_{13.6}M_y$ 快淬合金氮化物永磁特性的影响[270b]

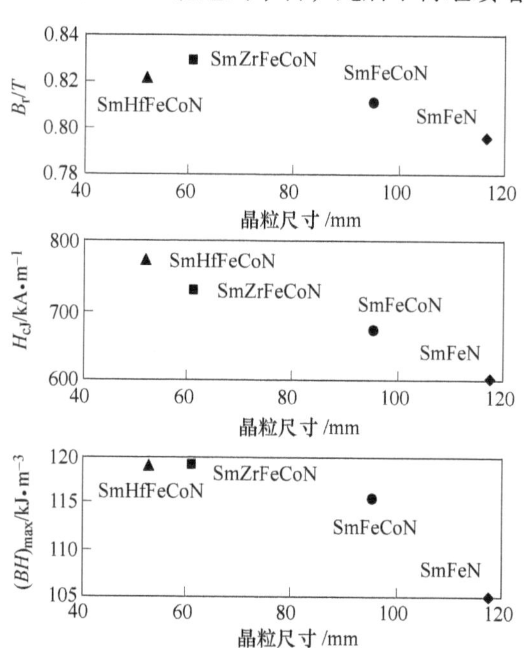

图 8-208　不同 M 元素 Sm-Fe-Co-M 快淬合金氮化物永磁特性与晶粒尺寸的关系[270b]

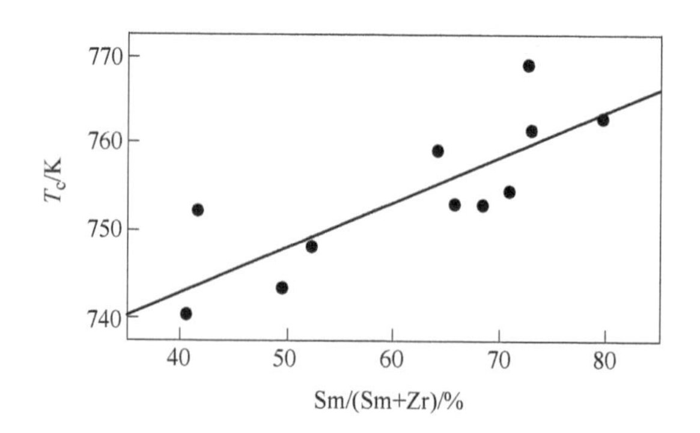

图 8-209　$Sm_{6\sim9}Zr_{2\sim10}Fe_{81\sim92}$-N (1:9 相) 的居里温度 T_c 与 Sm/(Sm + Zr) 的正相关关系[271]

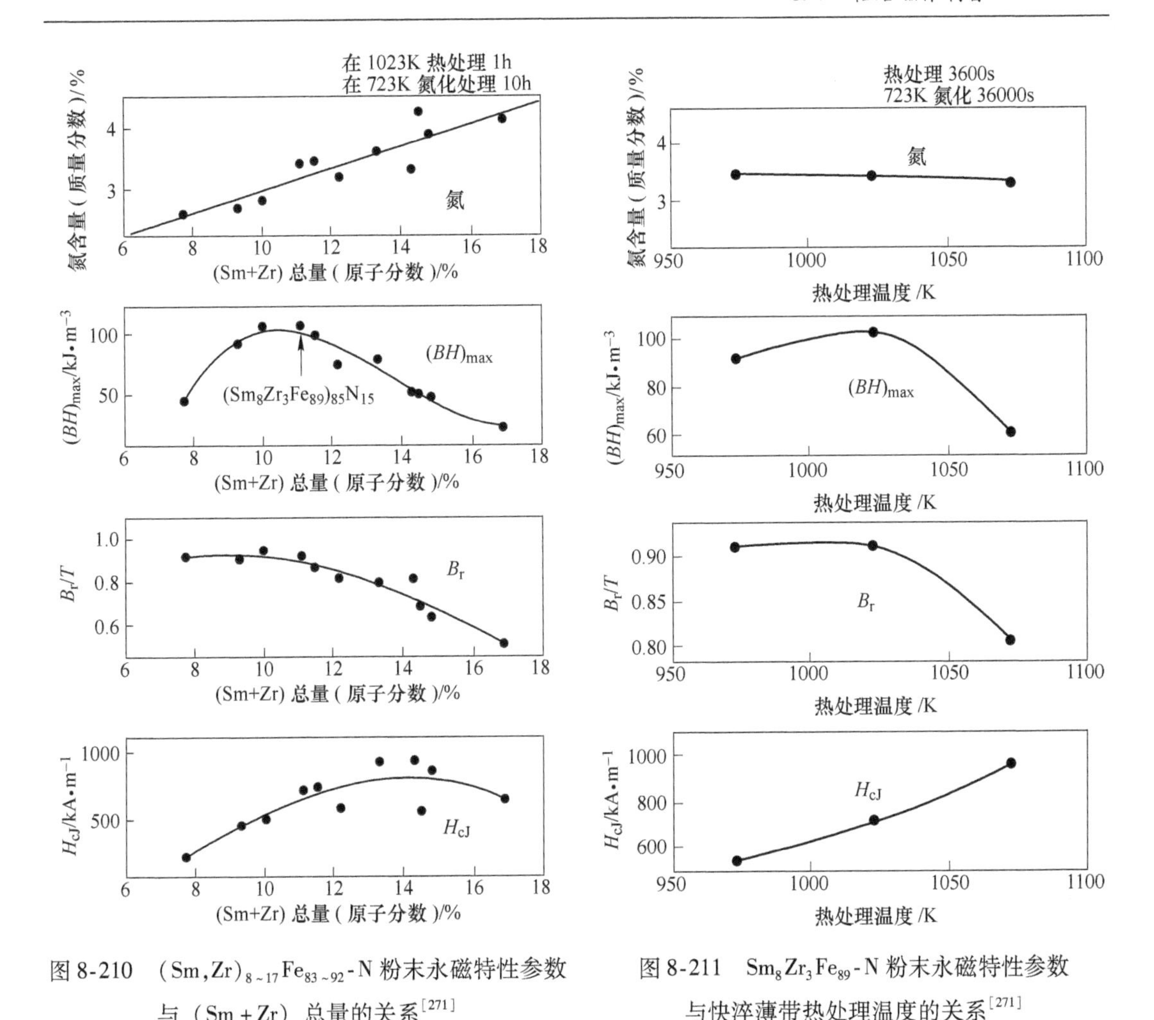

图 8-210 $(Sm,Zr)_{8\sim17}Fe_{83\sim92}$-N 粉末永磁特性参数与(Sm + Zr)总量的关系[271]

图 8-211 $Sm_8Zr_3Fe_{89}$-N 粉末永磁特性参数与快淬薄带热处理温度的关系[271]

加；1h 氮化的 B_r和（BH）$_{max}$都为最佳值，更长时间氮化会损伤磁性，究其原因应是粉末的氧化。用少量的 Co 来置换 Fe，会使 H_{cJ}单调下降，而在 Co 含量为5%（原子分数）时 B_r和（BH）$_{max}$都达到峰值。概括而言，成分为 $Sm_8Zr_3Fe_{84}Co_5$的合金以 50m/s 的线速度快淬，在 1023K 热处理 1h，再在 723K 氮化 2h 后的磁粉性能最佳，B_r = 0.95T(9.5kGs)、H_{cJ} = 740kA/m(9.30kOe)、(BH)$_{max}$ = 126kJ/m^3(15.8MGOe)、T_c = 803K(530℃)。在室温和 398K(125℃)之间，剩磁温度系数为 -0.08%/K，内禀矫顽力的温度系数为 -0.33%/K，均优于快淬 Nd-Fe-B 磁粉。TEM 观察表明，最佳性能磁粉的晶粒尺寸在 20 ~ 50nm 之间，由 1:9 型(Sm,Zr)(Fe,Co)$_9$-N 和 α-Fe 两相构成，硬磁和软磁相有机地耦合在一起，因此退磁曲线在剩磁附近没有明显陡降。将粒径 38μm 以下的磁粉长时间放置在 393K（120℃）的环境中，其永磁特性随放置时间的变化见图 8-213，图中同时列出了相同粒度快淬 Nd-Fe-B 磁粉（MQP-B）的情况，比较可见在 1000h 内氮化物的氧含量随时间的增长非常缓慢，以至于 B_r基本上保持不变，H_{cJ}略微下降，退磁曲线方形度 H_k/H_{cJ}也保持为常数。反观 MQP-B 粉，1000h 后氧含量增加了 5 倍，H_{cJ}的下降幅度与（Sm,Zr)(Fe,Co)$_9$-N 相近，但 B_r和 H_k/H_{cJ}都有较大程度的下降，特别是 H_k/H_{cJ}一路下滑，1000h 后只剩下一半。因此，(Sm,Zr)(Fe,Co)$_9$-N 磁粉有很好的高温抗氧化腐蚀特性，适合耐高温的应用。

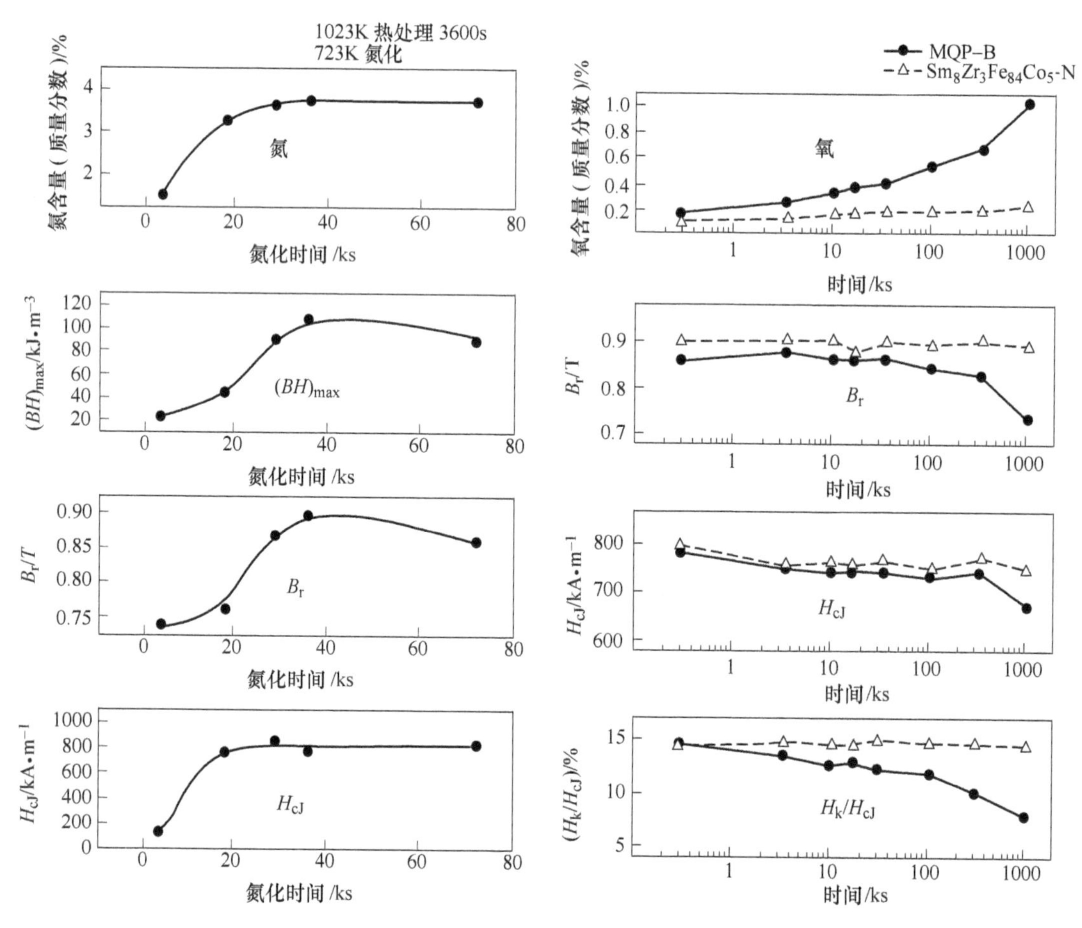

图 8-212　$Sm_8Zr_3Fe_{89}$-N 粉末永磁特性参数与氮化处理时间的关系[271]

图 8-213　$Sm_8Zr_3Fe_{84}Co_5$-N 和 MQP-B 粉末永磁特性参数与 120℃放置时间的关系[271]

8.4.3　各向异性稀土永磁粉末

8.4.3.1　氢化-歧化-脱氢-重组（HDDR）工艺制备的各向异性 Nd-Fe-B 磁粉

当 Nd-Fe-B 合金在氢气氛中加热到 600℃以上时，其主相 $Nd_2Fe_{14}B$ 发生歧化反应（Disproportionation）转化成 α-Fe、$NdH_{2\pm x}$和 Fe_2B[272,49]，其反应方程式为：

$$Nd_2Fe_{14}B+(2\pm x)H_2 \longrightarrow 2NdH_{2\pm x}+Fe_2B+12Fe \tag{8-10}$$

热-压电分析分析仪（TPA）测量在 0.1MPa 左右的氢气密闭容器中加热 $Nd_{15}Fe_{77}B_8$合金的气压-温度曲线（图 8-214）表明[273]，除了 220℃附近的吸氢行为外，在 720℃还存在第二个吸氢段。如果在第一个吸氢段结束后回到室温，可估算出氢化物的成分为 $Nd_{15}Fe_{77}B_8H_{18}$；类似地，第一、二阶段共同吸氢对应 $Nd_{15}Fe_{77}B_8H_{26}$。对应图 8-214 中室温、320℃、650℃和 1000℃各温度点样品的 ^{57}Fe 穆斯堡尔谱分析揭示，a ~ c 都可用 $Nd_2Fe_{14}B$ 不等价 6 个 Fe 晶位的六套谱来拟合，且吸氢导致超精细场 B_{HF}增加、电四极劈裂 QS 减少和同素异构移动 IS 正向偏移，表明吸氢带来的晶格膨胀使 Fe 次晶格交换作用增强，而间隙氢原子降低了晶场强度。但 d 的谱线非常不同，其主要构成为 α-Fe，占 77.5%，其次是 Fe_2B(17%)，还有一个顺磁态的双峰。Oesterreicher 指出[274]，如果在真空中加热歧化分解产物，可能使其重组，并产生出晶粒细化的显微结构。随后日本三菱材料株式会社的 Takeshita（武下拓夫）和 Nakayama（中山亮治）[275,19]发现，将 Nd-Fe-B 铸锭在 1atm 氢气中加热到 700 ~ 900℃ 后在同等温度下真空脱氢，$Nd_2Fe_{14}B$ 主相晶粒从铸锭的上百微米变成了0.1 ~ 0.9μm，处理后的粉末具有优良的永磁特性：J_s = 0.95T(9.5kGs)、B_r = 0.77T(7.7kGs)、H_{cJ} = 748kA/m(9.40kOe)、$(BH)_{max}$ = 97.1kJ/m^3(12.2MGOe)。McGuiness 等人[20]也得到了类似的结果，并将这个过程以氢化（Hydrogenation）、歧化（Disproportionation）、脱氢（Desorption）和重组（Recombination）反应来描述，简称为 HDDR 过程。

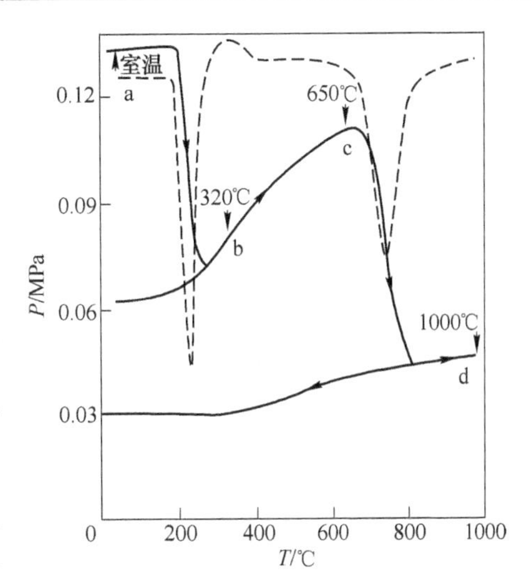

图 8-214　$Nd_{15}Fe_{77}B_8$合金在充填 0.1MPa 氢气的密闭容器中的气压-温度曲线[273]

（虚线为微分曲线 dp/dT-T）

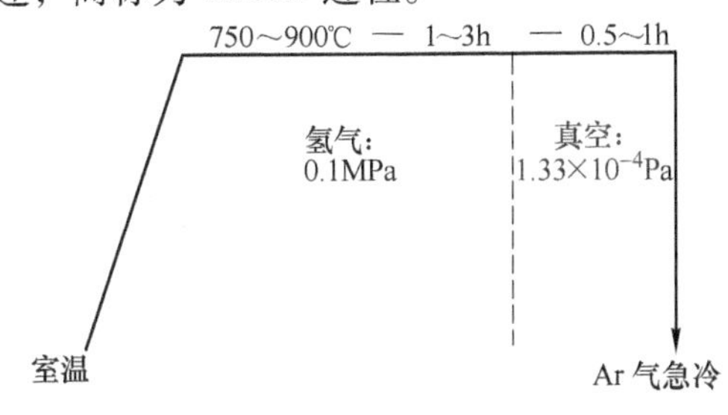

图 8-215　典型的 HDDR 工艺过程[19]

Takeshita 和 Nakayama 的典型 HDDR 工艺过程如图 8-215 所示[19]，将真空腔抽到 10^{-6} Torr 后，在 1atm 的高纯氢气流下将 Nd-Fe-B 合金铸锭升到 750 ~ 900℃ 的高温，保温 1 ~ 3h，Nd-Fe-B 合金主相先氢化形成氢化物 $Nd_2Fe_{14}BH_x$，进而歧化分解，图 8-216 所示的不同保温温度氢化反应产物 XRD 图谱表明[276]，在 300℃ 的低温生成物为 $Nd_2Fe_{14}BH_x$，600℃ 可看到明显的 NdH_2 和 α-Fe 衍射峰，说明 $Nd_2Fe_{14}BH_x$ 开始分解，在 700℃ 几乎全变成 NdH_2、Fe_2B 和α-Fe，900℃ 可看到 $Nd_2Fe_{14}B$ 的衍射峰再次出现，而到了 1000 ~ 1100℃ 的高温则完全恢复到 $Nd_2Fe_{14}B$。由于反应温度低，原子迁徙距离短，歧化生成物只是几十个或上百个原子构成的原子团。保持同样的温度再将真空腔抽到 10^{-6} Torr 并保持 1h，合金在真空中脱氢，式（8-10）的歧化反应逆向发生，使 $Nd_2Fe_{14}B$ 相重组，同样受制于原子迁徙的距离，重组的 $Nd_2Fe_{14}B$ 相只能形成 0.1 ~ 0.9μm 的晶粒，并由多个亚微米晶粒构成合金粉末颗粒。尽管 HDDR 磁粉主相晶粒尺寸比快淬 Nd-Fe-B 磁粉大一个数量级，但仍可与 $Nd_2Fe_{14}B$ 的单畴尺寸相比，因此粉末具有良好的永磁特性，且这种永磁特性不依赖于主相之间的晶界相。富 Nd 相在 HDDR 过程中扮演着重要的角色，Book 和 Harris 对此做了细致的研究[277]。如图 8-217 由 TPA 曲线换算的氢含量-温度关系所示，$Nd_{16}Fe_{76}B_8$ 合金在室温附近就开始吸氢，如果合金表面氧化较严重，起始温度会略高一些，但正分成分合金 $Nd_{11.8}Fe_{82.3}B_{5.9}$需升温到 200℃ 才开始吸氢，且同等温度下的吸氢量明显偏少，因此富 Nd 相在自身吸氢的同时，会因放热而促使主相吸氢，图中 T_s和 T_f之间为歧化温区。

图 8-218（a）描绘了不同 Nd 含量合金的第一阶段吸氢量，图 8-218（b）则是歧化温区宽度与富 Nd 相体积比的关系，显然 Nd 含量越高吸氢量越高，但歧化反应温区越窄。图 8-219 是 DTA 测试的 $Nd_{16}Fe_{76}B_8$ 和 $Nd_{11.8}Fe_{82.3}B_{5.9}$ 合金歧化产物的真空脱氢重组曲线，在

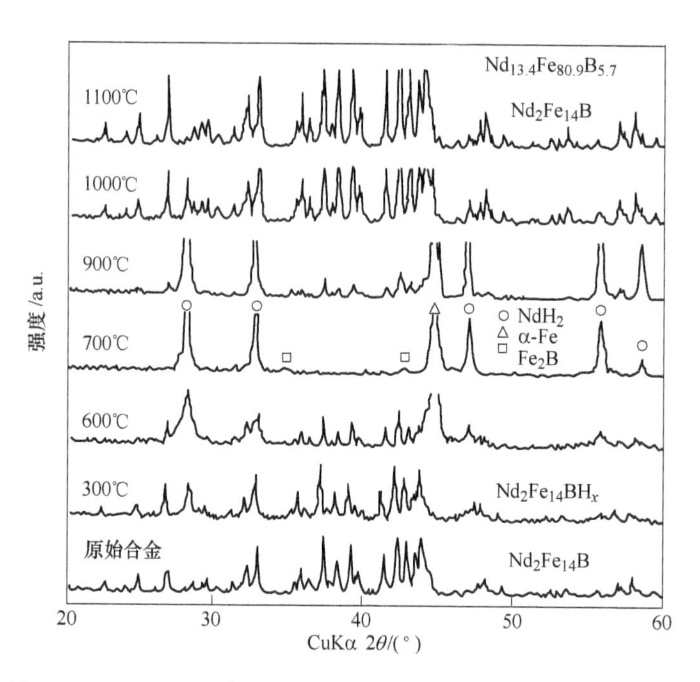

图 8-216 $Nd_{15}Fe_{77}B_8$合金在不同温度下氢化处理后的 XRD 图谱[276]

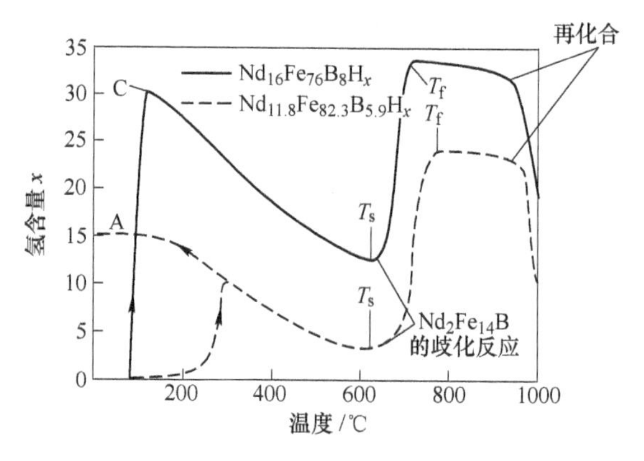

图 8-217 由 TPA 曲线换算的 $Nd_{16}Fe_{76}B_8$和 $Nd_{11.8}Fe_{82.3}B_{5.9}$合金氢含量与温度的关系[277]

150～400℃的温区内 $NdH_{2.7}$脱氢转变成 NdH_2，其中 $Nd_{16}Fe_{76}B_8$的起始脱氢率高，峰值温度为 250℃，对应于富 Nd 边界相的歧化产物脱氢反应，而 300℃的侧峰和 $Nd_{11.8}Fe_{82.3}B_{5.9}$的脱氢峰（虚线）则对应主相的歧化产物脱氢。在 600℃两种合金的 NdH_2都脱氢而形成 Nd，并与 Fe、B 重组成 $Nd_2Fe_{14}B$ 主相，而 $Nd_{16}Fe_{76}B_8$在 740℃还有一个重组峰 B，应该对应富 Nd 相的重组。McGuiness 等人[20]对 $Nd_{16}Fe_{76}B_8$和 $Nd_{12.3}Fe_{81.9}B_{5.8}$($Nd_{2.1}Fe_{14}B$) 在不同温度进行了 HDDR 处理，制成的磁粉 H_{cJ}与 HDDR 处理温度的关系见图 8-220，$Nd_{16}Fe_{76}B_8$合金 H_{cJ}最大值 979kA/m(12.3kOe) 对应的处理温度为 840℃，$Nd_{2.1}Fe_{14}B$ 的最佳处理温度较宽，在 865℃取得最大值 668kA/m(8.39kOe)。

Takeshita 和 Nakayama 等人的后续研究表明[278,279]，当用 5.8%～17.4%（原子分数）的 Co 置换 Fe 时，磁粉具有明显的各向异性，第 5 章中的图 5-102 显示出，在此 Co 含量的范围内，加磁场后粘结磁体的永磁特性参数远大于不加磁场的情形。他们认为 Nd-Fe-Co-B 磁粉在歧化后存在对 $Nd_2(Fe,Co)_{14}B$ 晶轴的“记忆效应”[280]，记忆的“载体”有下述三种可能：(1) 歧化产物 NdH_2、Fe-Co 或 $(Fe,Co)_2B$ 晶粒的取向、尺寸、分布和成分涨落；(2) 歧化反应缓慢或不充分残留的 $Nd_2(Fe,Co)_{14}B$；(3) 因添加元素形成的新相。通过 Al、Ga 以及难熔金属如 Zr、Nb、Hf、Mo、Ta 和 W 的添加，并严格控制反应条件，也

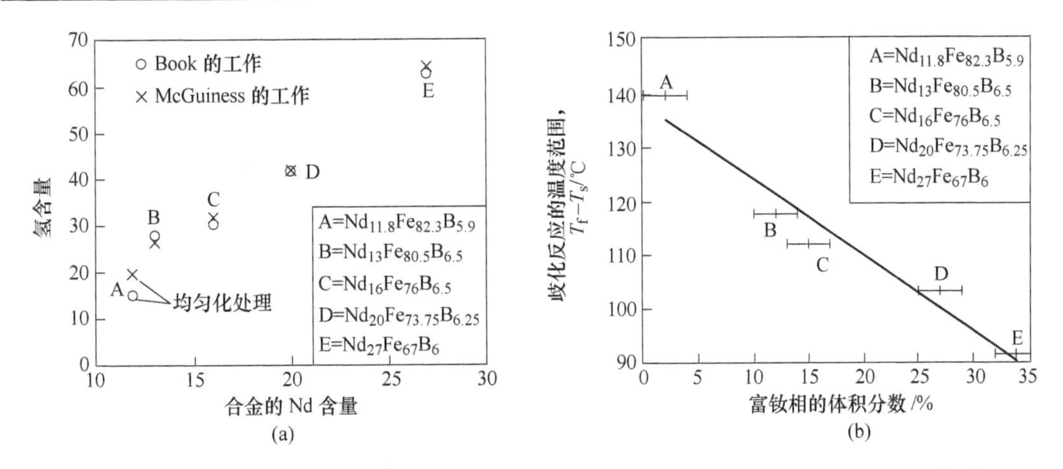

图 8-218 不同 Nd 含量 Nd-Fe-B 合金的第一阶段吸氢量（a）和歧化温区宽度（b）[277]

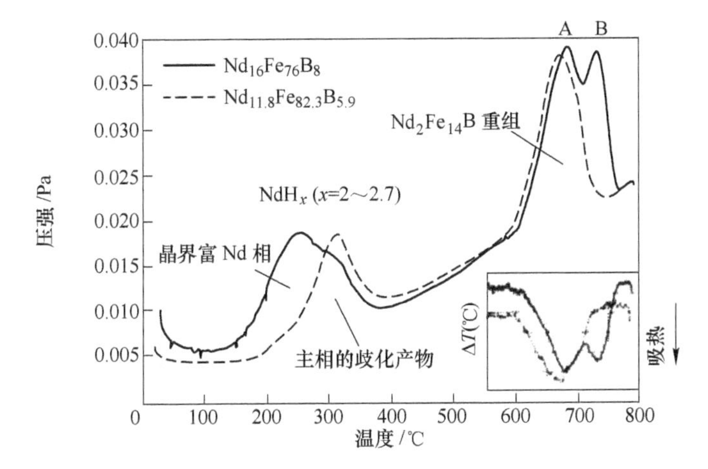

图 8-219 DTA 测试的 $Nd_{16}Fe_{76}B_8$ 和 $Nd_{11.8}Fe_{82.3}B_{5.9}$ 合金歧化产物脱氢重组曲线[277]

可以在很大程度上保持歧化和重组反应产物沿原合金中 $Nd_2Fe_{14}B$ 大晶粒的方向取向，从而获得各向异性多晶磁粉颗粒，这些元素对各向异性的贡献在图 5-103 作了很直观的表述。图 8-221 是 HDDR 处理的各向异性 $Nd_{12.6}Fe_{bal}Co_{11.6}B_{6.0}Zr_{0.1}$ 磁粉的 TEM 照片和微区衍射点阵[278]，可见磁粉由平均晶粒尺寸为 0.3μm 的近球形颗粒构成，晶粒间难以觉察晶界相的存在，也不存在因 Co 和 M 添加带来的新相，这便否定了上述第 3 种“记忆载体”。从单个晶粒的衍射点阵可以识别出其易磁化轴的方向，从而可以分析和证实相邻晶粒的取向特征。Nakamura 等人[21]在研究脱氢和重组阶段真空热处理温度对 $Nd_{12.6}Fe_{81.4-x}Co_xB_{6.0}$ 磁性的影响时发现，将图 8-215 中 HDDR 工艺曲线的真空段温度提高到 800～900℃，$x=0$ 的三元 $Nd_{12.6}Fe_{81.4}B_{6.0}$ 合金磁粉也会呈现出磁各向异性，而无需添加 Co 或其他元素。他们认为各向异性织构产生的机理是重组过程中的选择性晶粒生长，添加元素的主要功能只是改变歧化和重组的反应动力，比如 Zr 和 Nb 会延缓歧化反应，Co 或 Ga 则可降低重组反应温度。他们进一步细致进行了重组过程的热力学研究[281,282]，并将重组反应温度与氢气压强的关系绘制在图 8-222 中[282,283]，在Ⅰ区 $Nd_2Fe_{14}B$ 及其氢化物都处于稳态，Ⅱ区歧化产物处于稳态，Ⅲ区的歧化产物更稳定，但也存在 $Nd_2Fe_{14}B$。同时可以看到，重组反应的氢气压强高于 NdH_2 分解的压强，因此 NdH_2 分解并不严重影响重组反应的速度。

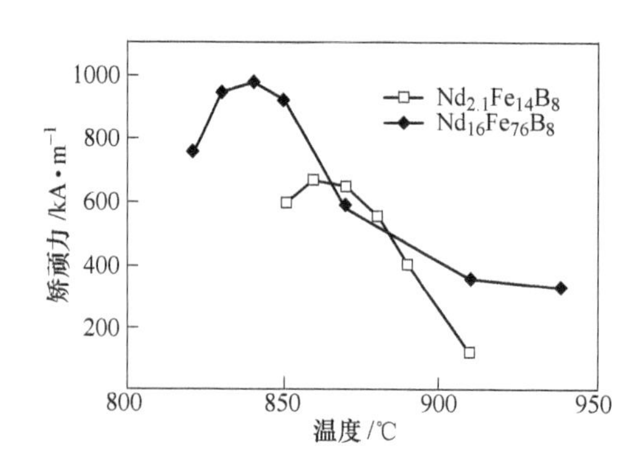

图8-220 HDDR处理磁粉的H_{cJ}与氢化/脱氢温度的关系[20]

(a) $Nd_{16}Fe_{76}B_8$；(b) $Nd_{2.1}Fe_{14}B$

图8-221 HDDR处理的各向异性$Nd_{12.6}Fe_{bal}Co_{11.6}B_{6.0}Zr_{0.1}$磁粉的TEM照片和微区衍射点阵[278]

爱知制钢的Mishima等人[22,284]利用合理控制温度、氢气压随时间变化的动态HDDR过程（d-HDDR），更方便地实现了磁粉的各向异性织构，并能达到工业化稳定生产的状况，从而将HDDR各向异性Nd-Fe-B磁粉推向了市场。图8-223是d-HDDR的处理条件示意图[284]，与图8-215最大的区别，就在于HDDR的每一个阶段都采用了不同的氢气压强，特别是第二阶段歧化和第三阶段脱氢重组的压强变化。图8-224是d-HDDR处理的$Nd_{12.5}Fe_{81.3}B_{6.2}$磁粉性能与第二阶段氢气压强的关系，可见在0.02MPa的压强以上，H_{cJ}基本相同，也即重组状态的晶粒尺寸分布特征相似，而B_r和$(BH)_{max}$与氢气分压的关系极为敏感，说明磁粉内部细小晶粒的织构存在显著差异，B_r和$(BH)_{max}$在0.02MPa达到极大值，对应最佳的晶粒取向度，磁粉性能为：B_r = 1.32T(13.2kGs)、H_{cJ} = 560kA/m(7.04kOe)、$(BH)_{max}$ = 246kJ/m^3(30.9MGOe)。

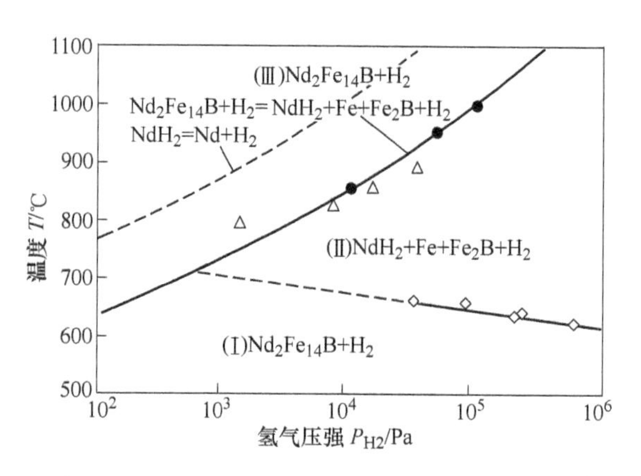

图8-222 氢气压强和重组反应温度的关系[281,283]

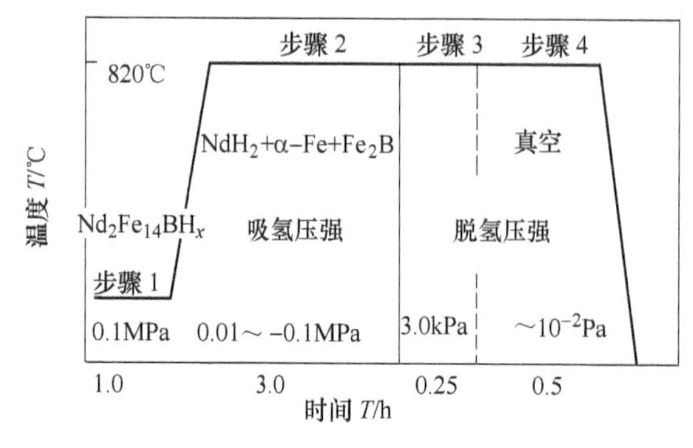

图8-223 d-HDDR的处理条件示意图[284]

在合金中添加Ga和Nb可以显著改善磁粉的磁性，图8-225是$Nd_{12.5}Fe_{81.3-x-y}Nb_xGa_yB_{6.2}$在Nb、Ga二维坐标系里的等$(BH)_{max}$线分布，在$x = 0.2$、$y = 0.3$处$(BH)_{max}$ = 334kJ/m^3(42.0MGOe)，图中的数据都取自各成分的最优歧化处理氢气分压。将d-HDDR磁粉与不同比例的DyH_2(5μm）混合，在873～1173K的真空中（10^{-2}Pa）保温0.5～16h，磁粉的

H_{cJ}会进一步改善，图 8-226 表明当 Dy/(Nd + Dy) 的数值超过 0.075 后，H_{cJ}可提升 350kA/m(4.40kOe)。对合金成分和 d-HDDR 工艺进行优化，并结合 DyH_2 混合扩散处理，磁粉的最佳性能达到：B_r = 1.18T (11.8kGs)、H_{cJ} = 1560kA/m(19.60kOe)、$(BH)_{max}$ = 259kJ/m^3(33.7MGOe)。图 8-227 (a)[285] 显示的是歧化反应初期主相晶粒前沿的 SEM 照片，主相晶粒 A 分解成薄片状的 α-Fe(含 B)、NdH_2 和 Fe_2B；随着反应进程的发展，薄片相大都变成球形（图 8-227 (b)），但 Fe_2B 仍有明显的薄片状织构，考虑到三个歧化产物中只有四方相 Fe_2B 具有单轴结构，其他两个都是立方结构，因此可以认为 Fe_2B 是各向异性织构“记忆效应”的主体。磁粉的取向度取决于歧化反应的速率，如果反应速率够低，Fe_2B 会充分“记忆” $Nd_2Fe_{14}B$ 晶粒的 c 轴方向，磁粉将显示出强各向异性。

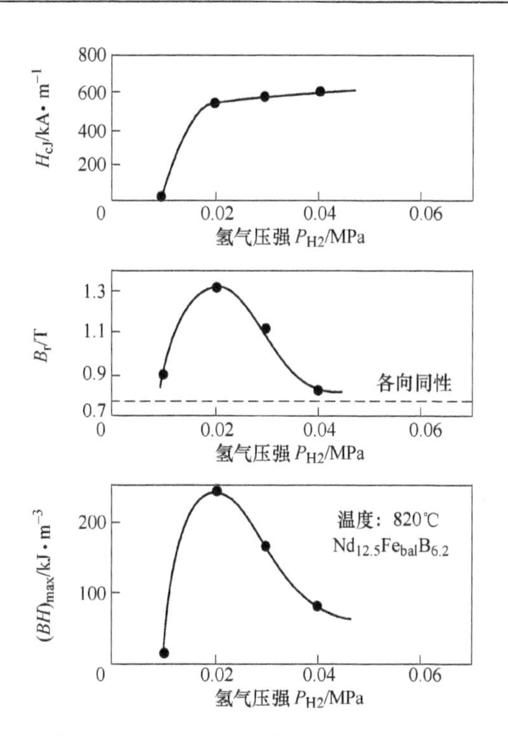

图 8-224 d-HDDR 的处理 $Nd_{12.5}Fe_{81.3}B_{6.2}$ 磁粉性能与第二阶段氢气压强的关系[284]

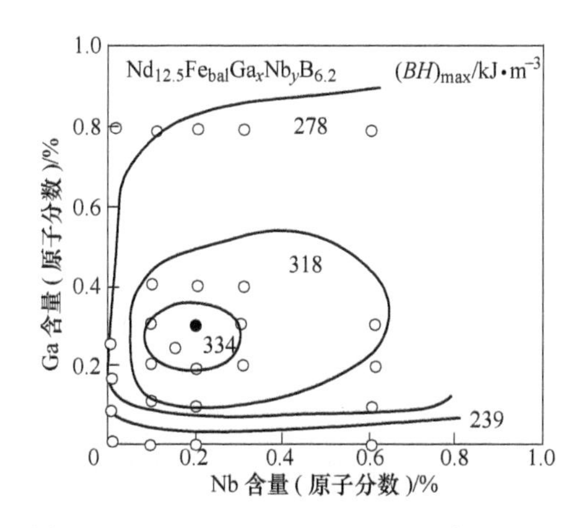

图 8-225 $Nd_{12.5}Fe_{81.3-x-y}Nb_xGa_yB_{6.2}$ 在 Nb、Ga 二维坐标系里的等 $(BH)_{max}$ 线分布[284]

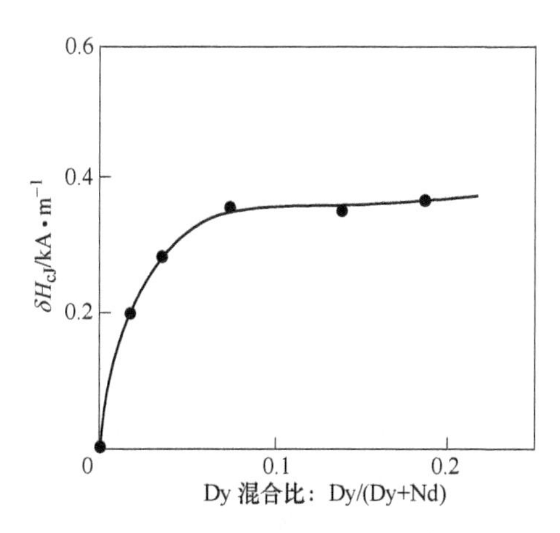

图 8-226 DyH_2 混合扩散处理的磁粉 H_{cJ} 增量与 Dy 混合比 Dy/(Dy + Nd) 的关系[284]

8.4.3.2 引入间隙原子的稀土-铁化合物磁粉

稀土-Fe 化合物通过间隙原子（如 N、C 和 H 等）的引入，Fe-Fe 间距得以加长，使处于弱铁磁交换劈裂的 $3d$ 能带进一步加大能带劈裂，其直接效果就是 Fe 磁矩增大和居里温度升高，对化合物的内禀磁性带来重大影响。与稀土晶位相邻的间隙原子甚至可以改变其晶场相互作用性质，使化合物的易磁化倾向反转。间隙原子稀土-Fe 化合物的典型代表就是 Sm-Fe-N。1990 年 Coey 和孙弘首先报道了 $Sm_2Fe_{17}N_3$ 的发现及其优异的内禀磁性[23]，

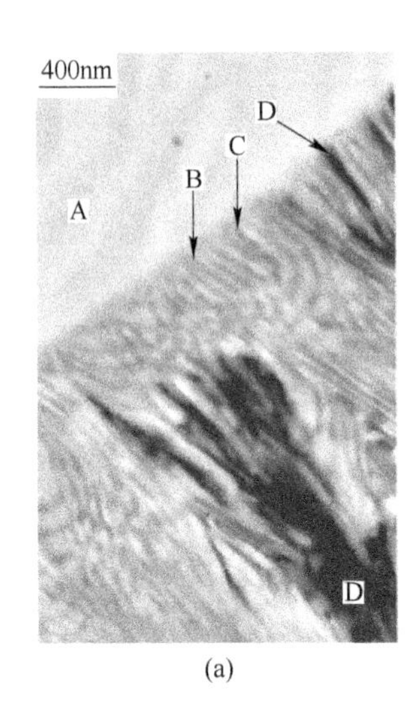

(a)

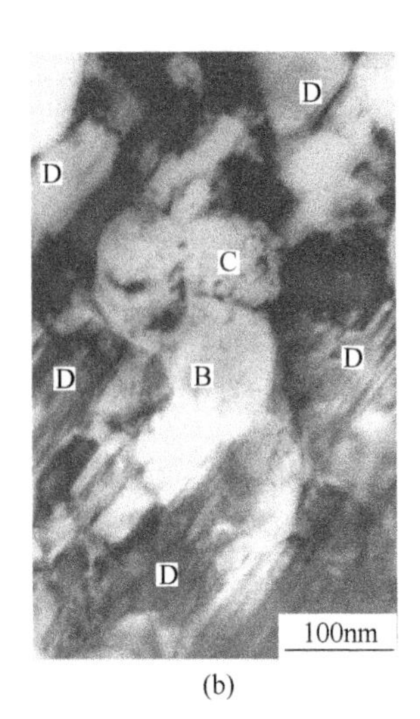

(b)

图 8-227 歧化反应初期的 SEM 背散射照片（a）及歧化反应产物的 TEM 亮场像（b）[285]
（可见 Fe_2B 晶粒的良好取向）
A—$Nd_2Fe_{14}B$；B—Fe/Fe(B)；C—NdH_2；D—Fe_2B

同年杨应昌等人报道了 $NdFe_{11}TiN$[26,286]，1991 年 Katter 等人发现了 $TbCu_7$结构的 $SmFe_9$-N[268]，1994 年杨伏明等人[287]在 Collocott 等人发现的 $Nd_3(Fe,Ti)_{29}$结构[288]的基础上成功地获得了 $Sm_3(Fe,Ti)_{29}N_x$。$Sm_2Fe_{17}N_3$间隙化合物具有优异的室温内禀磁性：饱和磁极化强度 $J_s=1.57T$，磁晶各向异性场$\mu_0H_a=20T$，居里温度 $T_c=470℃$。遗憾的是这种材料在高温下不稳定，在600℃以上会分解成 SmN、Fe_4N 和 Fe，因此不可能利用常规的烧结工艺来制造烧结磁体，只能作为粘结磁体的原始粉料。类似的间隙化合物有 $Sm_2Fe_{17}C_3$碳化物[289]和 $Sm_2Fe_{17}H_3$氢化物[290]，氢化物的易磁化轴在 x-y 平面，不具备永磁材料的基本条件，而 Sm_2Fe_{17}的碳化物和氮化物的晶体结构和内禀磁性非常接近：碳化物的室温磁矩是 $M_s\leqslant 30\mu_B$/f. u.[289]，而氮化物为 $M_s\approx 35\mu_B$/f. u.[23]，因此碳化物的 M_s明显低于氮化物，人们更有兴趣致力于 $Sm_2Fe_{17}N_x$氮化物制备工艺的改进。为了制备可实用的 $Sm_2Fe_{17}N_3$磁粉，除了采用气-固相反应工艺[23,24]以外，人们还开发出了多种氮化前的合金制备技术，以改善磁性或降低成本，例如氩弧熔炼或感应熔炼[290,291]、机械合金化[293,294]、熔融-旋淬[295,296]、HDDR[297]和还原-扩散法[298,299]等。这些制备工艺同样适用于 1:12 型和 3:29 型 R-Fe 系间隙氮化物的制备。

$Sm_2Fe_{17}N_x$ 由 Sm_2Fe_{17} 合金和氮气或氨气经固-气相反应生成，反应温度必须远离 $Sm_2Fe_{17}N_x$的分解温度，这样便限制了氮原子的扩散深度，因此 Sm_2Fe_{17} 合金必须预先研磨成几十微米的细粉，而细粉表面的氧化又会阻碍氮化物生成，而且其中的超细粉可能完全氧化失去性能；增加氮气压力可以加深氮的扩散但效果不显著，更方便的改善方法是采用氨-氢混合气氛，利用稀土氢化物生成时引发的微裂纹来帮助氮原子扩散[24]。$Sm_2Fe_{17}N_x$粉末的内禀磁特性与氮含量密切相关，如果氮含量 $x<2$，Sm_2Fe_{17}晶格膨胀不充分，T_c和 J_s不高，最主要的是易面各向异性没有充分转变，H_a很低；当 x 超过 3 以后，氮原子进入负效应晶位，H_a急剧下降（图 8-228）[24]，而 $Sm_2Fe_{17}N_x$粉末的永磁特性则与粉末粒度密切关

联（图 8-229）[286]，只有将氮化粉末研磨到接近单畴颗粒尺寸，比如 2μm 左右，才能开发出实用的矫顽力。自然，$Sm_2Fe_{17}N_x$ 粉末也是各向异性的，可以期待更高的磁能积，但是细粉末必然影响到粘结磁体的体积填充率，加上氧化的影响，从实际效果看与各向同性快淬 Nd-Fe-B 粉相比并无太大优势，所以并没有投入大规模应用。$NdFe_{12-x}M_xN_y$ 系列（M = Ti、V、Cr、Si、Mo 等）[26] 与 $Sm_2Fe_{17}N_x$ 的情形非常相似，内禀磁特性略为逊色，尽管稀土含量偏低，但考虑到它要与烧结 Nd-Fe-B 争 Nd 资源，在成本上并不占有优势。

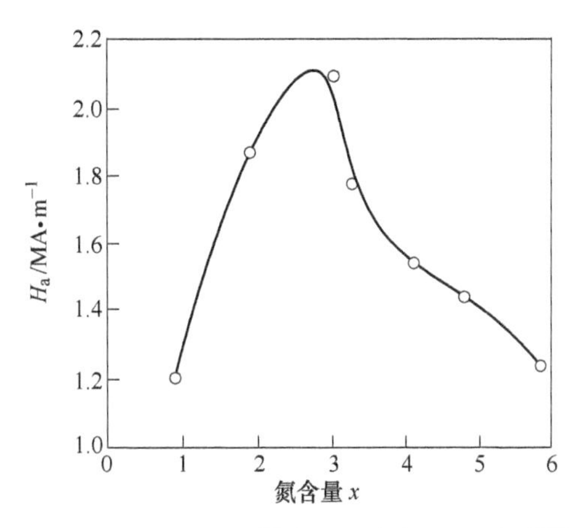

图 8-228 $Sm_2Fe_{17}N_x$ 粉末的 H_a 与氮含量关系[24]

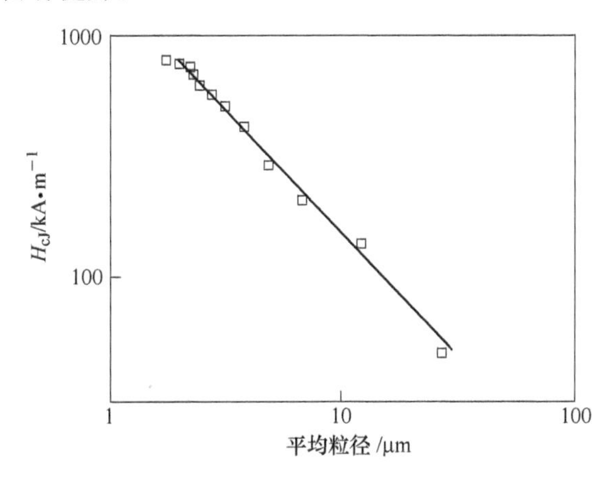

图 8-229 $Sm_2Fe_{17}N_x$ 粉末的 $_JH_{cJ}$ 与粉末粒度关系[300]

经过球磨的 $Sm_2(Fe_{0.8}Co_{0.2})_{17}N_3$ 细磁粉与 3%（质量分数）环氧树脂粘结剂一起，在 1.2MA/m 的磁场和 784MPa 的压力下压结成磁体，并在 150℃保温 2h 使环氧树脂固化，各向异性粘结磁体的退磁曲线被展示于图 8-230，其永磁性能参数如下：B_r = 0.963T(9.63kGs)，H_{cJ} = 488kA/m(6.13kOe)，$(BH)_{max}$ = 124.8kJ/m^3(15.7MGOe)[301]。经过球磨的 $Sm_2(Fe_{0.8}Co_{0.2})_{17}N_3$ 细磁粉也可与低熔点金属如 Zn 粉一起制备成金属粘结磁体[301,302]，方法也是在磁场中压缩成形，但需在更高的 350 ~ 475℃之间退火制备成金属粘结磁体。图 8-231 展示添加 10%（质量分数）Zn 粉和退火的各向异性的 $Sm_2(Fe_{0.8}Co_{0.2})_{17}N_3$ 金属粘结磁体的退磁曲线。可看到，添加 Zn 粉的磁体在适当的温度处理后粘结磁体的矫顽力明显地增强，如 475℃ ×4h 时具有最大的内禀矫顽力值 H_{cJ} = 1128kA/m(14.2kOe)，而在 425℃ ×4h 时具有最高的最大磁能积 $(BH)_{max}$ = 68.4kJ/m^3(8.60kGs)。

为了克服 $Sm_2Fe_{17}N_3$ 磁粉在高温（ > 650℃）下发生分解的困难，1993 年胡伯平等人在由平均颗粒尺寸为 3 ~ 5μm 的 $Sm_2Fe_{17}N_3$ 细磁粉制成的取向圆柱生坯上采用爆炸致密技术制备成 $Sm_2Fe_{17}N_3$ 烧结磁体[303]。图 8-232 展示各向异性的爆炸烧结和蜡粘结的 $Sm_2Fe_{17}N_3$ 磁体的退磁曲线。可看到，爆炸烧结磁体的方形度明显提高，但剩磁和内禀矫顽力比原粉有显著的下降。在不同温度下对爆炸烧结磁体的磁测量结果所给出的温度系数表明，爆炸烧结 $Sm_2Fe_{17}N_3$ 磁体比烧结 $Nd_2Fe_{14}B$ 磁体有更好的温度稳定性，见图 8-233。

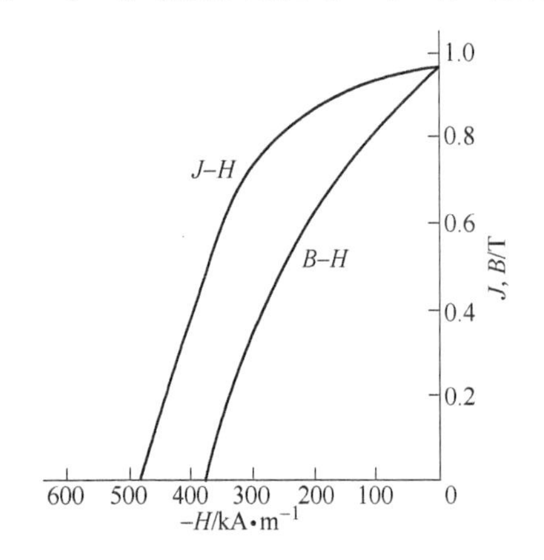

图 8-230 由 $Sm_2(Fe_{0.8}Co_{0.2})_{17}N_3$ 磁粉制备的各向异性的环氧树脂粘结磁体的退磁曲线[301]

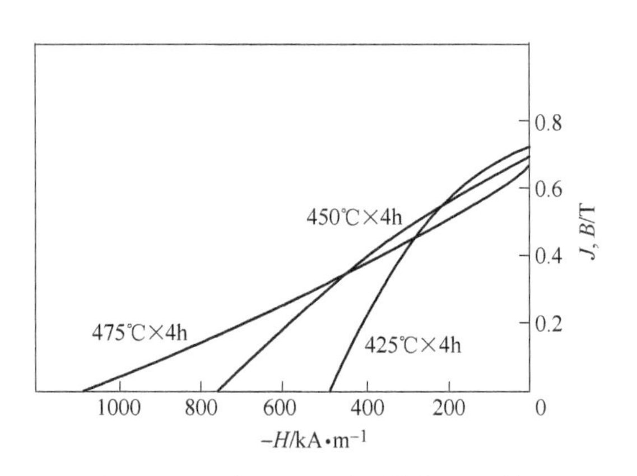

图 8-231 添加 10%（质量分数）Zn 粉和退火的各向异性的 $Sm_2Fe_{17}N_3$ 金属粘结磁体的退磁曲线[301]

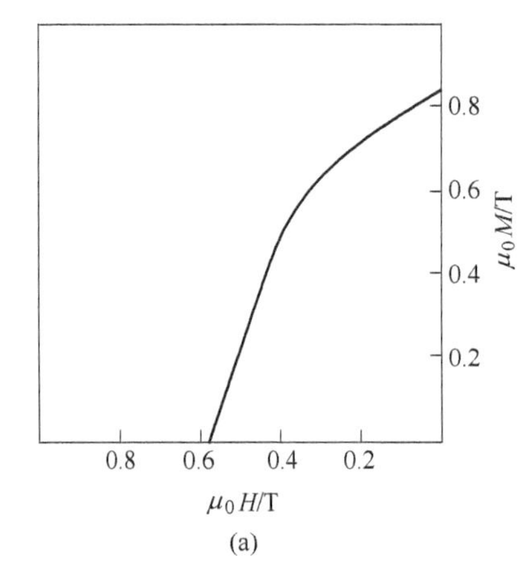

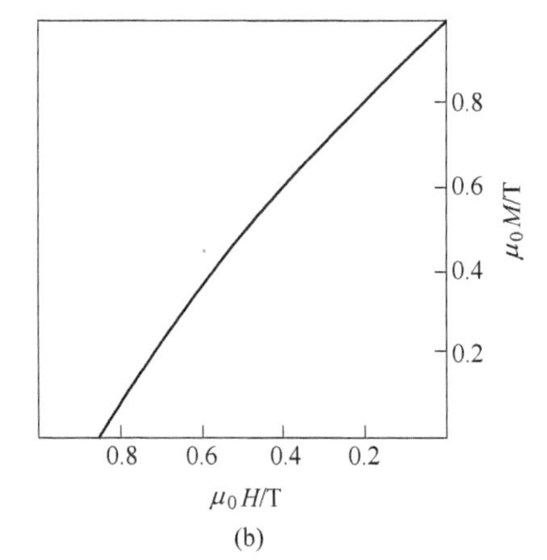

图 8-232 爆炸烧结（a）和蜡粘结（b）的 $Sm_2Fe_{17}N_3$ 磁体的退磁曲线[303]

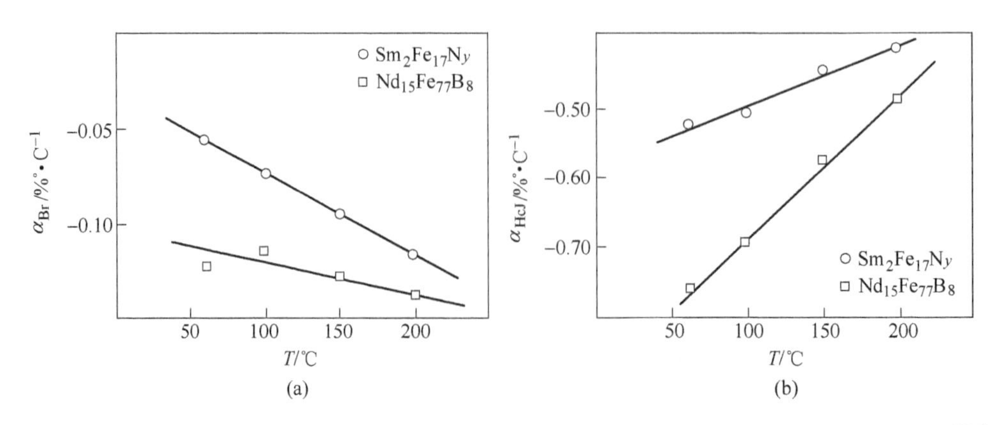

图 8-233 爆炸烧结 $Sm_2Fe_{17}N_3$ 磁体的温度系数 α_{Br} 和 α_{HcJ} 的变化与烧结 $Nd_2Fe_{14}B$ 磁体的比较[303]

2006年Ohmori等人利用还原-扩散法制备出高性能的微米晶粒各向异性$Sm_2Fe_{17}N_3$磁粉，其永磁性能为：$B_r = 1.35T(13.5kGs)$，$H_{cJ} = 851kA/m(10.7kOe)$，$(BH)_{max} = 292kJ/m^3$ (36.7MGOe)[298]（见图8-234）。2010年，他们调整工艺，将氮化工序从洗涤和漂清后调整至洗涤和漂清前，因在洗涤和漂清前的还原Sm_2Fe_{17}粉晶粒表面清洁，有利于晶粒的均匀氮化和磁性增强。工艺调整后制备的各向异性$Sm_2Fe_{17}N_3$粉的永磁性能显著提高，其性能为：$B_r = 1.46T$（14.6kGs），$H_{cJ} = 874kA/m$（11.0kOe），$(BH)_{max} = 353kJ/m^3$ (44.3MGOe)[299]。1992年Kuhrt等人利用机械合金化和辅助压Zn粘结制备了各向同性的$Sm_2Fe_{17}N_3$粘结磁体，其最高内禀矫顽力达$\mu_0H_{cJ} = 4T$[294]。利用其他金属如Cr[304,305]替代$Sm_2Fe_{17}N_3$中的Fe，可以使得这种间隙化合物的温度稳定性得到部分改善，从原来的纯$Sm_2Fe_{17}N_3$分解温度升高了约100℃；也可用非金属元素如C[306,307]部分替代$Sm_2Fe_{17}N_3$中的N来改善其温度稳定性，经C部分替代的$Sm_2Fe_{17}C_xN_{3-x}$（$x \leqslant 1.5$）的分解温度升高约180℃。但不管它的温度稳定性改善多高，在高温下这种间隙化合物的分解仍是不可避免的。

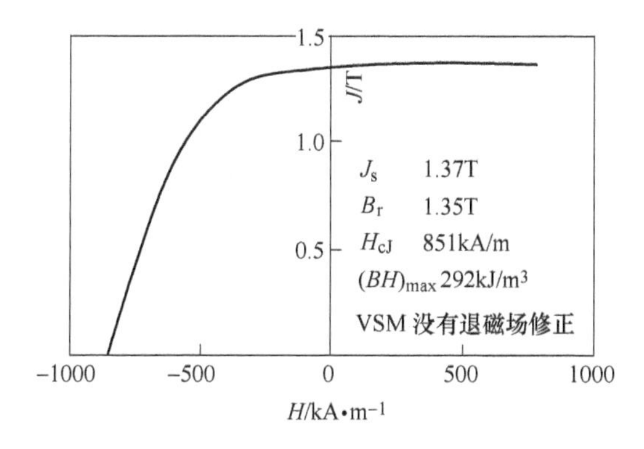

图8-234 还原-扩散法制备的微米晶粒的各向异性$Sm_2Fe_{17}N_3$粉的退磁曲线[299]

1992年Collcott等人发现了$Nd_3(Fe,Ti)_{29}$结构[288]。两年后，杨伏明等人成功地制备出具有永磁性的$Sm_3(Fe,Ti)_{29}N_y$[287]。随后胡伯平等人和王亦忠等人分别对$Sm_3(Fe,Ti)_{29}N_y$[308,309]、$Sm_3(Fe,Cr)_{29}N_y$[310]和$Sm_3(Fe,Cr)_{29}C_y$[311,312]进行了详细的永磁性能研究。图8-235展示$Sm_3(Fe_{0.933}Ti_{0.067})_{29}N_y$粉的磁化强度和永磁性能随球磨时间的变化关系。可看到，矫顽力随着球磨时间的增加首先线性地增大，随后趋近饱和；剩磁开始快速增大，到达一个极大后基本线性下降；最大磁能积的变化跟随剩磁的变化。可注意到，剩磁在极大后的线性下降，起因于磁粉颗粒度随着球磨时间的增加而下降和比表面增大，由此造成磁粉表面损伤和应力增加或氧化。类似的现象也在$Sm_3(Fe,Cr)_{29}N_y$氮化物和$Sm_3(Fe,Cr)_{29}C_y$碳化物的球磨粉上观察到。图8-236给出了$Sm_3(Fe,Cr)_{29}N_y$氮化物粉在室温下的永磁性能随平均颗粒尺寸d的变化关系。可看到，磁粉的矫顽力完全依赖于磁粉的颗粒度。颗粒度越小，矫顽力越大，但颗粒度也不能太小，否则因表面的损伤和应力的增加或氧化而降低。这也可从图8-237所展示的典型的室温磁滞回线形状随颗粒度的变化上得到证实。颗粒度较大时，磁滞回线的形状正常，但当颗粒小到0.4μm时磁滞回线的形状出现剩磁附近磁化下落的现象，这种磁化下落就是颗粒表面的机械损伤或应力的增加所造成的[314]。

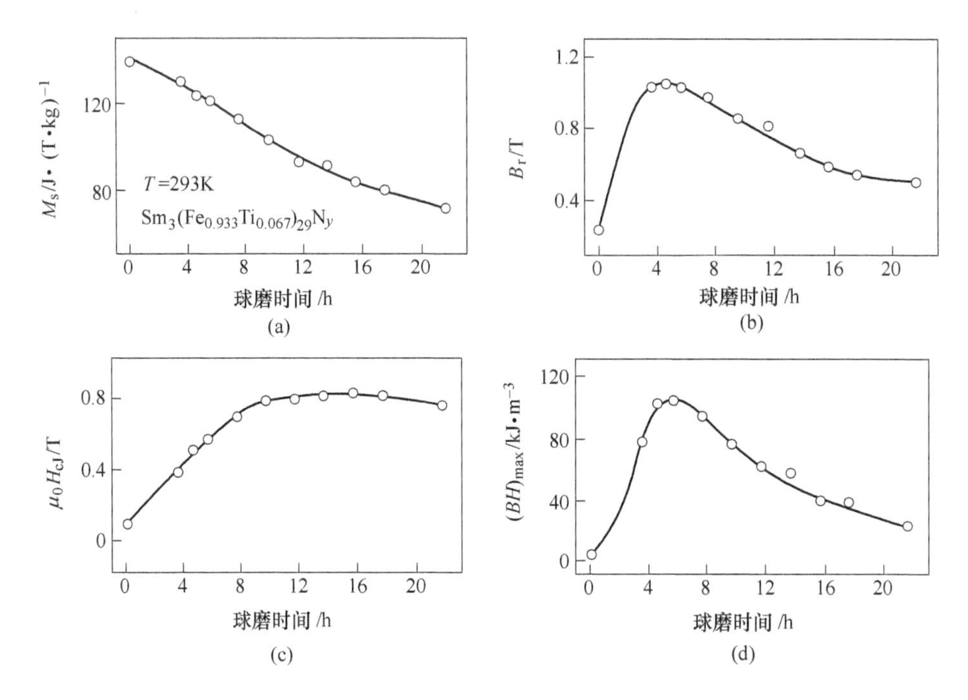

图 8-235 $Sm_3(Fe_{0.933}Ti_{0.067})_{29}N_y$ 粉的磁化强度和永磁性能随球磨时间的变化关系[308]

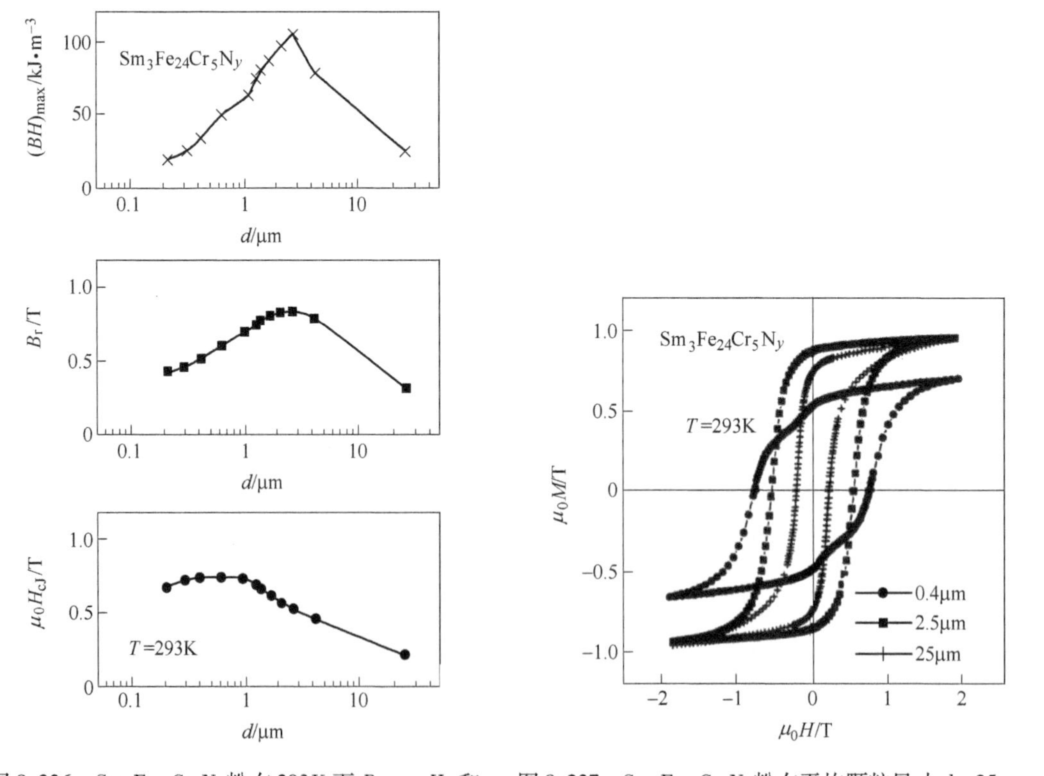

图 8-236 $Sm_3Fe_{24}Cr_5N_y$ 粉在 293K 下 B_r、μ_0H_{cJ} 和 $(BH)_{max}$ 随平均颗粒尺寸 d 的变化关系[310]

图 8-237 $Sm_3Fe_{24}Cr_5N_y$ 粉在平均颗粒尺寸 $d=25\mu m$、2.5μm 和 0.4μm 时典型的室温磁滞回线[310]

8.4.6 机械加工

粘结磁体是近终形成形，材料利用率高，加工量和加工损耗非常小。注射成形磁体几乎没有什么机械加工，只是需要通过滚磨倒角来去除注射浇口和模具合缝处的飞边；挤出成形磁体则需要在高度方向进行切割，然后对切割品滚磨倒角。如果挤出磁体的直线度以及切割的垂直度或高度不能满足公差要求，则需要对磁体高度进行研磨以达到所需的精度；压缩成形磁体在压缩面上的尺寸和形位公差精度主要靠模具设计和加工来保证，尤其是圆环产品，但在产品高度方向的精度较难控制，因为无论采用定重量加料还是定容积加料，粉末充填和压制特性的波动会增大高度方向的公差水平，体现不出粘结磁体高精度的优势，而增加高度研磨工序就能比较轻易地达到高精度，所以高度研磨是压缩成形磁体的必备工艺。非环状磁体可能存在脱模和固化过程的形变，理想的工艺过程是建立形变的经验关系或模型，在模具设计时事先留出矫正量，但对于形状相对简单的磁体（比如瓦形），采用仿形研磨的方法更为方便和经济，研磨后的磁体同样需要滚磨倒角来去除尖锐的棱角或吸附在磁体表面的浮尘。

在加工设备和工夹具选择上，要考虑粘结磁体机械性能的双重特性，一方面稀土永磁粉是硬度和脆性都很高的金属间化合物，对设备、研磨刀具或磨料的磨损很大，需要对接触面做高硬度的处理或选择高硬度材料；另一方面磁体的机械性能实际上取决于粘结剂自身以及磁粉-粘结剂界面的机械强度，磨削和滚磨加工的施力要有节制，尤其是薄壁磁环要防止加工断裂或缺口，所以粘结磁体的机械加工与烧结磁体还是有很大区别的，比如研磨要采用树脂基的金刚石砂轮，一次进刀量不宜过大，滚磨倒角的磨料硬度不要太大，控制一次倒角的磁体数量以减少磁体相互撞击的几率等等。

8.5 热压和热变形磁体

如果金属或合金的晶体结构偏离立方对称性，其弹性模量在不同晶轴方向存在差异，各向同性多晶金属或合金在冷轧或热压过程中，往往会形成一定的织构，弹性模量较小的晶轴沿受压方向择优取向，以便使压延形变导致的弹性能量增加量最小，其中典型的事例就是冷轧硅钢的压延各向异性，Fe-Cr 系列冷拔金属丝永磁体也是如此。由于 Nd-Fe-B 合金在 700℃附近具有足够好的塑性，Lee 等人[13,14]发现在 Nd-Fe-B 合金中也可以通过缓慢而大幅度的热压变形诱发类似的晶体择优取向，制成优异的全密度各向异性磁体，而且很适合制造辐射取向薄壁磁环。

热压和热变形磁体的制造需要从快淬 Nd-Fe-B 磁粉开始，而不是直接用铸态合金，理由是热压和热变形过程不能细化铸态合金的主相晶粒并使富 Nd 相重排，以形成类似烧结 Nd-Fe-B 磁体高矫顽力所需的显微结构，即富 Nd 相均匀包裹和分割微米级 2:14:1 主相晶粒，因此热压和热变形磁体通常采用快淬磁粉。快淬磁粉应具备的条件，可以二选一：其一是以优化的快淬条件（直淬）使磁粉晶粒尺寸接近 $Nd_2Fe_{14}B$ 单畴尺寸，使磁粉本身具有足够高的矫顽力；其二是更为实用的方案，采用过淬条件（冷却速度过快）制备比条件一更细的晶粒甚至非晶态的磁粉，在热压和热变形过程中让晶粒受热长大到接近单畴尺寸，从而在最终磁体中实现高矫顽力。热压过程是将磁粉装入模具，在 700 ~750℃的温度下施加 100MPa 左右的压强，将磁粉制成各向同性实密度磁体。为了加以区分，人们习惯将采用有机或金属粘结剂的各向同性粘结 Nd-Fe-B 磁体称做 MQ-Ⅰ，而热压实密度磁体称为 MQ-Ⅱ。如果将 MQ-Ⅱ磁体放到一个更大口径的加热模具中，在 700～800℃温度下缓慢加压，使 MQ-Ⅱ磁体在受压方向上变形 50% 以上，就可以获得取向相当充分的实密度各向异性磁体——MQ-Ⅲ，其易磁化方向 c 轴平行于受压变形方向。

正如各向同性粘结 Nd-Fe-B 磁粉的制作过程[16]，高矫顽力磁粉与合金配方、快淬轮线速度和晶化温度/时间密切相关，无论是以优化的线速度直淬，还是将过淬的磁粉晶化，最高矫顽力对应的晶粒尺寸都在 50～100nm 之间。Lee 等人[13,14]通过退火实验证实，即使在温度低于 700℃退火 15min 磁粉晶粒也不会显著长大，亚微米结构和矫顽力都得以保持，如果在这个温度下 Nd-Fe-B 磁粉有足够好的塑性，就可能在几分钟内完成热压，达成实密度。采用成分为 $Nd_{13}Fe_{82.65}B_{4.35}$的过淬磁粉，在（725±25）℃用 220MPa（20±10kpsi）的压强压制 3min 得到了实密度磁体，磁体平行和垂直于施压方向的退磁曲线如第 5 章图 5-131a 所示，可见在施压方向上存在一定的择优取向（约 10% 左右）。将热压磁体在 650～750℃之间进行不同压缩量的热变形，无论第二次施压的方向是平行还是垂直于热压方向，磁体都在二次施压方向上产生显著的磁取向，图 5-131b 就是变形量为 50% 的磁体在平行和垂直于施压方向的退磁曲线，以剩磁与饱和磁极化强度的比值 B_r/J_s（J_s = 1.5T）来定义取向度的话，可以得到 $B_r/J_s \approx 75\%$，B_r = 13.5kGs，$(BH)_{max}$ = 40MGOe，但磁取向织构大幅度提高 B_r和退磁曲线方形度的代价，就是 H_{cJ}从 19.6kOe 显著下降到 11.0kOe。从冷压、热压和热变形磁体的显微形貌可以看出，冷压未能达到实密度，磁体中依然存在不少孔隙，外力造成磁粉断裂和破碎；热压可使磁粉充分致密，磁粉厚度在受压方向上略有压缩，且锋利的边角圆滑化；热变形则使磁粉厚度充分减薄，并伴随着沿长边方向的塑性流动。热压磁体的晶粒为直径约 100nm 的近球形，与优化快淬粉的情形十分接近，热变形后成为 100～500nm 的扁平颗粒，在垂直于受压的方向上延展，并沿受压方向堆叠。图 8-243 是名义成分为 $Nd_{14}Fe_{78.26}B_{7.74}$的 MQ-Ⅱ和 MQ-Ⅲ磁体 B_r及 H_{cJ}的温度关系曲线，其中最值得关注的莫过于在没有任何添加物（特别是 Dy）的情况下，MQ-Ⅱ的 H_{cJ} = 18kOe，即使热变形过程使 H_{cJ}大幅度下降，但依然能保持在 13.2kOe，$(BH)_{max}$可以达到 16.3MGOe。图 8-244 是冷压磁体、热压磁体 MQ-Ⅱ和热变形磁体 MQ-Ⅲ的显微形貌[14]，可以清楚看到快淬粉被压扁的状况。MQ-Ⅲ磁体晶粒形状扁平，受压方向高度为 20～100nm，而在垂直于受压方向上延展到 200～400nm[320]。因为不需要富 Nd 相，MQ-Ⅲ更接近 $Nd_2Fe_{14}B$ 正分成分，在压制温度、速度和压缩率控制最佳的条件下，成功制成了 $(BH)_{max}$ = 400kJ/m³的磁体[321]；但在实际生产中毕竟 $Nd_2Fe_{14}B$ 的硬度和脆性不适合用来做塑性加工，还是需要引入少量富 Nd 相，在热变形中形成液相起到取向润滑的

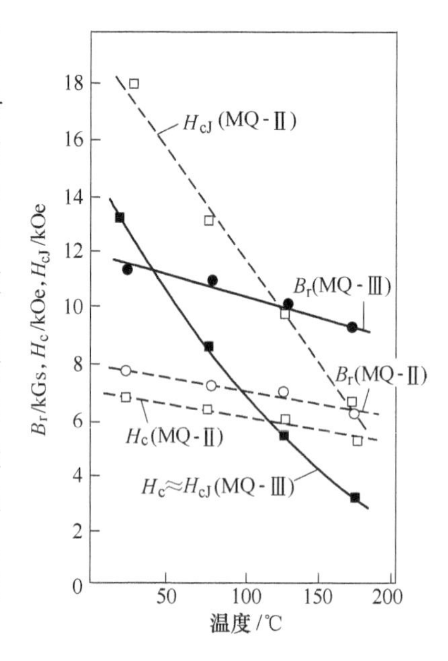

图 8-243　名义成分为 $Nd_{14}Fe_{78.26}B_{7.74}$的 MQ-Ⅱ和 MQ-Ⅲ磁体 B_r及 H_{cJ}的温度关系曲线[14]

作用，批量生产 MQ-Ⅲ的 $B_r = 1.35T$，$(BH)_{max} = 320kJ/m^3$[14]。一种变通的但更有特点的热变形压制方法是背挤压，阴模的尺寸与 MQ-Ⅱ磁体相同，但上冲的尺寸比阴模小，冲头下压时将软化的磁体挤到阴模和上冲的夹缝之中，形成环状的磁体（见图 8-245）。由于热变形依然以底部的压缩为主，只是在夹缝中上翻而转变成沿径向取向，从而使背挤出磁体的易磁化轴正好在圆环径向，所以这是制造辐射取向薄壁圆环的理想方法。

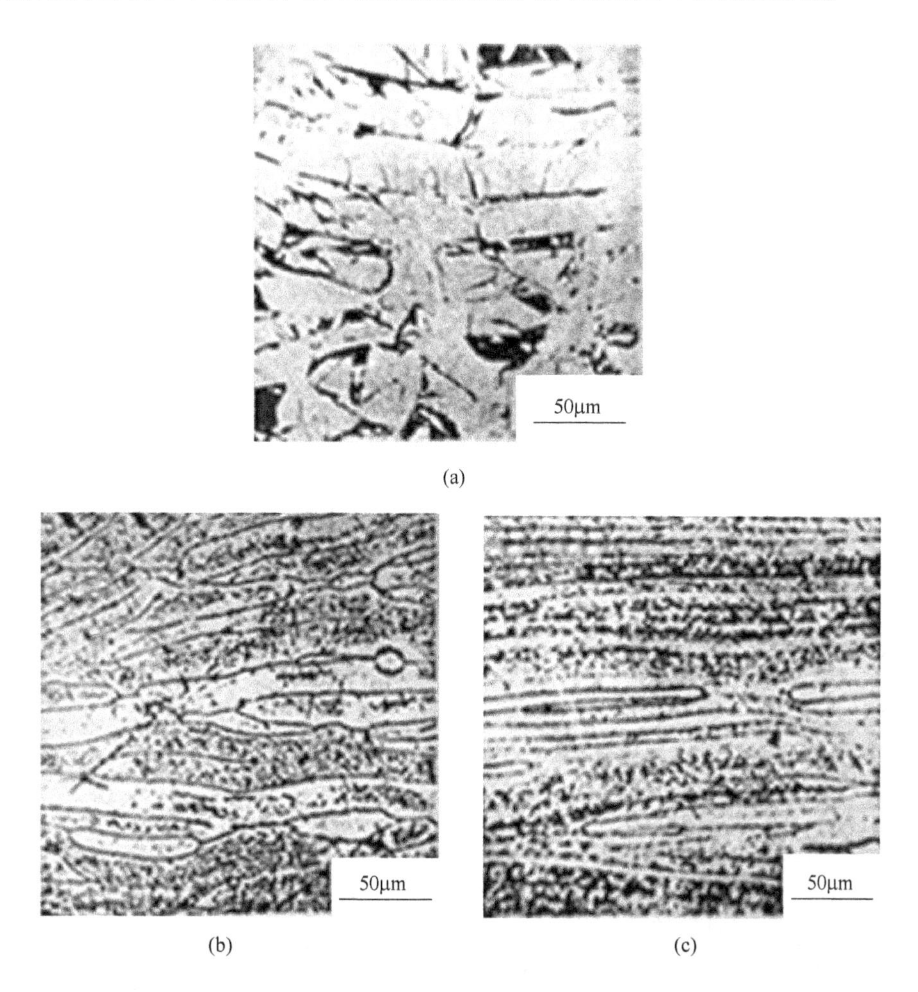

图 8-244 冷压磁体（a）、热压磁体 MQ-Ⅱ（b）和热变形磁体 MQ-Ⅲ（c）的显微形貌[14]

经过大量铸态 R-Fe-B 合金的研究发现，Pr-Fe-B 系铸态合金就可以达到 7kOe 的矫顽力，经过 1000℃热处理 24h 后 H_{cJ} 提高到 9.6kOe[11]。采用大量的实验数据在 Pr-Fe-B 三元相图中描绘出等 H_{cJ} 线（图 8-246），这是铸态合金在 1000℃退火 24h 后的结果，相对于 $Pr_2Fe_{14}B$ 相（图中的实心方块）正分成分而言，富 Pr 和贫 B 是高矫顽力的必要条件，最高 $H_{cJ} = 9.6kOe$ 对应的典型合金成分是 $Pr_{17}Fe_{79}B_4$，相应的 $B_r = 5.6kGs$，$(BH)_{max} = 6.2MGOe$，这个成分点与烧结 Nd-Fe-B 需处于正分成分的富 Nd 和富 B 端截然不同，铸态 $Pr_{15}Fe_{77}B_8$（图中的空心方框）的 H_{cJ} 低于 1kOe。金相分析表明，B 总量上升会使铸态合金晶粒粗大化，退火可以消除 α-Fe，而高矫顽力磁体主要由主相和富 Pr 相构成，不能有富

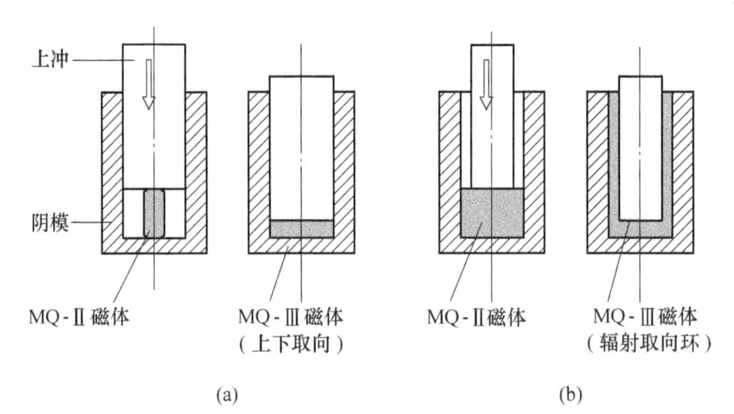

图 8-245 热变形压制和背挤压压制方法的比较

（a）热变形压制；（b）背挤压压制

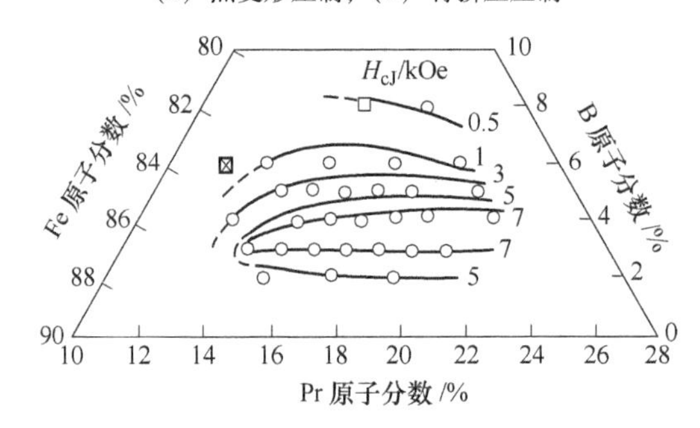

图 8-246 铸态 Pr-Fe-B 磁体 H_{cJ} 与成分的关系[11]

（图中实心方块标记 $Pr_2Fe_{14}B$ 相）

B相。将铸态合金在氩气氛下进行热变形压制，压制温度 1000℃、压强 19.6 ~ 78.5MPa、变形率 80%，然后再进行 1000℃ ×24h 的热处理，磁体退磁曲线表现出明显的取向特征（图 8-247），其性能参数随 Pr 和 B 含量的变化见图 8-248（a）和（b），$(BH)_{max}$最佳的成分范围是：Pr 15%~21%（原子分数）、B 4%~6%（原子分数），在此成分之外的合金脆性很大，在热变形过程中易产生裂纹。值得注意的是，B 含量大于 5%（原子分数）的热变形磁体的 H_{cJ} 比铸态还高，原因是热变形过程会细化晶粒，这与 MQ-Ⅲ的热压、热变形晶粒长大[13]不一样。高矫顽力的问题解决了，但硬而脆的 $Pr_2Fe_{14}B$ 仍然不适合进行热变形加工，不同添加元素的实验（例如 Cu、Ag、Au 和 Pd 等）最终指向了 Cu，在 $Pr_{17}Fe_{78}B_5$ 中用

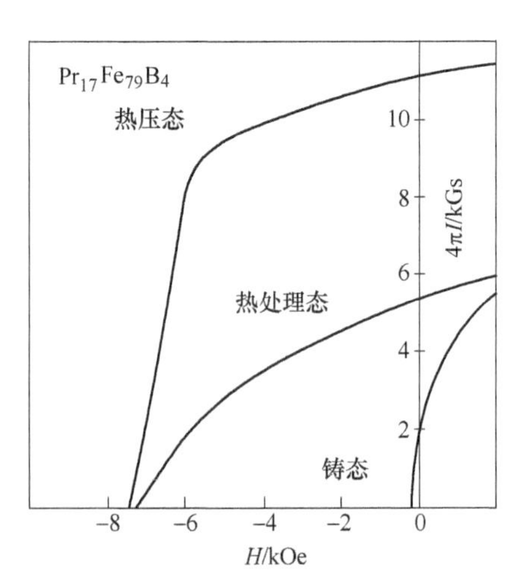

图 8-247 $Pr_{17}Fe_{79}B_4$ 铸态合金、热处理合金和热变形合金的退磁曲线[11]

1.5%（原子分数）的 Cu 替代 Fe[323]，$Pr_{17}Fe_{76.5}Cu_{1.5}B_5$ 热变形磁体的（BH）$_{max}$ 从 24MGOe（191kJ/m^3）提高到 36.2MGOe（288kJ/m^3），H_{cJ} 也提升到 10.0kOe（796kA/m），B_r 达到 12.5kGs（1.25T），完全可以与常规烧结 Nd-Fe-B 磁体媲美（图 8-249）。

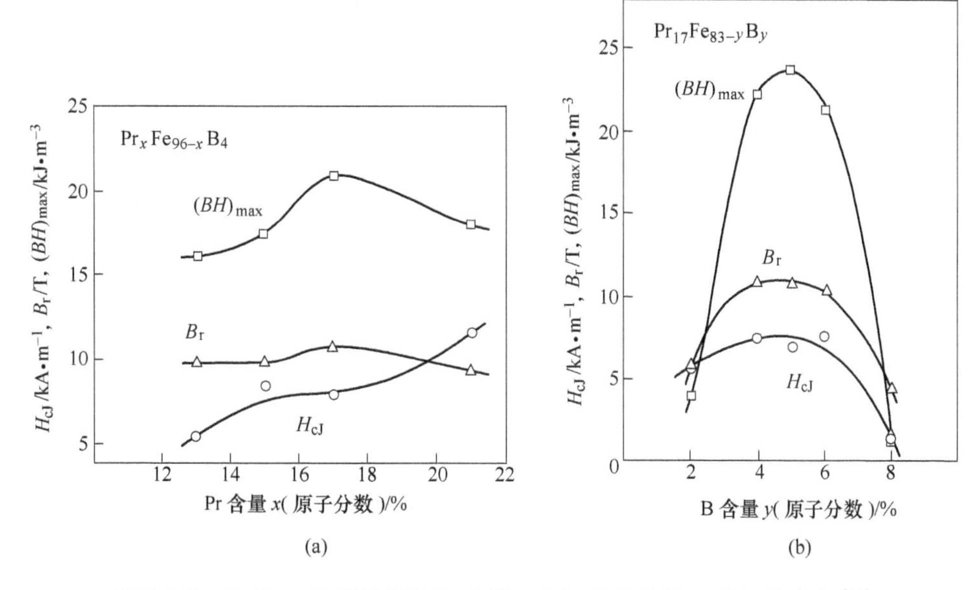

图 8-248 $Pr_xFe_{96-x}B_4$磁性能随 Pr 含量 x（a）和 B 含量 y（b）的变化[11]

金相观察揭示：添加 Cu 可使铸锭主相柱状晶的直径细化到接近烧结 Nd-Fe-B 的水平（10～20μm），柱状晶沿铸锭温度梯度方向生长，c 轴垂直于生长方向，如果在宏观上控制浇铸锭模的温度梯度，就可以在铸锭中建立一定的取向织构，这个织构使沿平行和垂直于生长方向的热变形效果迥异（图 8-250），前者取向极不充分，$(BH)_{max}$仅 5.3MGOe，B_r也只有 5.3kGs，而后者就是上述最佳性能。Cu 除了少量溶入主相外，主要进入富 Pr 相，拉低了主相和富 Pr 相的共晶温度，热变形过程中的液相辅助效果更明显，因此大大改善合金铸锭的热变形加工特性，允许合金成分更接近化学正分，所以能获得高性能。图 8-251 是 $Pr_{17}Fe_{75.5}Cu_2B_{5.5}$磁体 B_r和 $(BH)_{max}$与热压变形量的关系，随着变形量的增加，磁体取

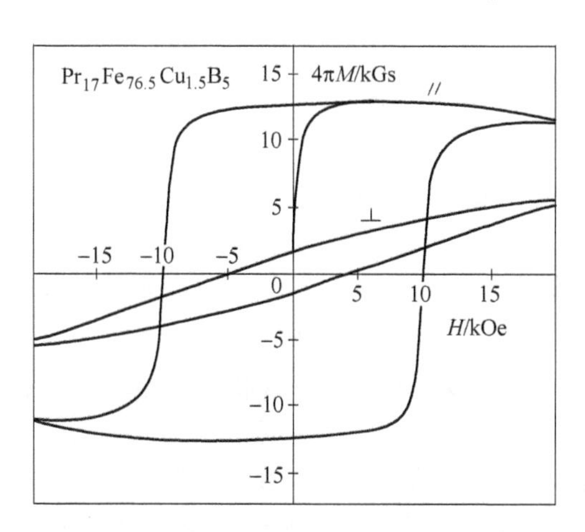

图 8-249 $Pr_{17}Fe_{76.5}Cu_{1.5}B_5$热变形磁体的起始磁化曲线和磁滞回线[11]

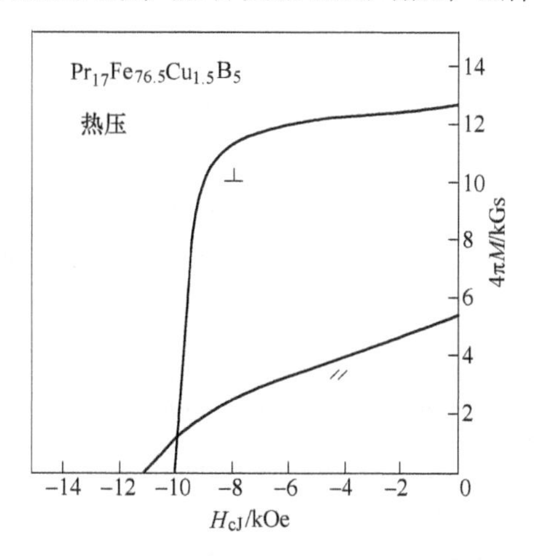

图 8-250 $Pr_{17}Fe_{76.5}Cu_{1.5}B_5$沿平行和垂直于晶体生长方向受压热变形的磁体的退磁曲线[323]

向度逐渐提升，$(BH)_{max}$几乎成线性地增长到 35MGOe。ICP 分析表明，磁体成分随变形量的增加也有所变化（图 8-252），意味着热变形过程将部分富 Pr 相挤出磁体，Cu 含量也随之减少，变形率 65% 磁体的成分为 $Pr_{13.1}Fe_{80.4}Cu_{0.5}B_{6.0}$，非常接近 $Pr_2Fe_{14}B$ 正分成分（$Pr_{11.76}Fe_{82.35}B_{5.88}$）。还有一个细节值得关注，就是热变形 $Pr_{17}Fe_{76.5}Cu_{1.5}B_5$ 磁体的起始磁化曲线与烧结 Nd-Fe-B 类似，是典型的畴壁移动磁化过程，而非 MQ-Ⅲ那样的畴壁钉扎机制，这与铸态 Pr-Fe-B-Cu 热变形磁体微米级晶粒尺寸密切相关。从工业化的可行性考虑，他们还尝试了应变速率更高的热轧工艺，在 950℃、1 ~ 10/s 的应变速率下，获得了 B_r = 11.6kGs、H_{cJ} = 10.7kOe、$(BH)_{max}$ = 30.2MGOe 的热轧磁体，由于应变速率较大，磁体的晶粒尺寸分布较宽。

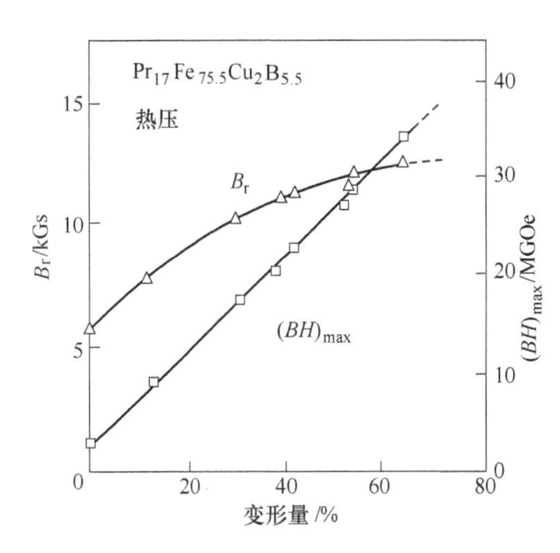

图 8-251 $Pr_{17}Fe_{75.5}Cu_2B_{5.5}$磁体 B_r 和 $(BH)_{max}$与热压变形量的关系[323]

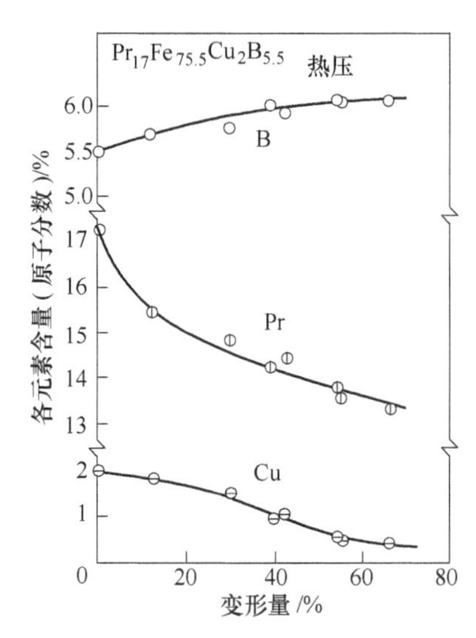

图 8-252 $Pr_{17}Fe_{75.5}Cu_2B_{5.5}$热压磁体成分与热压变形量的关系[323]

8.6 磁体表面防护处理技术

以 Co 为主要成分的 Sm-Co 系列磁体具有很好的化学稳定性，无需经过任何表面防护处理就可以胜任绝大多数应用场合，但 Nd-Fe-B 磁体的表面防护是一个必经的工序，尤其是烧结 Nd-Fe-B 磁体，富 Nd 相有非常强的氧化倾向，在潮湿环境下与 $Nd_2Fe_{14}B$ 主相构成原电池并率先腐蚀，逐渐使主相颗粒剥离主体（Nd-Fe-B 磁体的腐蚀性见 6.5 节）。在磁体中用少量（低于 20%（质量分数））Co 置换 Fe，可以大大改善富 Nd 相和主相的化学稳定性，还能提高磁体的性能，但显著增加磁体的成本；Cr、Ni、Ti 等元素也可以提高磁体的化学稳定性，但要以降低磁性能为代价。因此，烧结和粘结 Nd-Fe-B 的主要防护手段还是在磁体表面上做文章，即采用其他行业中成熟的表面防护技术，如离子镀铝[324]、电镀镍[171,325]等，结合 Nd-Fe-B 基材的特点对工艺过程进行适当调整和控制。快淬 Nd-Fe-B 粉是亚微米晶粒结构，富 Nd 相很少，而且被主相严密包裹，耐腐蚀性比烧结 Nd-Fe-B 强很多，但其压缩成形粘结磁体的孔隙率较高，又存在一定比例的细微粉末，通常仍需采用电泳或喷涂环氧类涂料做表面防护处理；而注射成形磁体的粘结剂含量较高，磁体内部孔隙率低，外表面还有一层树脂包覆，只有浇道口有少许磁粉外露，一般无需做表面防护处理；挤出和压延磁体存在切割断口，高性能磁体树脂含量又不够高，针对不同的应用场合，需要考虑表面的涂覆。

表面防护处理可分为湿法和干法两大类。(1) 湿法：磁体是在纯水、无机溶液或有机溶液环境下实施表面防护处理的，如电镀、化学镀、电泳、喷涂和浸涂等。(2) 干法：磁体不接触溶液，通过物理或化学过程实施表面防护处理。干法通常有物理气相沉积（Physical Vapor Deposition，简称 PVD），包括真空蒸发镀、真空溅射镀和离子镀（如多弧离子镀、离子气相沉积——Ion Vapor Deposition）和化学气相沉积（Chemical Vapor Deposition，简称 CVD）。干法表面防护处理能够避免腐蚀性离子在磁体表面孔隙中残留对磁体造成损伤。目前，离子蒸发镀铝和化学气相沉积聚二甲苯已经在工业化生产中采用。由表 8-46 中概括的不同表面涂覆工艺及其特点可见，不同方法各有所长，需要针对不同的应用环境对涂层进行选择。Minowa 等人[171]比较了镀镍、喷涂环氧和离子镀 Al 三种表面防护手段的优劣，其中镀镍层厚度为 10～15μm，喷涂环氧样品用 2μm 的锌磷化膜打底，喷涂厚度 20～30μm，离子镀 Al 的膜厚为 10～15μm。从湿热试验（80℃，90% RH）、高压釜试验（120℃，0.2MPa，水蒸气饱和模式）和盐雾试验（35℃，5% NaCl 溶液）后磁体的磁通量损失来看（图 8-253），相对于无涂覆样品而言，表面防护样品都显著改善了磁通损失，其中镀镍样品的耐湿热特性最佳，离子镀铝其次，环氧涂层在高压釜试验中表现不佳，防护膜严重起皱，磁通损失也很大。但是环氧涂层的耐盐雾能力最强，96h 后样品表面无任何锈蚀，而电镀镍和离子镀 Al 样品都存在锈点，因为防护膜存在凹坑或裂缝。湿法和干法表面防护这两种途径在涂层前处理、表面涂覆和后处理三个环节上都有一些差异，下面就两种方法在 Nd-Fe-B 磁体中的应用加以说明。

表 8-46 Nd-Fe-B 典型涂覆方法的对比

涂层	涂覆方法	膜厚/μm	硬度	防锈能力		结合力	绝缘	尺寸	耐热温度/℃	典型应用
				耐湿	耐盐					
磷化膜	化学反应	5～15		△	△	◎		○		
锌	电镀	>15	HV20	◎	○	○		△	<160	VCM、扬声器、电机
	化学镀			◎	△	○		△	<150	
镍	电镀	10～20	HV350	◎	○	○		△	<200	VCM、传感器、扬声器、驱动器、电机
	化学镀								<180	
铜	电镀	10～20		◎		○		△	<160	AV、扬声器、电机
环氧	电泳	10～30	4H	○	○	○	◎	△	<150	汽车电机、绝缘、直线电机
	喷涂	5～15	3H	○	○		◎	○	<130	绝缘、CD 拾取器
铝	离子镀	5～20	HV20	○	○	◎		○	<500	传感器、扬声器、驱动器、EPS、车载压缩机
	喷涂	>5	4H	○	○	◎		○	<180	家用空调压缩机、封闭电机
聚二甲苯	气相沉积	>5	2H	○	○	△	◎	◎		小尺寸、绝缘

注：◎—优秀，○—良好，△—可用。

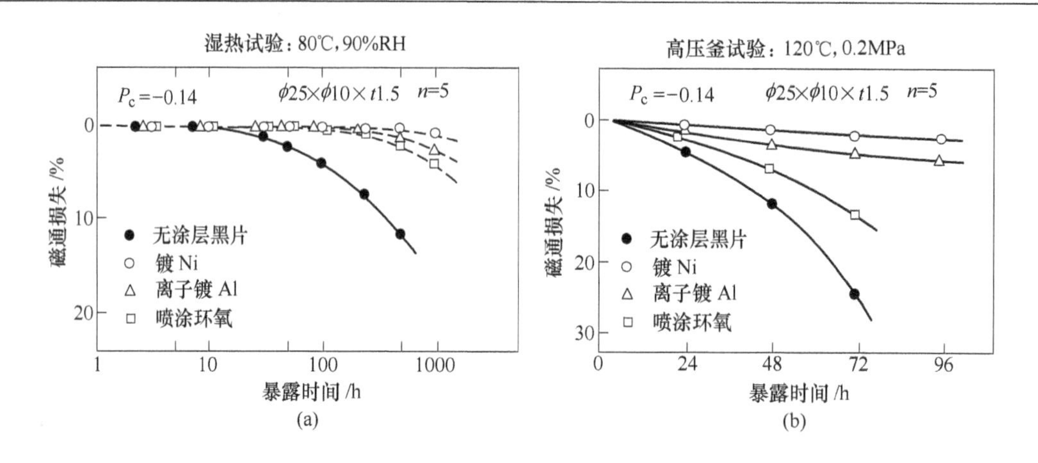

图 8-253 不同表面防护方式样品经湿热实验（a）和高压釜试验（b）后的磁通损失[171]

8.6.1 湿法涂装

湿法涂装的基本流程如图 8-254 所示，主要分成前处理、表面防护和后处理三个阶段。

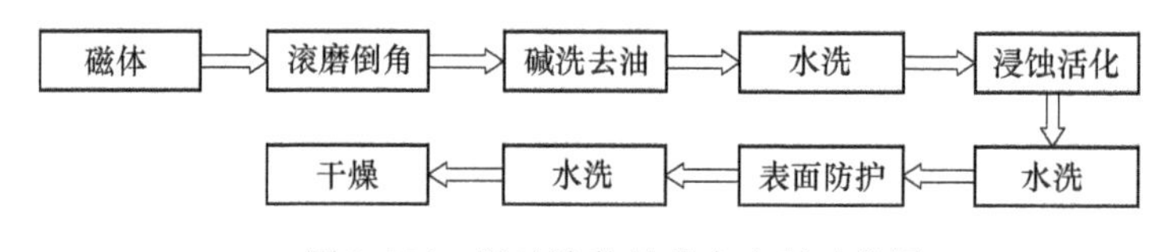

图 8-254 湿法涂装的基本流程示意图

8.6.1.1 前处理

与普通的致密金属材料不同，经过机械加工的烧结或粘结 Nd-Fe-B 表面存在附着磁粉、晶粒脱落、锈蚀、孔隙、裂缝和尖锐边角等缺陷，如果涂覆前处理的状态不好，将严重影响涂层与基体的附着力，导致涂层脱壳、起泡或针孔，涂层的保护作用减弱甚至丧失，实际生产过程的统计表明，大多数涂层不良的质量问题都是由前处理不妥造成的。滚磨倒角是将磁体、磨削介质和滚磨液按比例放入滚磨容器，在容器旋转、振动或离心运动的带动下，磁体和介质相互摩擦去除表面油污、锈蚀和毛刺，并将磁体尖角磨圆，常用的磨削介质是球、斜切圆柱、四面体等形状的棕刚玉材料，滚磨液多采用碱性洗液加少量防锈剂，机械设备有离心滚磨机、振动光饰机等。滚磨倒角后的磁体浸入 NaOH（或碳酸钠、磷酸钠、硅酸钠等碱性盐）和乳化剂配成的热碱液，利用 NaOH 和动植物油脂（主要成分硬脂酸酯）的皂化反应以及乳化剂与矿物油的乳化作用进一步去除表面油脂，皂化反应的产物之一——肥皂本身就是乳化剂，可以强化乳化作用。上述流程中的“水洗”环节其实是非常讲究的，都是用两道热水充分去除本道工序的残留物质，再用一道冷水漂洗，而且用的都是纯水，必要的情况下还要加超声波清洗；浸蚀是利用化学或电化学方法去除磁体表面的锈蚀和氧化物，制造新鲜表面以利于涂覆层附着，金属材料对浸蚀液有较强的选择性，Nd-Fe-B 与 Cl^- 离子有很强的反应倾向，所以常采用硫酸或硝酸的稀溶液，而不用盐酸，如果氧化皮较厚，则可以用混合酸，为了减少磁体的腐蚀和氢脆，可以适当添加缓蚀剂，如若丁、硫脲等，但若丁在磁体表面吸附较牢，清洗要彻底。经过如此多道工序处理的磁体就可以进行表面防护处理了。

8.6.1.2 表面防护处理

Nd-Fe-B 的湿法保护处理有磷化、电镀、化学镀、电泳、喷涂和浸涂等不同手段，它们可以独立使用也可以联合使用。

磷化过程是将磁体在含有磷酸二氢盐（$M(H_2PO_4)_2$，M = Zn、Mn、Fe 或 Ca）的溶液中进行处理，使磁体表面形成一层水合磷酸盐（$M_x(PO_4)_y \cdot zH_2O$）保护膜——磷化膜，磷化膜呈灰色或暗灰色，是具有细小裂缝的多孔结构，难溶于水，所以能改善磁体的吸湿性和耐蚀性，可以单独用来对付短期的抗腐蚀要求或使用环境要求不高的场合；其多孔结构有助于磁体对金属和有机涂料的吸附，可以作为电镀的前一道工序来增加镀层的附着力，必要时还可以对这种多孔结构进行填充或封闭处理。磷化分常温、中温和高温三种：常温磷化温度是 10 ~ 35℃，处理时间 20 ~ 60min，常温磷化膜的耐蚀性和耐热性较差；中温磷化在 50 ~ 70℃下进行，时间 10 ~ 15min，溶液稳定、成膜快，耐蚀性适中，适合防锈和涂装打底；高温磷化温度是 90 ~ 98℃，时间 10 ~ 30min，高温磷化膜耐蚀性、结合力、硬度和耐热性都比较好，而且成膜速度快，但由于工作温度高，水分蒸发量大，溶液浓度难以控制，磷化膜晶粒粗细不均，且容易夹杂沉淀物。磷化膜的质量与磁体前处理方式密切相关，碱脱脂磁体的磷化反应时间长、膜结晶粗大；强酸处理基体浸蚀量大、膜层厚且结晶粗大、磷化析氢多；有机溶剂清洗的磷化快、膜结晶细密、析氢少；喷砂处理的膜结晶细密、防锈能力强。磷化膜封孔处理可采用重铬酸钾溶液或亚硝酸钠溶液。磷化不合格的磁体可以用酸洗液浸渍去除，水洗后重新磷化。

电镀过程是将磁体接到直流电源的阴极，并浸入含有镀层材料阳离子的溶液中，阳离子在电场作用下迁移到阴极，吸收电子转化成金属原子并结晶到磁体表面，为了补充溶液中阳离子的消耗，在电源正极接高纯度镀层材料，在电场作用下材料表面的原子电离进入溶液。烧结 Nd-Fe-B 常用的有镀锌和镀镍，以及含镀铜夹层的复合镀，金属锌既溶于酸也溶于碱，是典型的两性金属，在干燥空气中较为稳定，在潮湿空气或含 CO_2 和氧的水中则生成以碱式碳酸锌为主的薄膜，延缓锌的腐蚀速度，但在酸碱盐的溶液、含 SO_2 和 H_2S 的大气、海洋性大气、高温高湿空气以及含有机酸的气氛中耐蚀性较差，钝化处理可以显著改善镀锌层的耐蚀性。锌的标准电极电位是 -0.762V，比铁负，所以在原电池效应中是阳极，牺牲自身保护铁基体。镍与强碱不发生化学反应，但会受到浓盐酸、氨水和氰化物的腐蚀，溶于稀硝酸；由于镍容易与空气中的氧形成极薄的钝化膜，在常温下对大气、碱和一些酸有很好的耐蚀性，因此镀镍成为烧结 Nd-Fe-B 最为普遍的电镀方式，但因为镍是优良的软磁材料，对基体磁性形成屏蔽，当磁体小或薄的时候屏蔽尤其明显。镍的标准电极电位是 -0.25V，与铁比电位偏正，钝化后更正，如果镀层出现孔隙，腐蚀过程中会牺牲基体，所以单层镍的侵蚀风险比较高，多层镀或复合镀能很好地解决这个问题。铜的化学稳定性较差，易溶于硝酸和加热的浓硫酸，但在盐酸和稀硫酸中溶解很慢，在空气中易生锈，在潮湿空气中生成碱式碳酸铜，与氯化物反应生成氯化铜，与硫化物作用生成硫化铜。铜的标准电极电位是 +0.339V，比铁正，原电池效应也是牺牲铁基体，所以一般不单独使用，而是作为底镀层或中间层来提高基底与表面镀层间的结合力。随着环保要求的日益严格，采用氰化物镀液的含氰电镀已经退出烧结 Nd-Fe-B 行业，欧共体 RoHS 指令则进一步约束了汞、铅、镉和六价铬的使用，传统的电镀工艺已转向无氰、无铅电镀。

化学镀与电镀一样，也是通过氧化还原反应，镀液中的金属离子还原成原子附着在磁体表面，不同的是没有电流来吸引离子、补充电子和增强原子的附着力，所以需要有还原剂在镀液中共存，基体表面还需要有催化作用。无需电源是化学镀的最大优点，它可以在形状复杂的磁体表面获得厚度均匀的镀层，因而消除了电镀过程中金属离子向电场强的高曲率端富集的“狗骨头”效应，其镀层的硬度高、孔隙率小、化学稳定性高。

与磷化和电镀不同，电泳、喷涂或浸涂形成的表面保护膜是有机物——热固性高分子材料，因此在涂装方法、膜的物理/化学特性以及耐腐蚀性方面与前者有很大的差别，由于涂覆过程仍是在水或有机溶剂配制的液体中完成的，且前处理过程与磷化和电镀一样，所以依然将其归于湿法涂覆的范畴。电泳、喷涂或浸涂是粘结钕铁硼磁体的主要表面防护手段，磷化和电镀很少应用于粘结钕铁硼磁体。电泳是在外电场作用下导电分散介质中的带电胶体微粒向异性电极定向移动的现象，电泳涂装利用这个特性使带电的有机涂料分子（通常是环氧树脂或聚胺树脂）牢固地吸附在作为异性电极的磁体表面，磁体从电泳槽中取出后再经固化形成连续、致密的保护膜。根据涂料分子的电性，可将电泳涂装分为阳极电泳和阴极电泳两类：当涂料是带负电荷的阴离子时，磁体是阳极，这种配置叫阳极电泳，反之则叫阴极电泳。阴极电泳的优点在于：磁体作为阴极，不会发生阳极溶解，破坏磁体表面或其磷化膜[326]。另外，阴极电泳涂料的泳透力高（通常是阳极电泳涂料的1.3~1.5倍），有效降低膜厚的不均性或涂层死角；库仑效率高（2~3倍于阳极电泳），槽液更加稳定、可控；涂层耐碱性高（5% NaOH溶液浸泡，20~40倍于阳极电泳）。所以，钕铁硼磁体电泳涂装绝大多数是阴极电泳。

电泳涂装可以分为电泳涂料电解、带电涂料胶粒电泳、涂料胶粒在电极沉积和电渗四个物理化学过程以及最后的固化交联反应。电解过程中，作为溶剂的水分子在阳极电解成H^+离子并释放出氧气，同时产生阳极溶解；在阴极，水分子电解成OH^-根离子并释放出氢气。阳极、阴极电解反应方程式如下：

阳极电解反应 $$2H_2O - 4e^- \longrightarrow 4H^+ + O_2\uparrow \tag{8-11}$$

阴极电解反应 $$2H_2O + 2e^- \longrightarrow 2OH^- + H_2\uparrow \tag{8-12}$$

电解反应在溶液中留下H^+离子和OH^-根离子。阴极电泳时，涂料分子与H^+离子结合形成阳离子胶粒，在电场作用下向阴极方向电泳迁移。胶粒在位于阴极的磁体表面与OH^-根交换H^+离子，电泳涂料分子变成水不溶性并沉积在磁体表面，OH^-根与H^+离子重新结合成水分子。最初沉积到磁体表面的漆膜结构疏松，含水量很高，还允许OH^-离子通过，此时如果不切断电源，OH^-根会在电场作用下以水化离子的形式夹带水分子穿过疏松漆膜，与漆膜表面的阳离子胶粒继续中和，漆膜进一步沉积加厚，水分子则经渗析逐渐排到膜外，漆膜脱水成为含水率低、电阻率高的致密漆膜。当漆膜达到一定厚度时，其高电阻使电场作用基本失效，反应也随之终止。电泳沉积的漆膜呈牢固、均匀、无光泽的海绵状，即使用水喷洗也不会脱落。最后，在加温固化的过程中，因为流平剂的作用，漆膜在磁体表面形成致密、光滑而结实的保护膜。喷涂或浸涂没有这么复杂的电化学过程，只需保证漆膜分布均匀、厚度恰当，然后同样对涂装好的磁体进行烘烤流平和固化处理即可。它们与普通材料的喷涂或浸涂的最大区别恰好就在“均匀厚度的漆膜”上，因为磁体体积小、尺寸精度高、表磁损失要小、耐腐蚀要求高，不能仅靠堆积厚厚的一层漆膜来达到目的。为此，在喷涂过程中，必须对漆的黏度、固体分、喷枪出漆量、雾化状态等方面做仔细的控制；而在浸涂中，则要严格控制漆的成分和温度，以使漆液对磁体进行充分、均匀的浸泡。

8.6.2 干法涂装

干法涂装的流程如图8-255所示。

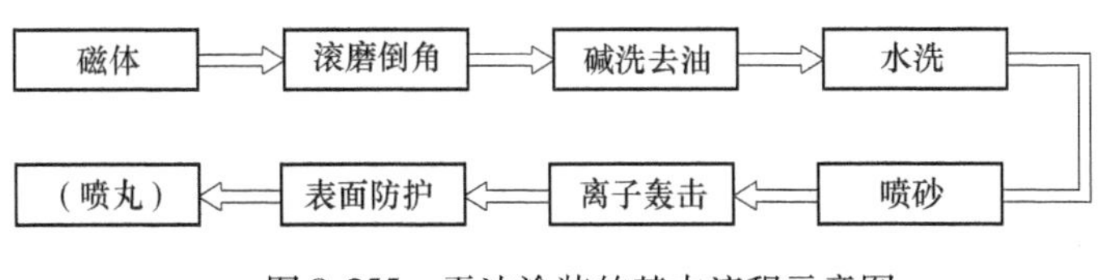

图8-255 干法涂装的基本流程示意图

在干法涂装中，磁体倒角和去油的步骤与湿法涂装相近，但干法涂装不需要将磁体的倒角做得很大，原因是干法涂装的膜厚更均匀，同等耐蚀条件下膜厚低（10～15μm），边角效应小得多。喷砂是用净化的压缩空气将砂流喷向磁体表面，在高速砂流强力的撞击下打掉其表面的毛刺、氧化皮和锈蚀等，砂料常用的是石英砂（SiO_2），对磁体无污染，但砂粒易粉化；铝矾土（Al_2O_3）不易粉化，砂料可以循环使用；人造金刚砂太贵，很少使用。根据磁体尺寸的大小，砂料的粒度有所不同：对于1～3mm厚、尺寸小的磁体宜采用直径为0.5～1mm或更细的砂粒；中等大小的磁体用直径为1～2mm的砂料；较大块的磁体可采用直径为3mm以上的砂粒。考虑到烧结Nd-Fe-B硬而脆的特征，压缩空气的压力宜控制在0.2～0.4MPa。喷丸处理适用于离子镀铝，其方法与喷砂很相像，只是砂粒换成了玻璃丸。喷丸能对磁体产生压应力，修复镀层表面缺陷，提高耐腐蚀能力，由于压应力会在高温处理中消失，所以不必再对磁体做退火处理。

真空离子蒸发镀（IVD）是由真空蒸镀工艺发展出来的，真空蒸镀是在真空下将待镀金属材料经电阻加热、电弧加热或溅射等方法蒸发，原子态的金属在磁体表面沉积，结晶生长成完整覆盖磁体的金属膜，其中工艺成熟度最高的是电阻加热蒸发镀铝，一方面铝的氧化物是非常好的钝化膜，具有良好的耐腐蚀性，另一方面铝熔点低、蒸发速率高、铝材的价格也低，因此镀铝的成本较为合算。比较而言，溅射蒸发的成膜性能优异，但蒸发速率过低；而电弧加热易产生较大的飞溅液滴；简单的蒸镀也存在明显的缺陷，比如沉积厚度不均匀、晶粒粗大、附着力差等。真空离子镀克服了以上方法的不足，它通过在蒸发源和磁体之间加载高的负偏压，于是氩气在磁体所在的阴极附近会形成辉光放电，铝蒸汽在通过辉光区时能产生部分电离，并被高电压加速沉积到磁体表面，有助于形成致密且附着力强的镀层，同时利用辉光放电还可以在镀铝前让氩离子流轰击磁体，清洗磁体表面，进一步提高磁体对铝膜的附着力。真空离子镀的关键工艺参数包括：真空度（$<1\times10^{-2}$Pa）、氩气分压（1～3Pa）、磁体温度（150～200℃）、蒸发源和磁体的距离（10～15cm）、负偏压（$-1\sim-3$kV）、蒸发速率等等。较高的真空度可以确保整个蒸镀过程不发生严重的氧化；氩气分压与铝原子的平均自由程直接关联，必须与蒸发源和磁体的距离相匹配，分压过低则自由程长，蒸发原子有很强的直进性，易造成磁体两面膜厚不均，分压过高则可能导致远离蒸发源的磁体镀不上；氩气分压还与负偏压组合共同决定离子轰击的效果和膜层对磁体的附着，负偏压值小的话，氩原子离化程度不够，负偏压值过高又会使磁体表

面轰击过度，使铝原子动量过大，而不易在磁体表面沉积；磁体温度和蒸发速率则敏感地影响铝在磁体表面的结晶生长状态，理想的成膜状态是细密均匀的柱状晶，蒸发原子在磁体表面要有足够的能量和时间迁移并定向生长，磁体温度低、蒸发速率低的组合不利于原子扩散，需要较厚的膜来实现表面整体覆盖，生产效率低，高温度高蒸发速率的极端组合则可能在膜中生成粗大晶粒，甚至会有可观的大液滴沉积。

化学气相沉积（CVD）对二甲苯聚合物（Parylene）最早应用于印刷线路板作防护涂层，后来又被广泛运用于软磁材料表面绝缘处理、纤维织物表面防护等，近期发展到 Nd-Fe-B 的表面防护，成为一项新的磁体涂装技术。涂覆过程在真空下进行，对二甲苯类单体加热升华为气相单体，然后在温度较低的磁体表面沉积并直接聚合成固态的 Parylene 薄膜，所以又称作蒸气沉积聚合（VDP）。涂层单分子以气相沉积在磁体上时，具有非常强的渗透性和包覆性，能渗透到磁体的表面微孔中，经表面聚合反应直接从基材的表面向外"生长"出完全覆盖、均匀一致的固体分子层，即使膜厚在 1μm 以下也无针孔，并且不存在由表面张力引起的积料现象和涂层弯月面状不均匀等。Parylene 类涂层有优异的绝缘性和介电性能——低介质损耗和高介电强度，有高机械强度和低摩擦系数，成为无伤害小型绕线元件唯一能适用的绝缘层；Parylene 具有极低的水汽透过率，能提供优异的防潮抗腐蚀防护，对小型、形状复杂的 Nd-Fe-B 磁体的表面涂装非常适用，并可以增加磁体的强度。表 8-47 给出了 Parylene 与其他有机涂层的主要性能对比。

表 8-47 Parylene 与其他有机涂层的主要性能对比

项 目		单位	Parylene	环氧树脂	聚氨酯	聚丙烯酸酯
体电阻率（23℃，50% RH）		Ω · cm	$(1.2\sim12)\times10^{16}$	$10^{12}\sim10^{17}$	$10^{11}\sim10^{15}$	$10^{13}\sim10^{14}$
表面电阻		Ω	$10^{13}\sim10^{16}$	10^{13}	10^{14}	
杨氏模量		MPa	2400 ~ 3200	2400	80 ~ 800	480
拉伸强度		MPa	45 ~ 70	28 ~ 91	1.13 ~ 70	32 ~ 77
断裂伸长率		%	10 ~ 250	3 ~ 6	100 ~ 1000	3 ~ 85
吸水性（24h）		%	<0.1	0.08 ~ 0.15	0.02 ~ 4.50	
硬 度			R80 ~ 85	M80 ~ 110	10A ~ 25D（肖氏）	H ~ 2H
摩擦系数	静态		0.25 ~ 0.33			
	动态		0.25 ~ 0.31			
熔 点		℃	290 ~ 420	固化	~170 或固化	
使用温度		℃	-200 ~ 140		-45 ~ 110	-59 ~ 137
线膨胀系数（25℃）		10^{-5}/℃	3 ~ 8	4.5 ~ 6.5	10 ~ 20	0.5 ~ 15
水汽渗透（37℃，90% RH）		$g \cdot mil/100in^2 \cdot d$	0.2 ~ 1.5	6.6	20.2	27.8

8.6.3 耐高温涂装

尽管具有优异的高温磁特性，但耐高温 Sm-Co 磁体并不具有良好的高温抗氧化能力，且磁体由外及里都会产生严重的氧化。刘金芳等人[327]研究了氨基磺酸镍盐电镀（S-Ni）、镍-银电镀（Ni-Ag）和化学镀镍等三种方式对磁体的高温防护特性，其中S-Ni镀采用高速电沉积法以减小内应力并增加镀层韧性，而Ni-Ag镀以3μm的Ni层打底。S-Ni电镀后，边长1cm磁体的表磁工艺损失只有0.21%。大气环境下500℃长时间老化试验（图5-51）表明，15μm S-Ni镀层磁体除了初期的开路磁通不可逆损失外，几乎没有随时间长期变化的磁通损失，2700h后的不可逆损失仅-2.4%，而未处理磁体的不可逆损失一直在随时间延续而增加，在2700小时后达到-20.8%，因此S-Ni镀层可以在500℃高温下非常有效地保护磁体。比较大气环境和真空条件（1.33×10^{-5} Pa）下的磁通损失，他们引入了稳定性改善评估方法（表8-48），真空条件下的热稳定性改善为143%，而大气环境下的则高达861%。除了抗氧化能力外，S-Ni镀层还有效提升了磁体的断裂韧性（76%）、抗弯强度（56%）和劈裂抗拉强度（20%），镀层和磁体的附着力以及磁体与零部件的可粘性也十分优异。

表8-48 500℃稳定性改善计算方法

参　量	计算方法及单位	大气环境		真　空	
		未涂装U	涂装	未涂装U	涂装
磁通损失 L	L/%	-20.83	-2.42	-2.19	-0.9
不稳定性标度 $I.S.$	$I.S.=L/LU\times100$/%	100	11.61786	100	41.09589
稳定性 S	$S=1/I.S$	0.01	0.086074	0.01	0.024333
相对稳定性 RS	$RS=S/SU$	1	8.607438	1	2.433333
改善后的稳定性	$(RS-RSU)\times100$/%	0	760.7438	0	143.3333

注：带U的参量对应未涂装磁体。

Zhao等人研究了在Sm-Co磁体表面沉积Cr_2O_3膜的高温防护特性[328]，将$Sm(Co_{0.68}Fe_{0.22}Cu_{0.08}Zr_{0.02})_{7.5}$烧结磁体切割加工后用6.5μm（2000目）SiC砂纸抛光，用丙酮超声清洗并晾干，放入具有反应活性的电弧离子镀膜（AIP）装置（DH-10），用氩离子（0.01Pa）在直流偏压900V加速下轰击磁体表面3min，然后在氩-氧混合气氛（0.1Pa）下沉积Cr_2O_3膜，Cr靶的纯度为99.99%，磁体温度200~250℃，电弧电流50A，直流脉冲负偏压-500V，沉积时间30min。图8-256是镀膜前后磁体在700℃大气环境下的单位面积增重曲线，20h后镀Cr_2O_3膜磁体的增重仅为原磁体的0.8%，氧化过程符合抛物线定律，常数k_p =

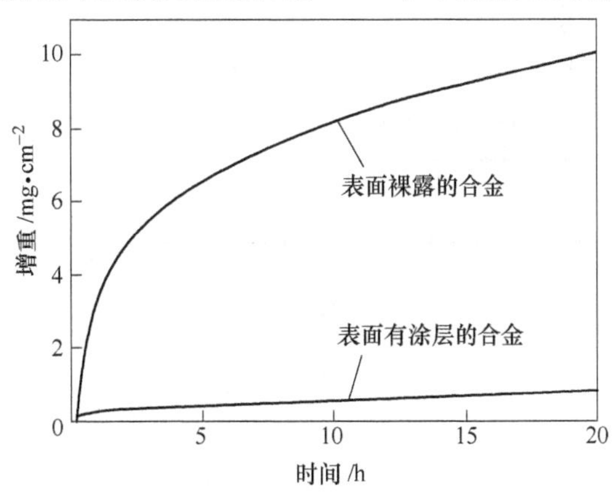

图8-256 $Sm(Co_{0.68}Fe_{0.22}Cu_{0.08}Zr_{0.02})_{7.5}$镀$Cr_2O_3$膜磁体和未处理磁体的增重曲线

9.94×10^{-12} $g^2/(cm^4 \cdot s)$。从样品断面的 SEM 照片看（图 8-257），尽管镀层只有 1.2μm 厚，但磁体的外部氧化行为已完全杜绝，内部氧化层也只有 ~2.5μm 厚（Ⅱ区），系由 2:17 相晶粒和 1:5 边界相完全分解而成的 bcc-Fe；内部氧化过程还在 Cr_2O_3 膜和氧化区之间形成一个厚度 0.7μm、连续的 fcc-Co 层（Ⅰ区）；除此之外，磁体内部不再有氧化分解发生。

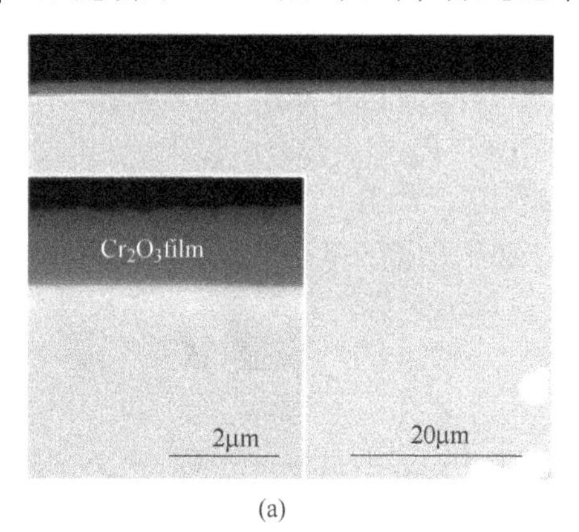

(a)

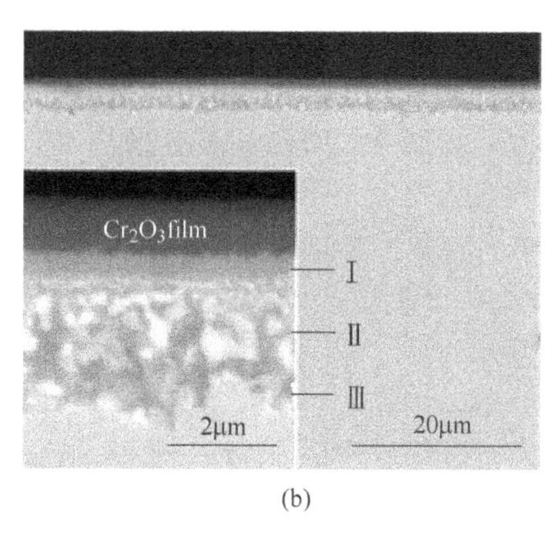

(b)

图 8-257　镀 Cr_2O_3 膜的 $Sm(Co_{0.68}Fe_{0.22}Cu_{0.08}Zr_{0.02})_{7.5}$ 磁体（a）和在 700℃ 氧化 20h 后（b）的断面 SEM 照片

对于烧结钕铁硼磁体，在耐温方面最常规的镍电镀层没有任何问题，但环保对电镀发展的限制越来越严苛，且镍电镀工艺造成的磁性能损失十分可观，尤其是尺寸偏小、磁极面的比表面积较大的磁体，为此需要寻求更具有综合优势的耐高温涂层技术。中科三环以耐温改性环氧树脂为基础，开发了一种耐高温有机涂层及其喷涂技术，不仅解决了电泳涂覆不可避免的挂点问题，还有效减轻了电泳过程的环保压力。电机材料绝缘等级和最高耐受温度存在密切关系[329]，F 级的最高耐受温度为 155℃，H 级的为 180℃，因此我们将涂层长时间耐温的测试条件分别设定为 160℃ 和 180℃。在 160℃ 放置 2016h 前后的磁体性能已被列出于表 8-49 中。比较后可以看出，磁体剩磁变化的平均水平仅 -0.055%，最大磁能积平均下降 0.386%，内禀矫顽力反而增加 0.96%，退磁曲线方形度有 1.78% 的劣化。总体而言涂层对磁体磁性能的保护是相当优秀的。表 8-50 列出了耐温涂层经 160℃ 放置 2016h（12 周，84 天）前后各项测试指标的比较，结果表明高温长时间放置后，涂层耐中性盐雾的水平有较显著下降，但依然能满足使用的需求；涂层附着力和耐冲击性略有下降；其他特性没有太大变化；耐湿热性反而有所增强。

表 8-49　耐温涂层磁体经 160℃放置 2016h（12 周，84 天）**前后永磁参数的比较**

参　数	B_r/kGs	H_{cB}/kOe	H_{cJ}/kOe	$(BH)_{max}$/MGOe	H_k/kOe	H_k/H_{cJ}
起始参数	12.16	11.80	25.46	35.55	24.08	0.946
	11.95	11.49	25.76	33.78	23.95	0.930
	12.04	11.59	25.69	34.43	23.94	0.932
160℃，2016h 后的参数	12.14	11.78	25.70	35.4	23.98	0.933
	11.95	11.47	25.98	33.61	23.63	0.909
	12.04	11.59	25.97	34.35	23.78	0.916
平均变化率/%	-0.055	-0.115	+0.962	-0.386	-0.807	-1.783

表 8-50 耐温涂层经 160℃放置 2016h（12 周，84 天）前后各项测试指标的比较

评价项目		检 查 方 法	评 价 结 果	
			刚完成涂覆	160℃，2016h
外观	异物	20 倍体视显微镜	○	○
	气泡		○	○
	针眼		○	○
	网足		浅网足	浅网足
膜 厚		千分尺	~23μm	~23μm
H_k不可恢复损失		室温 B-H 曲线测试	—	-1.78%
湿热试验		85℃/85% RH（GB/T 2423.50—2012）	无锈，840h	无锈，1004h
高压釜试验		120℃/100% RH/0.2MPa（饱和模式）（JESD22-A110D，JESD22-A102C）	无锈，正反表面有小水滴印	无锈，均匀或不均匀光泽，背面有彩色网格印
中性盐雾试验		5% NaCl/35℃/90% RH（GB/T 27816—2012）	无锈，692h	无锈，250h
耐溶剂性试验		擦拭试验	○	○
附着力试验		划格试验（GB/T 9286—1998）	0 级	1 级
表面硬度试验		铅笔试验（GB/T 6739—2006）	≥4H	≥4H
耐冲击性试验		GB 1732—1993	50kg · cm	40kg · cm
绝缘性试验		HG/T 3331—2012	2.17 × 10^{13}Ω · m	—

参 考 文 献

[1] Das D K. Twenty million energy product samarium-cobalt magnet [J]. IEEE Trans. Magn., 1969, 5 (3): 214.

[2] Benz M G, Martin D L. Cobalt-Samarium Permanent Magnets Prepared by Liquid Phase Sintering [J]. Appl. Phys. Lett., 1970, 17 (4): 176.

[3] Ervens W. Rare Earth-Transition Metal 2:17 Permanent Magnet Alloys, State and Trends [J]. Goldschmidt, 1979, 2 (48): 3 ~9.

[4] Sagawa M, Fujimura S, Togawa N, Yamamoto H, Matsuura Y. New Material for Permanent Magnets on a Base of Nd and Fe [J]. J. Appl. Phys., 1984, 55 (6): 2083 ~2087.

[5] Hubbard W M, Adams E, Gilfrich J V. Magnetic Moments of Alloys of Gadolinium with Some of the Transition Elements [J]. J. Appl. Phys., 1960, 31 (5): S368 ~ S369.

[6] Strnat K, Hoffer G, Olson J, Ostertag W. A Family of New Cobalt-Base Permanent Magnet Materials [J]. J. Appl. Phys., 1967, 38 (3): 1001.

[7] Strnat K, Hoffer G, Olson J, Kubach R. Measurements on permanent magnets made from misch metal-cobalt alloy powders [J]. IEEE Trans. Magn., 1968, 4 (3): 255.

[8] Strnat K J. Cobalt-rare-earth alloys as promising new permanent-magnetic materials [J]. Cobalt, 1967,

36: 133.

[9] Strnat K J. Rare Earth- Cobalt Permanent Magnets [M]. In: Wohlfarth E P and Buschow K H J ed. Ferromagnetic Materials Vol. 4. Elsevier Science Publishers B. V, 1988: 131 ~ 209.

[10] Nesbitt E A. New Permanent Magnet Materials Containing Rare-Earth Metals [J]. J. Appl. Phys., 1969, 40 (3): 1259.

[11] Shimoda T, Akioka K, Kobayashi O, Yamagami T. High-energy cast Pr-Fe-B magnets [J]. J. Appl. Phys., 1988, 64 (10): 5290 ~ 5292.

[12] 浜野正明. 工業材料, 1976, 27: 86.

[13] Lee R W. Hot-pressed neodymium-iron-boron magnets [J]. Appl. Phys. Lett., 1985, 46 (8): 790.

[14] Lee R W, Brewer E G, Schaffel N A. Processing of Neodymium-Iron-Boron Melt-Spun Ribbons to Fully Dense Magnets [J]. IEEE Trans. Magn., 1985, 21 (5): 1958 ~ 1963.

[15] Shimoda T, Kasai K, Teraishi K. New Resin-Bonded Sm-Co Magnet Having High Energy Product (SAM) [C]. Proc. 4th Inter. Workshop On Rare Earth-Cobalt Permanent Magnets and Their Applications, 1979: 335 ~ 345.

[16] Croat J J, Herbst J F, Lee R W, Pinkerton F E. Pr-Fe and Nd-Fe-based materials: A new class of high-performance permanent magnets [J]. J. Appl. Phys., 1984, 55 (6): 2078.

[17] Croat J J, Herbst J F, Lee R W, Pinkerton F E. High-energy product Nd-Fe-B permanent magnets [J]. Appl. Phys. Lett., 1984, 44 (1): 148 ~ 149.

[18] Nozawa Y, Iwasaki K, Tanigawa S, Tokunaga M, Harada H. Nd-Fe-B die-upset and anisotropic bonded magnets [J]. J. Appl. Phys., 1988, 64 (10): 5285 ~ 5289.

[19] Takeshita T, Nakayama R. Magnetic properties and microstructures of the NdFeB magnet powder produced by hydrogen treatment [C]. Proceedings of the 10th International Workshop on Rare Earth Magnets and Their Applications, 1989, 1 (1): 551 ~ 554.

[20] McGuiness P J, Zhang X J, Yin X J, Harris I R. Hydrogenation, Disproportionation and Desorption (HDD): An effective processing route for Nd-Fe-B-type magnets [J]. J. Less-Common Met., 1990, 158 (2): 359.

[21] Nakamura H, Suefuji R, Sugimoto S, Okada M. Effects of HDDR treatment conditions on magnetic properties of Nd-Fe-B anisotropic powders [J]. J. Appl. Phys., 1994, 76 (10): 6828.

[22] Mishima C, et al. Magnetic properties of NdFeB anisotropic magnet powder produced by the d-HDDR method [C]. Proc. 16th Inter. Workshop On Rare Earth Permanent Magnets and Their Applications, 2000: 873 ~ 881.

[23] Coey J M D, Sun Hong. Improved Magnetic Properties by Treatment of Iron-Based Rare Earth Intermetallic Compounds in Anmonia [J]. J. Magn. Magn. Mater., 1990, 87 (3): L251.

[24] Iriyama T, Kobayashi K, Imaoka N, Fukuda T, Kato H, Nakagawa Y. Effect of nitrogen content on magnetic properties of $Sm_2Fe_{17}N_x(0 < x < 6)$ [J]. IEEE Trans. Magn., 1992, 28 (5): 2326 ~ 2331

[25] Nishikawa T, Kawamoto A, Ohmori K. Production of an Sm-Fe-N magnet power and its application in a bonded magnet [J]. 日本応用磁気学会誌, 2000, 24: 1394.

[26] Yang Y C, Zhang X D, Kong L S, et al. Magnetocrystalline anisotropies of $RTiFe_{11}N_x$ compounds [J]. Appl. Phys. Lett., 1991, 58 (18): 2042.

[27] Cech R E. Cobalt-rare earth intermetallic compounds produced by calcium hydride reduction of oxides [J]. The journal of the Minerals, Metals & Materials Society, 1974, 26 (2): 32.

[28] Li D, Liu J L, Xu E D, et al. Reduction-diffusion preparation of $Sm_2(Co, Fe, Cu, Zr)_{17}$ type alloy powers and magnets made from them [C]. Proc. 5th Inter. Workshop On Rare earth-Cobalt Permanent

Magnets and Their Applications, Dayton: Univ. of Dayton, ed. by Strnat K J, 1981: 571.

[29] Herget C. Metallurgical ways to NdFeB alloys permanent magnets from co-reduced NdFeB [C]. Proc. 8th Inter. Workshop on Rare Earth Permanent Magnets and Their Applications, Dayton: Univ. of Dayton, ed. by Strnat K J, 1985: 407.

[30] 石富. 稀土永磁材料制备技术 [M]. 北京: 冶金工业出版社, 2007.

[31] Herget C, Domazer H G. Methods for the Production of Rare-Earth-3d Metal Alloys With Particular Emphasis on the Co Alloys [J]. Goldschmidt, 1975, 4 (35): 3 ~ 33.

[32] Ray A E, Millott H. The preparation of RCo_5 permanent magnet alloys [J]. IEEE Trans. Magn., 1971, 7 (3): 423.

[33] Miller J F, Austin A E. Container materials for molten $SmCo_5$ [J]. J. Less-Common Met., 1971, 25 (3): 317 ~ 321.

[34] Glassner A. The thermochemical properties of oxides, fluorides and chlorides to 2500°K [M]. Argonne National Laboratory Report, 1959: 5750.

[35] Hirose Y, Hasegawa H, Sasaki S, et al. Microstructure of Strip Cast Alloys for High Performance NdFeB Magnets [C]. Proc. 15th Inter. Workshop On Rare Earth Permanent Magnets and Their Applications, 1998: 77 ~ 86.

[36] Scott D W, Ma B M, Liang Y L, Bounds C O. Microstructural control of NdFeB cast ingots for achieving 50MGOe sintered magnets [J]. J. Appl. Phys., 1996, 79 (8): 4830.

[37] Schneider G, Henig E T, Petzow G, et al. Microstructure of sintered Fe-Nd-B magnets [J]. Zeitschrift fuer Metallkunde, 1990, 81 (5): 322 ~ 329.

[38] Fujita A, Harris I R. Magnetic anisotropy in arc-cast Nd-Fe-B-Zr alloys [J]. IEEE Trans. Magn., 1993, 29: (6pt1): 2803 ~ 2805.

[39] Bernardi J, Fidler J, Sagawa M, Hirose Y, Microstructural analysis of strip cast Nd-Fe-B alloys for high (BH) max magnets [J]. J. Appl. Phys., 1998, 83 (11): 6396.

[40] Cech R E. Cobalt-rare earth intermetallic compounds produced by calcium hydride reduction of oxides [J]. The Journal of the Minerals Metals & Materials Society, 1974, 26 (2): 32 ~ 35.

[41] Domazer H G. Zijlstra ed. Proc. 3rd Eur. Conf. On Hard Magnetic Materials, Den Hagg: Bond voor Materialenkennis, 1974: 140.

[42] Uestuener K, Katter M, Rodewald W. Dependence of the Mean Grain Size and Coercivity of Sintered Nd-Fe-B Magnets on the Initial Powder Particle Size [J]. IEEE Trans. Magn., 2006, 42 (10): 2897.

[43] Hono K, Sepehri-Amin H. Strategy for high-coercivity Nd-Fe-B magnets [J]. Scripta Mater., 2012, 67 (6): 530 ~ 535.

[44] Bartlett R W, Jorgensen P J. Microstructure and growth kinetics of the fibrous composite subscale formed by internal oxidation of $SmCo_5$ [J]. Metall. Mater. Trans. B, 1974, 5 (2): 355 ~ 361.

[45] Ormerod J. The physical metallurgy and processing of sintered rare-earth permanent magnets [J]. J. Less-Common Met., 1985, 111 (1 ~ 2): 49 ~ 69.

[46] Harris I R. The Potential of Hydrogen in Permanent Magnet Production [J]. J. Less-Common Met., 1987, 131 (1-2): 245 ~ 262.

[47] Kujipers F A. RCo_5-H and related systems [J]. Philips Res. Rep., Suppl., 1973, 2: 102.

[48] Rare Earth Metal Alloy Magnets [P]. UK. Patent. GB1554384. 1979. 10. 17.

[49] Harris I R, Noble C, Bailey T. The hydrogen decrepitation of an $Nd_{15}Fe_{77}B_8$ magnetic alloy [J]. J. Less-Common Met., 1985, 106 (1): L1 ~ L4.

[50] McGuiness P J, Harris I R, Rozendaal E, Ormerod J, Ward M. The production of a Nd-Fe-B permanent

magnet by a hydrogen decrepitation/attritor milling route [J]. J. Mater. Sci., 1986, 21 (11): 4107 ~ 4110.

[51] Gutfleisch O, Harris I R. Hydrogen assisted processing of rare-earth permanent magnets [C]. Proc. 15th Int. Workshop on Rare Earth Permanent Magnets and Their Applications, Dresden, Germany, 1998: 487.

[52] Smallman R E, Harris I R, Jones I P. Grain boundaries: their character, characterisation and influence on properties [C]. Proceedings of a workshop held at Birmingham University, UK, 16-17 September 1999 to mark the 70th birthday of Professor R. E. Smallman [M]. London: IOM Communications, 2001: 165.

[53] Isnard O, et al. Proc. 9th Int. Workshop on Rare Earth Permanent Magnets and Their Applications, Sao Paulo, Brazil, 1996, 2: 317.

[54] Nagel H, Harris I R. CEAM Value Report, SC141/91-UO-1 (1994).

[55] Piquer C, Bartolome J, Artigas M, Fruchart D. Hydrogenation effects on the magnetic and crystal-field interactions in the $R_2Fe_{14}BH_x$ (R = Gd, Pr, Dy) compounds [J]. Phys. Rev. B. 2000, 62: 1004 ~ 1014.

[56] Sagawa M, Une Y. A new process for producing Nd-Fe-B sintered magnets with small grain size [C]. Proc. 20th Inter. Workshop on Rare Earth Permanent Magnets and Their Applications, Crete, 2008: 103 ~ 105.

[57] Une Y, Sagawa M. Enhancement of coercivity of Nd-Fe-B sintered magnets by grain size reduction [J]. Journal of the Japan Institute of Metals, 2012, 76 (1): 12 ~ 16.

[58] 高汝伟，周寿增．烧结永磁材料的磁性能与取向磁场的关系[J]．磁性材料及器件，1996，27 (1): 13 ~ 16.

[59] Kaneko Y, Ishigaki N. Recent developments of high-performance NEOMAX magnets [J]. Journal of Materials Engineering and Performance, 1994, 3 (2): 228 ~ 233.

[60] Sagawa M, Nagata H, Watanabe T, Itatani O. Rubber isostatic pressing (RIP) of powders for magnets and other materials [J]. Materials & Design, 2000, 21 (4): 243 ~ 249.

[61] Shimoda T. A prospective observation of bonded rare-earth magnets [J]. IEEE Transl. J. Magn. Jpn., 1993, 8 (10): 701 ~ 710.

[62] Vekshin B S, Knizhnik E G, Kraposhin V S, Livshits B G, Linetskii Y L. Densification of $SmCo_5$ powder magnets by cold working [J]. Powder Metall. Met. Ceram., 1975, 14 (11): 921 ~ 924.

[63] Sagawa M, Nagata H. Novel processing technology for permanent magnets [J]. IEEE Trans. Magn., 1993, 29 (6): 2747 ~ 2751.

[64] Takahashi M, Uchida K, Taniguchi F, Mikamoto T. High performance Nd-Fe-B sintered magnets made by the wet process [J]. J. Appl. Phys., 1998, 83 (11): 6402 ~ 6404.

[65] Velge W, Buschow K H J. Magnetic and crystallographic properties of some rare earth cobalt compounds with $CaZn_5$ structure [J]. J. Appl. Phys., 1968, 39 (3): 1717 ~ 1720.

[66] Westendorp F F, Buschow K H J. Permanent magnets with energy products of 20 million gauss oersteds [J]. Solid State Communications, 1969, 7 (8): 639 ~ 640.

[67] Jorgensen P J, Bartlett R W. Solid-phase sintering of $SmCo_5$ [J]. J. Less-Common Met., 1974, 37 (2): 205 ~ 212.

[68] Narasimhan K S V L, Lizzi T. Densification and magnetization of rare earth magnets [J]. J. Appl. Phys., 1985, 57 (8): 4158 ~ 4160.

[69] Paladino A E, Dionne N J, Weihrauch P F, Wettstein E C. Rare-Earth-Co permanent magnet technology [J]. Goldschmidt, 1975, 4 (35): 63 ~ 74.

[70] Den Broeder F J A, Westerhout G D, Buschow K H J. Influence of the stability of RCo_5-phases on their

permanent magnetic properties [J]. Zeitschrift Fuer Metallkunde, 1974, 65 (7): 501 ~ 505.

[71] Kumar K, Das D. Magnetic properties and microstructures of sprayed $SmCo_5$ magnets exposed to intermediate temperatures [J]. J. Appl. Phys., 1979, 50 (4): 2940 ~ 2944.

[72] Fidler J, Kirchmayr H, Wernisch J. Homogeneous precipitation in Co_5Sm crystals [J]. J. Less-Common Met., 1980, 71 (2): 245 ~ 257.

[73] Zhou S Z, Zhao Z C, Sun G F, Wang R, Li J. The reversible variation in coercity for rare erath-cobalt permanent magnets [C]. Proc. of the 7th Workshop on Rare Earth-Cobalt Permanent Magnets and Their Applications, Beijing, China: China Academic Publishers, 1983: 361.

[74] Nesbitt E A, Willens R H, Sherwood R C, Buehler E, Wernick J H. New permanent magnet materials [J]. Appl. Phys. Lett., 1968, 12 (11): 361 ~ 362.

[75] Tawara Y, Senno H. Cerium, cobalt and copper alloy as a permanent magnet material [J]. Jpn. J. Appl. Phys., 1968, 7 (8): 966 ~ 967.

[76] Senno H, Tawara Y. Magnetic properties of Sm-Co-Fe-Cu alloys for permanent magnet materials [J]. Jpn. J. Appl. Phys., 1975, 14 (10): 1619.

[77] Ojima T, Tomizawa S, Yoneyama T, Hori T. Magnetic properties of a new type of rare-earth cobalt magnets $Sm_2(Co,Cu,Fe,M)_{17}$ [J]. IEEE Trans. Magn., 1977, 13 (5): 1317 ~ 1319.

[78] Ojima T, Tomizawa S, Yoneyama T, Hori T. New type rare earth cobalt magnets with an energy product of 30MGOe [J]. Jpn. J. Appl. Phys., 1977, 16 (4): 671.

[79] Livingston J D, Martin D L. Microstructure of aged $(Co,Cu,Fe)_7Sm$ magnets [J]. J. Appl. Phys., 1977, 48 (3): 1350 ~ 1354.

[80] Rabenberg L, Mishra R K, Thomas G. Microstructures of precipitation-hardened SmCo permanent magnets [J]. J. Appl. Phys., 1982, 53 (3): 2389 ~ 2391.

[81] 车广灿，梁敬魁，王选章. Nd-Fe-B（B≤ 50at%）三元系相图的研究［J］. 中国科学：A 辑，1985, 28 (10).

[82] Tokunaga M, Endoh M, Harada H, Trout S R. Magnetizability of Nd-Fe-B-type magnets with Dy additions [J]. J. Appl. Phys., 1988, 63 (8): 3510 ~ 3512.

[83] Tokunaga M, Tobise M, Meguro N, Harada H. Microstructure of R-Fe-B sintered magnet [J]. IEEE Trans. Magn., 1986, 22 (5): 904 ~ 909.

[84] Otsuki E, Otsuka T, Imai T. Processing and magnetic properties of sintered Nd-Fe-B magnets [C]. Proc. 11th Inter. Workshop on Rare Earth Magnets and their Applications, Pittsburgh: Carnegie Mellon University, 1990, 1: 328.

[85] Kusunoki M, Yoshikawa M, Minowa T, Honshima M. Binary alloy method for the production of Nd-Fe-Co-B permanent magnets [C]. 3rd IUMRS Inter. Conference, Advanced Materials, 1994: 1013 ~ 1016

[86] Tokunaga M, Harada H. Magnetic degradation of $SmCo_5$ sintered magnets manufactured to small sizes [C]. Proc. 7th Inter. Workshop on Rare Earth-Cobalt Permanent Magnets and their Applications, Beijing, 1983: 527.

[87] Givord D, Tenaud P, Viadieu T. Analysis of hysteresis loops in Nd-Fe-B sintered magnets [J]. J. Appl. Phys., 1986, 60 (9): 3263 ~ 3265.

[88] Imaizumi N, Inoue N, Takahashi K. Effects of post-machining heat treatment on the magnetic properties and the corrosion of NdDyFeB magnets [J]. IEEE Trans. Magn., 1987, 23 (5): 3610 ~ 3612.

[89] Nishio H, Yamamoto H, Nagakura M, Nagakura M, Uehara M. Effects of machining on magnetic properties of Nd-Fe-B system sintered magnets [J]. IEEE Trans. Magn., 1990, 26 (1): 257 ~ 261.

[90] Kim A S. Design of high temperature permanent magnets [J]. J. Appl. Phys., 1997, 81 (8): 5609 ~

5611.

[91] Rothworf F, Tawara Y, Ohashi K, Fidler J, Skalicky P. Enhancement of coercitivity by heat treatment of $Sm(CoCuFeZr)_{7.5}$ magnets [C]. The Proc. 6th Inter. Workshop on Rare Earth-Cobalt Permanent Magnets and Their Applications, Austria: Materials Science, 1982: 567 ~ 583.

[92] Chou S C, Wang R, Sun G F. The reversible changes of coercivities and microstructure of $Sm(CoCuFeZr)_{7.4}$ alloy during multiple step aging [C]. The Proc. 6th Inter. Workshop on Rare Earth-Cobalt Permanent Magnets and Their Applications. Baden: Technical University of Vienna, Vienna, 1982: 694.

[93] Fidler J, Skalicky P. Microstructure of precipitation hardened cobalt rare earth permanent magnets [J]. J. Magn. Magn. Mater., 1982, 27 (2): 127 ~ 134.

[94] Matthias T, Zehetner G, Fidler J, Scholz W, Schrefl T, Schobinger D, Martinek G. TEM-analysis of $Sm(Co,Fe,Cu,Zr)_z$ magnets for high-temperature applications [J]. J. Magn. Magn. Mater., 2002, 242: 1353 ~ 1355.

[95] Xiong X Y, Ohkubo T, Koyama T, Ohashi K, Tawara Y, Hono K. The microstructure of sintered $Sm(Co_{0.72}Fe_{0.20}Cu_{0.055}Zr_{0.025})_{7.5}$ permanent magnet studied by atom probe [J]. Acta Materialia, 2004, 52 (3): 737 ~ 748.

[96] Lefevre A, Cohen-Adad M T, Mentzen B F. Structural effect of Zr substitution in the Sm_2Co_{17} phase [J]. J. Alloys Compd., 1997, 256 (1): 207 ~ 212.

[97] Hadjaipanayis G C. Microstructure and magnetic domain structure of 2:17 precipitation-hardened rare-earth cobalt permanent magnets [C]. Proc. of the 6th Inter. Workshop on Rare Earth-cobalt Permanent Magnets and their Applications, Austria: Materials Science, 1982: 609 ~ 630.

[98] Fidler J, Skalicky P. Domain wall pinning in REPM [C]. Proc. of the 6th Inter. Workshop on Rare Earth-cobalt Permanent Magnets and their Applications, Austria: Materials Science, 1982: 585 ~ 597.

[99] Gutfleisch O, Müller K H, Khlopkov K, Wolf M, Yan A, Schafer R, Gemming T, Schultz L. Evolution of magnetic domain structures and coercivity in high-performance SmCo 2:17-type permanent magnets [J]. Acta Materialia, 2006, 54 (4): 997 ~ 1008.

[100] Yan A, Gutfleisch O, Gemming T, Muller K H. Microchemistry and magnetization reversal mechanism in melt-spun 2:17-type Sm-Co magnets [J]. Appl. Phys. Lett., 2003, 83 (11): 2208 ~ 2210.

[101] Zhang Y, Tang W, Hadjipanayis G C, Chen C, Nelson C, Krishnan K. Evolution of microstructure, microchemistry and coercivity in 2:17 type Sm-Co magnets with heat treatment [J]. IEEE Trans. Magn., 2001, 37 (4): 2525 ~ 2527.

[102] Goll D, Sigle W, Hadjipanayis G C, Kronmuller H. Nanocrystalline and nanostructured high-performance permanent magnets [C]. MRS Proceedings, Cambridge University Press, 2001, 674: U2.4.1-U2.4.12.

[103] Kronmüller H, Goll D. Micromagnetic analysis of pinning-hardened nanostructured, nanocrystalline Sm_2Co_{17} based alloys [J]. Scripta Materialia, 2002, 47 (8): 545 ~ 550.

[104] Zhang Y, Corte-Real M, Hadjipanayis G C, Liu J F, Walmer M S, Krishnan K M. Magnetic hardening studies in sintered $Sm(Co,Cu_x,Fe,Zr)_z$ 2:17 high temperature magnets [J]. J. Appl. Phys., 2000, 87 (9): 6722 ~ 6724.

[105] Liu J F, Zhang Y, Dimitrov D, Hadjipanayis G C. Microstructure and high temperature magnetic properties of $Sm(Co,Cu,Fe,Zr)_z$ ($z = 6.7 \sim 9.1$) permanent magnets [J]. J. Appl. Phys., 1999, 85 (5): 2800 ~ 2804.

[106] 兰德年. Fe 含量对高矫顽力 $Sm(CoFeCuZr)_z$ 磁体磁性能的影响 [J]. 金属材料研究, 1983, 9

(2): 18.

[107] Lan D N, Wang D W, Xiao W T, Zhu J H. The influence of iron content on the magnetic properties of Sm(Co,Cu,Fe,Zr)$_z$ magnets with high coercive force [C]. Proc. 7th Inter Workshop on Rare Earth-cobalt Permanent Magnets and their Applications, 1983: 461.

[108] Liu J F, Ding Y, Hadjipanayis G C. Effect of iron on the high temperature magnetic properties and microstructure of Sm(Co,Fe,Cu,Zr)$_z$ permanent magnets [J]. J. Appl. Phys., 1999, 85 (3): 1670 ~ 1674.

[109] 周寿增. 稀土永磁材料及其应用 [M]. 北京: 冶金工业出版社, 1995: 219 ~ 280.

[110] Tang W, Gabay A M, Zhang Y. Temperature dependence of coercivity and magnetization reversal mechanism in Sm($CoFe_{0.1}CuZr_{0.04}$)$_{7.0}$ magnets [J]. IEEE Trans. Magn., 2001, 37 (4): 2515 ~ 2517.

[111] Fukui Y, Nishio T, Iwama Y. Effect of zirconium upon structure and magnetic properties of 2-17 type rare earth-cobalt magnets [J]. IEEE Trans. Magn., 1987, 23 (5): 2705 ~ 2707.

[112] Tang W, Zhang Y, Hadjipanayis G C. Effect of Zr on the microstructure and magnetic properties of Sm ($Co_{bal}Fe_{0.1}Cu_{0.088}Zr_x$)$_{8.5}$ magnets [J]. J. Appl. Phys., 2000, 87 (1): 399 ~ 403.

[113] Tang W, Zhang Y, Hadjipanayis G C. High-temperature magnetic properties of Sm($Co_{bal}Fe_{0.1}Cu_{0.088}Zr_x$)$_{8.5}$ magnets [J]. J Magn. Magn. Mater., 2000, 212 (S1-2): 138 ~ 144.

[114] Liu J F, Zhang Y, Hadjipanayis G C. High-temperature magnetic properties and microstructural analysis of Sm(Co,Fe,Cu,Zr)$_z$ permanent magnets [J]. J. Magn. Magn. Mater., 1999, 202 (1): 69 ~ 76.

[115] Zhou J, Skomski R, Chen C, Hadjipanayis G C, Sellmyer D J. Sm-Co-Cu-Ti high-temperature permanent magnets [J]. Appl. Phys. Lett., 2000, 77 (10): 1514 ~ 1516.

[116] Tang W, Zhang Y, Hadjipanayis G C. Microstructure and magnetic properties of Sm($Co_{bal}Fe_xCu_{0.128}Zr_{0.02}$)$_{7.0}$ magnets with Fe substitution [J]. J. Magn. Magn. Mater., 2000, 221 (3): 268 ~ 272.

[117] Liu J F, Vora P, Walmer M. Overview of Recent Progress in Sm-Co Based Magnets [C]. Proc. 19th Inter. Workshop on REPM & Their Appl, 国际稀土永磁及应用研讨会, 2006, 13 (8): 319 ~ 323.

[118] 北京中科三环高技术股份有限公司. B_r-H_{cJ}牌号分布——中科三环产品目录2016 [R]. 中科三环研究院, 2016.

[119] Sagawa M, Hirosawa S, Yamamoto H, Fujimura S, Matsuura Y. Nd-Fe-B permanent magnet materials [J]. Jpn. J. Appl. Phys., 1987, 26 (6): 785 ~ 800.

[120] Kaneko Y. Rare-Earth Magnets with High Energy Products [C]. Proc. of 16th Int'l. Workshop on REPM & their Applications, Japan, 2000: 83.

[121] Kaneko Y, Tokuhara K, Sasakawa Y. Developing and Mass-producing of Super High Performance 400 kJ/m^3 Nd-Fe-B Magnets [J], J. Jpn. Soc. Powder Powder Metall., 2000, 47 (2): 139 ~ 145.

[122] Rodewald W, Wall B, Katter M, Uestuener K. Top Nd-Fe-B Magnets with Greater Than 56MGOe Energy Density and 9.8kOe Coercivity [J]. IEEE Trans. Magn., 2002, 38 (5): 2955 ~ 2957.

[123] Kuniyoshi F, Nakahara K, Kaneko Y. Developing of 460kJ/m^3 Nd-Fe-B Magnets [J]. J. Jpn. Soc. Powder Powder Metall., 2004, 51 (9): 698 ~ 702.

[124] Sagawa M, Fujimura S, Yamamoto H, Matsuura Y, Hiraga K. Permanent-magnet material based on the rare earth-iron-boron tetragonal compounds [J], IEEE Trans. Magn., 1984, 20 (5): 1584 ~ 1589.

[125] 周寿增, 董清飞. 超强永磁体 [M]. 北京: 冶金工业出版社, 2004.

[126] Ma B M, Krause R F. Microstructure and Magnetic Properties of Sintered NdDyFeB Magnets [C]. Bad Soden. Proc. 5th Int. Symposium on Anisotropy and Coercivity in Rare-Earth Transition Metal Alloys, Deutsche Physikalische: FRG, 1987: 141.

[127] Sagawa M, Hirosawa S, Tokuhara K, Yamamoto H, Fujimura S, Tsubokawa Y, Shimizu R. Depend-

ence of coercivity on the anisotropy-field in the $Nd_2Fe_{14}B$-type sintered magnets [J]. J. Appl. Phys., 1987, 61 (8): 3559 ~ 3561.

[128] Velicescu M, Schrey P, Rodewald W. Dy-distribution in the grains of high-energy (Nd, Dy)-Fe-B magnets [J]. IEEE Trans. Magn., 1995, 31 (6): 3623 ~ 3625.

[129] Li W F, Sepehri-Amin H, Ohkubo T, Hase N, Hono K. Distribution of Dy in high-coercivity (Nd, Dy)-Fe-B sintered magnet [J]. Acta Materialia, 2011, 59 (8): 3061 ~ 3069.

[130] Tukunaga M, Meguro N, Endoh M, Tanigawa S, Harada H, Some Heat Treatment Experiments for Nd-Fe-B Alloys [J] IEEE Trans. Magn., 1985, 21 (5): 1964 ~ 1966.

[131] Bernardi J, Fidler J, Seeger M, Kronmuller H. Preparation and TEM-study of sintered $Nd_{18}Fe_{74}B_6Ga_1Nb_1$ magnets [J]. IEEE Trans. Magn., 1993, 29 (6): 2773 ~ 2775.

[132] Bernardi J, Fidler J. Preparation and transmission electron microscope investigation of sintered $Nd_{15.4}Fe_{75.7}B_{6.7}Cu_{1.3}Nb_{0.9}$ magnets [J]. J. Appl. Phys., 1994, 76 (10): 6241 ~ 6243.

[133] Yang Y C, James W J, Li X D, Chen H Y, Xu L G. Magnetic Properties of Substituted $R_2(Fe,Al,Co)_{14}B$ Compounds [J]. IEEE Trans. Magn., 1986, 22 (5): 757 ~ 759.

[134] Pandian S, Chandrasekaran V, Iyer K J L, Rama Rao K V S. Investigations on the metallurgical features and magnetic properties of $Nd_{16.8}Fe_{75.7-x}Al_xB_{7.5}$ [J]. IEEE Trans. Magn., 2001, 37 (4): 2489 ~ 2492.

[135] Mizoguchi T, Sakai I, Niu H, Inomata K. Magnetic Properties of Nd-Fe-B Magnets with Both Co and Al Addition [J]. IEEE Trans. Magn., 1987, 23 (5): 2281 ~ 2283.

[136] Knoch K G, Grieb B, Henig E T, Kronmuller H, Petzow G. Upgraded Nd-Fe-B-AD (AD = Al, Ga) magnets: wettability and microstructure [J]. IEEE Trans. Magn., 1990, 26 (5): 1951 ~ 1953.

[137] Tokunaga M, Kogure H, Endoh M, Harada H. Improvement of Thermal Stability of Nd-Dy-Fe-Co-B Sintered Magnets by Additions of Al, Nb and Ga [J]. IEEE Trans. Magn., 1987, 23 (5): 2287 ~ 2289.

[138] Endoh M, Tokunaga M, Harada H. Magnetic properties and thermal stabilities of Ga substituted Nd-Fe-Co-B magnets [J]. IEEE Trans. Magn., 1987, 23 (5): 2290 ~ 2292.

[139] Biao W C, P X [C]. 10th Int. Workshop on Rare-Earth Magnets and Their Applications, Kyoto, Japan, 1989, 491.

[140] Li Hongshuo, Hu Boping, Cadogan J M, Coey J M D, Gavigan J P. Magnetic Properties of New Ternary $R_6Ga_3Fe_{11}$ Compounds [J]. J. Appl. Phys. 1990, 67: 4841 ~ 4843.

[141] Kim A S, Camp F E. Effect of minor grain boundary additives on the magnetic properties of NdFeB magnets [J]. IEEE Trans. Magn., 1995, 31 (6): 3620 ~ 3622.

[142] Kim A S, Camp F E. Microstructure of Zr containing NdFeB [J]. IEEE Trans. Magn., 1997, 33 (5): 3823 ~ 3825.

[143] Pollard R J, Grundy P J, Parker S F H, Lord D G. Effect of Zr additions on the microstructural and magnetic properties of NdFeB based magnets [J]. IEEE Trans. Magn., 1988, 24 (2): 1626 ~ 1628.

[144] 孙志月，潘晶，刘新才，陈威，贺琦军，刘少艮. Nb, Zr 添加量对粉末烧结 Nd(Dy, Gd)-Fe(Nb,Zr,Al,Cu)-B 晶界相形成和矫顽力的影响 [J]. 功能材料, 2011, 42 (5): 834 ~ 837.

[145] Liu Y, Ma Y, Li J, Li C, Xie F, Chu L. Magnetic properties and microstructure studies of hot-deformed Nd-Fe-B magnets with Zr addition [J]. IEEE Trans. Magn., 2010, 46 (7): 2566 ~ 2569.

[146] 宋晓平，王笑天，黄启华，刘军海，姚引良. Nb 对 (Nd,Dy)-(Fe,Co)-B 永磁体显微组织的影响 [J]. 金属学报, 1991, 27 (5): 120 ~ 124.

[147] Parker S F H, Pollard R J, Lord D G, Grundy P J. Precipitation in NdFeB-Type Magnet Materials [J]. IEEE Trans. Magn., 1987, 23 (5): 2103 ~ 2105.

[148] Tokunaga M, Harada H, Trout S R. Effect of Nb Additions on the Irreversible Losses of Nd-Fe-B Type Magnets [J]. IEEE Trans. Magn., 1987, 23 (5): 2284~2286.

[149] 成问好，李卫，李传健．Nb 含量对烧结 NdFeB 永磁体磁性能及显微结构的影响 [J]．物理学报，2001, 50 (1): 139~143.

[150] Kitano Y, Shimomura J, Shimotomai M. Analytical electron microscopy of Ti-doped Nd-TM-B magnets [J]. J. Appl. Phys., 1991, 69 (8): 6055~6057.

[151] Sagawa M, Tenaud P, Vial F, Hiraga K. High coercivity Nd-Fe-B sintered magnet containing vanadium with new microstructure [J]. IEEE Trans. Magn., 1990, 26 (5): 1957~1959.

[152] 申战功，严勇．V 对 NdFeB 合金永磁性能的影响 [J]．金属材料研究，1992, 18 (3): 83~85.

[153] Hirosawa S, Tomizawa H, Mino S, Hamamura A. High-coercivity Nd-Fe-B-type permanent magnets with less dysprosium [J]. IEEE Trans. Magn., 1990, 26 (5): 1960~1962.

[154] Rodewald W, Schrey P. Structural and magnetic properties of sintered $Nd_{14.4}Fe_{67.0-x}Co_{11.8}Mo_xB_{6.8}$ magnets [J]. IEEE Trans. Magn., 1989, 25 (5).

[155] Bernardi J, Fidler J, Födermayr F. The effect of V or W additives to microstructure and coercivity of Nd-Fe-B based magnets [J]. IEEE Trans. Magn., 1992, 28 (5): 2127~2129.

[156] Nakamura H, Hirota K, Shimao M, Minowa T, Honshima M. Magnetic properties of extremely small Nd-Fe-B sintered magnets [J]. IEEE Trans. Magn., 2005, 41 (10): 3844~3846.

[157] Otsuki E, Otsuki T, Imai T. Proc. 11th Inter. Workshop REPM and Their Appl., 1990: 328.

[158] Kusunoki M, Minowa T, Honshima M. Trans. IEEE Japan, 1993, 113-A: 849.

[159] Hirosawa S, Tokuhara K, Sagawa M. Coercivity of Surface Grains of Nd-Fe-B Sintered Magnet [J]. Jpn. J. Appl. Phys., 1987, 26 (26): L1359~L1361.

[160] Park K T, Hiraga K, Sagawa M. Effect of metal-coating and consecutive heat treatment on coercivity of thin Nd-Fe-B sintered magnets [C]. Proc. 16th Workshop Rare-Earth Magnets and Their Applications, Sendai, 2000: 257~264.

[161] Hirota K, Nakamura H, Minowa T, Honshima M. Coercivity Enhancement by the Grain Boundary Diffusion Process to Nd-Fe-B Sintered Magnets [J]. IEEE Trans. on Magnetics, 2006, 42 (10): 2909.

[162] Nakamura H, Hirota K, Minowa T, Honshima M. Coercivity of Nd-Fe-B Sintered Magnets Produced by the Grain Boundary Diffusion Process with Various Rare-Earth Compounds [J]. J. Magn. Soc. Jpn., 2007, 31 (31): 6~11.

[163] Nakamura H, Hirota K, Ohashi T, Minowa T. Coercivity distributions in Nd-Fe-B sintered magnets produced by the grain boundary diffusion process [J]. J. Phys. D: Appl. Phys., 2011, 44 (6).

[164] Niu E, Chen Zhian, Ye Xuanzhang, Zhu Wei, Chen Guoan, Zhao Yugang, Zhang Jin, Rao Xiaolei, Hu Boping, Wang Zhenxi. Anisotropy of grain boundary diffusion in sintered Nd-Fe-B magnet [J]. Appl. Phys. Lett., 2014, 104 (26): 262405.

[165] Hu Boping, Niu E, Zhao Yugang, Chen Guoan, Chen Zhian, Jin Guoshun, Zhang Jin, Rao Xiaolei, Wang Zhenxi. Study of sintered Nd-Fe-B magnet with high performance of H_{cJ}(kOe) + $(BH)_{max}$ (MGOe) > 75 [J]. AIP Advances, 2013, 3 (4).

[166] Arai S, Shibata T. Highly Heat-Resistant Nd-Fe-Co-B System Permanent Magnets [J]. IEEE Trans. Magn., 1985, 21: 1952~1954.

[167] Mizoguchi T, Sakai I, Niu H, Inomata K. Nd-Fe-B-Co-Al based permanent magnets with improved magnetic properties and temperature characteristics [J]. IEEE Trans. Magn., 1986, 22: 919~921.

[168] Yamamoto H, Hirosawa S, Fujimura S, Tokuhara K, Nagata H, Sagawa M. Metallographic Study on Nd-Fe-Co-B Sintered Magnets [J]. IEEE Trans. Magn., 1987, 23: 2100~2102.

[169] Ma B M, Narasimhan K S V L, Hurt J C. NdFeB Magnets with Zero Temperature Coefficient of Induction [J]. IEEE Trans. Magn., 1986, 22: 1081 ~ 1083.

[170] Xiao Y, Strnat K J, Mildrum H F, Ray A E. Effects of Erbium Substitution on Permanent Magnet Properties of Sintered (Nd,Dy)-(Fe,Co)-B [J]. IEEE Trans. Magn., 1987, 23: 2293 ~ 2295.

[171] Minowa T, Yoshikawa M, Honshima M. Improvement of the corrosion resistance on Nd-Fe-B magnet with nickel plating [J]. IEEE Trans. Magn., 1989, 25: 3776 ~ 3778.

[172] Ohashi K, Tawara Y, Yokoyama T, Kobayashi N. Corrosion resistance of Co-containing Nd-Fe-Co-B magnets [J]. Proc. 9th Inter. Workshop on Rare Earth Magnets and Their Applications, 1987: 355.

[173] Tenaud P, Vial F, Sagawa M. Improved corrosion and temperature behaviour of modified Nd-Fe-B magnets [J]. IEEE Trans. Magn., 1990, 26 (5): 1930 ~ 1932.

[174] Kim A S, Jacobson J M. Oxidation and oxidation protection of Nd-Fe-B magnets [J]. IEEE Trans. Magn., 1987, 23 (5): 2509 ~ 2511.

[175] Burzo E, Plugaru N. Magnetic properties of $R_2Fe_{14-x}Cu_xB$ compounds with R = Nd or Er [J]. J. Magn. Magn. Mater., 1990, 86 (1): 97 ~ 101.

[176] 李振寰. 元素性质数据手册 [M]. 石家庄: 河北人民出版社, 1985.

[177] Fukuzumi M, Kaneko Y, Kazuhiko M. 粉体与粉末冶金, 2003, 50: 41.

[178] Sunada S, Majima K, Akasofu Y, Kaneko Yuji. Corrosion assessment of Nd-Fe-B alloy with Co addition through impedance measurements [J]. J. Alloys Compd., 2006, 408-412: 1373 ~ 1376.

[179] Fujita A, Fukuda Y, Shimotomai M. Magnetic properties and corrosion characteristics of Nd-(Fe, Co, Ni)-B pseudo-ternary system [J]. IEEE Transl. J. Magn. Jpn., 1991, 6: 202 ~ 207.

[180] Camp F E, Kim A S. Effect of microstructure on the corrosion behavior of NdFeB and NdFeCoAlB magnets [J]. J. Appl. Phys., 1991, 70 (10): 6348 ~ 6350.

[181] Fujimura S, Sagawa M, Yamamoto H, Hirosawa S, Hirozawa S [P]. Jpn. Patent. JP63038555. 1988. 2. 19.

[182] Hirosawa S, Tomizawa H, Mino S, Tokuhara K. Improvements of Coercivity and Corrosion Resistance in Nd-Fe-Co-B Sintered Magnet by Addition of V or Mo [J]. IEEE Transl. J. Magn. Jpn., 1991, 6: 901 ~ 907.

[183] Bala H, Szymura S, Wyslocki J J. Corrosion characteristics of $Nd_2Fe_{14-x}Ni_xB$ permanent magnets [J]. IEEE., 1990, 26: 2646 ~ 2648.

[184] Bala H, Szymura S, Owczarek E, Nowy-Wiechula W. Corrosion behaviour of sintered Nd-(Fe,Al)-B magnets [J]. Intermetallics, 1997, 5: 493 ~ 495.

[185] Filip O, El-Aziz A M, Hermann R, Mummert K, Schultz L. Effect of Al additives and annealing time on microstructure and corrosion resistance of Nd-Fe-B alloys [J]. Materials Letters, 2001, 51: 213 ~ 218.

[186] Kim A S, Camp F E. A high performance Nd-Fe-B magnet with improved corrosion resistance [J]. IEEE Trans. Magn., 1992, 31: 2151 ~ 2152.

[187] Szymura S, Bala H, Stoklosa H, Sergeev V V. Microstructure, Magnetic Properties, and Corrosion Behaviour of the Copper-Doped NdFeB Sintered Magnets [J]. Phys. Stat. Sol (a)., 1993, 137 (1): 179 ~ 188.

[188] Kim A S, Camp F E. Effect of minor grain boundary additives on the magnetic properties of NdFeB magnets [J]. IEEE Trans. Magn., 1995, 31: 3620 ~ 3622.

[189] Kim A S, Camp F E. High performance NdFeB magnets [J]. J. Appl. Phys., 1996, 79: 5035 ~ 5039.

[190] Grieb B, Pithan C, Henig E T, Petzow G. Replacement of Nd by an intermetallic phase in the intergranular region of Fe-Nd-B sintered magnets [J]. J. Appl. Phys., 1991, 70: 6354 ~6356.

[191] Fernengel W, Rodewald W, Blank R, Schrey P, Katter M, Wall B. The influence of Co on the corrosion resistance of sintered Nd-Fe-B magnets [J]. J. Magn. Magn. Mater., 1999, 196-197: 288 ~290.

[192] Katter M, Blank R, Zapf L, Rodewald W, Fernengel W. Corrosion mechanism of RE-Fe-Co-Cu-Ga-Al-B magnets [J]. IEEE Trans. Magn., 2001, 37: 2474 ~2476.

[193] Hu Boping, Coey J M D, Klesnar H, Rogal P. Crystal structure, magnetism and ^{57}Fe Mössbauer spectra of ternary $RE_6 Fe_{11} Al_3$ and $RE_6 Fe_{13}Ge$ compounds [J]. J. Magn. Magn. Mate, 1992, 117: 225 ~231.

[194] El-Aziz A M. Corrosion resistance of Nd-Fe-B permanent magnetic alloys, Part 1: Role of alloying. Materials and Corrosion-Werkstoffe und corrosion, 2003, 54 (2): 88 ~92.

[195] Beseničar S, Saje B, Dražič G, Holc J. The influence of ZrO_2 addition on the microstructure and the magnetic properties of Nd-Dy-Fe-B magnets [J]. J. Magn. Magn. Mater., 1992, 104 ~107: 1175 ~1178.

[196] Beseničar S, Holc J, Dražič G, Saje B. Proc. of the 7 Symp. on Magnetic Anis. & Coerc. in RE-TM Allow, Canberra 1992. DD. 46.

[197] Beseničar S Kobe, Holc J, Dražič G, Saje B. The influence of ZrO_2 Addition on Phase Composition in the Nd-Dy-Fe-B System and Improved Corrosion Resistance of the Magnets [J]. IEEE Trans. Magn.., 1994, 30 (2): 693 ~695.

[198] Mo W J, Zhang L T, Shan A D, Cao L J, Wu J S, Komuro M. Improvement of magnetic properties and corrosion resistance of NdFeB magnets by intergranular addition of MgO [J]. J. Alloys Compd., 2008, 461: 351 ~354.

[199] Mo W J, Zhang L T, Liu Q Z, Shan A D, Wu J S, Komuro M, Shen L P. Microstructure and corrosion resistance of sintered NdFeB magnet modified by intergranular additions of MgO and ZnO [J]. Journal of Rare Earths, 2008, 26 (2): 268 ~273.

[200] Cui X G, Yan M, Ma T Y, Luo W, Tu S J. Effect of SiO_2 nanopowders on magnetic properties and corrosion resistance of sintered Nd-Fe-B magnets [J]. J. Magn. Magn. Mater., 2009, 321: 392 ~395.

[201] Barin I, Platzki G. VCH., 1995.

[202] Ni J J, Zhou S T, Jia Z F, Wang C Z. Improvement of corrosion resistance in Nd-Fe-B sintered magnets by intergranular additions of Sn [J]. J. Alloys Compd., 2014, 588: 558 ~561.

[203] Cui X G, Yan M, Ma T Y, Yu L Q. Effects of Cu nanopowders addition on magnetic properties and corrosion resistance of sintered Nd-Fe-B magnets [J]. Physica B, 2008, 403: 4182 ~4185.

[204] Sun C, Liu W Q, Sun H, Yue M, Yi X F, Chen J W. Improvement of Coercivity and Corrosion Resistance of Nd-Fe-B Sintered Magnets with Cu Nano-particles Doping [J]. J. Mater. Sci. Technol., 2012, 28 (10): 927 ~930.

[205] Zhang P, Ma T Y, Liang L P, Yan M. Improvement of corrosion resistance of Cu and Nb Co-added Nd-Fe-B sintered magnets [J]. Materials Chemistry and Physics, 2014, 147: 982 ~986.

[206] Ni J J, Ma T Y, Cui X G, Wu Y R, Yan M. Improvement of corrosion resistance and magnetic properties of Nd-Fe-B sintered magnets by $Al_{85}Cu_{15}$ intergranular addition [J]. J. Alloys Compd., 2010, 502: 346 ~350.

[207] Ni J J, Ma T Y, Wu Y R, Yan M. Effect of post-sintering annealing on microstructure and coercivity of $Al_{85}Cu_{15}$-added Nd-Fe-B sintered magnets [J]. J. Magn. Magn. Mater., 2010, 322: 3710 ~3713.

[208] Ni J J, Ma T Y, Yan M. Changes of microstructure and magnetic properties of Nd-Fe-B sintered magnets

by doping Al-Cu [J]. J. Magn. Magn. Mater., 2011, 323: 2549 ~ 2553.

[209] Yan M, Ni J J, Ma T Y, Ahmad Z, Zhang P. Corrosion behavior of $Al_{100-x}Cu_x$ ($15 \leqslant x \leqslant 45$) doped Nd-Fe-B magnets [J]. Materials Chemistry and Physics, 2011, 126: 195 ~ 199.

[210] Wu Y R, Ni J J, Ma T Y, Yan M. Corrosion resistance of Nd-Fe-B sintered magnets with intergranular addition of $Cu_{60}Zn_{40}$ powders [J]. Physica B, 2010, 405: 3303 ~ 3307.

[211] Zhang P, Liang L P, Jin J Y, Zhang Y J, Liu X L, Yan M. Magnetic properties and corrosion resistance of Nd-Fe-B magnets with $Nd_{64}Co_{36}$ intergranular addition [J]. J. Alloys Compd., 2014, 616: 345 ~ 349.

[212] Zhang P, Ma T Y, Liang L P, Liu X L, Wang X J, Jin J Y, Zhang Y J, Yan M. Improved corrosion resistance of low rare-earth Nd-Fe-B sintered magnets by $Nd_6Co_{13}Cu$ grainboundary restructuring [J]. J. Magn. Magn. Mater., 2015, 379: 186 ~ 191.

[213] Ni J J, Ma T Y, Yan M. Improvement of corrosion resistance in Nd-Fe-B magnets through grain boundaries restructuring [J]. Materials Letters, 2012, 75: 1 ~ 3.

[214] Okada M, Sugimoto S, Ishizaka C, Tanaka T, Homma M. Didymium-Fe-B sintered permanent magnets [J]. J. App. Phys., 1985, 57 (8): 4146 ~ 4148.

[215] Yamasaki J, Soeda H, Yanagida M, Mohri K, Teshima N, Kohmoto O, Yoneyama T, Yamaguchi N. Misch Metal-Fe-B Melt Spun Magnets with 8MGOe Energy Product [J]. IEEE Trans. Magn., 1986, 22 (5): 763 ~ 765.

[216] Koon N C, Williams C M, Das B N. A new class of melt quenched amorphous magnetic alloys (Abstract) [J]. J. App. Phys., 1981, 52 (3): 2535 ~ 2535.

[217] Koon N C, Das B N. Magnetic properties of amorphous and crystallized $(Fe_{0.82}B_{0.18})_{0.9}Tb_{0.05}La_{0.05}$ [J]. Appl. Phys. Lett., 1981, 39 (10): 840 ~ 842.

[218] Gschneidner K A, Smoluchowski R. Concerning the valences of the cerium allotropes [J]. J. Less-Common Met., 1963, 5 (5): 374 ~ 385.

[219] Lawrence J M, Riseborough P S, Parks R D. REVIEW ARTICLE: Valence fluctuation phenomena [R]. Rep. Prog. Phys, 1981, 44: 1 ~ 84.

[220] Wohlleben D, Rijhler J. The valence of cerium in metals (invited) [J]. J. App. Phys., 1984, 55: 1904 ~ 1909.

[221] Wills J M, Eriksson O, Boring A M. Theoretical studies of the high pressure phases in cerium [J]. Phys. Rev. Lett., 1991, 67 (16): 2215 ~ 2218.

[222] Hirosawa S, Matsuura Y, Yamamoto H, Fujimura S, Sagawa M, Yamauchi H. Magnetization and magnetic anisotropy of $R_2Fe_{14}B$ measured on single crystals [J]. J. Appl. Phys., 1986, 59 (3): 873 ~ 879.

[223] Herbst J F, Yelon W. Crystal and Magnetic Structure of $Ce_2Fe_{14}B$ and $Lu_2Fe_{14}B$ [J]. J. Magn. Magn. Mater., 1986, 54 ~ 57: 570 ~ 572.

[224] Capehart T W, Mishra R K, Meisner G P, Fuerst C D, Herbst J F. Steric variation of the cerium valence in $Ce_2Fe_{14}B$ and related compounds [J]. Appl. Phys. Lett., 1993, 63: 3642.

[225] Alam A, Johnson D D. Mixed valency and site-preference chemistry for cerium and its compounds: A predictive density-functional theory study [J]. Phys. Rev. B, 2014, 89: 2495 ~ 2502.

[226] Capehart T W, Mishra R K, Fuerst C D, Meisner G P, Pinkerton F E, Herbst J F. Spectroscopic valence of cerium in cerium-lanthanum-iron compounds [J]. Phys. Rev. B, 1997, 55: 11496 ~ 11501.

[227] Dalmas de Reotier P, Fruchart D, Pontonnier L, Vaillant F, Wolfers P, Yaouanc A, Coey J M D, Fruchart R, L'Heritier Ph. Structural and magnetic properties of $RE_2Fe_{14}BH(D)_x$; RE = Y, Ce, Er [J]. J. Less-Common Met., 1987, 129: 133 ~ 144.

[228] Fruchart D, Vaillant F, Yaouanc A, Coey J M D, Fruchart R, L'Heritier Ph, Riesterer T, Osterwalder J , Schlapbach L. Hydrogen induced changes of valency and hybridization in Ce intermetallic compounds [J]. J. Less-Common Met. , 1987, 130: 97 ~ 104.

[229] Fuerst C D, Capehart T W, Pinkerton F E , Herbst J F. Preparation and characterization of $La_{2-x}Ce_x Fe_{14}B$ compounds [J]. J. Magn. Magn. Mater. , 1995, 139: 359 ~ 363.

[230] Hadjipanayis G C. The use of rapid solidification processes in search of new hard magnetic materials [J], Can. J. Phys. , 1987, 65 (10): 1200 ~ 1209.

[231] Soeda H, Yanagida M, Yamasaki J , Mohri K. Hard Magnetic Properties of Rapidly Quenched (La, Ce)-Fe-B Ribbons [J]. IEEE Transl. J. Magn. Jpn. , 1985, TJMJ-1: 1006 ~ 1008.

[232] Herbst J F, Meyer M S, Pinkerton F E. Magnetic hardening of $Ce_2Fe_{14}B$ [J]. J. App. Phys. , 2012, 111 (7): 07A718.

[233] Zhou Q Y, Liu Z, Guo S, Yan A R , Lee D. Magnetic Properties and Microstructure of Melt-Spun Ce-Fe-B Magnets [J]. IEEE Trans. Magn. , 2015, MAG-51: 2104304.

[234] Li Z B, Shen B G, Zhang M, Hu F X , Sun J R. Substitution of Ce for Nd in preparing $R_2Fe_{14}B$ nanocrystalline magnets [J]. J. Alloys Compd. , 2015, 628: 325 ~ 328.

[235] Wang X C, Zhu M G, Li W, Zheng L Y, Zhao D L, Du X , Du A. The Microstructure and Magnetic Properties of Melt-Spun CeFeB Ribbons with Varying Ce Content. Electron [J]. Mater. Lett. , 2015, 11: 109 ~ 112.

[236] Chen Z M, Lim Y K , Brow D. Substitution of Ce for (Nd,Pr) in Melt-Spun (Nd,Pr)-Fe-B Powders [J]. IEEE Trans. Magn. , 2015, 51: 2102104.

[237] Pathak A K, Khan M, Gschneidner Jr K A, McCallum R W, Zhou L, Sun K W, Dennis K W, Zhou C, Pinkerton F E, Kramer M J , Pecharsky V K, Cerium: An Unlikely Replacement of Dysprosium in High Performance Nd-Fe-B Permanent Magnets [J]. Adv. Mater. , 2015, 27: 2663 ~ 2667.

[238] Gschneidner Jr K A, Khan M, McCallum R W, Pecharsky V K, Pathak A K, Zhou M L, Brown D, Pinkerton F E, Zhou K. Dy-free, Reduced Nd, High Performance $Nd_2Fe_{14}B$-based Permanent Magnets [R]. In Proc. , 2014, 23rd REPM: 403.

[239] Skoug E J, Meyer M S, Pinkerton F E, Tessema M M, Haddad D , Herbst J F. Crystal structure and magnetic properties of $Ce_2Fe_{14-x}Co_xB$ alloys [J]. J. Alloy. Compd. , 2013, 574: 552 ~ 555.

[240] Ni B J, Xu H, Tan X H, Hou X L. Study on magnetic properties of $Ce_{17}Fe_{78-x}Zr_xB_6$ ($x = 0 \sim 2.0$) alloys [J]. J. Magn. Magn. Mater. , 2016, 401: 784 ~ 787.

[241] Gong W , Hadjipanayis G C. Misch-Metal-Iron Based Magnets [J]. J. Appl. Phys. , 1988, 63: 3513 ~ 3515.

[242] Ma B M , Willman C J. Misch-metal and/or Aluminum Subsitutions in Nd-Fe-B Permanent Magnets [R]. Mat. Res. Soc. Symp. Proc. , 1987, 96: 133 ~ 142.

[243] Li D , Bogatin Y. Effect of composition on the magnetic properties of $(Ce_{1-x}Nd_x)_{13.5}(Fe_{1-y-z}Co_ySi_z)_{80}B_{6.5}$ sintered magnets [J]. J. Appl. Phys. , 1991, 69: 5515 ~ 5517.

[244] Zhou S X , Wang Y G. , Høier R Investigations of magnetic properties and microstructure of 40 Cedidymium-Fe-B based magnets [J]. J. Appl. Phys. , 1994, 75: 6268 ~ 6270.

[245] Zhu M G, Li W, Wang J D, Zheng L Y, Li Y F, Zhang K, Feng H B , Liu T. Influence of Ce Content on the Rectangularity of Demagnetization Curves and Magnetic Properties of Re-Fe-B Magnets Sintered by Double Main Phase Alloy Method [J]. IEEE Trans. Magn. , 2014, 50: 1000104.

[246] Zhu M G, Han R, Li W, Huang S L, Zheng D W, Song L W , Shi X N. An Enhanced Coercivity for (CeNdPr)-Fe-B Sintered Magnet Prepared by Structure Design [J]. IEEE Trans. Magn. , 2015,

51: 2104604.

[247] Niu E, Chen Z A, Chen G A, Zhao Y G, Zhang J, Rao X L, Hu B P, Wang Z X. Achievement of high coercivity in sintered R-Fe-B magnets based on misch-metal by dual alloy method [J]. J. Appl. Phys., 2014, 115: 113912.

[248] Déportes J, Givord D, Ziebeck K R A. Evidence of short-range magnetic order at 4 times T_c in a metallic compound containing Fe: Susceptibility and paramagnetic scattering in $CeFe_2$ [J]. J. Appl. Phys., 1981, 52: 2074 ~ 2076.

[249] Yan C J, Guo S, Chen R J, Lee D, Yan A R. Phase constitution and microstructure of Ce-Fe-B strip-casting alloy [J]. Chin. Phys. B, 2014, 23: 508 ~ 512.

[250] Yan C J, Guo S, Chen R J, Lee D, Yan A R. Enhanced magnetic properties of sintered Ce-Fe-B-based magnets by optimizing the microstructure of strip-casting alloys [J]. IEEE Trans. Magn., 2014, 50: 1 ~ 4.

[251] Yan C J, Guo S, Chen R J, D Lee, Yan A R. Effect of Ce on the Magnetic Properties and Microstructure of Sintered Didymium-Fe-B Magnets [J]. IEEE Trans. Magn., 2014, 50: 1 ~ 5.

[252] Yan C J, Guo S, Chen L, Chen R J, Liu J, Lee D, Yan A R. Enhanced temperature stability of coercivity in sintered permanent magnet by substitution of Ce for didymium [J]. IEEE Trans. Magn., 2015, 52: 1.

[253] Shimoda T, Okonoei Jc I, Kasai K, Teraishi K. New Resin-Bonded Sm_2Co_{17} Type Magnets [J]. IEEE Trans. Magn., 1980, 16: 991 ~ 993.

[254] Mishra R K. Microstructure Of Melt-Spun Nd-Fe-B Magnequench Magnets [J]. J. Magn. Magn. Mater., 1986, 54-57: 450 ~ 456.

[255] Hadjipanayis G C, Gong W. Lorentz Microscopy in Melt-Spun R-Fe-B Alloys [J]. J. Magn. Magn. Mater., 1987, 66: 390 ~ 396.

[256] Bauer J, Seeger M, Zern A, Kronmüller H. Nanocrystalline FeNdB permanent magnets with enhanced remanence [J]. J. Appl. Phys., 1996, 80: 1667 ~ 1673.

[257] Kronmüller H, Goll D. Micromagnetic analysis of nucleation-hardened nanocrystalline PrFeB magnets [J]. Scripta Materialia, 2002, 47: 551 ~ 556.

[258] Coehoorn R, De Mooij D B, Duchateau J P W B, Buschow K H J. Novel Permanent Magnetic Materials Made By Rapid Quenching [J]. Journal de Phys., 1988, 49: C8-669 ~ 670.

[259] Buschow K H J, De Mooij D B, Coehoorn R. Metastable ferromagnetic materials for permanent magnets [J]. J. Less-Common Met., 1988, 145: 601 ~ 611.

[260] Coehoorn R, De Mooij D B, De Waard C. Meltspun Permanent Magnet Materials Containing Fe_3B as the Main Phase [J]. J. Magn. Magn. Mater., 1989, 80: 101 ~ 104.

[261] Khan Y, Kneller E, Sostarich M. The Phase Fe_3B、Z. Metallk. 1982, 73: 624 ~ 626.

[262] Coene W, Hakkens F, Coehoorn R, De Mooij D B, De Waard J Fidler C, Grössinger R. Magnetocrystalline anisotropy of Fe_3B, Fe_2B and $Fe_{1.4}Co_{0.6}B$ as studied by Lorentz electron microscopy, singular point detection and magnetization measurements [J]. J. Magn. Magn. Mater., 1991, 96: 189 ~ 196.

[263] Kanekiyo H, Hirosawa S. Improvements in the Coercivity of Iron-Based Nanocrystalline Low Rare-Earth Fe_3B-Nd Permanent Magnets [J]. IEEE Transl. J. Magn. Jpn., 1993, 8: 881 ~ 887.

[264] Hirosawa S, Kanekiyo H. Nanostructure and magnetic properties of chromium-doped Fe_3B-$Nd_2Fe_{14}B$ exchange-coupled permanent magnets [J]. Mater. Sci. and Eng. A, 1996, 217/218: 367 ~ 370.

[265] Kanekiyo H, Uehara M, Hirosawa S. Magnetic properties and microstructure of V-and-M-added, Fe_3B-based, Nd-Fe-B nanocrystalline permanent magnets (M = Al, Si) [J]. Mat. Sci. and Eng. A, 1994,

181/182：868 ~ 870.

[266] Kanekiyo H , Hirosawa S. Thick $Fe_3B/Nd_2Fe_{14}B$ nanocomposite permanent magnet flakes prepared by slow quenching [J]. J. Appl. Phys. , 1998, 83：6265 ~ 6267.

[267] Hirosawa S, Kanekiyo H, Shigemoto Y , Miyoshi T. Nanostructure Evolution in $Fe_3B/Nd_2Fe_{14}B$ Nanocomposite Permanent Magnets and Effects of Ti-C Additions [J]. J. Jpn. Soc. Powder Powder Metall. , 2004, 51：143 ~ 148.

[268] Katter M, Wecker J , Schultz L. Structural and hard magnetic properties of rapidly solidified Sm-Fe-N [J]. J. Appl. Phys. , 1991, 70：3188 ~ 3196.

[269] (a) Cadieu F J, Cheung T D, Wickramasekara L, and Aly S H. Magnetic Properties of a Metastable Sm-Fe Phase Synthesized by Selectively Thermalized Sputtering [J]. Jour. Appl. Phys. , 1984; 55：2611-2613; (b) Yang Xingbo, Miyazaki T, Izumi T, Saito H, Takahashi M, Formation and Magnetic Properties of Metastable Phases (Fe_5Sm, Fe_7Sm_2) in Binary Fe-Sm Alloys [J]. IEEE Trans. Mag. , 1987; 23：3104 ~ 3106.

[270] (a) Omatsuzawa R, Murashige K , Iriyama T. Structure and magnetic properties of SmFeN prepared by rapidly-quenching method [J]. 電気製鋼, 2002, 73：235 ~ 242; (b) 大松泽亮，入山恭彦. Development of Sm-Fe-N Isotropic Bonded Magnet [J]. 電気製鋼, 2005, 76：209 ~ 213.

[271] Yamamoto T, Hidaka T, Yoneyama T, Nishio H, Fukuno A. Magnetic properties of rapidly quenched $(Sm,Zr)(Fe,Co)_7$-N + α-Fe [J]. Materials Transaction, JIM, 37, 1996：1232 ~ 1237.

[272] I'Heritier P, Chaudouet P, Madar R, Rouault A, Senateur J , Fruchart R. C. R. Acad. Sci. Paris, 299 Ⅱ, 1984：849.

[273] Cadogan J M , Coey J M D. Hydrogen absorption and desorption in $Nd_2Fe_{14}B$ [J]. Appr. Phys. Lett. , 1986, 48 (6)：442 ~ 444.

[274] Oesterreicher H. 4th Int. Symp. Magnetic Anisotropy and Coercivity in Rare-Earth Transition Metal Alloys, Dayton, OH, USA, 1985：705.

[275] 中山亮治，武下拓夫. 第 103 回日本金属学会讲演概要集，1988：419 .

[276] Takeshita T , Nakayama R. Magnetic properties and microstructure of the Nd-Fe-B magnet powders produced by the hydrogen treatment-(Ⅲ) [C]. In：Proc. 11th Inter. Workshop on Rare earth Permanent Magnets and Their Applications, Edit. Sanker S G, 1990：49.

[277] Book D, Harris I R . Hydrogen absorption/desorption and HDDR studies on $Nd_{16}Fe_{76}B_8$ and $Nd_{11.8}Fe_{82.3}B_{5.9}$ [J]. J. Alloys Compd. , 1995, 221：187 ~ 192.

[278] Takeshita T, Nakayama R. In：Proc. 12th Inter. Workshop on REPM and Their Applications, 1992：670.

[279] Nakayama R, Takeshita T. Nd-Fe-B anisotropic magnet powders produced by the HDDR process [J]. J. Alloys Compd. , 1993, 193：259 ~ 261.

[280] Takeshita T , Nakayama R. Development of HDDR process and anisotropic Nd-Fe-B bonded manets [J]. 日本応用磁気学会誌，1993, 17：25 ~ 31.

[281] Nakamura H, Kato K, Book D, Sugimoto S, Okada M , Homma M. In：L. Schultz, K. H. Müller eds. Proc. of the 15th Int. Workshop on Rare-Earth Magnets and Their Applications. Dresden, Germany, 1998：507.

[282] Nakamura H, Kato K, Book D, Sugimoto S, Okada M , Homma M. J. Magn. Soc. Jpn. , 1999, 23：300.

[283] Sugimoto S, Gutfleisch O , Harris I R. Resistivity measurements on hydrogenation disproportionation desorption recombination phenomena in Nd-Fe-B alloys with Co, Ga and Zr additions [J]. J. Alloys

Compd. , 1997, 260: 284 ~ 291.

[284] Mishima C, Hamada N, Mitarai H , Honkura Y. Development of a Co-Free NdFeB Anisotropic Bonded Magnet Produced from the d-HDDR Processed Powder [J]. IEEE Trans. Magn. , 2001, 37: 2467.

[285] Honkura Y, Mishima C, Hamada N, Drazic G , Gutfleisch O. Texture memory effect of Nd-Fe-B during hydrogen treatment [J]. J. Magn. Magn. Mater. , 2005, 290-291: 1282 ~ 1285.

[286] Yang Y C, Ge S L, Zhang X D, Kong L S , Pan Q. In Proceedings of the Sixth International Symposium on Magnetic Anisotropy and Coercivity in Rare Earth Transition Metal Alloys [C]. Carnegie Mellon University Press, Pittsburgh, ed by Sankar S G, 1990: 190.

[287] Yang F M, Nasunjilegal B, Wang J L, Pan H Y, Qing W D, Zhao R W, Hu B P, Wang Y Z, Liu G C, Li H S, Cadogan J M. Magnetic properties of Novel $Sm_3(Fe, Ti)_{29}N_y$ nitride [J]. J. Appl. Phys. , 1994, 76: 1971.

[288] Collocott S J, Day R K, Dunlop J B, Davis R L. In: 7th Inter. Symposium on Mag. Anisotropy and Coercivity in Rare earth transition Metal alloys, Canberra, Australia, 1992: 437.

[289] Sun H, Orani Y , Coey J M D. Gas-phase carbonation of R_2Fe_{17} [J]. J. Magn. Magn. Mater. , 1992, 36: 1439 ~ 1440.

[290] Tereshina E A, Drulis H, Skourski Y , Tereshina I. Strong room-temperature easy-axis anisotropy in $Tb_2Fe_{17}H_3$: An exception among R_2Fe_{17} hydrides [J]. Phys. Rev. B, 2013, 87 (87): 3380 ~ 3385.

[291] Suzuki S, Miura T , Kawasaki M. $Sm_2Fe_{17}N_x$ bonded magnets with high performance [J]. IEEE Trans. Mag. , 1993, 29: 2815.

[292] Rodewald W, Velicescu M, Wall B , Reppel G W. In: Proc. 12th Workshop on RE Magnets and Their Appl. , Scott Four Colour Print, Perth, WA, Australia, 1992: 191.

[293] Ding J, McCormick P G , Street R. Structure and magnetic properties of anisotropic $Sm_2Fe_{17}N_x$ powders [J]. Appl. Phys. Lett. , 1992, 61: 2721.

[294] Kuhrt C, Katter M, Wecker J, Schnitzke K , Schultz L. Mechanically alloyed and gas-phase carbonated highly coercive $Sm_2Fe_{17}C_x$ [J]. Appl. Phys. Lett. , 1992, 60: 2029 ~ 2031.

[295] Shen B G, Kong L S, Wang F W , Cao L. Structure and magnetic properties of $Sm_2Fe_{14}Ga_3C_x$ (x = 0 ~ 2.5) compounds prepared by arc-melting [J]. Appl. Phys. Lett. , 1993, 63: 2288.

[296] Shen B G, Kong L S, Wang F W , Cao L. Formation and magnetic properties of $R_2Fe_{17-x}Ga_xC_2$ compounds prepared by arc-melting [J]. J. Magn. Magn. Mater. , 1993, 127: 267.

[297] Zhou S Z, Yang J, Zhang M C, Ma D Q, Li F B , Wang R. In: Proc. 12th Workshop on RE Magnets and Their Applications, Scott Four Colour Print, Perth, WA, Australia, 1992: 44.

[298] Ohmori K , Ishikawa T. Progress of Sm-Fe-N anisotropic magnets [C]. In: Proc. 19th Workshop on RE Magnets and Their Appl. , Beijing, China, 2006: 221 .

[299] Ishikawa T, Yokosawa K, Watanabe K, et al. Modified Process for High-Performance Anisotropic $Sm_2Fe_{17}N_3$ Magnet Powder [C]. In: 2nd International Symposium on Advanced Magnetic Materials and Applications (ISAMMA), Sendai, Japan, 2010.

[300] Imaoka N T, Iriyama S, Itoh A, et al. Effect of Mn addition to Sm-Fe-N magnets on the thermal stability of coercivity [J]. J. Alloys Compd. , 1995, 222: 73.

[301] Yamamoto H, Iwasawa J, Kumanbara T , Kojima T. Magnetic properties of $Sm_2(Fe_{1-x}Co_x)_{17}N_y$ Compounds and their bonded magnets [J]. IEEE Trans. Magn. , 1993, 29: 2845.

[302] Rodewald W, Velicescu M, Wall B, Reppel G W. Preparation and characterization of bonded anisotropic $Sm_2Fe_{17}N_x$ magnets [C]. In: Proc. 12th Workshop on RE Magnets and Their Applications, Canberra, Australia, 1992: 191.

[303] Hu B P, Rao X L, Xu J M, Liu G C, Wang Y Z, Dong X L, Zhang D X , Cai M. Magntic properties of sintered $Sm_2Fe_{17}N_y$ magnets [J]. J. Appl. Phys. , 1993, 74: 489.

[304] Sugimoto S, Nakamura H, Okada M , Homma M. In: Proc. 12th Workshop on RE Magnets and Their Applications, Scott Four Colour Print, Perth, WA, Australia, 1992: 218.

[305] Sugimoto S, Kurihara K, Nakamura H, Okada M , Homma M. Improvements of magnetic-properties of $Sm_2Fe_{17}C_x$ melt-spun ribbons by additional elements [J]. Mater. Trans. , JIM, 1992, 33: 146.

[306] Kou X C, Grossinger R, Katter M, Wecker J, Schultz L, Jacobs T H , Buschow K H J. Intrinsic magnetic properties of $R_2Fe_{17}C_yN_x$ compounds: (R = Y, Sm, Er, and Tm) [J]. J. Appl. Phys. , 1991, 70: 2272.

[307] Kou X C, Grossinger R, Li X, Liu J P, de Boer F R, Katter M, Wecker J, Schultz L, Jacobs T H , Buschow K H J. Magnetic phase transition and magnetocrystalline anisotropy of $Sm_2Fe_{17}C_xN_y$ [J]. J. Appl. Phys. , 1991, 70: 6015.

[308] Hu B P, Liu G C, Wang Y Z, Nasunjilegal B, Zhao R W, Yang F M, Li H S , Cadogan J M. A hard magnetic property study of a novel $Sm_3(Fe,Ti)_{29}N_y$ [J]. J. Phys. : Condens. Matter, 1994, 6: L197.

[309] Hu J F, Yang F M, Nasunjilegal B, Zhao R W, Pan H Y, Wang Z X, Hu B P, Wang Y Z , Liu G C. Hard magnetic behavior and interparticle interaction in the $Sm_3(Fe,Ti)_{29}N_y$ nitride [J]. J. Phys. : Condens. Matter, 1994, 6: L411.

[310] Nasunjilegal B, Yang F M, Tang N, Qin W D, Wang J L, Zhu J J, Gao H Q, Hu B P, Wang Y Z, Li H S. Novel permanent magnetic material: $Sm_3(Fe,Ti)_{29}N_y$ [J]. J. Alloys Compd. , 1995, 222: 57.

[311] Wang Y Z, Hu B P, Liu G C, Li H S, Han X F , Yang C P. Hard magnetic properties of the novel compound $Sm_3(Fe,Cr)_{29}N_y$ [J]. J. Phys. : Condens. Matter, 1997, 9: 2287.

[312] Wang Y Z, Hu B P, Liu G C, Li H S, Han X F , Yang C P. Hard magnetic properties of the novel compound $Sm_3(Fe,Cr)_{29}C_y$ [J]. J. Phys. : Condens. Matter, 1997, 9: 2793.

[313] Wang Y Z, Hu B P, Liu G C, Li H S, Han X F, Yang C P, Hu J F. Hard magnetic properties of interstitial compound $Sm_3(Fe,Cr)_{29}X_y(X = N, C)$ [J]. J. Alloys Compd. , 1998, 281: 72.

[314] Givord D, Tenaud P , Viadieu T. Analysis of hysteresis loops in NdFeB sintered magnets [J]. J. Appl. Phys. , 1986, 60: 3263.

[315] Yang Y C, Liu Z X, Zhang X D, Cheng B P, Ge S L. Magnetic properties of anisotropic $Nd(Fe,Mo)_{12}N_x$ powders [J]. J. Appl. Phys. , 1994, 76: 1745.

[316] Zhang X D, Cheng B P, Yang Y C. High coercivity in mechanically milled $ThMn_{12}$-type Nd-Fe-Mo nitrides [J]. Appl. Phys. Lett. , 2000, 77: 4022.

[317] Yang J B, Mao W H, Cheng B P, Yang Y C, et al.. Magnetic properties and magnetic domain structure of $NdFe_{10.5}Mo_{1.5}$ and $NdFe_{10.5}Mo_{1.5}N_x$ [J]. Appl. Phys. Lett. , 1997, 71: 3290.

[318] Han J Z, Liu S Q, Xing M Y, Lin Z, Kong X P, Yang J B, Wang C S, Du H L , Yang Y C. Preparation of anisotropic $Nd(Fe,Mo)_{12}N_{1.0}$ magnetic materials by stripcasting technique and direct nitrogenation for the strips [J]. J. Appl. Phys. , 2011, 109: 07A738.

[319] Mao W H, Cheng B P, Yang J B, Pei X D , Yang Y C. Synthesis and characterization of hard magnetic materials: $PrFe_{10.5}V_{1.5}N_x$ [J]. Appl. Phys. Lett. , 2004, 95: 7474.

[320] Mishra R Kand Lee R W. Microstructure, domain walls, and magnetization reversal in hot-pressed Nd-Fe-B magnets [J]. Appl. Phys. Lett, 1986, 48: 733.

[321] Tokunaga M, Nozawa Y, Iwasaki K, et al. Magnetic Properties of Isotropic and anisotropic Nd-Fe-B Bonded Magnets [J]. J. Magn. Magn. Mater. , 1989, 80: 80 ~ 87.

[322] Kojima K, Kawamoto A , Ohmori K. Production of an Sm-Fe-N magnet prower and its application in a bonded magnet [J]. 日本応用磁気学会誌, 1988, 12: 219.

[323] Shimoda T, Akioka K, Kobayashi O, Yamagami T. Hot-Working Behavior of Cast Pr-Fe-B Magnets [J]. IEEE Trans. Magn. , 1989, 25: 4099.

[324] Fannin E R, Muehlberger D E. In: 14th Airlines Plating Forum, MCAIR, 1978: 78-006.

[325] Minowa T, et al. In: Japan Metal Soc. Spring Meeting, 1988: 751.

[326] 宋华. 电泳涂装技术 [M]. 北京: 化学工业出版社, 2009.

[327] Liu J F, Chen C, Talnagi J, Wu S X, Harmer M. Thermal Stability and Radiation Resistance of Sm-Co Based Permanent Magnets [J]. Proceedings of Space Nuclear Conference, Boston. Massachusetts, June 24~28. 2007, 2036.

[328] Zhao H, Peng X, Feng Q, Guo Zh, Li W, Wang F. A Cr_2O_3-deposited $Sm(Co_{0.68}Fe_{0.22}Cu_{0.08}Zr_{0.02})_{7.5}$ magnet with increased oxidation resistance at 700℃ [J]. Corrosion Science, 2013, 73: 245~249.

[329] 坪島茂彦、中村秀照. 新版モ タ技術百科 [M]. オ ム社, 1993.

第 9 章

稀土永磁材料的应用

稀土永磁材料是20世纪60年代末出现的一种新颖永磁材料。它们兼具高磁能积和高矫顽力，是高新技术领域必需的功能材料。目前它们在航空航天、国防军工、电子通信、清洁能源、交通运输、矿山机械、医疗保健和家用电器等众多领域中已成为不可缺少的功能材料。Sm-Co 和 Nd-Fe-B 稀土永磁材料，除了它们具有固有的节能优点外，它们兼具的高磁能积和高矫顽力特征将会有力地促进现代科学技术与信息产业向集成化、小型化和智能化方向发展。可以确信，随着科学技术日新月异的飞速发展，不同种类的永磁体（包括稀土永磁体）所构成的各色各样的器件或装置将越来越多地进入人们的日常生活，从而为现代社会的进步和繁荣不断地作出它们应有的贡献。

本章首先介绍稀土永磁体应用的原理和分类，然后举例介绍稀土永磁体的一些具体应用，最后介绍磁路计算和有限元分析。

9.1 永磁体的应用原理和应用分类

9.1.1 永磁体的应用原理

永磁体，顾名思义，是永久产生磁场的物体。永磁体产生的磁场不需要任何电源，所以永磁系统在使用过程中可不必考虑在普通电磁铁中所出现的励磁线圈发热、损坏和电力消耗等问题，从而有节约省电、维护方便的优点。另外，利用永磁材料，特别是稀土永磁材料，由于它们兼具高磁能积和高矫顽力，因而可采用较小和较薄的磁体尺寸来构成电磁器件的磁路，从而极大地降低器件的体积和重量，为一些电磁器件实现小型化和微型化提供了基础。

在利用永磁体所做的所有电磁器件中，磁体设计的基本特征是如何在最大程度上利用永磁体所产生的磁感应强度（或称磁通密度）B，同时也希望磁体本身产生的 B 越大越好。这是因为电磁器件中所应用的原理不外乎是电磁感应电动势、洛伦兹力、安倍力、静磁力或力矩以及其他各种磁效应（如磁光、核磁等），而这些势能、力或力矩和磁效应的强度均与 B 成正比关系。例如：

电磁感应电动势

$$e = -\frac{\mathrm{d}\Phi}{\mathrm{d}t} = -\frac{\mathrm{d}(BS)}{\mathrm{d}t} \tag{9-1}$$

式中，$\Phi = BS$。其中，Φ 为磁通量；S 为垂直于磁场方向的面积；

洛伦兹力

$$\boldsymbol{F} = Q\boldsymbol{v} \times \boldsymbol{B} \tag{9-2}$$

式中，Q 为运动中的电荷；$\boldsymbol{v}$为电荷运动速度矢量；$\boldsymbol{B}$ 为磁感应强度矢量。

安倍力

$$\boldsymbol{F} = \boldsymbol{Il} \times \boldsymbol{B} \tag{9-3}$$

式中，$\boldsymbol{I}$ 为导体中的电流；$\boldsymbol{l}$ 为导体的长度矢量。

静磁力

$$\boldsymbol{F} = \nabla(V\boldsymbol{M} \times \boldsymbol{B}) \tag{9-4}$$

式中，∇为梯度算符；V 为材料体积；$\boldsymbol{M}$ 为材料的磁化强度矢量。

静磁力矩

$$\boldsymbol{T} = V\boldsymbol{M} \times \boldsymbol{B} \tag{9-5}$$

式中，符号同静磁力。

法拉第（磁光）旋转角

$$\theta_F = ClB \tag{9-6}$$

式中，C 为与物质性质和光的频率相关的费尔德常数，l 为材料的长度。

利用永磁体所产生的磁场与其他运动导体、载流导体、运动电子和其他铁磁体之间的相互作用，可方便地将一种能量转换成另一种能量。例如发电机、电话受话器是利用闭合导体在永磁体磁场中运动所产生的感应电动势，将机械能转变为电能的装置；各种电动机和致动器是利用闭合导体中的电流在永磁体磁场中产生的洛伦兹力，将电能转变为机械能的装置；各种喇叭则是利用闭合导体中的电流在永磁体磁场中产生的洛伦兹力，将电能转变为声能的装置；而永磁卡盘、磁选机、磁耦合传动装置、磁性轴承等则是利用永磁体对磁性材料的相吸或排斥，将一种机械能转变为另一种机械能的装置。还有核磁共振成像仪、光隔离器、微波铁氧体器件、磁水器和石油防蜡器等，则是利用各种物理化学或生物磁效应构成的特种器件或装置。

与过去传统磁体如永磁铁氧体和铝镍钴等相比，稀土永磁体能提供大的磁通密度 $\boldsymbol{B}$、大的磁能积和高的内禀矫顽力。稀土永磁体高的磁能积使磁体在动态应用中实现器件的小型化，而过去在这些器件中永磁体却占据了大部分体积和重量；稀土永磁体高的内禀矫顽力也使稀土永磁体适合应用到以前传统磁体不可能涉及的强退磁器件如磁轴承、电动机、发电机和致动器等中。尽管稀土永磁体在价格上比永磁铁氧体贵得多，然而它在提高电磁器件的性能、降低器件的体积、重量和能耗等诸方面都带来了可观的益处。因此，在许多情况下稀土永磁体仍被工程师们列为首选的永磁材料。

9.1.2 稀土永磁体应用分类

按照作用原理，稀土永磁体的应用与一般永磁体一样可以分成五大类：洛伦兹力定律、法拉第电磁感应定律、安倍定律、磁库仑定律、材料的其他磁效应。表 9-1 列出了稀土永磁体的应用领域和各种稀土永磁器件或装置所依据的物理效应及其作用方式。可以看到，每种作用原理都有极其宽广的应用领域。

表 9-1 稀土永磁体的应用领域和各种稀土永磁器件或装置所依据的物理效应及其作用方式

物理效应	作用方式	应用领域
洛伦兹力定律	磁场对带电粒子的作用	微波管、显像管、粒子加速器、磁谱仪、磁控溅射、磁控电镀等

续表 9-1

物理效应	作用方式	应用领域
安倍定律	磁场对载流导体的作用	永磁电动机、扬声器（喇叭）、音圈电动机、指南针、陀螺仪、加速度计、各种测量仪表等
法拉第电磁感应定律	磁场对运动导体或运动磁场对导体的作用	永磁发电机、涡流制动器、话筒、涡流磁选机等
磁库仑定律	（1）永磁体磁极之间的吸引和排斥作用 （2）磁场与铁磁性物质的吸引作用	磁力传动器、磁性轴承、磁推轴、磁性弹簧、磁连接 磁分离、磁力吸着装置、磁流体密封、磁闭锁继电器、电脉冲起重机、打捞器等
各种磁效应（核磁共振效应、法拉第磁光效应、铁磁共振效应、磁熵效应、磁热效应、磁阻效应和各种其他磁化效应）	磁场与各种物质的相互作用	核磁共振成像仪、光隔离器、光环行器、磁光电机、微波铁氧体器件、行输出变压器、磁选机、磁水器、石油防蜡器、磁疗器械等

按照产业分类，稀土永磁材料的应用可分为航空航天、国防军工、电子通信、交通运输、清洁能源、矿山机械、医疗保健和家用电器等领域。在上述各个应用领域中，由于应用环境的不同，相应采用的稀土永磁材料的性能需求也是不同的。这样，依据应用环境的不同，有的必须采用低温度系数的磁体，有的必须采用高使用温度的磁体，而有的则需要采用高矫顽力的磁体，有的需要采用高剩磁的磁体，还有的必须兼有高使用温度和高矫顽力磁体等。总之，不同的应用环境需要不同永磁性能的稀土永磁材料。

图 9-1（a）和（b）分别示意地展示了在 Nd-Fe-B 和 Sm-Co 两种类型稀土永磁材料中不同档次磁体目前所占据的应用领域。可以看到，由于 Nd-Fe-B 磁体比 Sm-Co 磁体的永磁性能高，价格便宜，应用极其广泛。从大的新能源领域的风力发电机和医用领域的核磁共振仪，到小的民用领域的各种小家电和人手一部的手机，性能优异的 Nd-Fe-B 磁体目前已是高新技术和人们日常生活不可或缺的功能材料。根据统计[1]，目前 Nd-Fe-B 永磁材料的产量约占全部稀土永磁体产量的 99.3%，仅剩余约 0.7% 的空间让 Sm-Co 磁体发挥其优良的高使用温度特征。这部分应用主要集中于航空航天和国防军工中所应用的微波管、飞行器推进器和一些特殊场合应用的电动机或发电机上。这部分应用所需的高温磁体仅 Sm-Co 磁体才能满足要求，但其用量有限。由此表明，Sm-Co 磁体在高温区的应用是其他永磁材料不可替代的[1]。

稀土永磁材料的应用十分广泛。随着科学技术的进步，其性能会越来越好，而价格越来越低，从而使得它的应用领域更加宽广。下面，基本按照作用原理分成如下四个方面的应用作简单介绍：电机工程、磁力机械、国防尖端科技和各种磁效应。

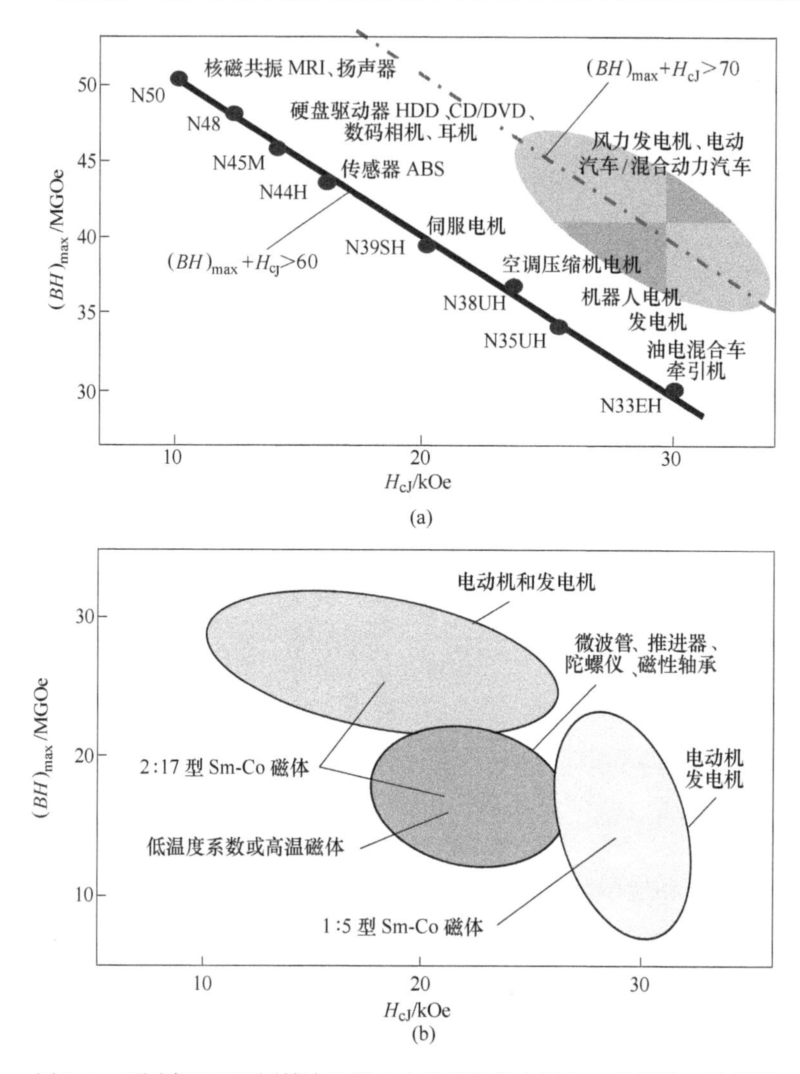

图9-1 不同类型和不同档次的稀土永磁材料所占据的应用领域的示意图
(a) Nd-Fe-B 系列；(b) Sm-Co 系列

9.2 在永磁电机中的应用

永磁电机是指利用永磁体磁场来替换电机中的励磁绕组后的所有电机的总称。在永磁电机中，按照能量转换性质是从机械能转换成电能还是从电能转换成机械能，可分为永磁发电机和永磁电动机（简称电机）。按照电流形式可分为永磁交流电机和永磁直流电机。在永磁直流电机中，按照有无电刷又可分为永磁有刷直流电机和永磁无刷直流电机；在永磁交流电机中，按照相位是否一致可分为永磁交流异步电机和永磁交流同步电机。

目前，在人们通常使用的稀土永磁无刷电机中，主要有稀土永磁无刷直流电机、稀土永磁交流同步电机、稀土永磁交流伺服电机和稀土永磁直线电机等。在稀土永磁电机中，微型或小型稀土永磁电机基本上都是直流形式的，而功率在数百瓦以上的稀土永磁电机通常是交流形式的。

在永磁电机中，利用永磁体进行激磁，不仅可以降低电力消耗，达到节约能源的目的，而且还可改善电机的运行性能。目前稀土永磁材料的三分之二以上用于制造各种永磁电机。永磁电机的种类和用途列于表9-2[2]。由表可见永磁电机的品种很多，电机的容量小至几分瓦，大至数兆瓦，广泛应用于包括航空航天、能源交通、电子信息、机械仪器和家用电器等国民经济的众多领域。高性能稀土永磁材料，尤其是Nd-Fe-B系永磁材料的出现极大地促进了永磁电机的开发和应用。目前，在500W以下的小型直流电机中，永磁电机占92%，而10W以下占99%以上。

表9-2 稀土永磁电机的种类和用途[2]

种类	永磁电机的名称	用途
永磁交流电机	永磁同步发电机	单相和三相交流电源、副励磁机、风力发电机
	永磁交流测速电机	飞行、航海、机车、车床等行速和转速的测量
	永磁感应式发电机	单相中频电源
	点火用磁电机	机车、火车、飞机等内燃机的点火系统
	永磁同步电动机	采油机、鼓风机、水泵、纺织机
永磁直流电机	永磁直流电动机	录音录像机、照相机、电唱机、家用电器、电子工业、仪器仪表、电动玩具等中的微型电机
	永磁直流伺服电机	自动化、遥控遥测系统
	永磁直流测速电机	测量各种转动部件的转速
	永磁直流力矩电动机	电梯、航天航空、火炮转动定位系统
	其他永磁电动机，如永磁步进电动机、永磁直流无刷电动机、压电电动机、霍尔电动机、音圈电动机等	工业自动化、办公室自动化、遥控遥测系统、计算机外围设备等

9.2.1 在能源领域的应用

目前，清洁能源领域的风力发电机是第三代稀土永磁材料——烧结Nd-Fe-B磁体的最大用户。在能源日趋紧张的当今，风能作为可再生新型清洁能源受到人们普遍重视，并正得到各国政府政策的支持。因此，风力发电已逐渐成为能源的一个重要组成部分。在风力发电的两种主要机型中，一种是直驱式永磁风力发电机，另一种是交流励磁双馈式异步风力发电机。烧结Nd-Fe-B磁体是前一种永磁风力发电机的重要励磁元件。1MW的直驱式永磁风力发电机需要使用烧结Nd-Fe-B磁体约0.67t，2MW的同类型风力发电机需要使用磁体约1t。近年来，全球风力发电的新增装机容量年年增长，我国风电年新增装机容量占全球的一半左右，其中使用的烧结Nd-Fe-B磁体的直驱风力发电机占30%左右，保持逐年增长势态[1]。图9-2展示直驱式永磁风力发电机图解说明图[3]。对于大型风力永磁发电机，目前有的已开始采用磁悬浮直驱式风力永磁发电机，功率最高达5MW，且有联网稳定的特点。

风能是替代矿物燃料最有希望的再生能源之一，但兆瓦功率的风电机组大而笨重，造成运输、架设和成本增加的困难。为了降低大功率风电机组重量、尺寸和提高风电的功率密度，清华大学和三环联合研制了高温超导-永磁同步发电机样机（见图9-3）[4]。

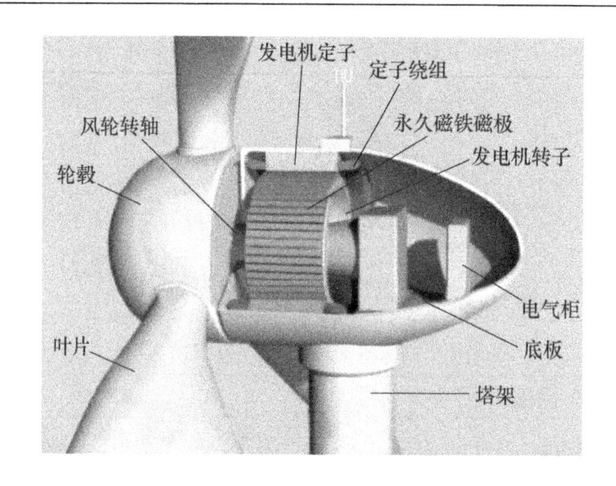

图 9-2 直驱式永磁风力发电机图解说明图[3]

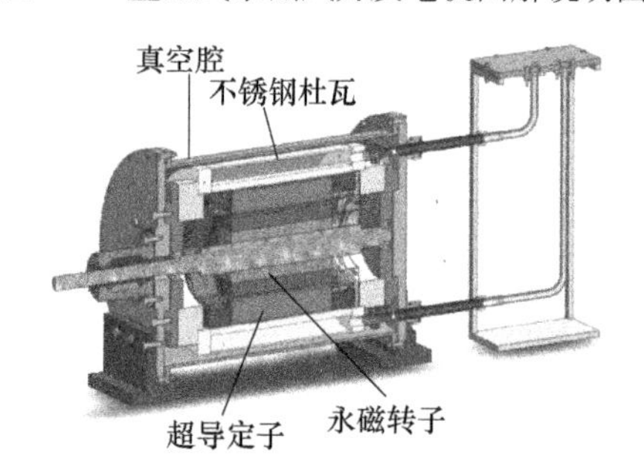

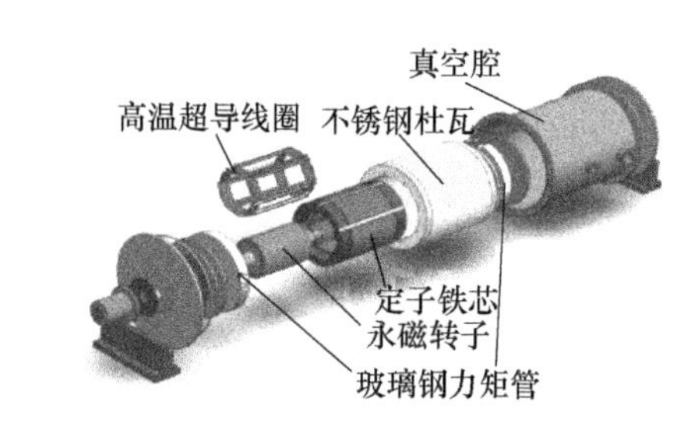

图 9-3 高温超导-永磁同步发电机结构的图解[4]

1—高温超导转子线圈；2—永磁转子；3—定子铁芯；4—不锈钢杜瓦；5—真空腔；6—液氮管；7—玻璃钢力矩管；8—磁性液体密封器件

永磁同步发电机不需要励磁绕组和直流励磁电源，也就取消了容易出问题的集电环和电刷装置，成为无刷电机，因此结构简单，运行可靠。稀土永磁具有高的磁能积和矫顽力，抗退磁能力很强。用它来制造同步发电机运行更加稳定可靠，并具有电压变化较低，响应速度快，体积小和高的功率质量比等优点。目前，高速稀土永磁同步发电机的功率质量比可高达20kW/kg，这特别适合于航空、航天场合。稀土永磁发电机的另一重要应用是用作大型汽轮发电机的副励磁机。图9-4为国产第一台稀土永磁发电机转子结构图[5]。

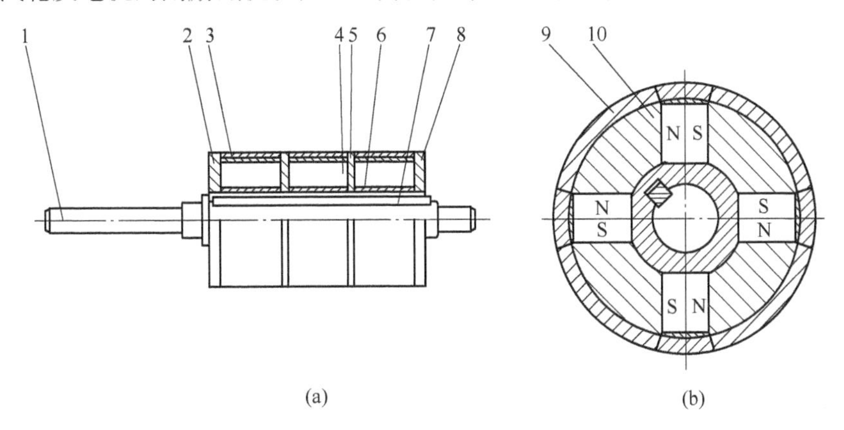

图9-4　20000r/min稀土永磁发电机转子结构图[5]

1—转轴；2—转子端板；3—垫片；4—稀土永磁体；5—隔板；6—衬套；7—键；8—转子端板；9—套环；10—极靴

目前，这种稀土永磁发电机在独立运行的电源上可用作内燃机驱动的小型发电机或车用发电机。

9.2.2　在交通运输领域的应用

稀土永磁体在交通运输领域有广泛的应用。例如新能源汽车（包括纯电动汽车、混合动力电动汽车和燃料电池电动汽车等）中的驱动器、电动自行车的驱动器、磁浮列车的车载磁体和舰船的推进器等。

随着汽车工业的发展和汽车市场的日益扩大，带来了环境污染加剧和能源消耗过多两大问题。为了减少环境污染，绿色环保的电动汽车和混合动力汽车受到人们的重视。无刷永磁同步电机可采用圆柱形径向磁场结构或盘式轴向磁场结构，由于具有较高的功率密度和效率，以及宽广的调速范围，在电动车辆牵引电机中是强有力的竞争者，已在国内外多种电动车辆中获得应用。新型无刷永磁同步电机的电动汽车驱动系统正在逐步取代目前应用着的异步电机电动汽车驱动系统。

混合动力车型已是新能源汽车的主流。在混合动力车内同时安装两种动力来源：由传统的汽油或柴油产生的热动力源和由电池与电动机产生的电动力源。通过混合动力车上的电机和发电机使得动力系统可以按照整车的实际运行情况灵活调控，将燃油发动机保持在综合性能最佳的状态下工作，从而降低油耗与尾气排放，实现节能和环保的显著效益。

混合动力车的发电机和电动机，以及纯电动汽车的轮毂电机（也称为电动轮）均为稀土永磁电机，每台电机需使用烧结Nd-Fe-B磁体1～3kg，每年全球按照200万辆计算，每辆平均使用2kg，则每年混合动力车对高性能的烧结 Nd-Fe-B 磁体需求量约为4000t。

轮毂电机是指位于车轮内部用于驱动车轮的电机系统。它是纯电动汽车和燃料电池电动汽车的关键功能部件之一。图9-5展示带有摇摆臂和轮胎的轮毂电机的图解说明图[6]。

图9-5 带有摇摆臂和轮胎的轮毂电机的图解说明图[6]

除了混合动力车的主电机外，目前在汽车中还大量使用由 Nd-Fe-B 磁体制造的微特电机。在每辆汽车中，一般可以有几十个部位要使用永磁电机，如电动座椅、电动后视镜、电动天窗、电动门窗、电动雨刷、空调器等。普通汽车上有8~18台永磁电机，而高档汽车上多达40~50台，其中使用 Nd-Fe-B 磁体制造的微特电机见表9-3[7]。

表9-3 汽车中使用 Nd-Fe-B 磁体制造的微特电机部件表[7]

1	头灯牵引电机	13	助力转向电机	25	空气清静机风箱电机
2	水泵	14	电动窗户调节器电机	26	高度调节电机
3	前挡雨刷电机	15	电动窗帘电机	27	ABS 电机
4	后挡雨刷电机	16	引擎控制发电机	28	怠速控制步进电机
5	前挡风玻璃清洗系统	17	电动降气阀	29	四轮传动差速锁电机
6	头灯清洗泵	18	冷却风扇电机	30	测速仪步进电机
7	车门锁提速器	19	电动座椅电机——侧身承托	31	自动安全驾驶电机
8	电源天线	20	电动座椅电机——腰部承托	32	断油电机
9	汽车电窗调节器电机	21	风箱电机	33	混合动力车用驱动电机与发电机
10	电动座椅电机	22	冷凝散热风扇电机	34	导航用硬盘及 DVD 电机
11	倒车镜电机	23	冷气伺服电机		
12	可伸缩式转向电机	24	汽车感应器无刷电机		

另外，电动助力转向（EPS）系统也是稀土永磁体在汽车中应用的一个重点部件。使用电动助力转向系统消耗的燃油要比传统转向系统的低，EPS 正在汽车中成为标配。目前在全球汽车行业中，每年在 EPS 系统上对高性能烧结 Nd-Fe-B 磁体需求量约为2873t[7]。此外，对于大型卡车的刹车，为了安全考虑，除了脚踏制动器、引擎制动器和排气制动器外，还开发了一种永磁式减速器[8]。这是一种利用永磁体具有强的磁力控制驱动轴旋转的辅助装置。该装置由永磁定子和鼓形转子构成，将12块烧结 Nd-Fe-B 磁体排列在环形磁轭外围，相邻磁块的磁极交替放置。制动时，定子借用气缸力滑动到转子鼓内面，此时转子转动，将在鼓内四周造成涡流，同时在阻止鼓旋转的方向上有洛伦兹力作用，产生制动力。由于转速越高，涡流产生的反向磁场越大，发热就越厉害，故该永磁体必须是耐热的高性能材料。由此可看到，在新能源汽车上需要的稀土永磁材料是很大的，是稀土永磁体的重要应用之一。

电动自行车的发展也很快，市场很大。从1997年小批量投放市场至今，电动自行车的生产和销售量逐年大幅增长。1998年的产量仅为5.45万辆，但2010年到达了2954万辆，近几年均保持在2000万辆以上。以每辆需要0.32kg 烧结 Nd-Fe-B 磁体估算，2010年使用的烧结 Nd-Fe-B 磁体约 9500t；2014 年和 2015 年在电动自行车上使用的烧结 Nd-Fe-B 磁体均超过 7000t[1]。因此，电动自行车也是烧结 Nd-Fe-B 磁体的一大应用。

在悬浮列车中的需要用永磁直线同步电机。图 9-6 是用于德国柏林城市磁悬浮快速交通系统中的 M-Bahn 永磁直线同步电机的示意图[9]。磁极交替的永磁体直线排列在车辆中具有软磁特性的低碳钢构成的磁体承载板上，三相绕组依次沿着用迭片铁芯构成的（长定子）导轨排列。通过导轨上绕组中的三相电流产生的电磁移动场，使承载永磁体阵列的车辆沿着导轨运动。比较以前使用的 Sm-Co 磁体，Nd-Fe-B 材料提供了较低的磁体重量，以及更高的剩磁和矫顽力，因此，采用 Nd-Fe-B 磁体可降低磁体体积，增大导轨和车辆之间的空气隙，从而允许较高的导轨误差。

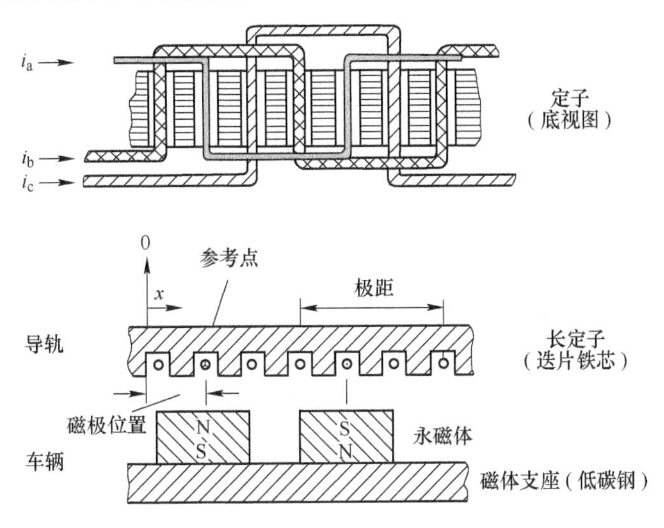

图 9-6 M-Bahn 永磁直线同步电机原理的示意图[9]

图 9-7 展示由大连磁谷科技研究所研制的“中华 01 号”磁悬浮样车。它拥有自主知识产权，可乘坐 32 人。它利用车载磁体与轨道磁体间所产生的排斥力和吸引力产生向上的悬浮力，使得列车脱离轨道向前运行。所用磁体是烧结 Nd-Fe-B 磁体。

图 9-7 大连“中华 01 号”磁悬浮样车[10]

随着电力电子技术的迅猛发展和其器件价格的不断降低，人们越来越多地将变频电源和交流永磁同步电机组成交流调速系统来替代直流电机调速系统。在此系统中永磁同步电机的起动可用升高变频电源的频率实现，因此，在转子上可不必设置起动绕组。德国制成了6相变频供电的1095kW、230r/min稀土永磁同步电机（见图9-8），用于舰船的推进。与过去的直流电机相比，体积减小60%，总损耗降低20%左右，而且省去了电刷和换向器，维护方便[5]。我国南车株洲所采用了烧结Sm-Co磁体的牵引电机已经在高铁和城市轨道交通列车上试验成功，有望进入实用。

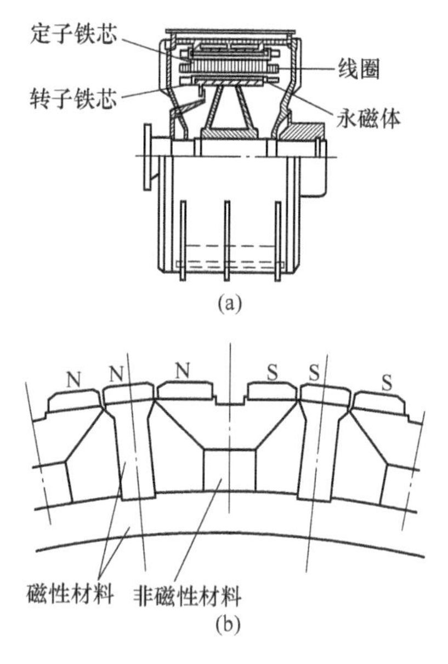

图9-8 1095kW永磁同步电机[5]
（a）剖面图；（b）磁极结构图

9.2.3 在电子信息领域的应用

当今，人们正处于电子信息技术飞速发展的时代。手机、平板电脑、计算机和无线或有线网络已把巨大的地球变成一个小小的地球村。人们可以通过手机、平板电脑上网，与世界任何地方的人进行通话或收发短信和微信。这一切均得益于近三十年的电子信息技术的快速发展。

在人手一部的手机中，高性能的Nd-Fe-B磁体就有三处被使用，一处是手机振动电机，另一处是手机微型电声元件扬声器，还有一个就是相机镜头的自动聚焦系统。2011年全球手机出货量约18亿台，以每台平均成品用量为2.5g计算，一年成品Nd-Fe-B磁体的需求量约4500t。图9-9展示手机中使用高性能稀土永磁体的两个部件：扬声器和振动电机。在扬声器中使用了薄片状稀土永磁体，而在振动电机中使用了中心打洞的圆柱状稀土永磁体[11]。

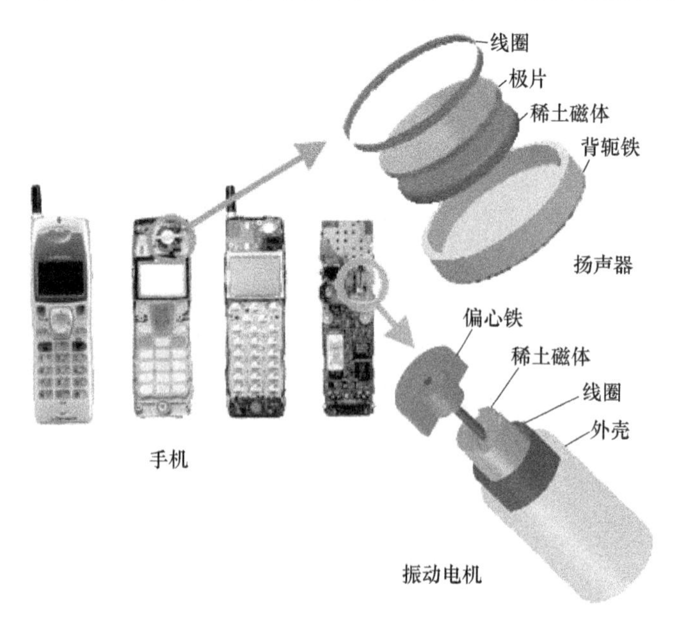

图9-9 手机中使用高性能稀土永磁体的两个部件扬声器和振动电机[11]

在台式计算机和笔记本电脑中，都有一个外储存器，即硬盘驱动器（HDD）。在硬盘驱动器中，有两个采用稀土永磁体制造的驱动元件：音圈电机（VCM）和主轴电机。HDD 在搜寻数据地址中依靠这两个电磁器件来实现这个操作：主轴电机实现角度位置的搜寻，而音圈电机实现径向位置的搜寻。图 9-10 展示了硬盘驱动器中音圈电机的结构[11]。可清楚地看到，主轴电机控制硬盘旋转，而音圈电机控制磁头在径向位置上搜寻。由于体积的限制，主轴电机通常采用了无传感器的无刷直流电机和高能积的粘结 Nd-Fe-B 磁体；而音圈电机目前的首选磁体是高性能的烧结 Nd-Fe-B 磁体，其原因是 HDD 的空间有限，只有高能积和高矫顽力的各向异性烧结 Nd-Fe-B 磁体才能以最小体积的磁体来实现所需的转矩，并在强的电枢电流变化下磁体性能不受影响。

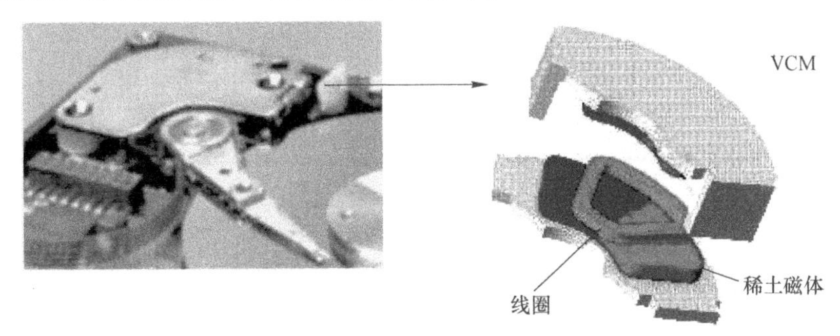

图 9-10 硬盘驱动器中音圈电机的结构[11]

2011 年全球硬盘驱动器出货量为 6.3 亿台，使用的高性能烧结 Nd-Fe-B 磁体和粘结磁体分别为 6300t 和 1300t。2012 年全球硬盘出货量降为 5.4 亿台，使用的高性能烧结 Nd-Fe-B 磁体为 5400t[7]。随着闪存的固态硬盘容量的扩大和价格的下降，磁性硬盘的用量会在一定程度上下降，但由于磁性硬盘具有磁性信息不容易失去的高可靠性而远好于固态硬盘中采用的电信息。尽管磁性硬盘的需求量最近有所下降，但它不会消失，还会长期保持足够大的需求量。可以肯定，磁性硬盘驱动器仍然是高性能 Nd-Fe-B 磁体的一个大用户。

在当今的信息化社会中，各种计算机外围设备和办公自动化设备高度发展，与其配套的关键部件微电机需求量大，精度和性能要求也越来越高。对这类微电机的要求是小型化、薄形化、高速、长寿命、高可靠、低噪声和高精度。在与信息相关的各种设备如打印机、软硬盘驱动器、光盘驱动、传真机、复印机等中所使用的驱动电机绝大多数是永磁无刷直流电动机。这些永磁无刷直流电动机都采用了高性能的 Nd-Fe-B 磁体，因而在办公自动化设备中对稀土永磁材料的需求量也是很大的。

9.2.4 在消费电子领域的应用

永磁材料的开发、生产和应用的程度是现代化国家经济发展的标志之一。永磁材料的家庭平均使用量成为衡量一个国家国民生活水平的主要参数。因为，消费电子，如手机、平板电脑、CD、DVD、MP3、MP4、音响、电动牙刷、电动刮胡刀、吹风机、扫描仪、复印机、照相机、摄像机、电视机、投影仪、冰箱、空调机和各种电动工具等，已成为人们日常生活不可缺少的东西。在所有上述的电子消费产品中都使用着由第三代稀土永磁材料——Nd-Fe-B 磁体制造的微型或小型永磁电机或喇叭。

光盘器件如 CD-ROM、DVD、MO（磁光）等都需要一个由激光、光接收单元和透镜组成的拾波单元，即光拾波器。图 9-11 为光盘驱动器中的光拾波器[11]。在光拾波器中，通过由稀土磁体构成磁路中的跟踪线圈磁驱动回路所响应的磁场力来控制透镜的位移和角度。由于光盘驱动器的体积有限，磁驱动回路中的磁体必须使用高性能的稀土磁体，而价格较低的、性能越来越高的 Nd-Fe-B 磁体已使光聚焦做得越来越小。

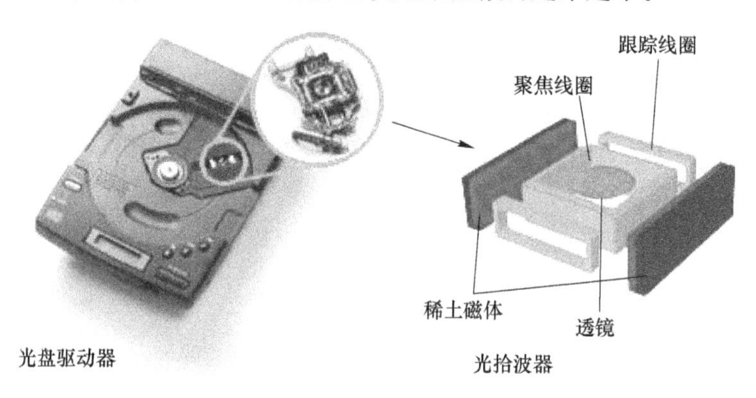

图 9-11 光拾波器[11]

对于消费者来说，电动工具尤其是手持式电动工具的基本要求就是操作舒适、工作效率高。设计时要考虑体积小、重量轻和功率大。为此，近年来在电动工具上不断使用新材料、新工艺和新技术，以实现这一目标。在电机上，体积小和效率高的稀土永磁电机是发展趋势，其增长的速度很快。

在传统的空调和冰箱的压缩机中，有将电机旋转运动转化为活塞直线运动的曲柄连杆机构，但高性能稀土永磁材料制造的稀土永磁直线电机可直接驱动压缩机。这样，一方面避免了在旋转运动转换成直线运动中产生的不必要的能量损耗，另一方面也省去了因永磁体替代励磁线圈所消耗的电能。因而，在空调和冰箱的压缩机中，采用稀土永磁直线电机直接驱动压缩机的技术是实现家电节能的有效途径之一。

电声器件如音箱、耳机，MP3 和 MP4 播放器也是目前 Nd-Fe-B 磁体消费量很大的行业。小型化和高档的音箱均用 Nd-Fe-B 磁体。

在微型电机、微型发电机或微驱动器中，电子机械能量转换器的直径是在毫米和亚毫米范围。这些微型机械可应用于玻璃纤维的调整、激光镜的调整、医疗和生物工程上，更多的应用是在微外科、内窥镜外科和传递胞状药物方面。在微型电磁器件中，为了降低组装困难，转子是用高性能稀土永磁体做的薄板式或薄盘式磁体组装成的，而定子由刻蚀的平板状线圈构成。图 9-12 展示了两种微型电机的示意图[9]。

在数码照相机中的自动聚焦和快门，以及在数码摄像机中的自动聚焦和磁带的传动机构，因受体积的限制，其中的微型电机都采用了高性能的 Nd-Fe-B 粘结磁体[12]。由于这些消费电子产品使用量大而广，所以每年的需求量很大，是 Nd-Fe-B 磁体的又一个大用户。

9.2.5 在自动化和机器人领域的应用

工业自动化是在无人直接干预的情况下，机器设备按预期的目标自动进行操作或生

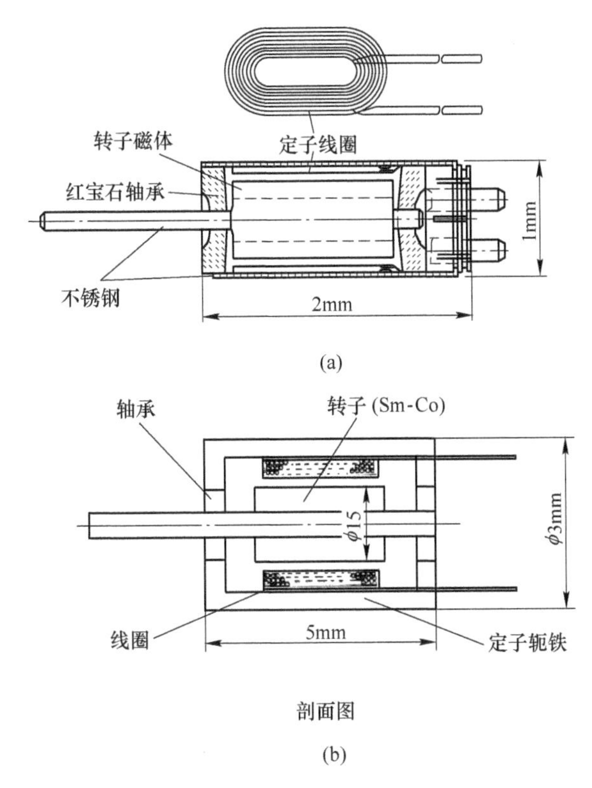

图 9-12 两种微型电机的示意图[9]

产。它是涉及机械、微电子、计算机、机器视觉等技术领域的一门综合性技术。随着科学技术的进步，自动化技术持续地促进着工业的进步，如今自动化技术已经广泛地应用于机械制造、电力、建筑、交通运输、信息技术等领域，并已成为安全生产、提高劳动生产率和产品一致性的主要手段，也是降低材料和能源耗损的主要途径。

在工业自动化生产中，数控机床（包括加工中心）是加工复杂和精密设备的高效能自动化机床，也是生产工业自动化设备不可缺少的装置。在复合加工中心，除了传统的三轴坐标系的三个直线轴（*X*/*Y*/*Z*）用于刀具运动外，还有附加的回转轴（A/C）用于主轴刀具的回转和摆动。在数控机床中，用于实现数控机床进给的驱动装置是数控机床重要组成部分。驱动装置的重要部件就是主轴伺服电动机、进给伺服电动机。直接驱动负载的伺服电机——稀土永磁力矩电机是最佳的驱动装置。这种电机能够直接连接负载，可输出较大转矩，并具有稳定的低速运行特性、好的线性度和快的反应速度等优点。直接驱动简化了传动结构，提高了系统的静态刚度，从而提高了系统精度。图 9-13 展示在复合加工中心中与稀土永磁力矩电机组合一体的

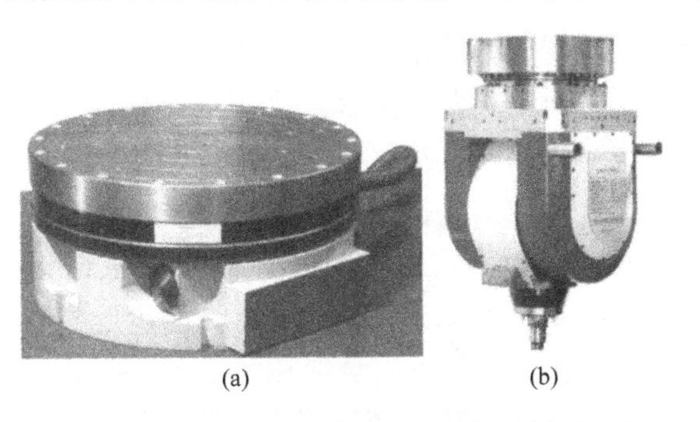

图 9-13 与稀土永磁力矩电机组合一体的新型数控转台（a）和双摆头（b）[13]

新型数控转台（图9-13（a））和双摆头（图9-13（b））[13]。

为实现工业自动化，各种工业机器人（包括工业机器手）被用来代替人们的劳动。工业机器人首先用于生产环境相对恶劣或危险的地方和简单的重复操作过程。这些工业机器人有排爆机器人、管道机器人、喷漆机器人、弧焊或点焊机器人、装配机器人等。

机器人的运动关节是必不可少的部件之一。按照控制系统发出的指令信号（线和角的位移量），借助电力驱动元件（如步进电机、伺服电机等）进行动作。目前，高性能的Nd-Fe-B磁体是这些驱动元件的最佳永磁体的选用材料。

空中机器人又叫无人机器人。在军用机器人家族中，无人机是科研活动最活跃、技术进步最大的领域。在民用机器人家族中，四旋翼无人飞行器发展很快。可在边境巡逻、核辐射探测、航空摄影、航空探矿、灾情监视、交通巡逻、治安监控等领域发挥其功能。图9-14展示四旋翼无人飞行器[10]。

图9-14 四旋翼无人飞行器[10]

9.2.6 在通用设备中的应用

在油田、化工厂、钢铁厂、发电厂和各个大型企业中，风机和水泵的数量及其用电的负载量都是最大的。为降低能耗、节约用电，用量巨大的风机和水泵领域应该是推广应用稀土永磁电机的主要场合之一。

新型直驱式螺杆采油泵是在传统的机械式螺杆泵基础上，去掉皮带传动的机械部分，采用立式空心轴电机直接驱动螺杆泵光杆，其中的电机采用了高效的稀土永磁电机，使得系统结构简单、效率高。在油田或气田等钻井上的检测数据表明，这种电机比原先的磕头机省电40%，比传统结构的螺杆泵电机省电21%，增加抽油量20%～50%。高效的稀土永磁电机在油气田中的应用是未来发展的领域。

自1996年芬兰KONE公司采用稀土永磁同步电机结合数字信号处理器和变频调速技术首创无机房电梯以来，由稀土永磁同步电动机和变频器构成的无齿轮曳引电梯正在大量替换传统的由异步电动机和齿轮变速装置构成的齿轮曳引电梯。传统的齿轮曳引电梯的齿轮变速系统是由蜗轮蜗杆或行星齿轮等机械减速机构构成。其设备庞大，结构复杂，需要大的上置式机房，并且能耗大，噪声大，运行成本大。采用由低速、大扭矩的永磁同步电动机直接驱动的无齿轮曳引电梯，曳引机安装在与曳引绳的同一平面内，变频器置于顶层的电梯门内，彻底省去了机房。据统计，2010年新增电梯90%以上是这种永磁同步电动机直接驱动的无齿轮曳引电梯。其中的永磁同步电动机都是由高性能烧结Nd-Fe-B磁体制造的。稀土永磁同步电机在电梯的设计和生产中被开发利用，能显著提高电梯曳引系统的安全性和可靠性。许多电梯制造商采用永磁同步电动机来驱动无齿轮曳引机，效率高达90%以上，比异步电动机和减速箱的结构系统节能30%以上，因此，国内的许多合资企业都采用此技术生产电梯。图9-15展示采用多极低速直驱的稀土永磁同步曳引机实物[10]。

图9-15 采用多极低速直驱的稀土永磁同步曳引机实物[10]

9.3 在磁力机械中的应用

利用磁体同极性的排斥力或异极性的吸引力来工作的机构统称磁力器械。它们包括磁力传动器（或称为磁性“齿轮”）、磁性轴承、磁力泵和磁性阀等。永磁体的所有这些应用，磁体相互的作用力或力矩与磁体的磁极化强度 J 的平方成正比。如果一种耦合器用 $SmCo_5$磁体（$J=0.9T$）设计的话，则用 Nd-Fe-B 磁体（$J=1.3T$）替换后的转矩将提高2倍。

磁力器械一方面需要永磁体具有高的磁极化强度，即高的剩磁，另一方面也需要高的内禀矫顽力。这是因为这些器械经常利用磁体之间的排斥力，在使用过程中始终处于较大的反向磁场作用下，但其磁极化强度仍必须保持常数，故必须要求磁体同时具有高的内禀矫顽力。稀土永磁体的发展为该类应用提供了基本条件。

任何机械装置的运动部件，由于相对运动无不产生摩擦和噪声。摩擦不仅产生热，浪费能源，而且引起机械的磨损；大的噪声是一种污染，对人体影响很大。新型的磁力传动器和磁性轴承的使用可完全消除上述两方面的影响。

9.3.1 在矿山机械中的应用

图9-16是三种不同类型的磁力传动器的示意图[14]。前一种（a）做直线运动传动；而后两种（b）和（c）为旋转传动。它们是利用异磁极相互引力的原理，构成了在大气、密封或真空容器的上下或内外机械之间的非接触式传动。因为磁力传动器以非接触式传动，所以它具有不产生摩擦和噪声等优点。从动轮的传动速度由它与主动轮的齿数比决定。当加于从动轮的惯性负载未超过允许值时，从动轮正常运转。一旦该负载超出允许值时，从动轮即停止传动，此时主动轮呈空传动状态。为了获得强的传动力，要求磁体有高的磁感应强度，而在磁力传动器中磁体忍受高的退磁因子，则要求磁体有高的内禀矫顽力。所有这些要求，稀土永磁体是最合适的选择，尤其是价廉的 Nd-Fe-B 磁体。

9.3.2 在磁性轴承中的应用

磁性轴承是利用永磁体同磁极间相互排斥的原理，将两块磁体同极性地对着，构成一

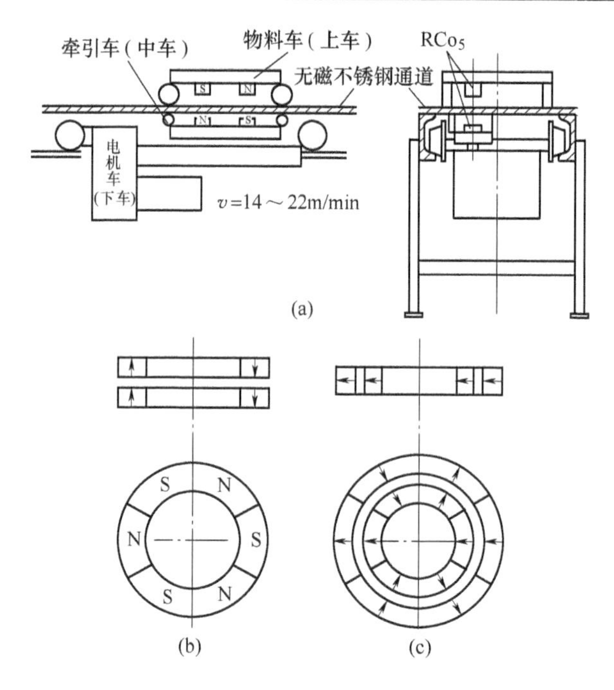

图9-16 磁力传动器的示意图[14]

种磁斥力场。永磁体轴承是磁悬浮的关键组元。一个完整的磁悬浮可以由两个单元构成：一个是由两个径向磁环组成的被动磁性轴承，另一个是主动的轴系统。典型的主动单元包括一个带有位置传感器的电磁伺服系统。在任何情况下，必须有一个轴是主动的，单靠永磁体轴承不可能建立起一个完整的磁悬浮系统。与磁力传动一样，永磁体轴承要求磁体有高的磁感应强度，其磁体忍受高的退磁场（包括自身的退磁场和反向磁体建立的外加反向场），故要求磁体有高的矫顽力。另外，两个磁体之一经常处于高速旋转之中，传动带技术可能被利用，此时，磁体需要具有好的机械特性。

图9-17是磁性轴承的示意图[2]。展示了磁性轴承的两种结构：垂直式和水平式。磁性轴承在垂直方向上是稳定的，为使其在水平方向也稳定，必须安装定位销和回磁极。磁性轴承主要应用于人造卫星、宇航器、高速飞行器中的陀螺仪、超高速离心机和涡轮机等。人造卫星和航天器一般在真空条件下工作。在真空条件下工作的机械轴承会面临严重的滑润和磨损的问题，影响人造卫星和航天器的寿命。然而，磁性轴承不需要滑润，也没有磨损的问题，可以长期使用。

作为辅助心脏工作的人体左心辅助血流泵已有商品上市，这种血流泵是一种离心泵。泵的转子由滚珠轴承支承转子底面布置着平板式永磁磁性联轴节的从动边。联轴节的主动边布置在泵头壳体的外面。电机驱动联轴节的主动边，泵内的从动边跟随旋转，带动泵的转子工作。这种结构保证了血液对外界的密封流动。图9-18展示了Bio-Medicus公司生产的血流泵结构示意图[15]。

从图9-18可见，血流泵的转子只有下端面中心一点通过一只滚珠与泵的不动部分接触，整个转子的其余部分在静止或运动状态下都是悬空的，即处于悬浮状态。能做到这一点的原因是泵的上端有一只永磁轴承。这一轴承的核心只是套在一起的两只永磁筒。外筒固定在泵壳上，内筒固定在血泵的转子上。两个筒都在轴向充磁。

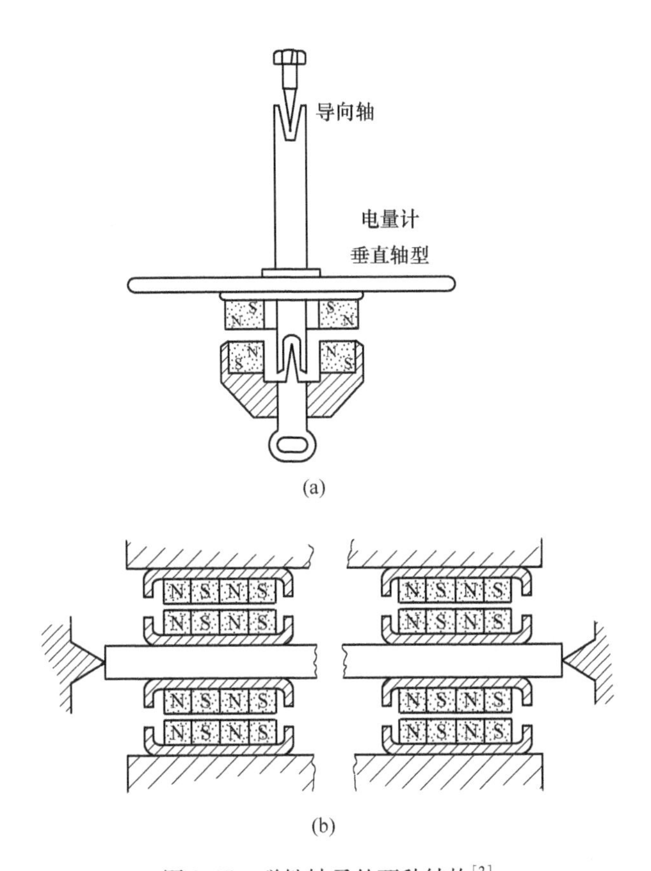

图 9-17 磁性轴承的两种结构[2]

（a）径向磁化的磁体圆盘；（b）水平式磁锥轴承

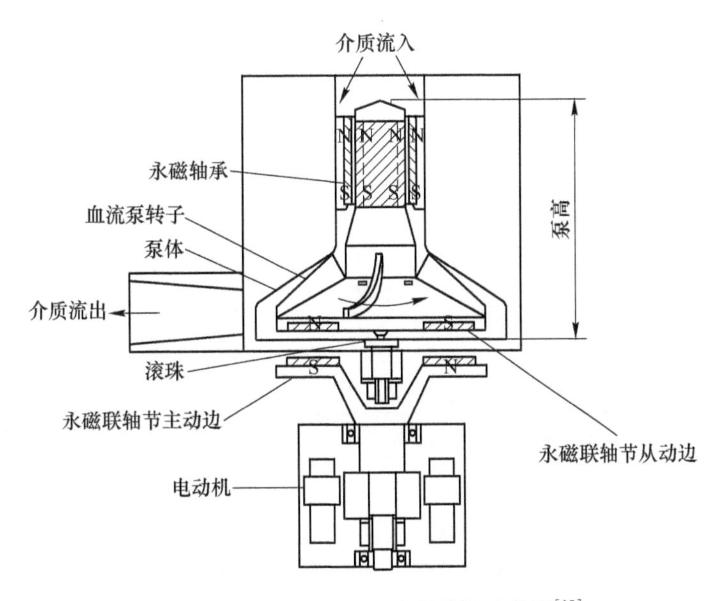

图 9-18 Bio-Medicus 血流泵结构示意图[15]

9.3.3 在磁性分离技术中的应用

基于磁场的分离可产生两种作用：一种是从铁磁性和非铁磁性的混合物中回收铁磁性金属；另一种是从非金属材料如塑料、木质垃圾中回收非铁磁性金属。前一种是铁磁性和非铁磁性的混合物通过固定不动的磁体产生的静磁力使铁磁性物质与非铁磁性物质分离的技术，这就是通常称作的磁分离技术；后一种是涡流分离技术。一般磁分离技术现在已广泛地使用在选矿、垃圾处理、化学工业和食品工业中，而涡流分离技术主要用作垃圾处理。

在选矿中，把非铁磁性矿石分离出去，而留下铁磁性的精矿石，图9-19示出选取铁矿石的磁选机[2]。在再生资源的循环中，磁分离技术主要被利用来回收钢铁。通常，磁体表面的磁场强度对分离的分级或回收不是至关紧要的，因为钢铁部分即使在低场和梯度场下都能被吸引。另外，利用一般磁分离技术结合涡流分离技术可回收有用的非铁磁性金属，以便作为再生资源进行再利用。

涡流分离是通过电流感应使金属导体磁化而实现对非铁磁性金属的分离技术。非铁磁性金属和非金属材料的混合物在通过快速旋转的磁极交变的磁体转子时，由于非铁磁性金属导体切割磁力线而感应电流，即在导体中产生了涡流，该涡流又产生磁场，这个磁场与永磁体产生的磁场相互作用，改变了非铁磁性金属的运动方向，从而导致了金属与非金属物质的分离，这就是通常称作的涡流分离技术，它本质上也是一种磁分离技术，其原理如图9-20所示[16]。利用涡流分离技术可以从非金属的塑料、木质垃圾中回收非铁磁性金属如铝、黄铜和铜等。

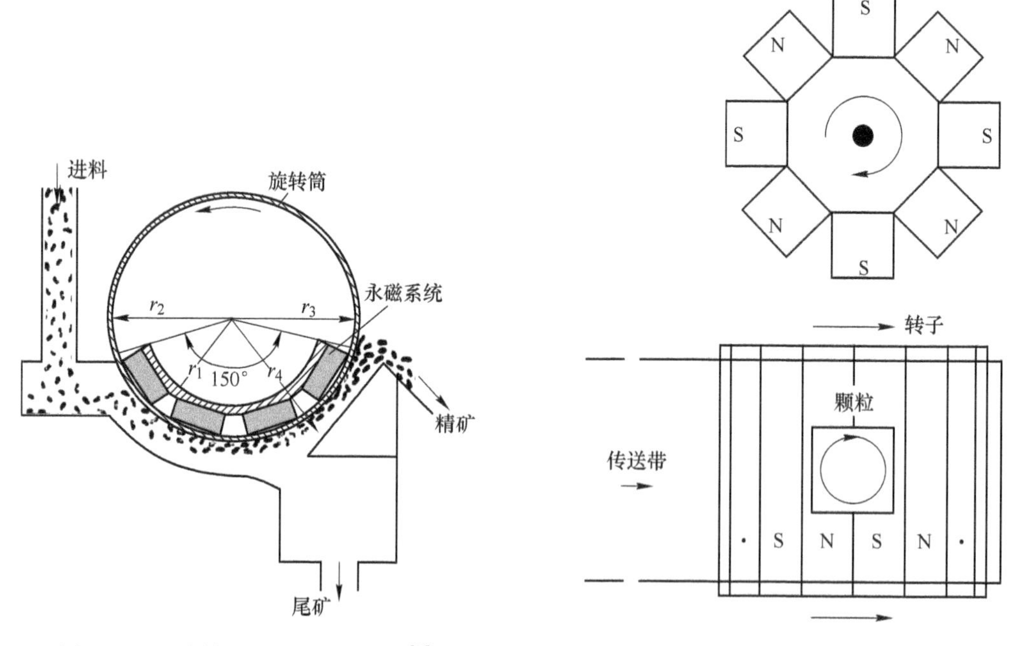

图9-19 磁选铁磁性矿石的原理图[2]

图9-20 涡流分离原理图[16]

如果把上述的磁体转子部分浸入水中，在电磁力和水动力分离力（Magnus效应）的共同作用下，产生的一种新的分离法被称为Magnus分离技术。这种新的分离技术比起干法涡流分离效率更高[16]。

9.4 在航空航天和尖端科技中的应用

9.4.1 在微波管中的应用

卫星通信和卫星广播所用的微波管离不开低温度系数的高温稀土永磁材料来作为它的磁场源。在微波管中，如速调管、磁控管、行波管需要这种磁场来控制带电粒子的运动，以便实现高频或超高频振荡以及微波信号放大和接收的目的。

在这些器件或装置中，磁场通常是由周期反向的聚焦磁体产生。这个周期反向的聚焦磁体由多个圆环形稀土永磁体构成，相邻两个磁体的极性相反。图 9-21 给出了行波管中周期反向聚焦磁体剖面示意图[2]。为了达到行波管有效的信号放大，以及获得足够高的峰值磁场和高的温度稳定性，Sm-Co 磁体是行波管的首选磁体。同样的，大功率多注速调管的磁场系统，有类似的周期反向聚焦磁体，图 9-22 左边给出了一个用于 C 波段大功率多注速调管实物照片，其脉冲功率达 120kW，平均功率为 6kW，而图 9-22 右边是该多注速调管中所采用的周期反向永磁聚焦系统[17]。

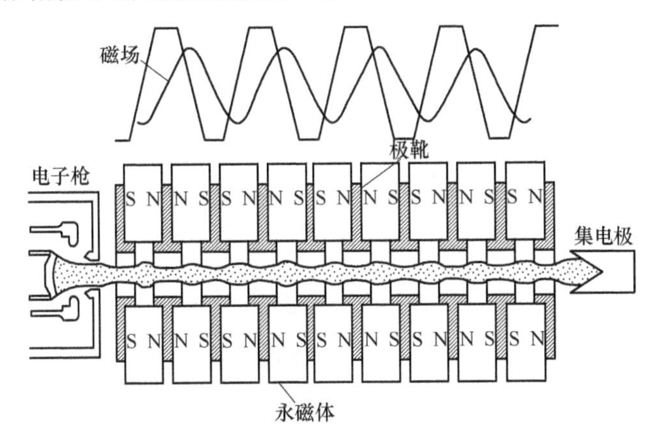

图 9-21 行波管周期反向聚焦磁体剖面示意图[2]

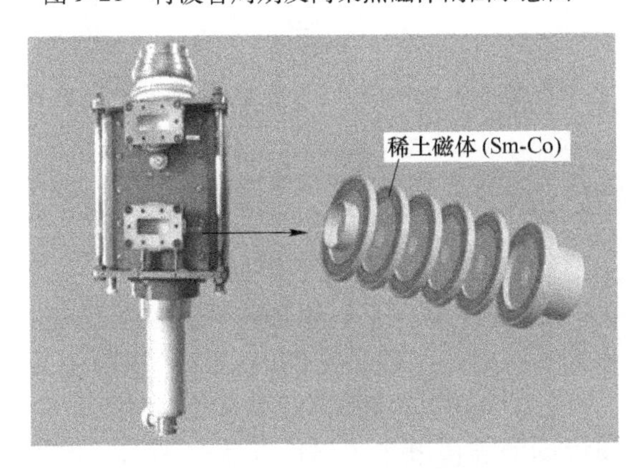

图 9-22 用于 C 波段大功率多注速调管照片[17]
（速调管长 690mm，重量 35kg）

9.4.2 在卫星推进器中的应用

空间技术，亦称航天技术，是探索、开发和利用太空的综合性工程技术。对于航天技术，人们首先想到的是火箭、飞船、卫星、卫星通信、卫星广播等。在发射火箭、卫星定位和通信的技术中都离不开稀土永磁材料。

离子推进发动机是空间电推进技术中的一种。它与传统的火箭一样，通过尾部喷出高速工质的原理实现向前推进。但它不是采用燃料燃烧喷出的灼热气体进行推进，而是利用一束带电粒子（离子）经高电压的加速后喷出的。它提供的推动力较弱，但它可靠，需要的燃料少，能长期提供推动力，是太空飞船理想的推进器。图9-23展示美国NASA在“深空Ⅰ”上使用的带有高温永磁体的高功率氙离子推进发动机[18]。在高功率氙离子推进发动机中，电子与氙原子碰撞，使得氙原子离子化，永磁体建立一个轴对称磁场，以延长电子的路程和增大离子碰撞的几率。对于离子推进发动机来说，建立一个稳定一致的磁场是必不可少的。在深空，现存的辐射来自辐射（Van Allen）带中已俘获的粒子（电子和离子），太阳耀斑的质子和银河系的宇宙射线。因此，这些高功率离子发动机完全工作在高温、真空和高能辐射的环境中，所以其中使用的永磁体必须满足在高温、真空和高能辐射的环境中能长期应用的条件。正如在5.3.2节中所指出的，能满足上述条件的最佳永磁体仅是高温的2:17型烧结Sm-Co磁体，如EEC16-T550。

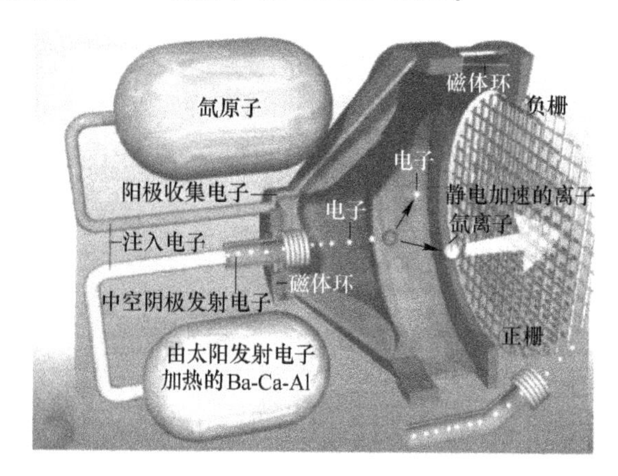

图9-23 美国NASA在“深空Ⅰ”上使用的带有高温永磁体的高功率氙离子推进发动机[18]

9.4.3 在自由电子激光器中的应用

自由电子激光器是一种利用自由电子的受激辐射，把相对论电子束的能量转换成相干辐射的激光器件（简称FEL）。工作原理是利用通过周期性摆动磁场的高速电子束和光辐射场之间的相互作用，使电子的动能传递给光辐射而使光辐射的强度增大。图9-24展示自由电子激光器的原理图[10]。一组扭摆磁铁可以沿 z 轴方向产生周期性变化的磁场。磁场的方向沿 y 轴。由加速器提供的高速电子束经偏转磁铁D导入摆动磁场。由于磁场的作用，电子的轨迹将发生偏转并沿 z 方向按照正弦曲线运动，其运动周期与摆动磁场的相同。这些电子在 xoz 面内摇摆前进，沿 x 方向有一加速度，因而将在前进的方向上自发地发射电磁波（光脉冲）。辐射的方向在以电子运动方向为中心的一个角度范围内。光脉冲经下游及上游两反射镜反射而与以后的电子束团反复发生作用，结果是电子沿运动方向群聚成尺寸小于光波波长的微小的束团，这些微束团将它们的动能转换为光辐射的能量，使光辐射振幅增大。这个过程重复多次，直到光强达到饱和。作用后的电子则经下游的偏转磁铁偏转到系统之外。

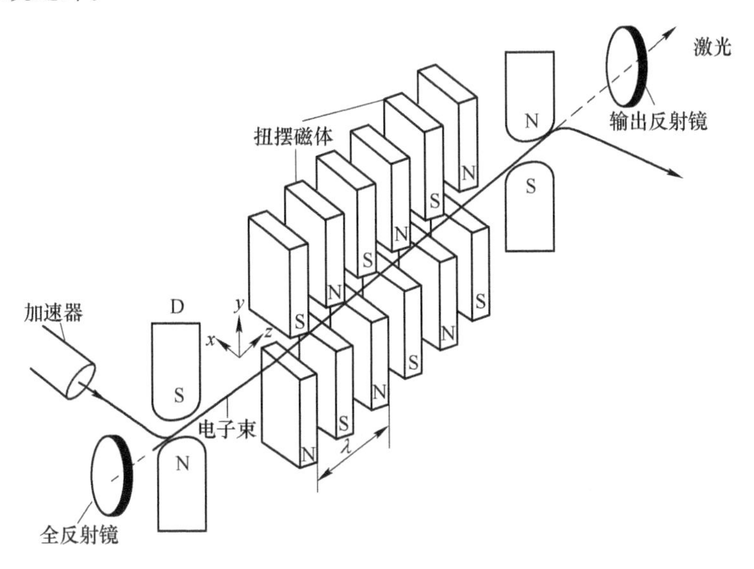

图 9-24 自由电子激光器的原理图[10]

自由电子激光器的输出功率与电子束的能量、电流密度以及磁感应强度 B 有关。它可望成为一种高平均功率、高效率（理论极限达40%）、高分辨率，在功率和频率输出方面均具有高稳定性的激光器件。采用它能够避免某些工艺上的麻烦（如激光工作物质稀缺、有毒或腐蚀金属、玻璃），另外，它基本上不存在使用寿命问题。

自由电子激光器为激光学科的研究开辟了一条新途径。它可望用于凝聚态物理学、材料特征、激光武器、激光反导弹、雷达、激光聚变、等离子体诊断、表面特性、非线性以及瞬态现象等学科的研究；在通信、激光推进器、光谱学、激光分子化学、光化学、同位素分离、遥感等领域的应用前景也很可观。

9.5 各种磁效应的应用

9.5.1 在核磁共振仪中的应用

核磁共振成像仪是利用人体细胞中氢原子核（质子）在磁场中产生核磁共振而成像的一种先进技术。它的工作机制是：人体细胞中氢原子核（质子）在一个大直流磁场和一个小梯度磁场，以及另一个射频场的共同作用下获得所需的核磁共振信号，该信号在计算机的处理下可形成人体的断层照片。人体正常组织与病变组织的核磁共振信号如弛豫时间是不同的。核磁共振成像仪就是利用这种人体正常组织与病变组织的核磁共振弛豫时间不同的原理来诊断人体细胞的病变。利用它可以方便地诊断出人体癌症早期的病变，并从人体断层分析确定其病变的部位。因此，核磁共振成像仪是一种很有价值的人体疾病诊断设备。

核磁共振成像仪所要求的磁场空间较大，其孔径在0.8m左右，磁场均匀性在10^{-5}以上，磁场强度范围在0.1~1T之间。这种磁场最早是由超导线圈产生的，但目前这种强的均匀直流磁场多数已被高性能的Nd-Fe-B磁体所替代。利用高性能的稀土磁体虽然一次性投入稍高，但与超导磁体相比，其优点明显，相关技术简单，安装后故障少，维修方便，运行成本低，能耗小等。图9-25展示了核磁共振成像仪及所用的一种磁体。

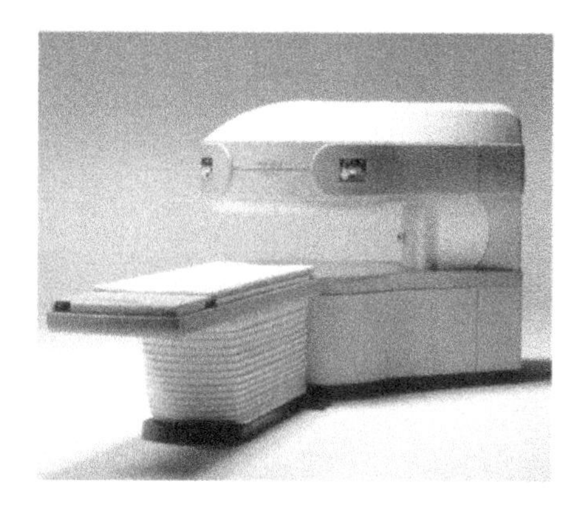

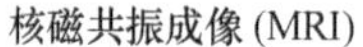

图9-25 核磁共振成像仪及所用的一种磁体
（引用自NEOMAX资料）

9.5.2 在信号传输工程中的应用

微波铁氧体材料在恒定磁场和微波交变磁场的共同作用下会出现铁磁共振效应，应用这种特性可做成微波环行器、隔离器和相移器等。类似地在光波段，被称为石榴石的铁氧体材料在恒定磁场和激光的共同作用下会呈现磁光效应，应用这种特性可类似地做成光隔离器、环行器和相移器等。

光隔离器仅允许光在单个方向上通过，是光通信领域中一种很重要的器件。它可用来阻挡来自光纤的反射波，以保护激光源。光通信用的隔离器几乎都用法拉第磁光效应原理制成。图9-26展示了法拉第旋转隔离器的原理[19]。起偏器P使入射光的垂直偏振分量通过，调整加在法拉第介质的磁场强度或法拉第介质的长度，使偏振面旋转45°，然后通过检偏器A。当反射光返回时，通过法拉第介质又一次旋转45°，正好和入射光偏振面正交，因此不会使入射光受到影响，相当于把入射光和反射光相互隔离了开来。目前国内外广泛采用的法拉第介质是钇铁石榴石（YIG-$Y_3Fe_5O_{12}$）和用Gd或Bi部分替代Y形成的钇铁石榴石单晶体。它们在1.1~5μm的波长范围是透明的，它们的饱和磁场是在1000~1300Oe范围。旋转45°所需的材料厚度仅在0.05~3mm之间。隔离器中用的磁体通常采用环状稀土永磁体以产生所需的饱和磁场[19]。

图9-27展示了光隔离器的例子[11]。由于光纤尺寸很小，光隔离器的尺寸也很小，因而要求磁体尺寸很小。为了在磁路中产生足够大的磁场，必须采用高磁能积的稀土永磁体，高性能的Nd-Fe-B磁体是光隔离器的首选磁体。

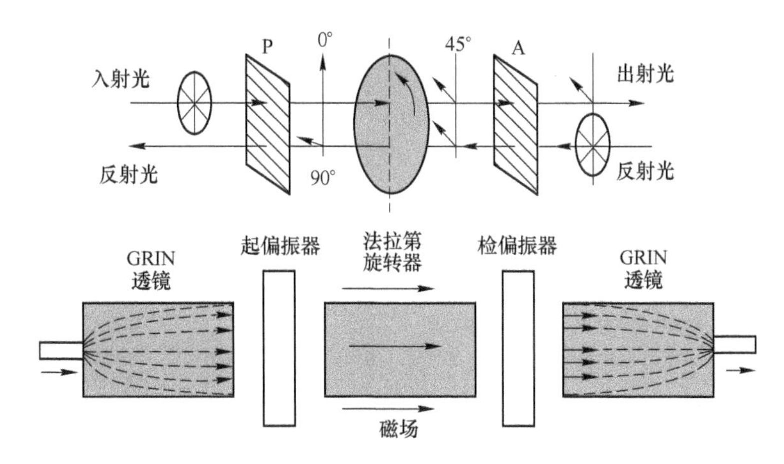

图 9-26 法拉第旋转隔离器的原理图[19]

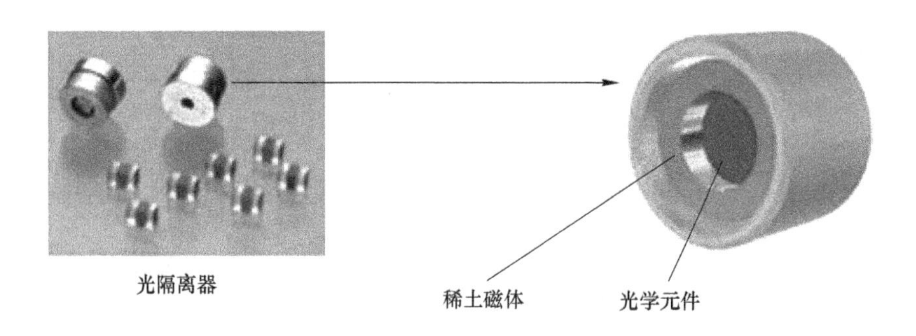

图 9-27 通信领域的光隔离器[11]

9.5.3 在磁化技术中的应用

磁化技术已越来越为人们所认识并重视，利用磁场对物质进行磁化作用，可以改变被磁化物质的键状态，或原子、电子组态，或改变物质的结晶形态或凝固点。这样，利用磁场对水、石油、生物等的磁化作用，可构成如磁水器、石油防蜡器等各种磁化器。磁水器可使硬水不再结垢，有报道，用磁化水浇灌，可促进生物的生长；在工业燃油炉中用的燃油（汽油、柴油等）燃烧前通过磁场处理后，其燃烧更加完全，可节油约 3% ~8%，排烟减少 80%，大大降低了对环境的污染；在石油开采过程中，原油中的蜡很易凝固，粘在输油管壁上引起输油管的堵塞，严重影响原油的生产，在输油管上安装磁化防蜡器后，降低了原油的黏度，原油中的蜡不再凝固，可极大提高原油的产量。

9.5.4 在传感器中的应用

传感器是目前信息产业中一门发展十分迅速的技术领域，是包括检测、控制和驱动等技术的各种自动化系统的核心部件和首要环节。它不仅担当了人类五官的功能，而且大大超过了五官所能忍受的各种恶劣环境。传感器以检测功能可以分为光、压力、气体、温度、振动和磁性等类型传感器。

在上述各类型传感器中，磁性传感器是利用磁性或半导体材料的磁电、磁光、磁热、磁力等效应来检测磁场、电流、功率、位置、位移、速度和力等物理量，并以电信号的形式输出的器件。所以，它是一种磁电转换功能的器件。这些器件包括：电磁感应、霍尔、磁电阻、磁光和热磁等传感器。磁性传感器因具有高灵敏度（分辨率达到微奥斯特级）、非接触式、高速反应、高稳定性、高可靠性、易于微型化、集成化和多功能化等特点已被广泛使用。

在磁性传感器中，稀土永磁材料是传感器的主要部件之一，作为传感器磁路中的磁场源，提供一个不损耗能量的无噪声的偏置磁场，以获得以上各种效应所产生电信号。在图 9-28 中所示的霍尔传感器是磁性传感器的一个典型例子[20]。这个霍尔传感器由带有磁体的霍尔探头组成。它不仅广泛应用于汽车防抱死系统（ABS）中轮速的检测，也广泛应用于各种控制系统中转速的检测。

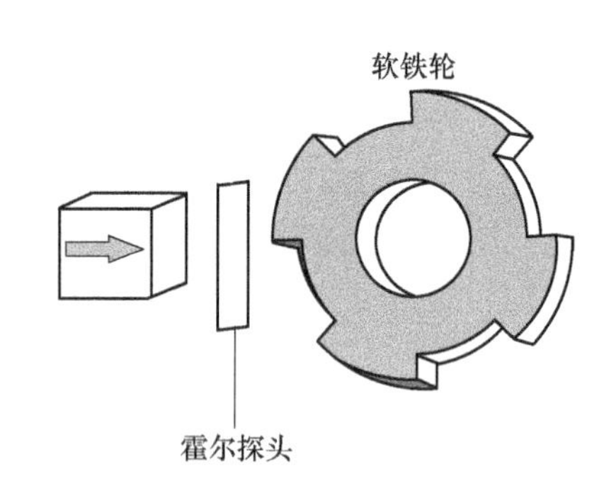

图 9-28 基于永磁体的可变磁阻传感器[20]

以上详细介绍了稀土永磁材料在四个不同方面的应用，包括利用稀土永磁材料所构成的器件或装置及其原理。具体的应用领域、器件或装置、元件和磁体类型可见表 9-4。

表 9-4 稀土永磁应用一览表

产业类	应用领域	部　件	元　件	磁　体
信息（IT）	计算机	硬盘驱动器（HDD）	音圈电机（VCM）	烧结 Nd-Fe-B
			主轴电机	粘结 Nd-Fe-B
		光盘驱动器（CD 、DVD、MO）	光拾波器	烧结 Nd-Fe-B
			主轴电机	粘结 Nd-Fe-B
		音响系统	扬声器	烧结 Nd-Fe-B
			话筒	烧结 Nd-Fe-B
		风扇	风机电机	粘结 Nd-Fe-B
	网络服务器	磁盘阵列中 HDD	音圈电机（VCM）	烧结 Nd-Fe-B
			主轴电机	粘结 Nd-Fe-B
	无线通信	微波发射系统	行波管	烧结 Sm-Co
			磁控管	烧结 Sm-Co
			速调管	烧结 Sm-Co
		微波接收系统	隔离器	烧结 Nd-Fe-B
		光通信系统	光隔离器	烧结 Nd-Fe-B
		手机	振动电机	烧结 Nd-Fe-B
			扬声器	烧结 Nd-Fe-B
			耳机	烧结 Nd-Fe-B
			摄像自动调焦	烧结 Nd-Fe-B

续表 9-4

产业类	应用领域	部 件	元 件	磁 体
能源	风力发电	永磁发电机	永磁转子	烧结 Nd-Fe-B
	海浪发电	永磁发电机	永磁转子	烧结 Nd-Fe-B
	手摇发电	永磁发电机	永磁转子	烧结 Nd-Fe-B
	磁流体发电	永磁发电机	转子磁体	烧结 Nd-Fe-B
	节油减烟器	磁体系统	磁体	烧结 Nd-Fe-B
医疗卫生	核磁共振成像仪	永磁场系统	磁体	烧结 Nd-Fe-B
	磁疗仪	磁疗床	磁体	烧结 Nd-Fe-B
	微外科	内窥镜外科手术刀	微型电机	烧结 Nd-Fe-B
	磁化器		磁水器	烧结 Nd-Fe-B
航天军工	雷达	微波发射系统 微波接收系统	环行器 隔离器	烧结 Nd-Fe-B 烧结 Nd-Fe-B
	卫星	离子推进器 火箭导航系统中陀螺仪	磁体 陀螺转子	烧结 Sm-Co 烧结 Sm-Co
	无人飞行器	飞行器集成动力装置	主推发动机转子	烧结 Sm-Co
家用电器	个人电脑	硬盘驱动器 (HDD) 光盘驱动器 (CD 、DVD、MO)	音圈电机(VCM) 主轴电机 光拾波器 主轴电机	烧结 Nd-Fe-B 粘结 Nd-Fe-B 烧结 Nd-Fe-B 粘结 Nd-Fe-B
	手机	振动电机 扬声器 耳机 摄像头	磁体 磁体 磁体 自动调焦	粘结 Nd-Fe-B 粘结 Nd-Fe-B 粘结 Nd-Fe-B 粘结 Nd-Fe-B
	音响	扬声器 麦克风	磁体 磁体	烧结 Nd-Fe-B 烧结 Nd-Fe-B
	空调	压缩电机	永磁转子	烧结 Nd-Fe-B
	电冰箱	压缩电机	永磁转子	烧结 Nd-Fe-B
	洗衣机	主轴电机	永磁转子	烧结 Nd-Fe-B
	电视机	扬声器	磁体	烧结 Nd-Fe-B
	磁带录像机	卷带系统	卷带电机	烧结 Nd-Fe-B
	激光唱机	光盘驱动器	光拾波器 主轴电机	烧结 Nd-Fe-B 粘结 Nd-Fe-B
	耳机	耳机	磁体	烧结 Nd-Fe-B
	照相机	自动聚焦 快门致动	微型电机 微型电机	粘结 Nd-Fe-B 粘结 Nd-Fe-B
	电动牙刷	永磁电机	永磁转子	粘结 Nd-Fe-B
	电动剃须刀	永磁电机	永磁转子	粘结 Nd-Fe-B
	吸尘器	永磁电机	永磁转子	烧结 Nd-Fe-B
	电风扇	永磁电机	永磁转子	烧结 Nd-Fe-B

续表9-4

产业类	应用领域	部　件	元　件	磁　体
办公设备	计算机	硬盘驱动器 （HDD） 光盘驱动器 （CD 、DVD、MO）	音圈电机（VCM） 主轴电机 光拾波器 主轴电机	烧结 Nd-Fe-B 粘结 Nd-Fe-B 烧结 Nd-Fe-B 粘结 Nd-Fe-B
	复印机	永磁电机	永磁转子	粘结 Nd-Fe-B
	打印机	永磁电机	永磁转子	粘结 Nd-Fe-B
	投影仪	永磁电机	永磁转子	粘结 Nd-Fe-B
	服务器	硬盘阵列中 HDD	音圈电机（VCM） 主轴电机	烧结 Nd-Fe-B 粘结 Nd-Fe-B
	扫描仪	永磁电机	永磁转子	粘结 Nd-Fe-B
	传真机	永磁电机	永磁转子	粘结 Nd-Fe-B
交通运输	汽车	纯电动汽车驱动系统	永磁驱动电机	烧结 Nd-Fe-B
		混合动力汽车驱动系统	永磁驱动电机	烧结 Nd-Fe-B
		永磁交流发电机	永磁转子	烧结 Nd-Fe-B
		自动导航系统	方向传感器	烧结 Nd-Fe-B
		空压机	永磁电机	烧结 Nd-Fe-B
		曲柄角传感器	磁体	烧结 Nd-Fe-B
		音响系统	扬声器	烧结 Nd-Fe-B
		点火线圈	点火电机	烧结 Nd-Fe-B
		起动器	起动电机	烧结 Nd-Fe-B
		电动助力转向系统（EPS）	EPS 传感器 EPS 电机	烧结 Nd-Fe-B 烧结 Nd-Fe-B 粘结 Nd-Fe-B
		防锁刹车系统（ABS）	ABS 传感器 ABS 电机	烧结 Nd-Fe-B 粘结 Nd-Fe-B 烧结 Nd-Fe-B
		减速器	永磁电机	烧结 Nd-Fe-B
		油泵电机	永磁电机	粘结 Nd-Fe-B
		雨刷器	雨刷电机	粘结 Nd-Fe-B
		散热器系统	风扇电机	烧结 Nd-Fe-B
		座椅架前后驱动	永磁电机	烧结 Nd-Fe-B 粘结 Nd-Fe-B
		玻璃窗上下驱动	永磁电机	烧结 Nd-Fe-B 粘结 Nd-Fe-B
		洗刷液泵电机	永磁电机	粘结 Nd-Fe-B
		送风机	永磁电机	粘结 Nd-Fe-B
		空气包传感器	永磁电机	粘结 Nd-Fe-B
		转速计	永磁电机	粘结 Nd-Fe-B
	电动自行车	驱动电机	驱动电机	烧结 Nd-Fe-B
	飞机	航向仪表	仪表磁体 传感器	烧结 Nd-Fe-B 烧结 Nd-Fe-B

续表 9-4

产业类	应用领域	部 件	元 件	磁 体
交通运输	火车	铁道车辆驱动	永磁同步电机	烧结 Nd-Fe-B
	磁悬浮列车	永磁直线同步电机	车载磁体	烧结 Nd-Fe-B
	航海舰船	舰船的推进器 导航系统中陀螺仪	电机转子 陀螺转子	烧结 Nd-Fe-B 烧结 Nd-Fe-B
	电梯	永磁直流力矩电机	永磁转子	烧结 Nd-Fe-B
环境保护	垃圾处理	磁分离	磁体	烧结 Nd-Fe-B
	涡流磁选机	驱动系统	磁体转子	烧结 Nd-Fe-B
	无摩擦轴承	磁轴承	悬浮磁铁	烧结 Nd-Fe-B
	电动挖土机	永磁电机	永磁转子	烧结 Nd-Fe-B
	电动装货机	永磁电机	永磁转子	烧结 Nd-Fe-B
	磁致冷机	致冷磁体 转动电机	磁体 电机	烧结 Nd-Fe-B 烧结 Nd-Fe-B
科学研究	高能加速器	行波管	周期型磁体	烧结 Sm-Co
	阿尔法磁谱仪	均匀磁体	魔环结构永磁体	烧结 Nd-Fe-B
	天文测量	陀螺经纬仪	陀螺转子	烧结 Nd-Fe-B
	微电子机械	微驱动器	永磁转子	烧结 Nd-Fe-B
	机器人	位移和方向致动器 驱动器	磁体 永磁转子	烧结 Nd-Fe-B 烧结 Nd-Fe-B
	高能 X 射线装置	偏向磁体系统	偏转磁体	烧结 Sm-Co
	自由电子激光器	磁体系统	摆动磁体	烧结 Sm-Co
	磁性测量仪	VSM	磁体	烧结 Nd-Fe-B
精密仪器	卧式加工中心	直线驱动系统 磁垫悬浮导轨 磁悬浮轴承	永磁直线电机 磁垫磁体 轴承磁体	烧结 Nd-Fe-B 烧结 Nd-Fe-B 烧结 Nd-Fe-B
	龙门加工中心	直线驱动系统	永磁直线电机	烧结 Nd-Fe-B
	高速数控机床	直线驱动系统	永磁直线电机	烧结 Nd-Fe-B
	激光切割机	直线驱动系统	永磁直线电机	烧结 Nd-Fe-B
	变换元件	传感器 延时器	磁体 延时器	粘结 Nd-Fe-B 烧结 Sm-Co 粘结 Nd-Fe-B
	手表		步进电机	烧结 Nd-Fe-B 粘结 Nd-Fe-B
矿山机械	磁性选矿	磁选机	磁体转子	烧结 Nd-Fe-B
	油井	油井用打捞器 石油防蜡器	磁体 磁体	烧结 Nd-Fe-B 烧结 Nd-Fe-B

续表 9-4

产业类	应用领域	部 件	元 件	磁 体
测量仪表	磁电式仪表	电压表	磁体	烧结 Nd-Fe-B
		电流表	磁体	烧结 Nd-Fe-B
		电度表	磁体	烧结 Nd-Fe-B
	磁传感器	力传感器	磁体	烧结 Nd-Fe-B
		震动传感器	磁体	烧结 Nd-Fe-B
		转矩传感器	磁体	烧结 Nd-Fe-B
	振动样品磁强计（VSM）	无铁芯磁体	磁体	烧结 Nd-Fe-B
其他	箱包	吸力器	磁体	烧结 Nd-Fe-B
	皮带	吸力器	磁体	烧结 Nd-Fe-B
	游戏机	硬盘驱动器（HDD）	音圈电机（VCM）	烧结 Nd-Fe-B
			主轴电机	粘结 Nd-Fe-B
	玩具	电动玩具	永磁电机	粘结 Nd-Fe-B
	粮食加工	除铁器	磁体	烧结 Nd-Fe-B

9.6 磁路分析和设计 I——磁路计算

永磁材料主要用来提供一个无源的恒定磁场或可变磁场。前者相当于静态磁路，后者相当于动态磁路。为了发挥永磁材料的性能，除了工作点要选在最大磁能点附近或最大有用回复能量点附近以外，还要合理地选择磁路。否则，会妨碍永磁材料性能的利用。反过来如果永磁材料选择不当，也达不到最佳设计的目的。一个好的磁路设计在满足设计要求的条件下，需要综合考虑以下三个因素：（1）最大限度地利用永磁性材料的性能；（2）轻量化及小型化；（3）价格低廉。

永磁磁路设计和计算有两种方法：一种是基于集中参数的磁路理论进行的磁路分析与计算[21~23]；另一种是基于现代电磁场理论进行的磁场数值计算[24~25]。前一种方法获得的准确度仅约为5%，对许多永磁应用来说，其精度太差；而后一种方法的精度可达到10^{-3}以上。随着计算机技术的普及，目前后一种方法已越来越被广泛地使用，因为它的设计比起磁路计算要精确得多。

9.6.1 磁路及磁路定律

磁路的概念是从大家所熟悉的电路的基础上引入的。它是基于铁磁物质的磁导率大大地超过了非铁磁物质的磁导率这样的特殊物性所构建的。由磁导率大的导磁体构成磁通的路径，磁通主要在这种路径（即磁路）中通过。应当指出，磁路与电路有明显的不同，磁路中导磁材料的磁导率一般比非导磁材料的磁导率仅大几千倍，而电路中的导电材料的电阻率一般比绝缘材料的电阻率大几千万倍，两者之间有万倍的差异，因而在磁路中的漏磁现象要比电路中的漏电现象显著得多。因此，在磁路分析中必须考虑漏磁问题。

考虑到磁通的连续性，在忽略漏磁通的情况下，磁路与电路相似，在同一条支路中有

处处相同的磁通 Φ（相当于电路中的电流 I），如图9-29所示[22]。它在磁路中产生磁势 Φ_m（相当于电路中的电势 U），并有关系式

$$\Phi_m = NI \tag{9-7}$$

式中，N 为线圈的匝数；I 为线圈中流过的电流。

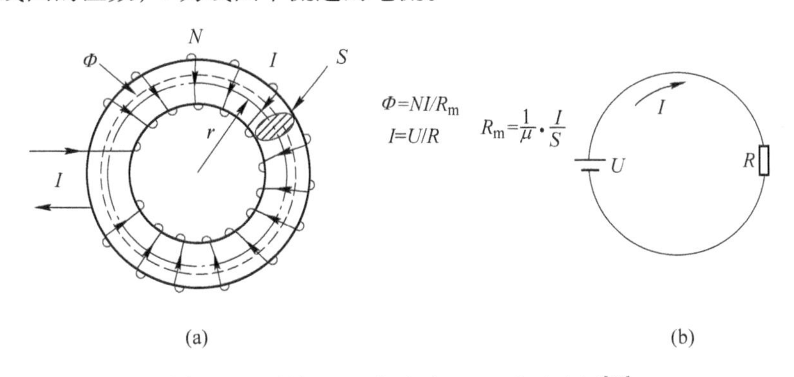

图9-29　磁路（a）与电路（b）的示意图[22]

此外，还使用磁阻 R_m（相当于电路中的电阻 R）这个概念来表示磁路的特性。它与上述的磁势 Φ_m 和磁通 Φ 之间有如下的关系：

$$\Phi_m = R_m\Phi \tag{9-8}$$

这就是磁路中的欧姆定律，$R_m\Phi$ 也称为磁压降或磁压。

若设磁路的面积为 S，磁路的平均长度为 l，相对磁导率为 μ_r，则与电路类似，磁阻 R_m 与磁路截面成反比，和磁路长度成正比，即有：

$$R_m = l/(\mu_r\mu_0 S) \tag{9-9}$$

式中，μ_0 为真空磁导率，$\mu_0 = 4\pi\times10^{-7}\text{H/m}$。

在磁路中除了有与电路类似的欧姆定律外，也有类似于电路中的基尔霍夫第一、第二定律。磁路的基尔霍夫第一定律是在磁路结点处磁通的代数和恒等于零，即

$$\sum \Phi_k = 0 \tag{9-10}$$

磁路第一定律指出了磁通的连续原理，表示在磁路的任一结点处，进入与离开该处的磁通恒等。

磁路的基尔霍夫第二定律是在任意闭合磁路中，各部分磁路磁压的代数和等于该闭合磁路磁势的代数和，即

$$\sum \Phi_j R_{mj} = \sum \Phi_{mk} \tag{9-11}$$

这个磁路第二定律就是安倍环路定律。在永磁磁路中，磁路磁势的代数和为零。

在磁路计算中，除了使用磁阻概念外，还常常使用磁导 P 的概念。某一磁路的磁导是该磁路磁通与磁压降的比值，或者说，它的值等于单位磁势所产生的磁通量，即磁导

$$P = \Phi/\Phi_m \tag{9-12}$$

与式（9-9）比较后可知，磁导和磁阻互为倒数，即

$$P = 1/R_m \tag{9-13}$$

对于均匀磁路，有：

$$\Phi = BS \tag{9-14}$$

$$\Phi_m = \Phi R_m = Hl \tag{9-15}$$

$$P = \mu S/l \tag{9-16}$$

式中，B 为磁感应强度；H 为磁场强度。

磁路设计和计算就是利用上面的磁路欧姆定律和磁路基尔霍夫第一、第二定律，对确定的磁体结构画出对应的磁路，并列出相应的方程，然后对该方程进行求解的过程。

说到永磁体，人们最熟悉的现象是它的吸引与排斥：两块永磁体同性相斥，异性相吸；另外，永磁体对各种铁磁性材料，尤其软磁材料，具有强烈的吸引力。对于具有超强磁性的稀土永磁体来说，上述的现象尤其突出，并已为人们提供了各种各样的力学服务。为此，在磁路分析和计算中，人们有时还需要计算不同类型结构的磁场力。

在求磁场力时，虚位移法是一个有效方法。按力学原理，一个体系在某一方向 i 的力 F_i 或力矩 T_i 等于此体系的能量在该方向上的梯度：

$$F_i = -\frac{\partial E}{\partial x} \tag{9-17}$$

或

$$T_i = -\frac{\partial E}{\partial \theta} \tag{9-18}$$

式中，E 为体系能量；x 为在 i 方向的坐标；F_i 为 i 方向的力；T_i 为作用在 i 方向的力矩；θ 为在 i 方向的转角。

从这里可看到，只要求得磁系统中被作用处气隙场的磁能，然后对它求位移的偏导数，便可获得磁场的作用力或力矩。

一般，磁路计算可以归纳为正反两类任务。第一类任务是已知工作气隙的磁通或对某磁性体的作用力或力矩，求出所需要的线圈磁势或永磁体尺寸；第二类任务是已知线圈磁势或永磁体尺寸，求出产生工作气隙的磁通或对某磁性体的作用力或力矩。通常，前者是在设计磁路时经常遇到的情况，而后者是在验算设计结果是否满足要求时使用。

9.6.2　永磁体等效磁路

含有永磁材料的磁系统称为永磁磁路。永磁磁路又可分为静态磁路和动态磁路。静态磁路是指气隙磁场恒定的磁路；而动态磁路则是气隙磁场发生变化的磁路。在动态磁路中，气隙磁场的变化可以是气隙尺寸距离的变化引起的，也可以是由其他干扰磁场引起的，或者是这两个因素同时引起的。举重磁体的磁路属于前者，永磁发电机的磁路属于后者。

在设计永磁磁路时，要求知道永磁材料的退磁曲线，以便在设计中确定该材料的工作点。在静态磁路中，为了最大程度利用永磁体的磁性能，通常将其工作点设定在尽量靠近材料的最大磁能积处。在动态磁路中，其工作点则设定在最大磁能积的下方。下面以图 9-30 所示的永磁结构为例[22]，说明永磁材料工作点变化情况。

磁系统中所利用的永磁体，在使用前一般都经过充磁、去磁、装入导磁体附件等工序。例如图 9-30 所示的永磁结构。该永磁材料经充磁并去磁以后，即图 9-30（a）所示。此时，依据磁路的基尔霍夫第一和第二定律，有回路方程式

$$\Phi = BS \tag{9-19}$$

$$HL + \Phi/P_g = 0 \tag{9-20}$$

式中，HL 为永磁材料的磁压降；Φ 为磁路磁通；P_g为气隙磁导。于是有

$$B = -HLP_g/S \tag{9-21}$$

在式（9-21）中，L、S 和 P_g均为常数，这表明该方程为经过坐标原点的直线方程，即图9-31中的 OL 直线。这样，由 $B/H = LP_g/S$，可得 OL 直线与坐标 H 的夹角

$$\alpha = \arctan（LP_g/S） \tag{9-22}$$

显然，OL 直线与退磁曲线的交点 A 就是该永磁材料充磁并去磁以后的工作点。

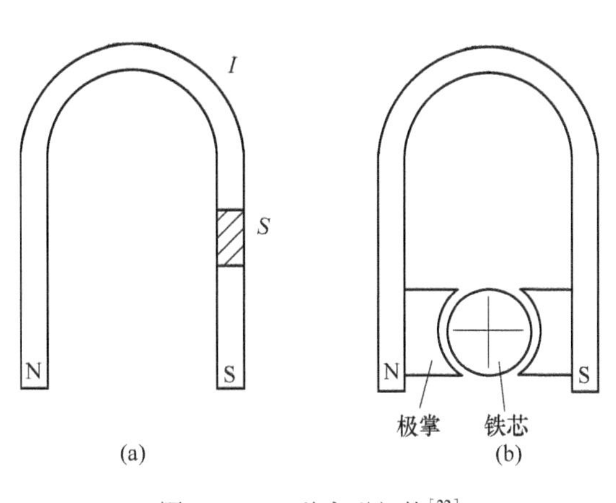

图9-30 一种永磁机构[22]

由于永磁材料的加工性能较差，而一些电磁机构又要求工作气隙具有各种复杂的几何形状，一般在永磁体上镶装易加工的软磁极掌的方法来解决，如图9-30（b）所示。这时气隙小得多，磁导加大。按式（9-21），此时直线 OL 的斜率增加，使气隙磁感应强度 B 增加。由于材料的磁滞特性，磁感应增强后的工作点不沿退磁曲线上升，而是沿 A 点开始的局部磁化曲线 APC 上升到 C 点，如图9-31所示[22]。如果这时再去极掌和铁芯，则工作点沿 C 点开始的局部退磁曲线 CQA 下降。由于 PQ 之间的张开度很小，故在退磁曲线上的局部磁滞回线通常用一直线来近似替代，此直线称为回复线，直线的斜率就称为回复磁导率 μ_{rec}。

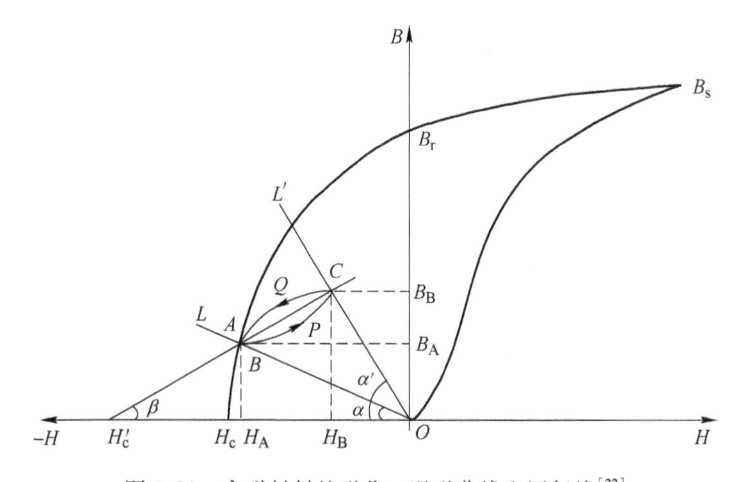

图9-31 永磁材料的磁化、退磁曲线和回复线[22]

对于退磁曲线是非线性的永磁材料（大部分永磁材料是如此），经上述工序后，其工作点将在回复线上做直线移动，其磁路是线性的。因此，在分析计算复杂磁路时，可将永磁体看作由一个恒定磁势 Φ_m 和一个线性磁阻 R_c或线性磁导 P_0串联或并联组成的一个磁势源或磁通源（见图9-32），其中的磁势 Φ_m 和磁阻 R_c或磁导 P_0分别表达如下：

$$\Phi_m = H'_c l_m \tag{9-23}$$

和

$$R_c = l_m/\mu_r\mu_0 S_m \tag{9-24}$$

或

$$P_0 = \mu_r \mu_0 S_m / l_m \tag{9-25}$$

式中，H'_c 为等效矫顽力，它是回复线 AC 的延长线和 $-H$ 轴交点的坐标，见图 9-31；l_m 和 S_m 分别为永磁体的长度和截面积；μ_0 为真空磁导率；μ_r 为相对磁导率。

图 9-32 中 Φ_M 为磁通源永磁体的磁势，R_C 为永磁体的磁阻，Φ 为永磁体向外磁路提供的磁通，Φ_m 为永磁体向外磁路提供的磁势。

当永磁磁路中采用现代稀土永磁材料时，因为这种材料的内禀矫顽力高，它的磁感应强度在很大磁场范围内基本保持不变。因此，稀土永磁材料的退磁曲线通常是线性的，它的回复线与退磁曲线完全重合。此时，$H'_c = H_{cB}$，故 $\Phi_M = H_{cB} l_m$。

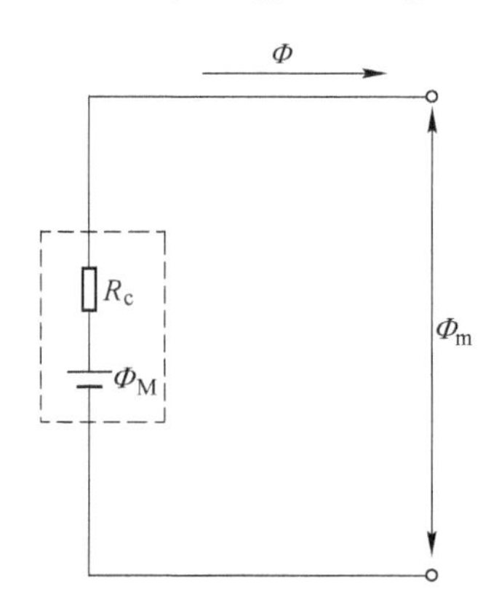

图 9-32 永磁体在磁系统中的等效磁路[22]

9.6.3 磁路分析与计算实例

【例 1】 有一个“C”型永磁磁铁，磁体横断面为 1cm²，气隙为 0.5cm，需要在其中产生磁场。磁源选用低档烧结 Nd-Fe-B 磁体，最大磁能积 $(BH)_{max}$ 为 280kJ/m³，剩磁 B_r 为 1.22T，矫顽力 H_{cB} 为 900kA/m，横断面积 1cm²，磁化方向高度 1cm。假定铁磁材料的相对磁导率为无限大，整个磁路（包括 Nd-Fe-B 磁体周围）无漏磁，同时气隙磁通无边缘效应。磁路结构如图 9-33 所示，计算气隙中的磁场。

在忽略漏磁的情况下，该磁路的等值磁路如图 9-34 所示。

由磁路的基尔霍夫第二定律有

$$\left(\frac{l_m}{S\mu_m} + \frac{l}{S\mu} + \frac{l_g}{S\mu_0}\right)\Phi = H_{cB} l_m$$

则

$$\Phi = H_{cB} l_m \Big/ \left(\frac{l_m}{S\mu_m} + \frac{l}{S\mu} + \frac{l_g}{S\mu_0}\right)$$

由磁路中磁通连续，在气隙处的磁通

$$\Phi = B_g S = \mu_0 H_g S$$

上两个式子合并后，有

$$H_g = H_{cB} l_m / \mu_0 S\left(\frac{l_m}{S\mu_m} + \frac{l}{S\mu} + \frac{l_g}{S\mu_0}\right)$$

因铁磁材料的磁导率为无限大，$1/\mu$ 为零；式中消去 S 后得

$$H_g = H_{cB} l_m / \mu_0\left(\frac{l_m}{\mu_m} + \frac{l_g}{\mu_0}\right)$$

即

$$H_g = H_{cB} l_m \Big/ \left(\frac{l_m}{\mu_{rm}} + l_g\right)$$

将 $H_{cB} = 900\text{kA/m} = 1.1309\text{T}$，$\mu_{rm} = B_r / H_{cB} = 1.08$，以及 $l_m = 1\text{cm}$，$l_g = 0.5\text{cm}$ 代入，便可获得气隙的磁场值 H_g为 0.793T。

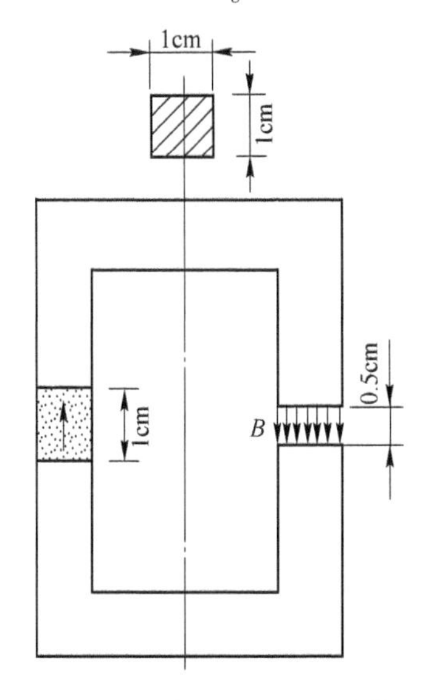

图 9-33 永磁“C”型磁体

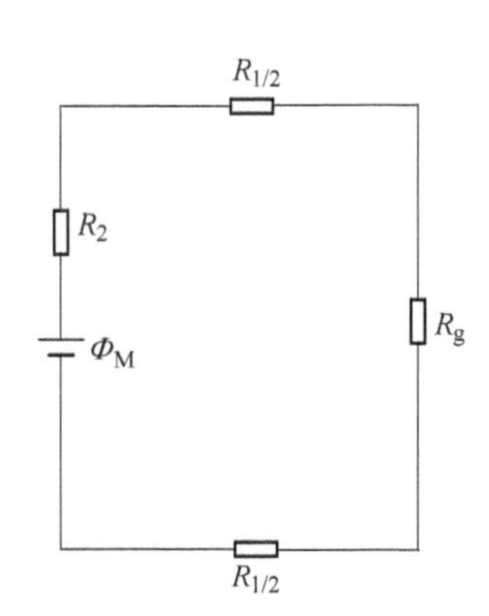

图 9-34 永磁“C”型磁体的等值磁路

【例 2】 一种起重磁铁模型：一个朝下“C”型永磁磁体，两个磁极面同时来吸引衔铁。磁体横断面为 1cm^2，气隙为 0.1cm。磁源选用例 1 中相同的 Nd-Fe-B 磁体材料，横断面积 1cm^2，磁化方向高度 1cm。同样假定铁磁材料的相对磁导率为无限大，整个磁路（包括 Nd-Fe-B 磁体周围）无漏磁和无气隙磁通边缘效应。磁路结构如图 9-35 所示，计算两个极面对衔铁提供的吸力。

根据式（9-17）作用力的公式可知，为了求得极面对衔铁的吸力，只要求出上述结构磁路气隙的磁能即可。在忽略漏磁的情况下，该磁路的等值磁路如图 9-36 所示。

由磁路的基尔霍夫第二定律有

$$\left(\frac{l_m}{S\mu_m} + \frac{l}{S\mu} + \frac{l_g}{S\mu_0}\right)\Phi = H_{cB} l_m$$

则

$$\Phi = H_{cB} l_m \Big/ \left(\frac{l_m}{S\mu_m} + \frac{l}{S\mu} + \frac{2l_g}{S\mu_0}\right)$$

由磁路中磁通连续，在气隙处的磁通

$$\Phi = B_g S = \mu_0 H_g S$$

上两个式子合并后，有

$$H_g = H_{cB} l_m / \mu_0 S\left(\frac{l_m}{S\mu_m} + \frac{l}{S\mu} + \frac{2l_g}{S\mu_0}\right)$$

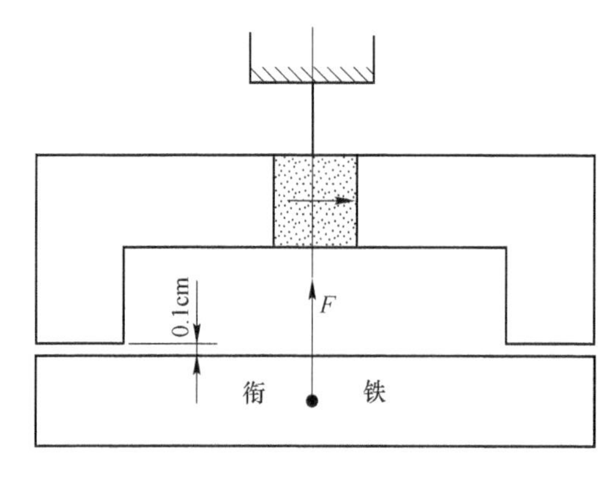

图9-35 起重磁铁模型

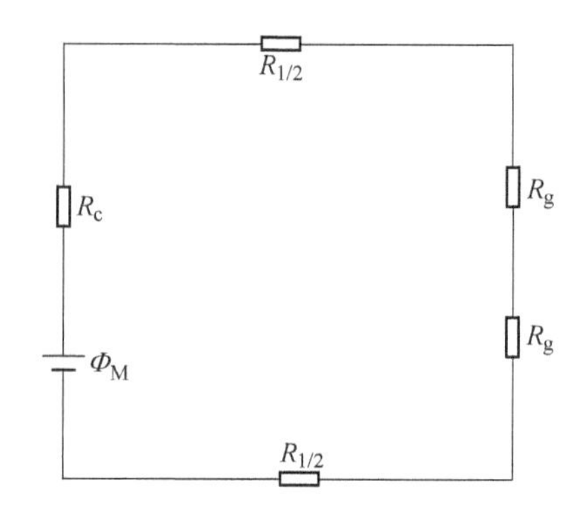

图9-36 起重磁铁模型的等值磁路

因铁磁材料的磁导率为无限大，$1/\mu$ 为零；式中消去 S 后得

$$H_g = H_{cB} l_m / \mu_0\left(\frac{l_m}{\mu_m} + \frac{2l_g}{\mu_0}\right)$$

即

$$H_g = H_{cB} l_m \Big/ \left(\frac{l_m}{\mu_{rm}} + 2l_g\right)$$

于是可得任一个气隙的储能

$$E = B_g H_g Sx/2$$

式中，x 为气隙离开极面的距离。

此时，利用式（9-17），对气隙储能 E 求 x 偏导数，获得磁极上受到的作用力

$$F = -B_g H_g S/2 = -\mu_0 H_g^2 S/2$$

将前面的 H_g 代入上式，可得

$$F = -\mu_0 S\left[H_{cB} l_m \Big/ \left(\frac{l_m}{\mu_{rm}} + 2l_g\right)\right]^2 \Big/ 2$$

再将 $H_{cB} = 900\text{kA/m}$，$\mu_{rm} = B_r/H_{cB} = 1.08$，以及 $l_m = 1\text{cm}$，$l_g = 0.1\text{cm}$，$S = 10^{-4}\text{m}^2$ 代入，便可获得磁极上受到的作用力为40.19N，即4.1kg（1kg = 9.8N）。式中的负号表示该作用力是吸力。

在上述的计算过程中，因假定磁路是在理想的无任何漏磁的情况下，故其计算结果与实际有较大的差异。实际的吸力将有较大的降低，后面的3D数值计算也证实了这一点（见3D计算举例4）。计算的结果指出，该吸力约为31.7N，即3.23kg。

由于实际磁路存在漏磁和磁阻，在磁路计算中必须考虑漏磁，并引入一个参数 σ，称为漏磁系数。该 σ 的大小取决于磁路结构。在磁路结构确定的情况下，如何计算 σ，可查阅一些专业书籍[21,22]。

9.7　磁路分析和设计Ⅱ——有限元模拟

9.7.1　有限元分析简介

对场域的边界比较简单的问题，人们可以通过对磁场的标量磁位或矢量磁位所满足的拉普拉斯或泊松方程进行分离变量等解析法进行直接求解。但实际的电磁场问题，场域的边界比较复杂，解析法难以求解，于是便产生了各种各样的电磁场的数值计算法。随着计算机的发展，电磁场的数值计算法得到了迅速和广泛的应用。在数值计算法中，有限元法是应用得最广泛的一种。

有限元法是一种以变分原理（对泛函求极值）和剖分插值（划分网格）为基础的数值计算法。它采用一定的网格划分格式，把实际连续的场离散化为有限多个（面积或体积）单元，用这些离散单元上的参数近似描述实际的连续场；采用变分原理把所要求解的磁场边值问题，转化为泛函求极值问题，并以此导出了一组多元的代数方程组，即有限元方程组，最后对该有限元方程组进行求解，便得到上面所要求解的磁场边值问题的数值解。

在用有限元法求解之前，首先应将求解区域剖分成有限多个（面积或体积）单元（注意，在需要精度高的地方，单元剖分得细一点）；随后对单元和节点（交点）进行编号，并给各节点赋予相应的磁位值，使各单元中的磁位函数等于节点磁位的线性逼近；这样每个单元都有一组待求的磁位函数方程组。然后，进行条件变分问题的离散化，将能量泛函的极值问题转化为普通多元函数的极值问题，建立节点磁位的线性代数方程组，并按边界条件进行修改；最后对联立方程组求解，在得到各节点的磁位值后，便可计算出任一单元的磁场强度或磁感应强度。

在2D情况下，对于标量磁位有 $H_x = -\partial\varphi/\partial x$ 和 $H_y = -\partial\varphi/\partial y$；而对于磁量磁位有 $B_x = \partial A/\partial y$ 和 $B_y = -\partial A/\partial x$。

用有限元法计算电磁场问题，其基本步骤可归纳如下：

（1）简化求解的物理模型，导出求解的微分方程。

（2）根据微分方程及边界条件，导出对应的定解问题的泛函及其等价的变分问题，也就是所谓泛函（即函数的函数）的极值问题。

（3）对整个求解区域进行剖分，利用剖分插值将变分问题离散化为普通多元函数的极值问题。

（4）对多元函数的泛函求极值，导出有限元方程组。

（5）用追赶法或其他有效的方法求解有限元方程组，得到节点上的位函数。

由于上述的有限元法电磁场问题是一门专门的学科，需要多方面的专业知识，要完全弄清楚其数学原理及其是如何编程是极其困难的，需要很长的时间的钻研，不可能也不需要每个人都去搞清楚。对于我们而言，只要知道如何使用这些程序来计算我们所遇到的各种磁路，并能顺利地读出结果就行了。

下面用有限元法对几个实例进行磁场和它的作用力计算。

9.7.2　二维有限元分析和模拟实例

【例 3】 同磁路分析与计算举例中例 1，但由于电磁场的数值计算法是对整个场域的精确计算，必须给出磁路中轭铁的材料磁性参数：$\mu_r = 5000$。分两种情况计算：一种把永磁体放置在轭铁的中间；另一种放置在靠近气隙的端面。

（1）把永磁体放置在轭铁的中间。

首先，建立简化的物理模型。由于永磁体和磁路的轭铁圆柱形状具有轴对称特性，因此，在通过圆柱轴的平面中，磁体周围的磁场分布是一样的。于是本例磁体周围的 3D 磁场分布可以用 2D 问题来处理（图 9-37）。下面介绍如何用全模型来计算该磁结构的磁场分布。

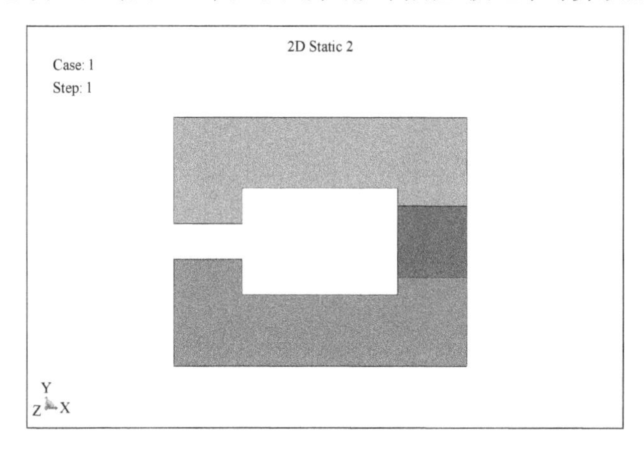

图 9-37　永磁体放置在轭铁中间的有限元分析全模型图

然后，创建有限元模型（依次建立几何图形，定义单元类型，定义材料性能参数，赋予几何图形材料属性，划分网格等）；施加负载及设定边界条件；求解；最后，后处理。其结果如图 9-38 所示。

图 9-38 给出了该磁结构的磁力线分布。从图可看到，除了气隙中有密集的磁力线外，

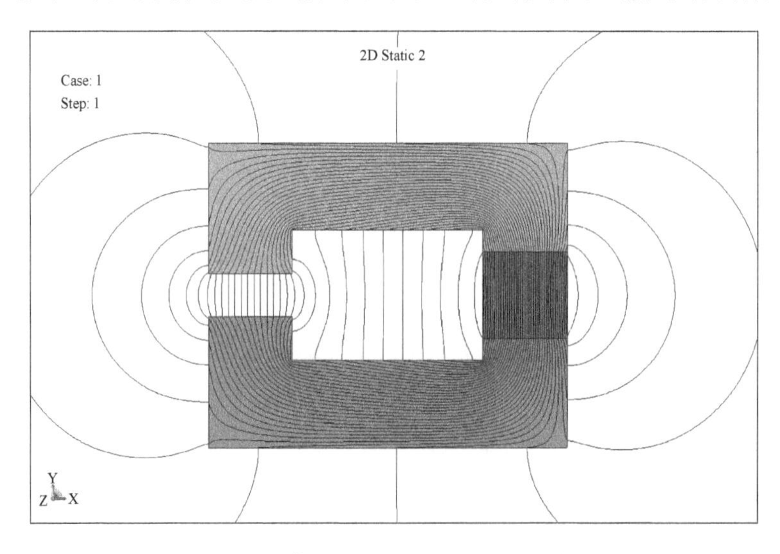

图 9-38　永磁体放置在轭铁中间的磁力线分布图

在磁体周围也有一些磁力线存在。在气隙外存在的磁力线就是所谓的漏磁。在磁系统中，漏磁是不可避免的，然而人们可通过改善磁路设计来尽量降低漏磁。

利用询问指令，可得到图中各点的具体数值发现气隙中心的磁场是0.369T，与磁路设计中所计算的理想状态的0.793T相差很大。

（2）把永磁体放置在靠近气隙的端面。此时，建立的物理模型如图9-39所示。

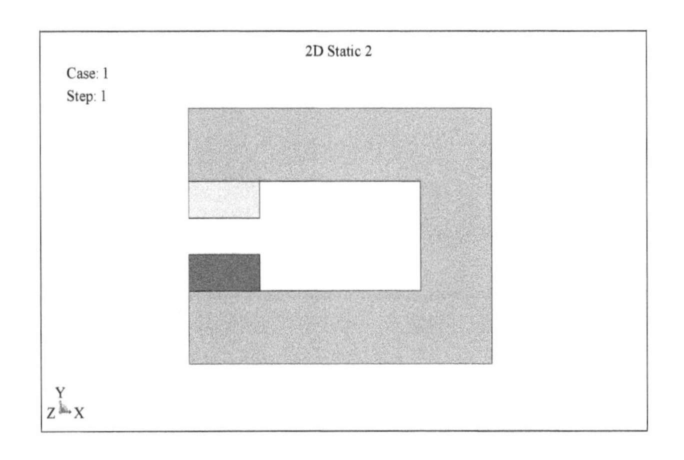

图9-39 永磁体放置在轭铁两端的有限元分析全模型图

经建模、加载、求解和后处理后，其磁力线分布变成如图9-40所示。

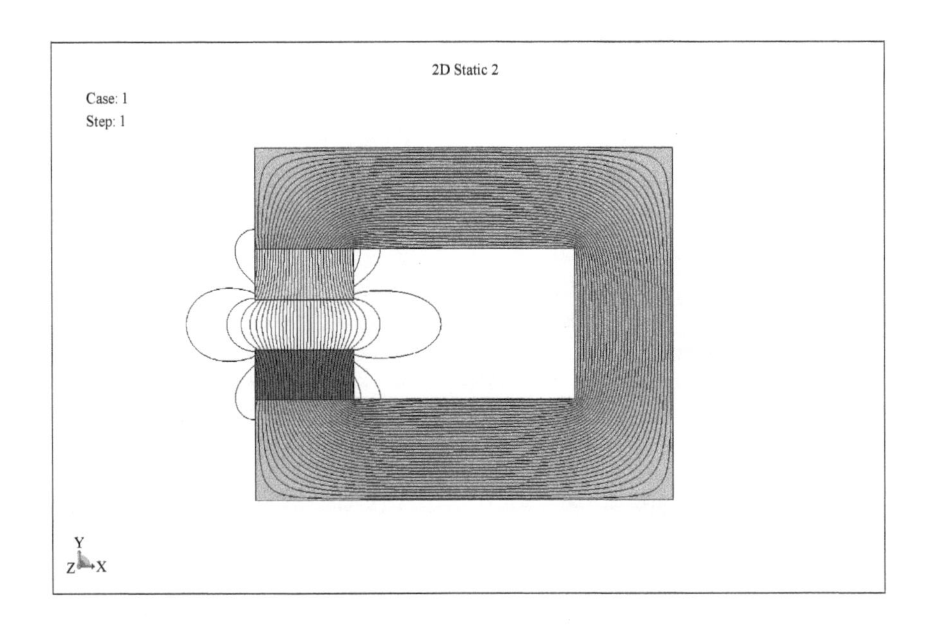

图9-40 永磁体放置在轭铁两端的磁力线分布图

此时的磁力线分布与上面的有明显的不同，即在磁路右侧几乎没有磁力线漏出；即使在气隙两旁的磁力线也明显变少。因而极大地提高了气隙中的场强。现在，气隙中心的磁场达到0.696T，比永磁体放置在轭铁中间情况提高了接近一倍，但与磁路设计中所计算的理想状态的0.793T仍然相差很大。这表明该磁路仍然有可观的漏磁。

从这个例子中可说明两点：(1) 磁路总是存在漏磁；(2) 为什么高矫顽力稀土永磁体通常放置在靠近气隙的位置。

【例 4】 Halbach 结构

在著名的 Halbach 磁体阵列中，当磁体阵列为如图 9-41 所安排时，则在 Halbach 磁体阵列内腔中将产生二极均匀磁场。下面来计算内腔中的磁场情况：Halbach 磁体阵列的外半径为2.62cm，内半径为1.31cm，并假定轴向为无限长。（注：1979 年美国学者 Klaus Halbach 提出一种新的阵列结构，即将径向与切向阵列结合在一起的永磁体排列方式，后来被称为 Halbach 阵列结构。它在电机应用中有如下优点：(1) 使气隙磁通密度明显增强，从而降低电机的体积和重量；(2) 提高工作点到 $0.9B_r$，提升了永磁材料的利用率；(3) 使气隙中的磁通密度分布近似正弦波，有助于降低齿槽转矩和转矩的波动。）

首先，建立简化的物理模型。由于轴向为无限长，磁体纵向两端对磁体中间磁场无影响，于是该3D 问题可简化为普通的 2D 问题。

然后，创建有限元模型（图 9-42）；施加负载及设定边界条件；求解和后处理。其结果如图 10-43 所示。

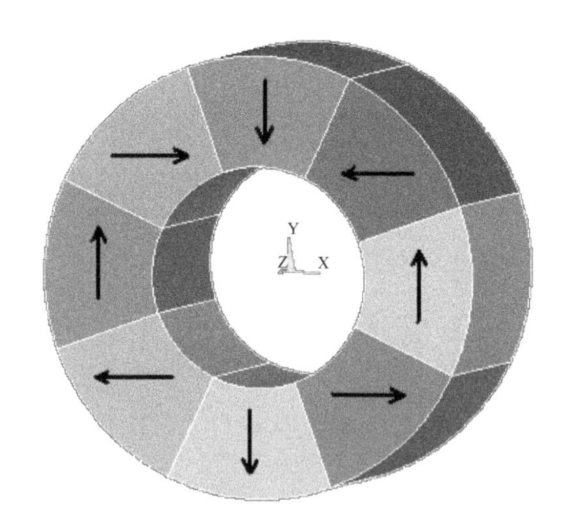

图 9-41 Halbach 磁体阵列

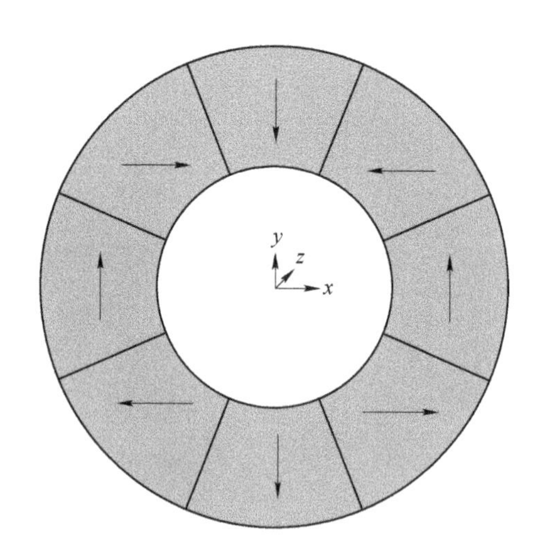

图 9-42 Halbach 磁体阵列的有限元模型

磁力线分布合理。接着可画出磁感应强度和磁场强度的分布图。磁感应强度沿 x 轴和 y 轴的 $B(x)$ 和 $B(y)$ 变化曲线分别如图 9-44 和图 9-45 所示。

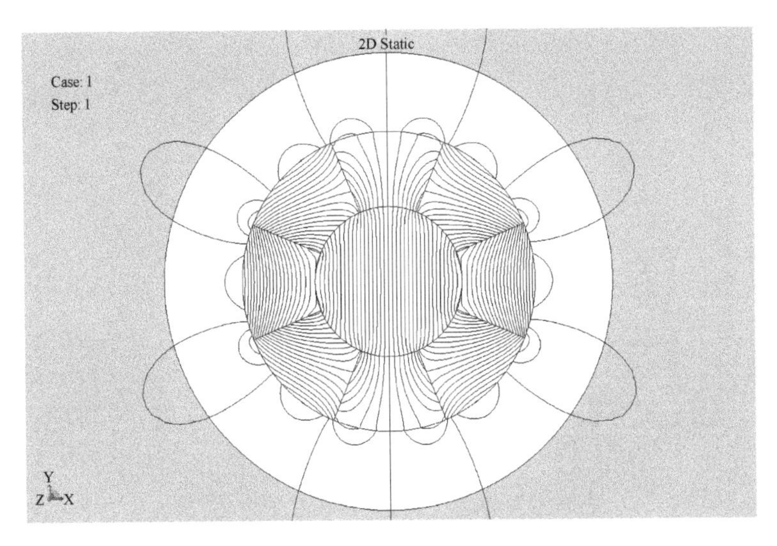

图 9-43　Halbach 磁体阵列的磁力线分布图

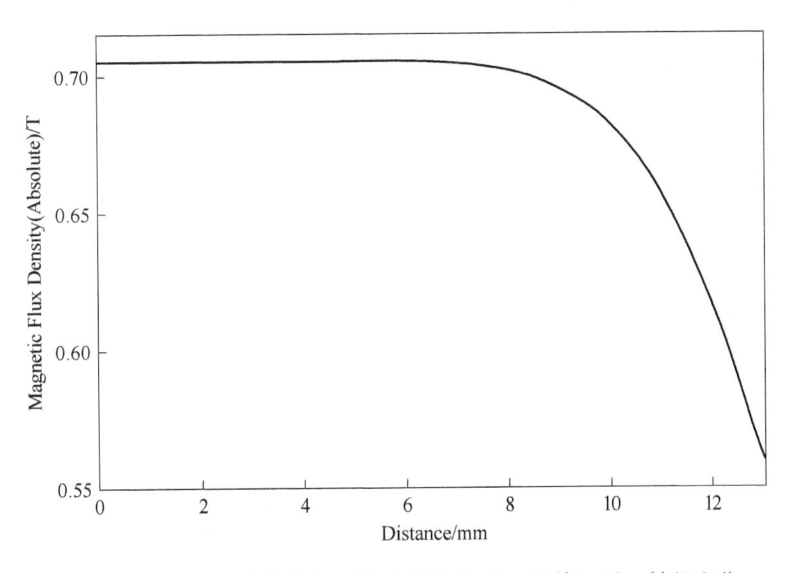

图 9-44　Halbach 磁体腔中心磁感应强度（2D 计算）沿 x 轴的变化

9.7.3　三维有限元分析和模拟实例

【例 5】 实际的 Halbach 磁体阵列，其磁体阵列与 Ansys 2D 应用例子 4 相同安排，再计算一下在 Halbach 磁体阵列内腔中将产生二极磁场，并与 Ansys 2D 应用例子 4 的结果进行比较。此时 Halbach 磁体阵列（图 9-46）的外半径为 2.62cm，内半径为 1.31cm，高度是 2.62。

首先，建立简化的物理模型。由于轴向高度仅与半径大小，磁体纵向两端对磁体中间磁场影响很大，必须按 3D 问题处理。另外，Halbach 磁体阵列除了在内腔中会产生均匀的二极磁场外，在 Halbach 磁体外表面也产生一定的漏磁场，因此，在 Halbach 磁体外一定空间内也需要建模。

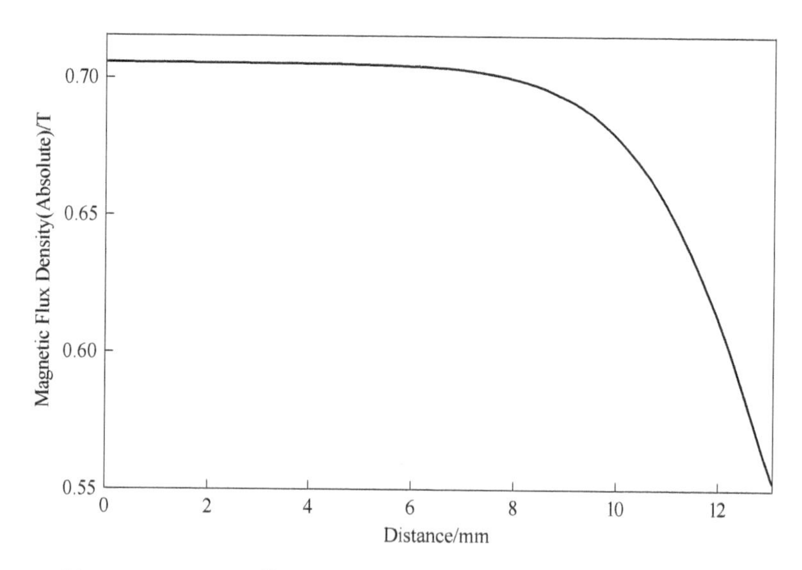

图 9-45 Halbach 磁体腔中心磁感应强度（2D 计算）沿 y 轴的变化

然后，创建有限元模型（图 9-47）；施加负载及设定边界条件；求解和后处理。结果如图 9-48 所示。

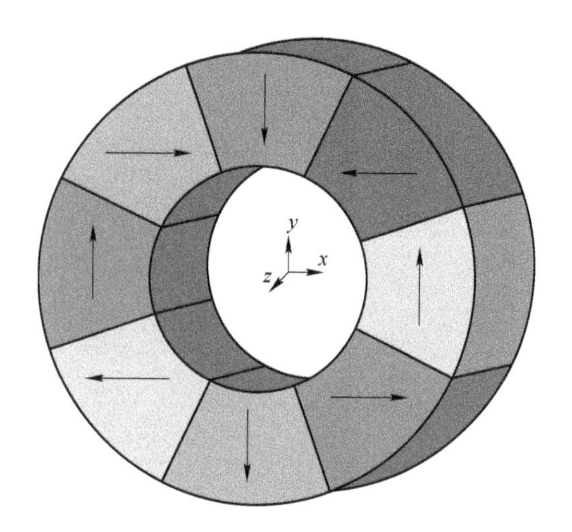

图 9-46 Halbach 磁体阵列

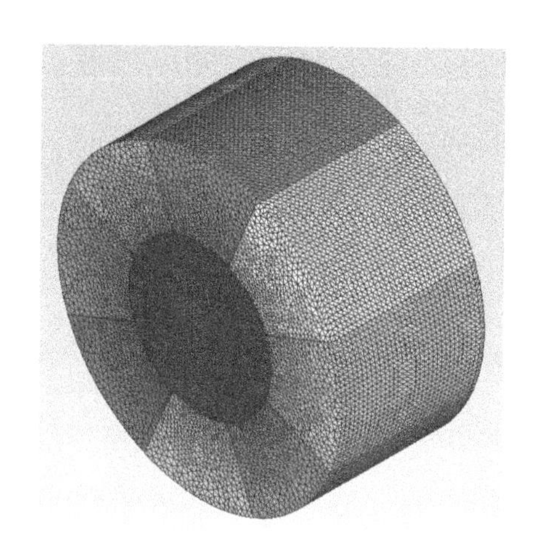

图 9-47 Halbach 磁体 3D 有限元模型

从图 9-48 可看到，磁感应强度沿 y 轴呈现平面（$x=0$）对称，且强度在中高，而上下低，这也是想象之中的。而图 9-49 图示了磁体腔中心磁感应强度沿 x 轴的变化曲线，图 9-50 和图 9-51 分别图示了磁体腔中心磁感应强度沿 y 轴和 z 轴的变化曲线。

对 3D 和 2D 的计算结果进行比较可看到，3D 计算的磁体中心值下降很多，这是轴向不够长的原因。如果轴向增大 10 倍（见图 9-52），3D 计算的中心值与 2D 的计算结果差不多。

轴向增大 10 倍的计算结果如图 9-53 和图 9-54 所示。磁体腔中心的磁感应强度值，3D 计算的 0.715T 与 2D 计算的 0.705T 很接近。

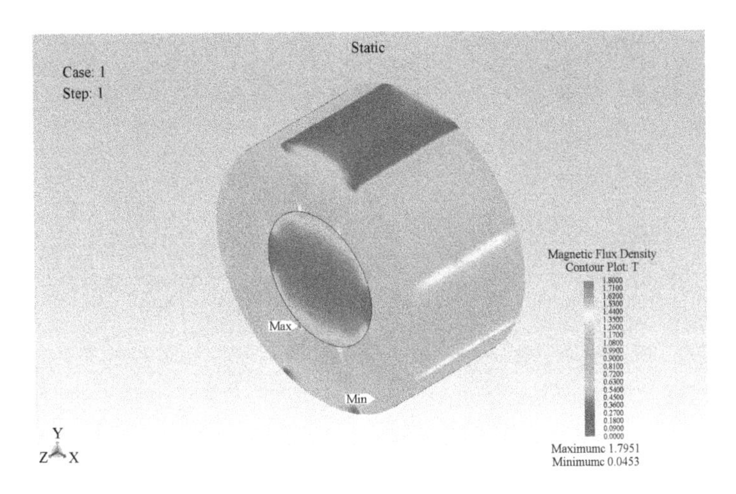

图 9-48 Halbach 磁体 3D 磁感应强度分布图

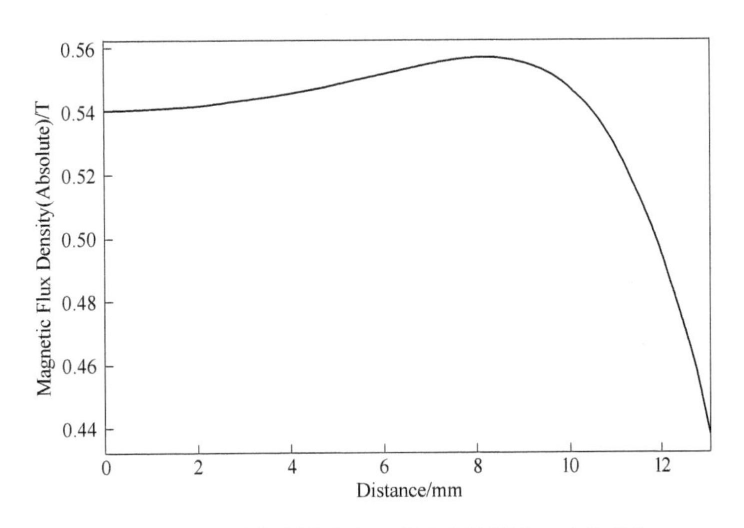

图 9-49 3D 计算磁体腔中心磁感应强度沿 x 轴的变化

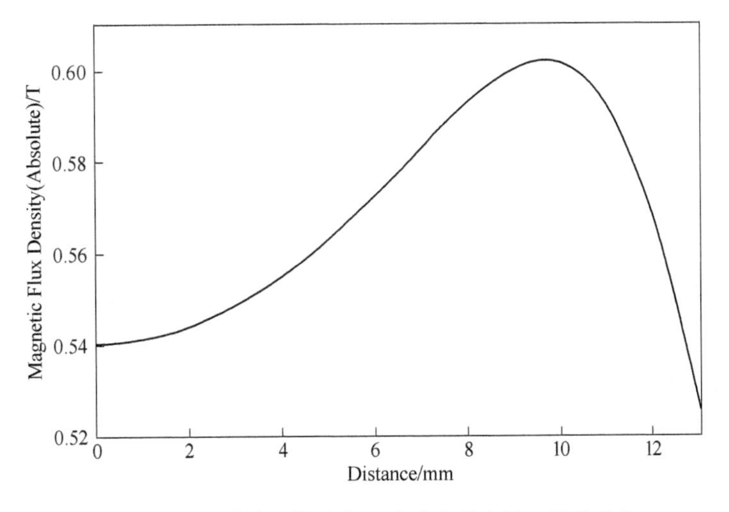

图 9-50 3D 计算磁体腔中心磁感应强度沿 y 轴的变化

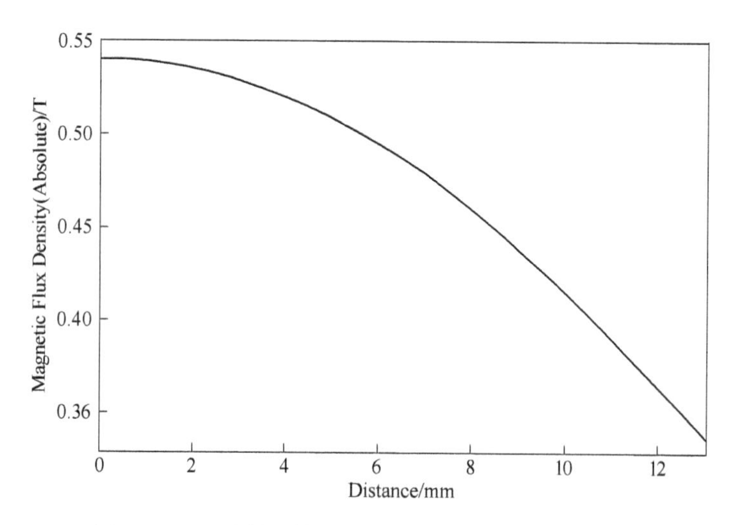

图 9-51 3D 计算磁体腔中心磁感应强度沿 z 轴的变化

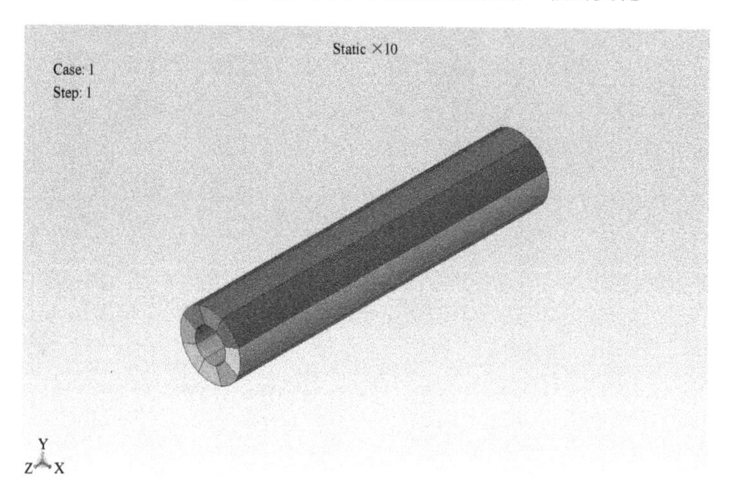

图 9-52 轴向增大 10 倍的 Halbach 磁体图

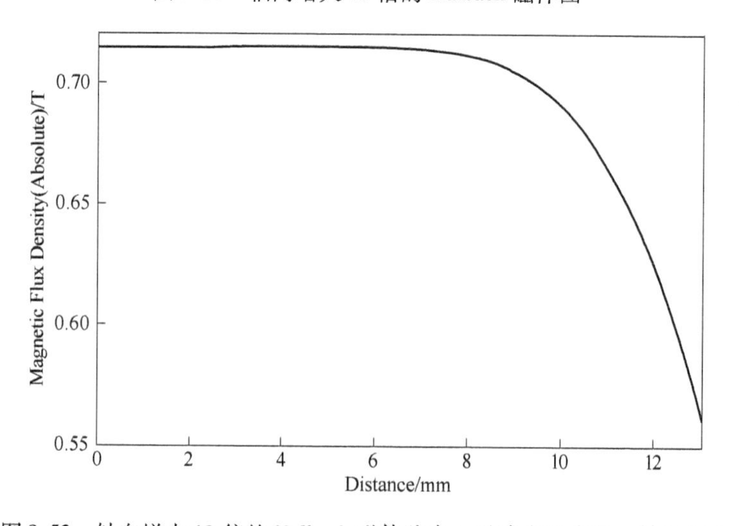

图 9-53 轴向增大 10 倍的 Halbach 磁体腔中心磁感应强度沿 x 轴的变化

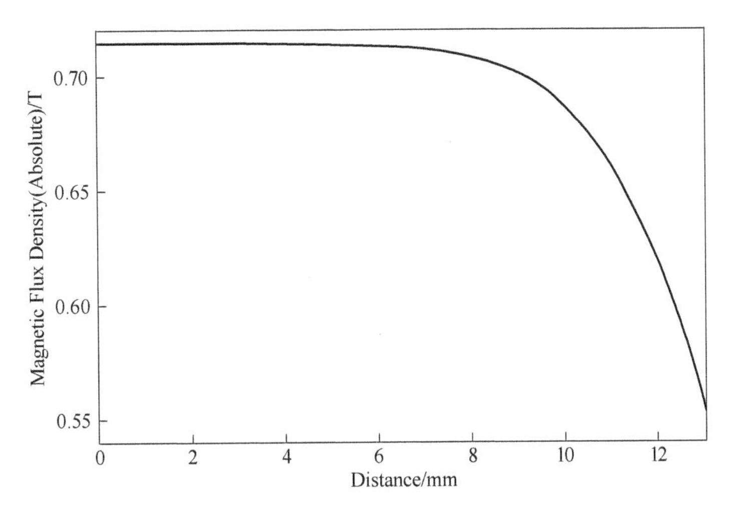

图 9-54 轴向增大 10 倍的 Halbach 磁体腔中心磁感应强度沿 y 轴的变化

【例 6】 与前面磁路分析与计算中举例 2 相同的一种起重磁铁模型：即一个朝下“C”型永磁磁体，两个磁极面同时来吸引衔铁。磁体横断面为 $1cm^2$，气隙为 0.1cm。磁源选用与 Ansys 2D 应用例 1 中相同的 Nd-Fe-B 磁体材料，横断面积 $1cm^2$，磁化方向高度 1cm，但分为两段，分别安置在两个极面；假定铁磁材料的相对磁导率为 2000。磁路结构如图 9-55 所示，计算两个极面对衔铁提供的吸力。

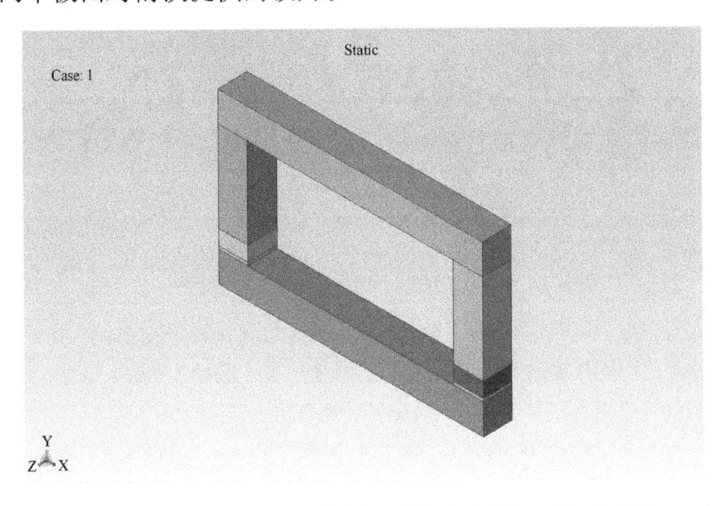

图 9-55 与磁路分析与计算中举例 2 相同的一种起重磁铁

首先，建立简化的物理模型。由于无有效对称性可用，必须按 3D 问题处理。另外，磁体也产生一定的漏磁场，因此，在磁体外一定空间内也需要建模，图 9-56 展示了与磁路分析与计算中举例 2 相同的一种起重磁铁有限元模型。

上述的有限元模型建立后，采用合适的单元和无限边界条件，然后可对上述的模型赋材料特性、网格化、加负载和求解。求解后可获得磁极间隙的磁场，用虚功法或麦克斯韦尔法得到磁力分别为：$F_y = -31.6N$ 和 $-31.3N$。数值前的负号表示吸力。在前面磁路分析与计算举例 2 的计算结果是 40.19N，明显高于目前的计算结果，这是在磁路分析与计

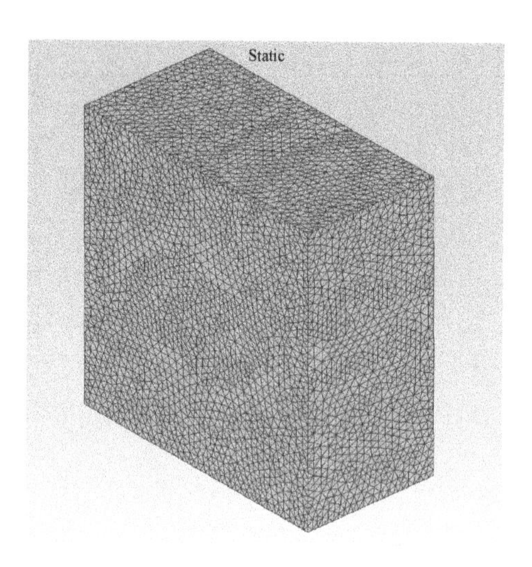

图 9-56　与磁路分析与计算中举例 2 相同的一种起重磁铁的有限元模型

算中暂无考虑磁体漏磁的缘故。

参 考 文 献

[1] 胡伯平. 稀土永磁产业现状 [C]. 2015 中国稀土永磁论坛论文集.

[2] 周寿增. 稀土永磁材料及其应用 [M]. 北京：冶金工业出版社，1995.

[3] 新能源课题件网站 www. pengky. cn.

[4] Qu T M，Song P，Yu X Y，Gu C，Li L N，Li X H，Wang Y G，Wang D W，Hu B P，Chen D X，Zeng P，Han Z H. Development and test of a 2. 5kW synchronousgenerator with a high temperature superconducting stator and permanent magnetrotor [J]. Supercond. Sci. Technol.，2014，27：044026.

[5] 唐任远. 现代永磁电机理论与设计 [M]. 北京：机械工业出版社，1997.

[6] Paulides J J H，Kazmin E V，Gysen B L J，Lomonova E A. Series Hybrid Vehicle System Analysis Using anIn-Wheel Motor Design. IEEE Vehicle Power and Propulsion Conference（VPPC）[J]. September 3-5，2008，Harbin，China.

[7] 中国工程院咨询研究报告项目编写组. 第 9 章主要稀土功能材料产业现状、技术进展及市场开发. 稀土资源可持续开发利用战略研究 [M]. 北京：冶金工业出版社，2015：164.

[8] 马昌贵. 永磁材料的应用及其新进展 [J]. 金属功能材料，2003，10：32.

[9] Hanitsch R. Permanent-magnet motors. In：Coey J M D ed. Rare-Earth Iron Permanent Magnets [M]. Oxford：Clarendon Press，1996：452 ~ 495.

[10] 百度网站（http：//www. baidu. com）.

[11] 信越稀土磁体网站（http：//www. shinetsu-rare-earth-magnet. jp）.

[12] 中科三环内部资料.

[13] 闫阿儒，张驰. 新型稀土永磁材料与永磁电机 [M]. 北京：科学出版社，2014.

[14] 宋后定，陈培林. 永磁材料及其应用 [M]. 北京：机械工业出版社，1984.

[15] 夏平畴，永磁机构 [M]. 北京：北京工业大学出版社，2000.

[16] Rem P C. Magnets in eddy current technology [C]. Int. Symposium on Rare Earth Magnets，Beijing，2000.

[17] Ding Y G，Zhu Y X，Yin X L，et al. Research Progress on C-band Broadband Multibeam Klystron. IEEE Trans. Electron Devices，2007，54（4）：624.

[18] DiChristina M. Deep Space Traveler—Ion Propulsion Takes off for Deep Space. Popular Science, page 64, July 1998.
[19] 原荣. 光纤通信 [M]. 2 版. 北京：电子工业出版社，2006：153.
[20] Coey J M D. Magnetism and Magnetic Materials [M]. Cambridge：Cambridge University Press，2010.
[21] 钟文定. 技术磁学（下册）[M]. 北京：科学出版社，2009.
[22] 邹继斌，刘宝廷，崔淑梅，郑萍. 磁路与磁场 [M]. 哈尔滨：哈尔滨工业大学出版社，1997.
[23] 魏静微，等. 小功率永磁电机原理、设计与应用 [M]. 北京：机械工业大学出版社，2009.
[24] 张朝晖，等. Ansys 工程应用范例入门与提高 [M]. 北京：清华大学出版社，2004.
[25] 阎照文，等. Ansys 10.0 工程电磁分析技术与实例详解 [M]. 北京：中国水利水电出版社，2006.

附　　录

附录1　磁学及其磁参量的单位换算表

磁学量	SI 制	CGS 制	换算比（SI 制的数量乘以此数便成为 CGS 制的数量）
磁场强度 H	安/米(A/m)	奥斯特（Oe）	$4\pi\times10^{-3}$
磁感［应强度］ 磁通密度 } B	特［斯拉］（T）	高斯（Gs，G）	10^4
磁通［量］Φ	韦［伯］（Wb）	麦克斯韦（Mx）	10^8
磁极化强度 J	韦［伯］/米^2（Wb/m^2） 或特斯拉（T）	高斯（Gs，G）	10^4
磁化强度 M	安/米（A/m）	高斯（Gs，G）	10^{-3}
单位质量的磁矩 M	安米^2/千克（Am^2/kg） 或焦（耳）/特斯拉千克 （J/(Tkg)）	电磁单位/克（emu/g）	1
磁化率（相对）x		高斯/奥斯特（Gs/Oe）	$1/4\pi$
磁导率（相对）μ			1
磁极强度 m	韦［伯］（Wb）		$10^8/4\pi$
磁偶极矩 J_m	韦［伯］/米（Wb/m）	（磁矩）	$10^{10}/4\pi$
磁矩 M_m	安/米^2（A/m^2）	（磁矩）emu	10^3
磁势 Φ_m			
磁通势 V_m	安匝	奥·厘米（Oe·cm）	$4\pi\times10^{-1}$
退磁因子 N			4π
磁阻 R_m	安匝/韦伯	奥、厘米/麦克斯韦 （Oe、cm/Mx）	$4\pi\times10^{-9}$
磁导 P	韦伯/安匝	麦克斯韦/奥·厘米 （Mx/Oe·cm）	$10^9/4\pi$
磁性常数 μ_0 （真空磁导率）	特［斯拉］米/安 （Tm/A）或亨/米（H/m）		$10^7/4\pi$
能量密度 E 磁晶各向异性常数 K }	焦［耳］/米^3（J/m^3）	尔格/厘米^3（erg/cm^3）	10
最大磁能积 $(BH)_{max}$	Wb/Am^3， J/m^3，T/Am	高奥（GOe）	$4\pi\times10$

附录2　常用物理常数表

物理常数	SI 制	CGS 制
电子电荷 e	1.6021×10^{-19}C	4.803×10^{-10}静电单位
电子质量 m_e	9.1095×10^{-31}kg	9.1095×10^{-28}g
普朗克常数 h	6.6261×10^{-34}J · s	6.6261×10^{-27}erg · s
磁常数 μ_0（真空磁导率）	$4\pi\times10^{-7}$T/mA	1.0000
电常数 ε_0（真空介电常数）	8.8541×10^{-12}F/m	1.0000
真空中光速 c	2.9979245×10^{8}m/s	2.9979245×10^{10}cm/s
玻尔磁子 μ_B	$\frac{\mu_0 e\hbar}{2m_e}=1.16530\times10^{-29}$Wb · m（J/mA）①	$\frac{e\hbar}{2m_e c}=9.2740\times10^{-21}$erg/Oe（emu）
旋磁比 r	$\frac{\mu_0 e}{2m_e}g=1.1051\times10^{5}g$mA^{-1}s^{-1}（其中 g 是朗德因子）	$\frac{e}{2m_e c}g=8.795\times10^{6}g$Oe^{-1}s^{-1}（其中 g 是朗德因子）
玻耳兹曼常量 k	1.38066×10^{-23}焦耳/度（J/K）	1.38066×10^{-16}erg/K
阿伏伽德罗常量 N	6.02204×10^{23}mol^{-1}	6.02204×10^{23}mol^{-1}

① $\hbar=\frac{h}{2\pi}$，表中的 μ_B 值是磁偶极矩的数值，相应的磁矩值是 $e\hbar/(2m_e)=9.2740\times10^{-24}$安 · 米^2（焦耳/特）。

附录3　不同形状磁体的磁导系数 P_c 的尺寸比关系图

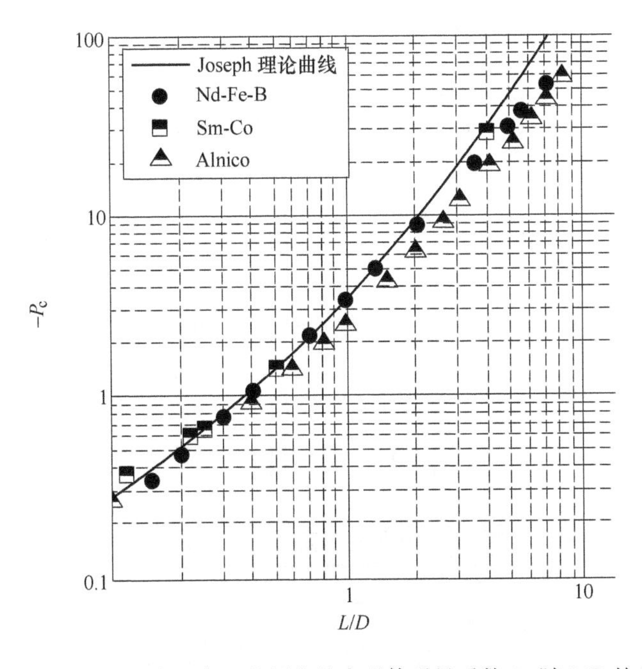

附图 3-1　长度为 L 和直径为 D 的圆柱状永磁体磁导系数 P_c 随 L/D 的变化关系

（其中 Joseph 理论曲线采用第5章参考文献［13］中的 N_b 数值（参见附录4说明），由 $P_c=1-1/N_c$ 导出；烧结钕铁硼数据源于中科三环研究院；其他数据源于第5章参考文献［32］）

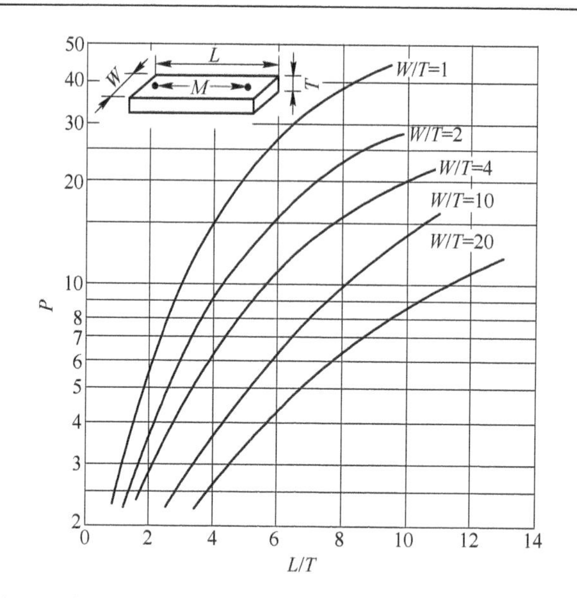

附图 3-2　低矫顽力长方形磁体（如 AlNiCo 等）的磁导系数 P 与尺寸比的关系

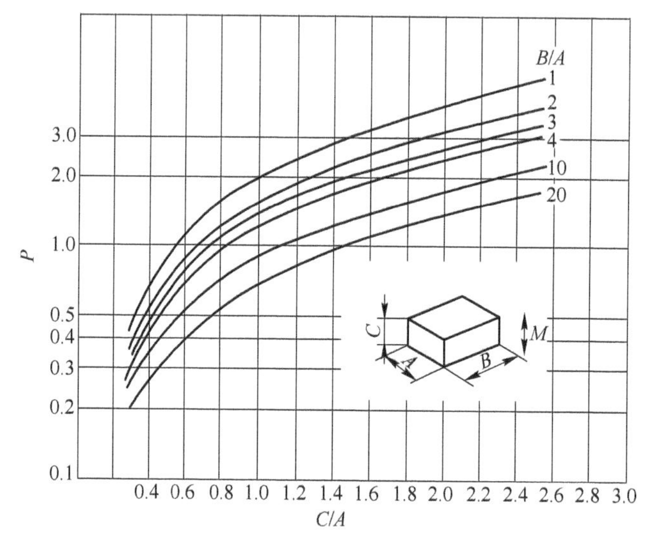

附图 3-3　高矫顽力长方形磁体（如 Nd-Fe-B 等）的磁导系数 P 与尺寸比的关系

（附图 3-1 ~ 附图 3-3 源于第 5 章参考文献［32］）

附录 4　退磁因子表

旋转椭球和圆柱体的退磁因子 N^*（国际单位制）

p	N_e	N_m	N_b
0	1.000	1.000	1.000
0.01	0.9845	0.9650	0.9638
0.1	0.8608	0.7967	0.7845
0.2	0.7505	0.6802	0.6565

续表

p	N_e	N_m	N_b
0.4	0.5882	0.5281	0.4842
0.8	0.3944	0.3619	0.2905
1.0	0.3333	0.3116	0.2322
2	0.1736	0.1819	0.09351
3	0.1087	0.1278	0.04800
4	0.07541	0.09835	0.02865
6	0.04323	0.06728	0.01334
8	0.02842	0.05110	0.007633
10	0.02029	0.04119	0.004923
100	0.000430	0.004232	0.000050
1000	0.000007	0.000424	0.0000005

注：1. 换算为 CGS 单位制时需乘以 4π。

2. 对于旋转椭球体，$p = c/a$，其中 c 为旋转轴，另外两个轴 $a = b$；对于圆柱体，$p = L/D$，其中 L 和 D 分别是圆柱体的长度和直径。

3. N_e 表示旋转椭球体在旋转方向的退磁因子；N_m 表示通过对圆柱体整个体积求平均得到的圆柱体轴向的退磁因子；N_b 表示通过对圆柱体中部横截面求平均得到的圆柱体轴向的退磁因子（参见第 5 章参考文献 [13]）。

附录 5　稀土永磁材料产品牌号与性能表

附表 5-1 ~ 附表 5-4 为 Sm-Co 磁体的性能表。

附表 5-1　美国 EEC 公司烧结稀土-钴永磁材料的典型磁性能

牌　号	$(BH)_{max}$		B_r		H_{cB}		H_{cJ}		$\alpha(B_r)$	$\beta(H_{cJ})$	T_w
	MGOe	kJ/m³	kGs	mT	kOe	kA/m	kOe	kA/m	%/℃	%/℃	℃
$SmCo_5$											
EEC 1:5-18	18.0	143	8.6	860	8.4	668	>30	>2390	-0.04	-0.05	300
EEC 1:5TC-15	15.0	119	7.8	780	7.7	612	>30	>2390	-0.03	-0.04	300
EEC 1:5TC-13	13.0	103	7.3	730	7.2	573	>30	>2390	-0.02	-0.03	300
EEC 1:5TC-9	9.0	72	6.1	610	6.0	477	>30	>2390	-0.001	-0.02	300
Sm_2Co_{17}											
EEC 2:17-31	31.0	247	11.5	1150	10.5	835	>20	>1590	-0.032	-0.06	250
EEC 2:17-27	27.5	217	10.8	1080	10.1	803	>25	>1990	-0.035	-0.06	300
EEC 2:17-24	24.0	192	10.1	1010	9.3	740	>25	>1990	-0.035	-0.06	300
EEC 2:17TC-18	18.5	147	9.0	900	8.2	652	>25	>1990	-0.02	-0.04	300
EEC 2:17TC-16	16.0	127	8.3	830	7.8	620	>25	>1990	-0.001	-0.03	300
EEC 2:17TC-15	14.5	117	8.0	800	7.2	573	>20	>1590	-0.001	-0.03	300
高温应用											
EEC 24-T400	24.0	195	10.2	1020	9.6	763	>25	>1990			400
EEC 20-T500	20.0	167	9.3	930	8.9	708	>25	>1990			500
EEC 16-T550	16.0	127	8.5	850	7.5	598	>20	>1590			550

附表 5-2　德国真空冶炼公司（VAC）烧结稀土-钴永磁材料 VACOMAX 的典型磁性能（20℃）

牌号	$(BH)_{max}$		B_r		H_{cB}		H_{cJ}	$\alpha(B_r)$	$\alpha(H_{cJ})$	T_w	d	H_{sat}
	MGOe		kGs		kOe		kOe	%/℃	%/℃	℃	g/cm³	kOe
	典型	最小	典型	最小	典型	最小	最小	典型	典型	典型	典型	最小
240HR	30	25	11.2	10.5	9.2	7.5	8.0	-0.030	-0.15	300	8.4	25
225HR	28	24	11.0	10.3	10.3	9.0	20.0	-0.030	-0.18	350	8.4	46
225TP	27	24	10.7	10.3	9.9	9.0	20.0	-0.030	-0.18	350	8.4	46
225AP	25	21	10.4	9.7	9.6	8.5	20.0	-0.030	-0.18	350	8.4	46
170HR	25	21	10.1	9.5	9.5	8.9	15.0	-0.040	-0.21	250	8.4	25
145S	20	18	9.0	8.5	8.3	7.5	25.0	-0.040	-0.14	250	8.4	25

注：HR—准等静压；TP—垂直压；AP—轴向压。

附表 5-3　日本 TDK 公司烧结 Sm-Co 系列的基本磁性

成　分		2:17 系列						1:5 系列
牌　号		REC32A	REC30	REC26A	REC26	REC24	REC22	REC18
剩　磁	B_r/kGs	11.0~11.6	10.8~11.2	10.0~10.8	10.2~10.8	9.8~10.2	9.2~9.8	8.3~8.7
矫顽力	H_{cB}/kOe		6.0~6.8	7.0~9.0	8.4~10.0	6.0~6.8	7.8~9.4	7.5~8.5
	H_{cJ}/kOe	≥8.0	6.2~7.0	≥8.0	≥10.0	6.2~7.0	≥10.0	12.0~20.0
最大磁能积	$(BH)_{max}$/MGOe	28~32	29~31	23~27	25~27	22~24	20~24	17~19
$\alpha(B_r)$（20~100℃）	%/℃	-0.03	-0.03	-0.03	-0.03	-0.03	-0.03	-0.045

附表 5-4　宁波宁港永磁材料有限公司烧结 Sm-Co 系列典型产品的基本磁性

牌　号	B_r	H_{cB}	H_{cJ}	$(BH)_{max}$	$\alpha(B_r)$	$\alpha(H_{cJ})$	T_w	T_c
	kGs	kOe	kOe	MGOe	%/℃	%/℃	℃	℃
YX-20	9.0~9.4	8.5~9.1	15~23	19~21	-0.050	-0.30	250	750
YX-22	9.2~9.6	8.9~9.4	15~23	20~22	-0.050	-0.30	250	750
YX-24	9.6~10.0	9.2~9.7	15~23	22~24	-0.050	-0.30	250	750
YX-20S	8.9~9.3	8.6~9.2	≥23	19~21	-0.045	-0.28	250	750
YX-22S	9.2~9.6	8.9~9.5	≥23	21~23	-0.045	-0.28	250	750
YX-24S	9.6~10.0	9.3~9.9	≥23	23~25	-0.045	-0.28	250	750
LTC（YX-10）	6.2~6.6	6.1~6.5	≥23	9.5~11	-0.0156		300	750
YXG-28H	10.3~10.8	9.5~10.2	≥25	26~28	-0.035	-0.20	350	800
YXG-30H	10.8~11.0	9.9~10.5	≥25	28~30	-0.035	-0.20	350	800
YXG-32H	11.0~11.3	10.2~10.8	≥25	29~32	-0.035	-0.20	350	800
YXG-28	10.3~10.8	9.5~10.2	≥18	26~28	-0.035	-0.20	300	800
YXG-30	10.8~11.0	9.9~10.5	≥18	28~30	-0.035	-0.20	300	800
YXG-32	11.0~11.3	10.2~10.8	≥18	29~32	-0.035	-0.20	300	800
YXG-28M	10.3~10.8	8.5~10.0	12~18	26~28	-0.035	-0.20	300	800

续附表 5-4

牌 号	B_r	H_{cB}	H_{cJ}	$(BH)_{max}$	$\alpha(B_r)$	$\alpha(H_{cJ})$	T_w	T_c
	kGs	kOe	kOe	MGOe	%/℃	%/℃	℃	℃
YXG-30M	10.8~11.0	8.5~10.5	12~18	28~30	-0.035	-0.20	300	800
YXG-32M	11.0~11.3	8.5~10.7	12~18	29~32	-0.035	-0.20	300	800
YXG-28L	10.3~10.8	6.8~9.6	8~12	26~28	-0.035	-0.20	250	800
YXG-30L	10.8~11.5	6.8~10.0	8~12	28~30	-0.035	-0.20	250	800
YXG-32L	11.0~11.5	6.8~10.2	8~12	29~32	-0.035	-0.20	250	800
LTC（YXG-22）	9.4~9.8	8.4~9.0	≥18	21~23	-0.008		300	840

注：YX—$SmCo_5$类；YXG—Sm_2Co_{17}类；LTC—低剩磁温度系数。

附表5-5~附表5-7为Nd-Fe-B磁体的性能表。

附表5-5 中科三环烧结Nd-Fe-B磁体典型牌号的性能表（2016）

牌号	B_r				H_{cB}		H_{cJ}		$(BH)_{max}$			
	kGs		T		kOe	kA/m	kOe	kA/m	MGOe		kJ/m³	
	最大	最小	最大	最小	最小	最小	最小	最小	最大	最小	最大	最小
N42	13.5	13.0	1.35	1.30	10.8	860	12	955	44	40	350	318
N45	13.8	13.2	1.38	1.32	10.8	860	12	955	46	42	366	334
N48	14.3	13.7	1.43	1.37	10.5	836	11	875	49	45	390	358
N50	14.6	13.9	1.46	1.39	10.5	836	11	875	51	47	406	374
N52	14.8	14.2	1.48	1.42	10.5	836	11	875	53	49	422	390
N54	15.1	14.5	1.51	1.45	10.5	836	11	875	55	51	438	406
N40M	13.2	12.6	1.32	1.26	11.8	939	14	1114	43	38	342	302
N42M	13.5	13.0	1.35	1.30	12.0	955	14	1114	45	40	358	318
N45M	13.8	13.2	1.38	1.32	12.2	971	14	1114	47	42	374	334
N48M	14.3	13.7	1.43	1.37	12.5	995	14	1114	50	45	398	358
N50M	14.6	13.9	1.46	1.39	12.5	995	13	1035	52	47	414	374
N52M	14.8	14.2	1.48	1.42	12.5	995	13	1035	53	49	422	390
N54M	15.1	14.5	1.51	1.45	12.5	995	13	1035	55	51	438	406
N38H	13.0	12.3	1.30	1.23	11.5	916	17	1353	41	36	326	287
N40H	13.2	12.6	1.32	1.26	11.8	939	17	1353	43	38	342	302
N44H	13.7	13.0	1.37	1.30	12.1	963	16	1273	46	41	366	326
N46H	14.0	13.4	1.40	1.34	12.5	995	16	1273	48	43	382	342
N48H	14.2	13.6	1.42	1.36	12.7	1011	16	1273	50	45	398	358
N50H	14.5	13.8	1.45	1.38	12.9	1026	16	1273	51	47	406	374
N52H	14.7	14.0	1.47	1.40	13.0	1035	16	1273	53	48	422	382
N38SH	13.0	12.3	1.30	1.23	11.6	923	20	1592	41	36	326	287
N40SH	13.2	12.6	1.32	1.26	11.8	939	20	1592	43	38	342	302

续表 5-5

牌号	B_r				H_{cB}		H_{cJ}		$(BH)_{max}$			
	kGs		T		kOe	kA/m	kOe	kA/m	MGOe		kJ/m³	
	最大	最小	最大	最小	最小	最小	最小	最小	最大	最小	最大	最小
N42SH	13.4	12.8	1.34	1.28	12.0	955	19	1512	44	39	350	310
N45SH	13.8	13.2	1.38	1.32	12.4	987	19	1512	47	42	374	334
N48SH	14.2	13.6	1.42	1.36	12.7	1011	19	1512	50	45	398	358
N50SH	14.5	13.8	1.45	1.38	13.0	1035	19	1512	51	47	406	374
N35UH	12.5	11.8	1.25	1.18	11.2	891	25	1990	38	33	302	263
N38UH	12.8	12.2	1.28	1.22	11.6	923	25	1990	40	36	318	287
N40UH	13.2	12.6	1.32	1.26	12.0	955	25	1990	42	38	334	302
N42UH	13.5	13.0	1.35	1.30	12.0	955	25	1990	44	40	350	318
N45UH	13.8	13.2	1.38	1.32	12.4	987	25	1990	47	42	374	334
N48UH	14.2	13.6	1.42	1.36	12.7	1011	24	1911	50	45	398	358
N33EH	12.0	11.4	1.20	1.14	10.8	859	30	2388	35	31	279	247
N35EH	12.3	11.7	1.23	1.17	11.1	883	30	2388	37	33	295	263
N38EH	12.8	12.2	1.28	1.22	11.6	923	30	2388	40	36	318	287
N40EH	13.1	12.5	1.31	1.25	11.8	939	30	2388	42	37	334	295
N44EH	13.6	13.0	1.36	1.30	12.3	979	29	2308	46	41	366	326
N30EHS	11.7	10.9	1.17	1.09	10.3	820	35	2786	33	28	263	223
N33EHS	12.0	11.4	1.20	1.14	10.8	859	35	2786	36	31	287	247
N35EHS	12.5	11.7	1.23	1.17	11.1	883	35	2786	38	33	302	263
N38EHS	12.8	12.2	1.28	1.22	11.6	883	34	2706	41	36	326	286
N40EHS	13.1	12.5	1.31	1.25	11.8	939	34	2706	42	37	334	295
N30EHC	11.7	10.9	1.17	1.09	10.3	820	40	3183	33	28	263	223
N33EHC	12.0	11.4	1.20	1.14	10.8	859	40	3183	36	31	287	247
N35EHC	12.5	11.7	1.23	1.17	11.1	883	40	3183	38	33	302	263

附表 5-6　日立金属烧结 Nd-Fe-B 典型牌号的性能表（2015）

成型方法		牌　号	$(BH)_{max}$		B_r		H_{cB}		H_{cJ}(min)	
			kJ/m³	MGOe	T	kGs	kA/m	kOe	kA/m	kOe
单一取向成形系列	垂直压制	NMX-S54	405 ~ 437	51 ~ 55	1.45 ~ 1.51	14.5 ~ 15.1	939 ~ 1153	11.8 ~ 14.5	875	11
		NMX-S52	388 ~ 422	48 ~ 53	1.42 ~ 1.48	14.2 ~ 14.8	835 ~ 1122	10.5 ~ 14.1	875	11
		NMX-S50BH	374 ~ 405	47 ~ 51	1.39 ~ 1.45	13.9 ~ 14.5	1042 ~ 1122	13.1 ~ 14.1	1114	14
		NMX-S49CH	358 ~ 397	45 ~ 50	1.36 ~ 1.43	13.6 ~ 14.3	1018 ~ 1106	12.8 ~ 13.9	1273	16
		NMX-S45SH	326 ~ 366	41 ~ 46	1.30 ~ 1.37	13.0 ~ 13.7	970 ~ 1058	12.2 ~ 13.3	1671	21
		NMX-S43SH	310 ~ 350	39 ~ 44	1.28 ~ 1.35	12.8 ~ 13.5	962 ~ 1042	12.1 ~ 13.1	1830	23
		NMX-S41EH	294 ~ 334	37 ~ 42	1.24 ~ 1.31	12.4 ~ 13.1	923 ~ 1018	11.6 ~ 12.8	1990	25

续附表5-6

成型方法		牌　号	$(BH)_{max}$		B_r		H_{cB}		H_{cJ} (min)	
			kJ/m³	MGOe	T	kGs	kA/m	kOe	kA/m	kOe
单一取向成形系列	垂直压制	NMX-S38EH	270 ~ 310	34 ~ 39	1.19 ~ 1.27	11.9 ~ 12.7	883 ~ 978	11.1 ~ 12.3	2228	28
		NMX-S36UH	254 ~ 294	32 ~ 37	1.16 ~ 1.24	11.6 ~ 12.4	883 ~ 962	11.1 ~ 12.1	2387	30
		NMX-S34GH	238 ~ 278	30 ~ 35	1.12 ~ 1.20	11.2 ~ 12.0	859 ~ 939	10.8 ~ 11.8	2626	33
		NMX-50	374 ~ 405	47 ~ 51	1.39 ~ 1.45	13.9 ~ 14.5	835 ~ 1034	10.5 ~ 13.0	875	11
		NMX-48BH	350 ~ 389	44 ~ 49	1.35 ~ 1.42	13.5 ~ 14.2	1018 ~ 1099	12.8 ~ 13.8	1114	14
		NMX-46CH	334 ~ 375	42 ~ 47	1.33 ~ 1.40	13.3 ~ 14.0	1002 ~ 1083	12.6 ~ 13.6	1273	16
		NMX-44CH	326 ~ 367	41 ~ 46	1.30 ~ 1.37	13.0 ~ 13.7	994 ~ 1075	12.5 ~ 13.5	1273	16
		NMX-41CH	294 ~ 335	37 ~ 42	1.24 ~ 1.31	12.4 ~ 13.1	954 ~ 1035	12.0 ~ 13.0	1432	18
		NMX-43SH	302 ~ 343	38 ~ 43	1.26 ~ 1.33	12.6 ~ 13.3	962 ~ 1043	12.1 ~ 13.1	1671	21
		NMX-41SH	294 ~ 335	37 ~ 42	1.24 ~ 1.31	12.4 ~ 13.1	954 ~ 1035	12.0 ~ 13.0	1671	21
		NMX-39EH	278 ~ 319	35 ~ 40	1.20 ~ 1.27	12.0 ~ 12.7	923 ~ 1003	11.6 ~ 12.6	1989	25
		NMX-36EH	262 ~ 295	33 ~ 37	1.16 ~ 1.23	11.6 ~ 12.3	899 ~ 979	11.3 ~ 12.3	2228	28
		NMX-33UH	246 ~ 279	31 ~ 35	1.13 ~ 1.20	11.3 ~ 12.0	867 ~ 948	10.9 ~ 11.9	2387	30
	平行压制	NMX-44	310 ~ 351	39 ~ 44	1.29 ~ 1.37	12.9 ~ 13.7	835 ~ 1075	10.5 ~ 13.5	875	11
		NMX-42BH	302 ~ 343	38 ~ 43	1.26 ~ 1.34	12.6 ~ 13.4	947 ~ 1035	11.9 ~ 13.0	1114	14
		NMX-40CH	294 ~ 335	37 ~ 42	1.24 ~ 1.32	12.4 ~ 13.2	923 ~ 1011	11.6 ~ 12.7	1352	17
		NMX-37SH	262 ~ 303	33 ~ 38	1.17 ~ 1.25	11.7 ~ 12.5	891 ~ 979	11.2 ~ 12.3	1671	21
		NMX-34EH	238 ~ 279	30 ~ 35	1.12 ~ 1.20	11.0 ~ 12.0	851 ~ 940	10.7 ~ 11.8	1989	25
		NMX-31UH	214 ~ 255	27 ~ 32	1.07 ~ 1.15	10.7 ~ 11.5	819 ~ 908	10.3 ~ 11.4	2387	30
单一取向无镝或低镝系列	垂直压制	NMX-S49F	358 ~ 397	45 ~ 50	1.36 ~ 1.43	13.6 ~ 14.3	1018 ~ 1106	12.8 ~ 13.9	1273	16
		NMX-S45F	326 ~ 366	41 ~ 46	1.30 ~ 1.37	13.0 ~ 13.7	970 ~ 1058	12.2 ~ 13.3	1671	21
		NMX-S41F	294 ~ 334	37 ~ 42	1.24 ~ 1.31	12.4 ~ 13.1	923 ~ 1018	11.6 ~ 12.8	1989	25
		NMX-S38F	270 ~ 310	34 ~ 39	1.19 ~ 1.27	11.9 ~ 12.7	883 ~ 978	11.1 ~ 12.3	2228	28
	平行压制	NMX-46F	334 ~ 382	42 ~ 48	1.33 ~ 1.40	13.3 ~ 14.0	990 ~ 1083	12.6 ~ 13.6	1273	16
		NMX-43F	310 ~ 351	39 ~ 44	1.29 ~ 1.36	12.9 ~ 13.6	978 ~ 1058	12.4 ~ 13.3	1512	19
		NMX-42F	302 ~ 343	38 ~ 43	1.26 ~ 1.33	12.6 ~ 13.3	954 ~ 1035	12.1 ~ 13.1	1671	21
		NMX-37F	278 ~ 319	35 ~ 40	1.21 ~ 1.28	12.1 ~ 12.8	923 ~ 1003	11.6 ~ 12.6	1989	25
		NMX-35F	262 ~ 303	33 ~ 38	1.17 ~ 1.24	11.7 ~ 12.4	891 ~ 971	11.2 ~ 12.2	2228	28
		NMX-42PF	294 ~ 343	37 ~ 43	1.26 ~ 1.31	12.6 ~ 13.1	941 ~ 1028	11.8 ~ 12.9	1273	16
		NMX-38PF	254 ~ 303	32 ~ 38	1.17 ~ 1.27	11.7 ~ 12.7	891 ~ 970	11.2 ~ 12.2	1671	21
辐射取向成形系列		NMX-42R	310 ~ 351	39 ~ 44	1.28 ~ 1.36	12.8 ~ 13.6	954 ~ 1058	12.0 ~ 13.3	1114	14
		NMX-40CR	295 ~ 343	37 ~ 43	1.24 ~ 1.34	12.4 ~ 13.4	923 ~ 1051	11.6 ~ 13.2	1352	17
		NMX-38SR	270 ~ 319	34 ~ 40	1.19 ~ 1.29	11.9 ~ 12.9	883 ~ 1003	11.1 ~ 12.6	1671	21
		NMX-35ER	246 ~ 295	31 ~ 37	1.14 ~ 1.24	11.4 ~ 12.4	819 ~ 970	10.3 ~ 12.2	1989	25
		NMX-K40R	295 ~ 334	37 ~ 42	1.24 ~ 1.32	12.4 ~ 13.2	923 ~ 1034	11.6 ~ 13.0	1114	14

续附表 5-6

成型方法	牌　号	$(BH)_{max}$ kJ/m³	$(BH)_{max}$ MGOe	B_r T	B_r kGs	H_{cB} kA/m	H_{cB} kOe	H_{cJ}(min) kA/m	H_{cJ}(min) kOe
辐射取向成形系列	NMX-K38CR	278～327	35～41	1.20～1.30	12.0～13.0	891～1019	11.2～12.8	1352	17
	NMX-K35SR	246～295	31～37	1.14～1.24	11.4～12.4	919～970	10.3～12.2	1671	21
	NMX-K33ER	230～279	29～35	1.10～1.20	11.0～12.0	803～931	10.1～11.7	1989	25
	NMX-38R	278～327	35～41	1.20～1.30	12.0～13.0	891～1019	11.2～12.8	1114	14
	NMX-35CR	246～295	31～37	1.15～1.25	11.5～12.5	859～980	10.8～12.3	1352	17
	NMX-33SR	230～279	29～35	1.10～1.20	11.0～12.0	790～939	9.9～11.8	1671	21
	NMX-30ER	207～239	26～30	1.05～1.13	10.5～11.3	772～884	9.7～11.1	1989	25

附表 5-7　德国 VAC 烧结 Nd-Fe-B 典型牌号的性能表（2015）

牌号		$(BH)_{max}$		B_r		H_{cB}		H_{cJ}	$\alpha(B_r)$	$\alpha(H_{cJ})$	T_w	d
		MGOe		kGs		kOe		kOe	%/℃	%/℃	℃	g/cm³
		典型	最小	典型	最小	典型	最小	最小	典型	典型	典型	典型
HR准等静压	510HR	48	45	14.1	13.8	12.3	11.5	12	-0.115	-0.790	60	7.5
	633HR	44	40	13.5	12.9	13.1	12.3	16	-0.095	-0.650	110	7.7
	655HR	40	35	12.8	12.2	12.4	11.6	21	-0.090	-0.610	150	7.7
	677HR	34	30	11.8	11.2	11.5	10.7	28	-0.085	-0.550	190	7.7
	722HR	53	48	14.7	14.2	11.5	10.5	11	-0.115	-0.770	50	7.6
	745HR	50	47	14.4	14.0	14.0	13.4	14	-0.115	-0.730	70	7.6
TP垂直压	238TP	46	42	13.7	13.3	13.3	12.7	16	-0.111	-0.679	120	7.6
	247TP	45	42	13.6	13.2	13.2	12.6	18	-0.111	-0.654	130	7.6
	633TP	42	39	13.2	12.8	12.8	12.2	16	-0.095	-0.650	110	7.7
	655TP	39	35	12.6	12.2	12.2	11.6	21	-0.090	-0.610	150	7.7
	669TP	36	32	12.2	11.7	11.8	11.0	25	-0.085	-0.570	170	7.7
	677TP	34	30	11.8	11.3	11.5	10.8	28	-0.085	-0.550	190	7.7
	688TP	32	28	11.4	10.9	11.1	10.4	33	-0.080	-0.510	220	7.8
	745TP	48	45	14.1	13.7	13.7	13.0	14	-0.115	-0.730	70	7.6
	764TP	46	42	13.7	13.3	13.3	12.6	16	-0.115	-0.700	100	7.6
	776TP	42	39	13.2	12.8	12.8	12.2	21	-0.110	-0.610	140	7.6
	837TP	46	42	13.7	13.3	13.3	12.7	16	-0.110	-0.620	110	7.6
	854TP	42	39	13.2	12.8	12.8	12.2	21	-0.105	-0.600	150	7.7
	863TP	40	37	12.9	12.5	12.5	11.9	25	-0.100	-0.560	170	7.7
	872TP	38	35	12.5	12.1	12.1	11.5	28	-0.095	-0.530	190	7.7
	881TP	36	34	12.2	11.8	11.9	11.3	30	-0.093	-0.510	200	7.7
	890TP	34	31	11.9	11.5	11.5	10.9	33	-0.090	-0.500	220	7.7
	956TP	44	41	13.5	13.2	13.0	12.5	21	-0.100	-0.570	160	7.6

续附表 5-7

牌号		$(BH)_{max}$		B_r		H_{cB}		H_{cJ}	$\alpha(B_r)$	$\alpha(H_{cJ})$	T_w	d
		MGOe		kGs		kOe		kOe	%/℃	%/℃	℃	g/cm³
		典型	最小	典型	最小	典型	最小	最小	典型	典型	典型	典型
TP垂直压	965TP	41	39	13.1	12.8	12.6	12.1	23.5	−0.096	−0.530	180	7.6
	974TP	39	37	12.8	12.5	12.3	11.9	26	−0.094	−0.500	200	7.7
	983TP	38	35	12.5	12.2	12.1	11.6	28	−0.091	−0.470	210	7.7
	992TP	36	34	12.2	11.9	11.8	11.3	30	−0.088	−0.450	230	7.7
AP平行压	238AP	41	37	13.0	12.6	12.5	11.9	17	−0.111	−0.667	120	7.6
	247AP	40	37	12.9	12.5	12.4	11.8	19	−0.111	−0.642	130	7.6
	633AP	38	35	12.6	12.2	12.1	11.5	17	−0.095	−0.640	120	7.7
	655AP	35	32	12.0	11.6	11.5	10.9	21	−0.090	−0.610	160	7.7
	669AP	32	28	11.6	11.2	11.1	10.3	25	−0.085	−0.570	180	7.7
	677AP	30	27	11.3	10.8	10.8	10.1	28	−0.085	−0.550	200	7.7
	688AP	28	25	10.8	10.3	10.4	9.7	33	−0.080	−0.510	230	7.8
	745AP	43	41	13.4	13.1	12.9	12.2	14	−0.115	−0.730	80	7.6
	764AP	41	38	13.0	12.7	12.5	12.0	17	−0.115	−0.690	110	7.6
	776AP	38	35	12.6	12.2	12.1	11.5	21	−0.110	−0.610	150	7.6
	837AP	41	37	13.0	12.6	12.5	11.9	17	−0.110	−0.620	120	7.6
	854AP	38	35	12.6	12.1	12.1	11.4	21	−0.105	−0.600	160	7.7
	863AP	35	32	12.1	11.7	11.6	11.0	25	−0.100	−0.560	180	7.7
	872AP	33	30	11.7	11.3	11.2	10.6	28	−0.095	−0.530	200	7.7
	881AP	32	29	11.4	11.0	11.0	10.4	30	−0.093	−0.510	210	7.7
	890AP	29	26	11.1	10.7	10.6	10.0	33	−0.090	−0.500	230	7.7
	956AP	40	37	12.9	12.6	12.3	11.8	21	−0.100	−0.573	160	7.6
	965AP	37	35	12.5	12.2	11.9	11.5	23.5	−0.096	−0.531	180	7.6
	974AP	35	33	12.2	11.9	11.6	11.2	26	−0.094	−0.496	210	7.7
	983AP	34	32	11.9	11.6	11.4	10.9	28	−0.091	−0.473	220	7.7
	992AP	32	30	11.6	11.3	11.1	10.7	30	−0.088	−0.453	240	7.7

注：温度系数是在室温至 100℃ 的温区内的测定的。

附表 5-8 ~ 附表 5-14 为粘结磁体的性能表。

附表 5-8　日本 Napac 公司粘结 Sm-Co 磁体的磁性能（2016）

性能参数	符号	单位	SAM-15	SAM-15R	SAM-13A	SAM-5	SAMLET-9R	SAMLET-10A	SAMLET-HR	SAMLET-HA
剩磁	B_r	mT (kGs)	780 ~ 810 (7.8 ~ 8.1)	730 ~ 810 (7.3 ~ 8.1)	700 ~ 760 (7.0 ~ 7.6)	380 ~ 440 (3.8 ~ 4.4)	600 ~ 660 (6.0 ~ 6.6)	620 ~ 680 (6.2 ~ 6.8)	510 ~ 570 (5.1 ~ 5.7)	540 ~ 600 (5.4 ~ 6.0)
矫顽力	H_{cB}	kA/m (kOe)	460 ~ 510 (5.8 ~ 6.4)	448 ~ 520 (5.6 ~ 6.5)	414 ~ 480 (5.2 ~ 6.0)	240 ~ 280 (3.0 ~ 3.5)	370 ~ 450 (4.6 ~ 5.6)	400 ~ 490 (5.0 ~ 6.2)	320 ~ 400 (4.0 ~ 5.0)	360 ~ 440 (4.5 ~ 5.5)

续附表 5-8

性能参数	符号	单位	SAM-15	SAM-15R	SAM-13A	SAM-5	SAMLET-9R	SAMLET-10A	SAMLET-HR	SAMLET-HA
内禀矫顽力	H_{cJ}	kA/m (kOe)	720~950 (9~12)	720~950 (9~12)	720~950 (9~12)	800~1030 (10~13)	720~950 (9~12)	720~950 (9~12)	720~950 (9~12)	720~950 (9~12)
最大磁能积	$(BH)_{max}$	kJ/m³ (MGOe)	103~120 (13~15)	88~120 (11~15)	80~103 (10~13)	28~40 (3.5~5.0)	60~76 (7.5~9.5)	68~84 (8.5~10.5)	40~56 (5~7)	48~64 (6~8)
方形度	H_k	kA/m (kOe)	320~560 (4.0~7.0)	240~560 (3.0~7.0)	280~560 (3.5~7.0)	240~560 (3.0~7.0)	280~600 (3.5~7.5)	280~600 (3.5~7.5)	200~360 (2.5~4.5)	240~400 (3.0~5.0)
回复磁导率	μ_{rec}		1.05							
剩磁温度系数	α	%/℃	-0.035							
饱和磁化场	H_{sat}	kA/m (kOe)	≥1600 (≥20)							
密度	d	Mg/m³	6.6~7.2				5.7~6.1		5.2~5.8	
成形方法			压缩成形				注射成形		注射成形（耐热型）	
易磁化方向			径向	辐向	轴向	各向同性	辐向	轴向	辐向	轴向

附表 5-9　上海三环磁性材料有限公司压缩成形粘结 Nd-Fe-B 磁体的磁性能（2015）

性能参数			NEOM（压缩成形）								
			-2	-4	-6	-8	-8H	-10	-12	-12L	-13L
剩磁	B_r	mT (kGs)	290~390 (2.9~3.9)	430~530 (4.3~5.3)	520~620 (5.2~6.2)	600~660 (6.0~6.6)	630~690 (6.3~6.6)	660~700 (6.6~7.2)	700~760 (7.0~7.6)	720~770 (7.2~7.7)	750~800 (7.5~8.0)
矫顽力	H_{cB}	kA/m (kOe)	200~280 (2.5~3.5)	260~360 (3.2~4.5)	280~380 (3.5~4.75)	370~430 (4.6~5.4)	400~480 (5.0~6.0)	400~440 (5.0~5.5)	424~472 (5.3~5.9)	390~450 (4.9~5.6)	360~420 (4.5~5.2)
矫顽力	H_{cJ}	kA/m (kOe)	560~720 (7.0~9.0)	560~720 (7.0~9.0)	560~720 (7.0~9.0)	640~816 (8.0~10.2)	875~1115 (11.0~14.0)	640~800 (8.0~10.0)	640~800 (8.0~10.0)	510~640 (6.35~8.0)	480~640 (6.0~8.0)
最大磁能积	$(BH)_{max}$	kJ/m³ (MGOe)	12~28 (1.5~3.5)	28~44 (3.5~5.5)	44~60 (5.5~7.5)	60~68 (7.5~8.5)	64~76 (8.0~9.5)	68~80 (8.5~10.0)	80~96 (10.0~12.0)	80~96 (10.0~12.0)	80~100 (10.0~12.5)
饱和磁化场	H_{sat}	kA/m (kOe)	≥1600 (≥20)	≥1600 (≥20)	≥1600 (≥20)	≥1600 (≥20)	≥2000 (≥25)	≥1600 (≥20)	≥1600 (≥20)	≥1280 (≥16)	≥1280 (≥16)
方形度	H_k	kA/m (kOe)	159~279 (2.0~3.5)	159~279 (2.0~3.5)	159~279 (2.0~3.5)	159~279 (2.0~3.5)	159~279 (2.0~3.5)	159~279 (2.0~3.5)	175~279 (2.2~3.5)	143~239 (1.8~3.0)	143~239 (1.8~3.0)
回复磁导率	μ_{rec}		1.2	1.2	1.2	1.2	1.2	1.2	1.2	1.2	1.2
可逆温度系数	$\alpha(B_r)$	%/℃	-0.12	-0.12	-0.12	-0.12	-0.13	-0.10	-0.10	-0.10	-0.10
密度（未涂装）	d	Mg/m³	4.6~5.2	5.3~6.3	5.5~6.3	5.9~6.3	6.0~6.4	5.9~6.3	6.0~6.4	6.0~6.4	6.0~6.4

注：H—采用高 H_{cJ} 磁粉；L—采用低 H_{cJ} 磁粉。

附表 5-10　上海三环磁性材料有限公司注射和挤出成形粘结 Nd-Fe-B 磁体的磁性能（2015）

性能参数			NEOLET（注射成形）					
			-3R	-5	-6	-6R	-6HR	-7R
剩磁	B_r	mT	350 ~ 450	500 ~ 560	550 ~ 610	500 ~ 550	500 ~ 550	510 ~ 570
		(kGs)	(3.5 ~ 4.5)	(5.0 ~ 5.6)	(5.5 ~ 6.1)	(5.0 ~ 5.5)	(5.0 ~ 5.5)	5.1 ~ 5.7
矫顽力	H_{cB}	kA/m	250 ~ 350	310 ~ 390	340 ~ 415	320 ~ 360	320 ~ 360	325 ~ 375
		(kOe)	(3.1 ~ 4.4)	(3.9 ~ 4.9)	(4.2 ~ 5.2)	(4.0 ~ 4.5)	(4.0 ~ 4.5)	(4.0 ~ 4.7)
	H_{cJ}	kA/m	640 ~ 800	640 ~ 800	640 ~ 800	640 ~ 800	850 ~ 1110	640 ~ 800
		(kOe)	(8.0 ~ 10.0)	(8.0 ~ 10.0)	(8.0 ~ 10.0)	(8.0 ~ 10.0)	(10.7 ~ 14.0)	(8.0 ~ 10.0)
最大磁能积	$(BH)_{max}$	kJ/m³	20 ~ 32	44 ~ 52	52 ~ 60	36 ~ 48	36 ~ 48	44 ~ 56
		(MGOe)	(2.5 ~ 4.0)	(5.5 ~ 6.5)	(6.5 ~ 7.5)	(4.5 ~ 6.0)	(4.5 ~ 6.0)	(5.5 ~ 7.0)
饱和磁化场	H_{sat}	kA/m	≥1600	≥1600	≥1600	≥1600	≥2000	≥1600
		(kOe)	(≥20)	(≥20)	(≥20)	(≥20)	(≥25)	(≥20)
方形度	H_k	kA/m	127 ~ 255	127 ~ 255	127 ~ 255	127 ~ 255	111 ~ 247	127 ~ 255
		(kOe)	(1.6 ~ 3.2)	(1.6 ~ 3.2)	(1.6 ~ 3.2)	(1.6 ~ 3.2)	(1.4 ~ 3.1)	(1.6 ~ 3.2)
回复磁导率	μ_{rec}		1.2	1.2	1.2	1.2	1.2	1.2
可逆温度系数	$\alpha(B_r)$	%/℃	-0.10	-0.10	-0.10	-0.10	-0.13	-0.10
密度	d	Mg/m³	4.2 ~ 4.7	5.0 ~ 5.5	5.0 ~ 5.5	5.0 ~ 5.5	5.0 ~ 5.5	5.1 ~ 5.6

性能参数			NEOLET（注射成形）	NEODEX（挤出成形）			
			-8	-5	-8	-10	-11
剩磁	B_r	mT	610 ~ 660	450 ~ 500	600 ~ 660	650 ~ 700	650 ~ 730
		(kGs)	(6.1 ~ 6.6)	(4.5 ~ 5.0)	(6.0 ~ 6.6)	(6.5 ~ 7.0)	(6.5 ~ 7.3)
矫顽力	H_{cB}	kA/m	380 ~ 420	280 ~ 350	380 ~ 450	360 ~ 450	410 ~ 460
		(kOe)	(4.75 ~ 5.25)	(3.5 ~ 4.4)	(4.75 ~ 5.6)	(4.5 ~ 5.6)	(5.1 ~ 5.8)
	H_{cJ}	kA/m	640 ~ 800	640 ~ 800	640 ~ 800	640 ~ 800	640 ~ 800
		(kOe)	(8.0 ~ 10.0)	(8.0 ~ 10.0)	(8.0 ~ 10.0)	(8.0 ~ 10.0)	(8.0 ~ 10.0)
最大磁能积	$(BH)_{max}$	kJ/m³	60 ~ 68	32 ~ 44	60 ~ 68	64 ~ 80	68 ~ 88
		(MGOe)	(7.5 ~ 8.5)	(4.0 ~ 5.5)	(7.5 ~ 8.5)	(8.0 ~ 10.0)	(8.5 ~ 11.0)
饱和磁化场	H_{sat}	kA/m	≥1600	≥1600	≥1600	≥1600	≥1600
		(kOe)	(≥20)	(≥20)	(≥20)	(≥20)	(≥20)
方形度	H_k	kA/m	159 ~ 279	111 ~ 239	159 ~ 279	159 ~ 279	159 ~ 279
		(kOe)	(2.0 ~ 3.5)	(1.4 ~ 3.0)	(2.0 ~ 3.5)	(2.0 ~ 3.5)	(2.0 ~ 3.5)
回复磁导率	μ_{rec}		1.2	1.2	1.2	1.2	1.2
可逆温度系数	$\alpha(B_r)$	%/℃	-0.10	-0.10	-0.10	-0.10	-0.10
密度	d	Mg/m³	5.5 ~ 5.8	5.5 ~ 5.8	5.6 ~ 5.9	5.8 ~ 6.1	5.8 ~ 6.1

注：H—采用高 H_{cJ} 磁粉；R—采用耐热型树脂 PPS，其他则采用尼龙。

附表 5-11　大同电子公司压缩成形粘结 Nd-Fe-B 磁体 NEOQUENCH-P 的磁性能（2016）

性能参数	单位	NP-7L	NP-8	NP-8L	NP-8R①	NP-8SR②	NP-10L	NP-11L	NP-12L
剩磁 B_r	mT (kGs)	570~640 (5.7~6.4)	580~650 (5.8~6.5)	640~710 (6.4~7.1)	580~650 (5.8~6.5)	600~680 (6.0~6.8)	670~740 (6.7~7.4)	680~730 (6.8~7.3)	720~770 (7.2~7.7)
矫顽力 H_{cB}	kA/m (kOe)	374~438 (4.7~5.5)	390~454 (4.9~5.7)	406~470 (5.1~5.9)	390~454 (4.9~5.7)	414~486 (5.2~6.1)	398~462 (5.0~5.8)	430~485 (5.4~6.1)	454~509 (5.7~6.4)
内禀矫顽力 H_{cJ}	kA/m (kOe)	637~796 (8.0~10.0)	1035~1353 (13.0~17.0)	637~796 (8.0~10.0)	1035~1353 (13.0~17.0)	835~1075 (10.5~13.5)	517~677 (6.5~8.5)	716~836 (9.0~10.5)	716~836 (9.0~10.5)
最大磁能积 $(BH)_{max}$	kJ/m³ (MGOe)	56~68 (7.0~8.5)	60~72 (7.5~9.0)	68~80 (8.5~10.0)	60~72 (7.5~9.0)	65~77 (8.3~9.7)	76~84 (9.5~10.5)	80~88 (10.0~11.0)	88~99 (11.0~12.5)
回复磁导率 μ		1.20	1.13	1.20	1.13	1.13	1.26	1.20	1.20
剩磁温度系数 α	%/℃	-0.12	-0.15	-0.10	-0.15	-0.13	-0.11	-0.10	-0.10
饱和磁化场 H_{sat}	kA/m (kOe)	≥1592 (≥20)	≥1990 (≥25)	≥1592 (≥20)	≥1990 (≥25)	≥1592 (≥20)	≥1592 (≥20)	≥1592 (≥20)	≥1592 (≥20)
密度 d	Mg/m³	5.6~6.1	5.6~6.1	5.6~6.1	5.6~6.1	5.6~6.1	5.9~6.2	5.9~6.2	6.1~6.4

①R—耐热磁体。

②SR—超耐热磁体，采用高 H_{cJ} 磁粉。

附表 5-12　大同电子公司注射成形粘结 Nd-Fe-B 磁体 NEOQUENCH-P 的磁性能（2016）

性能参数	单位	NPI-4L	NPI-5L	NPI-6	NPI-6L	NPI-8L
剩磁 B_r	mT (kGs)	410~490 (4.1~4.9)	500~580 (5.0~5.8)	480~560 (4.8~5.6)	540~620 (5.4~6.2)	570~630 (5.7~6.3)
矫顽力 H_{cB}	kA/m (kOe)	247~310 (3.1~3.9)	326~390 (4.1~4.9)	334~398 (4.2~5.0)	342~406 (4.3~5.1)	382~430 (4.8~5.4)
内禀矫顽力 H_{cJ}	kA/m (kOe)	573~732 (7.2~9.2)	637~796 (8.0~10.0)	1035~1353 (13.0~17.0)	637~796 (8.0~10.0)	676~835 (8.5~10.5)
最大磁能积 $(BH)_{max}$	kJ/m³ (MGOe)	28~36 (3.5~4.5)	43~55 (5.4~6.9)	40~52 (5.0~6.5)	49~61 (6.2~7.7)	59~67 (7.4~8.4)
回复磁导率 μ		1.20	1.20	1.13	1.20	1.20
剩磁温度系数 α	%/℃	-0.10	-0.12	-0.15	-0.10	-0.10
饱和磁化场 H_{sat}	kA/m (kOe)	≥1592 (≥20)	≥1592 (≥20)	≥1990 (≥25)	≥1592 (≥20)	≥1592 (≥20)
密度 d	Mg/m³	4.2~4.9	4.9~5.4	5.0~5.5	5.0~5.5	5.0~5.5

性能参数	单位	NPI-9L	NPI-6LR①	NPI-6SR②	NPI-7LR	NPI-7SR
剩磁 B_r	mT (kGs)	640~720 (6.4~7.2)	480~560 (4.8~5.6)	460~520 (4.6~5.2)	550~610 (4.8~5.6)	520~580 (5.2~5.8)
矫顽力 H_{cB}	kA/m (kOe)	398~462 (5.0~5.8)	302~366 (3.8~4.6)	310~374 (3.9~4.7)	366~414 (4.6~5.2)	350~398 (4.4~5.0)
内禀矫顽力 H_{cJ}	kA/m (kOe)	637~796 (8.0~10.0)	637~796 (8.0~10.0)	835~1075 (10.5~13.5)	637~796 (8.0~10.0)	836~1075 (10.5~13.5)
最大磁能积 $(BH)_{max}$	kJ/m³ (MGOe)	68~76 (8.5~9.5)	36~48 (4.5~6.0)	37~45 (4.6~5.6)	52~60 (6.5~7.5)	47~56 (5.9~7.0)

续附表 5-12

性能参数	单位	NPI-9L	NPI-6LR①	NPI-6SR②	NPI-7LR	NPI-7SR
回复磁导率 μ		1.20	1.20	1.13	1.20	1.13
剩磁温度系数 α	%/℃	-0.10	-0.10	-0.13	-0.10	-0.13
饱和磁化场 H_{sat}	kA/m (kOe)	≥1592 (≥20)	≥1592 (≥20)	≥1592 (≥20)	≥1592 (≥20)	≥1592 (≥20)
密度 d	Mg/m^3	5.5~6.0	4.6~5.1	4.6~5.1	5.0~5.5	5.0~5.5

①R—耐热磁体，采用耐热型树脂 PPS，其他则采用尼龙。

②SR—超耐热磁体，采用 MQI 的耐高温磁粉。

附表 5-13　大同电子公司压缩成形粘结 Sm-Fe-N 磁体 NITROQUENCH-P 的磁性能（2016）

性能参数	单位	SP-14	SP-14L
剩磁 B_r	mT (kGs)	750~820 (7.5~8.2)	750~830 (7.5~8.3)
矫顽力 H_{cB}	kA/m (kOe)	450~520 (5.7~6.5)	430~510 (5.5~6.7)
内禀矫顽力 H_{cJ}	kA/m (kOe)	670~800 (8.5~10.0)	550~670 (7.0~8.5)
最大磁能积 $(BH)_{max}$	kJ/m^3 (MGOe)	98~112 (12.4~14.0)	98~112 (12.4~14.0)
剩磁温度系数 α	%/℃	-0.05 ~ -0.07	

附表 5-14　成都银河磁体压缩成形粘结 Nd-Fe-B 磁体 GPM 的磁性能

性能参数	单位	GPM-2	GPM-4	GPM-6	GPM-8	GPM-8L	GPM-8H	GPM-8SR
剩磁 B_r	mT (kGs)	300~400 (3.0~4.0)	400~500 (4.0~5.0)	500~600 (5.0~6.0)	600~680 (6.0~6.8)	600~680 (6.0~6.8)	600~660 (6.0~6.6)	620~680 (6.2~6.8)
矫顽力 H_{cB}	kA/m (kOe)	240~320 (3.0~4.0)	240~320 (3.0~4.0)	320~400 (4.0~5.0)	360~440 (4.5~5.5)	400~480 (5.0~6.0)	400~480 (5.0~6.0)	400~480 (5.0~6.0)
内禀矫顽力 H_{cJ}	kA/m (kOe)	480~640 (6.0~8.0)	560~720 (7.0~9.0)	560~720 (7.0~9.0)	640~800 (8.0~10.0)	640~800 (8.0~10.0)	1040~1360 (13.0~17.0)	800~1120 (10.0~14.0)
最大磁能积 $(BH)_{max}$	kJ/m^3 (MGOe)	24~32 (3.0~4.0)	32~48 (4.0~6.0)	48~60 (6.0~7.5)	60~72 (7.5~9.0)	64~72 (8.0~9.0)	64~72 (8.0~9.0)	68~76 (8.5~9.5)
回复磁导率 μ		1.2	1.2	1.2	1.2	1.2	1.2	1.2
可逆温度系数 α	%/℃	-0.11	-0.11	-0.11	-0.11	-0.11	-0.10	-0.10
居里温度 T_c	℃	300	300	300	300	350	350	350
饱和磁化场 H_{sat}	kA/m (kOe)	>1600 (>20)	>1600 (>20)	>1600 (>20)	>1600 (>20)	>1600 (>20)	>2400 (>30)	>2000 (>25)
密度 d	Mg/m^3	4.5~5.0	5.0~5.5	5.5~5.8	5.8~6.0	5.8~6.1	5.8~6.1	5.8~6.1
硬度（HRB）		40~45	40~45	40~45	35~38	35~38	35~38	35~38

续附表 5-14

性能参数	单位	GPM-10	GPM-10H	GPM-12	GPM-12D	GPM-12H	GPM-12L	GPM-13L
剩磁 B_r	mT (kGs)	680 ~ 730 (6.8 ~ 7.3)	700 ~ 750 (7.0 ~ 7.5)	720 ~ 770 (7.2 ~ 7.7)	720 ~ 770 (7.2 ~ 7.7)	740 ~ 800 (7.4 ~ 8.0)	760 ~ 810 (7.6 ~ 8.1)	780 ~ 830 (7.8 ~ 8.3)
矫顽力 H_{cB}	kA/m (kOe)	400 ~ 480 (5.0 ~ 6.0)	440 ~ 520 (5.5 ~ 6.5)	440 ~ 520 (5.5 ~ 6.5)	440 ~ 520 (5.5 ~ 6.5)	440 ~ 520 (5.5 ~ 6.5)	400 ~ 480 (5.0 ~ 6.0)	400 ~ 480 (5.0 ~ 6.0)
内禀矫顽力 H_{cJ}	kA/m (kOe)	640 ~ 800 (8.0 ~ 10.0)	640 ~ 800 (8.0 ~ 10.0)	720 ~ 800 (9.0 ~ 10.0)	720 ~ 880 (9.0 ~ 11.0)	760 ~ 880 (9.5 ~ 11.0)	480 ~ 640 (6.0 ~ 8.0)	480 ~ 640 (6.0 ~ 8.0)
最大磁能积 $(BH)_{max}$	kJ/m³ (MGOe)	76 ~ 84 (9.5 ~ 10.5)	80 ~ 88 (10.0 ~ 11.0)	88 ~ 96 (11.0 ~ 12.0)	88 ~ 96 (11.0 ~ 12.0)	88 ~ 96 (11.0 ~ 12.0)	88 ~ 96 (11.0 ~ 12.0)	88 ~ 104 (11.0 ~ 13.0)
回复磁导率 μ		1.2	1.2	1.2	1.2	1.2	1.2	1.2
可逆温度系数 α	%/℃	-0.10	-0.10	-0.10	-0.10	-0.11	-0.12	-0.12
居里温度 T_c	℃	350	350	350	350	350	320	320
饱和磁化场 H_{sat}	kA/m (kOe)	>1600 (>20)	>1600 (>20)	>1600 (>20)	>1600 (>20)	>1600 (>20)	>1600 (>20)	>1600 (>20)
密度 d	Mg/m³	5.8 ~ 6.1	6.0 ~ 6.3	6.0 ~ 6.3	6.0 ~ 6.3	6.1 ~ 6.4	6.0 ~ 6.3	6.1 ~ 6.4
硬度（HRB）		35 ~ 38	35 ~ 38	35 ~ 38	35 ~ 38	35 ~ 38	35 ~ 38	35 ~ 38

索　引

A

B

C

D

K

L

M

N

O

P

Q

R

S

T

W

X

Y

Z